扁　鹊

李　冰

张衡墓

地动仪

葛　洪

赵州安济桥

弱应放如神<br>
扶危极<br>
橐绝伦<br>
唐橐真人方<br>
左　橐思邈

孙思邈

泉州万安桥

泉州萬安渡后橋始造於皇祐五<br>
年四月庚寅以嘉祐四年十二月<br>
辛未訖功纍趾于淵釃水爲四十<br>
七道梁空以行其長三千六百尺<br>
廣丈有五尺翼以扶欄如其長之<br>
數而兩之靡金錢一千四百萬求

万安桥铭之一

諸施者渡實支海去舟而徒易危<br>
而安民莫不利職其事廬錫王寔<br>
許忠浮圖義波宗善等十有五人<br>
既成太守莆陽蔡襄爲之合樂燕<br>
飲而落之明年秋蒙<br>
京道歸是出因紀所作勒于岸左<br>
名還

万安桥铭之二

安平桥

苏 颂

沈 括

雁荡山沈括题刻

登封观象台

徐光启

徐霞客

故行師難山勝侶也閣
藏卷攢潛心淨果穰燕清風如撥慧日發賦二律
以景孤標弈請
法正
華首門高擁薛蘿何人彈指師巖阿經從
鳳闕傳金縷地旁龍官展貝多明月一簾心
般若慈雲四壁影婆娑笑中誰是拈華處會
却拈華笑汕多

徐霞客手迹之一

徐霞客手迹之二

李善兰

徐　寿

卢嘉锡 总主编

# 中国科学技术史
## 人物卷

金秋鹏 主编

科学出版社

1998

## 内 容 简 介

本书精选了春秋战国至清末的著名科学家77位。他们是科学史上各时期的代表人物，对我国科学技术的发展做出过卓越贡献。各篇作者大都是研究立传人的专家，多数作品代表着国内外研究的先进水平。作品对科学家的生平及学术贡献、学术思想的记述十分详细、全面，有不少新材料、新观点，而且文笔流畅。本书不仅有史料价值，还可供科技界和教育界人士借鉴，凡对科学史感兴趣的读者都将喜爱此书，从中受到启发。

审图号：GS（2022）2033号

**图书在版编目（CIP）数据**

中国科学技术史：人物卷/卢嘉锡总主编；金秋鹏分卷主编 .—北京：科学出版社，1998. 8

ISBN 978-7-03-005841-6

Ⅰ. 中⋯ Ⅱ.①卢⋯ ②金⋯ Ⅲ.①科学技术史-中国②科学家-列传-中国-古代 Ⅳ.N092

中国版本图书馆 CIP 数据核字（97）第 02605 号

**科 学 出 版 社** 出版

北京东黄城根北街 16 号

邮政编码：100717

http://www.sciencep.com

**北京厚诚则铭印刷科技有限公司** 印刷

科学出版社发行 各地新华书店经销

\*

1998 年 8 月第 一 版 开本：787×1092 1/16

2022 年 4 月第五次印刷 印张：52 插页：2

字数：1 297 000

**定价：289.00 元**

（如有印装质量问题，我社负责调换）

# 《中国科学技术史》的组织机构和人员

**顾　问**（以姓氏笔画为序）

| | | | | | | | |
|---|---|---|---|---|---|---|---|
| 王大珩 | 王佛松 | 王振铎 | 王绶琯 | 白寿彝 | 孙　枢 | 孙鸿烈 | 师昌绪 |
| 吴文俊 | 汪德昭 | 严东生 | 杜石然 | 余志华 | 张存浩 | 张含英 | 武　衡 |
| 周光召 | 柯　俊 | 胡启恒 | 胡道静 | 侯仁之 | 俞伟超 | 席泽宗 | 涂光炽 |
| 袁翰青 | 徐苹芳 | 徐冠仁 | 钱三强 | 钱文藻 | 钱伟长 | 钱临照 | 梁家勉 |
| 黄汲清 | 章　综 | 曾世英 | 蒋顺学 | 路甬祥 | 谭其骧 | | |

**总主编**　卢嘉锡

**编委会委员**（以姓氏笔画为序）

| | | | | | | | |
|---|---|---|---|---|---|---|---|
| 马素卿 | 王兆春 | 王渝生 | 艾素珍 | 丘光明 | 刘　钝 | 华觉明 | 汪子春 |
| 汪前进 | 宋正海 | 陈美东 | 杜石然 | 杨文衡 | 杨　熺 | 李家治 | 李家明 |
| 吴瑰琦 | 陆敬严 | 周魁一 | 周嘉华 | 金秋鹏 | 范楚玉 | 姚平录 | 柯　俊 |
| 赵匡华 | 赵承泽 | 姜丽蓉 | 席龙飞 | 席泽宗 | 郭书春 | 郭湖生 | 谈德颜 |
| 唐锡仁 | 唐寰澄 | 梅汝莉 | 韩　琦 | 董恺忱 | 廖育群 | 潘吉星 | 薄树人 |
| 戴念祖 | | | | | | | |

**常务编委会**

主　任　陈美东

委　　员（以姓氏笔画为序）

| | | | | | | |
|---|---|---|---|---|---|---|
| 华觉明 | 杜石然 | 金秋鹏 | 赵匡华 | 唐锡仁 | 潘吉星 | 薄树人 | 戴念祖 |

**编撰办公室**

主　任　金秋鹏

副主任　周嘉华　杨文衡　廖育群

工作人员（以姓氏笔画为序）

　　　　　　王扬宗　陈　晖　郑俊祥　徐凤先　康小青　曾雄生

# 总　　序

中国有悠久的历史和灿烂的文化,是世界文明不可或缺的组成部分,为世界文明做出了重要的贡献,这已是世所公认的事实。

科学技术是人类文明的重要组成部分,是支撑文明大厦的主要基干,是推动文明发展的重要动力,古今中外莫不如此。如果说中国古代文明是一棵根深叶茂的参天大树,中国古代的科学技术便是缀满枝头的奇花异果,为中国古代文明增添斑斓的色彩和浓郁的芳香,又为世界科学技术园地增添了盎然生机。这是自上世纪末、本世纪初以来,中外许多学者用现代科学方法进行认真的研究之后,为我们描绘的一幅真切可信的景象。

中国古代科学技术蕴藏在汗牛充栋的典籍之中,凝聚于物化了的、丰富多姿的文物之中,融化在至今仍具有生命力的诸多科学技术活动之中,需要下一番发掘、整理、研究的功夫,才能揭示它的博大精深的真实面貌。为此,中国学者已经发表了数百种专著和万篇以上的论文,从不同学科领域和审视角度,对中国科学技术史作了大量的、精到的阐述。国外学者亦有佳作问世,其中英国李约瑟(J. Needham)博士穷毕生精力编著的《中国科学技术史》(拟出 7 卷 34册),日本薮内清教授主编的一套中国科学技术史著作,均为宏篇巨著。关于中国科学技术史的研究,已是硕果累累,成为世界瞩目的研究领域。

中国科学技术史的研究,包涵一系列层面:科学技术的辉煌成就及其弱点;科学家、发明家的聪明才智、优秀品德及其局限性;科学技术的内部结构与体系特征;科学思想、科学方法以及科学技术政策、教育与管理的优劣成败;中外科学技术的接触、交流与融合;中外科学技术的比较;科学技术发生、发展的历史过程;科学技术与社会政治、经济、思想、文化之间的有机联系和相互作用;科学技术发展的规律性以及经验与教训,等等。总之,要回答下列一些问题:中国古代有过什么样的科学技术?其价值、作用与影响如何?又走过怎样的发展道路?在世界科学技术史中占有怎样的地位?为什么会这样,以及给我们什么样的启示?还要论述中国科学技术的来龙去脉,前因后果,展示一幅真实可靠、有血有肉、发人深思的历史画卷。

据我所知,编著一部系统、完整的中国科学技术史的大型著作,从本世纪 50 年代开始,就是中国科学技术史工作者的愿望与努力目标,但由于各种原因,未能如愿,以致在这一方面显然落后于国外同行。不过,中国学者对祖国科学技术史的研究不仅具有极大的热情与兴趣,而且是作为一项事业与无可推卸的社会责任,代代相承地进行着不懈的工作。他们从业余到专业,从少数人发展到数百人,从分散研究到有组织的活动,从个别学科到科学技术的各领域,逐次发展,日臻成熟,在资料积累、研究准备、人才培养和队伍建设等方面,奠定了深厚而又广大的基础。

本世纪 80 年代末,中国科学院自然科学史研究所审时度势,正式提出了由中国学者编著《中国科学技术史》的宏大计划,随即得到众多中国著名科学家的热情支持和大力推动,得到中国科学院领导的高度重视。经过充分的论证和筹划,1991 年这项计划被正式列为中国科学院"八五"计划的重点课题,遂使中国学者的宿愿变为现实,指日可待。作为一名科技工作者,我对此感到由衷的高兴,并能为此尽绵薄之力,感到十分荣幸。

《中国科学技术史》计分 30 卷，每卷 60 至 100 万字不等，包括以下三类：

通史类（5 卷）：

《通史卷》、《科学思想史卷》、《中外科学技术交流史卷》、《人物卷》、《科学技术教育、机构与管理卷》。

分科专史类（19 卷）：

《数学卷》、《物理学卷》、《化学卷》、《天文学卷》、《地学卷》、《生物学卷》、《农学卷》、《医学卷》、《水利卷》、《机械卷》、《建筑卷》、《桥梁技术卷》、《矿冶卷》、《纺织卷》、《陶瓷卷》、《造纸与印刷卷》、《交通卷》、《军事科学技术卷》、《计量科学卷》。

工具书类（6 卷）：

《科学技术史词典卷》、《科学技术史典籍概要卷》(一)、(二)、《科学技术史图录卷》、《科学技术年表卷》、《科学技术史论著索引卷》。

这是一项全面系统的、结构合理的重大学术工程。各卷分可独立成书，合可成为一个有机的整体。其中有综合概括的整体论述，有分门别类的纵深描写，有可供检索的基本素材，经纬交错，斐然成章。这是一项基础性的文化建设工程，可以弥补中国文化史研究的不足，具有重要的现实意义。

诚如李约瑟博士在 1988 年所说："关于中国和中国文化在古代和中世纪科学、技术和医学史上的作用，在过去 30 年间，经历过一场名副其实的新知识和新理解的爆炸"（中译本李约瑟《中国科学技术史》作者序），而 1988 年至今的情形更是如此。在 20 世纪行将结束的时候，对所有这些知识和理解作一次新的归纳、总结与提高，理应是中国科学技术史工作者义不容辞的责任。应该说，我们在启动这项重大学术工程时，是处在很高的起点上，这既是十分有利的基础条件，同时也自然面对更高的社会期望，所以这是一项充满了机遇与挑战的工作。这是中国科学界的一大盛事，有著名科学家组成的顾问团为之出谋献策，有中国科学院自然科学史研究所和全国相关单位的专家通力合作，共襄盛举，同构华章，当不会辜负社会的期望。

中国古代科学技术是祖先留给我们的一份丰厚的科学遗产，它已经表明中国人在研究自然并用于造福人类方面，很早而且在相当长的时间内就已雄居于世界先进民族之林，这当然是值得我们自豪的巨大源泉，而近三百年来，中国科学技术落后于世界科学技术发展的潮流，这也是不可否认的事实，自然是值得我们深省的重大问题。理性地认识这部兴盛与衰落、成功与失败、精华与糟粕共存的中国科学技术发展史，引以为鉴，温故知新，既不陶醉于古代的辉煌，又不沉沦于近代的落伍，克服民族沙文主义和虚无主义，清醒地、满怀热情地弘扬我国优秀的科学技术传统，自觉地和主动地缩短同国际先进科学技术的差距，攀登世界科学技术的高峰，这些就是我们从中国科学技术史全面深入的回顾与反思中引出的正确结论。

许多人曾经预言说，即将来临的 21 世纪是太平洋的世纪。中国是太平洋区域的一个国家，为迎接未来世纪的挑战，中国人应该也有能力再创辉煌，包括在科学技术领域做出更大的贡献。我们真诚地希望这一预言成真，并为此贡献我们的力量。圆满地完成这部《中国科学技术史》的编著任务，正是我们为之尽心尽力的具体工作。

卢嘉锡

1996 年 10 月 20 日

# 前　言①

中国是一个历史悠久的古国，曾经创造出极为光辉灿烂的科技文明，也涌现了难以数计的科学家和技术发明家。尽管他们的姓名大多已经亡佚，即就有名可查者而言，也是数以万计。他们以其杰出的创造性劳动，谱写了人类文明进步的一个个篇章，为中国、也为世界的社会发展做出了巨大的贡献。

关于中国科学家和技术发明家的研究，是中国科技史、社会史、文化史、思想史等领域中的一个重要课题。这个课题的研究，几十年来虽时有人进行，但总的说来还开展得很不够，业经出版的论著尚为数不多。其中开展得较为深入的，是一些著名科学家的专人个案研究，如刘徽、祖冲之、沈括、苏颂、李冶、郭守敬、宋应星、李时珍、徐霞客、朱载堉、徐光启等。一些省市出版有本省市的科学家传记，但均为小传性质，对于各个传主的介绍过于简略。较为全面论述和介绍中国古代科学家的著作则为数更少，至今所出版者仅有四部。一是张润生等编著的《中国古代科技名人传》，中国青年出版社 1981 年出版，是一本普及性著作，简要地介绍了 40 位古代科学家。一是中国科学院中国自然科学史研究室（现中国科学院自然科学史研究所）编著的《中国古代科学家》，1959 年科学出版社初版，收入 29 位古代科学家；1965 年修订再版，其所论述亦略嫌简单。一是杜石然任主编，陈美东、金秋鹏任副主编的《中国古代科学家传记》，科学出版社分上、下二册出版，上册出版于 1992 年 10 月，下册出版于 1993 年 2 月，这是目前较为全面和充分论述中国古代科学家的专著，计收入 235 人，附对中国科学技术做出过贡献的外国来华传教士 14 人，但因是为《科学家传记大辞典》而作，字数和体例均受到限制，尚有不尽如人意之处。一是赵慧芝主编的《科学家传》，为《文白对照二十五史分类传记》之一部，把二十五史中有关科学家的传记辑录在一起，计收入 306 人（包括来华的外国传教士 12 人），提供了研究中国科学家的基本素材，由海南出版社分上、中、下三册于 1996 年 4 月出版。因此，一部较为完整的全面系统论述和评介中国古代科学家的著作，还须待以时日，方能问世。

本书的编著，原为我们在 80 年代提出的一项计划。其后得到国家自然科学基金的赞助，作为我们的基金课题"中国科技通史和科学家研究"的一项成果。本来这部著作早该出版，但因后来我们提出并实施 30 卷本的《中国科学技术史》这个宏大计划，决定把本书收入，作为《人物卷》，因等成批出版，故而拖至今日。编写好本书，使其成为一部具有较高水平的学术性著作，是我们多年来一直在努力的目标。首先，我们感到选好人物是至关重要的。我们经过多次讨论，确立了入选人物的原则，即他们必须是成就突出，在中国科技史的各个历史时期起过重要作用，而且为了保证人物的完整性和丰满度，所选人物必须有较为充实的资料。本着这样的原则，我们从为数众多的科学家和技术发明家中选取了 77 位，并分别聘请素有研究的学者撰写相关稿件。

---

① 本"前言"是在香港《大公报》1985 年 10 月 31 日的金秋鹏《中国历史上知识分子的社会地位及其对科学的影响》，及上海科学技术出版社出版的《科技史文集》第十四辑陈美东、范楚玉、金秋鹏、林文照的《略论中国古代科学家的思想特点》二文基础上修订和增补而成。

为了加深对中国古代科学家整体的认识，我们还就有关科学家共性的重大问题进行多次研讨，并形成了一些看法。在此，我们把这些看法奉献给诸位读者，以求取批评、指正。

一

科学技术是人类认识自然，改造自然的心血结晶，也是人类脑力劳动的产物。科学，即使是最简单的科学，都离不开理性的思维，可以说科学是由知识分子创立的。技术的发明有些是由工匠或农民做出的，但也需要知识分子加以总结方能得以广泛流传和提高。因此，知识分子的社会存在和社会地位，对科学技术有着决定性的影响。

自从公元前22～前21二世纪建立第一个王朝——夏王朝开始，直至1911年清王朝灭亡时止，中国社会基本上保持着父子相承的"家天下"的政治格局。这样的政治格局，是由一个所谓"奉天承运"的天子（又称王或皇帝）高踞于社会的顶端，以"天赋"的威权，君临天下。《诗经·小雅·北山》中说，"溥天之下，莫非王土。率土之滨，莫非王臣"，正是这种政治格局的写照。全国的土地、物产都被视为帝王的财产，全国各阶层的人士都被视为帝王的臣仆。也就是说，"朕即国家"被视为天经地义的事情。中国是一个幅员辽阔，人口众多的大国。帝王虽然把国家视为己有，但要统治和管理如此广大的一个国家，这是一个人的能力无论如何也办不到的。为此，每一个朝代的帝王都从中央到地方，建立一系列庞大的、完整的政权机构，任用各级官吏来为帝王服务。正如顾炎武所说："天子之所恃以平治天下者，百官也。"①官吏们在忠君思想的支配下，只是臣服于帝王，成为帝王的奴仆，对帝王负责，而不是对人民负责。这样，历史上的中国社会就长期处于帝王专制的官僚政治体制之下，即属于集权型的专制政体。中国的这种政治体制，大概是世界上除了埃及古代的法老制度之外，延续时间最长的一种帝王制度。

在这种集权型的专制政体统治下，国家的一切领域和部门，都受到官僚政治的严格控制，政治、经济、思想、文化、军事等领域和部门是这样，科学技术领域和部门也是这样。由此，也就决定了中国古代的科学技术活动是由官僚政治所制约的，而不是按科学技术自身的规律发展的。帝王和官僚的意志和好恶，往往决定着科学技术的兴衰。

中国与西方古代社会不同，帝王选取的是知识分子来充任各级官吏，协助治理国家，而不是像西方古代由贵族协助治理国家，知识分子则附属于教会。帝王如果没有知识分子的扶助，就不可能取得至尊的地位，即使取得了也不可能持久。对此，《墨子·亲士篇》明确指出："入国而不存其士，则亡国矣。见贤而不急，则缓其君矣。非贤无急，非士无与虑国。缓贤忘士，而能以其国存者，未曾有也。"也就是说，士可以与君王筹商国事，分忧虑急，若是对士轻慢就将导至亡国。

士乃中国古代对于知识分子的称谓。先秦时就有着士、农、工、商"四民"之说，《汉书·食货志》曰："士、农、工、商，四民有业。学以居位曰士"。也就是说，士是四民之首，是以学识立身处世，取得自身地位的。何为士呢？《说文解字》说："士，事也。"郑玄注云："仕（通士）之言事也"，"引伸之，凡能事其事者称士"。《白虎通》也说："士者事也，任事之称也。"同时，《说文解字》又云："数始于一终于十，（士）从一从十，孔子曰：'推十合一为士'。"段玉裁注云："数始一终十，学者由博返约，故云推十合一。博学、审问、慎思、明辩为行，惟以求其至是也。若一贯之，则圣人

————————
① 清·顾炎武，《日知录·吏胥》。

之极致矣。"《诗毛传》亦云："通古今,辩然不,谓之士。"由以上的引述可以看到,士的社会功能有二,一是任事,一是致圣人之道,即负有处理事务和维护传统伦理道德的双重使命。

任事于谁,处理什么事务,又维护何种伦理道德呢?在一个帝王专制的政体中,在一个"君君、臣臣"位秩森严的社会中,服从帝王,忠于帝王,为帝王任事,辅助帝王处理国事,维护传统思想意识以及伦理道德标准,这在中国历史上是被视为天经地义的,知识分子也是以此而立身处世的。正如《论语·子路篇》所说:"行而有耻,使于四方,不辱君命,可谓士矣。"因此,在中国历史上知识分子是没有自身独立的社会地位的,而是一直依附、隶属于君权而存在,并且依靠君权取得辅助政务的价值和身分。

帝王和知识分子之间的这种相互需要,形成了中国历史上的一种特有社会结构,即以帝王为中心,以知识分子为主体的官僚政体,从而使"官僚王国"与"士大夫王国"重叠。这种社会结构与西方国家迥然不同。

既然知识分子是以协助政务,治理国家为己任的,在如此一个辐员广大的一统国家中,国家的事务包括方方面面,有政治方面的,有经济方面的,有军事方面的,有文化方面的,有教育方面的,有外交方面的,而科学技术是国计民生所不可或缺的,自然也就导致了一批官吏不能不去从事这方面的工作。

因此,在中国历史上凡是与国家治理有关的科学技术,都置有相应的官僚机构进行组织和管理,并任命专门的官吏以主持其事。这样,在中国科学技术史上就出现了一种特殊的现象,即知名的科学家与技术发明家中,大多数是官吏或曾经做过官的,而且有不少是位秩甚高的大官。这一现象是举世无二的,唯中国所独有。有些西方人士对此感到惊讶和不解,正如李约瑟(J. Needham)引述一位欧洲人士的话说:"许多欧洲人把中国人看作是野蛮人的另一个原因,大概是在于中国人竟敢把他们的天文学家——这在我们有高度教养的西方人眼中是种最没有用的小人——放在部长或国务卿一级的职位上。这该是多么可怕的野蛮人啊!"[①]当然,这些官僚知识分子之所以也从事科学技术工作,其出发点是为治理国务,并非出于探索自然界奥秘的目的。本质上,他们是轻视科学技术,视科学技术为末技的。他们注重的是经史治国,"君子博学于文,自身而至于家国天下,制之为度数,发之为音容,莫非文也"。[②]

由此,也就决定了中国科学技术史上的另一特殊现象,即与国家事务关系密切的学科特别发达。其中,又以农学、天文学、数学、地学、医学等学科,以及冶金、纺织、建筑、造船、造纸等技术领域最为发达,成就最大。

中国历史上一直以农业立国,把农业作为本业,把商业作为末业。《吕氏春秋·上农篇》云:"古先圣王之所以导其民者,先务于农。民农非徒为地利也,贵其志也。民农则朴,朴则易用,易用则边境安,主位尊。民农则重,重则少私义(议),少私义(议)则公法立,力专一。民农则其产复,其产复则重徙,重徙则死其处而无二虑。民舍本而事末则不令(聆);不令(聆)则不可以守,不可以战。民舍本而事末则其产约,其产约则轻迁徙,轻迁徙则国家有患,皆有远志,无有居心。民舍本而事末则好智,好智则多诈,多诈则巧法令,以是为非,以非为是。后稷曰:'所以务耕织者以为本教也。'"[③]也就是说,农业不但可以获取土地之利,保证国家的财政收入,而且可以把

---

①　引自李约瑟《中国科学技术史》中译本《天学卷》扉页,科学出版社,1975年。

②　清·顾炎武,《日知录·博学于文》。

③　夏纬英,《吕氏春秋上农等四篇校释》。

农民固定在土地上,以便于征调和统治。而商人易于迁徙,又思想活跃,不便于管理。因此,历代政权都奉行以农为本,重农轻商的国策,组织和管理农业生产也因之成为政府的一项要务。历代政权在建立之初都鼓励垦殖,甚而把增加人口,发展农业生产作为考核地方官吏的标准。武则天在位时,曾规定各州县境内,如"田畴垦辟,家有余粮",则予升奖,如"为政苛滥,户口流移",则加惩罚①。她还召集人员撰写农书《兆人本业》,颁行天下。其后,唐代皇帝曾把进呈《兆人本业》定为制度,"每年二月一日,以农业方兴,令百寮具则天大圣皇后所删定《兆人本业记》进奉"②。太和二年(828),唐文宗还曾令各州县把《兆人本业》"写本散配乡村"③,以普及推广。历代的农学家也都是在农本思想的指导下,从事农学研究,撰著农书的。唐代农学家韩鄂之所以"编阅农书,搜罗杂诀","撮诸家之术数",撰编《四时纂要》,即是为了国计民生,他说:"夫有国者,莫不以农为本;有家者,莫不以食为先",认为这是"贤愚共守之道也"。他还说:"若父母冻于前,妻子饿于后,而为颜闵之行,亦万无一焉。设此带甲百万,金城汤池,军无积粮,其何以守?虽有羲轩之德,龚黄之仁,民无粒储,其何以教?知货殖之术,实教化之先"④,反映了他为国为民的思想。南宋农学家陈旉在其所著《农书》中也说,他之所以撰著此书,是为了"行于此时而利后世,少裨吾圣君贤相财成之道,辅相之宜,以左右斯民"⑤。元代王祯在所著《农书·自序》中说:"农,天下之大本也","古先圣哲敬民事者,首重农,其教民耕、织、种植、畜养,至纤至悉。"他之所以"搜辑旧闻",撰著《农书》,是希望"躬任民事者,有所取于斯与"。

有的农学家更因为生活在该代政权衰微之时,试图挽救政权大厦之将倾。如著名的农学家贾思勰,他生活在北魏政权从盛世转入衰落的时代,亲眼看到孝文帝改革后北魏社会的繁荣,也亲身经历了北魏政权的衰败,并为此而感到担忧。他曾任高阳太守,对于州郡官员在政权中的重要性有切身的体会,也对北魏后期上层官员和州郡官吏的腐败深恶痛绝。出于挽救北魏政权覆亡危机的目的,他撰著了《齐民要术》一书,主张以农为本,提醒政府重视农业生产,以达到"要在安民"的目的。⑥贾思勰认为,"赵过始为农耕","蔡伦立意造纸"等,都是"益国利民"的"不朽之术",对于科学技术的发明创造及其作用给予极高的评价。他对前代官吏推广先进农业生产工具和技术,发展农业生产的业绩,推崇备至,赞扬"皇甫隆乃教作耧犁,所省庸力过半,得谷加五","任延、王景乃令铸作田器,教之垦辟,岁岁充给",并把他们作为榜样,反映了他的思想境界和追求目标。他所撰的著名农书《齐民要术》,"起自耕农,终于醯醢,资生之业,靡不毕书"⑦。所谓"资生",即有益于国计民生,表达了他著书立说的目的。又如明代杰出的科学家徐光启,他生活在明代末期,眼看着王朝的没落,极力试图挽救。他在提出一系列改革主张的同时,投身于科学技术的研究工作,欲求有益于社会。他"初筮仕入馆职,即身任天下,讲求治道,博极群书,要诸体用。诗赋书法,素所善也。既谓雕虫不足学,悉屏不为。专以神明治历律兵农,穷天人指趣"⑧。他"尝学声律,工楷隶,及是悉弃去,(专)习天文、兵法、屯、盐、水利诸策,旁及

① 《唐大诏令集·戒励风俗敕》。
② 《吕衡州集》卷四《代文武百寮进农书集》。
③ 《旧唐书·文宗纪》。
④ 唐·韩鄂,《四时纂要·序》。
⑤ 《陈旉农书·序》。
⑥ 北魏·贾思勰,《齐要民术·序》。
⑦ 北魏·贾思勰,《齐要民术·序》。
⑧ 明·徐光启,《农政全书·张溥原序》。

工艺数学，务可施用于世者"①。他撰编《农政全书》，也是在农业"为生民率育之源，国家富强之本"的思想指导下写成的②。徐光启针对明末严重的灾荒问题，在其《农政全书》中特别注重救灾救荒，在书中以18卷的篇幅专论荒政。

在中国传统的宇宙论中，存在着一个有意志的"天"。"天"是至高无上的，天地万物乃至于人世间的一切事务，都受着"天"的支配和主宰，而且认为天文现象与世间人事之间存在着相互对应的关系。人世间的帝王是"天子"，代表"天"的意志行事，并受着"天"的制约。为了卜知天意，沟通天人关系，于是出现了星占学，由之星占学便被与政务紧密地联系起来。政府专门设置了观象台，任命一批官吏日夜观测天象，并加以记录，以报告异常天象，或预测日、月食以及五星运行的特殊现象。历法则被视为顺应天意，代天"敬授民时"的重要举措，象征着帝王的威权，为"王者所重"，"王者易姓受命，必慎始初，改正朔，易服色，推本天元，顺承厥意"③。历史上的天文学是与星占学及历法制定纠缠在一起的，这样天文学便带上了神圣而又神秘的色彩，连天文台站的设置，历法的编修、颁布，甚至天文仪器的制造等，都成为政权的象征。同时，天文学与国计民生亦有着密切的关系。《晋书·律历志》说："昔者圣人拟宸极以运璇玑，揆天行而序景曜，分辰野，辨躔历，敬农时，兴物利，皆以系顺两仪，纪纲万物者也。"因此，历代政府都对天文历法非常重视，设立有专门的机构，由中央政府直接控制。

数学作为一门工具性学科，与国计民生关系极为密切。地理状况的了解，地图的测绘，土地的丈量，赋税的计算，财政的收支，货物的交易，建筑工程、水利工程的设计和施工，乃至音律的制定等等，都离不开数学。同时，天文、历法亦与数学密不可分，故此中国古代是天算不分的。孙子说："夫算者，天地之经纬，群生之元用"，可以"观天道精微之兆基，察地理纵横之长短"④。《后汉书·历律上》在论述数时也说："故体有长短，检以度；物有多少，受以量；量有轻重，平以权衡；声有清浊，协以律吕；三光运行，纪以历数。然后幽隐之情，精微之变，可得而综也。"可见中国古代对于数学的功用，已有相当深刻的认识。数学的这些功用，都与治理国家的政务密切相关，故数学一直受到历代政权和知识分子的重视，成为"士"必受训的"六艺"之一。元代数学家李冶更明确指出："数术虽居六艺之末，而施之人事，则最为切务。"⑤

对于地理情况的了解和掌握，更是治理一个庞大国家的要务。《山海经》中已指出："此天地之所分壤树谷也，戈矛之所发也，刀铩之所起也，……得失之数，皆在此内，是谓国用。"⑥ 西汉淮南王刘安说："俯视地理，以制度量；察陵陆、水泽、肥墝、高下之宜，立事生财，以除饥寒之患。"⑦ 二十四史中，十六史有《地理志》，以供"王者司牧黎元，方制天下，列井田而底职贡，分道里以控华夷"之用⑧。地图的绘制也受到历代政权的重视。西晋裴秀的《禹贡地域图》之制作，是为了使"王者不下堂而知四方"⑨。唐代李吉甫编纂《元和郡县图志》，是为了"佐明王扼天下之

① 明·邹漪，《启祯野乘·徐文定传》。
② 明·徐光启，《农政全书·凡例》。
③ 《史记·历书》。
④ 《孙子算经·序》。
⑤ 李冶，《测圆海镜·序》。
⑥ 《山海经》卷五。
⑦ 《淮南子·泰族训》。
⑧ 《旧唐书·地理志一》。
⑨ 《北堂书钞》卷九十六。

吭,制群生之命,收地保胜势之利,示形束壤制之端"①。

医学虽有些特殊,著名的医学家很多没有进入仕途,但由于医学关系到每个人的生命安危,对于维护社会安定有着重要的作用,加上传统的儒家思想认为,医学"上以疗君亲之疾,下以救贫贱之厄,中以保身长全,以养其生"②,所以也受到历代政府和知识分子的重视。政府设置有专门的医药机构和专职医官,制定有医药政策,建立有医药教育制度,并颁布药典和医方,以推广和普及医药。而且,一些高级官员也从事医药研究工作,如王焘、苏颂、沈括、苏轼等著名的官员都研究医药,撰写医书、药书。

各个技术部门与手工业、农业生产息息相关,关系到国家的经济和军事实力,关系到帝王和官僚的衣食住行,也关系到民众的生计,因此一直被纳入国家管理的轨道。政府从中央到地方建立了一系列的工官体制,设置专门官吏进行管理。重要的技术生产部门,如建筑、纺织、冶金、矿产、制盐、军工、造船、造纸、印刷等,政府都设置有大型的官营工场,抽调全国的能工巧匠来从事生产和制作。同时,制定有一系列的管理法令,以及工匠培训制度。另外,还建立有一系列专门为皇家服务的庞大机构和大型工场。

纵观中国历史,即可以看到,凡是与国家治理相关的科学领域和技术部门,都受到政府的直接控制。也可以说,中国历史上较为发达的科学领域和技术部门,大都带着官方的印记,与国家的治理有着极为密切的关系。

既然从事科学的目的是为国为民的,因此科学家惮心竭虑的工作完全是忘我的。如同墨子所一再强调的,是为了"兴天下之利,除天下之害"③。他们不以科学作为进身的阶梯,也不以科学谋求私利。这一优秀品质,在中国古代科学家身上都有所反映,尤以一些著名的医学家最为突出。葛洪和孙思邈在行医过程中,看到现实中存在这样一个严重问题,即"诸方部帙浩博,忽遇仓卒,求检至难,比得方讫,病已不救"④,为急病人之所急,他们呕心沥血,撰著了简便易行又有成效的杰作《肘后方》和《千金要方》。《肘后方》中所用"率多易得之药",即使需买者,"亦皆贱价草石,所在皆有",又兼之以灸,"凡人览之,可了其所用"⑤。他们都强调,救死扶伤,便民利民是医学家应该共同遵从的医德。孙思邈曾说:"若有疾厄来求救者,不得问其贵贱贫富,长幼妍嗤,怨亲善友,华夷愚智,普同一等,皆如至亲之想。亦不得瞻前顾后,自虑吉凶,护惜身命。……勿避峻嶮,昼夜寒暑,饥渴疲劳,一心赴救,无作功夫行迹之心。如此可为苍生大医,反此则是含灵巨贼"。对于那种"邀射名誉",追求"绮罗满目","丝竹凑耳","珍馐迭荐","醹醁兼陈"的庸医,孙思邈斥之"甚不仁矣",为"人神所共耻,至人所不为"⑥。他所著之医学著作取名《千金要方》和《千金翼方》,乃是寓意人命至重,重于千金,表明他对救护人命之重视。宋代一佚名的医学家也说:"凡为医者,性存温雅,志必谦恭;动须礼节,举乃和柔;无自妄尊,不可矫饰;广收方论,博通义理;明运气,晓阴阳;善诊切,精察视;辨真伪,分寒热;审标本,识轻重。疾小不可言大,事易不可云难。贫富用心皆一,贵贱使药无别。苟能如此,于道几希。反是者,为生灵

① 唐·李吉甫,《元和郡县图志·序》。

② 东汉·张仲景,《伤寒杂病论·自序》。

③ 《墨子·兼爱中》。

④ 孙思邈,《千金要方·自序》。

⑤ 葛洪,《肘后方·自序》。

⑥ 孙思邈,《千金要方》卷一。

之巨寇。"①

　　知识分子以做官为出路,进入仕途之后以治国为己任。为了达到这一目标,特别是汉代独尊儒术之后,只有熟读经典方能做官和治国,因此知识分子大多把精力耗费在皓首穷经之上,去修习所谓的"内圣外王"之功。即内以圣人的道德为体,外以王者的仁政为用,体用兼备,各尽其极致。如此,培养出来的人才只能是通儒,哺育出的只能是娴熟经典的文化人,而不是一个专才。"治经入官,则君子之道焉"②,对于科学技术,如抽象性、理论性极强的数学,虽被列为知识分子必受训练的六艺之一,但仅要求兼明,而不要求专业。《颜氏家训·杂艺篇》说:"算术亦是六艺要事,自古儒士论天道,定律历者皆学道之。然可以兼明,不可以专业。"这是一条反专业化的道路。用现代社会学的语言说,也就是造就的知识分子属于功能普化型,而不是功能专化型。所以,中国古代的知识分子,包括科学家、技术家在内,大都以经学作为进身的阶梯,身兼多种职能,注意力主要集中在现实的人世,关心的是治国平天下的政业,而很少是以自然界作为研究对象,以科学技术作为终身事业的。也正因为如此,那种探索自然界奥秘的独立的科学思想和科学精神,没能在中国形成。

　　另一方面,由于中国历史上的主要科学领域和技术部门,是直接为国家的治理服务的,注重的是科学技术的功用,而不是注重于探索其原理和原因,因而形成了"但言其当然,而不言其所以然"③的学术倾向。如天文学,其所面对的是整个宇宙,其所探究的本该是纷繁复杂的自然现象,但在古代中国的大多数天文学家却不是这样。他们认为,"古推步家齐七政之运行,于日躔曰盈缩,于月离曰迟疾,于五星曰顺留伏逆,而不言其所以盈缩、迟疾、顺留伏逆之故。良以天道渊微,非人力所能窥测,故但言其所当然,而不复强求其所以然。此古人立言之慎也","但言其当然,而不言其所以然者,之终古无弊哉"④。

　　上述的两个原因,决定了历史上中国的科学形态是属于实用型,注重于实用性,充满了务实精神,而非理论型,在理论方面的研究受到忽视。

　　当然,科学技术的存在及其发展,是不可能完全离开理性思维的,哪怕是最简单的、初级的理性思维。但在中国古代,这些理性思维的因素大都被寓于实际(有形的、有数的实物)之中,被强大的务实精神所笼罩,没能被抽象出来,升华而形成独立的系统的理论。此外,也不可否认,在中国历史上也出现和应用过一些理论,如元气学说、阴阳学说、五行学说等,但这些理论与知识分子是功能普化型的一样,也是功能普化型的理论。它普适于天地万物,以至于人事和人身。这种高度普适性的理论,虽也可以用来笼统地、模糊地解释一些自然现象,可是其客观效果却束缚了人们对自然界进行具体的、有分析的探讨的科学精神,阻碍了人们深刻认识事物本质的进取心理的发展,因而最终成为形成科学性专化理论的一种阻力。

　　同时,在读经入仕的道路上,知识分子养成了崇尚经典的学风和唯经典是从的惰性,也影响到科学技术领域中。各门主要的科学学科,甚至一些主要的技术部门,都树立有经典。后人的工作更多的是继承、沿袭或注疏、诠解,并在此基础上补充、改进,而创新精神不足,缺乏对科学文化体系进行变革的动力。这也就决定了中国古代科学技术只能沿着传统的道路缓慢地前进,没能产生质的飞跃,进入近代理性的科学阶段。

---

　　① 宋·佚名,《小儿卫生总微论》卷一《医工论》。
　　② 《晋书·食货志》。
　　③,④ 清·阮元,《畴人传》卷四十六。

总之,知识分子从治理国家政务的实用目的出发,进行科学技术工作的结果,一方面给中国历史上的科学技术带来了动力,使中国古代具有较高的科学技术水平,取得了不少划时代的辉煌成就,在一个相当长的历史时期内处于世界的先进行列,甚至居于领先的地位;另一方面也给中国历史上的科学技术带来了局限,特别是缺乏对自然界进行理性探索的精神,致使未能形成专化性的科学理论,而只能是滞留在经验性的认识阶段。及至进入近代科学时期,便赶不上时代的潮流,被时代的潮流远远地抛在后面。

二

尽管中国历史上每隔一段时间就发生一次朝代的更替,但中国的文明发展史却是一脉相承,连绵不断的,从没有像其他的文明古国那样,因异族的入侵而中断。正是由于这种历史的连续性,使中国的文化具有鲜明的继承性。这种文化的继承性,是世界其他国家所无法比拟的。这种继承性也强烈地反映到中国古代科学家身上,反映到科学技术领域之中。古代科学家在科学技术的研究工作中,均十分重视前人以及同时代人的科技成果,以及社会生活和生产中已经积累的大量实践经验,并以此作为基础,加以整理、总结、归纳和发展,使之提高到新的水平。

"读万卷书,行万里路",这是中国古代学问家的至理名言,科学家大多也是以此作为座右铭的。他们都非常勤奋、好学,对于前人的著作总是广泛搜集,博采众长。同时,他们非常重视民间蕴藏的丰富经验,总是极力搜求,并加以总结和运用。

张仲景在进行医学研究,编著《伤寒杂病论》的过程中,即极其重视"求古训,博采众方"[①]。葛洪的科学研究工作更是如此,他"时或寻书问义,不远数千里崎岖冒涉,期于必得,遂究览典籍"[②]。孙思邈之为学,则是"白首之年,未尝释卷,……事长于己者,不远千里,伏膺取决"[③]。李时珍为编著《本草纲目》,不辞辛劳,深入民间,四出采访,向农民、渔民、猎人、樵夫、药农、老圃、工匠等学习、请教,所引用文献多达 800 余种。

医学家是如此,其他的科学家也是这样。贾思勰为编著《齐民要术》,"采捃经传,爰及歌谣,询之老成"[④],全书引用文献达 180 余种。祖冲之的光辉数学成就,是在"搜练古今,博采沈奥"的基础上取得的[⑤]。他之取得当时世界最精确的圆周率数值,更是继承和运用了刘徽的数学方法——"割圆术"。沈括的杰出科学贡献,除了好学不倦外,还特别重视民间的各种工艺和创造发明。他指出:"至于技巧器械,大小尺寸,黑黄苍赤,岂能尽出于圣人,百工、群有司、市井、田野之人,莫不预焉"[⑥]。郭守敬等人为编制《授时历》,"遍考自汉以来历书四十余家"[⑦]。徐光启之为学,"考古证今,广谘博讯,遇一人辄问,问则随闻随笔,一事一物,必讲究精研,不穷其极不已"[⑧]。他在《农政全书》中,引用的文献有 225 种之多。徐霞客的地学工作,除了实地考察外,还

---

① 张仲景,《伤寒杂病论·自序》。

② 《晋书·葛洪传》。

③ 孙思邈,《千金要方·自序》。

④ 贾思勰,《齐民要术·序》。

⑤ 《宋书·律历志》。

⑥ 沈括,《长兴集·上欧阳修参政书》。

⑦ 《元史·杨恭懿传》。

⑧ 徐骥,《文定公行实》,《徐光启集》下册。

博览群书。他"特好奇书，侈博览古今史籍及舆地志、山海图经，以及一切冲举高蹈之迹"[①]。清代著名的学者吴其濬一生好学，尤对于植物学和矿物学有深厚的造诣。他辑录历代有关植物的文献 800 余种，编著成《植物名实图考长篇》22 卷，为他后来编著的名著《植物名实图考》奠定了基础。

科学家重视继承性的另一方面，体现在他们把前人的一些重要著作尊为经典，并沿袭经典的传统和方法进行自己的科技工作。例如：

数学家们把《九章算术》尊为经典。该书为集战国秦汉数学大成之著作，它以算筹作为主要计算工具，以当时世界上最先进的十进位值制记数系统进行各种运算，包括整数、分数和正负数的四则运算，平方和开方，立方和开立方，比例计算，方程及一次方程组的解法等。全书的体例为习题集形式，计收入当时社会需要解决的各种实际问题 246 题，按解题的方法和应用的范围分为九大类，每一大类为一章。16 世纪以前，数学家在编著数学著作时，大多沿袭这种习题集形式的体例。而且，不少数学著作也是分为九类，并冠以"九章"之名，如《数书九章》、《详解九章算法》、《黄帝九章算法细草》、《九章算术细草图说》、《九章算法比类大全》等。同时，有不少数学家都为《九章算术》作注释或注疏工作，著名者有刘徽、祖冲之、李淳风、贾宪、杨辉等。

农学家们把《齐民要术》视为经典，该书对后世农学有着深刻的影响。元代司农司编著的《农桑辑要》，王祯的《农书》，徐光启的《农政全书》，清代的《授时通考》这四部综合性的农书，从体例到取材基本上都是采自该书，许多范围较为狭小的农书也与之有着渊源关系。

《黄帝内经》被历代医家奉为经典，至今仍然是中医学界的经典著作。该书大约成书于汉代，是汉以前医学成就和理论的集大成性著作，为中医学理论体系奠定了基础。历代医家都深研《内经》，并以此作为学医和业医的基石，指导医学研究和临床实践。《神农本草经》亦被医药学家们奉为经典，作为用药处方的基础。历代的本草著作大都以之为规范而编著，无出于其窠臼。其中，陶弘景所作的《本草经集注》，亦因之成为一部经典名著。

唐代天文学家一行在继承前人成果的基础上，编修而成的《大衍历》则成为后世历家的规范。在明末用西方方法修历之前。各次修历都仿效《大衍历》的体例和结构。

《汉书·地理志》则成为地学家们的经典。它是大一统的中央集权政治要求下的产物，为适应治国需要的疆域地理志或沿革地理志，并附记有山川、道路和物产等。其中，既有自然地理方面的内容，更有大量的人文地理方面的内容。这一地学传统为后世历代地学家所沿袭，不管是纂修全国性的地理总志，或者是编撰区域性的地方志，都是如此。

当然，科学家们注重继承，并不是对前人的工作盲目的抄袭或生搬硬套。正如唐代医学家王焘所说，在继承前人的成果时，"捐众贤之砂砾，掇群才之翠羽"[②]。也就是说，要有批判地继承前人的科学遗产，去其糟粕，取其精华。崇拜前贤，又不因循守旧，而是用发展的眼光，有分析地对待前人的工作。正确处理继承与创新的关系，以继承前人工作为基石，不断创新，不断前进，同时也不断纠正前人的错讹和失误，这正是他们的可贵之处，也是他们能够有所作为，取得光辉科学业绩的重要原因之一。

刘徽在为《九章算术》作注时，发现以往人们有关圆的计算中，取"周三径一"，即圆周率定为 3，这是不正确的，存在着很大的误差。他通过计算提出，"周三径一"的数据，实际上是圆内

---

① 陈函辉，《徐霞客墓志铭》，见《徐霞客游记·编附》，上海古籍出版社，1982 年。

② 唐·王焘，《外台秘要·自序》。

接正六边形周长与直径的比值，不是圆周与直径的比值，用这数据计算的结果，不是圆的面积，而是圆内接正十二边形的面积。从而他创立了计算圆周率的新方法——割圆术，提出当圆内接正多边形边数无限增加时，其周长即愈益逼近圆周长，"割之弥细，所失弥小。割之又割，以至于不可割，则与圆合体而无所失矣"[①]。也就是说，圆内接正多边形边数无限增多时，其周长的极限即为圆的周长，面积的极限即为圆的面积。他的这一成就，开创了中国圆周率计算的新纪元。他把极限概念运用于解决实际的数学问题，这在世界数学史上也是一项重大的成就。他还得出球体积为球径立方的十六分之九的结论，这同东汉著名科学家张衡的观点不同。他正确地坚持了自己的研究结果，指出张衡看法的错误。他说："衡说之自然，欲协其阳阴奇偶之说而不顾疏密矣。虽有文辞，斯乱道破义，病也。"

刘焯在天文学的研究中，对"南北相距千里，日影相差一寸"的传统结论提出了质疑。他说，"张衡、郑玄、王蕃、陆绩先儒等，皆以为影千里差一寸"，"考之算法，必为不可"，"明为意断，事不可依"[②]。为此，他提出了进行实际测量的建议。虽然他的建议在当时没能实施，但却为唐代一行、南宫说等人的子午线实测工作奠定了基石。

先秦的地学经典《禹贡》提出"岷江导江"，亦即岷江是长江的源头。这一看法长期以来被人们一直承袭，成为定论。徐霞客从长江大于黄河，则江源理应长于河源的认识出发，意识到这一传统成见的错误。他指出："何江源短而河源长也？岂河之大更倍于江乎？"[③] 为此他溯江追源，经过实地踏勘，得出了金沙江导江，即长江之源为金沙江的新结论。

科学的发展道路并不是平坦的康庄大道，在科学的发展进程中，也会遇到曲折，也会遭遇阻力。科学家们在科学工作中深刻地体会到，人们的认识水平是不断进步的，科学是不断发展的，而要发展，就要创新，就要超越前人，就不能为前人的成就所束缚。科学发展的本身就要求解放思想。任何创新都免不了要突破传统的偏见，甚至要与传统的偏见作斗争。本世纪伟大的物理学家爱因斯坦（A. Einstein）曾经指出，"科学研究能破除迷信"，"科学迫使我们创造新的观念和新的理论。它们的任务是拆除那些常常阻碍科学向前发展的矛盾之墙。所有重要的科学观念都是在跟我们的理解之间发生剧烈冲突时诞生的"[④]。中国古代的科学家也闪耀着这种思想的光辉。他们敢于冲破传统偏见的束缚，敢于拆除传统偏见与新发现的科学事实间的矛盾之墙，因而能够不为前人所局限，把科学推向前进。

祖冲之在科学研究工作中，一直坚持着"不虚推古人"的思想。因此，他富有批判的精神和探索的勇气。他在"博访前故，远稽昔典"，掌握大量资料的同时，坚持实际考核验证，亲身进行精密地测量和细致地推算，既发扬了前人的成就，又弥补了前人的不足，纠正了前人的差误，把中国的数学和天文学推进到一个新的高度。特别是他在编修《大明历》时，不畏权势，据理抗争，坚持改革，更谱写了中国科学史上光辉的篇章。

在祖冲之完成《大明历》，上表给宋孝武帝，要求推行新历时，曾遭受宠臣戴法兴的竭力反对。戴法兴拘泥于陈腐的传统观念，抱残守阙，非难祖冲之。他无视祖冲之提出的"冬至所在，岁岁微差"的岁差的客观存在，以冬至点是"万世不易"的观念，指责祖冲之"诬天背经"。又以闰

① 魏·刘徽，《九章算术注·方田章》。
② 《隋书·天文志》。
③ 徐霞客，《江源考》，见《徐霞客游记》卷十下。
④ 转引自金秋鹏《著名物理学家爱因斯坦》，见《外国著名科学家》，商务印书馆，1985年。

法的设置，是"古人制章"，"此不可革"为口实，攻击祖冲之关于闰周的改革是"削闰坏章"。他还认为天文和历法是"非凡夫所测"，"非冲之浅虑，妄可穿凿"的，因戴法兴是宠臣，"天下畏其权，既立异议，论者皆附之"，当时朝臣中支持祖冲之的，只有一人。面对权臣和孤立，祖冲之没有畏惧，挺身而出，与戴法兴进行针峰相对的论辩。他用亲身观察测量的事实，驳斥戴法兴，说明日月星辰的运行，"迟疾之率，非出神怪，有形可检，有数可推"，人们对天体运行的认识，在不断进步，"艺之兴，因代而推移"。他指出，"事验昭晰，岂可信古而疑今"，"以一句之经，诬一字之谬，坚执偏论，以阂正理，此愚情之所未厌也。"他认为戴法兴的责难，只不过是"厌心之论"而已①。正是这种勇于追求真理，探索真理的精神，使祖冲之能够在科学的许多领域中取得重大的突破，而成为一代科学大家。

　　类似的斗争在隋代也发生过。隋文帝杨坚即位以后，颁用的是宠臣张宾等人编制的《开皇历》。该历因循守旧，不用岁差、新闰法、定朔等当时天文学家所取得的新成果。于是刘孝孙、刘焯等人"并称其失"，力主行用他们依据新观念、新思想编制的新历法。张宾等人却依仗权势，诬蔑刘孝孙、刘焯"非毁天历，率意迁怪"，"妄相扶证，惑乱时人"②，并借故在政治上斥贬刘孝孙、刘焯二人，妄图以此维护业已疏陋的《开皇历》。为了坚持新知，纠正错误，刘孝孙怀抱新编制的历法，用车推着棺材到皇宫哭诉，表示自己不惜一死以伸张真理的决心，迫使隋文帝不得不下令以测验日食来比较新、旧历法的短长。测验的结果证明《开皇历》粗疏，刘孝孙等人的历法精密，从而取得了斗争的胜利。

　　"艺之兴，因代而推移"，后人超越前人，是古代科学家在科学道路上所取得的共同认识。贾思勰认为，"神农、仓颉，圣人者也，其于事也，有所不能矣"。也就是说，圣人并不是万能的，他们有其所能亦有其所不能，有其所长亦有其所短，创新乃"不朽之术"③，后人超越前人是天经地义的。宋代天文学家周琮则认为，"古今之历，必有术过于前人，而可以为万世法者，乃为胜"④。清代数学、天文学家梅文鼎等人也明确指出，"谈天之家，测天之器，往往后胜于前"⑤，"后世法胜于前，而屡改益密者，惟历为最著"⑥。

　　类似的这种坚持创新，勇于创新的精神，在医学家身上也有突出的体现。张仲景对于那种"各承家技，终始顺旧"的庸医⑦，持强烈批判的态度。宋代著名的儿科学家钱乙，其为学"不靳守旧法，时度越纵舍，卒与法会"⑧。元代著名的医学家朱震亨尖锐地指出，"故方新病，安能有相值者，泥是且杀人"⑨，认为在行医治病时，如果泥守故方，不会灵活运用，不懂变革，就可能造成杀人的悲剧。对温病学说做出重大贡献的明代医学家吴有性也说："固方新病，以今病简古书，不无明论，是以投剂不效。"⑩金元四大医家都是在《内经》基础上，加以发挥，而创立自己的医学学说。刘完素研究《内经·素问》达 35 年之久，加注二万余言，又针对当时传染病流行，认

---

① 《宋书·律历志》。

② 《隋书·律历志》。

③ 贾思勰，《齐民要术·序》。

④ 《宋史·律历志》。

⑤ 《明史·天文志》。

⑥ 《明史·历志》。

⑦ 张仲景，《伤寒杂病论·自序》。

⑧ 《宋史·方伎传》。

⑨ 元·朱震亨，《格致余论·自序》。

⑩ 明·吴有性，《温疫论·自序》。

为病因是火、热所致,主张使用寒凉药物,而创立"寒凉派"。张从正继承和发展了刘完素的医学思想,认为邪去身安,主张用汗、吐、下三法,而创立"攻下派"。李杲师承刘完素,发扬《内经》理论,强调脾胃作用,主张以补脾胃为主,而创立"温补派"。朱震亨为刘完素的三传弟子,又旁通张从正、李杲之学。他结合三家学说,倡泻火养阴之法,而创立"养阴派"。可见他们在汲取前人成就的同时,不断根据所面临的实际情况而有所变革,有所创新。

综上所述可以看到,注重继承而又不拘泥于旧说,追求创新,敢于前进,是古代科学家一个重要的共同特点。也正由于如此,他们方能把科学技术不断地推向前进,使中国古代的科学技术不断地得以发展。

## 三

科学家之所以能有所成就,除了他们孜孜不倦的求学态度,以及他们有着敢于突破前人的成见,大胆创新的精神外,最重要的还在于他们始终脚踏实地,坚持进行科学实践。正如宋应星所强调的,对什么事物都应该"见见闻闻","穷究试验"①。他们从亲身的科学实践中,发现前人认识中存在的问题,进而提出解决这些问题的见解或方法。尽管科学家所从事的领域各不相同,他们所采用的实验手段亦各不相同,或观测,或试验,或考察,但他们却有着一个鲜明的共同特点,这就是从大量的事实和资料中,总结、归纳出自己新的认识或见解,弥补前人的不足,纠正前人差错,推翻前人的谬误,使人们对自然界的认识水平不断地提高,使科学技术不断地得到发展。

天文学作为一门观测的科学,天文学家们自古以来就一直坚持着这样的认识道路,即从观测天体的实际运动出发,不断发现天象的变化或异常,不断深化对天体运动规律性的认识,并通过再观测检验这些认识的正确与否,或修正这些认识的偏差,从而把古代天文学一步步推向更高的水平。这一认识道路在历法的编修方面反映得最为突出。

"历本之验在于天"②,这是汉武帝时在制定《太初历》过程中,一批天文学家提出的编历原则。其后,历代天文学家都坚持这一认识原则。他们都以十分严肃认真的态度来对待天象观测,主张以确凿无疑的实测结果编定历法。东汉的天文学家刘洪等指出,修定历法时,"未验无以知其是,未差无以知其失",只有通过实际观测检验,方能"失然后改之,是然后用之"③。祖冲之也指出,"夫甄耀测象者,必料分析度,考往验来,准以实见"④。也就是说,要以对实际天象的观测为准,来考验历法的是非与精粗。晋代天文学家杜预明确地提出,编历与测天的关系是:"当顺天以求合,非为合以验天者。"⑤意思即为历法编定应该力求符合实际天象,而不是先行编好历法,再去求合验,或是只图一时一事之偶合,而不考虑是否经得起时间和多方面客观事实的检验。

可以说中国历史上历法的每一次重大进步,天文学领域的每一项重大成就,都是通过实际观测而取得的。刘洪花费20多年的时间进行研究、观测,"考史官自古迄今历注,原其进退之

---

① 宋应星,《天工开物·膏液》。
② 《汉书·律历志》。
③ 《续汉书·律历志》。
④ 《宋书·律历志》。
⑤ 《晋书·律历志》。

行,察其出入之验,视其往来,度其终始,始悟《四分》于天疏阔",而编修《乾象历》。在《乾象历》中,他"创制日行迟速,兼考月行,阴阳交错于黄道表里,日行黄道,于赤道宿度复有进退",在日月运行、交食的研究上取得重大的突破,"方于前法,转为精密矣"①。张子信"隐于海岛中,积三十许年,专以浑仪测候日月五星差变之数,以步推之"②,从而发现了太阳、五星运动的不均匀性,以及视差对交食推算的影响。一行编制《大衍历》、郭守敬编制《授时历》过程中更是如此。郭守敬指出,"历之本在于测验,而测验之器莫先仪器"③,他们在制历之初,都先研制出新的天文观测仪器,继而进行大规模的长年累月的天象观测,从而使编制的历法达到他们所处时代的顶峰。

　　医药学家的研究工作更是在不断的医疗实践中进行的。他们大多亲身行医,或亲自作药物的调查、搜集和整理,进而求取医药学理论、临床诊断以及治疗效果的统一。关于神农氏尝百草的传说,反映了中医药学从一开始就是一门实践的科学。其后,注重医疗实践一直成为医药学家们遵循的原则。孙思邈曾非常尖锐地批评世上存在的一些庸医,说:"世有愚者,读方三年,便谓天下无病不可治。及治病三年,乃知天下无方可用。"也就是说,医者仅靠单纯的读医书、方书,是不可能成为真正的医师的,这只是愚者所为而已;只有进行医疗实践,才能真正成为医师。

　　医药学家注重实践的一个突出表现是,他们都非常重视原始资料的积累。淳于意在行医中,创意设立"诊籍"(相当于今之医案或病历),记录就医患者的姓名、地址、职业,以及病理、辨正、治疗、效果、预后等内容,为他自己和后人总结、归纳与提高医疗水平提供了依据。陶弘景在药物研究中,曾仔细地观察了大量动植物,做了不少生动、准确的记录,纠正了一些前人的差讹,使他撰著的《本草经集注》成为中药学的不朽名著。孙思邈为了研制治疗用药,曾长途跋涉,隐居太白山,进行炼丹实验,成功制成太一神精丹。他还曾试服钟乳石,以检验其药效。他积累了半个世纪行医用药的经验,编撰成医学巨著《备急千金要方》。其后,他又曾以古稀之年,远涉四川峨眉和河南等地,进行实地考察,获取许多宝贵资料,经 30 余年的努力,编撰成又一部巨著《千金翼方》。苏颂的《本草图经》,是在全国性药物调查的基础上完成的。李时珍为了编撰《本草纲目》,特意花费大量精力到全国各地药材产地进行实地调查,采集各种各类的动、植、矿物药物的标本,进行比较研究。清代的王清任亲自对尸体进行解剖,掌握了人体内脏的位置与分布的确切资料,方能发现前人的错误,而撰著《医林改错》一书。正是由于他们掌握了大量的第一手资料,使他能够看到前人工作的不足或错讹,从而予以补充或纠正,使医药学的内容更加充实和完善。

　　医药学家注重实践的另一突出表现是,他们都非常重视经过实践证明有效的治疗方法和药方。陶弘景指出,他在《补阙肘后百一方》中所收载的药方,"或名医垂纪,或累世传良,或博闻有验,或自用得力"④,都是经过检验有效的验方。沈括也在《良方》中申明:"予所谓良方者,必目睹其验,始著于篇,闻不预也。"⑤ 这里所说的"自用得力"和"目睹其验",体现了医药学家重视实践的精神,也是他们进行实践的两种方法。历代医药学家在行医或研究中,都对此加以实

　　① 《晋书·律历志》。

　　② 《隋书·律历志》。

　　③ 《元史·郭守敬传》。

　　④ 陶弘景,《补阙肘后百一方·自序》。

　　⑤ 沈括,《良方·自序》。

际运用。他们或运用其中之一法，或二者并用。李时珍即是二者并用的一个典型。他不仅向前人著述、向有实践经验的人请教，以取得间接经验，而且常常躬亲实验。他曾多次批判那种"贵耳贱目"的态度，亲自检验药物的效果，并曾亲自内服、外用一些药物，以体验其药性。

正是这种重视实践的精神，使医药学家们能面对错综复杂的病因、病症，不断探索求新，发前人之所未发，以适应实际的需求。刘完素即是积 30 多年的实践经验，从而达到"信如心手，亲用若神，远取诸物，近取诸身，比物立象，直明真理"的境界，进而发明了"更新之法"的①。明代的温病学家吴有性通过长期的临床实践，以及对家禽、家畜疾病的实际考察，发现前代医家关于伤寒的病因论与实际发病的情况不尽相符。他指出："温疫之为病，非风非寒，非暑非温"，为"自古迄今，从未有发明者"。他认为温疫病的致病的原因，'乃天地间另有一种异气所感"，从而对其传染途径及其治疗方法提出了新的见解。如果仅仅满足于书本知识，无视实践的重大作用，不去研究新的环境，新的变化，他们就不可能突破前人的窠臼，而有所发明，有所创新。

农学同样是建立在实践基础上，为实践服务的科学。因此，农学家的实践观念也是相当突出的。贾思勰特别强调"验于行事"②，他曾养羊二百只，又曾引种大蒜，以进行观察比较。他还亲自种过黍子，推翻了《氾胜之书》中关于黍子种植密度"欲疏于禾（谷子）"③ 的说法，指出黍子的种植密度可同于禾，从而为提高黍子的单位面积产量提供了密植新法。陈旉更指出，"士大夫每以耕桑之事为细民者业，孔门所不学，多忽焉而不复知，或知焉而不复论，或论焉而不复实"，他说他自己与其他士大夫最重要的区别就在于他具有实践性，他撰著的《农书》就是在"躬耕西山，心知其故"④ 的基础上写成的，他的"学"、"知"、"论"都是以"实"为前提，并得到"实"的检验的。徐光启在纂著《农政全书》的前后，曾在上海、天津等地建立试验园地，种植水稻、棉花、芜青、草药等粮食作物和经济作物，引种当时新的农作物甘薯，又曾放养白蜡虫，通过施肥、接种、南种北移和北种南移等试验，进行观察与研究，还作了试验记录。为了纠正"土地有所宜。一定不易"传统认识的谬误，他曾"多方购得新种，即手自树艺，试有成效，乃广插之"。为备荒政之需，他亲自品尝了不少的草芽本实，说："余所经尝者：木皮，独榆可食。枯木叶，独槐可食，且嘉味。在下地，则燕菖、铁荸荠皆甘可食。在水中，则藕、菰米；在山间，则黄精、山茨菇、蕨、苧、薯、萱之属尤众。草实，则野稗、黄荍、蓬蒿、苍耳，皆谷类也。又南北山中，橡实甚多，可淘粉食，能厚肠胃，令人肥健不讥。凡此诸物，并《救荒本草》所载，择其胜者，于荒山大泽旷野，皆宜预种之，以备饥年。"⑤

穿山越岭，涉危履险，经行万里，对祖国的山川大地进行实际考察，而有所发明，有所发现，是地学家所兼具的思想特征和治学精神。郦道元为注《水经》，曾历游河南、山东、山西、河北、安徽、江苏、内蒙古等地，所到之处，"寻图访颐"，"访渎搜渠"⑥，留心地理状况的考察，并作了详细的记录，使其所著《水经注》的内容大大地超越了《水经》原书。徐霞客更是"生平只负云山

---

① 刘完素，《素问病机气宜保命集·自序》。
② 贾思勰，《齐民要术·序》。
③ 贾思勰，《齐民要术·黍稷第四》。
④ 陈旉，《农书·序》。
⑤ 徐光启，《农政全书》卷二十五《树艺》。
⑥ 郦道元，《水经注·序》。

梦"①,许身山水,立志"问奇于名山大川"②。他以"吾荷一锸来,何处不可埋吾骨耶"的决心③,"穷九州内外,探奇测幽,至废寝食。穷上下,高而为鸟,险而为猿,下而为鱼,不惮以身命殉"④,以毕生的精力,进行探险、游历。从 20 岁到 53 岁的 30 多年中,几乎年年出游,足迹遍及大半个中国。他亲自探察、游历了许多溶洞和名山大川,而且作了详细的记录。他每登一山,都细致地观察山脉走向,峰峦形状,植物分布;每遇一水,都极力追寻水系分布、源流、流向,以及流程、流速;每入一洞,都精心地探查洞穴的形状,结构变化,以及成因。通过实地考察,他纠正了前人史地著作中的大量错讹,改变以往史地著作承袭附会的陋习,开辟了中国古代地理学研究的新方向。

由实地考察而发现新的地理、地质现象,进而得出科学的推论,也是不少古代科学家所遵从的治学方法。沈括"奉使河北,遵太行而北",发现"山崖之间,往往衔螺蚌壳及石子如鸟卵者,横亘石壁如带"⑤,由此他认为这是海陆变迁的重要证据,进而正确地阐述了华北平原的成因。他还由对浙江温州雁荡山的考察,提出了流水的侵蚀作用,是形成雁荡诸峰和西部黄土高原地区地貌特征的原因。宋代地质学家杜绾考察了潭州湘乡和甘肃陇西两地的鱼化石,进而提出了"岁久土凝为石"的化石成因说⑥。没有实地考察,没有从这些考察中取得的客观的事实依据,他们也就无由得到如此深刻的认识。

至于数学家对于他们所研究的数学的认识,也是颇为现实的。刘徽以为数学乃是"规矩度量可得而共"者⑦,并不是神秘莫测的。李冶以为数"出于自然",是"自然之理"的反应⑧。秦九韶则认为,数是由物抽象出来的,而"数术之传,以实为体"⑨。梅文鼎也说,"数学者征之于实"⑩。他们无不明确地论述了数学与实践之间的依从关系和数学理论的客观基础。他们注重实践的思想,与天、农、医、地等各科的科学家的思想是共通的。

正是科学家们对于实践的认真、执着的态度,以及坚持不懈的实践精神,使他们能在科学的道路上有所作为,并放射出灿烂的光芒。

科学家坚持实践,敢于创新的一个重要前提,是他们坚信自然界运动、变化是有规律可循的,人们不但可以认识这些规律,而且可以利用这些规律为自己服务。当然,他们也深刻地认识到,人们的实践活动必须遵循、顺应这些规律,而不能违背这些规律。

中国的传统农学是建立于对农业生产规律的认识基础之上的,并且承认和肯定人类利用和改造自然的巨大能动作用。其特点是在遵循农作物生长规律的同时,重视天时、地利、人力三要素对于农作物生长过程的意义。换句话说,也就是按照农作物的生长规律,充分发挥人的能动作用,创造农作物最佳的生活环境,以谋求农作物最佳的生长状态,求取较好的收益。先秦典

① 唐泰,《赠先生》,见《徐霞客游记·附编》。
② 陈函辉,《徐霞客墓志铭》,见《徐霞客游记·附编》。
③ 《徐霞客游记》卷二下"楚游日记"。
④ 吴国华,《圹志铭》,见《徐霞客游记·附编》。
⑤ 沈括,《梦溪笔谈》卷二十四。
⑥ 杜绾,《云林石谱》。
⑦ 刘徽,《九章算术注·自序》。
⑧ 李冶,《测圆海镜·序》。
⑨ 秦九韶,《数书九章·序》
⑩ 梅文鼎,《续学堂文钞·中西算学通序》。

籍《吕氏春秋》中即提出，"夫稼，为之者人也，生之者地也，养之者天也"①，集中体现了注重天时、地利、人力三要素的思想，而且首先着重强调人力的作用。贾思勰在前人关于天时、地利认识的基础上，进一步总结了顺应天时、地利的基本原则。他说："顺天时，量地利，则用力少而成功多。任情返道，劳而无获。"②他要求人们必须在掌握农作物生长规律的条件下，依据天时、地利的具体情况，合理使用人力，以求"用力少而成功多"之效。否则，违背了自然规律，即使"圣人"亦无能为力，"禹决江疏河，以为天下兴利，不能使水西流。后稷辟土垦草，以为百姓力农，然而不能使禾冬生。岂其人事不至哉，其势不可也。"禾谷的"春生、夏长、秋收、冬藏，四时不可易也"③。如果不遵循农作物的生长规律，其结果只会是"劳而无获"。但是，他并没有要人们仅仅被动地去顺应天时和地利，他对人力的作用非常重视，要人们在掌握天时与农作物关系的同时，能动地利用和改造地力，创造农作物的最佳生活环境。他引用古人的话说，"古人云，耕锄不以水旱息功，必获丰年之收"④，说明通过人们的努力，即使在水旱灾害的情况下，也可以获得好收成。因此，他在《齐民要术》卷首《杂说》中就提出，"凡人家营田，须量己力。宁可少好，不可多恶"，也就是要人们根据自己的力量，合理地经营田地。如果力量不足，宁可少经营一些田地，做到精耕细作，不可贪多而耕作粗疏恶劣。在《齐民要术》各篇中，他都着重地介绍和评述了如何合理地使用人力、物力，搞好经营管理。陈旉也指出，"养备动时，则天不能使之病也"⑤，只要顺应农作物的生长规律，又充分发挥人力的功效，就可以保证获取好的收成。徐光启亦十分重视人力的作用，指出，"若谓土地所宜一定不易，此则必无之理"，"果若尽力树艺，殆无不可宜者"⑥。他做过大量的引种驯化和推广试验工作，由于他善于抓住技术关键，南种北移，北种南移，大多取得成功。

其他领域的科学家也是如此，医学家孜孜探求行医治病的新理、新方、新药，是他们认为疾病可以被认识，可以通过各种治疗方法使之痊愈。天文学家之所以不倦地研究日月五星的运行规律，测量各种天文数据，发明描述它们运动的新方法，是他们认为日月五星的位置、日月交食等自然现象有迹可寻，而且可以被预先测知。许多数学家认为数学并不神秘，如李冶指出，"谓数为难穷，斯可。谓数为不可穷，斯不可。何则？彼其冥冥之中，固有昭昭者存。夫昭昭者，其自然之数也，非自然之数，其自然之理也"⑦。即把数学视作自然之理的反映，认为是可以被认知的。

在追求认知自然的同时，不少古代科学家还对当时社会上存在的迷信持批判和反对的态度。扁鹊在他的"六不治"原则中，就有"信巫不信医不治"一条⑧，明确地表达了他反对巫祝迷信的立场。对于鬼神致病的谬说，春秋战国时代的医学家子产、医和等就已经提出了异议，其中医和的六气致病说，是从自然界客观存在的因素中去寻求致病原因的初始理论，对后世的病因理论的发展产生了很大的影响。循此理论，《黄帝内经》的作者们、汉代的张仲景、隋代的巢元

---

① 《吕氏春秋·审时》。
② 贾思勰，《齐民要术·种谷第三》。
③ 贾思勰，《齐民要术·种谷第三》。
④ 贾思勰，《齐民要术》卷首《杂说》。
⑤ 《陈旉农书·节用之宜篇》。
⑥ 徐光启，《农政全书》卷二《农本》。
⑦ 李冶，《测圆海镜·序》。
⑧ 《史记·扁鹊仓公列传》。

方、宋代的陈无择以及明代的吴有性等医学家前后相继,使中医的病因学说趋于完善。对于那种服石炼丹,企求长生不老的妄想,自西汉初年的淳于意,到孙思邈、李时珍等许多医学家,均给予有力地批判。对于西汉末年开始流行的谶纬迷信,张衡进行了尖锐地批判,指出谶纬乃是"欺世罔俗,以昧势位"者所为,主张"宜收藏图谶,一禁绝之"[①]。祖冲之对于那种在天文学中引进谶纬之学的作法也给予了有力地批判,他说,"夫历存效密,不容殊尚,合谶乖说,训义非所取,虽验当时,不能通远"[②],这是他所不赞同的。他又指出,苟合谶纬之说,是曲意求合,是经不住时间和实践的检验的。对于那种认为某些异常天文现象是神怪所为,天意所定的说法,祖冲之亦以为荒谬不经,认为只要勤加测算,是可以认识的。徐光启分析明代数学不发达的原因时,指出其中一个重要原因,是数学神秘主义,即认为数学乃"妖妄之术,谬言数有神理,能知来藏往,靡所不效"[③]。徐霞客亦以不相信神怪闻名,他"不喜谶纬术数家言"[④],出入人们不敢问津的洞穴,登攀人迹罕至的险峰,探奇测幽。他们都坚信自然界的各种现象及其规律是可以认识的,只要通过实践的道路,就可以探知其真谛。

最后还应该指出的是,科学家是人,他们离不开社会,离不开他们所处的时代。因而他们身上都带有时代的烙印,他们的认识水平,他们的思想意识,无不受到时代的局限。但是我们不应强求古人,不应对他们求全责备。虽然他们身上或多或少地还存在着这样那样的缺陷和不足,但他们无愧于作为历史上的人杰和精英。他们的业绩是值得人们传颂的,他们的高尚品质是值得人们学习和弘扬的。

① 《后汉书·张衡传》。
② 《宋书·律历志》。
③ 《徐光启集》卷二。
④ 陈函辉,《徐霞客墓志铭》。

# 目　录

# 墨　子

　　2400 多年前的春秋战国之交,我国出现了一位出类拔萃的人物——墨子,他不仅是一位杰出的思想家、哲学家、社会活动家,而且还是一位杰出的科学家和机械制造家。他的思想和学术成就,以之与古希腊哲学家、科学家欧几里得(Enclid)、亚里士多德(Aristoteles)相比较,毫不逊色。不幸的是,如此伟大的一个人物及其学说,在汉以后几乎绝迹,在历史的长河中被湮没了一千多年。直至清中叶以后,随着西学的东渐,学者在对古籍的注疏之中,才重新发现了墨子学说的价值,特别是他的科学和逻辑学的成就,因而引起了学术界的重视。不少学者潜心治墨,考证墨子其人其事,整理《墨子》一书,特别是校释《墨经》,挖掘和阐述墨子学说的精蕴,终于使墨子及其学说重现其瑰丽的光华,从而也使墨子开始为人所知,为世所重。

## 一　墨子的生平

　　关于墨子的生平事迹,古籍中只有零星的记载,连司马迁在《史记》中都没有为他立传,仅于孟子荀卿之后加了一简短的附录:"盖墨翟宋之大夫,善守御,为节用,或曰并孔子时,或曰在其后。"表明在司马迁的时代,人们对墨子的了解已经很淡薄,连他的籍贯和生卒年代都已不为人所知。对此,后世治墨各家,众说纷纭。其籍贯,有说是宋人的,有说是鲁人的,有说是齐人的,有说是楚人的,甚而有人别出心裁,说墨子是印度人或阿拉伯人。其生卒年代,除司马迁所说的外,刘向说"在七十子后",班固说"在孔子后",张衡说"公输班与墨翟并在子思之时,出仲尼后",毕沅说"六国时人,至周末犹存",汪中说,墨子与楚惠王同时,"其年於孔子差后,或犹及见孔子矣",近世孙诒让认为"当生于周定王之初年,而卒于安王之季,盖八十九岁,亦寿考矣",胡适认为"墨子大概生于周敬王二十年与三十年之间,死于周威烈王元年与十年之间",梁启超认为"墨子生于周定王初年(六年至十年之间,西元前四六八至四五九),卒于周安王中叶(十二年至二十年之间,西元前三九○至三八二)"[①]。根据《墨子》一书记述和诸家考证,笔者以为墨子为鲁国人,生活和活动于公元前 5 世纪初至末(约公元前 490~前 405)近是,至于其具体生卒年代,现已不可确考。

　　墨子的生平、事迹、思想、活动以至科学成就,集中地体现在《墨子》一书之中。据《汉书·艺文志》记载,《墨子》一书有 71 篇;而《隋书·经籍志》、《旧唐书·经籍志》、《新唐书·艺文志》、《宋史·艺文志》、《四库全书总目》等,均称《墨子》15 卷,未言其篇数。现存《墨子》15 卷,53 篇,其余 18 篇在明以前就亡佚。

　　关于《墨子》一书的作者、年代,治墨诸家亦各持异说。根据各家之考证,笔者以为《墨子》一书不是出于一人之手笔,亦不是一时所完成的。书中有部分是墨子自著,大部分是墨徒记述师说或添补的。但不管《墨子》成书于何时,是何人收集整理而成的,笔者认为,该书反映了墨子的思想和学说,是不容置疑的。正如郭沫若所说:"《论语》虽然不是孔子的手笔,《墨子》虽然不是

---

　　① 参见孙诒让《墨子闲诂》及李渔叔《墨子今注今译·墨学导论》(台湾商务印书馆,1976 年)。

墨子的手笔,但其中的主要思想我们不能不说是孔子和墨子的东西。"①

由于《墨子》一书中《经》上、下,《经说》上、下等四篇(又称《墨经》)包含有丰富的科学和哲学内容,故引起治墨各家格外的注意,关于它的作者的争论也特别激烈。自从孙诒让提出《墨经》四篇"皆名家言","似战国之时,墨家别传之学,不尽墨子之本旨"②,怀疑《墨经》非墨子自著后,胡适更以之发挥,分墨家为前后期,以《经》上、下,《经说》上、下,连同大取、小取六篇为《墨辩》,定之为战国后期"别墨"之作③。这一论断,为许多人接受,影响甚大,至今仍有许多人采用其说。只是把胡适所断言的惠施、公孙龙就是"别墨",乃《墨经》作者,改为《墨经》是后期墨家所作而已。对胡氏之说,梁启超当时就提出异议,提出"经上必为墨子自著无疑"④,不少学者也赞同梁说,并加发扬。近年,台湾治墨学者李渔叔、王冬珍详考"墨子"一书,分别著论批驳胡氏之论断,颇为详悉。李氏认为《墨经》四篇,"如不是墨子自撰,至少也是墨子生前或稍后,及门弟子笔录而成的。"⑤ 王氏师承李氏,提出"墨经当指经上下,经说上下四篇,经上为墨子自作,经下与经说大多为及门诸贤,依据墨子之说,纂辑而成"⑥。根据中国古代学术传统,以经为题者,一般指的是本门学派创始人或前辈的权威性著作,不可能是后辈学子所为,而且离墨子不远的庄子就已说:"相里勤之弟子,五侯之徒,南方之墨子苦获、己齿、邓陵子之属,俱诵《墨经》,而倍谲不同,相谓别墨"⑦,表明在墨子卒后,墨家分裂为几个不同的流派,但都"俱诵《墨经》",则《墨经》的权威性可见,更不会是战国后期的著作。正如虞愚所说:"使墨经非翟自著,其家数则又何恃乎?"⑧笔者认为,李氏、王氏之论断近是。《墨经》应是墨子所著,退一步说,《墨经》即使不是墨子自著,亦应是墨子及门弟子辑录师说而成。至于把《墨经》四篇与大取、小取合为《墨辩》,亦是近人附会,不可为据。晋人鲁胜注《墨辩》时说:"墨子著书,作《辩经》以立名本,……《墨辩》有上下《经》,《经》各有《说》,凡四篇,与其书众篇连第,故独存"⑨,明确指出《墨辩》仅有经、说四篇,不包括大、小取。

从《墨子》一书及散见于其他古籍的记载,我们可以窥见墨子生平之一斑。

墨子出身于手工业者行列,他本人曾参加过手工业生产,具有精巧的工艺技术。《韩非子·外储说左上》说:"墨子为木鸢三年而成,蜚一日而败。弟子曰:先生之巧,至能使木鸢飞。墨子曰:不如为车輗之巧也,用咫尺之木,不费一朝之事,而引三十石之任,致远力多,久于岁数。今我为鸢三年成,蜚一日而败。惠子闻之曰:墨子大巧,巧为輗,拙为鸢。"再就《墨子》书中所记述的守城器械,以及止楚攻宋时与公输般的攻守器械之演试看,可以推知,墨子是一个高明的匠师和机械制造家。

同时,墨子又是一个勤于学习,具有渊博学识的学者。他说过:"生,刑(同形)与知处也"⑩,

---

① 郭沫若,青铜时代,人民出版社,1954年,第236页。

② 孙诒让,《墨子闲诂》卷十。

③ 胡适,中国古代哲学史·别墨篇。

④ 梁启超,墨经校释·读墨馀记。

⑤ 李渔叔,墨子今注今译、墨学导论、墨经及大小取考略。

⑥ 王冬珍,墨学新探·墨辩作者考。

⑦ 《庄子·天下篇》。

⑧ 虞愚,墨家论理学的新体系,虞著《因明学》一书附录,中华书局,1941年。

⑨ 《晋书》卷九十四。

⑩ 《经上》第22条。

"知，材也"①，即人的生命力在于形体与知识的统一，求取知识是人的本能。离开了知识的单纯形体，在墨子看来，是没有生命的东西，只不过是行尸走肉而已。他提倡"学之益也"②，自己亦是身体力行，勤奋治学的。从《墨子》一书所征引的文献可以看到，墨子熟习和通晓以往的文化遗产，特别是诗、书和百国春秋等典籍。他读书非常用功，从不让时光白白流逝，甚至在外出游说时，车中也都随载着很多典籍。他自己也说："昔者周公旦朝读书百篇，夕见七十士，故周公旦佐相天子，其修至于今。翟上无君上之事，下无耕农之难，吾安敢废此。"③故此，《吕氏春秋》称："孔丘、墨翟，昼日讽诵习业，夜亲见文王周公旦而问焉"④。晋葛洪曾以"周公上圣，日读百篇，墨翟大贤，载文盈车"⑤之语，来作为好学的楷模。

作为一个鲁国人，他首先接触到的是儒学，曾"学儒者之业，受孔子之术"，但他不满意于孔子的学说，"以其礼烦扰而不悦，厚葬靡财而贫民，久服伤生而害事"⑥，因此他另创新说，成为儒家的反对派。尽管墨子建立了自己的学派，独树一帜，与其他学派进行了诘辩，但是他并不囿于自己一家一派的立场和学识。他深明"天地不昭昭，大水不潦潦，大火不燎燎，大德不尧尧"⑦的道理，因而能够批判地吸收其他学派的思想和主张，来充实和丰富自己的学说。例如，他"非儒"，但对孔子的学说并不是全盘予以否定，对于孔子学说中正确的内容，他仍给予肯定和接受，甚而在辩论之中引用孔子的话。《公孟篇》记载："子墨子与程子辩，称于孔子。程子曰：'非儒，何故称于孔子也？'子墨子曰：'是亦当而不可易也。今鸟闻热旱之忧则高，鱼闻热旱之忧则下，当此虽禹汤之谋，必不易矣。鱼鸟可谓愚矣，禹汤犹云因焉。今翟曾无称于孔子乎？'"这种敢于在论辩中称道论敌的做法，体现了墨子兼收并蓄的博大胸怀。也正由于如此，使墨子成为继孔子之后的一位学术界、思想界的大师。连反对墨子主张的庄子，也赞颂他"好学而博，不异、不与先王同"⑧。

英国科学史家梅森(S. F. Mason)在总结科学发展的历史进程时，把古代的科学来源分为工匠知识和学者知识二类。他说："不管我们把历史追溯多远，总可以从工匠或学者的知识中发现某些带有科学性的技术、事实和见解。"他又说："科学主要有两个历史根源。首先是技术传统，它将实际经验与技能一代一代传下来，使之不断发展。其次是精神传统，它把人类的理想和思想传下来并发扬光大。"⑨可以说，墨子既具有工匠的知识，又具有学者的学识，他把技术传统和精神传统集于一身。这在中国以至世界的历史上，确是凤毛麟角，极其少有的。

墨子生活的时代，是社会发生激烈而深刻变革的时代。旧的社会结构和秩序正在崩溃、瓦解，新的社会结构和秩序还刚刚在构筑、形成。原有的一部分手工业者挣脱了"工商食官"的隶属地位，又尚未受到新的专制统治的桎梏，因而形成为这个特定历史时期的一个独立的阶层。他们试图跻身于"士"的行列，力争参加政治，改变自身的社会地位，从而成为一股活跃于社会

---

① 《经上》第3条。
② 《经下》第77条。
③ 《贵义篇》。本文所引《墨子》一书，仅注篇名。
④ 《吕氏春秋·博志篇》。
⑤ 《抱朴子·勤学篇》。
⑥ 《淮南子·要略训》。
⑦ 《亲士篇》。
⑧ 《庄子·天下篇》。
⑨ 〔英〕梅森，自然科学史，上海人民出版社，1977年，第1页。

上的政治势力。墨子就是这股社会力量的政治代表和领袖。

　　手工业者出身的墨子,生活在社会的下层,深切地了解和体验到当时统治者奢靡、浪费,以及以强凌弱、攻伐兼并给人民大众带来的苦难。他立志要改变这种社会现象,"兴天下之利,除天下之害"①,建立一个政治贤明、社会安定,人民安居乐业的"尚同"社会。为了实现这一抱负,他提出了"兼相爱,交相利"②的政治纲领,并围绕着这个纲领,建立了"尚贤"、"尚同"、"兼爱"、"非攻"、"节用"、"节葬"、"天志"、"明鬼"、"非乐"、"非命"等各种学说。他自己也为此奔走游说,躬行不懈,奋斗了一生。在现知的墨子事迹中,最为著名的是止楚攻宋的事例。为了阻止楚国对宋国的攻伐,墨子"裂裳裹足",奔波十日十夜,冒着被杀的危险,与公输般和楚王斗智斗勇,终于使楚王和公输般折服,消弭了一次不义的攻伐战争③。当然,墨子的这种成功只是个别的和局部的,在当时的社会条件下,他的政治主张只是乌托邦式的理想,不可能得以实现。但墨子为实践自己理想而努力奋斗,不惜献身的精神,却是值得人们称赞的,甚至连墨家的反对派都不能不叹服。庄子赞道:"墨子真天下之好也,将求之不得也,虽枯槁不舍也,才士也夫。"④。孟子则赞其"摩踵放顶而利天下,为之。"⑤

　　墨子是墨家学派的创始人。他采取"偏从人而说之"⑥的教学方针,门徒众多,影响甚大,使墨家成为可与儒家抗衡的显学。孟子惊叹:"杨朱墨翟之言盈天下,天下之言,不归杨,则归墨。"⑦ 韩非子说:"世之显学,儒墨也。儒之所至,孔丘也;墨之所至,墨翟也。"⑧《吕氏春秋》中也说:"举天下之显荣者,必称此二士(指孔、墨)也,皆死久矣,徒属弥众,弟子弥丰,充满天下"⑨;"孔墨之后学,显荣于天下者众矣,不可胜数"⑩;"孔墨之弟子徒属充满天下,皆以仁义之术教导于天下"⑪。从这些记载,可以看到墨家在当时的兴盛情形和影响之大。

　　而且,墨子所创立的墨家并不仅仅是一个学术团体,它还是一个为实践墨子"兼相爱、交相利"主张的政治组织。在这个组织中的每个成员,都有着明确的政治目标,有着严明的组织纪律,有着为自己的理想艰苦奋斗,不惜牺牲的献身精神。淮南子说:"墨子服役者百八十人,皆可使赴火蹈刃,死不旋踵,化之所致也。"⑫ 当墨子冒着生命危险到楚国去劝止攻宋时,就派其弟子禽滑厘等三百人,持着他所创制的"守圉之器,在宋城上而待楚寇矣"⑬。后来的墨徒也继承了这一传统。如墨家巨子孟胜为阳城君守城,与城池共存亡,从之死者183人。当有人劝孟胜不要为守城而死,致"绝墨者于世"时,孟胜说:"不死,自今以来,求严师,必不于墨者矣;求贤

① 《兼爱下》。
② 《兼爱中》、《天志上》。
③ 《公输篇》。
④ 《庄子·天下篇》。
⑤ 《孟子·尽心篇》。
⑥ 《公孟篇》。
⑦ 《孟子·滕文公下》。
⑧ 《韩非子·显学篇》。
⑨ 《吕氏春秋·当染篇》。
⑩ 《吕氏春秋·当染篇》。
⑪ 《吕氏春秋·有度篇》。
⑫ 《淮南子·泰族训》。
⑬ 《公输篇》。

友,必不于墨者矣;求良臣,必不于墨者矣。死之,所以行墨者之义,而继其业者也。"①像墨家这样色彩鲜明的政治组织形态,在先秦诸子百家中是绝无仅有的,从中也可以窥见墨子组织才能之一斑。

## 二　墨子的科学技术成就

在先秦诸子百家中,对于科学技术最为重视者,无过于墨子和墨家。这与墨子及其弟子大多出身于手工业者,亲身参加过生产实践有关,也与他的思想和学说有关。

由于出身于手工业者,亲身接触生产实践,因此墨子注意述作结合,强调创造,肯定生产者的贡献和社会地位。他反对儒家那种"述而不作,信而好古"②的主张,并进行了尖锐有力地批判。《非儒下》说:"(儒者)曰:君子循③而不作。应之曰:古者羿作弓,伃作甲,奚仲作车,巧垂作舟,然则今之鲍函车匠,皆君子也?而羿、伃、奚仲、巧垂皆小人耶?且其所循,人必或作之,然则其所循,皆小人之道也。"也就是说,若以"君子循而不作"为原则,来区别君子与小人,则往昔凡有所创作者,岂不都是"小人",而今日祖述前人者,岂不都成了"君子"了吗?而且,所述者当为前人所作,那么其所述,便皆成为述"小人之道"了。《非儒下》又说:"儒者曰:君子必古言服,然后仁。应之曰:所谓古之言服者,皆尝新矣。而古人言之服之也,则非君子也。然则必服非君子之服,言非君子之言,而后仁乎?"也就是说,对于今人说来是古人的言语、服饰,对于古人来说都曾经是新的,那么说这些话,穿着这些服饰的人就不应是君子了。如是,则必古言服,岂不就成了"必服非君子之服,言非君子之言",而后才是"仁"吗?在这里,墨子明晰地剖析了述与作,古与今的关系,揭示了儒家那种"君子不作,循而已"和"君子必古言服"的论调的荒谬性,也体现了墨子反对守旧,提倡创新,注重实践的精神。

墨子对科学技术的重视,又是与他的兴利除害思想紧密联系着的。《鲁问篇》说:"公输般削竹木以为鹊,成而飞之,三日不下。公输般自以为至巧。子墨子谓公输子曰:子之为鹊也,不如翟之为车辖,须臾斲三寸之木,而任五十石之重。故所谓巧,利于人谓之巧,不利于人谓之拙。"《韩非子·外储说左上》说:"墨子为木鸢三年而成,蜚一日而败。弟子曰:先生之巧,至能使木鸢飞。墨子曰:不如为车輗之巧也,用咫尺之木,不费一朝之事,而引三十石之任;致远力多,久于岁数。"这种"利于人谓之巧,不利于人谓之拙"的思想,成为了墨子从事和提倡科学技术的重要指导思想。

对科学技术的重视,使墨子站在当时科学技术领域的前列,并自如地运用科学技术知识,来充实和丰富自己的学说;同时,又以科学技术为武器,来为自己的政治主张服务。例如,墨子提倡"非攻",为反对攻伐,他精研守御之术,有许多发明创造。李筌《太白阴经·守城具篇》记载:"禽滑厘问墨翟守城之具,墨翟答以六十六事。"又《公输篇》中所记载的止楚攻宋的事件中,正是由于墨子有着高深的守御技术,故而"公输盘九设攻城之机变,子墨子九距之,公输盘之攻械尽,子墨子之守圉有余,公输盘诎"。墨子还让其弟子持"守圉之器,在宋城上,而待楚寇矣",方能免遭杀身之祸,成功地阻止了一场不义战争。在与各家学派的辩难之中,墨子也充分利用

①　《吕氏春秋·高义篇》。
②　《论语·述而篇》。
③　《广雅·释言》:"循,述也。"

自己所掌握的科学技术知识,制论敌之短,使自己处于优越的地位。

墨子的科学技术成就是多方面的,现分述如下。

### 1. 数学方面

墨子在数学方面的贡献,主要在于给出了一些数学概念的命题和定义。这些概念虽然仅是个别地论述一些具体的问题,还没有能形成一个完整的体系,但是这些概念的命题和定义的抽象性和严密性,反映了墨子的数学思想已经达到相当高的理性程度。如果以之与欧几里得的《几何原本》进行比较,则人们可以看到,有关的命题和定义基本上是一致的,而比欧几里得要早 100 多年。

这些命题和定义,有算学上的:

"倍,为二也。"①(经上 60)

"倍。二尺与尺,但去一。"(经说上 60)

"一少于二,而多于五。说在建位。"(经下 59)

"一。五有一焉,一有五焉。十,二焉。"(经说下 59)前条为算术上关于倍的命题,下条是关于位值制的论述。整数的加减乘除四则运算和十进位值制,在墨子之前已经建立,并在计算数学中普遍应用。其中,九九口诀和十进位值制,是我国首先发明和应用,对人类文明的发展有着深刻的影响。墨子关于"倍"和"十进位值制"的解说,把计算数学的概念问题提高到一个新的水平。

有几何学上的:

"平,同高也。"②(经上 52)

此条与欧几里得的几何学定理"平行线间之公垂线相等"完全一致。

"同长,以正相尽也。"(经上 53)

"同。楗与狂之同长也。"(经说上 53)

此条为"同长"的命题,意为比较两物之长度,以彼此"相尽"为"同长"。经说以门楗和门框长度相同作比喻。

"中,同长也。"(经上 54)

"中。心。自是往相若也。"(经说上 54)

此条为物体对称中心的命题,亦即物体的中心是与物体表面都相等的点。

"圆,一中同长也。"(经上 58)

"圆,规写交也。"(经说上 58)

此条为圆之定义:与中心同长的点构成圆,可用圆规绕中心转一周而划出。这个定义与欧氏几何学中的圆定义一致。

"直,参也。"(经上 57)

此条无说,"参"通"三",用三点共线定义直。此条可能是墨子在木工实践的基础上总结出来的。三点共线在测量数学上有着重大的意义,魏晋时的数学家刘徽在《海岛算经》中,就是用"参相

---

① 关于《墨经》条目的编号,沿用谭戒甫《墨辩发微》和《墨经分类译注》的编码。校注也主要根据谭氏之校注,并参照其他各家之校注。下同。

② 本条原无经说,因义理甚明,不必加说。

直"来说明直线的。《海岛算经》又称《重差》,内容是测量目的物的高度和距离的方法。在现代测量学中,三点共线的测量方法仍得到广泛地应用。

"方,柱隅四谨也。"(经上 59)

"方。矩写交也。"(经说上 59)

"谨"假"權",意为"正"、"等";"写交"原为"见攴",从孙诒让校改。此条是关于正方形的定义,言正方形的四边相互垂直,四边、四角皆相等,可用画方之器"矩"(即直角曲尺)画成,犹上条以规画圆一般。

"端,体之无序而最前者也。"(经上 61)

"端。是无同也。"(经说上 61)

此条为关于点之定义,犹如欧氏《几何原本》中之"点者无分","线之界是点"。

"有间,中也。"(经上 62)

"有间。谓夹之者也。"①（经说上 62）

"间,不及旁也。"(经上 63)

"间。谓夹者也。尺前于区而后于端,不夹于端与区内。及非齐及之及也。"(经说上 63)

在《墨经》中,端、尺、区具有点、线、面的含义。"有间"是指两物体之间所夹的空间,即对夹之成间的两旁而言,故云"夹之者也";而"间,不及旁"的"间",是对被夹而成之"中"而言,故云"不及旁也",犹如线在面之前点之后,但它是独立的,不夹于点和面之间。

从这些经文和经说中不难看到,墨子在数学方面已超越了解答具体问题的应用数学范畴,开始进入了理论数学的范畴。正如李约瑟(J. Needham)博士所指出的那样,"墨家思想所遵循的路线如果继续发展下去,可能已经产生欧几里得式的几何学体系了"②。但遗憾的是,秦汉之后,数学偏重于向应用数学方向发展,墨子的数学理论和思想没有能得到很好地继承和发展,甚至中断了。

### 2. 物理学方面

墨子是中国最早对物理现象进行定性研究的科学家,也是世界上最早的物理学家之一。他涉足了力学、光学、声学等领域,进行了一系列研究和总结,给出了不少物理学上的科学定义,并有不少重要的发现。

其中,有力学上的:

"力,刑之所以奋也。"(经上 21)

"力。重之谓。下与重,奋也。"③（经说上 21）

此条是墨子关于力的定义。"刑"同"形",此谓物形,即物体;奋,动也。也就是说,力是使物体运动的原因。这与现代力学上所说的,凡能使物体运动或发生形变的作用都叫做力,基本相符。经说中,"与"同"举",以力释重,并以由下向上举重物为例说明,这也符合现代力学的原理。这反映了墨子对力是进行了较深入研究和探讨的,并已有相当深刻的认识。

在经上 49 和 50 条,墨子还分别给出了动和止的定义,"动,或从也","止,以久也"。"或"通

---

① 经说中之"间"字,原为"闻",谭戒甫校改为"门耳",似未妥。依毕沅校为"间"。

② 〔英〕李约瑟,中国科学技术史,第三卷,科学出版社,1978 年,第 212 页。

③ 谭戒甫断句为"力。重之谓。下,与。重奋也。"似非。

"域"，"从"为"纵"之省文，意即动是由力纵送的缘故，止则是由于物体经一定的时间后运动状态的结束。墨子关于动的命题，即使用现代力学的观点来衡量，仍然是正确的。关于止，墨子虽没有明确指出阻力的作用使物体运动状态停止，但他从对运动物体的观察中，已经知道了在没有外力作用下，物体是不可能恒动不止的。

物体在受力的同时，也产生反作用力。对此，墨子已经发现，并进行了研究，从而得出了一些重要的结论。例如，经下第 11 条云："合与一，或复否，说在拒"。意即合数力为一力，或有回力，或没有回力，其原因是有"拒"（反作用力）的存在。犹如两物体的质量相当，相互碰撞后，就可看到两物体沿相反方向运动，即"复"。如果两物体质量相差悬殊，互相作用后，因动量相差甚大，就不会出现"复"的现象，但反作用力仍然是存在的。经下 24 条又说："负而不挠，说在胜。"由此可见，墨子对作用和反作用的关系，以及动量大小、材料强度等都已有一定的认识。但不足的是，他的认识还仅停留在定性的阶段，没能进一步深化，给出定量的关系。

人们一提起杠杆定理，都知其为阿基米德（Archimedes）所创立，实际上在阿基米德二百年前的墨子，就得出了杠杆定理。经下 25 条云："衡而必正，说在得"；经说解释经文云："衡，加重于其一旁必捶，权重相若也。相衡则本短标长。两加焉，重相若，则标必下，标得权也。"衡即衡器称，经文意为称杆平正，是称锤放在合适的位置的缘故。经说则说得更清楚，在称的一旁加重，称杆必下垂；要称出物体的重量，就需称杆平正，此时则必然是"本"（重臂）短而"标"（力臂）长。如果权和重物增加相同的重量，那么"标"（即称尾）必然下垂。写成力学公式，就是力×力臂＝重×重臂。虽然墨子没有用公式的形式来表述，但其文字表述的意思已是相当清楚的。因此，如果说杠杆原理为墨子所创立，是不为过的。

墨子对杠杆、斜面、重心、滚动摩擦等的应用，也进行了多方面的研究，并有不少精辟的论述，这里不拟一一赘述。

光学：

这是现存资料中墨子有关自然科学工作的最有系统的一个侧面。在经下共有八条，前后连贯，涉及了几何光学中关于反射、小孔成像，平面镜和球面镜成像，光与影或像的关系等内容。可以说，墨子已建立了最早的几何光学理论。正如李约瑟博士所指出的：《墨经》中关于光学的研究，"比任何我们所知的希腊的为早"，"印度亦不能比拟"[1]。

《墨经》中关于光学的八条论述，即：

"景不徙，说在改为。"[2]（经下 16）

"景，光至，景亡。若在，尽古息。"（经说下 16）

"景二，说在重。"（经下 17）

"景。二光夹一光，一光者景也。"（经说下 17）

"景到，在午有端与景长，说在端。"（经下 18）

"景。光之人，煦[3]若射。下者之人也高，高者之人也下。足蔽下光，故成景于上；首蔽上光，故成景于下。在远近有端与有光，故景库内也。（经说下 18）

---

① 〔英〕李约瑟，中国之科学与文明，第七册，台湾商务印书馆，1980 年，第 147 页。

② 谭戒甫校删去"景不徙"中的"不"字，非是。《列子·仲尼篇》云："景不移者，说在改也。"张湛注云："景改而更生，非向之景"，且引墨子曰："景不移，说在改为"。

③ "煦"字谭戒甫据曹耀湘改为"照"，似未妥。"煦"为光照之义，表示光之发射，原文不误。

"景迎日,说在转。"(经下 19)

"景。日之光反烛人,则景在日与人之间。"(经说下 19)

"景之大小,说在杝正远近。"(经下 20)

"景。木正,景短大。木杝,景长小。火小于木,则景大于木。非独小也,远近。"①(经说下 20)

"临鉴而立,景到。多而若少,说在寡区。"(经下 21)

"临。正鉴,景寡。貌能、白黑、远近、杝正,异于光。鉴当,景俱。就、去,亦当俱,俱用北。鉴者之臬于鉴,无所不鉴。景之臬无数,而必过正;故用处其体俱,然鉴分。"(经说下 21)

"鉴低,景一小而易;一大而正。说在中之外、内。"(经下 22)

"鉴。中之内,鉴者远中,则所鉴大,景亦大;近中,则所鉴小,景亦大;而必正。起于中缘正而长其直也。中之外,鉴者近中,则所鉴大,景亦大;远中,则所鉴小,景亦小;而必易。合于中缘正而长其直也。"(经说下 22)

"鉴团,景一,而必正。说在得。"②(经下 23)

"鉴。鉴者近,则所鉴大,景亦大;亓远,所鉴小,景亦小;而必正。景过正。故招。"(经说下 23)

其中,16 条说的是物体的影是不会移动的。运动着的物体,看起来其影也在运动,这是因为物体在位移后,前一瞬间的影受光照后消失,而新形成的影已不是原来的影。如果原先的影不消失,就该在原来的位置永远存在,而这是不可能的。正是由于物体运动时,影的新旧交替是连续的,故看起来影也在动。后来,名家继承和发挥了墨子这一思想,提出了"飞鸟之影未尝动也"③ 的命题。17 条说的是光照物而成影的原理。光源如非点光源,由于从各点发射的光线的重复照射,使物体形成本影和副影,故说"景二";如果光源是点光源,就只形成本影。18 条说的是小孔成像的原理,物体经小孔所形成的是倒像,并指出其原因是由于光线是直线传播的。19 条说的是由于日光的反射,使人的影形成于日与人之间。20 条说的是影之大小与物的斜正,及光源的远近的关系。21 条说的是平面镜成像和重复反射的原理。22,23 条说的是凹面镜、凸面镜的成像原理。在凹面镜成像的论述中,墨子虽未能把焦点与中心区分开,误认中心即为焦点,但其一般的成像原理是正确的,与现几何光学一致。这八条经文、经说,文字虽不多,但给出了几何光学中的各种命题和原理,而且有说明、解释和论证,从中不难看出墨子在光学领域的造诣之深。

声学上,墨子也有所建树。

据《备穴篇》记载,墨子在回答弟子禽滑厘提出的如何防御敌人挖地道攻城时说:在城内每隔五步(一步为六尺)挖一井,"令陶者为罂,容四十斗以上,固顺之,以薄鞨革,置井中。使聪耳者伏罂而听之,审知穴之所在,凿穴迎之"。也就是在井中放置小口大肚的大瓶子,瓶中紧绷上薄牛皮,派听力好的人伏在上面监听,以审知敌人是否在挖地道,在什么方位挖,然后也在相应的方位挖地道迎敌。这一侦察方法,是很有科学道理的。因为敌方挖地道的声音,通过地下传

---

① 本条校改从谭戒甫,但谭氏释"景"为"光",恐非。从经文和经说看,这里"景"仍当为"影",说的是影的大小、长短与正斜、远近的关系。

② 此条经文,谭本非是。经文原为:"鉴团,景一。天而必正,说在得。""天"字疑衍。有人把"天"校为"大",高亨则校改为"一小一大",也皆可成说。

③ 《庄子·天下篇》。

至瓶中,会引起瓶中的空气柱共振,并引起薄牛皮振动,从而把音响放大。又派听力好的人监听,这样就可以在距离尚远时便发现敌人的动静。又因井瓶遍布,可以根据几个瓶的音响差异来判断敌方挖地道的方位。如果说墨子还不可能明了空气柱共振的道理的话,那么至少可以说他已发现了共振引起声音放大的现象,并付诸实际应用。这在当时应该说是一个了不起的科学发现和发明。

此外,在工程建筑和机械制造方面,墨子也是深有研究,并取得丰硕成果的。他几乎熟习了当时的各种兵器、机械及工程建筑的原理和工艺。在《备城门》、《备水》、《备穴》、《备蛾》、《迎敌祠》、《杂守》等篇中,墨子详细地论述了悬门结构,弩,桔槔,各种攻守器械,城门和城内外各种防御设施的构造,以及水道和地道的构筑等广泛的内容,反映了他既是一位出色的军事家,又是一位出类拔萃的工程师和机械制造家。墨子所论述的攻守器械和设施,在后世被长期沿用。

## 三　墨子的科学思想

对人类生息繁衍于其中的自然界的探讨,是先秦诸子百家学术争鸣和学术繁荣局势中的一个重要侧面。在这个方面,墨子独树一帜,建立了自己的自然观和宇宙论,并力图把其提高到理性认识的水平。

在墨子看来,自然界是一个统一的整体,个体或局部都是由这个统一的整体中分出来的,都是统一体中的一个组成部分。墨子定义整体为"兼",定义个体或局部为"体","体,分于兼也","若二之一,尺之端也"①。部分由整体所分出,整体包含着部分,因而部分就不会是孤立存在的,而是与整体有着有机的必然联系。这也就构成了墨子的连续宇宙观。

从这连续的宇宙观出发,墨子进而建立了关于时间和空间的理论:

"久,弥异时也。"(经上 39)

"久。合今古旦莫。"(经说上 39)

"宇,弥异所也。"(经上 40)

"宇。东西家南北。"②(经说上 40)

这里,"久"是时间,"宇"是空间,"莫"通"暮"。"久"和"宇"是墨子对时间和空间的称谓。在先秦诸子中,墨子是首先提出时间和空间的定义的,而且这定义具有一定的科学性和完整性,并包含有时、空无限的思想。在墨子之前,老子也曾谈论到时空的无限性问题,但老子是用比喻的方法说出的,"天地之间,其犹橐籥乎,虚而不屈","谷神不死,……绵绵若存"③,并没有如墨子那样明确地给出了时空的概念。尽管墨子关于时、空的定义还属于经验性的总结,但却显示了他重视概念真实性的科学精神。

对于时间和空间是有限还是无限的问题,墨子也有精辟的思想和论述。《经说下》第 63 条说:"久,有穷,无穷",指出了时间既是有穷的,也是无穷的。对于"兼",即整体来说,时间是无穷的;对于"体",即部分而言,则时间是有穷的。从时间有穷、无穷的思想出发,墨子进而论及了时

---

①　《经上》,《经说上》第 2 条。

②　谭戒甫据胡适校改为"宇。冢东西南北。"似不必,此处从孙诒让校。孙氏云:"案家犹中也。四方无定名必以家所处为中,故著家于方名。"见孙氏《墨子闲诂》。

③　《老子》第四章。

间有否起点的问题：

　　“始，当时也。”（经上 43）

　　“始。时，或有久，或无久。始，当无久。”（经说上 43）

　　高亨说：“始者一个时间之起端也，即初值此时间也。故曰：‘始，当时也。’”“凡表示时间之词，或占有时间，或不占有时间。占有时间，墨家谓之有久。不占有时间，墨家谓之无久。故曰：‘时，或有久，或无久。’始亦表示时间之词。其所表示者为初值此时间，而未入于此时间，非在于此时间。故曰：‘始，当无久。’”① 墨子定义了“始，当时也”，又说“始，当无久”，因此，也可以把“始”视作时间元，无限的时间是由无限的时间元“始”所组成。

　　在空间问题上，墨子的认识是与对时间的认识相一致的。

　　“穷，或有前不容尺也。”（经上 41）

　　“穷。或不容尺，有穷。莫不容尺，无穷也。”（经说上 41）

这里的“或”即“域”，域前不容尺是有穷，域前无不容尺是无穷，因而空间也是有穷和无穷的矛盾统一体。整个空间是无穷的，无穷的空间又是由无数有穷的区域所构成。有限的空间区域墨子称之为“体”，而“体”是由“端”所构成。《经上》第 61 条云：“端，体之无序而最前者也。”《经下》第 60 条又云：“非半弗斱则不动。说在端。”因此，“端”是不能再分的最小的空间单位，即空间元，犹如时间中的“始”。

　　由此可见，墨子掌握着“二律背反”的思维方法。在他看来，时间和空间既是有限的，又是无限的，对于整体来说是无限的，对于部分来说是有限的。整个连续不断的无限时间和空间，又是由不可再分的时间元“始”和空间元“端”所组成，因而在连续之中包含着不连续，具有既连续又不连续的双重性质。在 2400 年前，墨子能够具有这样的关于时间和空间机制的思想，确实是令人惊叹不已的。

　　值得引起人们注意的是，墨子不仅具有时空机制的深刻的科学思想，他还把空间、时间与物体运动统一起来。他指出，在连续的统一宇宙中，物体的运动表现为在空间和时间中的迁徙，体现着远近、先后的差异。

　　“宇或徙，说在长宇久。”②（经下 13）

　　“长宇。徙而有处宇。宇南北，在旦有在莫，宇徙久。”（经说下 13）

　　“宇进无近。说在敷。”（经下 63）

　　“宇。傿不可偏举，宇也。进行者先敷近，后敷远。久，有穷，无穷。”（经说下 63）

　　“行脩以久。说在先后。”（经下 64）

　　“行。行者必先近而后远③。远近，脩也。先后，久也。民行脩必以久也。”（经说下 64）

也就是说，物体的运动离不开空间和时间，物体的运动是在空间与时间的四维坐标系中进行的，物体的运动状态体现为在空间中的位置变化和时间中的先后变化。如果离开了时间和空间，也就没有特体的运动可言。这一认识与近代运动学中的认识是一致的，由此可见墨子思想之深邃。

　　关于物质的本原是什么的问题，是中国历史上长期论争的一个大问题。最早提出“有生于

---

① 高亨，墨经校诠，科学出版社，1958 年，第 54 页。

② 此条从孙诒让校。见孙著《墨子闲诂》。

③ 经文原为“行者行者必先近而后远。”第一个“者”字疑衍，今删。

无"，宇宙间万物是从"无"开始的是老子。他说："无，名天地之始"①，"天下万物生于有，有生于无。"② 老子又认为"有无相生"③，有与无是相对的，有待无而生，无待有而成。墨子首先起而反对老子的这种思想，提出万物始于"有"的主张。墨子说："无不必待有。说在所谓。""若无焉，则有之而后无。天无陷，则无之而无。"④ 墨子认为，万物始于"有"，"有"与"无"虽是相对的，但"无"有两种，要么是先有而后无的无，要么是本来就不存在的无。例如，"焉"这种飞禽，过去虽曾有过，但后来灭绝而无了，是"有之而后无"；而天本来就不存在塌陷的问题，是"无之而无"。过去有过而后来不存在的事物，也不能因其不存在而否定其"有"，"可无也，有之而不可去，说在尝然"，"已然则尝然，不可无也"⑤。

"有"既然始于"有"，那么"有"当然是客观存在着的，是独立于人的意识之外，不依赖于人的意志而存在的。因此，物体的性质是依附于物体的客体而存在的，人的认识是客观存在的物质世界的反映。这是墨子的又一重要的科学思想。这一思想在现存的《墨子》一书中，特别是在《墨经》中，都有明确的体现。如同沈有鼎所说："《墨经》的认识论是当时一些具体科学知识的概括，是唯物的，是极其显明的反映论。"⑥ 例如：

"於一，有知焉，有不知焉。说在存。"（经上 37）

"石，一也；坚白，二也，而在石。故有智焉，有不智焉，可。"（经说上 37）

"坚白不相外也。"（经上 66）

"坚。于石无所往而不得，得二。异处不相盈，相非，是相外也。"（经说上 66）

"坚白，说在因。"（经下 14）

"坚。无坚得白，必相盈也。"⑦（经说下 14）

意思是说，坚与白皆为石之属性，不能离开石而存在。而且，坚与白是同时存在的，不能分离，石不会只坚不白，也不会只白不坚。当我们抚石之时，得知其坚，但白并不是不存在；当我们视石之时，得知其白，坚亦不是不存在。坚与白是"于石无所往而不得"的，是独立于人的感官而存在的，人对坚白的感觉，是石的固有性质的反映。又如：

"火热，说在顿。"（经下 47）

"火。谓火热也，非以火之热我有。若视日。"（经说下 47）

热是火之属性，火之热是客观存在的，"非以火之热我有"。比如人视日，热是由日所辐射，传到人之身上，而为人所感知的，其热是独立于人之外，非我所有的。

尽管宇宙间的万物是独立于人类之外而存在的，但是其运动、变化是服从一定的因果关系，遵循着一定的规律的。这也是墨子的一个重要思想。他在《经上》、《经说上》第一条就说："故，所得而后成也。""小故，有之不必然，无之必不然。体也。若有端。大故，有之必然。若见之成见也。"《经说上》第 77 条又说："故也，必待所为之成也。"谭戒甫曰："故者果也，后果必有前因。常见世间自然现象之呈露，往往一事为之后，则有数事或无数事为之先；必待此数事或无

① 《老子》第一章。

② 《老子》第四十章。

③ 《老子》第二章。

④ 《经下》、《经说下》第 49 条。此条从高亨校。

⑤ 《经下》、《经说下》第 61 条。经说从谭氏校删"久，有穷无穷"，从孙诒让校改"已给则当给"为"已然则尝然"。

⑥ 沈有鼎，墨经的逻辑学，中国社会科学出版社，1982 年，第 4 页。

⑦ 谭戒甫曰："无坚得白之'无'，抚之省文，与拊通用。"

数事者合,而后所谓果者从之而见。阙一事焉,则不见也。"① "大故,有之必然",指出决定果的因必须是充足的、完备的,如果因不充足、完备,就不一定会得到必然的结果。但是,虽然因尚不充足、完备,如没有这些因,就一定不会有果。如有"端",不一定有"体",但无"端"则一定不会有"体"。这里,反映了墨子对因果关系的认识是非常深刻的。

不仅如此,墨子还认识到,物质运动、变化的过程,并不是简单的或僵死不变的,而是非常复杂的,因而因果关系也表现得非常复杂,在一定条件下,因果关系甚至会发生变化。如:

"五行毋常胜。说在宜。"(经下 43)

"五。金水土木火离。然火烁金,火多也。金靡炭,金多也。金之府水,火离木。若识麋与鱼之数,惟所利。"(经说下 43)

"离"古通"丽",这里的意思为附丽。"然"即"燃",燃烧之谓。此经文和经说,反映了墨子继承了传统的五行说,又反映了墨子对传统五行说的批判。他明确地提出了"五行毋常胜"的论断,批判了当时统治人们思想的"五行相胜"的机械决定论的观念。五行学说形成于商周时期,它认为世间万物皆是由金、木、水、火、土这五种元素所组成,"以土与金、木、水、火杂,以成万物"②,并衍生出"五行相胜"的论调,即木胜土,金胜木,火胜金,水胜火,土胜水。墨子则认为五行并非单纯地相生、相胜,而是"毋常胜"的,其原因是以多胜少。火烁金,是因为火多,冶金耗费木炭,是由于金多。因此,火能胜金,金也可以胜火,并不是单纯地、片面地相胜的,而是视具体的条件来决定相胜关系的。墨子虽然还没有能完全地看到五行说的弊病和局限,但他已经初步认识到,万物的发展、演化过程既遵循着一定的规律,而这些规律又会因存在条件的变化而变化,物质世界的运动、变化和发展是多种多样的,丰富多采的,并不是单一的、僵死的。

墨子还注意到,事物运动、变化的原因是很多的,同样的结果,不一定是相同的原因,不同的原因,可以引出相同的结果。

"物之所以然,与所以知之,与所以使人知之,不必同。说在病。"(经下 9)

"物。或伤之,然也。见之,智也。告之,使智也。"(经说下 9)

在《小取》篇中也说:"其然也,有所以然也。其然也同,其所以然也不必同。"好比人生病,其病因有多种,"人之所得于病者多方,有得之寒暑,有得之劳苦"③。

基于上述这些对物质世界的深刻认识,墨子把人类的认识活动概括为"摹略万物之然,论求群言之比"④。这里,"摹"的意思是探索、探讨,《太玄注》云:"摹者,索而讨之。""略"的意思是搜求、求取,《广雅释诂》云:"略,求也。""然"乃所以然之然,《玉篇》注云:"如是也。""摹略万物之然",也就是要探索、求取自然界中万物的本来面目,即探求自然界运动、变化的客观规律。"论求群言之比",詹剑峰说:"论,同抡,择也。群言即名、辞、说等多言,立辩所必须的形式。比,比类也。故'论求群言之比'者,即择求名、辞、说等多言以比类万物之然和所以然,就是说,把已知的客观现象以及各种现象的一定关系,用名、辞、说表现出来,使人共喻。"⑤ 由此可见,"摹略万物之然,论求群言之比",表明了墨子既是一位坚定的反映论者,又是一位自然界奥秘的热心探索者。

---

① 谭戒甫,墨辩发微,中华书局,1977 年,第 76 页。
② 《国语·郑语》。
③ 《公孟篇》。
④ 《小取篇》。
⑤ 詹剑峰,墨子的哲学与科学,人民出版社,1981 年,第 85~86 页。

正因为如此,所以墨子非常强调对未知领域的探求。在墨子看来,如果一个人仅仅满足于已知的知识,不去求取未知的知识,那他的知识将是无用的。他反对孔子那种"知之为知之,不知为不知,是知也"①的说法,并给予批判,指出:"知,知之否之足用也悖。说在无以也。"②墨子的这一思想是很有意义的。人们掌握知识的目的,是要用已知的知识,去探索新领域,解决实际的问题,不然的话,即使具有一定的知识,也是没有多大用处的。当然,要做到这一点是很不容易的,可能会遇到许多预想不到的困难,也可能会遭遇到失败,因此必须要有坚强的信念和顽强的毅力,"志不疆者智不达"③也。

## 四　墨子的科学方法

人们要认识自然界的奥秘,获取未知领域的知识,掌握自然界各种运动、变化的规律,仅仅具有坚强的信念和顽强的毅力是不够的,还必须具有正确的认识方法。对此,墨子已经有所意识,因而他非常重视方法论问题,并创立了一系列科学的认识方法。

关于知识的来源,是墨子着意探研的一个重大问题。他从亲身治学的体验中,把知识的来源总结为三个基本方面,即"知,闻、说、亲"④。也就是说,知识来源于闻知、说知和亲知,"传受之,闻也。方不瘴,说也。身观焉,亲也"⑤。

闻知,墨子分为传闻和亲闻,"闻,传、亲"⑥。但不管是传闻还是亲闻,在墨子看来都不应当是简单地接受,而必须消化并融汇贯通,使之成为自己的知识。他强调:"闻,耳之聪也","循所闻而得其义,心之察也"⑦。单纯地听闻、承受,得到的仅是别人的知识,最多只能起到保存知识的作用。而在听闻、承受之后,以心察之,"循所闻而得其义",才能把别人的知识作为自己前进的基础,从而得到继承并发扬。因此,墨子的闻知的要义不是消极地承受,而是积极地进取。

说知,包含有推论、考察的意义,指的是由推论而得到的知识。"瘴"即"障"之异文,《集韵》云:"障或作瘴","方不瘴"即不受方域的限制和阻隔。例如,由自己所接触到的火是热的,则可知"火热","非以火之热我有",进而推论到处的火都是热的;圆是"一中同长"的,可以推知所有的"一中同长"者都是圆的。同时,说知还可由已知的知识去推知未知的知识。墨子指出:"闻所不知若所知,则两知之",并解释道:"在外者所不知也,或曰在室者之色若其色,是所不知若所智也。"⑧"智"即"知",意思是说,我不知道室外某物的颜色,但却知道室内某一物体的颜色,人家告诉我室外物体的颜色如同室内那物体的颜色,则我就能够知道室外物体的颜色了。亦即,甲物为白色,乙物的颜色与甲同,则可以推知乙物也是白色。这样,便取得了"闻所不知若所知,则两知之"的效果了。

闻知、说知而外,墨子特别重视亲知,这也是墨家与先秦其他各家的一个重大区别。梁启超

---

①　《论语·为政篇》。
②　《经下》第 34 条。
③　《修身篇》。
④　《经上》第 80 条。
⑤　《经说上》第 80 条。
⑥　《经上》第 81 条。
⑦　《经上》、《经说上》第 90 条。
⑧　《经下》、《经说下》第 70 条。谭校删"在外者所不知"句中之"不"字,似未妥。

说：“‘身观焉，亲也’者，谓由五官亲历所得之经验而成知识也。”① 对于科学技术，亲知具有特别重大的意义。科学的生命力在于创造，偏于闻知易走向保守，偏于说知易走向空想，只有亲身参加实践活动，进行科学观测和科学实验，才能发现和检验科学真理。

亲知的过程，墨子又分为几个步骤：

“虑，求也。”（经上 4）

“虑。虑也者，以其知有求也，而不必得之。若睨。”（经说上 4）

“知，接也。”（经上 5）

“知，知也者，以其知过物而能貌之。若见。”（经说上 5）

“恕，明也。”（经上 6）

“恕。恕也者，以其知论物而其知之也著。若明。”（经说上 6）

“虑”是人的认识能力求知的状态，即生心动念之始，以心趣境，有所求索。但仅仅思虑却未必能得到“知”，譬如张眼斜视外物，未必能认识到外物的真相。因而要“接”知，让感觉器官与外物相接触，以感知外物的外在性状。感觉器官指人的眼、耳、鼻、舌、身，墨子称之为“五路”，“知。以目见，而目以火见，而火不见，惟以五路知”②。但是，仅用五官去感知外物还是不够的，充其量只能得到一些事物的表观知识。何况，有些事物还是感官所不能感受到的。如时间，“知而不以五路。说在久。”③因此，人由感官得到的知识还是初步的，不完全的，还必须把得到的知识进行综合、整理、分析和推论，“以其知论物而其知之也著”，方能达到“恕，明也”的境界。即“以恕能深入事物的本质，抽出它的条理，可以遍观周知，故其（恕）知物也更深刻，更正确，更完全，透彻表里，如见光明，一切了了。”④

总之，人类的知识来源，不外乎直接和间接二个途径，也就是墨子所总结出来的闻知、说知和亲知。只有把闻知、说知和亲知三者有机地统一起来，所得到的知识才能够全面、深刻，科学和文化也才能够呈现出生机勃勃的气象来。如果有所偏颇，所得到的知识就只能是片面的，不完全的，甚而至于是被扭曲的，谬误的。正如梁启超所说：“人类得有知识，总不外这三种方法”，“秦汉以后儒者所学，大率偏于闻知、说知两方面。偏于闻知，不免盲从古人，摧残创造力。偏于说知，易陷于‘思而不学则殆’之弊，成为无价值之空想。中国思想界之病确在此。《墨经》三者并用，便调和无弊了。”⑤

在对知识来源的理性总结的基础上，墨子进而对认识事物的方法进行探讨，创立了一系列的认识方法，开辟了一条科学的认识道路。

墨子是中国古代逻辑学的奠基者，他所创立的逻辑学自成一个体系，与古希腊的逻辑学、古印度的因明学各有千秋，互有短长。⑥ 墨子的逻辑学不但在他实行自己的政治主张，与各家学派的辩难之中发挥了巨大的作用，而且对他的科学技术活动也有重要的影响。

在《小取篇》中，墨子说道：“夫辩者，将以明是非之分，审治乱之纪，明同异之处，察名实之理，处利害，决嫌疑。焉摹略万物之然，论求群言之比。以名举实，以辞抒意，以说出故。以类取，

① 梁启超，墨经校释，中华书局，1941 年，第 43 页。

② 《经说下》第 46 条。

③ 《经下》第 46 条。

④ 詹剑峰，墨子的哲学与科学，人民出版社，1981，第 38 ～39 页。

⑤ 梁启超，墨子学案，中华书局，1936 年，第 38～39 页。

⑥ 参见虞愚《墨家论理学的新体系》，虞著《因明学》之附录，中华书局，1941 年。

以类予。有诸己不非诸人,无诸己不求诸人。"关于这段论断的逻辑学上的内涵,在众多的研究墨子逻辑学的论著中,都有详明的论述,这里不拟作过多的探讨。必须指出的是,这段论断虽然是墨子就辩论术的功用和原理而发,而实际上也是墨子认识自然,探求未知境界的科学方法,并在他的科学活动中得到广泛地运用。

科学研究是人类对自然界规律性的认识活动,它的任务首先是建立符合客观实在的观念和概念。这些观念和概念,墨子称之为"名"。但是,科学的观念和概念并不是凭空想象出来的,而是建立在对客观实在的观测和实践基础上的,是客观实在的反映。用墨子的话来说,也就是"名,实名。实不必名。"①同时,观测和实践所得到的知识还仅仅是经验性的,还必须进行理性的加工,方能升华而成为科学的观念和法则。墨子之所以能建立诸多的科学概念和原理,正是把观察、实践同理性思维有机地结合起来的结果。例如,他从众多的圆中,发现了每一个圆都有着"一中同长"的共性,从而对此进行综合和归纳,得出了"圆,一中同长也"的结论,并以之作为圆的定义。由此,他又推论出:"意、规、圆三也,俱可以为法"②,也就是用"一中同长"的原则("意"),画圆的工具"规",或现成的圆形,都符合圆的定义,因此三者都可以是作圆所用的标准("法")。然后,他又从这一观念出发,运用"以名举实,以辞抒意,以说出故"的认识方法,进而推断出凡是满足圆规画圆要求的图形就是圆,不能满足这一要求的图形就不是圆,所以可以用圆规来作为检验圆与不圆的工具。即,用圆规为工具,"以量度天下之圆与不圆也。曰中吾规者谓之圆,不中吾规者谓之不圆。是以圆与不圆,皆可得而知也"③。墨子提出的关于"方"、"正"、"平"、"直"、"同长"、"中心"等等的概念,也都是经由这一思维过程而得到的。更为可贵的是,墨子并不仅仅是停留在对概念和定义的认识阶段,他还从所得出的概念和定义出发,推广到实际应用中去,使之成为实际生产活动中必须遵从的法则。他说:"虽至百工从事者,亦皆有法。百工为方以矩,为圆以规,直以绳,正以悬,平以水。皆以此五者为法。巧者能中之,不巧者虽不能中,放依以从事,犹逾已。故百工从事,皆有法度。"④

由个别到一般的认识方法,在近现代的方法论中称归纳法;由一般到个别的认识方法,在近现代的方法论中称演绎法。墨子虽然还不可能总结出系统的、完整的归纳法和演绎法,但从上述所列举的事例的分析中,人们可以看到,在墨子的认识过程中,已经既有从个别到一般的认识方法,又有从一般到个别的认识方法,即包含有归纳推理和演绎推理二个方面的因素。而且,他没有把二者割裂开来,对立起来,而是把它们紧密地结合在一起,互相配合,互为补充,使认识不断深化和完善。在二千多年以前,墨子就能有这样深刻、高明的认识方法,确是极其难得的,不能不为后人所赞叹和钦佩。墨子之所以能够成为当时的科学巨人,站在当时科学技术领域的最前列,也是与他能够具有如此深刻而高明的科学方法分不开的。

"以类取,以类予",是关于判断、推理的一种方法,也是墨子使用得最广泛的一种认识方法。"取"为《经说上》第94条的"法取同",《经说上》第95条的"取此择彼"之取;"予",《说文》曰:"予,相推予也。"故"以类取,以类予"也就是类比、类推。墨子认为,在认识事物的过程中,特别是在由已知求取未知的过程中,这是一种非常重要的认识方法,不论是归纳推理还是演绎推

---

① 《大取篇》

② 《经说上》第70条。

③ 《天志中》。

④ 《法仪篇》。其中,"平以水"原文脱,据孙诒让校补。

理,经常都要运用这种方法。

人们的认识过程,往往是由对某一事物的认识开始,然后取同别异,应用类比、类推的方法,进而由已知的事物去认识未知的事物。例如,墨子对光的直线传播性质的认识和应用,就是通过这一方法得到的。首先,他从观测箭的运行轨迹中,认识到箭射出时的运行轨迹是直线行进的,然后把光线的传播与之比较,推论出"光之人煦若射",得到了光线也是直线行进的这一认识。在这个前提下,再推论出直线行进的光线经小孔照射到影屏上的情形,是下面的光线照在影屏的上部,上面的光线照射在影屏的下部。因而,光经人后由小孔到达影屏的成影现象,是"下者之人也高,高者之人也下。足蔽下光,故成景于上,首蔽上光,故成景于下",从而得到了小孔成影(或像)是倒影(或像)的结论。同时,在光的直线传播和三点成直线的认识的前提下,墨子又推知了光、鸟、影三者的对应关系,从而认识到"光至,景亡"的道理,得到了"景不徙"的结论。

从亲身的认识实践中,墨子还深切地体会到,要进行类比、类推,必须特别注意区分事物的同异。他定义"同"为"异而俱于之一也"①,也就是合众异为一,并把"同"分为重同、体同、合同、类同,"二名一实,重同也;不外于兼,体同也;俱处于室,合同也;有以同,类同也。"② 而对于"异"他则分为:"二,不体,不合,不类","二必异,二也;不连续,不体也;不同所,不合也;不有同;不类也"③。只有同类,方能进行类比和类推,例如:"小圆之圆,与大圆之圆同。方尺之不至,与千里之不至,不异。其不至者同,远近之谓也。是璜也,是玉也。"④ 而异类的事物是不能相互类比、类推的,"异类不比,说在量"。⑤ 如果把异类拿来相比较,就会出现"木与夜孰长,智与粟孰多"⑥的笑话。因此,墨子指出,不区分事物的同异即进行类比、类推,就将陷入困境,"夫辞以类行之者也,立辞而不明其类,则必困矣"⑦。对这种做法,墨子又称之为狂举。"狂举不可以知异。说在有不可","牛与马惟异。以牛有齿,马有尾,说牛之非马也,不可。是俱有,不偏有,偏无有。曰牛与马不类,用牛有角,马无角,是类不同也。若举牛有角,马无角,以是为类之不同也,是狂举也,犹牛有齿,马有尾"。⑧ 在墨子看来,举牛有角,马无角来区分牛马之为异类是不够的,仍是狂举,因这仅仅是人人皆知的表面现象而已。可见,墨子所提出的类比、类推,已不是简单的比较、推论,还有着深入事物本质,以取同别异,认识事物的意义。

从区分同异,进行类比、类推的认识过程中,墨子进而总结出了"同异交得,放有无"⑨的原则。《玉篇》曰:"放,比也。"《类篇》曰:"放,效也。"正如谭戒甫所说:"此盖以天下相对之事物为之比例,而验其交得之度者也。"⑩ 也就是通过类比、类推,来认识、判断各种事物的同异程度。类推法是现代科学研究中的重要方法之一,可以说在墨子的方法论中,已经具有了类推法的雏型与法则。

---

① 《经上》第 88 条。

② 《经说上》第 86 条。

③ 《经上》、《经说上》第 87 条。

④ 《大取篇》。

⑤ 《经下》第 6 条。

⑥ 《经说下》第 6 条。

⑦ 《大取篇》。

⑧ 《经下》、《经说下》第 66 条。

⑨ 《经上》第 89 条。

⑩ 谭戒甫,墨辩发微,中华书局,1977 年,第 181 页。

　　还必须提出的是，墨子已经看到了类比、类推方法中存在着局限性，应用时若不谨慎，则会使人误入迷途，甚而导致错误的结论。他指出，推类并不是简单容易的，而是有着很多的困难。譬如，"推类之难，说在大小。"① 单以大小言之，世间万事万物就存在着许多不同，各种概念所包容的内涵亦有大小之不同。如四足兽，并不完全是牛马。四足兽是大名，牛马是小名，四足兽包括牛马，但不能因牛马是四足兽，便推论出四足兽都是牛马的结论。正如淮南子所说："物类之相摩近而异门户者，众而言识也。故或类之而非，或弗类之而是。或若然而不然者，或若不然而然者。"② 因此在类推中，还必须对所得的结论进行论证和反证，提出所得结论的根据和理由，才能使结论真确而无误。即："止类以行人。说在同。""彼以此其然也，说在其然也；我以此其不然也，疑是其然也。此然是必然则俱。"③

　　此外，从墨子的科学活动中，人们还可以发现科学实验的踪迹。例如，墨子关于小孔成倒像的结论，关于平面镜成像和重复反射的原理，关于凹面镜、凸面镜成像的各种结论，如果没有进行实验研究，将是不可能得到的。墨子关于杠杆原理的认识，亦应该是有实验根据的。尤其是"两加焉，重相若，则标必下"的现象，如果不亲身进行实验，在权和重物上添加相同重量的物件，也是难于发现的。尽管墨子的这些实验在今天看来都是极其简单的，但在当时的社会条件下，却是非常难得的，在当时的世界上也是极其少见的。故而说墨子是世界上最早进行科学实验的科学家之一，将不会是过分的。

　　墨子的一生是伟大的一生，特别是他的科技活动和科技成就，使他无愧于作为一位世界早期的杰出科学家，应该在中国科学技术史上，乃至于世界科学技术史上占有重要的一章，也是光辉的一章。梁启超在评价《墨经》时，曾说："在吾国古籍中，欲求与今世所谓科学精神相悬契者，《墨经》而已矣，《墨经》而已矣。"④ 此论虽未免有些偏激，但像《墨经》这样的科学著作，在中国汗牛充栋的古籍中，确实是少见的。同样，在中国以至世界上千百年来众多的出类拔萃的人物中，像墨子这样的伟人也是不可多得的。诚可谓千古一墨矣！

## 参 考 文 献

方孝博.1983.墨经中的数学和物理学.北京：中国社会科学出版社
高 亨.1958.墨经校诠.北京：科学出版社
李约瑟.1973.中国之科学与文明　第二册.台北：商务印书馆
李约瑟.1978.中国科学技术史　第三卷.北京：科学出版社
李渔叔.1976.墨子今注今译.台北：商务印书馆
梁启超.1941.墨经校释.上海：中华书局
栾调甫.1957.墨子研究论文集.北京：人民出版社
钱宝琮.1964.中国数学史.北京：科学出版社
沈有鼎.1982.墨经的逻辑学.北京：中国社会科学出版社
孙诒让(清)撰.1986.墨子闲诂.诸子集成本,北京：中华书局
谭戒甫.1977.墨辩发微.北京：中华书局

① 《经下》第2条。
② 《淮南子·人间篇》。
③ 《经下》、《经说下》第1条。
④ 梁启超,墨经校释·自序,中华书局,1941年。

王冬珍．1981．墨学新探．台北：世界书局

虞　愚．1941．因明学．上海：中华书局

詹剑峰．1981．墨子的哲学与科学．北京：人民出版社

（金秋鹏）

# 扁 鹊

扁鹊是我国先秦时期的著名医家,《战国策》、《韩非子》、《史记》、《列子》等书中均有记载。作为中国传统医学理论体系奠基时期的一位重要人物,他的医学思想与成就对于后世的医学发展,具有极为重要的影响。除各种史书、医学文献对扁鹊之生平、医学技艺的记载外,许多地方还保存有诸如扁鹊故里、扁鹊村、扁鹊墓,以及扁鹊采药、隐居处等遗迹。① 这些传说与遗迹留存至今,一方面说明历代医家对他的敬仰,另一方面则体现了扁鹊在人们心目中早已成为神医的偶像,期待能够得到他的庇护,免除疾患之苦②。

## 一 生 平 概 略

司马迁采撷诸说为扁鹊立传,其所记内容大致如下:③

扁鹊姓秦,名越人。勃海郡郑人。少年时"为人舍长",舍客中有位隐士名叫长桑君,颇受扁鹊之敬重,"出入十余年",乃将自己的医疗技能传授给了扁鹊。"呼扁鹊私坐,闲与语曰:'我有禁方,年老,欲传与公,公毋泄。'乃出其怀中药予扁鹊:'饮是以上池之水,三十日当知物矣。'乃悉取其禁方书尽与扁鹊。……扁鹊以其言饮药三十日,视见垣一方人。以此视病,尽见五藏症结,特以诊脉为名耳。"

从此扁鹊即开始在各地行医治病。其中的杰出表现,《史记》录有三则。

其一,诊赵简子疾:晋国大夫赵简子专国事,忽疾不识人。大夫皆惧,召扁鹊入视病,诊断为:"血脉治也。……不出三日必闲。"两日半后,简子寤。众人以扁鹊之言告之,简子赐田四万亩。

其二,诊虢太子"尸厥":扁鹊过虢,闻太子死,即问中庶子喜方药者,得知太子死尚不到半日。扁鹊认为太子并非真死,便主动要求为其治病。众人皆讥笑之,但扁鹊却说:"子以吾言为不诚,试入诊太子,当闻其耳鸣而鼻张,循其两股以至于阴,当尚温也。"中庶子大惊,乃请扁鹊入诊太子。"扁鹊乃使弟子子阳厉针砥石,以取外三阳五会。有闲,太子苏。乃使子豹为五分之熨,以八减之齐和煮之,以更熨两胁下。太子起坐。更适阴阳,但服汤二旬而复故。"

其三,望齐侯之色:扁鹊过齐,受到齐桓侯的召见。他见齐桓侯面色不佳便说:"君有疾,在腠理,不治将深。"桓侯以为这是"医之好利也,欲以不疾者为功。"五日后,扁鹊复见,曰:"君有疾,在血脉,不治恐深。"仍不以为然。五日后扁鹊又对桓侯说:"君有疾,在肠胃间,不治将深。"桓侯厌烦而不悦。过了几天,扁鹊再次见到桓侯时避而退走,桓侯使人问其故,扁鹊曰:"疾之居腠理也,汤熨之所及也;在血脉,针石之所及也;其在肠胃,酒醪之所及也;其在骨髓,虽司命无

---

① 详见丁鉴塘《扁鹊遗迹辑略》,载《中华医史杂志》1981年第4期。

② 宋·范成大《揽辔录》:"壬申过伏道,有扁鹊墓,墓上有幡竿,人传云四傍土可以为药;或于土中得小圆黑褐色以治病;伏道艾医家最贵之。"又如汤阴县的扁鹊墓前,自清代至今有专为祭祀扁鹊的庙会;从古至今,一些医家、名士多来此瞻拜,并留下不少祭奠的文章和缅怀的诗篇。

③ 汉·司马迁,《史记·扁鹊仓公列传》卷一百五,中华书局点校本,1959年。以下凡未注出处者,均系据此。

奈之何。今在骨髓,臣是以无请也。"不久,桓侯果病发,不治而死。

扁鹊作为一位民间医生,他游历各地,"随俗为变"。在邯郸时,闻当地以妇人为贵,他就自称"带下医"(妇科);过洛阳时,见当地敬爱老者,他又以治"耳目痹"为主;后来到了咸阳,知道秦人最重小儿,他即成为一名儿科医生。名声与才能召来了嫉恨,秦太医令李醯因自知技逊一筹,便使人刺杀了扁鹊。一代名医死于非命。

以上便是司马迁《扁鹊传》所描绘的神医形象,后世传闻大都据此而发。然而将这些材料及其他文献的记载排列一下(表1),则不难发现扁鹊的生活年代需历春秋至战国,长达数百年,显然存在着问题。因而扁鹊这位先秦最著名,也是唯一有传之医家的生平,就成了医史研究中的一大疑案。

**表 1　史书中有关扁鹊活动的主要记载**

| 文献出处 | 记　　事 | 年　　代 |
| --- | --- | --- |
| 《韩非子·喻老》 | 诊蔡桓侯之疾 | 蔡桓侯卒于前 695 年 |
| 《韩诗外传》<br>(亦见于《史记》) | 诊虢太子"尸厥" | 虢亡于前 655 年 |
| 《史记·扁鹊传》 | 诊赵简子疾 | 赵简子卒于前 458 年 |
| | 诊齐桓侯之疾 | 田齐桓公在位于前 375 年~前 357 年 |
| | 来入咸阳 | 前 350 年,秦迁都于此 |
| 《战国策·秦二》 | 诊秦武王之疾 | 秦武王在位于前 310 年~前 307 年 |

根据这些资料,仁智不同地产生了以下几种观点:

(1)认为扁鹊是公元前 7 世纪的人,即所谓"春秋初期说"。

(2)认为扁鹊与赵简子同时,即所谓"春秋末期说"。

(3)认为扁鹊与秦武王大抵同时,可称之为"战国中期说"。

(4)认为周秦间良医都叫扁鹊,名之曰"良医通称说"。

(5)认为有关扁鹊的记述均属"寓言"、"传闻",并无这样一个实际人物存在,概之称"寓言说"。

(6)个别人认为扁鹊的医术来自印度,当其时,凡学西医(印度医学)者皆为扁鹊[①]。

对于以上这些说法,首先应该承认"春秋末期说"是言而有据的。因为扁鹊为赵简子诊病的历史首先是由当时赵家的史臣董安于记录下来的[②],其后才被司马迁作为编写《扁鹊传》的素材。尽管这条史料因政治的需要,被后人加以篡改,增添了预言赵简子身后(七世孙)之事的内容,但这却更加说明了其中扁鹊为赵简子诊疾事确为"赵家历史"。司马迁在编写《扁鹊传》时,将这条材料作为扁鹊医疗活动中的第一件大事加以描述,然后才将始见于《韩诗外传》、年代早于"诊赵简子疾"的"诊虢太子尸厥"事,通过"其后"二字加以过渡联接;又将《韩非子·喻老》中

① 李伯聪,扁鹊和扁鹊学派研究,陕西科学技术出版社,1990 年,第 24~25 页。

② 《史记·赵世家》卷四十三,中华书局点校本,1959 年,第 1787 页。

的"诊蔡桓侯之疾"事稍加修改,变为"诊齐桓侯之疾",并记其下。这已十分清楚地表明司马迁对于这几条材料性质的判断与态度,即"诊赵简子事"为信史,其下两则含有故事、寓言的成分。

其次,则应该承认"战国中期说"的有理性。这一方面是由于《战国策》与《史记》的两条有关记载较为可靠,古今学者大都相信《史记》中"来入咸阳"之语乃是直采秦人记述而入传。另一方面,如将扁鹊的医学理论与春秋时期医和、医缓等人的言论相比较,则不难发现两者间存在的明显差距;再者,"扁鹊内、外经"等多种医学著作的成立与流传,亦不可能是发生在春秋之世,因而这些医学理论与著作的主体,均应被视为是战国时期的产物。

虽然"良医通称说"与"寓言说"均存在着极大的片面性,但也各有一定的合理内容。前者的可取成分在于,春秋的扁鹊与战国的扁鹊确实不可能为一人;后者的合理性则在于有关扁鹊的记载中确实有寓言。司马迁的《扁鹊传》正是通过移植这些寓言,才得以将春秋的扁鹊与战国的扁鹊衔接在一起。

回过头来再读司马迁的《扁鹊传》,即可寻到两个"扁鹊"的不同,这也就是本文对于扁鹊生活时代的推断:

(1)"为医或在齐,或在赵,在赵者名扁鹊。"(注意:不是"在赵时")这位在赵者,即是春秋时期为赵简子诊疾的扁鹊。根据《史记·赵世家》"大夫皆惧,医扁鹊视之"的原始记载看[1],"扁鹊"即是此人之名,而其身份乃是服务于赵府的官医(或称医官),因而才能在赵简子有疾时,马上诊视。如果将这位扁鹊视为云游四方的"民间医生",则如此"及时的巧合",恐怕只能发生在虚构的故事之中。那么,"在齐"者的姓名是什么呢?

(2)在"诊虢太子尸厥"一段中,扁鹊言:"臣齐勃海秦越人也,家在于郑"(《韩诗外传》作"扁鹊曰:'入言郑医秦越人能活之'。")从中至少可以窥到"为医或在齐,或在赵"中的"在齐"者,本名应该是秦越人。至于他为什么亦被称之为扁鹊,实在不可详考。有人说周秦间凡称良医皆谓之扁鹊,未免武断,但在战国后期至东汉的许多论述中确实相当普遍地以"扁鹊"作为最高水平医家的代称[2]。但并不是具体地指某一位其他医家,因此,在扁鹊与秦越人之间亦有可能确实存在着衣钵的传承关系。

秦越人之名出现在诊虢太子尸厥一事的记述中,但因东虢亡于西周末、西虢亡于公元前687年、北虢在公元前655年为晋献公所灭,战国时已无其国之存,故研究者对此又费尽苦心,提出了几种不同的见解[3]:

(1)信此为史实者,将其作为扁鹊为春秋初期人物说的论据;

(2)以为其事不当在春秋,而应是在战国者,提出了事件地点是在亡国而未绝祀之"虢";

(3)改虢为"赵",始自汉刘向《说苑·辨物》,近人亦有持此说者;

(4)是一个民间故事,而不是足资凭信的信史。

又有人认为:西虢东迁上阳(今河南陕县),为南虢。"当战国时,荥泽(东虢)、平陆(北虢)、宝鸡(西虢,东迁后留岐者曰"小虢",为秦所灭)均已无虢,唯陕县的虢,历春秋战国,未闻灭之,自系与东周共始终。扁鹊去洛阳赴咸阳,行程必经陕县。《韩诗外传》与《史记》所记"过虢"当即

---

① 在《史记·扁鹊仓公列传》中,改写作:"大夫皆惧,于是召扁鹊。扁鹊入视病"云云。
② 李伯聪,扁鹊和扁鹊学派研究,陕西科学技术出版社,1990年,第157~160页。
③ 详见李伯聪《扁鹊和扁鹊学派研究》。

指此"①。但南北两虢相距甚近，北虢既亡，南虢是否得以独存，亦属疑问②。总之，这段史料的基本价值在于给出了战国扁鹊的姓名——秦越人，原本是齐或郑的一位民间医生；治疗过程的描述，反映出战国中期医学发展所达到的水平。这位后起之秀极有可能才是接受长桑君传授、率领弟子游历诸国行医治病、著书立说，最终在"来入咸阳"后被杀等《扁鹊传》中所记之事的真实"载体"。在医学发展史上，他的成就与贡献当然要大于春秋时期的扁鹊。

# 二　著作考证

据《史记·扁鹊仓公列传》记载，西汉名医淳于意曾从其师公乘阳庆处受"黄帝、扁鹊之脉书、五色诊病"等书。

据《汉书·艺文志》记载，当时有《扁鹊内经》9卷、《扁鹊外经》12卷，《泰始黄帝扁鹊俞拊方》23卷，今并不传。

另外，大约成书于东汉时期的《难经》，也被一些学者认为是秦越人的旧作。对于这些问题均需逐一认真研究。

首先，《史记》与《汉书》记载的扁鹊著作是否真属无迹可寻呢?司马迁《扁鹊传》结尾一句话说："至今天下言脉者，由扁鹊也。"说明在西汉中期，医家或医学著作是将扁鹊与脉学紧密联系在一起的。具体表现为淳于意接受公乘阳庆传给他"扁鹊之脉书"等著作。而淳于意又将这些知识和著作传授给了更多的人，其中仅"脉学"一项，就有诸如"济北王遣太医高期、王禹学，臣意教以经脉高下"；"高永侯家丞杜信，喜脉，来学，臣意教以上下经脉、五诊"；"临菑召里唐安来学，臣意教以五诊、上下经脉。"不难想见，当时的传播途径，就整个社会来讲，绝不可能仅限《史记》所载淳于意一家，即公乘阳庆→淳于意→高、王、冯、杜等人而已。类似的传授途径一定还有一些。特别是传入太医之手，进入官府之家，就具备了长期妥善保存的有利条件，故《汉书·艺文志》所载扁鹊著作数种，应该视为确属传有渊源的扁鹊著作(或经其传人整理而成)。

与扁鹊内、外经并列于《汉书·艺文志》的《黄帝内经》一直被认为是现存最古的中医经典，但由《素问》与《灵枢》两部独立著作构成的今本《黄帝内经》并非《汉书·艺文志》所著录者③，其成书当在刘向、歆父子所成《七略》之后④。然其内容确实博采上至战国，下迄东汉早期的的许多医学论述，扁鹊著作亦同样被部分收入其中。为要说明这一点，需参考以下事实：

西晋太医令王叔和在编撰《脉经》一书时说："今撰集岐伯以来，逮于华佗，经论要诀，合为十卷"⑤，相信此话是符合客观事实的。以其卷三为例，论各部经脉时分别记有："右新撰"、"右《四时经》"、"右《素问》、《针经》、《张仲景》"；而卷五的细目则为：

　　　　张仲景论脉第一
　　　　扁鹊阴阳脉法第二
　　　　扁鹊脉法第三

①　孔健民，中国医学史纲，人民卫生出版社，1988年，第42～43页。
②　臧励龢等《中国古今地名大辞典》(商务印书馆香港分馆，1931年，第1197页)云南虢"春秋时灭于晋"。
③　晋·皇甫谧《针灸甲乙经·自序》说："今有《针经》九卷，《素问》九卷，二九十八卷，即《内经》也。"实属猜测，后世多宗此说。
④　廖育群，今本《黄帝内经》研究，自然科学史研究，1988，(4)；367。
⑤　晋·王叔和，《脉经·自序》，人民卫生出版社，1962年，第1页。

### 表二　今本《黄帝内经》与《难经》中所存"扁鹊脉法"的内容

| 扁 鹊 脉 法 | 今本《黄帝内经》 | 《难　经》 |
|---|---|---|
| 少阳之脉、乍小乍大、乍长乍短……<br>太阳之脉,洪大以长,其来浮于筋上……<br>阳明之脉,浮大以短……<br>少阴之脉紧细……<br>太阴之脉紧细以长……<br>厥阴之脉沉短以紧…… | 《素问·平人气象论》 | 《难经·七难》(按:删节号为各脉"王"相月、日《素问》无,《难经》有) |
| 病人面黄目青者不死,青如草滋死<br>病人面黄目赤者不死,赤如虾血死<br>病人面黄目白者不死,白如枯骨死<br>病人面黄目黑者不死,黑如炲死<br>病人面目俱等者,不死<br>病人面黑目青者,不死<br>病人面青目白者死<br>病人面黑目白者不死<br>病人面赤目青者六日死<br>…… | 《素问·五脏生成》文字有出入 | |
| 青欲如苍璧之泽,不欲如蓝<br>赤欲如帛裹朱,不欲如赭<br>白欲如鹅羽,不欲如盐<br>黑欲如重漆,不欲如炭<br>黄欲如罗裹雄黄,不欲如黄土 | 《素问·脉要精微论》 | |
| 肝病皮白肺之日庚辛死<br>心病黑肾之日壬癸死<br>脾病唇青肝之日甲乙死<br>肺病颊赤目肿心之日丙丁死<br>肾病面肿唇黄脾之日戊己死 | 《素问·平人气象论》<br>肝见庚辛死<br>心见壬癸死<br>脾见甲乙死<br>肺见丙丁死<br>肾见戊己死 | |
| 论寒热瘰疬,目中有赤脉从上下至瞳子,见一脉一岁死,见一脉半,一岁半死,见二脉二岁死,见二脉半,二岁半死,见三脉,三岁死 | 《灵枢·寒热篇》又见《灵枢·论疾诊尺篇》,均无"瘰疬"字 | |
| 经曰,病或有死,或有不治自愈,或有连年月而不已,其死生存亡,可切脉而知之耶?……病若大腹而泄,脉当细微而涩,反得紧大而滑者死 | | 《难经·十七难》(按:十七难全文即此段) |
| 人病脉不病者生,脉病人不病者死 | | 《难经·廿五难》 |
| 肝满、肾满、肺满皆实,则为肿,……<br>心脉满大痫瘛筋挛<br>肝脉小急痫瘛筋挛<br>……<br><br>心脉搏滑急为心疝<br>肺脉沉搏为肺疝<br>…… | 《素问·大奇论》(按:大奇论全篇671字全见于此) | |
| (共32条)<br>人一呼而脉再动,气行三寸……<br>脉三至者离经,……<br>脉一损一乘者,人一呼而脉一动,…… | 《灵枢·五十营》(按:人一呼脉再动,气行三寸……水下百刻……一万三千五百息等即"五十营"全文,其他文字无) | 《难经·一难》《难经·十四难》(按:内容较《灵枢》多,基本概括了扁鹊脉法的内容,并有解释) |

　　扁鹊华佗察声色要诀第四

　　扁鹊诊诸反逆死脉要诀第五

这就是说,在王叔和著书时还能看到扁鹊的脉学著作,至少是可以从其他著作中区别出哪些文字是来源于扁鹊。而根据《脉经》的记载,反求之于今本《黄帝内经》,恰恰发现扁鹊的脉学早已被收入其中。如果此说不成立,那么在王叔和著《脉经》时,就不会将这些已然见于今本《黄帝内经》的文字,别列于《素问》、《灵枢》之外,而称其为"扁鹊脉法"了。

　　《素问》与《灵枢》,以及《难经》均采用、吸收了扁鹊医学著作的内容,是有痕迹可寻的(表2)。称其为"痕迹",是因为现在还不可能弄清扁鹊医学理论与著作的全貌,因此也就无法肯定《素问》、《灵枢》乃至《难经》中有多少内容是来自扁鹊。在这些"痕迹"中,最为典型的是《素问·大奇论》,全文见于《脉经》所载的"扁鹊诊诸反逆死脉要诀第五"。而《素问》这一篇自首至尾不见黄帝、岐伯问答字样,与全书体例显然有别。这难道不也是说明其另有所本的一个旁证吗?

　　其次,关于《难经》,大约自唐代的书录开始,多题此书为"秦越人撰"(如《旧唐书·经籍志》、《宋史·艺文志》等等),或名之曰"秦越人黄帝八十一难经"(《新唐书·艺文志》)。究其原因,应从托名与学术传承两方面进行考察。就"托名"而言,可举唐代王勃所写"黄帝八十一难经序"为例:

　　"《黄帝八十一难经》是医经之秘录也。昔者岐伯以授黄帝,黄帝历九师以授伊尹,伊尹以授汤,汤历六师以授太公,太公授文王,文王历九师以授医和,医和历六师以授秦越人,秦越人始定立章句,……。"①

　　另一位唐代医家杨玄操撰《集注难经》时,在序文中则直言:"《黄帝八十一难经》者,斯乃勃海秦越人之作也。"②因而后世研究者多疑署名秦越人出自杨玄操。但只要弄清《难经》成书在东汉,不可能是生活于先秦时代的秦越人之作就足够了,不必在此赘述托名如何形成的具体演变过程。就学术传承而言,有人提出:"秦越人著《难经》的古传之说必须而且应该解释为:东汉时期扁鹊学派的医家撰写了《难经》,《难经》继承了西汉之前扁鹊学派的学术思想并使之有了新的发展,秦越人著《难经》的真相是扁鹊学派的医家著《难经》"。②此说的论据不外《难经》中有数条文字与其他医学古籍中所录扁鹊言论一致。进而通过分析这些材料,认为"已可肯定:《难经》所引(经言)是扁鹊学派的医经而言。"③如果将《难经》引用了扁鹊之医学言论作为一条线索,去推敲为什么《难经》会被后人署上秦越人之名,当然是可以的。但若据此即判定《难经》为东汉时期扁鹊学派的著作,则误矣。因为该书内容不仅吸收了扁鹊的医学言论,同时也包含有其他古典医籍的内容,不能断言《难经》是沿续某一医学流派的理论而成书。

　　实际上,有关扁鹊著作的考证,与研究《素问》、《灵枢》以至《难经》等古典医经,是可以相互发明的。站在今本《黄帝内经》即《汉书·艺文志》所载的错误立场上,则不可能考虑到《汉书·艺文志》七家医经的内容均有可能被收入成书于其后的《素问》、《灵枢》、《难经》中,当然就没有寻找扁鹊医学著作端倪的线索。而在弄清这些经典成书原委的同时,也就寻到了研究扁鹊医学著作的线索。换言之,当看清扁鹊著作如何被今本《黄帝内经》所吸收时,才可能断定《素问》、《灵枢》是在吸收《汉书·艺文志》诸家医经内容的基础上成书。

　　①　清·董诰等,《全唐文》卷一百八十,中华书局影印版,1982年。

　　②　,③见李伯聪《扁鹊和扁鹊学派研究》第221,225页。

# 三　成就与贡献

根据《脉经》等书所保存的扁鹊脉学,可以看出中国医学基础理论中的脉气循行(血液循环?)概念、五色诊病之法以及"决死生"等一些重要内容是来源于扁鹊的。

### 1.脉气循行

扁鹊云:"人一呼而脉再动,气行三寸;一吸而脉再动,气行三寸;呼吸定息,脉五动……昼夜漏水下百刻,一刻百三十五息,百刻万三千五百息。二刻为一度,气行一周身,昼夜五十度。脉再动为一至,脉三至者离经……,四至则夺精……五至者死。……脉一损一乘者,人一呼而脉一动,人一息而脉再动,气行三寸,……再损者,人一息而脉一动,……三损者人一息复一呼而脉一动,……四损者再息而脉一动……五损者人再息复一呼而脉一动。"①

归纳这段文字的要点是:

(1)人一呼或一吸时,脉各行三寸;一昼夜循行周身 50 度。

(2)给出一些概念标准,如称一呼一吸为"一息",脉搏跳动两次为"一至",以此作为时间与脉率的单位。

(3)正常与异常脉率:即根据医生的正常平稳呼吸来计算病人的脉率。每次呼吸,脉搏跳动 5 次为"平脉";每次呼吸脉搏跳动 6,8,10 次为阳盛阴虚的不同阶段;相应地,每呼吸一次,病人只有 $2,1,\frac{2}{3},\frac{1}{2},\frac{2}{5}$ 次脉搏则标志着阴盛阳虚的不同阶段。

此后,这段文字被冠以黄帝、岐伯问答,即成为《灵枢·五十营》全篇的主要内容,亦构成了《素问·平人气象论》的第一段。一息五动的"平脉"标准一直沿用至今,基本符合临床实际情况。

由于这段文字中给出了"一息脉行六寸"、"昼夜五十度"和一昼夜共 13500 息等数据,所以很容易就得出脉的每周长度和总循行长度。即:

总长度:0.6(尺)×13 500=8100(尺)=810 丈。

周长度:810(丈)÷50=16.2(丈)。

《灵枢》紧接"五十营"篇之后的"营气"篇,叙述了经气沿经脉环周运行的道路,即沿着从"手太阴脉"到"足厥阴脉"的十二正经和"督脉"、"任脉"两条"奇经"运行,周而复始。这可以看作是对"五十营"篇的解释或发展。紧接此篇之后的"脉度"篇,又给出了各条经脉的具体长度。有意思的是此篇名为"脉度",却只给出了前一篇所述营气运行的 14 条经脉的长度,"奇经"共有 8 脉,除督脉、任脉之外的 6 条经脉长度如何? 未谈。而所述 14 条经脉的总长度相加又正好是 16.2 丈。因而这些内容均极有可能是禀承扁鹊脉学的旨意。其循行路线与《灵枢·经脉》所言按"十二正经"循环的方式有所不同,这或许可以看作是"黄帝、扁鹊之脉书"间的差异之一。

通过以上介绍,我们至少弄清了《灵枢》中 3 篇文章的相互关系和经脉循行、经脉长度源流演变的问题。需要说明的是,尽管当时"脉"概念的形态基础在很多地方显而易见地是指血管和血液运行而言,扁鹊所说的"脉动"也无疑就是脉搏的跳动,但这种脉气循行(循环)理论与血液

---

① 晋·王叔和,《脉经》卷四,"诊损至脉第五"。

循环的发现并不完全等同。首先,在这种脉气循行的理论体系中,人的呼吸动作被想象与类比成"橐籥",以此作为原动力,所以循行的起止点均在手太阴(肺)之脉。心脏并没有被视为原动力,脉搏跳动的本质亦不过是"气"的推动而已。其次"脉行三寸"的匀速运动理论亦不足以近似客观地反映血液循环的运动特点,因为血液循环只能以容积速度来表示,大小血管间的流速相差近千倍。因而切不可将这种脉气循行的理论等同于血液循环的发现。

**2. 五色诊病**

根据病人皮肤、血脉、眼结膜等处颜色的变化判断疾病,是古今中外都要采用的诊断方法之一。在扁鹊著作中,这些属于"五色诊"的内容。

对于颜色的观察,首先在于区别不同的面色究竟是正常还是病态。例如健康人黝黑的皮肤与肝肾病变的黑暗无光之色,虽均同属黑色,但却有根本的区别。所以扁鹊说"黑欲如重漆,不欲如炭。"(见表2)

第二是各种颜色在诊断上的意义,如"目赤者病在心,白在肺,黑在肾,黄在脾,青在肝。黄色不可名者病胸中。""诊血脉者,多赤多热,多青多痛,多黑为久痹,多赤多黑多青皆见者,寒热身痛。面色微黄、齿垢黄、爪甲上黄,黄疸也"等等。

这些色病关系基本符合临床实际,有极大的实用性。但这种配合关系,又与五行学说的配属关系相吻合,究竟是五行学说自身体系发展完善后才被引入医学,还是自然科学为五行学说的体系化提供了依据与素材?扁鹊医学理论的内容将对这些问题的研究有所帮助。至少在《素问》和《灵枢》的不同篇节中,可以发现五行配属的不一致性,说明五行学说的发展过程亦是在力求尽量能够符合客观规律,更加圆满地解释自然。而扁鹊脉学中所见到的这些配属关系,与最终完成的经典方式是一致的。

**3. 决死生**

病程转归、疾病预后的正确与否,显然是衡量医生水平高低的重要因素。自古以来"决死生"就是医疗中的一大问题,马王堆医学帛书中有《阴阳脉死候》专论此事;淳于意医案中的第1,6,12例均是知其死生,言之果验,虽不加治疗,亦属"验案"。扁鹊脉学中有极大一部分内容属于"决死生"类,其中有些条文至今看来确属危重病候。例如脑组织病变时出现的肢体不自主运动(循衣摸床、撮空捻线等等);水肿病人"手掌肿无纹"、"脐肿反出"、"阴囊茎俱肿",无疑均是高度水肿、病情危重的表现,属死症。"病人足跗肿,呕吐头重者死",这应属尿毒症的表现。这些都是极有临床意义的。

**4. 脉诊方法**

古代脉诊之法有多种,如人迎、寸口法,轻重法,四时脉法,三部九候法等等。扁鹊脉学与这些脉法的最主要区别在于,扁鹊采用的是脉象法,即完全根据脉象的变化来判断疾病的属性。这种诊脉方法在《素问》中已然占居了较其他脉法重要的地位,后世使用的诊脉法即此种脉法。另外,寸口脉(手桡侧动脉)分部的起源,也有可能追溯到扁鹊脉法。简单地说,就是将寸口脉分为尺、寸两部,进而再分成寸、关、尺三部的方法。隋代杨上善在注释《黄帝内经太素》时说:"依

秦越人寸口为阳,得地九分;尺部为阴,得地一寸,尺寸终始一寸九分,亦无关地。"① 其后在华
佗的诊脉法中,才出现了寸、关、尺的三部划分法。然而对此仍有继续研究的必要,因为仅凭杨
上善之言是不能轻易对如此重要问题作出最后断言的,否则无法解释吸收了扁鹊脉法的《素
问》、《灵枢》中何以看不到尺、寸划分的迹象。但不管怎么说,正如司马迁所说:"至今天下言脉
者,由扁鹊也。"扁鹊在中医脉学诊断法中占有极为重要的地位。而一般极受称道的"六不治",
从《史记》行文观之,并未指明是扁鹊言论,却极像是司马迁在述完"望齐侯之色"一事后的感
慨,不应作为扁鹊的所谓"医学思想"而大加发挥。

　　总之,扁鹊是处在我国医学发展史上理论体系奠基时期的一位重要人物。作为开创者来
说,其成就与贡献对于后世的影响是极为深远的。尽管扁鹊的医学理论较之《素问》、《灵枢》有
不及之处,但后世的进步正是以前人的工作为基础的。

## 参 考 文 献

李伯聪.1990.扁鹊和扁鹊学派研究.西安:陕西科学技术出版社
廖育群.1988.扁鹊脉学研究.中华医史杂志,18(2):65～69
司马迁(汉)撰.1959.史记　扁鹊传.北京:中华书局

(廖育群)

---

① 隋·杨上善注,《黄帝内经太素》,人民卫生出版社,1965 年,第 33 页。

# 李　冰

　　李冰是我国战国末期杰出的水利工程专家。他率领蜀地（今四川成都一带）人民兴修了举世闻名的都江堰等水利工程。都江堰不仅是我国，而且也是世界上最古老的水利工程之一。尤为可贵的是，它至今仍在发挥巨大的效益。

一

　　四川素有"天府之国"的称号。但在都江堰建成以前，蜀地非涝即旱，因而又有"泽国"、"赤盆"之名。发源于四川西北山区的岷江，上游在崇山峻岭中奔流，山高谷狭，河床甚陡，水流湍急。到了灌县，岷江流出狭谷地带，进入宽广的成都平原后，河床坡降骤减，水流速度迅速减慢，大量沙石便沉积下来，天长日久淤积了河床，大大降低了泄洪能力。因此，每到雨季，山洪暴发，成都平原顷刻间变成水泽之国。雨季一过，又常旱无雨。对古代蜀地的水患，清陈炳魁"都江堰歌"，有过生动的描述："我闻离堆未凿前，大江茫茫水一片，奔流直泻下西南，郫下每闻吾鱼叹。"[1]　随着历史的前进和生产的发展，蜀地迫切需要根除水患。

　　公元前 316 年（秦惠文王九年），秦国吞并了蜀国。秦取蜀的目的在于："其国富饶，得其布帛、金银足给军用"；"得蜀则得楚，楚亡则天下并矣"[2]。可见，秦国要把蜀地经营成为统一中国的一个重要战略基地。为此秦灭蜀后，对蜀地的建设是不遗余力的。首先，在成都平原推行郡县制，设立了蜀郡，并"移秦民万家实之"，秦国的先进生产工具和生产技术在蜀地的推广也进一步促进了生产发展。但是，秦统治者也越来越深刻地认识到，蜀地屡受严重水旱灾害，难以成为战略基地。于是，治理蜀地水患便成为秦完成统一大业的一项重要措施。这一切为战胜成都平原的水、旱灾害创造了有利的政治、经济和技术条件，从而导致大型水利工程的出现。在这种形势下，秦国派遣精干的水利专家李冰取代政治家张若任蜀郡太守[3]。

　　李冰为蜀守的具体时间，并没有明文记载。有关李冰任蜀守的大致年代，历史文献有两种记载：一种为秦昭王时（公元前 306～前 251），如《水经注·江水》和《舆地纪胜·成都府路·永康军》所引东汉末年应劭《风俗通》均记载：秦昭王以李冰为蜀守；另一种为秦孝文王时（公元前250），如《华阳国志·蜀志》云："周灭后，秦孝文王以李冰为蜀守"。为此，学者们作了大量的考证，但仍有分歧。因秦孝文王只在位三天[4]，所以有的学者否定后者，并提出：《华阳国志》中"孝"实为"昭"之误[5]。我们认为：李冰任蜀守应在秦昭王三十年（公元前 277）之后，因为在这一年李冰的前任张若还未去职[6]。不仅如此，还可以推测李冰在孝文王时仍在职，理由是：以当时

----

① 《灌志文征》卷九。

② 晋·常璩，《华阳国志·蜀志》，商务印书馆，1937 年。下文未注明出处的引文均引自此书。

③ 宋·郭允蹈《蜀鉴·秦人取蜀》云："初置守张若而定黔中，继用李冰始平水害。"（商务印书馆，1937 年）

④ 《史记·秦本纪》云：秦孝文王"十月己亥即位，三日，辛丑卒。"

⑤ 赵世暹，李冰守蜀的年代，载《文汇报》，1962 年 4 月 27 日。

⑥ 《史记·秦本纪》云：秦昭王"三十年，蜀守若伐楚，取巫郡及江南为黔中郡。"

的技术条件而论,像都江堰这样的大型水利工程,从勘察、规划、施工到竣工,由秦昭王时起,一直到秦文王时完成,用二十几年时间是需要的;另外,《华阳国志》的作者常璩是江原(今四川崇庆)人,江原与灌县紧邻,因而对都江堰这项本地区历史上著名的水利工程必然会格外关注。他是东晋的史官,能浏览国家史地图籍,定能看到目前已佚的大批古籍。因此《华阳国志》所云李冰于秦孝文王时为蜀守,并不是没有根据的。根据以上分析,我们可以把李冰任蜀守的时间定为公元前 277 年至前 250 年。

有关李冰身世,史书无记载。他的生卒年①、籍贯② 至今尚未考证清楚,留下来的只有一些神话和传说。

二

李冰学识渊博,"知天文、地理"。古代天文不仅指星象,也包括和水利、农业有关的气象。至于地理,《论衡·自纪篇》云:"地有山川陵谷谓之理";《淮南子·泰族训》说:"俯视地理,以制度量。察陵陆、水泽、肥墝、高下之宜,立事生财,以除饥寒之患"。可见,地理更是同水利及农事活动密切相关的一门重要学问。李冰"知天文、地理",就具备了设计和完成大型水利工程的学识和技巧。

李冰任蜀守后,决心根除岷江水害。他对水道和地形进行了实地调查③,岷江穿行在崇山深谷之中,到了灌县,突然扩展,进入平原,分水乃势所必然,于是形成冲积扇。以岷江冲积扇为主体的"成都平原,形如三角,以灌县为顶点,而以金堂、成都、新津为底……在此平原内,除少数丘陵外,别无起伏,坡度平均逐步倾下,引水灌溉,至为便力。"④ 依据这种地形特点,李冰决定因势利导地在灌县玉垒山分洪引水。

李冰之前,蜀地人民世世代代同岷江洪水作斗争,积累了丰富的治水经验。古蜀国的开明曾治理过岷江洪水,"杜宇称帝……其相开明,决玉垒山,以除水患。"因开明治水有功,"帝遂委以政事……禅位于开明。"开明在玉垒山麓开凿了一条人工河流沱江,分岷江水入沱江,使洪水灾害有所减轻。但是,开明开凿的这条引水工程,因渠首位置选择得不合理,结果未能根除岷江水灾⑤。古代引水工程均为自流式,所以必须保证渠道有一定的坡降。开明治水违背这一规律,将引水口设在灌县城南十里处,偏离了冲积扇的顶部,使渠道"由西向东横穿岷江冲积扇脊梁,因此必然造成河道淤浅而水不流行。"⑥ 李冰调查了沱江故道,找到了淤积原因,于是决定废弃沱江故道和引水口,把引水口往上移到正处在冲积扇顶部的灌县玉垒山,这样总渠道恰好处在冲积扇的最大坡降线上。

---

① 相传农历六月二十日为李冰生辰。四川许多地方的人们,每逢这一天都到李冰庙里朝拜;清徐道所辑《历代神仙通鉴》卷七记有李冰治水成功后,不久病死,但未记何时。

② 姜蕴刚在《治水及其人物》(《说文月刊》1943 年第 9 期)中说李冰为四川人;纪庸在《中国古代的水利》(上海四联出版社,1955 年)中,推断李冰为魏国或韩国人;冯广宏在《李冰任蜀年代考》(《四川水利志通讯》第 5 期)中,推测李冰为陇西人。上述推论均无确凿史料或文物依据,因此很难成为定论。

③ 《华阳国志·蜀志》云:李冰"至湔氐县,见两山对如阙,因号天彭阙。"

④ 四川省都水利局,都江堰水利述要,1938 年,第 2~3 页。

⑤ 张俞《郫县蜀丛帝新庙碑记》云:开明治水后,"沫水淫流,沃野岁灾,民受其灾。"见傅增湘《宋代蜀文辑存》卷二十五。

⑥ 魏达议,成都平原古代人工河流辨解,中国史研究,1979,(4)。

有关李冰兴修都江堰的具体过程和工程设施，文献记载十分简略。《史记·河渠书》云："蜀守冰凿离碓，辟沫水之害，穿二江成都之中。此渠皆可行舟，有余则用溉浸，百姓飨其利。"《汉书·沟洫志》的记述也大致如此。只是《华阳国志·蜀志》才作了一些重要的补充，但仍然不够详细。根据以上记载，可以确定李冰主持修建的都江堰① 工程，包括由"鱼嘴"、"飞沙堰"和"宝瓶口"组成的渠首工程及渠道网（图1）。

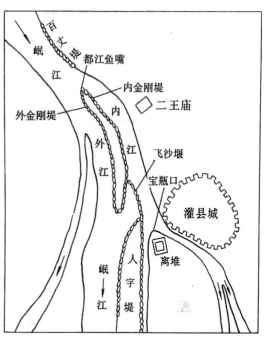

图 1　都江堰工程布置示意图
（采自《中国水利史稿》）

"鱼嘴"亦称"分水鱼嘴"，《华阳国志》中"壅江作堋"的"堋"就是鱼嘴。它是在宝瓶口上游岷江江心修筑的分水堰，将岷江水一分为二，形成内江和外江。都江鱼嘴建在河流弯道处。它利用河流弯道，有效地调节洪枯季节进入内、外江之间的水流量的比例：冬、春季节岷江水量小，河水经弯道绕行，主流直向内江，使内江入水量大于外江；在夏、秋季汛期，岷江水位升高，河流主流线不受弯道制约，洪水直流外江，于是外江入水量大于内江。这样合理地利用河流弯道，保证在旱季时内江灌区有充足的水源，而在洪水季节则可减少进入内江的洪水，保证灌区的安全。

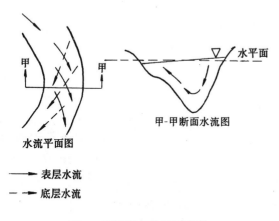

图 2　弯道横向输沙示意图
（采自《中国水利史稿》）

"飞沙堰"是一个溢洪排沙的低堰。在平时，它起顺水堤作用，引内江水入宝瓶口；在汛期，当内江水位超过内江灌区用水量时，过量的洪水连同泥沙，由飞沙堰溢出，泄向外江。这样既保证灌区不发生水患，又大大降低内江渠系的泥沙淤积速度。李冰将飞沙堰设在岷江内江的凸岸。这就有效地利用了弯道的分水分沙作用，减少了进入宝瓶口的泥沙数量。在弯道水流中，因离心作用，河水在凹岸一侧的水位较凸岸一侧高，这样河流上层流速最大的河流主流线并不与两岸并行，而是冲向凹岸（图2a）并形成横向的弯道环流（图2b）。环流冲刷凹岸并将冲刷下来的泥石带到凸岸的飞沙堰顶，然后被内江溢出水冲出内江河床。这就极大地缓和了由宝瓶口开始延伸的内江渠系的

① 都江堰，古称"金堤"（左思《蜀都赋》）、"湔堤"（常璩《华阳国志·蜀志》）、"湔堋"（郦道元《水经注·江水》）、"都安堰"（任豫《益州记》）、"楗尾堰"（李吉甫《元和郡县图志》卷三十）、"侍郎堰"（欧阳修《新唐书·地理志》），到宋代才称"都江堰"。

淤积速度。

"宝瓶口"在岷江分洪口,是岷江水由此进入成都平原的总渠道。《史记·河渠书》所云:"蜀守冰凿离碓",就是将灌县西玉垒山斜伸到岷江东岸的一段岩石凿开一个过水通道,因缺口形如瓶口,后人称为宝瓶口。

关于宝瓶口的开凿问题,学术界有不同的看法。有人认为宝瓶口是开明开凿的[①]。有人依据宝瓶口两侧岩石均为"一列白垩纪砾岩层竖起,岩性坚硬,多有天然脆裂",因而推断"宝瓶口是天然形成的"[②]。多数人认为宝瓶口是李冰开凿的。理由是:《华阳国志·蜀志》所云:"开明决玉垒山"的玉垒山,并不是今宝瓶口的玉垒山,而是位于灌县以北岷江上游的一座山。现今的玉垒山原称"虎头山"、"灌口山",后因山上建玉垒关,才更名为玉垒山[③]。《堤堰志》中有"蜀守李冰凿离碓"[④],可以作为此观点的一个旁证。有人还从古蜀国经济及技术状况的分析,否定开明凿玉垒山的可能性[⑤]。但一般认为:虽然考古工作者近年在四川新都县马家场发掘出开明王朝的古墓,证明古蜀国的经济已相当发达[⑥],但这还不足以证明开明开凿了宝瓶口。因为一项大型水利工程的兴修,即使具备了适宜的经济技术条件仍是不够的,还必须具有迫切的政治上的需要。况且目前尚未发现开明凿玉垒山的新史料,原有史料又过于简单,所以我们仍倾向于开明所开凿的只是一条人工河——沱江,并不是宝瓶口。但是,开明的治水活动却为后来修建都江堰提供了宝贵的经验,这一点是毫无疑义的。

李冰所凿离碓的位置,因史书记述过于简略,所以长期以来一直存在着争议:一种认为离碓在灌县,即今天的宝瓶口;一种认为离碓在今乐山乌龙山。近来又有人提出,离碓应在乐山凌云山大佛崖[⑦],或者是距今都江鱼嘴上游有相当距离的一座山,而现在的离碓和宝瓶口是十世纪以后形成的[⑧]。但一般认为:从都江堰设计的整体性并结合史籍来看,李冰凿离碓就是为了引水,所以引水用宝瓶口为李冰开凿。

战国末期的蜀地虽已有铁器,但要完成像宝瓶口这样巨大的劈山工程(宝瓶口现宽 20 米,高 30 米,长 100 余米),仍是十分艰巨的。为此,李冰发明了火爆发法:"崖峻阻险,不可穿凿,李冰乃积薪烧之"[⑨],然后向受热膨胀的岩石浇水,岩石遇冷迅速收缩,于是破裂并剥落。宝瓶口处坚硬的砾岩。用普通方法开凿十分困难。但由于内部岩性不一,形成热胀冷缩的差异,这样用火爆法十分有效地凿开了宝瓶口,并且方法简单易行,为后世所效仿。

劈开玉垒山,凿成宝瓶口。宝瓶口不仅是进水口,而且以其狭长的通道,形成一道自动的截水门,对内江渠系起保护作用。当江水流到宝瓶口,被离碓迎头顶托,转而形成涌流和迴旋流,这使洪水不易大量地流进狭窄的宝瓶口,只得随漩流回涌,使内江水位迅速上升,大量的内江水可由飞沙堰泄入外江,而内江只流入足够灌溉农田的水量。同时,离碓的顶托作用,造成壅

① 喻权域,宝瓶口和沱江是李冰之前开凿的,历史研究,1978,(1):95~96。

② 任自强,论述二则——离碓和二江,载《四川水利志通讯》第五辑。

③ 王纯五、罗树凡,都江堰确为李冰所建,社会科学研究,1982,(6):73。

④ 原书已佚。《读史方舆纪要》、《蜀中广记》等书中都引用了此文。本文引自《读史方舆纪要》卷六十七,中华书局本。

⑤ 田尚、邓自欣,关于都江堰的几个历史问题,史学月刊,1982,(5)。

⑥ 李学勤,论新都出土的蜀国青铜器,文物,1982,(1)。

⑦ 刘琳,离堆辨,四川大学学报(哲学社会科学),1984,(1)。

⑧ 张勋燎,李冰凿离碓的位置和宝瓶口的形成年代新探,中国史研究,1982,(4)。

⑨ 北魏·郦道元,《水经注·江水》。

水,使泥沙在这一带沉积,便于岁修时集中排除。

宝瓶口这个岩石渠道,十分坚固。两千多年来在岷江激流的不断冲激下,不仅没有被冲毁,而且一直有效地控制了岷江的水量,起到引水和泄洪作用。为此,清宋树森、"伏龙观观涨"诗赞云:"我闻蜀守凿离碓,两崖劈破势崔嵬。岷江至此画南北,宝瓶倒泻轰如雷。"①

在修建渠首工程的同时,李冰还主持建造了渠道网。《皇朝郡县志》云:"初,太守凿离碓,又开二渠:由永康(今灌县)过新繁(今新都)入成都,谓之外江;一渠由永康过郫(即郫县),入成都,谓之内江。"《灌记初稿》卷一"水利篇"则云:"李冰穿二江,双过郡下,今为走马河、柏条河。"这两条主渠沟通成都平原上原有的零星分布的农田灌溉渠,初步形成了规模巨大的都江堰渠道网。

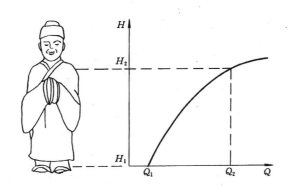

图 3　李冰石人和它所表示的水位流量关系
Q₁—灌区最低需水量;Q₂—保证灌区安全的最高引水量
H₁—灌区旱灾的警戒性水位;H₂—灌区涝灾的警戒性水位
(采自《中国水利史稿》)

《华阳国志·蜀志》云:李冰"于玉女房下白沙邮作三石人,立三水中。与江神要:水竭不至足,盛不没肩。"由此可见,李冰时都江堰已有原始水尺——石人,这是见于记载的最早的水尺。这种石人水尺,不单纯用以测量水位,主要用来控制水位(图3)。石人肩和足的高程相当于现代河流水文学中的警戒水位。当洪水涨至肩的高程,就必须分水,否则下游渠系将发生涝灾;当水位降至足时,如不控制水位下降,则下游渠系水量将严重不足,灌区农田必然缺水,发生旱灾。这说明当时已认识到堰上游某处的水位和堰的过流量之间存在着一定关系。

李冰在修建都江堰过程中,创造了竹笼装石累堰法:"犍尾堰在县西南二十五里,李冰作之以防江决。破竹为笼,圆径三尺,长十丈,以石实之,累石以壅水"②。都江堰是在沙卵石堆积很厚的河床上进行修建的。如用巨石筑坝,则河床难以负荷,必然会使堰基下沉或堰面断裂。李冰创造的竹笼装石累堰法,就地取材,竹为附近所产,卵石可取自河床,所以施工和维修都简单易行。而卵石间的空隙,可使水缓缓地渗出,从而减少了堤堰塌陷的危险。竹笼装石累堰法成为

---

① 《灌县文征》卷十。
② 《元和郡县志》"剑南道导江县"。犍尾堰即都江堰。

都江堰岁修的重要法规。汉成帝时,王延世就用此法成功地堵住了黄河决口①。

在都江堰的兴建和维修过程中,李冰总结出"深淘滩,低作堰"的经验。"深淘滩"使内江河床保持一定的深度,有着足够的过水断面,保证在汛期河床可通过较大的流量。"低作堰"表明飞沙堰不能太高,其高程相当于警戒水位,以便于排洪泄沙,确保内江渠系的安全。"深淘滩,低作堰"六字诀,是都江堰工程管理和维修的最根本经验,历代遵循,成为我国水利科学的一份宝贵遗产。

除了都江堰外,李冰还主持修建了岷江流域的许多水利工程。这些水利工程,史籍无专门记述,因而工程的详情多不可考。现据史籍的记载分列如下:

(1)导洛通山,治理瀑口和洛水。李冰"又导洛通山,洛水或出瀑口,经什邡、郫,别江,会新都大渡"。这是一条引水灌溉今石亭江(洛水)以南今什邡、方汉、新都等县的堰渠,渠首为今高景关朱李火堰中的朱堰②。

(2)穿石犀溪。李冰"外作石犀五头,以厌水精,穿石犀于江南,命曰犀牛里。"石犀溪即今成都新西门外到老西门外的西效河(唐时称浣花溪)③。

(3)导汶井江。李冰"又通笮,通汶井江,径临邛与蒙溪分水。"这是今三合堰灌区的前身④。

(4)穿羊摩江。李冰"乃自湔堰上分羊摩江",羊摩江为今岷江西的沙沟河②。

(5)绵水。"绵水出紫岩山,经绵竹入洛,东流过资中,会江阳,皆溉灌稻田,膏润稼穑。"④这可能是在李冰指导下开凿的一个小型引水渠。

(6)凿平溷崖、盐溉(垒坻)。《水经注·沫水》云:"昔沫水自蒙山至南安西溷崖,水脉漂疾,破害舟船,历代为患。蜀守冰,发卒凿平溷崖,通正水道。"《水经注·江水》又云:"汉河平中,山崩地震,江水逆流,悬溉有滩,名垒坻,亦曰盐溉,李冰所平也。"

由上文可知,李冰在任蜀守期间,主持修建了众多的水利工程。据传,李冰的儿子二郎也曾佐其治水。玉垒山麓有座"二王庙",便是为纪念李冰父子所修建。其实,帮助李冰治水者何止二郎一人,据张自烈《正字通》和《姓源韵谱》的记载,王쫺曾佐李冰治水,但其人生平已不可考⑤。实际上,不管谁曾佐李冰治水,都说明这些水利工程的兴修,是经过蜀地千百万人的艰苦奋斗,决非一人所能完成的。但李冰在其中起着领导者的重要作用,其功绩是不可磨灭的。

李冰不仅对蜀地的水利建设做出了杰出的贡献,而且对蜀地的其他经济建设也有重要的贡献:

(1)创凿井煮盐法。李冰以前,川盐的开采处于原始状态,蜀地人民生活用盐普遍依赖天然咸泉、咸石⑥。李冰任蜀守后,首创凿井汲卤煮盐的方法。《华阳国志·蜀志》云:李冰"识察水脉,穿广都(今成都双流一带)盐井、诸陂池"。这是中国最早的凿井煮盐的记录,从此,结束了巴蜀盐业生产的落后状态。《四川盐政史》评述说:"四川省井盐始于秦代",李冰"于广都穿凿盐

① 《汉书·沟洫志》云:"河堤使者王延世使塞,以竹落长四丈、大九围,盛以小石,两船夹载而下之,三十六日,河堤成。"(中华书局,1975年,第1688页。)

② 徐式文,李冰创建都江堰及李冰导洛考,载《四川·水利志通讯》第5期。

③ 魏达议,成都平原古代人工河流辨解。

④ 魏达议,成都平原古代人工河流辨解。

⑤ 林名均,四川治水者与水神,说文月刊,1943,(9)。

⑥ 《华阳国志·南中志》:"连然县,有盐泉,南中共仰之。"(《丛书集成》本,1937年,第54页。)

井,其后历经汉、晋、唐、宋、元、明,逐渐推广,遂擅大利。"①

　　(2)修七桥。"长老传言李冰造七桥,上应七星。"②"西南两江有七桥:直西门郫江中,冲治桥;西南石牛门,曰市桥;下石犀所潜渊中也,城南,曰江桥;南渡流,曰万里桥;西上,曰夷里桥,亦曰笮桥;桥从冲治桥西出折,曰长升桥;郫江上西,有永平桥。"这七座桥不仅是在大干渠上兴建的便民措施,而且对发展成都平原经济有很大作用。

# 三

　　李冰在蜀地进行的各项经济建设,尤其是兴修都江堰水利工程,对社会产生了深远的影响。

　　都江堰等岷江流域的水利工程建成后,蜀地发生了天翻地覆的变化。千百年来严重危害蜀地人民的水旱灾害被消除了。杜甫诗云:"君不见秦时蜀太守,刻石立作五犀牛,自古虽有厌胜法,天生江水向东流,蜀人矜夸一千载,泛滥不近张仪楼(意指今成都)。"③从此,成都平原"旱则引水浸润,雨则杜塞水门。故记曰:水旱从人,不知饥馑。时无荒年,天下谓之天府也。"水利的开发,使蜀地的农业生产迅猛发展,粮食不仅自给有余,而且还可以输送到全国各地。西汉时,江南遭受水灾,"下巴蜀之粟致之江南"④。唐代,"剑南(治所在今四川成都)之米,以实京师"⑤。蜀地成为闻名全国的鱼米之乡。随着各条渠道的开发和疏通,水利交通也随之发达起来。岷山上丰富的梓、柏、大竹,采伐后,可随水流漂下,运到下游,蜀人可"坐致材木,功省用饶",这极大地便利了蜀地林业生产的发展。再者,这些"皆可行舟"的渠道,促进了成都平原各处间的联系,推动了经济的发展,使蜀地著名的蜀锦、广汉的漆器等物品得以顺利地运出。李冰开创凿井煮盐业,揭开了四川井盐生产的序幕。西汉时,蜀地人们已在开凿盐井的过程中,发现了天然气⑥。正是由于李冰的经营,才使蜀地成为四川甚至西南地区的政治、经济、军事、交通和文化的中心。从此至今,四川在中国的经济、军事、文化等方面一直起着特殊作用。对此,唐陈子昂云:"臣窃观蜀为西南一都会、国家之宝库,天下珍货聚出其中,又人富粟多,顺江而下,可以济中国。"⑦

　　李冰主持修建的都江堰,不仅在中国水利史而且在世界水利史上也占有光辉的一页。它悠久的历史举世闻名,设计之完备更令人惊叹不已。我国古代兴修了不少水利工程,其中颇为著名的还有安徽北部的芍陂、河北南部的漳水渠、陕西中部的郑国渠等,但先后都已废弃,唯独都江堰至今仍能发挥着防洪、灌溉、运输等多项功能,并且效益逐渐扩大。

　　李冰为蜀地的发展做出了不可磨灭的贡献,人们永远怀念他。两千多年来,四川人民把李冰尊为"川主",在"全灌口南坡峡口,水出山下,上有李冰祠"⑧,在灌县玉垒关处,岷江东岸还

---

① 吴受彤,四川盐政史,1932年。

② 《华阳国志·蜀志》。

③ 杜甫,《石犀行》,载《灌志文征》卷九。

④ 《汉书·武帝纪》。

⑤ 《册府元册·邦计部·漕运》。

⑥ 张华《博物志》卷九云:"临邛火井一所……执盆盖井上煮盐,得盐。"

⑦ 陈子昂,《谏雅州讨生羌书》,载《全唐文》卷二百十二。

⑧ 曹学佺,蜀中名胜记,商务印书馆,1936年,第112页。

有纪念李冰父子的"二王庙",1974 年 3 月 3 日,修建都江堰的民工,在渠首鱼嘴附近的外江里,发现一座李冰石像(图 4),上有浅刻隶书题记:"故蜀郡李府郡(东汉称太守),讳冰","建宁元年(168 年)闰月戊申朔廿五日都水掾","尹龙长陈壹造三神石人珍(镇)水万世焉"[①]。近人对李冰修建的都江堰等水利工程也极为赞赏。1872 年,德国著名地理学家李希霍芬(F. von Richthofen,1833 ～1905)在参观都江堰时,对这项工程惊奇不已,称它是举世无双的[②]。1955年,郭沫若到灌县时,题字曰:李冰掘离碓,凿盐井,不仅嘉惠蜀人,实为中国二千数百年前卓越之工程技术专家。李冰的治水功绩得到古今中外人士的高度评价。李冰作为中国和世界上古代著名的水利工程专家,将永远为人们所怀念。

## 参 考 文 献

曹学佺.1936. 蜀中名胜记. 上海:商务印书馆

常　璩.1937. 华阳国志　蜀志. 上海:商务印书馆

郦道元(北魏)撰.1936. 水经注. 上海:商务印书馆

司马迁(汉)撰.1975. 史记　秦本纪,史记　河渠书. 北京:中华书局

田　尚,邓自欣.1982. 关于都江堰的几个历史问题. 史学月刊,(2)

魏达议.1979. 成都平原古代人工河流辨解. 中国史研究,(4)

武汉水利电力学院、水利水电科学研究院《中国水利史稿》编写组.1985. 中国水利史稿(上). 北京:水利电力出版社

(艾素珍)

---

① 四川省灌县文教局,都江堰出土东汉李冰石像,文物,1974,(7)。

② 四川水利局编,都江堰水利述要,1938。

# 张　苍

## 一

　　张苍(公元前？～前152)，阳武(今河南原阳)人，西汉初年政治家、学者、数学家、天文学家。张苍在秦代为御史，掌管文书、记事及官藏图书，故熟悉天下图书典籍。因有罪，逃归阳武。秦二世元年(公元前209)刘邦起义，前207年过阳武，张苍参加刘邦起义军，以客从攻南阳。次年刘邦西入武关，至咸阳，立为汉王，定三秦，张苍皆从军。前205年，汉王以张苍为常山郡(今河北元氏)太守。次年，张苍从韩信攻赵(今河北邯郸地区)，苍得陈余，汉王以苍为代(今河北蔚县一带)相，警备边寇。不久，赵地平，前203年苍为赵相，又徙代相。次年4月，燕王臧荼反，9月，苍从刘邦攻臧荼有功。次年被封为北平侯(今河北满城)[①]，食邑1 200户，位次第六十五[②]。同年，迁为计相，以列侯居萧何丞相府，为主计，掌管各郡国的统计工作。张苍长于算学，精通律历，受高祖之命定章程，并建议施行颛顼历。前196年，黥布反，旋败亡。高祖立刘长为淮南王，命张苍为相。次年，高祖崩，惠帝即位。前188年，惠帝崩。吕后专权。前182年，张苍升迁为御史大夫。同年，吕后崩，张苍与周勃等迎立代王刘恒，是为文帝。前176年，丞相灌婴卒，张苍迁为丞相。前165年，与鲁人公孙臣争论水德土德事，公孙胜，遂改历，苍由此自绌。前162年，因任人失当，受到文帝指责，苍遂以病辞职。前152年，张苍卒，享年百余岁[③]。陪葬安陵(惠帝陵)，墓在今陕西省咸阳原上安陵东[④]，一说在原籍[⑤]。

## 二

　　自汉兴至文帝即位20多年，将相公卿皆军吏，像张苍这样文人出身的实属凤毛麟角。"苍本好书，无所不观，无所不通，而尤善律历。"他还著《张苍》18篇[⑥]，言阴阳律历事，已失传。《汉书·艺文志》将其列入阴阳类。高祖平定天下后，"命萧何次律令，韩信申军法，张苍定章程，叔孙通制礼仪，陆贾造新语。"[⑦]"定章程"是张苍最重要的科学活动。如淳注"章程"曰：

　　　　章，历数之章术也。程，权、衡、丈、尺、斗、斛之平法也。

因此，"定章程"包括数学、历法、度量衡等三个方面。

　　魏刘徽肯定张苍参与整理《九章算术》，他说：

　　　　周公制礼而有九数，九数之流，则《九章》是矣。往者暴秦焚书，经术散坏。自时厥

　　① 司马迁，《史记·张丞相列传》，中华书局，1959年；班固，《汉书·张苍传》，中华书局，1962年。

　　② 《汉书·高惠高后文功臣表》。

　　③ 见《史记·张丞相列传》及《汉书·张苍传》。

　　④ 黄展岳，张家山汉墓不会是张苍墓，中国文物报，1994年5月1日。

　　⑤ 《阳武县志》卷一。

　　⑥ 此据《汉书·张苍传》，《汉书·艺文志》作16卷。

　　⑦ 《史记·高祖本纪》，《汉书·高帝纪下》。

后,汉北平侯张苍、大司农中丞耿寿昌皆以善算命世。苍等因旧文之遗残,各称删
补。故校其目则与古或异,而所论者多近语也[1]。

宋《算学源流》则把张苍定章程与"隶首作算数"、《汉书·律历志》言"备数"、《周礼》保氏教六艺之九数、唐设算学馆等一道列为算学发展史上的大事。可见,整理《九章算术》是张苍定章程中最杰出的工作,这在下面还要详细论述。

确定汉初使用的历法,是张苍定章程中最重要的内容。"汉兴,北平侯张苍首律历事。"首,始定也。他比较了黄帝、颛顼、夏、殷、周、鲁六家历法,认为以颛顼历"疏阔中最为微近"[2]。因此,汉初100余年,一直使用颛顼历。《史记》说:"汉家言律历者,本之张苍。"他还"吹律调乐,入之音声,及以比定律令",[3] 对汉初的音律作出了贡献。

定章程的另一内容是确立度量衡制度及各种技术法规。汉承秦制,张苍为汉朝确定的度量衡基本上沿习秦朝的规定。他又"若百工,天下作程品"。[4]如淳曰:"若,顺也。百工为器物皆有尺寸斤两,皆使得宜,此之谓顺。"晋灼与司马贞认为"若,预及之辞",就是预先为工匠们规定各种器物的法式。

张苍学术上的另一重大贡献是研究《春秋左氏传》。秦火及秦末战乱,典籍散坏。汉兴,各种典籍纷纷复出。"北平侯张苍及梁太傅贾宜、京兆尹张敞、太中大夫刘公子皆修《春秋左氏传》。"[5] 许慎亦谓"北平侯张苍献《春秋左氏传》"。[6] 刘向更谓张苍是向荀卿学习《左传》的。他说:"左丘明授曾申,申授吴起,起授其子期,期授楚人铎椒,铎椒作抄撮八卷,授虞卿,卿作抄撮九卷,授荀卿,荀卿授张苍。"[7]陆德明《经典释文·序录》又说"苍传洛阳贾谊"。[8]荀卿约卒于公元前238年,张苍则生于前252年以前。荀卿死时,张苍约15~20岁,他在荀卿生前之他学习《左传》不会是向壁虚造。关于张苍的思想,目前的史料极少。荀卿的学说,在汉初知识分子中十分流行。汉儒编集的《礼记》中有很多荀子学派的学说,贾谊《治安策》的主要思想是荀卿的思想。张苍的老师是荀卿,他的学生受到荀卿思想的深刻影响,因此,张苍的思想以荀派儒学为主是不言而喻的。荀卿曾游学秦国,秦国尽管排斥儒学,但荀卿的学生、法家集大成者韩非子的学说深得秦始皇器重,他的另一学生李斯是秦国重臣。张苍在秦国曾管理图书,他的思想受到荀子思想的深刻熏陶,是可以理解的。

# 三

刘徽关于《九章算术》编纂过程的论述,尤其是《九章》是由九数发展而来,张苍是《九章》的最后两位主要整理者之一的论断,本来无可争议。可是到了18世纪70年代,事情发生了变化。始作俑者是戴震。他说:"今考书内有长安、上林之名。上林苑在武帝时,苍在汉初,何缘预载?

① 刘徽,《九章算术注序》。
② 《汉书·律历志》。
③ ,④《史记·张丞相列传》,《汉书·张苍传》。
⑤ 《汉书·儒林传》。
⑥ 许慎,《说文解字》,中华书局,1963年。
⑦ 《春秋左传注疏》,载《十三经注疏》,中华书局,1979年。
⑧ 陆德明,《经典释文·序录》,上海古籍出版社,1985年。

知述是书者,在西汉中叶后矣。"①后来,人们尽管推翻了戴震的上述论据②,却为戴震的论点找到了更多的论据,主要是,汉武帝时才施行均输法,因此,《九章》的均输章只能在汉武帝之后;刘向《七略》中不载《九章算术》,因此《九章算术》不可能在西汉末年以前成书③,从而把戴震的否定刘徽论述的看法推得更远。而实际上,汉武帝推行的均输法已不同于《九章算术》的均输术,而且,与《算数书》同时同地出土的张家山竹简中有均输律,说明最迟在秦或汉初,而不是武帝时就已推行均输法④,否定张苍整理《九章算术》的主要论据不复存在;而《七略》中亦不载《周髀》,但这并没有妨碍学术界将《周髀》的成书断定在公元前1世纪⑤。因此,《七略》中不载《九章》,并不是否定《九章》在西汉末年以前成书的充分理由。而且,经过1500余年的天灾人祸,世事沧桑,戴震所能看到的关于《九章》编纂过程的资料,较之刘徽而言,可以说百无一二;戴震以百无一二的资料否定刘徽的论断,其轻率是显而易见的。下面,我们再从三个方面论述刘徽论点的正确性。

　　首先,《九章算术》的体例与结构反映了它与先秦九数的渊源关系。

　　刘徽说:"九数之流,则《九章》是矣。""九数"一词见于《周礼》。东汉末经学大师郑玄(127～200)注《周礼》"九数"引东汉初大司农郑众说:

　　九数:方田、粟米、差分、少广、商功、均输、方程、赢不足、旁要。今有重差、勾股也。⑥

对《九章》的体例与结构的分析证明了二郑关于"九数"的注释及刘徽关于《九章》是由"九数"发展而来的论断。

　　我们知道,《九章算术》主要采取术文统率例题的形式,它既不同于《几何原本》的公理化体系的形式,也不是丢蕃图的《算术》那样的问题集形式。《九章算术》中的术、例题及答案的关系有以下三种情形⑦:

　　(1)先列出例题及答案,后给出抽象性术文:

| 章 | 方　　　　　　　　　　　　田 | | | | | | | | | | | | | | | | | 粟　米 | | | | 少 |
|---|---|---|---|---|---|---|---|---|---|---|---|---|---|---|---|---|---|---|---|---|---|---|
| 例题数 | 2 | 2 | 2 | 3 | 2 | 3 | 2 | 2 | 3 | 3 | 2 | 2 | 2 | 2 | 2 | 2 | 2 | 2 | 4 | 6 | 3 | 5 |
| 术 | 方田 | 里田 | 约分 | 合分 | 减分 | 课分 | 平分 | 经分 | 乘分 | 大广田 | 圭田 | 邪田 | 箕田 | 圆田(四) | 宛田 | 弧田 | 环田(二) | 经率 | 经率 | 其率 | 反其率 | 开方 |

---

　　① 戴震,《九章算术提要》,载武英殿聚珍版《九章算术》,收入《中国科学技术典籍通汇·数学卷》,河南教育出版社,1993年。

　　② 钱宝琮,戴震算学天文著作考,载《钱宝琮科学史论文选集》,科学出版社,1983年。

　　③ 钱宝琮,九章算术提要,载钱宝琮校点《算经十书》,中华书局,1963年。

　　④ 李学勤,中国数学史上的重大发现,文物天地,1985,(1)。

　　⑤ 钱宝琮,周髀算经提要,载钱宝琮校点《算经十书》,中华书局,1963年。

　　⑥ 《周礼注疏》,载《十三经注疏》,中华书局,1979年。原文"重差"下有"夕桀"二字。唐陆德明、孔颖达谓郑注无此二字。

　　⑦ 郭书春,关于《九章算术》的编纂,载《中国科学技术史国际学术讨论会论文集·北京1990》,中国科学技术出版社,1992年;郭书春,古代世界数学泰斗刘徽,山东科学技术出版社,1992年;繁体修订本,台北明文书局,1995年。

| 广 | | | 商 功 | | | | | | | | | | | | | | |
|---|---|---|---|---|---|---|---|---|---|---|---|---|---|---|---|---|---|
| 2 | 4 | 2 | 1 | | | | | 1 | 1 | 1 | 1 | 1 | 1 | 1 | 1 | 1 | 1 |
| 开圆 | 开立方 | 开立圆 | 穿地 | 冬程功 | 春程功 | 夏程功 | 秋程功 | 方堢壔 | 圆堢壔 | 方亭 | 圆亭 | 方锥 | 圆锥 | 堑堵 | 阳马 | 鳖臑 | 羡除 |

| 商 功 | | | | | | | 均 输 | | | | 盈不足 | | | 勾 股 | | | |
|---|---|---|---|---|---|---|---|---|---|---|---|---|---|---|---|---|---|
| 1 | | | 3 | 1 | 1 | 1 | 1 | 1 | 1 | 1 | 4 | 2 | 2 | 3 | 1 | 1 | 5 |
| 刍甍 | 负土 | 载土 | 委粟(三) | 穿地求广 | 仓高 | 圆囷求高 | 均输粟 | 均输卒 | 均赋粟 | 均赋粟 | 盈不足(二) | 两盈两不足(二) | 盈不足适足 | 勾股(三) | 勾股容方 | 勾股容圆 | 测邑(五) |

共 72 术,106 个例题(商功章有 6 术的例题附于其他例题后,未计在内)。其术文都超脱于例题的具体对象或数值,具有高度的抽象性、概括性和普适性,而例题只有题目、答案两项,不列出演算术文。

（2）先给出抽象性术文,再列出若干例题:

| 章 | 粟 米 | 衰 分 | | 少 广 | 商 功 | | 盈不足 | 方 程 | | |
|---|---|---|---|---|---|---|---|---|---|---|
| 术 | 今有 | 衰分 | 返衰 | 少广 | 城堞等(五) | 刍童等(四) | (盈不足) | 方程 | 正负 | 损益 |
| 例题 | 31 | 7 | 2 | 11 | 6 | 4 | 11 | 18 | (12) | (6) |

共 16 术,90 个例题。术文像第一种情形那样也具有高度的抽象性、概括性和普适性,而例题本身除题目、答案外,还有术文,此种术文是根据抽象性术文的具体演算。其中盈不足章后 11 问是前述盈不足术的具体应用,方程章 18 问中使用的正负术、损益术都是与方程术一起应用的,术与例题的统计数字未重复计算。

（3）一题一术且术文未脱离题目的具体对象及数值。每个题目都包括题设、答案及术文三项。其术文尽管其原理与实质也具有普适性,但其抽象性、概括性相当差。包括衰分章未用衰分术的后 11 问,均输章未用均输术的后 24 问,盈不足章未用盈不足术的玉石隐互问(下文将忽略此问而无伤大体),勾股章的解勾股形 11 问及立四表望远、因木望山及测井深 3 问,凡 50 问。这是应用问题集的形式,与第一、二种情形的形式十分不协调。

总之,《九章算术》中属于第一、二种情形的,共 88 条术文,196 个例题,采取术文统率例题的形式。分析一下这一部分与九数的关系是十分有趣的。差分即衰分,是没有疑义的。旁要,根据贾宪《黄帝九章算经细草》与杨辉《详解九章算法·九章纂类》,是指勾股容方及余勾股求容积法,大约包括勾股章属于第一种情形的内容①。如果将这一部分恢复"旁要"的名称,则《九章算术》中属于第一、二种情形的部分,其内容与章名完全相符,并且与二郑所说的"九数"惊人地一致。这说明,刘徽所说的"九数之流,则《九章》是矣"是完全正确的,九数确实是《九章算术》的滥觞②。

勾股章解勾股形等类的内容亦是非旁要类题目。因此《九章算术》中第三种情形不仅在体例、风格上与第一、二种情形差别很大,而且题目的性质与原九数的标题不符,有明显的补缀的痕迹,反映了编纂思想的不同。根据刘徽的记载,作这些补缀工作的,首先是张苍,然后是耿寿昌。

其次,《九章算术》所反映的物价主要是秦及先秦的。

日本的堀毅详细比较了《九章算术》与《汉书》、汉简等典籍的物价。③ 今将堀毅的表格作了若干补充修正后列于下。

### 1. 谷类

| 物 品 | | 汉 代 史 料 | | | 九 章 算 术 | |
|---|---|---|---|---|---|---|
| 品 种 | 单 位 | 价 格 | 时 代 | 出 处 | 价 格 | 出 处 |
| 粟 | 石 | 10 余 | 文帝 | 《史记·律书》 | 10 | Ⅵ,3,4④ |
| | | 100 | 文帝 | 《风俗通义》卷二 | 12 | Ⅵ,3,4 |
| | | 150 | 昭帝 | 《盐铁论》卷六 | 13 | Ⅵ,3 |
| | | 100 余 | 宣帝 | 《汉书·赵充国传》 | 14 | Ⅵ,4 |
| | | 130 | 西汉后期 | 居延汉简[26.9A] | 16 | Ⅵ,4 |
| | | 120 | 西汉后期 | 居延汉简[26.9A] | 17 | Ⅵ,3 |
| | | 110 | 西汉后期 | 居延汉简[267.15] | 18 | Ⅵ,4 |
| | | 85 | 西汉后期 | 居延汉简[267.15] | 20 | Ⅵ,3,4 |
| | | 150 | 西汉后期 | 居延汉简[EJT 213.4] | | |
| 黍 | 石 | 110 | 西汉后期 | 居延汉简[214.4] | 60 | Ⅷ,18 |
| | | 150 | 西汉后期 | 居延汉简[36.7] | | |
| 麦 | 石 | 90 | 西汉后期 | 居延汉简[260.25] | 40 | Ⅷ,18 |
| | | 110 | 西汉后期 | 居延汉简[214.4] | | |
| 米 | 石 | 10000 | 高祖初年 | 《史记·货殖列传》《史记·平准书》《汉书·高帝纪》 | 24.5 | 由粟平均价换算成粝米⑤ |
| | | 5000 | 高祖初年 | 《汉书·食货志》 | | |
| | | 2000 | 王莽时代 | 《汉书·王莽传》《汉书·食货志》 | | |

---

① 郭书春,贾宪《黄帝九章算经细草》初探,自然科学史研究,1988,7(4)。

② 杜石然等,中国科学技术史稿,科学出版社,1982年。

③ 〔日〕堀毅,秦汉物价考,载《秦汉法制史论考》,法律出版社,1988年。

④ 此栏系本文所补充,Ⅵ,3,4表示《九章算术》卷六,第3,4问,下同。

⑤ 此处堀毅由粟平均价14.7按$14.7 \times \frac{50}{21} = 35$,得出米价为35钱。按:堀毅将此米作为御米。而《九章算术》省称米者均指粝米,故其价为$14.7 \times \frac{5}{3} = 24.5$钱。

## 2. 六畜

| 六畜 | | 汉 代 史 料 | | | | 九 章 算 术 | |
| --- | --- | --- | --- | --- | --- | --- | --- |
| 种 类 | 单 位 | 价 格 | 时 代 | 出 　　处 | | 价 格 | 出 　　处 |
| 马 | 匹 | 1 000 000 | 高祖初年 | 《史记·平准书》 | | $5454\frac{6}{11}$ | Ⅷ,11 |
| | | 200 000 | 武帝间 | 《汉书·武帝纪》 | | 3750 | Ⅰ,乘分术刘注 |
| | | 150 000 | 武帝间 | 《汉书·功臣表》 | | | |
| | | 6 000 | 武帝间 | 《史记·货殖列传》 | | | |
| | | 10 000 | 西汉后期 | 居延汉简[229.2] | | | |
| | | 5 300 | 西汉后期 | 居延汉简[206.10] | | | |
| | | 4 000 | 西汉后期 | 居延汉简[37.35] | | | |
| | | 9 000 | 西汉后期 | 流沙坠简 | | | |
| 牛 | 头 | 2400 | 武帝间 | 《史记·货殖列传》 | | 991.6 | Ⅷ,7① |
| | | 800 | 西汉后期 | 居延汉简[37.35] | | 1 200 | Ⅷ,8 |
| | | 2500 | 西汉后期 | 居延汉简[24.1B] | | $1818\frac{2}{11}$ | Ⅷ,11 |
| | | 15 000 | 东汉中期 | 四川郫县碑文 | | 3 750 | Ⅵ,4 |
| 羊 | 只 | 600 | 武帝间 | 《史记·货殖列传》 | | 150 | Ⅵ,6 |
| | | 1500 | 汉 | 《太平御览》引《搜神记》 | | 177 | Ⅷ,17 |
| | | 900 | 西汉后期 | 居延汉简[413.6A] | | 583 | Ⅷ,7② |
| | | 1000 | 西汉后期 | 居延汉简[413.6A] | | 500 | Ⅷ,8 |
| 犬 | 只 | 1 000 000 | 西汉 | 《西京杂记》卷一 | | 100 | Ⅶ,7 |
| | | 600 | 西汉后期 | 居延汉简[214.113] | | 121 | Ⅷ,17 |
| | | 500 | 西汉后期 | 居延汉简[163.6] | | | |
| 豕 | 头 | 600 | 武帝间 | 《史记·货殖列传》 | | 300 | Ⅷ,8 |
| | | 670 | 西汉后期 | 居延汉简[286.198] | | 900 | Ⅵ,8 |
| | | 450 | 西汉后期 | 居延汉简[286.198] | | | |

## 3. 布帛

| 布帛 | | 汉 代 史 料 | | | | 九 章 算 术 | |
| --- | --- | --- | --- | --- | --- | --- | --- |
| 种 类 | 单 位 | 价 格 | 时 代 | 出 　　处 | | 价 格 | 出 　　处 |
| 布 | 疋 | 1 333 | 东汉后期 | 居延汉简[287.13] | | 125 | Ⅲ,13 |
| | | 1 202 | 西汉后期 | 居延汉简[47.3] | | $244\frac{124}{129}$ | Ⅱ,36 |
| | | 400 | 西汉后期 | 居延汉简[308.7] | | | |
| | | 230 | 西汉后期 | 居延汉简[308.7]居延汉简[311.20] | | | |
| | | 226 | 西汉后期 | 居延汉简[90.56] | | | |

① 堀毅按金价一斤6250钱,金 $1\frac{13}{21}$ 两为632.4钱。今据《九章算术》卷七第5问一斤金9800钱,则金 $1\frac{13}{21}$ 两为991.6钱。

② 同①,堀毅按金价一斤6250钱计,一只牛372钱。今按金价9800钱计。

| 布 帛 | | 汉 代 史 料 | | | 九 章 算 术 | |
|---|---|---|---|---|---|---|
| 种 类 | 单 位 | 价 格 | 时 代 | 出 处 | 价 格 | 出 处 |
| 素 | 疋 | 1 000 | 西汉后期 | 居延汉简[214.26] | 500 | Ⅲ,14 |
| | | 800 | 西汉后期 | 《范子计然书》卷下<br>居延汉简[28.6] | | |
| | | 670 | 西汉后期 | 居延汉简[284.36] | | |
| 缣 | 疋 | 数百 | 成帝间 | 《太平御览》引<br>《风俗通》 | 472.1 | Ⅱ,35 |
| | | 800 | 西汉后期 | 居延汉简[163.3] | 512 | Ⅲ,12 |
| | | 360 | 西汉后期 | 居延汉简[217.15]<br>居延汉简[217.29] | | |
| | | 618 | 西汉后期 | 居延汉简[217.29] | | |
| 丝 | 斤 | 350 | 西汉后期 | 居延汉简[206.3] | 5 | Ⅱ,39 |
| | | 434 | 西汉后期 | 居延汉简[262.28] | 6 | Ⅱ,39 |
| | | | | | 69.4 | Ⅱ,37 |
| | | | | | 67 | Ⅱ,40,42 |
| | | | | | 67.1 | Ⅱ,40,41 |
| | | | | | 68 | Ⅱ,42 |
| | | | | | 64 | Ⅱ,43,44 |
| | | | | | 80 | Ⅱ,43 |
| | | | | | 76.8 | Ⅱ,44 |
| | | | | | 240 | Ⅲ,10 |
| | | | | | 345 | Ⅲ,11 |
| | | | | | 337～365.7 | Ⅲ,15① |

## 4. 劳动收入

| 劳动 | 单 位 | 汉 代 史 料 | | | 九 章 算 术 | | |
|---|---|---|---|---|---|---|---|
| 种类 | | 价 格 | 时 代 | 出 处 | 单 位 | 价 格 | 出 处 |
| 律平贾 | 年 | 24 000 | 西汉 | 《汉书·沟洫志》如淳注 | 年 | 2 500 | Ⅲ,19 |
| | | 24 000 | 西汉 | 《汉书·昭帝纪》如淳注 | 日 | 5 | Ⅵ4 |
| | | 24 000 | 西汉 | 《群书治要》引<br>《崔实论政》 | 日 | 10 | Ⅵ4 |
| 客庸 | 年 | 12 000 | 西汉 | 《群书治要》引<br>《崔实论政》 | 日 | 40 | Ⅵ7② |
| | 3 日 | 300 | 西汉 | 《汉书·昭帝纪》如淳注 | | | |

① 此由缣价及丝约得缣数换算得来。

② 《九章算术》的资料为笔者补充。假定负盐二斛行100里,为一日功。

## 5. 其他

| 种类 | 单位 | 汉代史料 | | | 九章算术 | |
|---|---|---|---|---|---|---|
| | | 价格 | 时代 | 出处 | 价格 | 出处 |
| 黄金 | 斤 | 10 000 | 武帝间 | 《汉书·食货志下》 | 9 800 | Ⅶ,5 |
| 白金 | 斤 | 6 000 | 武帝间 | 《汉书·食货志下》 | 6 250 | Ⅵ,15 |
| 田地 | 亩 | 10 000 | 西汉初、中期 | 《汉书·东方朔传》 | 100 | |
| | | 1 333~1 666 | 武帝间 | 《汉书·李广传》 | $\frac{500}{7}$ | Ⅶ,16 |
| | | 1 000 | 武帝间 | 《史记·货殖列传》 | 300 | Ⅶ,16 |
| | | 100 | 西汉后期 | 居延汉简[24.1B]<br>居延汉简[37,35] | | |
| 漆 | 斗 | 1 200 | 武帝间 | 《史记·货殖列传》 | $345\frac{15}{503}$ | Ⅱ,34 |
| 酒 | 斗 | 40 | 昭帝间 | 《汉书·昭帝纪》如淳传 | 10 | Ⅶ,12 行酒 |
| | | 1 000 | 汉代 | 《太平御览》引典论 | 50 | Ⅶ,12 醇酒 |
| | | 35 | 宣帝间 | | | |

由这 5 张表可以看出,尽管有的物价《九章算术》与汉代十分相近,但总的来说,差别是相当大的。因此,堀毅说:"认为《九章算术》里的物价即汉代物价是颇勉强的。"而两者在粟、米、劳动收入等方面的差别,将成为考证《九章算术》所载物价年代的重大因素①。

堀毅继而分析了秦代及战国的物价。现将他推断的秦代及战国的物价,与《九章算术》的物价比较如下:

| 种类 | 单位 | 九章算术 | 秦 及 战 国 |
|---|---|---|---|
| 谷 类 | 石 | 10~70 | 30(秦律 18 种) |
| | | | 45(李悝平籴法) |
| 牛 | 头 | 991~3 750 | ＞660 |
| 羊 | 只 | 150~500 | 220~330 |
| 犬 | 只 | 100~121 | 100 |
| 豕 | 头 | 300~900 | 220~330 |
| 布 匹 | 疋 | $125~244\frac{144}{129}$ | 55 |
| 劳动收入 | 日 | 5~10 | 6~8(秦简) |
| | 年 | 2 500 | 2 250(李悝) |
| | | 1 750~3 450 | 2 600(秦简) |

堀毅由此得出"《九章算术》基本上反映出战国、秦时的物价"这一结论。尤其是劳动收入的相近对证实上述结论具有很大的意义。因此,《九章算术》从整体上说,反映了战国与秦代的物价水平,而不是汉代的物价水平②。

---

① ,②〔日〕堀毅,秦汉物价考。

　　将《九章算术》中的价格所反映的时代差异与上述的《九章算术》的体例的差异结合起来分析是饶有兴味的。与汉代价格相差较大而与战国、秦代接近的题目有卷二的第34，36，37，39，40，41，42，43，44问，卷三的第13，20问，卷六的第3，4问，卷七的第4，6，7，8，12，16问，卷八的第7，8，11，17，18问，凡23问。除卷三的第13，20两问外，全部属于上述《九章》体例的第一、二种情形。

　　与汉代价格相近而与战国、秦代相差较大的题目有：卷二第36问布的价格，卷三第14问的素的价格与西汉后期接近；卷二第35问、卷三第12问的缣的价格，卷三第10，11，15问丝的价格与西汉价格相近；卷六第七问佣价；卷六第15问、卷七第5问金的价格与武帝时接近。上述10问中有7问在卷三后11问及卷六后24问中，即上述体例的第三种情形。

　　钱宝琮指出："无可怀疑的是《九章算术》方田、粟米、衰分、少广、商功等章中的解题方法，绝大部分是产生于秦以前的。"① 笔者进一步指出："除'方程'尚未从先秦典籍中找到资料外——从文史典籍中找数学方法的资料，本来是很难的——其余八章的数学方法，甚至某些题目，都能从先秦典籍中出土文物中找到根据。"② 上面的分析表明，《九章算术》的主体，即体例中的第一、二种情形的方法与例题，大多数是战国及秦代完成的，与这一结论完全一致。而带有明显补缀性质的第三种情形的题目与方法，则是西汉人完成的。换言之，对《九章算术》中物价的分析再一次证明了刘徽的话是对的。张苍是汉代第一位整理补缀《九章算术》的学者是无可怀疑的。

　　第三，《九章算术》的编纂思想也为它是荀派儒学的传人张苍参与编纂的事实提供了佐证。

　　《九章算术》有很高的数学成就，其编纂思想体现了实事求是的作风，这是接受了荀卿的唯物主义思想。

　　然而，《九章算术》对数学概念没有任何定义，对数学命题没有推理与证明，对数学理论研究重视不够，是其严重缺点。钱宝琮认为这"与儒家的传统思想有密切的关系"。③ 事实上，《九章算术》的编纂受荀派儒学影响甚多。九数是儒家六艺之一。数学的发展产生了一些新的方法，有些方法不是九数所能容纳下的。但是，《九章算术》的编纂者不敢打破九数的格局，而将一些新的方法纳入旧有的九数之中，以致造成衰分章的后11问、均输章的后24问的方法与其章名不相协调，也不列新的篇章。《荀子·正名》说："名无固宜，约之以命。约定俗成谓之宜，异于约则谓之不宜。"④ 钱宝琮认为，《九章算术》中所有数学名词，如直田、圆田、开方、开立方、阳马、鳖臑、方程、勾股之类，都是通过"约定俗成"而形成的，就没有重新定义的必要，是受荀卿"正名"见解的影响。《荀子·解蔽》阐发了"学也者固学止之也"的思想。钱宝琮说："《九章算术》的编纂者似乎认为：所有具体问题得到解答已尽'算术'的能事，不讨论抽象的数学理论无害为'算术'；掌握数学知识的人应该满足于能够解答生活实践中提出的应用问题，数学的理论虽属可知，但很难全部搞清楚，学者应该有适可而止的态度。这种重视感性认识而忽视理性认识的见解，虽不能证明它渊源于荀卿，但与荀卿思想十分类似。"⑤ 钱宝琮由于将《九章算术》的成书

---

① 钱宝琮，九章算术提要。

② 郭书春，古代世界数学泰斗刘徽，山东科学技术出版社，1992年。繁体修订本，台北明文书局，1995年。

③ 钱宝琮，《九章算术》及其刘徽注与哲学思想的关系，载《钱宝琮科学史论文选集》，科学出版社，1983年。

④ 荀子简注，上海人民出版社，1974年。

⑤ 钱宝琮，《九章算术》及其刘徽注与哲学思想的关系，载《钱宝琮科学史论文选集》，科学出版社，1983年。

时代定为东汉初年,否认张苍删补过《九章算术》,① 在论述荀派儒学对《九章算术》编纂的影响时不免曲折了一点,但认识到这种影响本身是十分精辟的。张苍是荀卿的学生,他的思想受到荀派儒学的极大影响,并把这种思想贯穿到《九章算术》的整理之中,是合乎历史的逻辑的。

总之,张苍删补《九章算术》的事实不容抹煞,应该恢复他作为重要数学家的历史地位。

# 四

刘徽说张苍、耿寿昌先后删补《九章》,目前很难确切划分张苍、耿寿昌的工作。他们的工作主要是:

对先秦遗残进行整理加工,具体说来,就是用汉朝的语体文翻译先秦残简上的文字,刘徽说:"所论者多近语也",就是指的这种情形。张家山出土的《算数书》中少广问的题设、解法、答案都与《九章算术·少广》第1问相同②,而前者文字古朴,是幸免于秦火的先秦数学著作或其抄本,而后者文字通俗,是张苍的文字加工的结果。

对原有的术文补充新的例题。如衰分术应该是先秦的方法,但其第五个例题三乡算数问,显然是一个汉初的题目。《汉书·高帝纪》载,高祖四年(公元前203)"八月,初为算赋。""民年十五以上至五十六出赋钱,人百二十为一算,为治库兵车马。"这类情况还有许多。

更重要的,收集当时发展起来的一些数学问题并加以整理,补充到《九章算术》中。具体说来,将丝布交易、粟田产量、雇工、借贷等可以直接用今有术解决的简单的算术问题并入卷三差分章,改差分为衰分;将禀粟、持米(金)出关、负笼、程传、丝粟互换及成瓦、程耕、假田、矫矢、九节竹、金箠、持衣追客等比较复杂的算术问题并入卷六均输章;将解勾股形诸问及因木望山、立四表望远、测井深诸问并入卷九旁要章,并改旁要为勾股。刘徽所说的"校其目则与古或异"就是指张苍等加工后《九章》的目与先秦的目稍有不同。而就内容而言,人们据以断定《九章算术》是汉代作品的有关耕作制度、作物产量、劳动生产率、物品价格等题目,主要在补缀到衰分、均输两章的部分中。

# 五

刘徽在谈到他为什么撰"重差"时说:"《九章》立四表望远及因木望山之术,皆端旁互见,无有超邈若斯之类。然则苍等为术犹未足以博尽群数也。"在这里,刘徽似乎把《九章》的术都看成了张苍的方法。确切地说,张苍作为《九章算术》的主要整理者,是全面掌握了《九章》的方法,并有创造发展的。由于《九章》的数学成就已有大量著作阐述,我们这里只作简要介绍。这些成就并非全是张苍的创造,却反映了张苍所达到的数学水平。

分数理论。方田章提出了分数的约分、通分、加法、减法、乘法、除法的完整法则,少广章还提出了分数开平方、开立方的法则,在世界各民族中最早建立起分数理论,与今天的法则基本一致。

比例和比例分配法则。粟米章的今有术是完整的比例算法,是成比例的两对数中已知三数

---

① 见钱宝琮《九章算术提要》及《中国数学史》(科学出版社,1964)。

② 李学勤,中国数学史上的重大发现,文物天地,1985,(1)。

求第四数的方法,传到印度与西方后称为"三率法"。衰分章的衰分术、反衰术提出了比例分配法则,均输章的均输术是更为复杂的比例分配方法。均输还提出了复比例问题及各种算术问题。粟米章的其率术、反其率术问题本来是不定问题,由于所加的限制,变成了定解问题,并提出了十分巧妙的解法。

盈不足法则。盈不足章提出盈不足、盈适足和不足适足、两盈和两不足三种类型盈不足问题的五种解法法则,并把一般算术问题通过两次假设化为盈不足问题求解。盈不足术在阿拉伯地区和西方称作"双设法"或"试位法",英国学者李约瑟(J. Needham)认为它源于中国①。

面积公式。方田章提出了长方形、三角形、梯形等直线形的面积公式,提出了圆、弓形及圆环等的面积公式,以及近似于球冠形的曲面的面积公式。其中有的只是近似公式。

体积公式。商功章提出了长方体、方锥、方亭、阳马(直角方锥)、鳖臑(四面为勾股形的四面体)及各种楔形体的正确的体积公式。又提出了圆柱、圆锥、圆亭等体积公式,如不考虑圆周率取三造成的不准确,则都是正确的。

勾股定理与解勾股形法则。勾股章提出了完整的勾股定理,以及由勾(或股)弦差(或和)及股(或勾)求勾(或股)、弦,由勾股差及弦求勾、股,由勾弦差、股弦差求勾、股、弦三类问题的解法,其中包括了 $a:b:c=\frac{1}{2}(m^2-n^2):mn:\frac{1}{2}(m^2+n^2)$ 这样一个世界上最早的勾股数通解公式。勾股章还提出了勾股容方、容圆问题的解法公式。

测望问题。勾股章提出了根据城邑边的某些参数测望城邑大小的方法,及因木测望山高,立四表测望远近及测井深的方法。

开方法则。少广章提出了开平方、开立方的完整法则,是世界上最早的多位数开方法。勾股章测望城邑的问题中还有一个开带从平方即求二次方程正根的方法。

线性方程组解法。方程章提出了方程术,即线性方程组解法,是《九章算术》的最杰出的成就,其用分离系数法表示方程,相当于现今之矩阵,其用直除法消元的过程,相当于矩阵变换。这是世界上最早的最完整的线性方程组解法。

正负数加减法则。方程章为处理负系数或消元中出现的负系数方程,提出了正负术即正负数加减法则,领先于其他民族八九个世纪。

张苍为其主要整理者的《九章算术》对后世数学产生了巨大影响。它一直是中国和东方数学的圭臬。它的九部分内容确定了中国和东方古代数学的基本框架。此后的数学研究或在此基础上增补,或取其一二项甚至个别方法、题目演绎成新的著作。它的以术文统率例题的体例即通过构造性手段将若干数学问题化为一类计算模型,然后给出机械化的计算程序,确定了中国古代数学的一种基本形式,形成了中国古算以计算为中心的特色。它重视定量描述,即使面积、体积、勾股等几何问题,也只考虑其中的数量关系,通过术即算法算出具体数值,因此,它的246个例题大都来自人们生产、生活的实际需要,开创了数学理论密切联系实际的风格,奠定了后来中国数学来自于实际又为实际服务的传统。《九章算术》成书后,中国数学著述主要采取两种模式:一是以它为楷模编纂新的著作,一是为它作注。这两个方面都取得了重大成就,把中国数学从一个高潮推向另一个高潮。从世界范围内而言,张苍删补《九章算术》之时,希腊数学已经越过它的巅峰,走向衰落。《九章算术》的出现标志着世界数学的重心从东地中海沿岸转移

---

① 〔英〕李约瑟,中国科学技术史·数学,科学出版社,1978年。

到了太平洋西岸的华夏大地,也标志着以重视定性描述以几何学研究为中心以公理化系统为主要形式的希腊数学告一段落,代之而起的是以重视定量描述以算法研究为中心以术统题为主要形式的东方数学。张苍的功绩永垂数学青史。

## 参 考 文 献

班固(汉)撰.1962.汉书.北京:中华书局

郭书春汇校.1990.九章算术.沈阳:辽宁教育出版社

郭书春.1992.古代世界数学泰斗刘徽.济南:山东科学技术出版社.1995,台北明文书局

堀 毅,1988.秦汉物价考.见:秦汉法制史论考.北京:法律出版社

钱宝琮主编.1964.中国数学史.北京:科学出版社

钱宝琮.1983.钱宝琮科学史论文选集.北京:科学出版社

阮元(清)校.1979.十三经注疏.北京:中华书局

司马迁(汉)撰.1959.史记.北京:中华书局

荀卿(战国)撰.1974.荀子.见:荀子简注.上海:上海人民出版社

（郭书春）

# 氾 胜 之

西汉农学家氾胜之给后人留下的东西似乎不多,除了残存的 3 700 余言的《氾胜之书》可供了解他的农学成就以外,有关他的生平事迹的材料可谓凤毛麟角。从《汉书·艺文志》的注引中约略地可以知道,他生当西汉末年。他祖先的历史可上溯到先秦时代,《广韵》引皇甫谧云:"(氾)本姓凡氏,遭秦乱,避地于氾水,因改焉。汉有氾胜之。"氾水乃济水的支流,在今山东曹县北 40 里和定陶县分界处,古属齐鲁文化之邦,先秦时代的两个大圣人孔子(公元前 551～前 479)和孟子(约公元前 372～前 289),就诞生在这块土地上,数百年后,这里又出了个氾胜之,他虽不能与孔孟平起平坐,却在中国农学史上占有一席之地。

从孔夫子到氾胜之,从先秦到汉末正是中国历史发生急剧变化的时代。铁器、牛耕的使用和推广,水利的兴修、精耕细作的实施,加之生产关系的变革,使得农业生产和整个社会经济都得到了前所未有的大发展,这种趋势虽一度为秦的兼并和后来的楚汉之争所中断,但统一之后,又迅速地表现出来。经过汉初的休养生息,特别是文景之治之后,到汉武帝(公元前 156～前 87)初年,社会经济又得到了恢复和发展。当此之时,"非遇水旱,则民人给家足,都鄙廪庾尽满,而府库余财,京师之钱。累百钜万,贯朽而不可校。太仓之粟,陈陈相因,充溢露积于外,腐败不可食。"①西汉一代已进入到其全盛时期。然而乐极生悲,物盛而衰,自汉武帝之后,西汉社会已是危机四伏,政治、经济、军事、外交等各种问题相继出现,其中农业问题尤为突出。

氾胜之生于齐鲁文化之邦,长于西汉盛世之末,在历史舞台上扮演了一个"农家"的角色。"农家者流,盖出于农稷之官,播百谷,劝耕桑,以足衣食。"② 早在战国时期,百家争鸣,诸子辈出,农家应运而生,他们著书立说,阐述重农主张,总结生产经验,据《汉书·艺文志》所载就有九家,存 114 篇,其中包括《神农》20 篇;《野老》17 篇;《宰氏》17 篇;《董安国》16 篇;《尹都尉》14篇;《赵氏》5 篇;《氾胜之》18 篇;《王氏》6 篇;《蔡癸》1 篇③。遗憾的是,这些农家之书都早已失传,今之所存惟有被引入杂家者流的《吕氏春秋》中的《上农》、《住地》、《辨土》、《审时》四篇而已,乃战国末年秦相吕不韦(?～前 235)所辑。其中除《上农》一篇属政策性文字以外,其余三篇都是在总结关中地区农业生产经验的基础上写成的农学论文。

关中地区有着悠久的农业传统。尧舜的农师,周人的先祖后稷(弃)就诞生在这块土地上,他从小就表现出了经营农业的天才,后被举为农师、教民稼穑。他的后代公刘、古公等人继承了先辈遗业,以耕种为务,赢得了人民的尊敬与爱戴,"民皆歌乐之,颂其德。"④《诗经》中的许多篇章与周人的农事活动有关⑤。就在周朝建国之初,重农思想也开始萌芽了,到春秋、战国时期,各诸侯王国更从战争中认识到农业的重要性,纷纷奖励耕战。在耕与战的竞争之中,地处西

---

① 《汉书·食货志》。

② 《汉书·艺文志》。

③ 《汉书·艺文志》。

④ 《史记·周本纪》。

⑤ 《诗经·周颂》中有《噫嘻》、《臣工》、《载芟》、《良耜》等,《幽风·七月》。

方的秦国遥遥领先,特别是郑国渠的修建,使"关中为沃野,无凶年,秦以富强,卒并诸侯。"①

西汉建立以后,非常重视农业。汉文帝(公元前179~前157)时,贾谊、晁错相继上书,请求积贮、贵粟②。政府也多次减租减税,以示重农。汉承秦后,继续加紧了对关中地区的经理,先后修建了龙首渠、六辅渠、白辅、灵轵渠、成国渠等水利工程③,为农业生产的进一步发展奠定了良好的基础。

秦汉时,关中地区无疑是中国农业最发达的地区。时人司马迁说:"关中自汧、雍以东至河、华,膏壤沃野千里,自虞、夏之贡以为上田,而公刘适邠,大王、王季在岐,文王作丰,武王治镐,故其民犹有先王之遗风,好稼穑,殖五谷,地重,重为邪。及秦文、孝、缪居雍,隙陇、蜀之货物而多贾。献孝公徙栎邑,栎邑北邰戎翟,东通三晋,亦多大贾。武昭治咸阳,因以汉都,长安诸陵,四方辐凑并至而会,地小人众,故其民益玩巧而事末也。"④ 经过数千年的开发,关中地区的大片良田沃土已垦辟殆尽,随着人口的增加,出现了无地可耕的局面,这就使得部分农民弃农经商,成为农业的异化。如何解决关中地区地少人众,以及由此而引起的弃本事末的问题,成为西汉政府煞费苦心的大事。

汉武帝初年,董仲舒(公元前180~前115)建议关中多种宿麦(冬麦),他上奏说:"《春秋》它谷不书,至于麦禾不成则书之。以此见圣人于五谷最重麦与禾也。今关中俗不好种麦,是岁失《春秋》之所重,而损生民之具也。愿陛下幸诏大司农,使关中民益种宿麦,令毋后时。"⑤这就开了氾胜之在关中劝种麦的先声。汉武帝末年,赵过为搜粟都尉,赵过在关中的太常、三辅等地推广代田法和改良农器,取得了用力少而得谷多的效果⑥。汉武帝以后,西汉政府又多次将官家直接掌握的苑囿,公田、池田等假与贫民⑦,但这对于问题的解决毕竟是有限的。

氾胜之就是在这样的历史背景下,出现在关中的大舞台上的。他继承了前人重农贵粟的思想,指出:"神农之教,虽有石城汤池,带甲百万,而无粟者,弗能守也,夫谷帛实天下之命。卫尉前上蚕法,今上农事,人所忽略,卫尉勤之,可谓忠国忧民之至。"⑧ 从粮食的观念出发,他主张备荒,把稗草和大豆列为备荒作物,他说:"稗,既堪水旱,种无不熟之时,又特滋盛,易生芜秽。良田亩得二、三十斛。宜种之,备凶年。稗中有米,熟时捣取米炊食之,不减粱米,又可酿作酒。"又说:"大豆保岁易为,宜古之所以备凶年也。谨计家口数,种大豆,率人五亩,此田之本也。"氾胜之的备荒思想为后世农学家所继承,荒政成为中国传统农学的一个重要组成部分。氾胜之把谷帛放在同等重要的地位,对当时两种主要的纤维作物桑麻作了论述。所有这些都体现了战国以来,重农贵粟、五谷桑麻并举的传统,也反映了氾胜之的重农思想。

在重农思想的指导下,氾胜之还身体力行,进行了区田法的试验,旨在将扩大耕地面积和提高单位面积产量结合起来,结果表明"区田以粪气为美,非必须良田也。诸山陵近邑高危倾阪及丘城上,皆可为区田。""区田不耕旁地,庶尽地力。""凡区种,不先治地,便荒地为之。"他还将

———————

　① 《史记·河渠书》。

　② 《汉书·食货志》。

　③ 《史记·河渠书》、《汉书·沟洫志》。

　④ 《史记·货殖列传》。

　⑤ 《汉书·食货志》。

　⑥ 《汉书·食货志》。

　⑦ 《汉书·武帝记》、《汉书·元帝纪》。

　⑧ 万国鼎,《氾胜之书》辑释,中华书局,1957年。以下未注明出处者皆引自此书。

试验的结果上奏到朝廷,冀望有助于解决当时关中地区人多地少的矛盾,他在奏中说:"昔汤有旱灾,伊尹为区田,教民粪种,负水浇稼,收至百石。胜之试为之,收至亩四十石。"①他还利用区田法,对禾(Setaria)、黍(Panicum miliaceum)、麦(Triticum aestivum)、大豆(Glycine max)、荏(Perilla ocymoides)、胡麻(Sesamum indicum)、瓜(Cucumis melo)、瓠(Lagenaria siceraria)、芋(Colocasia esculenta)等作物进行了栽培试验,总结出了一系列的作物栽培技术。另外,为了在有限的土地上生产出尽可能多的人们生活必需品,他还提出了桑黍混播栽培法。

就在赵过于太常、三辅等地推广代田法的约60年后的汉成帝时(公元前32～前7)时,氾胜之出任议郎,任上他也致力于三辅地区的农业推广,尤其是小麦种植,许多热心于农业生产的人都前来向他请教。推广的结果,使关中地区的农业取得了丰收,他本人也可能是因为推广农业有功,由议郎提拔为御史②。

氾胜之在总结前人经验和自己实践的基础上写成了农书18篇。可惜这18篇早已失传,《隋书·经籍志》及《(新、旧)唐书·艺文志》都著录有《氾胜之书》二卷。到了宋朝,只一见于郑樵《通志》,其他书目都已付诸阙如。因此,"氾胜之十八篇"大约就是在两宋之间失传的。值得庆幸的是,由于北宋以前《齐民要求》、《太平御览》等书的摘录,此书中的部分内容部分地保留下来。经19世纪前半期洪颐煊③、宋葆淳④、马国翰⑤,本世纪50年代石声汉⑥、万国鼎⑦等先生的辑集之后,得到了约三千七百字,这就是今天能见到的《氾胜之书》。

从现存文字来看,《氾胜之书》基本上是以区田法为核心,以"趣时,和土,务粪,泽,早锄,早获"为指导思想来展开论述的。在论述的过程中注重定量分析。主要包括耕田、区田、收种、溲种、栽培等方面的内容,这些内容把春秋、战国以来所形成的传统农业科学技术提高到新的高度,并为魏晋以后的发展奠定了基础。兹从现存的三千七百字来考察氾胜之在中国农学史上的地位。

氾胜之的名字是与区田法联系在一起的。区田首先得耕田。氾胜之以前,耕田已完成了由刀耕、耜耕到犁耕的转化。《吕氏春秋》首先对耕田技术作了理论上的探讨。其曰:"凡耕之大方,力者欲柔,柔者欲力,息者欲劳,劳者欲息,棘者欲肥,肥者欲棘,急者欲缓,缓者欲急,湿者欲燥,燥者欲湿。上田弃亩,下田弃甽,五耕五耨,必审以尽,其深殖之度,阴土必得,大草不生,又无螟蜮。"⑧又曰:"凡耕之道,必始于垆,为其寡泽而枯,必后其塥,为其虽后而及。"⑨氾胜之在此基础上又做了进一步的发挥,他说:"春地气通,可耕坚硬强地黑垆土,辄平摩其块以生草,草生复耕之,天有小雨复耕和之,勿令有块以待时。所谓强土而弱之也。"又说:"杏始华荣,辄耕轻土弱土。望杏花落,复耕。耕辄蔺之。草生,有雨泽,耕重蔺之。土甚轻者,以牛羊践之。如此则土强。此谓弱土而强之也。"这里不仅继承了《吕氏春秋》中所提出的耕田原则,而且还具体地

① 《太平御览》卷八二一。

② 《汉书·艺文志》颜师古注引刘向《别录》。

③ 洪颐煊辑《氾胜之书》二卷,收入《问经堂丛书》、《经典集林》之中。

④ 宋葆淳辑《汉氾胜之遗书》,有《昭代丛书》、《鄦斋丛书》、《区种五种》原刻和1917年浙江农校石印等本。

⑤ 马国翰辑《氾胜之书》二卷,有《玉函山房辑佚书》本。

⑥ 石声汉,《氾胜之书》今释,北京:科学出版社,1956年。

⑦ 万国鼎,《氾胜之书》辑释,北京:中华书局,1957年。

⑧ 《吕氏春秋·任地》。

⑨ 《吕氏春秋·辨土》。

提出了"强土弱之"、"弱者强之"的办法,这就是把耕、摩、蔺、践等结合起来,以达到保墒和改良土壤的目的。

为了达到耕田的目的,氾胜之特别强调"耕得其时"。当时耕有春耕、夏耕、秋耕之分,每季耕田都有最佳时期,"以此时耕田,一而当五,名曰膏泽,皆得时功。"他进一步从正反两个方面晓谕了得时与失时的利害,以春耕为例,"春气未通,则土历适不保泽,终岁不宜稼,非粪不解,慎无旱(早?)耕。须草生,至可耕时,有雨即耕,土相亲,苗独生,草秽烂,皆成良田。此时一耕而当五也。不如此而旱(早?)耕,块硬,苗、秽同孔出,不可锄治,及为败田。"早耕不行,晚耕也不行,"和气去耕,四不当一",只有"以时耕,一而当四。"耕有四时,田分五谷,不同的作用,也有不同的耕期,他说:"凡麦田,常以五月耕,六月再耕,七月勿耕,谨摩平以待种时。"何谓"耕得其时"? 必须以土壤和气候条件为依据,以抢墒为目的,因此,降雨常伴随着耕田,氾胜之在强调"慎无旱耕"的同时,再三提到"有雨即耕"。(这似乎与贾思勰主张的"宁燥不湿"相矛盾,其原因当有待于研究。)为了做到耕得其时,氾胜之还创造了测量土壤,以定春耕的办法,其法"春候地气始通,椓橛木长尺二寸,埋尺,见其二寸,立春后,土块散,上设橛,陈根可拔。此时二十日以后,和气去,即土刚。"这就把耕得其时建立在较为科学的基础上,比单纯的物候方法又进了一步。当然,物候方法在《氾胜之书》中继续得到采用,如草的生长和杏的华落就都成了耕田的标志。总之,一切为了耕得其时,这就是氾胜之的出发点。

值得注意的是,《氾胜之书》中的草,不仅起着物候的作用,而且更重要的是起着改良土壤的作用。对于草的肥田作用早在《诗经》中就有认识,所谓"荼蓼朽止,黍稷茂止"①。《礼记》中更有专门措施杀草美田,"烧薙行水,利以杀草,如以热汤,可以粪田畴,可以美疆土。"②然而把长草和整地结合起来,以达到改良土壤的目的,氾胜之还属首创,这也就真正开了绿肥的先河。自《广志》最先记载稻田栽培绿肥作物苕草以后,到《齐民要术》中,绿肥利用已相当普遍。

无论是得时,适地,长草,耕田的目的就在于为作物生长提供良好的土壤条件。而对于旱作地区来说,良好的土壤条件最重要的就在于保墒。氾胜之所总结的耕与摩、蔺、践、掩结合的耕田技术,为旱作地区的防旱保墒打下了初步的基础,数百年后贾思勰就是在此基础上完成了耕、耙、耱技术体系的总结,从而把旱作地区的耕作技术推到了一个高峰。

耕田之后,再掘地作区,是有区田法的出现。早在氾胜之前约60年,赵过曾在关中地区推广过代田法,"一亩三甽,岁代处,故曰'代田'"其法"以二耜为耦,广尺深尺曰甽,长终亩;一亩三甽,一夫三百甽,而播种于甽中,苗生叶以上,稍耨陇草,因隤其土,以附苗根。"③ 此法旨在提高单位面积产量,并减轻劳动强度。区田法与之不同,它在提高单产的同时,把扩大耕地面积也结合进去,集中地使用人力、物力,在小面积土地上,保证充分供应作物生长所必需的肥水条件,发挥作物最大的生产能力。由于它"以粪气为美,非必须良田",又由于它变面、线为点,集中于小面积土地上,因此,"诸山陵近邑高危倾阪及丘城上,皆可为区田。"对于扩大耕地面积也有积极作用。当然这都是以提高劳动强度为其代价的。

区田法的特点就在于掘地作区。氾胜之先用一亩地作标准对区田法作了一般性的介绍,然后又据作物的种类,禾、黍、麦、大豆、苴、胡麻,土地的肥瘠,以及上农夫、中农夫、下农夫,对区

---

① 《诗经·周颂·良耜》。

② 《礼记·月令》

③ 《汉书·食货志》。

田作了具体的说明。一般说来,区深和区间距离都要求一尺,但区深往往因作物而异,从五寸到三尺不等,大致上植株大而蔓长根深,或是块根作物区要求深,植株较小的须根作物要求则相对浅些。区间距则因土地而异,上农夫的区间距离为九寸,中农夫区为二尺,下农夫区为三尺。这种区间距离体现了田肥欲密,田瘠欲稀的精神,显然与种植密度有关,此为后话。

区田法的出现在历史上产生了巨大的影响。贾思勰就曾记载了这样一件真人真事,说:"西兖州刺史刘仁之,老成懿德,谓余言曰:'昔在洛阳,于宅田以七十步之地,试为区田,收粟三十六石。'"①历史上做过区田试验的人很多,有的还写下了实验报告和论著。清代赵梦龄据此编成《区种五种》,近人王毓瑚先生增其旧制,又加五种,成《区种十种》,而这些也仅是有关区田文献的一部分。可以毫不夸张地说,区田可以写成一部历史,而这部历史的首页就是氾胜之书写的。

言归正传。掘地作区之后,便是播种,然而在播种之前,还须进行种子处理。首先,种子必须经过严格的挑选,早在《诗经》中便已有了"嘉种"②的概念,氾胜之记载了收麦、禾种子的方法,"取麦种,候熟可获,择穗大强者。"又"取禾种,择高大者。"把嘉种的概念具体到穗的高大而强者,这是中国文献中关于穗选法的最早记载。氾胜之已深知"好种结好果"的道理,以瓠种为例,"收种须大者,若先受一斗者,得收一石;受一石者,得收十石。"为了取得大种子,他介绍了瓠的良种嫁接繁育技术,具体方法是,"先掘地作坑,方圆、深各三尺。用蚕沙与土相和,令中半,著坑中,足蹋令坚。以水沃之。候水尽,即下瓠子十颗;复以前粪覆之。既生,长二尺余,便总聚十茎一处,以布缠之五寸许,复用泥泥之。不过数日,缠处便合为一茎。留强者,余悉掐去,引蔓结子。子外之条,亦掐去之,勿令蔓延。留子法,初生二、三子不佳,去之,取第四、五、六子,留三子即足。"这里氾胜之又开了中国嫁接技术的先河,到贾思勰时代,嫁接技术已广泛地运用于各种果树的繁殖。氾胜之还提到在选种之后,还需晒干、扬治白鱼,然后再加干艾贮藏,以防生虫等项事宜。

播种之前,还要进行溲种处理。氾胜之认为,溲种可以取到防虫、抗旱、施肥、保证丰收的作用。从现代的观点来看,溲种将一些有机物质附着在种皮上,可以供给幼苗期根系生长所急需的养分,促使根系发达,提高抗旱能力,起到种肥的作用。试验研究结果表明,溲种具有催芽作用,对于提早出苗,生长、分蘖、株高、穗长、穗重、小穗数和种子重量等增产因素都有积极影响③。

氾胜之提到了两种溲种法,姑且称之为方法Ⅰ,方法Ⅱ,这两种方法基本相同,所采用的材料,主要有兽骨骨汁、蚕粪、兽粪、附子、水或雪汁,把这些材料按一定的比例,和成稠粥状,用以淘洗种子,淘洗过后的种子变成了麦饭状,这也就是今日所说的包衣种子。

种子经处理之后,便可用来播种,播种更强调"趣时"。《吕氏春秋》以《审时》为题,用专篇讨论了禾、黍、稻、麻、大菽、小菽、麦等作物得时与失时的利害关系。氾胜之也深知得时的重要性,指出"种麦得时无不善","早种则虫而有节,晚种则穗小而少实。""太早则刚坚厚皮多节,晚则皮不坚"。氾胜之依据土壤和气候(特别是雨水)条件,对于每种作物的播种期都有较为明确的规定。

---

① 《各民要术·种谷第三》。
② 《诗经·大雅·生民》。
③ 张履鹏、嵩树德,溲种法试验报告,载《农业遗产研究集刊》,中华书局,1958年。

| | 方　法　I | 方　法　II |
|---|---|---|
| 溲种原料及处理办法 | 剉马骨一石,无骨,用雪汁代替 | 剉马、牛、羊、猪、麋、鹿骨一斗,无骨,用煮缲蛹汁代替 |
| | 加水三石,煮三沸,漉去滓 | 加雪汁三斗,煮三沸,以汁渍附子 |
| | 加附子五枚,渍三、四日,去附子 | 每汁一斗,加附子五枚,渍五日,去附子 |
| | 加以蚕矢、羊矢各等份,挠如稠粥 | 和以碎麋、鹿、羊矢各等份 |
| 溲种与播种方法 | 播种前二十天旱燥时,溲种如麦饭状,薄摊数挠令干,阴雨不溲,溲六、七次,曝干谨藏 | 天气晴和时溲曝,状如后稷法,至汁干止 |
| | 播种时以馀汁溲而种之 | 采用区种法下种,大旱用水浇 |
| 溲种效果 | 使庄稼耐旱,不受虫害 | 使庄稼耐旱,不受虫害,骨汁及缲蛹汁皆肥 |
| | 治种如此,则收常倍,验美田十九石,中田十三石,薄田一十石 | 收至亩百石以上,十倍于后稷 |

| 作　物 | 播　种　期 | 气　候 | 土　壤 |
|---|---|---|---|
| 禾 | 三月 | 雨 | 高地强土 |
| 黍 | 夏至前二十日 | 雨 | 强土 |
| 宿麦 | 夏至后七十日 | | |
| 稻 | 冬至后一百一十日 | | |
| 秔稻 | 三月 | | |
| 秫稻 | 四月 | | |
| 大豆 | 三月 | 雨 | 高田 |
| 麻 | 二月下旬、三月上旬 | 雨 | |
| 瓜 | 冬至后九十日、百日 | | |
| 芋 | 二月 | 注雨 | |

然而,氾胜之在强调趣时的同时,又犯了一个错误,虽然他主张"种禾无期,因地为时",却又说:"凡九谷有忌日,种之不避其忌,必多伤败,此非虚语也。"显得有点自相矛盾。在这一点上贾思勰就比氾胜之要高明些,他不仅将作物的播种期划分为上时、中时、下时,而且还引用《史记》的话,批判九谷"忌日"说,其曰:"'阴阳之家,拘而多忌',止可知其梗概,不可委曲从之。"①

播种方法方面,畎亩法和代田法实施之前,一般采用撒播,这种方法适用于缦田。当缦田为畎亩和代田所取代之后,撒播也让位于条播,条播的实施,克服了撒播"概种而无行,生而不长"②的弊病,而且便于机械操作,于是有条播中耕机耧车的出现③。和代田不同,区田主要采用点播方法。至于播种密度,早在《吕氏春秋》中就提出了"慎其种,勿使数,亦无使疏"④的原则,氾胜之依据作物种类和土壤好坏,对播种密度作了具体的规定。根据书中所提供的数据,区种

① 《齐民要求·种谷第三》。
② 《吕氏春秋·辨土》。
③ 崔寔,《政论》。
④ 《吕氏春秋·辨土》

禾、黍的行株距为 5×5 寸,另一处又提到"(黍)欲疏于禾";麦的株距为 2 寸;大豆的株距为 1 尺 2 寸;荏的株距为 3 尺;胡麻的株距为 1 尺。但在作物一定的情况下,土壤的肥瘠成了播种密度的主要标准。土壤的好坏与种植的稀密的关系如何?这是一个向来有争议的问题。东汉崔寔《四民月令》说:"(大小豆)美田欲稀,薄田欲稠。"又说:"稻,美田欲稀,薄田欲稠。"《齐民要术》中沿引了这两段话①,但却没有表现出明显的倾向,而却引用了当时的一句谚语,说:"回车倒车,掷衣不下,皆十石而收。言大稀大概之收,皆均平也。"②

氾胜之虽然没有像崔寔那样明确表态,但区田的布置却体现了美田欲密,薄田欲稀的倾向。这种倾向在播种量上也表现出来了,氾胜之对每种作物的播种量也有规定,以一亩为标准,黍的播种量是三升,大豆五升,区种大豆二升,小豆五升,麦二升,稻四升,桑黍混播各三升。然而播种量也非一成不变,而是因地制宜,同是种粟上农夫区的播种量是二升,中农夫区一升,而下农夫区则是半升;同是种大豆,区种二升,"土和无块,亩五升,土不和,则益之。"后来,贾思勰又把播种量与播种期结合起来,通过适当增加播种量的办法,来弥补播种失时所造成的损失。

除了种植密度以外,氾胜之还提到了种植深度和种后的覆土。这个问题最先也是在《吕氏春秋》中提出,其曰:"于其施土,无使不足,亦无使有余。"③ 只是过于笼统,氾胜之针对每种作物的顶土能力,对种植深度作了具体的规定,如"种禾、黍,令上有一寸土。不可令过一寸,亦不可令减一寸。""区种麦……覆土厚二寸,以足践之,令种土相亲。""区种大豆……覆上土勿厚,以掌抑之,令种与土相亲。""大豆生,戴甲而出。种,土不可厚,厚则项折,不能上达,屈于土中而死。"由此看来,氾胜之对于种植深度的生物因素已有了相当的认识。在此基础上,贾思勰又从环境因素提出要根据不同时间、气候、土壤来确定适当的播种深度。

播种以后,便转入田间管理,管理的要点不外乎锄治、施肥、灌溉和保护等方面。锄治的作用很多,《诗经》曰:"或耘或耔,黍稷儗儗。"④耘耔指的就是除草附根。《吕氏春秋》将草列为"三盗"之一,指出"不除则芜"⑤,同时又提出"熟为稷也,必务其培"。赵过的代田法比较好地做到了对作物的锄治管理。区田法继承和发扬了这一传统,把除草、培土与间苗,保墒结合起来。以锄麦为例,前后达五次之多,各有各的作用,初锄"麦生黄色,伤于太稠,稠者锄而稀之。""秋锄以棘柴耧之、以壅麦根。""冬雨雪止,以物辄蔺麦上,掩其雪,勿令从风飞去。后雪复如此。则麦耐旱,多实。""至春冻解,棘柴曳之,突绝其干叶。须麦生,复锄之。到榆荚时,注雨止,候土白背复锄。如此则收必倍。"氾胜之还强调,锄也当趁时,以早锄为好。锄的次数因作物而异,如"大豆、小豆不可尽治也。古所以不尽治者,豆生布叶,豆有膏,尽治之则伤膏,伤则不成。而民尽治,故其收耗折也。故曰,豆不可尽治。"此由看来,氾胜之对豆科作物的根瘤固氮已有了一定的认识。锄治的方法也有多种,除锄、耧、蔺、曳以外,还有拔、铲、刈等,如"区中草生,芟之。区间草以铲铲之,若以锄锄。苗长不能耘之者,以句镰比地刈其草矣。"总的说来,氾胜之所叙述的锄治技术,已具有"锄早,锄小、锄了"的特点,在此基础上,贾思勰又加上了"多锄,深锄"的特点。

务粪、泽是贯穿于整个耕作过程中的重要环节。区田法尤重视肥水管理,区田的发明就在

---

① 《齐民要术·大豆第六》;《齐民要术·水稻第十一》。

② 《齐民要术·种谷第三》。

③ 《吕氏春秋·辨土》。

④ 《诗经·小雅·甫田》。

⑤ 《吕氏春秋·辨土》。

于"以粪气为美"，"教民粪种，负水浇稼。""《氾胜之书》中对每种作物所需的肥水都有所规定，如"区种禾黍，天旱常溉之。""区种粟二十粒，美粪一升合土和之。""区种大豆，其坎根，取美粪一升，合坎中土掺和，以内坎中，临种沃之，坎三升水，坎内豆三粒，一亩用种二升、用粪十六石八斗。旱者溉之，坎三升水。""区种瓜，一科用一石粪。粪与土合和，令相半。""（种瓠）区种四实，蚕矢一斗，与土粪合，浇之水二升，所干处复浇之。""麻生布叶，锄之。率九尺一树，树高一尺，必蚕矢粪之，树三升；无蚕矢，以溷中熟粪粪之亦善，树一升。天旱，以流水浇之，树五升。"

　　粪种之说始于《周礼》。其文说："草人，掌土化之法，以物地相其宜而为之种。凡粪种：骍刚用牛，赤缇用羊，坟壤用麋，渴泽用鹿，咸潟用貆，勃壤用狐，埴垆用豕，强㯺用蕡，轻爂用犬。"[①]郑玄注曰："土化之法，化之使美，若氾胜之术也。"又曰："凡所以粪种者，皆谓煮取汁也……郑司农云，用牛，以牛骨汁渍其种也，谓之粪种。"如此说来，粪种即溲种。但清代的孙治让《周礼正义》引江永的说法，对此提出了异议，他认为粪种即粪其地以种禾，非骨汁渍种。两说颇有争议，今人多取后者。倘若如江永所说，那么粪种使用的就是基肥，基肥结合整地可起到"和土"的作用，氾胜之书中主要用于芋、瓠等作物。倘若如两郑所说，那么粪种则属种肥，种肥结合播种，可起到防虫、御旱、忍寒的功效，主要用于禾麦等粮食作物。实际上，这两种施肥方法在《氾胜之书》中都有采用，除此之外，还有追肥，追肥结合田间管理，以促进作物生长，主要用于种麻。这也是中国文献上有关追肥的最早记载。氾胜之所提到的肥料主要有动物粪便（如蚕矢），人粪尿以及起绿肥作用的杂草。

　　在灌溉方法方面，氾胜之也有所发明，值得注意的是水温调节法，地下灌溉法和小渠渗灌法。水温调节法主要用于水稻种植，"始种稻欲温，温者缺其塍，令水道相直；夏至后太热，令水道错。"另外，种麻"无流水，曝井水，杀其寒气以浇之"也是利用日晒提高水温的方法。地下灌溉法主要用于种瓜，具体方法是："以三斗瓦瓮埋著科中央，令瓮口上与地平。盛水瓮中，令满。种瓜，瓮四面各一子，以瓦盖瓮口。水或减，辄增，常令水满。"这种灌溉方法可使作物得到均匀的水分供给，减少地面蒸发，尤其适合于干旱少雨的北方旱作地区使用。小渠渗灌法主要用于种瓠，其原理类似地下灌溉法，具体方法是"坑畔周匝小渠子，深四五寸，以水停之，令其遥润，不得坑中下水。"后来贾思勰在种葵菜时，针对北方"春多风旱"的特点，也采用了类似的方法[②]。

　　作物保护也是田间管理的重要一环。氾胜之介绍了拉绳防霜露的方法，"植禾，夏至后八十、九十日，常夜半候之，天有霜若白露下，以平明时，令两人持长索相对，各持一端，以概禾中，去霜露，日出乃止。如此，禾稼五谷不伤矣。"在害虫防治方面，氾胜之在书中虽没有专门的论述，但对于害虫的发生及防治方法也多有提及。当时人们认为，害虫的发生在于种子，而种子生虫又在于伤湿郁热，所谓"种伤湿郁热则生虫也。"因此害虫防治的重点在于种子，提出收种后要曝晒，有白鱼要扬治，贮藏要杂干艾，播种前还要溲种，甚至要牵马镇压践踏，这多少具有迷信色彩。至于田间害虫则主要通过农业防治方法，结合整地、中耕、除草等工作来完成，如"冬雨雪止，辄以蔺之，掩地雪，勿使从风飞去，后雪复蔺之；则立春保泽，冻虫死，来年宜稼。"这点甚至贾思勰都没有认识到，他认为"十月、十一月耕者，匪直逆天道，害蛰虫，地亦无膏润，收必薄少也。"[③]

　　① 《周礼·地官·草人》。
　　② 《齐民要术·种葵第十七》。
　　③ 《齐民要术·耕田第一》。

　　耕耘的目的在于收获。收获的早晚也关系到收成的多少。氾胜之在强调早锄的同时，也强调早获。如"获豆之法，荚黑而茎苍，辄收无疑。其实将落，反失之。故曰'豆熟于场'。于场获豆，即青荚在上，黑荚在下。"又如"获禾之法，熟过半，断之。获不可不速，常以急疾为务。芒张叶黄，捷获之无疑。"再如"获麻之法，霜下实成，速斫之。"早获的原则为后来贾思勰等人所继承发扬。在这个原则的后面，反映了人们对于某些作物后熟的认识。

　　收获的结束，新的一轮耕耘又将开始，但对于氾胜之其人其书的介绍则只能到此为止。

　　氾胜之总结了前人和当代农业生产经验，写成了农书18篇，这18篇在汉代就享有很高的声誉，东汉经师郑玄在注经时，就一再引用《氾胜之书》。例如《周礼·地官·草人》注曰："土化之法，化之使美，若氾胜之术也。"又如《礼记·月令·孟冬之月》"草木萌动"注曰："《农书》曰：'土长冒橛，陈根可拔，耕者急发'。"孔颖达《礼记正义》说："郑玄所引《农书》，先师以为《氾胜之书》也。"所以唐贾公彦《周礼疏》说："汉时农书有数家，氾胜为上。"因此，这本书的确可以说是整个汉朝四百多年间最杰出的农书。尽管在东汉曾出了一本崔寔写的《四民月令》，但真正能超过《氾胜之书》的，当属于北魏贾思勰所著的《齐民要术》，不过这已是五个多世纪后的事了，而前者对后者的影响历历可见。

## 参　考　文　献

万国鼎.1957.氾胜之书辑释.北京：中华书局

中国农业遗产研究室.1959.中国农学史(初稿)上册.北京：科学出版社

（曾雄生）

# 蔡　伦

　　蔡伦的名字是与造纸术的发明和发展联系在一起的。造纸术是我国古代四大发明之一，对世界文化的传播和人类文明的进步产生过巨大的影响。而蔡伦则是科技史上对造纸技术的发展和传播做出过突出贡献的杰出代表，他系统地总结了自西汉以来民间制造低级麻质纤维纸的经验，创造性地开发了新的造纸原料来源，摸索出一整套比较成熟的制纸工艺流程，成功地造出了一批质地优良、价格低廉的书写用纸——蔡侯纸，成为造纸技术发展史上一个划时代的里程碑。更重要的是，蔡伦利用身处封建宫廷的有利地位，大力提倡和推广新型的造纸技术，促进了民间造纸行业的蓬勃兴起，推动了造纸技术的传播。我国历代造纸工匠都把蔡伦尊为祖师爷，奉为纸神，立庙祭祀。蔡伦发展、革新和推广造纸技术的历史贡献，是应该给予充分肯定的。

## 一　蔡伦的生平

　　蔡伦，字敬仲，桂阳(今湖南郴州附近)人，永平末年(约75)入宫为太监，建初中(约79)任小黄门，及汉和帝即位(89)升中常侍，后加位尚方令，主管宫廷御用器物的制作。元初元年(114)，加爵为龙亭(今陕西洋县一带)侯，享邑三百户。晚年卷入宫廷斗争，于建光元年(121)服毒自杀。[①]。

　　关于蔡伦的生年，《后汉书》等史籍均无记载。近年来，在蔡伦封地龙亭的蔡侯祠遗址(今陕西洋县东南)，相继发现了一些古碑刻，对确定蔡伦的生年提供了新的物证。据南宋开国侯、洋州刺史杨从仪在绍兴二年(1132)所撰一通《汉龙亭侯蔡公墓碑》载："辛酉六月，太后崩，帝始亲万机……(辛酉十一)，帝勅使自致廷尉，侯耻受辱，乃卒于此，载五十有九。"[②]文中所述，即建光元年邓太后崩，汉安帝亲政；逐诛邓党，蔡伦受到牵连，遂服毒自杀事。重要的是，碑文明确指出，蔡伦享年为59岁。由此上推，则可知蔡伦生于东汉明帝永平五年(62)。印证于《后汉书》，蔡伦于永平末年入宫为太监，可推出年13岁，显然是比较合乎情理的。虽然此碑文撰于南宋，距蔡伦之世已有千年，但言之凿凿，估计总有史籍可凭，加之它合乎常理，因此把蔡伦生年定于永平二年是可信的。

　　在东汉宦官预政的环境中，蔡伦处于政治活动的中心。蔡伦自永平末年入宫，汉和帝即位后，升任中常侍，开始"豫参帷幄"，参与国家的政治活动。据史书记载，蔡伦有才学，有见识，在政治活动中敢于直言相谏，曾数次不顾皇上的尊严，匡弼得失。在当时宦官拥有很大权力左右朝政、许多人结交外戚弄权营私的情况下，蔡伦是比较清廉的，每逢沐休日，他总是闭门谢客，独自到野外参加一些体力劳动。这在东汉的宦官中是极其少见的[③]

　　在公元89年之后不久，蔡伦被任命为尚方令，为他施展自己的才能提供了一个良好的机

---

　　① 《后汉书·蔡伦传》。

　　② 杨成敏，蔡伦生年考，中国造纸，1984，3(6)：60。

　　③ 《后汉书·蔡伦传》。

会和环境。尚方是专为宫廷制作各种器物的御用作坊,拥有当时最强大、最集中的技术力量和充足的资金。尚方令,则是主管尚方事务的官员。在尚方令任上,蔡伦主持的第一项工作,是在永元九年(97)监制了一批"秘剑"及其他器械,均"精工坚密,为后世法"。那么,所谓"秘剑"是一种什么剑呢?显然不应是青铜剑,因为青铜剑的制造技术长期流传,在东汉时代不会是秘密,青铜剑也称不上秘剑。很可能它是新型的钢铁剑,而且是优质钢剑。汉代是我国钢铁生产技术蓬勃发展的时期,铁制兵器和农具开始广泛应用,逐步取代了青铜器的地位,对于汉代封建经济的繁荣起到了重大的推动作用。汉代兵器生产的突出成就之一,是发明了"百炼钢"工艺,应用于刃兵器的制造。不过在蔡伦那个时代,百炼钢工艺还处于初创阶段,远未普及。目前最早的实物的年代正相当于蔡伦任尚方令时期,如1974年山东临沂苍山出土永初六年(112)三十炼钢刀,传世的永元十六年(104)广汉郡工官制三十炼钢刀①。它们都比蔡伦制秘剑的时间稍晚。可以想象,作为当时技术力量雄厚的尚方,应该拥有掌握百炼钢技术的工匠,或者可以把这种工匠调来。基于这种设想,可以认为蔡伦监制的所谓秘剑,很可能就是利用百炼工艺制成的优质钢剑。如果如此,那么这种新型的工艺随着秘剑的流传而得以推广,遂"为后世法"。这在冶金发展史上是有重要意义的。蔡伦任尚方令时监制的有铭文铜器有实物出土及著录,堪称坚工精密②。但所谓"秘剑",尚未见出土。总之,监制出一批优质兵器,这是蔡伦在尚方令任上的第一项重要工作,为他革新造纸术积累了经验和奠定了基础。

元初四年(117),汉安帝诏令刘珍等在东观编修国史,蔡伦则受命监典其事,为《东观汉记》的撰述和完成作出了一定的贡献。建光元年(121),邓太后崩,安帝亲政,追究蔡伦早年曾诬陷安帝祖母宋贵人的旧事,令其到主管刑狱的廷尉处听候处理,蔡伦自知必死,耻于受辱,遂沐浴整衣,从容服药自尽。蔡伦之死是东汉时期宦官卷入宫廷斗争的牺牲品,是一出历史的悲剧。

## 二　蔡伦对造纸技术的贡献

蔡伦对中国古代科技发展的主要贡献是革新与推广造纸术,而造纸术的发展是与社会经济和文化的发展密切相关的。在文字还没有出现的远古时代,人们曾用结绳记事。在文字发明后,实用、价廉、易得的书写材料逐渐成为社会文化发展的需要,世界古代各民族都为寻求书写材料进行过长期的探索,付出了艰苦的努力。古代巴比伦曾把文字刻在石头上记事,世界上最早的一部法典——汉莫拉比法典(公元前2067～前2065)就刻在一根高八尺的闪绿岩石柱上。古代埃及曾广泛利用一种名为莎草的植物的茎粘结成片,作为书写材料,称为纸草文书,至今欧洲一些博物馆仍有收藏。古代印度利用贝多罗树的叶子串连起来,多用于书写佛经,所以有时人们又称佛经为"贝叶经"。在古代欧洲,最流行的是用羊羔皮揉制成的羊皮纸。在世界各国使用过的其他书写材料还有砖瓦、树皮、蜡板、泥板、金属、亚麻布等。在中国古代也出现过多种书写材料,最早的当属陶文,即是将文字刻写在泥坯上,然后烧制成器,这种陶文在新石器时代就已出现了。殷商时代的甲骨文很有名,文字刻在龟甲或其他兽骨上,主要用于占卜。在商周至春秋战国时期,人们常把文字铸或刻青铜器上,史称"钟鼎文"或"金文"。在两汉前后,使用最广的书写材料是竹木简,即是用竹木片削平连缀成册。作为一种高级书写材料与竹木简同时

① 参见北京钢铁学院编《中国冶金简史》,科学出版社,1978年。

② 参见陈直《两汉经济史料论丛》,陕西人民出版社,1958年。

流行的是丝织品缣帛。除此之外,碑石、玉牒、铁券等也曾被用作书写材料。上述所有书写材料都有不同的缺点:有的笨重,有的昂贵,有的难得,都不是理想的书写材料,它们反映出人类在寻求适用书写材料时,走过了一条多么漫长而艰辛的探索之路。

两汉时代是我国社会经济迅速发展的历史时期之一,这一时期国家统一,经济兴旺,文化繁荣。在这种历史背景下,各种信息的传播和交流在社会生活中占有越来越重要的地位,而作为信息主要载体的书写材料仍是昂贵的帛和笨重的简,从而寻求新型的书写材料成为一种社会需要。正是在这种社会需要的刺激下,造纸术在汉代应运而生了。造纸术的发明来源于人们在生产实践活动中对于自然现象观察的启示,一般认为有三个来源。一是漂絮,古代常将质次的乱丝在水中漂洗,捣制成丝绵,有些碎絮会粘附在岸石上,形成一种丝质薄片。二是沤麻,在制麻布时,需要先将麻株浸于水中,以去掉胶质,得到较纯净的麻纤维,由于水的冲刷,一些麻纤维碎屑会附着在岸石上,形成类似纸的薄片。三是久浸于水中的破布、烂草及苔藓类植物,在水的冲刷下附着于岸边,晒干后也形成类似于纸的薄片。正是在这些自然现象的启发下,人们经过长期的观察,逐渐开始有意识地模仿自然过程,终于在西汉时代发明了造纸术。

西汉时代诞生的造纸术是一种处于原始形态的粗糙技术。1957 年考古工作者在陕西灞桥发掘出了不晚于汉武帝时期(公元前 140～前 87)的麻质纤维纸[①];1973～1974 年在甘肃居延又出土了西汉(公元 6 年以前)麻纸[②]。这些纸质地粗糙,表面不平滑且有较多未松散的纤维束,实际上难于用作书写材料。纸作为一种实用的书写材料登上历史舞台,是与蔡伦革新造纸术,扩大造纸原料,制订出比较成熟的生产工艺,监制出一批优质书写纸,并大力推广造纸术紧密联系在一起的。

在永元九年(97)后、元兴元年(105)前的七八年间,蔡伦致力于革新造纸术的研究。此时距他进宫已有二三十年的时间,在长期的宫廷生活中,他作为太监有机会接触大批的奏章和文牍,它们都是用当时流行的书写材料竹木简或缣帛写成的,竹木简的笨重,缣帛的昂贵,都给蔡伦留下了深刻的印象,成为促发他寻求新型书写材料,从而致力于革新造纸术的契机之一。蔡伦的革新事业是在总结民间造纸技术的基础上开始的。唐代章怀太子李贤在注《后汉书》时,曾引晋代罗含《湘州记》云:"耒阳县北有汉黄门蔡伦宅,宅西有一石臼,云是伦舂纸臼也。"[③] 这种说法可能有附会的成份,但蔡伦在入宫前看到过或接触过当时民间的造纸工作,则是完全可能的。历代史籍对蔡伦革新造纸术的贡献都给予很高的评价,刘宋范晔《后汉书》提到:"伦乃造意,用树肤、麻头及敝布、鱼网以为纸。元兴元年奏上之,帝善其能,自是天下莫不从用焉,故天下咸称蔡侯纸。"[④] 这是有关蔡伦革新造纸术史实的一段最详尽的记述,据考证出自《东观汉记》中的蔡伦传。据唐代史学家刘知几考证,东汉明帝时即诏令刘珍、班固等编修国史,称为《汉记》。至桓帝元嘉元年(151),又诏令曹寿与延笃等增补《蔡伦传》等 104 篇,号曰《东观汉记》,其中《蔡伦传》撰于公元 151 年,距蔡伦去世不足 30 年,且撰述者又曾与蔡同朝共事[⑤]。所以,一般认为,《东观汉记·蔡伦传》是极为可靠的信史。惜之是书在唐以后即残缺,至元而完全散佚,现仅有一些辑本及在类书中的引文,从而出现了一些歧文,而《后汉书》乃是引述最详尽的一

---

① 潘吉星,世界上最早的植物纤维纸,文物,1964,(11)。
② 甘肃居延考古队,居延汉代遗址的发掘和新出土的简册文物,文物,1978,(1)。
③ 《后汉书·蔡伦传》。
④ 《后汉书·蔡伦传》。
⑤ 唐刘知几,《史通·古今正史》。

种。所以,本文拟以此本为据,讨论蔡伦对造纸术发展的巨大历史贡献。

首先是蔡伦扩大了造纸的原料来源。据对出土文物的科学分析,蔡伦之前的植物纤维纸,基本原料是旧麻布和麻头,原料来源受到一定的限制。估计蔡伦也是在前人的基础上,首先使用破布、麻头试制纸,由于大量生产必然遇到原料不足的问题,从而想到用其他材料来代替。他可能试过多种原料,最后从中筛选出四种:麻头、敝布、鱼网及树皮。麻头和敝布是传统造纸原料,鱼网和树皮是新开发的原料品种。旧鱼网作为造纸原料有突出的优点,由于它曾经过长期的水中浸泡和反复日晒,纤维中的胶质和其他杂质几乎全部被除掉,仅剩下相当纯净的纤维束,是造纸的理想原料。树皮的开发在造纸技术的发展上具有划时代的意义,树皮的韧皮纤维是造纸的良好原料,经过一系列加工后可抄造出很好的纸。实际上,用树皮造纸在我国传统造纸法中有十分成功的经验,是一项十分重要的成就,如闻名于世的楮皮纸、藤皮纸等,即是成功的例证,它们实际上是对蔡伦造纸法的继承和发展。更有意义的是,近代造纸工业广泛使用的木浆造纸法,也滥觞于最初的树皮造纸法。造纸原料来源的扩大,为大量制造和迅速推广优质纸提供了物质基础,创造了有利的条件。

蔡伦对造纸术的第二个重大贡献,是总结了自西汉以来民间造纸的经验,经过一系列摸索和试验,创造性地制订出一整套比较完善的工艺流程,使造纸术从一种萌芽状态的粗糙技术飞跃成为比较成熟的手工业技术。对这一点,史籍没有直接的记述,但是,近年来一些科技史家通过对出土文物的科学检验和系统的模拟实验,已经比较圆满地解决了这一问题[①]。自本世纪以来,大约与蔡伦同时或稍晚的写有字的古纸屡有出土,如内蒙额济纳河沿岸古烽燧遗址出土的东汉纸,新疆、甘肃等地出土的东汉纸等,都为研究蔡伦时代的造纸术提供了极为珍贵的实物资料。国内一些专家对其中某些出土纸样进行了系统检验,发现东汉纸比西汉纸质量上有质的飞跃,其纤维交结细匀,很少纤维束,纸质紧密细薄,较少透眼,表面平滑。而西汉纸则纸质粗厚,表面皱涩,有较多的纤维束,甚至麻绳头,组织松散,分布不匀,透眼多而大。最重要也是根本性的区别,是东汉纸宜于书写,而西汉纸则不便书写,仅能用于包装[②],这是一种具有历史意义的进步,蔡伦则无疑是这一进步的主要推动者。有关专家对古纸制造过程的模拟实验,则进一步搞清了东汉纸的生产工艺流程:首先将麻头、敝布等原料浸湿、切碎,浸于草木灰或石灰水中进行化学处理,使纤维脱色去污,然后将原料蒸煮、舂捣、洗涤,使其分散为纯净的细纤维,形成银白色的絮状物,放入水槽,充分搅拌(打槽),用细密平整的筛网状抄造器,从水槽中抄起一薄层纸浆(抄纸),在日光下晒干,揭下,就完成了制麻纸的过程[③]。业已证明,利用这一流程制成的纸,与出土的东汉纸十分近似。可以认为,蔡伦所采用的造纸流程,大体上与上述模拟流程是一致的,特别是对提高纸的质量至关重要的碱液处理和高温蒸煮,可能是蔡伦时代才成熟发展起来的。总之,蔡伦在总结前人经验的基础上,创造性地制定了新的工艺过程,制出了一批适于书写的优质纸。这一流程随着蔡侯纸的传播而得以推广,促进了造纸业的兴起。

蔡伦对于造纸术的第三个重大贡献,是利用官方的有利地位,大力提倡和推广新型的造纸技术,促进了造纸术的传播和造纸业的兴起,导致了大批优质书写纸的问世,代替了缣帛和竹木简的地位,完成了书写材料的历史性变革。大约从永元九年(97)至元兴元年(105)的八年间,

---

① 参见潘吉星《中国造纸技术史稿》,文物出版社,1979年。

② 潘吉星,《中国造纸技术史稿》,第46页。

③ 同①,第40页。

蔡伦一直致力于造纸术的研究,终于制成了一批适于书写的优质纸,于元兴元年奏报皇上,皇上对这种纸很欣赏,将它赐给朝臣们试用,这种纸遂从内廷传入民间,受到朝野人士的普遍欢迎,"自是天下莫不从用焉",成为一种新兴的社会需求。这种需求刺激人们试制类似的纸,并由于内廷制法流入民间,遂形成了一门新兴的手工业——制纸业。在很长一个时期内,民间纸业主要是仿造内廷纸,即蔡伦监造的纸,由于蔡伦后来被封为龙亭侯,他所监造的纸被称为"蔡侯纸","故天下咸称蔡侯纸",蔡侯纸很快就成为当时一切佳纸的美称。在蔡伦的家乡今湖南耒阳和封地今陕西洋县,都有悠久的造纸传统和有关蔡伦传授造纸术的传说。本世纪,在洋县的蔡公祠遗址曾发掘出许多汉砖、汉瓦和捣纸料用的石杵、石臼,年代最早的一块汉砖有"元嘉元年"(151)的铭文,距蔡伦去世仅 30 年①。这说明蔡伦在世时,洋县一带很可能就兴起了造纸业,这当然与蔡伦封侯于此有密切的关系。从历史文献和出土文物来看,实际上也只是在蔡侯纸问世和推广后,书写纸才成为价廉易得的东西,在此之后,纸才真正作为一种革命性的书写材料登上历史舞台。

元初元年(114),蔡伦被加封为龙亭侯,享邑三百户,这可能是朝廷对他尽心敦慎地长期服务,尤其是制成了能代替简帛的纸的一种奖赏。实际上,从元兴元年蔡伦试制成功优质纸,献给朝廷以来,一直到元初元年以后,他始终在从事纸的改进和生产工作,因为享誉于世的"蔡侯纸",只能是在他封侯之后才会出现的名字,这正说明了直至封侯以后,他在尚方作坊中监制的纸仍源源不断地流入民间,受到社会的赏识。

## 三　关于谁是造纸术发明者的争论

纸的发明,推动了人类文明的进步,是我国人民对世界文化作出的一项伟大贡献。在蔡伦之后,纸很快就通行于全国。考古发掘业已证明,至迟在东汉末,纸和纸本文书已在全国流行,包括内蒙、甘肃、新疆这些边远地区。随着中外交通和经济文化的交流,纸和造纸术逐渐传播到全世界,极大地推动了世界文化的发展。我国纸和造纸术首先传播到邻近的亚洲各国,在东汉末年,我国的纸传到朝鲜、越南,稍晚传到日本,大约在 6 世纪之前,它们开始掌握造纸术。印度、巴基斯坦、尼泊尔等南亚国家,大约在 7 世纪末以前学会造纸术。唐玄宗天宝十年(751),唐军与大食军在中亚的怛逻斯发生军事冲突,一些唐朝士兵被俘,其中不少人是手工业工人出身,包括造纸工人。这些造纸工人把造纸术带到了阿拉伯国家,在撒马尔罕开设了造纸工厂。大约在 12 世纪初,通过阿拉伯人的媒介,中国造纸术传到欧洲大陆。到 19 世纪,中国造纸术传遍了全世界。世界各国人民普遍承认中国发明造纸术的伟大功绩,直到今天,美国的亨特造纸博物馆还挂有蔡伦的巨幅画像;法国安贝尔市郊的造纸作坊旁,开设了蔡伦纪念馆。这不仅是对中国古代无数造纸工匠的代表人物蔡伦一个人的纪念,也是所有中国人的骄傲。

为了进一步阐明蔡伦在造纸技术发展史上的地位,我们有必要简略地回顾一下关于蔡伦与造纸术关系的几次争论。在历史上,关于蔡伦是否是造纸术的发明人,曾发生过三次大的争论。第一次争论发生在唐宋时期。班固《汉书》卷九十七《赵皇后传》记载了汉成帝元延元年(公元前 12)赵昭仪为害死后宫的曹伟能,派狱丞送去"裹药二枚赫蹏",令其服毒事。唐代著名训诂学家颜师古引东汉人应劭的解释说:"赫蹏,薄小纸也。"又引孟康注云:"蹏犹地也,荼纸素令

---

① 参见杨成敏、周忠庆《关于蔡伦墓葬的考证》,载《中国造纸》1984 年第 4 期。

赤而书之,若今黄纸也"。这实际上是说在蔡伦之前就已经有了纸,与《后汉书》中蔡伦"造意"制纸说是相左的。唐张怀瓘在《断书》中更明确指出:"汉兴,有纸代简,至和帝时,蔡伦工为之。"也是说蔡伦之前已有纸,蔡伦不过制作的更为精良罢了。北宋陈槱《负暄野录》载:"盖纸,旧亦有之,特蔡伦善造尔,非创也。"北宋苏易简在《文房四谱》中说:"汉初,已有幡纸代简,成帝时有赫蹏书诏,应劭曰:赫蹏,薄小纸也。至后汉元兴,中常侍蔡伦剉敝布及鱼网树皮而作之弥工。"南宋史绳祖在《学斋拾笔》中也指出:"纸笔不始于蔡伦蒙恬……但蔡、蒙所造,精于前世则有之,谓纸笔始于此人,则不可也。"上述学者都认为,蔡伦之前已有纸,而蔡伦则是工于其术、精于前人而已。当然,也有的学者坚持认为蔡伦是纸的发明人,如宋末元初史学家胡三省明确说:"窃自蔡伦造纸以后,用纸书者曰帋,用木书者曰檄。"[1]

在民国初年到 50 年代,关于蔡伦与造纸术的关系发生了第二次争论。1933 年,考古学家黄文弼在新疆罗布泊一个汉代烽燧遗址里找到一片古纸,他认为是白色麻纸,为西汉故物[2]。1942 年,劳幹和石璋如在额济纳河一个汉代烽燧遗址中也发掘出一张汉代植物纤维纸,其年代不晚于永元十年(98)[3]。鉴于这些古纸的出土,1954 年,化学史家袁翰青撰文,认为"纸是我国劳动人民在西汉时期发明的","蔡伦是造纸术的革新者而不是发明者"。[4] 历史学家吕振羽在《简明中国通史》中也认为:"前汉发明纸",蔡伦"又进而发明用树皮……造纸。"

进入 80 年代以来,随着科技史家潘吉星的专著《中国造纸技术史稿》的问世,有关造纸术发明权问题的争论进入了一个新的高潮,呈现出百家争鸣的局面。这次争论是在新的学术高度上展开的,除了历史文献之外,人们把注意力更多地放在了出土实物上,采用了一系列先进的实验手段和模拟实验,使争论进入了更深入的层次。1957 年,陕西灞桥出土了几片古纸,其年代不晚于西汉武帝时代(公元前 140～前 87),原发掘简报认为这几片古纸似为丝质纤维构成[5]。过了 10 年,到 1964 年,潘吉星再次检验了该纸,确认它是由植物纤维制成的世界上最早的植物纤维纸[6]。1979 年,潘吉星出版了我国第一部造纸史专著《中国造纸技术史稿》,明确提出:早在西汉时代我国劳动人民就发明了造纸术,蔡伦不是造纸术的发明人。这部书在国内外都产生了较大的反响,触发了一场有关蔡伦是否是造纸术发明人的争论。70 年代末,王菊华等发表文章,认为"考古新发现不能否定蔡伦造纸"[7],荣元恺等则对灞桥出土的西汉麻纸提出质疑[8]。与此针锋相对,许鸣歧撰文提出"考古发现否定了蔡伦造纸说"[9],潘吉星则坚持认为"西汉麻纸不能否定"[10]。随后,《中国造纸》杂志专门开辟了《纸史专栏》,组织了不少文章,坚持认为蔡伦是造纸术的发明人。这场争论是空前激烈的,目前已进入僵持阶段。人们期待着考古发现提供更多的、更有说服力的物证。

笔者认为,出土的西汉古纸是有说服力的物证,在蔡伦之前已有纸应该是一个难于否认的

① 《资治通鉴》第五十四卷,汉桓帝延熹二年注,中华书局版。
② 黄文弼,罗布淖尔考古记,北平研究院史学研究所,1948 年,第 168 页。
③ 劳幹,论中国造纸术之原始,载《历史语言研究所集刊》第十九本,商务印书馆,1948 年。
④ 袁翰青,中国化学史论文集,第 110 页。
⑤ 田野,陕西省灞桥发现西汉的纸,文物参考资料,1957,(7):78～81。
⑥ 潘吉星,世界上最早的植物纤维纸。
⑦ 王菊华、李玉华,考古新发现不能否定蔡伦造纸,《光明日报》,1979 年 11 月 16 日。
⑧ 郑志超、荣元恺,西汉麻纸质疑,江西大学学报,1980,(2)。
⑨ 许鸣歧,考古发现否定了蔡伦造纸说,《光明日报》,1980 年 12 月 3 日。
⑩ 潘吉星,西汉麻纸不能否定,江西大学学报,1980,(4)。

历史事实,所以,不能认为蔡伦是造纸术的发明者。但在另一方面,蔡伦在造纸技术发展史上突出的历史功绩也应予以充分的肯定。任何事物都有一个从低级到高级的发展阶段,出土文物和历史文献都已证明,蔡伦之前的纸不宜用于书写,是纸的初级阶段。正是蔡伦利用有利的技术和物质条件,革新造纸术,开拓新的原料来源,推广和提倡造纸,最终完成了纸作为新型书写材料的历史性转折。应该充分肯定,蔡伦是造纸技术发展史上做出过巨大贡献、永远值得纪念的伟大人物。

## 参 考 文 献

范晔(列宋)撰,李贤(唐)等注. 1965. 后汉书　蔡伦传. 北京:中华书局

潘吉星. 1979. 中国造纸技术史稿. 北京:文物出版社

Carter T F. 1955. The Invention of Printing in China and its Westward, 2nd ed. New York

（李亚东）

# 张　衡

## 一　生　平　简　介

张衡(78～139),字平子,河南南阳人,是东汉时期同时又是我国古代最杰出的科学家之一。

张衡出身于南阳望族。其祖父张堪曾先后任蜀郡太守、渔阳太守等职,为官清廉,颇有政绩。到其父辈虽家道中落,张衡自幼仍能得到良好的教育,加上他"天资睿哲,敏而好学"[1],从小就能写一手好文章。为扩展眼界、增长知识,约于公元93年,张衡初离南阳,出游当时全国最大的文化中心之一,号称西京的长安,受益匪浅。约二年后,他又东赴当时的首都洛阳。在去洛阳的路途中,张衡过骊山,作《温泉赋》,崭露了他的文学才华。当时的洛阳更是学者云集,文化发达,教育昌盛的都市,张衡在这里"观太学,遂通五经,贯六艺"[2],结识了马融、王符、崔瑗等一批年青有为的学者,大大扩充了他的知识视野和学术造诣,很快就成为颇负名望的青年学者。张衡对于学问,孜孜以求,虚怀若谷,而对于功名则淡泊无求,游学在洛阳期间,"举孝廉不行,连辟公府不就。"

约公元100年,张衡受南阳太守鲍德之聘,由洛阳回南阳出任以办理文牍为主的主簿之职。这也许是为了生计所迫,当然张衡十分敬慕鲍德的品行,且又可回到久别的故乡,也应是受聘的原因。张衡任主簿之职前后九年,协助鲍德治理南阳郡政,做出了不少成绩。更重要的是,在这期间,张衡完成了他的文学名篇《二京赋》,自此成为名闻遐迩的文学家。

约公元108年,鲍德调离南阳升任大司农,张衡便辞去南阳主簿的职位,回到故里,专心读书和钻研学问,前后约三四年。其间,"大将军邓骘奇其才,累召不应"。

公元111年,汉"安帝雅闻衡善术学,公车特征,拜郎中"。于是,张衡再度来到京都洛阳,作"文书起草"[3]的工作,随后迁为尚书侍郎,亦主其事。此间,张衡显露了他在机械制造以及天文学方面的卓越才能,遂于公元115年被任命为太史令,"掌天时、星历。凡岁将终,奏新年历。凡国祭祀、丧、娶之事,掌奏良日及时节禁忌。凡国有瑞应、灾异,掌记之"[4]。这是张衡第一次出任太史令,在职六年间,他专心致志于天文历算之学,"研覈阴阳,妙尽璇玑之正",铸成了新设计的浑象,并在大量天文观测与研究的基础上完成了天文学名著《灵宪》,阐述他的天文学理论。他还写成了数学著作《算罔论》,可惜该书早已失传,故不得其详。

公元121年至125年,张衡被调任公车司马令,"掌宫南阙门,凡吏民上章,四方贡献,及征诣公车者"[5]。虽然如此,张衡并未中断天文历算的研究工作,曾积极参与当时历法改革问题的辩论,主张以月行九道法来推算每月的朔日,因遭反对,未果。

---

① 崔瑗,《河间相张平子碑》。
② 《后汉书·张衡传》。本节引文凡未注明出处者,均同此。
③ 《后汉书·百官志三》。
④ 《后汉书·百官志二》。
⑤ 《后汉书·百官志二》。

　　公元 126 年至 133 年,张衡再度出任太史令,其间完成了他的另一天文学名著《浑天仪注》,记叙他对于浑天学说和历算研究的新成果。并于 132 年制作成功世界上第一台地震观测仪——候风地动仪。又铸成水运浑象。于公元 133 年上著名的驳图谶疏。

　　公元 133 年,张衡"迁侍中,帝引在帷幄,讽议左右",即在汉顺帝左右,执行"赞导众事,顾问应对"①的工作,居官三载余。张衡为人耿直,宦官们"恐终为其患,遂共谗之",于公元 136 年张衡"出为河间相",其职位相当于一个郡的太守。河间即今河北省河间县一带的一个侯国,计领"十一城",所辖人"口六十三万余"②。当时的河间王刘政为人"骄奢,不遵典宪。又多豪右,共为不轨"。张衡到任后,即"治威严,整法度,阴知奸党名姓,一时收禽,上下肃然,称为政理"。张衡视事三年,虽取得一些政绩,但对于当时黑暗的政治也无可奈何,其间创作的著名诗章《四愁诗》正表达了他忧国伤时的苦闷。

　　公元 138 年,张衡本想辞职还乡,曾作《归田赋》以明其志,但未能获准,被调到京城,任尚书之职,执行相当繁重的政务,到职不到一年,便溘然谢世。

　　张衡一生不蝇蝇于功名利禄,他官不显达,位不贵尊,张衡不以为耻。但他对于天文、历法、算术、地学、机械、以及文学、绘画诸多学术领域却求之弥切,钻之弥深,遂使他功高盖世,名垂千秋,成为一代科学巨匠。

## 二　关于《灵宪》和《浑天仪注》

　　《灵宪》和《浑天仪注》是张衡在天文学领域的两篇最重要著作,长期以来人们无不据此以讨论张衡的天文学贡献。但也曾发生过殊分两途的倾向:一是对这两篇论著作进一步的钩沉辑佚工作,使之更趋完善;一是断然否认《浑天仪注》一文是张衡所作,引经据典加以证明。前者可以吕子方的《张衡〈灵宪〉、〈浑天仪〉探源》③ 一文为标本,后者则以陈久金的《〈浑天仪注〉非张衡所作考》④ 一文为代表。对这两种截然相反的见解,我们不能不先作一些简略的评述。

　　陈久金据以提出否认意见的最重要论据,是在《浑天仪注》文中有冬至时"此历斗二十度",和夏至时"此历井二十三度"的提法。陈久金把这理解为是《浑天仪注》作者所处时代冬、夏至日所在度的实测记录,它们"比后汉四分历平均后退了二度",那么根据岁差原理,其所处时代当"比张衡时代晚了约一百多年",于是《浑天仪注》应是无名氏所作,其"著作年代应以西晋末年的可能性最大"。可是,我们认为冬至"此历斗二十度"和夏至"此历井二十三度"的提法,乃是与黄赤道差有关的问题⑤,即陈久金所作的理解是不恰当的,其推论也就不可靠了。在陈久金的论文中还提出了其他许多次要的论据,这些亦均可逐一进行商榷,限于篇幅,可参见另文⑥。我们的总结论是:《浑天仪注》乃张衡所作,当无疑义。

　　而依吕子方的意见,《续汉书·天文志》和《续汉书·律历志》刘昭注所分别引录的《灵宪》

---

　　①　《后汉书·百官志三》。

　　②　《后汉书·郡国志二》。

　　③　吕子方,中国科学技术史论文集(上册),四川人民出版社,1983 年,第 273~295 页。

　　④　见《社会科学战线》,1981 年第 3 期。

　　⑤　陈美东,张衡《浑天仪注》新探,社会科学战线,1984,(3)。

　　⑥　陈美东,《浑天仪注》为张衡所作辩——与陈久金同志商榷,中国天文学史文集(第 5 集),科学出版社,1989 年,第 196~216 页。

和《浑天仪注》,均非这两篇论著的全文。其所录《灵宪》仅为该文的序文,在《通志·天文略》、《晋书·天文志》和《艺文类聚》、《太平御览》、《初学记》等古籍中均有其佚文在;而在《开元占经》和《初学记》等书中,则有《浑天仪注》之佚文可寻。我们以为吕子方在其论文中所作的论证是可信的,以下则以其钩辑的结果为依据展开讨论。

　　关于《灵宪》和《浑天仪注》的具体著作年代,有人曾据汉安帝时张衡"为太史令。遂乃研覈阴阳,妙尽璇玑之正,作浑天仪,著《灵宪》、《算罔论》,言甚详明"的记载,推断《浑天仪注》和《灵宪》先后著于安帝元初四年(117)和五年(118)[1];有人则依据"张衡为太史令,铸浑天仪,总序经星,谓之《灵宪》"[2] 的记载,也以为"《灵宪》写在《浑天仪注》成书之后"[3]。他们的失误均在于没有把"作"或"铸"浑天仪和著《浑天仪注》区别开来。上引两处历史记载分明是说:汉安帝时张衡初为太史令,铸作了浑天仪这一天文仪器,随即总序经星,著就了《灵宪》一文,并未提及著《浑天仪注》一事。而张衡初为太史令的时间,据孙文青考证是在汉安帝元初二年(115)至永宁元年(120)之间[4],所以,《灵宪》的著作年代当在这时段内。

　　那么,《浑天仪注》著于何时呢?据东晋侍中刘智在论浑天的一篇文章说:浑天仪"象天体,亦以极为中,而中规为赤游周环,去极九十一度有奇。考日所在,冬、夏去极远近不同,故复画为黄道,夏至去极近,冬至去极远,二分之际交于赤道。二道有表里,以定宿度之进退,为术乃密。至汉顺帝时,南阳张衡考定进退。灵帝时,泰山刘洪步月迟疾。自此以后,天验愈详"[5]。这里刘智提到张衡于汉顺帝(126~144年在位)时考定黄赤道宿度之间进退的历史功绩,而黄赤道宿度进退正是《浑天仪注》所论述的重要问题之一(见本文第九节),所以《浑天仪注》当著成于汉顺帝之时,又已知张衡在汉"顺帝初,再转,复为太史令"[6],这就是说:张衡是在著成《灵宪》至少六年以后,在再任太史令时,以给先前所铸浑天仪(或新近所制水运浑象)作注的形式,总结新的研究所得,而著成《浑天仪注》一文的。

# 三　关于宇宙演化的理论

　　张衡在《灵宪》中指出[7],宇宙有一个演化的过程,可以分为三个发展的阶段:

　　第一阶段叫做"溟涬,盖乃道之根也。"其特点是:"幽清玄静,寂寞冥默,不可为象,厥中惟虚,厥外惟无,如是者永久焉"。即这时只有空旷的空间,一切虚无是其本质,幽静寂寞、无形无象是其表征,它经历了极其久远的时间。

　　第二阶段叫做"庞鸿,盖乃道之干也"。其特点是:"太素始萌,萌而未兆,并气同色,浑沌不分。故道志之言云:'有物混成,先天地生'。其气体固未可得而形,其迟速固未可得而纪也,如是者又永久焉"。即这时已经萌生出物质性的元气,但还处于混沌不分的状态,其形状如何、运动迟速,尚无法加以辨认和描述,它又经历了极其久远的时间。

---

① 孙文青,张衡年谱,商务印书馆,1935 年,第 87 页。

② 《隋书·天文志上》。

③ 中国科学院中国哲学研究所中国哲学史组,中国哲学史资料选辑(两汉之部下),第 422 页。

④ 孙文青,张衡年谱,第 84~104 页。

⑤ 《天元占经·卷一》。

⑥ 《后汉书·张衡传》。

⑦ 以下凡未注明文献出处者,均指《灵宪》而言。

第三阶段叫做"太元,盖乃道之实也"。其特点是:"元气剖判,刚柔始分,清浊异位。天成于外,地定于内。天体于阳,故圆以动;地体于阴,故平以静。动以行施,静以合化,埋郁构精,时育庶类"。即这时元气开始分成了阴、阳两气,又由于刚柔、清浊、动静等物理因素的作用。遂逐渐形成了天和地,进而在大地上生成了万物。

张衡又认为,从"溟涬"到"庞鸿"之间,有一个"道根既建,自无生有"的转折,即从虚无中产生出元气来的突变。而从"庞鸿"到"太元"之间,则有一个"道干既育,有物成体"的转折,即从浑沌的元气生成有形的物体的突变。

这就是说,张衡既把宇宙的演化分为三个不同的阶段,又把后一个阶段看成是前一个阶段长期发展的结果,而且前、后两个阶段是由突变的形式加以衔接的。张衡的这些理论,是在前人有关论述的基础上所作的新概括和新发展。虽然他在宇宙本原的问题上引进了虚无的观念,但他关于宇宙是在发展变化着的,变化是分阶段有层次的,变化的形式既有渐变也有突变,变化的原因则存在于事物的内部等等思想,都是十分可贵的。

对于太元阶段的演化,张衡特别强调了"自然相生"的理论,他认为由于自然界自身"旁通感薄",即它们之间存在着互相助成,互相影响,互相矛盾的作用或运动,便自然而然地造就了物质世界"情性万殊"的状况。张衡还强调指出天阳动、地阴静的作用,是物质世界"自然相生"的最强大的杠杆,即把演化归结为自然界内在矛盾与运动的结果。这些理论大约是继承王充的"元气自然论"而来的,它们在总体上看是具有科学和进步意义的。但是这些理论也带有很大的原始和盲目的性质,如张衡在用它们说明银河和恒星的生成时,认为"水精为汉","地有山岳以宣其气,精种为星",这便出了差错。

其实,对于庞鸿和溟涬阶段的演化,张衡除了承认时间、空间、物质以及运动以外,也没有引进任何非自然的因素,没有给任何神灵一类插足的余地。这些都是张衡宇宙演化理论的又一重要特点。

另外,张衡所说的宇宙演化,仅限于现代宇宙演化理论中所讲的"我们的宇宙"的范围。张衡说:"过此而往者,未之或知也。未之或知者,宇宙之谓也",即把"我们的宇宙"以外的宇宙作为未知的领域。他认为这一真正的宇宙是无穷无尽的,即所谓"宇之表无极,宙之端无穷"。这则是张衡关于宇宙无限理论的精辟论述。

# 四　关于天地的结构

张衡对于天地结构的学说有一个发展和演进的过程,在《灵宪》和《浑天仪注》中所阐述的两种不同的天地结构模式,便是这一过程的忠实记录。

在《灵宪》中,一方面,张衡阐述了浑天说的一些观点,他以为"天成于外,地定于内",这包含有浑天说的天包地外的观念,与盖天说的天在上,地在下的说法不同;他又以为天"圆以动",这与浑天说的天体如弹丸之说同,而与盖天说的天为半圆形的说法异;他还以为"天有两仪,以儛道中。其可睹,枢星是也,谓之北极。在南者不著,故圣人弗之名焉",这是说天球有南北两极,也是浑天说的观点。另一方面,张衡则沿袭了一些盖天说的旧说,他以为地"平以静",这是第一次盖天说的观点;他又以为"用重差勾股,悬天之景,薄地之仪,皆移千里而差一寸",这则是由盖天说引伸出来的结果;他还以为"至厚莫若地","自地至天,半于八极,则地深亦如之",这也与盖天说的观点相类同。由这些论述可见,这时张衡的天地结构学说仍借用了盖天说的若干提法,是对浑天说的初始总结。关于《灵宪》天地结构的模式,唐如川曾作过很好的论述①,其模式如图1所示。

而在《浑天仪注》中,张衡则论述了另一种天地结构的新模式,他指出:

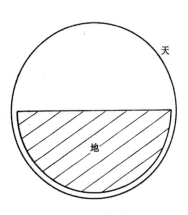

"浑天如鸡子,天体圆如弹丸,地如鸡中黄,孤居于内,天大而地小。天表里有水。天之包地,犹壳之裹黄。天地各乘气而立,载水而浮。周天三百六十五度四分度之一,又中分之,则一百八十二度八分之五覆地上,一百八十二度八分之五绕地下,故二十八宿半见半隐。其两端谓之南北极,北极乃天之中也,在正北,出地上三十六度,然则北极上规七十二度,常见不隐;南极乃地之中也,在正南,入地三十六度,南规七十二度,常伏不见。两极相去一百八十二度强半。天转如车毂之运也,周旋无端,其形浑浑,故曰浑天也。"

图1　《灵宪》天地结构示意图(一)

这里张衡十分形象地用鸡蛋的结构和形状来形容天地的结构和形状,其要点可以归纳为:

1. 天是浑圆的、有形的实体,其两端有南北两极,北极出地三十六度,南极入地三十六度;天又是不停顿地运动着的,犹如车毂一样绕极轴作圆周运动。

2. 地的形状如鸡蛋黄,也是浑圆的,它又是静止不动的,所谓"孤居于内"的"孤",就有静止不动的含义。

3. 天包在地的外面,犹如鸡蛋壳包裹着鸡蛋黄一样;天要比地大得多,也正如鸡蛋黄要比鸡蛋壳小得多一样。

4. 关于天、地何以不坠不陷的机制,张衡是用"天表里有水"和"天地各乘气而立,载水而浮"来解决的。水在天、地的下半部,使天、地均有所依托;气在天、地的上半部,使天、地立于稳固的状态之中。

依此我们可作《浑天仪注》的天地结构示意图如图2。与《灵宪》的天地结构说相比,它有两点进步:一是以为地体要比天体小得多,二是可能已经认为地球是浑圆的,不再是上平下圆、与半个天球等大的半球体了。但是为了说明天、地之所以不坠不陷的问题,张衡引进了天、地各载水而浮的设想,这不仅产生了天体要转入水中等困难的问题,而且削弱了地体为球形的认识的意义,因为这样一来,没入水中的半球只起飘浮、平衡全球的作用,而人类居住的地仅仅是水面上的半球,这则是《浑天仪注》天地结构学说的重大缺欠。尽管如此,该学说仍不失为当时中国的先进理论,是为浑天说发展史上一个重要的里程碑。

还要指出的是,唐如川以为上引《浑天仪注》的论述,"所谈到的只是天的形状及天地两者的位置和大小的对比,并没谈到地的形状"。我们以为"天之包地,犹壳之裹黄"句,确实只谈了天地两者的位置和大小的对比。但"天体圆如弹丸,地如鸡中黄,孤居于内,天大而地小"句,则先谈了天体的形状("如弹丸"),继谈了地体的形状("如鸡中黄"),又谈了地体处于静止状态和天地的相对位置及大小。"天体圆如弹丸,地如鸡中黄"是一排比句,如果承认"如弹丸"是比喻天体的形状,就不能不承认"如鸡中黄"是比喻地体的形状的。退一步来讲,诚如唐如川所说:

①　唐如川,张衡等浑天家的天圆地平说,载《科学史集刊》第4期,1962年。

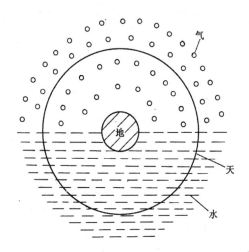

图 2 《浑天仪注》天地结构示意图

"'鸡中黄'的特征很多,如'较小、在内、色黄、……形圆'"① 等等,既然以鸡中黄比喻地体,我们不能只承认其仅比喻"较小、在内、色黄"等,而不承认其又比喻"形圆"这一重要特征。我们以为张衡所设比喻之妙正在于:这些特征正好较全面地反映了地体的特征。唐如川又引《灵宪》之说,来反对把"地如鸡中黄"解释为地是球体的说法,对此,我们也不敢苟同。如本文第一节所述,《浑天仪注》著作于《灵宪》以后至少六年,而前后二文的有关论述彼此矛盾者不止一处一事②,这只能用随着时间的推移、研究的深入和思想的成熟,使张衡的天地结构学说有所发展与改进来解释,一成不变地把这些论述等量齐观,非要把它们统一起来,是不恰当的。

## 五  关于日、月视直径的测量和日、月、五星离地 远近的认识

张衡指出:"悬象著明,莫大于日月。其径当天周七百三十六分之一,地广二百四十二分之一"。据钱宝琮校③,"七百三十六"和"二百四十二"分别当为"七百三十"和"二百三十二"之误。依之,张衡所测日、月视直径等于 $365 \frac{1}{4}/730$ 度,或等于 $365 \frac{1}{4}/230 \cdot \pi$ 度,其值约为 0.5 度,化为 360°制,约等于 29.6′。这是我国古代对日、月视半径测量的最早记载,与现代所测日、月平均视直径值(分别为 32.0′和 31.1′)已比较接近。

张衡还指出:"阳道左回,故天运左行",而"文曜丽乎天,其动者七,日、月五星是也,周旋右回。天道者,贵顺也。近天则迟,远天则速。"这里张衡用离天远近来解释日、月、五星在恒星间自西向东运动快慢的现象,虽然该理论是由李梵、苏统的"月行当有迟疾","乃由月所行道有远近出入所生"④ 之说推衍而来的,但张衡的论述仍不失为我国古代关于日、月、五星运动理论的一次新发展。

---

① 唐如川,张衡等浑天家的天圆地平说。
② 关于《灵宪》和《浑天仪注》彼此矛盾的论述,陈久金《〈浑天仪注〉非张衡所作考》一文,有很好的讨论。
③ 钱宝琮,张衡灵宪中的圆周率问题,载《科学史集刊》第 1 期,1958 年。
④ 《续汉书·律历志中》。

在张衡所处的时代,人们已经对日、月、五星相对于恒星的平均日行度有所认识,如东汉四分历就以为:土、木、火星和月的平均日行度分别为 319/9415 度、398/4725 度、997/1876 度和 254/19 度,而日、金星和水星的平均日行度为 1 度[①]。那么,依张衡的上述理论,则可推得日、月、五星离地远近的顺序为:土星→木星→火星→太阳、金星和水星→月亮。这应该就是张衡对日、月、五星离地远近的认识。依此,张衡关于天地结构的模型,在图1的基础上略作修正,可作如图3。

有人以为张衡时代人们已经知道水星的恒星周期近 90 天[②],这一说法尚缺乏根据。其实一直到郭守敬时代人们还一直认为金、水二星的恒星周期均为一年,即日行一度。所以由这一观点引伸而得的张衡宇宙结构模型图是不妥当的。

在《灵宪》中,张衡还把上述关于日、月、五星运动的理论,用来解释五星顺、留、逆等视现象,这是不可取的,其失误在于把地球和五星绕日复合运动而呈现的五星运动视轨迹,与五星运动的真轨迹混同起来了。

但是,张衡以"近天则迟,远天则速"的理论,用于对月亮运动的研究,则取得了很重要的结果。汉安帝延光二年(公元123),张衡和他的同僚周兴一起,"参案仪注,考往较今,以为九道法最密"[③],这里所说的九道法,是指推算因月亮运动"近天则迟,远天则速"引起的迟速不均

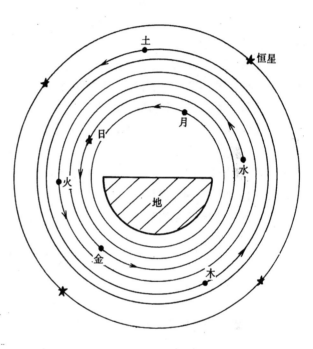

图 3 　《灵宪》天地结构示意图(二)

的方法。该法虽非张衡首创,但他以古今的实测结果,又一次有力地论证了该法的可靠性,并力主以九道法改进原有的四分历,用以推算朔日等历法问题,这些都是难能可贵的。虽然由于"用九道为朔,月有三大二小"[④] 的问题,不为当时大多数人所接受,使张衡、周兴的主张未能实现,但这毕竟是试图以加进月亮运动不均匀改正的定朔法代替平朔法的一次早期的重要努力,在我国古代历法史上也是值得一书的事件。

## 六　关于月食的理论

"月光生于日之所照,魄生于日之所蔽,当日则光盈,就日则光尽也",这是《灵宪》对于月光

---

①　《续汉书·律历志下》。

②　陈久金,张衡的天文学思想,载《科技史文集》第 6 辑,上海科技出版社,1980 年。

③　《续汉书·律历志中》。

④　《续汉书·律历志中》。

的由来及月相变化现象的解释,是张衡从他的先辈那里接受来的,在此基础上,张衡进一步发展出关于月食的理论:

"当日之冲,光常不合者,蔽于地也,是谓暗虚。在星星微,月过则食。"

在张衡看来,"当日之冲"是发生月食的必要和充分的条件,所谓"当日"是指月望之时,其时日、月的黄经相差 180°,"当日则光盈"说的就是这种情形。这里"之"是"至"、"抵达"的意思,而"冲"则有黄白道交点或其临近处的含义。就是说只有当望发生在黄白交点或其附近时,才发生月食。张衡还认为,在阳光的照射下,地总是拖着一条长长的影子——暗虚,只有在"当日之冲"时,地才能遮蔽照在月亮上的日光,亦即月体才能与暗虚相遇,使自身不发光的月体发生亏蚀现象。这一理论的基本点与我们现今的认识是一致的。

如果依据图 1 或图 3 所示的天地结构模型,张衡对于月相变化的解释和关于月食的理论,都要发生很大的问题,因为如此庞大的地体必将生成更为巨大的暗虚,那么月体为暗虚所蔽当是常有的事。对地体大小的这一描述,自然是与张衡关于月相变化和月食理论相左的。而张衡后来在《浑天仪注》中所表述的"天大而地小"等观念,虽然较前有所改善,但仍给月相变化和月食现象的正确解释造成巨大困难。

至于"在星星微"句,不少研究者多以为是荒谬之论。我们以为,从理论上讲,暗虚的半影可以无限延伸,只是距离愈远影子愈淡而已,所以此句从这个意义上还是可以理解的,当然暗虚在实际上并不影响星光的亮度。

# 七　对于陨石、彗星的认识

张衡认为:"夫三光同形,有似珠玉,神守精存,丽其职而宣其明,及其衰,神歇精毈,于是乎有陨星。然则奔星之所坠,至地则石矣。"这里奔星至地为石的观点,前人早已论及,但张衡又以为陨星原是与日、月、星一样绕地运行的天体,只是当其运动失去常态,才自天而降成为陨星。这则是对于陨星认识的新发展。

对于彗星的认识,张衡在《灵宪》中也是既有继承,亦有发展的。

张衡指出:"众星列布,其以神著,有五列焉,是为三十五名"(据《开元占经·卷一》,此句前还有"五星,五行之精"一句)。我们认为这里张衡是沿袭了京房的说法。京房曾列出天枪、天根等 35 种妖星之名,以为它们分别由"五行气所生"[1],且五星各生七种妖星,这就是"五列"、"三十五名"之意。有人已经指出:长沙马王堆汉墓出土的帛书彗星图中,关于彗星的"十八个名称与《晋书·天文志》所引的京房(公元前 77～前 37)《风角书·集星章》中的 35 个名称相同的有八个,即白藋、天檛、帚星、竹彗、天蒿、墙星、蚩尤旗和天翟"[2]。由此看来,京房所列 35 种妖星多系彗星一类的天体,而张衡在这里所说的"三十五名"正应指此。但另有人认为"三十五"是指恒星——二十八宿加上紫宫、太微、明堂、大角、天市,"这些合起来为三十四名,因此三十五名者大约就是指此而言"。[3] 此说存在以下几个问题:其一,三十四名非三十五名,还有一名为何?

---

① 《晋书·天文志中》。

② 席泽宗,一份关于彗星形态的珍贵资料——马王堆汉墓帛书中的彗星图,载《科技史文集》第 1 辑,上海科技出版社,1978 年。

③ 陈久金,张衡的天文学思想。

不得而知;其二,明堂、大角均为二十八宿之属,不应另立为一名。其三,这三十五名又如何分成五列,也是一个难题。所以,我们以为此说欠妥。

张衡又指出:"老子四星、周伯、王逢、芮各一,错乎五纬之间,其见无期,其行无度,实妖经星之所。"有人认为,这里张衡是把"新星和超新星之类的恒星,也误列为行星的范围"①了。我们认为,既然张衡说这些星"其行无度",这应是彗星一类天体的重要特征,而不应是指新星或超新星,所以它们也应是彗星的别名。京房把上述三十五名统称为"妖星",张衡说这些星是"妖经星之所",亦证是指彗星而言。

于是,张衡一方面继承了京房的说法,以为彗星乃五星的五行气所生,另一方面又以为彗星是"错乎五纬之间"者,即把彗星归之于太阳系内的天体,这一点认识是十分可贵的。

## 八　日、月出没与中天时视大小辨

对于日、月出没时和中天时视大小的变化,张衡作了认真的分析。他认为这是与日、月所处的天空背景以及观测者所处环境的明暗反差的大小有关的视觉现象。他指出:"火,当夜而扬光,在昼则不明也",即在背景和环境均暗弱的夜晚,火炬显得明亮光大;而在背景和环境均明亮的白昼,同一个火炬则显然暗弱微小。从这一人所共知的视觉现象,张衡引伸出他的推论:当日、月出没时,天空背景和观测环境均较暗弱,"緜暗视明,明无所屈,故望之若大",与火当夜扬光是一个道理;而当日、月"方于中天,天地同明,緜明瞻暗,暗还自夺,故望之若小",与火在昼不明是一个道理。这里张衡所提到的"明无所屈"和"暗还自夺",是关于反差现象的具体说明,当日、月与天空背景的反差大时,日、月轮廓鲜明,无所消隐;相反,反差小时,日、月轮廓模糊,为背景所隐夺,这就是前者望之若大,后者望之若小的原因。

## 九　对于恒星的观测

张衡指出:"中、外之官,常明者百有二十四,可名者三百二十,为星二千五百,而海人之占未存焉。微星之数,盖万一千五百二十。"这是说在长期观测、统计的基础上,他对恒星进行了区分和命名,共得444星官,2 500颗恒星,这还不包括航海者在南半球看到的星宿。据《汉书·天文志》记载:"凡天文在图籍昭昭可知者,经星常宿中外官凡百一十八名,积数七百八十三星",而其后中国古代传统的星官亦仅283官1465星。所以,张衡对恒星区分、命名的数量不仅超过前人,亦胜于后人。可惜史料遗缺,不得知其详。

吕子方从有关古籍中录出张衡对于牛、危、虚、昴、毕、觜、井、鬼、柳、星、轸等十一宿,太微垣、紫微垣、天市垣等三垣,以及阁道等34星的占文,以为这是《灵宪》的重要遗文之一②。我们以为此说是可信的。由此可知,张衡所说444官,2 500星,实非虚文。又,从张衡所制水运浑象在密室中运转时,"某星始见,某星已中,某星今没,皆如合符"③的记载看,这些恒星在浑象上的位置,显然与它们在天球上的实际位置是基本一致的,这只有在对恒星位置作较精细的测量

---

①　陈久金,张衡的天文学思想。
②　吕子方《张衡〈灵宪〉、〈浑天仪〉探源》。
③　《隋书·天文志上》。

的基础上才有可能。这说明张衡确实对恒星的位置作过相当好的定量测量的工作。这些都是张衡在恒星观测方面取得很大成绩的证明。

至于"微星之数,盖万一千五百二十",有两种不同的见解。有人倾向于认为这是"张衡多年辛勤统计的结果"。[①] 但也有人认为这"显然不是实际观测的结果",因为他估计古人所能看到的微星之数(至七等星)只能有七八千颗。[②] 有人更从 11 520 这一数字本身,证明后说的可靠性,以为这个数字被汉代人"看得很神奇,用之颇广",在《汉书·律历志》中,论及历、量、权等问题时均提及此数[③]。我们以为后二者的说法是有道理的。由此看来,张衡所说的微星之数,显然是受了这一神秘数字的影响,并非实际观测、统计的结果。

还要指出的是,张衡对恒星的观测总是与占卜相联系的,如说"昴明则狱讼平,暗则刑罚滥",天樽"明则丰,暗则荒"[④] 等等。同样,张衡又以为"日月运行,历示凶吉。五纬经次,用告祸福",观测彗星的出没,可使"吉凶宣周,其详可尽"。这些都是张衡受当时盛行的天示警,儆人事的思想影响所致,这应是张衡天文学思想糟粕的一面。

## 十　黄赤道宿度变换的研究

黄道宿度与赤道宿度之间的变换,是我国古代历法中重要的数学问题之一。由于我国古代没有黄极的明确概念,这一变换实际上是指以赤极为极,由春分点(或秋分点)起算,沿黄道量度的黄道宿度 $l$ 与沿赤道量度的赤道宿度 $\alpha$ 之间的数学变换,如图 4 所示,它们之间的关系,依直角球面三角形的公式可示为:

$$\text{ctg}l = \cos\varepsilon\,\text{ctg}\alpha \tag{1}$$

式中 $\varepsilon$ 为黄赤交角。

由于我国古代未曾有球面三角的知识,所以两者之间的变换,是取经验性的方式加以处理的。而张衡则是利用竹篾在小浑象上量度黄赤道宿度进退变化,并给出近似变换方法的创始人。

在《浑天仪注》中,张衡指出:

"是以作小浑,尽赤道、黄道,乃各调赋三百六十五度四分之一,从冬分所在始起,令之相当值也。取北极及冲各铗橡之为轴。取薄竹篾,穿其两端,令两穿中间与浑半等,以贯之,令察之与浑象切摩也。乃从北极铗半起,以为百八十二度八分之五,尽冲铗之半焉。又中分其篾,拗去其半,令其半之际正直与两端铗半相直。令篾半之际从冬至起,一度一移之,视篾半之际多少赤道几何也。其所多少,则进退之数也。"

以上文字明确、详细地描述了如何利用薄竹篾在小浑象上量度黄赤道宿度进退度的具体步骤及方法。依之,可以得到从冬至点起,每隔赤道一度所相当的黄道度的度值。在此实际度量值的基础上,张衡对黄赤道宿度值的进退情况和具体度值作了进一步的总结与归纳,这在

① 见陈久金《张衡的天文学思想》。

② 陈遵妫,中国天文学史,第 2 册,上海人民出版社,1982 年,第 401～402 页。

③ 见吕子方《张衡〈灵宪〉、〈浑天仪〉探源》。

④ 郑樵,《通志·天文略》。

《浑天仪注》中有详细的记载,对此已有专文讨论[①],这里仅对其结果作进一步的分析。

关于黄赤道宿度值的进退情况,张衡指出:自春分($l=0°$)到夏至($l=90°$),和自秋分($l=180°$)到冬至($l=270°$)时,$α<l$;而自夏至到秋分和自冬至到春分时,$α>l$。由式(1)知,情况确实如此。张衡又指出:自立春($l=315°$)到立夏($l=45°$),和立秋($l=135°$)到立冬($l=225°$)时,$Δα<Δl$($Δα$ 和 $Δl$ 分别指赤道和黄道宿度每经一度的增量);而自立夏到立秋,和立冬到立春时,$Δα>Δl$。即将立春、立夏、立秋和立冬视为 $Δα$ 和 $Δl$ 大小变化的关节点。但由式(1)知,其关节点应分别为 $l=313.7°$、$46.3°$、$133.7°$ 和 $226.3°$ 之时,即张衡所定关节点位置的 $l$ 值,存在 $±1.3°$ 的误差。

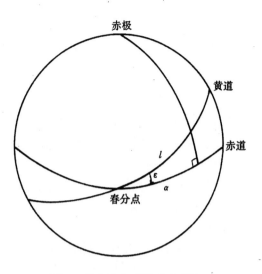

图 4　黄赤道宿度关系示意图

关于黄赤道宿度进退的具体度值,以春分到夏至这一象限为例,可如表1所示。由式(1)算得的黄道度与张衡所定黄道度之差值($Δ$)亦列于表1中,依式(1)计算时,取 $ε=24$ 古度。

**表 1　张衡黄赤道宿度变换法(春分至夏至)及其精度估计**

| 张衡黄赤道度变换法 | 赤道度(古度) | 4 | 8 | 12 | 15 | 19 | 23 | 27 | 30 | 34 | 38 | 42 | 45 |
|---|---|---|---|---|---|---|---|---|---|---|---|---|---|
| | 黄道度(古度) | $4\frac{1}{4}$ | $8\frac{1}{2}$ | $12\frac{3}{4}$ | 16 | $20\frac{1}{4}$ | $24\frac{1}{2}$ | $28\frac{3}{4}$ | 32 | $36\frac{1}{4}$ | $40\frac{1}{2}$ | $44\frac{3}{4}$ | 48 |
| $Δ(°)$ | | 0.11 | 0.22 | 0.31 | 0.30 | 0.35 | 0.36 | 0.34 | 0.23 | 0.13 | −0.01 | −0.21 | −0.44 |
| 张衡黄赤道度变换法 | 赤道度(古度) | $46\frac{5}{16}$ | $50\frac{5}{16}$ | $54\frac{5}{16}$ | $58\frac{5}{16}$ | $61\frac{5}{16}$ | $65\frac{5}{16}$ | $69\frac{5}{16}$ | $73\frac{5}{16}$ | $76\frac{5}{16}$ | $80\frac{5}{16}$ | $84\frac{5}{16}$ | $88\frac{5}{16}$ |
| | 黄道度(古度) | $49\frac{5}{16}$ | $53\frac{1}{16}$ | $56\frac{13}{16}$ | $60\frac{9}{16}$ | $63\frac{5}{16}$ | $67\frac{1}{16}$ | $70\frac{13}{16}$ | $74\frac{9}{16}$ | $77\frac{5}{16}$ | $81\frac{1}{16}$ | $84\frac{13}{16}$ | $88\frac{9}{16}$ |
| $Δ(°)$ | | −0.45 | −0.25 | −0.09 | 0.02 | 0.14 | 0.18 | 0.19 | 0.18 | 0.21 | 0.15 | 0.08 | 0 |

取表1中 $Δ$ 值绝对值的平均数,得 $0.21°$,此即可视为张衡黄赤道宿度变换法所达到的精度。

张衡的这一研究成果,被刘洪首次采用于其乾象历(公元 206)中,对后世产生了深远的影响。张衡所创造的竹篾度量法也为后世所沿用,一直到郭守敬等人发明近似于球面三角的算法为止。

① 陈美东,张衡《浑天仪注》新探。

# 十一　关于若干天文仪器的制造

对于张衡所制作的天文仪器,在许多文章中均有论述,其中也有一些问题需要讨论。如孙文青认为:张衡在汉安帝时第一次任太史令的任内,先制作了浑天仪的初始模型——"小浑",后即有浑天仪的制作,此亦即水运浑象[1]。此说是否可靠,即需讨论。

张衡在汉安帝时确有浑天仪之制作,这一点似无疑问。而制作"小浑"的记载见于《浑天仪注》,所以它不应作于浑天仪之前,而必在其后,这些在本文第二小节中已经叙及。至于"小浑"是不是浑天仪的初始模型?在本文第十小节中,我们实际上也作了否定的回答,即"小浑"是用于度量黄赤道宿度变换的工具,其上仅画有带刻度的黄道和赤道,并标出南北两赤极,并无浑天仪初始模型的含义。

那么,浑天仪即水运浑象吗?恐亦非是。

据《晋书·天文志上》载:"至顺帝时,张衡又制浑象,具内外规、南北极、黄赤道,列二十四气、二十八宿中外星官及日月五纬,以漏水转之于殿上室内,星中、出、没与天相应,因其关戾,又转瑞轮蓂荚于阶下,随月虚盈,依历开落。"这是关于张衡所制水运浑象的真切记录,此中可注意者:其制作时间当在汉顺帝之时!如果承认该记载和在第二小节提的《后汉书·张衡传》的记载均无误,我们就必须说:张衡在第一次太史令任内(汉安帝时)铸造浑天仪在先,于第二次太史令任内(汉顺帝时)又制作水运浑象在后,它们是两部不同的仪器,当然后者又是在前者的基础上发展而来的。

从上述记载看,张衡水运浑象所包含的内容是相当丰富的:在球面上画有南北赤极和二十八宿中外星官、赤道、黄道和其上的二十四节气,至于日、月、五星当不是画在球面上的,而应是居于另设的圆环上,其样式应如图 3 所示。又,由"星中、出、没与天相应"句,可知水运浑象还设有子午环和地平环,因为无此二环,便很难言星中或星的出没了。那么日、月、五星环和子午环、地平环的设置应是张衡的发明创造。(有一些文章以为张衡是在其所制浑仪上新增子午环和地平环的,查张衡并未制作过浑仪,这些文章所说浑仪当是水运浑象之误。)当然水运浑象的更重要的创造,是浑象以漏水为动力的自动运转机制,和自动启落的机械日历的机制,因为它们是后世得到进一步发展的机械天文钟的鼻祖。可惜其内部传动机构如何,因无史料可稽,不得其详。但它所采用的漏壶的形制,则有如下记述:

"以铜为器,再叠差置,实以清水,下各开孔,以玉虬吐漏水入两壶,左为夜,右为昼",又"铸金铜仙人,居左壶;为胥徒,居右壶",皆以"左手抱箭,右手指刻,以别天时早晚"[2]。这是张衡对漏壶进行重大改进的重要记载。

从现有资料看,在张衡以前的漏壶,均为单壶泄水型漏壶,这种漏壶在单位时间内流出的水量是不均匀的,在进行时间的量度时,是依靠相应的不均匀刻划的漏箭来实现的。由于水运浑象必须均匀地旋转,对于漏水的流量,则要求在单位时间内有相同的流量,当时已有的单壶泄水型漏壶当然不能满足这一设计要求,所以需要设计新型的漏壶。上述记载所描绘的正是一种补偿式受水型新漏壶。其中"再叠差置"可以理解为至少有一个补偿壶(如图 5 所示),由于受

---

① 孙文青,张衡年谱,第 88 页。
② 《初学记》卷二十五。

水壶不断接受补偿壶的漏水,可大体上保持其水面的高度,从而初步满足受水壶的流水量保持均匀的条件。以这种漏水作为动力,自然能基本上保证水运浑象的均匀旋转。这种新漏壶的设计,在我国古代漏壶发展史上是十分重要的一页,它为后世具有多级补偿壶的补偿式漏壶的出现,开拓了道路。

在转而讨论张衡在其他学术领域取得的巨大成就之前,我们要对张衡的天文学工作做一下归纳,它可以表达为二个重要的方面:

一是对天文学理论问题的探索。这包括宇宙起源、演化理论及其无限性的论述;关于天地结构的学说,是为我国古代浑天说的第一次经典性的论述;关于日、月、五星运动的理论,以及由此推衍出的日、月、五星离地远近的认识;关于月食的理论;关于陨石和彗星的理论;对日月出没和中天时视大小变化的理论说明,等等。这些都是张衡在总结前人研究的基础上进行的新概括,它们都不是简单地引述前人的老章句,而是经消化吸收后的一系列再创造,所以不但具有与前不同的新颖论述,而且处处洋溢着新的思想和理论,张衡的这些工作使天文学理论问题

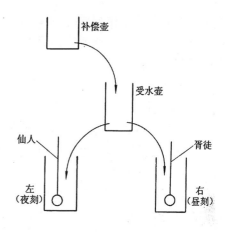

图 5　张衡漏壶示意图

的研究提高到一个崭新的水平,这些也就使张衡成为我国古代不多见的天文学理论家,为世所称道。

二是对天文学观测与推算问题的探索。这包括对日、月视直径的测量;对恒星位置的大量观测和对星宿的重新分划;对陨石的观测和对彗星的分类等。也包括浑象、水运浑象等演示仪器的创造。还包括与历法有关的黄赤道宿度变换法的研究,以及虑及月亮运动不均匀的定朔推算法,等等。这些工作表明,张衡还是一位勤勉的观测家和实践家,他对天文学所要解决的实际问题以及普及的问题均给以极大的关注,为此张衡奉献了他的精力与才智,取得了卓有成效的硕果。这些又使张衡成为著名的天文学观测家、历法家和仪器制造家,为世所敬仰。

《灵宪》和《浑天仪注》是张衡的两篇天文学代表作,它们均以对天文学理论问题和天文学观测或推算问题进行探索的有机结合为其表征,又以丰富的天文学问题的研究为其内涵,实为我国古代具有里程碑意义的两篇优秀的天文论著。

## 十二　候风地动仪的创制及其他

在张衡生活的年代,较大的地震频频发生。于是对地震的观测与研究也成了张衡十分关注的问题,特别是他长期身居太史令,收集和记录地震的信息又是他的职责。经过苦心钻研,张衡于公元 132 年设计出了世界上第一架测定地震发生时间与方向的科学仪器——候风地动仪。(图 6)

该仪“以精铜铸成,圆径八尺,合盖隆起,形似酒尊,饰以篆文、山、龟、鸟、兽之形。中有都柱,傍行八道,施关发机。外有八龙,首衔铜丸,下有蟾蜍,张口承之。其牙机巧制,皆隐在尊中,覆盖周密无际。如有地动,尊则振龙机发吐丸,而蟾蜍衔之。振声激扬,伺者因此觉知。虽一龙

发机,而七首不动,寻其方向,乃知震之所在"①。

对这段文字,已有许多学者作过仔细的研究,其中又以王振铎先生的论证最为详尽②。据研究,候风地动仪最主要的部件有二:一是竖立于仪体正中的"都柱",它相当于一种倒立型的震摆。二是设在"都柱"周围和仪体相接连的八组杠杆机械("八道"),它们分别置于东、西、南、北、东北、东南、西北、西南八个方向上。一旦发生较强的地震,仪体随之震动,而"都柱"由于本身的惯性和仪体发生相对的位移,失去平衡而触动"八道"中的一道,这一组杠杆机械便推动连接于仪体外部的龙口所衔的小铜珠,使之落入相应蟾蜍的口中。观测者便可据以得知地震发生的时间和方向。

公元 138 年的一天,候风地动仪"一龙机发而地不觉动,京师学者咸怪其无证。后数日驿至,果地震陇西(今甘肃临洮),于是皆服其妙"③。

候风地动仪的设计、制造以及收到预期的效果,都是张衡在机械制造方面卓越才能的又一生动反映。欧洲最早的地震仪的出现,则在候风地动仪以后 1 600 多年,这则表明中国古代在机械制造方面所处的领先地位。

其实,张衡"善机巧"④,还不单反映在浑象、水运浑象及候风地动仪的制作上。他还曾制造了许多奇巧器物,如记里鼓车、指南车和能够在空中展翅飞翔的木雕等等。

公元 126 年,张衡第二次出任太史令时,曾作《应间》一赋,内中张衡拟一"有间余者"设问曰:"曾何贪于支离,而习其孤技邪? 参轮可使自转,木雕犹能独飞,盍已重翅而还故栖,盍亦调其机而铦诸?"⑤,即责问张衡:你曾醉心于学习先秦时期的巧匠支离益的技艺,能制作自动旋转的参轮和展翅高飞的木雕,今木雕已垂翅停于故处(暗指张衡复出又为太史令),为何不调节木雕内部的机关使其再振翅而飞呢? 据史载:"张衡尝作木鸟,假以羽翮,腹中施机,能飞数里"⑥,这正与赋中所言的能独飞的木雕相吻合。至于能自转的参轮,南宋学者王应麟以为即记里鼓车⑦,而梁代文学家和史学家沈约则指出:指南车"后汉张衡始复创造"⑧。

张衡不但是一位卓越的机械制造家,他在算术、地学以及绘画方面也深有造诣。张衡对于圆周率曾进行多方探索,先后得到 $\pi=\sqrt{10}=3.1622$⑨ 和 $\pi=\frac{730}{232}=3.1466$⑩ 等值。在刘徽《九章算术注》中,引有"张衡算"文,说明张衡对于球体体积的算法也曾作过研究。据唐代张彦远的《历代名画记》卷三称:"(张)衡尝作地形图,至唐犹存",一幅地图又被视作名画,可见绘制技术之精到,说明张衡在地图的测绘上也是卓有成绩的。此外,张彦远还把张衡列为东汉六大画家之一,足证张衡在绘画领域也是一代名家。

---

①　《后汉书·张衡传》。
②　王振铎,张衡候风地动仪的复原研究,文物,1963,(2)。
③　《后汉书·张衡传》。
④　《后汉书·张衡传》。
⑤　《后汉书·张衡传》。
⑥　《太平御览》卷七五二引《文士传》。
⑦　《后汉书集解》卷五十九《张衡传集解》引沈钦韩语。
⑧　《宋书·礼志》。
⑨　李俨,中国古代数学史料,中国科学图书仪器公司,1954 年,第 48 页。
⑩　钱宝琮,张衡灵宪中的圆周率问题,载《科学史集刊》第 1 期,科学出版社,1958 年。

## 十三　《二京赋》、《归田赋》与《四愁诗》

作为东汉著名的文学家,张衡有不少诗赋流传至今,其中《二京赋》、《归田赋》、《四愁诗》①
是他的代表作。

张衡青年时代游学长安、洛阳二京,见"天下承平日久,自王侯以下,莫不踰侈",遂"作《二
京赋》,因以讽谏。"张衡的《二京赋》(《西京赋》和《东京赋》的合称)虽是模仿司马相如的《子虚
赋》和班固的《两都赋》,但他并不是完全因袭前人,而是有意与他们相竞争,求求超胜。《二京
赋》"精思博会,十年乃成"②(约96～106),是经逐句琢磨、逐节锻炼而后成的佳作,其体制宏
伟,内容繁富,词藻华丽,对二京的种种事物人情进行了多方面、多层次的、浓墨重彩的描写,以
致对都市商贾、侠士、辩士的活动和杂技、角艧百戏的演出都作了十分生动的描述。把辞赋的铺
张、富丽的特点表现得淋漓尽致。《二京赋》的另一个特点是在叙述中引入议论说理,对当时统
治者的豪奢生活和腐朽思想有所鞭笞,并阐发自己的政治主张。如在《东京赋》中有:"今公子苟
好剿民以媮乐,忘民怨之为愁也;好殚物以穷宠,忽下叛而生忧也。夫水可以载舟,亦可以覆舟
……"之说,即为此类警句名言。《二京赋》的规讽和议论是尖锐、切直的,一改许多汉赋欲讽反
谀的缺欠。这些都使《二京赋》在汉赋的发展史上占有重要的地位。

张衡的赋还有《温泉赋》、《古都赋》(约110)、《应间》(126)、《思玄赋》(135)、《归田赋》等
等,其中《归田赋》是一篇抒情小赋,成于公元138年,表现作者晚年在宦官专权、朝政日非的情
况下,不肯同流合污的志向。作者用清新的语言,一方面描述自然景物的美妙,一方面抒发一旦
归田后恬淡安适的情趣,情景交融,阗然一体。语言中又颇有骈偶成分。这些在赋的发展上是
一个转机。自张衡以后,东汉抒情小赋不断涌现,对魏晋抒情赋的发展发生重大影响。因此,张
衡又是一位承前启后的赋家。

公元136年张衡出为河间相后,还写出了著名的《四愁诗》。诗分四章,其中第二章为:

二思曰:我所思兮在桂林,欲往从之湘水源。侧身有望涕沾襟。美人赠我金琅玕,何以报之
双玉盘。路远莫改倚惆怅,何为怀忧心烦伤!

其他三章的格式均与此类同,反复写他所思的美人(实即君子)在泰山、桂林、汉阳、雁门等
远方,都因种种障碍无从致意而愁思绵绵。表面上看是怀人之作,实际上则是反复咏叹忧国伤
时的苦闷,和希望时君能远小人、用君子的政治理想的追求。《四愁诗》巧妙地应用比拟的手法,
以独创的格调,新鲜的音节,表达了他的真挚情感,在艺术上有很高的水平,对后世七言诗的形
成起了重大的作用。

由以上简单的介绍可知,张衡自青年时代直到晚年,在文学上时有佳作,无论是长篇大赋、
抒情小赋,还是初始的七言诗等方面均有建树,在中国文学史上占有不容忽视的地位。

## 十四　科学思想及其他

张衡的天文学思想已如前述,这里我们拟对他的治学精神、思想品质、对图谶迷信的批判

---

① 严可均,全上古三代秦汉六朝文·后汉张衡文。
② 《后汉书·张衡传》。

等问题作简要的论述。

张衡的好友崔瑗在《河间相张平子碑》中,曾对张衡的道德与学术贡献以很高的评价:"道德漫流,文章云浮;数术穷天地,制作侔造化。瑰辞丽说,奇技伟艺,磊落焕炳,与神合契。"崔瑗认为这些成就的取得,除了张衡"天资睿哲"以外,更重要的是他"敏而好学,如川之逝,不舍昼夜"。范晔在《后汉书·张衡传》中则称张衡"虽才高于世,而无骄尚之情",这应是张衡品德的又一个重要方面。正是这种数十年如一日的勤奋好学和虚怀若谷的精神,使张衡得以源源不断地吸取当时社会业已积累的学术成果,从而提供了再创造的坚实基础;得以孜孜不倦地进行探索,不断拓宽研究的广度和加深研究的深度。

在张衡生活的时代,科学技术并不为社会重视,张衡在科学技术许多领域所做的不懈努力,也不为一般人所理解。公元126年,张衡作《应间》一辞,主要就是为了反驳这些世俗的偏见,并阐述自己对科学技术的认识和表白自己献身于科学技术的志向。张衡以为从事科学技术的研究,是为世立功、立言之举,是很崇高的。他声言"与世殊技,固孤是求",把向社会提供新颖、有效、特殊的技艺,作为潜心、执着地追求的目标。他"约己博艺,无坚不钻",为自己规定了攻克科学技术难题的理想,并刻苦钻研,决心为之付出坚韧不拔的努力。张衡指出:"君子不患位之不尊,而患德之不崇;不俦禄之不夥,而患智之不博。是故艺可学,而行可力也",这是他的人生观的极精辟的表述,在张衡看来,道德高尚、才智广博比起功名利禄要重要的多,人生所应追求的目标是前者,而不是后者;也只有达到这样的思想境界,才能排除各种干扰,如贫困、外界的冷嘲热讽等等,在科学技术的领域中尽心尽力地和不倦地求索。张衡还申明:"捷径邪至,我不忍以投步;干进苟容,我不忍以歇肩",这是他为人处世的一般准则,当然,也反映他在科学技术研究中所取的实事求是的态度,以及不偷奸耍滑、不哗众取宠,而是脚踏实地、一步一个脚印地前进的科学精神。张衡一生的科学技术及艺术活动,确实都是基于这些思想的指导而展开的。

在张衡生活的年代,谶纬之说(亦即图谶)盛行,许多人都以之作为判别是非曲直的权威标准。谶是巫师和方士杜撰的谜语式的预言和启示,可用于预卜或解说吉凶;纬是庸俗解经者编造的、带有浓重迷信色彩的说教。张衡对此论则取反对的态度。在第五小节中,我们已经提到公元123年,张衡和周兴力主用月行九道法改造四分历,他俩立论的依据是对古、今天象的实测结果。这里我们还要补充说明,他俩的立论是有针对性的。当时,亶诵等人要求改历,以为"甲寅元与天相应,合图谶,可施行。"梁丰等80余人也要求改历,以为"当复用太初(历)。""诸从太初者,皆无他效应,徒以世宗攘夷廓境,享国久长为辞"。此外,李泓等40人则反对改历,以为"四分历本起图谶,最得其正,不宜易"。张衡和周兴起而"数难(亶)诵、(梁)丰"[1] 等人,当然也不赞成李泓等人之说。他俩立论的关键是承认观测实践的权威性,而藐视图谶的权威,反对包括图谶在内的所有先验的、非实践的标准。张衡对于图谶的深恶痛绝,更集中地反映在公元133年所上的禁绝图谶疏中,他指出"图谶成于哀平之际","殆必虚伪之徒,以要世取资"。"此皆欺世罔俗,以昧势位,情伪较然,莫之纠禁"。他极力主张"宜收藏图谶,一禁绝之"。[2] 当时有识之士反对图谶者不乏其人,但态度之坚决,言词之激烈,则以张衡为最。这十分鲜明地从一个侧面反映了张衡实事求是的科学态度。

---

①《续汉书·律历志中》。

②《后汉书·张衡传》。

　　还要指出的是,张衡还被人尊为"阴阳之宗"①。他十分崇信"卦候、九宫、风角"之术,以为它们"数有证效"②。对于天人感应之说他亦笃信不疑,以为"政善则休祥降,政恶则咎证见","天人之应,速于影响"③。在这些非科学的领域,张衡也深陷其中,这反映了张衡思想的非理性的一面。

## 参 考 文 献

陈久金.1980.张衡的天文学思想.科技史文集　第6辑.上海:上海科学技术出版社

陈久金.1981.《浑天仪注》非张衡所作考.社会科学战线,(3)

陈美东.1984.张衡《浑天仪注》新探.社会科学战线,(3)

陈美东.1989.《浑天仪注》为张衡所作辩——与陈久金同志商榷.中国天文学史文集 第5集.北京:科学出版社

范晔(南朝宋)撰.1965.后汉书　张衡传.北京:中华书局

赖家度.1979.张衡.上海:上海人民出版社

吕子方.1983.中国科学技术史文集(上册).成都:四川人民出版社

司马彪(晋)撰.1976.续汉书　天文志.历代天文律历等志汇编　第1册,北京:中华书局

司马彪(晋)撰.1976.续汉书　律历志.历代天文律历等志汇编　第5册,北京:中华书局

孙文青.1935.张衡年谱.上海:商务印书馆

唐如川.1962.张衡等浑天家的天圆地平说.科学史集刊　第4集,47~58

王振铎.1963.张衡候风地动仪的复原研究.文物,(2)

严可均(清)撰.全上古三代秦汉六朝文　后汉张衡文

　　　　　　　　　　　　　　　　　　　　　　　　　　　　(陈美东)

---

① 《后汉书·方术传》。

② 《后汉书·张衡传》。

③ 袁宏,《后汉纪》卷十八。

# 刘　洪

刘洪是东汉杰出的天文学家，他制定的乾象历多所创新，影响深远，在我国古代天文学史上占有极重要的地位。本文拟从刘洪的生平、天文学成就和思想三个方面进行考察，以求得到对刘洪的较全面系统的认识。

## 一　生平简介

刘洪的生平事迹，史载比较简略，甚至有相互矛盾之处，所以，后人对这个问题多含糊其词，或者众说纷纭，莫衷一是。其实，将有关史料较认真地加以分析、比较，是可以辨别是非，理出一条比较清晰的线索来的，为此，我们先将有关史料叙述、讨论如下：

（1）据《袁山松书》载："刘洪，字元卓，泰山蒙阴（今山东蒙阴）人也。鲁王之宗室也。延熹中（158～166），以校尉应太史征，拜郎中，迁常山长史，以父忧去官。后为上计掾，拜郎中，检东观著作律历记，迁谒者，谷城门候，会稽东部都尉。征还，未至，领山阳太守，卒官。"[①]　这是史籍中关于刘洪身世的最详细记载。它明确地提供了刘洪一生经历的重要线索，为我们进一步弄清问题以宝贵的启示。

（2）刘宋时，祖冲之指出："按后汉书及乾象说，四分历法虽分率设蔀创自元和（85），而暑仪众数定于熹平三年（174）。"[②]　所谓"暑仪众数"，是指《续汉书·律历志下》中所载，东汉四分历二十四节气"日所在"、"黄道去极"、"暑景"、"昼夜漏刻"以及"昏旦中星"等五种天文数据，它们均最后定于公元174年。显然，这一系列数据的测定，需要作很多的准备工作，即在174年以前的数年中，仪器的整修，方法的选用和观测工作的开展都是必不可少的。此时，正是（1）中所说刘洪"应太史征，拜郎中"之后，而太史所属之官以天文、历法工作为主要职责，所以，刘洪参与了上述工作是毫无疑义的。李约瑟认为上述数据就是由刘洪和蔡邕测定的，[③]这是依据他们两人的天文学造诣而作出的合理推论。

（3）"熹平三年"，"常山长史刘洪上作七曜术。甲辰，诏属太史部郎中刘固、舍人冯恂等课效，复作八元术。固等作月食术，并已相参。固术与七曜术同，月食所失，皆以岁在己未当食四月，……"。[④]　这是说174年刘洪献上他新修的"七曜术"，并在对"七曜术"进行校验的基础上，又作"八元术"。刘洪所作该二术中显然包含有交食预报的方法，依之，刘洪预报了己未年即光和二年（179）四月当有月食。可惜，这次预报没有应验。虽然该二术的全部内容已无可考，但它们应视作后来乾象历的先声。

这段史料还说明：刘洪在174年已任"常山长史"，若虑及（2）所言"暑仪众数"亦定于这一

①《续汉书·律历志中》注引。
②《宋书·律历志下》。
③〔英〕李约瑟，中国科学技术史（中译本），第四卷第一分册，科学出版社，1975年，第269页。
④《续汉书·律历志中》。

年,看来该年也正是刘洪由太史部郎中迁为常山长史的时间。虽然职务有所变动,但刘洪的天文历法工作并未间断,遂有"七曜术"和"八元术"之作,它们主要是刘洪在"以校尉应太史征,拜郎中"的约10年中观测与思考的结果,当然还应包括在这以前一段时间的工作心得,因为刘洪显然是在历算上已有所造诣,才为太史所征的。

(4)"光和元年(178)中,议郎蔡邕、郎中刘洪补续律历志,邕能著文,清浊钟律,洪能为算,述叙三光。"① 这是说,这一年刘洪和蔡邕一起在东观编撰律历志,他们各自发挥专长,既有分工,又共合作,圆满地完成了任务。关于《续汉书·律历志下》中东汉四分历的记载,朱文鑫指出:"此历序文,系出邕手。其关于历算者,则属诸洪也。"② 我们认为这一说法是可信的。

又,蔡邕在《戍边上章》中提及:律历之学"为无穷法,道至深微,不敢独议。郎中刘洪,密于用算,故臣表上洪,与共参思图牒"。③ 这说明由于刘洪在天文学、数学上的造诣已为世所瞩目,才得到蔡邕的推荐,参与律历志的编撰工作的。蔡邕此举当发生于177年,这时蔡邕已称刘洪为郎中,兼及(1)、(3)所述可知,刘洪"为上计掾,拜郎中"的时间,应就在177年,而在174至176年间,刘洪曾"以父忧去官",在家守孝三年。

(5)"光和二年(179)",因"王汉上月食注",即王汉提出新的交食周期一事,"尚书召谷城门候刘洪"与议④。若虑及(1)所言:刘洪是在"检东观著作律历记"之后"迁谒者"的,则刘洪当于179年任谒者之职无疑。而据荀绰的《晋百官表注》称:谒者之职在"汉皆用孝廉五十,威容严恪能宾者为之"⑤,由此推断,179年时刘洪约50岁,于是刘洪的生年应在129年左右。次年(180),刘洪又参与评议冯恂与宗诚关于月食预报和交食周期问题的论争,其头衔亦为"谷城门候"⑥。由此看来,刘洪迁谷城门候的时间,确实也在179年,而且180年亦在任内,但刘洪任此职到何年为止,又是什么时候出任"会稽东部都尉",却不得而知。

(6)在曹魏黄初年间(220~226),徐岳与韩翊进行关于乾象历和黄初历(220)优劣的争论时,徐岳指出:"熹平之际(172~178),时(刘)洪为郎,欲改四分,先上验日蚀:日蚀在晏,加时在辰,蚀从下上,三分侵二。事御之后如(刘)洪言,海内识真,莫不闻见。"⑦ 据(2)、(3)、(4)和(5)所述,172,173,177和178年都符合徐岳所说的熹平年间刘洪为郎中的条件。但据(3),刘洪在174年所作的月食预报失败,而徐岳说刘洪这一次的日食预报经检验获得极大成功,由此,我们倾向于认为:徐岳所述的事实当发生在177或178年,就是说刘洪是在采用了较"七曜术"和"八元术"更加成熟的交食预报方法以后才取得日食预报的成功的。

据《大藏经音义·卷六》载:"刘洪有《九章算术》"的著作,这应是刘洪对汉代数学经典名著《九章算术》进行注疏与研究的成果。蔡邕于177年称颂刘洪"密于用算",也许即据此而言,故暂将刘洪著成《九章算术》的年代系于177年。

(7)这里有一个重要的问题需要讨论:刘洪究竟是在何时基本完成他的杰作乾象历的?对此,历史上就有两种不同的说法:

---

① 《续汉书·律历志下》。

② 朱文鑫,十七史天文诸志之研究,科学出版社,1965年,第13页。

③ 《续汉书·律历志下》注引。

④ 《续汉书·律历志中》。

⑤ 《后汉书·百官志二》注引。

⑥ 《续汉书·律历志中》。

⑦ 《晋书·律历志中》,下文凡未注明文献出处者,均同此。

　　刘宋时的何承天认为:"光和中(178～183),谷城门候刘洪,……造乾象历。"① 这是关于刘洪基本完成乾象历的年代的一种说法。北齐的魏收更进一步,在谈到秦汉以来历法的沿革时,他说道:"光和中易以乾象"②,这不但认为《乾象历》成于光和年间,而且已经加以施行了。

　　何承天的说法得到一些人的赞同。如钱宝琮认为:"灵帝光和中(公元178～183)刘洪任职洛阳谷城门候,献出他精心结撰的乾象历。"③ 薮内清教授也持同样的观点④。这种说法是否正确,很值得商榷。

　　唐李淳风指出:"汉灵帝时,会稽东部都尉刘洪……作乾象法。"⑤ 一行亦持类似的看法,他认为:"汉会稽东部都尉刘洪以四分疏阔,由斗分多"⑥,致有乾象历之作。即他们都以为,刘洪是在离开洛阳,迁官至会稽东部都尉以后,才基本完成了他的乾象历的。这是异于何承天、魏收等人的另一种说法。也许有人会说,这是唐代人的一种新看法,其时晚于何承天、魏收等人数百年,所以不足为信。其实不然,我们认为后一种说法是较为可靠的。

　　如(1)所述,《袁山松书》中对刘洪的身世作过最详细的记载,关于刘洪主要的学术活动,它还有这样的记述:"洪善算,当世无偶,作七曜术,及在东观,与蔡邕共述律历记,考验天官。及造乾象术,十余年,考验日月,与象相应,皆传于世。"⑦这当然不能被视作无足轻重的史料。对之,我们可作如下分析:这里所谓"及造乾象术,十余年,……",可以有三种不同的理解:一是在174年作"七曜术"以后的十余年;二是在178年"与蔡邕共述律历记"后的十余年,刘洪基本完成了他的乾象术;三是刘洪在最后制定乾象历的206年(见下文)前的十余年中,曾对初成的乾象术作过不断的检验,得到"与象相应"的结果。无论作何种理解,初成乾象历的年代都不应早于184年,即都否定了何承天等人的说法。

　　关于这个问题,我们还可列举另三条重要的史料:汉魏之际的徐干在《中论·历数》中指出:"至灵帝,四分历犹复后天半日,于是会稽都尉刘洪更造乾象历,以追日月星辰之行,考之天文,于今为密。会宫车宴驾,京师大乱,事不施行,惜哉"。另一位汉魏时人孙钦,在谈到两汉历法的沿革时也曾说过:"至中平中(184～189),刘洪改为乾象,推天七曜之符,与天地合其叙"。又,东吴时人王蕃在所著《浑天象说》中云:"汉灵帝之末,……会稽东部都尉泰山刘洪……更造乾象历。"⑧汉灵帝于公元168年至189年间在位,"中平"是他所用的最后年号。所以王蕃和徐干、孙钦之说是完全一致的,只是前者在年代上说得更确切些,而后二者则均指明其时刘洪官任会稽东部都尉。李淳风、一行之说正与之相同。徐干、孙钦、王蕃之说与《袁山松书》的记载亦正相呼应,若将它们结合起来考察,我们便可基本断定:刘洪当在185至189年间,在迁会稽东郡都尉任内,初步完成并献上他的乾象新术的。

　　(8)曹魏太史令许芝云:"刘洪月行术用以来且四十余年,以复觉失一辰有奇。"所谓"月行术",应指的是刘洪在中平年间所初成的乾象术中的月行术,而许芝是在魏明帝太和年间(227

① 《宋书·律历志中》。
② 《魏书·律历志上》。
③ 钱宝琮,从春秋到明末的历法沿革,历史研究,1962.(1)。
④ 〔日〕薮内清,中国的天文历法,平凡社,1969年,第76页。
⑤ 《晋书·律历志中》。
⑥ 《新唐书·历志三上》。
⑦ 《续汉书·律历志中》注引。
⑧ 《开元占经·卷一》。

～233)为太史令的①。由于"四十余年"和许芝发表议论的年代均为不定值,我们不能由此判定刘洪月行术被正式行用的确切年代。但是,这条史料却勿庸置疑地表明:在刘洪献上初成的乾象历之后不久,其月行术便实际上被采用了。这也给(7)中孙钦所说的"改为",和魏收所使用的"易以"二词以恰当的解释,即东汉四分历已经被部分地改易了(只是魏收把时间给搞错了)。

从这一重要的事实和(7)中所得的结论出发,我们还可以作出这样的推论:刘洪约于187,188年间初成并献上乾象术,受到了朝廷的重视,由于其月行术明显的优越性,不久便被实际施用,于是就有从会稽"征还"刘洪,以便进一步改革历法的决定,其时约在188～189年间。但由于汉灵帝于中平六年(189)四月崩,接着董卓等人为乱,时局骤变②。这样,(1)中提及的"征还,未至,领山阳太守",便成了顺理成章的事,而且与(7)中所引徐干之说正相吻合。

(9)献帝建安元年(196),"郑玄受其法(指乾象术),以为穷幽极微,又加注释焉",这里"受其法"可以理解为郑玄亲受刘洪关于乾象术的指点。又据载郑玄于"建安元年,自徐州还高密"③。此时刘洪亦正为山阳太守,而"山阳郡,汉置,故治在今山东金乡县西北四十里"④,徐州与山阳相距甚近,所以刘洪、郑玄在此时相遇是完全可能的。而郑玄为乾象历作注,当是在还他的故乡高密以后的事。

(10)"上元己丑以来,至建安十一年(206)丙戌,岁积七千三百七十八年",这是现存的乾象历术的首句,它说明刘洪是在初成历术后,又经过10余年的检验与充实,到这时才最后审定而成乾象历法的。

(11)据《博物记》载,刘洪还曾"为曲城侯相,政教清均,吏民畏而爱之,为州郡之所礼异"⑤。曲城故治在今山东省掖县东北。在汉代,"每郡置太守一人,二千石","王国相亦如之"。而"郡都尉"官在太守之下,"皆千石"⑥。由此可知,王国相的地位与郡太守相当,刘洪出任曲城侯相的时间,不应在出任会稽东部都尉之前。又,如(7)所述,刘洪当是在190年前后领山阳太守,如果他任该职直到"卒官"的说法无误,那么,刘洪任山阳太守的时间应长达20年左右,这大约是不可能的。我们认为《博物记》所记当是事实。所以,我们认为,刘洪在任山阳太守若干年以后(不应早于196年),又曾迁任曲城侯相,而后去世,这应是更为合理的说法。

(12)韩翊于黄初元年(220)造黄初历,接着发生了徐岳、杨伟等人责难黄初历的论争。徐岳在交食、五星法等问题上赞许刘洪、贬斥韩翊,而在谈及"消息术"时,徐岳自言曾"受师(指刘洪)法",非难韩翊未得真传。而杨伟则指责韩翊"挟故而背师"。由此看来,他们都是刘洪的弟子,而这时刘洪显然已经去世多年了。我们推测刘洪的卒年应在210年左右。

综上所述,我们可将刘洪的生平概要表述如下:

129年(?)——生年。

158至166年间——以校尉应太史征,拜郎中。前此刘洪已在历算上崭露头角。在应太史征后,约10年中,刘洪积极参加天文工作,如二十四节气晷影长度等的测算。

174年——迁常山长史,献上"七曜术",继又献上"八元术"。其后三年中,因父忧去官。

①　《晋书·天文志中》。

②　《后汉书·孝灵帝纪》。

③　《后汉书·张曹郑列传》。

④　臧励龢等,中国古今地名大辞典,商务出版社,1933年。

⑤　《续汉书·律历志中》注引。

⑥　《后汉书·百官五》。

177 年——为上计掾,拜郎中。其后于 178 年,在东观与蔡邕共撰东汉律历志。此间,刘洪成功地预报过一次日食,并著成他的《九章算术》。

179 年——迁谒者,为谷城门候。这一年曾主议王汉所上交食周期事。次年又参与评判冯恂与宗诚关于月食预报和交食周期的论争。

约 184 年——迁会稽东部都尉。187 年至 189 年间初成并献上乾象历,其中月行术已被行用。

约 190 年——领山阳太守。196 年授乾象历于郑玄。而徐岳、杨伟、韩翊等亦先后受其法。

(?)年——迁曲城侯相。刘洪于 206 年,最后完成乾象历。该历于 232 年至 280 年正式在东吴颁行。

210 年(?)——卒年。

## 二　天文学成就

刘洪的天文学成就是多方面的,而且大都具有划时代的意义。他的同代人和后来的历法家,直至近现代的中外学者,都对刘洪的贡献有极高的评价。

在第一节中,我们已经提及当时的著名学者蔡邕、郑玄等对刘洪的推崇。稍后,徐岳又对刘洪的贡献作了概括:刘洪经长期的观测与研究,发现前历"疏阔,皆由斗分多(回归年长度偏大)故也","又为月行迟疾、交会及黄道去极度、五星术,理实粹密,信可长行",在谈及对日食的预报时,徐岳以为"刘歆以来,未有洪比"。唐李淳风说:"自黄初(220~226)已后,改作历术,皆斟酌乾象所减斗分、朔余,月行阴阳、迟疾,以求折衷。洪术为后代推步之师表。"北宋周琮在列数他以前历法的九项最重大的创造时,将"后汉刘洪作乾象历,始悟月行有迟疾数"[①] 列为其中之一项。清代李锐曾详注乾象历术,以阐明刘洪的成就。近现代中外学者,对刘洪的天文学贡献亦多所论述,如朱文鑫、钱宝琮、严敦杰、陈遵妫,英国的李约瑟、日本的薮内清等,均给刘洪以很高的评价。

历代学者对刘洪的评价各有侧重,且多失之零散或简略,并尚有可补充或商榷之处。为对刘洪的天文学成就有较全面的了解,特分以下 10 个方面加以讨论:

### 1. 朔望月、回归年长度的测定

自春秋末(公元前 5 世纪)出现古四分历以来,到刘洪的 600 多年间,我国古代对于朔望月和回归年长度的测算,一直没有取得进展。其间甚至发生过倒退现象,如太初历(公元前 104)所采用的数值,把原先就已经偏大的数据更行增大了,这就造成了长时期内历法后天的现象。这一情况引起了刘洪的极大关注,经过数十年的观测与思考,终于取得十分重要的成果。在乾象历中他给出了新数值,即以 $29\frac{773}{1457}$ 日为一朔望月长度,误差从东汉四分历的 20 余秒降至 4 秒左右;以 $365\frac{145}{589}$ 日为一回归年长度,误差从 660 余秒降至 335 秒[②]。刘洪这两项新成果的意

---

① 《宋史·律历志七》。

② 陈美东,论我国古代年、月长度的测定,载《科技史文集》第 12 辑,上海科学技术出版社,1983 年。以下有关年、月长度的精度问题,均参见此文。

义,不仅在于其自身精度的提高,还在于他首次打破了长达 600 年之久的停滞徘徊局面,从而给后世对朔望月和回归年长度的进一步研究开辟了道路。

### 2. 近点月长度的测算和月行迟疾表的制定

东汉早期的天文学家李梵、苏统等人发现了月亮经一近点月,其运行最快的一点——"疾处"(今称近地点)向前推进了三度[①]。这一重要发现,是刘洪对月行迟疾定量研究的先声。

刘洪的功绩在于第一次明确地给出了近点月长度的具体计朔 3.1 度),刘洪称之为"过周分"。这一数值要比李梵、苏统的结果准确得多。刘洪进而建立了计算近点月长度的公式,并取得明确的结果:

$$一近点月长度 = \frac{周天分 + 过周分}{月周(一日月平行分)}$$

$$= \frac{215130 + 1825\frac{7}{47}}{7874} = 27\frac{3303}{5969}日$$

该值与理论值之差约为 104 秒。他的方法为后世所遵用,从而奠定了近点月长度测算迅速进步的基石。这里顺便指出:李约瑟认为"刘洪预报交食的方法,已知月球轨道经过黄道的交点,称为'过周分'。"[②] 这一说法显然把黄白交点的退行(刘洪称之为"退分")误解为月亮近地点的进动值,是不妥的。

刘洪的功绩还在于第一次给出了月行迟疾表,即月亮在一近点月内每日运行动态的表格。其方法是:在一段较长的时间内,测量每日昏旦时月亮所在恒星间的位置,如徐岳所说:"昏明度月所在,则知加时先后意。"从月行疾处到下一个疾处为一周期,在取得若干周期的观测值以后,便可求得一周期内月亮每日平均实行的速度——"日转度分",这是月行迟疾表的实质性数值。据研究,刘洪月行迟疾表的精度为 $11.7'$,它较历代类似表格的平均精度水平($15.8'$)还要高,这证明刘洪测算工作的精到[③]。此外,该表把在一近点月内月行迟疾的平均状况,分为四段加以描述:

$$1 日 \xrightarrow[月行日差趋大]{月行日慢} 7 日 \xrightarrow[月行日差趋小]{月行日慢} 15 日 \xrightarrow[月行日差趋大]{月行日快} 23 日$$
　　(月行最快)　　　　　(月行不快不慢)　　　　　(月行最慢)　　　　　(月行不快不慢)

$$\xrightarrow[月行日差趋小]{月行日快} 27\frac{3303}{5969}日$$
　　(月行最快)

这同月亮运行迟疾的大体情况是相吻合的。这种四段分法为后世大多数历法所沿用。刘洪首创的月行迟疾表,可用于计算任一时刻月亮运动不均匀性的改正值,从而建立了较好地定量描述月亮不均匀运动的方法,它也成为后世大多数历法的传统方法,影响是深远的。

### 3. 黄白交点退行值的测定

刘洪在乾象历中第一次提出了黄白交点退行的概念,并经测算而获得了黄白交点经一日

① 《续汉书·律历志中》。
② 〔英〕李约瑟,中国科学技术史(中译本),第四卷第二分册,科学出版社,1975 年,第 598 页。
③ 陈美东、张培瑜,月离表初探,自然科学史研究,1987,(2)。

退行的数值,刘洪称之为"退分",它等于$\frac{1488}{47}$分($\doteq 0.05$度)。刘洪还进一步推衍出一日内月亮离开黄白交点的分值——"日进分",等于一日月平行分(7874)加上"退分"。根据这些认识,刘洪本来可以建立如下计算交点月长度的公式:

$$一交点月长度 = \frac{周天分}{日进分} = \frac{215130}{7874 + \frac{1488}{47}} = 27\frac{39414}{185783}日$$

又,刘洪在乾象历中指出:在一个交食周期内,有 11045 个朔望月("会月"),它又正好等于 11986 个交点月("差率"),由此,实际上也可以建立如下计算交点月长度的公式:

$$一交点月长度 = \frac{会月}{差率} \times 朔望月长度 = \frac{11045}{11986} \times 29\frac{773}{1457} = 27\frac{39414}{185783}日$$

以上两个计算公式是等价的。依之算得交点月长度值与理论值之差约为 5 秒,说明刘洪测得的"退分"值是相当准确的。

可惜,刘洪在乾象历中不但没有明确给出计算交点月长度的公式,而且对交点月长度的数值含混不清,以致与恒星月长度相混同。虽然如此,我们也不应低估刘洪在交点月长度研究上的价值。他毕竟首次明确地阐述了交点退行的现象,并取得了很好的定量结果,他实际上已为交点月长度的计算准备了条件,这些在我国古代关于月亮运动的认识史上,都占有重要的地位。

### 4. 黄白交角的测定和月亮去极度推求术的创立

刘洪不但明确肯定了黄、白道之间存在一个夹角,而且对之进行了定量的测算,这在我国古代历法史上也是一项创举。这一测量结果载于乾象历的"阴阳历"表中。该表给出了月亮从升(或降)交点出发,每经一日月亮距黄道北(或南)的度分值——"兼数",显然,这是刘洪经过长期的观测推算得到的平均值。他测得:由升交点始,从第一日到第八日,月亮在黄道北,与黄道相距渐远,第八日达到极值,其"兼数"为"七十三",此后月亮距黄道日近,第十三日余抵达降交点,刘洪称之为"阴历";而从降交点开始,由第一到第八日,月亮在黄道南,与黄道相距渐远,第八日亦达极值,其"兼数"亦为"七十三",而后月亮距黄道日近,亦到第十三日余抵升交点,刘洪称之为"阳历",如此周而复始。"阴阳历"表还有"衰"和"损益率"两个栏目,某日下的"损益率"是后一日"兼数"与前一日"兼数"之差,而"衰"则为相邻日"损益率"之差。它们都是由"兼数"派生出来的。

"兼数"以 12 为分母,$73/12 = 6\frac{1}{12}$度,化为 360°制,等于 5° 59.8′,此即刘洪所测得的黄白交角值。而"阴阳历"表的主要用途之一,是为求"月去黄道"。在求得某时日自上元以来的积日入阴阳历的日及定日余后,便可由表查得该日的"兼数",再加上或减去该日"损益率"乘以$\frac{定日余}{月周}$,便为该时日的"月去黄道度",将入"阴历"或是入"阳历"区分开来,"其阳历以加日所在黄道(历)去极度,阴历以减之,则月去极度"。这是刘洪的又一创新:月去极度=黄道去极度±月去黄道度。

还需指出,这里所说的黄白交角、月去极度、黄道去极度、月去黄道度等都是沿赤经圈量度的度值。据研究,乾象历黄白交角的误差为 0.62°,月亮"阴阳历"表的精度为 0.44°,已与后世

历法所达的精度相差无几[①]

　　上述关于刘洪月行研究的成果,大都是为提高交食预报的准确度服务的。如依乾象历中"求朔、望定大小余"术,利用月行迟疾表,便可求得定朔或定望的时刻[②],这比仅用平朔、望推求交食时刻的精度大有提高。刘洪在推求朔的时日时,并未使用月行迟疾表,这是乾象历的不足之处。但刘洪已经为后来张衡、何承天等人,使用仅考虑月行迟疾的定朔算法奠定了基础。又如,月行阴阳的研究,既可用于判定交食是否发生,又可推算定朔、望时太阳、月亮的定量位置,使得推求食分之深浅和亏起之方位等问题,有较可靠的依据。当然,刘洪关于交食研究取得的重大成果,还包括广泛的内容,下面我们将作进一步的讨论。

### 5. 关于食限的发现与规定

　　在刘洪以前,人们就对为什么不是每次朔望都发生交食现象的问题,进行过初步的讨论。而刘洪在乾象历中,第一次明确地提出了食限的概念和数值,对这个问题作了正确的和定量的回答。在"阴阳历"表中,刘洪在二日和十三日项下,均给出了"限余"值,并分别称之为"前限"与"后限",这是"阴阳历"表的又一重要内容。刘洪指出:"二日,限余千二百九十,微分四百五十七。此为前限",其"微分法"为2209,又规定"如月周(7874)得一日",即他以合朔或望的时刻平均离开交点 $1\dfrac{1290\frac{457}{2209}}{7874}$ 日以内为"前限"。将它乘以月亮每日相对于黄白交点的平均行度,得4.77度,化为360°制,即约为14°33′。刘洪又指出:"十三日,限余三千九百一十二,微分一千七百五十二,此为后限"。前已叙及刘洪在此所定的半个交点月的长度为 $13\dfrac{5203}{7874}$ 日,以之减去"后限" $\left[12\dfrac{3912\frac{1752}{2209}}{7874}日\right]$,亦得 $1\dfrac{1290\frac{457}{2209}}{7874}$ 日。这就是说,刘洪明确规定合朔或望时太阳离开交点前或后 14°33′,作为判定是否发生交食的临界值。

　　在乾象历文中,关于前、后限的具体论述仅有"入(阴阳)历在前限余前,后限余后者,月行中道也"一句。李锐在为之作注时,指出这是"月行中道则有食"[③] 的意思。这一解释总的说来是不错的,但还不够真切与通达。上文提及,乾象术有"月去黄道度"的求法,依其法,在前限时,月去黄道的度数应等于:

$$17(二日的兼数)+\dfrac{1290\frac{457}{2209}}{7874}(前限日数之余数)$$

$$\times 16(二日的损益率)=19.6217\ 分=1.635\ 度$$

即在入前限后,月去黄道的度数均小于1.635度(实际上,该值也可作为是否发生交食的判定数据),可以近似地把这段时间内月行的轨道视作与黄道同,这应是"月行中道也"句的确解。同理,在后限时月去黄道的度数亦可算得,为1.587度,与前限时稍有不同。

　　后世历法所定的食限值与乾象历大体相同,可见刘洪作为这一新课题的开创者,对这个问

　　① 陈美东,中国古代月亮极黄纬计算法,自然科学史研究,1988,(1)。

　　② 钱宝琮,从春秋到明末的历法沿革,历史研究,1960,(3)。

　　③ 李锐,《李氏算法遗书·乾象术注》。

题就已有高水平的深刻研究。

### 6. 关于交食食分和亏起方位预报方法的探索

在第一节中,我们已经提及徐岳曾指出:在 178 年左右,刘洪曾预报过某一次日食的亏起方位("蚀从下上")和食分("三分侵二"),而且被后来的观测事实完全证实,这说明刘洪早就发明了预推日食的亏起方位和食分的较可靠的方法。可是,在乾象历中,并没有关于交食食分与亏起方位的具体推算方法的记载。在我国古代历法中,这两项方法的明确记载,首见于杨伟的景初历。在关于我国古代历法的许多论著中,多把这两项方法的发明权,归之于杨伟,我们认为这是欠妥当的。

由徐岳的明确记叙,兼及乾象历中,实际上已经为这两项方法的提出,准备了充分和必要的条件:如食限的规定,月亮在黄道内外、在交点先后的推求法,和太阳位置的算法等等,再考虑到杨伟与刘洪间的师承关系,我们认为:刘洪应是这两项方法的最早发明者,而杨伟则是在此基础上加以发展,并明确地把它们载入景初历中的后继者。

### 7. 关于交食周期的研究

在乾象历中,刘洪提出了 11045 个朔望月("会月")中有 941 个食年("朔望合数",亦即在一个交食周期中所包括的食年个数)的新交食周期值。由新周期值,刘洪算得半个食年的长度为"五月,月余千六百三十五,满会率(1882)得一月",则一食年的长度应等于:

$$2 \times 5\frac{1635}{1882} \times \frac{43026}{1457}(\text{朔望月长度值}) = 346.6151315 \text{ 日},与理论值之差约为 376 秒。$$刘洪的这项成果标志着我国古代关于交食周期的研究达到了一个新的阶段,大大超过了前人和欧洲同时期研究的水平。

另外,刘洪在乾象历中建立了在一个交食周期内如下几个天文量的关系式:

"差率"(11986 个交点月)="会月"(11045 个朔望月)+"朔望合数"(941 个食年),这对于后世的影响也是很大的。

### 8. "消息术"之谜

一行指出:"汉史官旧事,九道术废久,刘洪颇采以著迟疾、阴阳历,然本以消息为奇,而术不传"[①] 这里所说的消息术,到唐代可能确已失传,但在徐岳与韩翊的论争中,我们却可窥知消息术的若干信息。徐岳在谈及黄初二、三年间五次交食的实测结果,以及乾象历、黄初历和消息术的得失。对这段记述的分析表明:乾象历、消息术和黄初历所推五次交食时刻误差的绝对值平均,分别得 1.52 辰(约 12 刻)、0.62 辰(约 5 刻)和 2.23 辰(约 18 刻)。由此可知交食时刻的预报,乾象历较黄初历为密,而且在乾象历以前,推求交食时刻的误差,往往达一天左右,所以乾象历在这方面所取得的进展,可以说是一次飞跃。而在加消息术后,较乾象历更为精密。

依消息术所得交食时刻与乾象历所推交食时刻之差有正有负,而且其正负大小与交食所发生的月份,似有密切的关系:十一月为正一辰;正月为正一辰少弱;六月为负一辰少强;七月为负一辰;这里的正或负,明显地分属于不同的、且是连续的月份:十一月至正月为正,其值趋

---

① 《新唐书·历志三下》。

于增大;六、七月为负,其值的绝对值趋于减小。如果我们的理解无误,这应是十一月至正月,日行疾而且趋于加快;而六、七月间,日行迟而且趋于减缓的反映。这同当时一年内日行迟疾的情况是大体相符的。可惜,我们没有更多的资料可以窥知刘洪的消息术在一年中其他月份的情形。

关于消息术,在徐岳与韩翊之间,还有过如下的辩难:"翊于课难徐岳:'乾象消息但可减,不可加。加之无可说,不可用。'岳云:'本术自有消息,受师法,以消息为奇,辞不能改,故列之正法消息。'翊术自疏。"这说明刘洪的消息术可能还有一个发展的过程,韩翊所知道的是"但可减,不可加"的刘洪早期的消息术;而徐岳所受的是已经较成熟的可正可负的消息术。这是刘洪经过更仔细研究的结果。

由以上的讨论,我们可以说刘洪的消息术,是在乾象历考虑月行迟疾的基础上,再加上某一改正值的方法,其中隐含了日行在一年中有迟疾消息的意义。可能该术是刘洪在应用他的月行迟疾术,推验历史上的交食记录和预报交食时,发现仍存在与交食发生的确实时刻或先或后的偏差,在对这些偏差进行分析时,他发现其先后与多少,与月份有较稳定的关系。于是在乾象历推得交食时刻的基础上,在各不同的月份加上不同的经验性改正值,如交食发生在十一月份,交食时刻需加一辰,七月份需减一辰,等等。这便是消息术的由来。"北齐张子信积候合蚀加时,觉日行有入气差"[1],这是张子信发现太阳运动不均匀性的途径之一,所以,刘洪的消息术可视为这一重要发现的先声。

### 9. 关于五星的研究

总的说来,刘洪对于五星的研究,没有取得什么大的进展。对于五星动态表的编制,大体上与东汉四分历相同,保持在原有的水平上。关于五星会合周期的测定,东汉四分历和乾象历的结果分别为(括号内为现代观测值):水星,115.881 日和 115.883 日(115.878 日);金星,584.024 日和 584.021 日(583.922 日);火星,779.532 日和 779.485 日(779.937 日);木星,398.846 日和 398.880 日(398.884 日);土星,378.059 日和 378.080 日(378.092 日)。由此可知:两历水星和金星的观测值不相上下;而火星,乾象历则劣于东汉四分历;但木星、土星则以乾象历为优。其中尤可值得称道者,是关于木星的观测值,其后直到隋刘焯皇极历(604)的精度才超过它(该历定木星会合周期为398.882 日)。

同稍后的黄初历、景初历等历法相比较,乾象历的五星法乃属优胜者。徐岳也曾依乾象历与黄初历,推算了黄初二、三年间木、土、金、水等四星的 14 次见伏时间,并与实测值进行比较,得到"乾象七近二中,黄初五近一中"的结果。又,杨伟的景初历(237)在行用约 80 年后,发现其"推五星尤疏阔,故元帝渡江左以后(317),更以乾象五星法代伟历",从此乾象历的五星法一直沿用了百余年之久。可见乾象历的五星法在当时,以及其后较长的一段时间内,仍是很有影响的。

### 10. 二十四节气对太阳在恒星间的位置等五种天文数据的测算及计算法

这就是在第一节中我们已经提及的:刘洪在太史部供职时参与测定二十四节气时太阳在恒星间的位置、黄道去极度、中午太阳的影长、昼夜时间的长短以及昏旦时中天所见的恒星等

---

[1] 《新唐书·历志三下》。

五种天文数据,这些数据被列成表格,收入东汉四分历中,自此它成为历法的一个重要组成部分。由这一表格,用一次差内插法可以推算任一时日的黄道去极度等五种天文数据。刘洪为这一开创性的工作贡献了一份力量。

# 三　科学思想及其他

如上所述,刘洪在天文历法领域内取得的主要成就,达 10 项之多,其中大部分是前所未有的创新或是在原有基础上的进一步发展。在我国古代天文学史上,有如此作为的人物实属罕见。那么,刘洪为什么能取得这样的成功?这也是一个很值得讨论的问题。

我们认为,刘洪的成就是他成功地利用春秋战国以来,特别是东汉以来天文历法知识的长期积累的结果。东汉四分历的创立,最早可追溯到公元 32 年,经过"七十余年,然后仪式备立,司候有准"。随后又出现了延光二年(123)、汉安二年(143)和熹平四年(175)的三次历法大争论。因此,在东汉四分历正式行用前前后后的百余年时间内,"每有讼者,百寮会议,群儒骋思"① 的生动局面时有发生。上述刘洪的成就突出地集中在月亮运动和交食预报两大方面,这二者正是东汉时期天文学界的热门研究课题,如前已述及的东汉早期关于月亮近地点进动现象的发现和定量描述。随后,张衡和周兴(123)、宗整和冯恂(172~178)等人都有各自的月行"九道术"②,这说明月亮运动的不均匀现象,已为越来越多的人所认识,并各以不同的方式加以描述。又如,关于月食预报和交食周期的研究,先有杨岑、张盛、景防(62)、宗䌷(90),后有刘固、冯恂、宗诚(174)和王汉(179)等人纷纷提出新法③。这些情况表明刘洪的成就的取得有这些长期论争、研究与检测而获得的新观点、新资料、新成果的广泛基础,从这个意义上讲,他的乾象历应该说是一个时代天文学成就之集大成的杰作。

当然,刘洪的成功又与他的勤奋和天资,与他的科学思想等有着密切的关系。

## 1. 坚持长期实践和不断接受天象检验的思想

乾象历是刘洪一生努力实践,不断探索的心血之作。他在 174 年制定的"七曜术"和"八元术",是经过 10 余年的观测与思考的结果,这些仅仅是他乾象历之作的先声。又经过 10 多年的实践和探索,一直到公元 187 至 188 年间,才初成乾象历法。这大约就是徐岳所说:"刘洪以历后天,潜精内思二十余载"的意思。在这期间,刘洪"考史官自古迄今历注,原其进退之行,察其出入之验,视其往来,度其始终","以术追日、月、五星之行,推而上则合于古,引而下则应于今"。这些记载,把刘洪如何充分利用前人的观测资料,如何认真地观测和研究日、月、五星的运动作了很好的概括。这又是对刘洪本人所谈到的"追天作历"④的思想以很恰当的诠释,即历术之作,必须正确地反映客观的日、月、五星运行的事实,不但要"合于古",而且要"应于今",还要与日月五星运动的全过程相吻合,这就要进行长期的实际观测,并接受历史记录和当时观测事实的检验。这正是刘洪制作乾象历的基本指导思想,因而它使得乾象历建立在坚实的客观事实

---

① 《续汉书·律历志中》。
② 《续汉书·律历志中》。
③ 《续汉书·律历志中》。
④ 《续汉书·律历志中》。

的基础之上。

刘洪主张历法改革所应遵循的基本原则是"明历兴废,随天为节"①。在我国历法史上,这是最早明确提出的以是否合乎天象客观实际作为判定历法科学性的标准,并以此作为历法革故从新的原则。在乾象历初成以后,又经 10 余年的检验,直到 206 年刘洪才最后定历,这事实本身,不但说明了刘洪严谨审慎的科学态度,也是刘洪忠实地履行自己所提倡的治历原则的明证。

"效历之要,要在日蚀",这是徐岳在谈及刘洪"欲改四分,先上验日蚀"时的总结性评述。我们认为,这也应是刘洪把日蚀之验,作为判定历法优劣重要手段的思想的表述。这一思想与方法,在后世产生了很深远的影响。在刘洪以前,上推往古交食(包括日、月食)的方法,业已施用,而刘洪则是下验来今日食的首创者。正是由于这一正确的指导思想,才可能使历法得到明白无误的检验,以有效地、令人信服地判别是非优劣。

刘洪反对当时仍流行的图谶之学,特别反对在历法中以之为依据。在评议王汉提出的交食周期时,刘洪指出:"甲寅、己巳谶虽有文,略其年数,是以学人各传所闻,至于课校,罔得厥正"②,反映了他对图谶之学怀疑与批判的态度,重申了关于接受实际天象的检验——"课校"的权威性的观点。

在东汉时期,以图谶为准则设置历元的观点,曾为一些人所提倡,对此,刘洪也取反对态度。在乾象历中,他以"加太初元十二纪"为历元,即他是以太初历的实测历元为基点,再上推 12 纪(一纪 589 年)而得。他这种历元设置的见解,与以图谶为准则的观点,是泾渭分明的。正如钱宝琮所指出的:"乾象历的上元己丑和后汉四分历的荒诞无稽的上元庚申不同,它是推算建安十一年(206)以后每年的节气时刻、平朔时刻、月近地点时刻、日月交会时刻和五星行度的共同起点,比三统历、四分历的'近距'的历元,意义要丰富得多。"③

以上刘洪的所言所行,都说明了他坚持长期实践和不断接受天象检验的思想,是明确而坚定的,这是刘洪取得一系列成就的思想基础。

### 2. 实事求是的科学态度

作为刘洪上述思想的进一步说明,和他的实事求是的科学态度的阐发,我们可以刘洪在光和三年(180)与议冯恂和宗诚的关于月食预报和交食周期之争为例,作一讨论。

熹平三年(174),因为月食往往失验,要求改革之议蜂起。为判定优劣以选用一家之说,各家均预报光和二年(179)可能发生的一次月食:刘洪、刘固和宗诚三家"皆以岁在己未(179年),当食四月,(冯)恂术以三月,官历(宗绀术)以五月"。可是到这一年的四月不见食,而"三月、五月皆阴,太史令修、部舍人张恂等推计行度,以为三月近,四月远",于是决定"选用(冯)恂术"。对这一决定,宗诚之兄宗整不服,前后多次上书申述,遂发生了光和三年的一场激烈的论争。

针对上述进行检验时的情况,刘洪等指出:冯恂术以三月食,但阴而不见,是否确实有食,不得而知,所以还应认为是"未验",不能用未经证明是正确的历法的推算结果作为判别的依

---

① 《续汉书·律历志中》。

② 《续汉书·律历志中》。

③ 钱宝琮,从春秋到明末的历法沿革,历史研究,1960,(3)。

据。历法的取舍原则应为:"术不差不改,不验不用","未验无以知其是,未差无以知其失,失然后改之,是然后用之,此谓允执其中"。刘洪等进而提出了在交食之验中,应"以见食为比"[①] 的原则,即应以实实在在的目验为准,该原则为后世所遵循。"今考光和二年,三、四、五月皆不应食"[②],可知当年刘洪等人所持的实事求是的科学态度是多么正确!

刘洪等人又依建武以来的交食记录为准绳,对冯恂与宗诚术,详细地进行了推算比较,发现各有得失,"诚术未有差错之谬,恂术未有独中之异"。在这种情况下,刘洪等主张暂用诚术,这反映了刘洪等十分严谨的科学态度。但刘洪等又以为"恂久在候部,详心善意,能揆仪度,定立术数,推前校往,亦与见食相应",所以提出了继续让"史官课之,后有效应,乃行其法,以审术数,以顺改易"[③] 的建议。这些都反映了刘洪等人重视实践及其检验,服从真知,要求改革的进取精神。又,冯恂以 5640 个朔望月有 961 个食季(2 个食季为 1 个食年)为法,由此推得的食年长度与理论值的误差约为 600 秒,它已经超过了欧洲同期所用的交食周期值的水平,反映了我国古代在交食周期研究中处于相对的领先地位。可见,刘洪等人对冯恂术的评介也是公正的,实事求是的。

此时,刘洪大概尚未得到在乾象历中所用的交食周期,以致他的预报亦失验,而这场争论,对于刘洪对交食周期作进一步的研究,产生了积极的影响。正是重视实践、实事求是的科学态度与精神,使他在其后数年的工作中,在交食周期方面取得了超越前人的可喜成果。

### 3. "依易立数"的思想糟粕

本来,像我国古代许多历法的制定者,特别是像授时历的制定者那样,把全力集中于观测,以及取得尽可能准确的各种天文数据,把它们直接用于历法之中,并力求在计算方法上的改进,是用力较少而收效较多的途径。在这一方面,刘洪确实进行了许多实际观测和长期检验的扎实工作,可是,在取得各项天文数据之后,他还"依易立数,遁行相号,潜处相求"乾象历历名的由来,就是与刘洪在历法中采用的乾象之数、天地之数一类神秘的数据直接相关的。刘洪把这些数据作为推求各项天文数据又一准绳。这不但花费了刘洪的不少精力和时间,而且又是画蛇添足之举。因为使用乾象之数、天地之数一类人为的简单数字,总难以准确无误地表述由观测所得的客观数据,有时则不能不削足适履,从而损害了观测数据本身的精度。

这是刘洪思想中糟粕的一面,他的这一做法,给历法涂上了神秘的色彩,实际上提出了治历、验历的主观标准。刘洪的这种思想,大约是受太初历以黄钟律吕之数为历法之本思想的熏染,对于后世某些历法产生了不良的影响。

## 参 考 文 献

陈美东.1983.论我国古代年月长度的测定.科技史文集 第 12 辑.上海:上海科学技术出版社

陈美东.1986.刘洪的生平、天文学成就和思想.自然科学史研究,5(2):129~142

房玄龄、李淳风(唐)撰.1976.晋书 律历志.历代天文律历等志汇编 第 5 册,北京:中华书局

欧阳修,刘羲叟(宋)撰.1976.新唐书 历志.历代天文律历等志汇编 第 7 册,北京:中华书局

----

① 《续汉书·律历志中》。

② 朱文鑫,十七史天文诸史之研究,科学出版社,1965 年,第 55 页。

③ 《续汉书·律历志中》。

钱宝琮.1960.从春秋到明末的历法沿革.历史研究,(3)

司马彪(晋)撰.1976.续汉书　律历志.历代天文律历等志汇编　第5册,北京:中华书局

朱文鑫.1965.十七史天文诸志之研究.北京:科学出版社

（陈美东）

# 张 仲 景

## 一 汉代疾疫流行和张仲景《伤寒杂病论》的问世

我国古代传染性疾疫流行相当严重,《素问·刺法论》曾说:"五疫之至,皆相染易,无问大小,病状相似。"在当时社会条件下,对传染病如何防治,还没有一条治疗规律可循。疾病流行,蔓延成灾,无法控制,对人民健康危害很大。后汉时,疾病传染流行更为严重。根据《后汉书·五行志》记载,在安帝元初六年(119)至献帝建安二十二年(217),不到一百年,大疫十次。当时,曹操的儿子曹植写过一篇《说疫气》的文章,描写传染病流行说:"建安二十二年,厉气流行,家家有僵尸之痛,室室有号泣之哀,或阖门而殪,或覆族而丧。"① 这就是说,由于"厉气"(古代认为是传染病的病原)的传染,有的人全家或全族都死掉了。曹操的大儿子曹丕在给吴质的一封信中也提到"昔年疾疫,亲故多罹其灾,徐(干)、陈(琳)、应(瑒)、刘(桢),一时具逝……。"② 徐、陈、应、刘都是"建安七子"成员,因传染病,一下死去四个,也可概见当时传染性疾病的严重流行情况。

古代流行的传染病是哪些疾病? 现在很难查考。但是,有一种称为"伤寒"的疾病,它是指从发热开始的急性病(包括传染病)的总病名。《素问·热论篇》说:"今夫热病者,皆伤寒之类也。"唐王冰注说:"寒者,冬气也,冬时严寒,万类深藏,君子固密,不伤于寒,触冒之者,乃名伤寒。"表明古代对于一切外感发热起始的疾病,统称"伤寒"。而其疾病的原因,人们只认为是受到冬天寒冷之气的侵袭而得的,而没有认识到某些发热性传染病的病因实质,这是由于历史条件的局限。

后来,《难经》记载,"伤寒有五:有中风、有伤寒、有湿温、有温病、有热病。"这样又把伤寒分成五种类型,涵意逐渐广泛。

我们从出土文物汉简,曾见到当时治疗"伤寒"的方剂。

(1) 伤寒四物:乌喙十分,细辛六分,术十分,桂四分。以温汤饮,一刀刲,日三,夜再,行解,不出汗。③

(2) 治伤寒逐风方:附子三分,蜀椒三分,泽泻五分,乌喙三分,细辛五分,术五分。凡五物(原文为五,应为六)皆冶合,方寸匕,酒饮,日三饮。④

这两个方剂,有些相同的药物,方法主要是以解表发汗着手,足见汉代治疗"伤寒",在用药、治法等方面,已有大致相近的方法。但是对于发热病的疾病变化和治疗规律,则没有比较系统的认识和论述。很显然,从上面两个方子来看,如果要应付变化多端的传染病,光从发热方面考虑是很不够的。因此,很需要有一套针对"伤寒"发病规律,即从发热起始,并联系出现多种症

---

① 严可均,《全三国文》卷十八。
② 同①,卷七《魏文帝与吴质书》。
③ 《居延汉简》甲编中,第509简。
④ 《武威汉代医简》第6简。

状,以及疾病在各种条件下突然变化的诊断、治疗方法等的专门论述问世。生于汉末的张仲景,出色地完成了这一任务,他写出了《伤寒杂病论》一书,对"伤寒"病和各种常见杂病,作出了简要而系统的论述。

张仲景,名机,南阳郡涅阳(今河南南阳)人。生活于公元二、三世纪间,少年时学医于同郡张伯祖。他的另一同郡长辈何颙曾称赞他"用思精","后将为良医"①。

据宋人记载,张仲景曾任长沙太守,但近人考证认为此说不可靠。张仲景曾官长沙太守之说,始见宋校正医书局本《伤寒论》,署"长沙守南阳张机著"。同时,该书高保衡、孙奇、林亿序中亦有仲景"举孝廉,官至长沙太守"之语。其后,南宋晁公武《郡斋读书志》、明李濂《医史》"张仲景补传"亦有相似记载。但至1826年,日本人平笃胤撰《医宗仲景考》,根据《后汉书·刘表传》等史书,考证灵帝时孙坚守长沙,及袁术有南阳,以苏代领长沙。建安三年(198)长沙太守张羡率零陵、桂阳二郡畔刘表。羡卒,子怿嗣为长沙太守,刘表并之,以韩玄为长沙太守。继之,史载又擢廖立为长沙太守。因此言"灵献之间(168~220),似无令仲景守长沙之日也。"对仲景曾任长沙太守表示怀疑。其后,民初丁福保撰《历代名医列传》,实际是据平笃胤之论述亦提出仲景未任长沙太守。此说提出后,迄今数十年,学者争论不休。近年,南阳张仲景祠发现镌有"汉长沙太守医圣张仲景墓"碑。碑座后侧斜刻"咸和五年"四字,从而一些学者认为是晋碑,并由此以为张仲景确实曾官"长沙太守"②。继有刘道清撰《南阳医圣祠"晋碑"质疑》③,根据碑的形状、花纹、字体、称谓等认为此碑系明碑,非晋碑,并由是认为张仲景是否曾官长沙太守仍有疑问。

张仲景的医术高超,晋皇甫谧《针灸甲乙经序》曾记载,张仲景给"建安七子"之一的王粲看病,指出20年后将眉落而死,王粲不以为然。以后王粲病情暴发,果如张仲景所预言。"眉落"象征什么病呢?据说是麻风病。张仲景根据丰富临床经验,很早就预料到王粲疾病的后果。张仲景《伤寒杂病论·自序》曾讲到了他著书的动机。《自序》说:"余宗族素多,向均二百,建安纪年(196)以来,犹未十稔,其死亡者,三分有二,伤寒十居其七。"又说:"怪当今居世之士,曾不留神医药,精究方术……但竞逐荣势,企踵权豪,孜孜汲汲,惟名利是务。"这是他立志著书的历史背景。一方面倾诉了宗族家人因疾疫大量死亡的惨状;一方面又发泄了对当时一些医生只知追逐名利,置人民健康于不顾的愤慨心情。他用非常严肃的态度继续说:"感往昔之沦丧,伤横夭之莫救,乃勤求古训,博采众方,撰用《素问》、《九卷》、《八十一难》、《阴阳大论》、《胎胪药录》并平脉辨证为《伤寒杂病论》合十六卷。"表明他发愤著书的目的是要从广博的前人治疗疾病基础上,寻找出针对造成疾疫流行致人民大量死亡的治疗方法。他治学态度严肃认真,不因循守旧,对人民疾疫充满同情心和责任感。在"勤求古训,博采众方"基础上完成了著述,体现了高尚的医疗作风和品德。《伤寒杂病论》一书的重要成就,是在《内经》和其他一些古代医学理论中吸取了科学的内容,并创造性地从外感病的整个发展变化过程加以认识,依据病邪侵害脏腑经络的程度,患者内在的正气盛衰,找寻出伤寒病起始和发展过程的一套规律。同时,旁及临床常见的各种杂病,从而总结出一系列有关辨证施治的理论,以及理、法、方、药的运用原则,为我国医学基本理论与临床实际的密切结合开辟了新的道路,使后世学者有法可遵,对我国医学发展产生了巨大的影响。

① 《太平御览》卷七二二引《何颙别传》。
② 葛俊乾等,"南阳医圣祠发现晋碑及其有关问题",《中原文物》,1982,(2)。
③ 见《中原文物》1983年第一期。

# 二　《伤寒杂病论》的主要内容

　　汉代人著书,一般都在竹木简牍或丝帛上写作,保存困难。《伤寒杂病论》这部书曾在当时兵燹战火中散佚,以后由西晋王叔和重新整理,分为《伤寒论》、《金匮玉函经》二书。王叔和整理张仲景著作,最早见于皇甫谧《甲乙经·序》:"近代太医令王叔和撰次仲景,选论甚精,指事施用。"《太平御览》卷七二二,医部二引高湛《养生论》曰:"王叔和,性沉静,好著述,考校遗文,采摭群论……编次张仲景方论,编为三十六卷,大行于世。"其后,宋校正医书局林亿等《金匮玉函经》疏曰:"《金匮玉函经》与《伤寒论》同体而别名,欲人互相检阅,而为表里……细考前后,乃王叔和撰次之书,缘仲景有《金匮录》,故以《金匮玉函》名,取宝而藏之之义也。王叔和西晋人,为太医令,虽博好经方,其学专于仲景,是以独出于诸家之右,仲景之书及今八百余年不坠于地者,皆其力也……"。

　　《伤寒论》是以通论形式来论述包括传染性疾疫在内的外感发热病。其中包括397法,113方。该书按"六经"分证论治。所谓"六经",是指六种证候类型,分为三阴,三阳。三阳指太阳、少阳、阳明;三阴指太阴、少阴、厥阴。它是按照外感疾病在发展过程中出现的各种证状,依据人的体质强弱,生理变化的反应,病势进退缓急的变化,然后加以分析综合。三阳表示热实,三阴表示寒虚。凡病之初起,疾病在表,出现热实现象,属于阳证的,便称太阳病。凡病邪入里,病情属于阳证的,称阳明病。凡病邪在半表半里之间,出现阳性证候,如口苦、咽干、胁痛等,称少阳病。凡病邪在里,而出现虚寒证候的,称太阴病。凡病邪在里,出现阳虚现象,如脉细,怕冷,喜热饮等称少阴病。凡病寒热胜复,病在心胸部位,同时出现阴性病象的,称厥阴病。总的来说,三阳病,表示肌体抵抗力强,病势亢奋。三阴病,指肌体抵抗力弱,病势虚弱而言。六经病证,各有主方,随证加减。《伤寒论》这种以"六经"论治的归纳方法,使后世辨别证候,进行治疗用药有了依据和准则。

　　《伤寒论》还包括八种辨证方法,即阴、阳、表、里、寒、热、虚、实,后世称为"八纲",是辨证论治的具体应用法则。它的四诊(望、闻、问、切),用以分析和诊察病证性质。"八纲"中,阴、阳为总纲。因为我国古代医学认为:一切疾病的产生,都是由于阴、阳偏盛、偏衰所致,诊病必须分清疾病阴阳,以及所属三阴、三阳的某一类型。其次,还要分清疾病部位深浅(表、里),病象的寒热,盛衰(虚、实),然后始能作出诊断。因此,四诊、八纲和辨证论治的关系十分密切。张仲景的这一理论,对于许多复杂疾病的分析和归纳都非常清晰,使人易于掌握。

　　说到这里,附带说明一下,我国古人对于阴阳观念的产生。《汉书·天文志》记载,我国古代人民为了农业发展的需要,每在冬至或夏至前三天于屋外悬一根横木,将同等重量的炭和铁(或土、或羽毛),各悬一侧(古人称为"衡")。冬至,干燥的空气(阳气)显著,炭本身的含湿量散发,因此炭的重量减轻,而仰了起来。悬铁或土,或羽毛的一边,重量不变,但因炭的重量减轻而下垂。相反,夏至时,潮湿空气最浓,炭能吸湿则重量增加而显重,悬铁或土,或羽毛的一侧,重量并未改变,但因炭的吸湿重量增加而仰高。炭的重量增加或减轻,都是无形的,是逐渐转化的,但又彼此互为基础,互为依据的。古人于此测试阴阳二气的到来,道理虽然简朴,但有一定科学基础。《淮南子·泰族训》:"夫湿之至也,莫见其形,而炭已重矣。夫风之至也,莫见其象,而木已动矣。"也是说明古人对这一现象的观测,我国古代医学吸收了这个道理,认为疾病的寒热盛衰的变化,是无形的、渐进的。阴可转为阳,阳可化为阴,阴阳二者互为基础,互相制约,互相转化。张仲景《伤寒论》全书内容,也突出了这一学说,不过他是按"六经"分证,即三阴、三阳学说来阐述"伤寒"理论的。他把祖国阴阳学说紧密地和临床结合一起。太阳病,进一步可致阳明经病,阳明经病进一步可转致少阳经病。而阳经疾病又可发展为阴经疾病,其内容就属于阴阳互相制约、转化的范畴。

据此,《伤寒论》在治疗方面,确立了汗、吐、下、和、温、清、补、消的治疗原则。张仲景认为一切外感病,都是人体阴阳偏盛、偏衰,或正邪相争的结果。不是邪盛,就是正衰;不是阳气受损,就是阴液受耗。治病必须求本,或扶正逐邪,或祛邪安正。即助阳抑阴,或存阴制阳。而汗(用于表证发汗)、吐(引导病邪从口吐出)、下(攻逐体内积滞)、和(病在半表半里,使用和中疏导方法)、温(用温热药物温中散寒)、清(清热保津,解烦除渴的方法)、补(补气补血,滋阴补阳,解除身体虚邪)、消(消食化滞或破瘀消坚统谓消法)。以上就是《伤寒论》一书所使用的主要治疗方法,后世称为"八法"。

此外,《伤寒论》还根据《内经》所言"寒者热之,热者寒之"的正治方法,以及"寒因寒用","热因热用"的反治方法,据病情的标本缓急,采取先里后表或先表后里,以及表里兼治的治疗方法。而在诊断发生疑难时,则又采取"舍证从脉"或"舍脉从证"的方法加以解决。这就是说,在证候与脉候不相符合的情况下,医生诊断有时以证为主,有时又要以脉诊为主。这是针对一些疾病寒热难辨,虚实夹杂的情况而制定的,体现了我国医学辨证论治所具有的既灵活,又有临床实际为依据的特点。

其次,关于《金匮玉函经》,这部书虽经晋王叔和加以整理,但也一度失传,至北宋中期,始被学士王洙在馆阁蠹简中发现一部分方论,于是抄录为三卷。其后又经宋校正医书局高保衡、孙奇、林亿等人校定,称《金匮要略方论》,简称《金匮要略》。其序曰:"张仲景为《伤寒杂病论》合十六卷,今世但传《伤寒论》十卷,杂病未见其书,或于诸家方中载其一二矣。翰林学士王洙在馆阁日,于蠹简中得仲景《金匮玉函要略方》三卷,上则辨伤寒,中则论杂病,下则载其方,并疗妇人,乃录而传之士流……国家诏儒臣校正医书,臣奇先校正《伤寒论》,次校定《金匮玉函经》,今又校成此书,仍以逐方次于证候之下,使仓卒之际,便于检用也。又采散在诸家之方,附于逐篇之末,以广其法,以其伤寒文多节略,故断自杂病以下,终于饮食禁忌,凡二十五篇,除重复,合二百六十二方,勒成上中下三卷,依旧名曰《金匮方论》。在这同时,宋校正医书局又将《金匮玉函经》另行校正颁行。书分八卷29篇,共115方。两书繁简各有不同。由于《金匮玉函经》流传较少,后世看到的人不多,以致很少有人对该书进行专门研究。但是《金匮要略》经宋代整理后则流传较广,后世研究者不乏其人。不过近人黄云眉在《古今伪书考补正》中则说该书"称《要略》则不详,言蠹简则不备",认为《金匮要略》并非论述杂病的完整论著。

《金匮要略》包括40多种杂病。首篇为"脏腑经络先后病脉证篇"。相当全书总论。其后16篇论述内科杂病,再次各篇则分述外科、妇科、杂疗,食物禁忌等,包括科别较广,所述疾病类别亦较精详。诸如论痉、湿、喝、中风、历节病、血痹、虚劳病、肺痿、肺痈、咳嗽、上气、胸痹、心痛、短气、腹满、寒疝、惊悸、吐衄、呕、吐、哕,下利和疮痈、蚘虫等。其中有属于六淫之邪所致疾病,也有属于脏腑不调所致的疾病。《金匮要略》最大特点是开篇首先论述预防疾病和治病求本的重要意义,如该书开篇称:"上工治未病,何也?师曰:夫治未病者,见肝之病,知肝传脾,当先实脾,四季脾旺不受邪,即勿补之……"就是表明一位高明医生治疗疾病,首先要考虑预防疾病,其次要懂得脏腑疾病的传变和变化。同时,以脾为例,要求医生掌握病情,灵活用药。在方剂运用上,本书也有许多实际发挥,各类杂病,分门别类,各有主方。如胸痹主方,以栝蒌薤白白酒汤为主。黄疸用茵陈蒿汤,痰饮用苓桂术甘汤等。有些方剂体现同病异治或异病同治,如大、小青龙汤同治溢饮;而葶苈大枣泻肺汤则既用于痰饮,又用于治疗肺痈。在药物使用上,生用、熟用,药效不一,配伍不同,亦各具效验。像附子生用配干姜取回阳救逆之意;而附子熟用又功能止痛。麻黄与石膏(生)同用可治水肿,又疗哮喘。另外,各科方药尚根据需要制定多种剂型。如汤、散、丸外,尚有酒剂、薰剂、洗剂、滴耳等。这些用药经验,都是张仲景在前人基础上并结合临床实践经验取得的。

《金匮要略》所收外科疮痈、金疮,妇科妊娠、产后证候论述比较简单,但用方极精。如治疗肠痈的薏苡附子败酱散,大黄牡丹皮汤;治疗妊娠下血的芎归胶艾汤;治疗带下的温经汤等,均属名方。

其他"杂疗"部分,还叙述了许多急救内容,如治疗卒死、中暍、溺死、自缢、尸蹶、马坠及一切筋骨损伤等。有的记述相当详细,如抢救自缢,记载有:"以手按胸上,数动之。"这实际是类似人工呼吸的生动描述。又如治疗尸蹶(假死),用菖蒲末吹鼻,通窍取嚏外,并指出应以"桂屑(肉桂末)著舌下。"这些急救记载,在一些偏僻地区,如果医疗条件很差,是仍有一定实用意义的。

至于《金匮要略》所记述的"禽兽虫鱼禁忌"、"果实菜蔬禁忌",实质是针对古代食物卫生方面经常发生中毒现象而论述的。如书中提到的"疫死"、"自死"(病死)的兽肉,中毒箭死去的鸟兽肉,以及死鱼、死蟹和有毒菌类等,均不可食。如果食后中毒,书中载有解毒方法。这些都是我国医书中最早的记述,是古代人民和疾病作斗争的实录。

应该指出:《金匮要略》和《伤寒论》在论述方面的依据是不同的。《伤寒论》按"六经"分证论治。《金匮要略》则是根据病证按脏腑病机为指导,体现了张仲景对于"伤寒"发热病与其它杂病的认识,是根据疾病不同情况而分别探讨其治疗规律的。虽然六经辨证和脏腑辨证方法不同,但都有利于医生对疾病的诊断和治疗,总的辨证论治精神是一致的。

清代医学家徐大椿《医学源流论》卷下曾说:"《金匮要略》乃仲景杂病之书也,其论皆本于《内经》,而神明变化之,其治病无不应,真乃医方之经也。"可见,《金匮要略》和《伤寒论》一样,同样都是我国古代医学中的巨著,对推动我国后世医学的发展,是有重大意义的。

# 三　历代医家对张仲景著作的研究

按《隋书·经籍志》记载,《张仲景方》十五卷、《张仲景疗妇人方》二卷、《张仲景辨伤寒》十卷、《疗伤寒身验方》三卷。由于这些书都没有流传下来,所以很难考知这些著作的年代和内容与仲景原著有何差别。隋巢元方《诸病源候论》有伤寒病因理论,但未及方论。中唐王焘《外台秘要》列有伤寒八家,包括阴阳大论、王叔和、华佗、陈廪丘、范汪、小品、千金、经心录等论十六首,并不详备。至于研究张仲景学说之较早者应首推初唐孙思邈。孙思邈早年著作有《千金要方》,晚年著作有《千金翼方》。《千金要方》虽然讲到伤寒,但涉及张仲景学说并不多,曾说"江南诸师秘仲景要方不传"①。足见,孙思邈著该书时,对于张仲景《伤寒论》的精邃还没有深刻掌握。过了30年,孙思邈著《千金翼方》时,情况已有不同。而是把仲景有关伤寒六经辨证详加介绍,并且指出当时医生治疗伤寒未遵仲景治法的错误。如说:"伤寒热病,自古有之,名贤俊哲,多所防御。至于仲景,特有神功,寻思旨趣,莫测其致……尝见太医疗伤寒,惟大青、知母诸冷物

---

① 孙思邈,《千金要方》卷九"伤寒上"。

投之,极与仲景本意相反。汤药虽行,百无一效。夫寻方之大意,不过三种。一则桂枝,二则麻黄,三则青龙,此之三方,凡疗伤寒不出之也。其柴胡等诸方,皆是吐下发汗后不解之事,非是正对之法。"宋朝叶梦得《避暑录话》曾指出:"孙思邈为《千金方》时,独伤寒未之尽,似未尽通仲景之言,故不敢深论,后三十年作《千金翼》,论伤寒者居半,盖始得之。"这些话说得有些道理。就是说《千金要方》著作在前,当时对仲景学说领略不深,或因当时书籍全靠纸帛抄写,见到仲景著作不完全。而在 30 年后,孙思邈不仅看到仲景的完整著述,并且结合临床积累的丰富经验,得到验证,所以才又在《千金翼方》中,加以详细补充论述。这是一种认真治学精神,对于发扬张仲景学说是具有深刻意义的。

至宋代,张仲景著作得到很大重视。北宋中期政府成立校正医书局,《伤寒论》、《金匮玉函方》等书均在校正之列。宋孙奇等校正《伤寒论》序称:仲景"所著论其言精而奥,其法简而详,非浅闻寡见所能及……今请颁行。"自此以后,《伤寒论》得到刊印,研究者日渐增多,这不能不说是宋代雕板印刷事业的发达,对促进医学和其它文化方面的发展产生了巨大影响,给学者带来很大方便。

就宋代和金元时代而言,研究《伤寒论》的学者和著作是相当多的。最著名的如庞安时《伤寒总病论》、朱肱《南阳活人书》、郭雍《伤寒补亡论》、李子建《伤寒十劝》、许叔微《伤寒发微论》、金成无己《注解伤寒论》、《伤寒明理论》、刘完素《伤寒直格》、元李杲《伤寒会要》、镏洪《伤寒心要》等书。这些书籍除个别散佚外,大部流传至今。现择其较重要者,略述如下:

庞安时《伤寒总病论》六卷。安时字安常,湖北蕲水人,北宋中期写成此书,是研究《伤寒论》的较早专著。该书对于伤寒六经,汗吐下法,痉湿暍,以及结胸、痞气、阴阳毒、狐惑、百合病均有论列,兼论及天行温病,小儿伤寒,妊娠伤寒等,于张仲景伤寒理论有一定发明之功。但该书也存在一些缺点,主要是把一些与伤寒无关的方剂也列于书中,如著名的诗人苏轼和庞安时是朋友,但苏轼并不懂医,却将他个人所得的一个以热性药物为主的方剂——圣散子方,交给庞安时,它与治疗伤寒一病,并不吻合。庞安时竟毫无鉴别地将该方载入书中,以致后来延误许多人的病情,受到后人的批评。如清人汪琥在《伤寒论辨证广注》一书中就提出:《伤寒总病论》在用药方面"寒热错杂,经络不分,即如苏子瞻所传圣散子方一例载入,殊为骇观。"虽然如此,《伤寒总病论》作为早期论述张仲景著作而言,仍不失为一部开创性的著作。

朱肱《南阳活人书》20 卷。肱字翼中,浙江吴兴人。该书写作于北宋后期,特点是全书大部分用问答体来阐发伤寒理论要义,总共 100 问。举凡六经、脉穴、阴阳、表里、虚实,各种证候均有论述。其次论伤寒 113 方,杂病 126 方,并妇人、小儿伤寒方。较之《伤寒总病论》,在内容上深邃系统得多,且使人易于掌握要领。朱肱友人张蕆为该书所写序言称:"蕲水道人庞安常作《伤寒卒(总)病论》,虽互相发明,难于检阅,比之此书,天地辽落。"可见,在早期阐发张仲景《伤寒论》方面,本书也是一部较重要的著作。

再有,金成无己《注解伤寒论》10 卷,《伤寒明理论》四卷。无己山东聊摄人,生于宋,后聊摄入金,遂称金人。《注解伤寒论》是根据林亿校正本,并加注释,宋严器之为该书序称:"聊摄成公,议论该博,术业精通,而有家学,注成伤寒十卷,出以示仆,其三百九十七法之内,分析异同,彰明隐奥,调陈脉理,区别阴阳,使表里以昭然,俾汗下而灼见。百一十二方之后,通名号之由,彰显药性之主,十剂轻重之攸分,七精制用之斯见,别气味之所宜,明补泻之所适,又皆引《内经》,旁牵众说,方法之辨,莫不允当,实前贤所未言,后学所未识,是得仲景之深意者也……。"可见,该书对于诠释张仲景《伤寒论》方面,不仅是一部开创性的著作,同时在理法方药的阐述上,解释文理之系统和深入,都是一般著作所不及的。

《伤寒明理论》共 55 论,分别依据伤寒病出现的发热、恶寒、恶风、寒热、潮热、自汗、盗汗、手足汗、无汗、头痛、项强、胸胁满、心下满、腹满、少腹满等证候,逐一论述。附论汤药 20 方,详述各方君、臣、佐、使组成,眉目清晰,使学者容易了然。这在宋金时期研究伤寒理论方面,显然是一部很有意义的著作。该书张孝忠跋称:"古今言伤寒者,祖张长沙,但因证而用之,初未有发明其义。成公博极研精,深造自得,本《难(经)》、《素(问)》、《灵枢》诸书,以发明其奥,因仲景方论,以辨析其理。极表里、虚实、阴阳、死生之说,究药病轻重去取加减之意,毫发了无遗恨,诚仲景之忠臣,医家之大法也。"可见对于成无己著作评价很高。事实上,成无己的这两部书对于发明仲景医学理论,也确是不可泯没的。一直到目前,凡读仲景著作,也无不以成氏之著述为探讨捷径。诚如明王履《溯洄集》所指出,成无己著作是"善羽翼仲景者"。

迄于明代赵开美刊刻了宋林亿校本《伤寒论》(1599),汪济川刊刻了成无己《注解伤寒论》(1545),对于明清学者研究《伤寒论》的开展,更是一个很大的推动。当时研究《伤寒论》的著作非常丰富,粗略统计,明清间总计有 300 余种。其中具有代表性著作,诸如明王履(安道)《溯洄集》、陶华《伤寒六书》、王肯堂《伤寒证治准绳》、方有执《伤寒论条辨》、清喻嘉言《尚论篇》、张登《伤寒舌鉴》、徐大椿《伤寒类方》、周扬俊《伤寒论三注》、汪琥《伤寒论辨证广注》、柯琴《伤寒来苏集》、尤怡《伤寒贯珠集》等书,均为研究《伤寒论》之一时名著。这些著作对于王叔和编次《伤寒论》,林亿和成无己先后校注的得失,以及三百九十七法之说,《伤寒论》方剂的主治,辨证等,分别从不同角度加以论证,各具见解。特别是在明末以来,温病学说盛行,一些学者还探讨了伤寒与温病学说的关系。有的则率直反对温病之说,如清陆懋修所撰《世补斋医书》,其中《伤寒论阳明篇》,《伤寒有五论》等,主旨即在尊崇《伤寒论》,而以为一切风寒温热之病,应统归于伤寒范围之内,反对别树温病之说。

其次,关于《金匮要略》的研究,宋代整理《金匮要略》成书后,陆续也开始有人研究,著名的如:署名朱震亨撰,实系其弟子戴思恭整理的《金匮钩玄》三卷,即为较早研究《金匮要略》的专著。戴思恭还撰有《推求师意》,是《金匮钩玄》内容的补充。明史《戴思恭传》说:戴"订正丹溪《金匮钩玄》三卷,附以己意,人谓无愧其师。"《四库全书总目》"推求师意"条则说:"是编本震亨未竟之意(指《金匮钩玄》),推之阐发,笔之于书。"于此可见,朱震亨、戴思恭最早研究《金匮要略》所论述的杂病,是从阐发朱震亨的滋阴清热学说开始的。它还不完全是一部就张仲景《金匮要略》原著精神而探讨研究的著作。

在这同时,朱震亨的另一弟子赵良仁还撰有《金匮衍义》一书,此书则与戴思恭著述有所不同。该书完全根据《金匮要略》方意,并融会《内经》经义,阐发了杂病的证治以及辨证施治的要旨,文字比较古奥,惜无刊本。清初周扬俊据藏本特为补注,书名则称:《金匮玉函经二注》,论述发挥均有创见。清陆心源《仪顾堂文集》卷十三曾称:"其书于仲景立论制方,推阐详晰,具有精义,可与成无己《伤寒论注》相抗衡。"陆心源是清代著名学者,他对赵良仁、周扬俊的著作评价是相当高的。

此外,明卢之颐著《金匮要略论疏》、清徐彬著《金匮要略论注》、陈修园著《金匮要略浅注》、黄元御著《金匮悬解》、尤怡著《金匮心典》等,也都是对《金匮要略》研究比较深入,并具有一定见解的著作。

## 四　张仲景医学的影响和当代的推重

张仲景对我国医学的贡献是很大的,他在人民心目中的影响也是深远的。清徐彬曾说:"张仲景者,医家之周孔也;仲景之《伤寒论》、《金匮要略》医家之六经也。"[①] 方有执则说:"夫扁鹊、仓公,神医也。神尚矣,人以为无以加于仲景,而称仲景曰圣。"[②] 可见,我国医家对张仲景及其著作的推重。不仅如此,在国外张仲景的影响也是很大的。如远在 10 世纪时,日本名医丹波康赖所著《医心方》,就收入了张仲景方。其后,18～19 世纪时,日本研究张仲景医学更达于高潮。如吉益东洞刊刻《古文伤寒论》、山田正珍著《伤寒考》、《金匮要略集成》、中西惟忠著《伤寒论辨正》、丹波元简著《金匮要略辑义》、丹波元坚著《伤寒广要》、《金匮玉函要略述义》、浅田惟常著《伤寒辨要》等。更有日本平笃胤著《医宗仲景考》,冈田静安著《张仲景先生祠墓记》等书,对于仲景著作生平均有深入研究。

19 世纪时,日本还先后发现了康平三年(1060),侍医丹波雅忠抄录的《伤寒论》卷子本,共一卷,包括 50 方。以及康治二年(1143)沙门了纯依据唐人写本所抄的《伤寒论》一卷,无篇次,包括 65 条,50 方。两本均较北宋林亿校定的《伤寒论》时间为早,内容也有某些不同,对考订《伤寒论》原文,具有重要参考意义。

另外,朝鲜在 15 世纪时,由金礼蒙所编的《医方类聚》,以及 17 世纪时许浚所编的《东医宝鉴》,亦大量收入了张仲景的伤寒和杂病方。

近半个世纪以来,我国文化界和中医界对于张仲景在医学上的不朽业绩,也始终非常重视。早在 1929 年,国医馆就曾提出重修南阳张仲景的医圣祠。我国著名中医黄竹斋并撰写了《医圣张仲景传》,1933 年,黄竹斋还亲自到南阳张仲景墓地作实际考察,又撰成《拜谒南阳医圣张仲景祠墓记》,他还撰有《伤寒论集注》、《金匮要略集注》二书。此外,1936 年由国医编辑委员会出版的《国医文献》,还发刊了《张仲景特辑》。

中华人民共和国成立后,中医对张仲景著作和学说,更是探讨不辍。《内经》、《神农本草经》、《伤寒论》、《金匮要略》,被视为中医四部经典著作,为学习中医必读课程。1981 年,我国河南南阳地区有"张仲景学说研究会"之设立。1982 年 10 月,在南阳召开了中华全国中医学会主办的张仲景学说讨论会,与会者包括中国和日本学者,对张仲景医学研究进行切磋交流。由于这次会议的推动,使中日两国广大医学界研究张仲景进入一个更新的阶段。

1985 年,在张仲景的故乡南阳,由社会集资兴办了一所中医高等学校——张仲景国医大学,聘请中日著名学者授课。1985 年 12 月,一座庄严肃穆的张仲景塑像在中国中医研究院树立起来,它将是我国中医中药不断向前发展的象征。另外,一部有关张仲景生平和成就的电影,也已放映,使广大人民对张仲景的医学业绩有了更深的了解。

### 参 考 文 献

丁福保(清)编 . 1909. 历代名医传 . 铅印本 . 文明书局

冈田静安〔日〕撰 . 1823. 张仲景先生祠墓记 . 养生堂刻本

---

① 徐彬,《金匮要略论注·自序》。

② 方有执,《伤寒论条辨》。

平笃胤〔日〕撰 . 1827. 医宗仲景考 . 刻本
张仲景（汉）撰 . 1912. 伤寒论 . 刻本,武昌:武昌医馆
张仲景（汉）撰 . 1929. 金匮要略方论 . 四部丛刊本
张仲景（汉）撰 . 1955. 金匮玉函经 . 影印本,北京:人民卫生出版社

（赵璞珊）

# 华　佗

华佗，字元化，别名旉。沛国谯（今安徽亳县）人。约生于公元2世纪初年，约在公元205年前后遭曹操杀害。华佗青年时刻苦好学，为了学识长进，曾游学于今徐州一带，访书拜师，能通晓五经之书。他刻苦钻研，又不墨守一家之见，并十分注意在医疗实践中吸取各家之长，善于总结群众中流传的有效治疗经验。所以他能集思广益，医学理论和临床治疗技术都进步很快。许多古代文献都记载他的学问渊博，尤其是医药卫生知识过人，他对医学领域中的内科、外科、妇科、儿科、针灸、疾病诊断等，都曾有过重要的贡献。由于他擅长外科，在外科手术治疗和应用麻醉术上更有着卓越的成就，所以历代医学家多尊华佗为外科鼻祖。

华佗十分喜爱自己的医业，为了解除群众疾苦和进一步增长自己的医学经验，他四处为家，访贤治病，从不避风雨寒暑。他的足迹遍及彭城（今江苏徐州）、广陵（今江苏扬州）、甘陵（今山东清平）、盐渎（今江苏盐城）、东阳（今山东恩阳）、瑯琊（今山东临沂），以及今河南许昌和家乡亳州一带，颇受群众的爱戴和尊敬。

华佗以渊博之学问，精明的医疗技术和高尚的医疗道德品质，在当时社会上赢得了崇高的声誉。因此，地方官员，陈珪举荐他为孝廉，太尉黄琬也举荐他出任官员。但华佗热爱自己为群众诊疾治病的医生职业，他不慕名，不为利，对陈珪与黄琬的举荐都一一谢绝了。他仍然乐于只身游走四方，增长自己的识闻和从事为群众治病的工作，这样就更加为群众所敬重，在人们的心目中其形象也更加高大。

曹操与华佗同乡，年龄也相当，二人居家又很近，他对华佗之为人品质一定会是比较清楚的。曹操病头风眩，根据《三国志》等书的记载，是一种比较剧烈的头痛病症，很像现代医学所讲的三叉神经痛。这种病经常发作但很难治愈。曹操常为此病而苦恼，最后不得不请华佗为自己诊治。华佗应邀为曹操诊治，经针灸治疗竟十分有效，曹操非常满意，于是，曹操及其左右强制把华佗留下，为此，他经常悔恨自己以医为业，受曹操摆布。《三国志》载："然本作士人，以医见业，意常自悔"[①]，反映了华佗被困曹操官邸的痛苦心情。华佗为了摆脱曹操的控制，借故回到亳县后，又以夫人有病为由，拒绝再去许昌充当曹操的侍医。因此，对曹操多次请归均不予以理会，曹操命郡县发遣，华佗也不从命，曹操自然不会善罢甘休，便"使人往检，若妻信病，赐小豆四十斛，宽假限日，若其虚诈，并收送下"。华佗就这样被投入曹操的监狱。即使如此，华佗也不答应专为曹操服务。曹操恼羞成怒，命令杀死华佗。《后汉书》记载他"为人性恶，难得意"。《针灸甲乙经·序》也重复了这一错误论点，说什么"佗性恶，矜技，终以戮死"。这显然都是站在曹操立场上的诬词。事实上华佗至死不屈，坚持不愿只为统治者一人服务，正是他高贵品质的具体表现，应当得到人们的尊重和崇敬。曹操杀死华佗后，爱子苍舒病困，众医莫治而亡，此刻他才自悔不该处死华佗，"吾悔杀华佗，令此儿僵死也"[②]。

华佗被杀害的年代史无记载，但公元197～200年间，华佗曾为举荐他作孝廉的陈珪的儿

---

① 陈寿，《三国志·魏书·华佗传》，中华书局本。

② 《三国志·华佗传》。

子陈登治病,陈登此时任广陵太守。华佗应邀为曹操针刺治疗头风眩,当系公元200～208年间,因为曹操爱子曹冲病死是在公元208年。所以,曹操杀死华佗一定是在公元208年之前,公元200年之后。

华佗对中国医学发展的贡献是多方面的,成就是巨大的,以下仅分几个方面予以约略的介绍。

# 一　在外科手术治疗上的突出成就

中国外科学的发展有着悠久的传统,在外科手术治疗上也积累有相当丰富的经验。据《列子》一书记载,公元前4～5世纪时的扁鹊,就曾为病人进行过较大的外科手术,并使用"毒酒"作为麻醉剂。如说:"扁鹊遂饮二人毒酒,迷死三日,剖胸探心,易而置之,投以神药,既悟如初"①。这一外科手术从文献记述看是换心术,从科学发展水平衡量,此时完全没有这种可能性,显然是一种理想的设计。然而"毒酒"之作为麻醉则是完全可能的创造。马王堆三号汉墓出土医书《五十二病方》,反映了先秦的医疗水平。其中记述多种治疗痔、瘘的外科手术,还有很似腹股沟斜疝的修补术,多少都反映了华佗之前的外科手术水平。《三国志·华佗传》记载:"若疾病在内,针药所不能及,当需剖割者……病若在肠中,便断肠湔洗,缝腹膏摩,四五日差,不痛,人亦不寤,一月之间即平复矣。"《后汉书·华佗传》有关外科手术之记载与上文相类,但并不全同。如所述:"若疾发结于内,针药所不能及者,……因刳破背,抽割积聚。若在肠胃,则断截湔洗,除去疾秽,傅以神膏,四五日创愈,一月之间皆平复。"从以上两书有关华佗外科手术的记载看,华佗外科手术首先强调适应症,即服药、针灸等疗法不能取效者才进行手术治疗,这是很正确的原则。《三国志·华佗传》记有这样一个病案:"军吏李成苦咳嗽,昼夜不寐,时吐脓血,以问佗,佗曰:'君病肠痈,咳之所吐,非从肺来也。与君散两钱,当吐二升余脓血讫,快自养,一月可小起,好自将爱,一年便健。十八岁当一小发,服此散,亦行复差,若不得此药,故当死。'"这一病例我们虽不能确切指出华佗所说肠痈即今之化脓性阑尾炎,但其化脓性病灶当与消化道密切相关。华佗对这种化脓性外科疾病并不强调手术,而是用内服药的办法治疗和预防其复发。尤为可贵的是华佗在此病例上已证明了他对来自肺的脓血与胃肠的脓血有了出色的鉴别诊断能力。

关于腹部外科手术步骤和手术预后的论述,《三国志·华佗传》和《后汉书·华佗传》二书的记载基本一致,在所论述的手术种类上,一则详于肠切除吻合手术;一则同时描述了腹腔瘤肿的摘除术,这两种腹腔手术在当时都是非常了不起的成就,它反映了华佗在外科学方面的造诣之深。《华佗别传》还记载:"又有人病腹中半切痛,十余日中,鬓眉堕落,佗曰:'是脾半腐,可刳腹养治也。'使饮药令卧,剖腹就视,脾果半腐坏。以刀断之,刮去恶肉,以膏敷疮,饮之以药,百日平复。"如果这里所说的脾即今日之脾脏,则华佗已成功地施行过脾部分切除术。这是华佗外科手术曾成功打破腹腔禁区的又一例证。《三国志·华佗传》还记有一士大夫自觉不快,请华佗诊视,"佗云:君病深,当破腹取,然君寿亦不过十年,病不能杀君,忍病十岁,寿俱当尽,不必自取刳裂之苦"。但士大夫不忍痛痒,甘愿手术治疗,经佗施行腹腔外科手术而治愈。如此等等,均说明华佗之腹部外科手术确实是十分高明的。无怪乎陈寿在写完这些手术事例后评论说:

---

① 见《列子·汤问篇》,《史记·扁鹊仓公列传》也有类似记载。

"华佗之医诊，……诚皆玄妙之殊巧，非常之绝技矣。"又说："佗之绝技，凡此类也。"

20世纪30年代，有人以三国时期中国不可能有如此成功的外科手术为理由，认为华佗的外科手术是从外国来的[1]。或认为华佗是神话，原无其人[2]。或作出华佗是印度人的结论[3]。或以为华佗是波斯人[4]。所有这些观点都是些互为影响，建立在对中国外科学史缺乏研究的基础之上的，是缺乏说服力的。陈寿撰《三国志·华佗传》，距离华佗被杀不过半个多世纪，况均根据原始资料，他以司马迁撰扁鹊、仓公传为榜样，感叹华佗之绝技，"故存录云耳"，充分说明《三国志》之华佗传均有事实根据，绝非群众传闻之词。再说，陈寿并非医家，更不懂外科手术，臆造如此符合客观实际的术前疾病之确诊，腹腔外科手术适应症、手术方法步骤如何掌握、麻醉术和麻醉深度、伤口愈合时间及预后等，是绝不可能的。众所周知，我国古代的人体解剖学知识也是比较进步的，《内经》关于人体内脏之大小、重量、容量、尺寸、部位等，都有着相当正确的描述，这对成功开展腹部外科手术是一个十分重要的有利条件。加之用酒和药物麻醉，创伤治疗，创伤休克抢救技术等，都已达到相当高的水平，这些都为保证外科手术之成功创造了良好的条件。因此，我国在三国时期产生像华佗这样伟大的外科学家并不是偶然的。

此外，必须指出，《三国志·关羽传》记述关云长左臂中毒箭，医为："破臂作创，刮骨去毒"之事。襄阳府志记有：华佗洞晓医方，……关羽镇守襄阳与曹仁相距，中流矢，矢镞入骨，佗为之刮骨去毒。《三国演义》更据此加以渲染，使华佗为关云长刮骨疗毒之事妇孺皆知。但考其实，关羽中毒箭之时，华佗早已被曹操杀害了，怎么能为关羽刮骨疗毒呢？这一手术虽然不是华佗作的，但为关羽刮骨疗毒的手术却是真的，说明三国时期的蜀国确有外科手术高明的军阵外科医学家。

## 二　外科麻醉术之创造和改进

众所周知，任何外科手术，特别是那些剖腹开胸的大手术，必须首先保证病人在无痛或基本不痛的条件下承受切肤割肌和断肠剖心之苦，这就要求有安全佳效的麻醉技术，麻醉之是否成功，直接关系着手术之成败，华佗作为一位杰出的外科学家，他深知其重要性。因此，在他的外科手术中，十分强调麻醉和麻醉的安全、效果。华佗对我国外科之手术麻醉作出了创造性贡献，对麻醉方法也有所改进。

中国古代文献记载有关外科麻醉和创伤止痛者虽不很多，但其可供参考的价值却是相当高的。马王堆三号汉墓出土的先秦医书——《五十二病方》，其中有"令金伤勿痛方……，入温酒一杯中而饮之，不可，当加药，至不痛而止"。又有"令金伤勿痛，……醇酒盈一杯入药中，挠饮。不能饮酒者，洒半杯。已饮，有倾不痛，饮药如数，不痛勿饮"。可见我国外科医学家在先秦时期对酒之止痛作用已经有了深刻的认识。《列子·汤问》在记述扁鹊为鲁公扈、赵齐婴施行外科手术时强调："扁鹊遂饮二人毒酒，迷死三日，……既悟如初。"这里所讲的毒酒，显然是一种用富有麻醉作用药物泡制的药酒，如"乌头"之类，在《五十二病方》已称之为毒堇，或有名之为乳毒、

① 夏以煌，华佗医术传自外国考，中西医药，1935，(1)。
② 猷先，华佗原来是神话，大公报医学周刊，1930年12月25日。
③ 陈寅恪，三国志曹冲华佗传与佛教故事，清华学报。1950,6(1)。
④ 〔日〕松木明知，汉名医实际是波斯人，载《麻醉》，1980年，第746页。

毒公者。我国第一部药物专书《神农本草经》对乌头尤多论述,对其毒性已有清楚的描述,张仲景运用乌头止痛治疗"心痛彻背,背痛彻心"等已积累了丰富经验,对其麻醉作用也有所认识,如用桂枝汤五合解乌头中毒所承显的轻度麻醉现象,强调"知其者如醉状"。所有这些都反映了在华佗之前和同时代我国医学界运用麻醉药之状况,也是华佗创造性改进麻醉术之重要基础。

《三国志·华佗传》在记述华佗的外科手术麻醉时说:"当需刳割者,便饮其麻沸散,须臾便如醉死,无所知,因破取。"《后汉书·华佗传》的有关记载则强调了酒的同时应用,指出:"乃令先以酒服麻沸散,既醉无所觉。因刳破背,抽割积聚。"从这两段文字可以清楚看出,尽管二书的取材稍有出入,但华佗的外科手术麻醉都是很成功的。所用麻醉剂,一说"饮其麻沸散",一说"酒服麻沸散"。以酒服麻沸散为例,前面已经讲过毒酒、酒用于麻醉的先例。用酒作麻醉剂无论古今都是比较理想的,即是现代临床外科,还有用酒作为婴幼儿手术之麻醉者。再说麻沸散,由于处方早已遗失不存,历代对其药物组成都有一些推论。有人认为《神农本草经》记载有"麻蕡"一药,在论述其功效时强调"多食令人见鬼、狂走",及唐·孙思邈则系统论述了麻蕡的止痛和麻醉作用,并用以治疗腕折、骨损等之痛不可忍者。更重要的是麻沸与麻蕡之读音几乎完全一样。所以认为:华佗的麻沸散其药物之组成就是以麻蕡为主的麻醉剂[1]。现代人研究认为:华佗之麻沸散是以乌头为主药组成的,乌头用于麻醉也已有一千多年的历史,华佗用以为麻沸散之主药自然也是很有道理的。还有人认为是由山茄花(曼陀罗)为主组成的我国现代外科学界,据以为临床麻醉剂进行了数以千计的各种外科手术,取得了很大的成功。根据现代实验研究证明,山茄花不但有着较好的麻醉效果,而且有抗休克的作用,是中药麻醉的一种较好的药物。

综合以上各种意见,无论华佗的麻沸散以麻蕡为主药,或是以乌头为主药,亦或以山茄花为主药,甚或是一种麻醉效果并不肯定的药物为主药,均可获得比较好的麻醉效果。因为,单用酒一项即可获得较好的麻醉效果,何况在用酒之外,再加上乌头、曼陀罗之类的麻醉药物,那自然就很理想了。近代以来,关于华佗麻沸散之组成还有一些其他意见,如茉莉花根之类[2]。

华佗对麻醉术之贡献是很大的,我认为他主要是总结了前人的经验,选用酒与麻沸散予以综合使用,使之发挥了更为理想的麻醉作用。酒借药力之持久,药借酒效之迅速,从而达到"须臾便如醉死,无所知"的效果。或谓"既醉无所觉"的麻醉深度,实在是外科手术比较理想的麻醉境地。华佗的麻醉技术虽然并未完整传至后世,但其影响仍然是很大的。我国历代外科学家、整骨学家等的全身麻醉术,几乎无不注重华佗的麻醉思想与方法的发挥和运用。华佗麻醉术对国外的影响也是较为明显的。美国拉瓦尔(Lawall)在本世纪 30 年代论述世界麻醉史时曾强调:"一些阿拉伯权威提及吸入性麻醉术,这可能是从中国人那里演变出来的。因为,据说中国的希波克拉底氏——华佗,曾运用这一技术,把一些含有乌头、曼陀罗及其他草药的混合物用于此目的。"[3]作者虽然没有予以肯定,但中国医学早就明显影响阿拉伯医学之发展确是事实,甚至被推崇为医父之阿维森纳,在其《医典》中大段引用着中国医学的脉诊、药物等等。

日本弘前大学麻醉科教授松木明知曾一再论述了被誉为世界麻醉史上的佳话和先例,被广为传颂的纪州·华岗青洲。松木氏追述了华岗青洲麻醉术之源流,并订正了华岗青洲全身麻醉术成功是 1804 年,不是 1805 年。松木指出:"纪州·华岗青洲以中国汉代的名医华佗作为自

① 杨华亭,药物图考,中央国医馆医药丛书之一,1935 年,第 36 页。

② 张骥,后汉书华佗传补注,1935 年。

③ Lawall, Four thousand years of pharmacy, p. 116.

己从事外科的终身目标。因此,他终于以麻沸散进行全身麻醉和乳癌摘除术成功,这是众所周知的"[1]。华岗青洲距离华佗虽已 1600 余年,但他崇拜华佗,研究华佗,探索其麻醉与外科手术,从中国存在的有关资料中吸取了助益,获得了有世界意义的成功。

以上两例已足以说明华佗的影响早已越过国界,他已成为为人类保健而献身的鼓舞力量和令人崇敬的巨匠和宗师。

## 三　在寄生虫病治疗上的贡献

在古代卫生条件低下的情况下,寄生虫病是很常见的,特别是消化道寄生虫病更为多见,其中以蛔虫病尤为突出。当时,只是在寄生虫病引起剧烈疼痛或因之造成严重合并症才求医诊治。《三国志·华佗传》记载了华佗诊治两例消化道寄生虫病的成功事例,并形容其治疗寄生虫病专长佳效的标志和已为妇孺皆知的名望。如一位被治愈的病人,将驱出的蛔虫挂在车边专程拜访华佗时,为戏要在华佗门前的儿童所见,村童自相说道:"似逢我公,车边病(指车边所挂之蛔虫)是也"可见孩子们皆知华佗善治虫症的事情。等到病人进入华佗家门坐下,挂在北墙上的蛔虫等寄生虫标本约以十数,由此更可见华佗是多么擅长诊断治疗寄生虫病了。可惜,《三国志》只记录了两三例,现摘其要用以说明治疗的良好效果。

一天,华佗行于道路,见一病人苦于咽塞,嗜食,但不能下,食饮则吐,家人以车载之,欲往就医,在路上碰遇华佗。佗闻其呻吟之声,即令驻车诊视。经检查诊断,告诉家人说:"前面道旁边有一卖饼之人,有蒜齑大酢,可取三升饮之,这种病即可治愈。"病家听了华佗的吩咐,饮下三升蒜齑大酢,当即吐出形似蛇样的蛔虫一条,从此他的病也就好了。病人为了感谢华佗,将吐下的蛔虫悬挂在车子上专程拜访这位医者,不料华佗外出为人治病尚未回家。

广陵(今江苏扬州市)太守陈登,患病胸中烦懑,面色赤而不能食。请华佗诊视,经佗检查切脉诊断曰:太守之病,系胃中有虫数升,如不早治将成内疽(内脏之化脓性感染),这是由于过食腥物的关系引起的。便为陈登处方,煎汤二升,即刻先服一升,过一会儿再服一升,约半个时辰,陈登即吐出许多蛔虫,一个一个的头部都是带赤色,而且可以活动。从此,陈登自觉病患已经痊愈了。陈登很是高兴,但华佗却告诉他,此病尚未痊愈,以后还可能再发,遇良医仍可治愈,数年后陈登之寄生虫病果然再发,由于华佗已为曹操杀害,陈登之病虽经众医调治,但终不能治愈而死去。从上述病例可知,华佗对寄生虫病的诊断水平是相当高明的,而且在治疗上也积累了很丰富的经验,表现了料病若神的技巧。

## 四　发展了延年益寿的养生学

中国养生导引以求健身延年益寿的养生学有着悠久的历史。《庄子·刻意篇》将远古之延年益寿理论和方法归纳为:"吹呴呼吸,吐故纳新,熊经鸟伸,为寿而已矣。此导引之士,养性之人,彭祖寿考之所好也。"这段文字的意义是很深刻的,意思是每天坚持做深呼吸,要求深呼以吐故,深吸以纳新,此即早期气功。这是静功,意在运动内脏,促进人体之新陈代谢。然后还要进行动功,即所谓导引,要求模仿动物之动作,活动肢体筋骨,如熊之攀树而自悬,飞鸟之展翅

① 〔日〕松木明知,华佗ピ青洲,载《医学史杂稿》,津轻书房,昭和 56 年。

伸脚等。无论是静功,或是动功,其目的皆在于"导气令和,引体令柔",以求得到强健身体,颐养心神性格,最后达到延年益寿之目的。

马王堆三号汉墓出土帛画——《导引图》,是上述延年益寿养生学的一大发展。可以这样比喻,《庄子·刻意篇》的有关论述,或可谓之体育锻炼,而《导引图》之所示,则已发展为医疗体育,所以说《导引图》是我国先秦医疗体育水平的一次总结。因为,在《导引图》中的40多个画面上,不但文字注明其仿生之动物名称和要领,而且还清楚指出何种姿态可以祛疾治病,这张帛画是非常珍贵的文献文物。

研究华佗的延年益寿方法和养生学理论,可以看出正是上述静功、动功和早期医疗体育方法的继承和发展。华佗的医疗体育方法集中在"五禽戏"中,即模仿虎、鹿、熊、猿、鸟五种动物的动作特点,活动人体之肢体关节,以达到健身、祛疾、延年之目的。根据《三国志·华佗传》记载:"(佗)年且百岁而貌有壮容",其所以能如此,就是由于华佗长期坚持"五禽戏",因而容颜焕发,精神矍铄。但是,关于华佗生卒年代之研究,有的学者以举孝廉当40岁以上推论,说华佗约生于公元141年前后,这样曹操杀佗是在公元208年前,华佗只活了60多岁,这是很矛盾的。如果确定生年在2世纪初,则陈珪举孝廉时佗年60多岁,则可自圆其说。当然,华佗是被杀害而死的,并非因疾或年高而寿终,即使60多岁时被杀也不影响他养生长寿的形象。《后汉书》作者范晔在记述华佗养生学时指出:"佗语普曰:人体欲得劳动,但不当使极耳。动摇则谷气得消,血脉流通,病不得生。譬如户枢,终不朽也。是以古之仙者,为导引之事,熊经鸱顾,引挽腰体,动诸关节,一求难老。吾有一术,名五禽之戏。一曰虎、二曰鹿、三曰熊、四曰猿、五曰鸟,亦以除疾,兼利蹄足,以当导引。体有不快,起作一禽之戏,怡而汗出,因以着粉,身体轻便欲食。"范晔还强调:"普施行之,年九十余,耳目聪明,齿牙完坚。"唐代章怀太子李贤在注引《华佗别传》说:"吴普从佗学,微得其方,(曹操孙)魏明帝(227~239)呼之,使为禽戏。普以年老,手足不能相及,粗以其法语诸医。普今年将九十,耳不聋,目不冥,齿牙完坚,饮食无损。"可见华佗总结创造的五禽戏是延年益寿、祛病健身的一种很有效方法和理论。今人倡导"生命在于运动",为人类所共知。求其实则五禽戏均已俱备矣。华佗的五禽戏,对中国人之延年益寿有着深远的影响,虽然其直接资料未能留存,但梁代的《养生延命录》和北宋时期张君房的《云笈七签·导引按摩》均有记述,特别是后者的辑录尤为可贵。如:"虎戏者,四肢距地,前三掷,却三掷,长引腰,乍却仰天即返,距行前却各八过也。鹿戏者,四肢距地,引项及顾,左三右二,左右伸脚,伸缩亦三亦二也。熊戏者,正仰,以双手抱膝下,举头,左僻地七,蹲地,以手左右托地。猿戏者,攀物自悬,伸缩身,上下一七,以脚拘物自悬左右七,手勾却立,按头各七。鸟戏者,双立手,翘一足,伸两臂,扬眉鼓力,右二上,坐伸脚,手挽足距各上,伸缩二臂各上也。"对华佗五禽戏的这一辑录叙述,是一项承先启后的贡献,华佗五禽戏能发扬光大,造福中国人民和人类,张君房可为华佗学术发展之功臣。

华佗的养生学说除上述五禽戏外,还有秦汉服食之遗风,不过他已不用那些服石炼丹、吞服五石散等,因为服石往往引起中毒。魏晋时期医学发展的一个特点,就是不少医家尽力于服石中毒等一系列疾病之防治。华佗不然,他的服食已倾向于寻求富有营养的植物类药物。如他的另一位学生樊阿,除了长期坚持老师之教导,不懈地运用五禽戏以强健身体外,还遵从老师"漆叶青粘散"久服之则可去三虫,利五藏,轻身,使人发不白的教诲,竟然达到"寿百余岁"而健康无病。华佗年且百岁而貌有壮容,吴普年九十余,樊阿寿百余岁,何以师徒均以高寿百岁而终,他们给生命在于运动这一哲理以最有说服力的注释和阐发。华佗五禽戏寓有十分宝贵的学理和技术。

## 五　先进的医疗思想和技术

华佗之撰著虽然未能完整流传后世,但就文献所提及者,可知其医疗思想很有特点,是时代的先进者,其治疗技术丰富而多有卓效。正如《三国志·华佗传》中所归纳的:"又精方药,其疗疾,合汤不过数种,心解分剂,不复称量,煮熟便饮,语其节度,舍去辄愈。若当灸,不过一两处,每处不过七八壮,病亦应除。若当针,亦不过一两处,下针言:'当引某许,若至,语人'。病者言'已到',应便拔针,病亦行差。若病结积在内,针药所不能及者,当须刳割者"。由此可见,华佗用药处方不过数味,不像后世某些医家好用药海战术,动不动调遣十多味甚至数十味药物以期围歼堵截之效,这种方法往往是医生本身对所调遣药物之作用信心缺乏的一种表现。华佗医疗经验丰富,对药物功效作用掌握熟练,因此,用药针对性强,无需分兵把口,只数味即可达到治愈疾病的目的。要作到这一点,除熟练掌握药性药效外,第一重要的还是对疾病的诊断,只有正确的诊断,才能谈到正确的用药处方,二者兼备,即可获桴鼓之效。以下介绍华佗诊断和医疗技术的一些成就。

一位名叫严昕的人,请华佗诊视,经检查验试,询问病人:您的身体好吗？严昕说:很好,很正常。佗说:您有急病见于面,不能多饮酒。二人坐了一会,病人便乘车回里,行数里,严昕突然头眩,眩晕坠车,人扶还,回家中不久便死过去。可见华佗对脑溢血之先趋症状、体态已有了相当的诊断水平[1]。

督邮徐毅得病,请华佗往视,毅告诉华佗,昨天请医生刘租诊治,医生针刺胃管穴后,便咳嗽不已,欲卧不安,特请先生诊断究竟。华佗说:针刺胃管穴是对的,但取穴针法不正确,刺胃管而实际误伤肝,将产生十分严重的预后。您的病不但欲卧不安,还将食饮日减,过五日则不能救。果然如华佗所预言。

华佗还运用心理疗法取得好的效果。一郡守病,华佗认为使之大怒病即可愈。因此,他向病家大量索取诊金,但却不给予诊治,不加理睬而去,还留信骂詈。郡守果然因而大怒,令人追捉杀死华佗。郡守子知其故,竟告使不要追逐。郡守瞋恚既甚,吐黑血数升而愈[2]。

华佗治病十分重视辨别病、证之异同,对形同而实异者则予以不同的治疗,疗效显著。一天府吏儿名寻,与李延同到华佗处求治,二人所患皆头痛、身热之症,所苦正同。然经华佗诊视,为二人所处方药则完全不同,认为寻当下之,而李延只要发汗即可治愈。人们惊奇地询问何故使然,佗说:二人虽然都苦于头痛、身热,但察脉辨证,寻为外实证,李延乃内实证,所以治疗则各不相同也。二人分别服用了泻下、发汗的药物,次日晨,各自的疾苦皆愈[3]。

## 六　名医出高徒

中国创办医学校培养医师始自公元 5～6 世纪,在此之前,医家均以师徒传授,或父子相传

---

① 《三国志·华佗传》。

② 参见《三国志·华佗传》。

③ 参见《三国志·华佗传》。

为法。如扁鹊医术学自长桑君,而传给子阳、子豹等,张仲景之医术则学自同郡张伯祖,传给卫汛、杜度等。华佗对传授生徒也十分重视。他一生中四处行医,足迹所至,遍及安徽、江苏、河南以及山东等地。在行医的生涯中,他很注意选徒授术,以广未来。他行医到广陵(今扬州),见吴普有培养前途,便收而为徒。吴普从佗学,依准佗治,很快掌握了老师问疾治病之要领,所以在临床上有着很好的治疗效果。吴普精通华佗五禽戏已如前述。此外,吴普在继承华佗医疗技术的基础上,对本草学作过自己突出的贡献,即其所撰《吴普本草》。该书虽然已佚,但《隋书·经籍志》、《唐书·艺文志》等均存其书目,诸子书中也多见引据。故后世有从诸家本草著作中辑录者。因此,《吴普本草》尚可见其梗概。

华佗的另一位高徒——樊阿,彭城(今江苏徐州)人。显然也是华佗行医彭城时之得意门生。樊阿继承华佗针灸技术而犹有发展,当时即以善针术而著名于世。当代针家皆言背及胸藏之间不可妄针,若施针则不可超过四分。但阿针背,往往入及一二寸,巨阙胸脏可针入五六寸,而病皆愈。樊阿之针术很似后世的所谓芒针,宜慎重,切不可妄施。樊阿除善针术外,还熟练掌握了华佗服食"漆叶青粘散"以求健身延年的妙用。

华佗第三位高徒,即李当之,他继承老师对本草学的精僻见地,以及"心解分剂,不复称量"的纯熟技术,在药物研究上青出于兰而胜于兰。他的著作有《李当之本草经》、《李当之药录》、《李当之药方》等,该书在隋代尚存于世,但以后便不存在了。现今欲知其内容,也只能借助其他引用其内容之本草学等著作而知一二。

## 七　华佗遗迹与后世的纪念活动

华佗以其卓越的医疗技术和高尚的医疗道德名扬千古,深得人民群众的爱戴和崇敬,他是长期活在群众心目中的少数杰出人物之一。华佗在当代已是群众传颂、官府赞誉的名医,因此不但《三国志》、《后汉书》为他立传,还有《华佗别传》等作品。然而同时代的张仲景,后世尊为医圣,但正史却只字未提。据传约于唐宋间,华佗的故乡安徽亳县的群众,为了纪念华佗,修了华祖庵。传说还有华佗旧居、华佗读书台等。华祖庵经历代不断重修保存了下来。如乾隆辛巳年(1761)重修时碑文:"汉神医华祖,沛国谯人,故亳谯地,因建庙祠,春秋祭焉,岁久倾圮……不免风雨剥落,殿宇毁坏,缮完补葺,正有赖于后人也。"1962年,当地政府全面整修了华祖庵,并请郭沫若题词"华佗纪念馆",刻石镶嵌。1981年再次重修的华祖庵被列为安徽省重点文物保护单位。古井酒厂还根据华佗遗方研制生产了华佗屠苏酒。

在华佗行医多至的沛县,有相传为华佗经常居住的地方——华庄。1956年沛县政府为了纪念华佗,将华佗故居整修一新,并建立了沛县华佗医院。

徐州既是华佗游学之地,又是他学成为群众防治疾病之所。于王陵路修有华祖庙,庙内有华佗墓。传说是华佗被杀害后,徐州群众为纪念华佗而修的纪念庙和墓。华佗庙内有华佗铜像,两傍一童子手持医书,一童子手持刀圭。其墓高二米,由长方石围砌而成,有题为"后汉神医华佗之墓"的镶刻石碑。墓前有石几、石香炉及吴普、樊阿造像,可惜已毁于"文化大革命"。

在扬州旧城太平桥有"神医庙",群众称为"华大医庙",即为纪念华佗所建。据说华佗以医神名于魏。曾视广陵太守陈登病,并传医道于广陵人吴普,有惠于扬州人。佗殁,普为之立庙以祀。明成化间(1465～1487),郡士马岱,赴省会试前染疾,梦佗治而痊。后,岱获显贵,因请"以家祠敕建今庙"①。这一故事既说明华佗影响之深远,也为该庙之沿革提供了依据。

许昌是曹操狱禁华佗之处,也是杀害华佗之地,也是华佗为曹操刺治头风眩病之所在。许昌有华佗墓,有华佗被杀的纪念地——哭佗村,有监禁华佗的纪念地等等。

纪念华佗的建筑、庙宇、馆院当然不只这些,他在全国各地的药王庙都有塑像供俸。中医学传至海外,在东南亚等地的中医界也多塑像纪念。作者1983年曾在曼谷拜访泰国中医总会,即见供俸华祖神像。

## 参 考 文 献

陈寿(晋)撰.1986.三国志.魏书 华佗.二十五史本,上海:上海古籍出版社

范晔(宋)撰.1986.后汉书 华佗.二十五史本,上海:上海古籍出版社

李经纬.1985.中国古代麻醉与外科手术.中医杂志.383~385

李经纬.1985.中国古代医学科学技术发明举隅.见:中国中医研究院三十周年论文选

李经纬.1984.论华佗外科手术与麻醉术.见:华佗学术讨论会资料汇编

(李经纬)

---

① 耿鉴庭,广陵的华佗遗迹,中医杂志,1956,(3):166。

# 王 叔 和

从传世的医学文献可以看到,西晋时期中国医学已经达到了较高的水平。如所周知,《黄帝内经》和《难经》以论述基础医学理论为主,兼及病证及治法,内容极为丰富。东汉张仲景所撰《伤寒杂病论》(后世将之分为《伤寒论》与《金匮要略》两种)论述了急性热病、内科杂病以及妇产科、外科等多科疾患,并确立了辨证论治的思想体系,初步形成了八纲(阴、阳、表、里、虚、实、寒、热)、八法(汗、吐、下、和、温、清、补消)的证治纲要。加上在仲景以前已编成的药物学专著——《神农本草经》,因而奠定了我国临床医学的广泛基础。

王叔和,名熙,生活于西晋时代,是当时名位俱显的医学家。生卒年代已难于稽考。关于其籍贯,历代医家根据东晋张湛《养生论》及唐甘伯宗《名医传》等文献记载,知为高平人,古籍均未标明省属。迄20世纪,陈邦贤《中国医学史》及《中国医学史讲义》等书载述为山西省高平人,1979年《简明中医辞典》谓世传有二说,一说指山西高平,一说指山东兖州。1981年贾以仁撰文考证认为:西晋时山西尚无"高平"之地名,而现山东省济宁地区微山县西北、独山湖北的两城一带,则为西晋时的高平故城①。1988年出版的《中医人物辞典》仍以两说并存,并认为山东当是"济宁、邹县"。我认为王氏的籍贯以山东和山西而言,山东的可能性较大,至于是微山县抑或邹县似均难否定,愚意当以"山东济宁地区"说较为可靠。

叔和治医,博览群书,理论与临床并重。宋高保衡、林亿等在校定《脉经》的"进呈虹子"中称王氏"性度沉潜,尤好著述,博通经方,精意诊处,洞悉修养之道"。曾任太医令,是西晋两位影响最大的名医之一(另一位是《针灸甲乙经》作者皇甫谧)。他在医学上主要有两大贡献。其一是对脉学的深邃造诣,撰成了学术理论联系医疗实践的脉学专著——《脉经》(共10卷,分97篇),是我国脉学、诊断学的杰出代表作;其二,王叔和将战乱后濒于佚失的张仲景《伤寒杂病论》中急性热病——"伤寒"为主的原文,整理、编次为《伤寒论》,为仲景学说的流传、光大作出了可贵的贡献。

## 一 撰成脉学与诊法的典籍——《脉经》

切脉是一种特殊的诊法。病人往往以医生切脉诊病的水平,作为厘定其医疗技术高低的标尺。中医诊法虽是强调四诊(望、闻、问、切)互相参合以诊病,但尤重于脉诊。我国现存有关诊法的专著近400种,其中绝大多数为脉学专著,《脉经》则是现存最早的脉学专著。后世论脉,大致均以《脉经》学术理论为本。因此,本书不仅是时代性的脉学总结,而且是我国脉学的第一部经典名著,对国外也具有一定的影响。

### 1. 编书的缘起

如前所述,王叔和认为切脉是一门较难掌握的诊病方法。他在《脉经·序》中指出:"脉理精

---

① 贾以仁,王叔和籍贯及任太医令考,中华医史杂志,1981,(1)。

微,其体(指动态的脉象形体)难辨,……在心易了,指下难明。"说明切脉的难度较大。然而在晋以前的医著中,又未能将深奥的脉理加以详明的阐析、整理,以至造成一些医生在脉诊上所酿致的误诊。王氏特别指出相类似的脉,更不易辨别。如将沉脉误为伏脉,缓脉误为迟脉,诊治不当就可能产生不良的后果。何况在一个病人身上,可以兼见数种脉象;或是不同的病证,可以脉象相同。如果忽略这一些,不肯在脉诊的理论与实践方面多加钻研,就可影响诊治的准确性,甚至造成"微疴成膏肓之变,滞固绝振起之望"。有鉴于此,王叔和"撰集岐伯以来逮于华佗经论要诀,合为十卷。百病根源,皆以类相从,声色证候,靡不赅备"。书中还总结了西晋以前其他著名医家的脉学成就,将他们有关脉学的"所传异同,咸悉载录"①。足见编撰此书,王氏是花了很多心血的。《脉经》之所以成为医学经典名著,绝非偶然。

### 2. 首创二十四脉象法

王叔和将脉象分为浮、芤、洪、滑、数、促、弦、紧、沉、伏、革、实、微、涩、细、软、弱、虚、散、缓、迟、结、代、动共 24 种②。这是我国首先创导的脉象分类,后世的分脉从 26 种至 32 种不等,但均宗《脉经》理论而只是略有补充。王氏二十四脉的分类法,反映了各科疾病的多种脉象,直到现在仍为临床所应用,具有现实的学习、参考价值。

### 3. 释脉浅显生动,辨脉突出"相类"

脉的表述,不易形象、恰当。叔和解释脉象,相当浅显生动。如:
"浮脉:举之有余,按之不足(即轻取,脉搏明显;重取,脉搏的指下感不足)。
芤脉:浮大而软,按之中央空,两边实。
洪脉:极大在指下。
滑脉:往来前却流利,展转替替然……。"
王叔和对脉象的简明描述,为后世广大医家提供了较为确切、规范的释义。至于相对的脉象,王氏诠释时注意对比,使读者易于理解、记忆。如"浮"与"沉"脉相对,浮脉正如前述"举之有余,按之不足";而沉脉则是"举之不足,按之有余",即轻取,脉象不明显;重取,指下有明显的搏动感。

对于相类似的脉象,尤须细辨。如沉脉与伏脉,王叔和释伏脉时说:"极重指按之,着骨乃得"。阐明了伏脉较之沉脉更为深沉。他将二十四脉加以综合分析,明示读者,"浮与芤相类,弦与紧相类,革与实相类,滑与数相类,沉与伏相类,微与涩相类,软与弱相类,缓与迟相类……。"这些相类脉在切诊中,均须加以区分、辨明。

### 4. 切脉分部及脉诊须知

切腕部寸口脉,其分部多采"左手心肝肾,右手肺脾命"之说。即左寸,心;左关,肝;左尺,肾。右寸,肺;右关,脾;右尺,命门。我们从《脉经》一书的引文可知,这个理论来自《脉法赞》(为《脉经》以前的脉学专著。已佚。)该书云:"肝心出左,脾肺出右,肾与命门,俱出尺部"。由此亦可看出《脉经》的重要文献价值。

---

① 《脉经·序》
② 《脉经》卷一。

关于切脉的时机,叔和宗《内经》"诊脉常以平旦"①之说。除掌握适当的时辰切脉外,王氏又结合临床所见提出:"凡诊脉当视其人大小、长短及性气缓急。脉之迟数、大小、长短皆如其人形性者则吉。妇人、细人脉小软;小儿四五岁,脉呼吸("呼吸"指医生一呼一吸所需的时间)八至、细数者吉"。并强调切脉的轻重手法。

王叔和也是一位注重整体诊法的医学家。亦即除切脉外,必当结合其他诊法,以提高临床诊断。他又是一位善于观察,精细过人的临床家。他还根据多年的经验,提出新病多见浮滑而疾之脉,久病常有小弱而涩的脉象。并指出:"短而急者,病(位)在上;长而缓者,病在下;沉而弦急者,病在内;浮而洪大者,病在外;脉实者,病在内;脉虚者,病在外。在上为表,在下为里;浮为在表,沉为在里……"这对医生如何从切脉中,大致诊断患者的病位,有一定的临床参考价值。

对于病人发热将愈的脉象,王叔和也作了细致的观察、描述。他说:"寸关尺大小、迟疾、浮沉同等,虽有寒热不解者,此脉阴阳为平复,当自愈"②。这是探测将愈脉的早期记述之一。

### 5. 撷取《内经》及扁鹊、华佗之脉学、诊法菁萃

《脉经》中引述《内经》脉学内容甚多。包括《素问》脉要精微论、三部九候论、平人气象论、五脏别论、五脏生成篇、至真要大论、玉机真藏论、大奇论;《灵枢》经脉篇、终始篇、论疾诊尺篇、五色篇等计20余篇论的脉诊内容。其中又以脉要精微论与平人气象论为重点内容。所引《内经》脉学包括基础理论、脉学总论及联系临床病证的阐析。更为难得的是,王氏辑录了扁鹊、华佗等名家的论脉精华,使《脉经》的内容生色不少。

如此书卷五有"扁鹊阴阳脉法"、"扁鹊脉法"、"扁鹊、华佗察声色要诀"、"扁鹊诊诸反逆死脉要诀"等篇。其中如扁鹊对"平脉"(平人之脉,亦即正常脉)所阐述的概念,他从两个方面进行分析。其一,"人一息(扁鹊所谓一息是指医者一呼一吸所需时间的一半)脉二至,谓平脉"。这是从脉跳至数快慢的测知而言。其二,扁鹊曰:"平和之气,不缓不急,不滑不涩,不存不亡(指脉跳不过分有力,也不过于虚弱),不短不长,不俛不仰(指脉搏整齐),不纵不横(指切脉无交叉、散乱的情况),此谓平脉。"这又是从切脉所得的综合情况来衡定正常脉象。又如扁鹊将一日中之平旦、日中、晡时、黄昏、夜半、鸡鸣,分属于太阳、阳明、少阳、少阴、太阴、厥阴,亦即以三阴三阳运行所到的经脉,作为一天中六经的阴阳脉法,以判别其常脉、病脉。

扁鹊还是一位脉证结合以诊病的先驱。他说:"脉气弦急病在肝,少食多厌,里急多言,头眩目痛,腹满筋挛,癫疾上气,少腹积坚,时时唾血,咽喉中干。相疾之法,视色听声,视病之所在……"亦即将四诊与患者表现的症候加以全面分析,求取诊断。王叔和在介绍扁鹊、华佗的诊法方面,较重视他们的经验之谈。如:"病人口如鱼口,不能复闭,而气出多不反者,死。……病人爪甲青者死;病人爪甲白者,不治。……阴囊、茎俱肿者死;……病人唇肿、齿焦者死,……病人齿忽变黑者,十三日死;病人舌卷卵缩者,必死;病人汗出不流,舌卷黑者死……"。出现以上这些症候,通常说明病情严重,预后多不良。

至于旧题秦越人(扁鹊)所撰《难经》脉学内容,《脉经》根据所论,分别载于其他诸卷中,兹不赘述。

---

① 《素问·脉要精微》。
② 见王叔和辑《伤寒论·平脉法》。

### 6. 总结了张仲景临床脉诊经验

在《脉经》卷五中，王叔和首先介绍了"张仲景论脉"。此论强调病证的情况常有变化，故在患者求诊时，必当"察色观脉"。并指出一些病证的常见脉象。如"风则浮虚，寒则紧弦，沉潜水滀，支饮急弦。动弦为痛，数洪热烦，……"。此论述不见于仲景原著。而《脉经》一书几乎概括了《伤寒论》原文及《金匮要略》中所有病证条文，因此使《脉经》结合临证的特点更为鲜明。特别是防治部分，王氏还补充了不少方剂（药物组成待考），如平胃丸、生姜前胡汤、防风竹沥汤、秦艽散、泻脾丸、茱萸丸、茱萸当归汤、摩治伤寒膏等。

### 7. 王叔和个人的脉学心得及编次经验

《脉经》一书，除广采博收前人的脉学成就外，还介绍了较多王叔和个人有关脉学的理论与临证心得。他以脏腑分部（肝胆部、心小肠部、脾胃部、肺大肠部、肾膀胱部）列述有关病证的邪正虚实、病脉及死脉，从内容分析，多属《内经》、张仲景有关脉证的论述，但在阐论中凡标明"右新撰"者，均为王氏所写的脉学理论。此处"右"有"前一段"的含义，"右新撰"，是作者明示读者"前一段文字是我新写的内容"。《脉经钞》认为"右新撰"部分是王叔和"自出机杼，类集而成"，另加自注以帮助读者理解"新撰"文句的蕴义。王氏并结合所论脏腑的经脉以及不同季令、时日在脉象上的差异，介绍所论脏府"俞"（指背部腧穴）的所在部位。

王叔和在整理十一经（肝足厥阴，胆足少阳，心手少阴，小肠手太阳，脾足太阴，胃足阳明，肺手太阴，大肠手阳明，肾足少阴，膀胱足太阳，三焦手少阳）病证时，较详细地阐述各经病证的病因、病理和治法，以及经脉循行径路及其发病情况，所参考的文献以《内经》、《金匮要略》等经典医著为主。但王氏于此重加整理、编次，力求使所论内容较为精要、明晰，趋于条理化。

又《脉经》卷十"手检图二十一部"（现行刊本只见两个图表）所叙文字，大部分不见于（或不同于）《内经》、《难经》等著作，内容系补述十二经脉、奇经八脉以及三部、二十四脉。所谓"手检图二十一部"，有几种解释，较为可取的释义是：十二经中除去三焦经，加奇经八脉和阴阳二络，合为二十一部。此卷对寸、关、尺三部脉的脉证论述尤详。如"……尺寸俱数，有热；俱迟，有寒。尽寸俱微，厥；血气不足，其人少气。……寸口涩，无阳，少气；关上涩，无血，厥冷；尺中涩，无阴、厥冷。……寸弱，阳气少；关弱，无胃气；尺弱，少血"。这些论述似不见于《脉经》以前的著作，反映了王叔和个人的脉证心得，值得进一步研究。

此外，《脉经》结合脉证介绍张仲景汗、吐、下、温、灸、刺（指针刺法）、水（指利水、饮水等治法）、火（多指热熨）八种治法的"可"与"不可"（即适应症与禁忌症），以及尸厥、阴阳毒、百合病、狐惑、霍乱、中风、历节、血痹、虚劳、消渴、小便利淋、水气、黄疸、疟病、胸痹、心痛、腹满、寒疝、呕吐、肺痿、肺痈、肠痈、金疮、浸淫疮、妊娠病证、女科杂病、小儿杂病等多科疾病的脉诊和治疗。以上内容主要辑自《金匮要略》和《伤寒论》二书。

综上所述，《脉经》包含的学术经验相当丰富，是祖国医学较早期的经典名著。宋何大任称："其论脉理精晰，莫详于王氏《脉经》。纲举目分，言近旨远……"[①]。明缪希雍则谓《脉经》作者"王叔和集扁鹊、张仲景、华元化诸先哲所论脉法之要，并系之以证，俾后学者知所适从。其于伤寒，尤加详焉"。并称此书影响深远，"历代名师，莫不祖其微义，嗣其宗旨"，堪作"医门之龟鉴，

① 《脉经·后序》。

百世之准绳"①。以诊断类书籍而言,在世界医学文献中,《脉经》亦具有举足轻重的位置。

### 8.《内经》、仲景著作的重要校本

王氏《脉经》是公元 3 世纪的作品,其内容又有较多部分是引录《内经》、《难经》、仲景著作、《针灸甲乙经》等书。因此,它自然也是这些早期经典医著的重要校本。不仅可与《内经》、《难经》中论脉部分、脉证结合部分相互参校,同时还是《内经·灵枢》"经脉篇"的必用校本。如《灵枢》(西晋以前称之为《针经》)将大肠经"入肘外廉"误为"入肘下廉"。清·莫文泉《研经言》指出:"阳明行身之前,不应入肘下廉。本经肘髎穴,正当肘外廉。当从《脉经》改正。"又如胃经经脉,《灵枢》传本作"上入齿中";《脉经》作"入上齿中",正与手阳明大肠经"入下齿中"相对。莫文泉认为:"上齿属足阳明,下齿属手阳明,经有明文。若混言齿中,则上下莫辨。"一字之颠倒,造成明显错讹。

关于以《脉经》校仲景著作,先贤已予关注。因为世传《伤寒论》以"宋本"为早期刊本,但较之西晋《脉经》,相差约 700 年左右。而《脉经》几乎将《伤寒论》原文悉予编入。由于此编的年代,相去仲景不远,作为校本,更接近于仲景原作风貌,值得我们加以重视。清·钱熙祚说:"(《脉经》)第七卷云'伤寒一二日至四五日厥者,必发热,前厥者,后必热',今《伤寒论》误作'前热者,后必厥'。按厥阴病之病乃阳陷于阴,而非有阴无阳。今虽郁极而厥,然阳邪外达,将必复为发热也。故下文即云:'厥深者热亦深,厥微者热亦微','厥热'二字,误为颠倒,则非其义矣……"② 再以《金匮要略》为例:"血痹……夫尊荣人骨弱肌肤盛,重困疲劳汗出……"一段,其中"重困疲劳汗出",于义欠通。《脉经》作"重因疲劳汗出",甚是。今《金匮要略》整理本均据《脉经》予以校正。《难经》、《甲乙经》等典籍,亦有类似的校例,以上只是略予举例分析而已。

总之,《脉经》作为征引汉以前医学典籍内容较多的名著,它在校书方面所起的作用,应为广大中医工作者所瞩目。

## 二　编次《伤寒论》,是临床医学的主要传播者

《伤寒论》是张仲景《伤寒杂病论》的重要组成部分。由于张仲景原著自东汉后期、三国迄西晋,多有散佚、残缺。王叔和将《伤寒杂病论》的伤寒部分予以汇集编次,成了后世广为流传的《伤寒论》。由于张仲景的著述贯串了辨证论治的诊疗思想方法,对各科临床均有指导意义。其方治实亦不限于伤寒病证,故此书与《金匮要略》共同奠定了我国临床医学的基础。

### 1.　"苟无叔和,安有此书"

《伤寒论》已被公认是学习中医学的必读经典。但这部书的编成,其首功当推王叔和。金·成无己《注解伤寒论》指出:"仲景之书,逮今千年而显用于世者,王叔和之力也。盖仲景书当三国兵燹之余,残缺失次。若非叔和撰次,不能延至于今。功莫大矣"! 宋代另一伤寒著名学者严器之则谓:"晋太医令王叔和,以仲景之书,撰次成叙,得为完帙。昔人以仲景方一部为众方之

---

① 《脉经·缪序》。
② 《脉经·跋》。

祖,盖能继述先圣之所作。迄今千有余年不坠于地者,又得王氏阐明之力。"① 清初三大医家之一的徐大椿《伤寒类方》则明确提出:"苟无叔和,安有此书"(指《伤寒论》)。可见,如王叔和当时不下功夫收集并编次《伤寒论》,后世医家就难以读到如此条理化的"完帙";更谈不上将梁・陶弘景誉之为"群方之祖"的《伤寒论》加以继承发扬,使临床医学得到健康、飞速的发展。实际上,尊崇张仲景的学术经验早已超出国界。近年来中日不少学者多次共同探讨仲景学说。这个现状,说明《伤寒论》具有普遍的临床指导意义和颠扑不破的学术价值。

### 2.《伤寒论》的编法

目前世传《伤寒论》原文,有多种版本,但其中主要的有两种。其一为明・赵开美影宋刻本(简称"宋本"),又一为金・成无己本(简称"成本")。成无己在《注解伤寒论》中将仲景原文部分基本上按王叔和整理本编排。王叔和的编法,正如宋・闵芝庆《伤寒明理论删补》所述:"先列辨脉,平脉二篇(此处'平脉'非平人之脉,而有'精细切脉,衡量病机'的含义),盖谓论病当先明脉也。伤寒例为六经诸篇要领,故以统论者,列于脉法之后;痉、湿、暍三种,有似伤寒,故辨又次之……。"在辨脉、平脉、伤寒例、痉湿暍之后,分述六经病(太阳病、阳明病、少阳病、太阴病、少阴病、厥阴病)脉证并治,及霍乱、阴阳易、差后病。其后又有不可汗,宜汗;不可吐,宜吐;不可下,宜下;并发汗,吐下后病脉证并治。如此编排次序及分类,便于读者学习或寻检。

须予说明的是,王叔和撰次的《伤寒论》中痉湿暍篇与《金匮要略》重复。对此,明初黄仲理《伤寒类证辨惑》作了解释。他说:"又痉湿暍三种一篇,出《金匮要略》,叔和虑其证与伤寒相似,恐后人误投汤剂故编入六经之右(此处'右'作'前'字解)……是为杂病,非伤寒之候也。"

从以上不难看出王叔和编次《伤寒论》原文的情况。王氏的编法,后世伤寒学者持肯定态度和发表不同意见者,均不在少数,这又属于学术见解的纷争,似不必强求一致。不过当前高等院校统一教材,其《伤寒论》课本的原文则是主要参照"宋本"的编排法。

### 3. 王氏编次《伤寒论》的自撰篇卷

根据古今多数医家的看法,《伤寒论》中"辨脉法"、"平脉法"及"伤寒例"三篇,是王叔和手著。但对此仍有一些不同的见解。如黄仲理《伤寒类证》认为三篇系"叔和采撷群书,附以己意,虽间有仲景说,实三百九十七法之外者也"。明郑佐谓:"辨脉法,叔和述仲景之言,附己意以为赞经之辞。"

对于"伤寒例",闵芝庆说:"伤寒有例,犹律法有例,罪有明证,从例治之;病有明证,从例治之,是皆所谓法。证可定罪之法,证可定病之名,正名所当先也。伤寒例,先正伤寒所由名"②。清代著名的伤寒学者魏荔彤认为"例"当作"凡例"解。并说"伤寒例"的内容可取,之所以写这个内容,"特欲推广伤寒于伤寒外耳"③。同时魏氏认为:"辨脉一篇,的是医圣(指张仲景)原文,其辞简括,其义深长。"这个见解得到了部分医家的认同。

至于此三篇的内容,辨脉、平脉二篇,可谓是脉学总论(其中有些论述亦见于《脉经》)。"辨脉法"首先对阴脉、阳脉作了概括,所谓:"凡脉大、浮、动、数、滑,此名阳也;脉沉、涩、弱、弦、微,

---

① 《注解伤寒论・严器之序》。
② 闵芝庆,《伤寒阐要编》。
③ 魏荔彤,《伤寒论本义》。

此名阴也。凡阴病见阳脉者生，阳病见阴脉者死。"简要阐述这些阴阳脉的脉象，并指出寸口脉微是"阳不足"，尺脉弱是"阴不足"。篇中还介绍阳结脉、阴结脉、结脉、促脉等病脉，患者病证欲愈时脉象。其后列述有关脉证总的概念（如"寸口脉浮为在表，沉为在里，数为在腑，迟为在脏。寸口脉弦而紧，浮则为风，紧则为寒……"），分析"命绝"之脉、五脏绝证，以及寸口、趺阳脉的一些病理脉证情况。

"平脉篇"介绍了正常人在四季的常见脉，三部脉的部位，内虚外实脉，内实外虚脉，并结合望诊、闻诊和临床表现，判断有病、无病、风病、里痛、短气、腰痛等病证，以及人在羞愧时、恐怖时常见的脉象及表现，着重向读者宣扬综合诊断的重要性。篇中还介绍五脏之脉，切脉时手法的轻重，什么是纵、横、逆、顺脉，什么是"残贼"脉等。篇中指出："脉有弦、紧、浮、滑、沉、涩，此六者名曰残贼。"见此诸脉，甚易伤害正气，故名之曰"残贼"。须予指出的是，根据寸口脉营气、卫气的情况，篇中提出了高、章、纲、惵、卑、损等名词，即"寸口卫气盛，名曰高；荣气盛，名曰章；高章相搏，名曰纲。卫气弱，名曰惵；营气弱，名曰卑；惵卑相搏，名曰损。卫气和，名曰缓；荣气和，名曰迟；迟缓相搏，名曰沉①。"

此外，本篇也列述了寸口脉、趺阳脉异常所见的一些病证等。

"伤寒例"的内容相当重要，是不可忽视的热病文献。篇中指出："中而即病者，名曰伤寒；不即病者，寒毒藏于肌肤，至春变为温病，至夏变为暑病。暑病者，热重于温也。"这是温病中"伏气"学说的理论根据之一。该篇又说，"非其时而有其气"易患"一岁之中，长幼之病，多相似者"的病证（实际上就是传染病）。此篇并介绍冬温、时行、寒疫、温疟、风温、温毒、温疫、伤暑等病，对其中的多数病证，还从脉象上加以辨析。虽然王叔和与张仲景相去不过数十年，但对于"热病"（包括伤寒、温病、温疫等）的认识，又有了较为深广的发展。而对这一点，往往不被医家所重视。实际上"伤寒例"不只是论述伤寒的凡例，它对后世温病学的奠立，亦有不可磨灭的贡献。

须予强调的是，王叔和及其《脉经》反映了西晋时代的医学水平，《脉经》则是医学诊断学中极可珍视之瑰宝。难怪宋·林亿在校订《脉经》一书时，称此书"若网在纲，有条不紊，使人占外以知内，视生而别生"。他对这部重要医经的评价是较为客观的。尚须提出的是，我国临床医学文献，从《脉经》开始，有了对小儿病的专篇论述（见卷九"平小儿杂病证"）。论中介绍了小儿正常脉和风痫、乳不消、客忤等病证所见之脉，分析了飧泄、小儿病困、囟陷等病之证脉，补充了张仲景《伤寒杂病论》未列专题谈小儿病之不足。这是值得儿科临床工作者重视的早期儿科专篇著述。对于《脉经》中的其他很多内容，还有待于我们进一步学习、研究并加以宏扬。

（佘瀛鳌）

---

① 此处的"迟"与"沉"，系指正常人脉稍偏于迟或沉的情况。

# 皇 甫 谧

皇甫谧是我国古代著名的医学家。他总结了公元 3 世纪以前中国医学基础理论与针灸治疗学两方面的成就,著成《黄帝针灸甲乙经》,这是我国医学史上现存最早的针灸学专著。作为针灸学的经典著作,不但在我国历代习授,而且传播海外,至今仍不失为国内外针灸教学、科学研究与临床治疗所必不可少的宝贵参考书。另外,皇甫谧还著有《帝王世纪》、《高士传》等许多文学著作,是当时文坛颇负盛名的文学家之一。

## 一　生平考证

皇甫谧,字士安,幼年名静。自号元晏先生。安定朝那人。幼年过继给叔父,徙居新安(今河南渑池)。生于后汉建安二十年(215),卒于西晋太康三年(282),享年 68 岁。

关于皇甫谧的故乡——安定朝(音 zhū)那,原一直释为今甘肃省灵台县朝那镇,但近年先后有两篇文章对此提出质疑。指出:灵台西北之朝那为西魏大统元年(535)置,而西汉所置朝那在今宁夏回族自治州固原县东南,北魏末年废。又根据《史记·封禅书》有"湫渊,祠朝那",作进一步考证:《史记集解》引苏林曰"湫渊在安定朝那县,方四十里";《甘肃新通志·舆地志·山川》记载固原州境内有"朝那湫二,一在州东南五十里……一在州西南四十里……二水相合,方四十里,水停不留,冬夏不增减,两崖不生草木。……土人谓之东海、西海"。因此认为皇甫氏该为此地人[①]。实地调查,今固原县城东南与西南仍有此水,当地人称"朝那湫",现修建为两个小水库。西南的称"海子峡水库",东南的称"东海子水库"。唯因宁夏回族自治州成立于 1958 年,故在此以前的著作称皇甫氏为甘肃人是正确的,而此后则当释为今宁夏回族自治州固原地区为妥。

皇甫氏是一个"历代官宦,累世富贵"[②] 的家族。其祖上自皇甫棱始见于史书,显者如皇甫规,因破羌兵有功,屡见升迁,封成亭侯[③]。最著者为谧之曾祖皇甫嵩,以破黄巾功,为征西将军、车骑将军,拜太尉[④]。魏晋时所行九品官人法和所谓"荫亲属"的特权,使得皇甫氏这样的大户人家可以得到政治和经济特权的保障。"他们上起高祖,下至玄孙,免向国家纳租税服徭役,各有田和佃户,有权从国家总户口中割取一部分作为自己的私赋税。"[⑤] 正是因为有了这种特权的保障,皇甫谧才能"年二十"尚"游荡无度"[⑥],过着无忧无虑的生活。他与表兄弟梁柳等一

---

① 贾以仁,皇甫谧"安定朝那人"辨,中华医史杂志,1981,(2):101。
姜亚州,皇甫谧故里朝那考,中华医史杂志,1985,(1):24。
② 《甘肃新通志》卷三十五。
③ 《后汉书》列传第五十五。
④ 《后汉书》列传第六十一。
⑤ 范文澜,中国通史,第一册,第363页。
⑥ 《晋书》卷五十一,皇甫谧本传。以下未注出处者,均据此。

班少年攀树采果,东跑西颠,"或击壤(古时一种游戏)于路,或编荆为盾,执获为戈……以为乐"①。

　　一般医史著作根据《晋书·皇甫谧传》所记载的"居贫,躬自稼穑,带经而农",以及《元晏春秋》所云"余家素贫窭",而认为皇甫谧出身农民,家境贫苦,必须自己耕种,乃至边种田边读书②,这是不可信的。所谓"贫苦"、"而农",只不过是相对于官宦、仕进而言罢了。如果没有基本的生活条件保障,皇甫谧一生"博综典籍百家之言,以著述为务",以及患病后基本丧失劳动力,"躯半不仁,右脚偏小",仍能"手不释卷",都是无法想象的。

　　又从皇甫谧屡受朝廷辟召(详见年表),有多次仕进的机会来看,都显示着他所处的社会地位。因为当时只依据士人的籍贯和祖、父官位,定门第高低,吏部尚书则根据门第高低决定是否任用③。

　　皇甫氏至谧时家境已衰,早已不似嵩时豪华奢侈是肯定的,但仍不失为衣食无忧之家。皇甫谧读书著述之际可能兼管家中田产农桑之事,但决不会依靠自己劳动维持生活。其家乡的古迹中有"皇甫山居"为"皇甫氏别业"④,亦可证其经济地位。因此不可将他视为农民出身,甚至与贫苦农民视若一等。

　　皇甫谧自幼不好学,年已20尚"目不存教,心不入道",后因叔母任氏声泪俱下,苦口婆心地屡屡劝说,谧始感动。乃拜同乡席坦为师,发愤读书。他勤学不息,"耽玩典籍"竟至"忘寝与食"之状,被时人称为"书淫"。久而久之,终于成为一个"博综典籍百家之言"的学者。一生中著书颇多,后人对其文学著作曾有过这样的评价:"博采经传杂书以补史迁之缺,所引世本诸书,今皆亡佚,断壁残圭,弥堪宝重。其论地理,能于旧说外自出新意。"⑤

　　皇甫谧一生多病,这无疑是导致这位文坛才子学医的重要因素之一。疾病也对皇甫谧的心理状况起了很大的影响,致使他"委顿不伦,尝悲恚,叩刃欲自杀"。因此弄清楚他一生中究竟在何时得了些什么病,对研究他的生平和学术思想都是极其重要的。过去较多见的看法是认为皇甫谧自42岁起患风痹疾,半身不遂,耳朵也聋了;54岁又因服寒食散得了一场大病。这种说法实际上未能正确地反映皇甫谧一生的健康与疾病状况。

　　皇甫谧至迟在34岁时就已是"躯半不仁,右脚偏小"的残疾之人了。这从泰始三年左右,他给晋武帝的奏疏可以得到证明:"臣以尪弊,迷于道趣,……久婴笃疾,躯半不仁,右脚偏小,十有九载,又服寒食散,违错节度,辛苦荼毒,于今七年。"泰始三年皇甫谧53岁,此前一十九载可知是34岁。他提到自己患"尪弊","尪"字三义:曲胫人、短小、行不正。无论哪一条与他说的"躯半不仁,右脚偏小",结合起来看都说明他患病的主要症状表现是右下肢严重的肌肉萎缩。

　　因而有些人或认为他患的是严重的风湿病,这是不能成立的,因为类风湿性关节病虽然晚期可见肌肉萎缩,但它侵犯的多是踝指小关节,而且两侧对侧;风湿性关节炎可见两侧的不对称,但并不以肌肉萎缩为主症。

　　从皇甫谧的有关史料记载中基本可以排除先天性、外伤性损伤至残,那么导致他右下肢严重肌肉萎缩的病,最大的可能是引起脊髓前角细胞损伤的脊髓灰质炎了。

---

① 晋·皇甫谧,《元晏春秋》。
② 增时新等,名医治学录,广东科技出版社,1981年,第32页。
③ 《中国通史》第一册,第363页。
④ 《甘肃新通志》卷十三。
⑤ 《帝王世纪》,钱熙祚序。

## 皇甫谧著作表①

| 书　名 | 原卷数 | 存佚状况 | 备　　　　　　　　　　　注 |
|---|---|---|---|
| 针灸甲乙经 | 12卷 | 存 | 存明代以后刊本数十种 |
| 依诸方撰 | 1卷 | 佚 | 《隋书·经籍志》存目 |
| 脉　诀 |  | 佚 | 《难经集注》二难杨注存残句 |
| 论寒食散方 | 2卷 | 存片断 | 《诸病源候论·寒食散发候》等书保留有部分内容 |
| 高士传 | 6卷 | 存 | 今流传本分为3卷,有《古今逸史·逸记》、《广汉魏丛书·别史》、《四部备要·史部传记》等十余种版本 |
| 帝王世记 | 10卷 | 存辑本 | 今有清代宋翔凤辑本(见《训纂堂丛书》)、顾观光辑本(见《指海》、《丛书集成初编》) |
| 年　历 | 6卷 | 存片断 | 《玉函山房辑佚书》有清代马国翰辑本一卷 |
| 玄晏春秋 | 3卷 | 存片断 | 有一卷残本,见《说郛》卷五十九 |
| 逸士传 | 1卷 | 存片断 | 《玉函山房辑佚书补编》有清代王仁俊辑本一卷 |
| 列女传 | 6卷 | 存片断 | 《说郛》、《五朝小说大观》等数种书存一卷残本 |
| 庞娥亲传 | 1卷 | 存 | 见《甘肃通志》卷四十八、《绿窗女史·节侠部义烈》等书 |
| 皇甫谧集 | 2卷 | 佚 | 《隋书·经籍志》存目 |
| 韦氏家传 | 3卷 | 佚 | 《旧唐书·经籍志》存目 |
| 帝王经界纪 | 1卷 | 存片断 | 《重订汉唐地理书钞》有清代王谟辑本一卷 |
| 地　书 |  | 佚 | 《补晋书艺文志》存目,《北史》卷八十八与《隋书》卷七十七之《崔颐传》存残句 |
| 朔气长历 | 2卷 | 佚 | 《补晋书艺文志》存目 |
| 鬼谷子注 | 3卷 | | 文廷式《补晋书艺文志》谓"日本国见存书目尚有此书" |

注:1.《周易解》因"示必有专书"(见丁国钧:《补晋书·艺文志·刊误》)故未列入。

2. 未成书的文论之品如《三都赋序》、《玄守论》、《释劝论》、《笃终》等未列入。

皇甫谧42岁至45岁间又患了一次大病,主要症状是耳聋。但经以针灸为主的积极治疗,三个多月后恢复了健康。在自己患病、治病的过程中他倍感医事之重要,"有八尺之躯而不知医事,此所谓游魂耳"②。于折肱之中深有感慨,于是撰写了《针灸甲乙经》一书。

许多学者把皇甫谧的这两次大病搞混了,统统放在甘露年间,即皇甫谧42～45岁这一阶段间。其根据是皇甫谧在《甲乙经》自序中说:"甘露中吾病风加苦聋",以为皇甫谧说的躯半不仁,就是"中风"导致的"半身不遂"。其实中医所说的"风"含义极广,它既可以是病因,也可以是病证,如《内经》中说:"诸风掉眩,皆属于肝;诸暴强直,皆属于风"等等。皇甫谧在此所说"耳聋",本身就可以是"风病"的一种症状,也可能指伴随耳聋出现的头晕、目眩等其他症状。再有一点应该注意的是原文"吾病风加苦聋"下还有四个字"百日方治",如果是指"躯半不仁,右脚偏小,十有九载"的"尪弊之疾"是不可能在百日左右治瘥的。

根据皇甫谧自己所述,其患"尪弊之疾"与"服寒食散"相距12年,可知服散是在46岁时,而不是一般医史著作所说"后因误服寒食散患风痹疾,几于残废"③。然而这非但未能治愈他的沉疴痼疾,反见胸腹燥热,烦闷咳逆,以至冬日亦想"裸袒食冰",每年约有八九次被疾病折磨得

① 孔详序,《针灸甲乙经》成书年代和卷数考,中华医史杂志,1985,(1):54。

② 皇甫谧,《针灸甲乙经·自序》。

③ 陈邦贤,中国医学史,商务印书馆,1957年,第122～123页。

"食不复下，乍寒乍热，不洗便热，洗复寒甚，甚者数十日，轻者数日，昼夜不得寐，对食垂涕"，每当这时他都"操刀欲自刺"①，幸得家人解救才免于死。

　　皇甫谧由于自身之病，对朝廷的多次召辟丝毫不感兴趣，他以为："居田里之中亦可以乐尧舜之道，何必崇接世利"，"人之所至惜者，命也；道之所必全者，形也"；故均辞以笃疾而未就。除疾病的因素外，与其家族虽为汉室忠臣，却屡遭贬黜有关。如皇甫规因上书言及大将军梁冀之非，被贬归里，"州郡承冀旨，几陷死者再三"②；其妻因不甘受董卓之辱，而死于卓手③。皇甫嵩亦因得罪中常侍赵忠、张让而被缴左车骑将军印，削户六千，后与董卓同行征战，为卓嫉，险些丧命④。皇甫谧本人的人生里程又正值汉末之乱，到处是兵燹与饥荒，这对他的人生观起了极大的影响，对此他曾在《帝王世纪》中深有感慨地谈到："建安之际，海内凶荒，天下奔流，白骨盈野……安邑之东，后裳不完……割剥庶民三十余年。"他目睹如此腐败的政治局面，故以仕进为耻，专以著述为务。

　　皇甫谧生性"沉静寡欲"，至晚年更加豁达。自谓："人之所贪者，生也；所恶者，死也，虽贪，不得越期；虽恶，不可逃遁。"告其子："吾欲朝死夕葬，夕死朝葬，不设棺椁，不加缠敛，不修沐浴，不造新服，殡唅之物，一皆绝之。"68 岁卒于家。其子童灵、方回谨遵其遗命而葬之。

## 皇甫谧年表

| 公元 215 年 | 后汉建安 20 年 | 出生 |
| --- | --- | --- |
| ？ | | 过继叔父，迁居新安 |
| ？ | | 年过二十，始发愤读书 |
| 公元 248 年 | 魏正始九年 | 34 岁，患病致使右脚残废 |
| 公元 254 年 | 魏正元二年 | 40 岁，还本宗 |
| 公元 256 ～<br>259 年 | 魏甘露元年～四年 | 42～45 岁间患风证，耳聋，百日方治 |
| | | 始撰《甲乙经》 |
| 公元 260 年 | 魏景元元年 | 46 岁召上计掾 |
| | | 相国司马昭辟谧等 37 人，独谧不至。服寒食散 |
| 公元 267 年 | 晋泰始三年 | 53 岁，武帝屡诏敦逼不已 |
| 公元 268 年 | 晋泰始四年 | 54 岁，举贤良方正不应，自表就帝借书一车 |
| 公元 276 年 | 咸宁二年 | 62 岁，诏为太子中庶子，辞以笃疾 |
| ？ | | 又诏征为议郎；补著作郎；请为功曹 |
| 公元 282 年 | 晋太康三年 | 68 岁，卒 |

注：皇甫谧之出生年代系根据《晋书》之本传，卒于太康三年(282)，年六十八而推算。独《中医大辞典·医史文献分册》和《中医史话文选》作 214 年，可能是按周岁推算法所得，但中国古代应按虚岁。

　　从皇甫谧年表可以看出，他一生中曾多次受朝廷召辟，均辞以笃疾而未就。对于一个医学家来说，考订这种仕进机会的具体时间似乎不太重要，但因它直接涉及到皇甫谧多次患病的年代推算问题，故亦有必要搞清楚。

---

① 皇甫谧，《解服散说》，引自《诸病源候论》卷六。
② 《后汉书》列传第五十五。
③ 《后汉书》列女传第七十四。
④ 《后汉书》列传第六十一。

早在 1955 年就有人作过皇甫谧年表,其中谈到:"35 岁在河南患疟疾";"42～46 岁患风病,半身不遂,苦耳聋";"48 岁武帝屡下诏敦逼不已";"49 岁举贤良方正不应"[①]。以后的医史著作多有从此说者,但晋武帝登基是在公元 265 年,皇甫谧年已 51 岁。若按前表所述,则出现武帝尚未登基就多次下诏书的怪事了。据《晋书》所载,武帝司马炎在位时下诏举贤良方正仅有一次,时为公元 268 年:"泰始四年十一月……诏王公卿尹及郡国首相,举贤良方正直言之士。"[②]故皇甫谧被举贤良方正应在此时,年当 54 岁。而"武帝下诏敦逼不已"是在此前一年余,即皇甫谧 53 岁时。据此则可推知其患病与服散的大致年龄。

## 二　医学成就与贡献

皇甫谧一生著书颇多,医学方面的代表著作是《针灸甲乙经》(简称《甲乙经》)。此书体现了皇甫谧在医学方面的主要成就,同时也是他对中国医学最主要的贡献。

《甲乙经》直接取材于今本《黄帝内经》,即《素问》、《灵枢》(亦称《针经》),和《明堂孔穴针灸治要》三书。皇甫谧"撰集三部,使事类相从"[③],作了认真细致的整理,使后人便于阅读与记忆;这种归类汇集的整理方法也为后人编撰类书提供了良好的开端与典范。

《针灸甲乙经》全书 12 卷,128 篇。内容包括脏腑生理、经脉循行、腧穴定位、病机变化、诊断要点、治疗方法,以及针灸禁忌等内容。书中论人体生理、病理,基本上是宗今本《黄帝内经》,但根据针灸治疗学的特点,皇甫谧选择了与"用针"有密切关系的经文置于卷首,以醒读者之目。例如在第一卷第一篇中就谈到:"用针者,观察病人之态,以知精神魂魄之存亡得失之意。五者已伤,针不可以治也。"在卷一中还谈到根据人的形体胖瘦、气血盛衰之异,用针当有所不同:"肥而不泽者气有余血不足;瘦而无泽者血气俱不足;审察其形气有余不足而调之可以知顺逆矣。"突出强调只有根据病人的不同情况,施以恰当的治疗,才能达到除病复康的目的。

皇甫谧共考订了人身孔穴名称 350 个,其中单穴 51 个,双穴 299 个,共计 649 穴。孔穴的位置凡属记载有误的,也都一一予以纠正。例如位于腹部正中线上的中脘穴(古又称太仓穴),三国吴太医令吕广所著《募腧经》言在脐上三寸,而经皇甫谧的反复考查,认为吕说有误,于是改正为脐上四寸。因为中脘下一寸为建里,建里下一寸为下脘,下脘下一寸为水分,水分下一寸为脐,正好是四寸。现今临床所采用的中脘穴定位,就是根据皇甫谧的记载来确定位置的。

书中叙病 880 余症,系根据今本《黄帝内经》等书加以充实而来。对这些病症的治疗方法、配穴规律、操作方法等均有较详细的记载。

由于《针灸甲乙经》的内容基本上是取材于今本《黄帝内经》与《明堂孔穴针灸治要》,因而研究者大多是从文献学的角度言说该书的价值。即强调晋以前的针灸学著作均早已散佚,后人甚至根本没有见过(例如东汉涪翁的《针经》),要想研究这一历史阶段针灸学的发展情况,就只有依靠《针灸甲乙经》;另一方面,后人还常常借助此书来校勘今本《黄帝内经》一书由于历代传抄而出现的错误、断简蠹残所致的阙漏。

然而比此更显重要的是:《针灸甲乙经》是现知最早将以经脉学说为主体的针灸学理论与

---

① 赵玉春,祖国晋代伟大的针灸学家——皇甫谧,中医杂志,1955,(3):52。

② 《晋书·武帝》卷三。

③ 晋·皇甫谧,《针灸甲乙经·自序》。

腧穴学紧密结合在一起的专著。在此书的两大取材源泉之一的今本《黄帝内经》——即《素问》与《灵枢》中,腧穴学的发展尚处于十分有限的境地,在言及刺灸之法时,约有一半是只言经脉,不言腧穴;两书实际举出的穴位不过 160 个左右①,且有些腧穴只有部位而无名称,如三节之旁、喉中、腰尻交、舌下脉、眉头等。而在另一取材源泉——《明堂孔穴针灸治要》中,腧穴学已有了长足的进步,不仅穴位数目增多,而且均有名称与位置的说明,例如《灵枢》所言"三节之旁"已具体为"肺俞,在第三椎下两傍各一寸五分"。同时在针刺深度、留针时间、施灸壮数、禁忌等方面均有较详记载。皇甫谧的《针灸甲乙经》则将这两方面的知识融合在一起。故在问世之后,受到历代医家的高度重视,自晋至宋的八九百年间,针灸著作都是以此为基础。如唐孙思邈的《千金方》和《千金翼方》中的针灸部分,基本同于《甲乙经》。宋代王惟一所著《铜人腧穴针灸图经》的经穴位置和针灸适应症也同于《甲乙经》,只多了几个穴位。此后,明杨继洲《针灸大成》、清《针灸集成》等亦大多是以此为骨干。因此,从另一个角度看,许多早期针灸著作佚而不传,也正是由于有了足以取代的旧作的高水平汇粹之书——《针灸甲乙经》。

此书传至日本,自 8 世纪初就成为针科学生的必读教材;12 世纪成为朝鲜政府规定的针灸教材。此书在针灸学领域中的经典地位,可以说至今仍旧未见改变。

# 三　学术思想及评价

中国医学自《黄帝内经》奠定理论基础,体系渐成;至东汉末年张仲景《伤寒论》书成,可谓理法方药齐备;此后华佗外科、王叔和脉学都为其增添了许多新的内容,皇甫谧在学习和继承这些前贤巨擘的基础上发挥自己的特长,在针灸学的领域中进一步做出了新的贡献。从《甲乙经》的撰次可以看出,他基本上是取法《内经》的医学和哲学思想体系,这就确保该书具备了一个可靠的理论基础。

《甲乙经》一书固然是皇甫谧一生中最主要的医学著作,但因此书中皇甫谧个人见解极少,固不足以全面客观地反映他的医学思想。特别是对于皇甫谧服寒食散这一节,学者们有不同看法,一些人认为像皇甫谧这样出名的医家肯定是会深知服石之害的,所以说他是"误服";而另有学者认为皇甫谧是染上了魏晋时期服石之风的恶习②。为要弄清这个问题,我们首先应该明白,任何一个科学家的实践活动都是与当时的社会历史条件紧密联系的。并受到社会客观状况的深刻影响。自从秦始皇、汉武帝招致方士,讲求长生不老之术以后,炼丹之风在统治阶级中盛而不衰,到了皇甫氏生活的魏晋时期,道教勃兴,士大夫阶层崇"道学",尚"清谈",把金石药物当作"灵丹"来吃,以求长生不死,得道成仙。皇甫谧的家族门第决定了他交结的仍旧是这些士族人物,不可能不受其影响。但皇甫谧主要是从医学的角度看待矿物药与丹药,认为这些药物能够治病,与士大夫服石有本质的区别。

生活腐化颓废,耽声好色的士大夫们并不懂得医学药理,但却服石成风。据说服了含有硫磺、钟乳等组成的"五石散"后,全身发热,坐卧不安,甚至要出现神志颠狂的样子,这叫做"散发"。每逢散发时,就要宽衣到处乱跑,这称为"行散"。有些没落的士大夫无力服石,也要装出服药后"行散"的样子,到处乱跑,借以表示他是属于"上流"阶层的。皇甫谧一生中始终是"沉静

① 南京中医学院编,针灸学讲义,上海科学技术出版社,1964 年,第 12 页。
② 贾得道,中国医学史略,山西人民出版社,1979 年,第 109 页。

寡欲"、"有高尚之志",并无士族阶层虚伪、放荡、荒淫、奢侈之恶习。他始终是把寒食散作为药物来看待的,他说某些病人服药后"历岁之困,皆不终朝而愈",还记述了三国时"清谈"之风的首创者魏尚书何晏服药后的表现:"近世尚书何晏,耽声好色,始服此药,心加开朗,体力转强"①。这说明他试图从科学的角度去研究寒食散的医疗效果。另一方面,他也从来没有把炼丹服石与方士、道士混为一体,他认为寒食散本有两种不同的配方:一为金石之品组成,一为草本药物组成,都是由医圣张仲景制定而流传的。出于对张仲景的崇敬,故对寒食散亦深信不疑。

从这些方面看,应该把皇甫谧与借助丹药或想成仙,或想放荡纵欲的士大夫阶层分别开来。

另一方面,皇甫谧"误服"寒食散的说法也是不能成立的。他虽然目睹了士大夫们服药后出现的"舌缩入喉"、"痈疮陷背"、"脊肉烂溃"等严重后果,自己也因服寒食散受到极大的折磨,其痛苦之甚已达"叩刃欲自杀"的程度,但丝毫也没有使他醒悟,他坚信这是张仲景传下的宝贵药方,之所以产生这些不良后果,都是因为"今之医官,精方不及华佗,审治莫如仲景,而竞服至难之药,以招甚苦之患",他自己的痛苦也是因为服的方法不对,"违错节度"所造成的。他认为如果服法正确即可见"周体凉了,心意开朗,所患即瘥,虽羸困著床皆不终日而愈"。由此可见,皇甫谧对寒食散是推崇至极的。在当时服石之风盛行的情况下,服药后出现的不良反应当然屡见不鲜,皇甫谧对此十分感兴趣,他说:"凡此诸救,皆吾所亲,更也试之,不借问于他人也。"② 他让病人:

"产妇卧不起,头不去巾帽厚衣对火者,服药之后便去衣巾,将冷如法,勿疑也。"

"或有气断绝不知人时……当须旁人救之,要以热酒为性命之本,不得下者当龂齿以酒灌咽中。"③

皇甫谧对寒食散是尽心竭力地作了多年研究的,因此各书说他误服寒食散是没有什么根据的。

皇甫谧对寒食散的态度恰恰反映了他对中国医学基本理论理解的程度。他在"解服散说"中分析了服寒食散后出现的各种症状的原因,如:咽中痛是因温衣近火故;胸胁气逆干呕是因饥而不食故;淋痛不得小便是因骑马鞍热入膀胱;目痛如刺是因坐热,热气冲上奔两眼故。他还举了许多亲眼所见的病症如腹中牢固如蛇盘,干粪不去,耳鸣如风声汁出,口伤舌强烂燥不得食等等,这些症状本来都是极明显的邪热在内,毒火攻发所造成。甚至不懂医道的妇人老媪也是一望便知之事,但皇甫谧却偏偏认识不到,还举出骑马鞍热、湿衣、坐热等等许多臆想的理由来做解释。从这一点上看,他虽然读了《内经》,但并未消化理解其中许多精髓的东西。

皇甫谧46岁亲服寒食散后,每年仅有八九次"乍寒乍热,不洗便热,洗复寒甚",每当此时"三黄汤急饮"④,即可解除痛苦。三黄汤的组成成分是黄连、黄芩、黄柏,一派苦寒之药,这正是《内经》"热者寒之"法的具体应用,所以药到病除。但他亦未能理解,对他"亲往赴救"的病人均采取外用冷水洗,内则"强食饮冷"的方法处理之,"产妇亦用此法勿疑";令病人饮酒还须"当饮醇酒薰蒸",焉有不痈疮发背,脊肉烂溃之理!

① 《解服散说》。
② 《解服散说》。
③ 《解服散说》。
④ 《解服散说》。

　　由此我们可以看出皇甫谧对人体阴阳寒热的变化,药物的寒热温凉之性(如五石、酒、三黄汤)的认识都是极不够的,所以他在撰写《甲乙经》时亦不曾收入《素问》卷首专论阴阳的几篇重要大论,以为这与针灸技术没有关系。均被作为"其论遐远,称述多而切事少"的"浮辞"[①] 而扬弃了。

　　皇甫谧的这些不足,甚至可以说是错误的地方,历来未见必要的论述。但只褒不贬的态度是无法正确认识皇甫谧的,还必然要影响我们全面了解整个晋代医学的发展特征。指出皇甫谧的错误与不足,并不会妨碍我们肯定和赞扬他取得的成绩和在医学史上的地位。

　　任应秋氏所著《中医各家学说》一书,选择王叔和与皇甫谧二人作为晋朝医家的代表人物,而这两个人又有一个共同的特点——重理论,轻实践;重文献,轻经验。这种学术上的共性是由他们的共同的社会性决定的,王叔和身为太医令,看书容易看病难;皇甫谧文才横溢,妙笔轻熟,除了为服散之人治疗外,未见更多的治病案例或心得的记载。这就决定了他们学术著作的共同特性。

　　日本汉医学者张明澄认为这个时期中国的知识分子被厌世的、消极的思想所支配,老庄佛学风靡一时,医学没能取得较大的进步,特别是在治疗技术方面看不到大的发展,基本上是在做文献整理工作。因此他将这个阶段称为"贵族社会的学术整理"时期[②]。谢观称此间为"搜茸残缺之期"[③],也是有一定道理的。

## 参 考 文 献

房玄龄(唐)撰. 1974. 晋书皇甫谧传. 北京:中华书局

皇甫谧(晋)撰. 1956. 针灸甲乙经. 北京:人民卫生出版社

皇甫谧(晋)撰. 1955. 解服散说. 见:王焘(唐). 外台秘要. 北京:人民卫生出版社

　　　　　　　　　　　　　　　　　　　　　　　　　　　　　　　　　　　　　(廖育群)

---

① 《甲乙经·自序》。

② 〔日〕张明澄,中國漢方の歷史,久保書店,1974年,第85頁。

③ 谢观,中国医学源流论,澄斋医社,1935年。

# 裴 秀

中国在 18 世纪之前,地图学具有自己传统的特点,而奠定中国传统地图学理论基础的,是西晋地图学家裴秀。

裴秀字季彦,河东闻喜(今山西闻喜)人。生于魏文帝黄初五年(224),卒于晋武帝泰始七年(271),终年 48 岁。他出生于一个官宦之家。祖裴茂,在汉朝官至尚书令(东汉政务皆归尚书,直接对君王负责,总揽一切政令),父裴潜,在魏朝做官,也官至尚书令。裴秀从小好学,八岁能写文章。他的叔父裴徽,当时名望很高,家中常有宾客来往,有些宾客在会见裴徽之后,还要去见见裴秀。那时裴秀不过十几岁,说明他在青少年时候,已经具有一定识见了。

裴秀的才能常被人们称道。在他 20 多岁的时候,魏朝的将军毋丘俭("毋"是"贯"的古字,"毋丘"是复姓)曾把裴秀推荐给当时掌握着辅政大权的曹爽,他对曹爽说:裴秀学识渊博,并且具有卓越的政治才能。曹爽即任命裴秀为掾(属官,汉以后职权较重的长官都有掾属,分科治事),并袭父爵清阳亭侯。25 岁任黄门侍郎(给事于宫门之内的官)。年青的裴秀,脱颖而出,又长于辞令,未免有时自负。一次,他听到著名的机械专家马钧制作了一种能连续把数十块砖瓦发射到数百步远的机具,而且还想制作一种性能更好的攻城器,竟加以哂笑,并与马钧辩难。因他的口才远胜马钧,马钧也就不多加辩解了。裴秀自以为得理,说个没完。当时了解马钧的傅玄,为此劝说过裴秀。后来曹爽也不重视马钧的创造和设计,傅玄为之憾慨不已。

司马懿诛曹爽后,魏朝大权落入司马氏手中。裴秀因是曹爽的部下,曾受牵连,但不久又在朝中做官。司马懿之子司马昭执政之后,裴秀得到更多发挥才能的机会。他对军政大事的见解,多为司马昭所采纳,被任为散骑常侍(在皇帝左右,以备顾问)。裴秀 34 岁时(魏甘露二年,公元257)曾随司马昭(晋文帝)出征诸葛诞(一个不服从司马氏统治的地方官),参与谋略,胜利而归。后又为司马昭议定策略,改革官制等,司马昭封裴秀为济川侯(济川墟在今山东桓台)。司马昭子司马炎得继帝位,亦多亏裴秀在司马昭面前为他讲好话。魏咸熙二年(265)司马昭死,司马炎废魏元帝曹奂,自称皇帝,国号晋。司马炎(晋武帝)即位后,任裴秀为尚书令,左光禄大夫(掌顾问应对,属光荣勋),封钜鹿郡公(钜鹿郡在今河北省)。有人曾向武帝反映骑都尉(比将军略低的武官)刘向有替裴秀"占官稻田"①之事,武帝念裴秀有功于王室,只问刘向的罪,而对裴秀不加追究。

晋泰始四年(268)"正月,以尚书令裴秀为司空"②(负责军政的最高长官之一),又"职在地官"(地官掌管土地和人民),这个职务与裴秀在地图学上取得的成就有很大关系。可惜,三年之后,他因服寒食散饮冷酒,不治逝世。

裴秀的一生,虽然在政治上是相当显赫的一生,但是他深为后人景仰的,是他生前的最后几年在地图学方面做出的贡献。

当裴秀成为一位著名的政治家和军事家的时候,想必已很熟悉地图。后来官至司空,地图

---

① 《晋书·裴秀传》。
② 《晋书·武帝纪》。

自然也在掌管的范围之内。由于职务的关系,他更经常接触地图,感到古代山川地名,因时间久远,变化很大,后来人们所说的,又不尽正确。裴秀于是收集史料,进行研究,完成了由他主编的《禹贡地域图》18篇。这可以说是一部地图集。协助裴秀进行此项工作的人,主要是他的门客京相璠。这部地图集的编绘和完成时间是在泰始四年至七年(268～271)。完成之后,既"藏于秘府"①,又"传行于世"②。藏于秘府的也许是原件,传行于世的想是一些复制的抄本。《禹贡地域图》18篇流传的时间可能不长,《隋书·经籍志》已不见记载。但在隋代也许还有某些残篇留存。从隋朝的建筑学家宇文恺给隋炀帝上的《明堂议表》所说,他绘《明堂图》曾"访通议于残亡,购《冬官》于散逸,总集众论,勒成一家";又说"裴秀《舆地》以二寸为千里,臣之此图,用一分为尺"③ 等情况来看,宇文恺所谓"裴秀《舆地》",可能是《禹贡地域图》的残篇。

即使隋代还有《禹贡地域图》的残篇,后来也失传了。幸而,《晋书·裴秀传》、《艺文类聚》和《初学记》等书保存了裴秀为《禹贡地域图》18篇写的序,序中说道:"今上考《禹贡》山海川流,原隰陂泽,古之九州,及今之十六州,郡国县邑,疆界乡陬,及古国盟会旧名,水陆径路,为地图十八篇"。

根据裴秀写的序文,可以认为《禹贡地域图》18篇是上自夏禹下至西晋的历代政区沿革图。裴秀重视《尚书·禹贡》,把它放在首篇,与中国古代之视《禹贡》为夏代经典的思想是一致的。而且《汉书·地理志》以疆域政区和政区的建置沿革为主,在卷首全录《禹贡》④ 与《职方》⑤ 的体例,对裴秀肯定有影响。此外,《禹贡》九州的大一统思想,也正是裴秀于序文中称"大晋龙兴,混一六合"的政治形势所需要的。18篇中有关《禹贡》的地图,可能不止一幅,除九州(冀、兖、青、徐、扬、荆、豫、梁、雍)总图外,也许还有表示"导山"、"导水"和"五服"的地图。关于商殷和西周的图,可能是根据《尔雅》和《职方》中所述的九州绘制的。因为《汉书·地理志》认为九州之制,"殷因于夏,亡所变改"。后来三国魏孙炎注《尔雅》,提出《尔雅·释地》中的九州(冀、幽、营、兖、徐、扬、荆、豫、雍),应是殷制。《周礼·职方》中的九州(扬、荆、豫、青、兖、雍、幽、冀、并),古代学者认为是西周的行政区划。裴秀的序文说,18篇地图中有"古之九州",大概就是指夏禹九州图、商殷九州图和西周九州图而言。西周图之后,应该是春秋、战国、秦、汉、三国和晋十六州的地图了。自夏至晋,以大的时代而论,虽然只有九个,但有的时代不只绘一幅,如前面所说,有关夏代的地图,可能就不只一幅;而有关晋代的图也不会只绘一幅。从现存最早的一部历史地图集,即宋人绘制的《历代地理指掌图》来看,也是这样,其中有关唐代的图,计有:"唐十道图"、"唐郡名图"和"唐一行山河两戒图"等,宋代的图更多,计有五幅。

对《禹贡地域图》18篇图幅情况的分析已如上述,下面再就裴秀序文进行一些其他方面的分析。裴秀既对他所见到的汉代"舆地及括地诸杂图"感到不满,批评它们"各不设分率(即比例尺),又不考正准望(即方位),亦不备载名山大川"⑥,那么,他主持编绘的《禹贡地域图》一定具

---

① 《晋书·裴秀传》。

② 《三国志·魏书·裴潜传》注。

③ 《隋书·宇文恺传》。

④ 《禹贡》全文可分为:九州、导山、导水和五服四部分。作者(不详)把整个地区分为九州,假托为夏禹治水之后的行政区划。著作时代无定论,但多数学者认为约在战国时候。

⑤ 《职方》为《周礼·夏官司马》中的一篇,所记九州,假托是西周的行政区划。作者不详,著作时代约在战国。

⑥ 《晋书·裴秀传》。

有比例尺(或如宇文恺所说"以二寸为千里"①,即 1∶9 000 000),地物的相对位置比较准确,历代的名山大川也会一一表示清楚。从序文来看,图上还应绘有政区界线,郡、国、县、邑所在,古盟会地名,主要的道路和航路等。内容如此丰富的地图,想是设计了图例。其图例设计,可能是用线条表示政区界,于不同的几何图形(如圆形或方形等)内加注地名表示"郡国县邑",在晋代地名处加注古国盟会旧名,道路用虚线表示,河流用曲线表示并注河流名称,山脉除名称外可能还用形象符号表示。类似这样的图例设计,在长沙马王堆三号汉墓出土的帛书地图以及流传至今的宋代地图上,都可见到。因此,《禹贡地域图》的图例很可能也是这样。特别值得提出的是:《禹贡地域图》18 篇作为中国第一部历史地图集,开创了以区域沿革为主体和古今地名对照的传统。

裴秀任司空的时候,曾主持把一幅不便省视又有差错的用绢 80 匹绘制的"旧天下大图",缩制成以"一寸为百里"(即比例尺为 1∶1 800 000)的《方丈图》,图上"备载名山都邑",使"王者可以不下堂而知四方"②。《禹贡地域图》18 篇有可能是把方丈图再缩成"以二寸为千里"③的图,作为底图。《方丈图》在唐代张彦远的《历代名画记》中称《裴秀地形方丈图》,不知当时此图是否仍然存在。

裴秀的著述,已完成的除《禹贡地域图》十八篇外,还有《冀州记》④、《易》及《乐》论,而《盟会图》和《典治官制》惜未完成⑤。北魏郦道元的《水经注·穀水注》称:"京相璠与司空季彦修《晋舆地图》,作《春秋土地名》"。《隋书·经籍志》有两处提到《春秋土地名》一书,在经书春秋类称"三卷,晋裴秀客京相璠等撰",在史书地理类称"三卷,晋裴秀客京相璠撰"。关于《晋舆地图》,有学者认为它是京相璠给裴秀编绘的图,并认为该图可能就是《禹贡地域图》⑥。关于《春秋土地名》,亦有学者认为可能是京相璠等为《盟会图》准备的文字说明,因图未成而文字部分就单独成书了。至于裴秀写的《冀州记》,有可能是《禹贡地域图》18 篇的文字说明⑦。这种既绘地图又写文字说明的作法在中国较早就已出现,如《山海经》是《山海图》的文字说明⑧。

裴秀在地图学方面做出的最大贡献是他在《禹贡地域图》序中提出的"制图六体",即制图的六项原则。

不过,中国地图学在裴秀之前已经具有较高的水平。先秦著作中有不少讲到地图的,如《周礼·地官司徒》写道:"大司徒之职,掌建邦之土地之图,与其人民之数,以佐王安扰邦国。以天下土地之图,周知九州之地域广轮之数,制其畿疆而沟封之。"《管子·地图》有更精详的记述:"凡兵主者,必先审知地图,辕辕之险,滥车之水,名山通谷经川陵陆丘阜之所在,苴草林木蒲苇之所茂,道里之远近,城廓之大小,名邑废邑困殖之地,必尽知之。地形之出入相错者,尽藏之。然后可以行军袭邑,举错知先后,不失地利。此地图之常也。"从以上文字记载来看,当时地图的

① 按 1 里＝360 步,1 步＝5 尺计算,1000 里＝360 000 步＝1 800 000 尺＝18 000 000 寸,故比例尺为 1∶9 000 000。

② 《北堂书钞》卷九十六《方丈图》。

③ 《隋书·宇文恺传》。

④ 《史记·封禅书》注,司马贞《史记索引》。

⑤ 《三国志·魏书·裴潜传》。

⑥ 刘盛佳,晋代杰出的地图学家——京相璠,自然科学史研究,1987,6(1)。

⑦ 陈连开,中国古代第一部历史地图集——裴秀《禹贡地域图》初探,中央民族学院学报,1978,(3)。

⑧ 王庸,中国地理学史,第二节,商务印书馆,1938 年。

内容已有山川、城邑、道路、植被等要素，而且是有比例尺和方位的。特别重要的是，1973年长沙马王堆三号汉墓出土了用帛绘制的地图。其中一幅可定名为《西汉初期长沙国深平防区图》（一般简称《地形图》），纵横均为96厘米，图的方位是上南下北，绘有山脉、河流、居民点和道路等，与现代的地形图相似。图中的主区部分（今潇水流域、九嶷山附近地区）比较精确，比例尺大致是15万分之一至20万分之一，图中已经有统一的图例①。另一幅是用三色（黑、红、田青）彩绘的，可称《驻军图》，纵98厘米，横78厘米，图上除绘山脉、河流等外，主要表示的是军事要素，如各驻军营地及其指挥中心所在。此图主区（今潇水流域上游）比例尺大致是8万分之一至10万分之一，方位也以上方为南②。出土的西汉地图，更加具体地表明了在裴秀之前中国地图学已经达到的水平。

像马王堆出土的这类为军事目的绘制的汉代地图以及秦代和先秦的地图，可能到魏晋时候已经很难看到了，至少在晋初宫廷里收藏的图书档案中已经见不到了。因此裴秀在为《禹贡地域图》18篇写的序文中说："今秘书既无古之地图，又无萧何所得，惟有汉氏舆地及括地诸杂图。"对于这些汉代地图，裴秀批评它们："各不设分率，又不考正准望，亦不备载名山大川，虽有粗形，皆不精审，不可依据。或荒外迂诞之言，不合事实，于义无取。"③裴秀所看到的汉代地图，可能是一些画得比较差的汉代全国总图，因为总图的范围大，编绘较难准确，如像马王堆三号汉墓出土的《地形图》的西南部（非主区部分，为南越王赵佗的辖境）那样，确实相当粗略。

另一方面，裴秀也看到过不少的地图，如他在序文中提到蜀地图时写道："蜀土既定，六军所经，地域远近，山川险易，征路迂直，校验图记，罔或有差。"可见，蜀地图的比例尺、方位和所绘的山川、道路等与实际情况基本相符，是比较精确的。这类比较精确的地图的绘制方法，当时想已被不少制图学家所掌握。裴秀主编《禹贡地域图》，自然是要尽量使之精确无误。为了做到尽量精确，他在总结前人经验的基础上，创造性地提出了绘制地图的六项原则，并把这六项原则写进他的序文之中。《禹贡地域图》18篇，肯定是在这些原则的指导下编绘的，水平较高。序文中关于"制图六体"的论述，计253字，因为比较重要，录之如下：

　　　　制图之体有六焉。一曰分率，所以辨广轮之度也。二曰准望，所以正彼此之体也。三曰道里，所以定所由之数也。四曰高下，五曰方邪，六曰迂直。此三者各因地而制宜，所以校夷险之异也。有图象而无分率，则无以审远近之差；有分率而无准望，虽得之于一隅，必失之于他方；有准望而无道里，则施于山海绝隔之地，不能以相通，有道里而无高下、方邪、迂直之校，则径路之数必与远近之实相违，失准望之正矣，故以此六者参而考之。然后，远近之实定于分率，彼此之实定于准望，径路之实定于道里，度数之实定于高下、方邪、迂直之算。故虽有峻山钜海之隔，绝域殊方之迥，登降诡曲之因，皆可得举而定者。准望之法既正，则曲直远近无所隐其形也。

裴秀的"制图六体"对于中国传统地图学的发展影响很大。其后著名的地图学家如唐代的贾耽和宋代的沈括等都曾在论述中表明，裴秀"六体"是他们绘制地图的规范④。可以说，在明末清初欧洲测绘地图的技术传入中国之前，裴秀的"六体"一直是中国古代绘制地图所遵循的

---

① 谭其骧，二千一百多年前的一幅地图，文物 1975，(2)。
② 马王堆汉墓帛书整理小组，马王堆三号汉墓出土驻军图整理简报，见《马王堆汉墓帛书古地图》，文物出版社，1977。
③ 裴秀，《禹贡地域图序》
④ 《唐书·贾耽传》"表献曰：臣闻楚左史倚相，能读九丘，晋司空裴秀，创为六体，九丘乃成赋之古经，六体则为图之新意。臣虽愚昧，夙尝师范。"沈括在他的《长兴集》中说他绘制地图，要求"该备六体"。

重要原则。

　　裴秀对于"制图六体"虽然已经有所说明,但是后人对"六体"的理解,并不十分清楚,也不完全一致。例如清初的地理学家刘献廷认为"准望"是计里画方,他在所著《广阳杂记》卷第二写道:"自晋颋(按:当为晋裴秀,非裴颋,颋为裴秀次子)作准望,为地图之宗,惜其不传于世。至宋(当为元)朱思本,纵横界画,以五十里为一方,即准望之遗意也"。与刘献廷差不多同时的著名学者胡渭在他的《禹贡锥指·禹贡图后识》中对于"准望"的解释与刘献廷不同,他认为"准望"是"辨方正位","分率"是"计里画方"。他对"六体"评价很高,指出那是"三代之绝学,裴氏继之于秦汉之后,著为图说,神解妙合"。然而后来的"志家终莫知其义"。所以他接着解释说:"今按分率者,计里画方,每方百里,五十里之谓也。准望者,辨方正位,某地在东西,某地在南北之谓也。道里者,人迹经由之路,自此至彼,里数若干之谓也。路有高下、方邪、迂直之不同,高则冈峦,下为原野,方如矩之钩,邪如弓之弦,迂如羊肠九折,直如鸟飞准绳,三者皆道路险夷之别也。人迹而出于高与方与迂也,则为登降屈曲之处,其路远,人迹而出于下与邪与直也,则为平行径度之地,其路近。然此道里之数,皆以著地人迹计,非准望远近之实也。准望远近之实,则必测虚空鸟道以定数,然后可以登诸图,而八方彼此之体皆正。否则得之于一隅,必失之于他方,而不可以为图矣"。

　　胡渭对于"六体"的解释,除个别论点(如分率即画方之说),有待商榷外,可以说都是很精辟的。特别是对"高下"、"方邪"、"迂直"的解释,是值得重视的。20世纪30年代中国地理学家王庸,基本同意胡渭的解释,他在所著《中国地理学史》书中,全录了胡渭的有关论述,并说关于制图六体的意义,"清初胡渭氏言之甚明,阅此则可以不另作解释矣"。接着又说:"日人内藤虎次郎据胡氏之说以为裴图已有计里画方之法(见所著《地理学家朱思本》)。虽分率为一事,画方又为一事,惟只讲分率而不画方,则为不易想像之事实。内藤之说,固亦在情里之中也。"在王庸的另一部著作《中国地图史纲》中讲到《禹贡地域图》时,说:"至于图上的分率怎样表现,裴秀虽没有明说,大概是用计里画方的办法。"又说唐代贾耽的《海内华夷图》"以一寸折成百里,可见他同裴秀一样,讲究分率,是画方的"。近来,也有学者认为分率与画方,二者是联系在一起的①。当然,也有学者不同意胡渭的分率即画方之说,如卢志良的《"计里划方"是起源于裴秀吗?》一文,认为:"'分率'与'画方'在制图学中是两个既有联系又有区别的概念。'画方'是'分率'的具体表现。如现今地形图中的方里网,每方边长代表实地一定公里数。但是,设'分率'的图未必都是画方的。例如我国现在的1:50万图就无画方了。当今如此,何况古代。在古代南宋上石的《华夷图》和《地理图》,就其精度而论,绝非无比例尺的控制所能绘制的,但这两幅图均未画方,所以,把设有'分率'的图看成是必定'画方',其论据是不充分的。"②

　　从河北省平山县中山王礜墓出土的"兆域图"来看,图上有文字注明:"王堂方二百尺"、"正堂宫方百尺"等,且图上表示200尺的长度亦为100尺长度的二倍,说明"兆域图"虽然是按一定比例尺绘制的,但不画方。再从现存宋代上石的"兴庆宫"图的拓片来看,图上文字注明"每六寸折地一里",虽有分率,亦不画方。因此,认为"制图六体"中之"分率"就是计里画方,是不妥当的。至于裴秀按一定比例尺绘制的地图是否有画方,因无文字和实物资料为依据,不宜肯定。根

---

　　① 杨文衡,试论长沙马王堆三号汉墓中出土地图的数理基础,载《科学史文集》第3辑,上海科学技术出版社,1980年;高隽,试论我国地图的数学要素的表示方法演进特色,载《测绘学报》第6卷,1964年。
　　② 见《测绘通报》1981年第1期。

据目前的了解,应该说在裴秀的地图上有画方或没有画方,这两种情况都同样不能排除。

近人著作中也有把"制图六体"中之"准望"理解为"计里画方"的①。但是,把"准望"理解为"方位"(或"方向")的人,更多一些。卢志良在前面提到的他的文章中,对此两种不同的解释都作了一些评述,并参照裴秀的序文进行分析,最后认为"把'准望'理解为'方位'是合乎裴秀书中原意的"。这里就不多论述了。

关于"道里",胡渭的解释是对的,即地物间人行的道路里程。有的学者论述说:"就是测算两个地物之间的距离"②,尚不准确。至于认为是"步测直角三角形的边长"③,则与裴秀原意不符。

胡渭对于"高下"、"方邪"、"迂直"这三法作了很好的解释。后来,不少论著中的各种解释,反而不易理解。因此,有再加以说明的必要。根据裴秀的原作和胡渭的解释,可以把"高下"释为"高取下"(图 1 所示 $AB$),"方邪"释为"方取邪"("邪"即"斜"之意,图 2 所示 $AB$),"迂直"释为"迂取直"(图 3 所示 $AB$),就是说,必须用逢高取下,逢方取邪,逢迂取直的方法,把人行的道路变为水平直线距离,这样图上地物的位置,才能准确。

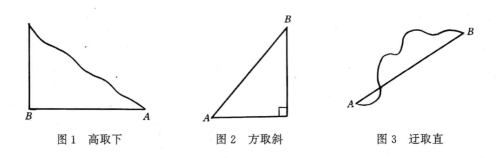

图 1　高取下　　　　　图 2　方取斜　　　　　图 3　迂取直

为了介绍清楚裴秀绘图的理论,下面再把裴秀"制图六体"译为语体文。

　　绘制地图的原则有六:第一,叫做分率(即比例尺),用以辨识图上地域面积的大小;第二,叫做准望(即方位),用以摆正地物彼此的方位关系;第三,叫做道里(即路程),用以定人行道路的里程;第四,叫做高下(即高取下),第五,叫做方邪(即方取斜),第六,叫做迂直(即迂取直),这三条要各因地制宜,用以校正由于地表的平坦或险阻之不同而产生的地物间距离的差异。地图上如果只有图形而没有比例尺,就无从知道地物间的远近之差。有比例尺而没有方位,虽然某一处是正确了,但是在其他地方必然会产生差错。有了方位而没有路程,那么与被山海所隔绝的地方,就不能表示彼此相通。有了道路的里程,而没有用高取下、方取斜、迂取直的方法进行校正,那么人行的路程数,必然与水平直线距离的数字不符,方位也就不准确了。所以这六项原则,都需参照实行。这样,图上地物的远近,取决于比例尺,地物彼此的关系,取决于方位。人行道路的里程,取决于路程,地物间的水平直线距离,取决于采用高取下、方取斜、迂取直的方法来计算。因此,虽然有高山大海的阻隔,远方异域的不同,高低屈

　　① 〔英〕李约瑟,中国科学技术史(中译本),第五卷第一分册,科学出版社,1976 年,第 110 页;陆心贤等,地学史话,上海科学技术出版社,1979 年。

　　② 陆心贤等,地学史话。

　　③ 李约瑟,中国科学技术史(中译本),第五卷第一分册,第 111 页。

曲等情况,都不影响地物位置的确定。方位既然无误,那么地物间的曲直远近,也就能够显示出来了。

　　裴秀以前,中国在地图学方面虽然积累了十分丰富的实践经验,但是缺少理论性的概括和指导。"制图六体"之说提出之后,即为中国地图学者所遵循,影响所及,直至清代。它在中国地图学发展史上具有划时代的意义。裴秀作为中国传统地图学理论的奠基人,是当之无愧的。

## 参 考 文 献

曹婉如. 1983. 中国古代地图绘制的理论和方法初探. 自然科学史研究,2(3)

陈连开. 1978. 中国古代第一部历史地图集——裴秀《禹贡地域图》初探. 中央民族学院学报,(3)

高隽. 1964. 试论我国地图的数学要素的表示方法演进特色. 测绘学报,(6)

侯仁之主编. 1962. 中国古代地理学简史. 北京:科学出版社

刘盛佳. 1987. 晋代杰出的地图学家——京相璠. 自然科学史研究,6(1)

卢志良. 1981. "计里划方"是起源于裴秀吗? 测绘通报,(1)

谭其骧. 1975. 二千一百多年前的一幅地图. 文物,(2)

王庸. 1958. 中国地图史纲. 三联书店

杨文衡. 1980. 试论长沙马王堆三号汉墓中出土地图数理基础. 见:科技史文集　第3辑.上海:上海科学技术出版社

周世德. 1959. 马钧. 见:中国古代科学家. 北京:科学出版社

　　　　　　　　　　　　　　　　　　　　　　　　　　　　（曹婉如）

# 马 钧

马钧,字德衡。扶风(今陕西兴平)人。生卒年份无考。三国时期魏国魏明帝曹叡朝内(227~239)为博士,给事中(官名)。为人虽拙于言词,但善动脑筋钻研,而且注重实践。他是中国历史上杰出的机械发明家和制造家,曾经改革绫机、复原指南车、制作翻车及水转百戏、设计轮转式发石车、并试图改进连弩等。当时人称誉为"巧思绝世"、"天下之名巧"。①

## 一 改革绫机

绫机是织造丝织品"绫"用的织机。绫是在绮的基础上发展起来的一种斜纹(或变形斜纹)地上起斜纹花的丝织品。汉代的散花绫可以与刺绣媲美,身价高贵。织机的主要机构是由"综"和"蹑"等组成。综是综片,用以提起经线,形成梭口,以通过纬线。蹑是用脚操纵的踏杆,提降综片所用。通常一蹑控制一综。综片数越多,经线分成的组就越多,织造出的花纹就可以越复杂。

《西京杂记》记载汉宣帝时(公元前73~前49)"霍光妻遗淳于衍蒲桃锦二十四匹、散花绫二十五匹。绫出巨鹿陈宝光家,宝光妻传其法。霍显召入其第,使作之。机用一百二十镊,六十日成一匹,匹直万钱。"② 织机用到120蹑,织出的散花绫一定十分漂亮。织成一匹需费时60日,效率显然很低。散花绫因此价值很高贵。

三国时期的绫机多是"五十综者五十蹑"、"六十综者六十蹑"。比起120蹑自然相差多了,但是织造时,要控制操纵几十蹑仍是相当繁复,工艺技术要求高,效率也很低。马钧因此感到"丧功费日。乃皆易以十二蹑。"据今人研究复原推想,马钧进行的改革是把50蹑和60蹑的织机都改为12蹑,但未提到"皆易以十二综",所以综片仍保持原来数目。据研究,用12根踏杆(蹑)来控制60多片综也是有可能的。复原方案之一是用两根踏杆循序控制一片综的运动。12根踏杆可控制66片综。16根踏杆(配16条提综杆)可控制120片综。若用66片综相当于66个织花梭口。每两个梭口间织入一梭交织纬(地纹),可使花纹的纬循环达到132根。如果织对称花纹,则可扩大到264根。马钧的改造,大大简化了机构及操纵,提高了效率,使产量成倍增加。织出的提花绫锦,花纹图案像自然形成,层次变化无穷。"奇文异变,因感而作者,犹自然之成形,阴阳之无穷。"使魏国的丝织品能与成都的蜀锦媲美。魏明帝景初二年(公元238)曾将魏国的丝织品作为礼物赠送日本来华使者。

## 二 复原指南车

《古今注》载:"大驾指南车起于黄帝。帝与蚩尤战于涿鹿之野。蚩尤作大雾,士皆迷四方。

---

① 晋·陈寿《三国志》卷二十九,中华书局,1959年,第807~808页。以下引文末注出处者皆出自此。
② 晋·葛洪《西京杂记》卷第一,中华书局,1985年,第4页。

于是作指南车，以示四方。遂擒蚩尤而即帝位。故后常建焉。"又载："旧说周公所作也。"① 但这些都缺少足够的证据。

《西京杂记》载："汉朝舆驾祠甘泉汾阴，备千乘万骑。太仆执辔，大将军陪乘，名为大驾。司南车，驾四，中道。辟恶车，驾四，中道。记道车，驾四，中道。"② 《宋书》卷十八礼志五："后汉张衡始复创造。"《宋史》卷一百四十九舆服一："汉张衡魏马钧继作之。"所以，指南车创制最早可推到西汉，最迟东汉张衡已制成了。

由于东汉末年战争动乱，指南车实物和制作方法都失传了。所以当时博闻之士魏国的常侍高堂隆和骠骑将军秦朗都认为古代根本没有过指南车，有关的记载都是人为虚构的。马钧则不同意这种否定态度，坚持认为古代是有过指南车的，说没有的人只不过是没有很好地思考而已。双方争论激烈，互不相让。于是马钧说，停留在口头上争论是徒劳无益的，还不如实际动手试制一下，这样就可以用实物来证实是非与否。于是奏准魏明帝，在青龙年间（公元233～236）诏令马钧试制指南车。经过马钧潜心钻研、精心构思制作，终于造成了当时已失传了的指南车。据《宋书·礼志》记载："其制如鼓车，设木人于车上，举手指南。车虽迴转，所指不移。"由是使得争论的对方心服口服，"从是天下服其巧矣"。

其后，南齐祖冲之在公元477～479年间，根据上代流传下来的有外形而无内部机构的指南车，"改造铜机，圆转不穷而司方如一。"③

此后，《隋书》礼仪志、《旧唐书》舆服志、《新唐书》车服志和仪卫志上，都简单记载指南车的应用。《宋史》舆服志则详细记载有1027年燕肃指南车及其后1107年吴德仁指南车的外部形制及相当详细的内部结构。

燕肃指南车"其法：用独辕车，车箱外笼上有重构。立木仙人于上，引臂南指。用大小轮九，合齿一百二十。足轮二，高六尺，围一丈八尺。附足立子轮二，径二尺四寸，围七尺二寸，出齿各二十四，齿间相去三寸。辕端横木下立小轮二，其径三寸，铁轴贯之。左小平轮一，其径一尺二寸，出齿十二。右小平轮一，其径一尺二寸，出齿十二。中心大平轮一，其径四尺八寸，围一丈四尺四寸。出齿四十八，齿间相去三寸。中心贯心轴一，高八尺，径三寸。上刻木为仙人，其车行，木人南指。若折而东，推辕右旋，附右足子轮顺转十二齿，击右小平轮一匝，触中心大平轮左旋四分之一，转十二齿。车东行，木人交而南指。若折而西，推辕左旋，附左足子轮随轮顺转十二齿，击左小平轮一匝，触中心大平轮右转四分之一，转十二齿。车正西行，木人交而南指。若欲北行，或东，或西，转亦如之。"

又，《宋史》关于吴德仁指南车记载如下："其指南车身一丈一尺一寸五分，阔九尺五寸，深一丈九寸，车轮直径五尺七寸，车辕一丈五寸。车箱上下为两层，中设屏风，上安仙人一，执杖，左右龟鹤各一，童子四各执缨立四角，上设关捩。卧轮一十三，各径一尺八寸五分，围五尺五寸五分，出齿三十二，齿间相去一寸八分。中心轮轴随屏风贯下，下有轮一十三，中至大平轮。其轮径三尺八寸，围一丈一尺四寸，出齿一百，齿间相去一寸二分五厘。通上左右起落二小平轮，各有铁坠子一，皆径一尺一寸，围三尺三寸，出齿一十七，齿间相去一寸九分。又左右附轮各一，径一尺五寸五分，围四尺六寸五分，出齿二十四，齿间相去二寸一分。左右叠轮各二，下轮各径

① 晋·崔豹，《古今注》卷上，载《四部丛刊·三编》(32)，商务印书馆，1935年，第1页。
② 晋·葛洪，《西京杂记》卷第五，中华书局，1985年，第33页。
③ 《南齐书》卷五十二祖冲之传。

二尺一寸,围六尺三寸,出齿三十二,齿间相去二寸一分。上轮各径一尺二寸,围三尺六寸,出齿三十二,齿间相去一寸一分。左右车脚上各立轮一,径二尺二寸,围六尺六寸,出齿三十二,齿间相去二寸二分五厘。左右后辕各小轮一,无齿,系竹篾并索在左右轴上。遇右转,使右辕小轮触落右轮。若左转,使左辕小轮触落左轮。行则仙童交而指南。”

根据这些记载可知道:指南车是用独辕双轮车,上设立一个伸臂指向的木人。在着地回转的车轮与伸臂木人之间的内部连接机械是一种利用转向时车辕转动而能够自动离合的齿轮传动装置。直行时,车轮与伸臂木人之间的传动链是断开的;改变方向时,车辕转动,使相关的齿轮产生接触啮合转动,抵销转向影响,而使木人指向不变。这样,如果一开始时使木人手臂指南,则行进中无论直行或者转向,木人手臂将始终指着南方,从而可起定方向作用。吴德仁指南车在自动离合机械上作了改进,另外增多一个上层并设置童子与龟鹤都和木仙人作同样方向转动,功能相同,不过是更热闹些。

马钧当年复创的指南车的内部结构详细情况已经失传了。仅知道外部形制如同“鼓车”,车上设木人举手指南。动作也是“车虽迴转,所指不移”。从张衡在水运浑象上已采用齿轮系来考虑,张衡创制的指南车就可能是用齿轮系。马钧的指南车用齿轮系是不成问题的了。从技术发展规律和实际情况来研究,记载中的吴德仁指南车比燕肃指南车有所改进,更加复杂,但是基本原理仍是相同的。所以马钧指南车可能比燕肃的要简陋些,但是在利用指南车转向时使齿轮系自动离合的原理应是一样的。因此可以推想马钧指南车的大概。

中国历史博物馆现陈列有复原的指南车模型(图1及图2)。有关指南车复原的原理和具体结构可以参阅王振铎“指南车记里鼓车之考证及模制”①,刘仙洲《中国机械工程发明史》第一编中对“指南车上所用的齿轮系”的详细讨论(1962)。

图 1　王振铎复原的指南车模型　　　　图 2　吴德仁指南车复原图

---

① 见《史学集刊》第 3 期,1937 年。

# 三　制作翻车

翻车是一种灌溉或提水机械,东汉末年已有记载。《后汉书》列传卷六十八记载毕岚曾"作翻车、渴乌,施桥西,用洒南北郊路,以省百姓洒道之费。"注"翻车,设机以引水。渴乌为曲筒以气引水上也。"因此,翻车是一种引水机械,即是一种水车。

三国时期,马钧在京都见"城内有地可以为园,患无水以灌之。乃作翻车,令童儿转之,而灌水自覆,更入更出,其巧百倍于常。"

流传至今的翻车(龙骨车)的基本结构和工作情况如明代宋应星《天工开物》中的图所示(图3)。又,上下水面相差不多时,可由一人或二人用手摇转,有时叫做拔车(图4)。马钧所作翻车童儿即可转动,大约和拔车相似。清代麟庆《河工器具图说》卷二详细记载了翻车的形制,"其制除压栏木及列槛桩外,车身用板作槽,长可二丈,阔四寸至七寸不等,高约一尺。槽中架行道板一条,随槽阔狭,比槽板两头俱短一尺,用置大小轮轴。同行道板上下通周以龙骨板叶。其在上大轴两端,各带拐木四茎,置于岸上木架之间。人凭架上踏动拐木,则龙骨板随转循环,行道板刮水上岸。"这种龙骨水车,至今还在我国农村中作为农田灌溉的工具。

图3　翻车
（采宋应星：天工开物）

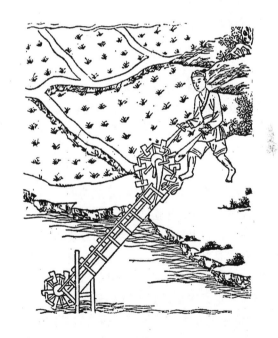

图4　拔车图
（采宋应星：天工开物）

马钧的功绩在于制作并改进了翻车,使得童儿就能转动,可见较为轻便灵活而省力,这样就便于推广和流传。其后的1700多年中,这是应用最广泛,效果最显著的一种提水机械。

## 四 水转百戏

三国时期,有人向魏明帝进贡一台百戏模型,人物是固定的,不能动作,只能摆设。魏明帝觉得不够满意,就问马钧有没有办法使人物活动起来,做得更加精巧些?马钧接受任务后,就设法用大木雕成大轮,水平放置后,用流水冲击木轮使其移动,从而带动百戏模型使之活动起来。"设为女乐舞象,至令木人击鼓吹箫。作山岳,使木人跳丸掷剑,缘絙倒立,出入自在。百官行署,舂磨斗鸡,变巧百端。"真是有趣而热闹极了。

复原指南车,制成水转百戏,说明马钧已掌握了比较复杂的齿轮传动装置技术,具有相当高的设计和制作水平。这很可能受到张衡复原创制指南车以及制作水运浑象的启发。马钧的工作也必定有助于其后指南车的制造及改进,唐代一行、梁令瓒水运浑象及宋代苏颂水运仪象台的制造和改进,可能均受到其影响。据研究,认为苏颂的水运仪象台中已利用了擒纵机构,这是钟表史上一个最重要的发明创造。马钧在这中间起着承先启后的作用。

## 五 设计轮转式发石车

发石车就是古代的炮。一根杠杆装在一个可旋转的横轴上。后端系有悬索,索端有一兜,兜住石块。使用时,用力猛拉下前端,后端即迅速翘起,把石块抛出。史载春秋时期发石机能把十几斤重石块,抛射 200 步以上(一步约合 1.45 米)。东汉末年,袁曹官渡之战中,曹军就使用了发石车。

马钧认为当时发石车是单发的不能连续抛射石块,冲击破坏力不够。敌方如果在城楼悬挂湿牛皮就能抵御。于是设计一种轮转式能连续发石的发石车。用木头做一个大轮子,轮缘悬索数十根,索端各系大石块。作战时,转动木轮达到相当速度时,切断悬索,石块就接连地飞出。由于转轮的转速可以很高,产生的离心力比摆动木杆时要大得多,因此抛出石块的初速及相应的冲击力也大得多,而且"首尾电至",破坏力大得多。马钧还做了实验,用木车轮悬挂砖瓦数十块,结果"飞之数百步",试验是成功的。另外马钧看到蜀国诸葛亮造的连弩,认为不够完善,如加以改进,可以发出五倍的箭。

马钧设计及制作军事器械的技能得到傅玄的大力推崇。傅玄向安乡侯曹羲进言说,马钧的这些发明是"国之精器,军之要用",通过实际制作就可以判断是否成功。他引用和氏之璧的典故说:"故君子不以人害人,必以考试为衡石,废衡石而不用,此美玉所以见诬为石,荆和所以抱璞而哭之也。"竭力劝说曹羲要通过实践来检验真理。曹羲终于被傅玄诚恳而中肯的道理说服了,向掌握朝政的武乡侯曹爽报告。然而曹爽却热衷于与司马懿争权夺利,未加重视。马钧设想的"连珠炮"等,由于没能得到足够重视和有力的支持,终于未能实现。傅玄因此感到婉惜和愤慨。他认为,马钧的才智和技能"虽古公输般、墨翟、王尔,近汉世张平子(张衡),不能过也。"然而,公输般、墨翟"皆见用于时,乃有益于世",张衡虽为侍中,马钧虽为给事中,"俱不典工官,巧无益于世"。有才能而不能被重用,不能得以充分发挥才智,而有益于社会,"用人不当其才,闻贤不试以事,良可恨也。"傅玄对这种社会现象深感愤慨。

马钧在当时社会环境条件下,能刻苦钻研,巧思构想,亲自动手设计制造,讲究试验,重视实践,是值得后人引为楷模的。

# 参 考 文 献

陈寿（晋）撰．1959．三国志：卷二十九　裴松之注文．北京：中华书局

陈维稷主编．1984．中国纺织科学技术史（古代部分）．北京：科学出版社．204～205页，317～318页

刘仙洲．1962．中国机械工程发明史第一编．北京：科学出版社

脱脱（元）撰．1977．宋史　卷一百四十九．北京：中华书局．3491～3493页

（徐英范）

# 刘　徽

刘徽是我国魏晋间的大数学家,现存他的著作有两部:一是《九章算术注》,与《九章算术》合为一体行世;一是《海岛算经》。《海岛算经》原名《重差》,是《九章算术注》的第十卷,唐初李淳风奉敕编纂《算经十书》,将第十卷单行,因其第一问为测望一海岛的高、远,定名为《海岛算经》,与《九章算术》并列为《算经十书》中的两部。

刘徽生平不详,他自述"幼习《九章》,长再详览,观阴阳之割裂,总算术之根源,探赜之暇,遂悟其意,是以敢竭顽鲁,采其所见,为之作注"。《隋书·律历志》称他魏景元四年(公元263)注《九章算术》。关于刘徽的生平,可靠的记载仅此而已。但是他在数学上成就辉煌,永垂汗青。

## 一　采所见,悟其意,注《九章》

刘徽登上数学舞台时,面对着一份堪称丰厚而又有严重缺陷的数学遗产,它的基本情况是:

世界上最先进的十进位置值制记数法在我国创造并已使用近千年,主要计算工具算筹的截面已由圆变方,长度已由两汉13厘米左右缩短为8～9厘米,筹算四则运算法则已牢固确立。

西汉,人们把自先秦起在生产、生活实践中积累的大量数学知识编纂成《许商算术》、《杜忠算术》、《周髀算经》、《九章算术》等数学著作。在东汉,《九章算术》已成为官方认可的数学经典①。

《九章算术》奠定了我国古代数学的基本框架,包括方田、粟米、衰分、少广、商功、均输、盈不足、方程和勾股九部分内容;确定了以计算为中心的特点和数学密切联系实际的风格;提出了完整的分数四则运算法则,开平方、开立方法则,比例和比例分配算法,盈不足术,方程术(线性方程组解法),正负数加减法则,若干面积、体积公式和解勾股形公式,包括 246 个题目,上百个公式、解法,除个别失误外,绝大多数都是正确的。其中分数理论、盈不足术、线性方程组解法、正负数加减法则及解勾股形等若干方面,处于当时世界领先地位。

但是《九章算术》只有问题、答案和术文,而没有留下任何证明。汉魏时期,许多学者如马续、张衡、刘洪、郑玄、徐岳、阚泽等等,都研究过《九章算术》,作过某些论证的探索。他们的著作均失传,但从刘徽《九章算术注》中的"采其所见"者所提供的某些线索,可以了解其大概情况:

《九章算术》使用圆周率了。数学家们力图改进这个值,但成绩不佳,如张衡求得圆周率为$\sqrt{10}$,可见当时并没有找到正确的求圆周率方法。

有关几何方面的证明,广泛使用两种方法。一是出入相补方法,或称以盈补虚法。在平面图形的情况下,称作图验法。它在直线形中,是一种有效的证明方法,与刘徽同时或稍早的赵爽

---

① 光和(公元179)大司农斛、权的铭文均标明它们"依黄钟律历、九章算术"制造。

对勾股形若干公式的证明,属于这个范畴。但在曲线形中,如圆面积公式,以圆内接正六边形的周长代替圆周长,以圆内接正十二边形的面积代替圆面积,进行出入相补,并不是真正的证明。在立体图形的情况下,称作棋验法。刘徽说:"说算者乃立棋 三品,以效高深之积。"就是指棋验法。三品棋即长、宽、高皆为一尺的立方、堑堵(斜解正方体得到两堑堵)、阳马(即直角四棱锥,斜解堑堵得到一个阳马,另一个为鳖臑,后者各面均为勾股形的四面体,也是古代一种基本立体)。一般说来,棋验法只可用来验证标准形立体(即可分解为或拼合为三品棋的立体)的体积公式,而无法证明一般情况下的公式。

　　二是在论证圆锥、圆亭、球等圆体体积公式时,采用比较它们与其外切方体的大圆和大方的面积的方法。这是后来祖暅之原理的最初阶段,由于没有认识到必须比较任意截面的面积,球外切体取成圆柱的错误及由此而得出的开立圆(球)术的错误长期未被指出。

　　数学计算中齐同原理已经使用。赵爽说:"可以齐同,故细言之。"[①] 当然,其应用没有后来刘徽那样广泛、深刻。

　　总之,刘徽之前,一方面人们在论证《九章算术》数学内容的正确性上作了可贵的努力,提出了许多很有意义的方法,为刘徽"采其所见",对这些方法进行总结、提高,准备了丰富的资料;另一方面,对一些难度较大的问题,则没有给出严谨的证明,因而,《九章算术》的错误没有被指出,这就给刘徽"探赜之暇,遂悟其意",留下了广阔的天地。因此,除《海岛算经》外,刘徽尽管没有设计新的数学问题,却在《九章算术》的近百条术文及近 200 个问题的注解上取得了极其辉煌的成就。不言而喻。他的业绩主要体现在数学证明和数学理论方面。

## 二　割之又割——无穷小分割思想

　　谈到刘徽的数学理论,首先要谈到他的极限思想。极限思想的萌芽,在先秦就产生了,后期墨家有所谓端的概念。《墨子·经下》:"非半弗斱则不动,说在端。"《经说》解释道:"非斱半进前取也,前则中无为半,犹端也。前后取则端中也。斱必半,毋与非半,不可斱也。"名家则有"一尺之棰,日取其半,万世不竭"的命题。这些命题都很深刻,但与其说是数学命题,不如说主要在于说明他们的宇宙观。司马迁以"破觚而为圆"[②]比喻汉朝废除秦朝严刑苛法。破觚为圆,是千百年来木工工匠制造车轮和其他圆形器具必不可少的一道工序。这种化直为曲、化方为圆的工作实际上也包含着深刻的极限思想。刘徽则在中国数学史上第一次把极限思想用于数学证明。

　　《九章算术》卷一方田章提出了正确的圆面积公式:"半周半径相乘得积步。"设圆面积为 $S$,半径为 $r$,周长为 $L$,则 $S=\frac{1}{2}Lr$。刘徽指出以前的论证以周三径一为率,"皆非也",从而创造了新的方法。他首先从圆的内接正六边形(六觚)开始割圆,依次得到 $6 \cdot 2^{n-1}(n=1,2\cdots)$ 边形,进而计算出 $6 \cdot 2^n(n=1,2\cdots)$ 边形的面积,它们与圆面积都有一个差额。刘徽指出:"割之弥细,所失弥少。割之又割,以至于不可割,则与圆周合体而无所失矣。"这就是说,割到不可割的状态时,正多边形与圆周完全重合,而其面积与圆面积毫无差别。设圆内接正 $6 \cdot 2^n$ 边形的周

---

　　① 赵爽,《周髀算经注》。

　　② 《史记·酷吏列传》,中华书局,1950 年,第 3131 页。裴骃《集解》:"觚,方。"司马贞《索隐》:"觚,八棱有隅者。高祖反秦之政,破觚为圆,谓除其严法,约三章耳。"

长为 $L_n$，而积为 $S_n$，刘徽的论述表示两个极限过程：$\lim\limits_{n\to\infty}L_n=L$，$\lim\limits_{n\to\infty}(S-S_n)=0$。接着刘徽指出：“觚面之外，犹有余径，以面乘余径，则幂出觚表。若夫觚之细者，与圆合体，则表无余径。表无余径，则幂不外出矣。”设正 $6.2^n$ 边形的每边长为 $l_n$，其边心距为 $r_n$，则每边与圆围之间有一余径 $r-r_n$，那么，$S_n+6.2^n l_n(r-r_n)=S_n+2(S_{n+1}-S_n)>S$，当正多边形与圆合体，即 $n\to\infty$ 时，$\lim\limits_{n\to\infty}(r-r_n)=0$，那么，$\lim\limits_{n\to\infty}[S_n+6.2^n l_n(r-r_n)]=S$。这就证明了上界与下界序列的极限均是 $S$。然后，刘徽指出：“以一面乘半径，觚而裁之，每辄自倍，故以半周乘半径而为圆幂。”这是说，将与圆合体的正多边形分解成 $6.2^n$ 个以 $l_n$ 为底，以半径 $r$ 为高，以圆心为顶点的等腰三角形，设每个等腰三角形面积为 $A_n$，显然，$l_n r=2A_n$，$A_n=\dfrac{1}{2}l_n r$，所以 $S=\lim\limits_{n\to\infty}6.2^n\dfrac{1}{2}l_n r=\dfrac{1}{2}Lr$。这就完成了证明。刘徽特别指出，在这个公式中的周、径“谓至然之数，非周三径一之率也”。他批评了当时“学者踵古，习其谬失”，因袭“周三径一”的错误，认为有必要求出圆周率的精确值。他利用上面提出的程序，割直径为二尺的圆，计算出圆内接正 192 边形的面积 314 寸$^2$ 作为圆面积近似值，利用刚证明过的公式，求出周长为六尺二寸八分，与圆径相约，得周 157，径 50，就是周与径的“相与之率”。刘徽指出，此周率“犹为微少”，他又进一步计算 3072 边形的面积，算出周率 3927，径率 1250，这就是我们常用的 $\pi=3.1416$。刘徽提出的求圆周率的正确方法，奠定了我国圆周率计算方面长期领先的基础。据信，祖冲之就是用这种方法把有效数字推进到八位。

　　刘徽在极限思想应用方面，最值得称道的是他关于鳖臑和阳马体积公式的证明。《九章算术》卷五商功章提出了鳖臑的体积公式 $V_b=\dfrac{1}{6}abh$，（其中 $a,b,h$ 分别为下广、上长及高）；阳马体积公式 $V_y=\dfrac{1}{3}abh$，（$a,b,h$ 为底广、长及高）。刘徽指出：用 $a=b=h$ 的情形下进行证明的棋验法，无法用于 $a\neq b\neq h$ 的情形：“其棋或修短，或广狭，立方不等者，……鳖臑殊形，阳马异体。然阳马异体，则不可纯合，不纯合，则难为之矣。”刘徽另辟蹊径。他首先提出了一个重要原理：

　　　　“邪解堑堵，其一为阳马，一为鳖臑。阳马居二，鳖臑居一，不易之率也。”

即对任何一个堑堵，若将之分解为一个阳马一个鳖臑，则阳马与鳖臑的体积之比恒为二比一，换言之，$V_y:V_b=2:1$。显然，只要证明了这个原理，由于 $V_Q=\dfrac{1}{2}abh$，则 $V_y=\dfrac{1}{3}abh$ 及 $V_b=\dfrac{1}{6}abh$ 的正确性是不言而喻的。刘徽这样来证明他所提出的原理：

　　　　其使鳖臑广、袤、高各二尺，用堑堵、鳖臑之棋各二，皆用赤棋；又使阳马之广、袤、高各二尺，用立方之棋一，堑堵、阳马之棋各二，皆用黑棋。棋之赤、黑，接为堑堵，广、袤、高各二尺，于是中效①其广、袤②，又中分其高。令赤、黑堑堵各自适当一方，高一尺方一尺③，每二分鳖臑则一阳马也。其余两端各积本体，合成一方焉。是为别种而方者率居三，通其体而方者率居一。虽方随棋改，而固有常然之势也。

刘徽在这里仍然使用了长、宽、高尺寸相等的棋，上述引文的最后一句话表明，他的论述对任意尺寸的长、宽、高都是适应的。刘徽的意思是：将长、宽、高分别相等的一个鳖臑和一个阳马拼成

---

① 效，疑为放。
② 各本脱“袤”，笔者补。
③ 两“一尺”，各本误作“二尺”。

一个堑堵,然后用三个互相垂直的平面平分堑堵的长、宽、高,则阳马被分解成一个小立方、两个小堑堵、两个小阳马,鳖臑被分解成两个小堑堵、两个小鳖臑。阳马中的两个小堑堵分别与鳖臑中的两个小堑堵拼合,形成两个小立方,加上阳马中的小立方,共三个全等的小立方。其中属于阳马的与属于鳖臑的体积之比为二比一(每二分鳖臑则一阳马也)。阳马中的两个小阳马可以分别与鳖臑中的两小鳖臑拼合,形成两个小堑堵。它们又可以合成一个与上述三个小立方全等的小立方。其中属于阳马与属于鳖臑的体积之比仍未知。但是显然,这两个小堑堵的结构与原来的堑堵相似(所谓通其体)。总之,原来的堑堵被分割重新组合成四个全等的小立方,其中三个中属于阳马的与属于鳖臑的体积之比为二比一已经被证明(别种而方者率居三),还有一个中的体积之比有待于证明(通其体而方者率居一)。

刘徽指出:

　　按余数具而可知者有一、二分之别,即一、二之为率定矣。其于理也岂虚矣?若为数而穷之,置余广、袤、高之数各半之,则四分之三又可知也。半之弥少,其余弥细。至细曰微,微则无形。由是言之,安取余哉?

他认为,在余下的那个小立方中,如果能证明其中体积可知的部分属于阳马的与属于鳖臑的之比仍为二比一,那么就证明了整个堑堵中阳马与鳖臑体积之比为二比一。为什么呢?对余下的小立方中的两个小堑堵重复刚才的分割、拼合过程,则又可证明它们的四分之三中属于阳马与属于鳖臑的体积之比为二比一。这个过程可以无限继续下去,那么剩余的未知部分越来越小,最后达到"无形"的地步,这就完成了整个证明。

这两个证明中的极限思想十分清晰,即使按照今天数学的要求,也不失为严谨的证明。就极限思想的深度来说,刘徽已经超过了古希腊的学者。我们知道,古希腊的穷竭法,不管是在它的创造者欧多克索斯(Eudoxus)那里,还是在站在希腊数学最高峰上的阿基米德(Archimedes)那里,都没有极限概念。他们的圆内接多边形与圆从理论上要多么接近就多么接近,但永远不能成为圆,总有一个剩余。因此,他们不是通过求极限,而是用双重归谬法进行证明。此外,很明显,刘徽极限思想中不可割及微则无形的观点,与墨家和道家的同类思想比较接近,而与名家是不同的。

极限思想是一种无穷小分割的思想,刘徽在证明《九章算术》另一些公式时以另一种方式应用了无穷小分割的思想。他在商功章圆亭术注中说:"从方亭求圆亭之积,亦犹方幂中求圆幂。"在圆锥术注中说:"圆锥比于方锥,亦二百分之一百五十七。"委粟术注说:"从方锥中求圆锥之积,亦犹方幂求圆幂。"少广章开立圆术注中说:"合盖者,方率也,丸居其中,即圆率也。"商功章羡除术注说:"推此上连无成不方,故方锥与阳马同实。"从这些论述可以看出,刘徽实际上已纠正了他以前只比较两个立体的底面积的错误,而认识到必须比较两个等高的立体的每一层的截面积。这与后来的卡瓦列里(B.Cavalieri)的不可分量相类似。正因为认识到这一点,他才能指出《九章算术》所蕴含的球体积公式的错误,设计了牟合方盖,指明了解决球体积的正确途径。刘徽为中国人民完全认识祖暅之原理做出了重要贡献。刘徽还指出了如下的与面积和体积的关系相类似的关于线与面积的命题:"圆锥见幂与方锥见幂,其率犹方幂之与圆幂也。"实际上也把圆周和正方形分别看成圆锥和方锥表面积的不可分量。

# 三 算之纲纪——率

长于定量分析,以计算为中心,是我国古代数学的特点,刘徽的《九章算术注》的主要篇幅在于对《九章算术》的运算法则的正确性进行证明、论述.要进行计算首先要找到一种量作为标准,并进而找到各种量之间的关系,我国古代的数学概念"率"承担了这个职责.率的应用在我国是很早的.率的本意是规格、标准、法度.后来逐渐向数学概念转化.《孟子·尽心上》:"羿不为拙射变其彀率."《墨子·备城门》:"城下楼卒,率一步一人,二十步二十人,城大小以此率之",大体反映出这种转化的趋势.《九章算术》在许多问题的题设和术文中应用了率,"率"成了一个明确的数学概念.但是由于其内涵是靠约定俗成,在有的地方的应用上偏离了率概念.而刘徽认为"凡九数以为篇名,可以广施诸率",从而用率正确解释了《九章算术》中近 200 个题目,使率的应用空前广泛并深化了,把率概念提高到理论的高度.

首先,刘徽给率作出了明确的定义:"凡数相与者谓之率."相与即现在的相关(这里是线性相关).数实际上是量,指一组变量.那么,一组变量,如果它们相关,就称为率.

由率的定义,刘徽得出率的下列性质:"凡所得率,如细则俱细,粗则俱粗,两数相抱而已."(衰分章今有生丝问注)这就是说,凡是一组成为"率"的数,在投入运算时,其中一个扩大(或缩小)多少倍,其余的数必须同时扩大(或缩小)同样的倍数.

根据率的这一重要性质,刘徽提出了关于率的三种等量变换:乘以散之;约以聚之;齐同以通之.这三种等量变换最初都是从分数运算抽象出来的.分数的分母、分子就可以看作相与的两个量,因而成率关系.实际上,刘徽关于率的定义就是在经分术注中提出来的.关于分数运算的三种等量变换自然推广到率中来.当成率关系的一组数中有公因子(等数)时,可以用此公因子约所有的数,这就是约以聚之.相反,对成率关系的一组数,可以将各个数同时扩大某倍数,这就是乘以散之.利用这两种等量变换,可以把成率关系的一组数(其中包括分数)化成没有公因子的一组数,因而提出了相与率的概念:"等除法实,相与率也."(方田章经分术注)刘徽运算时,一般使用相与率.只有将 $n$ 个分数化成同一分数单位才能进行加减法,因而产生了齐同术:"凡母互乘子谓之齐,群母相乘谓之同.同者,相与通同共一母也.齐者,子与母齐,势不可失本数也."(方田章合分术注)同样,对比较复杂的问题,常常有相关的分别成率关系的两组或几组数,要通过齐同,化成有同一率关系的一组数,齐同原理成为率的一种重要运算.

刘徽说:"乘以散之,约以聚之,齐同以通之,此其算之纲纪乎?"(方田章合分术注)这就是说,刘徽把率看成数学运算的纲纪.在这里,今有术起着基础性作用."今有术曰:以所有数乘所求率为实,以所有率为法,实如法而一."它是《九章算术》卷二粟米章提出的一种重要方法.刘徽称之为都术,即普遍方法.刘徽认为:"诚能分诡数之纷杂,通彼此之否塞,因物成率,审辨名分,平其偏颇,齐其参差,则终无不归于此术也."(粟米章今有术注)这里"平其偏颇,齐其参差",实际上就是齐同原理.刘徽特别重视齐同的作用."数同类者无远",通过齐同可以把异位而通体的数量关系沟通起来.因此,"齐同之术要矣,错综度数,动之斯谐,其犹佩觿解结,无往而不理焉".下面我们简要列举一下刘徽对齐同原理的应用.

三率悉通.设甲、乙之率为 $a,b$,乙、丙之率为 $c,d$,若从甲求丙,可以重复应用今有术,先从甲求乙,再从乙求丙,称为重今有术.亦可应用齐同原理,先同乙的率,化成 $bc$,然后齐甲、丙的率为 $ac,bd$,使三率悉通,再应用今有术.刘徽指出:"凡率错互不通者,皆积齐同用之。放此，虽四五转不异也。"（均输章今有络丝问注）刘徽在线性方程组解法中创造的方程新术，就是先求出五种农产品两两的相与率，然后通过齐同，化成有率关系的同一组数，利用今有术求解。

齐同有二术，可随率宜也。同一个问题，同哪个量，齐哪个量，可以灵活运用，对均输章第20～26问所谓凫雁类问题，刘徽提出了两种齐同途径。凫雁问是："今有凫起南海，七日至北海，雁起北海，九日至南海。今凫雁俱起，问何日相逢？"其解法，可以"齐其至，同其日"，则"六十三日凫九至，雁七至。今凫雁俱起而问相逢者，是为共至。并齐以除同，即得相逢日"，亦可以同其距离单位，齐其日速，那么"南北海相去六十三分，凫日行九分，雁日行七分也，并凫雁一日所行，以除南北相去，而得相逢日也"。这两种齐同途径，殊途同归，都证明了《九章算术》术文"并日数为法，日数相乘为实，实如法得一日"是正确的。

"齐其假令，同其盈朒"。盈不足问题在《九章算术》中占有重要地位。即使一般算术问题，通过两次假设，都可以化成盈不足问题（在非线性问题只可获得近似解），因而传到西方后被誉为万能算法。《九章算术》首先给出了一般方法："置所出率，盈、不足各居其下。令维乘所出率，并以为实，并盈、不足为法。实如法而一。"刘徽认为"盈、朒维乘两设[①]者，欲为齐同之意"，也就是说，"齐其假令，同其盈朒"。设假令 $a_1$，盈 $b_1$；假令 $a_2$，不足 $b_2$，同其盈、不足为 $b_1b_2$，使假令与盈不足相齐，则分别为 $a_1b_2$ 和 $a_2b_1$，那么 $b_1+b_2$ 次假令，共假令 $a_1b_2+a_2b_1$ 而不盈不朒，所以每次假令为 $\dfrac{a_2b_2+a_2b_1}{b_1+b_2}$ 即为不盈不朒之正数。

方程术中的令每行为率即齐同之意。方程术即线性方程组解法是《九章算术》中最值得称道的成就。《九章算术》按分离系数法列出方程，相当于现在的矩阵和增广矩阵。然后用直除法消元，直到每行剩一个未知数，从而求得方程的解。刘徽首先把率的思想拓展到方程术中，提出方程是"每行为率"，因而可以对整行施行"乘以散之，约以聚之"，并进而可以对各行之间施行"齐同以通之"这些关于率的基本等量变换，从而建立了常数与整行的乘除运算，以及两行之间的加减运算。刘徽接着提出了"举率以相减，不害余数之课也"的原理（当作无需证明的真理），成为直除法和互乘相消法的理论基础。直除法的基本程序是以甲行某未知数系数乘乙行，然后再从乙行减甲行，直至某未知数系数化为零为止。刘徽认为这符合齐同原理，因而是正确的。他说："先令右行上禾乘中行，为齐同之意。为齐同者谓中行直减右行也。从简易虽不言齐同，以齐同之意观之，其义然矣。"显然，同是指同两行相应的未知数的系数，齐是使一行中其余各项系数及常数项与该项系数相齐，齐同的目的是使两行可以直减。正因为刘徽对"每行为率"，"举率以相减不害余数之课"，以及消元中的齐同原理有深刻的理解，所以他创造了互乘相消法，使消元更为简捷。刘徽认为，这些原理对负系数方程同样适应，他说："赤黑相杂足以定上下之程，减益虽殊足以通左右之数，差实虽分足以应同异之率。然则其正无入负之，负无入正之，其率不妄也。"（正负术注）。

## 四　测高望远——重差

勾股测望，是中国古代学者相当重视的一个课题，相传大禹治水时，"左准绳，右规矩，载四

---

时,以开九州,通九道"。① 《周髀算经》提出了勾股定理,其日高术奠定了后世重差术的基础。《九章算术》勾股章包括两部分内容,一部分是勾股定理和解勾股形问题,一部分是测望问题。对第一部分,刘徽主要用出入相补原理对其中的方法进行证明。对第二部分,刘徽则主要用相似勾股形相与之势不失本率的原理进行证明。不过在"二人同立问"、"勾股容方问"、"勾股容圆问"及第三个"今有邑方问"中,刘徽除运用出入相补原理外,又应用了相似勾股形对应边其相与之势不失本率的原理。我们谨以勾股容圆问为例。这是一个已知勾股形的勾与股,求其内切圆直径的问题。刘徽记载的出入相补方法是,从圆心向勾、股、弦作垂线,则勾股形分成一个小黄方,一个朱幂(股面上勾股形的两倍),一个青幂(勾面上勾股形的两倍),那么四个勾股形(其面积为 $2ab$)经过这样分割后,可以重新拼补成一个以圆径 $d$ 为宽,以勾股弦之和为长的长方形,因此,$d = \dfrac{2ab}{a+b+c}$。刘徽提出的第二种方法是过圆心作平行于弦的直线,称为中弦。它与小黄方的两邻边分别构成位于勾、股上的两个小勾股形,其周长分别为原勾股形的勾、股,且它们与原勾股形相似,因此可以用衰分术求出圆半径为 $\dfrac{ab}{a+b+c}$,从而直径为 $\dfrac{2ab}{a+b+c}$。这两种方法实际上反映了刘徽时代所使用的证明勾股问题的两种最基本的方法,前者应是刘徽之前传统的方法,而后者则是刘徽将率的应用深入发展使之理论化后的产物,是刘徽的创造。正如刘徽说,两者"言虽异矣,及其所以成法之实,则同归矣"。关于勾股容圆径,刘徽还提出了另外几个公式,他说:"圆径又可以表之差并:勾弦差减股为圆径;又弦减勾股并,余为圆径;以勾弦差乘股弦差而倍之,开方除之,亦圆径也。"这几个公式,刘徽未予证明。对勾股问题,刘徽除了在注解中作某些扩充外,没设计新的问题,但对测望问题,刘徽认为,《九章算术》的几个问题"皆端旁互见,无有超邈若斯(指测日问题)之类。然则苍等为术犹未足以博尽群数也"。他发现九数中有重差之名,认为重差就是解决测望可望而不可及的类型的问题的,从而提出"凡望极高、测绝深而兼知其远者必用重差、勾股,则必以重差为率"。他举了测望日远日高的例子后说:"虽夫圆穹之象犹曰可度,又况泰山之高与江海之广哉。"因此,"辄造重差,并为注解,以究古人之意,缀于勾股之下。"所谓《重差》,就是现在的《海岛算经》,其宋刻本已失传,现传本是戴震从《永乐大典》辑录的九个问题校定而成。刘徽指出"度高者重表,测深者累矩,孤离者三望,离而又旁求者四望。触类而长之,则虽幽遐诡伏,靡所不入"。(九章算术注序)提出了重表、连索、累矩三种基本方法。测海岛的重表法与传统的测日高法完全相同。若表高 $b$,表矩 $d$,$a_1$,$a_2$ 为影长(或人目、岛顶、表端三相直时人目到两表的距离),则物高 $= \dfrac{bd}{a_2-a_1} + b$;物距前表 $= \dfrac{a_1 d}{a_2-a_1}$。连索法是测方邑时,用索连结平行于方邑一边而其中一表在方邑另一边的延长线上的两表。设两表距 $b_1$,入索 $b_2$,去表分别是 $a_2$,$a_1$,则方邑宽 $= \dfrac{a_2-a_1}{\frac{a_2 b_2}{b_1} - a_1} b_2 = \dfrac{(a_2-a_1)b_1 b_2}{a_2 b_2 - a_1 b_1}$;邑距表 $= \dfrac{a_2 - \frac{a_2 b_2}{b_1}}{\frac{a_2 b_2}{b_1} - a_1} a_1 = \dfrac{(b_1-b_2)a_1 a_2}{a_2 b_2 - a_1 b_1}$。测望深谷时两次用矩,所以称为累矩法。设矩勾为 $a$,矩间为 $d$,下股分别为 $b_1$,$b_2$,则谷深 $x = \dfrac{d b_2}{b_1-b_2} - a$。刘徽利用这三种基本方法加以推广,解决了四个三望、两个四望等更复杂的问题。戴震从《永乐大典》辑录《海岛算经》时，没有刘徽自注。刘徽还有《九章重差图》一卷①，亦失传。因此，自清中叶以来，关于刘徽重差术的造术思想，众说纷纭，莫衷一是。这些看法中，比较可信的有两种，一是认为刘徽将问题的数量关系化成面积问题，根据出入相补原理证明。一是认为刘徽根据相似三角形对应边相与之势不失本率原理证明。我们认为，根据刘徽对一个问题经常提出两三种不同解法或证明方法，特别根据刘徽注解《九章算术》勾股章时使用了这两种方法，甚至一个题目采用了两种方法来看，刘徽在证明他所提出的《海岛算经》公式时，这两种方法并用，比较合乎逻辑。

刘徽还有许多成就，如开方不尽时刘徽提出了"求其微数"即十进分数的思想。他说："微数无名者以为分子，其一退以十为母，其再退以百为母。退之弥下，其分弥细，则朱幂虽有所弃之数，不足言之也。"（少广章开方术注）这对十进小数的产生无疑起了促进作用。又如，在盈不足章长安至齐问中，刘徽提出了中国最早的等差级数前 $n$ 项和的正确公式②，等等。

# 五　约而能周，通而不黩的数学体系

刘徽的《九章算术注》不是也不可能是公理化著作。他将自己的数学知识和数学创作分散在《九章算术》近百条抽象性术文和近 200 个问题的注解中，但这丝毫也不意味着刘徽的数学知识是杂乱无章的。刘徽说："事类相推，各有攸归，故枝条虽分而同本干知，发其一端而已。"又说："至于以法相传，亦犹规矩度量可得而共。"就是说，刘徽认为，他的数学知识如同一株枝条虽分而同本干的大树，发自一端，这个端就是规矩度量即空间形式和数量关系的统一。这不仅表示了刘徽对数学本源的认识，也明确道出了中国古代数学代数与几何的统一这个突出的特点。刘徽还认为，通过他"析理以辞，解体用图"，能够使数学知识作到"约而能周，通而不黩，览之者思过半矣"。下面我们试图分析一下刘徽的数学体系。

我们已经指出，刘徽注包括了他前代或同代人的数学方法，即"采其所见"者，以及他自己的数学创造即"悟其意"者两部分内容。这是从刘徽注所含内容的时代上说的。从刘徽注内容的性质上说，主要可以分成三部分，一是对《九章算术》公式、解法的证明；二是提出某些定义，以及某些公认的事实或结论，即许多无需证明的原理；三是提出一些重要方法的作用，推广并讨论各种解法之间的联系。

对《九章算术》所提出的解法、公式进行证明，是刘徽作注的主要目的，也是刘徽注的主题。前面我们详细介绍了刘徽关于圆面积公式和阳马、鳖臑体积公式的证明。不难看出，这两个证明都是演绎证明，除了没有极限表达式外，以现在的眼光来看，也不失为严谨的证明。事实上，刘徽注中大多数论证都是演绎论证，亦即真正的数学证明。证明中包含若干推理，这些推理都是演绎推理。据分析，刘徽注中包含了三段论、关系推理、连锁推理、假言推理、选言推理，以及二难推理等演绎推理。刘徽进行推理和证明的根据即前提，有的是已经证明的命题、公式，也有的是定义，或无需证明的原理。前面已经谈到关于率的定义，又如刘徽关于面积的定义："凡广从相乘谓之幂。"（方田章方田术注）关于正负数的定义："两算得失相反，要令正负以名之。"（方

① 《隋书·经籍志》，卷三十四，中华书局，1973 年。
② 此据戴震的校勘。戴震以前的《永乐大典》本及石研斋本杨辉《详解九章算法》中描写这个公式的两段文字作大字，即《九章算术》本文。汪莱研究孔刻本时，提出这两段文字系《九章算术》本文的看法。

程章正负术注)关于方程的定义:"群物总杂,各列有数,总言其实。令每行为率,二物者再程,三物者三程,皆如物数程之,并列为行,故谓之方程。行之左右无所同存,且为有所据而言耳。"方的本意是并船,许慎《说文解字》:"方,并船也",亦训为并。刘徽说:"并列为行",李籍:"方,左右也",都是这个意思。"程,课程也","程,物之准也",也就是考核其标准。因此方程就是通过将一组物品的各种数量关系并列起来考察该组物品各自的数量标准。刘徽的定义则详细说明了方程的建立过程,因此这是一个发生性定义。刘徽的定义都符合现今数学关于定义的要求。值得注意的是,刘徽对《九章算术》方田章方田术及商功章方堢墻术即长方形面积公式及长方体体积公式没有试图证明。看来刘徽是把它们看成不用证明或无法证明的一个事实,因此可以把它理解成定义。

刘徽推理和证明中使用了许多原理,有的上面已经谈过了,如圆体(圆锥、圆亭、球)与其外切方体(方锥、方亭、牟合方盖)体积之比等于等高处截面积之比即 $\pi:4$;圆锥与其外切方锥的侧面积之比等于圆周长与外切正方形周长之比,即亦为 $\pi:4$,同底等高的方锥与阳马的体积之比等于其等高处截面积之比;方程术消元的基础"举率以相减,不害余数之课";等等。这些原理,他认为无需证明,无疑都成为刘徽推理、证明的前提或依据。

探讨各部分和各命题之间的关系,是使他的注解成为"约而能周,通而不黩"的体系的关键。刘徽作了许多可贵的努力。如对勾股章的第 6,7,8,9,10 问,刘徽发现它们都是已知勾(或股)及股(或勾)弦差求股、弦的问题,从而找出它们的共性:"引而索尽、开门去阃者,勾及股弦差同一术",倚木于垣问"为术之意,与系索问同也",而对已知勾与股弦和的第 13 问,刘徽说:"此术与系索之类,更相反覆也。"我们要着重说一下刘徽的体积理论。我们知道,根据刘徽注的记载,刘徽之前多面体体积公式的解决主要使用棋验法,也就是将一个标准型多面体先分割成三品棋:立方、堑堵、阳马,然后将三品棋的个数适当增加某一倍数,使之重新组合成一个或几个长方体来验证其体积公式。不言而喻,这种方法对无法分割或拼合成三品棋的非标准型多面体是无能为力的。因此,刘徽之前一般多面体体积公式的正确性只是归纳的结果,并未得到严格证明。刘徽在用无穷小分割的极限方法证明了鳖臑和阳马的体积公式之后说:"不有鳖臑,无以审阳马之数,不有阳马,无以知锥亭之类,功实之主也。"这就明确指出了鳖臑体积公式的证明在他的整个体积理论中起着"功实之主"的关键作用,这与现代数学的结论完全一致。因此,刘徽化气力证明了几种不同形状的四面体,其体积均为长、宽、高之积的六分之一。而对方锥、方亭、刍甍、刍童、羡除等锥亭之类,刘徽都提出了与棋验法不同的有限分割求和方法及相应的另外形式的公式,即通过有限次分割,将它们分割成长方体、堑堵、阳马、鳖臑这几种体积已知或可以求得的立体,然后求其和,真正证明了它们的体积公式。总之,根据刘徽注中形诸文字者,我们看出,在刘徽的头脑中,已经把他以前的以归纳逻辑为主的体积推导系统,改造成了以长方体体积为出发点,以鳖臑(及阳马)体积公式的证明为核心,以演绎证明为主要逻辑方法的理论体系。《九章算术》中粟米、衰分和均输三章都是有关比例和比例分配的问题,内容有交错和重复。刘徽用率的思想统一了这三章的问题,不仅把一般的比例和连比例问题归结到今有问题,而且将追及问题、行程问题、程功问题、利息问题等一般算术问题以及衰分问题、均输问题,甚至有的体积问题、解勾股形问题,都化为今有问题,从而指出今有术是都术。根据他关于率是计算的纲纪的思想,计算问题也形成了一个以率为纲纪的体系。其他如面积问题、勾股问题,都可以根据刘徽本人的论述,整理成各自的系统。总之,尽管刘徽的数学知识被分散到《九章算术》的 200 多个问题中,似乎没有头绪,但是在他的头脑中的数学知识事实上像一棵大树一样,形成了枝条虽分而同本干、发自一端的体系。这个体系从"规矩度量可得而共"出发,引出面积、体积、率、正负数的定义,运用出入相补原理、无穷小分割方法、齐同原理,形成了以演绎逻辑为主要证明方法,以率为纲纪,以计算为中心的理论体系。这个体系"约而能周,通而不黩",全面反映了到刘徽为止的我国人民所掌握的数学知识。这个体系中,没有出现任何虚假的前提,也没有任何循环推理。在盛行对古代经典著作进行注疏的时代,刘徽没有把他自己的数学知识按照自己的思路写成新的数学著作(他完全有能力这样作!)这限制了他的思想的发挥,也限制了他的思想和理论贡献对我国古代数学的影响,不能不说是一个缺点。但是,在文史典籍中把互训互注作为基本方法之一的古代,刘徽在数学典籍注疏中没有出现任何循环推理,说明了他的逻辑修养是多么高超,他对数学证明的认识是多么深刻。通过刘徽的注解,人们清楚地认识到,这些数学知识是不以人们的主观意志为转移的关于数量关系和空间形式的客观规律。数学的各部分内容,各个概念和判断,不再是简单的堆砌,而是以数学证明为其联结纽带,按照数学内部的实际联系和转化关系,形成了一个有有机联系的知识体系。显然,刘徽使我国古代数学具备了全面性、客观真理性、系统性和逻辑性等一个理论体系所必须具备的几项特点。人们对事物的认识和思维过程中,总是交替使用归纳推理和演绎推理。一个数学理论体系的建立也是这样。开始往往从大量经验中,经过多次归纳、类比和总结,得出若干结论,此时以归纳逻辑为主,演绎逻辑为辅。然后人们对这些结论加以整理、证明、提高、推广,此时,以演绎为主,归纳为辅。古希腊欧几里得几何体系的建立走了这样一个过程。中国数学从先秦的萌芽到《九章算术》的形成,提出了大量命题、解法、公式,是以归纳为主,演绎为辅的过程;而刘徽注则是以演绎逻辑为主,归纳逻辑为辅的著作。刘徽注的出现,标志着中国古代数学完成了由感性向理性,由或然性向必然性的升华。从先秦到《九章算术》,又到刘徽注,奠基时期的中国数学经历了这样一个完整的认识过程。

## 刘徽所以为刘徽

　　何以在三国时代出现刘徽注这样杰出的著作? 何以是刘徽而不是别人完成这样杰出的著作? 我们试图根据刘徽《九章算术注》透露的信息及有关资料作一些探索。

　　刘徽注《九章算术》的宗旨是析数学之理,所谓"析理以辞,解体用图"。"析理",早在先秦《庄子》中就使用了,但到了魏晋时代,它具有了方法论的意义。原来,我国封建社会经过两汉的大发展,汉末黄巾农民大起义及随之而来的群雄割据,三足鼎立,在魏晋期间,经济、政治和文化发生了极大的变化,封建社会进入了一个新的阶段。大量个体农民变成地主庄园的带有农奴性质的部曲、徒附,经济关系的基本特征是庄园农奴制,门阀士族占据了政治舞台的中心。与此相适应,先后出现了一大批政治家、军事家如曹操、诸葛亮,许多杰出的思想家如嵇康、王弼,许多优秀的科学家如华佗、刘徽、裴秀、马钧。在思想领域,繁锁的两汉经学和谶纬迷信已经退出历史舞台,儒家思想的统治地位受到一定程度的打击,代之而起的是以谈三玄(《周易》、《老子》、《庄子》)为中心的辩难之风,思想界出现了春秋战国百家争鸣后所未曾有过的活跃景象。不仅受到几百年抑制的名、道诸家重新抬头,秦汉之后视为异端的墨家著作也受到了人们的重视。王充的《论衡》被埋没了近200年,也传播开来。析理是辩难之风的要件和代名词。显然,刘徽数学上的析理与思想界的析理是合拍的,是思想界析理、追求理胜在数学上的反映。同时,刘徽和嵇康、王弼等都把"贵约"、"简约"作为析理的原则。为此，他们都反对"多喻"、"远引繁言"，而主张举一反三。在知识的扩充和推广上，主张"触类而长"。同时，他们都重视理性判断。总之，刘徽深受当时思想界辩难之风的影响。值得指出的是，刘徽的许多用语，甚至句法，都与嵇康、王弼相似或相近。因此，我们估计刘徽应是嵇康（224～262）、王弼（226～249）的同代人或稍晚一点，那么，他可能生于 3 世纪 20 年代后期或稍后。也就是说，他注《九章算术》时仅 30 岁上下。这是不足为怪的。汉末三国多早熟凤悟才子，上面提到的政治家、军事家、思想家、科学家，除曹操外，都在二三十岁就作出了惊天动地和永垂青史的大事业。

　　刘徽的籍贯没有记载，他在宋大观二年（1109）被封为淄乡男[①]。同时受封的 60 多人中，有籍可稽的，其爵名大多依其里贯而定。对刘徽，宋朝人当然有比我们多的历史资料。因此，刘徽当是淄乡人。西汉由梁国分藩而成的山阳郡（今山东独山湖西岸，包括今兖州以西一带）有一甾乡，是侯国，县级单位[②]。自东汉起，山阳郡均无甾乡这一县级单位的记载，今地阙。文帝子梁孝王刘武的六世孙刘定国的儿子刘就于公元前 38 年封为菑乡侯[③]，传二世而免。古代甾、菑、淄三字相通，因此菑乡，甾乡与淄乡实是同一地方。但菑乡侯栏下注济南，颜师古认为这是说明食邑所属郡县[④]，即菑乡属济南郡。联系到宋、金时期邹平县有一淄乡镇[⑤]，淄乡侯作为乡侯，其封邑很可能在邹平县境（汉时属济南郡），班固大概因甾乡侯为梁王之后，误为山阳郡。当然尚不能完全排除在山阳郡的可能性。不过，刘徽生在山东境内，为汉甾乡侯后裔，当无问题。

　　刘徽长成于今山东地区，为他日后成为杰出的数学家，在数学理论上做出空前的贡献，客观上提供了良好的条件。先秦，齐鲁大地就是百家争鸣的中心之一，邹鲁之乡是儒家的发祥地，稷下学宫集中了许多著名学者。秦汉时期，余胤不断。东汉中叶以来，学术空气显得特别浓厚。2～3 世纪，齐鲁地区出现了许多著名数学家，或注重数学研究的学者如刘洪、郑玄、徐岳、单飏、高堂隆、王粲等，这就给刘徽少年时师承贤哲，学习《九章》，成年后"采其所见"，深入研究，进行数学创造以丰富资料。同时，齐鲁地区还出现许多著名思想家，如徐干、仲长统、郑玄、王弼等等，他们或博古通今，或主张贵验，或主张人事为本，或主张析理，成为正始之音、辩难之风的主角，加上当时被埋没几百年的墨学开始抬头，王充《论衡》也开始流传，这就使数学研究从偏重实践经验总结，忽视理论研究向既重视实践，又注重理论研究转化，作了思想上理论上的准备。

　　就刘徽本人来说，具有一个科学家的高尚品德和素养，能够充分地利用这些良好条件。刘徽的思想除了上面所提到的主张析理，及析理的原则与当时辩难之风合拍之外，还有下列突出特点：

　　首先，他继承了《九章算术》为代表的我国数学的唯物主义传统。刘徽注不管解决一般问题，还是论述包括数学起源在内的高深问题，都是实事求是，从实际出发，没有任何神秘的成分。他在论述了数学"其能穷纤入微，探测无方"之后说："至于以法相传，亦犹规矩度量可得而共，非特难为也"，就是说，数学方法，都可归结到空间形式和数量关系的统一，不是难以研究

　　① 《宋史·礼志》。
　　② 《汉书·地理志》。
　　③ 《汉书·王子侯表》。
　　④ 《汉书·王子侯表》。
　　⑤ 王存，《元丰九域志》。

的。这就打破了数学的神秘主义。数有阴阳奇偶，能通神明，顺性命，是我国古代传统看法，由此衍化出数学神秘主义。张衡是位伟大的科学家、文学家，但他求圆周率的成绩并不高明，他为了协调其阴阳奇偶之说而不顾疏密，以 $\sqrt{10}$ 作为圆周率值。刘徽批评张衡，"虽有文辞，斯乱道破义，病也。"在刘徽看来，离开了客观的事实，附会阴阳奇偶，就是乱道破义，从而与脱离实际的数学神秘主义划清了界限。刘徽坚持实事求是，一再反对空言。"不有明据，辩之斯难。"他的推理、证明，都有可靠的论据和前提。

认为数学各部分是互相联系的，是刘徽思想的一大特点。我们知道，《九章算术》的九部分的结构不尽合理，其内部联系不明确。上面已经谈到，刘徽在许多注解中，或在证明中，或在证明的前后，经常谈到各个命题各种解法之间的关系，尤其是粟米、衰分、均输三章，通过刘徽的分析，都可以归结到今有术。在分析各部分内部及各部分之间的联系基础上，刘徽认为数学像一棵大树："枝条虽分而同本干者，知发其一端而已"，使刘徽的数学知识形成一个约而能周，通而不黩的理论体系。

博览群书而不迷信古人，是刘徽的优良学风。刘徽注中有许多成语、典故、名句、史料，多来源于《周易》、《论语》、《墨子》、《老子》、《庄子》、《管子》、《左传》、《考工记》。尤其他对定义的重视，他的极限思想中认为无限分割可以达到不可割的地步，受墨家影响较深。他对《九章算术》错误球体积公式的反驳方式：先指出要驳斥的论题，再列出对方的论据，然后指出对方为非，转入反驳，从反驳对方论据虚假归结到论题的虚假，与王充《论衡》中反驳圣人上知千古，下知万世的格式完全一致。至于他的话与王弼、嵇康相近，上文已经指出。这说明，他博览群书，谙熟诸家，兼容并包。但是，他并不迷信古人，而是反对踵古。辩难之风的代表人物王弼、何晏否定两汉经学，但他们想复古之《周易》、《论语》的经学形式。嵇康"非汤武而薄周孔"，"轻贱唐虞而笑大禹"，但仍把自己理想化的人物称为"古之王者"。刘徽尽管受他们影响很大，但认为人们的数学知识是不断发展的："周公制礼而有九数，九数之流，则九章是矣"。因此，对奉为经典的《九章算术》，他敢于多次指出其错误或不精确。比如，他批评了《九章算术》"周三径一为率，皆非也"，批评"世传此法，莫肯精核，学者踵古，习其谬失"。正因为相信人类是不断进步的，对他自己设计的但一时不能解决的牟合方盖的体积，他寄希望于后学："敢不阙疑，以俟能言者"，相信后人能超过自己。因此刘徽自己敢于创新，敢于解决前人未解决的问题。

数学反映客观世界空间形式和数量关系方面的本质规律，其准确性是任何科学所不能比拟的。但在解决具体问题时，则"设动无方"。刘徽认为，只有抓住数学精理，深刻地掌握这些规律，才可以像庖丁解牛那样，游刃理间，对许多方法灵活运用。因此，他除了继续运用直除法消元解线性方程组外，创造了互乘相消法，还创造了用今有术、衰分术来解决方程组的方程新术。对其他问题，刘徽也都灵活运用，提出几种不同的方法，如商功章若干问题，及勾股容方、容圆题，等等。还有的问题，如凫雁类问题，用不同的途径来论证同种方法。刘徽认为，不灵活运用数学原理，而是"拙于精理，徒按本术"，就会"专于一端"，像"胶柱调瑟"，不能奏出最好的数学乐章。

## 参 考 文 献

郭书春.1992.古代世界数学泰斗刘徽.济南:山东科学技术出版社.1995.同上.修订本、繁体.台北:明文书局
李俨.1931.重差术源流及其新注.见:中算史论丛(一).上海:商务印书馆

刘徽(魏)注. 郭书春汇校. 1990. 九章算术. 沈阳:辽宁教育出版社

刘徽(魏)撰. 1963. 海岛算经. 见:钱宝琮校点. 算经十书上册. 北京:中华书局

吴文俊. 1983. 海岛算经古证探源. 见:九章算术与刘徽. 北京:北京师范大学出版社

自然科学史研究所. 1984. 科学史集刊第 11 集. 地质出版社

（郭书春）

# 葛　洪

## 一　葛洪的生平及著述

葛洪,字稚川,自号抱朴子,丹阳句容(今江苏句容)人,是东晋时期著名的道教学者、医药学家、炼丹家。关于葛洪的生年,据《太平御览》卷三百二十八引《抱朴子外篇》佚文云:"昔太安二年,京邑始乱,三国举兵攻长沙。小民张昌反于荆州,奉刘尼为汉主。乃遣石冰击定扬州,屯于建业。宋道衡说冰求为丹阳太守。到郡,发兵以攻冰。召余为将兵都尉,余年二十一"。以此上推,葛洪生于晋武帝太康四年(383),可无疑义。唯卒年之说不一。《太平寰宇记》卷一六○引袁彦伯《罗浮记》称洪卒时年 61。而《晋书·葛洪传》及《太平御览》卷六百六十四引《晋中兴书》均谓洪卒年 81。据《晋书·葛洪传》载:葛洪在罗浮山隐居多年,"后忽与岳疏云:当远行寻师,剋期便发。岳得疏,狼狈往别。而洪坐至日中,兀然若睡而卒。岳至,遂不及见。"按吴廷燮《东晋方镇年表》:晋成帝咸和五年,邓岳始领广州刺史。康帝建元二年(344),岳卒,其弟逸代之。故洪至迟当卒于建元二年。据此,则《太平寰宇记》谓洪卒年 61 之说为是。由以上考证,断定葛洪生于晋武帝太康四年(283),卒于晋康帝建元元年(343),享年 61 岁。

葛洪出身于名门望族,世代有人作大官。祖父葛系在吴国,历任吏部侍郎、御史中丞、卢陵太守、吏部尚书、太子少傅、中书、大鸿胪、侍中、光禄勋、辅吴将军等要职,封寿县侯。洪父葛悌,仕吴为五官郎、中正、建城、南昌二县令、中书郎、廷尉平、中护军,深得朝廷的信任。入晋后,初"以故官赴除郎中,稍迁至大中大夫,历位大中正、肥乡令",最后迁为邵陵太守。葛洪为葛悌的第三子,年 13 岁时丧父,家境急剧破落,加之当时正处在西晋内外交困,八王之乱,战争频仍,社会极为动乱的时代。葛洪之家,贫无僮仆,篱落垣缺,荆棘丛生庭宇,蓬草长满台阶,一家人饥寒困瘁,不得不亲自参加稼穑。洪起早摸黑,顶风冒雨,饱尝了生活的艰辛,家中又多次逢遭兵火,先人典籍烧毁一空,每到农闲之时无书可读,他便背着空书箱四处求借。由于家贫,他不得不砍柴叫卖以买回纸笔。为了练字,他常蹲在田边地头,以树枝当笔,在地上练习。若得到一张纸,便倍加爱惜,充分利用,在纸的正反两面反复抄写,直到纸上的字难以辩认,无法再写为止。

洪少好学,素性寡欲,无所爱玩。乡邻儿童斗鸡逐狗、走棋玩牌作各种嬉戏,葛洪未曾一顾,"或强牵引观之,殊不入神,有若昼睡"。故洪一生"不知棋局几道,捵蒱齿名。"他为人木讷,不好荣利,心性率直,生活简朴,常"冠履垢敝,衣或褴褛,……或广领而大带,或促身而修袖,或长裙曳地,或短不蔽脚。"不随世俗,不广交游,若非志同道合之人,则终日无言,绝交坏友,以勤经业。至 16 岁时,始读《孝经》、《论语》、《诗经》、《易经》等经典著作。但他博览群书,自正经诸史百家之言,下至短杂文章,无不暗诵精持。"洪年十五六时,所作诗赋杂文,当时自谓可行于代"。[①]

洪"少好方术,负步请问,不惮险远。每有异闻,则以为喜。虽见毁笑,不以为戚"。[②] 葛洪大

---

① 《抱朴子外篇》自叙。
② 《抱朴子内篇·金丹》。

约 14 岁时，从师著名炼丹家郑隐（即郑思远）学习炼丹术。关于葛洪修道的经过和他学炼丹的传授系统，葛洪自己说："昔左元放（即左慈）于天柱山中精思，而神人授之金丹仙经。会汉末乱，不遑合作，而避地来渡江东，志欲投名山以修斯道。余从祖仙公（即葛玄、号葛仙公）又从元放受之。凡受《太清丹经》三卷，及《九鼎丹经》一卷，《金液丹经》一卷。余师郑君（名隐字思远）者，则余从祖仙公之弟子也，又于从祖受之，而家贫无用买药。余亲事之，洒扫积久，乃于马迹山中立坛盟受之，并诸口诀诀之不书者。江东先无此书，书出于左元放，元放以授余从祖，从祖以授郑君，郑君以授余，故他道士了无知者也。"①《晋书·葛洪传》也说葛洪"尤好神仙导养之法。从祖玄，吴时学道得仙，号曰葛仙公，以其炼丹秘术授弟子郑隐。洪就隐学，悉得其洪焉。"从这些记载可以看出，葛洪学道可以上溯至炼丹大师左慈，左慈教葛玄，葛玄教郑隐，郑隐教葛洪。郑隐收藏道书甚富，约有 670 卷，葛洪所见者有 200 余卷。葛洪 20 余岁的时候，"乃草创子书"，即开始撰写《抱朴子》，但由于兵乱，"不复投笔十余年，至建武中乃定。"②

　　洪少尝学射，略知武动。西晋惠帝太安二年（303）张昌、石冰起义，石冰攻占扬州。吴兴太守顾秘为义军大督都，邀葛洪为将兵都尉。葛洪恐桑梓被虏，"又畏军法，不敢任志。遂募合数百人，与诸军旅进"。③在这次战斗中，葛洪因平乱有功而迁升为伏波将军。事平之后，葛洪投戈释甲，了不论战功。永兴元年（304），洪径至洛阳，欲广寻异书，以广其学。不幸又遇战乱，北道不通，归途隔塞，乃"周旋徐、豫、荆、襄、交、广数州之间，阅见流移俗道士数百人。"④ 晋惠帝光熙元年（306），镇南将军刘弘任命嵇含为广州刺史，嵇含"乃表请洪为参军。"葛洪以为"虽非所乐，然利可避地于南，故黾勉就焉。"洪先行至广州，而嵇含遇害，于是无意出任官职，"遂停南土多年。"葛洪曾由日南（即今越南顺化一带）往扶南（扶南国即今柬埔寨与越南极南部），其后因所闻见，记晋代南洋产丹砂之国，附于《太清金液神丹经》之后。⑤。约在此间，鲍靓为南海太守，他学兼内外，明天文、河图洛书，亦精通医药及炼丹之术。葛洪遂拜鲍靓为师，从受《石室三皇文》，兼综练医术。靓"见洪深重之，以女妻洪。"葛洪妻鲍姑名潜光，医术精湛，精于灸法，尤以治赘瘤与赘疣闻名。她曾亲自参加了葛洪的炼丹和医疗活动，并帮助葛洪编撰医学著作，在葛洪的《肘后救卒方》里无不渗入她的艾灸法。

　　大约于晋怀帝永嘉五年（311），葛洪、鲍姑从南海回到故乡丹阳句容。洪既返里，"礼辟皆不赴"，埋头著书，重新拾起 10 多年前的《抱朴子》旧稿，于建兴元年（313）写成内篇 20 卷，外篇 50 卷，其后又加修改，至晋元帝建武元年（317）写定。晋愍帝建兴元年（313），琅邪王司马睿进位左丞相，辟洪为掾；司马睿即帝位后，以洪"平贼功，赐爵关内侯"；到成帝咸和初年（326），葛洪因乡里有饥荒，感于生活困迫，乃受司徒王导之召，补州主簿，转司徒掾，又迁谘议参军。后来，葛洪的密友干宝"荐洪才堪国史，选为散骑常侍，领大著作。洪固辞不就。以年老，欲炼丹以祈遐寿。"⑥ 约于晋成帝咸和七年（332），葛洪"闻交趾出丹，求为句漏令。帝以洪资高，不许。洪曰：'非欲为荣，以有丹耳。'帝从之。洪遂将子侄俱行，至广州，刺史邓岳留不听去，洪乃止罗浮山炼丹。岳表补东官太守，又辞不就。岳乃以洪兄子望为记室参军。在山积年，优游闲养，著述

① 《抱朴子内篇·金丹》。
② 《抱朴子外篇·自叙》。
③ 《抱朴子外篇·自叙》。
④ 《抱朴子内篇·金丹》。
⑤ 《道藏》洞神部众术类《太清金液神丹经》卷下。
⑥ 《晋书·葛洪传》。

不辍。"①直至于晋康帝建元元年(343)而卒。

　　葛洪一生中著作很多,正如《晋书·葛洪传》所说:"洪博闻深洽,江左绝伦,著述篇章,富于班马"。现存署名葛洪的著作主要有《抱朴子内篇》20 卷、《抱朴子外篇》50 卷、《肘后备急方》8 卷、《神仙传》10 卷、《太清玉碑子》1 卷、《大丹问答》1 卷、《还丹肘后诀》3 卷、《抱朴子养生论》1 卷、《稚川真人校正术》1 卷,《抱朴子神仙金汋经》3 卷、《西京杂记》6 卷、《汉武内传》1 卷、《元始上经众仙记》1 卷等。其中除前三种外,其他的是否是葛洪的著作,尚存疑问。葛洪的佚著主要有《碑颂诗赋》百卷、《军书檄移章表笺记》30 卷、《隐逸传》10 卷、《兵事方伎短杂奇要》310 卷、《玉函方》100 卷、《神仙服食药方》10 卷、《太清神仙服食经》5 卷、《抱朴子军术》、《浑天论》、《潮说》、《良史传》10 卷、《集异传》10 卷、《周易杂占》10 卷、《序房内秘术》1 卷、《胎息术》1 卷、《五金龙虎歌》1 卷、《五岳真形图文》1 卷等。

# 二　葛洪的道教思想

　　葛洪在《抱朴子外篇》自叙里说:"洪少有定志,决不出身。每览巢、许、子州、北人、石户、二姜、两袁、法真、子龙之传,尝废书前席,慕其为人。念精治五经,著一部子书,令后世知其为文儒而已。"《晋书·葛洪传》也说洪少"以儒学知名。"发愤精治五经,立志为文儒,这是葛洪前期奋斗的目标。但是葛洪学识广博,精通诸子百家学说,"竟不成纯儒"。《抱朴子外篇》代表他早期的儒家思想,其中也混杂着一些道家和法家等的思想内容。随着时势的动荡不定,葛洪渐渐消极遁世,从儒家而皈依神仙道教,专心致志寻求长生之道,后期却成为一个划时代的道教学者。

　　葛洪的道教思想主要集中表现在《抱朴子内篇》一书中。他说:"道者,儒之本也。儒者,道之末也。"②"道"是什么呢？他说:"道者,涵乾括坤,其本无名。论其无,则影响犹为有焉;论其有,则无物尚为无焉。"③"道"不能从数量上计算多少,不能从形象上看得仿佛,不能从声音上听到什么。"强名为道,已失其真,况复千割百剖,亿分万析,使其姓号至于无垠,去道辽辽,不亦远哉?"这个无名的"道",不能言说,不能分析,实际上就是虚无缥缈迷离恍惚的神秘力量。它支配着天地万物,"凡言道者,上自二仪,下逮万物,莫不由之。"道能够内以治身,外以理国,最高的信念,终极的目的,就是长生之道。"

　　"道"在《抱朴子内篇》中有时也称作"玄"或"玄道",如葛洪在《畅玄》卷中说:"玄者,自然之始祖,而万殊之大宗也。眇昧乎其深也,故称微焉、绵邈乎其远也,故称妙焉。其高则冠盖乎九霄,其旷则笼罩乎八隅。光乎日月,迅乎电驰",又说:"因兆类而为有,托潜寂而为无。沦大幽而下沈,凌辰极而上游。金石不能比其刚,湛露不能等其柔。方而不矩,圆而不规。来焉莫见,往焉莫追。"这样,"道"或"玄"就是天地万物的总根源,又是产生天地万物的造物主。如果人能"得道",与"道"合一,那么他就具有无限的超自然的力量,就能成为超自然的存在,就能从人变成"神仙"。葛洪说:"得道者,上能竦身于云霄,下能潜泳于川海。"④

　　葛洪认为:修道必须依靠内修与外养两方面的工夫。内修以"守一"为主,外养主要是服丹。

---

①　《晋书·葛洪传》
②　《抱朴了内篇·明本》。
③　《抱朴子内篇·道意》。
④　《抱朴子内篇·对俗》。

他说:"长生仙方,则唯有金丹;守形却恶,则独有真一,故古人尤重也"。又说:"守一存真,乃能通神。少欲约食,一乃留息;白刃临头,思一得生;知一不难,难在于终;守之不失,可以无穷;陆辟恶兽,水却蛟龙;不畏魍魉,挟毒之虫;鬼不敢近,刀不敢中。此真一之大略也。"①"守一"就是根据"道"的要求"守气"(即行气导引)。在葛洪看来,人的身体和精神都是由"气"构成的。"气"存则身存,"气"竭则身亡,整个宇宙也是由"气"构成的,"气"把"天、地、人"统一起来,天地万物都是由"气"来沟通的。这种"气",有"姓字服色",存在于人的上、中、下三丹田中,人若能守住"气",使它不离散,则能形神不离,"乃能通神"。

然而葛洪认为"守一"或行气导引只能"通神",还不能达到长生不老,"长生仙方,则唯有金丹",因为"金丹之为物,烧之愈久,变化愈妙。黄金入火,百炼不消,埋之,毕天不朽。服此二物,炼人身体,故能令人不老不死。"他在《抱朴子内篇》中引《黄帝九鼎神丹经》说:"虽呼吸导引,及服草木之药,可得延年,不免于死也;服神丹令人寿无穷已,与天地相毕,乘云驾龙,上下太清。"②葛洪主张服丹与行气导引结合起来,认为这样可以缩短修道时间。他引《仙经》说:"'服丹守一,与天相毕,还精胎息,延寿无极。'此皆至道要言也。"③又说:"服药虽为长生之本,若能兼行气者,其益甚速,若不能得药,但行气而尽其理者,亦迟数百发。"④

在《抱朴子内篇》里,葛洪还提出了内神仙外儒术的思想。他认为道家必须采用儒家的伦理道德,以神仙养生为内,以儒术应世为外。他说:"夫道者,内以治身,外以为国,能令七政遵度,……此盖道之治世也。"葛洪认为最高理想的人格应该是既能长生不死,又能治国安民或"兼综礼教"。他说:"夫体道以匠物,宝德以长生者,黄老是也。黄帝能治世致太平,而又升仙,则未可谓之后于尧舜也。老子既兼综礼教,而又久视,则未可谓之为减周孔也。"⑤虽然葛洪认为"道本儒末",但他认为修仙者必须兼修道德,恪守礼法,所以他《抱朴子内篇·对俗》中说:"欲求仙者,要当以忠孝和顺仁信为本。若德行不修;而但务方术,皆不得长生也。"这样,葛洪就把道教的神仙信仰与儒家的纲常名教结合起来了,从而形成了道教"治身"与"治国"并重的特点。

## 三　葛洪对炼丹术和制药化学的贡献

中国的道教由于追求"长生不死"、"肉体成仙",故多注重身体之修炼和药物之制作。在道教中,葛洪属"金丹派",故对炼取"丹药"十分重视。他的《抱朴子内篇》"言神仙方药、鬼怪变化、养生延年、祈邪却祸之事,属道家。"其中炼丹术内容主要集中在《金丹》、《仙药》、《黄白》三卷。《金丹》卷介绍炼制金丹及服食方法;《仙药》卷专门论述益寿延年的药物;《黄白》卷介绍伪黄金和白银的炼制法。葛洪不仅总结了前人的炼丹成果,而且创造性地发展了炼丹术,在理论上和实践上都是集汉魏晋时代炼丹术之大成者。

按照五行学说,物质是可以相生的,那末在适当条件下,金、银及仙丹就应该可从别种物质制成。这样的信念,是中国古代炼丹家的共同信念,而葛洪在他的著作里一再阐述这种信念,鼓励人们炼丹、作金银。葛洪继承了王充的一元论思想,在《抱朴子内篇》中论述了气生天地万物

---

① 《抱朴子内篇·地真》。
② 《抱朴子内篇·金丹》。
③ 《抱朴子内篇·对俗》。
④ 《抱朴子内篇·至理》。
⑤ 《抱朴子内篇·明本》。

的观点。他说"夫人在气中,气在人中。自天地至于万物,无不须气以生者也。"① 葛洪还接受了王充的"气变物类"的观点,认为物类是可变的,并以这种观点论证金丹可作、黄白可求。他说"夫变化之术,何所不为。盖人身本见,而有隐之之法。鬼神本隐,而有见之之方。能为之者往往多焉。水火在天,而取之以诸燧。铅性白也,而赤之以为丹。丹性赤也,而白之而为铅。云雨霜雪,皆天地之气也,而以药作之,与真无异也。……至于高山为渊,深谷为陵,此亦大物之变化。变化者,乃天地之自然,何为嫌金银之不可以异物作乎?"② 又说:"外国作水精碗,实是合五种灰以作之。今交、广多有得其法而铸作之者。今以此语俗人,俗人殊不肯信。乃云水精本自然之物,玉石之类。况于世间,幸有自然之金,俗人当何信其有可作之理哉?愚人乃不信黄丹及胡粉,是化铅所作。又不信骡及駏驉是驴马所生,云物各自有种。况乎难知之事哉?夫所见少,则所怪多,世之常也。"③ 这表明葛洪从化学实验和对其他事物变化的观察中,已经认识到物质变化是自然界的普遍规律。在葛洪看来,一切物质都可以变,只要掌握自然变化的规律和方法,一切物质都可以人工制造。因此金银和仙丹完全可以用别的材料制炼而成。这就是葛洪炼丹的基本理论。

至于服食金丹何以能致人长生不老,葛洪的解释是:"夫五谷犹能活人,人得之则生,绝之则死,又况于上品之神药,其益人岂不万倍于五谷耶?夫金丹之为物,烧之愈久,变化愈妙。黄金入火,百炼不消,埋之,毕天不朽。服此二物,炼人身体,故能令人不老不死。此盖假求于外物以自坚固,有如脂之养火而不可灭,铜其涂脚,入水不腐,此是借铜之劲以捍其肉也。金丹入身中,沾洽荣卫,非但铜青之外傅矣。"④ 葛洪这一论证是利用了当时一些不能得到正确科学解释的化学、物理现象,用类比的方法来说明人服食了金丹就可以长生不死。这种希图把黄金或其他矿物丹药的抗蚀性机械地移植到人体中去以求长生的天真想法,今天看来是十分荒唐可笑的,但在当时是会迷惑一些人的,甚至使一些人深信不疑。

黄白术是中国古代炼丹家制作伪黄金、白银的方伎。其法是利用某些点化药剂与汞、铜、铅、锡等合炼,使之成为金黄色和银白色的合金。方士们把这种伪黄金、白银称之为"药金"、"药银",并认为服之可令人长生不老。葛洪甚至相信"化作之金,乃是诸药之精,胜于自然者也"。⑤ 在《抱朴子内篇·黄白》中,葛洪记载了许多用丹砂、雄黄等点化锡、铅汞、铜为人造"金"、"银"的方法,例如他记载有制造黄色铜砷合金的方法,原文如下:

> 当先取武都雄黄,丹色如鸡冠,而光明无夹石者,多少任意,不可令减五斤也。捣之如粉,以牛胆和之,煮之令燥。以赤土釜容一斗者,先以戎盐、石胆末荐釜中,令厚三分,乃内雄黄末,令厚五分,复加戎盐于上。如此,相似至尽。又加碎炭火如枣核者,令厚二寸。以蚯蚓土及戎盐为泥,泥釜外,以一釜覆之,皆泥令厚三寸,勿泄。阴干一月,乃以马粪火煴之,三日三夜,寒,发出,鼓下其铜,铜流如冶铜铁也。乃令铸以铜以为筒,筒成,以盛丹砂水。又以马屎火煴之,三十日发炉,鼓之得其金,即以为筒,又以盛丹砂水。又以马通火煴三十日,发取捣治之。取其二分,生丹砂一分,并汞——汞者,水银也,立凝成黄金矣。光明美色,可中钉也。

---

① 《抱朴子内篇·至理》。
② 《抱朴子内篇·黄白》。
③ 《抱朴子内篇·论仙》。
④ 《抱朴子内篇·金丹》。
⑤ 《抱朴子内篇·黄白》。

作丹砂水法：治丹砂一斤，内生竹筒中，加石胆、消石各二两，覆荐上下，闭塞筒口，以漆骨丸封之，须干，以内醇苦酒中，埋之地中，深三尺，三十日成水，色赤味苦也。

此法的大致手续是：先在由两个赤土釜构成的"上下釜"中，加热混有牛胆汁的雄黄粉、石胆、炭末和戎盐（氯化钠）的混合物，戎盐起助熔剂的作用，雄黄和石胆被还原而生成组织不均匀的铜砷合金，接着铸此合金为筒，筒中盛"丹砂水"（丹砂、石胆、消石、稀醋酸的混合液），置"上下釜"中加热，如此精炼两次，可以得出组织较均匀的黄色铜砷合金；最后将合金捣碎，加入生丹砂和汞，再加冶炼，即可得到组织很均匀的金黄色铜砷合金。在此过程中，"丹砂水"、生丹砂受热都产生出汞，与直接加入汞一样，能起汞齐化作用，这样有利于生成组织均匀的铜砷合金。葛洪的这一段文字，是现存中国古代文献上关于黄色铜砷合金（砷黄铜）炼制法的最早记载。

葛洪在《抱朴子内篇·黄白》中还明确地记载了炼制彩色金（$SnS_2$）的真秘，其原文是：

金楼先生所从青林子受作黄金法：先锻锡，方广六寸，厚一寸二分，以赤盐和灰（《诸家神品丹法》作石灰）汁，令如泥，以涂锡上，令通厚一分，累置于赤土釜中。率锡十斤，用赤盐四斤，合封固其际，以马通火煴之，三十日，发火视之，锡中悉如灰状，中有累累如豆者，即黄金也。合治内土瓯中，以炭鼓之，十炼之并成也。率十斤锡，得金二十两。唯长沙、桂阳豫章、南海土釜可用耳。彼乡土之人，作土釜以炊食，自多也。

治作赤盐法：用寒盐一斤，又作寒水石一斤，又作寒羽涅一斤，又作白矾一斤，合内铁器中，以炭火火之，皆消而色赤，乃出之可用也。

在这段文字里，"寒盐"即戎盐（NaCl）；"寒水石"是芒硝（$Na_2SO_4 \cdot 10H_2O$）或石膏（$CaSO_4 \cdot 2H_2O$）或硫酸镁、硫酸钾及硫酸钙等的复盐；"白矾"即明矾[$K_2SO_4 \cdot Al_2(SO_4)_3 \cdot 24H_2O$]；至于"寒羽涅"，《诸家神品丹法》卷一转录《抱朴子内篇·黄白》作"羽涅"，并且将"作赤盐法"引作："用寒盐一斤，羽涅一斤，合纳以铁器中，以炭火火之，侯其消末，乃出之可用。"[①] 又按《神农本草经》："涅石一名羽涅"，故"寒羽涅"或"羽涅"就是涅石，即黑色含煤黄铁矿（$FeS_2$）。

由于寒盐、寒水石、白矾皆不能"消而色赤"，而羽涅或寒羽涅（$FeS_2$）可氧化生成赤色的$Fe_2O_3$和硫黄，故"作赤盐法"中必有"羽涅"一味无疑。这样，"赤盐"的成分当为$Fe_2O_3$、硫黄、寒盐（NaCl）等的混合物，金属锡与这种"赤盐"作用，在寒盐、石灰等助熔剂的存在下，加热即可得到彩色金（$SnS_2$）。其反应过程如下：

$$4FeS_2 + 3O_2 \xrightarrow{\triangle} 2Fe_2O_3 + 4S_2$$
$$Sn \longrightarrow SnS_2$$

葛洪的这段记载源于金楼先生从青林子所受的"作黄金法"，青林子和金楼先生是西汉初的炼丹家，可见中国古代炼丹家制取到彩色金的历史相当悠久。而葛洪所记录的《金楼先生所从青林子受作黄金法》乃是世界上现存最早的制得彩色金（$SnS_2$）的记载，这项卓越成就完全可以与古希腊炼金家发明"硫黄水"（多硫化钙溶液）的成就相提并论。

中国炼丹术发展到魏晋时期，为方士们所最推崇的神丹大药就是所谓的"还丹"。葛洪在

---

① 《道藏》洞神部众术类《诸家神品丹法》卷一。

《抱朴子内篇·金丹》中写道："余考览养性之书，鸠集久视之云，曾所披涉篇卷，以千计矣，莫不皆以还丹金液为大要者焉。然则此二事，盖仙道之极也。服此而不仙，则古来无仙矣。"并指出："凡草木烧之即烬，而丹砂烧之成水银，积变又还成丹砂，其去凡草木亦远矣，故能令人长生。若是虚文者，安得九转九变，日数所成，皆如方耶？"葛洪的这句话只字未提使用硫黄，而说"丹砂"可"九转九变"，显然指的是水银与氧化汞的可逆变化和循环：$Hg + \frac{1}{2}O_2 \rightleftharpoons HgO$。这就是"还丹"的本义。因此葛洪所谓的"还丹"不是硫化汞而是氧化汞。虽然葛洪并不能区分硫化汞和氧化汞，而把人工合成的氧化汞亦误作丹砂，但他无疑知道："水银出于丹砂"，并对氧化汞的合成反应与分解反应有一定的了解。

在葛洪所推崇的"仙药"中，雄黄也占比较重要的地位。他在《抱朴子内篇·仙药》中记述了服食雄黄的各种方法，他说："又雄黄当得武都山所出者，……饵服之法，或以蒸煮之，或以酒饵，或先以硝石化为水乃凝之，或以三物炼之，引之如布，白如冰，服之皆令人长生"。葛洪在这里列举了六种处理雄黄的方法。其中第六法"以三物炼之"，即以硝石、玄胴肠（即猪大肠或猪脂）、松脂（松香与松节油的混合物）三物同时与雄黄在"上下釜"中合炼，升炼产物"白如冰"，显然是砒霜（$As_2O_3$）。葛洪的这段文字是我国人工制取纯净砒霜（$As_2O_3$）的最早记录，在制药化学史上占有重要地位。

在铅的化学变化方面，葛洪在《抱朴子内篇》中也有较生动的记述，他说："愚人乃不信黄丹及胡粉，是化铅所作。"可见葛洪已知道黄丹（铅丹，$Pb_3O_4$）及胡粉（碱式碳酸铅）是由铅经过化学变化而制作的。他还说："铅性白也，而赤之以为丹。丹性赤也，而白之而为铅。"这就是说，铅能变成铅丹，而铅丹又可还原为铅，说明葛洪对化学反应的可逆性已有初步的认识。此外，葛洪对于取代反应的记载也值得注意。他引用他的老师郑隐的话说："作者谓以曾青涂铁，铁赤色如铜，……而皆外变而内不化也。"[1] 这就是铁从铜盐中置换出铜的现象。由于用的是涂抹的办法，取代作用仅在铁的表面上进行，所以"外变而内不化。"这种取代现象早在汉代的著作中就有记载，但葛洪的记述比前人更为清楚为了。

# 四　葛洪在医学上的成就

葛洪认为治炼丹术者宜兼修医术，他说："养生之尽理者，既将服神药，又行气不懈，朝夕导引，以宣动荣卫，使无辍阂，加之以房中之术，节量饮食，不犯风湿，不患所不能，如此可以不病。……是故古之初为道者，莫不兼修医术，以救近祸焉。"[2] 他强调"为道者，以救人危，使免祸，护人疾病，令人不枉死，为上功也。"[3] 为此葛洪"兼综练医术"，很注意收集民间的一些验方、秘方。他究览医学典籍，博采仲景、华佗及百家杂方，收集奇异，捃摭遗逸，撰成《玉函方》百卷。后鉴于以往医书，"既不能穷诸病状，兼多珍贵之药。"[4] "灸法又不明处所分寸"，为了救病家之急，遂又撰成《肘后救卒方》三卷共 86 首。书中"率多易得之药"，即使须买者，"亦皆贱价草石，所在皆有"。其中灸法，"凡人览之，可了其所用"。

---

① 《抱朴子内篇·黄白》。
② 《抱朴子内篇·杂应》。
③ 《抱朴子内篇·对俗》。
④ 《肘后备急方》葛洪序。以下所引，未注明出处者皆出自《肘后备急方》。

葛洪的《玉函方》和《肘后救卒方》当成书于晋元帝建武元年(公元 317)之前,因为葛洪在《抱朴子内篇·杂应》中曾写道:"余所撰百卷,名曰《玉函方》,皆分别病名,以类相续,不相杂错。其《救卒》叁卷,皆单行径易,约而易验,篱陌之间,顾眄皆药,众急之病,无不毕备,家有此方,可不用医。"而《抱朴子内篇》于晋元帝建武元年写定。《玉函方》早已散佚。而《肘后救卒方》后经梁·陶弘景合并增补,得三卷 101 首,名为《补阙肘后百一方》。陶氏三卷本后经人刊成九卷本、六卷本等版本流传。至金代,杨用道又摘录唐慎微《证类本草》所载的附方,附于陶氏九卷本之后,名为《附广肘后方》。杨氏本后被人删汰,至明洪武间,赵宜真(原阳子)又将外科方掺入杨用道附方之内,后收入《道藏》,名为《肘后备急方》,作八卷,这就是今本《肘后备急方》的面貌。从今本《肘后备急方》来看,杨氏增益(含赵氏掺入内容)冠以"附方"二字,与葛洪原著内容能完全区分;陶氏增补内容有些已无法与葛氏内容分开,但根据葛洪自序,陶氏序言及书中某些细节,可以鉴别出葛洪原著的大部分内容。

《肘后救卒方》内容包括各种传染性热病、寄生虫病、内科杂病、外科急病及五官、妇科、儿科等急症。书中首先简略叙述病源,再详细介绍病症,这样根据证候即可用方。其中较突出的是关于传染病的记载。如伤寒、温病(热性传染病)、疟疾、痢疾、时行、时气(流行性传染病)、瘟疫、疫疠(急性传染病)、以及猘犬啮人(狂犬病)、骨蒸尸注(结核病)、丹毒病、沙虱病、马鼻疽、食物中毒等。其中有关天花的流行情况和症状的描述,尤为详尽。葛洪说:"比岁有病时行,仍发疮治,剧者多死。治得差后,疮瘢紫黑,弥岁方灭。此恶毒之气,世人云:永徽四年,此疮从西东流,遍于海内,煮葵菜,以蒜齑啖之,即止。"这个记载,是公认的世界上最早关于天花的记录,比外国最早记载天花的阿拉伯医学著作早 500 多年。

葛洪认为霍乱是由饮食传染的,他说:"凡所以得霍乱者,多起饮食,或饮食生冷杂物,以肥腻酒鲙而当风履湿,薄衣露卧,或夜以失覆之所致。"他很简要地记述了癞病(麻风)的症状,说:"初觉皮肤不仁,或淫淫苦痒如虫行,或眼前见物如垂丝,或瘾疹赤黑。"并且采用苦参酒和蝮蛇酒来治疗。关于治疗狂犬咬伤,葛洪指出:"杀所咬犬,取脑敷之,后不复发。"这是继承了《内经》以毒攻毒的治疗方法。杀死狂犬,取出其脑外敷在狗咬的伤上,这说明他在当时已认识到这一疗法有"免疫"作用,可提高人的抗病能力,因而葛洪可以称得上是免疫学的先驱。沙虱病(恙虫病)是一种以恙虫的幼虫"红恙螨"为媒介而获得传播的急性传染病,葛洪在世界上首次对该病的昆虫媒介"红恙螨"的形态、生活习性及传染途径、症状以及治疗方法作出正确的记述。他说:"山水间多有沙虱,甚细,略不可见,人入水浴,及以水澡浴,此虫在水中著人身,及阴天雨行草中亦著人,便钻入皮里。"又说:"初得之皮上正赤,如小豆、黍米、粟粒,以手摩赤上痛如刺,三日之后,令百节强疼痛,寒热赤上发疮。"这一记载,比日本的桥本伯寿在 1810 年关于此病的记载要早 1400 多年。《肘后救卒方》还是世界上首次记载疥虫的医学文献,葛洪说:"此虫(指沙虱)渐至入骨……已深者针挑取虫子,正如疥虫,著爪上映光,方见行动也。"马鼻疽病,在葛洪的《肘后救卒方》中也有明确的记载,他说:"人体上先有疮而乘马,马汗马毛入疮中,或为马气所蒸,皆致肿痛,烦热,入腹则杀人"。如此叙述其症状和传染途径,与现代医学对此病的认识是一致的。葛洪在《肘后救卒方》中称结核病为"尸注",他说:"其病变动,乃有三十六种,至九十九种。大略使人寒热淋沥,恍恍默默,不的知其所苦,而无处不恶。累年积月,渐就顿滞,以至于死。死后复传之旁人,乃至灭门。觉知此候者,便宜急治之。"这些记载表明葛洪是我国最早观察和记载结核病的医学家。

此外,葛洪认为张仲景提出的伤寒病治疗原则不能完全驾驭所有发热性疾病,并首次提

"疠气"的概念,指出:"疠气兼挟鬼毒相注,名为温病。"这是葛洪敢于冲破《伤寒论》框框的创举,实是后世温病学派的先声。葛洪还特别重视灸法,是倡导灸法的先驱。《肘后救卒方》对灸法的作用、疗效、操作方法,注意事项等都有全面的论述,其中有隔物灸的最早记载。葛洪的灸术特点是强调入穴处所、分寸及壮数,操作简便。在药物学方面,《肘后救卒方》重视金石类药物的应用,其中用到水银、胡粉、雄黄、矾石、芒硝等药物。葛洪还提到用青蒿治疟;以大豆、牛乳、蜀椒等治脚气病。现在知道,青蒿中含有高效抗疟成分青蒿素,而大豆、牛乳、蜀椒等含丰富的维生素 $B_1$。欧洲一直到 17 世纪才有治疗脚气病的办法。

　　除上述的化学、医学方面的成就外,葛洪还注意研究天文,曾撰有《浑天论》。他支持浑天说,曾"据浑天以驳王充盖天之说"[①],并对浑天说有过清晰的阐释,他引《浑天仪注》说:"天如鸡子,地如鸡中黄,孤居于天内,天大而地小。天表里有水,天地各乘气而立,载水而行。周天三百六十五度四分度之一,又中分之,则半覆地上,半绕地下,故二十八宿半见半隐,天转如车毂之运也。"王充曾注意到浑天说要求"天出入水中",便觉得这种学说难以接受。而葛洪则极力证明"天出入水中"并非不可,他以龙喻天,指出天与龙皆属阳物,而龙却能居水中,故"天之出入水中无复疑矣";王充还曾"以火炬喻日",葛洪则"借子之矛,以刺子之盾",指出"把火之人,去人转远,其光转微,而明自出至入,不渐小也",所以王充"以火喻之,谬矣"[②]。清代阮元、李锐等在《畴人传》中给葛洪立传时说:"浑盖自古纷争。……观洪之论,可晓然矣。"葛洪对宣夜说也持否定态度,他曾讥虞喜"安天论"说:"苟辰宿不丽于天,天为无用,便可言无,何必复云有之而不动乎?"[③]《晋书》作者认为"由此而谈,稚川可谓知言之选也。"

　　葛洪还曾探讨过潮汐的涨落,著有《潮说》。他引麇氏的话说:"潮者,据朝来也;汐者,言夕至也。一月之中,天再东再西,故潮水再大再小也。"汉代王充已观察到潮汐随月亮圆缺而变化,葛洪则进一步注意到潮汐与太阳的联系。葛洪在《抱朴子内篇·杂应》中还记述了一种称之为"飞车"的飞行器。他写道:"或用枣心木为飞车,以牛革结环,剑以引其机。"由于这种"飞车"能上升空中,所以这段文字是在今日螺旋桨和直升飞机发明以前,中国有关利用空气反作用力升托重物的最早历史记载。

　　应该指出,古代的科学和宗教往往是揉合不分的,中国道教更是一种能够容纳科学的宗教,甚至在某种程度上推动了中国科学的发展。葛洪在科学上取得如此巨大的成就是与他作为一个道教学者的身份分不开的。虽然他毕生追求的道教信仰注定要破灭,但他对中国炼丹术和医学的贡献却是不可磨灭的。

　　　　　　　　　　　　　　　　　　　　　　　　　　　　（曾敬民）

① 《晋书·天文志》。
② 《晋书·天文志》。
③ 《太平御览》卷三十三。

# 祖 冲 之

## 一

祖冲之(429～500)是我国南北朝时代南朝的杰出科学家。

从年轻时起,祖冲之就对天文学和数学发生了浓厚的兴趣。他在自己的著作中提到,他从小就"专攻数术,搜炼古今"。他很注意搜集自古以来的观测记录和有关文献,但是决不"虚推古人",决不把自己束缚在典籍文献之中。他研究问题,总要亲自作精密的测量和仔细的推算,正像他自己所说的那样,每每"亲量圭尺,躬察仪漏,目尽毫厘,心穷筹策"。他能批判地接受前人的科学遗产,利用其中一切有用的东西,并且经过勤勉的实际工作和实际考核,敢于怀疑前人的陈腐学说,敢于推翻前人的错误结论,表现了古今杰出科学家所共有的刻苦钻研、坚持真理的精神。

祖冲之在青年时代,就对刘歆、张衡、郑玄、阚泽、王蕃、刘徽等人的学术成果作了仔细的研究,校正了其中的某些错误,取得了许多极有价值的研究成果。在这些成果中,准确到小数点后七位数字的圆周率就是著名的例子。他坚持这种严谨的治学态度,对过去的科学家的工作反复考核,就是对他的前辈著名的天文学家何承天,也不曾放过。经过大量的实际观测,他发现了何承天所作的为当时刘宋王朝所用的历法有许多错误。于是,他着手编制新的历法——大明历,对历法的编制作出了很多创造性的贡献。新的历法是那个时代最好的历法。当时,他才30几岁,就已经攀登了那个时代的科学高峰。

大明六年(462),他上表给刘宋王朝的皇帝刘骏,请下令讨论新的历法,予以颁行。但是遭到皇帝宠幸的戴法兴的反对。朝中百官惧怕戴的权势,也随声附和。祖冲之勇敢地进行了辩论,写出了一篇非常有名的驳议。这篇理直气壮、词句铿锵的驳议,充分显示了他敢于坚持真理的可贵品质。在这里他写下了两句非常有名的话:"愿闻显据,以核理实";"浮辞虚贬,窃非所惧"。为了辩明是非,他愿意彼此拿出明显的证据来互相讨论,至于那些捕风捉影的无根据的贬斥,他丝毫也不惧怕。

这场辩论,反映了科学与反科学、进步与保守两种势力的斗争。见解保守的戴法兴认为,历法中传统因循下来的方法是"古人制章"、"万世不易"的,责骂祖冲之是什么"诬天背经",认为天文历法"非凡夫所测","非冲之浅虑,妄可穿凿"。祖冲之大不以为然。他反驳说,不应该"信古而疑今",日月五星的运行"非出神怪,有形可检,有数可推",只要精密观测,细心研究,那么,它们的运行规律是可以认识的。

在旧时代,科学上的每一个进步都是在跟保守势力进行尖锐斗争中获得的。祖冲之为我们树立了榜样。

大明历经过了宋、齐两朝,直到梁天监九年(510),由于祖冲之的儿子祖暅之再三地坚决请求,又经过实际天象的校验,才得以正式颁行。但是这已经是祖冲之死后10年的事了。

祖冲之在数学上突出的成就,是关于圆周率的计算。据现有材料看,直到15世纪,中亚细亚的数学家阿尔·卡西才把圆周率推算到17位数字。这时,祖冲之已经去世将近一千年了。

# 二

祖冲之在天文历法方面的成就,大都包括在他所编写的大明历以及那篇有名的《驳议》之中。按祖冲之的自述,他把大明历中的创造性成果归纳为"改易之意有二,设法之情有三"①。所谓"改易"是指闰周的改革和对岁差的考虑;所谓"设法"则都是和推算"上元积年"有关。

从中国天文历法发展史的角度来看,他最主要的成就,当以在历法的计算中考虑岁差的影响为首。

我国古代的天文学家们开始时认为:太阳在黄道上从冬至点开始,每经过一个回归年的运行(太阳的视运动),又回到原来的冬至点。即开始时认为:冬至点在黄道上的位置是固定的。但是,后来逐渐认识到太阳并回不到它一年前的起点,距原来的起点还差一段微小的距离。这也就是说,冬至点每年都要逐渐地向后(即向西)移动。根据现代的观测,每年大约沿黄道后移 $50.2''$,赤经岁差约为 78 年 1 个月后移 1°(按古代 1 周天 $= 365\frac{1}{4}$ 度计算,约为 76 年后移 1 度)。这就是岁差现象。它是由太阳、月亮和其他行星对地球赤道突出部分的引力使地球自转轴产生进动所引起的。

黄道上冬至点的位置,对中国古代历法的编制十分重要,自然也就非常重视对冬至点准确位置的观测。汉代以后的各家历法,逐渐发现冬至点的变化并且记载有各自的数据。例如邓平、落下闳所编太初历虽仍以为"冬至日在牵牛初"②,而编诉、李梵、贾逵等人所编《后汉四分历》(85 年开始颁用)中的数据:冬至时"日所在……斗二十一度四分一",即在斗二十一度又四分之一度③。魏晋以后,观测日趋细密,并且对岁差现象理论意义的探讨也前进了一大步。首先值得指出的乃是虞喜关于岁差的讨论。按唐一行《大衍历议》的记载:"古历日有常度,天周为岁终……其说似是而非,故久而益差。虞喜觉之,使天为天,岁为岁,乃立差以追其变,使五十年退一度。"④ 虞喜指出了以回归年日数为周天度数的不妥,主张"天为天,岁为岁"并给出了 50 年退行 1 度的赤经岁差数值。根据虞喜的贡献,清代阮元等人编纂《畴人传》时曾评论说"古无岁差之说,有之,自喜始"⑤,他们把首创之功归于虞喜是有一定道理的。另一位晋代天文学家姜岌以"月蚀检日",测定"冬至在斗十七"⑥。南北朝时代的天文学家、祖冲之的先行者、刘宋《元嘉历法》的编纂人何承天,以远古《尧典》的记载和当时实测相对照,认为"尔来二千七百余年,以中星检之,所差二十七八度",从而人们以为何承天所用赤经岁差数值大约是 100 年退行 1 度⑦。

祖冲之总结了前人的成果,在《上大明历表》中,在列举了历代天文学家所测冬至点数据之

---

① 见祖冲之《上大明历表》,载《宋书·律历志(下)》;亦载于《南齐书·祖冲之传》。

② 《汉书·律历志》:"至于元封七年……中冬十一月甲子朔旦冬至,日月在建星",李奇注"古以建星为宿,今以牵牛为宿",孟康注"建星在牵牛间";《后汉书·律历志(中)》"贾逵论历"中有"太初历冬至日在牵牛初者,牵牛中星也……太初历斗二十六度三百八十五分,牵牛八度。"祖冲之《上大明历表》中有"汉武改立太初历,冬至日在牛初"。

③ 见《后汉书·律历志(中)》"贾逵论历"及《后汉书·律历志(下)》。

④ 见《新唐书·历志·三(上)》"大衍历议"第七"日度议"。

⑤ 见《畴人传·虞喜》传后"论曰"。

⑥ 见祖冲之《上大明历表》。

⑦ 见《宋书·律历志(中)》。

后说:"旧法并令冬至日有定处,天数既差,则七曜宿度渐与历舛,乖谬既著,辄应改制,仅合一时,莫能通远,迁革不已,又由此条。今令冬至所在,岁岁微差,却检汉注,并皆审密,将来久用,无烦屡改。"他自认为这是对编制历法的一项重大改革。汉魏以来的天文学家虽已发现岁差现象,但仍"令冬至日有定处",而祖冲之则"令冬至所在,岁岁微差"。把对岁差的考虑真正引入到编制历法的计算中来,在中国古代天文学家之中,他确实是第一位。其首创之功,不可没也。

祖冲之给出的赤经岁差数据是 45 年 11 个月退行 1 度[①],祖冲之测得冬至点是在"斗十五",和晋人姜岌的数据相比并考虑到前人的其他数据"通而计之,未盈百载,所差二度"。大明历中回归年日数为 $365\frac{9589}{39491}=\frac{14423804}{39491}$,而大明历给出的周天则为 14424664,以 39491(纪法)除之,再与回归年相比,可知祖冲之的岁差是 $\frac{860}{39491}$ 度。这一数据与 45 年 11 个月退行 1 度极为相近[②]。

虽然祖冲之采用的岁差数据仍嫌大了一些,但他首先在历法计算中考虑到岁差的影响,使太阳冬至时在黄道上位置不是固定不变而是逐年后移。这在中国历法史上可以说是一次重大的改进。

祖冲之大明历的第二项重大改革是关于闰周的改革。

早在公元前 500 年左右,中国古代天文学家便采用了 19 年 7 闰的闰周。这个置闰周期虽然能够将回归年和朔望月的日数之间产生的矛盾调和得比较好,但闰数仍嫌稍大。尽管东汉末年以来的天文观测日趋精密,但天文学家们却总是墨守着这一置闰周期,长期打不破这条陈腐的锁链。

第一个冲破这条锁链的是南北朝时期北凉的赵匪,他提出了 600 年间置入 221 个闰月的新闰周。赵匪是在他编制的元始历(修成于 412 年)中采用这一新数据的。刘宋元嘉十四年(437)北凉遣使奉表献方物,同时还带来了一批书籍,其中包括有赵匪的元始历。[③]但是在元嘉二十年编成的何承天元嘉历中,却未能接受赵匪改革闰周的思想。

祖冲之在其所编大明历中,不但大胆地敢于对闰周进行改革,并且提出了比较好的 391 年添入 144 个闰月的新数据。直到唐代初年中国天文学家不再讨论闰周时止,祖冲之的闰周在诸家历法中是最好的[④]。祖冲之在大明历中给出的回归年长度是 365.24281481 日,直到宋代杨忠辅所编统天历(所给出的回归年长度为 365.2425 日)止,在历代各家历法中,祖冲之的回归年数据也是最好的[⑤]。由于回归年日数和闰周都比较精确,故而大明历中朔望月的日数——29.530 591 5 日,也很精确(误差仅为 0.000 005 6 日,即每月累计约多出 0.485 秒)。直到宋代

---

① 据《宋书·律历志(下)》当戴法兴提出"冲之……虚加度分,空撤天路。……四十五年九月,率移一度"时,祖冲之反驳说"……年数之余有十一月,而议云九月,涉数每乖,皆此类也。"可见,祖冲之的赤经岁差数据当为 45 年 11 个月退行 1 度。

② 45 年 11 个月的累计岁差为 $\frac{860}{39491}\times45\frac{11}{12}=\frac{39488.3}{39491}\approx1$。

③ 《宋书·传·氐胡》中有:"河西人赵匪善历算。(元嘉)十四年(公元 437)茂虔奉表献方物,并献…《赵匪传》并《甲寅元历》一卷……。"

④ 以朔望月为 29.530 588 67 日,回归年为 365.242 198 78(此为 1900 年理论值),则每年月数当为 12.368 266 78 月,从上表中可以看出祖冲之《大明历》所用闰周数据,在各家历法中当为最好的。

⑤ 有人认为隋代张胄玄(大业历)给出了 365.242 034 70 日的数据,优于祖冲之。经核实,《大业历》给出的回归年日数为 $365\frac{10\,363}{42\,640}=365.243\,034\,709$ 日,并不比祖冲之给出的数值好。

的明天历、奉元历和纪元历等等,才有更好的朔望月日数数值出现①。

| 历 法 名 称 | 闰 周 | | 每 年 月 数 |
|---|---|---|---|
| 古 历 | 19年 | 7闰 | 12.368 421 05 |
| 北凉赵歐元始历 | 600 | 221 | 12.368 333 33 |
| 刘宋祖冲之大明历 | 391 | 144 | 12.368 286 44 |
| 北魏张龙祥等正光历 | 505 | 186 | 12.368 316 83 |
| 东魏李兴业等兴和历 | 562 | 207 | 12.368 327 4 |
| 东魏李兴业等九宫历 | 505 | 186 | 12.368 316 83 |
| 梁虞喜大同历 | 619 | 228 | 12.368 336 02 |
| 北齐宋景业天保历 | 676 | 249 | 12.368 343 19 |
| 北周甄鸾天和历 | 391 | 144 | 12.368 286 44 |
| 北齐董峻等甲寅元历 | 657 | 242 | 12.368 340 94 |
| 北齐刘孝孙历 | 619 | 228 | 12.368 336 02 |
| 北齐张孟宾历 | 619 | 228 | 12.368 336 02 |
| 北周马显等大象历 | 448 | 165 | 12.368 303 57 |
| 隋张宾等开皇历 | 429 | 158 | 12.368 298 36 |
| 隋刘焯皇极历 | 676 | 249 | 12.368 343 19 |
| 隋张胄玄大业历 | 410 | 151 | 12.368 292 86 |
| 唐傅仁均戊寅元历 | 676 | 249 | 12.368 343 19 |

除开"闰周"和"岁差"这两项"改易"之外,按祖冲之的自述,大明历还有三项新的"设法"。这三项"设法"都是与上元积年有关的。为了计算上的方便,中国古代天文学家大都首先计算出一个若干年前的理想的历元,其他计算便可以从这个历元次续推算。这个理想的历元被称为"上元",由"上元"到编制历法这一年为止累计的年数被称为"上元积年"。中国天文学家对"上元"的考虑比较早。例如汉初《太初历》就提出以元封七年十一月甲子日朔旦冬至为"上元",后来的历法还要把五星也考虑进去以作到"日月合璧"、"五星联珠"。祖冲之的新法:第一,这个历元时刻的冬至点应在北方虚宿初度,即"子为辰首,位在北方……虚为北方……元年肇初,宜在此次……今历上元日度,发自虚一";第二,历元这一年也应是甲子年,即"日辰之号,甲子为先,历法设元,岁在甲子";第三,除日月五星之外,月亮的近地点和黄白道的一个交点也应同时聚集在历元之时,即"日月五纬,交会迟疾,悉以上元岁首为始"②。按大明历正文记载,关于历元的要求就是"上元之岁,岁在甲子,天正甲子朔夜半冬至,日月五星聚于虚度之初,阴阳迟疾并自此始"③,即要求上元之年一定要在甲子年,此年的十一月初一日也需为甲子日,而且此日的夜半刚好是朔和冬至节,此时的日、月(包括月亮的近地点、黄白道的一个交点)、五星又都在北方虚宿初度。

由于推算"上元积年"时必需考虑的日月五星等的运动周期大都是比较复杂的分数,而天

① 这三种历法的朔望月日数分别是:《明天历》29.530 589 743,《奉元历》为 29.530 590 717,《纪元历》为 29.530 589 849。

② 见祖冲之《上大明历表》。

③ 见祖冲之所编《大明历》,载《宋书·律历志(下)》。

文观测的精确程度在很大程度上又受到时代的局限,所以这种"上元积年"的推算在历法编制方面和推动天文学进步方面,实际意义并不太大。相对地讲,它在数学上,即其推算方法在数学方面的意义可能要更大一些。

如上已述,祖冲之的大明历遭到了皇帝宠幸人物戴法兴[①]的反对。戴法兴的反对意见共有六条,都是针对岁差、闰周和"上元积年"的推算的。关于岁差,戴法兴认为"日有恒度",经久而"终无毫忒",如依祖冲之所说,则《诗》、《书》等古代经典关于天象的描述将混乱不堪。因此他说祖冲之是"诬天背经"。关于闰周,戴法兴认为"古人制章,立为中格,年积十九常有七闰,晷或盈虚,此不可革"。他指责祖冲之"削章坏闰",还说"恐非冲之浅虑,妄可穿凿"。

祖冲之不畏权势,对戴法兴所提意见逐条进行驳议。祖冲之根据实际天文观测,几次利用月食来推算太阳视运动的准确位置,理直气壮地指出岁差现象确实存在。祖冲之说:"天数渐差,则当式遵以为典,事验昭晰,岂得信古而疑今。"关于闰周,祖冲之应用精密测定冬至点的方法详细论证了19年7闰的古法"其疏尤甚",他说"古法虽疏,永当循用,谬论诚立……理容然乎?"这个反问是很有力量的。祖冲之还说:日月五星的运行"非出神怪,有形可检,有数可推",只要精心观测并以历代记录来相互校验,"孟子以为千岁之日至可坐而知,斯言实矣"。

祖冲之在辩论中还反对东汉以来流行的谶纬迷信之说。他说:"合谶乖说,训义非所取",还说"寻臣所执,必据经史,远考唐典,近征汉籍,谶记碎言,不敢依述,窃谓循经之论也。"这也表明了他对待古代经典的正确态度[②]。

但是,戴法兴关于上元积年的评议也有正确的方面。戴法兴认为古《颛顼历》以乙卯为元,杨伟景初历以壬辰为元,何承天元嘉历以庚辰为元等等,也都无何不可;而《景初历》没有把近点月和交点月考虑在内,元嘉历对五星各设后元等等也均为可行。戴法兴能较正确地理解到这样做是为了"省功于实用,不虚推以为烦也"。但是祖冲之和后代的大部分天文学家却都没能接受这种"省功于实用"的好方法,直到元代《授时历》(1281)以后,这种"虚推以为烦"的上元积年算法才被彻底废弃[③]。

在现传的诸家历法中,祖冲之的大明历还首次给出了交点月的日数——27.212 230 35(717 777/26 377)日,比现在的理论值 27.212 215 21 日仅差 0.000 015 14 日,每月误差为1.308 秒。大明历所给出的五星周期:

木:398.903 091 8 日(15 753 082/39 491)

火:780.030 791 8 日(30 804 196/39 491)

土:378.069 788 日(14 930 354/39 491)

金:583.930 870 3 日(23 060 014/39 491)

水:115.879 668 7 日(4 576 204/39 491)

也都是比较好的。

祖冲之在编制大明历的过程中,还创造了能够较为准确地算定冬至时刻的方法:"据大明五年十月十日,影一丈七寸七分半,十一月二十五日一丈八寸一分太,二十六日一丈七寸五分强,折取其中,则中天冬至,应在十一月三日。求其早晚:令后二日影相减,则一日差率也,倍之

---

① 关于戴法兴可参见《南史·恩倖传·戴法兴》。

② 以上戴法兴的评议以及祖冲之的驳议均见《宋书·律历志(下)》。

③ 薄树人等,中国天文学史,第108~109页,科学出版社,1981年。

为法。前二日减，以百刻乘之为实。以法除实；得冬
至加时在夜半后三十一刻。"① 如图 1 所示，祖冲
之的算法可作如下解释。

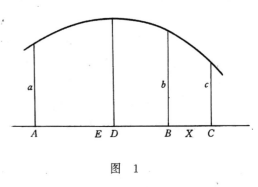

图　1

　　设 $A$ 日（10 月 10 日）日影长为 $a$，

　　　 $B$ 日（11 月 25 日）日影长为 $b$，

　　　 $C$ 日（11 月 26 日）日影长为 $c$，

　　　 $AB$ 的中点（11 月 3 日）为 $D$。

在时间轴上可设想一点 $X$，使 $X$ 点上日影长度与
$a$ 相等。设 $AX$ 的中点为 $E$，则求出 $DE$ 即可求出
确切的冬至时刻。

　　根据图设显然可知 $AD+DE=EB+BX$，而 $AD=DE+EB$，所以第一式可简化为 $2DE=BX$. 即 $DE=\dfrac{1}{2}BX$。又，$BC$ 为 1 日之长，可化为 100 刻，而 $BX$ 可由下列比例式给出，即 $(b-c):(b-a)=100:BX$，亦即 $BX=\dfrac{(b-a)\cdot 100}{(b-c)}$，从而得出 $DE$ 的公式，即 $DE=\dfrac{(b-a)100}{2(b-c)}$。根据祖冲之实测数据：$a=10.775,b=10.8175,c=10.7508$，可算得 $DE\doteq 31$ 刻，即算出大明五年冬至时刻在十一月三日夜半后 31 刻。

　　关于冬至点的测算，是祖冲之在天文历法研究方面的一项重要成就。直到宋代杨忠辅统天历才提出了更为精确的方法。当然祖冲之的上述测算方法是在假定冬至前后若干天之内太阳的影长变化是对称的，以及一天之内的变化都是均匀的前题下进行的。

三

　　祖冲之在数学方面的成就，如前已述，首先应该提到的乃是关于圆周率的计算。

　　在中国古代，和任何文明开化较早的国家和地区一样，被人们使用的第一个圆周率是 3。这一误差很大的数值一直被长期沿用至汉代。入汉以后，圆周率的计算吸引了许多科学家的注意，如刘歆、张衡、刘徽、王蕃、皮延宗等人都作了不少工作。在这许多科学家之中，刘徽的工作最为重要。这位 3 世纪的数学家，以他自己卓越的贡献，为中国古代数学增加了许多光彩。他在圆周率计算方面所采用的方法，事实上是开辟了一个新的方向，假如把他称之祖冲之的先行者，那他确实是当之无愧的。

　　刘徽在计算圆面积的过程中，实际上也就计算了圆周率，他从正 6 边形开始，依次将边数加倍，分别求出正 12，24，48，……等正多边形的边长，从而算得正 24，48，96，192 边形的面积。边数增加愈多，正多边形面积和圆面积之差就愈小，求得的圆周率也就更加准确，算得的圆面积也更加准确。刘徽用这种方法求得圆周率 $\dfrac{157}{50}$（相当于 3.14），也有人认为他还算得了 $\dfrac{3\,927}{1\,250}$（相当于 3.1416）。

　　关于祖冲之圆周率方面工作的史料记载，仅见于《隋书·律历志》，但其中的记载过于简略。《隋书·律历志》中的原文如下："古之九数，圆周率三，圆径率一，其术疏舛，自刘歆、张衡、

---

　　① 见祖冲之"驳议"，载《宋书·律历志（下）》。

刘徽、王蕃、皮延宗之徒各设新率,未臻折衷。宋末,南徐州从事史祖冲之更开密法,以圆径一亿为一丈,圆周盈数三丈一尺四寸一分五厘九毫二秒七忽,朒数三丈一尺四寸一分五厘九毫二秒六忽,正数在盈朒二数之间。密率:圆径一百一十三,圆周三百五十五。约率:圆径七,周二十二。"通过这段文字我们可以了解到:

(1) 祖冲之是在刘歆、张衡、刘徽等汉代以来的各位大师工作的基础上"更开密法"的。

(2) 他以一亿为一丈,即由 $10^8$——9 位数字开始计算。

(3) 他算得圆周率的过剩和不足近似值是 8 位有效数字,而圆周率的真值在盈数和朒数之间,即

$$3.141\ 592\ 6 < \pi < 3.141\ 592\ 7$$

这一数值相当于准确到小数点后 7 位数字。

(4) 还给出了两个近似分数值:

密率:$\pi = \dfrac{355}{113}$($\doteq 3.141\ 592\ 92$,小数点后 6 位精确)

约率:$\pi = \dfrac{22}{7}$($\doteq 3.142\ 857\ 14$,小数点后 2 位精确)

关于祖冲之是如何算得如此精确的圆周率,关于他所用的方法,在上述《隋书》一段材料中则只字未提。此外再也找不到任何流传至今的其他史料。这是非常遗憾的。不过根据各方面情况来推断,除刘徽的方法之外,在中国古代数学史料中,还找不到其他任何方法可计算精确到小数点后 7 位数字的圆周率[①]。实际上,假如按刘徽的方法继续算到正 12 288 边形和正 24 576 边形(如祖冲之那样,取一亿为一丈,由 9 位数字算起)即可得出:

正 12 288 边形面积 $S_{12288} = 3.141\ 592\ 51$ 方丈

正 24 576 边形面积 $S_{24576} = 3.141\ 592\ 61$ 方丈

根据刘徽不等式[②]可有

$$S_{24576} < S < S_{24576} + (S_{24576} - S_{12288})$$

即可得出

$$3.141\ 592\ 61 < \pi < 3.141\ 592\ 71$$

这与《隋书》中给出的结论是相同的。

以 1 亿为 1 丈,从正 6 边形起算,直至正 24 576($= 6 \times 2^{12}$)边形,需要把同一个计算程序反复进行 12 次,每个程序中,又包括了加减乘除以及开方等十余个步骤。因此,祖冲之为求得自己的结果,就要从 9 位数字算起,反复进行各种运算 130 次以上(其中既包括开方,又会出现远远大于 9 位的数字)。就是在今天,人们用纸笔来进行这样的计算,也绝不是一件轻松的事。更何况中国古代的计算又都是用罗列算筹来进行的。可以想象,这在当时是需要何等的精心和超

---

① 清代梅文鼎所著《平三角举要·补遗·正弦为八线之主》中说:"刘徽、祖冲之以割六弧起数",奉康熙帝之命而编的《数理精蕴》卷十五"割圆"中也主张祖冲之继续应用了割圆术。清代阮元、李锐等编《畴人传》,在"刘徽"条后"论曰"中说:"厥后祖冲之更开密法,仍割之又割耳,未能于徽法之外别有新法也"。后来的大多数数学史家均依此说。

② 设圆面积为 $S$,圆内正 $m$ 边形面积为 $S_m$,则刘徽不等式如下:$S_{2m} < S < S_{2m} + (S_{2m} - S_m)$

人的毅力。

由于在中国古代计算中有长期运用分数的习惯,祖冲之也给出了上述的约率$\left(\dfrac{22}{7}\right)$和密率$\left(\dfrac{355}{113}\right)$。

一个无理数可以用连分数的形式来表示。例如圆周率$\pi$即可表示成连分数:

$$\pi=3+\cfrac{1}{7+\cfrac{1}{15+\cfrac{1}{1+\cfrac{1}{292+\cfrac{1}{1+\cdots}}}}}$$

或记为$\pi=3+\dfrac{1}{7}+\dfrac{1}{15}+\dfrac{1}{1}+\dfrac{1}{292}+\cdots$,亦可记为$\pi=[3,7,15,1,292,\cdots]$,据此即可得出一串最佳渐近分数值:$\dfrac{3}{1},\dfrac{22}{7},\dfrac{333}{106},\dfrac{355}{113},\dfrac{103993}{33102}\cdots$①。这些分数值的精确程度可达:

$$\frac{3}{1}=3$$

$$\frac{22}{7}=3.142\ 857\ 142$$

$$\frac{333}{106}=3.141\ 509\ 433$$

$$\frac{355}{113}=3.141\ 592\ 92$$

$$\frac{10\ 3993}{3\ 3102}=3.141\ 592\ 653$$

但在$\dfrac{103\ 993}{33\ 102}$之前,$\dfrac{355}{113}$之后,第一个出现而其精确程度又超过$\dfrac{355}{113}$的最佳分数值却是$\dfrac{52\ 163}{16\ 604}(=3.141\ 592\ 387)$②。有人主张$\dfrac{355}{113}$这一最佳分数值是由连分数得来③。但到目前为止,还没有发现任何较为有力的证据,说明中国古代已有连分数的概念。

在中国古代的天文历法计算中,曾有一种逐渐调整分子和分母数值以求得接近真值的方法,叫作调日法。宋代学者认为调日法始自南北朝时期稍早于祖冲之的何承天。调日法的基本内容是:假如$\dfrac{a}{b}$,$\dfrac{c}{d}$分别为不足和过剩近似分数,则适当地选取$m$和$n$,新得出的分数$\dfrac{ma+nc}{mb+nd}$

---

① 一个无理数$\alpha$展成连分数之后,由于截取的不同,可依次得到一串近似分数值。这串分数值中的任何一个$\dfrac{P}{Q}$,都满足在所有分母不大于$Q$的分数中$\dfrac{P}{Q}$最接近$\alpha$这一条件,因此可以把这一串$\dfrac{P}{Q}$称为最佳渐近分数。

② 分数$\dfrac{P}{Q}$在分母不大于$Q$的所有分数中最接近无理数$\alpha$时,$\dfrac{P}{Q}$便是$\alpha$的一个最佳分数值。根据这一定义,则由连分数算得每一个分数都可称之为最佳分数值。但最佳分数并不都是由连分数得出的,例如$\dfrac{52163}{16604}$就不是根据连分数算出的分数值,但它确实也是一个合乎上述定义的最佳分数。据此可以说:在分母小于16604的一切分数中,$\dfrac{355}{113}$与$\pi$的真值最为接近。

③ 华罗庚,旧珍宝·新光芒,北京教师月报,1951,(2)。

有可能更加接近真值。例如由 $\frac{157}{50}$（刘徽）和 $\frac{22}{7}$（祖冲之约率），取 $m=1,n=9$，即可算得 $\frac{157+22\times9}{50+7\times9}=\frac{355}{113}$①。又如从 $\frac{3}{1}$（古率）和 $\frac{22}{7}$ 出发，亦可得出 $\frac{3+22\times16}{1+7\times16}=\frac{355}{113}$。但是学术界关于调日法是否始自何承天，祖冲之是否真的应用了调日法，还存在不少争论。

总之，祖冲之的密率 $\left(\frac{355}{113}\right)$ 是如何算得的，至今仍是一个迷。

在西方，直到 1573 年德国数学家奥脱（V. Otto,1550~1605）方才算得 $\frac{355}{113}$ 这一数值。而在一般西方数学史著作中却常常误认为这一数值是荷兰工程师安托尼兹（A. Anthonisz,1527~1607）首先得出的，因而称它为安托尼兹率。实际上早在安托尼兹之前千余年，祖冲之就已算出了这一数值，因此日本数学史家三上义夫主张将 $\frac{355}{113}$ 这一数值称为"祖率"②。按《隋书·律历志》的记载，祖冲之曾以密率来校算刘歆为王莽所造的量器——"律嘉量斛"③。约率 $\frac{22}{7}$ 虽仅精确至 3 位有效数字，但使用起来也是很方便的。

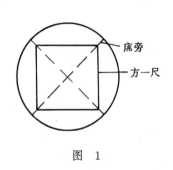

图　1

除了圆周率的计算之外，关于球体积的计算乃是祖冲之的又一项重要成就。祖冲之在驳正戴法兴的"驳议"中说："至若立圆旧误，张衡述而弗改，……此则算氏之剧疵也。……臣昔以暇日，撰正众谬……"④，可见祖冲之曾经计算过球的体积并得出结果。然而 7 世纪唐代李淳风注《九章算术》在叙述球体积的计算方法时，却把它记作"祖暅之开立圆术"详加引述⑤。因此也可以把这一工作看成是祖氏父子共同的成果。在中国古代数学著作，如《九章算术》中，是按外切圆柱体与球体积之比等于正方形与其内切圆之比来进行计算的。首先指出这一错误的仍然是刘徽。刘徽正确地指出了"牟合方盖"（垂直相交二圆柱体的共同部分）与球体积之比方才等于正方形与其内切圆之比。可惜，刘徽却没能算出牟合方盖的体积。刘徽说"欲陋形措意，惧失正理。敢不阙疑，以俟能言者"。牟合方盖体积的计算问题被祖冲之父子天才地解决了。祖氏父子的计算方法可简述如下：

首先，取一立方体令其高等于球的半径 $r$。以左后下角为心，以 $r$ 为半径，分纵横二次截立方为圆柱体（如图（1））。这样立方体即被分割成四部分：二圆柱体的共同部分（即牟合方盖的

① 见钱宝琮主编《中国数学史》第 87~88 页（科学出版社,1964），钱宝琮主张这一来自调日法的学说。

② 见林科棠译三上义夫著《中国算学之特色》，第 37 页,1929 年。

③ 《隋书·律历志（上）》谈到刘歆为王莽所造铜斛时说："其斛铭曰：'律嘉量斛，方尺而圆其外，庞旁九厘五毫，冪百六十二寸，深尺，积一千六百二十寸，容十斗'。祖冲之以圆率考之，此斛当径一尺四寸三分六厘一毫九秒二忽，庞旁一分九毫有奇。刘歆庞旁少一厘四毫有奇，歆术不精之所致也。"如图 1，已知圆面积为 162 寸，以 $\pi=\frac{355}{113}$ 计算，圆的直径应为 $R=2r=2\cdot\sqrt{162\times\frac{113}{355}}=1$ 尺 4 寸 3 分 6 厘 1 毫 9 秒 2 忽（强），而庞旁 $=\frac{1}{2}(R-\sqrt{10^2+10^2})=1$ 分 0 厘 9 毫（强）。因此可以认为祖冲之是用密率 $\frac{355}{113}$ 来校算的。

④ 《宋书·律历志（下）》。

⑤ 《九章算术·少广》第 24 题，见钱宝琮校点《算经十书》上册，中华书局，1963 年，第 155~158 页。

1/8)。祖氏父子称之为"内棋",(如图(2))以及其余的三部分("外三棋",如图(3)、(4)、(5))。

其次,为计算出"内棋"体积,他们先计算出"外三棋"的体积。方法是:把内外棋再合拢成一立方,在高为 $h$ 处作一横截面(如图(6)),设外三棋的截面积为 $S$,则

$$S = r^2 - (r^2 - h^2) = h^2$$

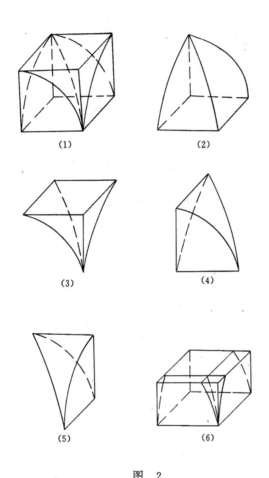

(1)

(2)

(3)

(4)

(5)

(6)

图 2

再取一个高与底方每边均为 $r$ 的方锥,倒立过来,很容易算出这倒立方锥在 $h$ 处的横截面积也是 $h^2$。祖氏父子认为"叠棋成立积,缘幂势既同则积不容异",即在等高处的两个截面积常相等,则这两个立体的体积必相等。于是算得"外三棋"体积之和等于一个方锥的体积,因方锥=$\frac{1}{3}$立方,从而算得"牟合方盖"等于$\frac{2}{3}$立方。再根据刘徽已得到的结果,即球体积:牟合方盖体积=圆面积:方面积,即求得体积的正确公式:

$$球体积 = \frac{\pi r^2}{(2r)^2} \cdot \frac{2}{3}(2r)^3 = \frac{4}{3}\pi r^3$$

在计算"外三棋"体积时,祖氏父子使用的"幂势既同则积不容异"这一原理,和意大利 17 世纪数学家卡瓦列里(B. Cavalieri,1598～1647)所引用的,在西方数学史著作中通常称之为卡瓦列

利原理是完全相同的,理应将其改称为"祖氏原理"①。

在谈到祖冲之在数学方面的成就时,我们不能不提到他的那部久已失传的数学著作《缀术》。

《缀术》出自像祖冲之这样杰出人物之手,其内容一定是相当精彩的。可惜它久已失传,我们仅能从历代的有关文献和历代数学家的论评中,约略地看到一些线索。

《隋书·律历志》在记述了祖冲之在圆周率方面的成就之后说:"……(祖冲之)又设开差幂、开差立,兼之正员(按应改为"负"②)参之,指要精密,算氏之最者也。所著之书称为《缀术》,学官莫能究其深奥,是故废而不理。"唐王孝通在其所著《辑古算经》的"自序"中说"祖暅之《缀术》(在古代资料中,有时也将《缀术》的作者题为祖冲之的儿子祖暅),时人称之精妙,曾不觉方邑进行之术,全错不通,刍甍、方亭之间,于理未尽。""方邑进行"问题,《九章算术》中早已有之,"全错不通"的评论似有过分之处,或许王孝通本人也"莫能究其深奥"吧。"方邑进行"问题,有时需要求解一般二次方程,而刍甍、方亭的计算有时要涉及三次方程解法,"开差幂、开差立"又兼以正负参之",很可能就是求解一般二次、三次方程(系数可以为负)的问题,假如这种推断是正确的,那么可以说祖冲之在这里写下的结果,已经远远超过了他所生活的时代,而成为后世10～13世纪中国数学家高次方程普遍解法的先声③。

唐显庆元年(656)国子监添设算学馆,规定《缀术》是必读书籍之一,限学4年,是学习时间最长的一种④。《缀术》还曾传至朝鲜和日本。在这两个国家所颁有关教育制度法令等资料中,都曾提到《缀术》。例如在朝鲜"国学属礼部,神文王二年(682)置,……或差算学博士若助教一人,以《缀经》、《三开》、《九章》、《六章》教授之。"⑤ 高丽王朝(918～1392)文宗时代(1047～1082)曾在国子监中设算学科并开明新亭江试之,日行百余里",这显然是一种快船;"又于乐游苑内造水碓磨,武帝(萧赜,483～493在位),亲自临视。"祖冲之还造过"欹器"。这种器具盛水后"中则正,满则覆",古人常置于左右,用以自警。"晋时杜预有巧思,造欹器,三改不成",南齐永明年间(483～493)竟陵王萧子良"好古,冲之造欹器献之"⑥。

关于音律,史料记载说"冲之解钟律博塞当时独绝,莫能对者"⑦。

祖冲之还有政论性著作,史料记载:"祖之造《安边论》,欲开屯田、广农殖"。南齐建武年间(494～497)明帝(萧鸾)欲使祖之巡行四方,兴造大业,可以利百姓者",但因连年战争,未能实现⑧。这时祖冲之已是风烛残年不久人世了。

关于古代经典,祖冲之有《易义》、《老子义》、《庄子义》等。这些书虽均已失传,但从书名似可看出《易经》和老庄哲学对他的影响。他还注释过《论语》和《孝经》。在文学方面他写有《述异记》,此书虽已佚去,但在《太平御览》等书中曾保存有一些片段。

《隋书·经籍志(四)》的注文中列有《长水校尉祖冲之集》51卷,但记明此书在唐初即已亡佚,这有可能是他全部或部分工作的汇集。

---

① 见杜石然"祖暅公理",载《数学通报》1954年3月号。

② 钱宝琮首倡"员"应改为"负"之说。见其主编《中国数学史》科学出版社,1964年,第89～90页。

③ 10～13世纪最早对高次方程数值解法进行研究的是宋代楚衍,《宋史·楚衍传》中有"楚衍……于《九章》、《缉古》、《缀术》、《海岛》诸算经尤得其妙。……天圣(1023～1031)初造新历……",可见在11世纪初叶《缀术》尚未失传。

④ 《唐六典》卷二十一。

⑤ 见朝鲜《三国史记》卷三十八"职官(上)"。又见金容局、金容云《韩国数学史》,日本桢书店,1978年,第82页。

⑥ ,⑦,⑧均见《南齐书》及《南史》的"祖冲之传"。

祖冲之其所以出现在 5 世纪的南朝,决非偶然。自东晋南迁以来,江南地区的经济得以迅速的发展。水利和农业技术得到了改良,牛耕在南方普及,人口显著增加,纺织、冶炼、陶瓷、造船等手工业也有明显的发展,并且出现了一些繁荣的城市。建康(今南京市)就是其中最突出的一个,经济的发展带动社会文化的发展,从东晋到南北朝期间就出现了不少科学家,而祖冲之就是其中最杰出的一个。

祖冲之,字文远,祖籍范阳郡遒县(今河北省涞源县)① 但他自己是生长在建康的。祖冲之的曾祖父祖台之在东晋时曾官至侍中、光禄大夫②,祖父祖昌、父亲祖朔之都曾在南朝做官,祖父是管理土木工程的官员——大匠卿,父亲曾任奉朝请。祖冲之本人,从刘宋时起,开始做品位不高的小官,曾历任南徐州(今镇江市)从事史、公府参军,还曾作过娄县令(娄县在今江苏昆山县东北)、谒者仆射等官职。到了齐王朝,祖冲之曾官至长水校尉。这是他生平得到的最高官阶(四品)③。

值得引起人们注意的是,自从上大明历未被采用受挫之后,在他的工作中,像在上大明历前后所表现出的那种气魄便不多见了。他好像是生活在营养不足的土壤里,这样的土壤,不可能使人们获得持续的丰收。历史产生了这样的天才,却又扼杀了这样的天才,这不正是在漫长的封建社会中多少英雄人物的共同命运吗!

祖冲之,这位天才的科学家,尽管在生时是倍受压抑,但死后他确实是永垂不朽算科取士,考试科目中可见到"九章、缀术、三开、谢家"等书名④。日本元正天皇养老二年(718)仿效唐朝制度颁布了日本的学制——"养老令"。淳和天皇天长十年(833)清原夏野撰《全义解》中有"凡算经《孙子》、《五曹》、……、《缀术》、……各为一经,学生分经学习"⑤,宇多天皇宽平年间(884～897)藤原佐世奉勒撰《日本国见在书目》。据后来的抄略本记载,其中在"历数家"名目下收入的书名中,与祖冲之有关的有:"《九章》(九卷、祖中注)、《九章术义》(九卷、祖中注)、《海岛》(二卷、祖中注)、《缀术》(六卷)"等⑥,醍醐天皇延长三年(927)编辑完成的《延喜式》中在"大学寮"条下列出的学习书目中也有《缀术》⑦。可见,自 8 世纪到 12 世纪,《缀术》曾在朝鲜、日本流传。可惜后来也都失传了。在中国,宋代以后虽也有不少资料曾论及《缀术》,但都不大可靠。

直到现在,对《缀术》内容的讨论,仍然是吸引国内外许多学者很大兴趣的问题。

除《缀术》外,祖冲之还曾著有《九章术义注》第 9 卷、《重差注》第 1 卷,现在也都失传了。

---

① 此依《南史·祖冲之传》,《南齐书·祖冲之传》作"范阳蓟人"。

② 《晋书·列传》中有"祖台之传",说"祖台之,字元辰,范阳人也。官至侍中、光禄大夫。撰《志怪》,书行于世"。祖冲之所撰《述异记》或与祖台之《志怪》不无关系。另《隋书·经籍志(四)》中记有"晋光禄大夫《祖台之集》十六卷"。

③ 《宋书·百官志(下)》中有"屯骑校尉、步兵校尉、越骑校尉,五校尉并汉武帝置……长水掌长水宣曲胡骑",还有"五营校尉,秩二千石","二卫至五校尉"被列为"第四品"。

④ 见朝鲜《高丽史·选举(一)·科目(一)》,又见金容局、金容云《韩国数学史》,第 133 页,又朝鲜《增补文献备考》卷 188"选举考"中谈及高丽"仁宗十四年(1136)凡明算贴经:初日贴《九章》十条,翌日贴《缀术》四条,……",可见当时《缀术》在朝鲜尚有流传。

⑤ 见日本学士院编《明治前数学史》卷 1,第 4 页。

⑥ 同⑤,卷 1,第 148 页。

⑦ 同⑤,卷 1,第 150～151 页。

# 四

　　除天文历法和数学之外,祖冲之还制造过各种奇巧的机械,同时,精通音乐,还对古代的各种经典也多有所涉猎。他真可以称得起是一位博学多能、多才多艺的科学家。

　　祖冲之还曾制造过指南车并获得成功。在中国古代,指南车的名称由来已久,但其构造如何却未得流传。三国时代的马钧曾造过指南车,至晋再次亡佚。东晋末年[安帝义熙十三年(417)]刘裕进攻长安,得姚秦"彝器、浑仪、土圭之属"[①],其中也有指南车,但"此车……机数不精,虽曰指南,多不审正,回曲步骤,犹须人功正之"[②],另一说是此车"有外形而无机巧,每行使人于内转之"[③]。刘宋昇明年间(477~479)萧道成辅政,"使冲之追修古法。冲之改造铜机,圆转不穷而司方如一,马钧以来未有也。"[④] 当时有一位来自北方的索驭驎,也自称能造指南车。萧道成"使与冲之各造,使于乐游苑对共校试"而索氏所造"颇有差僻,乃毁焚之"[⑤]。

　　祖冲之还"以诸葛亮有木牛流马,乃造一器,不因风水,施机自运,不劳人力",但这是一种何样的器具,因缺乏具体的资料,使人很难想象。祖冲之还造过千里船。他以自己的辉煌成就,为祖国的科学史册增添了光彩。

　　在月球背面许多以各国科学家命名的环形山和圆谷中,有一个是以祖冲之命名的。祖冲之的名字,和世界许多科学家的名字一道,如皓月经天,永放光芒;而他那勤勉好学、致密严谨的治学态度,勇于创新,敢于同腐朽势力进行顽强斗争的精神,将永远是我们学习的榜样。

（杜石然）

---

① 见《宋书·武帝本纪》。
② 见《宋书·礼志(五)》。
③ 见《南齐书·祖冲之传》。《南史·祖冲之传》中则谓"有外形而无机抒,每行使人于内转之。"
④ ,⑤见《南齐书·祖冲之传》及《南史·祖冲之传》。

# 陶弘景

## 一 陶弘景的生平,著作及思想

陶弘景是魏晋南北朝时期一位杰出的医药学家,又是著名的道教理论家。他是南北朝时丹阳秣陵(今江苏南京)人,世居秣陵县西乡之桐下里。关于他的生卒年,历来由于记载的不同,有几种讲法,其实是可以根据可靠的史料加以确定的。据陶弘景侄儿陶诩所撰《华阳隐居先生本起录》所载"孝建三年太岁丙辰四月三十日甲戌夜半先生诞焉"[1],以及萧纲(即后来的梁简文帝)为陶弘景所撰《墓志铭》"维大同二年龙集景辰克明三月朔十二日癸丑巳时华阳洞陶先生蝉蜕于茅山朱阳馆,先生讳弘景,字通明,春秋八十有一"[2],这两条材料,准确记载了陶弘景生卒的日期时辰,由此可以确定陶氏生于公元456年,卒于公元536年。关于陶弘景生平活动的记载,梁·陶翊所撰《华阳隐居先生本起录》、唐·李渤撰《梁茅山贞白先生传》、宋·贾嵩所撰《华阳陶隐居内传》均是陶弘景的传记,宋·王质撰有《华阳谱》是陶弘景的年谱,这四种资料对陶弘景生平事迹讲的比较详细。此外,《梁书·处士传》、《南史·陶弘景传》对陶氏生平也有所载记。大体说来,陶弘景幼年即多才华,常与王公贵族子弟游,以文采见重。年17,与江斅、褚炫、刘俣为昇明四友,有名于时。仕齐,历诸王侍读,皆总记室,笺疏精丽,为时所重。永明十一年(493)陶弘景37岁时,遂隐居于勾容(今江苏句容)之勾曲山,自号华阳隐居,造三层楼,弘景自居其上,令弟子居其中,接待宾客于其下。自归隐后,陶氏仍不忘情世务,公元502年,武帝萧衍登位,弘景援引图谶,处处皆成"梁"字,命弟子进呈,梁武帝早年即与陶氏有交游,及即位后,常询以大事,弘景亦无不奏陈,书信往来不绝,时人呼为"山中宰相"。晚年居于勾容之茅山,善辟谷导引之法,年逾80而犹有壮容。死后被赠以中散大夫,谥贞白先生。

陶弘景出身于名门望族,祖籍冀州平阳(今山西临汾)。远祖陶舍为汉高祖刘邦的左司马,十三世祖陶超汉末渡江始居丹阳,七世祖陶濬仕吴为镇南将军,封勾容侯,六世祖陶谟为晋大将军王敦参军,高祖陶毗有理识,以文被黜,不肯游宦,曾祖陶兴公亦多才艺,举郡功曹,察孝廉,除广晋县令,陶弘景的祖父陶隆"善骑射,好学读书善写,兼解药性,常行拯救为务……从宋孝武伐逆有功,封晋安侯",其父陶贞宝,"字国重,司徒建安王刘休仁辟为侍郎,迁南台侍御史,江下孝昌相。亦闲骑射,善藁隶书,家贫以写经为业,一纸值价四十,书体以羊欣,肖思话法。深解药术,博涉子史,好文章……"[3] 这些材料说明,陶弘景出身士族家庭,自其远祖以来即仕任历朝,而大约从其高祖起,家道式微,无高官之任,然而多才多艺,善于医药的传世家风仍在,故陶弘景后来说过:"余祖世以来,务敦方药……内获家门,傍及亲族,其有虑心告请者,凡所救活,数百千人。"[4] 陶弘景出身于这样的家庭,这对他博学多能,在医药科学上有所建树,可能会

① 宋·张君房,《云笈七签》卷一〇七引《华阳隐居先生本起录》,商务印书馆四部丛刊本。
② 唐·欧阳询等,《艺文类聚》卷三十七引《华阳陶先生墓志铭》,中华书局影宋刊本。
③ 《华阳隐居先生本起录》。
④ 梁·陶弘景,《本草经集注》,上海群联书店影印敦煌卷子本,1955年。

有较大的影响。

陶弘景博学多能，《梁书·处士传》称他"性好著述，尚奇异，顾惜光景，老而弥笃。尤明阴阳五行，风角星算，山川地理，方图产物，医术本草"①。他的著作达数十种之多，据《华阳隐居先生本起录》著录，有《学苑》十秩百卷、《本草经集注》七卷、《肘后百一方》三卷等所谓"并世所用所撰书目"24 种，另外有《登真隐诀》、《真诰》等 9 种道教著作。《隋书·经籍志》收录的陶氏著作有《毛诗序注》、《三礼目录注》等 15 种，这二份著作目录是距陶氏较近的记载，应当是可以相信的。此外，《旧唐书·经籍志》收录陶氏著作 13 种，《新唐书·艺文志》收录陶氏著作 12 种，《宋史·艺文志》收录陶氏著作 26 种，《华阳陶隐居内传》卷中之末列有"华阳先生在世所著书"19 种 166 卷，"先生在山所著书"13 种 57 卷，这些著作目录也可以作为考究陶氏著作真伪的参考。

至今尚存的陶弘景原著并不是太多，现今题名为陶弘景的著作，有《养性延命录》、《周氏冥通论》、《古今刀剑录》、《鬼谷子注》、《本草经集注序录》、《上清握中诀》、《登真隐诀》、《洞玄灵宝真灵位业图》、《真诰》、《太上赤文洞神真象》以及《陶隐居集》、《陶通明集》等 10 多种，这些书可作为探讨陶弘景思想的参考。陶氏的医药著作有《本草经集注》、《肘后百一方》等，是讨论陶弘景科学思想及学术成就的基本资料。

陶弘景生活在道、释、儒三家纷争对立的时代，因之这三家思想对他都有一定的影响。

陶弘景是一个著名的道教徒，10 岁那年，他读了晋·葛洪所撰的《神仙传》，昼夜研究，便有养生之志。成年之后，广为搜罗道经，曾经"以甲子、乙丑、丙寅三年之中（485～487）就兴世馆主东阳孙游岳咨禀道家符图经法"，"戊辰年（488）始往茅山，便得杨（羲）许（许谧、许翙）手书真迹，欣然感激。至庚午（490）又启假东行浙越，处处寻求灵异，至会稽大洪山，谒居士娄惠明，又到余姚太平山，谒居士杜京产，又到始宁奅山，谒法师钟义山，又到始丰天台山，谒诸僧标，及诸宿旧道士，并得真人遗迹十余卷。游历山水二百余日，乃还，爰及东阳、长山、吴兴、天目山、于潜、临海、安固诸名山，无不毕践"②，广泛的游历中，他搜集到道教诸前辈的手迹，据以注释编成《真诰》一书，奠定了他在道教中的地位。

齐梁时期是佛教思想盛行之际，如梁武帝佞佛，以至于三次舍身佛寺，就充分地说明当时佛教盛行的社会风气。陶弘景也是一位佛家思想的信奉者，他所著的道教理论著作中，记叙了很多真人（道士）弟子学佛的事例，而且《真诰》的"甄命篇"本身也反映了佛家经典《四十二章经》的思想。还有一个例子，陶弘景曾自称为"胜力菩萨"，据明人李日华《六砚斋笔记》记载：宋代有人掘陶弘景墓穴，见到陶氏手书真迹云："华阳隐居幽馆，胜力菩萨舍身，释迦佛陀弟子，太上道君之臣……"③，这也正体现出陶弘景亦道亦佛的思想面貌。

此外，陶弘景还是一位受中国正统儒家思想影响很深的人，他"九岁十岁读《礼记》、《尚书》、《周易》、《春秋》杂书等，颇以属文为意"④，年稍长为诸王侍读，学的也是传统的文史典籍，他撰有《学苑》十秩百卷，是抄撰古今要用，以类相从的古代类书，又撰《孝经论语集注》、《三礼序》、《尚书毛诗序》等，都是对儒家经典的注释发挥，可以说，陶弘景对中国传统的儒家之说也

---

① 唐·姚思廉，《梁书·处士传》，中华书局点校本。

② 《华阳隐居先生本起录》。

③ 明·李日华，《六砚斋笔记》卷三，国学珍本文库本。

④ 《华阳隐居先生本起录》。

是深有研究的。

要之,无论是中国传统的儒家之说,道家之说,还是外来的佛家之说,在陶弘景的思想中都有所反映,因而也会给陶氏的科学思想带来一定的局限性。但另一方面,我们也可以看到陶氏精通文史,也就是说他较全面地继承了中国古代传统学术,概括了他那个时代各种学术的最高成就。而道教徒在追求长生不老时发展出来的炼丹术,萌发出了后来的化学制药技术及最简单的实验方法,佛教徒向来以医药作为传弘教化的手段,他们更易于吸收外来医学的有益成分,这些都必然地会在陶弘景的科学实践中发挥影响。

古代科学家的知识结构是混合型的,他们往往在多学科领域中发挥作用。陶弘景正是这样一位典型的博物学家,他除了在我们下面将要着重谈到的医药科学方面外,还表现出了多种才能和兴趣爱好。

陶弘景是一位杰出的书画家。前面说过,他的祖、父都是以书画知名的人物,在他们的熏陶下,陶弘景自四五岁时便爱好书法,六岁时他写的字已成方幅,他善写隶书,不类常式,别作一家骨体。他还曾为梁武帝鉴定钟繇、王羲之等人的书法作品,说明在书法鉴赏方面他也有较高的造诣。另外,陶弘景还善于画画。《太平广记》所引《名画记》中说,他"明众艺,善书画,武帝尝欲征用,隐居画二牛,一以金笼头牵之,一则逶迤就水草,武帝知其意,遂不以官爵相逼。"[1]

他善于铸冶。大通初(约527),他曾献给梁武帝宝刀二口,一名善胜,一名成胜,咸为佳宝。现存题名陶弘景所著的《古今刀剑录》,就是讨论刀剑的专著。

陶弘景还懂得天文学,《梁书·处士传》说他"尝造浑天象",《华阳隐居先生本起录》较详细地记载了这个浑天象",高三尺许,地居中央,天转而地不动,二十八宿度数,七曜行道昏明,中星见伏,早晚以机转之,悉与天相会。"[2] 在历算方面,陶弘景编有《帝王年历》五卷,起自三皇,止于《汲冢周书》,是收录当时尚存的 50 家历书异同而编纂的。

在地理学方面,陶弘景也有成绩,他曾撰集《古今州郡记》三卷,并造有西域图一张。

陶弘景还曾试用水流动力作计时机械,《华阳隐居先生本起录》说他:"又欲因流水作自然漏刻,使十二时轮转循环,不须守视,而患山涧易生苔垢,参差不定,是故未立"[3]。他所设计的自然漏刻虽未成功,但这种巧妙的思想却值得借鉴。

从上面所讲的来看,陶弘景对他那个时代的文史、自然科学各个领域都有较高的造诣,他具有百科全书型的知识结构。这种知识结构特点是我国古代文史科学与自然科学交糅混杂在一块所决定的。然而又是这种百科全书型的知识结构,决定了作为古代博物学家的陶弘景能够高屋建瓴,在医药学上取得较大的成就。

## 二 陶弘景在药学上的贡献

陶弘景在药学上划时代的贡献,是他将《神农本草经》和《名医别录》这两部本草著作合编在一起,并对每种药物加以注释,编撰成《本草经集注》。

我国古代讲述药物知识的科学称为"本草学",最早的一部本草著作是《神农本草经》。《神

---

① 宋·李昉等,《太平广记》卷二二一引《名画记》,中华书局排印本。

② 《华阳隐居先生本起录》。

③ 《华阳隐居先生本起录》。

农本草经》总结了我国秦汉以前的药物学成就，该书收录了 365 种药物，按上、中、下三品分类，书中对每一种药物的产地、性质、收采和主治的病证，都作了大略的记载。到了魏晋南北朝，我国的药物学有了较大的发展。这时期的药学著作有 70 余种，包括综合性本草及分论药物形态、图谱、栽培、收采、炮炙、药性、食疗等专题论述，其中最有名的一部叫《名医别录》。据唐朝于志宁所说，"《别录》者，魏晋以来吴普、李当之所记，其言华叶形色，佐使相须，附经为说"①，可知《名医别录》是魏晋以来许多名医用药经验的总结，其内容主要讲药物的花、叶、形、色等植物特征以及佐使相须等药理、药性。

同时，在陶弘景所处的时代，《神农本草经》出现有好几种不同的抄本。各本之间"三品混糅，冷热舛错，草石不分，虫兽无辨，且所主疗，互有多少"，陶弘景因而"苞综诸经，研括烦省，以《神农本经》三品，合三百六十五为主，又进名医副品，亦三百六十五，皆七百三十种，精粗皆取，无复遗落，分别科条，区畛物类，兼注铭时用土地所出，及仙经道术所须，并此叙录合为三卷"②，撰成《本草经集注》，为了区别二书的内容，在当时没有印刷术的情况下，《本草经集注》采用了朱墨分书的方法，即用红笔抄写《神农本草经》，用墨笔抄写《名医别录》，陶氏注文则书于两书条文之后。

《本草经集注》叙录一卷，今存敦煌卷子本抄本。在这个叙录中，陶弘景通过对《神农本草经》序例作注的形式，阐明了他的药学思想。《本草经集注叙录》的大体内容是：对药物三品分类的看法，药物君臣佐使的原则；药性及用药剂量的论述，分辨药物真伪的重要性等等，此后即是合药分剂料理法，主要讨论中药炮炙和配制原则。此外还有诸病通用药、中毒解救法、服药宜忌、药物畏恶、七情的内容。唐代的《新修本草》把陶氏的叙录发展为序和例各一卷，以后的历代本草，由于新药的增加而在各论上大大发展，但总论基本上都遵照《新修本草》也就是《本草经集注》的体例。因此可以说陶弘景奠定了中国古代药学总论的基本内容。

陶弘景的《本草经集注》，是对我国古代本草学的第二次大的整理。他从《名医别录》中精选出 365 种用药，补充到《神农本草经》中，构成了后世用药的基本规范。陶氏新增的药品，长期以来应用于临床，直到近期编辑出版的《中国药典》中，还收载陶氏从《名医别录》中精选的药物有74 种。

《本草经集注》对所收载的各种药物的名称、来源、产地、性味、鉴别、异物考辨、药品功用、炮炙、保管等，都有较详细的记载，通过其逸文，我们可以明显地看到从《神农本草经》到《名医别录》，再到《本草经集注》，对药物的认识是不断深化的。为便于比较，现将诸书关于"丹参"的条文分列如下：

《神农本草经》："丹参，味苦微寒，主治心腹邪气，肠鸣幽幽如走水，寒热积聚，破症除瘕，止烦满，益气，一名郗蝉草，生川谷"；

《名医别录》的补充说明："(丹参)，无毒，养血，去心腹固疾结气，腰疼强，脚痹，除风邪留热，久服利人，一名赤参，一名木羊乳，(生)桐柏山及太山，五月采根，阴干"；

陶弘景注文："畏碱水，反藜芦。此桐柏山是淮水源所出之山，在义阳，非江东临海之桐柏也。今近道处处有，茎方有毛，紫花，时人呼为逐马。酒渍饮之，疗风痹，道家时有用处。时人服

---

① 《新唐书·于志宁传》。
② 《本草经集注·叙录》。

之多眼赤,故应性热,今云微寒,恐为谬矣"①。

由上而可以看出,陶氏注文既注明是丹参畏恶相反的药品,还注明了《名医别录》所说的桐柏山在何处,指出了丹参的植物特征是"茎方有毛,紫花。"对《神农本草经》所说丹参药性"微寒",陶氏也敢于提出自己的意见:"时人服之多眼赤,故应性热。"

《本草经集注》对药品的分类,体现了陶弘景卓越的药品分类学思想。《神农本草经》将药物分成上、中、下三品,"上药一百二十种为君,主养命以应天,无毒,多服久服不伤人","中药一百二十种为臣,主养性以应人,无毒,有毒斟酌其宜","下药一百二十五种为佐使,主疗病以应地,多毒不可久服。"这种分法是根据药物三大类的粗略作用来区分,并带有方士神仙家学说的色彩。陶弘景则认为"上品药性亦皆能遣疾,但其势力和厚,不为仓卒之效","中品药性疗病之辞渐深,轻身之说稍薄","下品药性专主攻击,毒烈之气,倾损中和,不可恒服"②。其注意的重点,显然在药物临床上的疗效。陶弘景还吸收了前代关于动植分类的思想,在《本草经集注》中采用了按药物来源分类的方法。在我国古代,很早就有用草、木、虫、鱼、鸟、兽来概括整个动植物界的种类,如我国最早的一部词典《尔雅》即有释草、释木、释虫、释鱼、释兽、释畜等编,专门解释动植物的名称,反映了我国古代对动、植物分类的朴素自然的认识。在《本草经集注》中,陶弘景将药物分成玉石、草木、虫兽、果、菜、米食、有名未用等七类,每类再分成上、中、下三品。这一分类学思想,为唐代官修的《新修本草》所完全吸收,《新修本草》仅把草木、虫兽二类细分为草、木、兽禽、虫鱼等四类,其余照旧,此后历代本草的编纂,一直到李时珍《本草纲目》将药物分成16大类,莫不渊源于陶氏的药物分类学思想。

在《本草经集注》中,还保存有另外一种药品分类方法,即是按疾病类分药物。陶弘景提出:"诸药一种虽主数病,而性理亦有偏著,立方之日或至疑混,复恐单行径日,赴急抄撮,不必皆得研究,今宜指抄病源所立药名,仍可于此处欲治的寻,亦兼易。"③此即为了处方用药时作参考,将诸病最有主治效用的药物列出,以应急需。该书所列"诸病通用药"有"治风通用","治风眩","头面风","中风脚弱"等80余类,共收药977种,如治风通用的药有防风、防己、秦胶、独活、芎䓖等5种。这种药品分类形式,也为唐以后历代本草著作所沿用,不过增加若干药品病种而已,亦可以看成是《本草经集注》"诸病通用药"的发展。

在药性研究方面,陶弘景也有其独特的看法。《神农本草经》原记有"药有酸、咸、甘、苦、辛五味,又有寒、热、温、凉四气,及有毒无毒",陶弘景认为:药物的"甘苦之味可略,有毒无毒易知,惟冷热须明",由于药性是对药物疗效的基本认识,故:"治寒以热药,治热以寒药",因而治热病者药性为寒,治寒病者药性为热,可见药性是以临床经验为基础归纳综合的结果。在"诸病通用药"中,陶弘景特地在各种药物上标明红点、黑点",以朱点为热,黑点为冷,无点者是平"④,用这种方式显目地标明诸药的寒热,正是他重视药性的表现。

《本草经集注》不是讲药物炮炙的专书,但其中关于药物炮炙及制剂的内容也相当丰富而系统。在关于炮炙的操作方面,该书记载有去节、去须、去毛、去壳、抽心、擘破、咬咀、细切、薄

---

① 宋・唐慎微,《政和经史证类备用本草》卷七,"丹参"条引《神农本草经》、《名医别录》及"陶隐居",人民卫生出版社影印金张存惠晦明轩本。

② 《本草经集注・序录》。

③ 《本草经集注・序录》。

④ 《本草经集注》。

切、捣碎、刮削、剉、炙、熬煎、煮、蒸、晒等多种多样方法,对某些药物,还注明其炮制加工的必要性,如麻黄"当先煮一两沸,去上沫,沫令人烦"[①];麦门冬"用之汤泽抽去心,不尔令人烦"[②] 等等。在制剂方面,陶弘景详列出汤剂、酒剂、散剂、丸剂、膏剂的制作方法,这些方法至今仍有沿用。陶氏还指出:"疾有宜服丸者,宜服散者、宜服酒者、宜服羔煎者,亦兼参用,所病之源,以为其制耳"[③],可见是根据疾病而施用不同的药物剂型。《本草经集注》保存下来的药物炮炙资料,有很多到今天仍有实用价值,特别是在魏晋南北朝以前的炮炙专书早已佚失的情况下,这些资料就更显得珍贵了。

在《本草经集注》中,陶弘景还记载了医药以外的其他学科的科学知识。如关于汞齐,陶氏指出:水银"甚能消金银,使成泥,人以为镀物是也"[④],这里一方面指明了金、银两种金属所成汞齐的形态,另一方面又指出了这类合金作为镀金、镀银的用途。又如关于硝石(硝酸钾)与朴消(硫酸钠)的鉴别,由于其物理性质相近,陶氏用"强烧之,紫青烟起……云是真消石也"[⑤] 的方法来鉴别,这种方法,与近代鉴别钾盐和钠盐的焰色实验法已相暗合。《本草经集注》的这些资料,表明了陶弘景的博学多识,也为今天的科学史研究提供了很多重要史实。

陶弘景在药物学上的另一贡献是他还编了一部《药总诀》,此书又名《药象口诀》,今已不传。据陶弘景在该书的序文中说:"上古神农作为本草……其后雷公桐君更增演本草,二家药对,广其主治,繁其族类,既世改情移,生病日深,或未见有此病,而遂设彼药,或一药以治众疾,或本药共愈一病,欲以排邪还正,为之原防故尔。而三家所列疾病,或异物而名同,或物同而名异,或冷热乖违,甘苦背越,采取殊法,出处异所,若此之流俗,殆难按据",而且"本草之书历代久远,既靡师受,又无注训,传写之人遗误相继,字义残缺,莫之是正。"[⑥] 由此可知,《药总诀》是将《神农本草经》及雷公、桐君二家《药对》这三种书加以校勘训正而成,又据见过此书的宋·掌禹锡所说:"《药总诀》,梁·陶隐居撰。论夫药品五味寒热之性,主疗疾病,及采畜时月之法,凡二卷"[⑦],也可知此书的主要内容在于叙述药物的寒热之性,主疗疾病以及药材的收采炮炙等内容。

以上介绍的是陶弘景在中国古代药物学方面的主要工作。日本学者渡边幸三曾经指出:"中国医学的真髓还要推隋唐医学,隋唐医学乃经葛洪、范汪、又由陶弘景,巢元方,孙思邈诸氏集大成的医学,其中药学以陶弘景《本草经集注》为代表……。"[⑧] 从晋唐医学发展的大势及《本草经集注》在中国本草学史上承先启后的重要作用来看,将陶弘景作为这一时期成就最大的药学家代表是毫不过分的。

## 三 陶弘景在医方学上的贡献

作为一个杰出的药物学家,陶弘景在医方学上也做出了较大的贡献,具体表现就是他改编

① 《政和经史证类备用本草》卷八"麻黄"条引"陶隐居"。
② 《政和经史证类备用本草》卷六"麦门冬"条引"陶隐居"。
③ 《本草经集注·序录》。
④ 《政和经史证类备用本草》卷四"水银"条引"陶隐居"。
⑤ 《政和经史证类备用本草》卷三"消石"条引"陶隐居"。
⑥ 清·严可均辑,《全上古三代秦汉三国六朝文》"全梁文"卷四十七引《药总诀序》,中华书局影印本。
⑦ 《政和经史证类备用本草》卷一"补注所引书传"。
⑧ 〔日〕·渡边幸三,陶弘景诸病通用药文献学的考察,中华医史杂志,1954,(4)。

增补了《肘后百一方》。

晋代著名的科学家、医学家葛洪,曾经根据张仲景方,华佗方,刘、戴两家《秘要》、《金匮》、《缘秩》、《黄素方》等将近千卷,编辑了《玉函方》100卷。葛洪又鉴于当时医家如"周、甘、唐、阮诸名家各作备急,既不能究诸病状,兼多珍贵之药",不能满足救急时的需要,故采其要约,编成《肘后救卒方》三卷。这部书中所载,"率多易得之药,其不获已须买之者,亦皆草石贱价,所在皆有;兼之以灸,灸但言其分寸,不名孔穴,凡人览之,可了其所用"①。所以说《肘后救卒方》是古代的一部急救手册,其内容包括各种传染性热病、寄生虫病、内科杂症、外科疾病及五官、妇儿等科急症。

《肘后救卒方》在魏晋南北朝时期有较大的影响。陶弘景就曾经指出:"方术之书卷秩徒繁,拯济盖寡,就欲披览,回惑多端,抱朴此制(按:指《肘后救卒方》),实为深益。""葛氏旧方至今已二百年许,播于海内,因而济者,其效实多。"但另一方面,陶氏又认为《肘后救卒方》"尚有阙漏,未尽其善",而且在编例上,"犹是诸病部类,强致殊分,复成失例",于是他将葛氏原书"配合成七十九首,于本文究具都无衬减,复添二十二首,或因葛一事,增构成篇,或补葛所遗,准文更撰",因而"采集补阙,凡一百一首,以朱书甄别,为《肘后百一方》,于杂病单治,略为自遍矣。"

从改编的《肘后百一方》书名来看,确也流露出陶弘景的佛家思想,他说:"今余撰此,盖欲卫辅我躬,且《佛经》云:'人用四大成身,一大辄有一百一病'",但该书的实际编例,却是"病案虽千种,大略只有三条而已。一则脏腑经络因邪生病,二则四肢九窍内外交媾,三则假为他物横来伤害,此三条者,今以各类而分别之,贵图仓卒之时,披寻易简故也";"今以内疾为上卷,外发为中卷,他犯为下卷。具列之云:上卷三十五首治内病,中卷三十五首治外发病,下卷三十一首治为物所苦病"②。因此所谓《肘后百一方》者,实际上也是上中下三卷总共一百零一首。

《肘后方》是我国魏晋南北朝时期一部很重要的医方书,在临床医学方面具有多方面的成就。

《肘后方》对病因病原已有较深刻的认识。如对于发热性疾病,该书明确地将其分为温病、时行、伤寒三种,指出伤寒、时行的原因是由于四时不正之气,温病则为"疠气兼挟鬼毒相注,名为温病"③,对外科痈肿的病因,也明确地指为"毒气",认为这种"毒气"是外来的,能引起"肿热疼痛","生脓"。这种以"疠气"、"毒气"来归结疾病原因的思想,无疑地是医学史上的一种进步。

《肘后方》对疾病症候的描述也比较深刻而具体。如关于天花病:"比岁有病时行,仍发疮头面及身,须更周匝,状如火疮,皆戴白浆,不即治,剧者多死。治得瘥后,疮瘢紫黑,弥岁方灭。"④这段记载,是古代文献中关于天花病的最早记录。《肘后方》还较详细地记载了某些疾病如沙虱病、结核病、脚气病的具体病因、发病部位、临床症状体征、病情发展、治疗和预后等各方面的情况,时至今日我们仍能从关于这些疾病的特惩性描述,准确地诊断出属于现代医学的某一病种,这就充分表明了《肘后方》对疾病描述的精确。

在诊断方面,《肘后方》提出:"比岁又有肤黄病,初唯觉四体沉沉不快,须臾眼中见黄,渐至面黄及举体皆黄,急令溺白纸,纸即如檗染者。"⑤这里不但准确地描述了"急黄"症的病理发展及望诊内容,而且特别提到了用纸放入患者尿中,纸即如黄檗染色。古代书写用纸为保护不被

① 晋·葛洪,《肘后备急方》自序,人民卫生出版社影印明刊本。
② 以上均见陶弘景《华阳隐居补阙肘后百一方序》,载人民卫生出版社影印明刊本《肘后备急方》。
③、④、⑤《肘后备急方》卷二"治伤寒时气温病方第十三"。

虫咬,都需用黄檗煮水加以染过,变成黄色,所以这里提到的"纸即如黄檗染",实际上是一种诊断指标明确的客观检验法。这种带有实验性质的验尿法,在研究方法上无疑是一种进步。

在治疗学方面,《肘后方》也有不少创见。如该书认为治疗伤寒病症有麻黄、桂枝、青龙、白虎等 20 余方,但这些都是大方,药物也难于尽备,因之又提出四个应急而又易得的小方。而且《肘后方》治疗温病多用甘咸寒凉药物如栀子、知母、黄芩、石膏、大黄、地黄、犀角等,并由此组成葛根橘皮汤、黄连犀角汤等,体现了辛凉解表,清热解毒,养阴生津等多种治则。这是《肘后方》敢于突破《伤寒论》的框框,启迪了后世温病治疗学的重要学术思想。

《肘后方》在治疗学上的另一特点是提倡便、廉、验的简单疗法。其中包括药物、简易手术等。《肘后方》所用的药物,据不完全统计,约有 350 种,其中植物药约 230 种,动物药约 70 种,矿物药及其他药约 50 种,在这些药物中,贵重药物占绝少数,所用次数也极少,而一般农家易得之药,如大蒜、豆类、艾、灶下黄土、食盐、苦酒等等,却用得很多,说明作者对这类药物的重视。此外,《肘后方》中还保留有不少行之有效的小手术,如治误吞钩、误吞钗、药物灌肠及导尿,直肠脱垂的手法复位,下颌关节脱臼的整复等等,这些治法操作简单,却能解决具体问题。

对外科疾病的认识和治疗,《肘后方》也达到了相当高的水平。基于毒气致病的思想,《肘后方》对因各种原因引起的创伤及脓肿提出了用药物煮水,酒、醋等物清洗创口以及排脓引流的具体方法,对一些大型手术也采取了符合当时科学水平的治疗方法。如对腹壁破裂肠脱出的治疗,《肘后方》提出:"葛氏方治金创肠出欲燥而草土著肠者方:作薄大麦粥,使裁暖,以泼之,以新汲冷水噀之,肠则还入,草土辈当附在皮外也";"葛氏治金创若肠已断者方:以桑皮细缝合,鸡热血涂之,乃令入。"① 以现代水平来看,上述两方虽嫌简单,手术亦较原始,但至少证实了我国医家在这一时期已具有处理腹壁损伤肠脱出及修补肠破裂的临床经验。对于四肢骨折的治疗,《肘后方》采用了竹片外固定的方法:"治腕折四肢骨破碎及筋伤蹉跌方:烂捣地黄熬之,以折裹伤处,一日可十易,三日即瘥。"② 这是现存医学文献中所能见到的以小夹板固定以治疗骨折的最早记载。

在预防医学思想方面,《肘后方》也有不少卓越之处。例如对狂犬病的治疗就已有较深刻的认识。在该书卷七"治卒为狾犬所咬毒方"中,指出了对狂犬病的识别,狂犬咬人后伤口的多种处理,狂犬病的潜伏期等,特别是该书还提出了一种特殊的治疗方法:"仍杀所咬犬取脑傅之,后不复发"③,这里所提到的以狂犬脑组织外敷伤口的预防治疗措施,虽然还没有具体指明对狂犬脑组织的减毒处理,其疗效也无从肯定,但这种基于"以毒攻毒"思想的治疗方法,已与现代被动免疫思想暗合。

《肘后方》中还载有各种药物、毒物中毒的急救方法,其中包括野葛、葛狼毒、羊踯躅、矾石、芫花、半夏、附子、杏仁、水银、钩吻、莨菪、毒菌、有毒畜肉及虫兽咬毒等。所用解毒剂皆简便易得,例如甘草、大豆、鸡蛋、荠苨等。有的取其化学反应以解毒,有的则用催吐以防止进一步吸收,这些都是我国古代急救医学的宝贵内容。

《肘后方》也很重视针灸疗法。我国晋代以前的医学文献对针灸的记叙,大多详于针法而略于灸法。《肘后方》对灸法作了重点论述。该书所录针灸医方 109 条,其中有 99 条是关于灸法

---

① 〔日〕丹波康赖,《医心方》卷十八引"葛氏方",人民卫生出版社影印日本宽正刊本。

② 唐·孙思邈,《千金方》卷二十五引《肘后方》,人民卫生出版社影印宋刊本。

③ 《肘后备急方》卷七"治卒为狾犬所咬毒方"。

治疗的。所述的灸法包括内、外、妇、五官等科及传染病等 30 余种疾病,对灸法的适应症,施灸穴位的先后,疗程的长短,灸刺激强弱等都有较明确的记叙。《肘后方》中还广泛使用隔物灸,对隔蒜、隔盐、隔椒、隔面、隔瓦等灸法都有记载。关于针法,《肘后方》中虽只记有 10 条,却已包括有指针法、挑针法、放血法、放水法等特殊针法。该书在针灸取穴方面也有独到之处,用得较多的有绳墨法、竹量法、指按法等等,这些在临床上仍有一定参考价值。

上面介绍的是《肘后方》的主要学术思想和科学成就。应当指出:《肘后方》成于众手,所以这些科学成就不可能都是陶弘景所发现、所创立,但陶氏以其卓越的识见编定了这一古代急救手册,使其历千年而不坠,为我们保存下这些古代丰富多采的医学遗产,而且其中有许多是他临床身历目见,因而他的功劳也是不可泯灭的。

此外,陶弘景还曾撰写过《陶氏效验方》五卷,此书主要讨论诸病证候及用药通变,可惜原书已佚,无法讨论其学术价值了。

陶弘景的医学思想,还可以从另一部题名陶弘景所著的医书《辅行诀脏腑用药法要》中反映出来。

《辅行诀脏腑用药法要》一书不见于历代公私书目,是近些年来在河北发现的一部题名陶弘景所撰的医著。原件据称为敦煌卷子,约二万余字,今已不见,然尚存有二种传抄本,这里只能根据传抄本加以讨论。

"诀"是古代的一种文体,古代方技书、兵书、道书等常见书名带"诀"字者,如现存《太平经》中有"验道真伪诀","四行本末诀",佛教典籍也有《止观辅行传弘诀》等。辅行在古代则有作副史即辅佐或助理之意。从《辅行诀脏腑用药法要》有"凡学道辈欲求永年,先须祛疾","录出以备修真之辅,拯人之危也"等文字来看,《辅行诀脏腑用药法要》系指用脏腑用药原则来辅助修道的意思。

《辅行诀脏腑用药法要》的主要内容有:(1)辨五脏病证论并方 24 首,其中心、肝、脾、肺、肾五脏各有论 4 条,方 4 首,另有心包病证 4 方;(2)泻方、补方各 5 首,泻方以"救诸病误治",补方则"救诸劳损病",均按五脏立论;(3)《汤液经法》小序及药物的五行变化图说;(4) 外感天行病计 12 方,以阳旦、阴旦、青龙、白虎、朱雀、玄武命名,各分大小,所列诸方不分六经表里,只叙病状及方药。(5)"开五窍救卒死中恶之法"5 方。从全书来看,其处方、用药略同于《伤寒论》及《金匮要略方论》,部分方剂目前仍应用于临床。

此书虽题名陶弘景所著,但书中多次引录陶弘景的话,分别作陶云、陶居曰、陶曰、陶隐居云,故不可能是陶氏原著。通过对全书内容作详细的考察,可知是道教徒以医药辅助修行的医著,从文字避讳来看,不避宋讳,当成书于宋代以前,可能是隋唐时期的医著,由于书中引录有大量陶弘景的原话,故此书仍可作为探讨陶氏医学思想的基本资料。

《辅行诀脏腑用药法要》的特点是重视脏腑辨证论治。辨证论治是我国古代医学的核心理论体系,先秦两汉时期即已奠定基础。张仲景《金匮要略方论》即是以脏腑辨证为基础来阐述杂病论治。但晋唐方书大多是以病为类,注重临床经验的记载,很少有专讲脏腑辨证论治的医著。《辅行诀脏腑用药法要》为我们提供了一个完整的脏腑辨证论治的体系,如该书辨五脏病证论并方一节,专门讨论了辨肝、心(另含心包)、脾、肺、肾脏病证及治方,各脏先引录《灵枢·本神》、《素问·脉气法时》、《灵枢·五邪》等篇关于该脏虚实病变的记述,次则引陶弘景的话以叙述治病用药的原则。所引方有大小补泻四方。从这里可以看出,陶弘景是比较重视《黄帝内经》的辨证论治体系,而且自己也有所发挥。如小补肝汤中对心悸者,冲气盛者,头苦眩者,干呕者,中满者,心中如饥者,咳逆头苦痛者,四肢厥冷小便难者等等情况当加减何种药物,都作了具体说明。

关于中恶卒死的急救,陶弘景认为:治中恶卒死者,皆脏气被壅,致令内外隔绝而致。因之用各种药物点眼、鼻、舌、喉、耳以开肝、肺、心、脾、肾诸脏气以治疗急症,如用矾石烧赤取冷末加酢点眼大皆以通肝气来治腰挫闪气血著滞;以硝石、雄黄研末置患者舌下以治急心痛手足厥逆者等等。急性病危重病的挽救治疗是当前发展中医亟待发掘阐明者,《辅行诀脏腑用药法要》在急救治疗上所提供的经验,也是值得借鉴的。

陶弘景还很重视养生以预防疾病,他编撰有《养性延命录》,主要辑录了前代各家养生论述。他另撰有《导引养生图》,据宋·晁公武所记,此图分 36 势,其内容则有"如鸿鹄徘徊,鸳鸯戢羽之类,各绘象于其上",看来是华佗五禽戏导引法的发展,可惜该书已佚,无法窥其旧貌了。

要之,陶弘景为我国古代医药科学的发展做出过可贵的贡献,他是魏晋南北朝时期的一位杰出的博物学家、医药学家,值得我们长久地纪念。

## 参 考 文 献

蔡景峰.1959.陶弘景.见:中国古代科学家.北京:科学出版社

蔡景峰.1979.《肘后备急方》的科学成就.中医杂志,(1)度边幸三[日].1954.陶弘景诸病通用药的文献学考察.中华医史杂志,(4)

贾　嵩(宋)撰.华阳陶隐居内传.影印明正统道藏本,上海:涵芬楼

李　鼎.1963.陶弘景的生卒年份考.上海中医药杂志,(4)

尚志钧.1961.《本草经集注》对于药物炮制和配制的贡献.哈尔滨中医,(3)

尚志钧.1960.《神农本草经集注序录》的考察.哈尔滨中医,(11)

陶　翊(梁)撰.华阳隐居先生本起录.见:云笈七签.四部丛刊本,商务印书馆

魏　稼.1979.《肘后方》的针灸学成就.中医杂志,(9)

谢天心.1960.我国晋代的药物学家陶弘景.哈尔滨中医,(8)

姚思廉(唐)撰.1973.梁书:卷五十一　陶弘景传.点校本,北京:中华书局

(胡乃长)

# 郦 道 元

郦道元(？～527)字善长,北魏范阳郡涿县(今河北涿县)人,杰出的地理学家。他的《水经注》,不仅是中国古代地理名著,而且也是世界古代地理名著。

## 一 生 平

郦道元出生于封建官僚世家。曾祖郦绍,原是后燕慕容宝的濮阳太守。魏皇始三年(398),当北魏拓跋珪攻克后燕都城中山(今河北定县)之后,郦绍"以郡迎降",拓跋珪授绍为兖州监军(治滑台,今河南滑县)。从此,郦氏家族加入了北魏拓跋部统治集团。道元祖父郦嵩曾为天水太守,生平事迹无考。其父郦范在拓跋焘时,曾"给事东宫"。魏太平真君十一年(450),北魏大举南下,统治地区进一步扩大。魏兴安元年(452),太武帝死,拓跋濬即位,"追禄先朝旧勋",赐郦范永宁男爵。后以"治礼郎,奉迁世祖恭宗神主于太庙",进爵为子。魏皇兴元年(467),郦范随征南大将军慕容白曜南征,为左司马。在平定三齐的战争中,给慕容白曜出谋划策,"白曜皆用其谋",累立战功,使"青、冀之地,尽入于魏"。由此,白曜推荐郦范为青州刺史,并被"进爵为侯,加冠军将军"①。魏皇兴四年(470),白曜被诛,郦范也被调离青州,还京任尚书右丞。延兴元年(471),孝文帝拓跋宏即位。太和三年(479),郦范再次出任青州刺史。郦道元的生年没有明文记载,据后人推算,可能在北魏和平六年(466)或延兴二年(472)②。他的童年、少年时代正是郦范随白曜平定三齐至再任青州刺史这段时间。道元自己也说:"先公以太和中作镇海岱,余总角之年,侍节东州。"③郦范在任青州刺史期间,遭到镇将元伊利的陷害,被诬为"与外贼交通"④,幸而孝文帝知道是诬告,宽慰他说:"卿其为算略,勿复怀疑。"⑤不久还朝,卒于京师,享年62岁。

郦范死后,道元袭爵永宁候。按惯例降为伯,为尚书主客郎中。太和十八年(494),道元随孝文帝北巡,视察北边的六个军事据点六镇。北魏抵抗北方柔然族人骚扰的军事主力都集中在这六个镇中。每镇有"镇都大将","统兵备御"⑥。孝文帝以前的几个皇帝对六镇的防备非常重视,常去巡察。这次只去了四镇,即怀荒(今河北张北县北)、柔玄(今内蒙古兴和西北)、抚冥(今内蒙古四王子旗东南)、武川(今内蒙古武川西南)。而沃野(今内蒙古五原东北)、怀朔(今内蒙古固阳西北)未去。太和十九年(495),北魏从平城迁都洛阳。由于御史中尉李彪"以道元秉法清勤,引为治书侍御史"⑦。不久,李彪为仆射李冲所奏免,道元也"以属官坐免"。太和二十三年(499),齐将陈显达攻魏,孝文帝带病去抵御。陈显达败退,孝文帝也在归途中病死。世宗即位

<hr>

① 《魏书·郦范传》。
② 赵贞信,郦道元之生卒年考,禹贡,1937,7(1～3)。
③ 《水经注·巨洋水》。
④,⑤《北史·郦范传》。
⑥ 《魏书·官氏志》。
⑦ 《魏书·郦道元传》。

于鲁阳。从此,北魏政治日趋腐败。

景明中(500～503),道元出为冀州镇东府长史(治信都,今河北冀县)。刺史于劲是外戚,顺皇后的父亲,他"西讨关中,亦不至州"①。道元以长史行州事三年,实际上是代刺史行政。道元为政严酷,吏民畏惧,奸盗逃于他境。

景明末,道元调任颍川太守(治长社,今河南许昌)。颍川辖区是和南朝交错的边缘地带,南北各民族杂居,民族矛盾与阶级矛盾交织在一起,是一个政治上、军事上很敏感的地区。在民族压迫和阶级压迫中,"群蛮"起而斗争,连绵不绝。北魏政权对颍川地区人民的反抗斗争,实行高压政策,派军队镇压。这种镇压活动,作为颍川地方长官的郦道元,无疑负有不可推御的责任。

永平中(508～511),道元试守鲁阳(今河南鲁山)太守,"其地重险,楚之北塞"。北魏政权调道元去任鲁阳太守的目的是为了安置"(东荆州)太守桓叔兴前后招慰大阳蛮归附者一万七百户,请置郡十六,县五十","道元检行置之"②。此事经过两年的辛苦工作,才告完成。道元也说:"余以永平中蒙除鲁阳太守,会上台下列山川图,以方志参差,遂令寻其源流。此等既非学徒,难以取悉,既在遭见,不容不述。"③ 鲁阳的山山水水都有道元的足迹。他创办文教事业,"表立黉(hóng)序,崇劝学教。诏曰鲁阳本以蛮人,不立大学;今可听之,以成良守文翁之化"。社会秩序有所好转,"山蛮伏其威名,不敢为寇"。

延昌末,道元为东荆州刺史。他说:"延昌四年(515),蒙除东荆州刺史,州治比阳县(今河南泌阳)故城。"④ 当时的东荆州,也是民族杂居、南北政权交错的地区,政治局势动荡不安。为了巩固北魏在这里的统治,郦道元不得不"威猛为政,如在冀州"。结果引起边民的不满,诣阙讼其刻峻。神龟元年(518),以寇治代道元,寇治亦"坐遣戍兵送道元",于是二人同时免官⑤。自免官还京后,道元有比较充裕的时间专门从事《水经注》的编写工作。编写《水经注》的计划他早就有了,为了实现这个计划,他充分利用在各地做官的机会进行实地考察,调查当地的地理、历史,掌握第一手资料。他热爱祖国的锦绣河山,足迹所至,必访渎搜渠,历山涉水,不辞辛劳。同时搜集各地史志,博览群书,为编写《水经注》作了大量的准备工作。经过神龟元年以后七八个年头的艰苦努力,终于完成了《水经注》的编写计划,一部杰出的地理名著从此诞生了。

正光四年(523),尚书令李崇和广阳王琛建议,奏请"改镇立州,分置郡县",但未被采纳⑥。第二年,北魏政权认识到"改镇立州"的建议适时势,想把"沃野、怀朔、薄骨律、武川、抚冥、柔玄、怀荒、御夷诸镇并改为州,其郡县成名,令准古城邑"。"诏道元持节兼黄门侍郎与都督李崇筹宜置立,裁减去留",并"储兵积粟,以为边备"⑦。正在这个时候,怀荒镇守兵杀镇将于景,接着沃野镇人破六韩拔陵,聚众起事,杀镇将,改元真王。六镇起义,暂时打乱了北魏政权"罢镇立州"的计划,道元也只好"不果而还"。

正光五年(524),道元为河南(今河南洛阳)尹⑧。

① 《魏书·郦范传》。

② 《魏书·蛮传》。

③ 《水经注·汝水》卷二十一。

④ 《水经注·比水》卷二十九。

⑤ 《魏书·寇治传》。

⑥ 《北齐书·魏兰根传》。

⑦ 《北史》和《魏书·郦道元传》。

⑧ 《周书·赵肃传》。

在六镇起义的同时,江淮之间与萧梁的战事也集中于徐州和寿阳一带。孝昌元年(525)北魏徐州刺史元法僧据城反魏,安丰王鉴被他打败。北魏派兵去平息叛乱,结果元法僧南降萧梁。梁趁此机会派成景隽攻克北魏睢陵,裴邃攻掠淮南,魏河间王琛大败于寿阳,失去了南方战略要地。正在这种紧急时刻,北魏赶紧"诏道元持节兼侍中,摄行台尚书,节度诸军,依仆射李平故事"[①]。道元不仅在涡阳顶住了梁人的进攻,而且打退了梁人的攻势。又乘胜追讨,多所斩获,从而稳定了北魏在南方的军事局势。

道元从南方前线回京后,被授于"安南将军、御史中尉"[②]。这个职位是督司百僚的。由于道元"素有严猛之称"[③],所以"权豪始颇惮之"[④]。然而面对北魏政权日益黑暗衰落的政治、经济、军事形势,面对"孝昌之际,乱离尤甚,恒代而北,尽为丘墟;崤潼以西,烟火断绝;齐方全赵,死如乱麻。于是生民耗减,且将大半"[⑤]这样一种濒临崩溃的局面,即使是"素有严猛之称"的郦道元来"督司百僚",也无济于事。实际上是孤掌难鸣,一筹莫展。不仅如此,最后连郦道元本人也成了北魏黑暗政治的牺牲品,死在权贵们设下的有计划、有组织的政治谋杀之中。

设计陷害郦道元的主谋是皇族汝南王元悦,他是个"好男色"的流氓,在他身边有一个出卖色相的男娼丘念。丘念不仅常常睡在王府内,而且插手任免官吏的政务。对丘念这个坏东西,不仅道元痛恨他,别人也痛恨。道元决心为众人除害。经过调查,摸清了丘念的活动规律,将他逮捕入狱。元悦向当政的灵太后求情,太后下令赦免丘念。郦道元拒不受命,依法将丘念杀了,并上书弹劾元悦。这可惹翻了皇亲贵戚,引起他们的恼怒。元悦更是不会善罢甘休,和侍中城阳王元徽合谋,设下陷阱,故意怂恿朝廷派郦道元去视察反状已露的雍州刺史萧宝夤的辖区。孝昌三年(公元527)十月,道元西入关中,来到阴盘驿亭(今陕西临潼东)时,即被萧宝夤的部队围攻。亭在冈上,缺水,打井10余丈也无水,最后水尽力穷,失去了防御能力,"贼遂逾墙而入",道元和弟弟道峻以及两个儿子同时被杀害。"道元瞋目叱贼,厉声而死。"[⑥]他至死也没有向陷害他的权贵们屈服,刚强地倒下。

## 二　成　就

郦道元虽然被权贵陷害倒下了,但他的著作却留给了后代。主要著作有《水经注》四十卷,《本志》十三篇和《七聘》诸文。但流传至今的只有《水经注》一种。

《水经》是我国古代水系专著。据清朝学者研究,认为是三国时魏人所作,但其作者姓名无考[⑦]。《水经》原文比较简略,只记述了137条河流。郦道元从小就热爱祖国的山川,有志于地理学的研究。他看了许多古代地理著作,如《山海经》、《禹贡》、《周礼·职方》、《汉书·地理志》、《水经》等,觉得这些书都不够周详和完备。他把自己看到的地理现象与古代地理书籍对照,发现地理现象是随时间的流逝而变化发展。上古的情况已很渺茫,因为部族的迁徙,城市的衰亡,河道的变迁,名称的更异,都是十分复杂的。如果不把这些变化了的地理现象及时记录下来,后人就无法弄明白。由此他认识到,把经常变化的地理现象尽可能详细地记载下来是非常必要

---

① ,④,⑥《北史·郦范传附道元传》。

② ,③《魏书·郦道元传》。

⑤ 《魏书·地形志上》。

⑦ 见全祖望、赵一清、戴震等人的考证。

的。于是他决定选取《水经》为蓝本,为它作注①。他以水道为纲,将河流流经地区的古今历史、地理、经济、政治、文化、社会风俗、古迹等作了尽可能详细的描述,从而达到"因水以证地,即地以存古"②的目的。这样一来,郦道元的《水经注》在内容和文字上都大大超过《水经》,河流数目由《水经》的137条增加到1252条③,而文字则30倍于《水经》,达到31万多字,成为当时一部内容空前丰富的地理巨著,是北魏以前中国地理的总结。它在地理学方面取得的成就主要有四项:

### 1. 水文地理成就

《水经注》讲的是陆地上河流、湖泊的水文特征。全书记载了1252条大小河流,河流名称有河、江、水、川、溪、渠、渎、沟、涧、伏流、峡、谷、瀑布等,并按一定次序描述其发源、流程、方向、分布以及水量的季节变化,河水的含沙量,河流的冰期等。比如,讲长江、黄河,其源是:"大江泉源,即今所闻始发羊膊岭下,缘崖散漫,小水百数,殆未滥觞矣。南下百余里至白马岭而历天彭阙……江水自此以上至微弱,所谓发源滥觞者也。"④ "河出昆仑。"⑤ 这里,郦道元虽然对长江、黄河的真正源头还没有正确的认识,但他援引《益州记》对发源地的描述还是很确切的。关于黄河的长度,道元据历史文献采取分段统计的方法:"按《山海经》:自昆仑至积石一千七百四十里;自积石出陇西郡至洛,准地志可五千余里,又按《穆天子传》:自宗周瀍水以西北,至于河宗之邦、阳纡之山,三千有四百里,自阳纡西至河首四千里,合七千四百里。"⑥ 关于黄河的流向,《水经》已分段作了记载,《水经注》在《水经》的基础上,补充材料,增加支流的发源、流向、居民点等方面的内容。郦道元援引历史文献,反映了黄河的水色、曲流、含沙量、汛期、冰期等特点:"《尔雅》曰:色白,所渠并千七百一川,色黄。《物理论》曰:河色黄者,众川之流,盖浊之也。百里一小曲,千里一曲一直矣。汉大司马张仲议曰,河水浊,清澄一石水,六斗泥,而民竞引河溉田,今河不通利。至三月,桃花水至则河决,以其噎不泄也。禁民勿复引河,是黄河兼浊河之名矣。《述征记》曰:盟津河津恒浊,方江为狭,比淮、济为阔,寒则冰厚数丈。"⑦ 关于黄河的流域范围和流经地区内的政治、经济、历史、文化、名胜古迹、人工建筑、自然条件、自然资源、自然风光等,郦道元大都引用历史文献予以说明,少数是他亲自调查的结果。比如黄河支流白鹿渊水的水文情况就是道元经过调查以后所作的记载:"又东为白鹿渊水,南北三百步,东西千余步,深三丈余,其水冬清而夏浊,停而不流,若夏水洪泛,水深五丈,方乃通注般渎。"⑧《水经注》中还记载了许多人工运河:有沟通江淮的中渎水(邗沟),它始于春秋末年的吴国,南北朝时名为中渎水⑨。有杨夏运河,始于春秋时楚国,南北朝时仍使用。在黄河流域,有以鸿沟干渠为中心的运河网,有东汉末的白沟利漕渠、平虏渠、泉州渠等。还有许多农田水利的记载,把先秦到汉晋以来各地泽渚、陂塘、堤堰的兴废情况作了详细陈述。以陂这一项来说,共记载了109个陂,较

---

① 郦道元,《水经注·序》,载1955年文学古籍刊行社影印永乐大典本《水经注》。

② 王先谦,水经注合校·序。

③ 《唐六典》工部、水部郎中注:"郦善长注水经,引其枝流,一千二百五十二"。

④ 《水经注·江水》卷三十三。

⑤,⑥《水经注·河水》卷一。

⑦ 《水经注·河水》卷一。

⑧ 《水经注·河水》卷五。

⑨ 《水经注·淮水》卷三十。

著名的水利工程有 28 项，象都江堰、白渠、龙首渠、成国渠、灵轵渠、郑国渠、穰县的六门碣和钳卢陂、楚堨、安众港、邓氏陂、马仁陂、新野诸陂、樊氏陂、庾氏陂、堵水诸陂、豫章大陂等，都是在历史上起过很大作用的。《水经注》不仅记载常有水河道，而且还注意记载枯旧河道，所记"今无水"的旧河道共 24 条。这些记载，为我们今天寻找地下水提供了线索。

《水经注》记载的洪水，不仅有当时的，也有历史上的。比如榖水在魏太和四年（480）发大水，"暴水流高三丈"①。郦道元进一步考察，发现了榖水千金堨的石人记载了榖水历史上的洪水高度："石人东胁下，文云：太始七年（361）六月二十三日大水迸瀑，出常流上三丈。"②在伊阙左壁上，道元也发现了测水石铭，石铭云："黄初四年（223）六月二十四日辛巳，大出水，举高四丈五尺，齐此已下。"道元明确指出：这是专门"记水之涨减"的测水标石③。这些历史数据非常宝贵，是研究历史上洪水周期最好的材料。

《水经注》记载的井泉有深度数据，比如"疏勒城……耿恭于城中穿井，深一十五丈不得水"④；"虎牢城惟一井，井深四十丈"⑤；"长安城北……民井汲巢居，井深五十丈"⑥；"召陵县城内有大井，径数丈，水至清深，井深数丈"⑦。从这些井深数据中，我们可以研究这些地区的地下水水位变化规律。

《水经注》对瀑布的记载，不仅可以为今天开发水力资源提供线索，而且可以从古代瀑布位置的变动和消失中，探索河床发育变迁的规律。

郦道元注意收集历代有关河水颜色的资料。水的颜色不同，反映河水所含物质有差异。黄河的水黄浊，因为水中含黄泥量高，达到"一石水六斗泥"的程度。黄河、渭水的水有时变赤，可能是水里含有大量氧化铁。有的河水呈黑色，有的呈绿色，而庐陵郡南城中有一口井"其水色半青半黄，黄者如灰汁，取作饮粥，悉皆金色，而甚芬香"⑧。这些记载为研究水质的历史变化提供了宝贵的资料。

《水经注》共记伏流 30 余处。如易县孔山，"山下有钟乳穴，……入穴里许渡一水，潜流通注，其深可涉"⑨。临湘县的昭山，"山上有旋泉，深不可测，故言昭潭无底也"⑩。这些属于半裸露岩溶裂隙溶洞水。在岩溶地貌发达地区，伏流较多，郦道元记载的有："潜水，盖汉水枝分潜出，故受其称耳。今爰有大穴，潜水入焉，通冈山下，西南潜出，谓之伏水。"⑪ "叶榆河又东迳漏江县，伏流山下，复出蝮口，谓之漏江。"⑫。"鼓钟城，城西阜下，有大泉西流注涧，与教水合，伏入石下，南至下峡，其水重源又发，南至西马头山东截坡下，又伏流，南十余里复出，又谓之伏流水，南入于河。"⑬有的是松散沉积孔隙水，如 㶟水支流博水，由于在松散沉积层上流过，结果两

---

①,②《水经注·榖水》卷十六。

③ 《水经注·伊水》卷十五。

④ 《水经注·河水》卷二。

⑤ 《水经注·河水》卷五。

⑥ 《水经注·渭水》卷十九。

⑦ 《水经注·颍水》卷二十二。

⑧ 《水经注·赣水》卷三十九。

⑨ 《水经注·易水》卷十一。

⑩ 《水经注·湘水》卷三十八。

⑪ 《水经注·潜水》卷二十九。

⑫ 《水经注·叶榆河》卷三十七。

⑬ 《水经注·河水》卷四。

次潜入地下,"伏流循渎",沿着故渎潜流,遇到不透水层后又"重源涌出"①。这种现象在黄河以北的平原地区比较常见,所谓"高粱无上源,清泉无下尾"②,指的正是这种现象。

《水经注》记载的湖泊类型名称有 14 个,即湖、陂、坑、渊、潭、池、薮、渚、海、泽、塘、淀、沼、浦。有的湖泊记载了面积大小,它对研究湖泊变迁史极为有用。有些湖泊与河流有密切的水文关系,可以起到调济河流水量的作用。洪水时将洪水排入湖中,旱季又将湖水补给河流。这点,郦道元曾多次记述。如"浦水盛则北注,渠溢则南播"③,"睢盛则北流入陂,陂溢则西北(应为南)注于睢,出入迴环,更相通注"④,"从陂……漳泛则北注,泽盛则南播。津流上下,互相迳通"⑤。

### 2. 地质、地貌方面的成就

郦道元在《水经注》中阐述的关于流水侵蚀、搬运和沉积作用的见解,在我国古代地质学史上占有重要的位置。他通过长期的观察,坚信古人说的"水非石凿而能入石"的观点。就是说,水的侵蚀力量是非常大的,它像石凿一样将坚硬的岩层冲蚀剥去。他亲眼看到,徐水流经石门时,"飞水历其间,倾涧泄注七丈有余,触石成井"。在义阳县固成山,"洪涛灌山,遂成巨井"。关于安喜县城角下面出现成堆积木的现象,在《中山记》中已有记载,但是"未知所从来",不知道这些积木是从何处而来。郦道元通过考察,解开了积木来源之谜。他说:"盖城地当初,山水浍盈,漂沦巨筏,阜积于斯,沙息壤加,渐以成地。"⑥ 后来又在平地上建立了安喜县城。秦氏建元中(365~385),又发大水,冲崩两岸,安喜城崩了一角,露出了古代沉积下来的积木,这就是城角下面积木的来历。郦道元的解释,将流水侵蚀、搬运、沉积三者有机地联系在一起,开创了我国古代流水侵蚀、搬运、沉积理论,为流水地形的成因提供了理论依据,为我国古代地质学理论做出了卓越的贡献。

《水经注》中记载了许多化石,包括古生物残骸化石和遗迹化石两方面的内容。比如,会稽地区的古脊椎动物残骸化石,道元援引《国语》的记载说:"吴伐楚,堕会稽,获骨焉,节专车,吴子使来聘,且问之,客执骨而问之,敢问骨何为大?仲尼曰:丘闻之,昔禹致群神于会稽之山,防风氏后至,禹杀之,其骨专车,此为大也。"⑦ 据《嘉庆山阴县志》卷二十一的记载,"宋时建里社掘土得骨长七尺"。说明在这个地区曾一再发现古生物化石⑧。渭水上游成纪县(今甘肃庄浪)僵人峡的人类化石,郦道元经过考察,写道:"……僵人峡,路侧岸上有死人僵石岙穴,故岫壑取名焉。释鞍就穴直上,可百余仞,石路逶迤,劣通单步,僵尸倚窟,枯骨尚全,唯无肤发而已。访其川居之士,云其乡中父老作儿童时,已闻其长旧传此,当是数百年骸矣。"⑨ 古代海洋中营固着生活的腕足动物壳体化石,《水经注·湘水》援引历史文献写道:"湘水又东北得㵋口……东

①　《水经注·滱水》卷十一。
②　《水经注·漯水》卷十三。
③　《水经注·渚水》卷二十二。
④　《水经注·睢水》卷二十四。
⑤　《水经注·浊漳水》卷十。
⑥　《水经注·滱水》卷十一。
⑦　《水经注·淮水》卷三十。
⑧　陈桥驿,《水经注》的地理学资料与地理学方法,杭州大学学报(自然科学版),1964,2(2)。
⑨　《水经注·渭水》卷十七。

南流,迳石燕山东,其山有石,绀而状燕,因以名山。其石或大或小,若母子焉,及其雷风相薄,则石燕群飞,颉颃如真燕矣。"湖南湘乡县的鱼化石,《水经注·涟水》也有记载:"……石鱼山,下多玄石,山高八十余丈,广十里,石色黑而理若云母,开发一重,辄有鱼形,鳞鳍首尾宛若刻画,长数寸,鱼形备足,烧之作鱼膏腥,因以名之。"

关于遗迹化石,《水经注》的记载不下 10 处。其中有鹿、马、虎等动物遗迹和人类遗迹。[①]

各种矿物、岩石,道元也很注意,把前人的资料和他本人观察所得都写进《水经注》中。其中所记矿物 20 余种,岩石 19 种。特别是盐矿,不仅记载了种类,如池盐、井盐、岩盐、海盐、戎盐,而且所记产地很广,西边到国外天竺,东至海,北到黄河流域,南及长江流域。个别地方的井盐,如广城县,人吃了会得大脖子病。

《水经注》中不仅记载煤炭的产地和利用情况,而且记载了产区内煤层的自燃现象。如平城(今山西大同)的所谓火井、汤井,就是如此。《水经注·漯水》载:"右合火山西溪水,水导源火山,西北流,山上有火井,南北六十七步,广减尺许,源深不见底,炎势上升。常若微雷发响,以草爨之,则烟腾火发……火井东五六尺有汤井,广轮与火井相状,热势又同,以草内之,则不燃,皆沾濡露结,故俗以汤井为目井。"[②]

《水经注》所载山崩地震情况 10 余处,有的"山岸崩落者声闻数百里"(卷二);有的"山崩壅河"(卷四);有的"山崩地震,江水逆流"(卷三十三)。有的还记载了山崩的具体时间,如宜城县南太山,"以建安三年崩,声闻五六十里,雉皆屋雊雊"(卷二十八);"汉元延中,岷山崩,壅江水三日不流"(卷三十三);"南安县,汉河平中,山崩地震,江水逆流"(卷三十三)。巫山"汉和帝永元十二年崩,晋太元二年又崩。当崩之日,水逆流百余里,涌起数十丈"(卷三十四)。不韦县的泸峰,"晋太康中崩,震动郡邑"(卷三十六)。曲江县的冷君山"晋太元十八年崩十余丈"(卷三十六)。这些山崩地震的资料很有用,它为地震史的研究,为现代工程建筑选址提供了宝贵的历史参考材料。

《水经注》中记载了温泉 41 个[③]。其中可供治病的 12 个,治病者只要去温泉洗澡即可收效。因此,有的温泉"赴集者常有百数"(卷二十七)。各地温泉的水温差异很大,比如有的暖;有的热"若汤"或"温热若汤"(卷三十七,卷五);有的炎热特甚,可焊鸡豚(卷三十一);有的炎热倍甚,下足便烂(卷十三);有的炎势奇毒,可以熟米(卷三十一)。从低温到高温,有五个等级。当时在没有温度计的条件下,记录者能够用不同程度的词类作较为准确的区别,是难能可贵的。这些资料为研究我国地热变迁提供了历史依据。

道元对温泉中所含矿物质也很注意,将历史文献中的有关资料收集起来,写入《水经注》中。比如有的"有硫黄气"(卷二十七);有的"水有盐气"(卷三十七)。他还特意把《湘州记》里一条关于温泉中有鱼的资料抄录下来,写道:"水出县北汤泉,泉源沸涌,浩气云浮,以腥物投之,俄顷即熟。其中时有细赤鱼游之,不为灼也"(卷三十八)。关于利用温泉种水稻的记载,以《水经注》最早。地点是湖南郴县西北,"左右有田数十亩,资之以溉,常以十二月下种,明年三月谷

① 刘德岑,郦道元与《水经注》,西南师范学院学报(社科版),1982,(1);曹尔琴,郦道元和《水经注》,西北大学学报(社科版),1978,(3)

② 《水经注·漯水》卷十三。

③ 李仲钧,中国温泉开发利用史,中国科技史料,1982,(2):103。

熟,度此水冷,不能生苗。温水所溉,年可三登"①。这在我国农学史上,地热利用史上都是光辉的一页。

《水经注》中所记地貌知识非常丰富。就地貌类型讲,有山、岭、原、丘、坂、阜、洞穴、堆、冈、高原、平原、阙、塞、垒、究、关、洲、皋、壑、固、岛屿、梁、峤、岫、岘、陵、峒、崤、岳、石碛、沙漠等31种,现代地貌学上的许多名称,都是沿用了《水经注》里的古名。具体地说,《水经注》记载了791座山,52个关,52个洲,46个洞穴,31个原,29个岭,23个坂。其中山的数目超过《山海经》340个,为《山海经》的1.7倍强。

对山脉形态及山体大小均有描述。如女灵山,"平地介立不连冈,以成高峻。石孤峙不托势以自远,四面壁绝,极能灵举。远望亭亭,状若单楹插霄矣。"(卷三十一)"伏凌山,山高峻,岩鄣寒深,阴崖积雪,凝冰夏结。"(卷十四)"鹿蹄之山,其山阴则峻绝百仞,阳则原阜隆平。"(卷十五)"武当山,山形特秀,峰首状博山香炉,亭亭远出。"(卷二十八)"峄山,东西二十里,高秀独出,积石相临,殆无土壤。石间多孔穴,洞达相通。"(卷二十五)

对黄土高原上的地貌类型"原",《水经注》的描述非常逼真。如"高原,高十余丈,四面临平,形若覆瓮。"(卷二十七)"城在川北原上,高二十丈,南北东三箱,天险峭绝,惟筑西面即为全固。"(卷十五)。

《水经注》记载的分水岭,有三个不同的名称:分水岭、分水山、分头山。其描述如:"嶓冢以东,水皆东流;嶓冢以西,水皆西流,即其地势源流所归。故俗以嶓冢为分水岭。"(卷二十)

对沙漠地形的描述,郦道元转引段国《沙州记》的文字:"浇河西南一百七十里有黄沙,沙南北一百二十里,东西七十里,西极大杨川,望黄沙犹若人委乾糒于地,都不生草木,荡然黄沙,周回数百里沙州,于是取号焉。"(卷二)

《水经注》对洞穴的记载,内容已相当丰富。所记46个洞穴,按各个洞穴的不同内容取其类型名称,如"钟乳穴"、"洞穴"、"洞室"、"孔穴"、"石穴"、"风穴"等。描述内容包括洞穴大小、内部结构、洞穴气候、洞穴水文、洞穴利用、洞穴生物等六项。如易水南岸的孔山,"山下有钟乳穴,穴出佳乳,采者糒火寻路,入穴里许,渡一水,潜流通注,其深可涉。于中众穴奇分,令出入者疑迷,不知所趣。每于疑路,必有历记,返者乃寻孔以自达矣。上又有大孔,豁达洞开,故以孔山为名也。"(卷十一)"金乡数山皆空中,穴口谓之隧也。"(卷八)"天门山,石自空,状若门焉,广三丈,高两匹,深丈余。"(卷九)山东峄山,"石间多孔穴,洞达相通,往往有如数间屋处……遭乱辄将家入峄,外寇虽众,无所施害。"(卷二十五)"大防岭之东首山下,有石穴东北洞开,高广四五丈。入穴转更崇深,穴中有水……傍水入穴三里有余,穴分为二,一穴殊小,西北出,不知趣诣。一穴西南出,入穴经五六日方还,又不测穷深。其水夏冷冬温,春秋有白鱼出穴,数日而返。人有采捕食者,美珍常味。"(卷十二)夷水有风井山,"夏则风出,冬则风入,春秋分则静"。袁松去考察时,正值农历四月中,已是夏天,所以他站在距洞口数丈远的地方仍感到凉风习习,"须臾寒慄"。有人告诉他,如果到六月中,风更大不可当。曾有人冬天路过洞口,"置笠穴中,风吸之,经日还涉杨溪,得其笠,则知潜通矣"(卷三十七)。

郦道元对土壤也很注意,收集了前人对各地土壤的描述。比如沔水山地河谷地带的土壤是"土色鲜黄"(卷二十八),至今仍然如此。汉水月谷口一带是"黄壤沃衍,而桑麻列植,佳饶水田"(卷二十七)。《水经注》中还记载了各地盐碱土的分布情况,如关中、浊漳水、巨马水、罗布泊

---

① 《水经注·耒水》卷三十九。

周围都有一定数量的盐碱土。

### 3. 生物地理成就

《水经注》全书所记植物大约140余种①，不算多。但各地的植被状况却有不同程度的描述。如"林木茂密"、"多木无草"、"无木多草"、"特种树木"、"少草木"、"无草木"、"无树木"等。现将《水经注》中所载植被状况列表如下：

| 植被状况 | 林木茂密 | 多木无草 | 无木多草 | 特种树木 | 少草木 | 无草木 | 无树木 |
|---|---|---|---|---|---|---|---|
| 记载次数 | 10 | 1 | 4 | 6 | 1 | 10 | 3 |

由表中可以看出，"林木茂密"和"无草木"这两种植被状况最容易引起人们的注意，因而记载也多。对特种树木也很注意，如巴州的荔枝，温水的槟榔，叶榆河的邛竹和桃榔，建宁郡的木耳，胸忍县的木瓜，牧靡县的牧靡草，锡县锡义山的薇蘅草都有记载。在植物地理分布方面，北魏以前的地理学家已认识到了植物有垂直分布差异。例如申山，上多穀柞，下多枏檀(卷四)。秦望山"山上无甚高木，当由地迥多风所致"(卷四十)。

《水经注》中所记动物种类虽然不多，大约只有100多种，但很有特点：(1)明确记载了动物的分布界线，如"瞿塘峡多猨，猨不生北岸，非惟一处，或有取之放著北山中，初不闻声，将同貉兽渡汶而不生矣。"(卷三十三)"火山出雏鸟，形类雅鸟，纯黑而姣好，音与之同。缋彩绀发，嘴若丹砂。性驯良而易附，儿童幼子捕而执之，曰赤嘴乌，亦曰阿雏乌。自恒山以北，并有此矣。"《卷十三》(2)记载了各地的特种动物。像伊水的鲵鱼，就是今天的大鲵。若水的象、犀、钩蛇。叶榆河的猩猩、髯蛇，吊鸟山的候鸟，"众鸟千百为群共会，鸣呼啁哳，每岁七月至，十六七日则止，一岁六至"(卷三十七)。淡水鱼类的洄游，"鳣鲤王鲔，春暮来游"(卷五)。这是世界上记载淡水鱼类洄游的最早文献。沔水的猴猿、野牛、野羊，长江的鳄鱼，僰道县的犹猢，瞿塘峡的猿等。

### 4. 人文地理学成就

《水经注》记载农业地理的内容很多，包括种植业、畜牧业、林业、渔业、狩猎业。其中以农田水利为中心的种植业占了很大的比重。全国几个有系统灌溉工程的大型农业区，《水经注》都作了重点记载。对边疆地区的农业如轮台以东广饶水草的绿洲农业，西南地区温水流域的"火耨耕艺"原始农业也有记载。在资源开发和利用上，《水经注》的记载也很有特色，如湖泊的开发利用就是一个生动的例子，它包括三个方面的内容：(1)湖泊的灌溉效益。如"青陂灌溉五百余顷"(卷二十一)，"豫章大陂下灌良畴三千许顷"(卷三十一)，"马仁陂，盖地百顷，溉田万顷"(卷三十一)。(2)湖泊的资源开发，包括矿产资源和生物资源。所记大小盐池七个，盐的品种有食盐和药用青盐(又叫戎盐)。还介绍了盐的生产技术，"土人乡俗引水裂沃麻，分灌川野，畦水耗竭，土自成盐，即所谓盐鹾也"(卷六)。由于制作粗糙，含杂质多，所以盐味苦。为了保护盐产专利，"本司盐都尉治，领兵一千余人守之"。生物资源又分动物、植物两类。动物有鱼、鳖、蟹、虾，比如"漏泽，鱼鳖暴鳞，不可胜载"(卷二十五)；"东禅渚，佳饶鱼苇"(卷十五)；"博广池，池多名蟹佳虾，岁贡王朝以充膳府"(卷十)。植物有圃田泽的麻黄草(卷二十二)，青牛渊的莲藕(卷十

---

① 陈桥驿，《水经注》的地理学资料与地理学方法。

三），李陂的蒹葭萑苇（卷七），阳城淀的蒲笋菱藕（卷十一），扶柳县扶泽的柳（卷十）。（3）湖泊的游览价值。如蓟城大湖（今北京广安门外莲花池的前身）是当时的风景中心和游览胜地。[①]阳城淀，不仅盛产蒲苇菱藕，而且风景十分秀丽，吸引游人。

《水经注》中还记载了一种所谓喊泉，如湖北京山县的一处温泉，"靖以察之，则渊泉如镜；闻人声则扬汤奋发"（卷三十一）；"霍太山有灵泉，鼓动则泉流，声绝则水竭"（卷六）。

工业地理方面，《水经注》记载的门类有采矿、冶金、造纸、食品、纺织等。其中有关屈茨冶铁工业的记载非常出色，是一项完整的工业地理文献。在这个冶铁基地上，既有就地开发的原料和燃料（"人取此山石炭冶此山铁"），同时也有广阔的产品销售市场（"恒充三十六国用"），是一个十分理想，具有很高经济效益的冶铁工场（卷二）。此外，还记载了冶铜、铁、金、银、锡等多处冶炼工场以及冶炼设备。记载了全国各地大小盐场 18 处，介绍了池盐、井盐、石油、天然气、金、雄黄等矿产的开采技术和运销范围。食品工业方面，《水经注》记载了三处名酒的酿造。一是巴东郡鱼复尉（今四川奉节）的名酒巴乡清。二是河东蒲板（今山西永济）的名酿桑落酒，这种酒当时在全国享有很高的声誉，"香醑之色，清白若滫浆焉"。"方土之贡进，最佳酌矣。自王公庶友，牵拂相招者，每云'索郎（即桑落）有顾，思同旅语'。"[②]三是酃县（今湖南衡阳）的酃酒和郴县的程酒，"酒甚醇美，岁常贡之"[③]。

《水经注》记载的运输地理有水上运输和陆上运输。河道中的滩、堆、峡、濑等常被作为航运条件加以评价。水位的季节变化也结合航运问题介绍，如"泗水冬春浅涩，常排沙通道"[④]。陆上运输方面，郦道元广泛搜罗了各地桥梁、津渡的资料，全书提到的各种桥梁超过 90 座，津渡有 90 余处[⑤]。桥的种类按材料性质分有藤桥、木桥、竹篾桥、石桥；按桥的结构形式分有悬索桥、平面桥、浮桥、石拱桥。石拱桥中已注意到桥梁的净空问题，比如榖水旅人桥，"桥去洛阳宫六七里，悉用大石，下圆以通水，可受大舫过也"（卷十六）。

《水经注》还记载了四川当时集市贸易情况，有的"四日一会"，有的"十日一会"。（卷二十三）

民族地理学方面，《水经注》提到的民族有 13 个以上，分别介绍了他们的不同语言和风俗习惯，指明了某些民族的地理分布，叙述了各民族之间的相互关系，相互影响，彼此交流的情况。比如"宕渠县有渝水，夹水上下皆賨民所居。汉祖入关，从定三秦，其人勇健，好歌舞，高祖爱习之。今巴渝舞是也"（卷二十九）。

在沿革地理和地名学方面，《水经注》也是一部杰出的著作。全书出现地名约 17756 个，有全面地名阐释的 2134 条[⑥]，占 12%。全书提到的县城、镇、乡、聚、村、戍、坞、墟、堡等居民点数接近 4000 处[⑦]。县级以上的行政区，大部分都记载了历史地名沿革。有的地名，除了叙述其沿革外，还常常进行地名学的考证。

郦道元把晋以前郡的命名原则归纳为六个类型：（1）以列国命名，陈、鲁、齐、吴即是。（2）

---

①　《水经·漯水注》。

②　《水经河水注四》。

③　《水经·耒水注》。

④　《水经·泗水注》。

⑤　陈桥驿，水经注研究，天津古籍出版社，1985 年，第 17 页。

⑥　刘盛佳，我国古代地名学的杰作——《水经注》，华中师院学报（自然版）1983，（1）。

⑦　陈桥驿，水经注研究，第 17 页。

以旧邑命名,长沙、丹阳即是。(3) 以山陵命名,太山、山阳即是。(4) 以川原命名,西河、河东即是。(5) 以物产命名,金城、酒泉、雁门即是。(6) 以号令命名,会稽即是(卷二)。这种命名方式对后代行政区的命名有深刻的影响。到北魏时,地名学有所发展,命名的方式与地名的类型都比秦汉时期丰富。《水经注》中一般地名命名可以归纳为七个类型:(1) 方位命名;(2) 外貌特征命名(或物象、物色受名);(3) 内在性质命名;(4) 物产命名;(5)历史命名;(6) 意愿命名;(7) 互名命名。这些地名命名原则,至今仍然适用。考察一下古今中外的地名,大体上都可以纳入其中。据陈桥驿研究,《水经注》中解释地名渊源有 24 类,即史迹、人物、故国、部族、方言、动物、植物、矿物、地形、土壤、天候、色泽、音响、方位、阴阳、比喻、形象、相关、对称、数字、词义、复合、神话、传讹等①

《水经注》中还记载了 200 多条有关长城、坞堡、障塞、烽燧、津要以及某些地区和地点在历史上的战略意义和战争路线的资料,这是军事地理的重要内容。

以上仅就《水经注》在地理学上的成就作了一些阐述。其实《水经注》的内容远不止此,它是一座异常丰富的文化宝库。除了地理学的成就外,还在历史学、民族学、考古学、碑版学、语言学、文学等方面有突出的贡献②。但是作为一部地理著作,《水经注》的实际价值主要在地理学方面。从地理学的角度对这部名著作比较全面而系统的研究,应该放在首要地位③。

还应该指出:《水经注》所有的科学成就,并不全是郦道元的成就。这是因为郦道元在编著《水经注》时,大量引用了前人的著作和论述,只有少部分是道元本人的论述。《水经注》的地理学成就就不止是郦道元一个人的,而是代表了北魏以前一个相当长的历史时期。

## 三　科学思想和科研方法

郦道元具有朴素唯物论思想,能摆脱当时十分盛行的佛、道思想的污染。在《水经注》中,竟然完全没有轮回转世,因果报应,佛法无边之类的宗教宣传。相反,倒是在书中多次对成仙得道,白日飞升,长生不死之类说法进行辨驳与否定。比如,老子是道教的开山祖,传说他得道成仙,长生不死。但在槐里县却流传着有老子陵的说法。既然已成仙,怎么又有埋葬尸体的坟陵呢? 道元根据《庄子·养生主》关于"老子死,秦失吊之,三号而出"的记载,认为老子的确是死了,不死是没有道理的。因为"人禀五行之精气,阴阳有终变,亦无不化之理。以是推之,或复如(庄子之)传"④。

郦道元对古代尸体的看法,体现了他的无神论思想。说:"夫物无不化之理,魄无不迁之道。而此尸无神识,事同木偶之状,喻其推移,未若正形之速迁矣。"⑤

有的书上说,淮南王刘安跟八公学神仙术,结果"白日升天,余药在器,鸡犬舐之者俱得上升。其所升之处,践石皆陷,人马迹存焉,故山即以八公为目",说得神乎其神。有一次,郦道元路过寿春(今安徽寿县),特意到八公山上考察。结果,在八公山上不仅看不到什么"人马之迹",而且连传闻也没有。看到的只是后人为刘安修的庙和像,"像皆坐床帐,如平生。被服纤丽,咸

---

① 陈桥驿,水经注研究,第 319~326 页。

② 陈桥驿,编纂《水经注》新版本刍议,载《古籍论丛》,福建人民出版社,1982 年。

③ 陈桥驿,水经注研究,第 8 页。

④ 《水经注·渭水下》卷十九。

⑤ 《水经注·洛水》卷十五。

羽扇裙帔,巾壶枕物如一常居"①。跟平常人一样,没有什么区别。《八公记》中也没有记载鸡犬升空的事。《汉书·淮南王列传》则明明写着刘安因谋反伏诛。从这些材料中,郦道元得出了自己的结论:所谓刘安得道,只不过是葛洪在《神仙传》中编造的说法而已,实际上没有这回事。

有的书上说,费长房随其师王壶公同入壶中而成仙,成仙后能驱使鬼神。郦道元不相信,认为费长房并非长生不死,而是"终同物化"②,死了。

对于那些流传甚广的迷信传说,郦道元也不轻信。比如肥水之战前,晋将谢玄曾祈祷八公山。以后两军对阵,符坚望见八公山上草木"咸为人状",结果符坚败阵。人们以为那是八公显灵,帮助了谢玄。道元不这么看,他认为"非八公之灵有助,盖符氏将亡之惑也"③。

郦道元在观察自然的过程中,认识到自然界和人类社会都是在变化发展的,不是静止不变的。因此,他对许多变化了的地理现象能作出符合实际的解释。比如地理名称与实际情况有矛盾的问题,他认为是两个原因造成的。一是自然环境的变迁:或是"流杂间居,裂溃互移,致令川渠异容,津途改状,故物望疑焉"④;或是"邑郭沦移,川渠状改,故名旧传,遗称在今也"⑤;或是"今古世悬,川域改状"⑥;或是"世去不停,莫识所在"⑦。二是社会的变迁:"自昔匈奴侵汉,新秦之土率为狄场,故城旧壁尽从胡目。地理沦移,不可复识"⑧;"地理参差,土无常域,随其强弱,自相吞并。疆里流移,宁可一也? 兵车所指,迳纡难知"⑨。

郦道元不仅认识到自然界是变化发展的,而且肯定复杂的自然变迁是可以认识的。以地理来说,不管地理条件如何变化,人们总是可以找到辨认这种变化的规律。他说:"虽千古茫昧,理世玄远,遗文逸句,容或可寻,沿途隐显,方土可验。"⑩

此外,郦道元还认为人类能够改造自然,变不利为有利。他不止一次地说过,兴修水利可以"智通在我"⑪,"引之则长津委注,遏之则微川辍流。水德含和,变通在我"⑫。人类是改造大自然的主人。

郦道元的科研方法,归纳起来有八点:

1. 实地考察。研究地理,必须到野外考察,掌握第一手资料,才能写出有水平的地理著作。郦道元虽然"少无寻山之趣,长违问津之性"⑬,不爱旅游,但是为了写好《水经注》,他改变了自己的兴趣。利用朝廷派他去各地当官的机会,一面行政,一面政余"访渎搜渠",搞调查研究。通过考察,丰富了他的地理知识,使他解决了许多疑问。比如关于"饮马长城窟"的事,开始他不大

① 《水经注·肥水》卷三十二。
② 《水经注·汝水》卷二十一。
③ 《水经注·肥水》卷三十二。
④ 《水经注·汝水》卷二十一。
⑤ 《水经注·白水》卷二十九。
⑥ 《水经注·河水》卷五。
⑦ 《水经注·伊水》卷十五。
⑧ 《水经注·河水》卷二。
⑨ 《水经注·渠水》卷二十二。
⑩ 《水经注·河水》卷五。
⑪ 《水经注·河水》卷三。
⑫ 《水经注·巨马河》卷十二。
⑬ 《水经注·序》。

相信,考察中他看到"沿路惟土穴出泉,挹之不穷",这才相信是真的,"非虚言也"①。通过考察,他指出了前人记载的错误。如戴延之"谓是水为吴王所掘,非也。余以水路求之,止有泗川(水)耳"。"以今忖古,益知延之之不通情理矣。"② 通过考察,他获得了新的科学知识。比如他对流水侵蚀、搬运、沉积作用的认识。考察时,他以水为纲,或"脉水寻经",或"脉水寻川",或"脉水寻梁",强调考察工作要有系统性。

2. 考古。郦道元的考古,一是指利用金石文字。他收集各地碑碣石铭达302块,这些碑刻文字,有的可以补正史的不足。如"悼、敬二王,稽诸史传,复无葬处。今陵东有石碑,录赧王以上世王名号,考之碑记,周墓明矣"③。二是指利用遗传旧迹考定事物、城址、地名等。如阚骃称燕太子丹送荆轲于易县,道元认为不在易县,而在武阳,因为"遗传旧迹多在武阳,似不饯此也"④。关于唐城,他通过"考古知今","验途推邑",明确了具体位置⑤。此外,尚有不少"考古推地"、"考地验城"、"考地验状"、"考川定土"的事例。三是水文考古,注意考察、记录各地的测水石铭(见前文)。

3. 访问群众,从群众的言谈中获得知识。被他访问的有老人、乡绅、道士,有时甚至访问外国使臣。如朝鲜平壤城的地理位置,就是通过"访番使"而知"城在 浿水(今大同江)之阳"⑥。在地名学方面也是如此,他通过"访诸耆旧",才知道赫连城的取名乃是由于"赫连之世,有骏马死此,取马色以为邑号,故目城为白马骝"⑦。

4. 搜集大量文献资料。郦道元在编写《水经注》时,引用了周秦两汉以来有关文献达479多种,间接的参考资料尚不计算在内。这些文献按内容分有地理、历史、政治、哲学、文学等;按体裁分有正史、方志、杂记、小说、诗词歌赋、碑碣等。其中尤以地理书目最多,约109种,占23%。所谓"郦注精博,集六朝地志之大成"⑧,真是如此。在这些地理文献中,既有记载全国的《禹贡》、《汉书·地理志》;也有记载区域的《华阳国志》、《钱塘记》。从时间上看,既有当时流传已久的旧籍,如《山海经》、《尚书地说》等;也有当时问世不久的新著如《扶南传》、《佛国记》等。特别需要指出的是:《水经注》所引用的文献至今大部分已失传,幸赖道元的引用才得以保存部分内容。如孙放的《庐山赋》、唐勒的《奏土论》、傅毅的《反都赋》等。后世学者辑佚古代地理书时,曾从《水经注》中得到方便。

5. 资料的分析、比较。郦道元对收集来的资料进行了严肃、认真、慎重的处理,不是随便乱用。在《水经注》中,常常有"余按群书"、"考校群书"、"余诊诸史传"、"余考群书"、"余按经据书"等类词语,这反映了郦道元对资料进行分析整理的过程。他常用比较法去判断资料的真伪,然后去伪存真。如唐县及其附近山川形势,道元就用五种资料作比较,然后断定应劭的说法是错误的⑨。关于涧水与渊水,刘澄之说:"新安有涧水,源出县北。又有渊水,未知其源。"道元经

---

① 《水经注·河水》卷三。
② 《水经注·泗水》卷二十五。
③ 《水经注·洛水》卷十五。
④ 《水经注·易水》卷十一。
⑤ 《水经注·滱水》卷十一。
⑥ 《水经注·浿水》卷十四。
⑦ 《水经注·河水》卷三。
⑧ 陈运溶,荆州记序,载《麓山精舍丛书》。
⑨ 《水经注·滱水》卷十一。

过"考诸地记,并无渊水,但渊涧字相似,时有字错为渊也。故阚骃《地理志》曰,禹贡之涧水。是以知传写书误,字谬舛真,澄之不思所致耳。既无斯水,何源之可求乎?"①像郦道元这样对资料进行大量分析比较,在《水经注》以前的地理著作中实未尝见。因此,郦道元在区域地理研究中对于资料的处理,实开分析、比较方法之先河,对后世地理学者具有很大的启发作用②。

6. 将语言文字学应用于地理研究,这是《水经注》的一大特色。初略统计,全书涉及语言文字的问题有 39 处以上,其中利用字书改错有 2 条,利用汉语语音改错 21 条,利用汉字字形结构改错 4 条,利用少数民族语言及各地方言改错 12 条。如"余按吕忱《字林》及《难字》、《尔雅》,并言滧水在比阳。"③ "梁国睢阳县南,有横亭,今在睢阳县西南,世谓之光城。盖光、横声相近,习传之非也。"④"丹山,世谓之凡山,丹、凡字相类,音从字变也。"⑤"吐京郡治,故城即土军县之故城也。胡汉译言,音为讹变矣。"⑥

7. 勤于思索,善于思索。他将野外观察到的事实,通过思考,给以理论上的解释。如安喜县在秦氏建元中,由于唐水汛涨,高岸崩颓,城角下露出积木。这个现象《中山记》的作者早就看到了,并作了记载,但不知积木的来源。为了搞清积木的来源,道元花了一番"考记稽疑",认真思索的工夫,终于揭开了城角下面积木堆集的原因。再如黄河陕县一带水涌数十丈的原因,道元通过调查分析,否定了金人落水说,认为"鸿河巨渎,故应不为细梗踬湍,长津硕浪,无宜以微物屯流"。真正使黄河水涌数十丈者,乃是"魏文侯二十六年,虢山崩,壅河所致耳"⑦。

8. 注重数字描述。郦道元讲河流有长度,讲水井有深度,讲湖泊有面积大小,讲地理位置有距离远近等。数字描述是区别文学描述的根本点,是科学著作的核心。《水经注》中的数字描述,为历史自然地理学的研究提供了大批珍贵的数据。

此外,郦道元在科研中所表现的谦虚谨慎,实事求是的精神也是值得赞扬的。他不了解的东西就坦率承认"莫详其实"、"非所究也"、"非所详也"、"非所知也",从未强不知以为知。

## 四　《水经注》的影响

由于《水经注》记载了汉晋至南北朝这一段脉络纷繁的河流水道,古迹源流,所以地理内容十分丰富。正如薛福成说的:"其征引宏富,文章家之资粮也;沿革明晰,考据家之津筏也。而其有关于水利,有稗于农政,实经济家疆理天下之书也。"⑧ 后世学者纷纷从中吸取营养,如欧阳修仿《水经注》写了《唐书地理志》,将唐代二百几十位有功地方水利建设的人名留传下来。明代地理学家徐霞客,继承、发展了郦道元综合描述地理环境的思想,写出了内容极为丰富的地理名著《徐霞客游记》。胡渭、顾祖禹、阎百诗、刘继庄等人都从《水经注》中得到了很多益处。特别是刘继庄,深有体会地说:"余在都门,为昆山定《河南一统志》稿,遇古今之沿革迁徙盘错处,每

① 《水经注·谷水》卷十六。
② 陈桥驿,水经注研究,第 22 页。
③ 《水经注·比水》卷二十九。
④ 《水经注·睢水》卷二十四。
⑤ 《水经注·巨洋水》卷二十六。
⑥ 《水经注·河水》卷三。
⑦ 《水经注·河水》卷四。
⑧ 薛福成校刊《全校水经注》序。

得善长一语,焕然冰释,非此无从问津矣。""西北水道莫详备于此书,水利之兴,此其粉本也。虽时移世易,迁徙无常,而十犹得其六七。不熟此书,则胸无成竹,虽有志,何以措手? 有斯民之志者,不可不熟读而急讲也。"[1] 他还打算"摘《水经注》中有合于今日者更录一通,分为四册,以江、汉、沅、湘为之经,而诸水纬之,亦少可观矣"。"向欲取天下水道,依水经注体例为一书,以川水为经,支水为注,分合起止,悉以见在者为据。"[2]"郦道元《水经注》无有疏之者……予不自揣,蚊思负山,欲取郦注从而疏之。魏以后之沿革事迹一一补之,有关于水利农田攻守者,必考订其所以而论之。以二十一史为主,而附以诸家之说,以至于今日。"[3]很可惜,刘继庄这些宏大计划没有实现。以后,经过乾嘉学者的苦心研究,直到 19 世纪末 20 世纪初,杨守敬、熊会贞师生二人又以两代人的精力,才最后完成了《〈水经注〉疏》的工作。

《水经注》中有关地名渊源的研究,对后代学者影响很大。《水经注》以后,在我国古代地理著作中,地名渊源的研究几乎成为必备的项目。但研究的水平都没有超过郦道元[4]。

由于《水经注》在历史学、自然地理学、沿革地理学、农田水利学等方面有丰富的资料,所以《水经注》的现实价值也越来越引起学者的注意。《水经注》的应用,已从文学的欣赏和史学的考证转入了为历史地理学、考古学、历史自然学等学科的研究提供科学数据方面来了[5]。《水经注》对地理学及其他学科的影响,不仅是过去的事,而且影响到现在和将来。

## 参 考 文 献

曹尔琴.1978.郦道元和《水经注》.西北大学学报(社科版),(3):77~83

曹婉如.1959.郦道元.见:中国科学院中国自然科学史研究室.中国古代科学家.北京:科学出版社

陈桥驿.1982.编纂《水经注》新版本刍议.见:古籍论丛.福州:福建人民出版社

陈桥驿.1964.《水经注》的地理学资料与地理学方法.见:水经注研究.天津:天津古籍出版社

陈桥驿.1985.水经注研究.天津:天津古籍出版社

侯仁之主编.1962.中国古代地理学简史.北京:科学出版社

刘德岑.1982.郦道元与《水经注》.西南师范学院学报(社科版),(1):31~37

刘盛佳.1983.我国古代地名学的杰作——《水经注》.华中师院学报(自然科学版),17(1):22~28

谭家健.1983.郦道元思想初探.辽宁大学学报(哲社版),(2):81~86

赵贞信.1937.郦道元之生卒年考.禹贡,7(1~3):281~284

（杨文衡）

①,②,③《广阳杂记》卷三、卷四。

④　陈桥驿,《水经注》与地名学,地名知识,1979(3~4)。

⑤　陈桥驿,论《水经注》的佚文,杭州大学学报(自然版),1978,(3)。

# 贾 思 勰

贾思勰是我国历史上增辉添彩的人物之一。国内外不少学者对他本人和他的传世著作《齐民要术》已作了许多比较深入的研究。本文侧重对他所生活的历史时代和写作《齐民要术》的宗旨、《齐民要术》的学术贡献以及他的经济思想和科学思想等方面作一些探讨。

## 一 贾思勰生活的历史时代和《齐民要术》写作宗旨

贾思勰是由于他的重要著作《齐民要术》而传名后世的。各种史书,包括地方志在内,至今还没有发现有关他身世的片言只字的直接记载。人总是生活在一定时期社会中的,其行为和思想无不打上时代的烙印。贾思勰在什么形势和条件下撰写《齐民要术》,以及写作这部重要著作的宗旨,都只能从他所生活历史时期的社会经济等条件中去找寻线索。

贾思勰的生平事迹虽已有一些学者煞费苦心,广为搜罗资料,进行了细致的考证,但至今仍是知之甚少。关于他的里藉和生卒年,清代人姚振宗撰写的《隋书经籍志考证》以及《山东通志》、《青州府志》中都认为他和《魏书》里的贾思伯、贾思同是同族兄弟,为山东益都人。近人胡立初考证,也认为贾思勰与当时官登台省、贵为帝师的贾思伯、贾思同同宗,说:"盖贾君者,青齐之旧族,高阳之太守也。"[1] 魏孝文帝改革时,曾实行鲜卑族的汉化和诸州的士族门第的评定;并按照"以贵袭贵,以贱袭贱"的原则分配官职,如低级的地方官县官,从低级士族中选取。贾思勰官为高阳郡太守。郡太守在州刺史之下,但在县官之上。胡立初说他出身于"青齐之旧族",实是有根据的。万国鼎根据《齐民要术·种谷》篇中"西兖州刺史仁之……谓余言曰"的刘仁之的年代,考证《齐民要术》成书于"后魏末或东魏初",即"公元六世纪三十年代或稍后"[2] 华南农学院梁家勉在1982年发表的一篇文章中列举了大量事实来论述《齐民要术》成书的具体年代和地域问题[3]。其结论是:《齐民要术》写作时间"大致应在永熙二年至武定二年,即533至544这十一年间";关于贾思勰的"里藉"则肯定"就在今山东省益都县"。梁文还推论贾思勰的生卒年代问题,假定他60岁"开始退休,归田写作,据此上溯则其出生当在延兴三年(473)",卒年"估计在东魏武定(543~550)年间,还很可能跨入北齐(551年以后)时代,年令逾七十以上。"

以上各家的考证研究对我们考察贾思勰所生活的时代背景有很大帮助。特别是梁文考证精当,比较近乎实际,在没有更多新资料发现和更充分的论据提出来的情况下,我们就以此文的论证为依准来考察贾思勰所生活时代的社会状况和特点。

贾思勰青少年时代,正值魏孝文帝实行改革的"太和盛世",而中年和晚年则处于北魏由兴盛走向衰败,由统一走向分裂,社会由较稳定走向动荡不安,战乱又纷纷而起的年代。

---

① 胡立初,齐民要术引用书目考证,载齐鲁大学《国学汇编》第二册,第52页。
② 万国鼎,论齐民要术——我国现存最早的完正农书,历史研究,1956,(1)。
③ 梁家勉,有关齐民要术若干问题的再探讨,载《农史研究》第二辑。

公元439年,北魏统一了北方,为巩固其统治和从黄河流域人民那里得到更多财富,"重农"自然就成了北魏的国策。道武帝拓跋珪在平城(今大同)刚建立政权时就下令"息众课农","始耕藉田"①。在他之后的继任者也屡下诏令,恺陈农业之重要,令工商闲杂之人归农;或是派员检查灾荒情况,"问民疾苦";或是训诫各级官员督课农桑,政府贷给耕牛、农器;或是发动农民"贫富相通"。据《魏书》所载,略摘数段于下:

> 永兴三年(411)春二月戊戍诏曰:衣食足,知荣辱。夫人饥寒切己,唯恐朝夕不济,所急者温饱而已,何暇及于仁义之事乎?……非夫耕妇织,内外相成,何以人给家足矣。泰常二年(417)春二月丙午诏曰:今东作方兴,或有贫穷失农务者,其遣使者巡行天下,省诸州,观民风俗,问民疾苦,察守宰治行。②

> 太延元年(435)十有二月甲申诏曰:操持六柄,王者所以统摄;平政理颂,公卿之所司存;劝农平赋,宰民之所专急;尽力三时,黔首之所克济③。太平真君四年(443)夏六月庚寅诏曰:牧守之徒,各励精为治,劝课农桑,不听妄有微发,有司弹纠,勿有所纵。④

> 太安(455~460)初,遣使者二十余辈,循行天下,观风俗,视民间疾苦,诏使者察诸州垦殖田亩,饮食衣服,闾里虚实。⑤

孝文帝拓跋宏当政时,有关劝课农桑的诏令和措施更多。

> 延兴元年(471)四月庚子,诏工商杂伎,尽听赵农。诸州郡课民益种果蔬";"三年(473)二月癸丑,诏牧守令长,勤率百姓,无令失时。同部之内,贫富相通。家有兼牛,通借无者,若不从诏,一门之内终身不仕。守宰不督察,免所居官。

太和元年、九年、十六年都发过类似的诏书。太和八年(485)他还接受了李冲的建议,实行"三长法,使过去半属于朝廷和不属于朝廷的荫户,现在都成了朝廷的编户。接着又颁布"均田令"。"均田令"规定:15岁以上的男子和妇女都可以向政府"受田"。奴婢和一般老百姓一样"受田",耕牛也可"受田"。田分"露田"(种植粮食作物)、"桑田"(种桑、榆、枣等果木),适宜种麻的地方还有"麻田"。露田和麻田到了不能劳动或者身死时要归还给政府;桑田则"不在还受之限",是"世业",可以世代传下去,可以买卖。⑥

不论是"三长制",还是"均田"的实施,对宗主豪强地主来说都受到了照顾和优待。不过,对他们的兼并也有了一些限制。对那些荫户和失去土地的流浪者,"均田制"则为他们提供了自立门户的条件,即在农业经营上有一定的自由。同时,"均田制"刚实行时,大致是"赋税齐等,无轻重之殊,力役同科,无众寡之别"。据公元437年的常赋统计,每户要纳帛二匹,絮二斤,绵一斤,粟二十石,另纳州库帛一匹二丈。而"均田制"实行之初,每年常赋是:一夫一妇帛一匹,粟二石……"⑦。比较起来,在均田制下租调有所减轻,农民的负担也较为均匀。北魏政权比较重视农业生产,并制定、采取了一系列政策和措施,无疑对人们的生产积极性有所刺激,从而促进了被长期战乱破坏了的农业生产的恢复和发展。另一方面,北魏政权建立前后虽然长期战乱,使千

---

① 《魏书·太祖纪》卷二。
② 《魏书·太宗纪》卷三。
③ 《魏书·世祖纪》卷四上。
④ 《魏书·世祖纪》卷四下。
⑤ 《魏书·食货志》卷一一〇。
⑥,⑦《魏书·食货志》卷一一〇。

千万万人死于战争、饥饿和疾病,对科技文化典籍也不能不有所破坏,但由于民族的融合,中原地区的生产和文化传统没有中断,仍得以继承和发展,所以农业科学技术在秦汉基础上不但没有后退,而是前进了一步。以农业生产工具为例来说明,这时期的农具刀、镰,已是用生铁和熟铁合炼成的钢铁[①]来制作,较以前生铁铸作的耐用、锋利。生产工具的种类比起汉代来也增多了,并具有各种适应性能。如最重要的农具耕犁,西汉时期还在向各地区推广中,而 1974 年在河南渑池县出土的曹魏至北朝时期窖藏的四千多件铁器中,仅铁犁铧就有 1101 件[②],足见当时犁耕在中原地区之普及情况。汉代的犁为长辕、直辕犁,而《齐民要术·耕田》篇小字注写道:"今自济州已西,犹用长辕犁、两脚耧。长辕,耕平地尚可,于山涧之间不任用,且回转至难,费力,未若齐人蔚犁之柔便也。"我们不知蔚犁的结构与长辕犁有何区别,但说明北魏时山东地区犁已有改进,出现了不同结构的犁,且蔚犁对土壤的适应性较强,可以在平地上使用,也可以在高阜、山间、河旁、谷地使用。《齐民要术·耕田》中还说:"耕荒毕,以铁齿镉榛再遍耙之"。这铁齿镉榛当是耙,是有关耙的最早文献记载(在考古文物中我们可以看到比此早 200 余年的魏晋壁画中畜力拉挽的耙[③]。耢的文字记载也最早见于《齐民要术》,它常配合于耕耙之后"而劳之"。耙和耢的出现是整地工具的一大进步。它们在北魏时期的普遍使用,反映了当时农田土壤耕治水平的提高。

西汉末(约公元前 1 世纪)成书的《氾胜之书》中讲到谷(粟)、黍、麦、大豆、小豆、麻等六种农作物播种时,都强调要"乘时雨"、"傍雨种之";而《齐民要术》却不这样提,完全是根据节气时令来定出农作物播种的上、中、下时来。这与耙、耢等新工具的普及使用有关。《氾胜之书》记载说:耕后"辄平摩其块",就是用无齿耙将土块耙碎。说明耕后耱地收墒的技术,西汉时已出现。在嘉峪关魏晋墓壁画中,已发现有耕、耙、耱整个操作过程的图画。说明魏晋时使用耕、耙、耱整地的技术已经完全形成[④]。耕、耙、耱技术使防旱保墒收效更大,减低了农作物播种时对雨水的依赖程度。

北魏时期的农业生产力比以前有所提高,特别是魏孝文帝改革,实行了"均田制"以后一段时间内提高得较快,从当时农业生产的产量上也可反映出来。

太和十四年(490)秋,高闾上表说:"虽王畿之内,颇为少雨,关外诸方,禾稼仍茂。……一岁不收,未为大损。"[⑤] 另外,《齐民要术》有几处提到当时的产量。《耕田第一》中说:凡美田之法,菉豆为上,……七月、八月,犁稚杀之,为春耕田,则亩收十石";《种谷第三》中引当时民谚:"迥车倒马,掷衣不下,皆十石而收";《蔓菁第十八》:"一顷收子二百石,输与压油家,三量成米,此为收粟米六百石,亦胜田十顷",一顷为一百亩,则每亩产粟不到一石。又《种红兰花栀子第五十二》中记有:"一顷收子二百斛,与麻子同价。既任车脂,亦堪为烛,即是直头成米。"下小字注:"二百石米,已当谷田",此处则亩产为"二石"。

这几处粟的亩产数字相差很大,最高的达十石,最低的不到一石。我们依从中国农业遗产研究室编写的《中国农学史》(初稿)采取的大略估算法,以二石粟米作为北魏时期粟的平均亩产量,与汉文帝时晁错所说的"百亩之收,不过百石"来相比较。经过古今不同度量衡制的折算,

---

① 《重修政和经史证类备用本草》卷四玉石部引陶弘景语:"钢铁是杂炼生(生铁)鍒(熟铁)作刀镰者。"
② 李众,中国封建社会前期钢铁冶炼技术发展的探讨,考古学报,1975,(2)。
③ 甘肃省博物馆等,嘉峪关魏晋墓室壁画的题材和艺术价值,文物,1974,(9)。
④ 甘肃省博物馆等,嘉峪关魏晋墓室壁画的题材和艺术价值,文物,1974,(9)。
⑤ 《魏书·高闾传》卷五十四。

北魏的亩产二石粟米,合今日每市亩产粟 1.3 市石;汉代亩产一石,合今每市亩约产 0.7 市石,则后魏的农业产量比汉初有很大提高。

综上所述,可以看出,自《氾胜之书》以后 500 多年间,农业生产和农业科学技术的发展,实为贾思勰能够总结、写出《齐民要术》这部伟大农书的前提和客观条件。

从《齐民要术》中可以看到贾思勰家养过二百只羊[①];对买卖奴隶、雇佣劳动等事很熟悉[②],说明他亲自经营过田庄,有很多直接观察农业生产的机会和一定的实践体会。这是他能总结、写出《齐民要术》这部巨著所具备的主观条件。郭沫若主编的《中国史稿》第二册对东汉地主田庄的描述是这样的:田庄里种植粟、黍、大小麦、稻等粮食作物,以及瓜、葵、韭、葱、蒜、芥、蔓菁等蔬菜,还种植胡麻、牡麻和红蓝花等经济作物;枣、桃、梨等果树和松、柏、桐、梓、漆、榆、桑等林木,并采集各种药材。田庄里畜养着马、牛、猪、鸡等各种家畜、家禽,种植苜蓿当饲料。家庭手工业有养蚕、织帛、织麻布、染色、制衣服鞋帽、制药等,也制造酒、酱、醋、饴糖和各种蔬菜,还能制造农具和车辆。东汉墓葬中经常出现各种家畜、牲口圈和水碓、石磨、仓房等明器。有的画像砖上则可以看到地主宅院外边有大片的稻田、池塘、山林和盐井等,生动而形象地表现了当时地主田庄中农业、畜牧业和手工业有机地结合在一起的多种经营,是一个自给自足的生产单位。有的地主还兼营商业和高利贷。这种地主田庄形式,魏晋南北朝以来一直沿袭着。《齐民要术》中所记述的项目和内容也正是这类多种经营的地主田庄更为细致的描述。

贾思勰写作《齐民要术》的宗旨是他在《齐民要术》序开始时说的:“要在安民,富而教之”呢,还是《序》末说的“鄙意晓示家童,未敢闻之有识”为其真意呢?我们认为两者兼有,而前者又是主要的。

农业生产很早就成为我国古代社会的重要经济部门。商、周时期已有重农思想的萌芽,战国时期重农思想进一步发展,诸子百家各学派无不对农业生产有所论述,到西汉时期已形成了较为完整的系统理论。如贾谊主张各行各业都以农为本,或服从于农业生产,说“驱民而归之农,皆著于本,使天下各食其力,末技游食之民,转而缘南晦”[③]。晁错在《贵粟疏》中则说:“方今之务,莫若使民务农而已矣”;他认为只有重农才能使人们“开其资财之道”,免于饥寒之困。另外,汉初“文景之治”时,大力提倡孝悌力田。文帝、景帝屡下诏令,躬亲率耕,劝民农耕。惠帝时,设置孝悌力田科,成为汉代选拔官吏的科目之一。在以上思想和政策的影响之下,汉代出现了一大批认真抓农业生产的地方官吏。贾思勰深受战国,特别是汉以来的重农思想影响。他青少年时代生活于“太和盛世”,而中晚年却处于衰乱之时。他很可能认为社会的动乱是由于老百姓穷困,没有饭吃,没有衣穿。造成这种情况的原因是农业的荒废。而农业的荒废则又是由于统治者的不重视,缺乏“良相”;另方面是由于老百姓的不勤于田亩。所以他在《齐民要术·序》中反复地引述历史上圣人贤相关于重农的理论;连篇累牍地列举和介绍汉代一些认真抓农业生产,并取得一定成绩的地方官吏,如任延、皇甫隆、茨充、崔寔、黄霸、龚遂、赵过、氾胜之等为朝廷、为老百姓做好发展农业生产的事迹。他认为老百姓必须当官者去引导,去治理,为他们设计经营之道,他们才能勤力于耕种。他写这本书就是为了引导老百姓去进行农业生产,为他们设计经营之道的,所以取书名为《齐民要术》。这是贾思勰写书的主要宗旨。

---

① 《齐民要术·养羊第五十七》。

② 《齐民要术·蔓菁第十八》,《种红花、蓝花、栀子第五十二》。

③,④《汉书·食货志》。

《齐民要术·序》最后说："鄙意晓示家童,未敢闻之有识,故叮咛周至,言提其耳,每事指斥,不尚浮词。览者无或哂焉。"这段话不完全是谦虚之词。古代僮仆作"童"。贾思勰写作《齐民要术》也有叮咛儿孙、家奴遵照经营家庭经济之意。自汉代以来,中国的"士"阶层对参加农业经营并不鄙视,而是将之视为未做官或致仕在家时的主要谋生手段。东汉的崔寔是开"不仕则农"先例的著名清门望族,还把自己多年参加地主庄园家庭经济经营积累的经验,逐月安排,"写成一本四时经营的'备忘录'形式的手册",即《四民月令》。书中的"四民",当为士、农、工、商;即以从事农业生产方面的经营为主,用纺织、酿造等家庭手工业及一些农产品的屯贱卖贵商业为辅的收入,来维持"士"的家庭生活①。贾思勰对崔寔很尊崇,不仅在《齐民要术》中大量引用《四民月令》内容,而且承袭了其"四民"核心思想。不过,由于《齐民要术》主要是为"导民务农"而写的公开技术指导书,在农业技术知识方面,比起《四民月令》来大大地加以丰富和发展了。贾思勰不惮"叮咛周至,言提其耳",则是为了把事情交待清楚明白、反复详尽些,让读者可以印象深刻、明确。

## 二　《齐民要术》的学术贡献

《齐民要术》写作于距今 1400 多年前,内容丰富而广泛。它不仅是我们祖国农学中最珍贵、最光辉的遗产之一,在其他学术方面也有很大贡献。

首先,它汇集总结了西周至北魏时期农业生产的知识。《要术》中引用最早的文献是《诗经》。大多数史学家和研究者认为《周颂》创作时间最早,为西周时期,《大雅》和《小雅》中的诗篇也大多作于西周。《国风》和《鲁颂》、《商颂》各篇则是春秋中期以前的作品。《诗经》中有不少诗篇是我们研究周代农业生产和技术的重要文献资料。《要术》共引用了 33 条,大部分是关于植物方面的,但也有农业生产的,如"或耘或耔,黍稷薿薿"②《毛传》:"耘,除草也。耔,雍本也。""雍"即擁;植物的近根处叫"本"。所以,"雍本"就是在农作物近根处培土。"薿薿",茂盛貌。中耕除草和培土属于田间管理工作,反映出周代农业生产已经脱离粗放的阶段,而逐渐向较精细的方向发展了。全书共引用了前代和当代 150 多种书中与农业生产直接或间接有关的知识,此外还"爰及歌谣"、"询之老成"与"验之行事"③,对公元 6 世纪以前的农业生产和与农业生产有关的农付产品加工在内的各项技术进行了较系统的记述和总结。反映出 6 世纪以前,我国劳动人民在农业生产及与之有关的生产方面已经积累了相当高水平的科学技术知识。

《齐民要术》全书的基本思想是如何提高农业产品的产量,即怎样才能"用力少而成功多"。贾思勰尽力从生产技术上去进行探求和总结,指出主要从三个方面来充分发挥技术措施的作用。

一是紧紧掌握住"因地制宜"和"因时制宜"两条农业生产的基本原则。如总结了某种土壤适于种植某种农作物:"凡黍穄田,新开荒为上,大豆底为次,谷底为下,地必欲熟";"粱秫并欲薄地而稀";大豆"地不求熟""地过熟者,苗茂而实少";"麻欲得良田,不用故墟";"穬麦非良地,则不经种""薄地徒劳,种而必不收",而"小麦宜下种",并引用了民谚"高田种小麦,稏稌不成

---

①　石声汉,四民月令校注,中华书局,1965 年,第 92 页。

②　《小雅·甫田》。

③　《齐民要术·序》。

穗；男儿在他乡，怎得不憔悴"；水稻"选地欲近上流""地无良薄，水清则稻美"；"旱稻用下田，白
土胜黑土"；"胡麻宜白地种"；瓜"良田小豆底佳，黍底次之"；芋"宜择肥缓土近水处""胡荽宜黑
软青沙良地"；"姜宜白沙地"等等，几乎每种作物适于在何种土壤中种植都总结出来了。关于土
壤耕作方法的论述，密切结合北方干旱少雨的特点，强调"凡秋耕欲深，春夏欲浅"①。秋耕深，
一年一熟的田地，冬季田间空闲，将生土翻了上来，经过冬季长时间冷冻风化，可使土壤疏松；
春、夏耕后紧接着就要播种，只能浅耕，免得将生土翻上来，来不及风化，这样对作物生长不利，
同时还可减少水分的损失。耕地又强调"劳欲再"，即用树枝编成的无齿耙，多次地加以摩平。耙
耱次数多，土和得均匀，土壤表面疏松，毛细管被切断，可以减少水分的蒸发，使土壤保持润湿。
苗出来后又强调要锄地中耕除草，即"锄耨以时"。其功用之一，就是能起保墒的作用，书中引用
农谚说："锄头三寸泽"②。

　　时宜的重要性，在《齐民要术》"耕田第一"和"种谷第三"两篇中，贾思勰引经据典地进行了
论说，并且把农业操作的时宜分为最好的"上时"，其次的"中时"，不能再迟的"下时"。如播种谷
子"二月上旬，及麻菩杨生（菩即勃。即到雄株的麻开花放粉，杨树出叶）种者，为上时。三月上
旬，及清明节桃始花，为中时。四月上旬，及枣叶生桑花落，为下时"。种麻"夏至前十日为上时，
至日（夏至）为中时，至后十日为下时"。种瓜"二月上旬种者，为上时；三月上旬为中时，四月上
旬为下时"。种树"凡栽树，正月为上时，二月为中时，三月为下时"。桑树剪枝"劅桑，十二月为
上时，正月次之，二月为下"。留羔羊作种，不仅讲了"常留腊月正月生羔为种者上，十一月、二月
生者次之"，而且解释了，为什么十一月和二月生者好，其他时间不宜的原因："非此月数生者，
毛必焦卷，骨骼细小。所以然者，是逢寒遇热故也。其八、九、十月生者，虽值秋肥，比之冬暮，母
乳已竭，春草未生，是故不佳。其三、四月生者，草虽茂美，而羔小未食，常饮热乳，所以亦恶。六、
七月生者，两热相仍，恶中之甚。其十一月及二月生者，母既多乳，肤躯充满，草虽枯，亦不羸瘦，
母乳适尽，即得春草，是以亦佳也"③。甚至像作酱和作豉等也有上时、中时、下时的"时宜"问
题。

　　同时，贾思勰又总是把"地宜"和"时宜"结合起来考虑农事的操作。如《种谷第三》中说："良
田宜种晚，薄田宜种早。良地非独宜晚，早亦无害；薄地宜早，晚必不成实也"。又如种粟"纳粟
先种黑地，微带下地，即种糙种，然后种高壤白地；其白地候寒食后榆荚盛时纳种"④。并总结
说："顺天时，量地利，则用力少而成功多。任情返道劳而无获。"⑤ 这一基本原则直到今天在农
业生产中仍有其现实意义。

　　复种轮作制的出现在耕作制度上是一大进步。复种增加了土地的利用率。轮作则避免在
同一块田地上连年种植同一种作物所引起的养分缺乏和病虫害加重而产量下降的问题。所以
复种轮作制是争取单位面积产量提高的重要途径之一。农史研究者一般认为轮种在战国时已
出现，《荀子·富国》："今是土之生五谷也，人善治之，则亩益数盆，一岁而再获之。"如此说还不
够明确的话，那么《吕氏春秋·任地》中的"今兹美禾，来兹美麦"和《十二纪》中的"孟夏升麦"
"孟秋登谷"则非常明显了。不过，休耕制度在春秋战国和汉代仍有存在，《吕氏春秋·任地》中

---

① 《齐民要术·耕田第一》。
② 《齐民要术·杂说》。
③ 《齐民要术·养羊第五十七》。
④ 《齐民要术·杂说》。
⑤ 《齐民要术·种谷第三》。

就有"土劳多瘠,故必休之,而土乃肥"和"息者欲劳,劳者欲息"的话;《氾胜之书》中也说:"田,二岁不起稼,则一岁休之。"①

轮作制在古代世界其他国家也曾出现,如古罗马的农田就有实行轮作制的.但其他国家没有像我国这样发展得快,并且在轮作技术上取得那样光辉的成就.欧洲到公元13世纪还是"二圃制""三圃制"占了主要地位,而在《齐民要术》中已很少见到关于休闲制的记述了,这与轮作制的发展有很大关系。

《齐民要术》对轮作制记述和总结了以下几点:第一,记述了20多种轮作方法,确定了许多作物的前后作关系,如谷,"凡谷田,菉豆、小豆底(前作)为上,麻、黍、胡麻次之,芜菁大豆为下"."凡黍稷田,新开荒为上,大豆底为次,谷底为下"."小豆大率用麦底。然恐小晚,有地者,常须兼留去岁谷(即去年的谷底更好)"。瓜,"良田,小豆底佳,黍底次之"。葱,"其拟种之地,必须春种菉豆"等等。第二,除了把豆科作物纳入轮作周期外,而且把豆科作物当作绿肥,代替休闲,纳入轮作周期,《耕田第一》中总结说:"凡美田之法,绿豆为上,小豆、胡麻次之,悉皆五、六月中穬种(漫种),七月、八月犁稜杀之,为春谷田,则亩收十石。其美与蚕矢、熟粪同。"第三,还总结了劳动人民在长期摸索过程中积累的经验知识,有的农作物是可以重茬的,如葵"故墟弥善";蔓菁则是"唯须良地故墟"。有些作物如谷、水稻、麻等必须"岁易"。第四,指出了为什么要轮作的道理,《种谷第三》"谷田必岁易"之下说"稞子则秀多而收薄矣",即是说不更换地,就会有许多杂草混入而影响收成。《种麻第八》:"麻欲得良田,不用故墟"之下又说:"故墟亦良,有茎、叶夭折之患,不任作布也"。即是说连作也可以,但有茎、叶早死的毛病,纤维不能织布。这是对于连作会引起草害和病害的较早记载。第五,反映了间种套作技术的进一步发展。汉代的《氾胜之书》"区种瓜法"中已介绍了在瓜区中间种薤和小豆的技术。《齐民要术》中则新介绍了在葱中间种胡荽,大麻田里间作芜菁,树荫下种蘘荷,桑树下套种芜菁,以及在楮树、槐树育苗时,同麻子一起撒播等。蔬菜的套作间种更为多样化,《齐民要术·杂说》里介绍了用五亩肥沃地经营蔬菜的间种套作情况:"选得五亩:二亩半种葱,二亩半种诸杂菜。似邵平者,种瓜、萝卜。其菜,每至春二月内,选良沃地二亩;熟,种葵、莴苣。作畦,栽蔓菁收子;至五月六月,拔(诸菜先熟,并须盛裹,亦收子)讫,应空闲也。种蔓菁、莴苣、萝卜等,看稀稠,锄其科,至七月六日、十四日,如有车牛,尽割卖之。如自无车牛,输与人,即取地种秋菜。葱四月种;萝卜及葵,六月种;蔓菁七月种;芥,八月种;苽,二月种。……白豆、小豆,一时种,齐熟,免摘角。"这里共包括了10种蔬菜,种植时间包括二、四、六、七、八月,收获和栽种相交错,颇为复杂。

选种和品种是增加单位面积产量的一个重要途径。我们的先人对此早就有认识了,《诗经》中反映周代人们不仅已有"嘉种",即良种的概念,而且重视选种。战国时候的作品《管子·地员》篇中已举了黍、稷、稻、菽等作物的品种有30余种。《氾胜之书》是残存的书,从中虽看不到有关品种方面的记述,但有选种的具体记载,并认为好的种子,再加上按时播种,收成就可以加倍。《齐民要术》关于选种和品种的记载,其技术大大超过前人。对选种和品种保纯的重要性已有深刻认识:"种杂者:禾,则早晚不均;春,复减而难熟;耀卖,以杂糅见疵;炊爨,失生熟之节。所以特宜存意,不可徒然"。选种保纯的方法,在《氾胜之书》所记载的穗选法基础上提出了"粟、黍、稷、粱、秫常岁岁别收","至春治取别种,以拟明年种子"②,而且其别种种子,常须加

① 《齐民要术·耕田》篇引。
② 《齐民要术·收种第二》。

锄,锄多则无秕也。此外还要"先治而别埋","不尔,必有为杂之患"。这种作法,同今天的种子田非常相似。选种的核心内容是穗选法。它不仅是良种繁育的方法,也是品种选育的有效途径之一。由于选种技术较为先进,到《齐民要术》写作时期,在农村中各种农作物,特别是重要的粮食作物也具许多不同性状的品种。贾思勰对这些品种很注意调查和研究,如关于谷子的品种,他就列举了86种之多(所引用的晋郭义恭《广志》中记载的11种除外),并且对它们的品质、性能都进行了分析,说:"此十四种,早熟、耐旱、免虫""此二十四种,穗皆有毛,耐风、免雀暴","此十种,晚熟,耐水,有虫灾则尽矣"等等。此外,对品种的特性,以及产量与品质之间的矛盾也有较深刻的认识。以谷为例,贾思勰归纳说:"凡谷,成熟有早晚,苗秆有高下,收实有多少,质性有强弱,米味有美恶,粒实有息耗"。贾思勰还说:"早熟者苗短而收多,晚熟者苗长而收少",又说:"收少者美而耗,收多者恶而息"。前者明确指出当时有一种早熟、矮秆而丰产的品种;后者则指出产量和品质是一对矛盾的性状,高产品种往往品质较差,而优质品种则往往产量不高,这个矛盾到现代仍是育种工作所还没有解决好的问题。

《齐民要术》的第二个大贡献是总结了园艺、蚕桑、畜牧兽医、植树以及农产品加工等方面的一些先进技术。有的技术经过发展到今天仍在使用。

蔬菜和果树园艺是我国农业生产领域中一个多彩多姿的方面。《诗经》中已提到10多种蔬菜和人工栽培的果树桃、枣、李、桑、杷等。《齐民要术》第十五至二十九篇记述的是蔬菜栽培,第三十三至第四十二篇讲的是果树栽培,总计二十五篇,占总篇数的百分之二十七。由此,可见园艺在当时已相当发达,而且在农业生产中占有重要的地位。贾思勰在书中除记述了一般栽培技术外,还总结了一些特殊栽培技术,充分反映出我国古代劳动人民的聪明和智慧。如蔬菜播种技术方面的均播法和帮助种子出苗的"起土"法很值得一提。《种葱第二十一》中介绍了葱子与炒过的谷子一起播种的办法:"一亩用子四五升……炒谷拌和之",接着下面又说明为什么要"炒谷拌和之"的原因"葱子性涩,不以谷和下不均调;不炒谷,则草秽生"。葱的种子有棱角,撒播时不易撒均匀;谷子炒过,使谷胚杀死,不致萌发成为葱地的杂草。这种种子均播法,今天仍在使用,像烟草子很细小,农民播种前就在种子里加入细泥、细砂或稻壳灰等。《种瓜第十四》中记述的大豆"起土法",设计绝妙。其法是:"凡种瓜法,先以水净淘瓜子,以盐和之。先卧锄耧却燥土,然后掊坑大如斗口,纳瓜子四枚,大豆三个于堆旁向阳中。瓜生数叶,掐去豆"。接着小字注又说明如此做法的道理:"瓜性弱,苗不能独生,故须大豆为之起土。瓜生不去豆,则豆反扇瓜,不得滋茂,但豆断汁出更成良润。勿拔之,拔之则土虚燥也"。这里明确指出:有的瓜(像甜瓜)种子所出幼芽顶土力弱,而大豆子叶顶土力强,为了保证瓜子全苗,就将之与大豆同播一穴内。大豆吸水后膨胀,子叶顶土而出,瓜的幼芽就趁着大豆出苗已松的土,省力地跟着出土。第二,瓜苗长出来到一定时候就要掐去豆苗,豆苗长得快,如不及时掐去就会影响瓜的生长。第三,豆苗只能用手掐断,而不能拔除,这样做可利用掐断的豆苗伤口上流出的水汁湿润瓜苗附近的土壤;拔起豆苗即无此利,并要伤及瓜苗的根。此法不仅近代还在使用,而且有的国家还将之作为一种先进的技术来看待。取本母子瓜留种法也是很科学的,不仅记述了其方法"常岁岁先取本母子瓜,截去两头,止取中央子",而且说明了其原理"本母子者,瓜生数叶便结子,子复早熟。……去两头者,近蒂子,瓜曲、而细。近头子,瓜短而喝。"这一经验是从实践中得来的,到今天农民还沿用着。根据对韭菜"跳根"现象的认识而采取相应的培土措施,也是古代农民的一项极为可贵的细致观察和科学研究成果。《种韭第二十二》说:"治畦,下水粪覆,悉与葵同。然畦欲极深"。为什么畦要"极深"呢,下有小字注说:"韭一剪,一加粪,又根性上跳,故须深也"。韭菜分蘖的新鳞茎,是生长在老鳞茎上面,新鳞茎年年向上提升,这就是所谓的"跳根"现象。由于新鳞茎年年向上提升,必须及时培壅泥土,不然新鳞茎接近地面,便不易滋生新根,新根不长,就容易衰老。所以,每年冬、春进行培壅泥土的韭菜比不培壅泥土的采割时间要延长一倍,达七八年之久。巧妙地把韭菜籽用热水煮沸,短时间内促使韭菜吸水膨胀,根据膨胀速度不同以判断种子的生活力,也是一项了不起的发明创造,其法是"若市上卖韭子,宜试之以铜铛,盛水于火上,微煮韭子,须臾芽生者好,芽不生者,是渑鬱矣"。

关于果树栽培技术的记述,最值得重视的是无性繁殖的嫁接法,《齐民要术》中称之为"插"。重点讲了梨的嫁接技术,从砧木到接穗的选择和具体嫁接办法都记述得颇为详细。特别要提到的有两点:一是已了解到远缘嫁接亲和力较差,成活率低这个规律。实践的结果,用棠作梨的砧木,所结梨大而果肉细密,"杜次之;桑梨大恶;枣、石榴上插得者,为上梨,虽治十,收得一二也"。枣为鼠李科,石榴是安石榴科,与梨不同科,所以成活率低。第二,嫁接成活与否的关键在于砧木和接穗的切面要密切吻合,要求彼此的木质部对着木质部,韧皮部对着韧皮部;也就是贾思勰所说的"木还向木,皮还近皮"。

讨论畜牧兽医的共有六篇。它汇总了北魏以前有关家畜家禽饲养和医疗的经验;同时吸收、增加了北方少数民族的牧业经验。反映出北魏时期畜牧业的特点:一、黄河流域古代相传的六畜中的狗已退出了肉用畜的地位,而新增了驴、骡和鸭、鹅;役畜来源扩大了,肉类供应的种类也增加了。二、大量养羊,是重要的肉食来源,并以羊乳为食,介绍了乳制品如酥酪的制作方法等,显然是吸收了北方少数民族的生活习惯。北魏的养马业极盛,甚至超过了我国历史上疆域最大的汉、唐两代,这与北魏鲜卑和在其以前匈奴、羯、氐、羌几个以游牧为主的少数民族统治北部中国,大力发展骑兵有关。劳动人民在大量的马匹饲养实践中,积累了丰富的饲养经验和相马技术。相马文字之多,在全书中很突出。三、《齐民要术》收集了我国古代兽医药方共49个。其中专医马的30个,医牛的10个,兼医牛、马的1个,医驴的1个,医羊的7个。内容涉及外科、传染病、寄生虫和一般疾病,是我国现存最早的兽医学文献。四、对家畜家禽的选种、留种的记述,很有特点,最突出的是注重孕妊家畜的环境条件,考虑环境对孕畜仔畜的影响而决定合适的留种时期,以养羊篇介绍最为详细。五、我国家畜阉割术发明很早,《夏小正》和殷墟甲骨卜辞中都有反映,但具体阉割操作方法,只是在《齐民要术》中才第一次见到详细的叙述,使我们得以窥见我国古代在家畜阉割技术方面所达到的优异水平。

蚕桑:较为确切的考古实物虽是出土于长江流域,但黄河流域地区,栽桑养蚕,作为农家主要副业也由来已久,《诗经》中不少诗篇已歌咏及了。《齐民要术》中对培育桑苗,经营桑园,桑树整枝、摘叶、培肥等整套操作技术,以及养蚕的准备工作、饲蚕和收茧的一般技术都有记述,是我国现存最早系统论述蚕桑的记载。柘蚕也以《齐民要术》记载为最早。酿造在《齐民要术》中占有很显著的地位,其项目有酒、酱、酢(醋)、豉、菹,还有作酪、作鲊。以酿酒而言,麹(麹)是酿酒首先必备的材料。我国关于麹的最早记载见于战国时的《礼记·月令》。《齐民要术》中谈到的麹已有八种,而且记述了制作的方法,反映了北魏时酿酒技术的进步。这可能也是现存最早的有关酿酒制麹技术的最早记载。此外,所有其他酿造项目和一些特殊技术知识如食盐精制、淀粉糖化、煮胶、提取红兰花中的色素、植物性染料用灰汁媒染、利用豆类种子中的"皂素"除污、"作香泽"(脂粉)等,也是第一次见之于《齐民要术》的记载。还有11篇关于烹调方法的记载,这些方法的来源有出自在此以前的《食经》和《食次》,有些是贾思勰直接询问调查所得。这些方法,有的现在还在应用,大部分以后有了提高和改进。对之进行研究,可以看出我国烹调技术的演变过程。

　　总之，《齐民要术》反映了封建社会自给自足的农村庄园主的家庭经济面貌，除与衣、食两大项有关的农业生产外，还提到了住和行以及各种生活日用品的制作。所以，有人称《齐民要术》为"百科全书式的农书"。

　　我们从《齐民要术》中可以看到许多优异的技术是建立在丰富的生物学知识基础上的。如前面已讲到的韭菜"跳根"现象、用沸水煮韭菜子以判断生活率、果树的插条和嫁接都反映出当时人们对生物知识的巧妙利用。关于植物性别的认识，《齐民要术》中对大麻的性别及授粉和结实关系的认识是世界上最早的科学记载之一。对植物与光线关系的认识和利用，在《种榆、白杨第四十六》、《种槐、柳、楸、梓、梧、柞第五十》有很好的记述。还有关于植物种间关系的认识和利用、关于遗传变异性和人工选择的认识和利用，在《齐民要术》许多篇中都可以见到。因此，《齐民要术》也是研究生物学史的宝贵文献资料。

　　《齐民要术》对后世农学有很大影响。它是我国现存最早最完正的农书。正如石声汉所说："《要术》的成就，是总结了以前农学底成功，也为后来的农学开创了新的局面。"[①]

　　两千多年来，据不完全统计，我国的古农书，包括现存和已散佚的共有300多种。它们大体分为两大类：一类是综合性农书，一般以粮食作物栽培、园艺、畜牧和蚕桑为基本内容，而又以粮食生产为主；有的还包括水产以及农具、水利、救荒、农产品加工等等。另一类则是专业农书，包括关于天时、耕作的专著，各种专谱，蚕桑专书，兽医书、野菜专著、治蝗书等。在300多种农书中，以贾思勰《齐民要术》为代表的大型综合性农书为主干。由于它们规模大，范围广和在学术上的较高水平，因而在中国农学史上占有重要的地位。这类农书还有元代的《农桑辑要》、《王祯农书》，明代的《农政全书》，清代的《授时通考》。后四部农书，从全书资料来源到内容项目、写作体例都受到《齐民要术》的很大影响。如《农政全书》可说是集我国古农学之大成的一部书。这部书写作于17世纪，这时西方已开始进入资本主义时期，现代科学技术也开始兴起。一些传教士像利玛窦等人，以"术数"作为到中国来传教的一种手段，从而传进了一些西方的科学知识，徐光启本人就受到他们一定的影响；另外徐光启本人多才多艺，除农学外，对天文、数学、军事等科学技术他也精通或熟知。他写作的《农政全书》中的"泰西水法"就是引进的当时西洋水利法。从科学研究方法上说，也已接近近代的科学实验方法，他在上海、天津都建有试验园地，对种植水稻、引种甘薯、放养白腊虫、种棉花等都亲自试验研究，以取得经验。甚至他已开始在研究工作中重视数据，进行综合分析，使研究达到精细确实的程度，例如在《除蝗疏》中，他把我国历史上从春秋到元代所记载的111次煌灾发生的时间和地点，进行了分析，最后综合归纳得出了结论：蝗灾"最盛于夏秋之间"，"涸泽"地区是蝗虫的发生地。所谓"涸泽"按徐光启的说法就是："骤盈骤涸之处，如幽涿以南，长淮以北，青兖以西，梁宋以东，诸郡之地，湖漅广衍，暵溢无常"。但是从全书整个科学思想和研究方法来说仍没有脱离我国传统农学的范畴，仍属于经验科学，仍可以明显地看到它从《齐民要术》发展来的脉络。

　　从《农政全书》的内容资料来看，其途径与《齐民要术》同出一辙，即所谓"采捃经传，爰及歌谣，询之老成，验之行事"。《农政全书》的规模和写作体例，比较《齐民要术》虽有很大变化和发展，但基本上仍未脱离《齐民要术》的巢臼。

　　《齐民要术》以后的农书，除上面说到的四部综合性大农书都以《要术》的规模为规模，用

---

　　①　石声汉，从齐民要术看中国古代的农业科学知识，科学出版社，1957年。

《要术》的资料作资料外,就是许多反映地区范围狭小,重点只在一两种作物,或是生产操作、时令安排等篇幅较小的专题著作也往往与《要术》有渊源关系,常常引用《要术》的内容为主要资料。这一点,也足以说明《齐民要术》在过去我国传统农学上的地位。

《齐民要术》是我们今天研究北魏以前农业科技史的重要资料,也是研究北魏社会经济史的一部重要书籍。《要术》中引用的经史子集古书有 150 多种,其中有的今天还存在,有些书则后来散失了,仅仅靠《要术》的征引,才给它们保存了一些零章碎句。后来有些研究者便倒转过来,以《要术》为来源,把它们"辑"回去而成为"辑佚本"。《氾胜之书》是汉代 400 多年间最杰出的农书,大概在北宋与南宋之际散佚了。到 19 世纪前半期,有人主要根据《齐民要术》征引的资料,并参考其他书籍,而辑集出了三种辑佚本:一是洪颐煊辑集的《氾胜之书》二卷,1811 年收刊在《问经堂丛书》里;第二种是宋葆淳于 1819 年辑集的《氾胜之遗书》;第三种是马国翰辑集的《氾胜之书》二卷,时间约为 19 世纪上半期末,收刊于《玉函山房辑佚书》里。崔寔著的《四民月令》到 1721 年止,也辑集出了四种辑佚本。近代农史学家万国鼎教授辑释的《氾胜之书辑释》和石声汉教授校注的《四民月令校注》不仅广征博引,对保留下来的两书的资料进行了校勘注释,并对之进行了专题研究,使人们对两书在农学史上的地位有了新的认识。

《齐民要术》中引用的古书,直接与农业生产知识有关,最早的是《诗经》,距今已有二千至三千年,其他先秦典籍还有《周礼》、《管子》、《吕氏春秋》、《尔雅》;汉到晋代的有《淮南子》、《史记》、《汉书》、《纬书》、《氾胜之书》、《四民月令》、《方言》、《广志》、《神农本草》、《吴氏本草》、《食经》、《博物志》、《风土记》、《西京杂记》、《永嘉记》、《家政法》、《陶朱公养鱼经》、《范子计然》等。所征引的范围涉及农业生产知识的各个方面,从月令、农具以至于耕垦、播种、田间管理、收获、蚕桑、园艺、畜养、渔业、农产品加工等。这就提供给了我们研究公元 6 世纪以前农业发展史的宝贵资料。

《齐民要术》不仅是一部古农书,还可以算得是我国古代一部地主家庭经济学。书中有许多指导封建庄园地主如何经营管理他们田庄的内容。贾思勰除征引了不少以前文献中关于地主兼营商业的记载和经验外,还提供了他自己总结的经验体会。此外,《齐民要术》还反映了北魏时期我国农业生产力有很大提高,农业产品的商品化大大增加,以及奴隶劳动占有相当大的份量等社会情况。

《齐民要术》在学术上还有一个贡献,就是所引用的书大致地保存着原来引用的模样,没有经过多少删改。这样,它所引用的书,尤其是所谓"经部"的书中的辞句,和那些经过后来经学家们删改过的颇不相同。因而它给其他经书之类的校勘提供了很好的考证资料。所以,清代乾、嘉两代的许多学者都曾利用《齐民要术》来考订其他书中的字句,并有不少"发明"。

## 三　贾思勰的经济和科学思想

贾思勰写作了《齐民要术》,可以算得上是个农学家,在农业经营方面也颇有心得体会。他的一般经济思想基本上是继承前人,没有多少创新的东西。

首先,对农业、手工业和商业的看法,贾思勰继承了春秋战国以来盛行的"农本"观念。强调"食为政首",引用了《管子》中的话:"一农不耕,民有饥者;一女不织,民有寒者。仓廪实,知礼节;衣食足,知荣辱"。并列举了李悝为魏文侯作"尽地利之教",秦孝公用商鞅重农战而雄霸诸侯以及王景、茨充、崔寔、龚遂、召信臣等汉代官吏教民务农取得成效的事例,以说明北魏各级当权者的任务也应是"教民务农"。在上者能为民"开其资财之道";在下者则"自力",及时勤于耕种,且都能"用之以节",则国和家没有不富、不安定的。对耿寿昌的常平仓法和桑弘羊创立之均输法他也很赞赏,认为是"益国利民,不朽之术也"。对于手工业生产,贾思勰把它看作是自给自足的地主田庄农业生产经济中所不可少的附属物,是为家庭生活需要服务的。所以在"自序"中说:"起自耕农,终于醯醢;资生之业,靡不毕书"。对于商业,从理论上说,贾思勰是轻视的,"自序"末尾说:"舍本逐末,贤哲所非,日富岁贫,饥寒之渐,故商贾之事,阙而不录。"实际上,贾思勰却颇热衷于追逐商业利润。中国封建地主经济一开始发展时就是同比较发达的城市商品经济结合前进的。这一点与欧洲相比有所不同。自春秋战国到北魏,商品经济已持续发展了约一千多年,农产品的商品化已达到一定的程度。地主田庄虽是一个自给自足的自然经济体,但由于生产技术的进步,田庄所生产的粮食、家庭手工业产品以及经济作物都有一定的剩余产品,需要拿到市场上去出售。春秋战国以来,特别是西汉对商人限制很严,在社会地位上他们被排列于"四民"——士、农、工、商之末位。不过,商贾能赚钱,许多官僚地主兼营商业,并不因为商业是贱业而不为。东汉以来,地主兼营商业更是习见。晋代的士族也多兼做商贾。北魏统治者因袭其旧有的游牧民族所特有的爱好商业的精神传统,对商业和商人都无轻视思想。贾思勰在《要术》中对如何能多赚钱之事也津津乐道。《杂说第三十》中,贾思勰全部征引了崔寔《四民月令》中关于一年十二个月的农事及经营工商业的活动安排:二月,可粜粟、黍、大小豆、麻、麦等,收薪炭。三月,可粜黍,买布。四月,可籴麦及大麦,弊絮。五月,可粜大小豆、胡麻、穬麦、大小麦。收弊絮及布帛。六月,粜大小豆、麦,收缣练。八月,粜种麦,籴黍。十月,卖缣、帛、弊絮,籴粟、豆、麻子。十一月,籴秔稻、粟、豆、麻子。从以上安排可看出,地主一年中有八个月要从事商业经营活动。其经营范围也不限于只出卖田庄的产品,而且干贱买贵卖的活动以获取更多的利润。与此同时还引述了《史记·货殖列传》记载的宣曲任氏如何人弃我取,囤积居奇而致富的事例以及其他一些营商致富和地主兼营商业的经验。除征引前人的陈说外,贾思勰也通过《齐民要术》提供了许多他自己兼营商业的心得体会。

《齐民要术》中反映出来的贾思勰的农业经营思想较有创造性,前代农学家在这方面还没有或很少进行过总结,主要有以下几点:一是强调集约化的农业生产。晋代傅玄已提出一个可贵的思想,说农业生产应"不务多其顷亩,但务修其功力"①。意思即不能专靠扩大耕种面积以求增加农业生产量,应重视在一定单位面积上多投入劳动来增加产量。贾思勰则明确指出:"凡人家营田,须量己力"②,"多恶不如少善也"③。即主张在一定的土地面积上,多投入劳动,实行精耕细作,以生产出尽可能多的粮食来,反对广种薄收的粗放农业。我国农业实行精耕细作集约化生产的思想在战国时候已有萌芽。李悝指出:"治田勤谨,则亩益三斗,不勤则损亦如之。"④荀子说:"今是土之生五谷也,人善治之,则亩数盆,一岁而再获之。"⑤反映出他们对劳动生产力在农业生产上提高产量的重要作用已有所认识。

二是重视劳动生产力的提高和保护。先进的生产工具能传导较多的人的劳动,为生产过程提供较好的物质基础,使劳动生产率大大提高。贾思勰充分认识到这一点,所以强调从事农业

---

① 《晋书·傅玄传》。

② 《齐民要术·杂说一》。

③ (齐民要术·种谷第三)。

④ 《汉书·食货志》。

⑤ 《荀子·富国》。

生产"欲善其事,先利其器,悦以使人,人忘其劳。且须调习器械,务令快利"。工具是人使用的,牛是耕地时的重要动力,要充分发挥工具的作用,提高生产力,因此必须对二者加以保护。所以他又说:"秣饲牛畜,常须肥健。抚恤其人,常遣欢悦"①。不过,要注意的是这里把人与牛相提并论,完全把"人"当作一种"物"来看待的。反映出北魏时从事农业生产的奴婢地位很低下。

三是有较突出的备荒思想。从东汉末起,黄河中下游经常处于兵荒马乱之中。农村凋疲,人口稀少,粮食生产不足,一旦发生天灾立即就会出现饥荒。广大劳动人民为了抗御饥荒,在种植安排时就已考虑到年成的好坏问题,《种谷第三》中说:"凡田欲早晚相杂。防岁道有所宜。"另一方面,人们则设法找寻代粮植物,《要术》前九卷中对稗、芋、芜菁、杏、桑椹、橡子等救饥的作用予以很大重视,强调人们采集收藏这些东西以备荒。如《种桑柘第四十五》说:"椹熟时,多收,曝乾之,凶年粟少,可以当食"。《种芋第十六》说:"案芋可以救饥馑,度凶年"等等。《要术》最末一篇引载了100多种有实用价值的热带和亚热带植物,又引录了60多种野生可食用的植物,其中很多是北方有的,这也是贾思勰备荒思想的一个反映。

四是重视商业经营计算的思想。从许多事例中可看出贾思勰对商业经营计算很重视。如《种瓠第十五》中说:"一本三实,一区十二实。一亩得二千八百八十实。十亩凡得五万七千六百瓠,瓠值十钱,并值五十七万六千文。用蚕矢二百石,牛耕功力值二万六千文。余有五十五万。肥猪明烛,利在其外。"种瓠主要是利用其壳做瓢,作盛器用。种十亩地的瓠,所作之瓢显然不是为了供家庭之用,而是要拿到市场上去当商品卖的。按贾思勰的计算,仅卖瓢所得之利润即有五十五万文。壳中的"白肤(瓢)可以养猪","其瓣以烛致明"的利益还没有计算在五十五万文之内。可见种瓠获利是很大的。在蔬菜方面种葵、蔓菁、胡荽等,经济作物种红花、栀子、蓝等,畜养方面的养羊和养鱼中也有类似的商业经营计算。而尤其重视种植林木利益的计算。以种榆树之利的计算为例,说:种植后的第三年春天就可以采取荚叶出卖收利。五年之后就可以作椽槕,一根十文钱;如制作成陀罗、小杯卖,每个三文。10年后的榆树就可以作为制作大汤碗、小碗、瓶子、带盖的盒子等的材料,一个碗七文钱,一个大汤碗20文钱,瓶和带盖的盒都值100文。15年之后就可以制作车毂,或镟作葡萄缸,一口缸值300文,一付车毂值三匹绢。每年疏伐、修剪的人工,可以用剪伐下的柴来雇零工,10捆柴雇一个工。只卖柴的利润,已经是算不尽了;一年一万捆柴,每捆三文钱,就已是三万文,荚叶还不算在内;再加上各种器具材料,又有柴价的10倍,就是每年30万文。……种一顷地的树,一年收益为一千匹绢,只需要一个人守护,既没有牛、种子、人工等费用,又不怕水、旱、风、虫等天灾。比起种粮的田地来,劳逸相差万倍。在《种谷楮第四十八》中还比较了两种卖楮的方式,说"指地卖者,省功而利少";"煮剥卖皮者,虽劳而利大。自能造纸,其利又多"。

贾思勰的科学思想包括两个方面:一是他的自然观,另一是他的科学研究方法。

贾思勰的自然观,基本上属于朴素辩证唯物观。表现在农业生产中对人与自然关系的看法,贾思勰继承了春秋战国、秦、汉以来的朴素唯物主义观点,认为"人定胜天"。在《要术·自序》中大力宣扬前人的"勤则不匮";"力能胜贫";"故田者不强,困仓不盈";"天为之时,而我不农,谷亦不可得而取之";"桀有天下而用不足,汤有七十里而用有余,天非独为汤而雨粟也,盖言用之以节";"斥卤播嘉谷";"关中无饥年"等等靠人不靠天的言论和思想。《要术》在记述和总结农业操作技术措施时也贯穿了"人定胜天"的思想,如抗旱保墒、抗寒防霜、治虫、灌田、烤田、

---

① 《齐民要术·杂说一》。

美田之法等等,都充分体现了人力在农业生产中所起的首要作用。

贾思勰的人定胜天,或人在农业生产中的首要作用思想,不是主观盲目的,而是在强调尊重客观规律和掌握客观规律的前提下来发挥人力的作用。他说:"顺天时,量地利,则用力少而成功多。任情返道,劳而无获。"① "顺"就是"循","量"是"估量"的意思,一句话就是要掌握天时、地宜的客观规律,并遵循客观规律才能"用力少而成功多"。反之,"任情返道",即凭主观意志违反客观规律去干,那就会"劳而无获"。贾思勰还形象地把那种既"任情返道",而又想要"用力少而成功多"的想法,比之为"入泉伐木,登山求鱼,手必虚。迎风散水,逆阪走丸,其势难"。在同一篇中,贾思勰又引用了《孟子》中说的"不违农时,谷不可胜食"和民谚"虽有智慧,不如乘势;虽有镃锜,不如待时"等来反复强调农业生产遵循客观规律的重要性。在客观规律面前,人应该持什么样的态度呢?是坐等大自然的赐予,还是向大自然索取?贾思勰认为人应该向大自然去索取。他征引《淮南子》中的一段话来表达自己的看法:"夫地势,水东流,人必事焉,然后水潦得谷行;禾稼春生,人必加功焉,故五谷遂长。"人和自然界客观规律之间的关系是辩证的,必须"上因天时,下尽地利,中用人力"。对待具体的农业技术措施,贾思勰也流露出了许多朴素辩证的看法,如耕田,强调"春耕寻手捞,秋耕待白背捞","凡秋耕欲深,春夏欲浅";"初耕欲深,转地欲浅"。种谷时要注意"地势有良薄","良田宜种晚,薄田宜种早";"凡春种欲深,宜曳重挞;夏种欲浅,直置自生"。接着指出这样做的原因是"春风冷生迟,不曳挞则根虚,虽生辄死。夏气热而生速,曳挞遇雨,必坚垎。其春,泽多者,或亦不须挞。必欲挞到者,宜须待白背,湿挞令地坚硬故也"②。总之,播种深浅,挞或不挞主要根据雨量,即土壤乾湿情况而定。又如关于黍稷的收获时间,书中说:"刈稷欲早,刈黍欲晚",接着又总结这样做的道理是"稷晚多零落,黍早米不成"③,又如栽树,强调栽种大树和小树时措施上应有所区别,凡栽一切树木,欲记其阴阳,不令转易。大树髡之(不髡,风摇则死),小则不髡。先为深坑,内树讫,以水沃之著土,令如薄泥,东西南北,摇之良久。(摇则泥入根间,无不活者,不摇虚多死。)④像这一类坚持因时、因地、因物、因具体情况不同而采取相应的不同措施的辩证观点,在《要术》中比比皆是。《要术》中虽也收录了一些丛辰、祈禳、占卜之类的唯心主义迷信的东西,但所占分量很少。它反映了贾思勰的朴素辩证唯物思想的不彻底性。不过,我们对古人不能过高的要求。20世纪的今天,不是仍有些科学家迷信宗教和信仰唯心主义嘛。

在朴素辩证唯物自然观的指导下,贾思勰的科学研究方法从当时的科学技术发展水平来看是比较先进的。他的科学研究方法就是"自序"中说的"采掇经传,爰及歌谣,询之老成,验之行事"。我们通观《要术》后,可用今天的语言来对这四句进行一番剖析。

**采掇经传** 《齐民要术》中共引用了150多种前人著作。征引的内容有关于农业技术的,也有重农理论、农业政策,存其名目的有植物名称、文义考释以及少量占卜、祈禳等,内容较繁杂,但基本上都属实际生产知识的总结。可以说,"采掇经传"就是汇集历史文献中前人记载的有关农业科学技术知识。科学技术是有继承性的,任何一个科学家总是要在批判地继承前人的科学遗产基础上才能进行创新。贾思勰对这一点是有所认识的。《要术》虽受到《氾胜之书》和《四民

---

① 《齐民要术·种谷第三》。
② 《齐民要术·种谷第三》。
③ 《齐民要术·黍稷第四》。
④ 《齐民要术·栽树第三十二》。

月令》许多启发和影响,但它并没有被束缚住,而是随着生产实践的前进,所记述知识的广泛与丰富远远超过了汉代的这两部农书。《氾胜之书》是指导人们从事农业生产而写的技术指导书。除技术水平高之外,还系统地说明了原理、原则,让人们运用这些理论来指导实践。《要术》不仅保存了这一优点,且加以发扬了。贾思勰在吸取前人科技知识时是审慎的。《周礼》中有一处地方说:"仲冬斩阳木,仲夏斩阴木"。郑玄注说:"阳木生山南者,阴木生山北者。冬则渐阳,夏则渐阴,调坚软也"。贾思勰认为郑玄说得不对,反驳说:"案:松柏之性,不生虫蠹,四时皆得,无所选焉。山中杂木,自非七月、四月两时杀者,率多生虫,无山南山北之异。郑君之说,又无取。则《周官》伐木,盖以顺天道,调阴阳,未必为坚韧之与虫蠹也。"[①] 他观察了黍的生长习性,认为黍需要密植,因而不同意《氾胜之书》中说的黍应"欲疏于禾"。他说:"疏黍虽科,而米黄又多减。及空令稠,虽不科,而米白,且均熟不减,更胜疏者。氾氏云,欲疏于禾。其义未闻"。

**爱及歌谣** 就是参照没有文字记录的劳动人民的经验。农民是农业科学技术知识的创造者和发明者,但他们由于贫困和受压迫,没有机会受到文化教育。他们的心得体会,只能身传口授给别人和下一代。"口授"的最好形式是农谚,即士大夫们所说的民间"俚语"。农谚言简意赅,生动活泼,容易留传久远。贾思勰对之甚为重视,常引用来作为问题的结论。全书共引用了30多条农谚。如《要术》论述耕地以"燥湿得所"为最好时说"若水旱不调,宁燥不湿",因为"湿耕坚垎,数年不佳",最后则引用了"湿耕泽锄,不如归去"[②]这一农谚作结论。又如说种麻要抢时间,就引用了"五月及泽,父子不相借"等农谚来加以印证,显得既恰当,又生动。

**询之老成** 即请教于有经验的专家。这里包括有经验的农民以及有一技之长的知识分子。"菅茅之地,宜纵牛羊践之";"选好穗色,纯者锄刈高悬之,至春治取,别种以拟明年种子";"凡谷田,绿豆小豆底为上,麻、黍、胡麻次之,蔓菁、大豆为下";"麻欲得良田,不用故墟"等等结论,如果不是富有经验的老农体会得不会这样深刻。在《种谷第三》中,他征引《氾胜之书》论述的区田时,还介绍了同时代人的试验,说:"昔兖州刺史刘仁之,老成懿德。谓予言:昔在洛阳,于宅田以七十步之地域为区田,收粟三十六石。然则一亩之收,有过百石矣。少地之家,所宜遵用也。"

**验之行事** 当然,在贾思勰生活的那个时代,所谓科学实验方法还不能像近代一样在实验室里进行,或者有意识有计划在田间作对照研究等。那时的科学实验还只能是亲自深入生产实践作细致的观察调查,进行分析,最后加以归纳得出结论来的形式。如《种谷第三》反映出贾思勰对于谷(粟)的品种下了一番调查研究功夫,除征引了晋郭义恭《广志》中所记载的 11 个品种外,他又列举了从当时民间调查所得的 86 个品种。并对它们的品质、性能进行了分析,然后又把品质性能相近的品种归纳分为几类:"此十四种,早熟、耐旱、免虫";"此二十四种,穗皆有毛,耐风,免雀暴"等等。贾思勰还亲自观察到这样的现象:"并州豌豆,度井陉以东;山东谷子,入壶关、上党(在山西省),苗而无实"。对这种现象他经过思考后得出的结论是:"盖土地之异者也"[③]。贾思勰又以自己亲身的失败教训来说明为羊积储冬季饲料的必要性,说:"余昔有羊二百口,茭豆既少,无以饲。一岁之中,饿死过半。假有在者,疥瘦羸毙,与死者不殊。毛复浅短,全无润泽。余初谓家自不宜,又疑岁道疫病,乃饥饿所致,无他故也。"[④]贾思勰用自己的观察和

---

① 《齐民要术·伐木第五十五》。
② 《齐民要术·耕田第一》。
③ 《齐民要术·种蒜第十九》。
④ 《齐民要术·养羊第五十七》。

实践而得出的正确分析和结论来纠正前人不妥和不正确之处的例子,在《要术》中也是俯拾可得的。

　　贾思勰所以在距今一千多年前写出《齐民要术》这样一部杰出的农学著作,是与他的科学态度和运用了在当时来说是最先进的科学研究方法分不开的。

## 参 考 文 献

胡寄窗.1981.中国经济思想史简编.北京:中国社会科学出版社

胡立初.齐民要术引用书目考证.见:国学汇编　第二册.齐鲁大学

李长年.1959.齐民要术研究.北京:农业出版社

梁家勉.有关齐民要术若干问题的再探讨.见:农业研究第二辑

缪启愉校释.1982.齐民要术校释.北京:农业出版社

石声汉.1957.从齐民要术看中国古代的农业科学知识.北京:科学出版社

万国鼎.1956.论齐民要术——我国现存最早的完整农书.历史研究,(1)

中国科学院山东分院历史研究所.1962.山东古代三大农学家.济南:山东人民出版社

中国农科院南京农学院中国农业遗产研究室.1959.中国农学史　上册.北京:科学出版社

（范楚玉）

# 张 子 信

张子信是我国古代著名的天文学家。关于他的生平，史籍鲜于记载。唐李淳风所撰《隋书·天文志》中提及："后魏末，清河（今河北清河）张子信，学艺博通，尤精历数，因避葛荣乱，隐于海岛，积三十许年。"① 这便是有关张子信生平的最主要记述。此后，《宋史·律历志》亦指出："北齐学士张子信因葛荣乱，居海岛三十余年。"② 这与李淳风之说无异，虽一说"后魏末"，一说"北齐"，盖张子信为北魏、北齐间人也。又，所谓"葛荣乱"，系指发生于公元526至528年间，以鲜于修礼和葛荣为首的一次农民起义，其声势浩大，朝野震动。由此看来，在公元526至560年前后，当是张子信从事天文观测与研究工作的最主要年代。在这期间，张子信"专以浑仪测候日、月、五星差变之数，以算步之"③，即在某一海岛这一相对平静的环境中，经过30多年的观测并继之以计算，张子信终于得到了关于太阳视运动不均匀性、五星运动不均匀性和视差对交食的影响这三大发现，从而揭开了我国古代天文学史的新篇章。下面就拟介绍张子信的这三大发现及其在天文学史上的地位。

## 一　关于太阳视运动不均匀性的发现

地球沿椭圆轨道绕日公转，其运动速度是不均匀的，在地球上的人们看来，就是太阳的视运动存在着不均匀性。李淳风指出，是张子信"始悟日月交道，有表里、迟速"④，这里，"迟速"二字说的就是太阳视运动不均匀性的现象。而"表里"另有所指（见本文第三节）。

那么，张子信是通过什么途径发现太阳视运动不均匀性的现象，又怎样加以描述的呢？

我们以为，用浑仪对太阳视运动的"差变之数"进行长期的、尽量准确的测量，当是发现上述现象的途径之一。可惜，张子信的测算结果史籍语焉未详，今天我们所能见到的只有"日行春分后则迟，秋分后则速"⑤ 这一句话，它显然只是张子信关于日行迟速的具体描述的一个片断，尽管如此，它已经为我们提供了极重要的信息：首先，在张子信所处的时代，地球近日点约在冬至点之前约12°，于是，自春分到秋分（即"春分后"）太阳视运动的实际速度理当较平均速度为小；而自秋分到春分（即"秋分后"）太阳视运动实际速度则较大，所以，这句话大体正确地描述了当时太阳视运动的实际状况。其次，由于古代浑仪的测量精度并不高，要用浑仪直接测量太阳视运动每日的"差变之数"是有困难的。但是，在平春分和平秋分时，太阳的去极度比一个象限要小一度余，这一事实则不难用浑仪测知。我们以为，张子信经过如此长期的观测和推算，至少可以发现这二个时节的这种"变差之数"。由以便可推知，自平春分到平秋分（时经半年）视太阳所走过的黄道宿度，应小于自平秋分到平春分（亦时经半年）视太阳所历黄道宿度，于是"日

①，③《隋书·天文志中》。

② 《宋史·律历志八》。

③ 《隋书·天文志中》。

④ 《隋书·天文志中》。

⑤ 《隋书·天文志中》。

行春分后则迟,秋分后则速"则是必然的推论,进而言之,太阳视运动的不均匀性就是自不待言的。

张子信这一发现的另一个重要途径,则如唐一行所言:"北齐张子信积候合蚀加时,觉日行有入气差。"[①] 这就是说,张子信是在观测、研究交食发生时刻的过程中,发现如果仅仅考虑前人已经指出的月亮运动不均匀性的影响,去推算交食时刻,总不够准确,还必须加上另一修正值,才能使推算结果与实际交食时刻吻合得更好,而这一修正值的正负、大小则与 24 节气的早晚有着密切的、稳定的关系,它即所谓"入气差"。其实,东汉刘洪就曾进行过类似的研究,刘洪称之为"消息术"[②]者即指此。可是,"消息术"并未引起天文学界的重视,甚至渐被人们所遗忘。事隔 300 余年,张子信重提此事,是否受到过刘洪"消息术"的启迪,现已无由确知。我们比较倾向于认为,"日行有入气差"是张子信的重新发现,更重要的是,张子信把"入气差"视作日行有迟速的结果,由之升华出太阳视运动不均匀性的新天文概念,这是刘洪所不能比拟的。

由此看来,由研究交食时刻入手得来的"入气差",是张子信求得太阳视运动"差变之数"的主要方法。据此,张子信对视太阳在一个回归年内运动的迟疾状况作了定量的描述,它给出了 24 节气时太阳实际运动速度与平均运动速度的盈缩消长的情况,这实际上就是我国古代最早的一份日躔表。据一行说,张子信所定的日行"入气差","损益未得其正"[③],此说也许是正确的,由于现今我们已无由得知张子信日躔表的原貌,只好暂从一行之说。即便如此,张子信率先提出太阳视运动不均匀的概念,编成日躔表,并奠定了我国古代太阳视运动不均匀性改正计算的经典形式,这些都是张子信对我国古代天文学的重大贡献。

早在公元前 2 世纪,古希腊的依巴谷(Hipparchus)由二分点不在二至点正中的事实出发,就已经发现了太阳视运动的不均匀性。由以上讨论可知,张子信也曾通过与依巴谷相类似的途径,发现了同一天文现象。此外,张子信更主要的是通过对交食的研究,发现日行有"入气差"的途径,与依巴谷法则完全不同。质言之,张子信主要是通过自己的独特方式发现和描述太阳视运动不均匀性的,虽然这一发现要比古希腊晚约 700 年。

## 二　关于五星运动不均匀性的发现

在张子信以前,我国古代天文历法家在预报五星位置时,是以五星的会合周期和在一个会合周期内动态表为主要依据进行推算的。在动态表中,列出五星合—伏—顺—留—逆—留—顺—伏—合等不同运动状态所经时间及所行度值,它们是在测量若干个会合周期的这些动态的基础上,各取平均值确定下来的。经过长期的观测和对观测资料的分析、研究,张子信发现:五星的实际位置和据上述传统方法推算得的位置之间存在某种偏离。他指出,对于不同的行星而言,"少者差至五度,多者差至三十许度"[④],所以必须引进某种改正,以弥补传统方法所存在的缺欠。

张子信又指出:"五星行四方列宿,各有所好恶,所居遇其好者,则留多行迟,见早;遇其恶

---

①　《新唐书·历志三下》。

②　陈美东,刘洪的生平、天文学成就和思想,自然科学史研究,1986,(2)。

③　《新唐书·历志三下》。

④　《隋书·天文志中》。

者,则留少行速,见迟。"① 这是张子信对上述偏离值大小的一般规律性的描述,和之所以产生这些偏离的理论说明。首先,他以为上述偏离值的大小与五星所处恒星间的位置有密切的和稳定的关系,这一点同我们现今的认识是一致的。所谓"所居遇其好者",当指五星在各自的远日点附近时的运动情形;而"遇其恶者",当指在近日点附近时的运动状况。其次,张子信用五星有"好恶"之论,或所谓"五星见伏,有感召向背"② 之说,作为产生上述偏离值的理论依据,这当然是一种幼稚和荒谬的理论。撇开这一理论,我们看到的是张子信关于五星运动存在不均匀性这一合理的内核。

史籍还保留有张子信对于水星运动不均匀性的具体描述:"晨应见在雨水后、立夏前,夕应见在处暑后、霜降前者,并不见。"③ 我们知道,在不同的节气时,太阳所处的位置是与特定的恒星背景相关联的,而水星晨见(或夕见)与太阳的角距又有固定的关系(在太阳前后 17 度左右),所以,张子信把水星晨见和夕见时间的推迟,同有关的节气相联系,也就是同水星在其运行轨道上所处的不同位置联系起来。这与上述"五星行四方列宿,各有好恶"之说,言殊而理同,只是这里具体地指出了水星在某节气(即某宿次)时运动迟疾状况。对此,我们可以作进一步的讨论:如图 1 所示,在雨水后、立夏前,若依平均行度水星应分别行至 $A,B,C$ 和 $D$ 点,其时水星与太阳的角距约为 17 度。但由于水星在 $\overset{\frown}{AB}$ 段内的实际运行积度较平均运行积度要小,而在 $\overset{\frown}{CD}$ 段内的实际运行积度较平均运行积度来得大,即水星分别运行至 $A',B',C'$ 和 $D'$ 点,此时水星与太阳的实际角距均小于 17 度,这便是造成水星"晨应见",实际上"并不见"的原因。如图 2 所示,在处暑后、霜降前,若依平均行度水星应分别行至 $E,F,G$ 和 $H$ 点,其时水星与太阳的角距约为 17 度。但由于水星在 $\overset{\frown}{EF}$ 段内实际运行积度较大,而在 $\overset{\frown}{GH}$ 段内实际运行积度较小,即水星分别运行至 $E',F',G'$ 和 $H'$ 点,此时水星与太阳的实际角距均小于 17 度,这势必造成水星"夕应见"而不见的后果。

由图 1 知,水星实际运行积度与平均运行积度之差达负最大值(由现代天文学知,其差值为 $-23.5°$)时,太阳的黄经应等于雨水(其时太阳黄经为 165°)和立夏(其时太阳黄经为 225°)时太阳黄经的平均值,为 195°。又,若依水星平均运行度计,此时水星应在太阳西边 17°,而依水星实际运行积度计,此时水星实际上应在太阳的东边 $23.5°-17°=6.5°$,则实际运行积度与平均运行积度之差达负最大值。水星的黄经值应等于 $195°+6.5°=201.5°$,于是水星远日点的黄经值应为 $201.5°-90°=111.5°$。同理,由图 2 知,水星实际运行积度与平均运行积度之差达正最大值($+23.5°$)时,太阳的黄经应等于处暑(其时太阳黄经为 315°)和霜降(其时太阳黄经为 45°)时太阳黄经的平均值,为 0°。又,若依水星平均运行度计,此时水星应在太阳东边 17°。而依水星实际运行积度计,此时水星实际上应在太阳的西边 6.5°,则水星实际运行积度与平均运行积度之差达正最大值时的黄经值应等于 $360°-6.5°=353.5°$,于是水星近日点的黄经应为 $353.5°-90°=263.5°$。查张子信所处时代水星远日点和近日点的黄经应分别为 235°和 55°,所以,张子信所定值的误差均达百余度,是很不准确的,说明他对于水星运动不均匀性的描述还是很粗糙的。这种状况一直延续到北宋仪天历(1001 年),到崇天历(1024 年)情况才有

---

① 《隋书·天文志中》。

② 《隋书·天文志中》。

③ 《隋书·天文志中》。

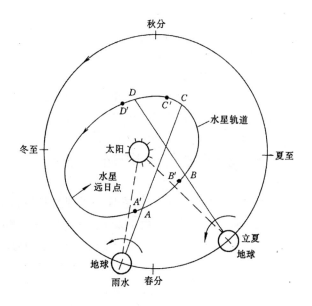

图 1 水星晨应见而不见示意图

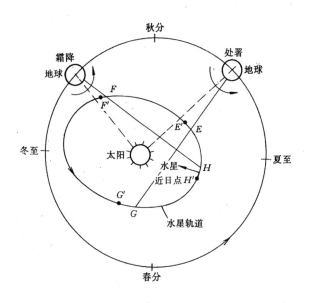

图 2 水星夕应见而不见示意图

根本的好转（水星近日点黄经的误差降低到 16°）[1]。由此看来，在这个问题上，张子信对后世的影响也是很大的，当然这是一种不良的影响。

除此而外，张子信对于木、土、火、金四星运动不均匀性的状况也都进行了定量的描述，只是史载付之阙如，李淳风指出：刘焯、刘孝孙和张胄玄等人历法中的求"五星定见定行"[2] 术，是

① 陈美东，我国古代对五星近日点黄经及其进动值的测算，自然科学史研究，1985，(2)。

② 《隋书·天文志中》。

由张子信发明的相应方法脱颖而来的。一行也指出:五星"入气加减,亦自张子信始,后人莫不遵用"①。北宋周琮也说:"凡五星入气加减,兴于张子信,以后方士,各自增损,以求亲密。"② 他们都把隋至唐初各历法先求五星平见,加上各不同节气的特定改正值,即"入气加减",再求定见的方法的发明权归之于张子信。这些充分说明张子信不但发现了五星运动不均匀性这一重要的天文现象,而且以"入气加减'法来定量地描述它,并首创了相应的计算方法。从总体上看,这些都把我国古代五星位置推算的工作向前推进了一大步。

## 三　视差对交食影响的发现

观测者在地面上观测时看到的月亮视位置,总比在地心看到的月亮真位置来得低,月亮视位置与真位置的高度差叫做视差(如图 3 所示)。由于太阳的地平视差平均不及 9″,所以,它对交食的影响可以略而不计;而月亮的地平视差平均为 57′左右,对我国中原地区(如纬度 34.5°处)而言,视差达 26′至 57′不等,所以,它对日食发生时刻和食分大小的影响都是不可忽视的。

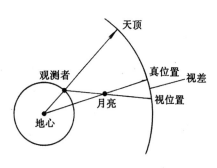

图 3　视差使月亮视位置降低示意图

对于造成视差的原因,张子信并不知晓,可是,在长期对交食的推验工作中,他发现日食发生与否,除以合朔时是否入食限作为判断标准外,还需虑及当时日、月所处的相对位置。他指出:"合朔月在日道里则日食,若在日道外,虽交不亏。"③ 依据上述视差原理,张子信的这一发现便可以得到合理的说明。如图 4 所示,在合朔已入食限的情况下,如果当时月在日之北,由于月亮视差使月亮视位置南移,日、月视位置更彼此接近,所以必定发生日食;如果当时月在日之南,由于月亮视位置南移,加大了日、月视位置间的距离,虽然已入食限,并不发生日食。张子信的这些论述是由大量观测事实中归纳出来的经验性的规律,而这种归纳则与月亮视差对交食影响的原理暗合。

史籍没有张子信关于视差对日食影响的更多具体记载。但李淳风在谈及张子信的工作对后世历法的影响时提到:"后张胄玄、刘孝孙、刘焯等,依此差度,为定入交食分……。"④ 查刘焯皇极历(公元 604)中有"推应食不食术"、"推不应食而食术"和"推日食多少术"⑤。张胄玄大业历(公元 607)中有"求外道日食法"、"求内道日不食法"和"推日食分术"⑥。这些就是李淳风所说的求"定入交食分"的方法,它们是关于视差对日食影响的具体论述,应是在张子信法的基础上有所增损而成的。一行在论及前代日食研究的历史时指出:日食的推验"及张子信而益详","旧历考日蚀浅深,皆自张子信所传"⑦。可见张子信对于交食研究的贡献是很大的,尤其

① 《新唐书·历志三下》。

② 《宋史·律历志七》。

③ 《隋书·天文志中》。

④ 《隋书·天文志中》。

⑤ 《隋书·律历志下》。

⑥ 《隋书·律历志中》。

⑦ 《新唐书·历志三下》。

是关于视差对日食食分的影响的研究为后世奠定了基础。

　　除上述三大发现外,张子信还最先提出了黄道岁差的概念,沈括指出:"汉世尚未知黄道岁差,至北齐张子信,方候知岁差,今以今在历校之,凡八十余年差一度。"[①]说的正是此事。我们知道虞喜发现的岁差,指的是赤道岁差的现象,而赤道岁差是黄道岁差投影到赤道上的分量,二者是不相同的。依沈括之说,是张子信最早指出了这二者间的差别,并测得了黄道岁差的具体数值,可惜沈括并未说明张子信所得

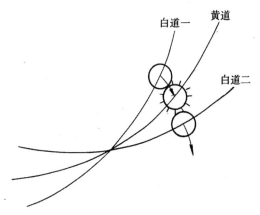

图 4　月亮在黄道南、北时对日食的影响示意图

的具体数值,而只给出宋代历法所采用的大约岁差值。在刘焯的皇极历中有黄道岁差 75 年差一度的明确记载,这应是刘焯继承了张子信提出的黄道岁差概念后得到的新成果。

　　张子信的三大发现,在我国古代天文学史上都具有划时代的意义,它们使人们对于太阳、五星运动的认识提高到一个崭新的水平,又为一系列历法问题计算的突破性进展开拓了道路,其中包括同时考虑日、月运动不均匀影响的定朔计算法;兼顾日、月运动不均匀性和视差对交食的食时、食分影响的计算法;虑及日、五星运动不均匀影响的五星位置计算法等等。在张子信以前,对交食食时的推算误差达 10 余刻,其后减小至数刻间;在张子信以后,对五星位置预报的误差大多降到 4 度以内[②],精度亦较前大有提高,这与后世历法引进张子信的三大发现和相应算法有着密切的关系。

　　最后还要指出的是:"鉴于张子信的三大发现都比古希腊、古印度的类似发现要晚得多,而且在南北朝时期,佛教极为盛行,所以,张子信有受到印度僧侣传入的天文学知识影响的可能性,虽然我们至今还没有什么证据来证明这一点。不管怎样,有一点却是勿庸置疑的,即张子信是经过自己的长期努力,通过自己独特的途径和方法,发现并具体地描述了这三大天文现象的,即便他确实受到过外来的影响,这种影响至多也只是一种启示,并且已被张子信融汇到中国传统的天文历法体系中去。

## 参 考 文 献

欧阳修．刘羲叟(宋)撰．1976．新唐书　历志．历代天文律历等志汇编．第 7 册,北京:中华书局

沈括(宋)撰．胡道静校注．1958．新校正梦溪笔谈．卷七．北京:中华书局

脱脱,阿鲁图(元)撰．1976．宋史　律历志．历代天文律历等志汇编．第 8 册,北京:中华书局

魏徵,李淳风(唐)撰．1976．隋书　天文志．历代天文律历等志汇编．第 2 册,北京:中华书局

魏徵,李淳风(唐)撰．1976．隋书　律历志．历代天文律历等志汇编．第 6 册,北京:中华书局

（陈美东）

---

①　《梦溪笔谈·卷七第十一则》。
②　陈美东,观测实践与我国古代历法的演进,历史研究,1983,(4)。

# 刘　焯

## 一　生　平

刘焯,字士元,信都昌亭(今河北冀县)人,是隋代著名的天文学家。史载他于隋炀帝"大业六年(610)卒,时年六十七"[1],由此知,他当生于东魏孝帝武定二年(544)。

刘焯的父亲刘洽,曾为"郡功曹"[2],乃是一小官吏,家境并不充裕。刘焯自幼"聪敏沈深,弱不好弄"。从少年时代起,他与也以"聪敏见称"的刘炫"结盟为友","同受《诗》于同郡刘轨思,受《左传》于广平郭懋,尝问《礼》于阜城熊安生,皆不卒业而去"[3]。这说明刘焯从小还是受到了良好的、正统的儒学教育,也说明他勤勉好学和不囿于一家之言的治学态度。

稍后,刘焯和刘炫得知"武强交津桥刘智海家,素多坟籍",便结伴就读于刘智海家,"闭门读书,十年不出","虽衣食不继,晏如也"。在这十年苦读中,他们自然以钻研儒学为主,也兼及诸子百家的学说。从后来刘炫也曾受"诏与诸术者修天文律历",还曾注"《算术》一卷",知二刘对历算之学有着共同的兴趣,在此间也必在一起切磋研究。所以,对于刘焯来说,这十年是他在儒学,特别是在历算方面取得重大成就打下坚实基础的宝贵年华,而这十年苦读后的最初的社会反映还只是"遂以儒学知名,为州博士",此时,刘焯年已届30有余。

隋文帝"受禅之初"(581),诏令道士张宾等10余人"议造新历"[4]。据刘焯于隋文帝仁寿四年(604)给皇太子杨广的上书(下称仁寿上书)中称:"焯以开皇三年(583)奉敕修造,顾循记注,自许精微,秦、汉以来,无所与让。导圣人之迹,悟曩哲之心,测七曜之行,得三光之度,正诸气朔,成一历象,会通古今,符允经传,稽于庶类,信而有征。"[5] 这说明刘焯确实参与了隋初的改历工作,是为众多历家中的一家。而且刘焯对自己经苦心钻研和实测而成的历法抱有极大的自信心,以为超胜于当时各家所献的历法。当然,他也承认:"开皇之初,奉敕修撰"的历法,还存在"性不谐物,功不克终"[6] 之处。

开皇初年,刘焯虽然于历算之学已小有名气,但官微位卑。大约也就在开皇三年,他才被冀州"刺史赵煚引为从事,举秀才,射策甲科。与著作郎王劭同修国史,兼参议律历"。作为一介书生,他没有料及:历法是否被选用,并不完全取决于历法本身的优劣,还相当大程度取决于君主的好恶。由于"道士张宾,揣知上意",在杨坚欲行禅代之际,"盛言有代谢之征,又称上仪表非人臣相。由是大被知遇",所以,开皇四年(584)张宾所撰开皇历成,隋文帝即下诏曰:"宜颁天下,依法施用"[7],这本是不足怪的。但是,这对刘焯来说不啻是一次沉重的打击。

---

①《隋书·儒林传》。

②《隋书·儒林传》。

③《北史·儒林传下》。本书中凡未注明出处者,均同此。

④《隋书·律历志中》。

⑤《隋书·律历志下》。

⑥《隋书·律历志下》。

⑦《隋书·律历志中》。

　　隋文帝的这一决定,立即引起了当时历算界的异议。"刘孝孙与冀州秀才刘焯,并称其失",他们十分尖锐地指出开皇历的一系列问题:"宾等不解宿度之改差,而冬至之日守常度",这是对张宾不知有岁差、不用岁差法的批评;"宾等唯知日气余分恰尽而为立元之法,不知日月不合,不成朔旦冬至",这应是张宾所犯的常识性错误;"宾等唯识转加大余二十九以为朔,不解取日月合会准以为定",这则是对张宾不用定朔法而用平朔法的责难,等等。应该说,这些批评都是切中要害的。但是,"于时新历初颁,宾有宠于高祖,刘晖附会之","二人协议,共短孝孙,言其非毁天历,率意迂怪,焯又妄相扶证,惑乱时人。孝孙、焯等,竟以他事斥罢"①。这次历法争论正确一方的主角是当时颇负名望、造诣很深的天文学家刘孝孙,而刘焯则以刘孝孙的"同党"的面目出现,与之并肩而立,可见刘焯的天文学素养也非同寻常。固然,刘焯与刘孝孙的交往,对于刘焯历算研究的长进获益非浅,但这次历法争论的失败,也给刘焯的仕途蒙上了阴影。

　　朝廷斥罢刘焯的行动并未马上实施。历争失败后,刘焯"仍直门下省,以待顾问。俄除员外将军。后与诸儒于秘书省考定群言。因假还乡,县令韦之业引为功曹"。这些事件大约都发生在开皇六年(586)之前,因为史载刘焯任功曹之后,"寻复入京",且于开皇"六年,运洛阳石经至京师,文字磨灭,莫能知者,(刘焯)奉敕与刘炫等考定",可知开皇六年刘焯必已重返京师。当然,这件事本身也说明刘焯对儒家经典深有研究,而且也颇孚众望。

　　又史载,刘焯重返京师后,"与左仆射杨素、吏部尚书牛弘、国子祭酒苏威、元善、博士萧该、何妥、太学博士房晖远、崔崇德、晋王文学崔颐等,于国子共论古今滞义,前贤所不通者。每升坐,论难锋起,皆不能屈。杨素等莫不服其精博。"

　　据查杨素任左仆射的时间为仁寿元年(601),牛弘则于开皇十九年(599)拜吏部尚书②,且牛弘其时受命"与杨素、苏威、薛道衡、虞世基、崔子发等并召诸儒,论新礼降杀轻重"③。而苏威于开皇七年(587)迁吏部尚书④,其后"岁余,兼领国子祭酒",开皇"九年(589),拜尚书右仆射"⑤,可知苏威任国子祭酒的时间当在开皇八年(588)。又,元善"开皇初,拜内史侍郎","后迁国子祭酒。上尝亲临释奠,命善讲《孝经》。于是敷陈义理,兼之以讽谏"⑥。这里所谓"释奠"是指国子监所举行的祭奠先圣先师的典礼。而隋文帝曾于开皇十年(590)"幸国子"⑦。由此推之,元善出任国子祭酒的时间当在开皇九、十年间。由这些情况,又兼及上引史载之说,我们可以得出二点推论:一是,刘焯到开皇十年仍滞留京师,于国子监与诸儒共论古今经籍。二是,刘焯又曾于仁寿年间在京师与诸儒共论新礼。

　　此外,在开皇六年刘焯受命考定洛阳石经的记载之后,紧接着的一段记述是:"后因国子释奠,(刘焯)与炫二人论义,深挫诸儒,咸怀妒恨,遂为飞章所谤,除名。"若再兼及上述所论,我们以为刘焯大约也就在开皇十年被除名为民的,其深层原因是大约 7 年前刘焯在参与历争中的"惑乱"之举,而直接原因则是这次国子释典时所发表的为诸儒妒恨的论义,前引"以他事斥罢"之说即指此而言。

　　───────────

① 《隋书·律历志中》。
② 《隋书·高祖纪下》。
③ 《隋书·牛弘传》。
④ 《隋书·高祖纪上》。
⑤ 《隋书·苏威传》。
⑥ 《隋书·元善传》。
⑦ 《隋书·高祖纪下》。

　　刘焯被革职为民后,便"优游乡里,专以教授著述为务,孜孜不倦",时间前后达 10 余年。一方面刘焯对"贾(逵)、马(融)、王(逸)、郑(玄)所传章句,多所是非",著有《五经述议》,以阐发儒家经典;一方面刘焯又对"《九章算术》、《周髀》、《七曜历书》10 余部,推步日月之经,量度山海之术,莫不覈其根本,穷其秘奥",因作"《稽极》十卷、《历书》十卷",以论述对历算之学研究的心得。《稽极》是对于历代"历家同异"① 比较研究的成果,因其书早佚,我们无由知其详。而《历书》的主要内容应即指皇极历。

　　在研究、著述的同时,刘焯还从事大量的教育工作,"天下名儒后进,质疑受业,不远千里而至者,不可胜数"。但刘焯对于"不行束脩者,未尝有所教诲,时人以此少之",即对于不交纳一定学费的人,刘焯未给予教授,于是为时人所轻视。儒者以为这是刘焯"怀抱不旷,又啬于财"所致。我们以为对刘焯人格的这种批评并不全面。试想,一无薪奉收入,又"专以教授著述为务"的一位学者,又要接待"不可胜数"的"质疑受业"者,其生活、研究、教育费用将何以为继?所以,刘焯要收取一定的学费当是可以理解的。

　　刘焯虽身居乡里,但对于当时历算界的动态及进展却十分关心和了解,并多次参与改革历法的争论。开皇"十四年(594)七月,上令参问日食事",杨素等人奏:依张宾开皇历疏远,依刘孝孙历"验亦过半",而依张胄玄法则完全"合如符契"。随后,"上召见之,胄玄因言日长影短之事,高祖大悦,赏赐甚厚,令与参定新术。""刘焯闻胄玄进用,又增损孝孙历法,更名《七曜新术》,以奏之。"可是,刘焯新增损的历法"与胄玄之法,颇相乖爽,袁充与胄玄害之,焯又罢"②。这一次历争,孰优孰劣,由于史载仅此寥寥数语,实难判别,但从史论者的用词、语气来看,刘焯新历至少不亚于张胄玄之法,决定取舍的关键又非历法自身水平的高低,又是人际关系和政治的原因。在刘焯的经历中,这已是在历法争论中第二次受挫。

　　至开皇"十七年(597),胄玄历成,奏之",不久便"付有司施行"③。开皇二十年(600),高祖"以历事付皇太子(杨广)","太子征天下历算之士,咸集于东宫",刘焯当然也在被征召之列。"刘焯以太子新立,复增修其书,名曰皇极历,驳正胄玄之短。太子颇嘉之,未获考验"。皇极历乃刘焯经过数十年的刻苦研究而得的历法杰作,这回得到了杨广的首肯,事在情理之中。但其时杨广新立为太子,未遑改作历术,遂以"未获考验"为由搁置不用。而对于刘焯,由于有前二次历争与那次国子释奠时的经历,不为隋文帝所器重,仅任"焯为太学博士"。这时刘焯已年近60,本想以"其精博,志解胄玄之印",以实现历法改革的愿望,可是事与愿违,历法不得改革,仕途无由升迁,身体也确实不佳,遂"称疾罢归"④。查"皇太子勇及诸子并废为庶人",时值开皇二十年(600)冬十月,而"以晋王广为皇太子"则于同年十一月⑤,所以,刘焯的这一段经历更确切的时间当为仁寿元年(601),这是刘焯参与历争遭到的第三次挫折。

　　就在刘焯这次"罢归"以后不久,发生了刘焯一生中最为悲惨的事件。在这一事件中,刘焯早年的至友刘炫同时受难,使事件更具悲剧意味。"刘炫聪明博学,名亚于焯,故时人称二刘焉"。对于这二位饱学之士"废太子勇闻而召之",刘炫应召才"至京师",刘焯应召还"未及进谒",便被隋文帝"敕令事蜀王"杨秀。这大约是隋文帝和新太子杨广惧怕满腹经伦、且精于历算

　　① 《隋书·律历志下》。

　　② 《隋书·律历志中》。

　　③ 《隋书·律历志中》。

　　④ 《隋书·律历志下》。

　　⑤ 《隋书·高祖纪下》。

之学的二刘见用于杨勇,将有碍于他们的政治安排,而作出的果断决定。可能由于二刘均已年老不愿背井离乡而入蜀,也可能是对蜀王杨秀有些什么看法,二刘在接到敕令后均"迁延不往"。蜀"王闻而大怒,遣人枷送于蜀",将刘焯"配之军防",刘炫"配为帐内,每使执仗为门卫",以惩治之,羞辱之,其后才又令二刘"典校书籍",总算是用其所长。"论者以为数百年已来,博学通儒无能出其(指刘焯)右者",就是这样一位稀世通才却因与他无关的政治斗争,蒙受了这样大的冤屈,不能不令人悲愤与哀伤。

仁寿二年"十二月癸巳(603年初),上柱国、益州总管蜀王秀废为庶人"[1],其后,二刘才获准返回京师,其中刘焯"与诸儒修定礼、律,除云骑尉"。

虽然经过这样一番周折,刘焯仍深入对历法进行研究,仍坚持必须改历的主张。"仁寿四年(604),焯言胄玄之误于皇太子。"这回刘焯以上书的形式,对张胄玄历和皇极历等作了详细的比较研究。首先,刘焯肯定了"张胄玄所上见行历,日月交食,星度见留,虽未尽善,得其大较,官至五品,诚无所愧。但刘焯以为"胄玄于历,未为精通",并尖锐地指出:张胄玄历中有不少地方与他在开皇三年所撰的历法"不异",刘焯还具体地指出"七十五条"以为证。而且张胄玄的"历术之文"中,还有不少"皆是孝孙所作"。即认为张胄玄历中有相当一部分源于刘孝孙历和刘焯于开皇三年所撰的历法,于是在刘焯看来,张胄玄历"元本偷窃,事甚分明"。此外,刘焯还指出了张胄玄历的种种失误,"随事纠驳,凡五百三十六条",并以交食等古今天象,对张胄玄历作了验算,发现乖舛"凡四十四条"。刘焯这次上书并没有全盘否定张胄玄的历算工作,而是以详明的事实和精到的说理驳其讹误之处,最后提出"请征胄玄答,验其长短"[2] 的要求,表现了极大的自信和实事求是的精神。

就在"仁寿四年,刘焯上启于东宫,论张胄玄历"的同时,还上呈了"论律吕"之书,但由于"其年,高祖崩,炀帝初登,未遑改作,事遂寝废,其书亦亡"。[3]

隋炀帝"大业元年(605),著作郎王邵、诸葛颖二人,因入待宴,言刘焯善历,推步精审,证引阳明。帝曰:'知之久矣'。仍下其书与胄玄参校。"张胄玄等则以刘焯皇极历中以定朔为算,遂使"月有三大、三小",不符传统为由加以反驳。于是双方"互相驳难,是非不决"[4]。也就在大业元年,刘焯还作《论浑天》上呈,并提出了以实测来检验"寸差千里"之说的重要建议,刘焯在上书中恳求"请勿以人废言",但终还是人微言轻,其说"不用"[5]。

在仁寿、大业之交,是刘焯对天文历法的研究达到炉火纯青的年代,但却遭此一连串的打击:律吕不采、历法不改、建议不用,刘焯不得不"又罢归"[6] 故里,这当是刘焯学术生涯的第四次挫折。

大凡科学的真知终不致被湮灭。"至大业三年(607),敕诸郡测影",这是说已将刘焯的上述重要建议诉诸行动了,"而焯寻卒,事遂寝废"[7],这一事业延误了100余年,到唐一行、南宫说终得以完成。大业"四年(608),驾幸汾阳宫,太史奏曰:'日食无效。'帝召焯,欲行其历。"这是说

① 《隋书·高祖纪下》。
② 《隋书·律历志下》。
③ 《隋书·律历志上》。
④ 《隋书·律历志下》。
⑤ 《隋书·天文志上》。
⑥ 《隋书·律历志下》。
⑦ 《隋书·天文志上》。

依张胄玄历推算日食出现明显的失误,于是隋炀帝召见刘焯,欲改行皇极历。可是,当时"袁充方幸于帝,左右胄玄,共排焯历",于是隋炀帝在数年间犹豫不决,"会焯死"于大业六年(610),皇极"历竟不行"。这是刘焯第五次,当然也是最后一次为历法改革而进行的斗争,他的努力真可谓是不屈不挠、至死不渝。刘焯的逝世,虽然宣告他的努力的第五次失败,但是他的未被颁用的皇极历,有许多创新,"术士咸称其妙"[1],对后世历法产生了相当大的影响,是为我国古代最著名的历法之一。

## 二　一批天文数据与表格的改良与创新

在皇极历以前各历法所取近点月长度值的误差多在 5 秒左右,甚至有达 10 余秒者。而刘焯在皇极历中新得近点月长度为 $27\frac{1255}{2263}$ 日,与理论值之差仅 0.8 秒,这一精度远胜于前人,而且与后世历法相比较,该值的精度亦属上乘[2]。

皇极历取月亮每日平行度为 13.36879 度,依之可算得恒星月长度为 27.321675 日,与理论值之差为 1.3 秒,这较前代各历法(误差多为 5 秒左右)的精度都要高。后世不少历法取月亮每日平行度为 13.36875 度,显然是受到了皇极历的影响。

皇极历取"交率四百六十五","交数五千九百二十三",[3] 其意为 5923 个交点月适与 465 个食年长度相等,已知其交点月长度等于 27.212222 日,则食年长度为 346.619338 日,与理论值之差为 24 秒,该精度也是前所未有的,后世也只有唐末的崇玄历(误差 15 秒)和北宋末的纪元历(误差 7 秒)超过了它。

自刘宋祖冲之大明历中首次引入赤道岁差的概念和数值之后,并不是所有的历家都承用之,也就是说这一新的天文概念仍是一个有争议的论题。而刘焯不但对岁差现象深信不疑,并且在他的皇极历中首次给出了黄道岁差的概念和数值。在"推日度术"中,他规定"命积度以黄道起于虚一"入算,在黄道上计入岁差对日行度的影响,关于这一点,《大衍历议·日度议》也讲得很明确:"皇极历岁差皆自黄道命之。"[4] 刘焯关于黄道岁差的概念和算法比起赤道岁差要更加鲜明和合理,可惜,皇极历以后的大多数历法都没有接受刘焯的新思路[5]。

此外,据《新唐书·历志》等的记载,仿佛刘焯所用黄道岁差值仅仅是取东晋虞喜百年差一度和刘宋何承天五十年差一度这"两家中数为七十五年"差一度的数值,这显然是一种误解。且不说刘焯所用黄道岁差与虞喜、何承天二人所取赤道岁差在概念上就不同,决不可用"中数"得知,又依据皇极历所列"周差"(即黄道岁差分值)"六百九半"计算,其黄道岁差值应为一年差 $\frac{609.5}{46644}$ 度,46644 是为"度法",亦即 $\frac{46644}{609.5}$ 年 ≈ 76.53 年差一度,这才是刘焯经深思熟虑和认真测算而得的确切数值。与该值相当的赤道岁差值应为 83.5 年差一度,这个数值的精度比刘焯以前各家的精度都要高,而且对唐代以及北宋崇天历以前的不少历法产生很大的影响。

① 《隋书·律历志下》。

② 陈美东,论我国古代年、月长度的测定,载《科技史文集》第 10 辑,上海科学技术出版社,1983 年。

③ 《隋书·律历志下》,本节中凡未指明出处者,均同此。

④ 《新唐书·历志三上》。

⑤ 何妙福,岁差在中国的发现及其分析,载《科技史文集》第 1 辑,上海科学技术出版社,1978 年。

对于其他一系列天文数据,皇极历也各取新值,但其精度大多仅保持在以前历法的水平上。

关于天文表格的编制,皇极历也有所改良或创新。如对皇极历的月离表(月亮运动不均匀改正数值表)的定量分析表明[1]:其月亮过近地点时间的误差为 0.47 日,达到了较高的精度。其月亮每日实行度的测算误差为 9.4′,精度高于前代各历法(误差在 10.5′—21.7′不等),以后也只有唐末崇玄历的精度(误差为 7.0′)超过了它。由此可知,皇极历的月离表是历代最优秀的历表之一。

皇极历是我国古代现存最早给出日躔表(太阳运动不均匀改正数值表)的历法,它很可能受到北齐张子信、刘孝孙等人有关方法的影响。该日躔表分别给出二十四节气的"躔衰"——自冬至始,每经一节气太阳实行度分与平行度分之差;"衰总"——"躔衰"的累积值,为某节气太阳实行度分与平行度分之差;"陟降率"——每经一节气因太阳运动不均匀而加于平朔的日分改正值,一日分=朔日法=1242,则"陟降率"="躔衰"$\times \dfrac{1242}{\text{月亮每日平行分}}$。钱宝琮已指出:该算式"应该以月朔时月实行速度减去日实行速度所得的差为除数,刘焯以月平均速度为除数是错误的"[2],这无疑是十分中肯的评介,当然作为一个近似值,该除数也应为月平行速度减去日平行速度的差,但刘焯也没有取用,显然是一大失误;"迟疾数"——"陟降率"的累积值,为某节气因太阳运动不均匀而加于平朔的日分改正值,同样它也存在与"陟降率"相似的缺欠。皇极历日躔表的上述内容为后世许多历法所沿用,产生了较大的影响。

对皇极历日躔表的定量分析表明[3]:"躔衰"的测算误差为 9.3′,"衰总"的误差为 25.2′,"迟疾数"的误差为 3.4 刻,到大衍历以后的日躔表才从总体上超过这一水平。但皇极历的日躔表存在两大问题:一是"焯术于春分前一日最急,后一日最舒;秋分前一日最舒,后一日最急。舒急同于二至,而中间一日平行,其说非是"[4],唐代一行早就尖锐地指出了这一点。二是对雨水、惊蛰、春分以及处暑、白露、秋分六个节气"躔衰"值的测算存在较大的误差,在 20′余至 30′余之间,而且对太阳中心差极值的测算也偏大,为 163.76′,误差达 45′左右。这些都大大损害了皇极历日躔表的整体精度。

在皇极历中还给出昼夜漏刻、昏旦中星度、月亮入交去日道等表格,为前人已发明的表格的重测算,察其精度平平,恕不赘述。

## 三 若干数学方法的发明和应用

这里所要讨论的数学方法有等间距二次差内插法、等差级数法和坐标变换法三种:

关于刘焯在皇极历中所发明的等间距二次差内插法,前人已有不少论述[5],其公式可以概括为:

① 陈美东、张培瑜,月离表初探,自然科学史研究,1987,(2)。

② 钱宝琮,从春秋到明末的历法沿革,历史研究,1960,(3)。

③ 陈美东,日躔表之研究,自然科学史研究,1984,(4)。

④ 《新唐书·历志三下》。

⑤ 李俨,中算家的内插法研究,科学出版社,1957 年;钱宝琮,从春秋到明末的历法沿革,历史研究,1960,(3),等等。

$$T = T_0 + \frac{t}{l} \cdot \frac{\Delta_1 + \Delta_2}{2} + \frac{t}{l}(\Delta_1 - \Delta_2) - \frac{t^2}{2l^2}(\Delta_1 - \Delta_2) \tag{1}$$

在"求每日所入先后"术中,式(1)的 $T$ 指由所求日太阳平行度求相应的太阳实行度的改正值。$t$ 为所求日所当节气与所求时刻的间距。$l$ 为一节气的日数,对于秋分后到春分前的各节气,$l = \frac{16}{11} \times 10 \doteq 14.54$ 日;对于春分后到秋分前的各节气,$l = \frac{17}{11} \times 10 \doteq 15.45$ 日。它们分别是秋分到春分、和春分到秋分的每一定气日数平均值的约数(其准确的数值应分别为 14.76 日和 15.68 日)。$\Delta_1$ 和 $\Delta_2$ 分别为该节气和下一节气的"躔衰";$T_0$ 为该节气的"衰总",它们均可由日躔表查得。

在"推每日迟速数术"中,式(1)的 $T$ 指因太阳运动不均匀性引起的平朔到定朔的改正值($T_\odot$)。$t$ 为平朔所值的节气到平朔时刻的间距。$l$ 的含义同上术。$\Delta_1$ 和 $\Delta_2$ 分别为该节气和下一节气的"陟降率";$T_0$ 为该节气的"迟速数",它们亦可由日躔表查得。

在"推朔弦望定日术"中,式(1)的 $T$ 指因月亮运动不均匀性引起的平朔到定朔的改正值($T_\mathbb{C}$)。$t$ 为某日平朔时刻与最临近的一次月过近地点时刻之差。$l = 1$ 日。$\Delta_1$ 和 $\Delta_2$ 分别为该日和下一日的"加减"数;$T_0$ 为该日的"朓朒积",它们可由月离表查得。在月离表中,列有 28 个"速分"(自月亮近地点始,每经一日的月亮实行度分)和"速差"(相邻二日的"速分"之差)值。而 "加减" $= \dfrac{速分 - 平分}{平分} \times \dfrac{朔日法^2}{终法}$,设 "朓朒" $= \dfrac{速分 - 平分}{平分} \times 朔日法$,则"朓朒积"即为"朓朒"的累积数。

有了以上二术,则有:

定朔时刻 = 平朔时刻 $+ T_\odot + T_\mathbb{C}$ $\tag{2}$

在"求月入交去日道"术中,式(1)的 $T$ 指所求日月亮极黄纬值的 10 倍[①]。$t$ 为所求日时刻与最临近的一次月亮过黄白交点时刻之差。$l$ 即交法 $= 7356366$。$T_0$ 为该日的"衰积"(自黄白交点始,每经一日的月亮极黄纬值),$\Delta_1$ 和 $\Delta_2$ 为该日和下一日的"去交衰"(相邻二日"衰积"之差),它们均可由月亮入交去日道表中查得。

以上四处所用等间距二次差内插法,对于有关天文量计算精度的提高,无疑起了良好的作用,因为它们较好地反映了这些天文量变化的客观状况。此外,皇极历在依据二十四节气昼夜漏刻表计算任一日昼夜漏刻长度时,首创了等差级数的表述与计算法:在"求每日刻差"术中,刘焯给出了二十四节气初日的初数($L$),又给出相邻两节气间每日增或减的等差数($\Delta$),如"每日增太"、"每日增少"等等。欲求任一日昼夜漏刻长度($K$),可先算出该日所入节气、及入该节气后的日数($t$),依之"累算其数",即可求出 $\sum_0^t t\Delta$,($t = 0, 1, \cdots 15$)。由昼夜漏刻表可查得该节气初日的夜半漏刻值($K_0$),则该日的夜半漏刻值 $(K) = K_0 \pm \dfrac{1}{m}(tL \pm \sum_0^t t\Delta)$。式中 $m$ 为一常数,由于"求每日刻差"的术文有脱漏或讹误,我们尚难定出其确值,但 $K$ 值的基本算法必无误。它与等间距二次差内插法一样,能较好地反映昼夜漏刻长度变化的客观状况,也是一种提高计算精度的较好数学方法。刘焯还在"推日月食起讫辰术"和五星动态表中,应用了等差级数的表述与计算方法,在第四、五节中我们还将论及。在下面我们就要论及的黄赤道差和黄白道

---

① 陈美东,中国古代月亮极黄纬计算法,自然科学史研究,1988,(1)。

差计算法中也应用了该法。

关于黄赤道差的计算法，自张衡发明、为刘洪首次引入历法以后，沿用了数百年，一直到刘焯的皇极历才又提出了新的数据和算法。其术曰：

"推黄道术：准冬至所在为赤道度，后于赤道四度为限。初数九十七[1]，每限增一，以终百七[2]。其三度少弱，平，乃初限百九[3]，亦[4]每限增[5]一，终百一十九[6]，春分所在。因[7]百一十九[8]，每限损一，又[9]终百九[10]，亦三度少弱，平，乃初限百七[11]，每限损[12]一，终九十七[13]，夏至所在。又加冬至后法，得秋分[14]、冬至所在数。各以数乘其限度，百八[15]而一，累而总之[16]，即黄道度也。"

严敦杰曾对该术文作过深入的研究[①]，正确地指出"这段文字内有错字及文句错列"之处，并对之作了有见地的校释。从原术文知，每一象限（冬至到春分、春分到夏至等等）增损的初、终数可分为二组：一是初、终数为 97 或 107；二是初、终数为 109 或 119。又从原术文知，每一象限分为前后对称的两大段，每一大段均分为 11 限（每限 4 度），每限增损差又相一致，若两大段的增损初、终数不一样，则无法满足二至、二分时黄赤道差均为零的初始条件，所以，每一象限增损的初、终数分为二组数值，显然有误。严敦杰大约就是基于这一理由，将初、终数统一校勘为 97 和 107，这无疑是一种有依据的抉择。可是，他并未说明为什么另一组初、终数 109 和 119 是不可取的。而从原术文看，二组初、终数出现的频率是相同的，我们以为若将初、终数统一校勘为 109 和 119，也应是一种有依据的选择。鉴于这种认识，并参考严敦杰的研究，可对原术文勘校如下：

[1]应为百九，严以为九十七无误。[2]应为百一十九，严以为百七无误。[3]严校为百七，百九应无误。[4]严以为"亦"字衍，可信。[5]严校为"损"，可信。[6]严校为九十七，百一十九应无误。[7]严在"因"后增一"为"字，我们以为可不增。[8]严校为百七，百一十九应无误。[9]严校为"从"，可信。[10]严校为九十七，百九应无误。[11]严校为九十七，应校为百九。[12]严校为"增"，可信。[13]严校为百七，应校为百一十九。[14]严在"秋分"、"冬至"间增"所在，又加春分后法得"九字，可信。[15]严校为百八十，可信。[16]"累而总之"后需增"以增损赤道度"六字，严不增。

严敦杰还论证了初、终数的分母为 450，其结论无疑是可信的，但在其论证过程中，把术文"各以数乘其限度，百八十而一"句中的"限度"两字解释为 $\left(-97+\dfrac{4-a}{8}\right)$，$a$ 为赤道积度，终不能令人满意。我们以为"限度"应理解为赤道一限的度数，即为 4。而该句中的"数"应指初、终数，又确如严敦杰所说："皇极历内每将 $\dfrac{1}{10}$ 省略"，于是初、终数应乘以 $\dfrac{4}{10\times180}=\dfrac{1}{450}$，即其分母为 450。若作如是解，该句后应加上述校勘[16]所指出者。

依据上述两种校勘结果，可将皇极历黄赤道差计算法列如表 1，其中"黄道度（Ⅰ）"依严敦杰法，"黄道度（Ⅱ）"依我们的校勘结果。据有关球面直角三角公式[②]，可计算与刘焯计算法所得黄道度相应的理论值，求二者之差，结果亦列于表 1 中，$\Delta_1$ 和 $\Delta_3$ 分别表示理论值与前后两种校勘结果之差。$\Delta_2$ 和 $\Delta_4$ 则分别为 $\Delta_1$ 和 $\Delta_3$ 绝对值的平均数，平均等于 0.34° 和 0.24°，它们便是皇极历黄赤道差计算法可达到的精度水平。我们倾向于认为，我们的校勘结果更接近刘焯法

① 严敦杰，中国古代的黄赤道差计算法，载《科学史集刊》第一集，1959 年。

② 见本书内《张衡》。

**表1　皇极历赤道差（冬至到春分）和黄白道差（交后到半前）计算法及其精度**

| 赤道度(度) | 黄赤道差(I) | Δ1(°) | 黄赤道差(II) | Δ3(°) | 赤道度(度) | 黄赤道差(I) | Δ1(°) | 黄赤道差(II) | Δ3(°) | 赤道度(度) | 黄白道差 | Δ5(°) | 赤道度(度) | 黄白道差 | Δ5(°) |
|---|---|---|---|---|---|---|---|---|---|---|---|---|---|---|---|
| 4 | $-\frac{97}{450}$ | -0.12 | $-\frac{109}{450}$ | -0.09 | 4 | $-2\frac{115}{450}$ | -0.26 | $-2\frac{235}{450}$ | 0 | 4 | $\frac{11}{45}$ | -0.04 | $50\frac{128}{135}$ | $1\frac{20}{45}$ | -0.17 |
| 8 | $-\frac{195}{450}$ | -0.23 | $-\frac{219}{450}$ | -0.18 | 8 | $-2\frac{9}{450}$ | -0.42 | $-2\frac{117}{450}$ | -0.18 | 8 | $\frac{21}{45}$ | -0.07 | $54\frac{128}{135}$ | $1\frac{18}{45}$ | -0.18 |
| 12 | $-\frac{294}{450}$ | -0.33 | $-\frac{330}{450}$ | -0.25 | 12 | $-1\frac{354}{450}$ | -0.52 | $-2$ | -0.31 | 12 | $\frac{30}{45}$ | -0.09 | $58\frac{128}{135}$ | $1\frac{15}{45}$ | -0.20 |
| 16 | $-\frac{394}{450}$ | -0.40 | $-\frac{442}{450}$ | -0.30 | 16 | $-1\frac{250}{450}$ | -0.58 | $-1\frac{334}{450}$ | -0.40 | 16 | $\frac{38}{45}$ | -0.09 | $62\frac{128}{135}$ | $1\frac{11}{45}$ | -0.21 |
| 20 | $-1\frac{45}{450}$ | -0.46 | $-1\frac{105}{450}$ | -0.33 | 20 | $-1\frac{147}{450}$ | -0.60 | $-1\frac{219}{450}$ | -0.44 | 20 | $1$ | -0.10 | $66\frac{128}{135}$ | $1\frac{6}{45}$ | -0.21 |
| 24 | $-1\frac{147}{450}$ | -0.49 | $-1\frac{219}{450}$ | -0.33 | 24 | $-1\frac{45}{450}$ | -0.57 | $-1\frac{105}{450}$ | -0.44 | 24 | $1\frac{6}{45}$ | -0.10 | $70\frac{128}{135}$ | $1$ | -0.22 |
| 28 | $-1\frac{250}{450}$ | -0.48 | $-1\frac{334}{450}$ | -0.30 | 28 | $-\frac{394}{450}$ | -0.50 | $\frac{442}{450}$ | -0.40 | 28 | $1\frac{11}{45}$ | -0.10 | $74\frac{128}{135}$ | $\frac{38}{45}$ | -0.19 |
| 32 | $-1\frac{354}{450}$ | -0.44 | $-2$ | -0.22 | 32 | $-\frac{294}{450}$ | -0.41 | $\frac{330}{450}$ | -0.33 | 32 | $1\frac{15}{45}$ | -0.10 | $78\frac{128}{135}$ | $\frac{30}{45}$ | -0.16 |
| 36 | $-2\frac{9}{450}$ | -0.35 | $-2\frac{117}{450}$ | -0.11 | 36 | $-\frac{195}{450}$ | -0.29 | $\frac{219}{450}$ | -0.23 | 36 | $1\frac{18}{45}$ | -0.11 | $82\frac{128}{135}$ | $\frac{21}{45}$ | -0.12 |
| 40 | $-2\frac{115}{450}$ | -0.22 | $-2\frac{235}{450}$ | -0.04 | 40 | $-\frac{97}{450}$ | -0.15 | $\frac{109}{450}$ | -0.12 | 40 | $1\frac{20}{45}$ | -0.13 | $86\frac{128}{135}$ | $\frac{11}{45}$ | -0.07 |
| 44 | $-2\frac{222}{450}$ | -0.04 | $-2\frac{354}{450}$ | -0.25 | 44 | 0 | 0 | 0 | 0 | 44 | $1\frac{21}{45}$ | -0.14 | $90\frac{128}{135}$ | 0 | -0.02 |
| $47\frac{140}{450}$ | $-2\frac{222}{450}$ | -0.06 | $-2\frac{354}{450}$ | -0.23 | $46\frac{128}{135}$ | | $\Delta_2 = 0.34°$ | | $\Delta_4 = 0.24°$ | $46\frac{128}{135}$ | $1\frac{21}{45}$ | -0.15 | | | $\Delta_6 = 0.13°$ |

注：1度＝0.9856°

的原貌,即便如此,其精度水平也仅仅与张衡法(其误差为 0.21°)相当。

刘焯在坐标变换法方面更主要的贡献是在皇极历中首次提出了黄白道差计算法。其术曰:

"推月道所行度术:准交定前后所在度($\alpha$)半之,亦于赤道四度为限,初十一,每限损一,以终于一。其三度强[弱]平。乃初限数一,每限增一,亦终十一,为交所在。即因十一,每限损一,以终于一。亦三度强[弱]平。又初限数一,每限增一,终于十一,复至交半,返前表里。仍因十一增损,如道得后交及交半数。各积其数,[以乘限度],百八十而一,即道所行每与黄道差数($N$)"。

由于黄白交点不断在退行,所以,月亮从一个交点到另一个交点所经的度数应等于$\frac{1}{2}$交点月长度×月亮每日平行度=181.8972 度,此即术文首句的 $\alpha$ 值,则$\frac{1}{2}\alpha=90.9486\approx90\frac{128}{135}$度,相当于一个"象限"。它也以赤道 4 度为一限,从一个交点开始,历 11 限,为 44 度。从 44 度到 $46\frac{128}{135}$度之间黄白道差均与 44 度时相同。从 $46\frac{128}{135}$度以后亦每增赤道 4 度为一限,历 11 限达 $90\frac{128}{135}$度,正得一"象限"。而 $46\frac{128}{135}-44=2\frac{128}{135}\approx2\frac{11}{12}$度,故原术文中"三度强平"句应改为"三度弱平"。

在一行大衍历中,求黄白道差的术文与皇极历类同,其术文的末句为:"各累计其数,以乘限度(5),二百四十而一,……为月行与黄道差数"[①],令与皇极历的术文相比较,皇极历术文末句似应增"以乘限度(4)"四字。依一行法,黄白道差极差$=\frac{5}{240}(12+11+\cdots+4)=1.5$ 度,而依校勘后的刘焯法,黄白道差极值$=\frac{4}{180}(11+10+\cdots+1)=1.47$ 度,两者十分接近,故知应增四字。由此,又可证我们对上述皇极历黄赤道差术文中"限度"二字的理解是正确的。

依上术文意,可将各限黄白道差值列于表 1。我们认为,皇极历的黄白道差应指图 1 所示的$\overset{\frown}{AF}=\overset{\frown}{FH}-\overset{\frown}{GH}$,和$\overset{\frown}{BG}=\overset{\frown}{GH}-\overset{\frown}{HK}$的平均值,即等于$\frac{1}{2}(\overset{\frown}{FH}-\overset{\frown}{HK})=N$。而由球面三角法知:

$$\left.\begin{array}{l} \text{ctg } \overset{\frown}{FH}=\cos (\varepsilon+\psi) \cdot \text{ctg } \alpha \\ \text{ctg } \overset{\frown}{HK}=\cos (\varepsilon-\psi) \cdot \text{ctg } \alpha \end{array}\right\} \tag{3}$$

$\varepsilon$ 为黄赤交角=24 度=23.6554°,$\psi$ 为黄白交角=6.02 度=5.9336。$\alpha=\overset{\frown}{HE}$为赤道度。令 $\alpha=4,8,12,\cdots44,46\frac{128}{135},50\frac{128}{135},\cdots90\frac{128}{135}$度,代入式(3),进而可求得 $N$ 值。表 1 中 $\Delta_5$ 即为 $N$ 与相应历测黄白道差的差数,$\Delta_6$ 则为诸 $\Delta_5$ 绝对值的平均数,等于 0.13°,即是皇极历黄白道差计算法的精度水平。

## 四 交食推算法的重大突破

在皇极历以前的历法,关于交食的推算尚处于初级阶段。刘焯在吸取前人特别是北齐张子

---

① 《新唐书·历志四上》。

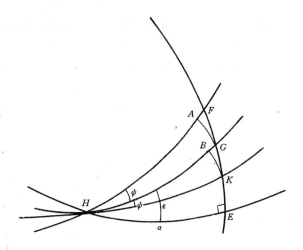

图 1　黄白道差计算示意图

信等人的研究成果,并经长期探索之后,创立了一整套交食推算法,标志着我国古代交食推算新时期的开始。

## 1. 刘焯在皇极历中首创了月亮人交定日($p$)和太阳人会定日($q$)的计算法

这种方法可表为下式:

$$\left.\begin{array}{l} p = \text{入交平日及余} \pm T_\odot \pm \dfrac{\text{交率}}{\text{交数}} \times T_\text{☾} \\[3mm] q = \text{入会平日及余} \pm T_\text{☾} \pm \dfrac{\text{交率}}{\text{交数}} \times T_\odot \end{array}\right\} \tag{4}$$

研究表明[1]:以该式计算日、月与黄白交点的时距($p$ 和 $q$)时,既考虑了日、月运动不均匀性的影响,又虑及了黄白交点退行的影响。$p$(或 $q$)的计算作为交食推算的第一个步骤,就具有如此准确且清晰的天文概念,是十分重要的。

### 2. 在食限的规定和食分计算法方面,皇极历也颇多创新

在皇极历以前各历法,食限采用过二种数值:一种是可能发生交食的限度,它以刘洪和祖冲之两家所取值为代表,刘洪取太阳距黄白交点 14.77 度＝14.55°(半个朔望月长度值)为断,祖冲之取月亮距黄白交点 15.49 度＝15.27°(朔望月长度与交点月长度之差的一半)为准。另一种是必定发生交食的限度,它以曹魏杨伟所取值为代表,其值为 10 度≈9.86°(指太阳距黄白交点的度距)。刘焯在皇极历中同时取用刘洪和祖冲之两种数值作为可能发生交食的限度的概念,进而提出了可能发生全食以及必定发生全食等限度的概念和具体数值,大大扩展和充实了关于食限的知识。

---

① 〔日〕薮内清,隋唐暦法史の研究,東京三省堂版,1944 年,第 96~98 页。刘金沂,隋唐历法中入交定日术的几何解释,自然科学史研究,1983,(4)。

皇极历月食食分$(g)$的计算法可示如下式：

$$g = \frac{望差 - \{去交日分 - [3K_{至} + 2(10+S) + 2K_{分}]\}}{96} \quad (5)$$

式中，望差为朔望月长度与交点月长度之差的一半。去交日分即为式(4)中的$p$值，$K_{至}$为发生在春分(或秋分)前、后的望日所值节气距夏至的节气数$(0-12)$；$K_{分}$为望发生在春分(或秋分)前的节气数$(0-6)$，若望日在春分(或秋分)后，$K_{分}$恒为零。$S$为去交日分所相当的时辰数$(0-14)$。

因为望差$= 1439\frac{4205.5}{5923} = 96 \times 15$，则式(5)可改写为：

$$g = \frac{望差 - p}{望差} \times 15 + \frac{3K_{至} + 2K_{分}}{96} + \frac{20}{96} + \frac{2S}{96} \quad (6)$$

式(6)中右边第一项的分数部分的天文学含义是：月面直径被遮掩部分与月面直径的比，而15即指月面直径的总分数。这一项是继承了前代历家的传统算法。第二项是食分大小与发生月食所值节气有关的改正项，对于不同的节气，$3K_{至} + 2K_{分}$的大小可列如表2。

**表2　月食食分的节气改正分值**

| 节气 | $3K_{至}+2K_{分}$ | 节气 | $3K_{至}+2K_{分}$ | 节气 | $3K_{至}+2K_{分}$ | 节气 | $3K_{至}+2K_{分}$ |
|---|---|---|---|---|---|---|---|
| 冬至 | 48 | 春分 | 18 | 夏至 | 0 | 秋分 | 18 |
| 小寒 | 43 | 清明 | 15 | 小暑 | 13 | 寒露 | 21 |
| 大寒 | 38 | 谷雨 | 12 | 大暑 | 14 | 霜降 | 24 |
| 立春 | 33 | 立夏 | 9 | 立秋 | 15 | 立冬 | 27 |
| 雨水 | 28 | 小满 | 6 | 处暑 | 16 | 小雪 | 30 |
| 惊蛰 | 23 | 芒种 | 3 | 白露 | 17 | 大雪 | 33 |

由表2知，月食在冬至前后时，节气改正分值较大，以冬至为最大，由式(6)可得$g$应较大；月食在夏至前后时，节气改正分值较小，以夏至为零，$g$应较小。而由图2可见：当太阳在近地点附近(冬至前后)时，地球影锥截面较小，$g$应较小；当太阳在远地点附近(夏至前后)时，地球影锥截面较大，$g$应较大。这同表2及式(6)所示的正相违背。这一情况表明，刘焯虽然已经虑及太阳与远(或近)地点相对位置不同对月食食分大小的影响，可惜他并未能正确地加以描述，产生这一失误的原因，可能与刘焯关于月食成因的理论上的错误有关，也许在刘焯看来，地影并不是如图2所示的锥形，而是发散形的，若如此，则可与表2和式(6)所示相吻合。

令$g=0$，$K_{至}=12$，$K_{分}=6$，$S=14$代入式(5)，得去交日分$\doteq 1536$分$= \frac{1536}{1242}$日$= \frac{1536}{1242} \times 13.36879$度$=16.30°$，这是皇极历取用的可能发生月偏食的确切限度，其误差约为$3.9°$，比上述表面限度($15.27°$)的误差还要大些。

令$g$、$K_{至}$、$K_{分}$、$S$均为零，代入式(5)，得去交日分$\doteq 1460$分$=15.49°$，此即必定发生月偏食的限度，其误差约为$5.8°$，精度亦较杨伟所取值为低。

令$g=15$，$K_{至}$、$K_{分}$和$S$皆为零，代入式(5)，得去交日分$\doteq 20$分$=0.21°$，此为必发生月全食的限度，在式(6)中的第三项(常数项)亦正指此。在皇极历以前各历，均以去交日分为零时才发生月全食，而式(5)则显示，只要用交日分小于20分，便发生月全食，其食分可以大于15。又令$g=15$，$K_{至}=12$，$K_{分}=6$，$S=14$代入式(5)，得去交日分$\doteq 96$分$=1.02°$，此即可能发生月全

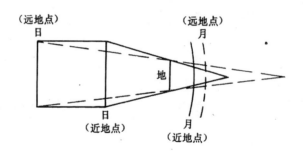

图 2　日、月在远近地点时对月食食分的影响示意图

食的限度,这同必发生月全食限度一样,都是合乎科学的新概念。虽然刘焯所给出的这两个限度值的误差均达 4°余,还很不准确,但他的创造性工作,已为后世的进步开拓了正确的方向,其意义重大、影响深远。

我们知道,当去交日分大时,$g$ 应小;去交日分大时,$S$ 也大,则 $S$ 大时,$g$ 应小。但式(6)第四项都显示,当 $S$ 大时,$g$ 也大,故知这一项改正是错误的。后世各历法均含此而不用,是不足为奇的。

依皇极历的"推日食食分($G$)术",亦可列出与式(5)、(6)相类似的算式:

$$G=\dfrac{望差-(去交日分\pm\Delta)}{96}\left.\begin{array}{l}\\ \\ \end{array}\right\}$$
$$=\dfrac{望差-去交日分}{望差}\times15\mp\dfrac{\Delta}{96}\quad\quad\quad\quad(7)$$

式中 $\Delta$ 的大小或正负与日食发生时所值的节气及距午辰刻有关。而我们知道:月亮视差的大小是与月亮的天顶距大小成正比的,月亮天顶距正与所当节气及距午辰刻相关,则式(7)中的 $\Delta$ 应是虑及月亮视差对 $G$ 的影响的改正项。此外,式(7)亦含有可能发生日偏食的限度、必定发生日偏食的限度和可能发生日全食的限度等日食食限的概念与数值。

### 3. 皇极历应食不食和不应食而食术

其术曰:"推应食不食术:朔先后在夏至十日内,去交十二辰少;二十日内,十二辰半;一月内,十二辰大(太);闰四月、六月,十三辰以上,加南方三辰。若朔在夏至二十日内,去交十三辰,以加辰、申半以南四辰;闰四月、六月,亦加四辰。谷雨后、处暑前,加三辰;清明后、白露前,加巳半以西,未半以东二辰;春分(秋分)前(后)①,加午一辰,皆去交十三辰半以上者,并或不食"。

这是指月在内道,即月在黄道北的情况而言的。术文中"夏至十日内"等的含义可如图 3 所示,而"加南方三辰"等的含义则如图 4 所示。由图 4 知,"加午一辰"即相当于距午正前后 $\dfrac{100}{12\times2}$ 刻;加二辰相当于距午正前后 $\dfrac{100}{12\times2}$ 刻到 $\dfrac{100\times2}{12\times2}$ 刻之间,其余则可类推。又,"去交十二辰少"等

---

① 由图 3 知,若仅言"春分前",则对于清明到春分以及白露到秋分后的时段均未顾及,故应据补。

图 3　应食不食术中的节气因素

系指朔时月与黄白交点的度距,如十二辰少＝$\frac{12.25}{12}$×13.36879度＝13.45°。由之,上述文中有九种应食不食的判别标准,如表(3)中(1)～(9)。

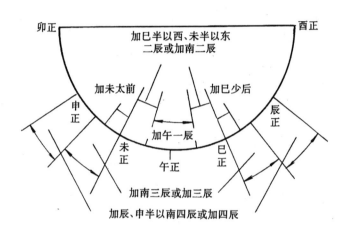

图 4　"加南二辰"等示意图

我们知道,朔发生在离夏至和午正较近时,月亮的天顶距($z$)较小,而月亮视差则是月亮天顶距的大小成正比。对于月在内道而言,当 $z$ 增大时,交食易于发生,去交度亦应相应增大,则可能发生应食不食的情况。设距午正时刻相同,离夏至渐远,$z$ 当渐大,去交度需相应渐增,或可不食,表 3 中的(1)、(2)、(4)、(5)、(7)均合此。设离夏至远近相同,距午正时刻渐增,$z$ 当渐大,去交度亦需相应增加,或可不食,(2)和(3),(5)和(6)均与之相合。设去交度不变,当因距午正时刻渐小、和距夏至渐远所导致 $z$ 的大小变化大体抵消时,或可不食。(6)、(7)、(8)、(9)正与之吻合。

又,"推不应食而食术:朔在夏至前后一月内,去交二辰;四十六日内,一辰半,以加二辰。又一月内,亦一辰半,加三辰。去交一辰,与四十六日内,加三辰。谷雨后、处暑前,加巳少后、未太前;清明后、白露前,加二辰,春分、秋分前(后),加一辰,皆去交半辰以下者,并得食"。

这是就月在外道(月在黄道南)而言的。该术文中各值的含义与前术类同,其 7 种判别标准亦列于表 3 中(10)～(16)。同上理,对于月在外道,当 $z$ 增大时,交食更难发生,去交度应相应减小,才可能发生不应食而食的情况。设距午正时刻相同,离夏至渐远,$z$ 当渐大,去交度需相应减小,可得食,表 3 中,(10)、(12)、(15)均合此。设离夏至远近相同,距午正时刻渐增,$z$ 当渐大,去交度亦需相应减小,可得食,(10)和(11)与之相合。(12)和(13)亦应合此,且原术文中已有"与四十六日内,加三辰"之说,其前又云"加四辰",显然有误,应据历理改。设去交度不变,$z$ 的大小变化大体抵消时,可得食,(14)、(15)、(16)正与之吻合。

由上分析知,皇极历此二术都定性地与月亮视差对日食影响的原理相符合。

### 表 3　应食不食和不应食而食判别标准

| 序号 | 去交辰(°) | 节 气 | 加辰<br>(距午正前后刻) | 序号 | 去交辰(°) | 节 气 | 加辰<br>(距午正前后刻) |
|---|---|---|---|---|---|---|---|
| (1) | 12.25辰<br>(13.45°) | 夏至十日内 | 加三辰<br>(8.3—12.5) | (10) | 2辰<br>(2.70°) | 夏至一月内 | 加二辰<br>(4.2—8.3) |
| (2) | 12.5辰<br>(13.73°) | 夏至二十日内 | 加三辰<br>(8.3—12.5) | (11) | 1.5辰<br>(1.65°) | 夏至一月内 | 加三辰<br>(8.3—12.5) |
| (3) | 13辰<br>(14.27°) | 夏至二十日内 | 加四辰<br>(12.5—16.7) | (12) | 1.5辰<br>(1.65°) | 夏至46日内 | 加二辰<br>(4.2—8.3) |
| (4) | 12.75辰<br>(14.00) | 夏至一月内 | 加三辰<br>(8.3—12.5) | (13) | 1辰<br>(1.10°) | 夏至46日内 | 加三辰<br>(8.3—12.5) |
| (5) | 13辰以上<br>(14.27°以上) | 闰四月、六月 | 加三辰<br>(8.3—12.5) | (14) | 0.5辰以下<br>(0.55°以下) | 谷雨后、处暑前 | 加已少后、未太前<br>(8.3—10.4) |
| (6) | 13辰半以上<br>(14.82°以上) | 闰四月、六月 | 加四辰<br>(12.5—16.7) | (15) | 0.5辰以下<br>(0.55°以下) | 清明后、白露前 | 加二辰<br>(4.2—8.3) |
| (7) | 13辰半以上<br>(14.82°以上) | 谷雨后、处暑前 | 加三辰<br>(8.3—12.5) | (16) | 0.5辰以下<br>(0.55°以下) | 春分、秋分前后 | 加一辰<br>(0—4.2) |
| (8) | 13辰半以上<br>(14.82°以上) | 清明后、白露前 | 加二辰<br>(4.2—8.3) | | | | |
| (9) | 13辰半以上<br>(14.82°以上) | 春分、秋分前后 | 加一辰<br>(0—4.2) | | | | |

### 4. 皇极历首创了从定朔求食甚时刻的方法

在"推日食所在辰术"中,刘焯给出了食甚时刻＝定朔时刻$\pm\Delta_0$ 的算式,式中 $\Delta_0$ 与式(7)中 $\Delta$ 的含义相类似,也是与月亮视差有关的改正值。皇极历的这一算法被唐李淳风的麟德历全部承用,已有专文论及于此[①]。

### 5. 皇极历发明了日月食初亏和复圆时刻的计算法

皇极历中提出了交食见食时刻的计算法,它等于复圆时刻与初亏时刻之差。在"推日月食起讫辰术"中,刘焯所给算法为:初亏时刻＝食甚时刻$-\Delta g$;复圆时刻＝食甚时刻$+\Delta g$,则见食时刻＝$2\Delta g$。式中 $\Delta g=\dfrac{(300-\Delta n)\times1242}{300\times103.5}=12-\dfrac{\Delta n}{25}$,而 $\Delta n$ 是与食分大小有关的数值,可惜,由于术文有明显的脱漏和讹误,难以卒读。但 $\Delta n$ 的计算采用了等差级数求和的方法;食分大时,$\Delta n$ 小;食分＝15时,$\Delta n=0$,这些情况是明白无误的。所以,食分＝15时,$\Delta g=12$刻,此即交食的最长见食时刻为24刻,该数值显然是偏大了,但对后世历法却产生了不小的影响。

此外,皇极历还对交食亏起方位作了论述,分为月行内道和外道二种情况,每一种情况又分为当交食发生在正南、正东、正西和东南、西南等不同方向时,亏食起始的方位、亏食的走向及亏食终了的方位等内容。这是我国古代历法中对交食亏起方位所作的最详细的论述。

---

① 刘金沂,麟德历交食计算法,自然科学史研究,1984,(3)。

## 五　五星位置计算的新方法

皇极历是我国古代最早明确地既考虑五星运动不均匀、又虑及太阳运动不均匀对五星位置影响的历法。欲求任一时日($A$)五星的黄道宿度,其计算步骤为:

(1)求出历元到该时日的积日数,减去五星伏日数的一半,其差数以五星会合周期除之,所得余数($B$)是为该时日与最临近的一次五星晨始见东方时刻(平见日)间的时距。由于五星会合周期实际上是相当数量的五星会合时间的平均值,故由之算得的平见日($A-B$),可认为是以五星和太阳均作匀速运动为基础求得的。又以积日数除以回归年长度,所得余数($C$)则为所求年冬至夜半与该时日的时距,由之亦可知该时日所值的节气。

(2)求五星运动不均匀引起的改正值。皇极历是在北齐张子信等人发现的基础上,首次系统而完整地记载了这种早期改正法的。以木星为例,其术曰:

"平见,在春分前,以四乘去立春日;(白露前,四乘去小暑日)[①],白露后,亦四乘去寒露日;小暑,加七日;小雪前,以八乘去寒露日;冬至后,以八乘去立春日,为减,小雪至冬至减七日。"(见图5)。

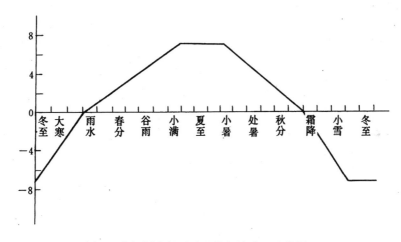

图5　皇极历木星运动不均匀性改正示意图

这是说由于木星运动不均匀性的影响,使木星晨见东方的时刻(常见日 $D$)较平见日或超前、或滞后,超前或滞后的时间改正值则因节气不同而异。在应用该术计算时,则以 $C$ 为引数,设它值立春到春分这一时段内,即以该日与立春的时距乘以四,再除以转法52,所得就是相应的改正值($H$)。对于别的时段改正值的计算均仿此。当然,术文中直书"加七日"或"减七日"的时段,改正值即为正或负七日。于是遂有:$D=A-B\pm H$。

对皇极历五星运动不均匀改正法的研究表明,行星近日点和远日点黄经测算的误差分别为:木星,$+50.8°$和$-9.2°$;火星,$+26.2°$和$-18.8°$;土星,均为$+22.2°$。对于木、火、土三星运动不均匀改正的误差分别为$1.6°$、$3.1°$和$2.4°$。对于金、水二星的运动不均匀性,皇极历仅给出

---

① 综观术文,对于小暑到白露间的变化状况未述及,当为脱漏,特据历理补。

定性的描述。①

（3）求太阳运动不均匀引起的改正值。以 $C\pm H$ 为引数，由日躔表求算之。其具体算法如本文第三节所论及的"求每日迟速数术"所示，$C\pm H$ 即为所求日，需化为相应的 $t$ 值。设其计算结果为 $I$，则定见日$(E)=D\pm I=A-B\pm H\pm I$。

（4）求定见日五星所在黄道宿度$(K)$。皇极历以历元时"黄道起于虚一"，即历元年冬至夜半时太阳位于黄道虚宿一度，由此后推积年（自历元到所求年的年数）乘以黄道岁差度，可得所求年冬至夜半时太阳所在黄道宿度$(G)$。

又以 $C\pm H\pm I$ 为引数，依本文第三节论及的"求每日所入先后"术所示，可求得相应的 $T$ 值。则定见日太阳所在黄道宿度 $J=G+C\pm H\pm I\pm T$。又已知五星的"见去日"$(P)$，皇极历给出了木星为 14 度，火星为 16 度，土星为 16.5 度，金星为 11 度，水星为 17 度。它们系指五星定见时与太阳的度距。于是 $K=J+P$。

（5）求所求时日五星所在黄道宿度$(N)$。以 $A-E$ 为引数，由五星动态表可求得定见日到所求时日五星的行度值$(M)$。于是，$N=J+M$。

在皇极历以前各历法的五星动态表，均由晨见始，依次列出前顺、留、逆、留、后顺、伏等动态所经的日数及所行的度数，它们与这些动态所值的节气无关。皇极历的木、土二星动态表与前相仿，而火、金和水三星的动态表则作了重大的改进：对于前顺和后顺二个动态时段，均依它们所值的节气不同，给出了不同的运动速率，这实际上就是虑及了三星运动不均匀性的影响。

此外，在皇极历的五星动态表中，对各不同动态时段的运动状况还首次采用了等差级数的描述法，这当然要比前代各历的匀速运动描述法更切合五星运动的实际状况。如对于火星后顺时段，其术曰："初日万六千六十九，日益疾百一十分，六十一日行二十五度、分万五千四百九"，分母即"气日法四万六千六百四十四"。已知等差级数求和公式为：$nl+\dfrac{(n-1)n\Delta}{2}$，上术中 $n=61$，$l=16069/46644$，$\Delta=110/46644$，代入求和公式得 $25\dfrac{15409}{46644}$，正与术合。由此推知皇极历应采用了等差级数求和公式。

# 六 其 他

除在历法诸多领域取得上述杰出成就外，刘焯还十分重视有关天文学理论和音律学问题的研究，也取得了重要的成果。

大业元年，刘焯在上呈给杨坚的《论浑天》中，对于当时浑天、"盖（天）及宣夜，三说并驱，平、昕、安、穹，四天腾沸"的状况深表关注，以为"至当不二，理唯一揆，岂容天体，七种殊说"。在对这七种学说作了深入的比较研究之后，刘焯指出浑天说是基本可信的，因为"影、漏、去极，就浑可推，百骸共体，本非异物。此真已验，彼伪自彰"，即因为依浑天说的理论，可以对晷影和漏刻的长度以及太阳去极度三个似乎不相关的天文量作出彼此关联的合理解释，这使其余六种学说相形见绌。但是刘焯又以为现有的浑天说并不完善，"理有而阙"，特"立术，改正旧浑"。② 可惜我们无由得知刘焯新浑天说的全豹，而只能知道与之有关的论说是：

---

① 陈美东，中国古代五星运动不均匀性改正的早期方法，自然科学史研究，1990，（3）。
② 《隋书·天文志上》。四天指平天说，东汉王充；昕天说，东吴姚兴；穹天说，西晋虞耸；安天说，东晋虞喜。

刘焯以为盖天说据以推算天地大小的"影千里差一寸"这一基本数据是错误的。他指出"寸差千里,亦无典说,明为意断,事不可依",这是从该说没有经典依据的角度发难。他又指出"今交、爱之州,表北无影,计无万里,南过戴日,是千里一寸,非其实差",即依该说,夏至时,阳城影长一尺五寸,二州影长为0,则交、爱二州应距阳城一万五千里,而依刘焯估计则不及万里,这是由一般人都承认的阳城与交、爱二州距离和影长的事实立论。更重要的是,刘焯提出了具体进行检验的实测方法:"请一水工,并解算术士,取河南、北平地之所,可量数百里,南北使正。审时以漏,平地以绳,随气至分,同日度影。得其差率,里即可知"。这一方案从测量地点的选择,水平测量和时间量度器具及方法的选定,以及距离的丈里必须沿南北方向、晷长的测量必须异地同时进行等要求,都是合理的、可行的。在刘焯看来,这一实测工作应是他的新浑天说的基础,"焯今说浑,以道为率,道里不定,得差乃审",他必须"待得影差",才能最终完成"数卷已成"[①] 的新浑天说。由此可见刘焯十分严谨的治学态度和科学精神。可惜,这一重要的建议未被及时采纳,直到百余年以后,刘焯的这一科学建议才由南宫说、一行等人付诸实施。

在上呈《浑天论》的前一年,即仁寿四年,刘焯提出了十二律弦长的新算法:"其黄钟管六十三为实,以次每律减三分,以七为寸法,约之,得黄钟长九寸,太簇长八寸一分四厘(七分之二)[②],林钟长六寸,应钟长四寸二分八厘七分之四。"[③] 即刘焯给出了各律弦长($Ln$)的算式为:

$$Ln = \frac{63-3n}{7} \text{寸}, n=0,1,2,\cdots 11,$$

分别代表黄钟、大吕、太簇、夹钟、姑洗、中吕、蕤宾、林钟、夷则、南吕、无射和应钟十二律。刘焯试图以此简明的算法代替传统的三分损益法,并达到旋宫的目的,可惜他的新法不仅不能旋宫,而且使十二律的音高也混乱了[④]。刘焯对音律学的探讨是不成功的。

## 参 考 文 献

陈美东.1983,1992.论我国古代年、月长度的测定.科技史文集　第10和第16辑.上海:上海科学技术出版社

陈美东.1984.日晷表之研究.自然科学史研究,3(4):330~340

陈美东,张培瑜.1987.月离表初探.自然科学史研究,6(2):135~146

陈美东.1988.中国古代月亮极黄纬计算法.自然科学史研究,7(1):16~23

陈美东.1990.中国古代五星运动不均匀性改正的早期方法.自然科学史研究,9(3):208~218

陈美东.1991.中国古代的月食食限及食分计算法.自然科学史研究,10(4):297~314

何妙福.1978.岁差在中国的发现及其分析.科技史文集　第1辑.上海:上海科学技术出版社

李俨.1957.中算家的内插法研究.北京:科学出版社

李延寿(唐)撰.1974.北史　儒林传.北京:中华书局

刘金沂.1983.隋唐历法中入交定日数的几何解释.自然科学史研究,2(4):316~321

刘金沂.1984.麟德历交食计算法.自然科学史研究,3(3):251~260

钱宝琮.1960.从春秋到明末的历法沿革.历史研究,(3)

魏徵(唐)撰.1973.隋书　儒林传.北京:中华书局

魏徵、李淳风(唐)撰.1976.隋书　律历志.历代天文律历等志汇编　第6册,北京:中华书局

① 《隋书·文文志上》。

② 依下式,太簇 $n=2$,则 $Ln = 8\frac{81\frac{2}{7}}{100}$ 寸。

③ 《隋书·律历志上》。

④ 戴念祖,朱载堉——明代的科学和艺术的巨星,人民出版社,1986年,第62页。

严敦杰. 1959. 中国古代的黄赤道差计算法. 科学史集刊　第 1 集. 北京:科学出版社

薮内清〔日〕. 1944. 隨唐曆法史の研究. 日本東京:三省堂版

（陈美东）

# 宇文恺

　　每当人们谈论盛唐文明之时，总会自然而然地称颂唐朝京都长安城的宏大和繁荣。可以说长安城是唐代政治、经济、文化、外交繁荣景象的一个缩影，在中国文明发展史上占有重要的地位。也正因为唐代长安城的盛名脍炙人口，以至于人们往往忽视了唐长安城的前身隋代大兴城的存在。实际上，唐长安城是隋大兴城的自然发展，它的规模、规划、布局和绝大部分的建筑，都是隋大兴城的延续。故从建筑史和都市建设史上看，隋大兴城占踞着更加重要的位置。而隋大兴城在中国大地上的出现，则是隋代杰出建筑学家宇文恺的一项伟大业绩。

## 一　宇文恺的生平

　　宇文恺字安乐，鲜卑人，生于西魏恭帝二年(555)，卒于隋炀帝大业八年十月甲寅(612年11月6日)，终年57岁。

　　宇文恺出生的家庭，是北朝后期一个以武起家的豪门。他的父亲宇文贵少时即习武，在从师受学时，"尝辍书叹曰：'男儿当提剑汗马以取公侯，何能如先生为博士也！'"① 后从军，军功卓著。在北魏时即爵封革融县侯，官拜武卫将军，阆内大都督；西魏时又进爵化政郡公，先后官拜车骑大将军、仪同三司，侍中，骠骑大将军、开府仪同三司，大将军，兴州刺史，大都督，小司徒，益州刺史等职；北周时进位柱国，拜御正中大夫，封许国公，历大司空、大司徒、太保等职。北周天和二年(567)卒，赠太傅，谥曰穆。宇文恺的大兄宇文善，西魏和北周时历位开府仪同三司、大将军、柱国、洛州刺史、上柱国。宇文恺的二兄宇文忻，17岁时即以军功被北周政权赐爵兴国县公，拜仪同三司，后又因战功进位开府、骠骑将军，进爵化政郡公，北周末位至上柱国，进爵英国公。

　　出生在这样一个家庭中的宇文恺，二岁时就因父亲的军功被北周政权赠爵双泉县伯，六岁时就袭祖爵安平郡公，随后累迁右侍上士，御正中大夫，仪同三司。北周末，20岁出头的宇文恺已位至上开府、匠师中大夫②。但与其父兄不同的是，身在将门的宇文恺却不好弓马，唯喜爱读书。史称："恺少有器局。家世武将，诸兄并以弓马自达，恺独好学，博览书记，解属文多伎艺，号为名父公子。"③这段记载虽文字过于简略，无法得知他为学的详情，但也可窥知他为学的大致情况。而且从他后来的作为，特别是在建筑学方面的造诣和成就，可以看到正是他的好学，使他成长为一个多才多艺的学者，并因此把自己造就成一个杰出的建筑学家。从他在北周末年已任工部的匠师中大夫看，可能年轻的宇文恺在建筑科学和工程管理方面已崭露头角。

　　公元581年元月，杨坚篡夺北周政权，建立隋朝。为了巩固自己的统治地位，隋文帝杨坚大肆诛杀北周宗室宇文氏，以清除北周残余势力。宇文恺原也在诛杀之列，由于宇文恺家族 与北

---

　　① 《周书·宇文贵传》。
　　② 《北史·宇文贵传》。
　　③ 《隋书·宇文恺传》。

周宗室宇文氏本别,宇文恺的二兄宇文忻又拥戴隋文帝有功,因而隋文帝派人飞驰赦免,宇文恺才幸免一死。是月,隋文帝"修庙社"①,宇文恺被起用,任营宗庙副监、太子左庶子,负责宗庙的营造事务。庙成后,宇文恺被加封甄山县公,邑千户②。

开皇二年六月(582 年 7 月),宇文恺被任命为营新都副监,规划、设计、领导了营建大兴城的巨大工程,在中国乃至世界都市建设史上谱写了划时代的篇章。

开皇四年六月壬子(584 年 8 月 3 日),宇文恺又受命负责开凿广通渠工程。据记载:"隋主以渭水多沙,深浅不常,漕者苦之,(开皇四年)六月壬子,诏太子左庶子宇文恺帅水工凿渠,引渭水,自大兴城东至潼关三百余里,名曰广通渠。漕运通利,关内赖之。"③广通渠起自大兴城西北,引渭水东绝灞水,略循汉代漕运故道,东至潼关达于黄河。因渠经渭口广通仓下,故名,时人习称之为漕渠。因该渠既改善了当时的漕运,又灌溉了两岸的农田,渠下百姓颇受其惠,故又有"富民渠"之称。仁寿四年(604),广通渠又改名永通渠。

其后,宇文恺出任莱州(治所在今山东省掖县)刺史,"甚有能名"。④ 宇文恺出任莱州刺史的时间史未明载,查莱州为隋开皇五年(585)改光州而置,故宇文恺之出任莱州刺史当是此年,或稍后。

开皇六年闰八月(586 年 10 月),宇文恺之二兄上柱国、杞国公宇文忻因谋反被诛,宇文恺受株连解职,"除名于家,久不得调"⑤。

开皇十三年二月(593 年 3 月),隋文帝令杨素在岐州(今陕西凤翔)北营造仁寿宫。杨素以宇文恺有巧思,"奏前莱州刺史宇文恺检校将作大匠"⑥,负责仁寿宫工程的筹划和设计。"于是夷山堙谷以立宫殿,崇台累榭,宛转相属",整个宫殿区"制度壮丽"⑦,是一组极其雄伟的宫殿建筑群。开皇十五年三月(595 年 4~5 月,)仁寿宫建成,宇文恺被任命为仁寿宫监,授仪同三司,接着又被任命为将作少监⑧。

仁寿二年八月(602 年 9 月),隋文帝皇后独孤氏卒。闰十月,杨素和宇文恺受命营造皇陵太陵。独孤皇后葬后,宇文恺复爵安平郡公,邑千户。

大业元年三月丁未(605 年 4 月 10 日),隋炀帝下令在洛阳营建东京,杨素领营东京大监,宇文恺任营东京副监,并迁将作大匠。其间,宇文恺又受命在河南郡寿安县(今河南宜阳)营显仁宫,"南接皁涧,北跨洛滨"。⑨ 大业二年正月辛酉(606 年 2 月 18 日),东京洛阳建成,宇文恺进位开府仪同三司。

大业三年六~八月(607 年 7~9 月),宇文恺随隋炀帝北巡,在榆林郡负责修筑长城,并造大帐和观风行殿等。

关于宇文恺修筑长城事,以往研究宇文恺的论著中仅引述《隋书》本传的记载:"及长城之

---

① 《资治通鉴》卷一七五。

② 《隋书·宇文恺传》。

③ 《资治通鉴》卷一七六。

④ 《隋书·宇文恺传》。

⑤ 《隋书·宇文恺传》。

⑥ 《资治通鉴》卷一七八。

⑦ 《资治通鉴》卷一七八。

⑧ 《隋书·宇文恺传》。

⑨ 《资治通鉴》卷一八〇。

役,诏恺规度之",而未能指明修长城的时间,也未能指明所修是哪段长城。查史籍记载,隋炀帝在位时修长城有两次。第一次修长城在大业三年七月,"发丁男百余万筑长城,西距榆林,东至紫河,二旬而罢。"①榆林郡系大业三年所置,其治所在今内蒙古自治区准格尔旗东北十二连城,辖境相当于今内蒙古自治区准格尔旗及黄河东岸托克托、和林格尔一带。紫河在定襄郡大利县,《隋书·地理志中》记载:"大利县,大业初置,带郡。有长城,有阴山,有紫河。"大利故城在今内蒙古自治区乌兰察布盟南部清水河县境。紫河即今内蒙古自治区南部、山西省西北长城外之浑河,蒙古语名为乌兰穆伦河。第二次修长城在大业四年七月,"发丁男二十万筑长城,自榆谷而东",九月"诏免长城役者一年租赋"②,可见该役已结束。据《资治通鉴》卷一八○记载:"此榆谷当在榆林西",可推知此次所修长城为由榆林郡治向西至榆谷一段。据《隋书》本传记载,宇文恺规度长城事是在"进位开府,拜工部尚书"之后,而宇文恺拜工部尚书是在大业四年,因而其所修长城似应为第二次。实际上此记载有误,因宇文恺大业四年七月未到榆林,他是大业三年随隋炀帝北巡时,于六月至八月,逗留榆林的。在《隋书》本传长城役记载之后,也说"时帝北巡",宇文恺在此期间造大帐和观风行殿。故可判定,宇文恺规度长城之役为炀帝时的第一次修长城,即大业三年七月,所修长城为榆林至紫河一段。

大业四年三月(608 年 4 月),宇文恺拜工部尚书③。

大业八年三月(612 年 4 月),隋炀帝进军辽东(今辽宁辽阳),宇文恺随行,后"以渡辽之功,进位金紫光禄大夫"④。

大业八年十月(612 年 11 月),宇文恺卒于工部尚书之位,谥曰康。

从宇文恺的生平经历可以看到,他一生中主要是担任营造方面的高级官员,主持过许多大型的建筑工程,起着相当于现在工程总指挥、总设计师和总工程师的作用。他在建筑方面取得了许多重大的成就,有些成就具有划时代的意义。但也应该指出的是,宇文恺在本质上只不过是一个御用工程师。在他设计和主持的工程中,除了开凿广通渠,客观上有利于国计民生外,其余大多是为了满足统治者的需要,尤其是宫殿建筑,更是极力迎合于帝王的奢欲,甚至不顾劳民伤财,不顾民工死活,去取悦于帝王。如营造仁寿宫时,"役使严急,丁夫多死,疲顿颠仆,推填坑坎,覆以土石,因而筑为平地。死者以万数。""时天暑,役夫死者相次于道,杨素悉焚除之"⑤。营建东京时,他"揣帝心在宏侈,于是东京制度穷极壮丽"⑥。"东京官吏督役严急,役丁死者十四五,所司以车载死丁,东至城皋(今河南荥阳),北至河阳(在今河南孟县南),相望于道"⑦。长城之役,"死者十五六"⑧。建仁寿宫和东京的工程,宇文恺虽挂的是副职,但他是实际的负责者,因此其功过都与他有直接的关系。从这些资料可以看到,他的业绩对于帝王是有功的,而对于人民大众都是有罪的。这不能不说是宇文恺思想和品质上的一大缺陷。

① 《北史·隋本纪下》"二旬而罢",《资治通鉴》卷一八○作"二旬而毕",《隋书·炀帝纪上》作"一旬而罢",今从《北史》所载。

② 《隋书·炀帝纪上》。

③ 《隋书·炀帝纪上》。

④ 《隋书·宇文恺传》。

⑤ 《资治通鉴》卷一七八。

⑥ 《隋书·宇文恺传》。

⑦ 《资治通鉴》卷一八○。

⑧ 《隋书·炀帝纪上》。

# 二 营建大兴城

隋朝建立之时,仍承袭北周以长安城为京都。其时的长安城乃是汉代所建,隋文帝嫌其"制度狭小,又宫内多妖异",通直散骑庾季才亦奏云:"汉营此城,将八百岁,水皆咸卤,不甚宜人。"① 故隋朝建立后的第二年,社会较为安定后,即决定另建新都。

开皇二年六月丙申(582 年 7 月 29 日),隋文帝下诏曰:"此城从汉,彫残日久,屡为战场,旧经丧乱。今之宫室,事近权宜,又非谋筮从龟,瞻星揆日,不足建皇王之邑,合大众所聚","今区宇宁一,阴阳顺序,安安以迁,勿怀胥怨。龙首山川原秀丽,卉物滋阜,卜食相土,宜建都邑,定鼎之基永固,无穷之业在斯。公私府宅,规模远近,营构资费,随事条奏"②。于是"诏左仆射高颎、将作大匠刘龙,钜鹿郡公贺娄子干、太府少卿高龙叉等创造新都"③。"以太子左庶子宇文恺有巧思,领营新都副监"④。

关于大兴城的营建,史称:"制度多出于颎",⑤ "高颎虽总大纲,凡所规画,皆出于恺"⑥。宋代的宋敏求在《长安志》卷六中也说,在隋大兴城兴建时,"命左仆射高颎总领其事,太子左庶子宇文恺创制规模,将作大匠刘龙、工部尚书钜鹿郡公贺楼(娄)子干、大(太)府少卿尚龙义并充使营建"。可见高颎主要是提出都城的总的制度,并负责总的施建方针,而具体的规划、设计则是由宇文恺完成的,其他的副使主要是协助负责施工的管理事务。

大兴城的兴建,是人类改造自然,创建自身生活环境的伟大壮举。它不是在长期的历史发展中逐步形成的城市,也不是在旧有基础上进行改建、扩建而成的城市,而是在短时间内按周密规划兴建而成的崭新城市。全城由宫城、皇城和郭城组成,先建宫城,后建皇城,最后建郭城。它于开皇二年六月开始营建,十二月(583 年 1 月)命名大兴城,开皇三年正月(583 年 2 月)准备迁入新都,三月即正式迁入使用,前后仅经过九个月,其建设速度之快实令人惊叹,可以说是世界都市建设史上的一大奇迹。仅就此即可看到,整个工程的规划、设计、人力、物力的组织和管理都应是相当精细和严谨的,可能已应用了系统工程的管理方法。在规划设计和建设施工中,还得考虑地形、水源、交通、军事防御、环境美化、城市管理、市场供需等的配套,以及都城作为政治、军事、经济、文化中心的特点等诸多方面的因素,解决一系列复杂的问题。因此也可以说,大兴城的兴建标志着当时的中国所达到的经济和科学技术水平。

有人曾列举世界古代 10 座大城市的面积进行比较:⑦

(1) 隋大兴城(唐长安城),建于公元 583 年,面积 84.10 平方公里;

(2) 北魏洛阳城,建于公元 493 年,面积约 73.00 平方公里;

(3) 明清北京城,建于公元 1421～1553 年,面积 60.20 平方公里;

(4) 元大都,建于公元 1267 年,面积 50.00 平方公里;

---

① 《资治通鉴》卷一七五。

② 《隋书·高祖纪上》。

③ 《隋书·高祖纪上》。"太府少卿高龙叉",《长安志》作"大府少卿尚龙义",孰是,待考。

④ 《资治通鉴》卷一七五。

⑤ 《隋书·高颎传》。

⑥ 《隋书·宇文恺传》。

⑦ 《中国建筑史》编写组,《中国建筑史》,中国建筑工业出版社,1982 年,第 36 页。

（5）隋唐东京（洛阳城），建于公元 605 年，面积 45.20 平方公里；

（6）明南京，建于公元 1366 年，面积 43.00 平方公里；

（7）汉长安（内城），建于公元前 202 年，面积 35.00 平方公里；

（8）巴格达，建于公元 800 年，面积 30.44 平方公里；

（9）罗马，建于公元 300 年，面积 13.68 平方公里；

（10）拜占庭，建于公元 447 年，面积 11.99 平方公里。

从上所列可以看到，中国古代都市的规模之大在世界上是无与伦比的，而大兴城则更是位列榜首。

大兴城的规划吸取了曹魏邺城（故址在今河北临漳邺镇东）、北魏洛阳城的经验，在方整对称的原则下，沿着南北中轴线，将宫城和皇城置于全城的主要地位，郭城则围绕在宫城和皇城的东、西、南三面。分区整齐明确，象征着皇权的威严，充分体现了中国古代京都规划和布局的独特风格，反映了统治者专制集权的思想和要求。特别是把宫室、官署区与居住区严格分开，是一大创新。北宋吕大防在《隋都城图》题记中，曾称赞大兴城的布局思想，说"隋氏设都，虽不能尽循先王之法，然畦分棋布，闾巷皆中绳墨，坊有墙，墙有门，逭亡奸伪无所容足。而朝庭官寺，居民市区不复相参，亦一代之精制也。"清代徐松也说："自两汉以后，至于晋、齐、梁、陈，并有人家在宫阙之间。隋文帝以为不便于事，于是皇城之内惟列府寺，不使杂居，公私有辨，风俗齐整，实隋文之新意也"。①

宫城位于南北中轴线的北部，"东西四里（不含掖庭宫），南北二里二百七十步，周一十三里一百八十步，崇三丈五尺"，② 实测东西长 2820.3 米（含掖庭宫），③ 南北宽 1492.1 米。城内有墙把宫城分隔成三部分。中部是大兴宫，由大兴殿等数十座殿台楼阁组成，是皇帝起居、听政的场所。东部为东宫，专供太子居住和办理政务。西部为掖庭宫，是安置宫女学习技艺的地方。

皇城（又称子城）在宫城南面，由一条横街与宫城相隔，"东西五里一百一十五步，南北三里一百四十步"，④实测东西长与宫城相同，南北宽为 1843.6 米。皇城是军政机构和宗庙的所在地。"城中南北七街，东西五街。左宗庙，右社稷。百仞廨署列于其间，凡省六，寺九，台一，监四，卫十有八。东宫官属，凡府一，坊三，寺三，率府十。"⑤

郭城，又称罗城、京城，"东西一十八里一百一十五步，南北一十五里一百七十五步，周六十七里，其崇一丈八尺"⑥，实测东西长 9721 米，南北宽 8651.7 米。全城由南北向大街 11 条，东西向大街 14 条划分为 108 个里坊和 2 个商市，形成棋盘型的布局。白居易有诗云："百千家似围棋局，十二街如种菜畦"⑦，既形象又恰切地描绘了大兴城的布局特征。

城中的街道都很宽。通向城门的街道的宽度都在百米以上；最宽的是界于宫城和皇城之间的横街，宽达 220 米以上；位于南北中轴线上的主干道朱雀大街宽 150 米；不通城门的街道宽42～68 米；最窄的是四周沿城墙内侧的顺城街，宽 25 米。里坊都筑有坊墙，坊中也有街道。大

① 清·徐松，《唐两京城坊考》卷一。

② 宋·宋敏求，《长安志》卷 六。

③ 杨鸿勋，建筑考古学论文集，文物出版社，1987 年，第 208 页。

④ 宋·宋敏求，《长安志》卷七。

⑤ 清·徐松，《唐两京城坊考》卷一。

⑥ 宋·宋敏求，《长安志》卷七。

⑦ 唐·白居易，《登观音台望城》，载《全唐诗·白居易二十五卷》。"十二街"指东西向大街，不包括二条顺城街。

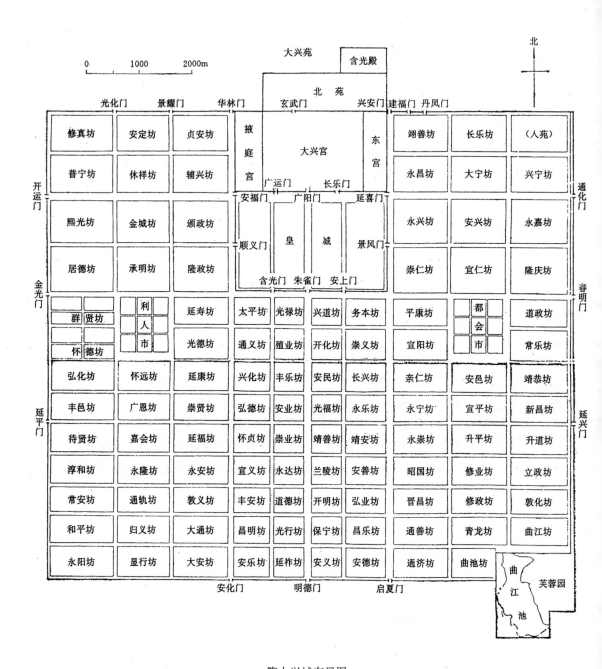

隋大兴城布局图

的里坊四面开四个坊门,中辟十字街;小的里坊开东西二门,有一条横街。这些纵横相交的街道形成一个交通网络,井然有序。各大街的两侧都开有排水沟,街道两旁植以榆、槐为主的行道树,株行距整齐划一,使道路成为宽广笔直的林荫大道,为城市增添了风采。

　　在大兴城的规划和兴建中,对于环境美化和给排水问题,也给予了高度的重视。整个城址位于渭水南岸,西傍沣河,东依灞水浐水,南对终南山。根据其地理环境和河道情况,开凿了三条水渠引水入城。城南为永安渠和清明渠,城东为龙首渠,龙首渠又分为二支渠。三条水渠都分别流经宫苑再注入渭水,不但可以解决给排水问题,而且可以进行生活物资的运输。水渠两岸种植有柳树,形成了"渠柳条条水面齐"[①]的宜人景色。城东南还开辟有曲江"芙蓉园",其"花卉周环,烟水明媚,都人游赏盛于中秋节。江侧菰蒲葱翠,柳荫四合,碧波红蕖,湛然可爱"[②],是全城的风景区和旅游区。

当然,在大兴城的规划、设计中,也还存在着严重的缺陷。其突出者有三:

其一是没有很好地考虑当时社会发展的需求,城市规模过大,超越了时代的要求。其城南四列里坊,经过隋唐两代300多年的时间,始终没有多少住户,非常冷落荒凉。正如宋敏求所说:"自朱雀门南第六横街以南,率无居人第宅。"其注又云:"自兴善寺以南四坊,东西尽郭,虽有居者,烟火不接,耕垦种植,阡陌相连。"[③]

其二是大兴城的道路虽然很宽,但全是土路,雨雪时泥泞不堪,难以通行,有时连上朝都得停止。为了排水,路面都是中间较高,两侧有宽、深各两米多的水沟,但由于城内地形起伏较大,排水仍有困难,以致暴雨后常有坊墙倒塌,居民溺死的事故发生。

其三是在漕运方面也存在着较大的问题。有时漕运不通,即造成粮食供应匮乏。为此,终于酿成了都城的东迁。

当然,这些问题在现代城市建设中仍是或多或少存在着,我们更不应该苛求古人。在当时的社会、经济、科技条件下,大兴城的建设成就是值得人们赞颂的。遗憾的是,这一历史名城被毁于唐末战乱的焚掠中。

# 三 营建东京

营建东京是宇文恺在建筑方面的另一重大成就。大业元年三月丁未(605年4月10日),隋炀帝杨广"诏尚书令杨素、纳言杨达、将作大匠宇文恺营建东京,徙豫州郭下居人以实之"。大业二年春正月辛酉(606年2月18日),"东京成"。[④] 其营建过程前后仅经十个月,是又一座在短时间内经周密规划、设计,建造而成的大型城市。在营建东京时,宇文恺"揣帝心在宏侈,于是东京制度穷极壮丽"[⑤]。为此,曾"发大江之南、五岭以北奇材异石,输之洛阳;又求海内嘉木异草,珍禽奇兽,以实园苑"。[⑥] 故此宇文恺博得隋炀帝的欢心,被进位开府仪同三司。

东京又称东都,位于汉魏洛阳城之西约10公里,北依邙山,南对龙门,地理位置十分优越。正如李吉甫所说:"北据邙山,南直伊阙之口,洛水贯之,有河汉之象,东去故城一十八里。"[⑦] 由于水陆交通方便,自隋至北宋,一直作为陪都,成为一个政治、经济和交通的中心。

东京规模略小于大兴城,亦是由宫城、皇城、郭城所构成,平面近于方形。洛水由西而东穿城而过,把城分为南北二区。由于地形的关系,东京不似大兴城那样强调南北中轴线和完全对

---

① 唐·王建,《早春五月西望诗》。

② 唐·唐骈,《剧谈录》。

③ 宋· 宋敏求,《长安志》卷七。

④ 《隋书·炀帝纪上》。

⑤ 《隋书·宇文恺传》。

⑥ 《资治通鉴》卷一八〇。

⑦ 唐·李吉甫,《元和郡县图志》卷五。

称的布局方式,其宫城和皇城建于西北部,但整个规划力求方正、整齐、仍与大兴城相似。

宫城名紫微城,"东西四里一百八十八步,南北二里八十五步,周一十三里二百四十一步,其崇四丈八尺,以象北辰藩卫。城中隔城二,在东南隅者太子居之,在西北隅者皇子、公主居之。城北隔城二,最北者圆璧城,次南曜仪城。"①宫城内有乾阳殿、大业殿等数十座殿、阁、堂、院,极其富丽堂皇。李吉甫称:"(东京)宫室台殿,皆宇文恺所创也。恺巧思绝伦,因此制造颇穷奢丽,前代都邑莫之比焉。"② 其中以乾阳殿最为奢华,是皇帝举行大典和接待重要外国使团的地方。"殿基高九尺,从地至鸱尾(房脊两端的兽)高一百七十尺,十三间二十九架,三陛轩。文掍镂槛,栾栌百重,窃拱千构,云楣绣柱,华榱璧珰,穷轩甍之壮丽。其柱大二十四围,倚井垂莲,仰之者眩曜。南轩垂以珠丝网络,下不至地七尺,以防飞鸟。四面周以轩廊,坐宿卫兵。""殿庭东南西南各有重楼,一悬钟,一悬鼓,刻漏即在楼下,随刻漏则鸣钟鼓。"③ 宫城正门则天门,"门上飞观相来,门外即朝堂。"④ 因其太奢,致武德四年(621)唐高祖李渊令人焚毁另建。

宫城西面是上林西苑,又名会通苑,在今洛阳涧西一带。据《大业杂记》记载:"(大业)元年夏五月西苑,周二百里,其内造十六院。"苑内引涧河汇水成海,周十余里,海中造蓬莱、方丈、瀛洲三神山,高出水面百余尺,台观殿阁布置在山上,风景非常壮观。缘渠作十六院,门皆临渠,堂殿楼观,极为华丽。为了引洛水入苑,宇文恺还修筑了月陂。据李吉甫《元和郡县图志》卷五记载:"洛水,在(洛阳)县西南三里。西自苑内上阳之南 渌漫东流,宇文恺筑斜堤束令东北流。当水冲,捺堰九折,形如偃月,谓之月陂。"

宫城的东北面为含嘉城,城里为含嘉仓,是一座贮藏粮食的大型国家粮仓。据《大业杂记》记载:"大业元年,炀帝建东都洛阳,在宫城东建含嘉仓。"据1969年以来的考古发掘,含嘉城的总面积约43万平方米,四面有城墙,城墙为挖槽夯筑而成。在仓城的东北和偏南地区,勘探出大小不等的圆形或椭圆形的地下粮窖287座,估计全城的地下粮窖应在400座以上。由于东京遭运方便,又在含嘉城内储藏了大量粮食,避免了大兴城发生粮荒的问题,使其粮食供应得到了保障。

皇城名太微城,亦称南城、宝城,"东西五里一十七步,南北三里二百九十八步,周一十三里二百五十步,高三丈七尺。其城曲折,以象南宫垣"⑤。城中有五条南北向街道,四条东西向街道,分列省、府、寺、卫、社、庙等建筑。

郭城称罗郭城,隋时仅筑有短垣,"东西五千六百十步,南北五千四百七十步"⑥,实测南北最长处7312米,东西最宽处7290米。全城纵横大街各10条,一般宽41米,把全城划分为"里一百三,市三"⑦。这些里坊分布在北区的东部和整个南区,其中南区的里坊与街道最整齐。里坊平面作方形或长方形,面积比大兴城的里坊略小,坊内辟十字形街道。由于里坊小街道窄,临街开门的住宅随之增多,这样就使城内各部分的关系显得比较紧凑。

① 清·徐松,《唐两京城坊考》卷五

② 唐·李吉甫,《元和郡县图志》卷五。

③ 《大业杂记》卷六十。

④ 清·徐松,《唐两京城坊考》卷五。

⑤ 清·徐松,《唐两京城坊考》卷五。

⑥ 《新唐书·地理志二》。

⑦ 《隋书·地理志中》。

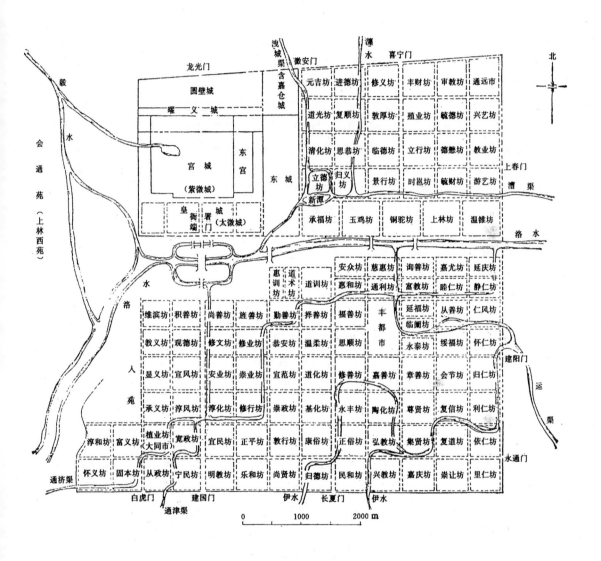

隋东京布局图

# 四　其他科学贡献

宇文恺一生的科学贡献主要集中在建筑学方面,除了规划、设计和主持施工,建造了一系列大型建筑工程外,他还在明堂设计方面花费了大量心血,取得了重要的成就。

明堂原是周代朝庭的前殿,传说其形制是周公所立,并"朝诸侯于明堂,制礼作乐,颁度量,而天下大服"①。后世追崇周制,把明堂制度神圣化,成为中国古代举行大典和宣明政教的大殿,凡朝会及祭祀、庆典、选士、教学等大典,都在其中举行。也可以说,明堂象征着帝王的权威,即所谓"天子坐明堂"。② 因此,历代统治者都对明堂制度非常重视,但具体的明堂形制是什么样子,则仅凭臆测,众说纷纭,争论不休。因而各代虽都有制定明堂制度之举,却均未能形成定制。

隋文帝平陈之后,也把建立明堂制度提上了议事日程。开皇十三年(593),诏命礼部尚书牛弘等议定明堂制度,当时任检校将作大匠的宇文恺曾献上明堂木样。他"依《月令》文,造明堂木样,重檐复庙,五房四达,丈尺规矩,皆有准凭"。③ 宇文恺所献的明堂木样受到隋文帝的赞赏,但由于诸儒异议,久不能决,而作罢。"高祖异之,命有司于郭内安业里为规兆。方欲崇建,又命详定,诸儒争论,莫之能决。弘等又条经史正文重奏。时非议既多,久而不定,又议罢之。"④

隋炀帝继立之后,宇文恺又上明堂议及明堂木样。关于宇文恺所上明堂议及木样事的具体时间,史书没有明言。据《隋书·礼仪志一》记载:"及大业中,恺又造《明堂议》及样奏之。炀帝下其议,但令于霍山采木,而建都兴役,其制遂寝",则似应该是在大业元年三月营建东都开始之前,即大业元年一、二月间。但此时隋炀帝刚篡位不久,忙于巩固其统治地位,又欲兴建东都,宇文恺是很会揣测帝心的,想不致于在此时奏上明堂议及木样。而此记载也仅言大业中,若是在大业元年初,当会指明是大业初,而不会称"大业中"的。据《隋书·宇文恺传》记载:"帝可其奏,会辽东之役,事不果行。"《资治通鉴》卷一七八引《隋志》亦说:"会辽东之役,不果行"。则宇文恺所上的奏议和木样当在大业六年底至七年初之间,这应是比较可信的。

宇文恺所上的《明堂议表》除引经据典,考证明堂制度外,还附有建筑设计图和立体木制建筑模型。为完成此一工作,他花费了大量的心血。他"远寻经传,傍求子史,研究众说,总撰今图。其样以木为之,下为方堂,堂有五室,上为圆观,观有四门"。⑤ 这是一篇很有学术价值的建筑考古学文献。虽说其所议定的明堂制度只能作一家之说,不能定论,但从他所绘制的建筑图和据此制作的木制立体模型,却可以推断他已经使用了比例尺。这种利用比例关系绘制建筑图和制作立体建筑模型的方法,在中国建筑史上是一大创举,具有重大的科学意义。

宇文恺在建筑学方面的著述有《东都图记》20卷,《明堂图议》二卷,《释疑》一卷,均见行于世。但除《明堂图议》的部分内容保存在《隋书·宇文恺传》、《北史·宇文贵传》和《资治通鉴》等史籍中外,其他的后来都佚亡了,这实是建筑史上的一大损失。

除了建造大型的土木工程外,宇文恺还曾制造过可以活动的大型建筑。大业三年七、八月间,宇文恺在随隋炀帝北巡时,受命制造了三项活动性的建筑:

(1)大帐,造于七月。《隋书·宇文恺传》记载:"时帝北巡,欲夸戎狄,令恺为大帐,其下坐数千人。"《资治通鉴》卷一八○也记载:"帝欲夸示突厥,令宇文恺为大帐,其下可坐千人。甲寅(15日)帝于城东御大帐,备仪卫,宴启民及其部落,作散乐。诸胡骇悦,争献牛羊驼马数千万头。"《北史·炀帝纪上》亦云"甲寅,上于郡城东御大帐,其下备仪卫,建旌旗,宴启民及其部落三千五百人,奏百戏之乐。"

---

① 《礼记正义·明堂位第十四》。
② 《古乐府·木兰诗》。
③ 《隋书·礼仪志一》。
④ 《隋书·礼仪志一》。
⑤ 《隋书·宇文恺传》。

（2）观风行殿，造于八月。《隋书·宇文恺传》记载："又造观风行殿，上容侍卫者数百人，离合为之，下施轮轴，推移倏忽，有若神功。戎狄见之，莫不惊骇。"《资治通鉴》卷一八〇也记载："令宇文恺等造观风行殿，上容侍卫者数百人，离合为之，下施轮轴，倏忽推移。"

（3）行城，造于八月。《资治通鉴》卷一八〇记载："又作行城，周二千步，以板为干，衣之以布，饰以丹青，楼橹悉备。胡人惊以为神。"

其中，大帐当是大型帐篷。观风行殿应是一种活动性建筑，上面为宫殿式木构建筑，可以拆卸和拼装；下面设置轮轴机械，可以推移，惜其具体形制和结构史无明言，难以详悉。行城应是一种板装并附有布屏的围城，史籍虽未明言系宇文恺所作，但其记述紧接在造观风行殿之后，当亦是宇文恺负责制作的。

另据记载，大业五年六月（609年7月），隋炀帝西巡，至张掖（今甘肃张掖）时，亦"御观风行殿，盛陈文物，奏九部乐，设鱼龙曼延，宴高昌王、吐屯设于殿上，以宠异之。其蛮夷陪列者三十余国"[1]。不知此观风行殿是否即是大业三年宇文恺所造的，抑或是重造，谨录此以备查考。

大业八年三月，隋炀帝征伐辽东（今辽宁辽阳）时，宇文恺亦随行。为了渡过辽水（今辽宁大凌河），"帝命工部尚书宇文恺造浮桥三道于辽水西岸，既成，引桥趣东岸，桥短不及岸丈余。……更命少府监何稠接桥，二日而成"[2]。宇文恺所造浮桥虽因测量河宽不准确而未能成功，但却为何稠的接桥工作奠定了基础。

这些大型的活动性建筑，从另一侧面反映了宇文恺在建筑方面的非凡天才，也反映了他在机械制造方面有着很深的造诣。通观宇文恺一生的业绩，称他为一代建筑学大师，当不为过。

## 参 考 文 献

金秋鹏.1989.宇文恺修长城之役考略.中国科技史料.10(4):46～48

李好文(元)撰.1983.长安志图.文渊阁四库全书本.台北:商务印书馆

刘敦桢主编.1980.中国古代建筑史.北京:中国建筑工业出版社

宋敏求(宋)撰.1983.长安志.文渊阁四库全书本.台北:商务印书馆

徐松(清)撰.1985.唐两京城坊考.北京:中华书局

杨鸿勋.1987.建筑考古学论文集.北京:文物出版社

余扶危,贺官保.1982.隋唐东都含嘉仓.北京:文物出版社

《中国建筑史》编写组.1982.中国建筑史.北京:中国建筑工业出版社

中国科学院考古研究所洛阳发掘队.1961.隋唐东都城址的勘查和发掘.考古,1961,(3):127～135

中国科学院考古研究所西安唐城发掘队.1963.唐代长安城考古记略.考古,1963,(11):595～611

中国科学院自然科学史研究所主编.1985.中国古代建筑技术史.北京:科学出版社

（金秋鹏）

---

① 《隋书·炀帝纪上》。

② 《资治通鉴》卷一八一。

# 李　春

在河北省赵县南的洨河上,横跨有一座著名的石拱桥,叫安济桥。由于赵县是古代赵州的治所,故俗称之为赵州桥,又因全桥是由石块和石板建筑而成,故亦叫大石桥。以古代桥梁而论,它是世界上现存最古、跨度最长的敞肩圆弧拱桥。全桥总长 50.83 米,宽 9 米,由 28 条拱券并立而成,每拱用石约 40 块,桥上装设有栏板望柱,其石雕图案异常精美,"龙兽之状,蟠绕拏踞,眭盱翕欱,若飞若动"①。修造之精、之难、可谓神工鬼斧,现已被列为世界文化遗产,予以特别保护。

赵州桥是隋代杰出的桥梁匠师李春的大手笔。遗憾的是,关于李春的生平事迹,由于史籍记载阙如,已无从查考。唐代中书令张嘉贞为此桥所写的"铭文"记载,"赵郡洨河石桥,隋匠李春之迹也,制造奇特,人不知其所以为。"②以张嘉贞出任中书令的时间而论,那是在唐玄宗开元二十年(732)之后,③去隋亡国不过百余年,铭文中的说法应是可信的。又明隆庆元年(1567)成书的重修《赵州志》卷二中,记有:"桥梁:安济桥,在州南五里洨河上,一名大石桥,乃隋匠李春所造。奇巧固护,甲于天下。"据此,人们可知赵州桥是李春负责设计和建造的。这也是人们迄今仅知的关于李春的事迹。

关于赵州桥的建造年代,据北京大学收藏的《金石汇目分编》卷三"补遗"中记载,人们曾于安济桥下发现隋石工李通题名石一块,上有"开皇"字样。开皇是隋代年号,其起止年代为公元 591~600 年。1955 年又曾在桥下挖出唐贞元九年(793)刘超然所写的修桥碑记,碑记刻于八棱石柱之上。碑记中记有:"郡人建石梁几二百祀。"以此逆推,建桥时间当在公元 593 年稍后。此外,唐李吉甫著《元和郡县志·平东县》中记有"清水石桥,在(平东)县西三里,隋仁寿元年(600)造,石作华巧,与赵州桥相埒",这里也说赵州桥是建于仁寿元年以前。又,唐代张彧《赵郡南石桥铭》④中记有:"块轧匠造,淋琅簇迮,敞作洞门,呀为石窦,穷深莫算,盈纪方就",表明是桥历十年方始完成。现人们一般采用的建桥年代为公元 595~605 年⑤

## 一

李春所造赵州桥是敞肩圆弧拱桥。

起拱承重的技术,在我国古代最早是用于建筑的。从出土文物来看,西汉初期,随着砖墓室的大量出现,也出现了砖拱墓顶。对东汉时期的砖墓进行的研究表明,砖拱技术至此时已更加成熟。石拱桥的起拱技术,从设计到施工,很可能多是取自砖拱建筑的借鉴。

现已查知的,与拱桥有关的最早的实物资料,是河南新野北安乐寨出土汉画像砖上的拱桥

① 隆庆《赵州桥》卷二,天一阁藏明代方志选刊,上海古籍出版社影印,1962 年。

② 隆庆《赵州志》卷二。

③ 见《新唐书·张嘉贞传》。

④ 隆庆《赵州志》卷二。

⑤ 茅以升,中国古桥技术史,北京出版社,1986 年;唐寰澄,中国古代桥梁,文物出版社,1987 年。

图①（属东汉中晚期）。这虽然还属于是示意性的砖画，但拱桥此时存在则是可以确认无疑的。

关于石拱桥，据现在已知的资料，最早的文献记载出现在郦道元所著《水经注》一书之中。书中引用了朱超石写给其兄朱龄石的书信，信中论述了在洛阳七里涧上修建旅人桥的情况，此项记载说："此桥（旅人桥）去洛阳宫六七里、悉用大石，下圆以通水，可受大舫过也，题其上云：太康三年（282）十一月初就工，日用七万五千人，……。"②"悉用大石，下圆以通水"当是石拱桥无疑。可惜此桥现已不存，只剩下了上述的文字记载。英国科学史家李约瑟（J. Needham）根据此桥已相当成熟，从而断定中国的拱桥大致上始于东汉。③

拱桥桥拱的形状可分为：半圆、马蹄、全圆、圆弧、锅底、蛋圆、椭圆、抛物线、折边等拱券。其性能也各有短长。

赵州桥属圆弧拱桥，拱石连线呈小于半圆的圆弧状。圆弧拱桥的拱高（矢）与跨距的比值越小，则拱形越扁。这种较偏的圆弧拱桥可以实现在不加高桥面的情况下增加桥的跨度。但是弧形越扁，则拱对两端桥基的推力也就越大，从而对桥基的要求也就越高。

赵州桥主孔净跨为：37.02 米；净矢高为：7.25 米；矢与跨之比：1：5.12＝0.19；拱腹半径为：27.31 米；拱中心夹角：85 度 20 分 33 秒。这是一座圆弧很偏的弧拱桥，达到了低桥面和大跨度的双重目的。这种圆弧拱型亦称坦拱，便于车马通行。宋代杜德源《安济桥诗》中所说的："坦平箭直千人过，驿使驰驱万国通"④，正是对这种拱型的绝妙写照。

如前所述，这样的圆弧拱桥桥基的侧推力必然加大，从而提高了对桥基的要求。经考古实地钻探了解到赵州桥两端的桥台实际上却是：

低拱脚：拱脚在河床下面仅半米左右。

浅桥基：桥基底面在拱脚下仅 1.70 米左右。

短桥台：由上至下，用逐渐略有加厚的石条垒砌成，5 米×6.70 米×9.60 米的一个桥台。这是一个很经济简单实用的短桥台。李春造桥时所以敢于采用这种简单实用的桥台，很可能是来自他对桥基地质情况的了解和对洨河水文情况的了解。洨河是华北平原上较大的河流，它发源于太行山，沿途会合许多河流，古代山中植被尚好时其水量可能并不小，"当时普称巨川"。据张孝时《洨河考》记载："每大雨时行，伏水迅发，建瓴而下，势不可遏"；但后来植被逐渐破坏，蓄水能力差，平时只有涓涓细流，"唯夏秋霖潦，挟众山泉来注，其势不可遏，然不久复为细流矣"。⑤ 总的讲是："伏雨季节，水势甚猛，但平时水量不大，这大概是虽然桥基台甚短而可使桥体长年不坏的一大原因。

另外根据现代考古钻探，桥址的地质条件如下：地表之下是冲积性亚粘土层，桥台的基础便座落在褐黄式硬型亚粘土层上。这一亚粘土层每平方厘米的承载力约为 3.4 公斤至 4.4 公斤之间，这和上述粘土层承载能力十分接近。这种争取在地基不下陷的情况下最大限度地利用地基的承载能力的巧妙设计，不能不令人叹服。这不可能是偶然的巧合，它必然是长期经验积累的结果。如果当初为防止拱脚侧推力而加大基台的尺寸，超过桥基地层的承载能力，则必然会引起桥基的下沉而使整座石桥毁于一旦。当然防止拱脚的侧推力还可以用加长桥基（即不增

① 见《考古》1965 年第 1 期。

② 见《水经注》卷十六。

③ J. Needham, Science and civilisation in China, Vol. 4(3), p. 172

④ 隆庆《赵州志》卷二。

⑤ 隆庆《赵州志》卷二。

加基底每单位面积上的压力而增加整个基台防侧滑的能力)的方法解决,但大桥的设计者充分考虑到台侧的后填土同样可以起到防滑作用而采用了经济实用的短基台,节省了工料。事实证明这一短桥台的设计是成功的。"中国传统石桥的台后填土,常花费很大功力,选料、填筑、夯实,和近代相比,似更胜一筹"。[①] 李春的赵州桥设计,充分利用了中国传统筑桥技术的这一经验。

二

李春的赵州桥,主拱是由 28 道各自独立的并列拱券所组成,拱石厚皆为 1.03 米,而并列各券拱石宽自 25～40 厘米不等,每块拱石长度约为 1 米,最大拱石重量可达 1 吨。

每券各自独立,可以单独操作,比较灵活。在拱石材料准备(在地面上放平设计即可),加工(主要是每块券石与邻石接触面要仔细加工达到紧密贴合,其他要求不高),起券安装等各道工序较之横联式拱券都简单了许多。当然,这种每券各自独立成券的设计,桥建成后坚固程度是不如横联式的,但是考虑到建桥当时各方面的技术的条件,并列各自独立的拱券,可能是设计者的唯一选择。因此,如何加强独立各券之间的横向联系便成了建桥设计的重要技术难点。

李春为解决各券间的横向联系,采取了一系列的技术措施:

首先,经现代实测,对走动较少的 20 道券护拱石的测量,拱顶比拱脚窄 60 厘米。这说明当初的设计是下宽上狭,略有收分,用以增强桥的直立性能,免得向两侧倾倒。

第二,在拱券空腹段上面,横向铺满护拱石,靠护拱石以及桥面上部的铺石、桥栏等的重量,压住拱券,增强其横向联系。

第三,两侧护拱石各设 6 块勾头石,石长 1.2 米,外端头呈下勾状,下伸部分长 5 厘米,用以勾住最外一道拱券,防止外倾。

第四,在主券上均匀地设有 5 根铁拉杆,拉杆两端有半圆形杆头露出石外,以增强其横向拉力。肩上两小券,券顶处也各设一同样的铁拉杆,两端出头,横向拉住。

第五,如图片所示,在两侧外券相邻的每二石之间都穿有铁腰。各道券之间,相邻的石块也都在拱背穿有铁腰,以使各券横向间相互联系,此外当然也应用石灰粘砌。这两项也就是古人早已指出的"仍糊灰墨,腰铁栓蟌。"[②]

这样,李春采用了收分、护拱石、勾头石、铁拉杆、穿铁腰等方法,解决了并列纵券的横向联系不够的难题。

李春所造赵州桥的技术成就不仅在主拱的修造,同时也在于敞肩,在于主拱两端各有两个小拱的处理。

其靠近拱脚的小券净跨为 3.8 米,另一小券的净跨为 2.85 米,两券原都是 65 厘米厚,四个小拱也都采用各自独立的 28 道并列纵券。[③] 和主拱同样,也采用了护拱石等增强横向拉力的各种措施。采用敞肩四小券的技术目的是十分明显的。首先,它们可以减轻洪水季节由于水量增加而产生的洪水对桥的侧推力,充分发挥圆弧拱桥的低桥面、长跨度的优点。正如唐代文

---

① 茅以升,中国古桥技术史,第 82 页。

② 唐·张嘉贞,《赵州桥铭》,载《(隆庆)赵州志》。

③ 南端小券为 27 道,但此乃后世修复时所为,原为 28 道无疑。

献对此的评论"两涯嵌四穴,盖以杀怒水之荡突,虽怀山而固护焉。夫非深智远虑,莫能创是"。[①] 其次,这种敞肩四小券的采用,可以减轻桥身自重对主拱和桥基的压力,同时与实肩拱桥相比也可以节省大量的土石材料。最后,敞肩比实肩更增加了造型的优美,主拱与小拱构成一幅完整的图画,显得更加轻巧秀丽,令人赞美不止。

# 三

由于李春赵州桥敞肩圆拱具有造型优美,设计精巧合理,弧矢低而跨距大,节省原材料等优点,在国内影响颇大。尤其是在我国北方出现了不少敞肩圆弧石拱桥。经调查有:[②]

| 桥名 | 地址 | 修建年代 | 拱券跨度 | 小拱跨度 | 备考 |
|---|---|---|---|---|---|
| 小商桥 | 河南省临颍郾城两县交界处 | 公元 584 年建,元大德年间重修,1675 年再修 | 11.1 米 | | 敞肩圆弧石拱桥 |
| 永通桥(小石桥) | 河北赵县西门外 | 约 1190~1196 年建 | 约 25.5 米 | 3 米×2 | 形状与李春赵州桥相似 |
| 凌空桥 | 河北栾城东门外 | 1201~1208 年建,1498 年重修 | 长 30 丈高 3.5 丈 | | 敞肩圆弧石拱桥 |
| 济美桥 | 河北赵县宋村 | 建于 1549 年,1594 年重修 | | | 中两大孔,两端两小孔,毁于 1966~1976 年 |
| 沙河店桥 | 河北赵县大石桥南 15 里沙河店村 | | 7.5 米 | 1.62 米×2 | 16 道并砌,拱跨 1/4 处有铁拉杆。现已拆除 |
| 升仙桥 | 河北行唐县西门外 | 1090 年建,1525 年重修 | 12.8 米(矢高 3 米) | 2.35 米×2 | 18 道并砌 |
| 天威军桥 | 河北井陉县东北石桥头村 | 1085 年建 | 13 米(矢高 3.5 米) | 2.5 米×2 | 主拱为椭圆形,清代此桥有移动 |
| 景德桥(沁阳桥) | 山西晋城县西关 | 1165 年建 | 21 米(矢高 3.7 米) | 3.1 米×2 | |
| 桥楼殿 | 河北井陉县苍岩山 | 隋末建 | 12.8 米(另说 10.7 米) | 1.8 米×2 | 无横向联系并砌。但收分明显,顶宽 7.53 米,脚宽 7.93 米 |
| 普济桥 | 山西原平县西关 | 1165 年建 | 21 米(矢高 3.7 米) | 3.1 米×2 | |
| 来宣桥 | 山西义同镇北门外 | 1023 年建 | | | 与山西原平县普济桥相似 1952 年地震倒塌,现已改建为三孔石拱桥 |

---

① 见张嘉贞《赵州桥铭》。
② 此表系据茅以升《中国古桥技术史》84~86 页,256~273 页资料综合整理而成。

　　以上可能是并不完全的统计,但从各方面来讲,上述这些敞肩圆弧拱桥,就其技术成就而言,都没能超过李春的赵州桥,虽然从这些桥梁身上都可以看到赵州桥的明显影响。

　　1949 年之后,继承并发扬了我国石拱桥传统的建造技术,修建了不少规模远远超过赵州桥的敞肩石拱桥。例如:

　　　　四川丰都县九溪沟大桥:　　　　　　跨径 116 米

　　　　云南盘江长虹桥:　　　　　　　　　跨径 112 米

　　　　成昆铁路一线天石桥:　　　　　　　跨径 54 米

等等,都是古为今用的生动例证。此外还出现了许多钢骨水泥结构的敞肩圆弧拱桥,以及近年盛行的双曲拱桥,也都可以说是李春赵州桥的推陈出新。

　　李春敞肩圆弧石拱桥的技术成就,在世界桥梁技术史上也是值得大书特书的极其光辉的一页。

　　在西方,从古罗马时代起,就已在建桥的技术中应用了石拱桥的技术,建于公元前的米尔维乌斯(Milvius) 桥和建于公元前 62 年的罗马法布里奇乌斯(Fabricius)桥,它们的拱跨在 18.28 米～24.38 米之间,这说明西方石拱桥的出现比中国要早。但是正如一位桥梁工程师梦耶(F. Meyer)在考察了中国的石拱桥之后所得出的结论:罗马石拱桥与中国颇为不同。罗马拱桥用石厚重,致使石与石贴面间的白灰长久不干,而中国桥的拱券用石薄轻,其上用较石为轻的土来填充,桥侧石砌边墙,桥顶用石铺设桥面等等,梦耶说:"中国桥用料最少,它是一种理想的营造工程,可以满足技术理论和营造工程方面的需要。"[1]

　　至于敞肩的圆弧拱桥则更是中国的独特创造,在西方敞肩圆弧石拱桥的出现,最早是在 14 世纪,即佩皮昂(Perpignan)附近德克(Tech)河上的塞莱桥(Pont de Céret,建于 1321 年),其主拱跨为 45 米,半圆形,两肩上各有一半圆形小拱。但是,此桥已晚于李春赵州桥七个多世纪。美国出版的《桥梁建筑艺术》一书中称:"(李春赵州桥)结构如此合乎逻辑和美丽,使大部分西方古桥,在对照之下,显得笨重和不明确。"[2]

　　以研究中国科学技术史著称的英国李约瑟在说明公元 1 世纪到 18 世纪期间先后传到欧洲和其他地区的中国科学技术成果时,曾列举了 26 项发明和创造,其中的第 18 项即为"弧形拱桥",李约瑟认为西方落后于中国的大致时间为七个世纪。[3]

　　正如中国现代著名桥梁专家李国豪所评价的:"李春以其卓越的艺术才能和非凡的科学思想大胆创造,用一孔 37.4 米的大孔径,拱高与跨度之比为 1 比 5 的非半圆形扁拱跨越 洨河,并在两肩各筑两个敞肩拱以减轻大拱圈的荷重,同时扩大洪水通过桥孔面积,从而建成了著名的赵州桥,在中国和世界桥史上做出了艺术上和技术上开创性的卓越贡献,成为现代拱桥的典范。"[4] 李春及其所造赵州大石桥真可谓:与世长存,永垂不朽。

## 参 考 文 献

茅以升主编.1986.中国古桥技术史.北京:北京出版社

唐寰澄.1987.中国古代桥梁.北京:文物出版社　　　　　　　　　　　　　　　　　　　　　(杜 方)

---

　①　Needham, Science and civilisation in China, Vol. 4 (3), p.168

　②　引自茅以升《中国古桥技术史》第 81 页。

　③　〔英〕李约瑟,中国科学技术史(中译本)第 1 卷,第 2 分册,科学出版社,1975 年,第 548 页。

　④　李国豪,关于中国拱桥,载《中国科技史探索》,上海古籍出版社,1986 年,第 488 页。

# 孙 思 邈

孙思邈(约581～682),京兆华原(今陕西耀县)人,是唐代杰出的医药学家。

孙思邈的家乡在耀县孙家塬,至今是一个不太富裕的农村。据孙氏在其《千金要方·序》中记述,"吾幼遭风冷,屡造医门,汤药之资,罄尽家产"[1],可见其家境并不富裕,且自小多病。但他并不因自小贫病而放松学习,且因其资质聪颖,七岁入学,即能"日诵千余言。弱冠善谈庄老及百家之说,兼好释典",故而有"圣童"之称。[2] 其时,即开始钻研医学经典,广为求师访友,凡"切脉、诊候、采药、和合、服饵、节度、将息、避慎,一事长于己者",皆"不远千里,伏膺取决",故医术日益精湛。他开始在亲朋好友间行医,多获显效,"亲邻中外有疾厄者,多所济益;在身之患,断绝医门"[3]。他赞赏汉代名医张仲景所言,"当今居世之士,曾不留神医药,精究方术,上以疗君亲之疾,下以救贫贱之厄,中以保身长全以养其身",故孙氏虽博学多才,但终生行医于民间,以实践其"人命至重,有贵千金,一方济之,德踰于此"[4] 的救治贫病之志。隋唐统治者曾多次征召,如隋文帝时,以国子博士召;唐太宗初,召诣京师欲官之;显庆中,召拜谏议大夫等,皆固辞不受。惟唐高宗咸亨四年(673)曾受承务郎直长尚药局职,掌合和御药及诊候方脉之事,然不久即辞疾请归。当时名士宋令文、孟诜、卢照邻等均执师资礼以事之。

孙氏生平著作甚富,据统计有80种,然大部分已佚失。医学方面,以《备急千金要方》、《千金翼方》为代表作。《太清丹经要诀》则是其关于炼丹术的代表作。

孙思邈逝世以后,历代纪念活动不断。朝廷和百姓均极推崇,唐太宗曾赐以真人号,老百姓称其为药王,可见其在人们心目中的地位,也是人们对孙思邈杰出医学贡献的褒奖。

孙思邈生活于隋唐之际,其时正值中国封建社会的鼎盛时期,封建文化也大有发展。孙思邈熟谙古代诸子百家经典,因此,古代的哲学思想、封建道德观念、道教释典的影响,形成了孙氏杂揉着儒道佛诸家观点的学术思想,而其长期生活、行医于民间,更促使其有朴素的唯物主义倾向和重视、热爱劳动人民的观点。在医学学术上,孙思邈继承了汉晋以来的阴阳五行、经络脏腑等传统医学学说,也吸收了来自印度和其他国家、民族的医学经验,如印度的地水风火说、天竺按摩法、高丽老师方、波斯国悖散汤等等,这些无疑是中外医学交流及汉族与少数民族医学交流的可贵资料。而这一切医学知识为孙氏临床打下了坚实的基础。他在长达80年的医疗实践中广搜博采民间医学验方,终于成为名扬千古的临床大家。

## 一 促进妇儿科向专科化发展

孙思邈的医学成就首先是对妇儿科学的重视、认识和取得的经验。他指出妇婴与男性成人

---

[1] 孙思邈,《备急千金要方》,人民卫生出版社影印,1955年,第6页。下引版本同。

[2] 《旧唐书·孙思邈传》。

[3] 《旧唐书·孙思邈传》。

[4] 《备急千金要方·序》。

有不同的特点,妇女"有胎妊、生产、崩伤之异"①,儿婴有初生、惊痫、客忤之殊,然古文献中,于妇儿科诊治缺少专篇。而"生民之道,莫不以养小为大",②故认为应对妇婴特别重视。这一思想反映在其著作中,他将妇婴病之诊治列于其著作《备急千金要方》之卷首。

孙思邈提出妇女怀孕时宜"居处简静",并宜"调心神,和情性,节嗜欲,庶事清静"③,这于减少对孕妇及胎儿的不良刺激是很有必要的。如噪音对胎儿的不良影响已为实验观察所证实。他还强调孕妇要避免服用有毒药物,以免堕胎、流产之虞;他提出孕妇饮食宜有所禁忌者十余种,如多食羊肉、鸡子、鲤鱼令子多疮,若从多食肥甘厚味之物以致助湿生热而导致胎热,令子生后多疮来理解,这是可取的。他还强调孕妇应从事轻微劳动,注意个人卫生,多晒太阳等,亦属有利于孕妇生产和胎儿正常发育的有益措施。上述内容,与目前提倡之围产期保健内容是相一致的。

对妇女分娩,孙氏指出"忌多人瞻视",及"不得令死丧污秽家人来视之"等,对保持产房安静,避免产妇、新生儿接触带菌者等很有意义,至今还值得提倡。而孙思邈提出的妊娠得病须去胎的处方,这对崇尚佛教教义不杀生的孙氏来说是十分难得的,不仅反映了他在优生优育方面所作的努力,也提供了今天计划生育工作中值得研究的资料。

孙思邈对妇产科疾病,如妊娠呕吐、胎动不安、先兆流产、崩漏下血等病的诊治都有记载,对难产、子痫、死胎、胞衣不下的处理及月经不调、带下诸疾也有详论,是对唐以前妇产科疾病诊治的临床经验总结,从而赋予妇产科学以独立的内容,促使其向专科化发展。

孙思邈还出色地总结了7世纪以前的儿科知识,正确叙述了婴儿娩出后即宜拭去口中及舌上"青泥恶血",是婴儿出生后及时清除口鼻腔粘液、羊水,以防吸入性肺炎发生的积极措施。婴儿出生后,又强调若新生儿不啼哭,必须用挤压脐带以增加脐静脉回血,或对口呼吸,或用葱白轻打婴儿等方法以刺激之,说明他已意识到保持新生儿呼吸道通畅的意义。在脐带处理上,孙思邈不赞成随意用刀子割断的方法,而提倡隔干净单衣咬断的方法,在当时消毒不严密的情况下,有利于避免脐风(新生儿破伤风)的发生。断脐后,主张用四寸见方之帛,合以半寸厚新棉盖脐,再用柔软之白练缠缚,基本与现代裹脐法一致。

对婴儿的护理,孙思邈提出了不少有益的建议。如主张新生儿应慎衣保温,以免感受风寒得病,但风和日丽的天气,又宜抱婴儿至户外活动,以见风日,使儿"肌肉牢密,堪耐风寒,不致疾病",④并将常藏于帏帐之中,重衣温暖的婴儿,比喻作"阴地之草木,不见风日,软脆不堪风寒",是值得娇生惯养儿女的父母们作诫的。在给婴儿哺乳方面亦提出了严格要求,认为乳母一定要观察"儿饥饱节度",以知儿一日中"几乳而足"以为常,即提倡定时定量的喂养方法,对培养婴儿良好的生活习惯是一良好开端。哺乳时还要挤去宿乳,不宜令乳汁奔流以致噎儿及乳母欲寝时不哺乳恐填塞婴儿口鼻,是哺乳应有的常识。此外,孙思邈提出要保持婴儿皮肤清洁,常以清水沐浴或给药物浴等,也是护养新生儿值得注意的问题。他认为选择乳母需注意没有胡臭、瘿瘘、气嗽、痛疥、癥瘕、白秃、疬疡、耳聋、鼻渊、癫痫等病者即可,也是很切合实际的。

孙思邈还描述了婴儿的发育过程,指出生后60日,能咳笑应和人;100日能反覆;180日能

---

① 《备急千金要方》卷二,第16页。
② 《备急千金要方》卷五,第73页。
③ 《备急千金要方》卷二,第20页。
④ 《备急千金要方》卷五,第75页。

独坐;210 日能匍匐;300 日能独立;360 日能行走。该描述完全符合婴儿发育规律,显示了孙思邈善于观察、总结的能力,亦是医学史上对婴儿发育规律的最早阐述。

在婴儿病的诊断上,孙思邈已注意观察婴儿手掌与手指之脉纹。他指出"小儿有癖,其脉大必发痫……当审候掌中与三指脉不可令起","脉在掌中尚可早疗,若至指则病增也"。[①] 虽此处仅是用于诊断痫病之预后而未及它疾,但亦可视作后世小儿指纹诊断法之肇端。

书中对婴儿常见病如惊痫、伤寒、咽喉肿痛、鹅口疮、秃疮、泄泻以及小儿流涎、遗尿、疝气、解颅等病因、病候作了系统阐述,并提出了相应的处理方法,为宋代儿科专著的出现奠定了基础。故有人认为《备急千金要方》之《少小婴孺方》是医学史上第一部儿科专著。[②]

## 二　对诊治传染病的贡献

在急性传染病方面,张仲景的《伤寒论》是我国医学史上第一部包含急性传染病在内的外感疾病的专著。孙思邈对仲景《伤寒论》是非常推崇的,但他在认真阅读《伤寒论》的基础上,结合自己临床诊治伤寒的经验,对《伤寒论》采用方证同条、比类相附的方法进行了系统的整理工作。他将《伤寒论》345 证分为 12 论,并附以伤寒宜忌及汗、吐、下法后出现症状的处理等篇章,使学习者易于掌握和应用。《千金翼方》中的伤寒条文是《伤寒论》有关内容的最早文献,给伤寒研究者提供了可贵的研究资料。

温病是感受温热之邪引起的急性热病,隶属于伤寒的范畴,但《伤寒论》之处方偏于辛温解散而不完全适用于温病之治疗,故孙思邈提出"凡除热解毒,无过苦酢之物。……夫热盛非苦酢之物不解也"[③]。他在治五脏六腑温病所用处方中大量应用清热解毒药物如苦参、大青、车前草、寒水石、羚羊角等(都是《伤寒论》中未曾使用过的),体现了他提倡用清热解毒法治温病的观点。在应用清热解毒药的同时,孙思邈还善于应用生津养阴药物如玄参、沙参、麦冬、玉竹、生地等治疗热病伤津的病证,该法还常与泻下法、解表法同用,开滋阴解表和滋阴攻下法之先河,对后世温病治疗学的发展有启发作用。在治疗过程中,他善于总结经验,选用有效药物,如其治痢方药中已广泛应用黄连、苦参、白头翁等,在其 58 个治痢方中有 31 个用了黄连;治疟多用常山、蜀漆,在其治疟的 36 方中,有 19 方用常山,这些药物之药效均已为现代药理所证实。

此外,孙思邈对传染病的预防亦予以重视,强调井水要用药物进行消毒,以及焚药(如杀鬼烧药方、熏百鬼恶气方等)作空气消毒,在预防传染病方面有一定科学价值。对霍乱病因,孙思邈作了研讨,认为"皆因饮食,非关鬼神"[④],是病因学认识上的一个了不起的进步。

于慢性传染病,孙思邈对麻风病记载尤详。他还亲自治疗过 600 余例麻风病,获得十分之一病例痊瘳的疗效。对肺结核,当时称之为"飞尸"、"鬼疰",他将之列入"肺脏"篇内阐述,似已意识到该病病位在肺及有传染性。

---

① 《备急千金要方》卷五,第 78 页。

② 何绍奇,论孙思邈在我国医学发展中的地位和影响,载《参加全国中医基础理论座谈会论文选编》,1979 年,第 45 页。

③ 《备急千金要方》卷十,第 188 页。

④ 《备急千金要方》卷二十,第 366 页。

## 三　对内科杂病之认识和治疗

孙思邈最早提出了消渴（糖尿病）与疖痈的关系，指出预防消渴患者并发化脓性感染是一个重要的问题。他说："消渴之人，愈与未愈，常须思虑有大痈"，因此，消渴患者"当预备痈药以防之"，还谆谆告诫："凡消渴病经百日以上者，不得灸刺。灸刺则于疮上漏脓水不歇，遂至痈疽羸瘦而死。亦忌有所误伤。"① 这些亦是今日临床认识并予以注意的。

孙思邈在中风症的描述中，提出了偏枯、风痱和风懿等概念。偏枯为半身不遂，言不变，智不乱；风痱为四肢不收，智乱不甚，言微可知；风懿者奄忽不知人，咽中塞，窒窒然，舌僵不能言。这是对中风症严重程度不同之描述，体现了孙思邈对中风症的认识水平。

对多种营养缺乏性疾病的认识和治疗，孙思邈具有丰富的经验，故有人称他为营养病专家。如对瘿病（缺碘性甲状腺肿），不仅描述了瘿病的常见症状，且首次描述了瘿病可能有"短气"、"胸满"、"面肿"等症，这是医学史上对甲状腺肿大压迫气管或颈部大静脉时引起症状的最早记载，是难能可贵的。对脚气病，他提出"脚气不得一向以肿为候。亦有肿者，有不肿者。其以小腹顽痹不仁者，脚多不肿。小腹顽后不过三五日，即令人呕吐者，名脚气入心。如此者，死在旦夕"。② 这种以肿、不肿、脚气入心的分类法与现代临床分类：湿性、干性、脚气性心脏病相符合。

在治疗上，孙思邈用含碘很丰富的动物甲状腺（鹿靥、羊靥等）及海藻、昆布医治瘿病；用富含维生素 $B_1$ 的谷白皮、赤小豆煮粥或煎汤预防和治疗脚气病；用富含维生素 A 之动物肝脏（羊肝、兔肝、猪肝等）治疗夜盲症；用龟甲治疗佝偻病等，都是从实践中积累的经验，此外，对水肿病忌盐及水肿病晚期应用活血化瘀药品治疗的经验，亦是极有见地和临床实用价值的。

## 四　对外科疾患的认识和治疗

在中医学的外科疾患中，皮肤化脓性疾患占较大比例，如痈疽疖疔等。其中，孙思邈对疔疮的描述最详，并总结了临床上 13 种疔的常见证候和治疗方法，特别是提到了疔疮之危候："若大重者呃逆，呃逆者难治"，"不即疗，日夜根长，流入诸脉数道……死不旋踵"，③ 是对后世称之谓"疔疮走黄"的最早描述，亦即现代医学所谓的毒血症、败血症等，后果严重。因此，孙思邈告诫医者对疔疮要"预识之"，以免延误治疗以致不救。他对疔疮的重视和提醒，对疔疮危候的认识，引起了后世医家对疔疮的广泛注意。自宋代以后，凡外科专著中，都有专篇论述疔疮的证治，从而促进了外科治疗的发展。

孙思邈对附骨疽（相似于现代之骨、关节结核病）的好发部位有细致的观察，他说附骨疽"喜著大节解中。丈夫产妇喜著䏶中，小儿亦著脊背"，④ 与现代医学发现"负重量大的或运动多的关节或肢体，结核病的发病率高"⑤ 相一致。

---

① 《备急千金要方》卷二十一，第 373 页。
② 《备急千金要方》卷七，第 139 页。
③ 《备急千金要方》卷二十二，第 389 页。
④ 《备急千金要方》卷二十二，第 407 页。
⑤ 黄家驷，外科学，人民卫生出版社，1972 年，第 1028 页。

　　对乳腺炎,孙思邈指出产后宜勤挤乳,不宜令乳汁蓄积。若蓄积而不复出,则成"妒乳"之证,又说"产后不自饮儿,并失儿无儿饮乳,乳蓄喜结痈",① 是对乳痈病因的正确认识。即主要是乳汁蓄积,易致细菌感染,其次是失儿等引起的情志郁结等。故其强调产妇必须使乳汁通畅,提倡勤挤乳以及令大孩子帮助吮吸去乳等法,在治疗和预防乳腺炎方面亦颇有意义。孙思邈指出:"女人患乳痈年四十以下治之多差;年五十以上慎不治",② 也是经验之谈。五十以上患"乳痈"者,恐是乳癌,则愈后不佳。

　　在治疗外科疾患方面,孙思邈也富有创造性。如对瘰疬、瘘管的治疗有丰富的经验,他最早记载了脓肿、瘘管用纤引流的方法,发展成为后世各种药捻引流。其创用葱管作为导尿管治疗尿闭,是导尿术的最早记载。他治疣目,"以针及小刀决目四面,令似血出,取患疮人疮中汁、黄脓傅之,莫近水,三日即脓溃根动自脱落"及小儿身上有黑疵时"针父脚中,取血贴疵上即消",③ 是以脓汁、血清等接种来治疗疣、疵,为血清免疫疗法之先驱。

　　对外伤急救,孙思邈也颇富经验,如主张用烧烙法、压迫法处理伤口出血及结合应用止血药物等,采用大麻根叶捣汁或煮汁口服法以止痛,对急救中止血、止痛皆有较好效果。他推广小夹板局部固定治疗骨折及整复下颌关节脱位的经验,对伤科治疗的发展有促进作用。他提倡"老子按摩法"、"天竺国按摩法"中的各种手法,有促进骨伤科病后关节、骨功能恢复的作用,至今还是骨伤科功能锻炼的主要方法。

# 五　对五官科疾病的开创性研究

　　隋唐以前尚没有五官科专著,隋代《诸病源候论》虽阐述各科疾病甚详,但有论无方,因此,孙思邈的"七窍病"一卷则是现存中医古文献中详述五官科证治之最早文献,对中医五官科的形成有重要意义。

　　于眼病,孙思邈提出了"生食五辛,接热饮食,热飡面食,饮酒不已,房室无节,极目远视,数看日月,夜视星火,夜读细书,月下看书,抄写多年,雕镂细作,博奕不休,久处烟火,泣泪过多,刺头出血过多"④ 是"丧明"之本。分析此 16 项内容,大都与用眼过度有关。用眼过度往往使眼调节功能紧张而导致屈光不正或视力疲劳,以致"丧明";还有一些则属辛辣刺激或烟火等对眼的有害刺激,因此,孙氏的总结是科学的。他还记述了人年 45 岁以后视力渐差的规律,亦符合视力变化的实际。

　　在眼病治疗方面,孙思邈从"肝"着手。其治眼病处方中直接以"肝"命名者有 10 余个,如补肝散、泻肝汤、补肝芜菁子散等,是孙氏治眼病的特点。此一法则至今乃为眼科临床一重要治则。除内服药外,孙思邈还配合不少外治法及手术法,如用黄连、秦皮等煎汤洗眼或羊胆、乌鸡胆外敷;猪肝、青羊肝煎汤薰眼;用钩针钩挽并割去白膜漫睛(翼状胬肉)等。正因他对眼病诊治的成就,才有后世托名孙思邈的眼科著作,如《银海精微》、《孙真人眼科》等。

　　他于耳病治疗亦多发明。如提出聤耳(中耳炎)必须先用纸缠去脓汁而后才吹药的观点,虽

---

① 《备急千金要方》卷二十三,第 419 页。
② 《备急千金要方》卷二十三,第 420 页。
③ 《备急千金要方》卷五下,第 96 页。
④ 《备急千金要方》卷六,第 103 页。

只是技术上的处理,却颇有助于提高治疗效果。提倡的若干种耳内上药法,如以苇管吹药入耳;以棉裹药塞耳中;或以泥饼覆盖耳上,正对耳孔开口并于其上以艾灸之等,是使药物到达病位所进行的技术上的改进。其创用之耳内取异物法:"以弓弦一头散敷好胶,柱著耳中物上停之,令相著,徐徐引出",①在当时是具有创造性且有实用价值的措施。

此外,在治疗咽喉病时,他强调宜令药物与局部接触,因此建议服药时尽量慢慢咽下或口含等以提高疗效。他还发展了药物烟熏、药物热敷及舌下用药法,值得临床作进一步研究。

孙思邈对齿病阐述亦较全面,他提倡每旦以盐揩齿及叩齿等,以盐揩齿是我国人民刷牙的初期形式,也是保持口腔清洁及防治口齿病的早期记录。而叩齿法是利用咀嚼肌之活动,使牙齿相叩击,从而使牙床得到刺激,有固齿作用。

## 六　对老年病学和养生学的实践

孙思邈是我国古代享有百岁高龄的少数医家之一。这当然与他个人对老年病学之成功研究与养生学之实践密切相关。他是我国医学史上把延年益寿学说同防治老年病学紧密结合起来并使之成为有理论联系实际特色的第一人。②探讨他在这方面的经验将有助于今天对老年病学与养生学的研究。

首先,孙思邈提出了老年人善养生者,"常欲小劳,但莫大疲及强所不能堪耳。且流水不腐,户枢不蠹,以其运动故也"③,主张在"四时气候和畅之日,出门行三里二里及三百二百步为佳",④以及每天行按摩导引的肢体运动等。运动能调动人体各器官活动的积极性,从而延缓人体衰老的过程,足见孙思邈在当时已认识生命在于运动的意义,而这一观点正是现代研究老年病学学者比较公认的看法。

其次,孙思邈认为养生长寿,须对日常之衣食住行予以注意:衣服宜宽大朴素,食物以素食为主,菜肴必须新鲜,并宜少食而多餐,居住场所要选择背山临水,气候高爽,土地良沃,泉水清美之处,并要养成良好的卫生习惯,如要沐浴,不随地唾痰,食后要漱口,勿食生肉,勿过多饮酒,勿饱食即卧等,睡眠宜作"狮子卧",即"右肱胁着地坐脚也"(曲腿右侧卧位),同生理卫生的要求相符。此外也提及了要注意节制房事、情志嗜欲的影响等,至今有现实指导意义。

再次,要安不忘危,预防诸病。他认为老年人在每日调气补泻、按摩导引中,发现稍有不快——身体不舒服,即须及早请医生诊视,以免病情发展,且可获早期治疗。对于滋补药物的服用,孙思邈虽深恶痛绝古代盛行的服石风气,提出"宁食野葛,不服五石"⑤的主张,但老年人机体渐衰,犹如建筑已久的房子,需不断修缮,故必须服滋补药物。因此他说:"缅寻圣人之意,本为老人设方。何则7年少则阳气猛盛,食者皆甘,不假医药,悉得肥壮。至于年迈气力稍微,非药不救,譬之新宅与故舍,断可知也"。⑥鉴于此,孙思邈在其著作中介绍了富有滋补和防治老年病作用的植物药为主的服食法,如秋服黄耆丸、冬服药酒等,他还提倡饮食疗法先于药物疗

---

①　《备急千金要方》卷六,第 130 页。

②　李经伟,孙思邈的养生学思想和贡献,中华医史杂志,1981,(4):193~200。

③　《备急千金要方》卷二十七,第 478 页。

④　孙思邈,《千金翼方》卷十四,人民卫生出版社影印,1955 年,第 161 页。

⑤　《备急千金要方》卷二十四,第 433 页。

⑥　《千金翼方》卷十二,第 148 页。

法,至今为人们所赏识。

在对人类寿命的观察中,孙思邈认为善摄生者,"不失一二百岁也,但不得仙耳"[①],这是对古代统治者,服石者企图炼丹成仙的批判。据现代科学家们从动物的成长和动物寿命的比例关系推断人类寿命应该是 100 到 175 岁,用体外细胞培养最大代数推断人体寿命至少可有 110 岁等,[②] 孙氏的推断还是很科学的。

## 七　对针灸学的贡献

我国的针灸疗法,发源很古。在秦汉时期已成为一门独立的学科。《黄帝内经》里有很大一部分是论述针灸疗法的。晋·皇甫谧《针灸甲乙经》的问世,为针灸学说的发展打下了良好基础。孙思邈两《千金方》中,共有五卷关于针灸学的论述,他不仅总结了唐以前的针灸学成就,还参入了个人的经验,为针灸学的发展做出了贡献。

孙思邈根据医家甄权所绘明堂图,又参考《针灸甲乙经》及医家秦承祖所绘之明堂图,重新绘成仰、伏、侧三人形图,其中十二经脉以五色作之,奇经八脉以绿色作之,共载穴名 349 个,[③]是我国最早的彩色经络穴位图,便于临床医生按图取穴,也有利于教学。

孙思邈还发明同身寸取穴法:男左女右,以手中指上第一节为一寸,或取手大拇指第一节横度为一寸;或以食、中、无名指、小指四指为一夫。[④] 这种同身寸折量法,简便而易于掌握,至今是临床取穴的度量法之一。

"孔穴主对法"[⑤] 的制定,是孙思邈对针灸学的又一贡献。其法为每一穴名下,列以主治病候,或一病数穴,或数病共一穴,临床可斟酌选用,为最早的针灸治疗手册。

孙思邈提出的寻"阿是穴"法,以痛为俞取穴,对发现经外奇穴与有效穴位有所启发。而他提出"凡人吴蜀地游官,体上常须三两处灸之,勿令疮暂瘥,则瘴疠温疟毒气不能著人也",[⑥]是对保健灸法的提倡和推广。据现代实验研究,针灸确实有提高机体抵抗力,提高免疫功能的作用。后世之"三里灸"法以及"若要安,三里莫要干"之说,即由之发展而来。

## 八　药物和方剂学成就

孙思邈认为作为一个医生,必须通晓药物,而善为医者,更宜自行采种药物。故他称赞古医家:"古之医有自将采取,阴干暴干,皆悉如法,用药必依土地,所以治十得九。"批评了当时某些医生:"但知诊脉处方,不委采药时节,至于出处土地、新陈虚实皆不悉,所以治十不得五六"。[⑦]在其自行采种药物、采用地道药材,加工炮制药物过程中,更体会到了采药宜掌握时节的重要性,否则所得与朽木无异。他在"采药时节"中指出"夫药采取不知时节,不以阴干暴干,虽有药

---

① 《备急千金要方》卷二十七,第 477 页。

② 高魁雄,从细胞学观点谈衰老问题,光明日报,1978 年 11 月 29 日。

③ 《备急千金要方》卷二十九,第 508 页。

④ 《备急千金要方》卷二十九,第 518 页。

⑤ 《备急千金要方》卷三十,第 523 页。

⑥ 《备急千金要方》卷二十九,第 519 页。

⑦ 《备急千金要方》卷一,第 9 页。

名,终无药实,故不依时采取,与朽木不殊。虚费人功,卒无裨益"。[1] 在其《千金翼方》之"药录纂要"、"本草"篇内,载药 800 余种,并对 233 种药物的采集、炮制做了记述,有不少改进和发明。如对附子、乌头的炮制方法,较前人有所改进,他指出:"凡用乌头,皆去皮熬令黑,乃堪用";或"去皮,蜜涂火炙令干,复涂蜜炙"[2],这是他在保证药物安全有效和丰富附子、乌头等有毒药物炮制方法上的贡献。孙思邈最早记载熟地黄之名称及其蒸制工艺[3],给后世以准绳。他在《千金翼方·药录纂要》还专列"用药处方"一节,便于医生选药遣方,使药物与方剂学密切结合起来。

孙思邈对药物的贮藏和保管亦积累有丰富经验。他提出:"诸药,未即用者,候天有大晴时,于烈日中暴之令干,以新瓦器贮之,泥头密封。须用开取,即急封之,勿令中风湿之气,虽经年亦如新也";"其丸散以瓷器贮密,蜡封之,勿令泄气,则三十年不坏";"诸杏仁及子药,瓦器贮之,则鼠不能得之也"。[4] 这些方法、理论和所用器具,对药物之防潮、防鼠、防霉变等,都是有可靠效果和科学根据的方法。他还提出了贮药库房之建筑规格,贮药柜的要求等,如"于檐前西间作一格子房,……一房著药,药房更造一立柜,高脚为之。天阴雾气,柜下安少火。若江北则不需火也。一房著药器,地上安厚板,板上安之,著地土气恐损……"[5],这一设计和建筑要求,与日本建于 8 世纪的正仓院比较,不无一些渊源关系,而正仓院至今还保存着唐代从中国运去的药物,故孙思邈提出之库房设计,其贮药之效果是可以肯定的。

由于古代度量衡标准之不同,造成药物剂量上的混乱状态,孙思邈有感于此,作了进一步考证,指出:"今则以拾黍为壹铢,陆铢为一分,肆分为一两,拾陆两为一斤……",[6] 对当时度量衡的统一及今天研究古人用药剂量有参考意义。

孙思邈曾由丹砂、曾青、雌黄、雄黄、磁石、金牙炼就太一神精丹,生成物为三氧化二砷 ($As_2O_3$)以治疟,这较欧洲 18 世纪才用砒霜溶液治疟早了千余年。[7] 孙思邈在《太清丹经要诀》中的"造赤雪流珠丹法",是利用"饭"烧成炭后还原雄黄而得砷,说明我国在 7 世纪时已制得了砷。该书中的"造艮雪丹法"及《千金翼方》中的"造水银霜法",是有关氯化低汞制法的早期记载。

孙思邈在其两《千金方》中,共收录古代有效验方、单方八千余首。其中也有一部分是其自创的有效方,如苇茎汤之治肺痈,犀角地黄汤之治热病,磁朱丸治耳聋、目病,温胆汤去痰热,温脾汤疗冷积便秘等等,深为后世医家所推崇。而孙思邈临症善于灵活化裁古方的精神,如将仲景之当归生姜羊肉汤化裁成羊肉汤、羊肉当归汤、羊肉杜仲汤、羊肉生地黄汤等,扩大 了原方的使用范围,启发了后世医家不再囿于经方,能辨证论治创用新方的风气,导致了时方派的出现和发展。

---

① 《千金翼方》卷一,第 1 页。
② 《备急千金要方》卷八,第 164 页;《千金翼方》卷十一,第 138 页。
③ 李经纬,孙思邈在发展药学上的贡献,中华医史杂志,1983,(1):20~25。
④ 《备急千金要方》卷一,第 14~15 页。
⑤ 《千金翼方》卷十四,第 161 页。
⑥ 《备急千金要方》卷一,第 11 页。
⑦ 关中尧,略论孙思邈和他对自然科学的贡献,西北大学学报,1975,(7):127~130。

## 九 严谨的治学精神和崇高的医德规范

孙思邈的一生，实现了他自己成为苍生大医的愿望。为了实现这个愿望，他严谨治学，在技术上精益求精，有崇高的医德，全心全意为人民服务，达到了医学技术和医疗道德的辩证统一。这一精神，也正是我们今天建设精神文明所需要学习和发扬的。

医学是一门科学，孙思邈认为医学是不易习学和精通的，"医方卜筮，艺能之难精者也。既非神授，何以得其幽微？世有愚者，读方三年，便谓天下无病可治，及治病三年，乃知天下无方可用。故学者必须博极医源，精勤不倦，不得道听途说而言医道已了，深自误者"。①因此，他在"大医习业"中提出了对一个医生全面掌握医学知识的要求，即"凡欲为大医，必须谙素问、甲乙黄帝针经、明堂流注、十二经脉、三部九候、五脏六腑、表里孔穴、本草药对、张仲景、王叔和、阮河南、范东阳、张苗、靳邵等诸部经方"，②这是指医生需学习的医学著作，包括基础理论和医学方书等；又须"妙解阴阳禄命、诸家相法，及灼龟五兆，周易六壬。并须精熟如此，乃得为大医。"③后者从今日来看大多属不科学或迷信之范畴，但在当时咒禁法盛行于临床医疗，咒禁且是太医署之一科目，因此难怪孙氏亦谆谆劝学这些著作了。此外，他还要求涉猎群书，拓宽知识面，他提出"又须涉猎群书。何者？不读五经，不知有仁义之道；不读三史，不知有古今之事；不读诸子，睹事则不能默而识之；不读内经，则不知有慈悲喜捨之德；不读庄老，不能任真体运，则吉凶拘忌，触涂而生。至于五行休王、七耀天文，并须探赜。""若能具而学之，则于医道无所滞碍，尽善尽美矣。"④由上述孙思邈列举所需学习的书目范围，可见他是学识非常渊博的学者，不仅熟谙医学书籍，且旁通诸子百家、天文经史，正因有如此之学识基础，又能精勤不倦，刻苦钻研，虚心学习，常常为了一个处方、一种炮炙方法而不远千里去求教，因此在技术上能不断提高，精益求精，为成为一代名医打下了技术基础。

而一个医生，有了精湛的技术，如果没有崇高的医德，服务的方向，他就不能成为一个造福于人类的医生。医德是提高质量的动力和保证，医疗质量又在一定程度上反映了医家的道德水平，两者是辩证统一的。用孙思邈之言，即"大医精诚"。精，是指精湛的技术；诚即崇高的医德。

孙思邈是精诚统一的典范。精已于上述，而诚则首先表现在他有"大慈恻隐之心"，从仁爱出发，急病人之所急，痛病人之所痛，所以他有"见彼苦恼，若已有之，深心凄怆，……一心赴救，无作功夫形迹之心"⑤之说。诚又表现在他"誓愿普救含灵之苦"，有自我献身精神，因而遇有疾厄来求救者，他告诫自己，"不得瞻前顾后，自虑吉凶，护惜性命"。⑥他在工作中不怕脏、不怕累，"其有患疮痍下痢，臭秽不可瞻视，人所恶见者，但发惭愧凄怜忧恤之意，不得起一念蒂芥之心"，"勿避崄巇、昼夜、寒暑、饥渴、疲劳"；⑦他不为名、不为利，无欲无求，他认为，"凡大医治

---

① 《备急千金要方》卷一，第1页。
② 《备急千金要方》卷一，第1页。
③ 《备急千金要方》卷一，第1页。
④ 《备急千金要方》卷一，第1页。
⑤ 《备急千金要方》卷一，第1页。
⑥ 《备急千金要方》卷一，第1页。
⑦ 《备急千金要方》卷一，第1页。

病,必当安神定志,无欲无求","邀射名誉,甚不仁矣,"① 并以轻财助人为乐,指出"医人不得恃己所长,专心经略财物,但作救苦之心。"② 诚又表现在他对待病人一视同仁,他说:"若有疾厄来求救者,不得问其贵贱贫富,长幼妍蚩,怨亲善友,华夷愚智,普同一等,皆如至亲之想",他"志存救济",到病家,"纵绮罗满目,勿左右顾眄;丝竹凑耳,无得似有所娱……",③ 因为他认为"一人向隅,满堂不乐,而况病人苦楚,不离斯须,而医者欢娱,傲然自得,兹乃人神之共耻,至人之所不为。"④ 孙氏之诚还表现在他尊重同道,谦虚谨慎,他提出之为医之法,不应"道说是非,议论人物,玄耀声名,訾毁诸医,自矜己德,偶然治差一病,则昂首戴面而有自许之貌,谓天下无双",⑤ 认为医家如有此作风,实是"医人之膏肓"。诚也表现在他工作中的严肃认真,凡"省病问候,至意深心;详察形候,纤毫勿失;处判针药,无得参差",⑥ 因此,如新校《备急千金要方》序所曰:"如能兼是圣贤之缊者,其名医之良乎,有唐真人孙思邈者乃其人也。"孙思邈是一代名医,他的崇高医德和治学精神为后世树立了典范,也是今天作为一个医务人员所应继承和发扬的。

## 参 考 文 献

刘昫(五代)等撰.1975.旧唐书　孙思邈传.北京:中华书局
欧阳修,宋祁(宋)撰.1975.新唐书　孙思邈传.北京:中华书局
孙思邈(唐)撰.1955.备急千金要方,千金翼方.影印本,北京:人民卫生出版社
王　溥.1955.唐会要　医术.北京:中华书局

(傅　芳)

---

① 《备急千金要方》卷一,第1页。
② 《备急千金要方》第一,第2页。
③ 《备急千金要方》卷一,第1页。
④ 《备急千金要方》卷一,第2页。
⑤ 《备急千金要方》卷一,第2页。
⑥ 《备急千金要方》卷一,第1页。

# 李淳风

李淳风,岐州雍(今陕西凤翔)人,初唐著名的天文学家、数学家。在天文、气象、星占、历算、仪器、数学方面均有成就,对后世颇有影响。

## 一　生平简历

李淳风生于公元 602 年。其父李播,曾任隋高唐尉,后因不得志而弃官当道士,注《老子》,撰《方志图》、《文集》等,均佚失。但李播的《天文大象赋》流传至今,以古赋体裁讲述周天星名意义,后人为之作注,解释周天恒星,颇有影响。李淳风从小受到很好的教育,博涉群书,而对天文、星占之学尤有兴趣。读书勤于笔记,收集了许多古代天文星占方面的资料。由于隋炀帝昏庸残暴,战乱中许多古籍散失,天文星占书于大业年间(605~617)多致残缺,李淳风遂产生将古书遗记近数十家之言略集成书的意图。

贞观初(627),李淳风上书唐太宗,言现行戊寅元历十有八事,遂诏崔善为等人校验两家得失,结果其中七条改从淳风所言。授将仕郎、直太史局。

贞观三年(629),李淳风撰乙巳元历。观测当年冬夏至和春秋分太阳位置,发现跟东汉刘洪乾象历元和吴国王蕃所论不同,得出岁差大约 103 年差一度,并在乙巳元历中计入岁差。但不知什么原因,乙巳元历中的岁差值却与此不同。

贞观初,又上言论当时灵台浑仪乃北魏晁崇、斛兰所铸铁仪,已有 200 多年,其结构有不少缺陷,特别是太阳循黄道运行,而以赤道度量之,必然产生误差,建议重新铸造黄道浑仪,以协天行。唐太宗令其铸造。

贞观七年(633),仪器造成,里外三重环圈,完成浑仪结构的革新,太宗令置宫中凝晖阁。李淳风又撰《法象志》七卷,备载黄道浑仪法,论述前代浑仪得失。其书已失传。

贞观十四年(640),太宗将亲祀南郊,以十一月癸亥朔,甲子冬至。而李淳风新术认为甲子合朔冬至,乃上言指出"傅仁均历减余稍多,子初为朔,遂差三刻。"[1] 其他人也同意李淳风意见,认为李淳风之法,事皆符合,请从之。

贞观中,作《乙巳占》,收集古代星占书数十家之言,分类编辑。又在书中引述所著之《历象志》和乙巳元历的若干内容。

贞观十五年(641),任命为太常博士,协助主持重大的祭祀、典礼活动。接着转任太史丞,是仅次于太史令的官位。参加撰写《晋书》和《五代史》的志,这里五代是指南北朝的梁、陈、北齐、北周和隋,这些史中的天文律历等志后来并入《隋书》,故《晋书》《隋书》中的天文律历等志都是李淳风所作。又撰《文思博要》,已佚,内容不详。

贞观十八年(644),又上言傅仁均历有连续三个大月三个小月,但贞观十九年九月以后四朔频大。於是改用平朔算历,至麟德元年(665)。

---

① 《新唐书·历志一》。

贞观十九年乙巳(645),太宗为李淳风所作之天文星占书赐名乙巳,现以《乙巳占》之名流传于世。

贞观二十二年(648),官拜太史令。继续撰写晋隋诸志,并跟国子监算学博士梁述,太学助教王真儒等奉诏注释古代数学典籍十部算经。

显庆元年(656),以修国史功封昌乐县男。十部算经注释完成,高宗令国学行用,成为国子监里的数学教科书。

龙朔二年(662),太史局改名秘阁局,太史令改名秘阁郎中,李淳风为秘阁郎中。

麟德元年(664),因戊寅元历年久与天象不合,李淳风改造隋刘焯的皇极历,又在自己的《乙巳元历》基础上撰成麟德历。

麟德二年(665),颁行李淳风所撰之麟德历,直到公元 728 年为一行大衍历代替,共行用 63 年。

咸亨元年(670),官名复旧为太史令,其年李淳风卒,年 69 岁。

## 二 《历象志》和《法象志》

《历象志》、《法象志》是李淳风的早期著作,今已佚。尤其《历象志》一书,在唐书历志、天文志中均未提及,后人也未著录,唐书本传中也不提李淳风有此著作。笔者近细读李淳风所撰之《乙巳占》,发现书中提及《历象志》的内容数十条,说明李淳风确曾著有此书。

如《乙巳占》卷二曰:"朔与日同度之时,月在交道内当交则蚀矣!不当交则不蚀。望日加时,月在交道上过则月蚀,不当交道上过则不蚀矣!其推求法术并著在《历象志》,乙巳元经事烦不能具录,略表纲纪焉!"这表明李淳风著有《历象志》一书,书中有乙巳元历推算交食的方法以及其他关于乙巳元历的内容。

乙巳元历是李淳风早年编撰的一部历法,在《乙巳占》和《新唐书·历志》中多次提到此历。如《乙巳占》卷一:"淳风今略陈新法,以考天数,及浑仪交道等法如左。""余近造乙巳元历,术实为绝妙之极,曰夜法度("夜"字疑为"壹"之误),诸法皆同一母,以通众术,今列之以推天度,日月五星行度皆用焉!"《新唐书·历志》中讲贞观十四年,李淳风以新法推其年十一月甲子合朔冬至,都说明他曾撰有乙巳元历,而该历正是《历象志》的主要内容。关于乙巳元历的内容将在本文第六节中详细论及。

《历象志》除主要论述乙巳元历以外,还有其他内容,《乙巳占》卷三曰:"今辄列古十二次国号星度以为纪纲焉!其诸家星次度数不同者乃别考论著于《历象志》云。"查《乙巳占》中十二次分野星度大体与《汉书·律历志》相同,而在其后又分别记述了《诗纬》、《史记·天官书》、《洛书》、《陈卓分野》及费直、蔡邕、未央等家的分野星度,这可能就是《历象志》中的部分内容,详见《乙巳占》卷三"分野"第十五,所引约三千余字。

《历象志》一书的个别资料只在《乙巳占》中出现,它写作年代当在乙巳元历撰成之后和《乙巳占》编成之前。乙巳元历撰成在贞观三年(629),因为它的上元乙巳至贞观三年己丑积 79245 年算外,这一般表明该历成于贞观三年。至于《乙巳占》的编撰年代,据《玉海》记载为"唐贞观中",李淳风的《乙巳占序》中说:是书"凡为十卷,赐名乙巳"。可见其名为皇帝所赐。查贞观 23 年中只有贞观十九年(645)是乙巳之年,李淳风一生之中也只有这一个乙巳年,故该书撰成由太宗赐名可能在 645 年,这样,《历象志》的写作当在 629～645 年间。从前节李淳风的生平简历来看,这一时期正是他从事历法研究,总结晋隋以来的历法,撰写晋隋天文志、律历志的时候。

《法象志》著于贞观七年(633)以后,共七卷,《唐书·天文志》讲它"备载黄道浑仪法"、"论前代浑仪得失",实际上是关于浑仪发展的一个总结。他认为古代浑仪很早就安装了黄道环来测量太阳的运行,但周代末年其器失传,到汉代落下闳、张衡等人制造时都不设黄道,而以赤道度日月行,与天运相差很大,因此他主张要制浑天黄道仪。为了测量月亮运动,必须设象征月亮运行的白道环,出入黄道南北六度,等等。这就是他在贞观初年制造新仪的理论基础。仪器制成后,他写了《法象志》,其书的内容肯定会包括浑天黄道仪的结构原理,这是不言而喻的。

此外,据《新唐书·天文志》载:"贞观中,淳风撰《法象志》,因汉书十二次度数,始以唐之州县配焉。"《旧唐书·天文志》又说:"至开元初,沙门一行又增损其书,更为详密。"现细观新旧唐书中有关十二次星度分野的文字,两者确实详略不同。朱文鑫认为,新志所载为一行之说,旧志所载为淳风之言[①],看来是对的。这就是《法象志》的另一部分内容。

前面讲到的《历象志》中也有关于十二次星度分野的文字,但考《旧唐书》所载《法象志》和《乙巳占》中所引《历象志》的相应文字,两者又有不同,盖《历象志》是考唐以前诸家星度分野之异同,《法象志》是唐之州县配十二次星度。

## 三 浑仪三重结构的建立

李淳风在贞观七年制成浑天黄道仪,这在我国浑仪发展史上起到了承前启后的作用。他认为浑仪中有黄道环由来已久,周末失传。这一点现在没有什么证据,姑且不论。但从西汉时代有记载制造浑仪以来,只有傅安、贾逵曾增设了黄道环,但量度日月仍用赤道坐标。由于黄道是太阳运行的平均轨道,它随周日运动不断改变在天空中的位置,要使浑仪上的黄道环任何时候都准确地指向天球上的黄道是很不容易的,因而魏晋南北朝以来所制浑仪又都取消了黄道环。李淳风说:"黄道浑仪之阙,至今千余载矣。"[②] 这是不对的,但它表达了黄道环历来不受重视的情况倒是事实。

唐以前的浑仪基本上是一个赤经双环夹着一个窥管,赤经双环可以绕极轴旋转,窥管又可以在赤经双环内转动,这样窥管就可以指向天空任何方向,这一装置称四游仪。为了测出天体的赤道坐标,需设赤道环,当窥管指向待测天体的时候它在赤道环上的读数就是天体的赤经或赤经差,窥管在赤经双环上的读数就是赤纬或去极度。四游仪外面的赤道环往往同仪器的支架连在一起,因而唐以前的浑仪基本上是两层环圈。李淳风为了用黄道量度太阳运动,用白道量度月亮运动,必须增设黄道环和白道环,这就必然使浑仪从二层环圈变成三层。李淳风给这三层都起了名字,最外一层包括子午、地平、赤道三环,是固定的,叫六合仪;中间一层包括赤道、黄道、白道三环,叫三辰仪;内层是四游仪。

浑仪从二层环圈发展成三层,李淳风是创始人,这是浑仪向复杂化前进的开端。白道环的设置是李淳风首创,由于白道位置经常变化,黄白交点不断移动,大约249个交点月在黄道上移动一圈,于是这架仪器中的黄道环上打了249对小孔,每过一交点月就将白道环移动一个孔,以使白道环与天象相应。这一设计也是颇有影响的。

---

① 朱文鑫,十七史天文诸志之研究,科学出版社,1965年,第27页。

② 《旧唐书·李淳风传》。

　　李淳风的浑天黄道仪共用十一个环圈,是我国历代浑仪中最多的一个。环圈多就难免出现弊端,如安装时不易同心,产生体系误差;观测时互相遮掩,使有些星不能观测;这正是后世浑仪向简化发展的原因。但在元郭守敬做出创新的简化之前,李淳风的这一设计一直被他人遵循。唐代一行、梁令瓒所制黄道游仪,结构基本上同李仪相同,但他们感到三辰仪中的黄道环同赤道环固定在一起不合岁差,于是又在赤道环上每度打一孔,使黄道环可以在赤道环上移动,象征古人理解的岁差现象,而对白道环的移动也将 249 对孔改成每度一孔,这是对李淳风仪器的小小改变。沈括说,一行、梁令瓒他们是"因淳风之法而稍附新意。"[①] 后来,北宋韩显符等人在公元 995 年所造"至道浑仪"也是"其要本淳风及僧一行之遗法",[②] 只是将三辰仪的黄赤道环附于最外面的六合仪上,但这一改动必然使黄道环不能与天象很好地符合,故周琮等人于 1050 年制"皇祐浑仪",苏颂等人于 1096 年制水运仪象台的浑仪时又都按李淳风三层环圈体系制造[③]。可见李淳风的浑仪三重结构影响之深。

# 四 《乙巳占》及其影响

　　前已叙及,《乙巳占》的创作在贞观中,可能完成于贞观十九年乙巳(645)以前。这本书除引录了《历象志》和乙巳元历的若干内容之外,基本上是一本星占书。

　　淳风自序曰:"余幼纂斯文,颇经研习古书遗记近数十家,而遭大业昏凶,多致残缺,泛观归旨请略言焉。""余不揆末学,集众所记,以类相聚,编而次之。采摭英华,删除蔽伪,大小之间,折衷而已。始自天象,终于风气。"反映了他编写《乙巳占》的本意是想把幼时研读后又散失的典籍,简略地记述下来,他的这一目的是达到了。唐以前许多星占著作我们现在只能通过后人著作的引录窥其大概,虽然他集录了许多星占条文,在科学上没有太大的价值,但他为保留古籍的开创之举,确实对后代产生了重大影响,从这一角度来说《乙巳占》的地位就是不容忽视的。

　　《乙巳占》计十卷,前八卷 50 篇,基本上是天文星占,包括天体、日月行星、彗流陨的占卜条文,后二卷是云气、风方面的占验,有关于风速、风力的气象史资料。

　　《乙巳占》中的气象学史料及它的地位,现在尚未被研究者重视。对它的研究不多,甚至在最近出版的《中国古代地理学史》(科学出版社,1984)中仅仅提及《乙巳占》的书名而无任何内容。在《中国气象史》(农业出版社,1983)一书中,也仅提及一点点。事实上,《乙巳占》中保存不少唐之前风角书中的气象史料,据李淳风在卷十开头所说:"余昔敬慕斯道,历览寻究,自翼奉巳后风角之书近将百卷,或详或略,真伪参差,文辞诡浅,法术乖舛,辄削除繁芜,剪弃游谈,集而录之。"

　　首先他集录了候风之仪器,即风向计,在高处平地立竿五丈,以鸡羽八两属于竿上,风吹羽葆。或者於竿首作盘,盘上作三足木鸟,风来鸟转,回首向之,鸟口衔花。这样都可以测知风向和风速。这种风向计,在汉代可能就出现了。其次,他还总结了以树木状态来表示风速和风起远近的史料"凡风动叶十里,鸣条百里,摇枝二百里,坠叶三百里,折小枝四百里,折大枝五百

---

① 《宋史·天文志》。

② 《宋史·天文志》。

③ 《新仪象法要》卷一。

里,折木飞沙石千里,拔木树及根五千里"① 等。世界上以速度给风分级的方法在英国 19 世纪才由一位海军将领提出,而《乙巳占》中却早已有了以速度区别风力大小的思想。

《乙巳占》还根据古代典籍,按风所造成的破坏程度和表现统一风的名称:"凡古占云发屋折木者今皆云怒风,古占云扬沙转石者今皆云狂风,古占云四转五复者今皆云乱风,古占云暴风卒至乍有乍无者今皆云暴风,古占云独鹿蓬勃者今皆云勃风,古占云扶摇羊角者今皆云飘风,今因此以风来清凉温和尘埃不起者为和风。"② 此外,李淳风注意到一种回风,可能属於现今之龙卷风现象:"回风卒而圆转,扶摇有如羊角,向上轮转,有自上而向下,有从下而升上,或平条长直,或磨地而起。"③他还认为风与地形有关,淳风曰:"天下地气有偏饶风处,或近山川,或近大水,皆以异常为占。而《山川记》复有近风穴处。"④所谓风穴,大概即现今所说的风口,这当于地形有关。

《乙巳占》的天文部分保留了唐之前的一些天象记录,有古天文学名词的不少解释,如表示两天体距离的"度"与"寸"之关系,一度约七寸;行星与月同度而在月上方一度之内为"戴";行星从留转而逆为"勾",再"勾"即又转入顺行为"巳"等,这些也还有些价值。

现在,天文学史研究中对《开元占经》非常重视,这固然是因为《开元占经》保留了丰富的古代天文资料和印度天文学的史料,但它的结构,形式同《乙巳占》是相似的,它的大部分内容也属于星占内容,而它的编纂比《乙巳占》晚 70 年,不能不说它是受到了《乙巳占》的巨大影响。而且,《开元占经》在唐以后失传,明末才重新被发现,它失传的 900 年,正是中国古典天文学高度发达的期间,而《乙巳占》一直在流传,从这一点来看,《乙巳占》的 影响似比《开元占经》大得多。我们看到唐宋之间编成,并在后代不断传抄补充的《观象玩占》受《乙巳占》的影响极大,许多地方均有"乙巳占曰"或"李淳风曰"字样,是书 50 卷,其编排次序,形式也都同《乙巳占》相似。

## 五 撰晋、隋天文律历志

《旧唐书・李淳风传》载:"贞观十五年(641)除太常博士。寻转太史丞,预撰《晋书》及《五代史》,其天文律历、五行志皆淳风所作也。"

这几篇著作是中国天文历法史上的重要篇章,因为它保留了丰富的古代资料,有许多天文、历法、数学方面的重要成就,都是首次出现在晋隋天文律历志中。这些重要成果可简要列出 11 项:

(1) 祖冲之的圆周率,首次记载在《隋书・律历志》中。这里准确记载祖冲之的圆周率在 3.1415926 和 3.1415927 之间,密率 $\frac{355}{113}$,约率 $\frac{22}{7}$。

(2) 刘洪乾象历是东汉著名历法,该历创法甚多。沈约的《宋书》早于《晋书》先出而不载此历,《晋书・律历志》特载入此历法。

(3) 第一次记载古代浑仪结构的资料出现在《隋书・天文志》中。李淳风详细描述了前赵孔挺于公元 323 年新制浑仪的结构尺寸,使我们得以了解唐之前浑仪的结构情况。

---

① 《乙巳占》卷十,占风远近法第六十九。

②,③《乙巳占》卷十,五音风占第七十二。

④ 《乙巳占》卷十,占风远近法第六十九。

（4）《隋书·天文志》中首次记载了姜岌（约400）关于大气消光观象的观测与解释，指出地平附近恒星间距离大，而中天附近距离小是视觉造成的。用仪器测量时度数是不变的。

（5）宣夜说的基本资料首次由《晋书·天文志》所记载，这是一个否定固体天壳，认为天空无限，各天体有各自的运行规律的宇宙理论，许多认识比较符合实际情况。

（6）《晋书·天文志》首次提出彗星的本质和彗尾背日而指的原因，"彗本无光，傅日而为光，故夕见则东指，晨见则西指。在日南北皆随日光所指，顿挫其芒，或长或短。"

（7）太阳视运动不均匀的发现是北齐张子信（570）居海岛观测30年所得结果之一，这一成就首次记载在《隋书·天文志》中。

（8）刘焯皇极历首次同时考虑日、月不均匀运动计算定朔，步五星也有各种不均匀改正，并创立等间距二次差内插法，提出黄道岁差概念等等。但因各种阻力未得颁行，然"术士咸称其妙"。李淳风在《隋书·律历志》中著录了这部著名历法。

（9）"千里寸差"之说由来已久，被奉为经典，但许多人表示怀疑，刘焯首次提出进行一次严格的大地测量，以辨别是非。李淳风在《隋书·天文志》中详细记述了刘焯的建议，并收集了古代各地测影资料，指出了"千里寸差"与实际测量不符。

（10）晋、隋天文志都详细回顾了仪象漏刻的发展历史，对古代仪器的沿革勾画了一个大体轮廓，是唐以前的一部仪器发展简史。

（11）《晋书·天文志》的全天恒星名录，是继《史记·天官书》以来最详尽的一篇，它记录了经陈卓总结的甘石巫三家星得出全天283官1464星的定纪之数，以三垣二十八宿的体系描述了全天星空，成为后世天文志中全天恒星记录的基础。

还可以提出许多重要资料，不过从上述的简要列举中就已经可以看出，李淳风的这几篇著作是多么的重要和有价值。《晋书·天文志》是第一篇被译成西方文字出版的天文志，人们从这个"天文学知识宝库"中得到了中国古代天文学的许多史料[①]。

当然也应指出，关于虞喜发现岁差这一重要成果李淳风未能著述，唐代一行对他做了批评，认为他不承认岁差，后代许多人认为这是"智者千虑之失"[②]。笔者认为，从《乙巳占》中有关资料来看，李淳风早年还是承认岁差这一现象的，他做过观测，并在他的《乙巳元历》中采用了岁差改正值，区分了天周和岁周的不同。只是后来不知什么原因才不用岁差算历，因而此事仍需研究。虽然如此，这丝毫也不影响他所著的晋、隋天文志、律历志的巨大价值。

## 六　乙巳元历和麟德历之异同

麟德历是李淳风的晚年著作，颁行于麟德二年（665）。这是一部著名的历法，历代评论甚多。它的主要贡献有二点：一是重新采用定朔排历谱，这一方法从此确立不改；二是所有数据的余数部分采用统一分母，使计算简化，同时也为后来的百分制、万分制奠定了基础。

乙巳元历是李淳风早期的著作，该历因为失传，许多细节不清楚，只从《乙巳占》的引述中得知其大概。从这些片断资料来看，它与麟德历有不少相同处，如统一分母1340，回归年长度

---

① 〔英〕李约瑟，中国科学技术史（中译本），第四卷，科学出版社，1975年，第73页。
② 《畴人传》卷十三。

$365\frac{328}{1340}$日，朔望月长度$29\frac{711}{1340}$日。但也有更多的不同，兹列表如下：

| | 乙巳元历 | 麟德历 |
|---|---|---|
| 上元 | 乙巳年十一月朔甲子冬至夜半，日月合璧，五星联珠，俱起北方虚宿之中 | 甲子年十一月朔甲子冬至夜半，五星与日合，日躔定在南斗12度 |
| 上元积年 | 距大唐贞观三年己巳积79245年算上 | 距麟德元年甲子积269880算 |
| 周天度 | $365\frac{341}{1340}$度 | $365\frac{328}{1340}$度 |
| 岁差 | 13分 | 0分 |
| 求冬至宿次度分 | （积年-1）×岁实÷周天度取余数，命起虚四度 | 积年×岁实÷周天度＝积年取余数为零，恒起南斗十二度 |
| 月平行 | $13\frac{494}{1340}$度 | $13\frac{493.6}{1340}$度 |
| 恒星月 | $\frac{489441}{17914}=27.3217$ | $\frac{489428}{17913.6}=27.3216$ |
| 近点月 | 29日半强① | 27.5545 |
| 交点月 | 27日半强 | 27.21222 |
| 岁星总率 | 534503 | $534483\frac{45}{100}$ |
| 岁星终日 | $398\frac{1183}{1340}=398.8828$② | $398\frac{1163\frac{45}{100}}{1340}=398.8682$ |
| 岁星晨伏日 | 16③ | $17\frac{1251\frac{72\frac{1}{2}}{100}}{1340}$ |

其他如岁星平见，岁星行度及其他各行星的基本数据均有不同，兹不一一引述。

从上述比较可见，两历的重大差别在于二点：(1) 乙巳元历采用岁差步算，麟德历取消了岁差；(2) 乙巳元历同麟德历的五星运动部分似无很多关联。由于乙巳元历关于日月运动和交食部分的术文没有流传下来，它的这一部分计算步骤至今不清楚，所以无法同麟德历做出比较。

麟德历是一部有名的历法，从它的步气朔、步交会、步五星等几部分术文来看，它同乙巳元历和隋皇极历有不少关系。笔者从对麟德历的系统研究中发现，麟德历在步算方法上更多地采纳了皇极历的创造，尤其是等间距二次内插法。此外日躔表的编法也袭用了皇极历对太阳周年视运动不均匀的认识（是一种不正确的认识，一行大衍历已做改正），而在所取天文数据方面则更多地采纳乙巳元历的数据，如总法1340，年月日长度数据等。当然乙巳元历和皇极历都采用岁差步算，麟德历独不用岁差，在五星运动和数据方面也同前二历有不同，可见下表：

---

① 疑为刻本有误。

② 余数部分据岁星总率补。

③ 余数部分疑漏刻。

**五星会合周期比较表**

|  | 乙巳元历 | 麟德历 | 皇极历 | 理论值 |
|---|---|---|---|---|
| 水 | 115.8795 | 115.8796 | 115.8778 | 115.8770 |
| 金 | 583.9179 | 583.9172 | 583.9166 | 583.9236 |
| 火 | 779.9213 | 779.9109 | 779.8987 | 779.9343 |
| 木 | 398.8828 | 398.8682 | 398.8823 | 398.8836 |
| 土 | 378.0886 | 378.0771 | 378.0892 | 378.0915 |

表中所示为各历的五星会合周期值,以乙巳元历的数据最合理论值,皇极历次之,麟德历最差。尤其火木土三个外行星,麟德历差之甚多。由此亦可见乙巳元历还是一个不错的历法。

# 七　十部算经的注释和编定

十部算经又称算经十书,包括《周髀算经》、《九章算术》、《海岛算经》、《孙子算经》、《夏侯阳算经》、《张邱建算经》、《缀术》、《五曹算经》、《五经算术》、《辑古算术》。这是唐之前的主要数学著作,代表了中国古代的数学成就。现在《夏侯阳算经》和《缀术》二书已失传。

《旧唐书·李淳风传》载:"显庆元年(656)复以修国史功封昌乐县男·先是,太史监侯王思辩表称五曹、孙子十部算经理多踳驳。淳风复与国子监算学博士梁述、太学助教王真儒等受诏注五曹、孙子十部算经、书成,高宗令国学行用。"这十部算经的注解工作完成于公元656年,接着在国子监算学馆行用,"显庆元年十二月十九日,尚书左仆射于志宁奏置,令习李淳风等注释五曹、孙子等十部算经,分为二十卷行用。"[①]

这无疑在中国数学发展史上是一件大事,由于这一次注释和编定,对唐以前的数学成就和著作做了一个总结,使我国古代数学建立起以《九章算术》为中心的体系,为唐以后数学教学打下了基础,促进了宋元数学高度发展时期的到来。

李淳风等人的注释工作对读者有不少帮助,他发现了原书中的一些问题,提出自己的见解,为后世的数学研究提供了指南。在《周髀算经》的注中,他纠正了前人赵君卿和甄鸾注中的不足之处。指出"千里寸差"与事实不符,并列举了历史上多次测影结果,认为"以事验之,又未盈五百里而差一寸明矣。千里之言,固非实矣!"[②]后来一行做了大地测量,再次证实了此点。又指出赵君卿以等差级数计算各节气长的方法也与事实不符,并将祖冲之大明历、何承天元嘉历及后汉四分历三种历法中各节气影长的测量结果,与等差级数方法算得的值进行比较,认为"每气降差有别,不可均为一概。""欲求至当,皆依天体高下远近修短,以定差数、自霜降毕于立春,升降差多,南北差少,自雨水毕于寒露,南北差多,升降差少,依此推步,乃得其实。"[③] 李淳风以盖天的观点将各节气影长解释为同太阳的升降和南北移动有关,这虽然是较为原始的认识,但这一问题的提出对后人启发很大,一行可能就是从此深入研究,发现影长同太阳天顶距

① 《唐会要》卷十六。
② 《周髀算经》卷上之二,李淳风注。
③ 《周髀算经》卷下之二,李淳风注。

的简单关系,并以高阶等差级数的方法编出了这种关系表,即世界上最早的正切函数表。[①] 此外,在《周髀算经》注中,李淳风还纠正了甄鸾关于"勾股圆方图"的种种误解,逐条加以校正。

李淳风对《九章算术》的注以刘徽注为底本,刘注十分明确的就不再补注。李注在方田章圆田术中表扬了祖冲之对圆周率的贡献,但轻视了刘徽割圆术的意义,这是不妥当的,而且李淳风注中多处误以 $\frac{22}{7}$ 为密率,以致使后人产生了混乱。在少广章开立圆术的注释中,李淳风引用了祖暅的球体积公式和"幂势既同则积不容异"的思想,这就是后代人称之为"祖暅公理"的我国古代数学成就之一,在《缀术》一书失传之后,祖冲之父子的这一研究成果就赖李淳风等人的一条注释得以流传至今,传遍世界。从这一点来看,李淳风的贡献也是不容忽视的。

对《海岛算经》,李淳风等人的注释详细指示了演算步骤,这对初学者帮助甚大。对《张邱建算经》,李注也将结论计算得较准确,但他未指出张邱建以圆周率为三步算太为粗略,并对另一些算题也不加校正,实为败笔。在其他几部书中,如孙子,五曹等,卷首虽有"李淳风等奉敕注释"字样,但细检并无注文。通观李淳风等人注释之十部算经,注解较好且颇有见地的为《周髀算经》注,其他几种书的注释中虽有一些宝贵史料,但其学术质量并不算很高。[②]

# 八 余 论

李淳风不愧为一位著名的天文学家、数学家、他在天文、历法、仪器、星占、数学、气象等方面均做出了贡献。尤其他对唐之前的天文星占、仪器源流、历法改革、数学著作做出了全面的总结,使自己和后人有了明晰的起步基础。从这个意义上说,他是一位承前启后的学者。综观他一生的工作,发明与继承兼而有之,但与其说他是位发明家,不如说他是位继承家更贴切。他在中国天文学史和数学史上的地位正处在从坚实基础向高潮发展的联接点上。

## 参 考 文 献

李善兰(清)撰.1867.麟德术解.见:则古昔斋算学
钱宝琮主编.1964.中国数学史.北京:科学出版社
阙勋吾主编.1983.中国古代科学家传记选注.长沙.岳麓书社
曾昭盘.1979.唐代天文数学家李淳风的科学成就.厦门大学学报(自然科学版),(4)

(刘金沂 赵澄秋)

---

[①] 参见刘金沂、赵澄秋《唐代一行编出世界上最早的正切函数表》,《自然科学史研究》1986 年 4 期。
[②] 钱宝琮主编,中国数学史,科学出版社,1964 年,第 102 页。

# 一　行

## 一　生平简介

一行(683～727),俗姓张名遂,魏州昌乐(今河南南乐)人,是唐代著名的天文学家和佛学家。

一行"少聪敏,博览经史,尤精历象阴阳五行之学"。21岁时,父母相继去世[①],且当朝权贵"武三思慕其学行,就请与结交,一行逃匿以避之,寻出家为僧","隐于嵩山,师事沙门普寂"。及至34岁时,"往荆州当阳山,依沙门悟真以习梵律"。次年,即开元五年(717)一行受唐玄宗之征,抵达长安。"一行至京,置光太殿。(玄宗)数就之,访以安国抚人之道,皆切直无有所隐,"[②]即担任顾问的角色,并多所讽谏。其间,一行曾致力于佛学的研究,如开元八年(720)印度人金刚智来华授密藏,"一行钦受秘法",[③]从事佛经的翻译工作。开元九年(721),麟德历"署日蚀比不效,诏僧一行作新历"。[④]当时在京善历法者不乏其人,如历官陈玄景,善算瞿昙谦,太史监南宫说等等,而独诏一行改造新历,可见一行在天文历算方面的造诣最负盛望,这当是他长期以来潜心研究天文历算之学的结果。

自开元九年到十五年(727)一行逝世,是一行一生中最繁忙和最光辉的六年,其间他在佛学和天文历算领域内取得了一系列重大的成果。

以佛学的研究而论,一行编译有《陀罗尼经》数卷,《大毗卢遮那成佛神变加持经》七卷(此与善无畏合译),《释氏系录》一卷,《七曜星辰别行法》一卷,《梵天火罗九曜》一卷,《北斗七星护摩法》一卷,《宿曜仪轨》一卷等等[⑤],其中后四种又是与天文有关者。

其间,一行曾为他的叔祖父张太素所撰《后魏书》补撰《天文志》。据研究,今传本《魏书·天象志》第三、四卷即出于一行的手笔。[⑥]

而在这六年中,一行的主要精力则放在大衍历的测算和编撰工作上。前三年主要为造历作种种准备工作,包括仪器的制造,四海测验,测量各种天文数据、表格等等;后三年则正式编撰新历,计成"《开元大衍历经》七章一卷,《长历》三卷,《历议》十卷,《立成法》十二卷,《天竺九执历》一卷,《古今历书》二十四卷,《略例奏章》一卷,凡五十二卷。"[⑦] 其中《长历》、《天竺九执历》和《古今历书》三种已佚,其余四种大都为《新唐书》和《旧唐书》历志和天文志所引录,流传至今。

---

① 最澄,《内证佛法相承血脉谱》。
② 《旧唐书·一行传》。
③ 唐释智升,《续古今译经图记》。
④ 《新唐书·历志三上》。
⑤ 严敦杰,一行禅师年谱,自然科学史研究,1984,(1)。
⑥ 严敦杰,一行禅师年谱,自然科学史研究,1984,(1)。
⑦ 《张燕公集》卷12《大衍历序》。

《略例奏章》——"略例,所以明述作之本旨也,"① 这是关于历法的理论说明。

《历议》——"历议,所以考古今得失也,"② 这是对古今历法优劣的分专题的评议。

《开元大衍历经》——这是新历本身。它共分"步中朔"(计算节气、朔望等)、"步发敛"(计算七十二候等)、"步日躔"(计算太阳运动)、"步月离"(计算月亮运动)、"步轨漏"(计算日影和刻漏长度)、"步交会"(计算日月交食)和"步五星"(计算五大行星运动)七章。单从编次体例看,它具有结构合理、逻辑严密等特点,成为后世历法体例的经典形式。从内容看,它较前代历法多所创新,对后世历法产生很深远的影响。

《立成法》——这是新历本身的各种数值表。

《长历》——这是依新历推算而得的古今若干年代日月五星位置的长编。

《古今历书》——这很可能是对前代各家历法的研究论集。张说《大衍历序》说:"沙门一行,上本轩、顼、夏、殷、周、鲁五王一侯之遗式(即指古四分历),下集太初至于麟德二十三家之众义。比其异同,课其疏密。或前疑而后定,或始爰而终乖。"③ 这里提及 24 种历法,若一种历法一卷,与《古今历书》24 卷正相吻合。

《天竺九执历》——这是关于印度历法的译著及研究。

这些论著中,有对中外古今历法的详细研究,有对新历理论和方法的立论依据,有新历自身的详细论述,有依新历推算而得的结果。即这 52 卷巨著自身构成了一个十分严谨和完善的体系,包含有丰富多彩的内容,实为我国古代历法史上罕有的创举。

开元十五年,一行草成上述 52 卷巨著后与世长辞,继由"特进张说与历官陈玄景等"编撰成书。"明年(728)(张)说表上之,起十七年(729)颁于有司,"④ 这就是凝聚着一行一生心血的著名的大衍历正式颁行的历程。

一行也是我国古代最杰出的天文学家之一,他的天文历法工作,成就卓著,下面我们分别予以论述。

## 二　天文仪器的制造和恒星位置的测量

开元九年,一行在受诏改造新历时,便提出了制造新的天文仪器,以"测候星度"的要求。他以梁令瓒设计的黄道游仪木样为基础,经与梁令瓒等人的共同努力,于开元十一年(723)铸成了黄道游仪。新仪较前代同类仪器的重要改进是:在赤道环和黄道环上皆每"度穿一穴"⑤,这样可令黄道环沿赤道环移动,以适应冬至点约 80 年沿赤道西退一度的岁差现象,这是该仪器的首创之处;又可令白道环沿黄道环移动,以适应黄白交点约 19 日沿黄道西退一度的交点退行现象,这是沿用李淳风浑仪法并略作修正的结果。这些改进使仪器可随天象的变化,作灵活的、相应的调整,在古代浑仪史上都占有独特的地位。

在制成黄道游仪之后,唐玄宗"又诏一行与梁令瓒及诸术士更造浑天仪",⑥ 它是在张衡所

①　《新唐书·历志三上》。

②　《新唐书·历志三上》。

③　《张燕公集》卷十二。

④　《新唐书·历志三上》。

⑤　《新唐书·天文志一》。

⑥　《旧唐书·天文志上》。

创制的自动演示天象的水运浑象的基础上,经改造与发展而成的。张说《进浑仪表》曰:浑天仪
"又置二木人于地平之上,前置钟鼓,以候辰刻,每一刻则自然击鼓,每辰则自然击钟",① 即在
张衡水运浑象的基础上,又增设报时的系统。"开元十三年冬十月癸丑,新造铜仪成,置于景运
门内,以示百官"②,指的就是这一仪器。它是自动天文钟的始祖,是我国古代天文仪器制造史
上的一座新里程碑。

为了四海测验的需要,一行还设计了一种轻便的用于测量各地北极高度(即纬度)的仪器
——"覆矩",③ 这是我国古代便携式天文仪器的佳作。

这些都反映了一行在天文仪器制造方面的卓越才能。

利用这些仪器,一行组织进行了大量的天文测算工作,为新历的编制提供了一系列必要的
天文数据。对二十八宿和若干中外星官的位置重新进行测量,是其工作之一。

经测量,一行发现,古今二十八宿去极度大都发生了变化,其变化的情况可归纳为:从牛宿
到井宿,去极度古大今小,其间稍异者仅有女宿(古小今大)和危宿(古今同度);鬼宿古今同度;
而从柳宿到斗宿,去极度古小今大。若从岁差对去极度大小的影响分析,二十八宿去极度古今
变化的情况应为:从牛宿到井宿古大今小,从鬼宿到斗宿古小今大。这就是说一行对二十八宿
去极度古今变化的总体描述基本上是正确的。若将一行所测二十八宿去极度值与 724 年的理
论值加以比较,我们可以算得其绝对值平均误差约为 1.6°,而旧测二十八宿去极度值的误差
约为 3.5°,即新测度较旧测度的精度大为提高,这说明一行的测量工作是很有成效的。

一行还发现,二十八宿中有斗、虚、毕、觜、参、鬼六宿的距度,古今不同。据研究,一行所测
二十八宿距度的"误差绝对值平均为 0.56°,比汉代的 0.48°为大",④ 这是说一行当年所测二十
八宿距度的精度稍逊于西汉所测的精度。但是一行以新测二十八宿距度值用于新历法中,还是
较沿用旧值于新历法中为优越,这可以从上述距度有变化的六宿的分析中得知。

### 表1 六宿新旧距度的精度比较

| 宿名 | 724 年理论距度 | 新测距度 | 旧测距度 | 新测度误差 | 旧测距度误差 |
|---|---|---|---|---|---|
| 斗 | 25.60° | 26 度 | 26.25 度 | −0.03° | −0.27° |
| 虚 | 9.04° | 10.2456 度 | 10 度 | −1.06° | −0.82° |
| 毕 | 16.92° | 17 度 | 16 度 | 0.16° | 1.15° |
| 觜 | 0.95° | 1 度 | 2 度 | −0.04° | −1.02° |
| 参 | 9.69° | 10 度 | 9 度 | −0.17° | 0.82° |
| 鬼 | 2.87° | 3 度 | 4 度 | −0.09° | −1.07° |

由表1知,新旧测六宿距度误差绝对值平均分别为 0.26°和 0.86°,这说明一行新测该六宿
的距度值从总体上看要比旧测值优越得多,所以在大衍历中,一行以新测二十八宿距度值代替
已沿用 800 余年的旧测值,是极明智的举措。

---

① 《张燕公集》卷九。

② 《旧唐书·玄宗本纪》。

③ 《旧唐书·天文志上》。

④ 薄树人,中国古代的恒星观测,载《科学史集刊》第 3 期,1960 年。

除二十八宿外,一行还发现了文昌、北斗、天关等 20 多个星官入宿度或去极度的古今变化。虽然对于星宿位置的古今变化,一行没有给出什么理论的说明,但他的实测工作肯定了星宿位置古今变化的客观事实,这在我国古代天文学史上也是一个重要的新发现。

一行利用新制的仪器,还进行了日、月、五星运动的种种测量工作,这在下面我们将要逐一论及。

## 三　对太阳盈缩规律的描述

在《日躔盈缩略例》中,一行对于太阳在一年中视运动迟疾的规律作了这样的描述:"日南至,其行最急,急而渐损,至春分及中而后迟。迨日北至,其行最舒,而渐益之,以至秋分又及中而后益急。"在一行时代,太阳近地点和远地点分别在冬至和夏至点之前约 9°,所以一行的这一描述大体上是正确的,它比"(刘)焯术于春分前一日最急,后一日最舒;秋分前一日最舒,后一日最急,舒急同于二至,而中间一日平行"的描述,要科学得多。显然,一行是经实测得到这一较正确的认识的。而从理论上,一行也指出:"凡阴阳往来,皆驯积而变"①,即以为太阳运动的迟疾变化,应该是急而渐损或舒而渐益,而无在某日前、后为最舒、最急之理,这则是从理论上对刘焯术的批评和对新术的论证。一行的这些论述,是我国古代对太阳盈缩总体规律的第一次正确描述,它纠正了前代历家的失误,并为后世历家所因循,其影响是很深远的。

大衍历所给出的日躔表,是一行对于太阳盈缩变化的定量的说明,从总体上考察,它所反映的太阳盈缩规律也是大体正确的。但细审表列各值的精度,却不尽如人意。如它取盈缩大分为 143.29′,比理论值要大 24.87′,它虽较皇极历(公元 604)和麟德历(公元 665)为佳,却不如大业历(公元 608)和戊寅历(公元 619)精确。又,大衍历的日躔表二至前后盈缩分值的误差较大,若与皇极历相比,有 13 个节气误差较大,这使得大衍历日躔表的平均精度稍逊于皇极历②。这说明大衍历日躔表在具体细节上还存在不小的缺欠,对于后世历法则产生了不良的影响。虽然如此,一行对于太阳运动研究的功绩仍是主要的,因为他已把对太阳盈缩规律的描述引上了正确的轨道,而若干细节上的失误,是瑕不掩瑜的。

## 四　岁差论以及冬至日所在宿度和冬至时刻的测定

自东晋虞喜发现岁差现象、刘宋祖冲之首次将岁差引进历法以后,历家并不都承认岁差的存在,如唐初的王孝通、李淳风等名家对之就持否定的态度,麟德历对岁差就弃而不用。一行奉诏造新历,在这个问题上就面临着重要的抉择。为此,一行在《历议》中特作"日度议"③ 洋洋万余言,对岁差问题作了详细的研究。文中指出了李淳风和王孝通立论之误,并以大量的历史事实和实测结果论证岁差的存在。这是一篇极为精彩的古代岁差论。自一行以后,各家历法无一例外地均采用了岁差法,一行的这篇岁差论在使岁差成为定论上,起了非常重要的作用。一行所推算得的岁差值为:每经一年太阳沿赤道西退 36.75/3040 度,即每经 82.72 年退一度。一

①　《新唐书·历志三下》。
②　陈美东,日躔表之研究,自然科学史研究,1984,(4)。
③　《新唐书·历志三上》。

行所定岁差值对后世也产生了较大的影响。

一行是采用后秦姜岌发明的月食冲法测定冬至日所在宿度的。依"日度议"记载:"今冬至定在赤道斗十度",其实这仅是约度值,其确度可依大衍历法有关记载推得:已知上元时日所在"命起赤道虚九","岁差 36.75",自上元到开元十二年积 96961740 年,其间太阳西退 96961740 $\times \frac{36.75}{3040}$ 度,满周天度 365 $\frac{779.75}{3040}$ 度去之,余为 44.5 度,再依大衍历二十八宿赤道度,[①] 由虚九度逆推 44.5 度,即得赤道斗 10.5 度,此即开元十二年冬至日所在确度。该值与理论值之差为 1.9 度,究其误差的原因,主要是由二十八宿距度测量的累积误差造成的,该累积误差为 1.8 度,那么如果除去这一系统误差,一行依月食冲法测算开元十二年冬至日所在宿度时的偶然误差仅为 0.1 度,这说明一行的测量工作是相当精细的,在我国古代历法史上也是很好的结果。

对于冬至时刻的测定,一行亦十分重视,为此在《历议》中特作"中气议"详加讨论。他写道:"开元十二年(公元 724)十一月,阳城测景,以癸未极长,较其前后所差,则夜半前尚有余分。新历大余十九,加时九十九刻"[②],这是说据实测影长,并依祖冲之发明的冬至时刻推算法,推算得开元十二年十一月癸未日九十九刻冬至。而依塔克曼(B. Tuckenman)《公元前 601 年至公元 1649 年行星、月亮和太阳的位置》一书,可推得阳城 724 年冬至的理论时刻为 12 月 17.99 日,即一行所推算值与之完全吻合,由此可知,一行的这一测算工作也是十分精细的。

岁差论以及冬至日所在宿度和冬至时刻的测定,都是与太阳运动有关的问题。一行对这三个论题的研究成绩斐然,它们是一行对太阳运动研究的又一重要贡献。

## 五 晷漏之研究

在《历议》的"历本议"中,一行指出:"观晷景之进退,知轨道之升降,轨与晷名舛而义合,其差则水漏之所从也",[③] 由此可见:一行是将对晷漏的研究视作对太阳运动研究的途径之一,换一句话说,一行是把晷漏的消长与太阳在黄道上的不同位置有机地联系起来加以考察的,其见解是十分科学和透辟的。

在大衍历中,一行列出了二十四节气(定气)阳城午中影长和漏刻等数值表。其中影长值的表面精度为 0.0001 尺,我们以为这显然不是实测的记录,这不但因为当时的 8 尺表影的测量远远达不到这个精度,还由于交节气之日的午中不正好就是该节气的真正时刻,则某节气的影长值实际上是无法从直接测量得到的,所以表列影长值应是在实测基础上再经推算而得的。据研究,表列 24 节气影长值与理论值的平均误差为 0.022 尺。[④] 而表列二十四节气漏刻值与相应的理论值的平均误差约为 5 分钟[⑤]。二十四节气晷漏表自东汉四分历就已出现,但大衍历把原先的平气改为定气,且在测量精度上胜过或与以前各历法持平,却是一行的新贡献。

---

① 《新唐书·历志四上》。
② 《新唐书·历志三上》。
③ 《新唐书·历志三上》。
④ 陈美东,崇玄、仪天、崇天三历晷长计算法及三次差内插法的应用,自然科学史研究,1985,(3)。
⑤ 陈美东、李东生,中国古代昼夜漏刻长度的计算法,自然科学史研究,1990,(1)。

　　其实,一行对晷漏研究的更重要贡献还在于:为解决晷漏"随辰极高下所遇不同"[①] 的问题,而创立的推求各不同纬度处二十四节气晷漏长短——九服晷漏的近似算法。

　　关于九服晷长的推算,其术曰:"使每气去极度数相减,冬为其气消息定数($A$)。因测其地二至日晷($B$),于其戴日之北每度晷数中,较取长短同者,以为其地戴日北度数及分($z_1$)。每气各以消息定数加减之,得每气戴日北度数($z_2$)。各因所直度分之晷数,为其地每定气初日中晷常数($c$)"。[②] 依术文意,其推算步骤可分析如下:

　　(1)所谓"戴日之北每度晷数"是指一种预先制好的数值表,它给出当太阳天顶距($z$)为0至81度时,8尺表的各相应的影长值。关于该数值表,大衍历和徐昂宣明历均有记载,[③] 经研究,其术文可复原如次[④]:"南方戴日之下,正中无晷。自戴日之北一度,乃初数千三百七十九。自此起差,每度增一,终于二十五度,计增二十六分。又每度增二,终于四十度,增五十六分。又每度增六,终于四十四度,增八十分。又起四十五度,增一百四十八分。又每度增二,终于五十度,增一百五十八分。又每度增七,终于五十五度,增一百九十三分。又每度增十九,终于六十度,增二百八十八分。又起六十一度,增四百四十八分。又每度增三十三,终于六十五度,增五百八十分。又每度增三十六,终于七十度,增七百六十分。又每度增三十九,终于七十二度,增八百三十八分。又度增二百六十。又度增四百四十。又度增千六十。又度增千八百六十。又度增二千八百四十。又度增四千。又度增五千三百四十。至于八十度。各为每度差。因累其差以递加初数,满百为分,分十为寸,各为每度晷差。又累晷差,得戴日之北每度晷数。"依此可列出表2(表中仅给出 $z=1$ 至7度时的情况),余可类推。$ln=8×tgzn$,是为理论晷长值,$\Delta_n$ 即为理论与历载晷长值之差):

**表 2　戴日之北每度晷数表**

| 戴日之北度数($z$) | 累每度差(毫) | 每度晷差(尺) | 每度晷数(尺) | $ln$(尺) | $\Delta_n$(毫) |
|---|---|---|---|---|---|
| 1 | 1 | 0.1379 | 0.1379 | 0.1376 | −3 |
| 2 | 2 | 0.1380 | 0.2759 | 0.2753 | −6 |
| 3 | 3 | 0.1382 | 0.4141 | 0.4132 | −9 |
| 4 | 4 | 0.1385 | 0.5526 | 0.5513 | −13 |
| 5 | 5 | 0.1389 | 0.6915 | 0.6898 | −17 |
| 6 | 6 | 0.1394 | 0.8309 | 0.8286 | −23 |
| 7 | 7 | 0.1400 | 0.9709 | 0.9680 | −29 |
| …… | …… | …… | …… | …… | …… |

　　若取表2中 $\Delta_n$ 各值绝对值的平均值为0.1311尺,这是该数值表的总精度水平。由表2还可见,当 $z>54$ 度以后,$\Delta_n$ 值明显大增,这说明一行对于此后正切函数值的认识是不准确的。

---

① 《新唐书·历志三下》。
② 《新唐书·历志四上》。
③ 《新唐书·历志四上》;《高丽史》卷五十。
④ 曲安京,大衍历亚切函数表的重构,自然科学史研究,1997,(2)。

若取 $z \leqslant 54$ 度各 $\Delta_n$ 值绝对值的平均值可得 0.0276 尺,应该说这还是相当不错的。

(2) $B$ 是在四海测验中得到的各地二至影长的定测值。在表 2 中,以一次内插法反求出当晷数等于 $B$ 时相应的戴日之北度数($z_1$),此即为某地二至时太阳午中天顶距的度值。

(3) 由大衍历所列晷漏表中还载有阳城处二十四节气黄道去极度值。任一节气与二至的黄道去极度之差,即该两节气太阳赤纬之差,亦即该两节气时太阳午中天顶距之差,这就是 $A$ 的含义。所以,$z_1 \pm A = z_2$,即为某地二十四节气初日时太阳午中天顶距度值。

(4) 又以 $z_2$ 为引数,由表 2 可依一次内插法算得相应的晷数值,即为某地二十四节气初日午中影长值 $C$。

由如上讨论知,一行的九服晷长推算法的思路明晰且合理,除未虑及蒙气差和视差的影响外,从理论上看是正确的。但是由于存在表 2 的编算误差和 $A,B$ 的测量误差,以及用一次内插法所带来的误差等等,不能不大大影响九服晷长值的推算精度。所以一行的九服晷长计算法,只能视作一个近似的计算法。

关于九服漏刻的推算,其术曰:"二至各于其地下漏以定当处昼夜刻数($D$),乃相减,为冬夏之差刻($E$)。半之,以加减二至昼夜刻数,为定春秋分初日昼夜刻数。乃置每气消息定数($A$),以当处差刻数乘之,如二至去极差度四十七分八十而一,所得依分前后加减初日昼夜漏刻,各得各定气初日昼夜漏刻($F$)。"[①]

依术文意,已知某地二至时的昼(夜)刻数之差($E$),又已知二至时太阳赤纬之差(47.8度)。设太阳赤纬的变化与昼(夜)刻数的变化成正比,则与每气太阳赤纬变化值($A$)相应的昼(夜)刻数变化值($G$)可由如下比例式求得:

$$E : 47.8 = G : A$$

$$则 \ G = A \cdot E / 47.8$$

$$F = D \pm G$$

对于春秋分初日,$A = 23.9$ 度,则 $F = D \pm \dfrac{1}{2} E$。

由于太阳赤纬变化与昼(夜)刻数的变化实际上不成正比例,所以一行关于九服漏刻的上述算法也仅仅是一种近似的算法。

大衍历九服晷漏推算法的创立,为各地晷漏长度的推算提供了近似的算法,它对后世历法产生了很大的影响。自太衍历始,九服晷漏的推算便成为历法的传统内容之一。

## 六　月食和日食食差之研究

一行对月食食限和食分($g$)的计算法都作了新的探索。在对前人的月食食分算式进行消化吸收后,一行给出了一个十分简捷的新算式:[②]

$$g = \frac{望差 - B}{183}$$

---

① 《新唐书·历志四上》。

② 陈美东,中国古代月食食限和食分计算法,自然科学史研究,1991,(4)。

望差为一常数（3523.9339），$B$ 为月亮距黄白交点的日分值。大衍历取最大月食食分为 15，令 $g＝15$ 代入上式，得 $B＝778.9339$ 分 $＝\dfrac{778.9339}{3040}$ 日 $＝3.38°$（与之相应的黄经差 $\lambda$ 为 $3.36°$），这就是说当 $\lambda$ 小于 $3.36°$ 时就必定发生月全食，它与现代月必全食限之差仅 $0.55°$，这一精度较前代各历法大为提高，而且对唐宋一些历家产生巨大的影响。同时，一行的月食食分算式也成为后世历法普遍采用的定式。

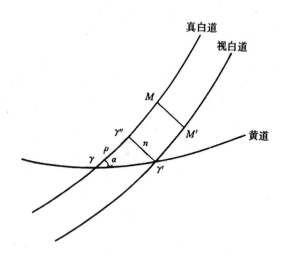

图 1　食差示意图

关于日食食差，其含义如下：在图 1 中，$\gamma$ 是黄白交点，$M$ 是月亮真位置，$M'$ 是月亮视位置。由 $M'$ 作真白道的平行弧交于黄道 $\gamma'$，由 $\gamma'$ 作垂直弧交于真白道 $\gamma''$，$MM'＝\gamma'\gamma''＝n$，即为月亮的视差值。在大衍历中则称 $P＝\gamma\gamma''$（或 $\gamma\gamma'$）为食差。对食差大小的研究，关系到日食发生与否的判定和食分大小的推算，是日食研究的重要课题之一。对此一行进行了认真的探讨。

已知月亮视差的 $n＝\bar{\omega}\sin z_月$，此中 $\bar{\omega}$ 为月亮的地平视差，约为 $57'$，$z_月$ 为月亮的天顶距。由球面直角三角公式：$\sin P＝\sin n/\sin \alpha$（式中 $\alpha$ 为黄白交角，约等于 $5°9'$），我们可以求得 $z_月$ 为任一值时的食差理论值。

我们知道，$z_月$ 是与地理纬度 $\varphi$、月亮的赤纬 $\delta_月$ 和时角 $t$ 等参数有关的量。当月亮上中天（$t＝6^h$）时，$z_月＝\varphi-\delta_月$，于是，对于同一地点而言，$z_月$ 仅与 $\delta_月$ 有关。而 $\delta_月＝\delta_\odot\pm\Delta$，$\delta_\odot$ 为太阳赤纬，$\Delta$ 为月行在黄道南北的赤纬值，对于 $\delta_\odot$ 为某一特定值（$k$）时，由于 $\Delta$ 是一随机变量，则 $\delta_月$ 的平均值应等于 $k$，于是与某一 $\delta_\odot$ 相应的 $\delta_月$ 的平均值仅与 $\delta_\odot$ 有关。又，$\delta_\odot$ 是与节气有关的量，那么，$z_月$ 的平均值是仅与所值节气有关的。在大衍历中，每一节气给出一个食差值，正是基于这一考虑。

大衍历以为冬至时阳城的"阴历食差千二百七十五"，它又给出相邻两节气的食差增损差，依此可列出阳城二十四节气食差表。这些食差值需以"十一乘之，二千六百四十三除"，[①] 再化为 360° 制的度值，始为图 1 所示的 $P$ 值。在计算相应的理论值时，$\delta_\odot$ 由式 $\sin\delta_\odot＝\sin(270°＋\alpha)\cdot\sin\varepsilon$ 求得，对于冬至、小寒、大寒……，$\alpha＝0°$、$15°$、$30°$……，$\varepsilon$ 取 $23.6°$，$\varphi$ 取 $34.4°$。计算结果

---

① 《新唐书·历志四下》。

均列如表3(由于二至前后相应节气食差相等,表中仅列出冬至到夏至十三个节气)。

取表3中各节气 $P_{理}-P_{测}$ 绝对值的平均值,得2.01°,此即为大衍历所取食差值的平均误差,在夏至前后若干节气的误差较小,而在冬至前后若干节气误差则较大。虽然如此,大衍历是我国古代第一个以表格形式给出二十四节气食差表的历法,更重要的是,一行还进一步给出了不同纬度处二十四节气食差——九服食差的近似算法。

一行指出:"九服之地,食差不同。先测其地二至及定春、秋分中暑长短,与阳城每日中暑常数较取同者,各因其日食差为其地二至及定春、秋分食差。"① 从理论上讲,这种计算方法并无错误,但由于某地二至及定春、秋分影长的测量存在误差,阳城每日中暑常数以及相应的食差值的测算亦存在误差,所以某地二至及定春、秋分食差的推算结果不能不是一种近似值,其误差必在2°以上无疑。至于某地每日食差值的计算,一行是在求得该地二至及定春、秋分食差的基础上,再依经验性的近似方法求取的,所以误差还要大些。尽管一行九服食差的计算法是很粗略的,但它毕竟是一种开创性的工作,在交食推算史上占有重要的地位。

**表 3　大衍历食差表的精度**

| 定气 | 增损差 | 食差 | 历测 $P(°)$ | 理论 $P(°)$ | $P_{理}-P_{测}$ |
|---|---|---|---|---|---|
| 冬至 | 0 | 1275 | 5.23 | 9.01 | 3.78 |
| 小寒 | 10 | 1265 | 5.19 | 8.94 | 3.75 |
| 大寒 | 15 | 1250 | 5.13 | 8.67 | 3.54 |
| 立春 | 20 | 1239 | 5.05 | 8.23 | 3.18 |
| 雨水 | 25 | 1205 | 4.94 | 7.63 | 2.69 |
| 惊蛰 | 30 | 1175 | 4.82 | 6.87 | 2.05 |
| 春分 | 35 | 1140 | 4.68 | 5.99 | 1.31 |
| 清明 | 40 | 1100 | 4.51 | 5.05 | 0.54 |
| 谷雨 | 45 | 1055 | 4.33 | 4.11 | 0.22 |
| 立夏 | 50 | 1005 | 4.12 | 3.26 | 0.86 |
| 小满 | 55 | 950 | 3.90 | 2.58 | 1.32 |
| 芒种 | 60 | 890 | 3.65 | 2.14 | 1.51 |
| 夏至 | 65 | 825 | 3.38 | 1.98 | 1.40 |

## 七　四海测验及子午线长度的实测

为计算九服晷漏和食差等历法问题的需要,开元十二至十三年,一行组织进行了四海测验的工作。他分别派人到以下十三个地点:铁勒(今俄罗斯贝加尔湖附近)、蔚州横野军(今河北蔚县)、太原府、滑州白马(今河南滑县)、汴州浚仪太岳台(今河南开封)、洛阳、阳城(今河南登

①《新唐书·历志四下》。

封）、许州扶沟（今河南扶沟）、蔡州上蔡县武津馆（今河南上蔡）、襄州（今湖北襄阳）、郎州武陵县（今湖南常德）、安南都护府（今越南北部）和林邑国（今越南中部），进行了北极出地高度、冬夏至和春秋分晷影长度及冬夏至昼夜漏刻等数据的测量。这是我国历史上第一次全国性的大规模的天文测量工作，北起铁勒（约北纬 51°），南至林邑（约北纬 18°），几乎达唐代版图的南北两端，其设立范围之大，测量内容之多，都是前所未有的。

上述滑州白马、汴州浚仪、许州扶沟和蔡州上蔡四点，还是为证实前人的南北地隔千里，8尺表影差一寸之说的错误而选定的。这四点地处平原，并大约位于同一经度上，除进行上述天文数据的测量外，还丈量了四处彼此间的距离，这一工作由当时另一著名天文学家南宫说具体负责，一行则依测量结果进行分析，得出了三条十分重要的结论：

其一，"大率五百二十六里二百七十步，晷差二寸余。而旧说王畿千里，影差一寸，妄矣。"这是从四地点夏至影长差与距离的比例关系推出的大略比率，仅此已证明旧说之误。

其二，"凡晷差，冬夏不同，南北亦异，先儒一以里数齐之，遂失其实"。这是说就南北两地而言，冬至时和夏至时的晷差是不相同的；若就南北甲、乙、丙三地而言，当冬至（或夏至）时，即使甲、乙两地和乙、丙两地的晷差相等，甲、乙两地间与乙、丙两地间的距离并不相等。即一行指出晷差和里差之间并不存在线性关系，所以从这个意义上说，"千里影差一寸"的说法也是不正确的。

其三，南北相距"大率三百五十一里八十步，而极差一度"，[①] 这是一行得到的最主要的结论，它是在否定旧说的积极思维中、在四地点北极高度差与距离的比例关系的分析中得到的。一行在这里明确无误地指出纬度差与南北里差之间存在着线性关系，亦即子午线一度的长度值为一恒定的量。已知 1 里＝300 步＝1500 尺，而 1 尺＝24.525 厘米[②]，$1° = \dfrac{365.2565}{360}$ 度，于是一行的结论是子午线每 1°长 131.11 公里。这与近代的测量结果：在纬度 35°处，子午线 1°长110.94 公里相比，偏大 20.17 公里。

一行的前两个结论，完全推翻了"千里影差一寸"的旧说，在古代天文学思想史上占有极重要的地位。而后一个结论则创立了一个全新的子午线一度长度的概念。虽然一行并未由此进一步引出地球的观念，且其测量误差还比较大，但这毕竟是世界上第一次进行的子午线一度长度的实测与推算工作，其意义是不能低估的。

## 八　月行九道术

在大衍《历议》和《历经》中，都有关于月行九道术的记载，后世历家无不因循其说，这里拟对该术的含义作一简要的讨论。

月行九道术始见于西汉末年，到东汉，言九道者不乏其人，但各家所论似不尽相同，依一行的说法："汉史官旧事，九道术废久，刘洪颇采以著迟疾、阴阳历"，[③] 这是说汉人月行九道术应有迟疾和阴阳二义，所谓迟疾是指月亮运行不均匀性的问题，这与月亮近地点有关。所谓阴阳是指月亮沿白道运行的问题，这同月亮与黄白交点的相对位置有关。对于后者，一行指出：

---

①　《新唐书·天文志一》。

②　伊世同，量天尺考，文物，1978，（2）。

③　《新唐书·历志三下》。

"推阴阳历交在冬至、夏至,则月行青道、白道,所交则同,而出入之行异。故青道至春分之宿,及其所冲,皆在黄道正东;白道至秋分之宿,及其所冲,皆在黄道正西。若阴阳历交在立春、立秋,则月循朱道、黑道,所交则同,而出入之行异。故朱道至立夏之宿,及其所冲,皆在黄道西南,黑道至立冬之宿,及其所冲,皆在黄道东北。若阴阳历交在春分、秋分之宿,则月行朱道、黑道,所交则同,而出入之行异。故朱道至夏至之宿,及其所冲,皆在黄道正南;黑道至冬至之宿,及其所冲,皆在黄道正北。若阴阳历交在立夏、立冬,则月循青道、白道,所交则同,而出入之行异。故青道至立春之宿,及其所冲,皆在黄道东南;白道至立秋之宿,及其所冲,皆在黄道西北。""八行与中道而九,是谓九道。"①

又术曰:"凡含朔所交,冬(冬至、立冬)在阴历,夏(夏至、立夏)在阳历,同行青道。冬在阳历,夏在阴历,同行白道;春(立春、春分)在阳历,秋(立秋、秋分)在阴历,同行朱道;春在阴历,秋在阳历,月行黑道。四序离为八节,至阴阳之所交,皆与黄道相会,故月有九行。"②

这是一行关于月行九道的两段最主要论述。所谓"阴阳历交"或"合朔所交",说的都是与黄白交点有关的问题,这一点勿庸置疑。而当黄白升交点($\gamma$)在冬至,月亮过$\gamma$在黄道之北时("冬在阴历");或黄白降交点($\Omega$)在夏至,月亮过$\Omega$在黄道之南时("夏在阳历"),叫做月行青道。当$\Omega$在冬至,月亮过$\Omega$在黄道之南时("冬在阳历");或$\gamma$在夏至,月亮过$\gamma$在黄道之北时("夏在阴历"),叫做月行白道。这就是说,对于月行青道和白道而言,黄白交点均分别在冬至和夏至("所交则同"),但由于$\gamma$和$\Omega$相异,所以月亮的"出入之行异"。又,当$\gamma$在冬至($\Omega$在夏至)时,月亮运行到冬至(或夏至)后一个象限处,月亮当与黄道相距最远(称为正交),此时月亮位于春分点之北六度(或在秋分点之南六度),此即"青道至立春之宿,及其所冲,皆在黄道正东"的真实含义。同理,逐一讨论上述两段记载的全文,可推得黄白交点在各不同节气时,与之相应的月行道名,及其正交所值的位置(见表4所示)。

表4　九道$\gamma$、$\Omega$与正交所值位置表

| 月行道名 | $\gamma$所在 | $\Omega$所在 | 正交所在 | 正交与黄道的相对位置 |
| --- | --- | --- | --- | --- |
| 青道一 | 冬至 | 夏至 | 春分之北、秋分之南六度 | 正东 |
| 青道二 | 立冬 | 立夏 | 立春之北、立秋之南六度 | 东南 |
| 朱道一 | 秋分 | 春分 | 冬至之北、夏至之南六度 | 正南 |
| 朱道二 | 立秋 | 立春 | 立冬之北、立夏之南六度 | 西南 |
| 白道一 | 夏至 | 冬至 | 秋分之北、春分之南六度 | 正西 |
| 白道二 | 立夏 | 立冬 | 立秋之北、立春之南六度 | 西北 |
| 黑道一 | 春分 | 秋分 | 夏至之北、冬至之南六度 | 正北 |
| 黑道二 | 立春 | 立秋 | 立夏之北、立冬之南六度 | 东北 |
| 黄道 | —— | —— | 与黄道合 | 与黄道合 |

---

① 《新唐书·历志三下》。
② 《新唐书·历志四上》。

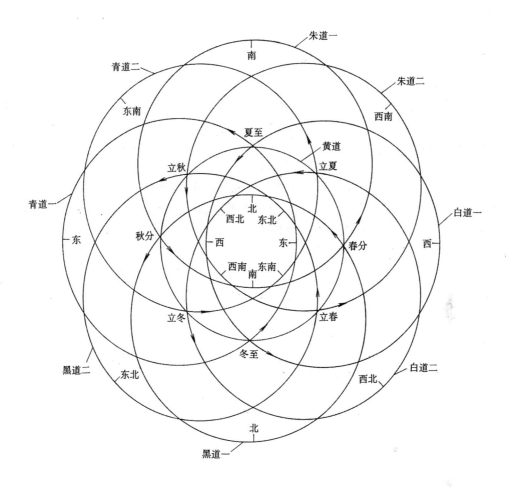

图 2　传先儒所绘月行九道图

　　我们以为上述"在黄道正东"、"在黄道正西"等说法,实无任何具体的天文意义可言,这种说法当与古人绘图方法上的缺欠有关。古人在平面上绘制黄赤道,多以不同心的两个相交的圆表示,著名的苏州石刻星图就是如此,这就可能引致在黄道东、西南、北等的模糊说法。在明代王圻的《三才图会》,清代何远堂的《管窥图说》等古籍中,均绘有月行九道图(见图 2,据《三才图会》,略作修订),传为先儒所绘,其中就是以九个不同心的圆表示月行的九道,它们在一定程度上形象地反映了月行九道的情况,但由此引出的"在黄道正东"等等,却是不足取的,其确实含义应如表 4 所示。

　　还要指出的是,月行青道等等说法,并非指黄白交点在某一定点(如冬至、夏至点等),而是就黄白交点在某一定区间而言,如月行青道一,是指当 $\gamma$ 在立春到冬至这一区间而言的。这就是说 $\gamma$ 是连续不断地沿着黄道而退,$\gamma$ 自立春点始退至冬至止,月行道均叫青道一,其后,每交八节中的一节,变行一道,每变行一道,约需经二年又四个月,则月行自青道一 ——青道二——朱道一 ——朱道二——白道一 ——白道二——黑道一 ——黑道二——青道一……周而复始。其间,月亮在黄白交点时,叫月行黄道。

　　由以上讨论,我们就不难理解清代学者戴震关于月行九道术的精辟论述,他以为依月行九道术,"可以知交道出入焉,可以考当交半交(即正交)距赤道远近焉,可以明交终所差、每月交于某宫某度焉,可以辨交之中终与朔望不齐、每朔望去交远近及当交而有食焉"。[①] 这应该就是一行重提月行九道术的真正原因。

## 九　五星运动之研究

一行对五星运动研究的贡献,主要表现在五星爻象历的编制和五星近日点黄经及其进动值的定量计算法的创立上。[②]

五星爻象历是五星运动不均匀性改正的数值表,它以五星近日点作为起算点,又把五星运动轨道均分为少阳、老阳、少阴、老阴四象,每一象又均分为六爻("五星爻象历"即由此得名),并给出每经一爻,五星实际行度与平均行度的积差度,累此差度即得各爻较近日点时的进退积度。考五星爻象历进退积度的四次差均等于 0,这说明这些数据的取得,应是一行在实测的基础上,又进行一定的数学处理的结果。在五星爻象历中,进退积度的最大值称为盈缩大分,它就是五星中心差的最大值。如木星盈缩大分为 3078,以 760 除为度,再化为 360° 制的角分值得 239.5′,其余四星的盈缩大分亦可类推得,其结果列入表 5,与之相应的理论值亦列出,以资比较。

**表 5　大衍历五星盈缩大分、近日点黄经及其进动值的精度表**

| | | 木星 | 火星 | 土星 | 金星 | 水星 |
|---|---|---|---|---|---|---|
| 盈缩大分 | 历测值 | 239.5′ | 377.5′ | 507.6′ | 77.0′ | 192.0′ |
| | 理论值 | 319.1′ | 634.2′ | 412.3′ | 50.7′ | 1412.1′ |
| 728 年<br>近日点黄经 | 历测值 | 345.1° | 300.2° | 69.9° | 260.1° | 286.6° |
| | 理论值 | 354.0° | 312.7° | 68.3° | 113.8° | 57.7° |
| 近日点黄经<br>进动值 | 历测值 | 39.9″ | 37.4″ | 26.8″ | 35.6″ | 159.7″ |
| | 理论值 | 58.0″ | 66.3″ | 70.5″ | 50.7″ | 56.0″ |

一行既以五星近日点作为五星爻象历的起算点,就不能不对五星近日点的位置进行测量。分析有关术文可知他确实作了这一工作。

"置中积分($H$),以冬至小余($I$)减之,各以置星终率($J$)去之,不尽者($K$)返以减终率,余满通法(3040)为日,得冬至夜半后平合日算($L$)。"[③]

$H$ 是上元到所求年冬至时刻的积分数,它等于上元到所求年的积年数乘以回归年长度值。($H-I$)即为上元到所求年冬至夜半时的积分数。$J$ 为五星会合周期,($H$-$I$)-$mJ=K$,$m$

---

① 《戴东原集·九道八行说》卷五。
② 陈美东,我国古代对五星近日点黄经及其进动值的测算,自然科学史研究,1985,(2)。
③ 《新唐书·历志四下》。

为正整数，$K$ 为余数。又以 $J-K$ 除以通法，即得五星平合距所求年冬至夜半后的日距 $L$，此亦五星平合与所求年冬至夜半间的变距（如图3所示）。

又术曰："各以其星变差（$S$）乘积算（$I$），满乾实去之，余满通法为日（$U$），以减平合日算（$L$），得入历算数（$V$）。"[①]

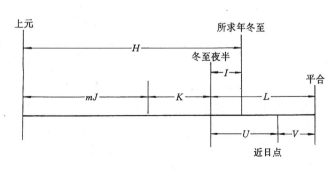

图3　计算五星平合入爻象历算数示意图

已知上元时，五星近日点适值冬至夜半，其黄经等于 270°。设五星近日点黄经每年前移 $S$ 分，$T$ 年则前移 $S·T$ 分，以 $S·T$ 减去周天分（即乾实）的若干倍，所得余数除以通法即为经 $T$ 年五星近日点黄经前移的度值 $U$，此亦即五星过近日点时与所求年冬至夜半的度距，则 $V=L-U$ 为五星平合与近日点的变距，即入五星爻象历的度距。

由上述讨论可知，五星近日点黄经等于 270°+$U$°（$U$ 度化为 360°制的度值即 $U$°），它与五星近日点黄经每年进动值 $S$（$S$ 除以通法即为古度值），都应是一行经过实测和进一步推算的结果，一行所得的测算值及相应的理论值亦列如表5中。

由表5知，一行所测算得的五星近日点黄经每年进动值均有较大的误差，但他毕竟是我国古代最早指出五星近日点进动这一重要的天文现象，并予以定量描述的天文学家，其功不可没。又，关于五星近日点黄经的测量误差，木星为 8.9°，火星为 12.5°，其精度水平仅与麟德历相当，金、水二星均在百度以上，很不理想，但土星为 1.6°，则相当精确，后世仅有少数几种历法的精度稍高于它。至于五星爻象历，这是一行在刘焯皇极历等历法业已发明的五星入气加减术的基础上发展起来的，五星入气加减是将五星运动不均匀性的改正，与各不相同的节气相联系，其中虽然已经包含着合理的天文意义，但总还蒙着一层含混不清的迷雾。一行指出：五星"盈缩之行，宜与四象潜合，而二十四气加减不均"[②]，遂有五星爻象历的创制，他把五星运动不均匀改正，直接与五星近日点这一概念联系起来，给予极明晰的天文意义。虽然，一行所测五星盈缩大分的误差都还较大，其中尤以水星和火星为甚。且在应用五星爻象历计算五星运动不均匀改正值时还要虑及五星近日点黄经测量存在的误差，据研究，大衍历木、土二星爻象历表的总精度分别为 70.6′ 和 59.4′，也不甚理想。这些都说明一行对五星运动不均匀性的定量描述，还处于早期探索的阶段，但一行已经迈出了极重要的一步，并为后人的进一步探索开拓了正确的方向。

## 十　若干数学方法的改进

大衍历对内插法的应用较前代历法有很大的进步。在利用月离表求朔弦望入朓朒定数和求五星平合入进退定数等问题时，一行沿用了刘焯发明的自变数等间距二次内插公式。而在利

①　《新唐书·历志四下》。
②　《新唐书·历志三下》。

用日躔表求各日盈缩定数和利用食差表求各日食差定数等问题时,一行则应用了自变数不等间距二次内插公式,[1] 这是由于大衍历的日躔表和食差表均给出与24定气相应的有关数值,而各定气之间的间距是不相等的,所以在求其内插值时,需虑及于此,一行从数学上圆满地解决了这个问题,把内插法的研究和应用提高到一个崭新的水平。

在上一节中,我们已经提及,大衍历五星爻象历进退积度的四次差均等于0。从天文学角度看,这说明一行已经察觉到五星运动迟疾的变化,并不循等加速(或等减速)的规律,而是依循较之更复杂和更精细的规律变化;从数学角度看,说明一行已经试图用自变量等间距三次内插法来描述五星运动迟疾的变化。在应用五星爻象历计算进退积定数时,一行则采用了与等间距(或不等间距)二次内插公式完全不同的公式进行计算,它可视为三次内插法的一种近似公式。此外,大衍历的月去黄道度表的四次差也等于0,这说明一行以为月去黄道度并不依等差级数的规律变化,在依该表进行内插计算时,一行亦采用了与五星进退积定数计算相雷同的近似公式。这些情况均表明,一行已经涉足于三次内插法这一新领域的研究,只是他还未正确地确立三次内插公式[2]。也有人认为,这些算法与三次内插法并不相关,其建构原理仍是依据等间距二次内插法[3]。

一行对数学方法的改进,还表现在黄赤道宿度变换、黄白道宿度变换等问题的探索上。虽然一行所用方法仍是在浑球上"以篾度量而识之",[4] 但在这基础上,一行进行了新的归纳,其中黄白宿度变换法的精度,远高于刘焯法的精度,对后世历法产生了较大的影响。

综观一行对数学方法的研究,主要着力于中国古代传统数学方法的改进与发展。但对于外来的新的数学方法,如当时已传入中国的三角函数法,一行则熟视无睹,反映了他思想中保守的一面。

# 十一  天文学思想

一行自受诏治历之初,便提出制造新的天文仪器,以测量各种天文数据的要求,这一点就充分反映了一行要把历法的编制建立在实践的基础上,亦即建立在客观的天体运行规律的基础上的宝贵思想。一行既十分重视亲身经历的实践活动,又十分重视见于史官注记中记载的前人实践的结果,他特别强调历法必须"有验于今"、"有证于古",即把古今的实测结果作为立数、立法和验数、验法的根本。一行指出:"历气始于冬至,稽其实,盖取诸暑景",遂取"自春秋以来,至开元十二年,冬、夏至(暑景)凡三十一事",以验新历冬至时刻计算法的得失,并判别新旧历法的优劣。为确定朔、望问题的计算法,"新历本春秋日蚀、古史交会加时及史官候簿所详,稽其进退之中,以立常率"。同样,在定岁差之值,考日月交食、五星运行等问题时,亦均"考古史及日官候簿"[5] 以定之。这些都是一行把历法植根于实践,并须接受实践检验的天文学思想的反映,这也正是他在编制大衍历的整个过程中的主导思想。

① 李俨,中算家的内插法研究,科学出版社,1957年,第42~51页。
② 严敦杰,中国古代数理天文学的特点,科技史文集,第1辑,上海科学技术出版社,1978年,第1页。
③ 曲安京等,中国古代数理天文学探析,西北大学出版社,1994,第281~288页。
④ 《新唐书·天文志一》。
⑤ 《新唐书·历志三下》。

"古历分率简易,岁久辄差。达历数者随时迁革,以合其变",①这是一行对前代历法改革所作的中肯评述,反映了他的今胜于古和顺天求合的思想脉搏,在大衍历中,一行勇于对一系列法、数作大胆的改革、创新,与这一思想有着密切的关系。

但是一行的天文学思想也存在消极的另一面。他以为"大衍为天地之枢,如环之无端,盖律历之大纪也",②即把所谓大衍之数作为历法的又一根本。对于一系列天文数据的确定,要求同实测结果与大衍之数两者兼合,这往往造成为迎合神秘的大衍之数而降低天文数据精度的后果。

一行相信"古之太平,日不蚀,星不孛,盖有之矣"。对于应食而不食的现象,他以为"若过至未分,月或变行而避之;或五星潜在日下,御侮而救之;或涉交数浅,或在阳历,阳盛阴微而不食;或德之休明,而有小眚焉,则天为之隐,虽交而不食。此四者,皆德教之所由生也"。③对于五星,他认为其"留逆伏见之效,表里盈缩之行,皆系之于时,而象之于政。政小失则小变,事微而象微,事章而象章"。这些即所谓日、月、五星运行的"失行说",是一行所笃信的天人感应的理论在天文学领域中的典型反映。

两种截然相反的天文学思想交织于一行的身上。一方面他相信"观辰象之变",可以"反求历数之中","由历数之中,以合辰象之变",④即认为天文现象是可以由观察认识的,是可以准确地加以描述的。在编制大衍历的过程中,他孜孜以求的正是这种知识。另一方面,一旦遇到所推与所测不合时,一行则又相信"失行说",这种随心所欲的"理论"一出,进一步探求真知的道路便为之堵塞。这种"理论"是一行思想劣根性的反映,也是一行在若干天文学问题上无能为力的表现。

一行的天文学成就是多方面的。从对中外历法的全面系统研究,天文仪器的制造,四海测验的组织与实施,恒星位置的测量,太阳、月亮、五星运动,和晷影消长、刻漏长短以及日月交食的研究,数学方法的改进到历法体例的完善,无不作出了对后世产生深远影响的、开创性的贡献。在我国古代天文学史上,在如此广泛的领域,做出如此重要贡献的天文学家实属罕见。

## 参 考 文 献

薄树人.1960.中国古代的恒星观测.科学史集刊　第3集.北京:科学出版社

陈美东.1984.日躔表之研究.自然科学史研究,3(4):330~340

陈美东.1985.我国古代对五星近日点黄经及其进动值的测算.自然科学史研究,4(2):131~143

陈美东.1985.崇玄、仪天、崇天三历晷长计算法及三次差内插法的应用.自然科学史研究,4(3):218~228

李俨.1957.中算家的内插法研究.北京:科学出版社

刘金沂,赵澄秋.1986.唐一行编成世界上最早的正切函数表.自然科学史研究,5(4):298~309

刘昫(五代)撰.1975.旧唐书　一行传.北京:中华书局

刘昫(五代)撰.1976.旧唐书　天文志.历代天文律历等志汇编　第3册,北京:中华书局

欧阳修、刘羲叟(宋)撰.1976.新唐书　历志.历代天文律历等志汇编　第7册,北京:中华书局

---

① 《新唐书·历志三下》。

② 《新唐书·历志三上》。

③ 《新唐书·历志三下》

④ 《新唐书·历志三下》。

欧阳修、刘羲叟(宋)撰.1976.新唐书　天文志.历代天文律历等志汇编　第 3 册,北京:中华书局

曲安京.1997.大衍历正切函数表的重构.自然科学史研究,16(2)

严敦杰.1984.一行禅师年谱——纪念唐代天文学家张遂诞生一千三百周年.自然科学史研究,3(1):35～42

（陈美东）

# 贾　耽

　　贾耽,字敦诗,沧州南皮(今河北南皮)人,我国唐代卓有成就的杰出的地理学家,承前启后、继往开来的地图学家。主要著作有:"关中陇右及山南九州等图"、"海内华夷图"、《古今郡国县道四夷述》、《皇华四达记》、《贞元十道录》、《吐蕃黄河录》等。

　　贾耽生于唐开元十八年(730)。天宝十年(751)明经高第(考中),始登仕途。乾元中(约759)授贝州临清尉,继而授绛州太平尉。操持政务中表现出"器重识高"[①]的良好素质,得到太原节度使王思礼的赏识,授度支判官。后来转试大理司直监察殿中侍御史。他工作认真,成绩突出,提升为检校缮部员外郎兼太原少尹侍御史北都副留守、检校礼部郎中、汾州刺史等职[②]。从政七年,政迹茂异,擢为鸿胪寺卿兼左右威远营使,专门负责接待外国来朝使者和出使归来的人。同年还任梁州刺史兼御史中丞山南西道节度观察度支营田等使,加朝议大夫,封广川男。时值守臣梁崇义恃汉水岘山之险,图谋起兵造反。贾耽受命领麾下沿江东讨,兵至皆捷,荣立军功,受到加俸并赐青光禄大夫的嘉奖。不久,迁任检校工部尚书、襄州刺史、御史大夫山南东道节度观察使等职。因德政兼优而受到德宗皇帝的信任,下诏特许贾耽"薄狩郊甸"[③],迁任检校尚书右仆射,充义成军节度,郑、滑等州观察处置等使[④]。贞元九年(793)奉命入觐,任尚书右仆射同中书门下平章事。"朝廷为之宝,岸廊为之重,天下以之信向,蛮夷以之怀来,加金紫光禄大夫"[⑤]。而后转任左仆射,依前平章事,迁检校司空[⑥]。佩相印13年后卒于永贞元年(公元805),终年76岁。皇帝悯公徽懿,追命太傅[⑦]。

　　唐朝初年,因隋末农民战争严重地打击了地主阶级统治,推动了社会生产力的发展。农民在均田制下,一般得到了耕地,加上水利事业的发展,农村经济日趋好转。随后,手工业和商业获得较大发展,超过以前历代王朝的发展水平,使唐王朝的政治、军事力量较汉朝更为强大。公元八世纪,唐朝的繁荣昌盛达到顶峰。就在这时期,国内阶级矛盾和统治阶级内部矛盾逐渐激化。终于在这个世纪的中叶,爆发了安禄山、史思明发动的叛乱。贾耽年青时,正值"安史之乱"。政局不稳,人民赋税沉重,生活贫困,国势衰落,边疆多事。河西陇右(今甘肃河西走廊)一带国土失陷于吐蕃。贾耽对失去的国土深为忧虑,常说:"率土山川,不忘寝寐"[⑧]。他日夜盼望早日收复失地,恢复祖国领土的完整。

　　贾耽是一位具爱国思想的政府官员,十分重视地理。青年时代博闻强记。阅读过许多地理著述,擅于边疆地理、历史地理、外国地理的研究,尤其重视地图学的研究。他利用任职的机会,详细调查了解中原地区的自然及经济状况。又利用在中央任职的便利条件,对中外地理情况进行了长期的采访,常与域外使者及出使归来的人接触,收集"绝域之比邻,异蕃之习俗,梯山献琛之路,乘舶来朝之人,咸究其源流,访求其居处,阗阓之行贾,戏貊之遗老,莫不听其言而辍其

---

　　①～⑥《全唐文》卷四七八"左仆射贾耽神道碑"。

　　⑦　《全唐文》卷五〇五"贾公墓志铭"。

　　⑧　《旧唐书·贾耽传》。

要;间闾之琐语,风谣之小说,亦收其是而芟其伪"①。由于他爱好地理,勤学细问,重视调查采访,获得了丰富的地理知识和重要的资料。在此基础上,加以去粗取精、去伪存真的加工整理和综合,撰成《古今郡国县道四夷述》、《贞元十道隶》、《皇华四达记》等颇有见地的著述。可惜这些著作大都没有流传下来。只能从新、旧唐书或其他史籍的零散记载中,了解到这些著作的部分内容。《古今郡国县道四夷述》形式上是"海内华夷图"的文字说明,实际上是总地志性质的地理专著。他在献表中说:"郡县记其增迁,蕃落叙其盛衰","凡诸疏舛,悉从厘正"。可见书中对古今地理有较为详细的考订和记述。从《新唐书·地理志》保存该书关于边州和四夷的材料来看,贾耽掌握着大量的海外地理知识。《新唐书·地理志》后面附载贾耽就中国到波斯湾之航程的详细记述,一直受到中外研究中西交通史学者的重视和称赞。《广州通海夷道》是这样记述的:

> 广州东南海行,二百里至屯门山(今广东东莞以南),乃帆风西行,二日至九州石(在海南岛的东北角),又南二日至象石(即独珠山)。又西南三日行,至占不劳山(即越南东海岸外的占婆岛),山在环王国(即古代的林邑或占城)东二百里海中。又南二日行至陵山(即越南归仁以北的燕子岬)。又一日行,至门毒国(即越南芽庄)。又一日行,至古笪国(即越南庆和)。又半日行,至奔陀浪洲(即越南藩朗)。又两日行,到军突弄山(即昆仑岛)。又五日行,至海硖(即新加坡海峡、菲利普海峡和马六甲海峡),'蕃'人谓之质,南北百里,北岸则罗越国(即马来半岛的南部),南岸则佛逝国(即室利佛逝国,指苏门答腊的东南部)。佛逝国东水行四五日,至诃陵国(在今爪哇岛中部),南中洲之最大者。由西出硖,三日至葛葛僧祇国(在不罗华尔群岛中)。在佛逝西北隅之别岛,国人多钞暴,乘舶者畏惮之。其北岸则箇罗国(在克拉地峡)。箇罗西则哥谷罗国(克拉地峡的西海岸)。又从葛葛僧祇四五日行,至胜邓州(似在苏门答腊的日里附近)。又西五日行,至婆露国(即婆鲁师洲,苏门答腊西海岸的巴罗斯)。又六日行,至婆国伽兰洲(即尼科巴群岛)。又北四日行,至师子国(即斯里兰卡),其北海岸距南天竺大岸百里。又西四日行经没来国(在奎隆,南天竺之最南境)。又西北经十余小国至婆罗门西境。又西北二日行,至拔䫻国(似在布罗奇)。又十日行,经天竺西境小国五,至提䫻国(在第乌),其国有弥兰太河,一曰新头河(即印度河),自北渤昆国来,西流至提䫻国北,入于海。又自提䫻国西二十日行,经小国二十余,至提罗卢和国(在波斯湾头奥波拉以东近阿巴丹处),一曰罗和异国。国人于海中立华表,夜则置炬其上,使舶人夜行不迷。又西一日行,至乌剌国(即奥波拉),乃大食国之弗利剌河(即幼发拉底河),南入于海。小舟溯流二日,至末罗国(即巴士拉),大食重镇也。又西北陆行千里,至茂门王所都缚达城(即巴格达)。自婆罗门南境从没来国至乌剌国,皆缘海东岸行,其西岸之西皆大食国。

这段文字比较详细地记载了从广州通往波斯湾的航行路线、航程日数、途经 60 余国和地区的名称、方位、主要山川及风俗民情。是我国关于连接太平洋、印度洋这一海上交通的最早记录。

　　贾耽不仅了解我国与域外来往的海上通路,而且对我国与四邻国家的陆路交通也颇为熟悉。他在《皇华四达记》中明确指出,唐"入四夷之路与关戍走集最要者"有七条衢道可供通行:"一曰营州入安东道,二曰登州海行入高丽渤海道,三曰夏州塞外通大同云中道,四曰中受降城

---

① 《旧唐书·贾耽传》。

入回鹘道,五曰安西入西域道,六曰安南通天竺道,七曰广州通海夷道。"①他根据前人记载,结合自己的考订,对某些边州的隶属等问题,提出了12条订正意见②。贾耽长于考订的功力,认真求实的态度和在地理学上取得的重要成就,备受欧阳修的推崇,称赞贾耽"考方域道里之数最详,从边州入四夷,通译于鸿胪者,莫不毕记",并在他编著的《新唐书·地理志》中,辑录了贾耽搜集采访的地理资料,把贾耽在地理学上的成就和贡献载入史册,使后人得以了解这位杰出地理学家的光辉业绩。

贾耽不仅在地理学上的成就突出,而且在地图学上也有卓越贡献。他根据裴秀创立的制图原则(即"制图六体"),吸收前人地理知识,运用自己调查所得资料,先后制作了"关中陇右及山南九州等图"、"海内华夷图"等局部和全国地图,对后世地图的制作,产生了深远影响。是我国地图史上划时代的人物③。

据《旧唐书·贾耽传》记载:"耽好学地理,凡四夷之使及使四夷还者,必与之从容,讯其山川土地之终始。是以九州之夷险,百蛮之土俗。区分指画,备究源流。"又据《唐书·百官志》载:"凡蕃客至鸿胪,讯其国山川、风土,为图奏之,付上于职方。殊俗入朝者,图其容状、衣服以闻。"贾耽利用职务便利的条件,常常接待并采访域外入朝使者及出访四夷归来的人,从而掌握了许多第一手材料,积累了丰富的地理知识。他将丰富的地理知识绘到地图上,供国家使用。比如,8世纪中叶以后,河西陇右州郡失陷,他就绘制了"关中陇右及山南九州等图",并蒐集有关资料,附加说明,上报朝廷。

据"关中陇右及山南九州等图"的表文所述,贾耽绘制该图时,由于"职方失其图记",当时似乎没有官绘地图可作参考,他不得不利用自己采访得来的材料编制地图。图中的地理范围主要是陇右沦陷区,兼及关中等毗邻边州的一些地方④。可能该图较大,故称一轴。表文说:"岐路之侦候交通,军政之备御冲要,莫不匠意求实,依稀像真。"由此可知,图中所绘交通、军事、行政区、关隘等内容比较翔实。在表示方法上,除了使用一些几何符号外,还辅以文字说明,作为对某些难于用几何符号表示的内容的补充⑤。把这些与图相对应的文字说明编纂成册,名曰:"别录"。这种情况,或类似这样的情况,当时日益增多。这说明,迄唐中叶,中国地图学史上自派生出"图经"这一分支后,逐渐向详备的文字注记方向发展。

贾耽在地图学上的成就,以"海内华夷图"和《古今郡国县道四夷述》最为重要,影响最大。据《旧唐书·贾耽传》记载:

　　至十七年(801),又撰成"海内华夷图"及《古今郡国县道四夷述》四十卷,表献之,曰:"臣闻地以博厚载物,万国棋布;海以委输环外,百蛮绣错。中夏则五服、九州、殊俗则七戎、六狄,普天之下,莫非王臣。昔毋丘出师,东铭不耐;甘英奉使,西抵条支(今伊朗、伊拉克境);奄蔡(在咸海、里海北面)乃大泽无涯,罽宾(在今喀布尔河下游及克什米尔一带)则悬度作险。或道里回远,或名号改移,古来通儒,罕遍详究。臣弱冠之岁,

　　① 《新唐书·地理志》

　　② 《权载之文集》载:"若护单于并马邑而北理榆林关外,宜隶河东。乐安自乾元后河道改流,宜隶河南。合州七郡,北与陇坻、南与庸蜀,回远不相应,宜于武都建府,以恢边备。"

　　③ 王庸,中国地图史纲,三联书店,1958年,第50页。

　　④ 《旧唐书·贾耽传》:"自吐蕃陷陇右积年,国家守于内地,旧时镇戍,不可复知,耽乃画陇右山南图,兼黄河经界远近,聚其说为书十卷。"

　　⑤ 《旧唐书·贾耽传》载:"诸州诸军,须论里数人额,诸山诸水,须言首尾源流,图上不可备书,凭据必资记注。"

好闻方言,筮仕之辰,注意地理,究观研考,垂三十年。绝域之比邻,异蕃之习俗;

梯山献琛之路,乘舶来朝之人,咸究竟其源流,访求其居处。……去兴元元年(公元

784),伏奉进止,令臣修撰国图,旋即充使魏州、汴州,出镇东洛、东郡,间以众务,不遂

专门,绩用尚亏,忧愧弥切。近乃力竭衰病,思殚所闻见,丛于丹青。谨令工人画'海内

华夷图'一轴,广三丈,纵三丈三尺,率以一寸折成百里。别章甫左袵,莫高山大川;缩

四极于纤缟,分百郡于作绘。宇宙虽广,舒之不盈庭;舟车所通,览之咸在目。并撰《古

今郡国县道四夷述》四十卷。"

贾耽用 30 多年时间,阅读史籍,调查采访。在此基础上,独立思考,认真选材。于贞元十七年
(801)完成了"海内华夷图"及《古今郡国县道四夷述》的编撰工作。

　　"海内华夷图"的地理范围,以唐王朝所辖行政区域为中心,兼及四邻一些国家,可以说是
一幅小范围的亚洲地图。比例尺为一寸折地百里,相当于 1:1,800,000。图纵三丈三尺,横三
丈,面积约 10 平方丈,比裴秀的方丈图大得多。这样大的图幅,无疑能够容纳比较多的内容,注
记一定较为详细。可惜该图没有流传下来。据王庸研究,西安碑林的"华夷图"是依贾耽"海内
华夷图"缩绘而成[①]。因此,现在只能从"华夷图"及史籍的零散记载中,推想出"海内华夷图"的
梗概。

　　保存在西安碑林的"华夷图",是南宋伪齐阜昌七年(1136)刻石的。碑石纵横各三尺余。碑
的正面刻"禹跡图",其背面刻"华夷图"。正背二面的地图互为倒立。如果"禹跡图"是正立的,
那么,"华夷图"则为倒立,方向正好相反。陈述彭教授认为,这两幅地图所以要互为倒立勒石,
可能与此图碑主要作雕板印刷之用有关[②]。

　　"华夷图"没有采用计里画方法绘制。图中有山脉、河流、湖泊、长城、行政区名。四周标写
注记。山脉用人字形的曲线表示,凡名山都注出名称,如东岳、西岳……等。大川主要绘黄河、
长江、珠江三大水系,海河、淮河、钱塘江、闽江、塔里木河等亦已绘入。图中虽然没有标出积石
山为黄河源,岷山为长江源[③],但是,河源、江源实际上都表示得不准确。河套以上一段黄河河
道的平面图形与实际情况出入较大。四邻一些国家,除了注出它们的名称而外,其他如各国的
地理范围、辖境内的山脉、河流、城镇等均无表示。离中国稍远一些的国家,因"其不通名贡而无
事于中国"被略而不载。

　　笔者认为,王庸在《中国地图史纲》所述"华夷图"是根据贾耽"海内华夷图"缩绘而来的论
断是有根据的;其一,"华夷图"中黄河下游的河道及其入海处,走的是宋庆历八年(1048)以前
的唐宋河道,而不是嘉祐五年(1060)以后河分二股之后的东流。此外,图的右下角记有"其四方
蕃夷之地,唐贾魏公图所载,凡数百余国,今取其著闻者载之,并参考传记以叙其盛衰本末。"其
二,图上绘有唐代地名和宋庆历八年(1048)以后建置的行政区名,比如成都府路的陵井监,广
南西路的怀远军,永兴军路的醴州等。由此可知,"华夷图"的绘制确是有本于贾耽"海内华夷
图",而不是唐宋时代的其他地图[④]。所以,我们可以由"华夷图"中的内容和图形轮廓推想出贾
耽"海内华夷图"的梗概:其海岸线轮廓及江河的位置形状,与"华夷图"相去不远,其四邻一些

---

　　① 王庸,中国地图史纲,三联书店,1958 年,第 48 页。

　　② 陈述彭先生于 1986 年 5 月在《中国古代地图集》编委扩大会上的讲话。

　　③ 中国古代的地图,因受《尚书·禹贡》"积石导河"、"岷山导江"的思想的影响,多在积石山处标注黄河源,岷山处标
注大江源。

　　④ 参见曹婉如:《华夷图和禹跡图的几个问题》,《科学史集刊》,第 6 期,1963 年。

国家,未必绘有山脉、河流、行政区名等内容。国内部分,其行政区名和"华夷图"可能略有不同。比方说,"海内华夷图"是一幅面积约 10 平方丈的大幅地图,图中容纳的行政区名当比"华夷图"的多。其他方面还有哪些不同,因为原图已佚,就很难说了。过去有人曾以史籍记载并参考西安碑林"华夷图"的内容为依据,对贾耽及其"海内华夷图"作过介绍、研究和评价。其中以王国维提出的唐代最有成就的地理学家首推贾耽,"海内华夷图"是我国地理学上的瑰宝[①]这一评价较为公允。

　　贾耽绘制的"海内华夷图",使用朱、墨两种不同颜色标注地名。"古郡国题以墨(即黑色),今州县题以朱(即红色)"[②]。开创我国地图史上以黑红两种不同颜色标注古今地名的先河。贾耽用"今古殊文"的方法,集古、今地名于一图之中,使人一目了然,很有特色。这个绘图方法,一直为后世绘制历史沿革地图所效仿。清末杨守敬编绘《历代舆地沿革险要图》仍在使用,前后沿袭约 1100 年而不衰。

　　《古今郡国县道四夷述》是"海内华夷图"的文字说明,以详于考证古今地理为特点。在我国,一图一说的"图经",在隋代开始蓬勃发展。至贾耽完成"海内华夷图"和《古今郡国县道四夷述》的九世纪初期,经过二个多世纪的发展后,图与说虽然还是并行不悖,但是大体上已成"分道扬镳"的局面[③],图经中地图的数量逐渐减少,但其内容及绘制方法多是因袭效仿,少有创新提高。而记述考证的文字却不断增多,内容益加冗杂。可以说,唐代的图经已在缓慢地朝地志的方向蜕化。贾耽的地图制作概莫能外。所不同的,贾耽无论是绘制地图,亦或撰写图记,始终坚持求实的严谨态度。没有把握的材料,不轻易采用;尚未弄清的问题,不草率下结论。因此,贾耽编撰的图说,内容较为翔实。他所坚持的宁缺勿滥的求实精神,值得发扬光大。

　　大概贾耽已经察觉《古今郡国县道四夷述》的篇幅过于冗长繁杂,内容偏重于历史考订。所以,决定"提其要会,切于今日",将《古今郡国县道四夷述》简缩为《贞元十道录》四卷。权德舆《权载之文集》卷三十五"魏国公贞元十道录序"称:"相国魏公……献海内华夷图一幅,古今郡国县道四夷述四十卷,……又提其要会,切于今日,为贞元十道录四卷。其首篇自贞观初以天下诸州分隶十道,随山河江岭,控带纡直,割裂经界而为都会;在景云为按察,在开元为采访,在天宝以州为郡,在乾元复郡为州,六典地域之差次,四方职贡之名物,废置升降,提封险易,因时制度,皆备于编。而又考迹其疆理,以正谬误,采获其要害,而陈开置。至若护单于府并马邑而北理榆林关外,宜隶河东;乐安自乾元后河流改故道,宜隶河南。合州七郡,北与陇坻,南与庸蜀,回远不相应,宜于武都建都府,以恢边备,大凡类是者十有二条。制万方之枢键,出千古之耳目,故今之言地理者,称魏公焉。"该书早已失传。数年前于敦煌石窟中发现了该地志的残本。这部比《元和郡县图志》编纂时间还早的著述,是现存总地志中最早的写本。此简缩本考证了当时图志的差讹 12 处[④]。不难想见,其底本《古今郡国县道四夷述》中,一定有更为详细的考订,尤其在地理沿革方面。

　　贾耽不仅承继了裴秀的制图六体,而且在地图设色上又有创新,把中国的地图制作推向新的高峰,成就卓著,不愧是我国承前启后、继往开来的地图学家。他在地理、地图学上的成就,向

　　①　见王国维《伪齐所刊华夷两图跋》。
　　②　《旧唐书·贾耽传》。
　　③　王庸,中国地图史纲,三联书店,1958 年,第 47 页。
　　④　见《鸣沙石室佚书》第三册景唐写本《残地志》。

来被古今中外的专家学者所重视、所研究。有人根据《新唐书·地理志》后面附载贾耽所述"广州通海夷道",比较详细地记述了从中国到越南、爪哇、印度,甚至抵巴格达的航向、航程,因此认为①,贾耽曾经绘制过从中国到越南、印度、甚至到巴格达的交通图。笔者认为不大可能。理由有三:首先,贾耽身居相位,他制作的地图,撰写的图说,史籍或详或略多有记载。如果他确是绘有中国至朝鲜、越南、印度、巴格达并具有方位、里程的交通地图的话,史书不会将这些具有一定实用价值的地图疏漏。其次,西安碑林的"华夷图"对四邻各国,既没有画它们的位置形状,也不绘其山川城邑,仅标注国名而已。可见制图人对那些国家的地理情况不甚了解。被"华夷图"据以为底图的"海内华夷图",对毗邻各国特别是对远离中国本土的近东地区的地理情况,恐怕不会有比"华夷图"更为详细的记载。诚然贾耽因职务之便,访得有关越南、印度、中亚、甚至两河流域的地理情况,但是他无法前去调查核实,所以一向坚持求实精神的贾耽,恐怕不会破例将那些存有阙疑的采访所得作为资料依据,绘制从中国到越南、印度、巴格达的交通地图。第三,如果没有其他史籍记载有越南、印度、巴格达等地区和国家的地理知识可供贾耽参考(至少迄今尚未见到有详细记载那些地区和国家的地理知识的史书),仅凭《新唐书·地理志》后面附载贾耽所述从中国至越南、印度、巴格达的方位、里程,难以绘制成从中国到越南、印度、巴格达的交通图。

## 参 考 文 献

陈正祥.1973.中国地图学史.香港:商务印书馆
侯仁之.1962.中国古代地理学简史.北京:科学出版社
卢良志.1984.中国地图学史.北京:测绘出版社
尹承琳等.1978.贾耽及其在地理学上的成就.辽宁大学学报(哲学社会科学版),(4)
自然科学史研究所地学史组主编.1984.中国古代地理学史.北京:科学出版社

　　　　　　　　　　　　　　　　　　　　　　　　　　　　　　　　　　　(郑锡煌)

---

① 〔英〕李约瑟,中国科学技术史(中译本),第5卷第1分册,科学出版社,1976年,第124~125页。

# 边　冈

边冈是唐末著名的天文学家。他的生卒年月、籍贯均不详。关于他的生平,史籍只有寥寥数语:"昭宗时(889～904),宣明历施行已久,数亦渐差,诏太子少詹事边冈与司天少监胡秀林、均州司马王墀改治新历,然术一出于冈","景福元年(892),历成,赐名崇玄"[①]。又据史载:东宫设有"詹事府,太子詹事一人,正三品,少詹事一人,正四品上,掌统三寺、十率府之政,少詹事为之贰",而"三寺"系指"家令寺"、"率更寺"和"仆寺",分管东宫太子的饮食、礼仪及刻漏、车骑等事宜;"十率府"则指"太子左右率府"等10个主管护卫太子安全事务的部门[②]。由此可知,在公元889至892年间,边冈在东宫詹事府任副职,官列正四品上。饶有兴味的是,詹事府负有管理漏壶以测报时间的职责,这似乎说明边冈早就有从事天文研究的经历。唐昭宗诏他改治新历,正是鉴于他对天文历算研究的造诣。由这些简略的史料,我们至少可以断定:889至892年是边冈天文历算活动的鼎盛时期,其间,他受命主持了一次历法改革,承担了新历法编制的全部研究测算工作,完成了著名的崇玄历。

边冈在崇玄历中,不但对若干天文数据和表格作了重要的改进,而且充分发挥了他的数学才能,对历法的一系列算法进行了大胆和成功的改革,奠定了对后世历家产生重大影响的新算法的基础。"冈用算巧,能驰骋反覆于乘除间,由是简便、超径、等接之术兴,而经制、远大、衰序之法废矣"。欧阳修在《新唐书·历志六下》中的这段精辟评述,正指此而言。

崇玄历自唐昭宗景福"二年颁用,至唐终",并在五代时期继续被颁行,前后行用了约60年。它是我国古代有诸多创新和影响深远的一部历法,它的编撰者边冈也就成为我国天文学史上卓有成就的天文学家之一。

## 一　对若干天文数据和表格的改进

天文数据的测算和天文表格的编制,是历法编撰工作的重要一环。对崇玄历的考察表明:有不少天文数据和表格显然受到了大衍历(728)的影响,如回归年、朔望月、恒星月、交点月、近点月长度[③],日躔表[④] 等。另有一些则是边冈独立测算所得的新成果。

例如,崇玄历取交食周期为交数3350,交率263(现传本记作262,误,应据改),即以为3350个交点月长度适与263个食年长度相等。已知崇玄历取一交点月长度为367364.9673/13500日,则可算得一食年长度等于346.6195298日,这与理论值之差仅约15秒。这一精度较其前的任何一部历法都高得多(如大衍历的误差约94秒,宣明历的误差约57秒,等等),而在其后也只有北宋纪元历(1106)所取交食周期值的误差(约7秒)较它为小。

---

① 《新唐书·历志六下》。以下引文凡未注明出处者,均同此。
② 《新唐书·百官志》。
③ 陈美东,论我国古代年、月长度的测定,载《科技史文集》第10辑,上海科学技术出版社,1983年。
④ 陈美东,日躔表之研究,自然科学史研究,1984,(4)。

又如,崇玄历测算得的月亮过远地点时间的误差为 0.35 日,也较大衍历(误差为 0.57 日)和宣明历(误差为 0.69 日)的精确度要高过一筹。崇玄历月离表的精度(用月亮每日实行度的测算结果加以衡量,误差为 7.0′),不但较大衍、宣明历(误差分别为 13.2′ 和 18.7′)要高,而且它还是我国历代月离表中最为准确者[①]。

再如,与五星运动有关的天文数据和表格,边冈显然作了全新的研究与测算:崇玄历木星的会合周期为 398.88608 日,其误差为 2.9 分钟,精度较大衍历(误差为 13.5 分钟)为高,而且该值对后世许多历法产生了很大的影响。此外,崇玄历金星、水星会合周期的精度亦高于大衍历,但火星和土星会合周期的误差却远大于大衍历[②],此其一。边冈对火星近日点黄经进行了较精确的测算,与理论值之差仅 1.57°,是为我国古代历法中的最佳值。又,边冈测算得木、火、土、金、水五星近日点黄经的进动值分别为 35.20″、35.08″、34.94″、35.31″ 和 35.12″,虽然这些数值的误差还较大,但从总体上看要较大衍历和宣明历有所进步,而且在纪元历以前各历法差不多都参照了边冈的这些数值,其影响是相当大的[③],此其二。对于五星运动不均匀性改正的数值表格,边冈给出了与前不同的新格式:他把一周天分为“盈限”和“缩限”前后不等的两大段,每一大段又各均分为 12 小段,分别列出五星运动的具体盈缩值。在对五星近日点黄经的测量存在一定误差的情况下,这种新格式,能较真实地反映五星运动不均匀性改正的不对称性,可较好地描述五星运动的真切状况。当然,这种新格式本身,充分反映了边冈确曾进行过扎实的测算工作。边冈首创的这一新格式,为北宋应天历(960)、乾元历(981)和仪天历(1011)所沿用,产生了一定的影响,此其三。

上述情况说明,在编制崇玄历的过程中,边冈曾经进行过相当多的天文实测工作,他所新得的天文数据和表格,有的是历代之最佳品,或者为后世历家所重视,可见边冈实测工作之精到和影响之深远,他无愧是一位有成就的天文观测家。诚然,他更主要的贡献还在于历算方法的创新。

## 二 关于历算“径术”

在崇玄历中,边冈设计了不少巧妙的删繁就简的便捷算法,即“径术”。现试举二例加以说明:

例一,推求任一年十一月冬至时月亮平均行度($B$)的计算方法。

依历理,已知上元到所求年的积年数为 $A$,则该年十一月冬至时月亮平均行度应等于:
$$B = (回归年长度 \times A \times 月亮每日平均行度)(\bmod \ 周天度数)$$
其中,月亮每日平均行度 $= \dfrac{恒星年长度}{朔望月长度} + 1$

将崇玄历的有关数值代入上式,则有:
$$B = \left[ \frac{4930801}{13500} \times \left( \frac{4930961.24}{398663} + 1 \right) \times A \right] \left( \bmod \ \frac{4930961.24}{13500} \right) \tag{1}$$

已知崇玄历上元至景福元年积年数为 53947308 年,若用式(1)进行计算时,$A$ 均要大于此

---

① 陈美东、张培瑜,月离表初探,自然科学史研究,1987,(2)。

② 李东生,论我国古代五星会合周期和恒星周期的测定,自然科学史研究,1987,(3)。

③ 陈美东,我国古代对五星近日点黄经及其进动值的测算,自然科学史研究,1985,(2)。

值,这对于古人来说当然是一个相当繁杂的算题。

对此,边冈"作径术求黄道月度($B$):以蒜率(9036)去积年($A$),为蒜周。不尽,为蒜余。以岁余(639)乘蒜余,副之。二因蒜周,三十七除之,以减副。百一十九约蒜余,以加副。满周天去之,余,四因之为分,度母(19)而一为度,即冬至加时平行月($B$)"。

近人王应伟曾对这段术文作过考证[①],他以为:第一,术文中"二因蒜周,……以加副",应改为"四除蒜周,进一位,三十七乘之,以减副,百约一十九乘蒜余,以加副"。第二,术文中"满周天去之,余"六字,应移于"即冬至加时平行月"之前。依此,王应伟列出下式:

$$B=\left[\frac{4}{19}\left(639\times蒜余+\frac{19}{100}\times蒜余-\frac{37\times10}{4}\times蒜周\right)\right](\text{mod 周天度数}) \qquad (2)$$

我们以为,王应伟的第一点修正对术文作了过多的改动,又缺乏详细的论证,不能不令人生疑,但他的第二点修正则是很有见地的。若依第二点修正意见,而其他术文不作改动,则有下式:

$$B=\left[\frac{4}{19}\left(639\times蒜余+\frac{1}{119}\times蒜余-\frac{2}{37}\times蒜周\right)\right](\text{mod 周天度数}) \qquad (3)$$

设 $A=1$,则蒜周=0,蒜余=1,代入式(1),得 134.5280153 度;代入式(2),得 134.5663158 度;代入式(3),得 134.5280849 度。设 $A=10$,则蒜周=0,蒜余=10,代入式(1),得 249.5109922 度;代入式(2),得 249.8939936 度;代入式(3),得 249.5116849 度。仅由这些验算结果就可说明,式(2)是不可信的,而式(3)中 $\frac{4}{19}$,639,$\frac{1}{119}$ 诸值的选取是很得当、很巧妙的,它们应是边冈当年所选用值的原貌。虽然如此,我们必须看到式(1)和式(3)计算的结果仍存在小的差异,当 $A$ 值比较大时,二者之差将是不可忽略的。崇玄历在推算 $B$ 值时,$A$ 均大于53947308 年,为使二者之差保持在精度允许的范围内,就必须引进必要的改正项,对于式(3)而言,即 $\frac{4}{19}\times\frac{2}{37}\times$ 蒜周项。这应是边冈设计此径术时的基本思路。

设 $A=53947308$,则蒜周=5970,蒜余=2388,代入式(1),得 95.22234038 度;代入式(2),得 177.6336165 度;代入式(3),得 124.7642318 度。由此可知,式(2)确实是不可靠的,而式(3)中改正项的系数 $\frac{2}{37}$ 亦必有误。由于存在种种复杂的因素,边冈所取该改正项的系数究为何值,实难断言,但依上述思路,我们认为 $\frac{9}{116}$ 是一个较合理的系数值,即现传本术文中"二因蒜周,三十七除之"句,应改"九因蒜周,百一十六除之"。依之,可得下式:

$$B=\left[\frac{4}{19}\left(639\times蒜余+\frac{1}{119}\times蒜余-\frac{9}{116}\times蒜周\right)\right](\text{mod 周天度数}) \qquad (4)$$

当 $A=53947308$ 年及其后 600 年间,依式(4)和依式(1)计算所得的结果的差异将不大于0.04 度,这应是当时的计算误差所能允许的。

例二,推求任一年冬至午中与月亮远地点间的时距($G$)的计算法。

边冈的径术为:

"四十七除蒜余,为率差($C$),不尽($D$),以乘七日三分半,副之。九因率差,退一等,为分,以减副。又百约冬至加时距午分($E$),午前加之,午后减之,满转周去之,即冬至午中入转($G$)。"

依术文意,

---

① 王应伟,中国古历通解·崇玄历解,1962 年,油印本。

$$G=(7.035D-0.009C\pm E)(\mathrm{mod} \text{ 转周}) \tag{5}$$

式中转周即指一近点月长度。而依历理:

$$G=(\text{回归年长度}\times A\pm E)(\mathrm{mod} \text{ 近点月长度}$$

将崇玄历的有关数据代入上式,则有:

$$G=\left(\frac{4930801}{13500}\times A\pm E\right)\left(\mathrm{mod} \frac{371986.97}{13500}\right) \tag{6}$$

设 $A=1$,代入式(6),得 $7.034843702\pm E$ 日,由此可见,边冈在其径术中所取的 $7.035$ 是 $7.034843702$ 的很好的近似值,是一很巧妙的选择。当然,该二值并不全等,所以,同样存在当 $A$ 增大时,二值的偏差随着递增的问题,对于 $A$ 大于 $53947308$ 的实用时段,则需引进适当的改正项。应该说边冈对于此径术的设计思路也与前一径术相似。此外,如设 $A=47$,代入式(6),得 $27.53716\pm E$ 日,这与转周 $27.55459$ 日亦相近,这说明边冈在径术中先以"四十七除蔀余",即取 $47$ 为一小周期,也是颇具匠心的。

当 $A=53947308$ 年及其后的 $600$ 年间,依式(5)和式(6)计算所得结果的差异将不大于 $0.2$ 日,这一偏差稍嫌大了一些,似非边冈径术的原貌。我们以为现传本中"九因率差"句,似应为"十二因率差"之误,据此,则有下式:

$$G=(7.035D-0.012C\pm E)(\mathrm{mod} \text{ 转周}) \tag{7}$$

当 $A=53947308$ 年及其后 $600$ 年间,依式(5)和式(7)计算所得结果的差异将不大于 $0.05$ 日。

以上两种径术,是边冈在历法计算中删繁就简努力的一部分。边冈把如式(1)和式(6)所示的十分庞杂的数字运算,化为如式(4)和式(7)所示的简单得多的数字运算,并保持了一定的精确度,这表明了边冈具有十分敏捷的思维与纯熟、巧妙的数据处理能力。

## 三　先相减后相乘法的广泛应用

我国古代等间距二次差内插法的发明与应用首见于刘焯的皇极历(公元 604),后经一行(公元 728)、徐昂(公元 821)等人的努力,该法已成为历家解决一系列历法问题的有力工具。约 780 年,曹士䓕在他的符天历中,首创了一种新算法,应用于太阳中心差的计算,其公式为[①]:

$$V-M=\frac{1}{3300}(182-M)\cdot M \tag{8}$$

式中,$M$ 为太阳距冬、夏至的平行度,$V$ 为相应的实行度。$M<91$ 度,若 $M>91$ 度,需以 $182$ 度反减之。

曹士䓕的这一新算法,从实用上看,具有简便鲜明的特点,从数学原理上考察,又与等间距二次差内插法有异曲同工之妙,二者都是十分重要的数学方法,只是前者在当时还未引起历算家的足够重视。

边冈在崇玄历中,一方面自如地应用等间距二次差内插法于有关历法问题的计算,如应用日躔表、月离表计算日月盈缩、朓朒值等。另一方面,对曹士䓕的算法进行了总结归纳,提出了所谓先相减后相乘法,如对于式(8)可表述为:$M$ 先与 $182$ 相减,其余数又与 $M$ 相乘,再除以

---

① 中山茂,符天历在天文学史上的地位,载《科学史研究》第 71 号,1964 年。

3300。更为重要的是,他还将这算法广泛应用于黄赤道宿度变换、月亮极黄纬、定朔时刻到日食食甚时刻的改正、阴历食差、阳历食差和太阳中心差等历法问题的计算。

关于崇玄历的黄赤道宿度变换法,即关于黄赤道度差的计算公式,已有专文论及[1]:

$$F=\pm\frac{1}{10000}\left[\left(1315-\frac{144}{10}S\right)S-\frac{1}{1690}(4566-S)S\right] \tag{9}$$

式中,$F$ 为太阳极黄经与赤经之差,$S$ 为太阳赤经值,而 $0<S<45.65685$ 度,若 $45.65685<S<91.3137$ 度,需以 $91.3137$ 度返减之。

实际上,式(9)可以改写为:

$$F=\pm\frac{4867}{3380000}\left[\frac{2217784}{24335}-S\right]S$$

显然,这里应用的就是先相减后相乘。而在崇玄历以前的各历法在计算 $F$ 值时,均采取文字叙述的表格计算法,一般规定在二至或二分前后,太阳赤经每增 4 或 5 度,太阳极黄经较太阳赤经增或减若干度,这种算法是比较繁琐的。而式(9)所示的边冈公式计算法则要简捷明了得多。可惜,依式(9)计算结果的误差约为 $0.35°$,而依其前各历法计算的误差仅 $0.2°$左右,这主要是因为边冈对黄赤道差的变化规律未能较好地把握造成的。

关于月亮极黄纬的计算法,亦已有专文指出边冈所用的公式为[2]:

当 $n<30$ 度,及 $152<n<182$ 度(需以 182 度返减之)时:

$$P=\frac{\left(1324-\frac{73}{10}n\right)n}{10000}-\frac{(91-n)n}{5600}$$
$$=\frac{193}{350000}\left(\frac{81305}{386}-n\right)n \tag{10}$$

当 $30<n<91$ 度,及 $91<n<152$ 度(需以 182 度返减之)时:

$$P=\frac{\left(1324-\frac{73}{10}n\right)n}{10000}-\frac{(91-n)^2}{10500}$$
$$=\frac{1733}{2100000}\left(\frac{314440}{1733}-n\right)n-\frac{8281}{10500} \tag{11}$$

上二式中,$P$ 为月亮极黄纬,$n$ 为所求时日月亮与黄白交点的度距。

由式(10)和(11)知,此处所用的也是先相减后相乘法。在边冈以前各历法在计算 $P$ 值时,采用的也是表格计算法:先列出若干日月亮极黄纬的数值表格,再据表格依一次、或二次差内插法计算任一时刻的 $P$ 值。边冈则以式(10)、(11)所示的公式计算法取代之。$P$ 值的表格计算法的误差在 $0.33°$至 $0.44°$之间,而边冈公式计算法的误差为 $0.37°$,大约保持与表格计算法同等的精度。又,边冈的这一算法,对崇天历(1024)和观天历(1092)的 $P$ 值计算法也产生了较大的影响。

在推算因定朔发生时角的不同而产生的定朔时刻到日食食甚时刻的改正值时,边冈在崇玄历中所取的算法是:

"凡定朔约余($I$)距午前、后分($J$),与五千先相减、后相乘,三万除之;午前以减,午后倍之,以加约余,为日食定余($K$)。"

---

① 严敦杰,中国古代黄赤道差计算法,载《科学史集刊》第 1 期,1958 年。
② 陈美东,中国古代月亮极黄纬计算法,自然科学史研究,1988,(1)。

即,对于午前:

$$K=I-\frac{(5000-J)J}{30000}$$

对于午后:

$$K=I+\frac{2(5000-J)J}{30000}$$

这里边冈十分明确地应用了"先相减"、"后相乘"的数学用语,对徐昂在宣明历中新阐明的 $K$ 值给出了新的算法。

在崇玄历中,明确地应用先相减后相乘法及用语的还有:

"限外者,置限外分($H$)与五百先相减、后相乘,四百四十六而一,为阴历食差。又限内分($W$)与五百先相减、后相乘,三百一十三半而一,为阳历食差。"即:

$$阴历食差=\frac{1}{446}(500-H)H$$

$$阳历食差=\frac{1}{313.5}(500-W)W$$

阴、阳历食差是交食推算中与月亮视差改正有关的数值,边冈用这二个简易的算式,取代了传统的、较为繁杂的表格计算法。

又,边冈依此法给出的太阳中心差($V-M$)的算法为:

"视定积($M$)如半交(181.8682)已下,为在盈,已上,去之,为在缩。所得,令半交度先相减、后相乘,三千四百三十五除,为度。不尽退除为分者,亦盈加、缩减之。"即:

$$V-M=\frac{1}{3435}(181.8682-M)M \qquad (12)$$

式中 $M<181.8682$ 度,若 $M>181.8682$ 度,需以 181.8682 度减之。请注意:式(12)与式(8)十分近似,显然,边冈是受了曹士蒍的直接影响。此外,边冈是把式(12)应用于五星常合日到定合日的改正计算的。依式(12)计算所得结果与崇玄历另给出的日躔表所列数值稍有差异。应该说,在边冈的心目中,依日躔表算得的太阳运动不均匀改正值是比较准确的,而依式(12)算得的仅是近似的结果,即在边冈看来,式(12)仅是一种简易的和近似的算法。而以现今的理论考察,式(12)应较日躔表为准确,如依式(12)算得的太阳中心差极大值为 142.36′($M=90.9341$ 度),而日躔表则为 143.5′,理论值当为 117.98′[①],由此可见一斑。

综上所述,边冈在崇玄历中十分纯熟地应用先相减后相乘法于广泛的历法问题的计算,自此,该法在后世历法中被普遍采用,正是边冈确立了该法在历法计算中的重要地位。

## 四 三次和四次函数式的发明与应用

边冈对历法计算方法的创新还表现在关于每日晷长、太阳视赤纬、昼夜漏刻长度等值的计算上。

崇玄历推求每日午中时阳城的晷长($L$),首创了独特的三次函数式,已有专文论及于此[②]:

---

① 陈美东,日躔表之研究,自然科学史研究,1984,(4)。
② 陈美东,崇玄、仪天、崇天三历晷长计算法及三次差内插法的应用,自然科学史研究,1985,(3)。

当冬至后 $V<59$ 度时，及夏至后 $V>123.62225$ 度（需以减 $182.62225$ 度）时：

$$L=12.7150-(2195-15V)V^2 \cdot 10^{-6} \tag{13}$$

当冬至后 $V>59$ 度（需以 $182.62225$ 度返减之）时，及夏至后 $V<123.62225$ 度时：

$$L=1.4780+(4880-4V)V^2 \cdot 10^{-7} \tag{14}$$

上二式中，$V$ 是指二至与所求日午中之间太阳的实行度。

在崇玄历以前各历法，计算每日晷长均取表格计算法，即先列出二十四节气时晷长的数值表格，再依表格用一次或二次差内插法求算之。边冈以式(13)、(14)取代之，具有简明便捷的显著特点。又据研究，依式(13)和(14)计算的误差为 $0.025$ 尺，而一行大衍历每日晷长的表格计算法的误差为 $0.022$ 尺，说明边冈新算法达到了大衍历相同的精度水平，可见边冈新算法是相当成功的。宋代的仪天历和崇天历的每日晷长计算法与式(13)、(14)大同小异，这是边冈新算法得到后世历家的承认并产生较大影响的证明。

为进行太阳视赤纬($\delta$)的计算，边冈更发明了四次函数计算法，对有关术文的研究，可列出如下算式[①]：

$$T=\left[\frac{100W^2}{1667.5}+\frac{\left(500-\frac{100W^2}{1667.5}\right)\left(\frac{100W^2}{1667.5}\right)}{1800}\right] \cdot \frac{480}{10000}$$

$$=\frac{184}{50025}W^2-\frac{16}{50025\times3335}W^4 \tag{15}$$

式中，$W\leqslant91.3131$ 度，若 $W>91.3131$ 度，需以 $182.6262$ 度返减之。$W$ 为二至到所求日夜半的太阳实行度。

对于春分后的时日：

$$\delta=23.9141-T \tag{16}$$

对于秋分后的时日：

$$\delta=T-23.8859 \tag{17}$$

对于每日夜半定漏($Y$，指每日夜漏刻长度的一半)的计算，边冈也采用了四次函数计算法，经研究，其公式为[②]：

$$Q=\frac{460}{6003}W^2-\frac{8}{4004001}W^4$$

式中，$W$ 的含义与式(15)相同。

对于春分后的时日：

$$Y=\frac{1}{100}(1752+Q) \tag{18}$$

对于秋分后的时日：

$$Y=\frac{1}{100}(2748-Q) \tag{19}$$

同样，在崇玄历以前的各历法，在计算 $\delta$ 和 $Y$ 值时也均取表格计算法。式(16)、(17)和(18)、(19)同样都是我国古代历法史上首创的 $\delta$ 和 $Y$ 值的公式计算法。据研究，依式(16)和(17)算得的 $\delta$ 值的误差为 $0.09°$，而大衍历依表格计算法所得 $\delta$ 值的误差为 $0.06°$，二者的精度

---

① 陈美东,中国古代太阳视赤纬计算法,自然科学史研究,1987,(3)。

② 陈美东、李东生,中国古代昼夜漏刻长度的计算法,自然科学史研究,1990,(1)。

水平相当。又,依式(18)和(19)算得的 $Y$ 值的误差为 4.6 分钟,而大衍历依表格计算法所得的 $Y$ 值的误差为 5.1 分钟,二者的精度水平亦相当。可见,边冈所首创的 $\delta$ 和 $Y$ 值公式计算法也是相当成功的。此外,式(16)、(17)和式(18)、(19)分别对崇天历、明天历(1064)和观天历的相应算法,均产生了直接的影响,这说明边冈的这些新算法所具有的很强的生命力和在历法史上所占有的重要地位。

式(13)、(14)所展示的三次函数式,以及式(16)、(17)和式(18)、(19)所展示的四次函数式,连同我们在第三节中所论及的诸多二次函数式(即先相减后相乘法),共同构成了一个高次函数计算法的崭新数学模式,它们取代了一系列历法问题计算中传统的数值表格加内插法的数学模式(即表格计算法),这是我国古代历法中数学方法的一次极重大变革。二、三、四次函数法与二、三、四次差内插法在数学形式上迥异,但其实质却同,即两者是可以互通的。在边冈以前,三次差内插法尚未出现完善的算式,一直到授时历(1281)才最终完成,而且在我国古代历法史上从未有过四次差内插法,更可见边冈首创的三、四次函数法的重大意义。相比较而言,高次函数法较表格计算法具有形式简明、计算便捷的突出优点,而且自边冈始,新法的计算精度已大抵达到了旧法的水平;又,表格计算法具有较浓重的实测型、经验性色彩,存在对日、月运动和有关天文量变化描述的区间性及不协调的重大缺欠,而高次函数法则把对日、月运动和有关天文量变化规律的描述完全数学化了。所以,无论从数学上或是从天文学上看,边冈的新算法都是相当成功的变革。

接着,我们再来分析一下第一节中所引述的欧阳修的评论。如上所述的二、三、四次函数式,大约就是所谓“等接之术”,而表格计算法大约就是“衰序之法”。而边冈的二、三、四次函数式,连同第二节所述的边冈“径术”一起,大约就是所谓“简便”、“超径”之术,而式(1)、式(6)连同表格计算法大约就是“经制”、“远大”之法。边冈的高次函数法,广为后世历法所接受、采用并发展,计算精度也从大抵相当到超胜,这大约就是新术兴、旧法废的含义。当然,更为确切的说法应该是:边冈把曹士芳首创的二次函数法推广应用于诸多历法问题的计算中,同时首创了三、四次函数计算法,从而开拓了历法计算中应用高次函数计算法的新格局。自此以后,该法与表格计算法一起,成为我国古代历法中并存的二种数学方法。该法极大的充实了我国古代天文学代数学体系的内容,作为该法的开拓者,边冈在我国古代历法史上应占有十分重要的地位。

## 五　交食计算法的创新

由崇玄历知,边冈对于日月交食的食限及食分的计算、亏初和复满时刻的计算等均提出了新的方法。在本文第三节中所提及的关于 $K$ 值以及阴、阳食差的新算法,就是边冈交食新算法的一部分。下面我们着重就其月食食限及食分计算法作一剖析。

崇玄历推月食分术曰:

“凡朔望月行定分($N$),……以千乘,如千三百三十七而一,……以减二千,余为泛用刻分。凡月食泛用刻,在阳历以三十四乘,在阴历以四十一乘,百约,为月食既限。以减千四百八十,余为月食定法。其去交度分($R$),如既限以下者,既;已上者,以减千四百八十,余进一位,以定法约,为食分($g$)。其食五分已下者,为或食,已上者为的食。”

依术文意,当月亮在黄道南(阳历)或北(阴历)时,$g$ 的算式分别为:

设　　$\Delta_{阳}=\dfrac{(2000-\dfrac{1000N}{1337})\times 34}{100}$

　　　$\Delta_{阴}=\dfrac{(2000-\dfrac{1000N}{1337})\times 41}{100}$

则　$g_{阳或阴}=\dfrac{1480-R}{1480-\Delta_{阳或阴}}\times 10$

上式中 $R$ 为定望时月亮与黄白交点的度距。$N$ 为定望日月亮的实行度分值，该值在 1207 分到 1464 分之间变动。其实，上式还可表达为：

$$g_{阳或阴}=\dfrac{(1480-\Delta_{阳或阴})-R}{(1480-\Delta_{阳或阴})}\times 10+\dfrac{\Delta_{阳或阴}}{(1480-\Delta_{阳或阴})}\times 10$$

该式右边第一项分数部分的天文学含义是：月面直径被遮掩部分与月面直径的比值，而 10 系指月面直径的总分数，即月全食时食分为 10 分。这是边冈汲取前人已有的算法而得的，小有不同的是：传统算法均以 $(1480-\Delta_{阳或阴})$ 为常数值，边冈则以变量替代之。而右边第二项是边冈引进的一特定的改正项。当然，边冈的创新也正包含在该变量和引进的改正项中。

由 $g_{阳或阴}$ 算式知，当 $N$ 较大（即月亮在近地点附近）时，$\Delta_{阳或阴}$ 较小，$g_{阳或阴}$ 亦较小；当 $N$ 较小（即月亮在远地点附近）时，$\Delta_{阳或阴}$ 较大，$g_{阳或阴}$ 亦较大。这就是说 $g_{阳或阴}$ 算式已虑及了因月亮与远、近地点相对位置不同而产生的影响，可惜的是边冈并未给出正确的描述。此外，边冈不但首次给出了月食的阴历食限（$\Delta_{阴}$）和阳历食限（$\Delta_{阳}$）的明确概念和数值，而且还首次正确地以月亮在阳历或阴历（即在黄道南或北）来分别计算 $g$ 值，月亮在阴、阳历时，月亮视差使 $g$ 增加或减小，$g_{阳或阴}$ 算式正分别与之相应。

在 $g_{阳或阴}$ 算式中还包含有关于月食食限的丰富内容。若令 $g_{阳或阴}=0$，代入算式可得 $R=$ 1480 分 $=14.80$ 度 $=14.59°$，此即可能发生月偏食的食限值，它与理论值之差约为 2.1°。令 $g_{阴}=5$，$N=1207$，代入算式可得 $R=946.9$ 分 $=9.51°$，这是必定要发生月偏食的食限值，误差约为 0.2°。令 $g_{阴}=10$，$N=1207$，代入算式可得 $R=449.9$ 分 $=4.43°$，此即可能发生月全食的食限值，误差约为 1.4°。又令 $g_{阳}=10$，$N=1464$，代入算式可得 $R=307.7$ 分 $=3.03°$，其误差约为 0.1°。最早同时给出这四种不同食限值的历法是刘焯的皇极历（公元 604），随后唐代的麟德历（公元 665）、五纪历（公元 762）和正元历（公元 784）也各给出不同的数值，它们的准确度均远远低于崇玄历。后世只有仪天历（1001）同时给出了这四种食限值，其准确度从总体上亦不及崇玄历，可见边冈关于月食食限的研究在我国古代是上乘的佳作。

## 参 考 文 献

陈美东. 1985. 我国古代对五星近日点黄经及其进动值的测算. 自然科学史研究，4(2)：131～143
陈美东. 1985. 崇玄、仪天、崇天三历晷长计算法及三次差内插法的应用. 自然科学史研究，4(3)：218～228
陈美东，张培瑜. 1987. 月离表初探. 自然科学史研究，6(2)：135～146
陈美东. 1987. 中国古代太阳视赤纬计算法. 自然科学史研究，6(3)：213～223
陈美东. 1988. 中国古代月亮极黄纬计算法. 自然科学史研究，7(1)：16～23
陈美东、李东生. 1990. 中国古代昼夜漏刻长度的计算法. 自然科学史研究，9(1)：47～61
陈美东. 1991. 中国古代的日月食食限及食分计算法. 自然科学史研究，10(4)：297～314
李东生. 1987. 论我国古代五星会合周期和恒星周期的测定. 自然科学史研究，6(3)：224～237
欧阳修，刘羲叟(宋)撰. 1976. 新唐书　历志. 历代天文律历等志汇编　第 7 册，北京：中华书局
王应伟. 1962. 中国古历通解　崇玄历解. 北京：油印本

严敦杰.1958.中国古代的黄赤道差计算法.科学史集刊　第1集.北京:科学出版社

（陈美东）

# 曾 公 亮

　　从北宋开始,我国进入了火器和冷兵器并用的新时代。火器作为一种新式武器,在战争舞台上锋芒初露,显示了巨大的威力和广阔光明的发展前景。火器的使用,在军事科学和战争技术上引起了重大的变革,给军事领域带来一系列巨大的变化。同时,战争实践中的许多新情况,新问题,急待从理论上加以总结和解决。第一次初步完成这一重大课题的,便是曾公亮主编的《武经总要》(以下简称《总要》)这部辉煌的军事巨著。

一

　　《武经总要》是北宋仁宗庆历年间(1041～1048)问世的我国现存最早的一部官修兵书。其时,赵宋王朝"积贫积弱"局面已经形成。"从来所患者外藩,今外藩叛矣;所患者盗贼,今盗贼起矣;所忧者水旱,今水旱作矣;所仰者民力,今民力困矣;所急者财用,今财用乏矣。"[①] 封建统治内外交困,陷入了全面的危机之中。军事上的积弊尤为深重,宋朝虽然供养了100多万军队,但多而无用,对外既不能有力地抗击辽、夏的侵扰,对内也不能有效地防止和镇压农民阶级的反抗。险恶严峻的局势,使赵宋统治集团中的一些有识之士认识到,只有变革图强,才是挽救赵宋统治、摆脱社会危机的唯一出路。在变革潮流的推动和影响下,宋仁宗意识到,要稳固自己的统治,实现富国强兵,"勘乱御侮"、有效地抵抗辽、夏侵扰,改变"藩臣阻命、王师出戎,深惟将领之重,恐鲜古今之学"的局面,除了进行有关必要的改革外,还必须编纂一部"采古今兵法及本朝计谋方略"、"俾夫善将出抗强敌,每画筹策悉见规模"、"取鉴成败,可以立功"[②] 的兵书。《武经总要》便在这种历史条件下应运而出了。

　　为了使这部兵书能够达到预期的目的,庆历三年(1043)10月,仁宗专门设立了一个书局,并精心选择、亲自组织任命了一个写作班子,翰林学士承旨丁度总领书局,天章阁侍讲、集贤校理曾公亮为检阅官。总领书局的丁度,其实只是负责监修,实际上编书的具体工作都是由曾公亮完成的。

　　曾公亮(999～1078),泉州晋江(今福建泉州)人。仁宗天圣二年(1024)25岁时中进士,以后历仕仁宗、英宗、神宗三朝,累任知县、国子监直讲、诸王府侍讲、集贤校理、天章阁侍讲、修起居注、天章阁待制、知制诰兼史馆修撰、翰林学士、判三班院,以端明殿学士出知郑州,复入为翰林学士、知开封府。不久擢给事中、参知政事、加礼部侍郎、除枢密使。嘉祐六年(1054)拜吏部侍郎、同中书门下平章事(宰相)、集贤殿大学士。仁宗末年,与首相韩琦共定建储大议,英宗即位以后,加中书侍郎兼礼部尚书,寻加户部尚书。英宗病危,于卧内奉诏立神宗为太子,神宗即位以后,加门下侍郎兼吏部尚书,先后进封英国公、兖国公、鲁国公。熙宁二年(1069)加昭文馆大学士,三年九月,以病老避位,拜司空兼侍中,河阳三城节度使,集禧观使。次年起判永兴军,

---

　　① 《续资治通鉴长编》卷一三六。

　　② 《武经总要》仁宗序。

不久以太傅致仕(退休)。元丰元年(1078)卒,享年 80 岁。神宗亲往哭悼,为之辍朝三日,赠太师、中书令,谥曰"宣靖",配享英宗庙廷。及下葬时,神宗又御篆其碑文,称之为"两朝顾命定策亚勋之碑。"[①]

　　在今天看来,使曾公亮名垂千古的,并不仅仅是因为他晚年灼人的权势和显赫的地位,而主要是由于他主持编修了《武经总要》这部不朽的军事巨著。从曾公亮的履历中可以看出,在编写此书之时及其以前,主要担任的是与编书有关的职务,如天章阁侍讲、待制均为天章阁官员,负责掌管皇帝御书及文集;集贤校理是集贤院官员,掌管典籍的收藏和校勘;修起居注则是侍从皇帝左右,掌管记载皇帝的言行举止及朝廷大事。曾公亮明练文法,特别熟悉历代王朝的典章制度和兴衰得失,又富有编书之经验,在接受修撰《总要》任务后,更是呕心沥血,废寝忘食,克尽职守。正如仁宗序言所说:"虑泛览之难究,欲宏纲之毕举,……公亮等编削之效,窥逾再阅,沉深之学,莫匪素蕴。"参考了众多的文献资料,研究了当时军事科学中的许多问题,经过五年的努力,终于较好地完成了编写任务,为《总要》的问世作出了巨大的贡献。

二

　　《武经总要》全书共 40 卷,计 40 余万字。因前集卷 16,18 各分上下两卷,后集卷 19 又分上下卷,实际上共有 43 卷。前集主要论述料兵选将、教育训练、部队编制编成、行军宿营、古今阵法、通信侦察、军事地形、城邑攻防、水战火攻、武器装备、卫生勤务等用兵作战和治理军队的基本理论、制度及常识,并综述了边境各路州的方位四至、地理沿革、山川河流、道口关隘、军事要地等有关边防问题。后集则"依效兵法",分类介绍了历代战争战例,总结比较其用兵得失。其卷帙之浩大、体例之完备、内容之丰富,非以前任何一部兵书所能比拟。曾公亮认识到了武器在战争中的重要作用,因此在《总要》前集卷十至十三中,用了大量篇幅,以宋代兵器为立足点,详尽地记载了历代兵器的构造、原理、性能和使用方法,并配以大量插图,加以说明,直观、生动、形象,给后人从事有关方面的研究提供了珍贵材料。尤为引人注目的是,在世界上第一次完整地记录了火药的三种配方及其制造工艺,并记载了由我国研制的世界上第一批火器,还收集记录了当时自然科学领域中所取得的许多最新成就,初步完成也是最早的解决了人类将火药应用于军事后的一些重大理论和实践问题,在我国乃至世界火器发展史和军事技术发展史上写下了光辉的第一页。

### 1. 火药和火器

　　火药是促进人类文明进步的四大发明之一,火药的意思是能够着火的药,因为它的两种主要成分——硝和硫磺都是药品,所以称之为火药。

　　早在汉朝以前,火药的主要成分硝石、硫磺作为金石药物已为人们所认识和应用。汉代时,出现了炼制"仙丹"以求长生不老的炼丹家,到唐代,炼丹家们经过长期的探索和大胆的试验,虽没有达到预想的目的,却在炼制仙丹的过程中发明了火药。唐宪宗元和 3 年(公元 808),炼丹家清虚子在其所著《太上圣祖金丹秘诀》"伏火矾法"中,记载了对硫磺伏火之法:"硫 2 两,硝 2 两,马兜铃 3.5 钱,右为末拌匀,掘坑入药于罐内,与地平,将熟火一块弹子大,下放里面,烟

---

　　① 《宋史·曾公亮传》。

渐起,以湿纸四五重盖,用方砖两片捺,以土塚之,候冷取出。"这种配方:把三种药料混合起来,已经初步具备燃烧爆炸的性能,在理论上近似 $4KNO_3 + S_2 + 6C \rightarrow 2K_2S + 2N_2 + 6CO_2$ 公式,从而发明了原始火药。因此,至迟在公元 808 年以前,含硝、硫、炭三成分的火药已经在我国诞生。只不过当时所用药料是天然品,没有经过提炼,质地不纯净,分量也不标准。

炼丹家们发明的火药,到五代末北宋初便被应用于军事。曾公亮在《总要》前集卷 11、12 里,对当时的火炮、毒药烟球、蒺藜火球的配方给予了明确而又详细的记载,这是世界上最早的用于军事的火药配方。

火炮火药的配方是:硫磺 14 两,烟硝 40 两,窝黄 7 两,松脂 14 两,麻茹、竹茹、干漆、雌黄、定粉、黄丹各 1 两,以及少量黄蜡、桐油、清油、浓油等。毒药烟球的配方是:硫磺 15 两,烟硝 30 两,木炭、草乌头、芭豆、狼毒各 5 两,桐油、小油、沥青、砒霜各 2.5 两,黄蜡、竹茹各 1 两等。蒺藜火球的配方是:硫磺 20 两,烟硝 40 两,炭末 5 两,沥青、干漆、桐油、小油、蜡各 2.5 两,竹茹、麻茹各 1 两等。从上述记载看,唐代火药中硫、硝含量相同,是 1:1,而宋代火药配方中硝的含量已增加了二倍甚至三倍,硫、硝比例是 1:2,接近 1:3,同近代黑色火药的组配比率已相去不远。曾公亮记载的这三种火药配方,使我国火药的配方比例从混乱走向统一,成分从庞杂趋向纯净,形状由粉末状到颗粒状,制造工艺从粗糙到精细,生产从分散少量到成批多量,从而为我国第一批军用火器的发明和创造提供了先决条件。

生产领域里的最新成果和新的科技成就,总是很快被用来制造兵器,应用于战争。火器的产生,取决于火药的发明。由于我国是最早发明火药的国家,因而也就成了最早发明火器的国家。据记载,公元 10 世纪初,火药便已应用于军事。到北宋时,火器有了较快的发展。据《宋史·兵志》及其他有关史书记载,太祖开宝三年(公元 970),兵部令史冯继升进火箭法,开宝八年宋军与南唐作战时,使用了火箭、火炮。真宗咸平三年(1000)神卫水师队长唐福献火箭、火球、火蒺藜。咸平五年知宁化军刘永锡向朝廷献所制火炮,石普也献自制火箭、火球。但这些记载,只是简记其事,没有作进一步的说明。曾公亮在《总要》中,除综述了由我国制造的世界上第一批军用火器外,还进一步深入阐述了各种火器的制造工艺、性能和使用方法。《总要》共记载了火箭、火药鞭箭、引火球、蒺藜火球、铁咀火鹞、竹火鹞、霹雳火球、烟球、毒药烟球等许多种类,大概说来,可分为火球类火器和火箭类火器。

火箭类火器主要是先在箭头处附上火药包,使它一面燃烧,一面由弓弩发射至敌军阵地,以烧夷敌军人马。从《总要》记载看,鞭箭的制作方法是:"用新青竹长一丈、径寸半为竿,下施铁索,梢系丝绳","别削劲竹为鞭箭,长六尺,有镞",镞中贯以火药 5 两,度正中施一竹臬(亦谓之鞭子)。使用方法与功用:以绳钩臬,系箭于竿,"一人摇竿为势,一人持箭末激而发之,利在射高,中人如短兵。"火药鞭箭与此大同小异,将火药装入竹管,点火以后挂在高杆上,利用箭的弹力抛射至敌军阵地,使目的物燃烧。

火球类火器即装有火药的燃烧性球形火器,包括各种火球、火炮以及火砖、火桶等,形制虽然很多,但性能和作用没多大差别。制作方法一般是以硝、硫、炭及其他药料混合为球心,杂以铁蒺藜、瓷片等杀伤物或致毒物,用多层纸布裹上封好,壳外涂敷沥青、松脂、黄蜡等可燃性防潮剂。作战时将其安放在炮架上的甩兜中,然后用烧红的烙锥将球烙透发火,抛石机即将它们抛射至敌军阵地爆破,达到烧夷敌军人马的目的。在守城、水战、野战等居高临下处,也可用人力抛掷。这类火器的性能,除燃烧外,还分别具有毒气、杀伤、障碍、烟幕等不同的作用。

如毒药烟球具有强烈的毒性,球重 5 斤,用硝石、硫磺、狼毒、砒霜等 10 余种药料捣碎制成球形,再用旧纸、麻皮、沥青等材料捣碎混合涂傅在外面,临敌时用被炭火烧红的烙锥将球锥透发火,随即用抛石机抛至敌方,爆破后喷散毒气,"其气熏人,则口鼻血出",可使敌人丧失战斗能力。蒺藜火球用硫磺、硝石、炭末等捣碎混合,中间杂以铁刃、铁蒺藜,再用纸、桐油、蜡等溶合涂傅在外面,放时用烙锥烙透,抛至敌军阵地,爆破后撒落敌阵,兼有燃烧、障碍和杀伤作用。北宋时的燃烧性火器中,已经有了爆炸性火器的萌芽,如霹雳火球,是以直径 1.5 寸、两三节长的竹竿为轴心,用薄瓷如钱 30 片,与 3、4 斤火药混合,包裹竹竿为球,外面涂上毒药烟球所用材料,放时也是用烙锥将球锥透,爆炸时,"开声如霹雳,然后以竹扇簸其焰,以熏灼敌人。"

　　宋代的火器,尚处于发展的初始阶段。因此,曾公亮对火药火器的认识也只能是初步的,不完善的。但他毕竟最早地解决了人类将火药应用于军事后的理论、技术和实践问题,对火器的发展与军事技术的进步作出了伟大贡献。曾公亮记载的火药配方和火器制造技术,对我国后来的火器制造业产生了巨大而又深远的影响,也受到举世的瞩目和重视,成为世界上许多兵器史学家研究火器发展史的珍贵资料。如英国学者李约瑟盛赞道:"在公元 1040 年左右写的《武经总要》这一巨著中,就已确定了'火药'这一中文名称,并且记载了抛射武器、毒气和烟雾信号弹、喷火器以及其他新发明的迅速发展。这些武器既用于陆战,也用于海战。"① 日本兵器史学家有马成甫在《火炮的起源及其流传》一书中,经过对世界各国有关火药发明和火器制造文献资料的比较鉴定后指出,曾公亮编写的《武经总要》确凿地证明了中国是世界上最早发明和首先使用火器的国家。中国发明的火药及火器,于 13 世纪末流传到阿拉伯,又经过阿拉伯人传到欧洲,进而有力地推进了欧洲走向近代社会的进程。

### 2. 冷兵器

　　火器和冷兵器并用时期,兵器发展总的趋势是火器逐步发展,冷兵器逐渐衰亡。但在火器出现初期的宋代,火器刚刚开始应用于军事领域,其本身难免存在着许多缺陷,还不能适应各种战斗的需要而全部代替冷兵器,近战格斗仍然依靠冷兵器来完成。因此,宋代十分重视冷兵器的发展,在继承前代的基础上,吸收周边少数民族兵器的优点,不断加以改进和创新,使冷兵器的品种、形制更适合于战斗需要,质量也得到进一步提高。曾公亮在《总要》中除记载当时的各种长短兵器、抛射兵器外,还论述了攻守城器械、水战火攻器械、障碍器材及防护装具。由于篇幅所限,在这里我们着重介绍其中的各种长短兵器和抛射兵器。

　　长枪是宋代近战的主要武器。曾公亮记载的长枪有双钩、单钩、环子、素木、鸦项、锥、太宁笔枪等类型,均以长木为杆,上安枪头,下装铁鐏。骑兵用的枪头,侧面有倒钩、杆上有环,如双钩、单钩等枪;步兵用的直刃无钩,如素木、鸦项等枪。锥枪四棱刃,"锐不可折";太宁笔枪刃下数寸安一小铁盘,四周有刃,使敌人"不能捉搦"。另外,攻城专用的有短刃枪、短锥枪、抓枪、蒺藜枪、拐枪等,其特点是枪杆较短,便于在掩护挖城的头车、绪棚和地道中战斗之用;专用于守城的有拐突枪、抓枪、拐刃枪、钩竿等,枪杆较长,便于刺杀正在爬城的敌人。除枪外,另一种长兵器是刀。曾公亮列有屈刀、偃月刀、眉尖刀、凤嘴刀、笔刀、棹刀、掉等形制。前五种均为一刃,刃前锐后斜阔,木杆,末端安铁蹲,棹刀两面刃,由唐代的陌刀演化而来,掉刀则是由掉演变而来。上述"皆军中常用。其间健斗者,竟为异制以自表,故刀则有太平、定戎、朝天、开山、开阵、划阵、偏刀、军刀、匕首之名。掉则有两刃山字之制,要皆小异。"

---

① 〔英〕李约瑟,《中国科学技术史》(中译本)第 1 卷,第 139 页,科学出版社、上海古籍出版社,1990。

短兵器在宋代有所发展，士兵除专用兵器外，一般都配有短兵器，用以近战和自卫。曾公亮记载的短兵器种类很多，按其性质相近的可分为刀剑、铜鞭棒、斧等类型。军用短柄刀只有手刀一种，剑有两种。刀剑形制差不多，不同的是刀为一面刃，剑是两面刃，剑的特点是"厚脊短身"。宋代铜、鞭、棒等杂式兵器有10余种。如蒺藜、蒜头（又称骨朵）用铁或木做成大头，用以打击敌人。铁铜四棱形、铁鞭竹节形，其轻重长短以个人使用方便为准。诃藜棒、钩棒、杆棒、杵棒、白棒、抓子棒、狼牙棒、铁链夹棒则是由古代殳演化而来，用坚硬木料做成，长4～5尺，有的用铁包裹头尾，或安装铁镈，或在头部周围植钉，按其形状取了各种不同的名称。其中不少是汉族传统兵器结合少数民族兵器制造而成，如羌人的蒺藜、蒜头。而铁链夹棒则"本出西戎，马上用之，以敌汉之步兵。其状如农家打麦之耒加，以铁饰之，利于自上击下，故汉兵善用者，巧于戎人。"宋代短柄斧有蛾眉镬、凤头斧、锉子斧等，前两种是攻城挖地道的工具，也可用于战斗，刃长8～9寸，柄长2～3尺。锉子斧是守城时用以砍击攀登城墙敌人的，斧阔7寸，柄长3.5尺。除此外，斧还有"开山、静燕、日华、无敌、长柯之名，大抵其形一耳。"

火器出现以后，用机械和人力抛射的兵器如弓、弩、炮等，在相当长的时间内，仍然是军队作战的主要武器之一。曾公亮记载的宋弓有黄桦、白桦、麻背等名称，其"强弱以石斗为等"。弓用箭有点钢、木扑头、三停、木羽等等名称，分别具有战斗、教练、信号等不同的功用。曾公亮记载的弩有踏张弩和床弩两大类。踏张弩有黑漆、黄桦、雌黄桦梢、白桦、木、跳镫弩等；床弩有双弓的双弓床，大小合蝉、手射合蝉、𠜷子弩以及三弓的手射、三弓、次三弓、三弓𠜷子弩等多种。双弓弩前后各一弓，用绳轴绞张，张时须7人，射程可达150步。三弓弩前两弓后一弓，大的须70人张，射程300步。次等的须20～30人张，射程250步。弩用箭与弓用箭有所不同，如大凿头、小凿头、一枪三剑、踏橛箭等，特别坚利。如踏橛箭射入城墙后，人可踏之而登城。所有弩用箭，均可缚上火药，成为火箭，装药多少，以弩力为准。

炮是古代战争中利用杠杆原理抛掷石弹的一种战具，又称为礮、飞石、抛石等，在火炮出现以前，它一直是攻守战的重要兵器。我国至迟在春秋时即已开始使用这种兵器，到隋唐时便成为攻守城的重要武器。入宋之后，有了进一步的发展，不仅可用于攻守城，也可用于野战；不仅可用来抛掷石弹，也可用来抛掷各种火器。"凡炮，军中之利器也，攻守师行皆用之。守宜重，行宜轻。又阵中可以打其队兵，中其行伍则不整矣。若燔刍粮积聚及城门敌棚头车之类，则上施火球，火枪以放之。"从曾公亮的记载中，我们既可了解宋炮的发展概况，也能窥视历代重型抛射兵器的大致轮廓。宋炮一般以大木为架，下设四轮，以便机动，结合部用金属件联结，炮架上方横置可以转动的炮轴、固定在轴上的长杆称为"梢"，起杠杆作用。用一根木杆作梢的称为单梢，用多根木杆缚在一起的称为多梢，梢数越多，抛射的石弹便越重、越远。梢的一端系皮窝，用以容纳石弹，另一端系炮索，索长丈余。小型的炮有索数条，大型的多达百条以上，每条索由1～2人拉拽。抛掷石弹时，由一人瞄准定放，拽索人同时猛拽炮索，将另一端甩起，皮窝中的石弹靠惯性抛出。宋炮的种类很多，曾公亮共记述了炮车、单梢炮（两种）、双梢炮、五梢炮、七梢炮、旋风炮、手炮、虎蹲炮、柱腹炮、独脚旋风炮、旋风车炮、卧车炮、车行炮、旋风五炮、合炮、火炮等近20种。按其性能可分为轻、中、重三类。最小的手炮，用2人放，石弹重半斤，敌近时用之。中型的单梢、双梢、虎蹲等炮。用40至100人拉绳子，可发射数斤至25斤重的石弹或火器，射程达50至80步以外。重型的五梢、七梢炮，用150至250人拉绳子，发射70至80斤重的石弹，射程达50步以外。一般而言，重型的是固定炮架，多用于守城，中、小型的装上车轮，攻守野战均可使用。

曾公亮记载的攻城器械主要有壕桥、云梯、轒辒车、木牛车、尖头木驴、搭车、饿鹘车、钩撞车、望楼车、巢车等。壕桥是保障攻城部队通过城壕(护城河)的一种器材,云梯是一种爬城用的器械,轒辒车、木牛车、尖头木驴均为古代攻城战斗的重要工具,用来掩护攻城士兵在挖掘地道、城墙及攻城时免遭敌人伤害。搭车、饿鹘车、钩撞车是破坏敌人城墙、城门的器械。望楼车和巢车是专供观察城中敌情之用的器材。曾公亮记载的守城器械主要有钓桥、撞木、塞门刀车、瓮听等。钓桥即吊桥,是一种截断攻城之敌来路又可保护城门的器械。撞木是撞击云梯的工具。塞门刀车是一种城门被敌破坏而用来堵塞城门的器材。瓮听也叫地听,是利用瓮来听察敌人挖掘地道的一种侦察工具。曾公亮记载的用于水战的各种战船有楼船、游艇、蒙冲、走舸、斗舰、海鹘等。阻止和迟滞敌人行动并可杀伤敌人的各种障碍器材有距马枪、铁蒺藜、铁菱角、地涩、鹿角木、搊蹄等。防护装具有甲胄、马甲、盾牌等,上述各种器具的形制、种类、质量均比前代有所进步和提高。

综观《总要》以前兵书,虽也强调"工欲善其事,必先利其器",但对于兵器一般都至多停留在介绍其如何使用的水平上,而于其他问题则是浮光掠影,一笔带过。曾公亮一反常规,不仅介绍了历代冷兵器的性能、功用和使用方法,也论述了它们的构造原理和制造工艺,俨然一部冷兵器史稿,给后人从事有关方面的学习和研究提供了不可多得的材料来源。

### 3. 其他发明创造

值得注意的是,曾公亮还搜集记录了当时的许多发明创造。如他记载的战争中用于济水的工具浮囊,同今日的救生圈极其相似。"浮囊者,以浑脱羊皮吹气令满,系其空,束于腋下,人浮以渡。"向羊皮囊中充气,而不再像过去那样实之以羽毛一类物体,说明人们已意识到空气如其他物体一样可以占有体积,把浮力应用于军事,这是人类对力学认识的一大飞跃。作为这一思想的另一实际应用。便是利用虹吸现象引水。《总要》前集卷六中的"寻水泉法":"凡水泉有峻山阻隔者,取大竹去节、雄雌相合,油炭黄蜡固缝勿令气泄,推竹首插入水中五尺,于竹末烧松桦薪或干草,使火自行内潜通水所,则水自竹中逆出。"用现代物理学的观点解释,当然是大气压的作用,虽然当时人们没有认识到大气压力,他们所想到的只是空气占有体积,烧松薪或干草时,烧掉了空气(而不知是氧气),体积便被水占有,于是可将水引出。但在当时条件下,能认识并做到这一点,已经是了不起的进步。

曾公亮记载的战争中用来辨别方位的指南鱼,设计精巧,"用薄铁叶剪裁长 2 寸、阔 5 分,首尾锐如鱼形,置炭火中烧之,候通赤,以铁钤钤鱼首出火,以尾正对子位,蘸水盆中,没尾数分则止。"用现代知识看,这是一种利用强大地磁场的作用使铁片磁化的办法,把铁片烧红,令"正对子位",可使铁鱼内部处于较活动状态的磁畴顺着地球磁场方向排列,达到磁化目的。蘸入水中,可把磁畴的规则排列很快地固定下来,而鱼尾略微向下倾斜,可起增大磁化程度的作用。寥寥数语,内涵丰富又合乎科学道理,这是人类历史上第一次记录的用地球磁场进行人工磁化的办法,说明人们已经意识到地球磁偏角的存在,这一发现比欧洲早 500 年。再如战争中用于测量地平的水平仪,其制造工艺构思精妙,大体已接近现代水平,可以广泛应用于军事、建筑、桥梁等领域。曾公亮对于这方面的记述很多,在此不可能一一列举,仅由上述几例,便能看到他在自然科学领域中的贡献。

# 三

　　不必讳言,曾公亮不是一个军事发明家,他所编著的《武经总要》,也只是及时地反映了当时生产活动、科学实验和军事斗争领域中的某些最新成就(当然,这也是他的巨大贡献)。人们的思想、意识总是由社会存在所决定的。离开当时的社会环境和历史条件,曾公亮是不可能取得这些成就的。正如恩格斯在《反杜林论》中指出的:"暴力的胜利是以武器生产为基础的,而武器生产本身又是以一般生产力为基础的。"一方面,兵器随着生产力的发展而发展;另一方面,战争的需求也给兵器发展以强有力的促进作用。

　　赵宋王朝建立之后,基本上统一了中国,结束了唐中叶以来长期分裂割据局面、较为和平安定的环境,使社会生产力在隋唐基础上继续向前发展。因此,宋代社会经济出现空前繁荣,农业、手工业和商业得到迅速发展,作为兵器制造业基础的采矿业和冶炼业也相当发达。科学技术更是达到了前所未有的高峰,火药的大量生产、罗盘针的应用,活字印刷术的发明,冶铁机械水排的改进和木制风箱的创造,以及数学上的成就等等,所有这些,都为兵器制造和火器的发展,提供了先决和有利条件。另一方面,宋政权自建立后,又经常受到辽夏等少数民族政权的侵扰,边患连绵不断,使宋朝统治者不得不注意讲求武备。宋代军事工业组织严密,规模庞大,中央和地方都有军器作坊,作坊内部又有较细的分工,如广备攻城作下便分 11 目,包括火药作、青窖作、猛火油(石油)作、金作、火作(火箭、火炮、火蒺藜)、大小木作、大小炉作、皮作、麻作、窑子作等。作坊内集中了各地优良的工匠,可以互相交流经验。宋政府对科学技术的发明创造也十分重视,采取奖励政策,并及时加以推广应用。这些措施,对兵器的改良和质量的提高,起了积极的促进作用。由于上述原因,宋代兵器取得了长足进步,出现了许多新的发明和创造。

　　然而,这并不能抹煞曾公亮个人的突出贡献。因为尽管社会存在决定了人们的思想、意识,但人们的思想、意识又可以能动地反作用于社会存在。惟其对军事技术所具备的高深造诣,才能把当时武器装备中的许多带有感性和实践性的问题上升到理论的高度加以总结和阐明,从而使《总要》在军事史、兵器史乃至自然科学技术史上均占居了十分重要的地位。这一不朽功绩使曾公亮完全能够同我国乃至世界历史上的军事发明家相提并论,名垂青史。

## 参 考 文 献

李焘(宋)撰.1985.续资治通鉴长编　卷一百五十九,卷一百六十一,卷一百六十四.影印浙江书局本,上海:上海古籍出版社
脱脱(元)等撰.1977.宋史　曾公亮传,丁度传,艺文六,仁宗三.北京:中华书局
王应麟(宋)撰.1987.玉海:卷一百四十一　兵制兵法.影印 1883 年刊本,江苏古籍出版社
王兆春.1987.试论《武经总要》中的技术问题.军事历史研究,(2):195~202
王兆春.1991.中国火器史:第一章　火器的发明.军事科学出版社
王兆春.1992.曾公亮.见:中国古代科学家传记上集.北京:科学出版社
曾公亮,丁度(宋)等撰.1988.武经总要　前集.据明金陵书林唐富春刻本影印,解放军出版社,辽沈书社

（毛元佑）

# 蔡　襄

在福建省仙游县枫亭锦岭(俗称蔡岭埔)的蔡襄墓前,矗立有一对石柱,上刻楹联曰:"四谏经邦,昔日芳型垂史册;万安济众,今朝古道肃观瞻。"这副楹联,恰切地概括了蔡襄一生的主要业绩,也反映了后人对这位名臣和杰出桥梁学家的敬仰。

## 一　生平和政绩

蔡襄字君谟,兴化仙游(今福建仙游)人。他生于北宋大中祥符五年(1012),其父早逝,其母为惠安(今福建惠安)名士卢仁之女。据《惠安县续志·文苑》记载,卢仁"有文名,累举进士,不得志于有司,家贫授生徒自给,不肯一毫干求于人",为人庄重,"课子孙不令稍懈",对后辈的要求很严。蔡襄小时便得到外祖父的教导,并曾与舅父卢锡一起在惠安虎岩寺读书。后蔡襄在此题刻有"伏虎石"三字①,元代的南史隐曾在虎岩寺题写楹联,联中称"忠惠当年此读书,驾碧海之青龙文章经世"。卢锡"生平好义,济人利物"②,后来蔡襄主持修建万安桥时,曾协助蔡襄负责造桥事务。

天圣八年(1030),18岁的蔡襄登王拱辰榜进士,开始了其官宦生涯,其宦途经历见下表。

### 蔡襄官宦生涯经历表③

| 年　　代 | 任　　职 |
| --- | --- |
| 天圣九年(1031) | 漳州军事推官 |
| 景祐三年(1036) | 西京留守推官 |
| 宝元二年(1039) | 进朝奉郎大理评事 |
| 康定元年(1040) | 改著作郎馆阁校勘 |
| 庆历三年(1043) | 以秘书丞集贤校理知谏院兼修起居注 |
| 四年(1044) | 以右正言直史馆出知福州 |
| 七年(1047) | 改福建路转运使 |
| 皇祐三年(1051) | 判三司盐铁句院修起居注 |
| 四年(1052) | 迁起居舍人知制诰兼判流内铨 |
| 五年(1053) | 以起居舍人知制诰权礼部贡举 |
| 至和元年(1054) | 迁龙图阁直学士知开封府 |
| 二年(1055) | 以枢密直学士移知泉州 |
| 三年(1056) | 由泉州转知福州 |

---

① 见《福建通志·金石志·石六》。

② 《惠安县续志·文苑》。

③ 本表依据《蔡忠惠公集》、《福建通志·金石志》,并参考泉州洛阳桥蔡襄祠陈列室《蔡襄生平主要活动年表》。

续表

| 年　　代 | 任　　　职 |
|---|---|
| 嘉祐三年(1058) | 复知泉州 |
| 五年(1060) | 召拜翰林学士权三司使 |
| 六年(1061) | 拜枢密直学士尚书礼部郎中 |
| 治平元年(1064) | 拜三司使 |
| 二年(1065) | 以端明殿学士尚书礼部侍郎出知杭州 |
| 三年(1066) | 授南京留守,未行,奔母丧 |
| 四年(1067) | 卒,特赠吏部侍郎,欧阳修为其撰墓志铭,乾道时(1165~1173)赐谥忠惠 |

从表中可以看到,蔡襄的官宦生涯大致可分两部分,一为京官,一为地方行政长官。在这二个方面,蔡襄都躬身力行,政绩斐然。

蔡襄为人刚正忠直,勇于辟邪扶正,针砭时弊。景祐三年,范仲淹因言宰相吕夷简任人唯亲,进用者都出其门,遭受贬斥,余靖、君洙同贬,欧阳修责谏官高若讷坐视不言,亦遭贬。当时刚召任西京留守、馆阁校勘的蔡襄即深表不平,写了"四贤一不肖诗",嘲讽时政。诗成之后,一时称重,京都之人争相传写,卖书商贩更因出卖该诗而获得厚利,连契丹使者都特意买归,张挂于幽州馆中①。庆历三年,余靖、欧阳修、王素、蔡襄同时受命为谏官,被誉为"四谏",故蔡襄墓柱上联云"四谏经邦,昔日芳型垂史册"。

蔡襄"任职论事,无所回挠"②,极言敢谏,"直声震天下"③,至使"权幸畏敛,不敢挠法干政"④。初任谏官时,他即考虑到言路虽开,但正人难于久立的隐忧,上疏宋仁宗,指出"任谏非难,听谏为难;听谏不难,用谏为难",希望仁宗能察正邪,"毋使有好谏之名而无其实"。随后,他又一再进言,纠察时弊,规谏仁宗实践引过之言,任贤退邪,以求国泰民强。他指出:"一邪退则其类退,一贤进则其类进。众邪并退,众贤并进,海内有不泰乎!"同时,他还以病人求医为喻,来说明委任和信用贤臣的重要作用。他说:"天下之势,譬犹病者,陛下既得良医矣,信任不疑,非徒愈民,而又寿民。医虽良术,不得尽用,则病且日深,虽有和、扁,难责效矣。"⑤蔡襄在任知制诰兼判流内铨时,对除授不当者,他都敢于拒绝草制,封还辞头。

蔡襄任过主管全国财政的权三司使和三司使,在财政管理方面很有建树。他统筹规划,合理安排财政收支,并剔除积弊,建立了一系列的规章制度,使各种管理程序都有法可循。为此,欧阳修赞其:"至商财利,则较天下盈虚出入,量力以制用,必使下完而上给,下暨百司因习蠹弊,切磨划剔。久之,簿书纤悉,纪纲条目皆可法。"⑥对于当时朝廷临时额外增设的开支,他也能妥善处理。如"英宗即位,数大赏赉,及作永昭陵,皆猝办于县官经费外",他能统筹应急,"愈闲暇若有余,而人不知劳",⑦体现了他在经济管理方面的干练才能。

---

① 参见《宋史》之《范仲淹传》、《蔡襄传》、《福建通志·蔡襄传》。

② 《宋史·蔡襄传》。

③ 《福建通志·蔡襄传》。

④ 《欧阳修全集》卷三十五《端明殿学士蔡公墓志铭》。

⑤ 《宋史·蔡襄传》。

⑥ 《欧阳修全集》卷三十五《端明殿学士蔡公墓志铭》。

　　蔡襄曾先后出知开封府、福州府、泉州府,他能体察民情,抑制不法官吏,改革时弊,及时处理各种公务。因而所在之处,他都政声显赫,为当地民众所爱戴。

　　开封一任,任期虽短,但史书赞他"谈笑剖决,破奸发隐,吏不能欺"①,反映了他有着善于处置公务的才干,以及刚正不苟的性格。

　　蔡襄两次出知福州。第一次知福州时,他关注农田水利建设,曾发起开湖塘,引水灌溉农田的水利工程。在改任福建路转运使时,他关心民众的疾苦,曾经奏减五代时丁口税之半,以苏民困。他还在福州—泉州—漳州大道上植松七百里,使行人称便。更为人称颂的是,在第二次出知福州后,他礼贤下士,广延当地有识之士,大力兴办教育,改变学风。同时,他采取了种种有力措施,大力倡导移风易俗,革除长期流行的陋习。

　　在福州,过去的学子专门用赋来应科举,孔庙也是久空不用。蔡襄就任后即提倡经术,亲撰《福州庙学记》,并招募了一批学者进行经术传授,自己也曾亲至学舍讲授经学,使福州以至整个福建的学风一变,经术之学从此受到重视。

　　在福州民间习俗中非常注重丧事的奢华,遭丧之家得大摆酒食斋筵招待送葬之人,以此来博取行孝之名。因此酒肉之徒不管识与不识都奔走丧家,往往至数千百人,恣食酒肉,甚而包携归家。如丧家酒食筹办不足,还得散钱以充斋价。这一陋习使无力之家亲亡不敢举丧,举丧必遭破产。蔡襄看到这一陋习其弊极大,为害甚烈,因而极力加以禁绝。他亲制"戒山头斋会碑"立于福州虎节门下,指出丧家卖产发丧,"外殉人情,中抑哀毁,是不孝之人";送丧的人以慰吊为名,"恣食酒肉,以为宴乐,是无礼之人";而"本无哀情,只趁斋食"者,更是"无耻之人"。为改变这一陋习,蔡襄下令命丧家不得置酒宴乐,山头不得广置斋筵,城外僧院不得与人置办山头斋,"如有辄敢,罪在家长。"②。

　　蔡襄又看到,信巫不信医是当时福州的另一陋习。在这种"左医右巫"的陋习影响下,造成了"疾家依巫索祟,而过医门十才二三,故医之传益少"的状态。蔡襄认为,提倡医学,"晓人以巫祝之谬,使之归经常之道,亦刺史之一职也。"③为此,他抑巫扬医,"至于巫觋主病蛊毒杀人之类,皆痛断绝之,然后择民之聪明者,教以医药,使治疾病"④。同时,他组织医家对《太平圣惠方》进行摘编,"凡《圣惠方》有异域瑰怪难致之物,若食金石草木得不死之篇,一皆置之,酌其便于民用者,得方六千九十六"⑤,誊载于版。他还亲撰《太平圣惠方后序碑》,藉以宣传、普及医药知识,抑制巫术。这种提倡科学,反对巫术迷信,变革民间落后风俗的精神,在当时巫术迷信盛行的时代,可谓独树一帜,是极其难能可贵的。

　　蔡襄在知福州时,还非常注意剔除各种不法行为,关心和保护民众的利益。他曾发布政令,并撰写《教民十六事碑》,规定如有无赖到州县"打索关节,乞取财物,许人告",官吏到市面上买物,"亏减价例及不画时还钱,仰行人陈告"⑥等。更为可贵者,是蔡襄能够听取别人的反对意见,改正自己的失误。他曾在元宵时令福州居民燃灯七盏,有人对此异议,特作一丈余的大灯,上书:"富家一盏灯,大仓一粒粟,贫家一盏灯,父子相对哭。风流太守知不知?犹恨笙歌无妙曲。"他见后,立即下令罢灯⑦。由于蔡襄的德政,他深得当地民众的爱戴,被称誉为"蔡福州"。

---

　　① 《宋史·蔡襄传》。

　　②,③《福建通志·金石志·石六》。

　　④ 欧阳修,《端明殿学士蔡公墓志铭》。

　　⑤,⑥《福建通志·金石志·石六》

　　⑦ 《宋人轶事汇编》引《柳亭诗话》。

　　蔡襄两知泉州,同样是德政广布。他曾上疏乞减泉漳身丁赋税,减轻百姓的疾若。又疏浚甘泉,制定龟湖塘规,解决百姓用水纠纷以及水源的管理问题。而其最突出的功勋则是主持修建了中国第一座大型石梁桥——万安桥,因而流芳后世,故其墓柱之楹联云"万安济众,今朝古道肃观瞻"。为了表彰他的德政,民众为他刻石颂德,并在万安桥南建祠祀奉。南宋时曾两知泉州的真德秀,在赞蔡襄的二篇祝文中说,"两牧是邦,德政在民,至今未泯"[1],"流风善政,人到于今称之"[2]。可见他的美名一直为后人所传颂。为此,真德秀把蔡襄视为自己"可效可师"之楷模。

## 二　主持修建万安桥

　　泉州自公元 6 世纪的南朝起,就逐渐发展成中国对外交通贸易的重要港口。中唐后,泉州便成为中国四大海上交通贸易口岸之一,并成为外国侨民在华的重要聚居地,出现了"船到城添外国人"[3],"市井十洲人"[4] 的景况。北宋建立后,泉州的海上交通贸易事业继续得到发展。

　　经济、文化的繁荣,促使泉州与内地的交往和联系日益频繁。但是,由泉州北上通往兴化(今莆田)、福州以至内地的大道,在泉州东面 20 里处即被洛阳江入海口所隔断,行人车马至此,皆得搭乘舟船过渡。洛阳江西面有群山逶迤数百里,江流系诸山溪之水汇聚而成;东接大海,入海口处水面开阔,深不可址,构成了"西有滚滚万壑流波之倾注,东有汹灏澎湃潮汐之奔驰"[5] 的险峻形势,水遄而流急,风大而浪高。在此过渡,舟船常遇不测,演成人亡财没的惨祸。《泉州府志·拾遗》中云:"万安桥未建,旧设渡渡人,每岁遇飓风大作,沉舟而死者无数。"《广舆记》中也说:"先是海渡,岁溺死者无算。"遇到大风大潮的天气,过渡就得停止,有时一停就是数日。北宋末、南宋初时人方勺在《泊宅编》中说:"泉州东二十里有万安渡,水阔五里,上流接大溪,外即海也。每风潮交作,辄数日不可渡。"由于过渡既危险又不便,人们为了祈求平安,把渡口称为"万安渡"。人们早就急切地盼望能在万安渡口建造桥梁,结束这种危险重重,又非常不便的交通状态。

　　船只过渡都不容易,要造桥就更加困难了,人们多次造桥的尝试都遭到了失败。直到庆历初年,方有人堆聚石块,在上建浮桥。《读史方舆纪要》卷九十九《洛阳桥》条云:"宋庆历初,郡人陈宠始甃石作浮桥",《福建通志·津梁志》云:"宋庆历初,郡人李宠始甃石作浮桥。"《泉州府志》引《名胜记》云:"宋庆历初,郡人李宠始甃石作浮桥。"上述三段记载中,看起来陈宠可能是李宠之误,其甃石作浮桥则无疑,但是否成功,功用如何已不得而知。在水遄流急,风大浪高的开阔入海口,"甃石作浮桥"当然不是根本之途。堆聚的石块容易被水流和风潮所冲垮,浮桥亦极易被漂散。皇祐五年,又有人再次发起了造桥工程。正当工程遭到重重困难,并屡屡受挫之时,蔡襄出知泉州,主持了修建工程。《读史方舆纪要·洛阳桥条》云:"皇祐五年,郡人王实等又倡为石桥,未就。会蔡襄守郡,慨然成之。"《福建通志·津梁志》亦曰:"皇祐五年,僧宗己及郡人王实、卢锡倡为石桥,未就。会蔡襄守郡,踵而成之。"在蔡襄守泉两任计三年多的时间内,正是

---

①　《西山先生真文忠公文集》卷四十九《蔡忠惠公祝文》。

②　《西山先生真文忠公文集》卷四十八《蔡端明》。

③　薛能,《送福建李大夫》,载《全唐诗》卷五五九。

④　包何,《送泉州李使君之任》,载《唐诗别裁》卷一一。

⑤　《泉州府志》"洛阳桥"条引"凌登名诗"。

造桥的关键时刻，他倾注了极大的心血和精力于建桥工程之中，特别是对造桥工艺进行了大胆地创新，终于攻克重重难关，建成一座规模空前的石梁石墩长桥，成就了划时代的千秋伟业。

由于桥梁建造于万安渡口故取名“万安桥”，又由于桥梁横跨于洛阳江之上，故亦称“洛阳桥”。现一般皆俗称之为“洛阳桥”。整座桥梁全部用花岗岩石料筑成，因江中有一小岛，故将桥分为两段。桥面用 2 尺见方，长 4～5 丈的大条石七道纵列安置而成。全桥计 47 孔。桥面两旁护以石栏，并置有石狮 28 个，石亭 7 座，石塔 9 座，桥两端有石象和石武士像，桥堍四角石柱上有石琢的葫芦，旁有洞，其中皆雕塑有佛像。整座桥梁“飞梁遥跨海西东”①，显得气势磅礴，雄伟壮观。漫步在平坦的桥面上，眼眺山光水色，耳听风潮交鸣，令人心旷神怡，飘然欲仙，为当时郡人游览之胜地。

万安桥的建成，使人们去舟而徒，易危为安，结束了“万安渡头行人悲”② 的景象，成为泉州陆上交通的重要孔道。正如《康朗记》中所云：“万安桥去郡郭东二十里，而当惠安属邑与莆阳三山京国孔道。近郭而当孔道，故往来于其上者，肩毂相踵也。”③ 近年，有一些述及万安桥的著作，把它说成是福州和厦门间的交通要冲，如《中国古桥技术史》中说，它“为当年福州到厦门之间的重要孔道”④，《桥梁建筑》中说，它“沟通福州至厦门之间的陆路联系”，⑤ 这种说法有违历史，因厦门乃是近代发展起来的新兴城市，在历史上仅是辖于泉州府同安县的一个岛屿。

现存关于万安桥最早最可靠的史料，为蔡襄亲撰《万安桥记》，其碑刻现立于桥南的蔡襄祠中。碑文曰：“泉州万安渡石桥，始造于皇祐五年四月庚寅，以嘉祐四年十二月辛未讫功。垒趾于渊，酾水为四十七道，梁空以行。其长三千六百尺，广丈有五尺。翼以扶栏，如其长之数而两之。靡金钱一千四百万，求诸施者。渡实支海，去舟而徒，易危而安，民莫不利。职其事卢锡、王寔、许忠、浮图义波、宗善等十有五人。既成，太守莆阳蔡襄为之合乐宴饮而落之。明年秋蒙召还京，道由是出。因纪所作勒于岸左。”整篇碑记虽仅短短 153 字，但几乎记明了桥梁建造的全过程。其内容包括造桥时间，桥梁的型制，长度，宽度，造桥费用及来源，桥建成以后的功利，具体负责造桥的人员等等。读之，仿佛一座多孔式的大型架空石梁桥跃然碑上，眼前似乎展示出这一著名跨海长桥昔日的雄伟风姿。后人把造桥工程的伟大，碑记的精练简洁，加上蔡襄的书法，称为万安桥之“三绝”。需要指出的是，关于该桥的建造时间，现一般的著述都是根据碑记中的历史年号换成公元年代，而没有注意到阴、阳历中月份引起的年份之差别，故被定为公元 1053 至 1059 年，并相沿成习。其实这是不够准确的，查皇祐五年四月庚寅，为公元 1053 年 5 月 12 日，而嘉祐四年十二月辛未，应为公元 1060 年 1 月 17 日。

另一早期关于万安桥的重要史料，是北宋末、南宋初方勺在《泊宅编》中的记载。过去人们一般引用的是十卷本卷二所载的：

泉州万安渡，水阔五里，上流接大溪，外即海也。每风潮交作，数日不可渡。刘铢据岑表，留从效等据漳、泉，恃此以负固。蔡襄守泉州，因故基修石桥，两涯依山，中托巨石，桥岸造屋数百楹，为民居，以其僦直入公帑，三岁度一僧掌桥事。春夏大潮，水及栏际，往来者不绝，如行水上。十八年桥乃成，即多取蛎房，散置石基，益胶固焉。元丰

① 明·徐熥，《洛阳桥诗》，载《泉州府志》卷十。

② 清·张云翼，《洛阳桥诗》，载《泉州府志》卷十。

③ 转引自《泉州府志》卷十《洛阳桥》条。

④ 茅以升主编，中国古桥技术史，北京出版社，1986 年，第 42 页。

⑤ 黄梦平，桥梁建筑，科学普及出版社，1981 年，第 155 页。

初,王祖道知泉州,奏立法,辄取蛎房者徒二年。

其实,可能是初稿本的三卷本《泊宅编》卷中的记载更为详细,对我们研究万安桥的建造亦更重要。该记载云:

> 泉州东二十里有万安渡,水阔五里,上流接大溪,外即海也。每风潮交作,辄数日不可渡。刘铧据岑表,留从效等据漳、泉,恃此以负固。蔡襄守泉州,创意造石桥,两岸依山,中托巨石,因构亭观。累石条为桥基八十,所阔二丈,其长倍之,两头若圭射势,石缝中可容一二指酾潮水,每基相去一丈四尺。桥面阔一丈三四尺,为两栏以护之。闽中无石灰,烧蛎壳为灰。蔡公于桥岸造屋数百楹,为民居,以其僦直入公帑,三岁度一僧,俾掌桥事,故用灰常若新,无纤毫镈隙。春夏大潮,水及栏际,往来者不绝,如行水上。十八年桥乃成,即多取蛎房,散置石基上,岁久延蔓相粘,基益胶固矣。元丰初。

王祖道知州,奏立法,辄取蛎房者徒二年。

在这两段记载中,其记述大致相同,亦有差异。十卷本中称蔡襄是"因故基修石桥",三卷本则云其"创意造石桥",但均未详言其原委。但从桥梁的修造过程看,十卷本的"因故基修石桥"之"故基"可能指庆历初"甃石作浮桥"之桥基,或是皇祐五年开始建桥到蔡襄至和二年知泉州时所筑之基石。而三卷本说的"创意造石桥",则似有偏颇,因造石桥是蔡襄知泉前发起的,并非蔡襄所创意,故定稿后的十卷本将此句作了修改。当然,"创意"也可理解为在建桥过程中蔡襄对造桥工艺的创新。三卷本关于桥基(指桥墩)工艺的记载则是十卷本所无,尽管所记桥墩之数与实际不符,但从科技史角度看却具有重要的价值。它为我们记述了桥墩的结构和型制,这是其他史料所缺的,并与现存桥墩的状况相符。至于两段记载均说到"十八年桥乃成",则颇为令人费解,因建桥的时间在蔡襄《万安桥记》中已有确凿的记载,前后为七年,而非十八年。从此句上文的记述看,桥已建成通行,此句是否指度僧管理,烧灰填隙,俟蛎房延蔓相粘,胶固桥梁基础之时间而言,诚未可知。

根据历史记载和几十年来关于万安桥的研究成果,在蔡襄主持下所建造的万安桥,其贡献大致可归纳为如下几项:

(1) 首创筏形基础。桥基起着承载巨大重量的桥墩和桥面的作用,因此桥基的修筑是建桥工程的首要任务,也是桥梁能否建成并经久耐用的关键环节。万安桥桥址位于江海交汇处,上流有遄急的江流冲击,下流有汹涌的潮汐奔袭,水下是长年淤积的烂泥,因而桥基的修筑无法应用前人造桥时所采用的打桩方法,更无法去除淤泥利用水下岩石层,而必须开辟新途径。蔡襄一方面利用以往造桥时所建的桥基,一方面总结和汲取前人造桥失败的经验,创造了新的奠基工艺。即利用落潮的时间,沿预定桥梁的线路及其周围,用船装载大石块抛入水底,使成具有一定宽度的水底石堤,以作桥梁的基础。据载,万安桥的桥基石堤,长度约 500 余米,宽度约为 25 米[①]。这是桥梁技术史上的一项重大创新,亦是现代桥梁建造技术中筏形基础之肇始。

(2) 应用和发展尖劈形石桥墩。根据现有掌握的资料看,尖劈形石桥墩的采用始于唐代。《元和郡县志》卷五记载:"天津桥,在(河南道洛阳县)北四里。隋炀帝大业元年(公元 605)初造此桥,以架洛水,用大缆维舟,皆以铁锁钩连之。……然洛水溢,浮桥辄坏。贞观十四年(公元 640)更令石工累方石为脚";"中桥,咸亨三年(公元 672)造,累石为脚,如天津桥之制。"这是现知关于梁桥石桥墩的最早记载。尖劈形石桥墩则是唐李昭德所发明。《旧唐书·李昭德传》记

---

① 中国科学院自然科学史研究所主编,中国古代建筑技术史,科学出版社,1985 年,第 239 页。

载:"初,都城洛水天津之东,立德坊西南隅,有中桥及利涉桥,以通行李。上元(公元 674～676)中,司农卿韦机始移中桥置于安众坊之左街,当长夏门,都人甚以为便,因废利涉桥,所省万计。然岁为洛水冲注,常劳治葺。昭德创意积石为脚,锐其前以分水势,自是竟无漂损"。《新唐书·李昭德传》亦云:"昭德始累石代柱,锐其前,廨东暴涛,水不能怒,自是无患。"宋初重修天津桥时,也采用了尖劈形石墩,《宋会要》云:"宋太祖建隆二年(公元 961)四月,西京留守向拱言重修天津桥成,甃石为脚,高数丈,锐其前以疏水势,石缝以铁鼓络之,其制甚固。"蔡襄曾任西京留守推官,又长期在汴梁任京官,很有可能亲自看到过天津桥和中桥的桥墩型制。同时,在万安桥建造之前,泉州府也建造过石墩桥。据《泉州府志》卷十记载,晋江县的小桥、大桥"二桥俱宋太平兴国(公元 976～983)间建",从现存桥墩可以看到是用长条石一排横一排竖垒砌而成。因此在建造万安桥时,蔡襄亦"垒石于渊",采取了用长条石纵横排列垒砌的方法,在桥基上构筑了 46 个石桥墩。而且,他还引用了尖劈形桥墩的型制,把两端砌筑为尖劈状,藉以分开江流和潮汐的冲击力,达到保护桥墩的目的。诚如三卷本《泊宅编》所云:"累石条为桥基","两头若圭射势。"

(3)利用潮汐的涨落浮运和架设石梁。要把重达数十吨的大石梁悬空安放在桥墩上,并铺砌成桥面,这在古代没有大型起重设备的条件下,似乎是难以想象的。但是蔡襄却利用常见的潮汐涨落现象,来完成这一难以实现的工作。他让桥工们"凿石伐木,激浪以涨舟,悬机以弦绎"[①]。即预先按规格尺寸,加工好石梁,然后在涨潮时用船把石梁载运到两个桥墩之间,并应用简单的牵引设备,把石梁固定在适当的位置,至落潮时,石梁便自动降落在预定的位置上,从而顺利地完成石梁的架设作业。可以说,这不仅仅是自然力的巧妙利用,而且体现了人类智慧的神奇力量。

(4)发明用繁殖牡蛎以胶固桥基和桥墩的方法。要使桥基和桥墩的石块互相连结,防止被水流和潮汐所冲散,这在没有速凝水泥的古代,确是一大难题。为此,蔡襄极力探索,终于从前人对牡蛎认识的基础上和民间繁殖牡蛎的经验中,萌发了智慧的火花,发明"种蛎于础以为固"[②],"石所垒,蛎辄封之"[③]的方法。牡蛎又名蠔,俗称海蛎子,是一种介壳海生动物,在海滩附着于其他物体而生长和繁殖,繁殖后其石灰质外壳可连绵成片,与附着物牢固地胶结成一体。把它放置于石堆上,可以在石缝和石面上繁殖,从而把分散的石块连结在一起。中国沿海各地都有牡蛎生长,人们很早就认识到牡蛎的生长特性,并进行养殖。韩愈的"蠔相粘为山,百十各自生"[④],就是牡蛎这种生长特性的形象写照。蔡襄在桥梁建造中,把牡蛎散置于石基和石墩上,俟其繁殖,而将桥梁基础和桥墩胶结在一起,形成一牢固的整体,大大提高了桥梁的坚固性和耐久性。蔡襄这一巧妙地利用海生介壳动物来巩固桥梁的石基和石墩的发明,堪称桥梁技术史上一项划时代的科学发明和创造。

对于万安桥的建造工艺,著名的桥梁专家罗英曾走访过蔡襄的后裔。据蔡氏后裔云:"这座桥的建筑,在开工之始,按照预定桥梁的线路,将乱石抛入江中,横过河道,并须抛得相当宽阔,如筑堤焉。乃以蛎房散置其上,并经常增添乱石以补修。二三年后,蛎房繁殖,遍胶石基,即在

①　《泉州府志》卷十引明王慎中记。

②　《宋史·蔡襄传》。

③　《泉州府志》卷十引明王慎中记。

④　唐·韩愈,《昌黎集》六《初南食贻元十八协律》。

这石基上安桥墩,用条石叠砌成梭子形,潮汐来去时,水力减杀,不能冲动石墩。后将已琢好同一大小的巨长石梁为桥面,先装置于大船面上,俟潮水涨时,石梁船即开入两墩间,对准安梁的地点,即将船锚定。迨潮落时船身渐低,时时注意纠正石梁位置,使石梁搁置在石墩上规定的地点,如此一座大石桥便告成功。至于装栏杆、立石柱等项工作,那就没有什么问题了。"[①] 这段话大致可反映当时建桥的基本情况。

万安桥在中国以至世界的桥梁史上,是一座里程碑式的建筑。它的建成,掀开了桥梁史中建造石构长梁桥的新篇章,也是在江河入海口建桥的肇始。现存万安桥石刻题词中,有一方称它为"海内第一桥",实不为过。在万安桥建造成功的鼓舞下,福建省,特别是泉州地区,兴起了一个建造石桥的热潮。在150多年中,计建造数十座大中型的石构梁桥,小桥更是不计其数。正如李约瑟说的,宋代福建省"造了一系列的巨大板梁桥",这些桥梁在"过去(和现在)都是很长的","在中国其他地方或国外任何地方都找不到能和它们相比的"[②]。其中,宋绍兴八年至二十一年(1138~1151)建造的晋江安海安平桥(俗称五里桥),长达811丈,孔数362个,是一座创记录的古代跨海湾巨长石梁桥。桥中亭有楹联称之为"天下无桥长此桥"。始建于绍兴二十年(1152)的安海另一长桥东洋桥(俗称东桥,已无存),亦长达432丈,有242孔。建于宋嘉熙(1237~1241)间的漳州江东桥,则以石梁巨大而著称,每根石梁都重一百吨以上,最大的石梁长23.7米,宽1.7米,高1.9米,重达200吨。

万安桥建成900多年来,经历了上百次地震、飓风和洪水的袭击,数次遭到破坏,但都随坏随修。历代进行过的大修计17次,而且数次发布禁取石基、石墩牡蛎的法令,使这座著名的古桥得以保存下来,至今人们仍可大体见到其风貌。现存桥长834米,有桥墩46个。1932年曾加修钢筋混凝土公路桥面,原古石梁桥面在公路桥面的下方,虽已残损,但尚有相当遗存,为全国重点文物保护单位。近年重修,去除混凝土桥面,恢复原貌。

## 三 博学多才的学者

蔡襄一生为学勤奋,即使在病中也从不怠懈,坚持读书和著述。如他在泉州任上,当时体弱久病,又政务缠身,还主持建造万安桥事,并撰著了《荔枝谱》一书。长期勤奋地为学,使他对于人文科学和自然科学都有广泛的涉猎,成为一位学识渊博的学者,在许多方面都有很深的造诣和重要的贡献。现存蔡襄的著作有《荔枝谱》、《茶录》和《蔡忠惠公集》等。

《荔枝谱》一卷,撰于嘉祐四年(1509)秋八月,计七篇,"一,原本始;二,标尤异;三,志贾鬻;四,明服食;五,慎护养;六,时法制;七,别种类"。[③] 在是书的起始,蔡襄就记述了荔枝的历史和产地,说:"荔枝之于天下,唯闽、粤、南粤、巴蜀有之,汉初南粤王尉佗以之备方物,于是始通中国(指中原)。"[④] 同时说明,本书是他有感于中原地区所见的荔枝仅是岭南、巴蜀之产,又均非佳品,而不知福建的优质荔枝,故特意留心收集有关福建荔枝的资料,撰写而成的。他说:"闽中唯四郡(福州、兴化、泉州、漳州)有之","列品虽高,而家寥无纪,特尤异之物,昔所未有乎,盖亦

---

① 罗英,中国桥梁史料,中国科学社,1961年,第254页。
② 〔英〕李约瑟,中国科学技术史(英文版)第四卷第三分册,第153页。
③ 清・永瑢等,《四库全书简明目录》,上海古籍出版社,1985年,第460页。
④ 宋折库本《荔枝谱》第一。此版本除书名和开头写为荔枝外,余皆写为荔支,本文所引保留原样。

有之而未始遇乎人也。予家莆阳，再临泉、福两郡，十年往还，道由乡国，每得其尤者，命工写生，稡稡集既多，因而题目，以为倡始。"① 因此，书中主要记载的是福建四郡所产，并藉以之向人们介绍关于荔枝的常识。

蔡襄本人虽不是一位生物学家，但由于他搜集的资料丰富，记述又非常详细、真切，因此从生物学和果树栽培学的角度看，《荔枝谱》一书具有很高的植物学价值，也是中国乃至世界的第一部果树栽培学专著。

书中记述了荔枝的生长特性，即"性畏高寒，不堪移殖"②，是一种多年生的木本植物。"其木坚理难老，今有三百岁者，枝叶繁茂，生结不息"③。其果实"有间岁生者，谓之歇枝；有仍岁生者，半生半歇也。春放之际，傍生新叶，其色红白，六七月时色已变绿，此明年开花者也。今年实者，明年歇枝也。"④ 有鉴于荔枝的畏寒特性，蔡襄特别指出种植时要格外注意防寒，并介绍防寒的方法。他说："初种畏寒，方五七年，深冬覆之，以护霜霰"，⑤同时指出寒地不可种植。

书中计记载了优质荔枝三十二品，其中对一些著名品种的生态特征有着翔实的描述。例如"陈紫"，书中写道："其树晚熟，其实广上而圆下，大可径寸有五分，香气清远，色泽鲜紫，壳薄而平，瓤厚而莹，膜如桃花红，核如丁香母，剥之凝如水精，食之消如绛雪，其味之至不可得而状也。"⑥ 又如，"绿核，颇类江绿，色丹而小，荔支皆紫核，此以见异"；"玳瑁红，荔支上有黑点，疏密如玳瑁"；"硫黄，颜色正黄，而刺微红"⑦ 等。蔡襄把各种荔枝按品质分为上、中、下三等，并注明了区分品质优劣的方法。他说："荔支以甘为味，虽百千树莫有同者，过甘与淡，失味之中。维陈紫之于色香味自状其类，此所以为天下第一也。凡荔支皮膜形色一有类陈紫，则已为中品。若夫厚皮尖刺，肌理黄色，附核而赤，食之有查，食已而涩，虽无酢品，自亦下等矣。"⑧从蔡襄对荔枝生态和品质划分的描写中，我们可以看到他已掌握和运用了类比的方法。

书中还指出了荔枝的功效，即食之"有益于人"，"本草亦列其功，葛洪云蠲渴补髓"。⑨正因为荔枝味甘美又能益人，故深受人们的喜爱，被视为食用的佳果。苏轼的诗句"日啖荔支三百棵，不妨长作岭南人"，⑩ 可谓对荔枝嗜好的生动写照。

汉以降，宫廷所得的鲜荔枝，为岭南、巴蜀的贡品，都是用驿传的方式奔送达京的。汉时"东京、交阯七郡贡生荔支，十里一置，五里一候，昼夜奔腾，有毒虫猛兽之害"，"唐天宝时，妃子尤爱嗜，涪州岁命驿致"。⑪但是，新鲜荔枝极易变质腐烂，白居易称其"一日色变，三日味变"。⑫故"虽曰鲜献，而传置之速，腐烂之余，色香味之存者亡几矣"⑬，成为一种劳民伤财的弊政。为此，汉唐时都有人谏止。至于商人则以之作为一种可获重利的商品，转运四方。他们把鲜荔枝进行加工，而后"水浮陆转，以入京师，外至北戎西夏。其东南舟行新罗、日本、流求、大食之属，莫不

　　①，②宋折库本《荔枝谱》第一。

　　②，⑨宋折库本《荔枝谱》第四。

　　④　宋折库本《荔枝谱》第一。

　　⑤　宋折库本《荔枝谱》第一。

　　⑥，⑧宋折库本《荔枝谱》第二。

　　⑦　宋折库本《荔枝谱》第七。

　　⑩　苏轼，《分类东坡诗》十《食荔支》之二。

　　⑪　宋折库本《荔枝谱》第一。

　　⑫　转引自《泉州府志》卷十九《物产》"荔枝条"。

　　⑬　宋折库本《荔枝谱》第一。

爱好重利酬之。"①

　　由于加工后的荔枝可保存较久而不变质,故蔡襄在《荔枝谱》中特意对荔枝的加工方法进行详细的记述。其法有三,一为红盐法,一为白晒法,一为蜜煎法。"红盐之法,民间以盐梅卤浸佛桑花为红浆,投荔支渍之,曝干,色红而甘酸,可三四年不虫。""白晒者,正尔烈日干之,以核坚为止,畜之瓮中,密封百日,谓之出汗。去汗耐久,不然逾岁坏矣。""蜜煎剥生荔支,笮去其浆,然后蜜煮之。"② 蔡襄还亲自作了把白晒和蜜煎两法合二而一的加工实验,"用晒及半干者为煎,色黄白而味美可爱"。他称这种方法经济实惠,"其费荔支减常岁十之六七"。④蔡襄之后,人们对于供奉朝廷的荔枝,又发明了一种长期保鲜的方法,即"小暑日摘下,用黄蜡封蒂,以锡瓶贮蜜浸之,外用木箱盛之以水,每日更水一次,久而不坏"。③ 当然这种方法工本太高,纯为向朝廷进贡之用,民间是食用不起的 ,但作为一种保鲜技术,不失为一项重要的发明。这些加工处理方法,对现在的食物保存和保鲜工艺,仍有着一定的借鉴价值和启迪作用。

　　《茶录》是蔡襄另一部具有科学价值的著作,书分二卷,初写于皇祐(1049~1053)中,治平元年根据刊刻本重新修订,并刻石以传世。《四库全书简明目录》称:"襄以陆羽《茶经》不载闽产。丁谓茶图,又但论采造,不及烹试。乃作此书。上篇论茶,下篇论茶器。皆烹试之法也。"书中简要地记载了茶叶色、香、味的判别,烹茶的技巧,茶叶的收藏、保管、加工,以及各种茶具的制作、质地和用途等,可称是一部北宋时的品茗要诀。从书中还可以看到当时福建建安民间品茗的风俗。书中关于茶性"畏香药,喜温燥,而忌湿冷",④ 故采用温火加热,以去湿保燥的收藏方法;陈年茶叶"香色味皆陈"⑤,要用灸茶方法进行处理等记述,至今仍有一定的意义。

　　蔡襄本人对饮茶很有考究,积累有丰富的经验。他在任福建转运使时,就曾造团茶,作为上贡之品。陈少阳跋《茶录》云:"余闻之先生长者,君谟初为闽漕时,出意造密云小团为贡物。"⑥《墨客挥犀》亦云:"蔡君谟善别茶。建安能仁院有茶生石缝间,寺僧采造,号曰岩白。以四饼遗君谟,以四饼遣人走京师遗王禹玉。岁余,君谟被召还阙,访禹玉。命子弟于茶笥内选精品待君谟。君谟捧瓯未尝,辄曰:'此茶极似能仁寺岩白,公何从得之?'禹玉未信,索茶帖验之,乃服。"⑧因此,也可以说《茶录》中凝聚着蔡襄制茶和品茗之亲身体验。

　　《蔡忠惠公集》36 卷,汇集蔡襄所撰写之诗、文、奏议而成,为后人所修辑、刊印。从集中可见到蔡襄的政见,也可知其文才出众,不失为当时的一位文学家。欧阳修称:"公为文章,清道粹美。"⑧ 明何乔远赞其"文章如峻岱削岳,无待陂陁迤逦之余",其"诗亦奥壮浑古,质胜其文"。⑨

　　此外,蔡襄之于书法亦有极深的造诣。他不但善于论书法,而且工于书写。欧阳修赞其为"博学君子也,于书尤称精鉴"。⑩ 其书法,与苏轼、黄庭坚、米芾齐名,并称为宋代四大书法家。他的书法师承虞世南、颜真卿,并师法晋人,严正方重,别具一格,历来受到很高的评价。史称:

---

① 宋折库本《荔枝谱》第三。
② 宋折库本《荔枝谱》第六。
③ 《泉州府志》卷十九,《物产》"荔枝条"。
④ 《茶录》上篇《藏茶》。
⑤ 《茶录》上篇《灸茶》。
⑥,⑦丁传靖辑,《宋人轶事汇编》"蔡襄"条。
⑧ 欧阳修,《端明殿学士蔡公墓志铭》。
⑨ 《福建通志·艺文志》"蔡忠惠公集"条引。
⑩ 《欧阳文忠公文集》卷一三八。

"襄工于书,为当时第一,仁宗尤爱之。"① 苏轼称:"君谟书天资既高,积学深至,心手相应,变态无穷,遂为本朝第一。"② 黄庭坚亦云:"君谟真、行简札,能入永兴(虞世南)之室,作草自言得苏才翁(苏舜元)屋漏法"③,诚为"翰墨之豪杰也"④。《金石萃编》则云:"墨池编称君谟真行草皆入妙品,笃好博学,冠绝一时。"⑤ 现存蔡襄墨迹颇多,《万安桥记》碑刻即是其代表作之一。《皇宋书录》云:"蔡公万安桥记,大字刻石最佳,字径一尺,气压中兴摩崖。"⑥《弇州山人稿》云:"万安桥天下第一桥,君谟此书,雄伟遒丽,与桥争胜。结法全自颜平原来,惟策法用虞永兴耳。"⑦

## 参 考 文 献

罗　英.1959.中国石桥.北京:人民交通出版社

罗　英.1961.中国桥梁史料.北京:中国科学社

茅以升主编.1986.中国古桥技术史.北京:北京出版社

中国科学院自然科学史研究所主编.1985.中国古代建筑技术史.北京:科学出版社

（金秋鹏）

---

① 《宋史·蔡襄传》。
② 《东坡题跋》卷四。
③ 《豫章黄先生文集》卷二十八。
④ 同②,卷二十九。
⑤ 《福建通志·金石志》"万安桥记"条引。
⑥ 《福建通志·金石志》"万安桥记"条引。
⑦ 《福建通志·金石志》"万安桥记"条引。

# 苏　颂

苏颂,字子容,福建泉州同安(今属厦门)人,为宋代药学家和天文学家。生于宋真宗天禧四年(1020),卒于宋徽宗靖国元年(1101),终年81岁。

苏颂22岁中进士,其后任各级地方官吏,也曾任馆阁校勘、集贤院校理等文字职务约九年,得以博览皇家藏书。宋哲宗登位后,任刑部尚书、吏部尚书,晚年入阁拜相。因修订《本草图经》、制造水运仪象台等而闻名史册。

苏颂生平治学严谨,研究认真,不仅是位博学多能的学者,也识人任贤,是位难得的科研管理人才。

## 一　苏颂生平[①]

天禧四年(1020)苏颂生于同安。四岁以后,随父去复州、安州。

天圣五年(1027)七岁。祖母丧,随父居扬州守制。

天圣八年(1030)十岁。随父入京,后又去广德(其父苏绅知广德县)。

天圣九年(1031)十一岁。随父至无锡,在县厅西学舍与叔辈等同学课业。其实,苏颂早在四岁以后,就从父辈学《孝经》、《尔雅》之类;诵五经,知音律。

明道二年(1033)十三岁。随父去公安县。

景祐元年(1034)十四岁。随父进京,后又随父去洪州(苏绅任洪州通判)。

景祐二年(1035)十五岁。随父到扬州(父通判杨州)。

景祐三年(1036)十六岁。随父归京师。

景祐四年(1037)十七岁。得开封府解。

宝元元年(1038)十八岁。省试,题《斗为天之喉舌赋》;试文虽优,终因声调不合被淘汰,后注意音训之学。

庆历二年(1042)二十二岁。中进士(别试第一,与王安石同榜)。

庆历三~五年(1043~1045)二十三~二十五岁。知江宁县。

庆历六年(1046)二十六岁。父丧,护丧南归;过京口时,有故人治馆相留,葬苏绅于京口。

庆历七年~皇祐元年(1047~1049)二十七~二十九岁。居京口守父丧。

皇祐二~三年(1050~1051)三十~三十一岁。授南京留守推官。当时杜衍闲居南京,欧阳修为南京留守,苏颂深得杜衍、欧阳修器重。

皇祐四年(1052)三十二岁。翰林学士赵槩等共荐其"文学才行,宜在朝廷",因而,召试学士院。

皇祐五年~嘉祐五年(1053~1060)三十三~四十岁。在此期间,一直在馆阁任职。先后职衔为:馆阁校勘、大理寺丞、同知太常礼院、殿中丞、集贤校理、校正医书官、殿试复考官、太常博

① 参阅翁福清《苏颂生平事迹研究》(杭州大学研究生毕业论文)。

士等等。

嘉祐六年(1061)四十一岁。知颍州。三月五日到任。在此之前,在馆阁任职约九年,颇为清苦。

嘉祐七年(1062)四十二岁。知颍州,进祠部员外郎。

嘉祐八年(1063)四十三岁。四月英宗即位,大赦,赐百官爵一等。苏颂迁度支员外郎,召为开封封界提点诸县镇公事。

治平元年(1064)四十四岁。在开封府界提点任。

治平二年(1065)四十五岁。迁三司度支判官。

治平三年(1066)四十六岁。任三司度支判官,又迁前行员外郎。

治平四年(1067)四十七岁。为本年寿圣节接送伴使,送辽使还。神宗立,改工部郎中,迁为淮南转运使,年底召还修起居注,兼同判礼部祠部。又判三司磨勘司,改同判太常寺兼礼义事。

熙宁元年(1068)四十八岁。拜知制诰,充贺辽太后生辰使。郊恩,加朝散大夫。

熙宁二年(1069)四十九岁。兼通进银台司,兼门下封驳事;同详定命官使臣过犯。又为辽朝贺生辰馆伴使;同知审官院,权审刑院事。又兼提举兵吏司封官诰院,详定天下印文。判司农寺。

熙宁三年(1070)五十岁。权同知贡举。朝廷除李定为监察御史里行,苏颂等拒不草诏。为此,落知制诰,归工部郎中班。

熙宁四年(1071)五十一岁。九月,以大享明堂恩,出知婺州。

熙宁五年(1072)五十二岁。赴婺州任,舟沉没;其长妹及一子一甥落水死,苏颂幸免。

熙宁六年(1073)五十三岁。知亳州。

熙宁七年(1074)五十四岁。五月召还勾当三班院。十二月用郊祀,恩复集贤院学士。

熙宁八年(1075)五十五岁。知应天府兼南京留守司事。十月丁巳,彗星出,赦天下,除秘书监。岁终,复召勾当三班院,兼知通进银台司。

熙宁九年(1076)五十六岁。选知杭州。

熙宁十年(1077)五十七岁。五月,召还同修仁宗、英宗朝正史;兼提举中太一宫;兼集禧观。八月,再为贺辽主生辰国信使。

元丰元年(1078)五十八岁。自辽国还京师。郊恩,进右谏议大夫,权知开封府。十一月,因牵涉孙纯案罢官。

元丰二年(1079)五十九岁。降授秘书监,知濠州。秋,又因牵涉陈世儒一案,自濠州赴御史台对狱。

元丰三年(1080)六十岁。罢知濠州,归班。

元丰四年(1081)六十一岁。以中大夫集贤院学士出知沧州。

元丰五年(1082)六十二岁。年初,为辽贺正馆伴使,复太中大夫。三月,为御试初考官。五月,改通议大夫守吏部侍郎。迁正议大夫。

元丰六年(1083)六十三岁。九月,上《华戎鲁卫信录》229卷,事目5卷,总共200册。这部书由元丰四年八月开局编撰,历时二年。十一月,南郊及上仁宗、英宗徽号,苏颂皆为礼仪使。又以帝幸尚书省,恩迁光禄大夫。

元丰七年(1084)六十四岁。夏,母丧;神宗赐金,诏州郡应付葬事。

元丰八年(1085)六十五岁。葬母于润州,后居扬州守制。神宗崩。

元祐元年(1086)六十六岁。七月,母丧服除,进刑部尚书。十一月,兼详定重修敕令;又奉诏旨,定夺新旧浑仪。

元祐二年(1087)六十七岁。正月,迁吏部尚书。八月,兼侍读;又充实录院修撰。进《元祐详定编敕令式》50卷,十一月下诏颁行。

元祐三年(1088)六十八岁。为廷试详定官。

元祐四年(1089)六十九岁。三月,进《迩英要览》。五月,为翰林学士承旨,兼掌皇弟五王笺表。

元祐五年(1090)七十岁。三月,迁为右光禄寺大夫尚书左丞。

元祐六年(1091)七十一岁。仍任尚书左丞。曾就礼制规范进皇帝纳后之有关议论。

元祐七年(1092)七十二岁。正月,撰皇后册文。四月,摄太尉;充皇后发册使;撰《浑天仪象铭》。六月,进左光禄大夫,守右仆射兼中书侍郎;成辰,元祐浑天仪象成。

元祐八年(1093)七十三岁。为牵涉贾易案,受御史等议论,苏颂自请解政;三月,罢为观文殿大学士集禧观使。九月,出知扬州。本年,宣仁太后崩,哲宗亲政。

绍圣元年(1094)七十四岁。调西京留守,以老病辞,不许;既行,至符离而夫人卒,恳请南归。六月,再知扬州。

绍圣二年～三年(1095～1096)七十五～七十六岁。罢知扬州,拜中太一宫使,还居京口。

绍圣四年(1097)七十七岁。九月,以太子少师、观文殿大学士致仕。

元符元年～二年(1098～1099)七十八～七十九岁。居京口。

元符三年(1100)八十岁。正月,徽宗即位,拜太子太保。

建中靖国元年(1101)八十一岁。五月二十日,薨于京口。帝辍朝二日,赠司空、魏国公。

崇宁元年(1102)冬,葬于丹徒县义理乡乐安亭五州山之东北阜。

## 二 修 订 医 书

排比年表,可以知道苏颂前期学术活动主要集中在馆阁校勘期间。苏颂入馆阁共九年,其中约有一半时间从事医书编校,先后参加或主持《补注神农本草》、《本草图经》、《备急千金要方》等三部医书的编校工作。

《补注神农本草》又称《嘉祐补注神农本草》,在《宋史·艺文志》、《玉海》、《通志·艺文略》等书中,皆有著录,共20卷。书中《序》及《后序》皆为苏颂手笔,收入《苏魏公文集》。

奉嘉祐二年八月三日修医书诏旨,设医书局,由掌禹锡、林亿、张洞、苏颂主持其事。十月,差医官秦宗古、朱有章赴局祗应。四年九月,又差太子中舍陈检同校正。嘉祐五年八月,书成进奏,共用了三年时间。

据苏颂序文考证:《神农本草经》是东汉华佗、张机等人编录的,书仅三卷,刊载药物365种。南梁陶弘景又增录365种,附加《名医别录》七卷。唐代显庆年间,由英国公李世勣主持,编成《新修本草》20卷。宋开宝年间,曾再次增补,成《开宝本草》。

《嘉祐补注神农本草》,是以《开宝本草》为底本,总结以往药物学成就,还参阅后蜀孟昶命学士韩保昇等修编的《蜀本草》,也吸取当代医师们的实践经验,为原书夹注。又在各家本草著录的983种药物的基础上,新添了82种。新定17种,共达1082种。

《本草图经》的汇编工作,大体上与《嘉祐补注神农本草》同时进行并相互配合。嘉祐三年十月,校正医书局奏:"窃见唐显庆中,诏修本草,当时修定注释本经外,又取诸般药品,绘画成图,别撰图经,辨别诸药,最为详备。后来失传,罕有完本。欲下诸路应系产药去处,令识别人仔细详认根茎苗叶花实形色大小,并虫鱼鸟兽玉石等堪入药用者,逐件画图,并一一开说著花结实收采时月及所用功效。其蕃夷所产,即令询问榷场,市舶商客,亦依次供析,以凭照证。画成本草图,并别撰图经,与今本草经并行,使人用药,知所依据。"后人提及此书,皆称由苏颂总负其责①。《本草图经》也是总 20 卷,目录一卷,苏颂撰《本草图经序》,收入《苏魏公文集》。问题在于,此书成于苏颂知颍州之后,这类集体编书工作,一般不会随参与人员的个别流动而更换编书地点,该书主要负责人按理应该易人,苏颂曾发起编绘《本草图经》,对前期(或初稿)工作负有主要责任,后期则是另有合作者的。

苏颂还参加过《备急千金要方》的校勘和定稿工作,撰有《校定备急千金要方序》及其《后序》。但我们目前所能看到的《备急千金要方》却是高保衡、孙奇、林亿、钱象先等人署名的,未提及苏颂。书中另有《新校备急千金要方序》和《校定备急千金要方后序》,落款为治平三年(1066)。其时,苏颂离开馆阁已有六年了。从"新校"等字样分析,苏颂所从事的工作未完(或仅完初稿)就离开了,原先的工作只好由别人来"新校"。

苏颂勘校的几部医书早佚,苏颂校订的《备急千金要方》看来很可能就没有刊刻过,目前所了解到的部分内容或有关书序,多从其他医书或文集中转辑而得,仅能窥视一斑。再说,苏颂涉及的勘校工作,大都是有多人参加的集体成果,从一般辑录资料中很难分辨哪些出自苏颂手笔。但从苏颂所写序言的字里行间,仍然很容易看出他的一贯认真办事办学的主导思路,是我国本草学发展的里程碑之一。例如:我国明代名医李时珍称赞苏颂等所校勘的图书"考证详明,颇有发挥",也在其不朽名著《本草纲目》中大量引用了《本草图经》的条目。故《本草图经》虽已亡佚,从《本草纲目》中仍可探其鳞爪,其对后人的影响可就此推知一二,贡献是值得后人永为纪念的。

# 三　研制天文仪器

苏颂自幼就学习天文学,有着十分理想的天文学学习条件与学习环境——他的父亲和叔叔都懂天文学,这从苏颂青年时期的文章命题和父辈对这类天文题材文章的赞语中,可推知大概。苏颂两次省试题目中也都有天文学内容,并取得很好名次,说明他在天文历算方面有较好的基础。苏颂遗留下来的诗词章句中,常见天文学词语,充分说明苏颂在天算学方面是素有造诣的。

苏颂对天文学方面的贡献主要集中在晚年。元祐元年(1086),苏颂六十六岁;母丧服除后,进为刑部尚书。同年十一月,奉诏定夺新旧浑仪。如果考虑到中国历法和公历的换算关系,有关工作是从公元 1087 年开始的。

据《新仪象法要·进仪象状》:"臣颂先准元祐元年冬十一月诏旨,定夺新旧浑仪,寻集日官及检详应前后论列干证文字,赴翰林天文院、太史局两处,对得新浑仪系至道、皇祐中置造,并堪用;旧浑仪系熙宁中所造,环器怯薄,水跌低垫,难以行使。奉圣旨:下秘书省依所定施行"。在这段文字里,有两条很值得我们注意的历史信息:首先,苏颂为评定浑仪而寻集的论证文字中,

---

① 见《郡斋读书志》、《宋史·艺文志》、《古今医统大全》、《世善堂藏书目录》等有关《本草图经》的记载。

包括有先前日官为造有关仪器的一些文献——主要是沈括奉敕所论定的浑仪法要等类文献，用以核定有关仪器；其次，至道距苏颂定夺新旧浑仪的元祐初年约 90 年，距皇祐约 40 年，而且都早于沈括制造熙宁浑仪的年代，为什么苏颂反而将晚近的熙宁浑仪称为"旧浑仪"呢？这表明，所谓"新浑仪"是利用至道、皇祐浑仪原有部件来装配、修补的。接着，苏颂又表明自己对新旧浑仪评比的是非得失看法："臣窃以仪象之法度数备存，而日官所以互有论诉者，盖以器未合古，名亦不正。至于测候须人运动，人手有高下，故躔亦随而移转，是致两竞各指得失，终无定论。"但是，如何使浑仪合古与正名呢？苏颂认为："盖古人测候天数，其法有二：一曰浑天仪，规天矩地，机隐于内，上布经躔，以日星行度察寒暑进退。如张衡浑天，开元水运铜浑是也。二曰铜候仪，今新旧浑仪，翰林天文院与太史局所用者是也。又案，吴中常侍王蕃云：'浑天仪者，羲和之旧器，积代相传，谓之机衡。其为用也，以察三光，以分宿度者也。又有浑天象者，以著天体，以布星辰。二者以考于天，盖密矣。'详此，则浑天仪、铜浑仪之外，又有浑天象，凡三器也。浑天象历代罕传其制，惟隋书志称梁代秘府有之，云是宋元嘉中所造者。由是而言，古人候天，具此三器乃能尽妙。今惟一法，诚恐未得亲密。"他感到有必要制造一套综合三器功能的水运仪器，使之既要观察天象，又要有自动显示天象和时间的仪器，令测候手段更为完善；水运仪象台就是在这一指导思想下设计、制造的。

"然则张衡之制，史失其传；开元旧器，唐世已亡。国朝太平兴国初，巴蜀人张思训首创其式，以献太宗皇帝，召工造于禁中，逾年而成，诏置文明殿东鼓楼下，题曰'太平浑仪'。自思训死，机绳断坏，无复知其法制者。"想合古正名，又无人知其法制，怎么办呢？苏颂于是又推荐韩公廉承此研制重任，并提及他们之间的认识过程："臣昨访得吏部守当官韩公廉通九章算术，常以钩股法推考天度。……因说与张衡、一行、梁令瓒、张思训法式大纲，问其可以寻究，依仿制造否？其人称：'若据算术案器象，亦可成就。'既而撰到《九章钩股测验浑天书》一卷，并造到木样机轮一坐。臣观其器范，虽不尽如古人之说，然激水运轮，亦有巧思，若令造作，必有可取。遂具奏陈乞先创木样进呈，差官试验，如候天有准，即别造铜器。"

据苏颂年表，元祐二年（1087）正月，苏颂升迁吏部尚书，结识韩公廉当在其到任之初，因为从访贤、面试，直到韩公廉撰书、造木样等等，都是需要一定时间的。一位初上任的高级官员，能对素不相识的部下小吏如此信任，这在封建社会等级观念极强的历史环境中是难能可贵的，也说明苏颂识人善用，眼力非凡。

元祐二年八月十六日诏如所请，置局差官，试制机构称为"详定制造水运浑仪所"，任命寿州州学教授王沇之负责监造兼管收支；太史局夏官正周日严、秋官正于太古、冬官正张仲宣等与韩公廉同任制度官；太史局天文生袁惟几、苗景、张端，节级刘仲景，学生侯永和，于汤臣参与测验晷景刻漏等工作[①]。元祐三年五月先造成小样，呈验后又造大木样，同年十二月工毕。闰十二月二日得旨，将大木样安置于集英殿。派翰林学士许将会同周日严、苗景等对大木样进行认真校验。元祐四年二月八日许将向朝廷奏报新仪木样与天道已参合不差，朝廷则旨准正式用铜铸造新仪。元祐七年四月二日，仪象台将要建成，朝廷命苏颂撰《浑天仪象铭》。元祐七年六月十四日，水运仪象台告成，诏三省枢密院官同往参观。

据《新仪象法要》书首，苏颂定新仪名为"水运仪象台"，机构名称为"详定制造水运浑仪所"，也可看成是定名旁证，但名词微有出入，可见均属通常称呼或具有暂定性质。元祐四年二

---

① 　参与工作人员引自《新仪象法要·进仪象状》。

月，太史局直长赵齐良奏："伏睹宋以火德王天下，所造浑仪其名水运，甚非吉兆。乞更水名以避刑克火德之忌"，"诏以元祐浑天仪象为名"，试制机构自然也改为"详定元祐浑天仪象所"。许多文献记载中简称"浑天仪"和"元祐仪象所"，不再提"水运"二字。这在今天看来固然有些荒唐可笑，但在相信五行生克的历史岁月中，对这类忌讳是相当认真的[1]。

水运仪象台把浑仪、浑象和壶漏报时装置结合在一起，是一组多功能的大型天文观测和显示仪器。从理论探讨，中、小模型实验，直到浇铸成铜仪，费时约五年半。就当年工艺水平来讲，效率是很高的，是中国古代的一项卓越创造。其中的擒纵器，则是钟表的关键部件。英国学者李约瑟等据此认为水运仪象台"可能是欧洲中世纪天文钟的直接祖先"。整座仪器高约九米，宽约五米，是一座上狭下宽，呈方台形的木结构建筑。台顶、台中、台下的浑仪、浑象、壶漏等则为铜铸。

水运仪象台南侧中下部设五层木阁为报时装置。上面第一层有三阁门，门口各有一木人。时初，左门木人摇铃；时正，右门木人打钟。每到整刻，则中门木人击鼓。第二层仅设一门，门中有手抱时辰牌的木人按时出现于门口，以指示时辰。第三层有木人轮流到门口指示刻数。第四层有木人在夜间按更、筹击钲。最下面的第五层有木人轮流出现门口，指示更、筹数。每层木阁中的木人等活动部件，都以机轮或其他传动机构与天柱相连，而天柱则是贯通全台上、中、下三隔室的传动主轴，从而带动全仪。

动力机构在台的下层下隔室，隔室中央部位设有直径约两米半的枢轮，轮有72条木辐，挟36个水斗和勾形铁拨子。枢轮顶部和边上附有一组杠杆装置（擒纵器）。枢轮东侧装设一组两级壶漏。使用时，壶水滴入水斗，斗满则轮转。但因有擒纵器的控制作用，使枢轮的变速运动改为等间歇运动，使整个仪器运转均匀。在枢轮下有退水壶，另用一套装置由打水人搬转水车，把水提回上面的浸水槽中，再由槽中流入下面的壶漏系统中去，因此，水可以循环使用。

安放在水运仪象台隔室中层的浑象（天球仪），半球沉入地柜里，另半球则露出柜顶平面，浑象赤道上装有拨牙（即以赤道为齿轮），传动系统的天轮和它相接，带动浑象（天球仪）与天穹同步旋转。

水运仪象台顶层的浑仪，实际上是以沈括熙宁浑仪改造的，仅依原制度垫高加厚，变动不大，只是在浑仪中层——三辰仪的近南极部位，加装一个与赤道平行的天运环（齿轮），带动三辰仪随天运转，是后世转仪钟的雏型。

安放浑仪的顶层板房，其屋顶板在观测时可以摘除，是近代望远镜活动屋顶的先导。

据《玉海》引《通略》："初，吏书（吏部尚书）苏颂请别制浑仪，因命颂提举。颂遂于律历，又以吏部令史韩公廉善算术，有巧思，乃奏用之，且受以古法。为台三层，上设浑仪，中设浑象，下设司辰，贯以一机。激水转轮，不假人力。时至刻临，则司辰出告，星度所次，占候测验，不差晷刻，昼夜晦明，皆可推见。元祐四年三月木样成。前此未有也。诏翰林学士许将等详定。己卯，将等言：'昼夜校验，与天道已参合'。乃诏以铜造，仍以元祐浑天仪象为名。其后，将等又言：'前所奏浑天仪者，其外形圆，即为遍布星度；其内有玑衡，即可仰窥天象。若仪象则兼二器有之同为一器。今所见浑象别为二器，而浑仪占测天度之真数，又以浑象置之密室，自为天运，与仪参合。若并为一器，即象为仪，以同正天度，则两得之，请更作浑天仪。从之。颂因其家所藏小样而悟于心，令公廉布算，数年而器成。大如人体，人居其中，有如笼象，因星凿窍，如星以备。激

---

① 水运仪象台制造过程除注明引文出处者外，散见于《续资治通鉴长编》、《玉海》、《宋会要辑稿》等书。

轮旋转之势,中星、昏、晚,应时皆见于窍中。星官历翁,聚观骇叹,盖古未尝有也。绍圣中欲毁之,林希为言得不废。"① 据此,经王振铎研究,认为这是有文字可考的世界上第一台天象仪(或名假天仪),其设计与制造时期大体与水运仪象台相同。王振铎又据其研究成果,绘出苏颂假天仪剖示图,涉及细节,这里不再重复②

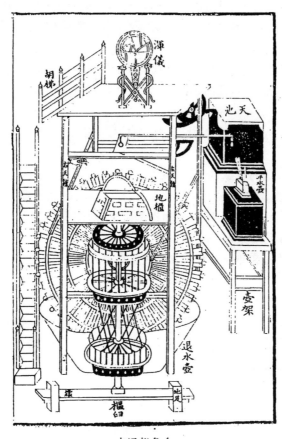

水运仪象台

　　水运仪象台以及苏颂假天仪的命运,在北宋时期因其法较密,没有成为政事更替的牺牲品。它放置在汴京(东京,今开封)西南角的"合台",直到靖康之役后,才与皇室成员及其他财物一道,"悉归于金"③。元初,郭守敬等为改历急需,曾在金中都候台改造过北宋仪器并用来观测。其后,大都选址新建太史院、司天台及有关仪象,北宋旧器皆废置不用,残存较完整者,仅有水运仪象台顶层的铜浑仪,被留在金候台旧址上凭游人怀古。明初,宋元仪器迁至南京鸡鸣山(明改为钦天山)。永乐帝北迁后,南京的天文仪器没有再迁回来,这使北京在永乐年间无天文仪器,直到明代英宗正统年间才派人去南京用木料仿制宋、元两代仪器,运回北京,校验后浇铸成铜器。南京所存的宋、元旧器则毁于清初。

　　明正统浑仪是按水运仪象台顶层铜浑仪仿铸的。沈括《浑仪议》提出的 10 余条改进意见或

　　① 据《宋会要》辑稿互校,其中"昏晚"误作晓字,按苏颂《新仪象法要》改正。

　　② 参阅王振铎《中国最早的假天仪》(《文物》1962 年第 3 期)。

　　③ 《金史·历志》。

建议,多半都能在明正统浑仪上找到相应的改进证据,表明所仿原型要晚于北宋沈括所造的熙宁浑仪。对比明铸浑、简二仪,可以很明显地看出二者所仿原型的时代差异。因简仪原型年代已知,而浑、简二仪在造型和花饰等方面所显示的差异都说明浑仪要早于简仪——早于北宋末年。通过文献和实物,还找到了古人为铸新仪而拆用旧仪部件的证据。这些部件被仿制者尊为制度而流传至今。所以,现存明正统间仿铸浑仪,是以沈括为代表的几代学人的集体成果(包括了苏颂、韩公廉等对沈括浑仪的改型工作)。苏颂在《进仪象状》中,虽然就沈括熙宁浑仪所存缺点提出批评,但却肯定了沈括在《浑仪议》中的大部分论点,故水运仪象台顶的铜浑仪,实为宋沈括熙宁浑仪的第二代产品[1],经过明正统间仿铸,成为传统浑仪的仅存代表作品。它经历过历史上的多次战乱和南迁北运,甚而远渡重洋,能基本完整地保留至今,可谓弥足珍重。

# 四 苏 颂 星 图

论及苏颂对天文事业的贡献,除前面列述者外,还令人想起苏颂星图——几幅附在《新仪象法要》一书中的星象图。就苏颂个人贡献而言,则主要反映在星象方面。因为水运仪象台顶层浑仪,基本上是以沈括总结前人得失的理论基础上,对熙宁浑仪尺度稍加宽大而成。仪象台底层计时壶漏和水运传动部分则主要得力于韩公廉。苏颂本人的贡献除总体设想、筹划外,主要侧重于星象部分(当然,这部分也有太史局员生为其助手)。苏颂在时人心目中以熟悉各类典章制度闻名,其幼习天文也主要以认记星象开始(苏颂的记忆力非常好)。《新仪象法要》书中附有五幅星图,即:一.浑象紫微垣星之图;二.浑象东北方中外官星图;三.浑象西南方中外官星图;四.浑象北极图;五.浑象南极图。其中,一图是以上规为半径的极区星图;二、三图是以赤道为中,上、下规为界的黄、赤道带星图;四图是以赤道为界的北天星图;五图是以赤道为界的南天星图。五幅图互为补充,采取圆图与横图相配合的表示方法,应该把它看成是苏颂本人的主要贡献之一。

星图中的圆图,是我国古代的传统表示方法,一般称为盖图,这是古人把天球比为伞盖而得名的。问题在于:把天球星象表现在平面星图中有难以克服的投影图法局限,因而古人又有所谓"浑天无图"的说法——即不可能以平面图完全准确地描绘球面星象,用来强调成图的难度。盖图与横图相配合,可以得到更为近似的结果。据现有文献资料,横图在隋唐之际也已出现,敦煌卷子中的手抄星图就是一例。但用多种圆图与横图相配合的办法来描绘星象,则以苏颂《新仪象法要》星图为首见,是我国星图中最早、表示方法最完善的刊印星图。

苏颂在《新仪象法要》中指出:"著于浑象者,将以俯察而知七政行度之所在也;著于图者,将以仰观而上合乎天象也。星有三色,所以别三家之异也,出于石申者赤,出于甘德者黑,出于巫咸者黄,紫宫诸星亦同出三家。中外官与紫宫星总二百八十三名,一千四百六十四星。《汉志》所载紫宫及中外官星才百一十八名,积数七百八十三星。至晋武时,太史令陈卓总三家所著星图,方具上数,至今不改。然则施于浑象者,惟天极北斗二十八舍为占候之要,其余备载者,所以具上象之全体也。"这里,苏颂着重指出天球仪(俯察)和星图(仰观)的区别,也提及星名、星数的历史变迁,三家星象的综合过程。明确北斗二十八舍乃占候之要,其余备载者,则不过是为了照顾上象全局。看来,苏颂当年所掌握的星象实测数据不足,大体说来是凡属天极北斗二十

---

① 参见伊世同《明铸浑仪考原》(第三届中国科学技术史国际讨论会论文,1984 年)。

八舍等所谓"占候之要"的数据,是依据北宋几次实测结果,其余则参考其他历史数据或星图移置的。就实测数据而言,苏颂《新仪象法要》星图与现存苏州文庙的石刻天文图有着共同的数据来源。

《新仪象法要》所载浑象北极和南极图之后,苏颂论及星图因不同图法导致的优缺得失:"古图有圆纵二法,圆图视天极则亲,视南极则不及;横图视列舍则亲,视两极则疏。何以言之?夫天体正圆,如两盖之相合;南北两极,犹两盖之杠毂;二十八宿,犹盖之弓撩。赤道横络天腹,如两盖之交处。赤道之北为内郭,如上覆盖;赤道之南为外郭,如下仰盖。故,列弓撩之数,近两毂则渐远渐阔,至交则极阔,势之然也。亦犹列舍之度近两极则狭,渐远渐阔,至赤道则极阔也。以圆图视之,则近北星颇合天形;近南星度当渐狭,则反阔矣;以横图视之,则近两极星度皆阔失天形矣。今仿天形,为覆仰两圆图,以盖言之,则星度并在盖外,皆以图心为极,自赤道而北为北极内官星图;赤道而南为南极外官星图。两图相合,全体浑象,则星官阔狭之势与天吻合,以之占候则不失毫厘矣"。就传统星象画法来讲,所用图法不是投影图,实为展开图。这里苏颂所提及的古圆图,是以北极点为圆心的极区展开图,以内规(相当于观测纬度的常显圈,此范围内的恒星绕天极运转总不没入地平)为界。横图则是以赤道居中,以上下规(常显圈和常隐圈)为界的展开图,颇类以球心为射点的圆柱投影图法。苏颂用简明的比喻,论及势所必然的图法得失。文中最后提到的覆仰两圆图(即书中浑象北极图和浑象南极图),均为以极点为圆心,以赤道为边界的南北展开图。

以赤道为界的南北天展开星图不见史载经传,当为苏颂所首创。

# 五　苏颂的著述

(1)《嘉祐补注神农本草》20卷,目录一卷,与掌禹锡、林亿、张洞、秦宗古、朱有章等编撰。佚。

(2)《本草图经》20卷,目录一卷。佚。

(3)《华戎鲁卫信录》250卷。佚。

(4)《元祐详定编敕令式》56卷。佚。

(5)《迩英要览》。佚。

(6)《浑天仪象铭》一卷。佚。

(7)《新仪象法要》三卷。收入《四库全书》。市面流通者以守山阁业书版及商务印书馆《万有文库》中之影印本为主。

(8)《苏魏公文集》72卷,收入《四库全书》。另据《宋史·艺文志》,此书尚有外集一卷,已佚。

# 六　结　语

(1)苏颂不是一位专职科学家,平生精力多从事政事,晚年又入阁拜相,从事科学研究的时间是很少的。也正因为这样,苏颂多方面科研成果或有关撰述就更显得难能可贵。

(2)苏颂所学甚博,办事认真。就其毕生贡献而论,他不仅仅是位学者,也是一位具有多方面才能的科研领导和管理人材。且由于他知人善任,这类间接贡献实不低于其本人从事的科研成果,是科研管理者的典范。

(3)《嘉祐补注神农本草》以及《本草图经》,是中国传统医药著作处于传承关键时期的姊妹著述,前者重文,后者重图,图文并茂,以收相辅相成之效,从而成为中国本草学演变史中的一个重要发展环节,其功绩显然与苏颂治学的主导思路和组织才能是分不开的。此外,中国本草不仅涉及药用植物,也涉及其他药用生物、矿物,其贡献是多方面的。故明代本草大家李时珍曾称赞《本草图经》"考证详明,颇有发挥",并在《本草纲目》中大量引用《本草图经》中的材料。《本草图经》虽然亡佚,之所以仍可以从《本草纲目》中得其鳞爪,也正是基于苏颂等当初考证认真,撰述详实而导致的必然结果,值得永受后人怀念。

(4)水运仪象台是北宋时期科技水平的一个新标志。北宋后期,尽管潜伏着导致北宋王朝灭亡的种种危机,但由于有着百年左右的和平时期,从而使政治、经济、文化都得到相应的高度发展,是历史上的"盛世"之一,对苏颂及其同时代人的成就,显然也该从这一历史背景去考察其成功原因或失败教训。多方面成果反映着客观的成熟条件,也反映着苏颂对有利条件的利用和提高能力,二者不可或缺,是相辅相成的。

(5)一般说来,史载英杰人物事迹,都有其美化的一面:韩公廉许多贡献往往被有意或无意地记在苏颂的功劳簿中,也常有识者为此抱不平。但也有问题的另一面,作为入阁拜相的封建大员,苏颂能放弃世俗地位偏见,识人善用,委以重任,更显得难能可贵,甚至对今天也是很有教益的。我们不能仅强调其片面因素而影响对苏颂(或其他历史人物)的全面了解。

当然,苏颂从政,也有其保守的一面,这涉及复杂因素,应更多从历史,家庭环境,四周人物影响,本人阶级地位、思想、学识等多方面查考原因,不能以理想中的完人标准或今日尺度去苛求前人。

(伊世同)

# 沈 括

## 一 时 代

沈括(1031～1095)①是我国北宋时期的一位卓有成就的政治家、思想家、文学家,同时也是一位多才多艺的科学家。《宋史》中有关于沈括的简短传记。《宋史·沈括传》中除记述了他为官从政的主要政迹之外,还称赞他"博学善文,于天文、方志、律历、音乐、医药、卜算无所不通,皆有所论著"。②英国著名的中国科学史家李约瑟(J. Needham)称颂沈括说:"他可能是中国整部科学史中最卓越的人物",同时李约瑟还把沈括所写的《梦溪笔谈》称颂为"中国科学史上的里程碑"③。日本著名的中国科学史家薮内清也称颂说:"沈括,作为一位政治家,其活动远远凌驾于郭守敬之上;作为一位学者,以其对科学技术的关心而言,实为纵贯整个中国历史的一位出类拔萃的人物"④。薮内清还说:"像沈括这样具有独创精神而且对各种知识学问都抱有兴趣的人物,不但在中国历史上少有,在世界历史上,他也是可以被列入伟大人物行列之中的一位"。⑤

像沈括这样一位杰出的人物,出现在中国的北宋时期,这绝非是历史的偶然。

公元 10 世纪中叶,在经过唐末和五代十国长期战乱之后,终于在中国建立起北宋王朝,结束了分裂的局面,又出现了中央集权的统一大帝国。北宋初年,社会安定,生产得到恢复和发展。由于垦荒、梯田和围湖造田的发展,加之农业技术的进步,使单位面积产量和粮食总产量都有较大增长。有的资料估计,当时全国垦地已达三千余万顷⑥。因鼓励农桑或修造堤渠等水利工程而受到政府嘉奖的官员,时有所见。吏民中"能知土地种植之法,陂塘、圩埠、堤堰、沟洫利害者,皆得自言。行之有效,随功利大小酬赏"⑦。其次是手工业生产也有较大增长。由于煤冶的广泛采用,据估计,铁的产量可达三万余吨。直至 17 世纪初,英国铁的产量,尚不及此。纺织、陶瓷、印刷等手工业也急速发展。汴京(开封)已成为全国的政治、经济、文化的中心。杭州、扬州、广州等城市也迅速发展成较大规模的城市。以国内商品经济发展为基础,海外贸易也得到了较大的发展。杭州、明州(今宁波)、广州和泉州等处,均发展成为对外贸易的重要口岸。朝廷在这些城市里设立了市舶司以进行管理,对外贸易的税收已成为北宋政府的重要来源⑧。

印刷术、指南针、火药这三种伟大的发明,在北宋初年,也大都达到广泛应用的阶段。三大发明既是社会生产发展水平的标志,也是继续发展社会生产、推动社会前进的巨大力量。木刻

---

① 沈括生卒年见胡道静《梦溪笔谈校证》下册第 999 页,上海出版公司,1956 年。另有 1033～1097 年之说。

② 《宋史》"列传九十"。

③ J. Needham, Science and civilization in China, Vol. I, p135.

④ 〔日〕薮内清,宋元时代の科学技术(日本京都大学人文科学研究所研究报告),第 4 页。

⑤ 薮内清,沈括とその业绩,载日本《科学史研究》48 期(1958),第 1～6 页。

⑥ 见《宋史·食货上一·农田》。但现代的一些宋史专家认为"三千余万顷"数字过大,实有应为八百余万顷。

⑦ 《宋史·食货上一·农田》。

⑧ 《宋史·食货下八·互市舶法》。

雕版印刷,甚至还有活字印刷术的出现,为文化教育事业的发展开拓了广阔前景。指南针的广泛应用,大大提高了航海技术,此乃海运事业发展所必需。火药被利用于战争,更大大加快了社会前进的节奏。

与经济发展和科技进步的同时,宋代兴起的新儒学——理学逐渐兴盛。虽然对理学与科学技术发展之间的关系,学者中间还存在着不同的看法,但自古以来一直阻碍中国科学发展的"天人感应说",此时已十分削弱。学术风气也一改唐代以来崇尚词赋之类的华而不实、脱离实际的风气,开始出现提倡"古文"、讲求实际、讲求经世致用的求实精神。例如当时湖州学派的创始人胡瑷(993~1059)在湖州办学时,就是提倡"经义"与"时务"并重的。他在校内设"经义""治事"二斋。经义斋"修明体之学";治事斋"则修达用之学",主要是讲授兵、民、水利、算术等等①。神宗时,王安石即受此影响,经义和时务并重,拟以此来改革科举考试。受此务实学风的影响,在当时的政府官员之中,兼通科学技术的人物就有不少。与沈括同时,曾出现了若干与沈括极相类似的人物。例如苏颂(1020~1101),虽官至宰相,和沈括同样,也是"邃于历法","自书契以来,经史九流百家之说,……律吕、星官、算法、山经、本草,无所不通"②。苏颂还以与韩公廉等合造"水运仪象台"(集报时、天体演示、天象观测于一身的天文仪器)而著名于世③。大力推行新法的王安石也自称是"自百家诸子之书及于《难经》、《素问》、本草、诸小说无所不读,农夫女工无所不问,然后于经方能知其大体而无疑"④。再如陆宰在为其父陆佃所著《埤雅》一书所写的序文中说:"先公作此书,自初迄终四十年,不独博极群书,而岸父牧夫,百夫技艺,下至舆台皂隶,莫不谘询。苟有所闻,必加试验,然后纪录。"通过以上例子,对宋代学术风气的改变可以了解其大概。

对北宋时期社会经济、文化等各方面的繁荣情况,也可以作出各种理解和判断。有的学者认为北宋时期可以和西欧的文艺复兴时期相比⑤。有的学者还更进一步认为这一时期和英国产业革命的初期,有很多相似之处。这些看法很可能是把这一时期的成就估计过高,这种估计不太符合中国当时的实际。实际上,当时社会上的所有这些发展,都是在封建大一统的全国性封建统治控制之下进行的。反过来说,所发生的一切又都是被用来巩固北宋王朝封建统治的手段。中国当时的庶民阶层,和西欧文艺复兴时期以及其后的市民阶层不一样,在当时或是以后,都没有上升到可以和封建的统制者相抗争的力量。重农抑商,和中国古代的历代王朝一样,依然是北宋王朝的基本国策。这一基本国策,极大地阻碍了商品经济的发展。小农经济,一如既往,依然是中国的主要经济成分。

此外,中央集权的北宋王朝,官僚机构床上架屋急剧膨胀,各地方土地兼并日趋严重,国内各种矛盾迅速尖锐化,农民起义接连不断。北宋政权与少数民族贵族统治下的辽、西夏之间的民族矛盾也十分尖锐。每年输辽和西夏的银两等项的巨大开支,加重了人民的负担,更加剧了北宋内部的各种矛盾进一步激化。

生产发展,经济、文化繁荣,学术风气转化,社会的各种矛盾日趋尖锐,——这正就是沈括

---

① 见朱熹《宋名臣言行录》卷十《胡瑷传》。

② 《宋史·苏颂传》。

③ 苏颂《新仪象法要》。

④ 《王安石全集》卷三十《答曾子固书》。

⑤ 日本学者宫崎市定即主此说,见其所著"東洋のルネッサンスと西洋のルネッサンス",载日本《アジア史研究》第2期(1959)。

生活的北宋时期的时代背景。

## 二 生 平

宋理宗天圣九年(1031),沈括出生在一个中等程度的官僚士大夫家庭。父亲沈周(978~1051,沈括生时 54 岁)①,母亲许氏(986~1068,沈括生时 46 岁)②,沈周和许氏共有子二人、女二人、沈括是他们的次子。

沈周系进士出身,曾历任州县一级的官员,最后官至太常寺少卿分司南京。他精于裁断疑狱,为人"廉静宽慎,貌和而有内守",虽然职务变动较多(13 次),但"更十三官而不一挂于法"③是一位比较正直廉洁而且是颇有政声的清官。

沈括母亲许氏,出身吴县名门。沈括外祖父许仲容,曾官至太子洗马。舅父许洞乃是文武全才。沈括和他哥哥沈披,他们兄弟二人的早年教育,"皆夫人所自教"④。沈括受母亲的影响比较大,而他的军事知识和才能则有可能间接受到舅父许洞的影响⑤。

沈括一族,只有他曾祖父沈承庆曾经作过大理寺丞,父亲也主要是依靠仅有的奉禄讨衣食生活的人。或许是由于这种原因,沈括曾不止一次地自述:他是"出自寒门","希斗食以自禄",⑥ 以及"不幸家贫,亟于仕禄"⑦ 等等。

在沈括父亲沈周辗转全国各地作地方官员时(如汉阳、高邮、番禺、苏州、平泉、开封、润州、泉州、明州),当沈括出生并成长之后,则多侍从于左右。这种辗转各地的生活,使沈括有机会了解各地方的风土人情,以至了解下层百姓生活的各种情况。

皇祐三年(1051)沈括父亲去世,当时沈括 22 岁。守制三年之后,承父荫,沈括开始在海州沭阳县(今江苏沭阳县)作主簿。之后他又在各地任下级地方官吏,职位都是较低的,时间前后共达 10 年之久。据《宋史·沈括传》以及其自著的《长兴集》等资料,沈括所担任的职务有:

至和元年(1054)任海州沭阳主簿

至和三年(1055)摄东海县令(今江苏东海县)

嘉祐六年(1061)宣州宁国县令(今安徽宁国县)

嘉祐七年(1062)陈州宛丘县令(今河南淮阳县)

沈括初入仕途,正值少年志壮,精励图治,曾试图作一番事业。地方官比较接近群众,这使他对风土民情多所了解。然而下级官吏的生活也确实比较艰苦,如果想作出些成绩,就更会是如此。关于这段生活,沈括曾自述说:"仕之最贱且劳,无若为主簿。沂、海、沭地环数百里,苟兽蹄鸟迹之所及,主簿之职皆在焉。……公私百役,十常兼其八九。乍而上下,乍而南北。其心惕惕踌踌,不知天地之为天地,而雪霜风雨之为晦明燠凉也。"⑧

在作地方官的 10 年里,沈括在水利建设方面的成绩比较显著。对沭阳境内沭水的治理,便是一个例证。由于长年失修,河道淤塞,水灾时有发生。于是沈括动用民工数万,疏通河道并建

---

① ③ 见王安石(1021~1086)为沈周所写的墓志铭。载《临川先生文集》卷九十八,或《王文公文集》卷九十三。

② ④ 曾巩(1019~1083)《元丰类稿》卷四十五《许氏墓志铭》。

⑤ 胡道静,沈括军事思想探源,载《沈括研究》浙江人民出版社,1985 年,第 27~35 页。

⑥ 见沈括《谢谪授秀州团练副使表》,载《长兴集》卷十六,收入《沈氏三先生文集》,有《四部丛刊》三编本。

⑦ 见沈括《答崔肇书》,载《长兴集》卷十九。

⑧ 沈括,《答崔肇书》。

造堤坝,使灌渠配套,"百渠九堰","得上田七千顷"①。

在沈括的著作《长兴集》中,收有《万春圩图记》一文。所记乃是关于宣州著名圩田垦区万春圩兴修的事迹。虽然现代学者对万春圩修建的领导者是沈括还是其兄沈披存有不同看法,但沈括自己也非常熟悉圩田修筑一事,当无任何疑义②。

后来,在沈括整个的仕宦经历中,有关水利建设方面的政绩不少。例如熙宁五年(1072)疏浚汴河并测量地形;熙宁六年(1073)相度两浙路及润州等地农田水利事;熙宁七年(1074)建议兴筑温州、台州、明州等地堤堰等等。

另外,在沈括一生中,地理学和地图学方面的建树也有不少。这一切,和他在十年下级官吏生活中所进行的各种工作有关系。

嘉祐七年(1062),沈括在苏州参加科举考试,考得第一名(解头)。

嘉祐八年(1063),沈括入京参加会试,登进士第。这使他进入一生中更为重要的时期。

根据当时的制度,进士及第之后先要到外地任职一段时间。沈括被派往扬州任司理参军,很得上司张刍(1015~1080)的赏识。当张刍奉调入京任秘阁校理时,便立即荐引沈括入京任昭文馆校书郎(1066)。后来当沈括原配去世后,张刍还把自己的次女许配沈括为继室。

熙宁元年(1068)沈括因母丧返乡守制三年,熙宁三年(1070)回汴京复职。

沈括回京复职之后,从政治方面而论,即开始积极地参与了王安石变法的新政运动中去了。虽然对这次变法运动的历史意义,在现代学者之间存在着程度不同甚至是性质各异的评价,但多数学者认为不论从经济还是从政治等各个方面而论,这次变法运动都是具有一定进步意义的。制止土地兼并、减轻赋税、兴修水利、积极理财、富国强兵等等一直是沈括的理想,加之与王安石订交甚久③,沈括积极参与变法是有一定思想基础的。按沈括当时的政敌蔡确所说:"朝廷新政规划,巨细括莫不预。"④ 这恐怕是事实。沈括确实担任过新政过程中的一些重要官职和工作,其中有一些还是与科学技术有密切关系的。例如:

熙宁四年(1071)沈括出任为太子中允、检正中书刑房公事。前一职务实乃虚设,后一职务相当于总理办公厅秘书之类。

熙宁五年~七年(1072~1074)兼提举司天监、司天监秋官正等职。司天监是当时的国家天文台。沈括到任后裁减冗员,提拔并支持布衣天文学家卫朴等编制新的历法——奉元历,并组织制造新的仪器进行天文观测。在此期间他写成了著名的《浑仪议》、《浮漏议》、《景表议》等"三议"。⑤ 所有这一切都充分表现出他的研究才能和管理才能。

同时自熙宁五年(1072)开始,沈括多次被派巡视处理水利农田等方面的工作。例如熙宁五年测量和疏浚汴河的工作,就是奉诏前往的。诏书说:"……遣检正中书刑房公事(沈)括专提举,仍令就相视开封府界以东沿汴官私田,可以置斗门引汴水淤溉处以闻。"⑥ 引黄河之水在两岸放淤造地,关于这一工程的利弊,当时在朝廷内部是有争议的。沈括的视察结果及其具体的

① 见《宋史·沈括传》。

② 见邓广铭《不需要为沈括锦上添花——万春圩并非沈括兴建小考》,载《沈括研究》,浙江人民出版社,1985年,第16~26页。

③ 早在沈括丧父时,王安石即曾为写作墓志铭,载《临川先生文集》卷九十八。

④ 李焘,《续资治通鉴长编》卷二八三。

⑤ 此"三议"均载《宋史·天文志》。

⑥ 李焘,《续资治通鉴长编》卷二三八。

建议虽今皆不传,但自沈括视察之后,放淤造地的工程得到了顺利开展则是事实。沈括对汴水的测量,则更是匠心独具,他创造了逐段设堰测量以求出各地准确的水平高度的方法。这方法不独在我国历史上是一项空前的创造,在世界测量史上也属首创①。

他为推行新政而被派往各地办理与农田水利有关的差事还有几桩。例如:熙宁六年(1073)六月奉命视察两浙路农田水利差役事;同年八月视察水利,过高邮南下;九月办理常州、润州等地以工代赈、兴办水利等事宜;熙宁七年(1074)四月,他还提出建议修筑温州、台州、明州以东堤堰,以增加耕地等等。

沈括在王安石施行新法期间,还曾担任过军事部门火器制造的监管工作。于熙宁七年(1074)九月,他受命为"兼判军器监"②。

但是在参与新政期间,沈括所担任的最重要的职务莫过于在熙宁八年(1075)十月出任国家财政方面的负责人(权发遣三司使)。"权三司使"是国家财政方面的最高官长,因沈括资历尚浅,"权发遣三司使"有代行三司使的意思。实际上沈括即是最高负责人。"三司使"的权力很大,管辖的机构也比较大,是当时政府的要害部门之一。直至熙宁十年(1078)七月,沈括在这一重要职务上共任职一年另八个月。这期间,沈括改革了盐钞法和钱币制度并提出了关于货币的管理理论。

同时,在这期间,沈括还受命作为使臣被派出使北方的辽国,谈判宋辽之间的地界问题。

宋辽之间,在缔结澶渊之盟(1004年)以后,曾出现过数十年的和平对峙局面。至11世纪70年代,宋辽之间边界纠纷再起,辽国对北宋提出了领土要求。熙宁八年(1075)四月,沈括以翰林院侍读学士衔被派为使者,北上谈判。不少人认为此行危险,沈括却认为"死生祸福,非当所虑"。在谒见神宗皇帝请训时,神宗问他:"敌情难测,设欲危使人,卿何以处之?"沈括凛然答道:"臣以死任之",爱国之心溢于言表。沈括还从许多方面作了万全之准备。他命令随从官员都熟悉各种谈判资料;在进入敌界之前,请其兄沈披代呈万一出使不归北宋即应采取武力行动的建议等等。抵辽后,与辽相杨益戒等谈判六次,沈括据理力争,完成使命而归,使辽方毫无所获。出使途中沈括还对辽国地理山川险要等等包括民风人情进行调查,写成《使契丹图抄》。正如《宋史》本传所描述:"凡六会,契丹知不可夺……,括乃还。在道图其山川险易迂直,俗之纯庞,人情之向背,为《使契丹图抄》上之。"③

熙宁九年(1076),沈括因推行王安石新政及出使辽国有功,封长兴县开国男,拜翰林学士、权三司使,还受到皇帝所赏赐的各种物品④。

熙宁十年至元丰三年(1077~1080)期间,由于朝内新旧党之间的党争以及新党内部的相互倾轧,沈括宦海沉浮,几经上下。

元丰三年至元丰五年(1080~1082),沈括在西北任军职,参加了与西夏之间的各种军事行动,还曾一度受奖(进封开国子、转龙图阁直学士)。但终因西夏攻陷新筑的永乐城,沈括因救助不力获罪,谪授均州团练副使,随州安置,实则被软禁于随州。元丰八年(1085)改

---

① 沈括,《梦溪笔谈》卷二十五。

② 李焘,《续资治通鉴长编》卷二五六。

③ 《宋史·沈括传》。

④ 沈括《长兴集》卷十三收有《除翰林学士笏记》,其中有沈括自书官衔为:"新授翰林学士、朝散大夫、行起居舍人、知制诰、权三司使、编修内诸司勅式、详定重修编勅、长兴县开国男、食邑三百户、赐紫金鱼袋臣沈某……。"同卷还收有《除翰林学士谢赐对衣鞍辔马表》。

为秀州（今浙江嘉兴）。

后来由于早年受命编绘的《天下州县图》完成，受到政府奖励，解除软禁，许可沈括"任便居住"①。于是他移居到润州（江苏镇江）。这是元祐三年（1088）的事。

早年，一位道士曾替沈括在润州购得一片地方，但他自己并未到场察视。直至元祐元年（1086）沈括因事经过润州，方才发现在朱方门外的这片地方，与自己壮年时期梦中经常游玩之处极为相似。于是他便在此构筑园舍。软禁解除之后，他即迁来"梦溪园"定居。取名"梦溪"，除梦中常游处之外，也因有小溪经过园中的原故。

在梦溪园中，沈括构筑了轩（彀轩）、堂（岸堂、萧萧堂）、亭（远亭、苍峡亭）、阁（花堆阁）和假山（百花堆）等等。在园中，他以陶潜、白居易、李约为"三悦"，以琴、棋、禅、墨、丹、茶、吟、谈、酒为"九客"，而主要的活动便是从事《梦溪笔谈》一书的写作与修订②。

沈括一生曾结婚二次，发妻去世之后，续娶张氏（即沈括在扬州司理参军任上时的上司张刍的女儿）。张氏为人颇凶悍，时常打骂沈括。有时甚至当着子女的面，扯下沈括胡须，满面血流不止。还有时吵闹不休，状告公堂。

从元祐六年（1091）起，沈括患病，转年"体质更弱，形容枯槁，瘦削不堪"③。在继室张氏去世后的第二年，沈括也在绍圣二年（1095）去世，享年 65 岁。

沈括身后有二子，长子博毅，次子清直④。

# 三　成　就

《宋史》称沈括"博学善文，于天文、方志、律历、音乐、医药、卜算无所不通，皆有所论著"⑤，其他一些资料也说他"皆有论著"或"著述颇多"⑥。据统计，沈括的著作大约有 40 种⑦，其中大部分均已亡失不存。现存者（包括已残缺不全者）有如下数种：

《梦溪笔谈》26 卷

《补笔谈》　　2 卷

《续笔谈》　　1 卷

《长兴集》19 卷（缺第 1～12，31，33～41 卷，存第 13～30，32 卷）

《苏沈良方》10 卷

---

① 沈括《长兴集》卷十三收有《进守令图表》、《谢进守令图赐绢表》。

② 关于梦溪园可参见《嘉定镇江志》卷十一所引沈括《长兴集》逸文"自志"。

③ 朱彧《萍州可谈》卷三。

④ 关于沈括亲属，详见周春生《沈括亲属考》，载《沈括研究》，浙江人民出版社，1985 年，第 50～63 页。

⑤ 《宋史·沈括传》。

⑥ 《京口耆旧传》、《东都事略·沈括传》。

⑦ 据胡道静《梦溪笔谈校证》所附《沈括著述考略》，沈括的著作共有：《易解》2 卷、《丧服后传》、《乐论》1 卷、《乐器图》1 卷、《三乐谱》1 卷、《乐律》1 卷、《春秋机括》1 卷、《左氏记传》50 卷、《南郊式》10 卷、《阃门议制》、《熙宁详定诸色人厨料式》1 卷、《熙宁新修凡女道士给赐式》1 卷、《诸敕式》24 卷、《诸敕令格式》12 卷、《诸敕格式》30 卷、《怀山录》、《乙卯入国奏请并别录》、《天下郡县图》、《孟子解》1 卷、《忘怀录》3 卷、《梦溪笔谈》26 卷、《补笔谈》2 卷、《续笔谈》1 卷、《清夜录》、《熙宁奉元历》7 卷、《熙宁奉元历经》3 卷、《熙宁奉元历立成》14 卷、《熙宁奉元历备草》6 卷、《比较交蚀》6 卷、《熙宁晷漏》4 卷、《修城法式条约》2 卷、《图画歌》1 卷、《茶论》、《良方》15 卷、《苏沈良方》15 卷、《灵苑方》20 卷、《长兴集》41 卷、《集贤院诗》2 卷、《诗话》。

另外，《续资治通鉴长编》中引用了沈括所著《乙卯入国奏请》及《入国别录》片断；《说郛》中保存有沈括所著《忘怀录》的片断①；《永乐大典》卷 10877 录有《使虏图钞》②；此外散见于其他书籍中的逸文逸诗，虽偶有所见，但为数不多。

在沈括所著的各种著作中，最重要的当首推《梦溪笔谈》。沈括在此书自序中说："予退处林下，深居绝过从，思平日与客言者，时纪一事于笔，则若有所晤言，萧然移日，所与谈者唯笔砚而已，谓之《笔谈》"，按此即"笔谈"书名之缘起。至于"梦溪"，乃是沈括"退处林下"时所居"梦溪园"。本世纪 80 年代，镇江市根据一些出土文物，结合文献资料，考定出梦溪园的位置，建造了纪念馆。

《梦溪笔谈》，大约在宋代当时或即已刊刻行世。宋人所著《渑水笔谈录》（王辟之，1095）、《麈史》（王得臣，元符、崇宁年间）等书均曾引用过《梦溪笔谈》。

宋乾道二年（1166）扬州州学曾刊行《梦溪笔谈》，以售书所得补充经费。这一扬州州学本，当是现传各种 26 卷本《梦溪笔谈》的祖本。

《补笔谈》和《续笔谈》比较晚出，它们都是各自独立地被收入各种丛书之中。明代商濬所刻《稗海》，初刻本中还只是收录了《笔谈》，在后来重刻本中，在《笔谈》之外，才将《补笔谈》和《续笔谈》同时收入。明末崇祯四年（1631）马元调将《补笔谈》重新编排并将其与《笔谈》、《续笔谈》同时刊行。清末光绪三十年（1906）陶福祥又根据马元调本进行重校刊印。今人胡道静以陶福祥本为基本，参考了其他各种版本并广泛蒐求资料详加注释，刊出了《梦溪笔谈校证》上、下册（上海出版公司，1956）。书中集中了历代（包括今人）的诸多研究成果，是《梦溪笔谈》一书的现有最佳校注本。

《梦溪笔谈》的内容十分广泛，包括朝廷、官场、学术、艺术、技术、法律、军事、科学等各个方面。英国著名的中国科学史家李约瑟曾对《笔谈》的内容作了如下分类。其中：

　　　　　"人文资料"方面　　　270 条
　　　　　"人文科学"方面　　　107 条
　　　　　"自然科学"方面　　　207 条③

又有人对其中的科学技术条目做了如下分类④。（见下表）

由于版本不同，特别是从事分类研究的方法、观点不同，所得结果将有较大差异。大体上说，与科技有关的条目约占全书条目的五分之二，这种估计是不错的。下面，按学科，概要地叙述一下《笔谈》在科学、技术等方面的成就。

**1. 数学**

《笔谈》中与数学有关的条目共有 10 余条（包括度量衡有关条目在内）。其中最重要的成就乃是隙积术和会圆术。

隙积术（第 301 条）是关于诸如"累棋、层坛、酒家积罂"之类垛积问题的计算。假设垛积体上下宽的个数分别为 $a, c$，上下广为 $b, d$，高为 $h$ 层，则沈括的工作相当于给出了如下的公式：

---

①　参见胡道静、吴佐忻辑《〈梦溪忘怀录〉钩沉》，载《杭州大学学报》（哲学社会科学版）1981 年第 1 期。

②　参见王民信《沈括熙宁使虏图抄笺证》，学林出版社（台北），1976 年。

③　见中译本李约瑟著《中国科学技术史》第 1 卷第 140～141 页，科学出版社-上海古籍出版社，1990 年。

④　见王锦光、闻人军《沈括的科学成就与贡献》，载《沈括研究》第 66 页，浙江人民出版社，1985 年。

$$垛积总数 \ V = \frac{h}{6}\left[(2b+d)a+(2d+b)c\right]$$

$$+\frac{h}{6}(c-a)$$

| 内　容 | 小　类 | 条数 | 小计 | 合计 |
|---|---|---|---|---|
| 自然观 | 阴阳五行 | 13 | 13 | |
| 数学 | 数学 | 9 | 12 | |
| | 度量衡 | 3 | | |
| 物理学 | 物理学 | 19 | 40 | |
| | 乐律 | 21 | | |
| 化学 | 化学 | 9 | 9 | |
| 天文学 | 天文学和历法 | 26 | 26 | |
| 地学 | 气象学 | 10 | 37 | |
| | 地理学 | 20 | | |
| | 地质学 | 7 | | |
| 生物医学 | 生物学 | 71 | 88 | |
| | 医药学 | 17 | | |
| 工程技术 | 工艺技术和冶金 | 13 | 30 | |
| | 建筑学 | 10 | | 255 |
| | 农田水利工程 | 7 | | |

可惜的是,《笔谈》并没有给出关于这一公式的任何证明。

实际上,如果把垛积各层数目依次排列,当即是一个高阶等差级数数列,而隙积术实际上也就是一个高阶等差级数求和的问题。这类问题在南宋时期数学家杨辉和元代数学家朱世杰的工作中,有更详细的讨论。但是,正如清代顾观光(1799～1862)所说:"垛积之术详于杨氏(杨辉)、朱氏(朱世杰)二书,而创始之功,断推沈氏"。[①] 在高阶等差级数求和问题方面,中国宋元时期的数学家曾取得了高度的成就,而这项工作正是由沈括隙积术所开创的。

沈括的"会圆术",是已知弓形的高和圆的直径求算弓形的弦长和弧长问题。设圆的直径为 $d$,弓形的高为 $b$,沈括分别给出了弦长及弧长的公式:

$$弦长 \ c = 2\sqrt{\left(\frac{d}{2}\right)^2 - \left(\frac{d}{2}-b\right)^2}$$

$$弧长 \ l = \frac{2b^2}{d} + c$$

其中,弧长乃是一个近似的公式。它可能是由《九章算术》"方田"章中关于弓形的近似公式推导而得。其后,元代郭守敬(1231～1316)曾将其用于黄道积度的计算。

沈括还在军队粮食运输供应问题方面,提出了运粮之法。其中含有某些运筹学的思想。在计算围棋可能出现的棋局总数方面,他算出了 $3^{19\times19}$,即 $3^{361}$。这是一个很大的数目。

---

① 顾观光,《九数存古》卷五。

## 2. 物理

《笔谈》中可归入物理学知识的,大约有40条。内容可以分为光学、磁学、声律、结晶学等等。《笔谈》第44条关于透镜成像原理的描述十分精彩。沈括认为"阳燧"(凹面镜)照物皆倒和小孔(窗隙)成像的原理是一致的。他指出"阳燧面洼,以一指迫而照之则正,渐远则无所见,过此遂倒"。其所以产生此类成像现象,沈括认为是由于如"窗隙"之类"碍"的原故。"碍"的概念颇与"焦点"的概念相类似。在第44条的沈括自注中还有对焦点的具体描述:"光聚为一点,大如麻菽","光皆聚向内,离镜一二寸"。在《苏沈良方》中,还记述了利用水晶制的凸透镜向日取火的事实[①]。在中国古代,以凹面镜取火的记述较多,关于水晶制的凸透镜,这是比较早的记载。

在沈括之后,宋末元初的赵友钦、清代的郑复光(1780～?)、邹伯奇(1819～1869)等都进一步地研讨了有关透镜、几何光学方面的问题,而沈括实为开创其先河。

《笔谈》中还有关于"透光镜"形成原理的若干说明。

指南针,至宋代已达到广泛实用阶段。曾公亮(999～1078)所编《武经总要》中,有利用地磁人工制造"指南鱼"的记述。[②]

《笔谈》(437,588条)中记述了另外一种制造指南针的方法,即"以磁石磨针锋"的方法。同时还记述了四种关于指南针的装置法,即水浮法、碗唇法、爪尖法、缕悬法等。他认为"缕悬为最善","取新纩中独茧缕,以芥子许蜡,缀于针腰,无风处悬之,则针常指南。"

但是,关于磁偏角的记述,无论如何也应算是《笔谈》之中最值得珍贵的部分。沈括说"方家以磁石磨针锋,则能指南,然常微偏东,不全南也。"(第437条)我国长江下游一带地方,磁偏角是非常小的,如果不是经过仔细的观察,是很难发现磁偏角现象的。

《笔谈》中还有关于音律、声学方面的若干记述。沈括记述了"宫弦则应少宫,商弦则应少商,其余皆隔四相应"的谐振和声现象。中国古代音律中的宫、商、角、徵、羽,相当于do,re,mi,so,la,宫和少宫相应是指do和低音do相应,其间隔:商、角、徵、羽四音,其余也都是隔四相应。沈括还曾进行过纸人实验:"剪纸人,加弦上,鼓其应弦,则纸人跃,他弦则不动",只要音阶相同,"声律高下苟同,虽在他琴鼓之,应弦亦震,此谓之正声"(第537条)。这种以纸码作谐振试验的方法,比欧洲人进行的同类实验要早出数百年。《笔谈》第533条中还记述有"声之高至于无穷,声之下亦无穷,而各具十二律","不独弦如此,金石亦然"。这是指音阶高下可俱至无穷,但作为音乐则只能是12音阶,方可形成悦耳的音乐。

在结晶学方面,《笔谈》对石膏、朴硝等硫酸盐矿物六角结晶的外形、颜色、光泽、透明度、受热后的形变等物理性质进行了描述(第496条)。这在中国古典文献中,是极为罕见的。

此外沈括对虹、雷电、海市蜃楼等现象,也都提出了解释。

## 3. 化学

《笔谈》中关于化学、化工知识的记载不足10条。内容有胆水炼铜、内陆制盐、石油炭黑开发等。

---

①　见《苏沈良方》卷上。
②　见本书《曾公亮》。

　　《笔谈》第455条记述了信州铅山县(今江西铅山)以胆水炼铜的情形。宋代由于经济发展的需要以及造币等原因,社会的用铜量大增。沈括生活的时代,刚好是胆铜法诞生的时代。胆铜法乃是在硫酸铜溶液中放入铁片,经置换反应获得铜的一种水法炼铜的方法。绍圣元年(1094)饶州张潜著《浸铜要略》①,"其子甲诣阙献之,朝廷始行其法于铅山"②。《浸铜要略》一书可惜早已失传。沈括此条所记亦恰是铅山情况。不久之后,胆水炼铜即在宋代得到很大发展。

　　《笔谈》第50条记述了山西解州盐池的生产情况。其中有:卤水合以"甘泉"(淡水、清水)方易结晶;需注意不要混入混浊的"巫咸河"水,否则因浊河水系相当于胶体溶液,将破坏盐的结晶。《笔谈》第422条还记述了气象与解盐结晶之间的关系,说当地有"盐南风"(当地夏秋间常见的大风),"解盐不得此风不冰(结晶)"等等。显而易见,沈括的这些记载,都是来自生产实践的总结。

　　关于石油炭黑的记载,来自《笔谈》第421条。这是关于陕北石油燃烧后制作炭黑制墨的记载,可能来自沈括任当地军职时的考察并亲自进行制墨试验的结果。在此条中,在中国古代文献中,首次出现"石油"一词和对石油描述。"采入缶中,颇似淳漆,燃之如麻,其烟甚浓,所沾幄幕皆黑。予疑其烟可用,试扫其煤以为墨,黑光如漆,松墨不及也,遂大为之。其识文曰'延川石液'者是也。此物后必大行于世,自予始为之。盖石油至多,生于地中无穷,不若松木有时而竭。"

### 4. 天文学

　　《笔谈》中与天文历法有关的条目有20余条。《宋史·天文志》中收录了沈括所写的《浑仪议》、《浮漏议》、《景表议》。这些都是沈括在天文历法方面所取得成就的记录。

　　沈括在天文历法方面的成就,当以关于施行新的太阳历为首要。在《笔谈》第545条中,他建议采用"十二气"为一年,而不用十二月。每月"大尽三十一日、小尽三十日","十二月常一大一小相间,纵有两小相并,一岁不过一次","岁岁齐尽,永无闰余"。这最后的"永无闰余",或许是很难作到,但这一建议和现代通用的太阳历基本相同则是事实。沈括对自己的建议十分自信,他认为虽未必见用于当时,"然异时必有用予之说者"。

　　其次,在天文历法方面,沈括经过细密地观测,发现了真太阳日长度是有变化的。但这一发现,需要有精度极高的计时器,方能进行此类精密测量,因此沈括对刻漏也深有研究。《笔谈》128条,在记述真太阳日长度有变化时,沈括说"余占天候影,以至验于仪象,考数下漏,凡十余年,方粗见真数。成书四卷,谓之《熙宁晷漏》,皆非袭蹈前人之迹"。在方法方面,沈括先是"以理求之",然后再用圭表和刻漏来验正,即"既得此数,然后复以晷影漏刻,莫不泯合,此古人之所未知也"。沈括还创造了"圆法","妥法"等计算方法,对真太阳日长短进行计算。所有这些研究,"其详具予奏议,藏在史官,及予所著《熙宁晷漏》四卷之中"。可惜,这些资料均已失传。据《笔谈》中的记述推测,"圆法"、"妥法"当是一种内插法的计算。清代张文虎(1808~1885)认为这算法"所言尤为入微,当为郭瀛台(郭守敬)'平立定三差'所自出"③。

　　沈括对刻漏的研究,《宋史·天文志》所收录的《浮漏仪》是幸存的少数资料之一。据此研究,沈括的浮漏上有"求壶",中有"复壶",下有载浮箭(刻度)的"建壶",以及承接满溢流水的

---

　　① 宋·陈振孙,《直斋书录题解》卷十四注录。

　　② 宋·王象之,《舆地胜纪》卷二十一。

　　③ 张文虎,《舒艺室杂著甲编》卷下"书《梦溪笔谈》后三"。

"废水壶"。为保持壶水具有恒定的高度,采用了令水漫溢的方法。首先使用漫溢法的乃是燕肃所造"莲花漏"(1030)。但"复壶"却是沈括首创的精巧设计。"复壶"将壶室一分为二,中隔上有互通二室的孔,并设有水量可调的出水口。由于以上这些考虑,则可以使最后流入"建壶"的水,不受上端"求水壶"盈虚的影响,因而可以避免"流怒以摇筹"等流速不匀等问题。经实验(今人的复原实验),沈括浮漏的精确程度已达到相当高的水平。因而有人据此推断,沈括就是利用了这种浮漏来发现真太阳日的长短变化的[①]。

沈括对浑仪所进行的改造,是他在天文仪器制造和改进方面的又一项成就。浑仪是中国古代用来进行天体观测的仪器。它是用叠套在一起的多层同心圆环,再装置上"望筒",用来进行天体经纬度等测量的。沈括在《浑仪议》中,除对浑仪的沿革进行了记述之外,还对历代文献提出了论评,同时还提出了取消仪器上月亮白道环的建议。理由是:白道本是环绕黄道而且每日各有进度,而同心圆环并不能描述出这种环绕移动。月道环只能是每月移动一次,并不能用它来作到逐日准确的观察。沈括主张月亮的运动只能通过计算的方法进行推算。沈括的此项改进,得到了后来人的承认。从改革浑仪的结构来讲,也可以说沈括实际上开创了郭守敬研制"简仪"的先声。其次,古代浑仪望筒(窥管)的口径,上下是一样的。沈括建议将下孔(即接目一侧)缩小到三分,只有上孔(一度半)的五分之一。这样就可以大大减少由于人目在下孔中位置不同而产生的照准误差,即"人目不摇,则所察自正"[②]

### 5. 地学

《笔谈》中关于地学知识的条目不少。地理和地图方面的条目共有20余条,气象方面约10条,地质学和矿物学方面也有数条。

《笔谈》第457条,记述了沈括熙宁五年(1072)利用逐段筑堰的方法测量了"自京师'上善门',量至泗州淮口,凡八百四十里一百三十步。地势:京师之地,比泗州凡高十九丈四尺八寸六分"。关于他所用的方法,沈括记述说"汴渠堤外,皆是出土故沟,令相通,时为一堰节其水。候水平,其上渐浅涸,则又为一堰,相齿如阶陛。乃量堰之上下水面,相高下之数会之,乃得地势高下之实"。

《笔谈》第472条中,还有沈括利用面糊、木屑或是利用熔蜡制作立体实感的地形图的记载。这种制好的模型,最后再以木刻之,藏于官府。

沈括在地图研制方面的最大成就,乃是熙宁九年受命编绘的《天下州县图》。此图前后费去12年的时间,"遍稽宇内之书,参更四方之论,该备六体,略稽前世之旧闻,离合九州,兼收古人之余意"[③]。此图有"总图"大小各一幅,(大图高1.2丈、宽1丈),"分路图"18幅(各地分图)。《笔谈》第575条中,还记述了沈括将中国古代"四至八到"的定位方法,进一步细分为二十四至。可惜的是沈括所绘制的这些地图都已流失不传。有人认为现存的四川北宋守令图,或者其中吸收了沈括的某些成果[④]。

---

①　见华同旭《中国漏刻》第90~96页,193~196页,安徽科技出版社,1991年。又见钱景奎《关于沈括用晷漏观测发现真太阳日有长短的探讨》,载《自然科学史研究》1卷(1982)2期。

②　《宋史·天文志·沈括浑仪议》。

③　沈括,《长兴集》卷十六。

④　此图原藏于四川荣县文庙,现收藏于成都四川省博物馆。推断其中或许有沈括的成就,可参见王锦光、闻人军《沈括的科学成就与贡献》,载《沈括研究》,浙江人民出版社,1985年。

另外在《笔谈》中也有一些关于地质方面的论述。例如第430条中关于华北地区太行山一带,由于有螺蚌化石及沉积岩的出现,沈括推断这一带过去当是海滨。在同一条中,他还提出了由于河流的侵蚀和沉积作用形成了华北平原的科学推断:"凡大河、漳水、滹沱、涿水、桑乾之类悉是浊流。今关、陕以西,水行地中,不减百余尺,其泥岁东流,皆为大陆之土,其理必然"。再如第373条,由于发现了竹笋的化石,从而沈括推断延州"旷古以前,地卑气湿而宜竹",联想到陕北地区古气候的变迁。

沈括在《笔谈》中对雨、雷、霜、雹、旱、龙卷风、虹、海市蜃楼、蒙气差等方面的知识,也都有精采的描述。

### 6. 生物和医药

沈括《梦溪笔谈》中,关于动物学知识的条目有20余条,植物方面的有40余条(包括药用植物),医药方面的(包括矿物性药物)有十余条。

在动物学方面,《笔谈》除记述了珍奇兽类以及动物界一些珍闻之外,还对人体解剖学(第480条:咽喉以及消化道)、鹿茸的形态以及疗效进行描述(第487条),对步行虫治理粘虫虫害(第433条)的以虫治虫的记述也十分精采。而第225条关于利用"叫子"为人工喉的记述,当更为重要:"世人以竹、木、牙、骨之类为叫子,置人喉中吹之,能作人言,谓之'颡叫子'。尝有病瘖者,为人所苦,含冤无以自言。听讼者试取叫子令颡之,作声如傀儡子,粗能辩其一二,其冤获申。"这或许是关于人工喉的最早记述。

在植物学方面,沈括对各种植物(以药用植物为主)形态的描述,已达到相当水平。如《笔谈》399条的车渠以及甘草(491条)、枸杞(488条)、莽草(583条)各条均可作为例证。《笔谈》485条还叙述了地势高低、物种习性、天气温度、土壤以及长势与施肥、播种时间等因素,对植物的发育成长所起的作用和影响。在沈括的另一著作《梦溪忘怀录》中,有着关于竹、地黄、黄精等经济作物以及药用植物的栽培经验总结。

在沈括的著作中关于药物的记载甚多,其中以《良方》所载关于"秋石"的炼制最为有名。经多年研究,英国的李约瑟认为由人尿中提取的"秋石",乃是人类最早的尿甾体性激素制剂。

### 7. 工程技术

《笔谈》中属于工程技术的条目,约有30条左右。其中的记载虽多属于沈括所记录的民间各行业专门技术人员的发明创造,但从科学技术史的角度而言,均属极其珍贵的资料。

其中较为著名的有:

第307条所记述的布衣毕升关于活字(泥)印刷术的发明。"庆历中(1041~1048),有布衣毕升,又为活板。其法用胶泥刻字……火烧令坚,先设一铁板,其上以松脂腊和纸灰之类冒之。……密布字印,满铁范为一板,持就火炀之,药稍熔,则以一平板按其面,则字平如砥。若止印三二本,未为简易,若印数十百千本,则极为神速。"泥活字印刷术较西方金属活字印刷早出400年左右。

《笔谈》312条、299条,均为宋代建筑名师喻皓的有关资料。其中关于木结构建筑各部分的比例安排和设计——"材分制"的叙述,对了解材分制的历史具有重要意义。

《笔谈》207条记述了水利巧匠高超所创三埽堵决的方法,以使黄河决口顺利合龙的事迹。《笔谈》还对淤田法及苏昆长堤、漕渠复闸等水利工程,进行了论述。

关于当时的钢铁冶锻技术，沈括也多有记述。其中有灌钢和百炼钢，可屈可舒以舒屈钢制成的钢剑，以及羌族有名的冷锻铁甲等等，都反映了北宋时期高度发达的冶锻技术。

## 四　思　想

如前已述，沈括的科学成就，大部被记录于《梦溪笔谈》以及他所著的各种著作之中。其中所涉及的科学技术内容包括：数学、天文学、气象、地质、地理、地图、物理、化学、冶金、水利、建筑、生物、农学、医药等。其中记录了不少沈括自己的创见。归纳起来，这些创见有：

采用太阳历的建议；

关于漏刻的讨论和研制；

对凹面镜成像的讨论；

对透光镜的探讨；

立体地形模型的研制；

对若干地质现象的解释；

关于化石的讨论；

对盐类晶体的论述；

对若干动物、植物形态和生态的描述；

各种药方的蒐集和整理；

等等。不少成就不但在中国科技史上是首创，在世界科技史上也有着重要意义。

假如人们对沈括读书、进行研究工作的思想方法进行一些考察，便不难发现，沈括之所以取得巨大的成就是绝非偶然的。直至今日，人们仍然可以从中汲取教训，得到许多启示。

和所有的中国古代科学家一样，沈括也脱离不开经过长期发展、凝缩和淀积下来的中国古代的传统文化背景。他的科学思想和方法，首先也就表现为对中国古代传统思想的继承和发展。

儒家经典《中庸》中有："博学之、审问之、慎思之、明辨之、笃行之。……人一能之已百之，人十能之已千之。果能此道矣，虽愚必明，虽柔必强。"

这是任何了解中国传统思想的人都熟知的一段话。由于时代的不同，人们完全可以赋予它以新的内容，沈括就正是这样做的。

首先是"博学之"。

沈括在幼年，曾随父亲到过润州、泉州、开封、浙东等地，使他接触到各地的风土人情，了解到祖国大地的山山水水，以及各种科学技术问题和社会问题。在他步入仕途以后，不论是在东南地区还是西北地区，他也都坚持了这种"博学"的精神，甚至在出使辽国时也仍是如此。

同时，沈括还善于向典章文献、历代积累起来的书本知识学习。在考取进士之后，他曾历任昭文馆校勘、同提举司天监事、史馆检讨、集贤院校理兼判军器监等职。由于工作上的关系，使他有机会接触并阅读了这些机构的藏书，丰富了各方面的知识。

在如此的"博学"过程中，使沈括逐渐认识到科学技术知识的起源，使他能够比较正确地认识到直接参予各种科学技术生产实践的劳动人民、工匠和一些低级管理人员在科学技术发展进程中的作用。沈括曾经说过如下的一段名言：

"技巧器械,大小尺寸,黑黄苍赤,岂能尽出于圣人。百工、群有司、市井田野之人莫不预焉!"①

这样的深见卓识,出自一位封建士大夫之口,是非常难能可贵的。正是基于如此的认识,沈括在自己的著作中记述了不少这些身在社会底层却亲自参予各种科学技术实践的人们的创造性劳动成果。例如为人们所熟知的"布衣毕升",以胶泥刻字,开创了活字印刷术;治河工人高超所创制的三埽施工、巧合龙门的水利建设的施工方法;淮南人卫朴的历法;磁州的炼钢;苏州至昆山的浅水中筑长堤法。正如后人在为沈括所编《苏沈内翰良方》写的序言中所说:"(沈括)凡所至之处,莫不究询。或医师、或巷里、或小人,以至士大夫之家、山林隐者无不访及"。

其次就是"审问之、笃行之"的精神。这种精神,和"博学"的精神浑成一体,毫无疑问,也是导致沈括取得重大成就的重要原因。"审问之"和"笃行之",也就是实事求是、反复推察和适当进行验证的科学精神。例如在进行天文观测时,他曾"凡历三月……具初夜、中夜、后夜所见,各图之,凡为二百余图",反复进行观察,付出了长期的艰苦努力,这一科学的态度,与当时司天监的某些官员偷懒、不进行实测,胡乱填写编造出来作伪的数据,形成了鲜明的对照。为了批驳前人关于海潮乃"日出没所激而成"的谬误,沈括也是细心地观察海潮,"候至万万无差"之后,方才写下自己的论断。沈括还曾对一日的长短之类的细微变化,连续考察"凡十余年,方粗见真数,成书四卷,谓之《熙宁晷漏》①。在他所编《良方》中的各种药方,正如他自己在书中所说,也多是"予亲病齿,试之",或是"予亲目见"等等之后方才收入的"验方"。利用石油烧制炭黑、对各种地质地貌的认识等等,也都无一不是经过仔细观察,再把观察的结果和以往经历中逐渐积累起来的各种知识相互联系,从而得出许多有益的结论。至于沈括利用纸人骑弦的实验,从而导致共振现象的发现,从方法论方面来说则更富于创造性。

对于各种知识的积累与取得,沈括更强调要"得之于心"。他说:"医之为术,苟非得之于心而恃书以为用者,未见能臻其妙。"沈括也反对世俗间的那种人云亦云、述而不作的态度。他说:"世人……文章,多用他人议论而非心得,时人为之语曰:'问即不会,用则不错'",从中亦可看出沈括科学态度之一般。

沈括在"博学"的同时,也提倡"专"。他说:"人之为学,不专则不能。虽百工其业至微,犹不可相兼而善。""欲其粗善,必稍删其多歧,专心致意、毕力于其事而后可。"②

沈括自己所写的如下一段话,可以作为他所主张的科学态度和科学方法的代表。他说:"……虽实不能,愿学焉。审问之、慎思之、笃行之,不至则命也。"③沈括的这种思想,实际上乃是中国古代传统思想的继承和发展。

伴随着时代的前进,当然会代有人出,不断地对中国古代的传统思想赋予些新的内容。沈括对中国古代传统思想的继承和创新,尤其是其中的创新成份(例如实验方法的导入等等),是否会导致诸如西方文艺复兴前后所产生的那种逐渐发展成为近代科学的方法,这是科学史界所共同关心的大问题。但这似乎是对有关有宋一代社会文化背景进行全面探讨的大问题,远远超出了本文所论述的范围。

(杜石然)

---

① 沈括,《长兴集·上欧阳参政书》。

②,③ 沈括,《答崔肇书》。

# 钱　乙

　　钱乙是北宋时期著名的医学家,大约生活于1032～1113年。他一生从事儿科临床60年,有丰富的医疗经验。晚年,他总结毕生临床经验,撰成《小儿药证直诀》。这部著作是我国现存最早的儿科学专著,在中医儿科发展史上占有重要地位。晋唐时期中国医学在小儿疾病诊治方面已经积累了丰富的经验,钱乙在前人的医学成就基础上加以发展,根据中医理论系统地论述了小儿疾病的辨证论治,为中医儿科作为独立的一门学科奠定了基础,所以他被后人尊为幼科之鼻祖。钱乙勤奋好学,他晚年卧病床榻,仍然孜孜不倦地钻研医籍;同时,重视医疗实践,善于灵活运用经典理论与古方,以解决临床中的实际问题,在儿科诊断与治疗上颇多创见。钱乙在中国医学上的树建和他的治学精神分不开。

## 一　生　平　业　绩

　　钱乙,字仲阳,东平郡郓州(今山东东平)人。他的祖籍是浙江钱塘,曾祖迁居至郓州。关于他的生平事迹,其友人刘跂撰有《钱仲阳传》一篇[①],《宋史·方技传》中有钱乙传[②]。

　　钱乙确切的生年、卒年史书记述不详,我国学者曾对其生卒年限进行考证[③]。根据阎季忠所写的《小儿药证直诀》序[④],"大观(1107～1110年)初",阎氏"筮仕汝海"时,"仲阳老矣"(尚在世)。后以"享年八十二,终于家"[⑤],钱氏去世后不久,其友刘跂为他写传,而刘氏本人卒于政和(1111～1117)末年。故此,钱乙卒年不早于大观初年,不晚于政和末年,即在公元1107～1117年之间,他的生年可根据其享年82加以推算。

　　钱乙的一生经历可划分三个阶段:前半生在山东行医;后至京都当御医;晚年因病辞归故里。

　　钱氏自幼生活于世医之家。其父钱颢(一作颖)精通医学,擅长针灸,他嗜酒喜游,在钱乙三岁时"东游海上",一去几十年音讯杳然。钱乙的母亲去世较早,所以钱乙由姑母收养,姑父吕氏也是一名医。少年时期的钱乙勤奋好学,稍长,跟随姑父吕氏学医。他博览医籍,掌握各科临床知识,精通本草,对中医经典著作《伤寒论》钻研尤深,深得张仲景之蕴奥。据刘跂记载,钱乙还著有《伤寒论指微》五卷(此书未见传世),由此反映其致力于经方研究,颇有心得。他早年随吕氏临证,"所治种种皆通,非但小儿医也"[⑥]。

　　钱乙20余岁时,姑父吕氏去世,此时他独立应诊并且刻意专攻小儿科。他在跟随吕氏学医及临证时掌握了广博的知识,熟悉各种疾病的诊断和治疗,擅用经方疗疾,这些为他专攻儿科

---

　　①　刘跂,东平人,北宋文人刘挚之子,《宋史》列传第九十九,刘挚传中提及刘跂。

　　②　《宋史》列传第二百二十一。

　　③　贾福华,钱乙的生卒年限考,江苏中医,1965,(6)。

　　④　《小儿药证直诀》阎季忠序,上海千顷堂石印本。季忠,一作孝忠。

　　⑤　同4),钱仲阳传(刘跂撰)。

　　⑥　《小儿药证直诀》钱仲阳传。

打下了坚实的基础。当时中医儿科的治疗方法,散见于各家医书之中,前代医家虽然在小儿疾病治疗上积累了不少经验良方,但当时还没有形成独立的儿科诊疗体系。钱乙刻意钻研小儿专科,他活用经方,并借鉴临床各科的治疗方药,在博采众长的基础上摸索儿科疾病的辨证论治经验,在临床实践的过程中,逐步总结出适合小儿特点的治法。他的门人称道他:"其治小儿,赅括古今,又多自得。"① 钱乙在 30 多岁时,儿科诊治方面已是身手不凡,其时,须城(即东平县)县尉之子阎季忠患惊疳等重症,屡至危殆,延请钱乙诊治而获良效。由于钱乙在治学上博采兼收,不拘泥于一家之言,并善于根据小儿特点活用经方、良方,经过多年的医疗实践,终于以儿科专长而闻名于当地。这时的钱乙是一位"草野"郎中,行医民间,而他在数十年乡镇间开展的医疗实践中获得了真知,为此后创立儿科诊治体系打下了基础。

　　钱乙在 50 岁上下时,一个偶然的机会,使他跻身于宫廷御医之列,这对他的事业的发展提供了良好的环境。北宋元丰年间(1078～1085),神宗皇帝长公主之女患病,延医治疗无效。这时钱乙在山东一带已颇享医名,他奉召进京城,治愈了长公主之女疾患。他被授予翰林医学,赐绯。第二年,皇子仪国公患瘛疭重症(小儿惊风症状),国医高手均无良策,此时,长公主上朝奏道:钱乙"起草野,有异能"②,遂召入宫。他用补脾土之剂,治愈了皇子仪国公之疾。此后,钱乙以儿科驰誉京都,朝野权贵求医者接踵而至,他以高超的医技升任太医丞,赐紫衣金鱼。哲宗皇帝在朝时,钱乙应召供职于内廷禁中,几年后告病辞归。他先后在京都生活 10 余年,这一时期是他治学的黄金时代。

　　钱乙入京之后刻苦钻研,在儿科临床医疗实践中不断总结经验,这一时期的钱乙医案中,叙述了许多精辟见解。比如在"李司户孙"等医案中论述了小儿生理特点"肌骨嫩怯"、"易虚易实"③ 等等。又如在惊风病案中反映了其辨证论治的独到经验。钱乙除了在医案中以及在与名医会诊时阐述其学术观点外,在京都已陆续着手撰写医论。此时他已经以儿科"专一为业垂四十年"④,学验俱丰,其儿科学术思想,已在医疗实践中形成,开始著书立说,但由于诊务繁忙,"旋著旋传",在流传之中经常散失。此时他还不能够集中精力著书立说,因而他的著作尚未成型。

　　晚年,钱乙因病辞归里舍,每日仍忙于诊疗,病者每日累累满门前,他在治愈无数儿科疾患时,进一步积累了丰富的医疗经验。钱乙年老而身患"周痹"宿疾,后导致左手足偏瘫,不能行走。但他顽强地与缠身的病魔作斗争,自拟药方,经治疗获得良效,因而赢得了长寿,赢得了充裕的时间,使他能够系统地汇集晋唐零散的儿科证治文献,撰写毕生医疗经验和心得,为我国儿科学的发展作出杰出的贡献。他"杜门不冠履,坐一榻上,时时阅史书杂说"⑤,广泛收集文献资料。他一生勤奋治学,"于书无不窥",晚年仍孜孜不倦地抱病攻读,立志著书立说。门人阎季忠搜集钱乙有关婴孺论述以及诸种医案,整理钱氏制定的儿科方药,集成为《小儿药证直诀》一书,约于宣和元年(1119)刊行于世,钱乙在儿科方面的学术成就,通过此书得到广泛的流传。

---

①　《小儿药证直诀》阎季忠序。
②　《小儿药证直诀》阎季忠序。
③　同②,卷中。
④　《小儿药证直诀》附《小儿斑疹备急方论》钱乙题序。
⑤　《小儿药证直诀》钱仲阳传。

# 二　学 术 成 就

钱乙的《小儿药证直诀》,是我国现存最早的儿科学专著。后世医家认为,我国医学史中,儿科辟为专科而发展,是从钱乙开始,他的著作亦被尊为幼科鼻祖。钱乙的《小儿药证直诀》以五脏分证作为儿科辨证论治的纲领,在治疗上照顾小儿生理病理特点,在诊断上以注重望诊为特色。其著作记述了儿科常见病,内容丰富,是对当时我国儿科发展成就的全面总结。

## 1. 钱乙在儿科诊断上的树建

中医儿科被称为“哑科”,在望、闻、问、切四诊中,儿童问诊困难,切脉也不方便。钱乙说:“盖脉难以消息,求证不可言语取,褓襁之婴孩提之童尤甚。”① 钱氏以《内经》的脏象学说为依据发展了小儿望诊法。脏象指人体脏腑正常机能及病态变化反映于外的征象。他对患儿身体状况留意观察,特别是面部及目内望诊,在《小儿药证直诀》中有“面上证”和“目内证”专篇论述。书上所记载症象描述包括“身皮目皆黄”、“唇白色”、“大便青白色”、“尿深黄”、“手寻衣领及乱捻物”等人体各部位征象。他还观察患儿的重危证状特征,如“囟肿及陷”、“鼻开张”、“鱼口气急”、“目赤脉贯瞳人”等,这些表象确实能够反映患儿呼吸、循环系统及颅内压等状况。

钱乙对惊痫发搐一类疾病的鉴别诊断,有精辟的论述。他指出:“小儿本怯,故胃虚冷则虫动而心痛,与痫略相似,但目不斜,手不搐也。”② 这是针对有时蛔厥容易误诊为“羊痫风”(癫痫)而论的。钱乙对内脏病变表现于外的症象观察很细致,善于辨别假象。如书中“李司户孙”病案③,记载患者为初生百日婴儿,因“发搐三五次”求医,其他医生诊断为“天钓”或“胎惊痫”,而钱乙诊断为伤风,根据对症象的细致观察,发搐是“假搐”,实系“婴儿初生,肌骨嫩怯”,不能耐受风寒所伤引起的症状。钱乙提出:“百日内发搐,真者不过三两次必死”,“真者内生惊痫”,“是内脏发病,不可救也”;“假者外伤风冷”。钱乙撰写“百日内发搐”篇,提出辨认“假搐”的要点是发作频,检查呼出的气是热的;相反,搐发作稀者,不可救。南宋医学家杨士瀛在他的儿科著作中,对此辨别症状经验加以引伸,并称之为“钱氏假搐之说”④,说明钱乙的诊断经验对后世医家颇有影响。

钱乙根据五脏病变可以反映到外部相应器官、部位的理论,确立五脏辨证纲领。《小儿药证直诀》拟定五脏各自主证:心主惊,肝主风,脾主困,肺主喘,肾主虚。例如肝之症状表现,“哭叫目直,呵欠,顿闷,项急”。五脏分证还进一步辨虚实寒热,如“心主惊,实则叫哭、发热,饮水而摇(或作搐);虚则卧而悸动不安”。五脏之证辨寒热,以心热为例,“心热,视其睡,口中气温,或合面睡及上窜、咬牙”,“心气热则心胸亦热,欲言不能,而有就冷之意,故合面卧”,目内“赤者心热”。⑤ 他诊断“心热”,观察小儿睡的姿态,望目内,检查口中气温,查前胸部是否热,还揣摸小孩行为心理,比如感觉热,小儿不是用语言表答,而喜欢“就冷”的行为可以表现出来,望而知之胸内热。

---

① 《小儿药证直诀》附《小儿斑疹备急方论》后序。

② 《小儿药证直诀》卷上。

③ 同②,卷中。

④ 南宋·杨士瀛撰,王致谱校注,《〈新校注杨仁斋医书〉仁斋小儿方论》,福建科技出版社,1986 年。

⑤ 《小儿药证直诀》卷上。

### 2. 儿科辨证论治的学术思想

中医治病,先通过四诊手段,审别症状,然后确定理法方药。钱乙确立五脏分证及其虚实寒热的辨证纲领,是从遣方用药的治疗目的出发的。与五脏辨证相对应,钱乙制定出五脏补泻方(如补肾的地黄丸,补脾的益黄散,泻肺的泻白散,泻心的导赤散,泻肝的泻青丸等),从而创立了儿科五脏辨证论治纲领。

钱乙根据小儿生理病理特点施治,处方遣药处处顾及婴幼儿生理特点。钱氏认为小儿生理特点是"肌骨嫩怯","脏腑柔弱","五脏六腑成而未全,全而未壮"。小儿病理特点是"易虚易实","易寒易热"。因为小儿生理病理上有这些特点,所以治疗上既不能妄攻滥下,也不能"蛮补","小儿脏腑柔弱,不可痛击,大下必亡津液而成疳"。儿科用药不可过寒过热,如若病情需要用重剂寒凉温热之药,也应中病即止,不可过剂,否则过热助火,过寒损阳,影响患儿康复。北宋之时,正是以《和剂局方》为代表的以擅用温燥攻伐之药的风气盛行于世,钱乙生活在这个年代,他的上述主张是针对时弊而论,他有力地扭转当时风行的诸种弊端。钱乙儿科治疗方面的学术思想特色是提倡"柔"、"润"。

钱乙注重脾肾,认为脾胃失调是导致儿科多种疾病的重要原因,而禀赋不足,肾气未充是儿科内伤的要素。对疳积、虚羸、慢惊风等以调治脾胃为主,对解颅、龟背、龟胸等病,从补肾入手治疗。他在五脏辨证,辨五脏虚实寒热时,提出:"肾有虚无实",后世医家对此加以发挥,提出"肝有相火则有泻无补,肾为真水则有补而无泻"的治疗思想。钱乙在儿科五脏辨证施治中还强调五行生克关系。例如他治皇子仪国公病瘛疭,他回答何以愈疾的道理时说:"以土胜水,木得其平,则风自止",就是运用治肝施之益脾,所谓"母令子实"之法。

钱乙遵照《内经》理论,创建了儿科辨证论治体系,而他治病所用方剂,多吸取于经方,善于化裁而使经方适合小儿疾病的证治特色。如六味地黄丸化裁于金匮肾气丸,原为治疗成人的经方,而钱乙根据小儿纯阳之体,不宜用温热药附子、肉桂,在原方八味药中减去这两味而成六味地黄丸。钱乙用六味地黄丸作为儿科补肾主方,这首方剂在后世颇有影响。刘跂称道钱乙,"为方博达,不名一师","他人靳靳守古,(钱氏)独度越舍,卒与法合"[①]。他不守古法,而是根据儿科特点,力求攻不伤正,补不滞邪,在"柔""润"上下功夫。钱乙化裁的经方还有七味白术散(四君子汤加藿香、木香、葛根)、五味异功散(六君子汤减半夏)等。他汇集诸家医籍中的古方,临床中灵活运用,颇具特色。

### 3. 对于儿科典型病证的论述

钱乙的《小儿药证直诀》对儿科疾病有着翔实的描述,反映了北宋时期中医儿科对疾病认识的水平。"麻"、"痘"、"惊"、"疳"素称儿科四大病证,钱氏著作中记述了这些病证。

关于急惊风、慢惊风。惊厥、抽风是小儿科最常见的证候,古时叫做阴阳痫,从钱乙始定名为"惊风",从而纠正了晋唐医学采用的阳痫、阴痫这个含混的名称。阴阳痫的名称反映古人不能识别癫痫与惊厥,而钱乙著作中采用急惊风、慢惊风的名称,并详细描述了症状,反映了我国医学在疾病认识方面的不断进步。钱乙指出:"小儿急惊者,本因热生于心,身热面赤引饮,口中气热,大小便黄赤,剧则搐也。""慢惊,因病后或吐泻,脾胃虚损,遍身冷,口鼻气出亦冷,手足时

---

① 《小儿药证直诀》钱仲阳传。

瘈疭,昏睡,睡露睛。"① 他认为急惊是实热症象,而慢惊为虚冷症象表现,症状特征不同而其病机迥然有别。正是由于他精辟地辨别了这两个症候,所以能够针对其病机分别给予治疗。急慢惊风治则不同,"急惊合凉泻,慢惊合温补"。钱乙对急惊风、慢惊风的辨证论治,是在中医儿科学上的一个发展,后世医家对此备加推崇。

天花古称"豌豆疮",麻疹古称"疹",《小儿药证直诀》将"疮"与"疹"等证合称为"疮疹"。从该书《疮疹候》篇以及有关医案记述来看,包括四证:"水疱"(水痘),"脓疱"或称"疮"(天花),"疹"或称"疹子"(麻疹),"斑"或称"斑子"(可能指猩红热),四者都属于"天行之病"。有关麻疹,书中描述了初期症状:"疹未出……。初欲病时,先呵欠,顿闷,惊悸,乍凉乍热,手足冷痹,面颊燥赤,咳嗽时嚏。"② 有关水痘与天花的区别,他指出:"肝为水疱,以泪出如水,其色青小;肺为脓疱,以涕稠浊,色白而大",③ 分别描写了水痘和天花脓疱的特征。对于天花重症与轻症,病的发展趋势顺逆,钱乙从疮出稀稠,疮的颜色以及是否结焦痂等角度去区别。以发病季节而论,病情不顺者,"春脓疱,夏黑陷,秋斑子,冬疹子亦不顺",这里没有提及水痘(水疱),当时已认识到水痘是轻症,能与脓疱(天花)重症加以鉴别。钱乙对小儿天行(传染病)之疾患已经有所认识,并作出初步鉴别诊断。

此外,《小儿药证直诀》还记载了"解颅"、"龟背"、"初生下吐"、"夏秋吐泻"等婴儿疾患,对儿科常见病"疳"、"痫"有详细的记述。又如黄疸症状,该书《黄相似》篇记载:"身皮目皆黄者,黄病也;……一身尽黄,面目指甲皆黄,小便黄如屋尘色,看物皆黄,渴者难治,此黄疸也。""别有一证……,面黄腹大,食土渴者,脾疳也。又有自生而身黄者,胎疸也。"从以上文字可以看出,钱乙对几种黄疸进行了鉴别,他所描写的"黄疸"(肝炎等疾病引起的黄疸症状)和"胎疸"(大致指新生儿黄疸)以及可能因为寄生虫病等引起的"黄"病,症象叙述细致,反映了当时对疾病鉴别诊断的水平。

### 4. 世界上现存第一部原本的儿科学专著

钱乙的代表作《小儿药证直诀》,《宋史艺文志》及宋以来文献中都有记载,现今存世的主要版本是从《永乐大典》掇拾编排的武英殿聚珍本和周学海于书肆中所得的仿宋刻本,它是我国现存最早的儿科专著。古书中提到我国古代有《颅囟经》,年代很早,但原书已佚,现存有清代辑佚本,而《小儿药证直诀》是我国现存第一本基本上以原本形式保存下来的儿科学专著④。它是世界上现存第一本原本的儿科学专著,根据世界医学史记载,西洋刊印的最早几部儿科学专著,分别是意大利(1472)和德国(1473)的,可以说 15 世纪以前,西方还没有专门的儿科学著作⑤,而《小儿药证直诀》以阎季忠整理刊行之年(1119)为准,要比欧洲儿科专著的出现早 300多年。

钱乙的著作对不少疾病的记载,在世界医学史上占有重要地位。例如小儿黄疸,西洋医学史上最早记述是德国医学家麦特林格(B. Metlinger),他在 1473 年记述了小儿黄疸,认为是由于乳母的乳水不良所致,相比之下《小儿药证直诀》的记载年代早而且内容丰富。又如小儿惊厥,钱乙做了富有开创性的论述,而被西方认为是最早刊行的儿科专书,意大利巴吉拉多斯

①～③ 《小儿药证直诀》卷上、卷中。
④ 马堪温,《小儿药证直诀》一书中的科学成就,中医杂志,1979,(2)。
⑤ 马堪温,宋代杰出的儿科医学家钱乙及其成就,载《科学史文集》第三辑,1980 年。

(P. Bagellardus)写的儿科学专著中,认为惊厥主要由于小儿营养过剩或营养不足所致,德国麦特林格对小儿惊厥原因的认识也较模糊①。钱乙的《小儿药证直诀》不仅是世界上最早的儿科学专著,而且具有较高的科学水平,在儿科学发展史上占有重要地位。

## 参 考 文 献

贾福华. 1965. 钱乙的生卒年限考. 江苏中医,(6)

李经纬. 1960. 古代名医钱乙. 中医杂志,(7)

马堪温. 1980. 宋代杰出的儿科医学家钱乙及其成就,见科学史文集第三辑

马堪温. 1979.《小儿药证直诀》一书中的科学成就,中医杂志,(2)

钱乙(宋)撰. 小儿药证直诀. 上海千顷堂石印本.

脱脱(元)等撰. 1977. 宋史:列传第二百二十一　钱乙传,北京:中华书局

俞景茂. 1984. 小儿药证直诀类证释义,贵阳:贵州人民出版社

(王致谱)

---

① 马堪温,宋代杰出的儿科医学家钱乙及其成就。

# 李 诚

李诚字明仲,河南郑州管城县人,生年不详,卒于北宋大观四年(1110)。李诚生活在宋神宗、哲宗、徽宗几个朝代。从他的经历来看,他既是一位官员,又是一位懂得建筑工程技术和工程管理科学的专家,同时在文化艺术方面也有很深的造诣。

## 一 李诚生平

李诚出身于官吏家庭,父亲李南公曾任户部尚书。元丰八年(1085),借哲宗登基大典之机遇,恩补李诚一个小官——郊社斋郎。不久,便作了曹州济阴县县尉。元祐七年(1092)被调入将作监任职,直到他去世前约三年去职。前后在将作监任职13年,最后担任了将作监的总负责人。从他步入官场到最后去职总共22年,而在将作监的时间占了三分之二,他一生之主要精力均贡献于将作。

将作监是主管朝廷建设工程的部门,按《宋史·职官志》记载:"凡土木工匠板筑造作之政令总焉。辨其才干器物之所须,乘时储积以待给用,庀其工徒而授以法式;寒暑蚤暮,均其劳逸作止之节。凡营造有计帐,则委官覆视,定其名数,验实以给之。岁以二月治沟渠,通壅塞。乘舆行幸,则预戒有司洁除,均布黄道。凡出纳籍帐,岁受而会之,上于工部。"[①] 由此可知,将作监的职能包括对建筑工程项目的总领导,建筑材料的供应,工匠技能的培训,劳动工日的管理,建设账目的汇总、上报,乃至治理河道、修路等等。为了完成这些繁杂的工作,于将作监中设有"监"、"少监"、"丞"、"主簿"等官员,"监掌管宫室、城廓、桥梁、舟车营缮之事,少监为之二,丞参领之。"[②]李诚在元祐七年初入将作监之时,为其最下层官员"主簿",具有承务郎官阶。四年以后,即绍圣三年(1096)以承事郎官阶升为将作监丞。又过了六年,即崇宁元年(1102),以宣德郎升为将作少监。在这次晋升之前,他曾完成重要的皇家建设工程项目——五王邸,同时"其考工庀事必究利害坚窳之制,堂构之方与绳墨之运皆已了然于心。"[③] 也就是对建筑工程的管理工作和技术工作已掌握得相当深入,并完成了皇帝下令编修的《营造法式》一书。因此才被提升为将作监的少监。晋升少监之后的第二年,即崇宁二年,李诚曾离开将作监,以通直郎官阶出任京西转运判官,但"不数月,复召回将作任少监"[④]。可见这时他已成为专门人材,别人难以代替他的工作,所以"复召回"。李诚回将作监后马上领导建造重要的礼制建筑"辟雍"。辟雍建成后,便被晋升为将作监的"监",担任了这一部门的最高官职。此后的五年当中,又完成了许多重要的建筑工程,同时其官阶随着其所取得的成绩不断晋级,直到最后,升至中散大夫。例如:建成尚书省后升为奉议郎,建成龙德宫、棣华宅后升为承议郎,建成皇城城门朱雀门后升为赐五品服的朝奉郎。建成另一座皇城大门景龙门和九成殿后升为朝奉大夫,从此进入高级官阶。随之又完成了开封府廨、太庙、慈钦太后佛寺等工程,同时晋升为朝散大夫、右朝议大夫(赐三品服)

---

①,② 《宋史·职官志》卷一百六十五"将体监",中华书局,1985年。

③,④ 《李公基志铭》。

和中散大夫。自丞务郎至中散大夫,共升迁十六级。

以上所列的升迁时间表,实际是李诫从事国家建设事业的一览表,他所领导建设的工程项目都属于皇家使用的建筑,其中像辟雍、朱雀门、景龙门、龙德宫、九城殿,都是宋代著名建筑。朱雀门是宋东京大门的南大门,景龙门是大内的北侧中门,从宋东京复原图中可知这两门位置之重要。关于龙德宫,据《汴京遗迹志》载,"景龙江北,有龙德宫。初,元符三年以懿亲宅潜邸为之,及作景龙江,江夹岸皆奇花珍木,殿宇比比对峙,其地岁时次第展拓,后尽都城一隅焉,名曰撷芳园。山水秀美,林麓畅茂,楼观参差①。从时间上可知这原来是宋徽宗的潜邸,后来次第展拓,成为东京的重要皇家园林了。李诫在崇宁二年以后完成的龙德宫建设工程,正巧是宋徽宗做了皇帝以后,对龙德宫大肆扩建成皇家园林之时,这一工程之复杂和质量要求之高是可以想像的。恐怕只有像李诫这样有丰富经验的官员才能胜任领导这一类皇家建筑工程。因此李诫可以称得上是一位建筑师。

大约在大观二年(1108),李诫因父病逝,返里奔丧,辞去将作监职务。此后虽曾出任新的官职,"知虢州",但"未几,疾作,遂不起",②,于大观四年病逝。

他在一生中,除从事建筑事业之外,还有着广泛的爱好,是一位博学而且多才多艺、书画兼长的文人。他出身于官僚世家,书香门第,曾祖父、祖父、父亲均在朝廷担任重要官职,家中"藏书数万卷",其手钞者数千卷",他还善于书法,其"篆、擂、草、隶,皆能入品"。曾用小篆书写"重修朱雀门记"被刻石嵌于朱雀门下。皇帝得知他的画"得古人笔法"便派人送去谕旨求画,李诫以五马图进献皇帝。他还写过许多著作,如《续山海经》十卷,《续同姓名录》二卷,《琵琶录》三卷,《马经》三卷,《六博经》三卷,《古篆说文》十卷③。遗憾的是,这些著述均已失传,使人无法鉴赏李诫之文采。但幸好还有《营造法式》一书能够流传至今,它虽无法代表李诫一生所取得的全部成就,人们却可从这部书中窥见一斑。

## 二 《营造法式》——李诫对中国建筑发展史的重大贡献

《营造法式》一书是一部关于中国古代建筑的重要典籍,在封建时代所遗存的有关建筑技术的著作中,它是无与伦比、空前绝后的。

《营造法式》本是李诫奉朝廷之命进行编修的,带有建筑工程法规性质的专书。它产生于王安石变法的历史背景之下,目的是为了加强对官办建筑行业的管理和对皇家建筑工程的控制。由于北宋王朝在开国几十年以后已处于积贫积弱,民穷财困的局面,朝廷治财无道,国家财政亏空严重。因此王安石提出"变风俗、立法度"的主张。④从当时在建设方面的状况看,王安石变法的确势在必行。北宋开国以后,大兴土木之风甚盛,再加上管理不善,官吏在建设过程中肆意挥霍浪费,例如大中祥符七年(1014)建成的玉清昭应宫"二千六百二十楹,制度宏丽,屋宇少不中程式,虽金碧已具,必令毁而更造,有司莫敢较其费"。其"土木之工极天下之巧,绘画无不用黄金"⑤。贪官污吏虚报冒领更是屡见不鲜,至使仁宗天圣年间曾有几百项工程累年不能结绝,

① 《汴京遗迹志》卷一。
②,③ 《李公墓志铭》。
④ 《宋史·王安石》卷三百二十七,中华书局,1985年。
⑤ 《汴京遗迹志》卷八。

到了无法收拾的地步。针对这样的情况,在变法过程中便提出"凡一岁用度及郊祀大事皆编著定式"。[①] 于是在熙宁五年(1072)朝廷令将作监编修一部《营造法式》,以加强管理。将作监用了20年的时间,于元祐六年(1091)完成。后被称为"元祐法式"。但由于这部法式仍然是"工料太宽,官防无术",[②] 不能达到变风俗、立法度之目的。到了哲宗这位积极主张变法的皇帝当政以后,便推翻了元祐年间所编法式,并于绍圣四年(1097)发出谕旨,命令李诚"重别编修"。[③]

李诚所编的《营造法式》于元符三年(1100)成书,崇宁二年(1103)经过皇帝批准,以小字刻板刊印,按照通用的敕令,公诸于世。

《营造法式》一书的问世,是李诚对人类文化的重大贡献,这部产生于北宋末年的建筑法典,全面地,准确地反映了中国在 11 世纪末、12 世纪初这一阶段的建筑科学技术水平和宋代所风行的建筑艺术风格,同时还反映了宋代官办建筑手工业的管理制度和法规。全书包括以下四类内容:

(1) 将北宋以前的经史群书中有关建筑工程的条文,整理汇编成"总释"两卷。

(2) 按照建筑行业中的不同工种世代流传、经久行用的经验,编制成技术规范和操作规程,即书中所谓的"各作制度"13 卷。其中包括:

① 大木作制度:关于建筑主体木结构的制度。

② 小木作制度:关于建筑的门、窗、栏杆、龛、橱等精细木工的制度。

③ 石作制度:关于建筑中石构件的使用及加工制度。

④ 壕寨制度:关于地基处理及筑城、筑墙、测量、放线等方面的制度。

⑤ 彩画作制度:关于建筑上绘制彩画的格式,使用的颜料及操作方法的制度。

⑥ 雕作制度:关于木雕的题材、技法等方面的制度。

⑦ 旋作制度:有关建筑上使用的旋工制品的规格及加工技术的制度。

⑧ 锯作制度:关于木材材料切割的规矩及节约木料的制度。

⑨ 竹作制度:有关建筑中使用竹编制品的规格及加工技术的制度。

⑩ 瓦作制度:有关瓦的规格及使用的制度。

⑪ 砖作制度:有关砖的使用制度。

⑫ 泥作制度:有关砖、瓦粘接材料的制度。

⑬ 窑作制度:有关烧制砖、瓦的技法。

(3) 总结编制出各工种的用功及用料定额标准,共 15 卷。

(4) 结合各作制度绘制图样 193 幅,共 6 卷。

这种法式的编制,尽管朝廷是为了控制工料,达到官防有术的目的,但由于李诚具有丰富的实际工作经验,使得这部书超出一般定额规范的范围,而对各工种的技术作法进行了整理、加工、提高,乃至上升到理论,从而使该书具有很高的科学价值。从这部书的体例到内容,都反映出李诚所具有的超人的才智。

由于李诚掌握了一套科学的编书方法,从而成功地完成了《营造法式》的编著。他的这套方法归纳起来有以下几点:

(1) 以"参阅旧章,稽参众智"[④] 作为编书之基础。他既注意总结前人的经验,又注重依靠

---

① 《宋史·食货志》卷一七九,中华书局,1985 年。

②,③ 《营造法式·劄子》卷一,商务印书馆,1933 年。

④ 《营造法式·进新修营造法式序》,商务印书馆,1933 年。

群众智慧,对前人经验不盲目推崇,而是采取有分析的吸收。对来自工匠口耳相传的不系统的经验加以归纳、总结,并加以提高,编写成制度。全书中共总结出 3555 条制度,其中有 283 条,"系于经史群书中检寻考究所得",另外的 3272 条系来自工匠们"工作相传并是经久可以行用之法。"① 后者占了 92%。如此重视群众智慧,这在历史上是前所未有的。

(2)以建筑标准化、定型化为指导方针,按工种分别制订各工种的一套标准化原则。例如,对主体结构,采用一种"用材制度"来统领全局。对于门窗、栏杆、天花等精细木装修则采用一套"积而为法"的制度,也就是按固定比例来控制构件大小。对于砖、瓦等构件,则制定出与主体结构相适应的系列定型制品。在彩画、雕刻等艺术性较强的工种中,也都对当时流行的不同式样、风格作了归纳、整理,并指出其特征和变化规律。

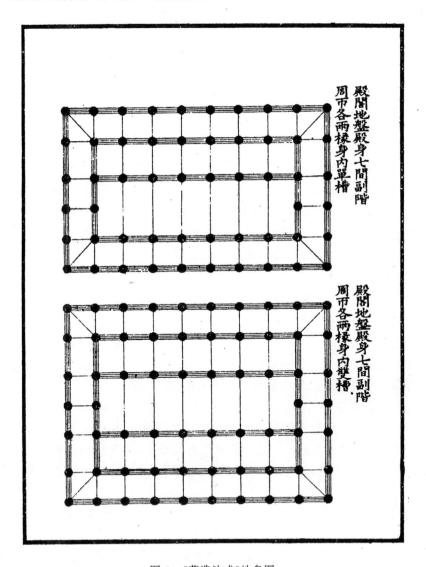

图 1　《营造法式》地盘图

---

① 《营造法式·总诸作看详》。

（3）绘制大量图样用以说明制度。李诚称"其逐作造作各件内，或有须于画图可见规矩者，皆别立图样以明制度"。《营造法式》最后的六卷附图可称为中国的第一套建筑工程图，其内容之丰富令人为之惊叹。其中包括有如下几类：

① 建筑的平、立、剖面图，即《营造法式》中所谓的地盘图、正样图、侧样图（图1～3）。

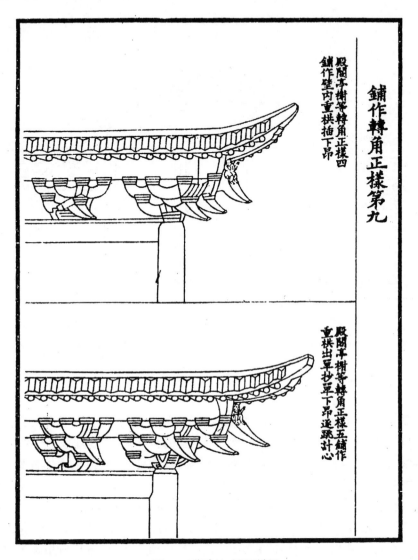

图 2 《营造法式》正样图

② 构架的节点大样图，如一组组斗栱图。（图4）。

③ 构件的单体图，如梁、柱乃至一只栱、一个科的图样。

④ 门窗、栏杆大样图。

⑤ 彩画及雕刻纹样图。

⑥ 测量仪器图。

图样绘制的方法有正投影，也有近似的轴侧图。这些图样是我国建筑发展史上的一份宝贵的文化遗产，它使许多失传的技术，不见经传的作法，被记录下来，成为人们认识宋代建筑，读懂《营

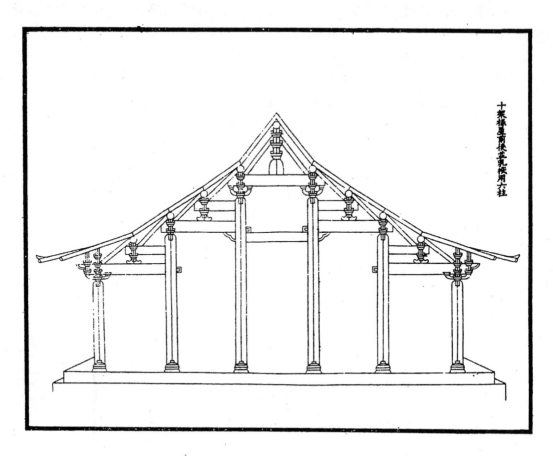

图 3 　《营造法式》侧样图

造法式》的不可缺少的钥匙。

　　然而,纵观全书,《营造法式》不仅仅是一部北宋末年的建筑规范,而且是一部闪烁着科学光辉的建筑法典,其中各工种的制度部分,蕴藏着丰富的科学知识和理论,涉及到材料力学、化学、工程结构学、建筑学、测量学等领域,这表明李诫在建筑科学领域中也是有高深造诣的。其中最有代表性的是李诫所制订的建筑用材制度。

　　何谓用材制度?依《营造法式》原文所载如下:"凡构屋之制,皆以材为祖,材有八等,度屋之大小,因而用之"。[①] 接着便列出了八等材的尺寸及每等材的使用范围。(见下表及图 5)随后又写到:"凡屋宇之高深,名物之短长,曲直举折之势,规矩绳墨之宜,皆以所用材之分以为制度焉"。所谓"用材制度"用今天的术语来说,就是一种以材和分为模数的建筑模数制。

　　李诫为什么要制定这样一种独特的模数制?它的重要性何在?从李诫写给上级的公文——"剳字"中可以看到,这是关系到《营造法式》一书编得是否成功的关键。李诫写到"元祐法式只是料状,别无变造用材制度,及有营造位置尽皆不同,徒为空文,难以行用。"[②] 因此,李诫认为,"凡构屋之制,皆以材为祖"[③]。他曾引用古代文献,说明材之重要性:"构大厦者,先择匠

---

　　① 《营造法式·大木作制度》卷四。
　　② 《营造法式·总诸作看详》。
　　③ 同①。

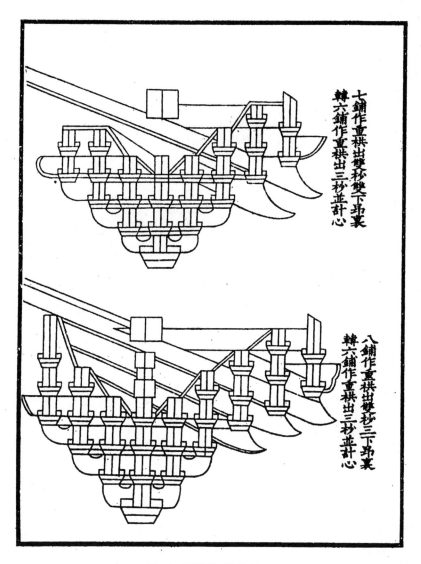

图 4　《营造法式》斗栱图

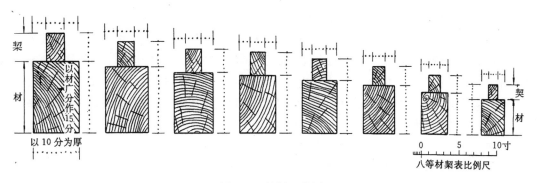

图 5　八等材示意图

而后简材。"①并加以注解说"构屋之法,其规矩制度皆以章契为祖;今世认为,人举止失措者谓之失章失契"。②这里所说的"章"可以理解为作文章的章法。盖房子也要有章法,用材制度就是建筑的章法,这是指导建筑设计之根本。仔细剖析一下材分模数制,的确可以证实它的重要性。它不但对建筑的结构、构造方面有重要价值,而且对尺度控制也起着重要作用,同时还为施工带来方便。

| 等　　第 | 材的尺寸<br>高×宽(寸)<br>(15 分°×10 分°) | 契的尺寸<br>高×宽(寸)<br>(6 分°×4 分°) | 使用范围 |
|---|---|---|---|
| 一等材 | 9×6 | 3.6×2.4 | 殿身 9 间至 11 间用之 |
| 二等材 | 8.25×5.5 | 3.3×2.2 | 殿身 5 间至 7 间用之 |
| 三等材 | 7.5×5 | 3×2 | 殿身 3 间至 5 间或厅堂 7 间用之 |
| 四等材 | 7.2×4.8 | 2.88×1.92 | 殿 3 间、厅堂 5 间用之 |
| 五等材 | 6.6×4.4 | 2.64×1.74 | 殿小 3 间、厅堂大 3 间用之 |
| 六等材 | 6×4 | 2.4×1.6 | 亭榭或小厅堂皆用之 |
| 七等材 | 5.25×3.5 | 2.1×1.4 | 小殿及亭榭等用之 |
| 八等材 | 4.5×3 | 1.8×1.2 | 殿内藻井或小亭榭用之 |

　　用材制度的制订是李诚的开创之举,又是法式的灵魂,让我们对这一制度进行剖析,或可弥补对李诚认识之空白。

　　什么是"材"?从表中可以看到,"材"的含意是一个包含高度和宽度两个数据的双向模数。它实际取自每一建筑物中使用最多的构件——枋子或栱的断面。所谓一等材高 9 寸宽 6 寸,就意味着使用一等材为标准建造的建筑物,其栱和枋的断面尺寸为 9 寸×6 寸。以此为基本单位,用以衡量其它构件,比如一根大梁的断面为 3 材,则意味着梁高为 3×9 寸,梁宽为 3×6 寸。为了解决零碎的,不足一材的构件之尺寸问题,于是把材的分尺寸定为分,一分相当于材高的十五分之一,材宽的十分之一。除了材和分之外,还有一个补充的模数单位,就是契,契高为 6 分,宽为 4 分,契的实际含意是栱或枋子之间的空档尺寸。如果用契作为模数单位,一根梁为二材一契,则意味着梁的高度为 15 分×2+6 分,等于 36 分,宽度为 10 分×2+4 分等于 24 分。无论何种情况,都遵循着一条规律,即材、契断面的高宽比为 3:2,用材、契为模数来确定的构件之断面,高宽比也为 3:2。这个比例数字,具有重要的力学价值,它表明当时中国建筑在材料力学方面已有较高的水平。这可以从材料力学发展史中找到依据。

　　将木构件的断面作成高宽比为 3:2 时,对于构件受力和圆木的出材率来讲,都是非常科学的。这样的数据表明,中国人在北宋末的 12 世纪初,在材料力学方面据有领先地位。翻开材料力学发展史,便可证实这一点。比李诚晚了三四百年的意大利科学家达·芬奇(L. Da Vinci,1452～1519)曾认为"两端支承的梁的强度与其长度成反比,而与其宽度成正比"。③也就是

———————————

① 西晋《傅子》。
② 《营造法式·总释上》卷一。
③ S. P. 铁木生可著,常振檝译,材料力学史,上海科学技术出版社,1961 年。

说,同样断面的梁,长度越长,强度就会越小;而同样长度的梁,宽度越大,则强度越高。达·芬奇没有注意到梁的高宽比对强度的影响。17世纪意大利科学家伽利略(G. Galilei,1564～1642),在他所著的《两种新科学》一书中提出"任一条木尺或粗杆,如果它的宽度较厚度为大,则依宽边竖立时,抵抗断裂的能力要比平放时为大,其比例恰为厚度与宽度之比。"伽利略已认识到杆体受力的好坏与其高宽比有关,但这时仍未得出定量的结论。后来,有位数学、物理学家帕仑特(Parent,1666～1716)指出,在圆木中截取最大强度的梁的方法。经过计算,这种梁的高宽比为 2.8:2[①]。这组数据与李诚规定的 3:2 非常接近,但比他迟了近 600 年。

究竟如何评价李诚所规定的受力构件之断面的高宽比呢?据英国科学家汤姆士·杨(Thomas Young,1773～1829)的研究,矩形断面木梁的高宽比之变化,有着这样的特点:当高宽比为 $\sqrt{3}:1$ 时,刚性最大,$\sqrt{2}:1$ 时强度最大,1:1 时最富于弹性。由此看来,李诚规定的 3:2 是介于 $\sqrt{3}:1$ 与 $\sqrt{2}$ 比 1 之间,它的强度虽比最佳值稍低[②],但使刚度稍有增加,又是整数的数据,可以认为是既有科学性,又有实用性的合理比例。然而。在建筑实物的考察中发现,与《营造法式》成书同期的建筑遗物,几乎没有使用断面为 3:2 的材,通过对 24 幢建筑用的 95 个梁断面的数据进行分析表明,其中有 50% 的梁,断面高宽比在 $\sqrt{2}:1$ 至 $\sqrt{3}:1$ 之间,而这 50% 中又可找出 37% 的梁断面高宽比为 1.5(±0.1):1 的范围内,这说明李诚不是直接录用匠人的现成经验,而是经过了对大量实物的观察、研究、分析,甚至进行过某种简单的力学计算而得出的结论。按照用材制度,在《营造法式》中所规定的构件用材尺寸,经过有关专家验证,梁、檩、椽等构件的大小"都具有比较接近的安全度",而且是采取了"等应力的设计原则"。这样的结果充分说明李诚在力学上的成就是很了不起的。

在建筑中运用材分模数制,除了保证其受力合理,达到一定的安全度之外,还有另一重要作用,这就是使节点标准化。在当时,凡是重要的建筑物,均用斗栱作为梁、柱交换处的节点。因为这样的节点可以承托较大的屋顶挑檐,使柱子、墙壁不受日晒雨淋。斗栱本身由许多纵横相交的枋木,叠落在一起,并向外挑出,栱与栱之间有小的垫木块——枓,通过开挖榫卯、使斗与栱紧密结合在一起,每一组斗栱的构造都是按材、栔相间的组合规律所组成。尽管随着斗栱所处的位置不同,斗栱组合的复杂程度有别,但材、栔相间的规律不变。(图6)建筑物的节点均

可寓于材、栔相间的组合规律中。可以说材分模数制是一种构造观念很强的模数制,因此在法式制度条文中对于一些节点的描述,直接用几材一栔来称呼,工匠见之一目了然。

李诚所制定的用材制度,还有一个突出的特点,就是将材分成八个等级。其目的是通

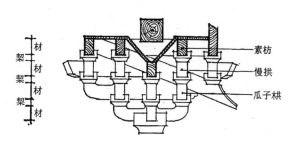

图 6　斗栱组合图

过使用不同等级的材,达到控制建筑尺度的目的。尺度,在中国古代建筑中,是非常重要的建筑

①　郭黛姮,从近现代科学技术发展看中国古代木构建筑技术成就,自然科学史研究,1983,(4)。

②　杜拱辰、陈明达,从《营造法式》看北宋的力学成就,建筑学报,1977,(1)。

艺术处理原则。这一则是由于伦理型的文化所致,把建筑群组中的房屋,按照伦理观念划分出主与从来,二则是由于材料所致,建筑体量受木材天然尺寸的制约,在复杂功能的要求下,建筑只能以群组型式出现,群组中的主、次要分明,只能突出主体。于是将主体建筑的体量加大,而次要建筑的体量则需减小,若要处理好主从之差别,必须准确地掌握每幢建筑的尺度,李诫规定八等材各有不同的使用范围,正是为了解决这样的问题。它不但能将一个群组的尺度解决好,而且还适用于不同规模、不同级别的建筑。每一位领导建设的都料匠,只要按照法式规定的用材等第去作,不必临时再去推敲每幢建筑的尺度,非常方便。按法式的用材等第组织建筑群的艺术效果如何呢?今天虽然找不到李诫亲自领导建造的建筑群,但仍可以举出与其近似的实例,作为佐证。山西大同善化寺群组便是一例,这组寺庙尺度之完美受到世人称赞。

八等材的各级之间,还有一种令人费解的现象。就是彼此不是以等差级数排列,经过专家们的研究,发现它反映了强度的等比级数关系。因此,八等材尺寸的数据中也含有科学性。

在今天,人们对李诫的这种双向模数,并且划分了若干等级的制度是陌生的,因为今天只使用单一的数字模数,用以解决建筑的开间尺寸或构件尺寸问题,使之均为数字模数的倍数。而数字模数的作用,仅此而已。材分模数制却与数字模数大不相同,它溶力学、构造、尺度三者于一身。这样的模数制对于当时的生产力和生产关系都非常合适,因为那时建筑的设计和施工都是交给口耳相传的工匠去完成的,没有详细的施工图纸。国家一级的大型建筑,由将作监领导的一批手工业工匠去完成。接受任务后,工匠们按照技艺的等级分别去加工制作不同难度的构件,如等级高的工匠专门加工制作斗栱,等级低者专门加工简单的构件。在加工过程中,由于建筑群组中每一幢建筑大小不等,同一类构件由于用在不同的建筑上,其尺寸也就不同。但它的材分尺寸是相同的,工匠只需记住其材分尺寸,而不必去记忆其实际尺寸,施工中利用八等材的材分标尺去放线就行了。构件加工制作完成后,按照不同的用材等第,便可分别拼装成一幢幢建筑。材分模数制既保证了构件受力的合理性,又解决了节点的标准化问题,减少了工匠对构件复杂的尺寸的记忆,使构件能够准确无误的拼装,在当时无愧为是一种完美的模数制。李诫所创制的这种模数制,在建筑标准化史上应占有重要地位。

随着"标准化"一词的使用,人们马上会联想到,千篇一律,枯燥无味,无创造性等等。然而,李诫对此也给予了应有的注意。他在提出"用材制度"的同时,还提出了"变造"精神,就是要考虑到随着营造位置的不同,而有所变化。"元祐法式"之所以"徒为空文,难以行用",就是因为"只是一定之法,及有营造位置尽皆不同,临时不可考据"。① 因此李诫在制度的条文中,处处考虑到构件变化的种种不同情况。同时还给工匠留有"随宜加减"的可能。法式制度中给出了各种变化的允许范围和变化的规律。例如彩画的绘制,法式在介绍了彩画的花纹品类、绘画步骤、调色方法之后,便指出彩画设计的构想,是"取其轮奂鲜丽如组绣华绵之文尔"。其"用色之制随其所写,或深或浅,或轻或重,千变万化,任其自然。"② 这段文字充分说明法式制度不是僵化的条文,彩画的好与差全在于工匠掌握,内容可以千变万化,色彩可以任其自然,只需能把建筑装点得美轮美奂就达到设计的构想了。李诫并不要求工匠趋从于制度的框框,而是鼓励工匠发挥其创造性。这就是变造精神的实质。

对于工料定额标准,李诫也是本着变造精神去制订的,他写到:"科栱等功限以第六等材

---

① 《营造法式·总诸作看详》。
② 《营造法式·彩画作制度》卷十四。

为法,若材增减一等,其功限各有加减法。"① 他还考虑到季节的更替所引起的工日之长短不同,将工日分成长功、中功、短功三种。劳动定额便随功日的长短而浮动。

变造精神的提倡,说明李诫是一位具有辩证的思维方法的人。因此在《营造法式》中,人们看到的是有定法,而无定式制度。李诫能如此灵活地编著法式制度,对于这位 800 年前的古人来说,是难能可贵的。

在科学技术被视为雕虫小技的时代,李诫以科学的自然观编出《营造法式》这部千古绝作,它的名字将随着《营造法式》在中国古典文献中所放出的异彩而流芳千古。

## 参 考 文 献

杜拱辰,陈明达. 1977. 从《营造法式》看北宋的力学成就. 建筑学报,(1)

傅冲益(宋)撰. 宋故中散大夫知赣州军州管句学士兼管内劝农使赐紫金鱼袋李公墓志. 见:程俱. 北山小集

郭黛姮,论中国古代木构建筑的模数制. 见:建筑史论文集　第五辑

郭黛姮,1983. 从近现代科学技术发展看中国古代木构建筑技术的成就. 自然科学史研究,2(4)

李　诚(宋)撰. 1933. 营造法式. 上海:商务印书馆

铁木生可. S. P. 著,常振檝译. 1961. 材料力学史. 上海:上海科学技术出版社

脱脱(元)等撰. 1977. 宋史　职官志,食货志. 北京:中华书局

(郭黛姮)

---

① 《营造法式·大木作功限一》卷十七。

# 陈旉

## 一 陈旉其人

陈旉，是个不见经传的人物。《宋史》中没有他的传略，其他文献里也找不着有关他的事迹。他的名字是因其所著的《农书》而流传于后世的。

所幸，他的《农书》中留下了一些墨迹，这使我们有条件为他钩画个粗略的轮廓。

《农书》的《陈旉跋》说："此书成于绍兴十九年(1149)"。书成以后，陈旉曾送请仪真洪兴祖为他作《后序》，这时，他已经74岁。据此推算，他应出生于熙宁九年(1076)。书成以后五年，陈旉自己又写过《跋》，可想他享年在八旬以上。何时身亡，则难以推知了。

陈旉的祖籍，无法查明。近来有一说："他大概是江苏人"① 但从其署名及其他有关资料看来，他不像是江苏人。

《农书》的署名，是"西山隐居全真子陈旉"。"全真子"不是一般的称谓，而是一个道号。显然，他和"全真教"有千丝万缕的联系。

全真教是金元道教的大宗，创始于靖康之后(1127年后)，教徒多是"河北之士"，他们以此为"逋逃薮"②，以"苟全性命于乱世，不求闻达于诸侯"(但亦有个别起来反抗异族侵略意图的)。这些教徒"非儒非释，行同隐居"③，亦即只隐居修炼而已，与那些专搞"飞升炼汞，祭醮禳禁"的道士，大不相同。他们凭藉耕田凿井，自食其力。陈旉的行径，正是如此。他"平生读书，不求仕进，所至即种药治圃以自给。"④

在此，"所至"二字，很值得推敲。至少这两字有这样的含义：即他一生中，居处不止有一次的迁徙，并且，在迁徙中，中途有过停留。如此情况，就足以帮助我们形成这样的看法：陈旉是华北人(很可能即所谓的"河北之士")，因为"避金"，参加了全真教，取名"全真子"。当其辗转南下，中途有过停留，最后到达江苏；在江苏住了相当长的一段时期，才完成了这部杰作。

其实，他的思想很杂，儒、释、道三方面的思想，他都具备，也都反映在他唯一的著作——《农书》之中。

如《天时之宜篇第四》里：就提出"在耕稼，盗天地之时利，可不知耶？"这种提法，最早出现于《列子·天瑞篇》，是最早的道教思想。

但在其《后序》中，却又说："欲使民有常心，必先制之有常产。"这种思想，简直是儒家孟轲的"有恒产者有恒心，无恒产者无恒心"⑤ 理论的翻板。书里，还不止一处讴歌"圣王"、"圣人"，俨然他又是一个儒家。

---

① 万国鼎，陈旉农书校注，农业出版社，1965年，第8页。

② 陈垣的《南宋初河北新道教考·士流之结纳第四》说："况其创教在靖康之后，河北之士正欲避金，不数十年又遭贞祐之变，燕都亡复，河北之士，又欲避元，全真遂为遗老之逋逃薮。"

③ 杨向奎，中国古代社会与古代思想研究，上册，上海人民出版社，1963年，第505～506页。

④ 陈旉，《农书·洪兴祖后序》。

⑤ 《孟子·滕文公章句上》。

此外,书中还反映有求神拜佛的思想。除列有要求"春祈秋报"的《祈报篇》外,对牲畜染有疫疠,竟提出"唯以巫祝祷祈为先"的论调。

陈旉的思想之杂可知了。洪兴祖在为其所作的《后序》中,对他作了比较全面的概括:"西山陈居士,于六经诸子百家之书,释老氏黄帝神农氏之学,贯穿出入,往往成诵,如见其人,如指诸掌。下至术数小道,亦精其能,其尤精者易也。"

至于他的身份,看来很像是一个薄有资财的"半耕半读"的经营地主,决不是一个大地主。正因其薄有资财,他才得迁徙方便,由北而南,不致有如大地主之受田亩与家室的牵累。同时,书中也反映了:他在生产上主张谨小慎微、处处念虑;在生活上强调"节用御欲",不可侈费妄用。所有这些,也都可以作为佐证。

## 二　《农书》的主要内容

陈旉凭藉其渊博知识和隐居西山从事农业生产多年的实践经验,并以此为重点结合对周围农业环境的观察和研究所得,才写下这一部精心杰作。

全书篇幅不大,仅一万二千余字,分上、中、下三卷,上卷是全书的重点,所占的份量亦较大。

上卷没有卷名,全卷计 12 篇,后又附两篇专论。全卷的主题思想、是在阐述农业生产上的经营管理及生产技术。

《财力之宜篇第一》是开宗明义第一篇。全篇申述农业生产要"量力而为",采取集约经营;要求"财(资金和土地)足以赡,力(劳动力)足以给",才能做到"优游不迫",收取"必效(成功)";切不可"贪多务得"。

《地势之宜篇第二》指出农业生产基地因地势高下之不同,该予以适当的处置,如高田则需凿陂塘蓄水,下地则宜筑圩岸防淹……,然后再酌情安排其适当的经营项目和采取适当的技术措施。篇内就高田、下地、坡地、深水薮泽和湖田五种不同土地,分别说明各该适合的土地利用方式。

《耕耨之宜篇第三》主要谈论土壤耕作;分别就早田(收后种豆、麦、蔬茹)和晚田(收后冬闲)以及"山川原隰"和"平陂易野",叙述各该适宜的耕作措施。

《天时之宜篇第四》指出种庄稼一定要知道"阴阳消长"和"气候盈缩"的道理,才能做到顺天时地利,进行生产。

《六种之宜篇第五》提出要按着时宜,安排各项作物,进行多种经营,并增加其复种次数,力求做到"种无虚日,收无虚月,一岁所资,緜緜相继"。

《居处之宜篇第六》则强调农家房屋的布置,要安排适当;如"民居去田近,则色色利便,易以集事",节省不少劳力。

《粪田之宜篇第七》指出对肥沃度不同的土壤,总要治之得宜,提出"用粪犹用药"的论点;本篇更重要的一点,是纠正了"田土种三五年其力已乏"的错误思想,倡言"地力常新壮"论。此外,还介绍用火粪、麻枯…等新法,以及设置粪屋以保存肥效的措施。

《薅耘之宜篇第八》指出除草的原则,在"绝其本根,勿使能殖";在不同季节,要用不同方法。山地耘稻田,要求"先于最上处收蓄水,……然后自下旋放令干而旋耘,……然后作起沟缺,次第灌溉"。如斯,既可节约用水,又可使"稻苗蔚然","胜于用粪"。

《节用之宜篇第九》申论丰稔之后,要"节用御欲",不可侈费妄用。

《稽功之宜篇第十》指出农业生产上要"稽功会事,以明赏罚",即对雇工("小人")注意考核其勤惰,必要时,"鞭策不可弛废"。

《器用之宜篇第十一》阐明"二欲善其事,必先利其器"的重要性。

《念虑之宜篇第十二》强调对农事要时刻念虑,并料理缉治。

《祈报篇》叙述春祈秋报的一套迷信活动。

《善其根苗篇》专门申述水稻生产要"先治其根苗,以善其本"(即培育壮秧)的道理,提出"种之以时,择地得宜,用粪得理"和"勤勤顾省修治"的要求,还具体介绍了修治秧田、育好壮苗的技术要点。

卷中,卷名《牛说》。内分两篇。

《牧养役用之宜篇第一》特别强调养牛"必先知爱重之心,以革慢易之意"。此外,在饲养技术上提出一些注意要点。

《医治之宜篇第二》除介绍一些常见病的医术外,特别提出有些传染病,要"勿令(病畜)与不病者相近"(即今之所谓的"隔离");还要注意"适时养治"。

卷下,卷名《蚕桑》。内分五篇。

《种桑之法篇第一》介绍子种和压条繁殖技术,并提倡桑苎间作。

《收蚕种之法篇第二》介绍妥善收藏蚕种、蚁蚕饲养等技术要点,并提出"勿育原蚕"的要求。

《育蚕之法篇第三》提出摘种"必择茧之早晚齐者"的要求,并申述其道理。

《用火采桑之法篇第四》阐明蚕室要用火提高室温、勤去沙薉和防南风等的道理。

《簇箔藏茧之法篇第五》提出茧才拆下箔,即去茧衣,加盐藏之,即不出蛾,且丝质又好。

# 三 《农书》的主要特色

陈旉隐居在西山,"躬耕"在西山,《农书》也出自西山,则《农书》所反映的地区性是十分明确的。

可是,西山在那里? 对此,学者的说法不一;大致有两种说法:

第一说,也是较早的说法。它认为西山是扬州的西山(在今江苏邗江境内),或太湖洞庭西山。其理由是"从书中反映的江南农业技术,结合他(陈旉)以七十四岁的老人,于成书后送到仪真(今江苏省仪征县)给洪兴祖看,西山当离仪征不远,可能是扬州西山,也可能是太湖洞庭西山。"[①]

另一说,是杭州一带。说者没有明确肯定,却认为"陈旉《农书》,在宋高宗建都杭州后十九年(1149)写成,正是杭州一带蚕桑兴盛的时代。"[②] 其弦外之音,即《农书》所反映的可能是杭州一带地区的农业情况。

的确,这三个地区(扬州西山、太湖洞庭西山、杭州西山)在生产上都有一个共同的特点,亦即《农书》所反映的以水稻生产为主、以蚕桑为辅。当然,具体到生产实际上,三个地区尚有差

① 万国鼎,中国农学史(下册),科学出版社,1984年,37页。

② 石声汉,中国古代农书评介,农业出版社,1980年,第43页。

异,从差异之中便可以确定西山之所在。

三个地区的差异,确乎表现在水稻品种之上。在唐代,这三个地区的地土贡中,同有稻米(杭州无)和丝织品,但所贡的稻米在品种上却有不同。如:

扬州广陵郡,大都督府。本南兖州江都郡。武德七年曰邗州,以邗沟为名,九年更置扬州,天宝元年更郡名。土贡:绵、蕃客袍锦、被锦、半臂锦、独窠绫……黄稑米、乌节米……

苏州吴郡,雄。土贡:丝葛、丝锦、八蚕丝、绯绫……大小香秔……

杭州余杭郡,上。土贡:白编绫、绯绫……①

其中,唯扬州广陵郡的土贡中有"黄稑米"。《农书》的《地势之宜篇第二》里也曾提到"以黄绿谷种之于湖田"。元·王祯《农书》引作"黄穆稻"②。"稑"与"穆"同,与"绿"同音通假。"黄稑米"亦即"黄绿谷"所产之米(在南方,"谷"字指稻)。这一唐代的水稻品种仍保存到宋代,唯扬州所有,苏、杭所没有。仅此,即足以明确书中的"西山"系指扬州的西北。

"西山"在扬州是民间常用的名字,它不是指某个具体地点,而是个总名,指蜀冈以西的一片丘陵山区。笔者幼年时期,曾进入西山,那里仍有如《农书》所述的"高田坡塘"、"坡形梯田等等。(至于扬州的蚕桑事业,当时不及太湖地区。)

所以,"西山"指扬州西山的说法,是可以置信的。

其次,《农书》的实践性是相当强的。陈旉在西山躬耕,所汲取到这一地区的农业知识的实践经验,是属于丘陵山区的。至于下地、深水泽薮、湖田等农业生产情况,绝大的可能性系来自所见,所闻;可是,他对这些资料,并不轻信,而是遵照孔子的"必择其善者乃从,而识其不善者"的教导行事③,并本着"不知而作"不干和"盗誉而作"不干的精神才下笔。可以说,他治学严谨、著述慎重。无怪乎他自信:"是书也,非苟知之,盖允蹈之,确乎能其事,乃敢著其说以示人。"④

正因其实践性强,对发展农业生产有所裨益,为它作序的真州(今仪征县)知州洪兴祖亦觉得它很符合当地生产上的需要,于绍兴十九年(1149)吩咐其所辖地区为它刊刻,并附《仪真劝农文》于后,广为传播。65年后,宁宗嘉定七年(1214),高邮军汪纲再次翻印。以后,它的刊本、抄本、合编等等,与时俱增。目前存有永乐大典本、四库全书本、函海本、知不足斋丛书本以及与秦观《蚕书》、楼琦《耕织图诗》的合编等,可见,它确"有补于来世",才为后人这样重视的。

最后,《农书》也具有相当高水平的农学理论。这是因为陈旉能"于六经诸子百家之书,释老氏黄帝神农氏之学,贯穿出入",并结合其从这一地区汲取到的农业知识和实践经验,而加以总结所致的。

《农书》的理论性,首先表现于它以生产作为一个整体进行研究,而以"取必效(经营成功)"为目的。所以,他视农业经营管理为左右生产全局中能起决定性作用的因素,则于书中,第一篇即阐明其观点。

生产经营规模既已确定,书中各篇则按生产程序逐一加以阐述,如生产基地上必要的基本建设、土壤耕作、识天时、经营项目的安排、田间布置、施肥、薅耘……等等,蚕桑部分的处理亦如此。对生产上的重点问题,另辟专论。如此安排,全书形成一个整体,目的明确,结构严谨,层

① 《新唐书·地理志》。

② 《农器图谱集之一》。

③ 陈旉,《农书·自序》。

④ 陈旉,《农书·自序》。

次分明,轻重有别.比之仅可起作物栽培学或"农业操作规程"作用的《氾胜之书》、《齐民要术》,以及比之仅起"农家历"作用的《四民月令》、《四时纂要》,它确有其高明之处。

《农书》之另一特殊表现,即侧重于生产上的规律、原理和原则等的阐述,而不拘泥于技术的细枝末节。《天时之宜篇第四》中,交代"在耕稼,盗天地之时利,可不知耶!?"这里的"盗"字非强盗之"盗",而是巧妙地运用的意思。特别是影响生产的重要因素—"天时",常出现有"或气至而时未至,或时至而气未至"的现象,如能掌握并能适当运用气候的变化规律,生产上才可以做到"不先时而起,不后时而缩"。所以,生产上特别是作物播种期,就不能单纯以"时"为依据。在此,陈旉又写下这样的告诫之辞:"今人雷同以建寅之月朔为始春,建巳之月朔为首夏,殊不知阴阳有消长,气候有盈缩,冒昧以作,克有成耶? 设或有成,亦幸而已,其可以为常耶?"对《齐民要术》和《四时纂要》之为一些作物播种期,硬性排订出它们的"上时"、"中时"、"下时",如《齐民要术·水稻第十一》:"三月种者为上时,四月上旬为中时,中旬为下时",《四时纂要·四月》:"黍、稻、胡麻,并上旬为中时;唯旱稻为下时(二月中旬为上时)",他则觉得有"迂疏不适用"之感,才作如斯评语,不是信口开河,而是有他的道理的。(在此,尚未涉及农业生产的地区性问题)。

可是,近世学者对"迂疏不适用"五字评语,有的认为陈旉的批评未免过分,有的甚至怀疑他是否真正见过读过《齐民要术》,或者对黄河流域的农业情况根本上毫无了解①。但如果对陈旉的身世及其行径作过进一步的探索,对其《农书》也作过进一步的剖析,似可免除上述的疑团出现。

## 四　《农书》在农业生产上的理论建树

陈旉《农书》和在它以前的现存农书相比,体例上可以说是"别开生面,体出新裁"了,但其珍贵犹不在此,而是在农业生产的理论上,有所创新,有所建树。

它在农业生产理论上的主要建树,大致可概述如下:

第一,农业经营成功的奥秘,农业经营在陈旉看来是一切事业中最艰难的一项("稼穑艰难之尤者"),切不可苟且。据其多年"种药治圃"的经验,得出这样一个总结:农业经营"若深思熟计,既善其始,又善其中,终必有成遂之常矣。"② 寥寥数语,而寓意深长。即:

(1)"凡事预则立,不预则废",农业经营尤其要注意这一点。所谓"预",就是他所说的"深思熟计",用今日的术语说,即生产之前,要做好周密的计划.生产计划之初,首先要确定经营的规模。陈旉对此提出一个准则:即财(资金和土地)与力(劳动力)二者要相称。一定要"先度其财足以赡,力足以给,优游不迫,可以取必效,然后为之。"③ 切不可贪多务得。俗话说:"多虚不如少实,广种不如狭收。"

(2)计划既定,就要"善其中",即切实地贯彻执行计划。除了进行一系列的技术措施,如基本建设、经营项目的安排、土壤耕作,作物栽培……等等之外,尤须在其执行过程中,要"念念在是,不以须臾忘废"。

(3)及至经营成功,丰稔之余,特别要注意"节用御欲",不能"见小近而不虑久远,一岁丰

① 万国鼎,陈旉农书校注,第8页;石声汉,中国古代农书评介,第44页。
② 陈旉,《农书·财力之宜篇第一》。
③ 陈旉,《农书·财力之宜篇第一》。

稔,沛然自足,弃本逐末,侈费妄用,以快一日之适"①,要注意农业再生产的继续进行的问题。

第二,为南方农业发展创制了经营模式。陈旉利用长江下游的优越的自然条件,为小农增产增收创制了多种经营的适合模式②。

水稻田内:

  早稻——豆(麦或蔬茹)

  晚稻——休闲

旱地上:

  正月  种麻枲(大麻)

  二月  种粟

  三月  种早油麻

  四月  种豆

  五月  种晚油麻,刈麻枲,治地

  六月  刈麻枲

  七月  收粟,收早油麻、豆,种萝卜、菘菜  治地

  八月  收早油麻,种麦

  九月  收晚油麻

  ……

这样的经营安排,"则相继以生成,相资以利用;种无虚日,收无虚月,一岁所资,缣缣相继,尚何匮乏之足患,冻馁之足忧哉?"即如此的经营,土地可以得着充分利用,而农民的实物和经济等收益,也因之增加。

第三,"地力常新壮"的倡论。自有农业生产以来,在土壤肥力问题上,就存在着两种不同看法:一是土地经过利用一段时期,地力就会逐渐减退;另一是在利用过程中,对土地不断采取适当措施,可以保持并增进其地力,从而达到"新壮"。这两种思想一直在斗争着,也反映到陈旉《农书》之中。

陈旉继承了前人的"地可使肥,又可使棘"的思想,积极发挥人力在地力改造上的作用,积其多年的实践经验,总结出"地力常新壮"的新论。它一面证实了前人思想的正确性,更重要的一面是发展了前人思想,并将我国的土壤肥料知识推向更高的水平。

他说:

> 或谓土敝则草木不长,气衰则生物不遂;凡田土种三五年,其力已乏。斯语殆不然也。是未深思也。若能时加新沃之土壤,以粪治之,则益精熟肥美,其力常新壮矣,抑何敝、何衰之有?

所以,书里对以粪肥增进地力一事,极为重视,除列有《粪田之宜篇第七》的专论之外,在其他许多篇中,亦常常提及施肥问题,还介绍了用客土、火粪、发了酵的麻枯、沤肥……等作肥料,施用时,要"用粪得理"。为了保存肥效,又指出设置粪屋的措施。

可见,陈旉所倡的"地力常新壮"论,另有紧紧跟上去的一套技术措施,则不是夸夸其谈的空论了。

---

① 陈旉,《农书·念虑之宜篇第十二》。
② 陈旉,《农书·粪田之宜第七》。

第四，增产过程中的技术关键。贯彻执行生产计划，从头到尾要时刻念虑，一定要将工作做好，特别对增产中起决定性作用的关键，不可忽视。《农书》里虽没有明确地提出，但从其篇目的安排上，确反映出陈旉就有这样的认识。长江下游的主要作物是水稻，他就水稻生产过程中的比较重要的环节，分别加以阐述，如耕耨、天时、粪田、薅耘等都有分篇，特别对秧苗，他认为是增产的关键，尤需重视，所以，另列一篇专论—《善其根苗篇》，提出"培育壮秧"的重要性。它说：

> 凡种植（水稻），先治其根苗，以善其本，本不善而末善者鲜矣。……根苗既善，从植得宜，终必结实丰阜。若初根苗不善，方且萎顿微弱，譬孩孺胎病，气血枯瘠，困苦不暇，虽日加拯救，仅延喘息，欲其充实，盖亦难矣。

其他农书对作物栽培，大多循其生产环节，不分巨细、轻重，平铺直叙下来，很少指出其增产的关键所在。这样的处理与陈旉《农书》相比，则是稍逊一筹了。

第五，研究方法上的创新。在陈旉《农书》以前的现存的古农书，《吕氏春秋·上农等四篇》、《氾胜之书》、《四民月令》、《齐民要术》、《四时纂要》等，大都只侧重于技术的描述，陈旉却打破陈规旧习、第一个以一个田场或一个地区作为一个整体的研究对象。《农书》理论性之强，确因此而得来。

农业生产，一定要"取必效"。据陈旉的多年实践经验，认为"取必效"，不单单依靠生产技术，对农业经营管理亦不可偏废，甚至他对它尤为重视，才将《财力之宜篇第一》列为卷首，是有原因的。

这种从全局出发，以经营管理和生产技术二者结合起来以研究农业生产问题，这种研究方法，不能不称之为"创新"。

## 五　《农书》对南方农业的推动作用

陈旉《农书》是南方水稻地区第一部农书，在中国农业发展史上也是一部具有划时代意义的著述。它确实对南方主要作物——水稻及其他作物生产，起了重大的促进作用。日本学者天野元之助先生曾作了如下评语[1]：

> 唐末以后，中国农业的重心，事实上已经由华北的旱地农业转向到江南的水田农业。随着水利诸设施的实施、围田、圩田、湖田的构筑、江南新地主的庄园乃至佃户经营的发达等等，使中国史上呈现出一个划期的时代。此际陈旉《农书》为适应这种新兴的江南水稻作，提出以连作施肥栽培来代替旧日岁易无肥料栽培。用他自己的话就是'凡田土种三五年，其力已乏。斯语殆不然也。是未深思也。若能时加新沃之土壤，以粪治之，则益精肥美，其力当常新壮矣。抑何敝、何衰之有？'把水田经营从掠夺农法推进到永久农业，这是陈旉的伟大功绩。

陈旉《农书》对南方水稻生产发展，起了积极的促进作用，这确是一件伟大的功绩！但天野元之助却认为由它"提出以连作施肥栽培来代替旧日岁易无肥料栽培。……把水田经营从掠夺农法推进到永久农业"，这样的评语，似有言过其实之嫌。

其评语之由来，很可能起因于对"火耕水耨"的理解不同和将汉初至南宋陈旉以前的一长段历史时期的江南农业生产视作无有发展。这里，提出一些不同看法：

---

① 天野元之助，陈旉农书上稻作技术の展开，东方学报，第19，21期（原文未见。此据中国农业遗产研究室译本）。

有关江南农业生产早期情况的文献记载,既少而又含浑;仅见有:

"楚越之地,地广人稀,饭稻羹鱼,或火耕而水耨。"①

"江南之地,火耕水耨。"②

"荆、扬……伐木而树谷,燔莱而播粟,火耕而水耨。"③

三则资料都反映了江南的水稻生产是采用"火耕水耨"的耕作法;而此四字却引起了国内外一些学者的分歧的解释:有的望文生义,有的以国外情况来比拟,……等等不一,但其结论是同一的:即汉初江南的水稻生产技术是落后的,甚至断言为属于"原始的耕作形态"。是否该作如此理解,不妨先看看对此四字作出的第一个注释——应劭注:

"烧草下水种稻,草与稻并生,高七八寸,因悉芟去,复下水灌之,草死独稻长。"④ 应劭距离汉初,比之其他注释人——唐·张守节和清·沈钦韩等之距汉初,要近得多,则其所注的可靠程度比他人的为大。

就应劭所述的情况分析,这里在水稻生产上先后用火攻和水淹以消灭杂草,比之《齐民要术》所提出的"岁易为良"(即以水旱轮作的方法消除水生杂草)和为薅除草、稗所采取的"拔而栽之"的办法,则较为省力,更切合于"地广人稀"的江南的生产条件。

至于说陈旉以前,江南水稻生产采取的是"掠夺农法"(即"无肥料栽培"),则令人难以理解。在此,我们无法找到江南水稻生产上有无施用肥料的确切史料,但从江南经济发展的历程来看,则觉到"掠夺农法"一说的非是。

第一,江南水稻栽培历史悠久,目前最早的出土的稻谷资料,是在浙江余姚的河姆渡,距今已有六至七千年,太湖地区的出土资料,也是好几千年之前。及至春秋战国时期,南北交往频繁,中原农业生产上一再强调"多粪肥田",这一生产经验,难道就没有传播到江南来吗?果真没有,则楚,越那来的经济实力与中原大国争霸呢?

第二,江南在汉初时期,生产上比中原落后,但经济上的落后不等于生产技术的落后,江南生产上的问题,是"地广人稀",劳动力缺乏,富饶的资源有待开发。及至三国以后,北方人因避战乱,一批批越江南来,其中有豪门贵族,也有不少劳动人民,他们引进了新作物、新品种、先进生产经验等等,江南经济开发上所需的劳动力得到充实,技术也相应有所提高,农业生产自然以高速度地向前迈进。六朝期间(222~589),三吴地区(吴、吴兴、会稽)的水稻生产,竟已达到"一岁或稔,数郡忘饥"的地步,这岂是"岁易、无肥料栽培"所能致的?

第三,"火耕水耨"应劭法所反映的情况,汉初江南的水稻生产是直播、一年一熟的。从汉初至陈旉《农书》问世之前,约有千余年,在这样长的一段期间内,江南的耕作制一直在变化,即由直播、一年一熟逐步通过秧田设置、移栽和与麦类作物搭配等技术措施,形成为稻—麦一年两熟制。这一复种轮作制的出现,最早的文献记载,是北宋朱长文的《吴郡图经续记》(1084):"吴中……其稼则刈麦种禾,一岁再熟。"当然,其原始尤早于 11 世纪;至陈旉时期,它在长江下游地区业已定型了。

根据以上分析,天野元之助所说的靠这部《农书》就"把水田经营从掠夺农法推进到永久农

---

① 《史记·货殖列传》。

② 《汉书·武帝纪》。

③ 《盐铁论·通有篇》。

④ 《汉书·武帝本纪》。

业"，是与江南农业发展的历史事实有所不符的。实则江南农业发展，是在陈旉以前的广大劳动人民世世代代不懈地与大自然作斗争所取得的，决不是一部书就能起了"扭转乾坤"的作用；在陈旉，则针对当时的农业生产中存在的问题，凭其实践经验和研究中所得到的心得体会，提出了精辟的农学理论和合理的技术措施，而将后世的南方农业大阔步地推向前进。

因此，陈旉《农书》除了长江下游地区水稻生产谱出一套耕作栽培技术外，其特殊的贡献，根据以上所述，可归纳有如下两点：

（一）初步建立了农业生产理论，其中特别强调生产计划性，即以生产作为一个整体，从经营管理和生产技术两方面进行综合考虑，然后行事。这才是"取必效"的途径。

（二）为巩固和发展水稻地区的复种轮作制，介绍了广辟肥源、保持肥效、施肥得理等技术措施，以解决稻—麦一年两熟制中的耗肥问题；又倡立了"地力常新壮"论，以扫除"地力减退"的思想阻力。

# 六　结　论

陈旉《农书》是我国南方水稻地区现存第一部综合性农书。它"篇幅虽小，实具有不少突出的特点，可以和《氾胜之书》、《齐民要术》、《王祯农书》、《农政全书》等并列为第一流古农书之一。"[1] 日本天野元之助也誉之"是宋代农书中值得大书特书的，因为它给后魏贾思勰《齐民要术》以来的农书放一异彩。"[2]

遗憾的是，《四库全书总目》却给它以不公允的评语[3]：

其《自序》又称，此书非膳口空言，夸张盗名，如《齐民要术》、《四时纂要》迂疏不适用之比，其自命殊高。今观其书，上卷泛言农事。中卷论及养牛，下卷论养蚕，大抵泛陈大要，引经史以证明之，虚论多而实事少，殊不及《齐民要术》之典核详明；遽诋前人，殊不自量；然所言亦颇有入理者。

自它蒙蔽了"虚论多而实事少"的灰尘，更以其篇幅小，遂为后人所误解以致被忽视，它在生产上所能起的促进作用得不到充分的发挥。

所幸，近年来我国的万国鼎、石声汉以及日本的天野元之助、寺地遵等先生为之作了科学的整理研究，发掘出它的精华，在中国农业史上给予很高的评价，实是一大幸事！自斯，它的光彩又重新闪灼于国内外学术界了！

## 参 考 文 献

李长年. 1958. 祖国的农场经营管理知识的整理分析. 见:农业遗产研究集刊,第二册. 北京:中华书局
李长年. 1981. 农业史话. 上海:上海科学技术出版社
石声汉. 1980. 中国古代农书评介. 北京:农业出版社
万国鼎. 1965. 陈旉农书校注. 北京:农业出版社
万国鼎. 1984. 宋代农业和陈旉农书中的农学. 见:中国农学史(初稿)下册. 北京:科学出版社
杨向奎. 1963. 中国古代社会与古代思想研究,上册. 上海:上海人民出版社
天野元之助〔日〕. 1979. 中國農業史研究. 御茶の水書房　　　　　　　　　　（李长年）

---

① 万国鼎,陈旉农书校注,第20页。
② 天野元之助,陈旉农书上稻作技术的开展。
③ 《四库全书总目》卷一〇二《子部·农家类》。

# 杜绾

杜绾,字季阳,号云林居士,山阴(今浙江绍兴)人,生卒年不详。北宋矿物岩石学家,著有《云林石谱》传世。杜绾的祖父杜衍(978～1057),字世昌,庆历四年(1044)为相,五年罢相。封祁国公,谥文献。杜衍有四个儿子,顺序排列是杜诜、杜䜣、杜讷、杜诒。[1] 杜诜,大理评事,庆历辛巳(1041年)卒,年仅25岁。子名振,秘书省校书郎。[2] 杜䜣,奉礼郎,太常博士。杜讷,将作监主簿。杜诒,秘书省正字。杜绾的父亲是谁,现在没有查到明文记载。但从杜诜只有25岁,"三子早卒"[3] 的话推断,可能是杜䜣或杜诒。苏舜钦则是杜绾的姑父。

杜绾生活在官僚世家,有条件接触全国各地的奇异珍宝和怪石。

北宋时期,士大夫好石成风,文人学士竞相寻求好的砚石。有的人如苏东坡、米元章等多有石癖。到北宋末,不光是士大夫好石成癖,而且以宋徽宗为代表的上层封建统治集团,日趋腐败,追求享乐,大兴土木,搜取珍玩。政和四年(1114),新建延福宫,其间"殿阁亭台相望,凿池为海,疏泉为湖,怪石岩壑,幽胜宛若天成,不类尘境。"[4] 政和七年(1117),动用成千上万的人力、财力,把一些外表姿态美观的石头如灵璧石、太湖石、慈溪石、武康石、登州石、莱州文石等,"皆越海渡江而至",[5] 为修建万岁山备用。五年后,万岁山建成,改名叫"艮岳"。山周长10余里,最高峰90步,[6] 上有"介亭",分东、南二岭,直接南山。封建统治阶级对各种怪石的追求,引起了当时知识分子的注意。他们中的某些人,不仅爱石、玩石、而且为各种石头写谱,描述它们的产地、性状,出现了一批《砚谱》和《石谱》。如苏易简的《砚谱》、米元章的《砚史》、李之彦的《砚谱》、无名氏的《歙州砚谱》、《端溪砚谱》、《渔阳公石谱》、《宣和石谱》、杜绾的《云林石谱》等。其中各种《砚谱》是记载适合制砚的石头,一般都有岩石性状的简单描述。《渔阳公石谱》、《宣和石谱》所记都是当时适合造假山的著名石头。石头名称因形而异,如"云岫"、"万里江山"、"吐月"、"排云"等。《宣和石谱》则专记"艮岳"山上的石头名称67种,无岩性描述。石谱中,最突出的代表是《云林石谱》,它不像《砚谱》、《渔阳石谱》、《宣和石谱》只谱写砚石或"假山清玩",而是着眼于全国各地有代表性的石头的性状描述。这种作法和写法,大大提高了《石谱》的科学价值。

《云林石谱》的成书时间,根据书中记载的最晚年号"政和间"(1111～1118)[7] 可知上限为1118年;又据孔传于绍兴三年(1133)写的序,则下限为1133年。这样,成书时间可以大约定在1118～1133年这15年间,即北宋末南宋初。

孔传字世文,孔子47代孙。建炎初,随孔端友南渡,遂流寓衢州。绍兴中官至右朝议大夫,

---

① 欧阳修,《太子太师致仕杜祁公墓志铭》,载《欧阳文忠公文集》卷三十一。

② 苏舜钦,《大理评事杜君墓志》,载《苏舜钦集》卷十五,上海古籍出版社,1981年。

③ 欧阳修,《太子太师致仕杜祁公墓志铭》,载《欧阳文忠公文集》卷三十一。

④ 《宋史纪事本末》卷五十"花石纲之役"。

⑤ 《宋史纪事本末》卷五十"花石纲之役"。

⑥ 步是古代长度单位,一步为五尺。

⑦ 见《云林石谱》"襄阳石"。

知抚州军州事兼管内劝农使,封仙源县开国男。他在序中对《云林石谱》的评价是中肯的,说:"陆羽之于茶,杜康之于酒,戴凯之之于竹,苏太简之于文房四宝,欧阳永叔之于牡丹,蔡君谟之于荔枝,亦皆有谱,惟石独无,为可恨也。云林居士杜季阳盖尝采其瑰异,第其流品,载都邑之所出,而润燥者有别,秀质者有辩,书于简编,其谱宜可传也"。后来也有人说,《云林石谱》是"谱录中不可少之书也"①。已认识到此书有很高的学术价值。

《云林石谱》是我国古代保存至今最完整、最丰富的一部石谱,约一万四千余字。被描述的石头总计116种,详略不等地叙述其产地、采取方法、形状、颜色、质地优劣、敲击时发出的声音、坚硬程度、文理、光泽、晶形、透明度、吸湿性、用途等。这116种石头中,按性质分,有比较纯的石灰岩。当它们被水侵蚀后,有特殊的形状,可用作假山。如灵璧石、太湖石、无为军石、临安石、崑山石、常山石、开化石、英石、江州石、袁石、襄阳石、镇江石、庐溪石、品石、浮光石、袭庆石、吉州石、蜀潭石等。有石钟乳类,如林虑石、耒阳石、全州石、洪岩石、萍乡石等;有石灰岩或砂岩,如江华石、澧州石、穿心石、西蜀石、雪浪石等;有含锰质或铁质的石灰岩或砂岩,如武康石、兖州石、韶石、梨园石、祁阇石等;有比较纯的石英岩、砂岩、玛瑙、水晶,如峄山石、涵碧石、洛河石、玛瑙石、松滋石、菩萨石、黄州石、密石、河州石、螺子石、柏子玛瑙石、六合石、兰州石、泗石、饭石、登州石、石棋子等;有叶腊石、云母、滑石,如修口石、莱石、糯石、阶石、上犹石、宝华石、桃花石、墨玉石、菜叶石等;有页岩,如永康石、仇池石、清溪石、华严石、紫金石、绛州石、巩石、端石、小湘石、婺源石、红丝石、建州石、南剑石、石镜、方城石、玉山石、大沱石、青州石、龙牙石、分宜石等;有比较纯的金属矿物和玉类,如于阗石、白马寺石、蛮溪石、燕山石、韶州石、方山石、鹦鹉石、矾石等;有化石类,如苏氏排衙石、排牙石、石笋、鱼龙石、松化石、零陵石燕、通远石、瑯玕石等。

由上述内容可见,《云林石谱》是一部记载矿物、岩石的专著,特别偏重于沉积岩方面的描述,其中石灰岩占31%。

《云林石谱》所记石头的地域范围空前广泛,达到82个州、府、军、县和地区,具体名称见表1。

**表1　《云林石谱》所记石头地域范围**

| 省名 | 州、府、军、县名 | 省名 | 州、府、军、县名 |
|---|---|---|---|
| 浙江 | 台州、明州、温州、婺州、杭州、湖州、衢州 | 福建 | 建州、南剑州 |
| 山西 | 石州、绛州 | 陕西 | 玉山县、商州、关中 |
| 甘肃 | 巩州、渭州、兰州、阶州 | 河南 | 汝州、唐州、光州、西京、河南府、相州 |
| 河北 | 燕山、沧州、中山府、邢州、稿州 | 江西 | 信州、虔州、吉州、临江军、筠州、饶州、洪州、江州、袁州 |
| 广东 | 端州、连州、韶州、英州 | 四川 | 汉州、西蜀、嘉州、益州、永康军 |
| 安徽 | 徽州、泗州、寿春府、宿州、无为军 | 湖北 | 归州、鄂州、襄州、峡州、荆南府、黄州、襄阳府 |
| 江苏 | 真州、江宁、镇江府、平江府、建康府 | 湖南 | 河州、鼎州、辰州、永州、潭州 |
| 山东 | 登州、密州、袭庆府、莱州、青州、兖州 | | 道州、澧州、衡州 |
| 新疆 | 于阗 | 广西 | 全州 |
| 吉林 | 黄龙府 | 贵州 | 广南 |

① 鲍廷博,《云林石谱》跋,1814 年。

《云林石谱》的科学价值,突出地表现在它对矿物、岩石的性状描述上。如菩萨石的光学性质,书中的描述是:"其色莹洁","映日射之,有五色圆光","或大如枣栗,则光彩微茫,间有小如樱珠,五色粲然可喜"。菩萨石即水晶(又叫石英),为透明的石英晶体。当阳光通过晶体时,会发生色散,形成"五色圆光"。有一种英石,"色白,四面峰峦耸拔,多棱角,稍莹彻,面面有光,可鉴物"。这是方解石晶体矿物,每个晶面的反光作用很强,因此"可鉴物"。

关于矿物的透明度,杜绾指出,浮光石"望之透明"。浮光石也是方解石晶体,透明度高。石州石"微透明"。石州石是滑石,滑石的油脂光泽看上去使人感觉它是微透明。

杜绾对石头的颜色描述很多,诸如白色、青色、灰色、黑色、紫色、碧色、褐色、黄白、绿色等。此外,还有颜色深浅的区别,如深绿、浅绿、青绿、微紫、稍黑、微青、微灰黑等。杜绾还看到了石头经过风化之后会产生颜色的变化。刚出土的灵璧石,色青淡,"若露处日久,色即转白"。

杜绾对石头的声音很注意,常常用"扣之"二字,即用东西在石头上敲击,敲击的结果,有的"铿然有声",有的"有声",有的"微有声";有的"声清越",有的"无声"。他以不同的形容词来区别石头声音的高低强弱程度,又从石头发出的声音来鉴别石头的种类。这是我国传统的老方法,现在已经不用了。为什么古人会用石头发出的声音来鉴别石头种类呢?这很可能是从古代乐器——石埙、玉磬、石磬得到启发。石埙在新石器时代就有了,1920 年在仰韶有出土。玉磬,根据《礼记·明堂位》的记载,四代(虞、夏、商、周)时已经有了[1]。而武官大墓出土的石磬则是我国已发现的年代最早的石磬,属于殷商时代[2]。战国早期,已有用玉石、石灰岩琢制的编磬、数目达 32 件[3]。这表明,我国很早就发现了不同种类的石头会发出不同的声音,同一种石头也由于厚薄不一,所发出的声音也不一样,并利用石头的声音制成了动听的乐器。各个历史时期对于制磬的原料都是要经过认真挑选的。《禹贡》说的浮磬在泗水之滨,"天宝中始废泗滨磬,用华原石代之。询诸磬人,则曰:'故老云,泗滨声下,调不能和,得华原磬考之乃和,由是不改'"。宋代,华原磬废而用灵璧。[4] 这个时期,人们对石头声音与石头性质的关系有了明确的记载,说:"大抵四方砚发墨久不乏者,石心差软,扣之声低而有韵,岁久渐凹。不发墨者,石坚,扣之坚响"。[5] 在《云林石谱》中,这样的记载很多,我们把它归纳成表 2。

由表 2 统计,得到三组数据:(1) 18 种石灰岩中,有声音的 14 种,占 78%;无声的 4 种,占 22%。(2) 12 种页岩中,有声音的 7 种,占 58%;无声的 5 种,占 42%。(3)5 种叶腊石中,3 种无声,2 种稍有声。由这三组数据,得到三个结论:(1) 大部分石灰岩扣之有声,而且有的音韵清越。这点与古代制磬的原料大都是石灰岩相吻合。(2) 页岩敲击后是否有声音,这要看页岩的坚硬程度而定。石头软的,声低或无声;石头硬的,声音高。(3) 叶腊石、滑石、水晶之类敲击时基本上没有石灰岩所发出的那种声音。杜绾敲石头听声音的目的,可能是为了辨别石头的种类和坚硬程度。这种鉴别石头的方法,在近代地质科学发展起来以后,自然不适用了。

杜绾对于石头的坚硬程度,描述相当精细。我们将他描述的内容归纳成表 3。

由表 3 可知,(1) 杜绾描述的滑石与叶腊石的硬度一样,这是完全正确的。(2) 墨玉石被杜绾描述为"轻软",这不仅表明了墨玉石的硬度,而且表明了墨玉石的比重。墨玉石就是云母,其

① 吴南薰,律学会通,科学出版社,1964 年,第 2 页。
② 考古所,新中国的考古收获,文物出版社,1961 年。
③ 随县曾侯乙墓,文物出版社,1980 年。
④ 胡渭,《禹贡锥指》卷五。
⑤ 米芾,《砚史》。

比重为 2.7～2.8,硬度为 2°～3°。杜绾的描述符合实际。(3)绛州石的坚硬程度是"惟可研丹

**表 2　《云林石谱》中所记石头声音与性质的关系**

| 石名 | 石性 | 石声 | 石名 | 石性 | 石声 | 石名 | 石性 | 石声 |
|------|------|------|------|------|------|------|------|------|
| 灵璧石 | 石灰岩 | 铿然有声 | 临安石 | 石灰岩 | 有声 | 英石 | 石灰岩 | 微有声 |
| 青州石 | 页岩 | 有声 | 崑山石 | 石灰岩 | 无声 | 江州石 | 石灰岩 | 有声 |
| 林虑石 | 石钟乳 | 有声 | 江华石 | 石灰岩 | 有声 | 平泉石 | 石灰岩 | 有声 |
| 太湖石 | 石灰岩 | 微有声 | 常山石 | 石灰岩 | 有声 | 兖州石 | 石灰岩 | 有声 |
| 无为军石 | 石灰岩 | 有声 | 开化石 | 石灰岩 | 有声 | 永康石 | 页岩 | 声清越 |
| 耒阳石 | 石钟乳 | 无声 | 全州石 | 石钟乳 | 声清越 | 奉化石 | 页岩 | 无声 |
| 襄阳石 | 石灰岩 | 有声 | 何君石 | 石灰岩 | 无声 | 吉州石 | 石灰岩 | 有声 |
| 镇江石 | 石灰岩 | 有声 | 韶石 | 石灰岩 | 微有声 | 于阗石 | 玉石 | 无声 |
| 仇池石 | 石灰岩 | 有声 | 修口石 | 叶腊石 | 稍有声 | 华严石 | 页岩 | 无声 |
| 清溪石 | 石灰岩 | 音韵清越 | 莱石 | 叶腊石 | 无声 | 河州石 | 石英岩 | 微有声 |
| 石笋 | 化石 | 或有声 | 稻石 | 叶腊石 | 无声 | 紫金石 | 页岩 | 有声 |
| 吉州石 | 石灰岩 | 有声 | 阶石 | 叶腊石 | 或有声 | 蛮溪石 | 煤 | 无声 |
| 宝华石 | 滑石 | 无声 | 桃花石 | 叶腊石 | 无声 | 红丝石 | 页岩 | 有声 |
| 建州石 | 页岩 | 有声 | 南剑石 | 页岩 | 有声 | 琅玕石 | 化石 | 有声 |
| 莱叶石 | 云母 | 有声 | 沧石 | 页岩 | 无声 | 方城石 | 页岩 | 无声 |
| 玉山石 | 页岩 | 有声 | 雪浪石 | 石灰岩 | 无声 | 杭石 | 水晶 | 无声 |
| 分宜石 | 页岩 | 有声 | 浮光石 | 石灰岩 | 无声 | | | |

**表 3　《云林石谱》描述的石头坚硬程度表**

| 石名 | 今名 | 坚硬程度 | 摩氏硬度 | 石名 | 今名 | 坚硬程度 | 摩氏硬度 |
|------|------|----------|----------|------|------|----------|----------|
| 莱石 | 叶腊石 | 最软 | 1° | 石绿 | 孔雀石 | 不甚坚 | 3.5°～4° |
| 石州石 | 滑石 | 甚软 | 1° | 绛州石 | 页岩 | 坚矿,惟可研丹砂 | 3°～4° |
| 阶石 | 叶腊石 | 甚软 | 1° | 排牙石 | 化石 | 坚 | 4° |
| 稻石 | 叶腊石 | 甚软 | 1° | 建州石 | 页岩 | 坚 | 4° |
| 红丝石 | 页岩 | 稍软 | 2° | 梨园石 | 石灰岩 | 颇坚 | 4°～5° |
| 丹砂 | 辰砂 | 无描述 | 2°～2.5° | 永康石 | 页岩 | 利刀不能刻 | 5.5°～6° |
| 金 | 黄金 | 无描述 | 2.5° | 于阗石 | 玉石 | 正可屑金 | 5.5°～6° |
| 墨玉石 | 云母 | 轻软 | 2°～3° | 西蜀石 | 石灰岩 | 甚坚 | 6° |
| 耒阳石 | 石钟乳 | 稍坚 | 3° | 峄山石 | 石英岩 | 坚矿不容斧凿 | 7° |

砂",丹砂的硬度是 2°～2.5°,"惟可研丹砂"的绛州石自然要比丹砂硬一点,在 3°～4°之间。(4)
现在的地质工作者在野外测试矿物硬度时,常常用一种简易的方法,即用指甲代表 2.5°,迴形

针代表 3.5°,小刀代表 5°~5.5°。这种方法,杜绾早已应用。如永康石的硬度,他说是"利刀不能刻",在 5.5°以上。而峄山石是"坚矿不容斧凿",硬度在 6°以上。

我们将表 3 简化成表 4,就得到杜绾式的硬度表。

表 4  杜绾式硬度表

| 杜绾的描述 | 甚软 | 稍软 | 稍坚 | 不甚坚 | 坚 | 颇坚 | 甚坚 | 不容斧凿 |
|---|---|---|---|---|---|---|---|---|
| 摩氏硬度 | 1° | 2° | 3° | 3.5° | 4° | 5° | 6° | 7°以上 |

从最软到最硬,已有了八个等级,800 多年前能够如此精细地区别石头的坚硬程度,无疑是很科学的。

对于石头表面的粗细情况,杜绾也很注意,指出各种石头表面的粗细程度是不一样的。比如江华石、韶石、西蜀石等表面"粗涩枯燥";吉州石表面"矿燥";大沱石"颇粗";婺源石"微粗",上犹石"稍粗";而柏子玛瑙石是"甚光润";灵壁石"清润";常山石"温润";林虑石"坚润";桃花石"稍润";修口石"细润"。粗细等级达到了 11 个级别。

对矿物晶体形状,杜绾提到的有"杭石有棱角",英石"多棱角",菩萨石"六棱"。杭石、菩萨石是水晶,属三方晶系,呈六方柱状。杜绾说"有棱角"或"六棱"是对的。英石即方解石,属三方晶系,晶体呈菱面体,集合体呈晶簇状,看起来"多棱角"。

杜绾对矿物、岩石互相侵染的现象作了观察记录,说韶州石之所以是绿色,是因为"穴中因铜苗气薰蒸,即此石共产之也"。韶州石因受到铜矿床的侵染而有绿色。

对于各种奇形怪状用作假山的石头,杜绾阐明了它们的成因。说太湖石的奇形怪状是由于"风浪冲激而成,谓之弹子窝"。常山石则是由于"石生溪中,为风水冲激,融结而成奇巧"。杜绾还记载了当时人们利用风水冲激的力量来加工太湖石的技术。他们先把太湖石初步加工,雕刻成需要的形状,然后"复沉水中经久,为风水冲刷,石理如生"。

杜绾对化石的认识有相当高的水平,这一方面是他接受了前人的观察实验成果,另一方面他自己也搞了一些试验。所记湘乡及陇西的鱼化石,其产状是"卧生土中,凡穴地数尺,见青石,即揭去,谓之盖鱼石。自青石之下,色微青或灰白者,重重揭取,两边石面有鱼形,类鳅、鲫,鳞鬣悉如墨描。穴深二三丈,复见青石,谓之载鱼石。石之下,即著沙土。间有数尾如相随游泳,或石纹斑剥处,全然如藻荇。但百十片中,无一二可观。大抵石中鱼形,反侧无序者颇多,间有石中面如龙形,作蜿蜒势,鳞鬣爪、甲悉备,尤为奇异。土人多作伪,以生漆点缀成形。但刮取烧之,有鱼腥气,乃可辨"。杜绾详述了岩体的层状结构,化石形态,鉴别方法。接着,杜绾就鱼龙石的成因发表看法,说"岂非古之陂泽,鱼生其中,因山颓塞,岁久土凝为石而致然欤?"这个观点,在北宋元丰(1078~1085)初张师正撰的《倦游杂录》中已经出现,写道:"陇西地名鱼龙,出石鱼。掘地取石,破而得之。多鲫泅鳅,亦有数尾相随者。如以漆描画,鳞鬣肖真,烧之尚作鱼腥。鱼龙,古之陂泽也。岂非鱼生其中,山颓塞,渐久而土凝为石,故破之有鱼形。今衡州有石鱼,无异陇州者。"[①] 两相对照,观点基本相同,只是文字有些差异,衡州、陇州两个地点的前后次序有点颠倒。《倦游杂录》成书比《云林石谱》早。张师正乃进士,官太常博士,"后游宦四十年不得志,于是推变怪之理,参见闻之异,得二百五十篇,魏泰为之序"。"序言倦游云者,仕不得志,聊书平

---

① 这段文字现存《倦游杂录》中无,但被 1157 年吴曾著的《能改斋漫录》卷七引用。

生见闻,将以信于世也。"① 可见张师正是一位因在官场上不得志而转向追求科学真理的小官吏。他的观点经过 30 余年后为杜绾所接受。因此,最早对鱼化石的起源发表正确理论的是张师正。上述文字包含着三个重要的地质学观点:第一,鱼化石的成因乃是由古代原来生活在湖泊中的鱼类遗体变化而成;第二,山石崩坏成土,土又可以凝结成石,反映了地球上地层变迁,循环转化的思想,在地质学史上有一定的地位;第三,陆地的土可以填塞湖泊,湖沼的底可以升高为陆地,即通常所说的"海陆变迁"。在西方,直到 1669 年史泰奴(Steno)才发表了他对化石起源的正确理论。在此以前,没有人认识到化石是古代生物遗体变成的。而是认为是自然的游戏。② 对照西方当时的观点,不言而喻,张师正所阐述的化石成因学说比西方先进。

湖南零陵石燕,晋代顾恺之的《启曚记》已有记载,说"零陵郡有石燕,得风雨则飞如真燕"。北魏郦道元作了进一步的描述,但仍袭"雷风相薄,则石燕群飞"的观点③。唐代苏敬对"石燕得风雨则飞"的观点首次作了否定,但缺乏证明。写道:"永州祁阳西北一百十五里土冈上,掘深丈余,取之,形如蚶而小,坚如重石也。俗云,因雷雨则自石穴中出,随雨飞堕,妄也"④。宋代,谢鸣与杜绾分别用实验试明:石燕不会飞,而是由于寒热相激崩落。谢鸣的实验,《倦游杂录》中有记载。写道:"零陵出石燕,旧传雨过则飞。尝见同年谢郎中鸣云:'向在乡中山寺为学,高岩石上有如燕状者,因以笔识之,为烈日所曝,忽有骤雨过,所识者往往坠地,盖寒热相激而迸落,非能飞也。"后来杜绾也做了同样的实验,说:"永州零陵出石燕,昔传遇雨则飞。顷岁,予涉高岩,石上如燕形者颇多,因以笔识之。石为烈日所曝,遇骤雨过,凡所识者,一一坠地。盖寒热相激迸落,不能飞尔! 土人家有石板,其上多磊魂燕形者。"杜绾的实验与谢鸣的完全一样,结论也一致。从时间先后来看,很可能杜绾是在前人的启发下作的第二次实验。他们的实验有力地证明:过去传说石燕会飞的观点是不对的,是人们的一种误解。实际上是由于太阳暴晒石头后,突然遇上暴雨,石头经不住温度突然猛烈变化,发生迸裂崩落,石燕也随石头崩落。

历代所说的石燕,并不是燕,而是古代海洋中营固着生活的腕足动物的壳体化石。国外记载腕足类化石的时间是 16 世纪,初次描述始于葛斯那,他在 1565 年绘记了德国佛登堡的小咀贝类腕足类化石。从古生物学角度判断石燕属腕足类化石,则是 1853 年戴维逊研究泥盆纪腕足类时确定的。我国虽然在宋代对化石就已有了较高的认识水平,但却未能由此发展产生古生物学,这是许多主客观原因造成的。

《云林石谱》除了上述内容外,还介绍了各种岩石的用途。比如造假山、制研屏、制砚以及其他器具、玩具等。还介绍了当时加工石材的方法:"土人浇沙水以铁刃解之成片,为响版或界方压尺,亦磨砻可为器。"还有人用最白的洛河石"入铅和诸药,可烧变假玉或琉璃用之"。

综上所述,《云林石谱》是宋以前内容最丰富的石谱,杜绾则是宋代最杰出的矿物、岩石学家,在我国古代地质学史上占有重要的地位。

## 参 考 文 献

陈桢.1956.我国古代学者关于化石起源的正确认识.生物学通报,(4):1～3

湖北省博物馆编.1980.随县曾侯乙墓.北京:文物出版社

---

① 晁公武,《郡斋读书志》卷十三,1151 年。

② 陈桢,我国古代学者关于化石起源的正确认识,生物学通报,1956,(4)。

③ 《水经注·湘水》。

④ 见《本草纲目》第一册第 620 页,人民卫生出版社,1979 年。

王　琎.1962.中国古代的矿物学知识及其对于化学发展上的影响.杭州大学学报(自然科学版),(1):11~15

吴南薰.1964.律学会通.北京:科学出版社

杨文衡.1985.试述《云林石谱》的科学价值.见科技史文集,第十四辑.上海:上海科学技术出版社

中国社会科学院考古研究所编.1961.新中国的考古收获.北京:文物出版社

（杨文衡）

# 刘 完 素

《四库全书总目提要》说："儒之门户分于宋，医之门户分于金元。"这主要是因为金元时期在医林中涌现出自成一家的四大流派，其首即为河间医生刘完素。他以"火热"立论，主张寒凉清热泻火，定通圣散、凉膈散、双解散诸方，开明清"温热病学"之先河，是中国医学发展史上一位颇具影响的人物。

## 一 生 平 概 略

刘完素，字守真，自号通玄处士。因长年居于河间（今河北河间），故人称"河间先生"或"刘河间"。

其生卒年代不可详考，约生活于 12 世纪。有人根据刘完素在金大定丙午（1186）所作《素问病机气宜保命集》序言中所说："余年二十有五，志在《内经》……殆至六旬……，"推测他大约生于 1120～1130 年间；又根据张子和在 1217～1221 年间，召补太医之前，已有人称赞他是"长沙、河间复生"，认为刘完素在 1217 年以前，已经死去多年了，所以推定他的卒年当在 1200 年前后①。但也有些学者将其生年定为北宋大观四年（1110），终年 80 岁②。亦有将其卒年推至金大安元年（1209）者。③

据传刘完素原籍是河北省肃宁县杨边村（今师素村）。自幼家贫，三岁时家乡遭水灾，全家移居河间城南。其母患病时，因家贫，医三请而不至，延误治疗而亡。有感于此，完素立志学医。④最初云游四方，谋食江湖，后定居河间为百姓治病。完素曾说研习《内经》非"力而求，智而得也。……若不访求师范而自生穿凿者，徒劳皓首耳"。⑤但其师承方面仅知"遇异人陈先生，以酒饮守真，大醉，及寤洞达医术。"⑥

完素在治学方面鄙视那些仰仗家传世医之名，不求进取的墨守之辈，"今见世医多赖祖名倚约旧方，耻问不学，特无更新之法，纵闻善说，反怒为非"。⑦ 更认为学医必从根本入手，深究理论源流，而不可作那种熟读几百个药方的"汤头大夫"，"今人所习，皆近代方论而已，但究其末，而不求其本"⑧。所以他自 25 岁开始研习《内经》，日夜不辍，历 30 余年，始觉彻悟。

但另一方面刘完素又表现出尊经却不泥古的治学精神，他推崇《内经》和《伤寒论》，称张仲景为"亚圣"，同时又说："若专执旧本以谓往古圣贤之书而不可改易者，信则信矣，终未免泥于

① 龚纯、马堪温，民间医生刘完素，中华医史杂志，1954，(3)：161。
② 李聪甫、刘炳凡，金元四大医家学术思想之研究，人民卫生出版社，1983 年，第 1 页。
③ 杨文儒、李宝华、中国历代名医评介，陕西科技出版社，1980 年，第 77 页。
④ 李聪甫、刘炳凡，金元四大医家学术思想之研究，人民卫生出版社，1983 年，第 1 页。
⑤ 《素问病机气宜保命集·自序》。
⑥ 《金史》卷一百三十一。
⑦ 《素问病机气宜保命集·自序》。
⑧ 《素问玄机原病式·自序》。

一隅。"① 正是在这种思想指导下,使得他不肯停留在前人的成就上,对《素问》病机19条加以发挥,新增"诸涩枯涸,干劲皱揭,皆属于燥"一条,并将原文176字,演为277字作为辨证纲领。

对于自己学术上的失误,刘完素亦能虚心改过。据史书记载,有一次完素自己患伤寒(外感病),头痛脉紧,八日呕逆不食,不识原由。时有易州张元素去看他,完素初面壁而不顾,及至元素为其诊脉,指出病由乃是完素自服寒凉之药太过,使汗不得出,应服某某药则愈。完素大服,遵其言服药果愈。②

完素为人颇有民族气节,当时金章宗曾多次请他出来作官,均被拒绝。故史书有"金时三聘不起,赐号高尚先生"③ 的记载。

完素为百姓治病,倍受人民爱戴。河间的刘守村即为纪念他而命名,许多地方都为他修建庙宇。据河间县的"重修观音禅寺碑记"所载:"名医守真先师,施仁术而济众……是地也,揆厥所始实守真之墓所在,遗迹尚存,而观音禅寺所由建焉。"据当地村民讲,他是坐化而死的,人们用缸将他埋葬,外砌八方形的砖墓,20世纪50年代还可见其兀立在瓦砾之中。④

## 二 著 作

(1)《素问玄机原病式》本书一卷,为刘氏多年研究《内经》之心得所现。"夫医者唯以别阴阳虚实最为枢要,治病之法以其病气归于五运六气之化,明可见矣。谨率经之所言二百余字,兼以语辞二百七十七言,绪归五运六气而已。大凡明病阴阳虚实无越此法,独为一本,名曰素问玄机原病式。遂以比物立象,详论天地运气造化自然之理二万余言。"(自序)

刘氏将《素问·至真要大论》中的"病机十九条"加以扩充,特别是对火、热为病,有较多的发挥,还补充了"燥"气为病一类。此书可视为刘氏医学思想的代表作。

(2)《医方精要宣明论》本书十五卷,简称《宣明论方》。主要论述内科杂病的证治方药,共有方剂361首。

书中杂病用药并不专主寒凉,大量应用了人参、黄芪、附子、吴芋等辛温之品,例如"食㑊(yì 音义)一证,言其属胃中结热、消谷善饥,却主以"参苓圆"。但在外感热病的治疗中,寒凉之品明显增多。刘氏著作中提到自己编写此书时曾说:"一部三卷十万余言,目曰医方精要宣明论。"而现行本为十五卷,可知此书是经过后人整理的。但从书中一些确为刘氏创立的寒凉方剂,如防风通圣散等,可以认为是我国医学发展史上,热病治疗由辛温为主的方剂演变为辛凉为主的一个重要转折点。

(3)《素问病机气宜保命集》刘氏著作中唯此书有确切成书年代记载,时为金大定丙午(1186)。刘氏自序说:"今将余三十年间信如心手,亲用若神,远取诸物,近取诸身,比物立象,直明真理,治法方论载成三卷三十二论,目之曰《素问病机气宜保命集》。"

所谓"气宜",乃是根据《素问·至真要大论》"谨候气宜,无失病机",以及五运六气说的"司天、在泉",故刘氏在本书中强调根据岁气若何而宜以何药何法治之的原则,如"经所谓太阳司

① 《素问玄机原病式·自序》。
② 《金史》卷一百三十一。
③ 《河间县志》卷三十五。
④ 龚纯、马堪温,民间医生刘完素,中华医史杂志,1954,(3):161。

天之政,故岁宜苦以燥之温之"等等。

(4)《伤寒标本心法类萃》全书二卷。上卷论述46种时病和杂症,下卷论述方药。刘氏在该书"传染"一节中说:"凡伤寒疫疠之病何以别之,盖脉不浮者,传染也。设若以热药解表不惟不解,其病反甚而危殆矣,其治之法自汗宜以苍术白虎汤,无汗宜滑石凉膈散,散热而愈,其不解者通其表里微甚,随证治之而与伤寒之法皆无异也。双解散、益元散皆为神方。"汪琥论此书说:"其言实超出乎朱奉议之上。然亦大变仲景之法者也"①。刘氏的这种发挥,实际上是将"疫疠"从一般"伤寒"中区别出来,重用寒凉方剂,对后世温病学说的形成有极大影响。

(5)《伤寒直格》全书三卷。又名《刘河间伤寒直格方论》。上卷首言十二经络、脏腑、脉诊,亦有"原病式"之文字。卷中论伤寒治则,仍从仲景之说,表证当汗而不可下,里证当下而不可汗,半在表、半在里则宜和解。卷下集仲景麻黄汤、桂枝汤等方外,复有益元散、凉膈散等自创之方剂。书中认为:"两感诸证(凉膈散)并宜服之,或伤寒热极将死,阴气衰残则不宜下,下之则阴气暴绝,阳气后竭而死矣,唯宜养阴退阳以至脉复而有力,而后以三一承气汤微下之,下后未愈者,更以凉膈散调之,虽愈后犹宜少少服之,庶邪热不致再作也。"

此书出自临川葛雍编辑校刊,附镏洪《伤寒心要》为后集,马宗素《伤寒医鉴》为续集,《张子和心镜》为别集。

(6)《三消论》本书一卷。为麻九畴寓居汴梁时,访刘氏后裔所得。后由自称"缐溪野老"者得其抄本而刊刻行世。今于《儒门事亲》中可见此书概貌。它反映出刘氏对三消病的认识:"三消渴者,皆由久嗜咸物,恣食炙煿,饮酒过度,亦有年少服金石丸散积久,石热结于胸中,下焦虚热,血气不能制石热,燥甚于胃,故渴而引饮。……三消者,燥热一也。"

该书在治则方面以神白散、猪肚丸等方为主,主张食与药皆宜清淡,与其"火热论"的思想是一致的。

(7)《保童秘要》。据《中国医籍考》记载有"刘氏完素保童秘要二卷,在"。

(8)《内经运气要旨论》。《金史》刘完素本传所载刘氏著作中,首言"运气要旨论",《原病式》自序中亦称:"本乎三坟之圣经兼以众贤之妙论,编集运气要妙之说十万余言,九篇三部勒成一部,命曰《内经运气要旨论》。"又其传人马宗素所撰《伤寒医鉴》中亦称:"守真刘先生……注书有四焉,一者明天地之造化、论运气之盛衰,目之曰要旨论,一部计三万六千七百五十三字。"可见刘氏确曾撰有此书,而且是较早的一部著作。

任应秋说:"现在实际见到的书名为《图解素问要旨论》,系河间的学生马宗素所重编。凡九篇:彰释元机第一,五行司化第二,六化变用第三,抑沸郁发第四,互相胜复第五,六步气候第六,通明形气第七,法明标本第八,守正防危第九。纯为发挥运气学说的"。②

以上刘氏著作计有八种,任应秋将《伤寒直格》定为葛雍著,③现世传本亦题临川葛雍编。《四库全书总目提要》说:"完素治伤寒法已在《宣明论》中……二书恐出于依托"。但马宗素《伤寒医鉴》中提到完素著有"一者又法伤寒六经传受直格一部,计一万七千零九字"。《中国医籍提要》将此书定为"刘完素述,元·葛雍编",大致可信。

关于各书的编写年代,除《素问病机气直保命集》外,其他各书未见明确记载。但该书序言

---

① 〔日〕丹波元胤,中国医籍考,人民卫生出版社,1983年,第410页。

② 任应秋,中医各家学说,上海科技出版社,1980年,第29页。

③ 任应秋,中医各家学说,第43页。

中提到"已有宣明等三书",可知在这之先已有三部著作。刘氏《原病式》序言中提到《内经运气要旨论》和《宣明论方》,可知这几部著作又早于《原病式》。据此也可看出《中国医籍提要》将《原病式》定为 1155 年,《宣明论》定为 1172 年是不正确的。

再者,正是由于河间对后世有较大影响,弟子众多,所以其著作中掺杂有后人注文衍为正文者,或新增补的内容。例如《四库全书总目提要》指出:"今刊入《河间六书》者乃有十五卷(指《宣明论方》),其卷二之菊叶法……皆注新增字,而七卷之信香十方青金膏不注新增字者,据其方下小序,称灌顶法王子所传,并有偈咒,金时安有灌顶法,显为元明以后之方。则窜入而不加注者,不知其几矣。卷增于旧,殆以是欤。"

此外,《医籍考》中还载有刘完素曾作《素问药注》,书佚。光绪十年所修《畿辅通志》中说刘完素曾著《十八剂》和《治病心印》各一卷。

## 三　学术思想与贡献

### 1. 运气学说

由于刘完素强调:"医教要乎五运六气,……不知运气而求医无失者鲜矣"[1],著《内经运气要旨论》以"明天地之造化,论运化之盛衰"[2],所以有人认为运气学说是刘完素学术观点的主要部分。[3] 甚至于有人说:"刘氏的学说,虽然祖于《内经》和《伤寒论》,但实际上因受运气学说的影响,其精神和实质,都和过去的学说有很大的变化。……主观推理的成份较多,归纳实践经验的成分较少,特别是把六气的性质和作用,按五行生剋的关系作无限的推衍,这就不但使中医理论带上了更多的神秘色彩,而且这种随意推论的作风,也给后世带来很不良的影响"。[4] 但大多数学者还是普遍注意到了刘完素所倡的运气学说,并不是真正的运气学说。

运气学说,实质上是将干支纪年与五行(五运)、六气相配,认为每年的发病是服从这种规律支配的。进而又有上半年与下半年的不同归属(司天、在泉),以及不同节气由不同的"气"主持的理论。对于这些理论,历来存在着较大的争议,褒贬不一。其中只有节气与主气的关系较客观地反映了一年四季间人受气候变化影响而发病的普遍规律,有其一定的科学道理。另外,年复一年,四季的变化也确实存在着基本不变的规律性,而按干、支纪年所示的发病规律要符合 12、6、5 年反复循环的要求,目前尚未发现确实可信的客观事实证明自然与人体存在着这些数字规律。

运气学说的代表作,一般公认是王冰次注《素问》时,以"旧藏之卷"补《素问》所缺而窜入的七篇大论。其中运、气与干、支相系,以及司天、在泉之说为原著所无,而一年之中不同季节或节气与"六气"的关系却可见于其他各篇之中,因此在讨论运气学说时,必先弄清其概念自身存在的含糊性。

在刘氏著作中,引用《素问》七篇大论的文句颇多,同时也确有"司天"、"在泉"之说,但完素在论证发病时并不采取干支纪年与运气相配的说法。甚至于批判了这种教条式的理论:"观夫

---

① 《素问玄机原病式·自序》。
② 马宗素,《伤寒医鉴》。
③ 俞慎初,中国医学简史,福建科技出版社,1983 年,第 183 页。
④ 贾得道,中国医学史略,山西人民出版社,1979 年,第 19 页。

世传运气之书多矣,盖举大纲,乃学之门户,皆歌颂钤图而已,终未备其体用,及互有得失,而惑人志者也。况非其人,百未得于经之一二,而妄撰运气之书,传于世者,是以矜己惑人,而莫能彰验。"①

实际上刘氏在所谓的运气学说中最重的是"四时天气者,皆随运气之兴衰也,然岁中五运之气者,风、暑、燥、湿、寒各主七十三日五刻,合乎期岁也。岁中六部之主位者,自大寒至春分属木,故温和而多风也;春分至小满属君火,故暄暖也;小满至大暑属相火,故炎热也;大暑至秋分属土,故多湿阴云雨也;秋分至小雪属金,故凉而物燥也;小雪至大寒属水,故寒冷也。"② 所以元代薛时平注说:"凡《原病式》中所说五运六气,皆是岁中小五运及岁之主六气,非统岁加临之五运六气也。"但小五运的本质仍旧是着眼于支配发病规律的自然因素,无论各体差异如何,都将服从这一规律:"××之岁,民多××"。而刘氏的运气学说却是分析各体的疾病属性,以"运"、"气"表示之。这就是说,完素虽然力倡运气学说,但其内核并非运气学说。只是由于他特别重视"病气",所以将"其病气归于五运六气之化",就成为《原病式》一书的"式例",即《素问·至真要大论》病机十九条的扩展。

| 病机 | 《素问·至真要大论》 | 《素问玄机原病式》 |
|---|---|---|
| 肝 | 诸风掉眩,皆属于肝 | 诸风掉眩,皆属肝木 |
| 心 | 诸痛痒疮,皆属于心 | 诸痛痒疮疡,皆属心火 |
| 脾 | 诸湿肿满,皆属于脾, | 诸湿肿满,皆属脾土 |
| 肺 | 诸气膹郁,皆属于肺 | 诸气膹郁病痿,皆属肺金 |
| 肾 | 诸寒收引,皆属于肾 | 诸寒收引,皆属肾水 |
| 风 | 诸暴强直,皆属于风 | 诸暴强直,支痛软戾,里急筋缩,皆属于风 |
| 湿 | 诸痉项强,<br>皆属于湿 | 诸痉强直,积饮痞隔中满,霍乱吐下,<br>体重胕肿,肉,如泥,按之不起,皆属于湿 |
| 燥 |  | 诸涩枯涸,干劲皲揭、皆属于燥 |
| 寒 | 诸病水液,<br>澄澈清冷,皆属于寒 | 诸病上下所出水液,澄彻清冷,癥瘕㿗疝,坚痞腹满急痛、下利清白,<br>食已不饥,吐利腥秽,屈伸不便,厥逆禁固,皆属于寒 |
| 上 | 诸痿喘呕,皆属于上。 |  |
| 下 | 诸厥固泄,皆属于下。 |  |
| 火 | 诸热瞀瘛,诸逆冲上,诸禁鼓慄,<br>如丧神守,诸躁狂越,<br>诸病胕肿疼酸惊骇,皆属于火 | 诸热瞀瘛,暴喑冒昧,躁扰狂越,骂詈惊骇,<br>胕肿疼痠,聋呕涌溢,食不下,目昧不明,<br>暴注䐜瘛,暴病暴死,皆属于火 |
| 热 | 诸胀腹大;诸病有声,鼓之如鼓;<br>诸转反戾,水液浑浊;<br>诸呕吐酸,暴注下迫,皆属于热 | 诸病喘呕吐酸,暴注下迫,转筋,小便浑浊,腹胀大,鼓之如鼓,<br>痈疽疡疹,瘤气结核,吐下霍乱,䐜郁肿胀,鼻塞鼽衄,血溢血泄,淋闭,<br>身热恶寒战栗,惊惑悲笑,谵妄,衄蔑血汗,皆属于热 |

由于他认为"病气为本,受病经络脏腑谓之标也,"③ 所以将病机十九条中五条属于心、肝、

---

① 《素问玄机原病式·自序》。
② 《素问玄机原病式·六气为病·热类》。
③ 《素问玄机原病式·六气为病·寒类》。

脾、肺、肾的病机,配上火、木、土、金、水,称之为"五运主病",其实仍旧是五脏病机,与《素问·天元纪大论》"五气运行,各终期日";"五行之治,各有太过不及"的"五运主病"毫无共同之处。

## 2. 火热论

河间学说的核心是"火热论",即认为六气皆从火化,五志过极皆为热病。他在《原病式》中将病机十九条所概括的 30 余种病症扩充到 90 多种,其中又尤以属火、属热的病症发挥最多。

刘氏将火热病范围扩大了三倍左右,将一些可能属于不同病因的症状,如气喘、气郁、肿满、呕吐等悉归于火热。他认为:"热则息数气粗而为喘,热火为阳,主乎急数也。胃膈热甚则为呕,火气炎上之象也。凡郁结甚者,转恶寒而喜暖,所谓亢则害,承乃制,而阳极反似阴者也。"[①]

刘氏将火热病证扩大若此,其理论根据就在于他认为六气皆能化火。例如:

风与火热:"火本不燔,遇风冽乃焰"[②];"风本生于热,以热为本,以风为标,凡言风者,热也,热则风动"。[③]

湿与火热:"湿为土气,火热能生土湿"[④];"湿病本不自生,因于火热怫郁,水液不能宣通,即停滞而生水湿也"[⑤]。

燥与火热:"金燥虽属秋阴,而其性异于寒湿,反同于风热火也。"[⑥]

至于寒气,当然不能直接认为有热的属性,对此刘氏总是强调《素问·热论》所说:"伤于寒也,则为病热";或因"冷热相并",致使"阳气怫郁,不能宣散"而生热,不可便认为寒,"当以成证辨之"[⑦]。对于在病机上已归属寒类的症状,刘氏亦反复辨说,指出也有属热的一面,例如:"经言瘕病亦有热者也,或阳气郁结怫热壅滞而坚硬不消者非寒症瘕也,宜以脉证别之";"癥疝,如紧急洪数则为热痛之类也";"坚痞腹满急痛,或热郁于内而腹满坚结痛者不可言为寒也;""食已不饥,或邪热不杀谷而腹热胀满虽数日不食而不饥者,不可言为寒也"。[⑧]

对于刘氏的火热论,后人对其评价大多认为一是由于赵宋南渡之后,中国北部的广大地区沦为民族斗争的战场,人民处在动荡不安、水深火热的环境中,大兵之后必有大疫,热性疾病广泛流行所致;另则因为完素身居北地,其地风土刚燥,其人禀赋多强,兼以饮食牛肉羊肉、乳酪、脍炙醇酽,久而蕴积化热,与南方一般风土卑湿,其人体质脆弱者不同;再则或因意欲力图矫正北宋以来《局方》流行,所造成的嗜用辛热温燥药物治疗热性疾病的风气[⑨]。正如《四库全书总目提要》所论:"其作是书,亦因地因时各明一义,补前人所未及耳。"

## 3. 对《伤寒论》的研究

《素问》有"热论"一篇,以太阳、阳明、少阳和太阴、少阴、厥阴将热病病程分为六个阶段。并

① 《素问玄机原病式·六气为病．热类》。
② 《素问玄机原病式·六气为病·火类》。
③ 《素问病机气宜保命集·中风论》。
④ 《宣明论方·水湿门》。
⑤ 《宣明论方·水湿门》。
⑥ 《宣明论方·燥门》。
⑦ 《宣明论方·伤寒门》。
⑧ 《素问玄机原病式·六气为病·寒类》。
⑨ 李聪甫、刘炳凡,金元四大医家学术思想之研究,第 4 页。

指出"今夫热病者，皆伤寒之类也"，由此导致中医学里出现热病与伤寒的异同之争。张仲景著
《伤寒杂病论》所用辨证体系与《素问·热论》同，但其三阴篇多为虚寒之证，是其显要不同处。
刘完素对《伤寒论》极为推崇，称"仲景者，亚圣也，虽仲景之书未备圣人之教，亦几于圣人，文亦
玄奥，以致今之学者尚为难焉"。①但后人纵观完素的有关论说与方药，皆称其"大变仲景之
法。"关键就在于刘完素所用的三阴三阳辨证是继承《素问·热论》的原意，"守真曰：人之伤寒
则为热病，古今一同，通谓之伤寒……后三日太阴、少阴、厥阴受之，热传于里，下之则愈。六经
传受，由浅至深皆是热证，非有阴寒之证，古圣训阴阳为表里，唯仲景深得其意，厥后朱肱编《活
人书》特失仲景本意，将阴阳二字释为寒热，此差之毫厘，失之千里矣。②"所以我们应该看到刘
氏所用的三阴三阳辨证，是直接禀承于"热论"，仅用以分辨表里而已，不能与《伤寒论》强合，但
在河间又偏叫伤寒。

　　无论是刘完素本人还是其传人如马宗素等，对《伤寒论》六经表里虚实的看法是存在着不
正确之处的。因为《伤寒论》的三阴病主要是指人体正气本虚，复感外邪所出现的一系列病证，
所以在临床上不表现为口渴、嗌干舌燥等，相反出现一系列诸如太阴病的"自利不渴"、少阴病
的"脉微细、但欲寐"等里寒之证。这与《素问·热论》的三阴病，两感于寒的表里俱病而出现头
痛、口干而烦渴的表里俱热是明显不同的。这本应属于《伤寒论》所说的："发热而渴，不恶寒者
为温病"的范畴。

　　《伤寒论》中之所以有较多的里虚实寒之证，与东汉末年的客观条件是相适应的。东汉末年
是我国历史上人口最少的年代，除战争兵燹外，饥荒是一大要因。对于大批饥民来说，食不饱
腹，衣不蔽体，身体素质当然要下降，甚至于如风中残烛，苟延挣扎而已，完全不同于完素所面
临的"风土刚燥、秉赋多强，兼以饮食牛羊乳酪、脍炙醇酽，久而蕴积化热"，其所患之病当然也
就不会一样。所以在《伤寒论》的解表法中不仅重用辛温之品，而且还要"啜热稀粥，以助药力"，
或加饴糖以建中气等，与东汉末年的客观条件是正相适应的。如果看不到《伤寒论》的历史背
景，尽将伤寒全视为热病，将从《素问·热论》到明清的温病学派发展历史全都视为一等，当然
就无法弄清《伤寒论》中为何有如此之多的辛温之品，还有许多当今很难使用的"医圣经方"了。

　　正是由于河间等人没有弄清二者间存在的客观不同，所以他也分不清自己学说与"热论"、
《伤寒论》间的关系究竟是怎么回事。以至出现一些偏激之论，例如对厥逆一证，他就片面强调
热厥，而否认了阴厥，"若阳厥极深而至于身冷反见阴脉微欲绝者，止为热极而欲死也，俗皆妄
谓变成阴病……助其阳气十无一生"。他还通过推理来否定回阳救逆法则的实用价值："若果变
而为寒，则比之热气退去寒欲生时，阴阳平而当愈也，岂能反变之为寒病欤。"③ 就临床实践而
论，即便是在人民身体素质普遍提高，食饱衣暖的当今时代，属于热病范围的传染病、外感病在
年轻体壮之人中固然多见，但在老年中还屡见外感之时但恶寒，不发热的具体病例，对于这些
老弱病人，万不能因其属于"感染性休克"就马上想到清热解毒，对于这样的病例，恰恰适用《伤
寒论》的辛温解表，甚至是回阳救逆法。

### 4. 治则与方药

　　由于完素需要解决的问题是《素问·热论》所说的类型，所以在处理具体问题时，就只能大

---

① 《素问玄机原病式·自序》。
② 《伤寒医鉴》。
③ 《素问玄机原病式·寒类》。

变仲景之法"自制双解、通圣辛凉之剂，不遵仲景法桂枝麻黄发表之药，非余自衔，理在其中矣。故此一时，彼一时，奈五运六气有所更，世态居民有所变。"① 他意识到辛温固能发散开结，但表解里热独留，甚至助其邪热炽盛，故创辛凉解表和表里双解之法，这是完素在治疗方面最突出的贡献。

在具体治则上，《素问·热论》仅是提到："未满三日者，可汗而已；其满三日者，可泄而已。"《伤寒论》提到温病，未言治则。书中许多方药如白虎汤、承气汤、麻杏石甘汤等虽被用于治温病，但无论是从法则上，还是从具体方药上，都嫌不足。伤寒内热多出现在表解之后，且里热不甚，有时表解即愈，无需治里。温病则在初起表证未罢时就表现出较明显的里热之证，刘河间的辛凉解表和表里双解正是针对这种情况的。代表方剂"防风通圣散"的组方如下

防风、川芎、当归、芍药、大黄、薄荷、麻黄、连翘、芒硝、各五钱，石膏、黄芩、桔梗各一两，滑石三两，生草二两，芥穗、白术、栀子各二钱五分。此方辛温、辛凉兼取，发表攻里共用，完素用其治疗"风热怫郁"，以及饥饱劳役、内外诸邪、大便秘结、小便赤涩、疮疡肿毒、折跌损伤、瘀血便血、肠风痔漏、丹斑瘾疹等多种疾病。由于本方实际上是疏通人体腠理皮毛与六腑二便，又具清热解毒、调理肝脾气机之功，所以应用范围极广，至今仍有成药出售。如能真正了解其组方之理，常能以此极便宜之品解决久治不愈之疾。

通圣散重加滑石甘草则称双解散，有人认为方意在于针对暑湿，而更适用于夏秋季节。② 其实李时珍《本草纲目》滑石条下的解释最为恰当："滑石利窍，不独小便也，上能利毛腠之窍，下能利精溺之窍。……上能发表，下利水道，为荡热燥湿之剂，……刘河间之用益元散，通治表里上下诸病，盖是此意，但未发出尔。"

完素根据《素问·热论》三阴病下之可的旨意，将《伤寒论》三个承气汤合并在一起，名之曰"三一承气汤。"其用途是："无问风寒暑湿有汗无汗内外诸邪所伤，但有可下诸证……通宜大承气汤下之，或三一承气汤尤良"。③

这就更加明显地看出他所遇到的病例的病性了，如确属《伤寒论》中三阴篇的诸种病证，乱用寒凉是没有不坏事的。

需要指出的是刘完素在杂病中并不专主寒凉，这在前面介绍《宣明论方》时已有说明。那么是否可以认为刘氏的这些典型方剂，甚至是他的"火热论"都是针对外感热病而言的呢？

## 四　河间学派及对后世的影响

刘完素的弟子有穆大黄、荆山浮屠、马宗素等。荆山浮屠一传于罗知悌，再传于朱震亨。于是河间学说便由北方传到南方了。但朱震亨在继承刘氏火热亢盛必伤阴精为害的理论后，却于治则上有所创新。刘氏所言养阴退热法的代表方剂是黄连解毒汤，一派苦寒直折，只能称得上是退热存阴法，而且苦能燥湿，亦可化热，并非养阴正道。朱震亨以甘寒养阴补血等法退热，才是真正的"壮水之主，以制阳光"法。

《金史》载："张从正，其法宗刘守真"（卷一百三十一）；"程辉，喜杂学，尤好论医，从河间刘

---

① 《素问病机气宜保命集·伤寒论第六》。
② 李聪甫、刘炳凡，金元四大医家学术思想之研究，第58页。
③ 《宣明论方·伤寒门》。

守真说"（卷九十五）。另外，编辑整理刘氏著作的葛雍、穆子昭等都可视为私淑河间之学者。其中又以张从正最为知名，创"攻邪派"，有其独到之处而终与完素齐名并称。

完素的"火热论"与具体治则，应该看作是明清温病学派形成的嚆矢，其影响之大自不待言。

河间学派的师承授受：[①]

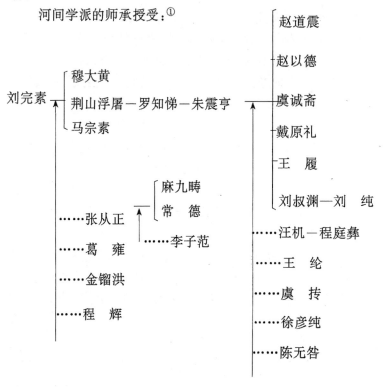

另外，在我国治学历史上，总是强调师承授受，儒家治经学还必须做到"疏不破注"。墨守之风为害实深。通过接受河间之学的张从正与朱丹溪都能自立门户，又创新说，成为"金元四大家"的另外两家来看，河间治学的新思想，对后学也有很大影响，对于这一点，尤当特别称道。

## 参 考 文 献

刘完素(金).撰 1907.伤寒标本心法类萃.古今医统正脉全书本,京师医局重印

刘完素(金)撰.1907.伤寒直格.古今医统正脉全书本,京师医局重印

刘完素(金)撰.1956.素问玄机原病式.北京:人民卫生出版社

刘完素(金)撰.1959.素问病机气宜保命集.北京:人民卫生出版社

（廖育群）

---

① 引自任应秋《中国各家学说》，第39页。

# 张 从 正

张从正是金元四大医家中的一位。医史前辈宋大仁先生曾在其家乡及生前活动区域的八个县进行实地考察,未得任何史迹遗存,而将此憾归咎于黄河水祸。[①] 其实,这与张从正为人脱俗、其术难求有极大关系。故虽与刘完素等人齐名,但其医学思想与治疗心得却落到"法几不传"的境地。

## 一　生　平　概　略

张从正,字子和,号戴人。金代睢州考城(今河南兰考)人。生卒年代不可详考,陈邦贤言其"约生于公元 1156～1228 年"[②],此后各书则径言生于 1156～1228 年,然并未见论出有据。赵璞珊称:"约生于公元十二、三世纪间",[③] 是客观审慎的。

张从正年轻时曾"从军于江淮之上";[④] 后又于兴定(1217～1222)中,被召补为太医,但没过多久,就辞官而去,"居无何求去,盖非好也。于是退而从麻征君知己、常公仲明辈,日游滍上,相并讲明奥义,辨析至理"。[⑤]

张从正之医,本于家学,他曾说:"余自先世,授以医方,至于今日,五十余年。"[⑥] 早年沿用前人治病常法,"知其不效,遂为改辙",深入研究《内经》,大有所悟,于是另辟新径,终有所得。同处金代而年长于他的河间名医刘完素,创辛凉解表与双解之法,对他极有启发。在他的著作中不但多次直接言明自己师法了刘完素的治疗经验,而且张从正的一些医学思想也是同于河间"火热论"的。

从张从正盛夏"在朱葛寺避暑",[⑦]经常出游,家有男仆女僮侍奉等,可知其家境颇优。但他对下人慈爱多而威仪少,一次"戴人女僮,冬间自途来,面赤如火,至滍阳病,腰胯大痛,里急后重",戴人亲为诊治,"使服舟车丸、通经散,泻至数盆,病犹未瘥",又嘱其服"调胃承气汤二两,加牵牛头末一两",方能舍弃杖策;因渴,又命其恣食梨柿瓜果方愈[⑧]。有时临诊亦"命女僮下药"[⑨],所以逢其外出之时,女僮亦敢为人诊疗病。一次有人被犬咬伤,胫肿如罐,女僮竟知"痛随利减,以槟榔丸下之"[⑩],宛如戴人弟子。

根据今本《儒门事亲》所涉地名看,张从正出游与行医的范围主要是在金代的"南京路",即

---

①　宋大仁,金代河南名医张子和,史学月刊,1965,(9):41。

②　陈邦贤,中国医学史,商务印书馆,1957 年,第 214 页。

③　赵璞珊,中国古代医学,中华书局,1983 年,第 163 页。

④　金·张从正,《儒门事亲》卷二,上海科学技术出版社,1959 年,第 71 页。

⑤　引自〔日〕丹波元胤《中国医籍考》卷五十,人民卫生出版社,1983 年,第 656 页。

⑥　同④卷一,第 19 页。

⑦　同④卷六,第 154 页。

⑧　同④卷六,第 148 页。

⑨　同④卷九,第 205 页。

⑩　同④卷七,第 193 页。

今河南省与安徽北部的部分地区。诸如汴梁、睢州、考城、鹿邑、西华、遂平、舞阳、宛丘、谷阳等地。他通过实地考察与治病，总结出这一地区的发病特点是"中州食杂，而多九疸、食痨、中满、留饮、吐酸、腹胀之病，故脾胃之病最多，其食味居处，情性寿夭，兼四方而有之。其用药也，亦杂诸方而疗之，如东方之藻带，南方之丁木，西方之姜附，北方之参苓，中州之麻黄远志，莫不辐辏而参尚。"①

张从正出游之时，或于"营中饮会"，席间亦兼为士卒治病解难②；或醉卧他乡，有人欲求其诊治，不得不"强呼之"③。因此刘祁《归潜志》说："张子和为人，放诞、无威仪，颇读书，作诗、嗜酒"④。的确是对戴人形象的生动描述。

如此一位豪放而不羁的人物，怎能囚禁在太医院中，每日所见尽是官场人物对医道"耻而不学"，却又"群聚而谇之，士大夫又从而惑之"；而且"官医迎送长吏，马前唱诺，真可羞也"⑤。所以他毅然辞了太医院的职务，隐居民间为百姓治病，乐得无拘无束，悠闲自在。谁知却被小人谤为："戴人医杀二妇，遂辞太医之职而去"⑥ 等等。又因他善用吐泻攻邪之法治病，虽"起疾救死多取效"⑦，但在西华时，竟被众人讪之为"吐泻"⑧，所以他常说："言我不接众工。余岂不欲接人？但道不同，不相为谋。医之善，唯《素问》一经为祖，有平生不识其面者，有看其文不知其意者，此等虽日相亲，欲何说。止不过求一二药方而已矣。设于富贵之家，病者数工同治，戴人必不能从众工，众工亦不能从戴人，以此常孤。唯书生高士，推者复来，日不离门。"⑨ 实际上张从正为人颇平易，遇来求治者，不分远近、高下、贵贱、贫富，皆往视之。从其医案观之，百工军校，僧儒官宦，各界人士均与其有交。其中兵民百姓居多，叟妪婴孺，无所不医。

在医疗技艺上，张从正亦能做到兼收博蓄，取他人之长补己之短。例如他曾病目赤生翳，时作时休，每遇发时羞明隐涩，肿痛难忍，遇眼科医师姜仲安施以针术，又"反鼻两孔内，以草茎弹之，出血三处，日愈大半，三日平复如故。"因而自叹曰："百日之苦，一朝而解，学医半世，尚厥此法，不学可乎？"⑩ 此后他广泛运用这种简捷的方法为人治病："南乡陈君俞，头项偏肿连一目……以草茎鼻中大出血立消。"⑪ 并于晚年著书时，将此法列于"两目暴赤"、"目肿"条中，以备后人习用。又如张从正闻山东杨先生与泄泻病人大谈其所好，使患者忘其圊；又闻庄先生使病者大悲，以愈其喜乐之极而罹之病等等，皆暗记心中，后在临床中亦广泛应用心理治疗，取得了极好的效果。这些，说明其为人有虚怀若谷之美德。

---

① 金·张从正，《儒门事亲》卷一，第 1 页。

② 同①卷八，第 198 页。

③ 同①卷七，第 189 页。

④ 引自〔日〕丹波元胤《中国医籍考》卷五十，第 657 页。

⑤ 同①卷七，第 181 页；卷三，第 91 页。

⑥ 同①卷九，第 210 页。

⑦ 《金史》卷一三一，中华书局，1975 年，第 2811 页。

⑧ 同①卷八，第 202 页。

⑨ 同①卷九，第 208 页。

⑩ 同①卷一，第 31 页。

⑪ 同①卷六，第 141 页。

## 二 著作流传

传世有《儒门事亲》一书,题为金·张子和著。十五卷,篇目如下:

卷一~卷三:此三卷无总目。每卷各十篇,有细目。

卷四~卷五:总目为"治病百法"。每卷有细目五十。

卷六~卷八:总目为"十形三疗"。分为风、暑、火、热、湿、燥、寒、内伤、外伤、内积、外积等十一形,细目共有一百三十九。

卷九:总目为"杂记九门"。细目十八。

卷十:无总目。细目四十四,首为"撮要图"。

卷十一:总目为"治法杂论"。细目十五。

卷十二:总目为"三法六门"。分为吐、汗、下三剂,载方四十八;又有风、暑、湿、火、燥、寒六门方,及兼治、调治诸方。

卷十三:刘河间先生三消论。

卷十四:无总目。细目十三,首为"扁鹊、华佗察声色定死生诀要"。

卷十五:总目为"世传神效名方"。细目十八。

此书金刊本十二卷,内分"儒门事亲"三卷;"直言治病百法"二卷;"十形三疗"三卷;"撮要图"一卷;"附扁、华诀病论三法六门方"一卷;"世传神效方"一卷;"治法杂论"一卷。日本京师伊良子所藏元刊本则仅为三卷。另一元刊本则为"儒门事亲"三卷;"直言治病百法"三卷;"十形三疗"三卷。自明嘉靖辛丑(1541)邵伯崖刊本以后,才改为十五卷本。[①]

明·朱㧑言戴人书"有儒门事亲,书三十篇,十形三疗一帙;治病百法一帙;三复指迷一帙;治法心要一帙;三法六门世传方一帙"。因此日人丹波元简认为:"从第一卷'七方十剂绳墨订'至第三卷'水解',凡三十篇,此即《儒门事亲》也;自第四卷至第五卷别是书;自第六至第十一,乃《十形三疗》也;自第十二至第十五,乃《三法六门世传方》也。"[②] 对于将十五卷本中的前三卷、三十篇视为《儒门事亲》原著,历代学者意见似基本一致;唯有人认为:"丹波以九至十一卷亦为《十形三疗》,今流通本卷九'杂记九门',观其文意,恐是所谓'三复指迷,使人信三法而不惑也。'"[③]

但该书前三卷的 30 篇中,最后两篇(即"补论"和"水解")文中可见"得遇太医张子和先生……予恐人之惑于补而莫之解,故续'补说'于先生汗下吐三论之后";"乃知子和之于医,触一事一物,皆成活法……余于是乎作'水解'"等文句,可知非出子和之手。其他各卷大抵出自麻九畴、常仲明等门人之手,李濂曾说:"盖子和草创之,知已润色之,而仲明又摭其遗,为治法心要。兵尘鸿洞,藏诸查牙空穴中,幸而复出人间。"[④]

其中卷十三,"刘完素先生三消论",乃是麻九畴居汴梁时,暇日访刘氏后裔所得,编入此书(参见本书刘完素传)。总的说来,《儒门事亲》一书虽篇目杂碎,有后人手笔,但均未离子和以攻

---

① 江静波,张子和先生的学说及其著作,上海中医药杂志,1958,(1):25。

② 〔日〕丹波元简,医滕,人民卫生出版社,1955 年,第 30 页。

③ 单培根,儒门事亲考,国医砥柱月刊,1948,6(12):11。

④ 引自〔日〕丹波元胤《中国医籍考》卷五十,第 657 页。

邪为主的治病宗旨,而且所述之事亦多含子和医案言论,兼及生活行迹、为人之道等,不失为了解张从正思想情趣与医疗特色的宝贵资料。

# 三　学　术　思　想

张从正医学思想的突出特点是强调"攻邪"。他认为:"夫病之一物,非人身素有之也。或自外而入,或由内而生,皆邪气也。"①

既然疾病是由邪气客于人体所成,那么治疗方法当然应该以驱除病邪为首务,因此他说:"邪气加诸身,速攻之可去,速去之可也。揽而留之何也?虽愚夫愚妇,皆知其不可也,及其闻攻则不悦,闻补则乐之。今之医者曰:当先固其元气,元气实,邪自去。世间如此妄人,何其多也。夫邪之中人,轻则传久而自尽,颇甚则传久而难已,更甚则暴死。若先论固其元气,以补剂补之,真气未胜,而邪已交驰横骛而不可制矣。"②

在具体治则上,他强调使用吐、下、汗三法:"先论攻其邪,邪去而元气自复也。况予所论之法,识练日久,至精至熟,有得无失,所以敢为来者言也。"③ 他的吐、下、汗三法,内容相当广泛,实际上包括了许多其他治则在内:"三法可以兼众法者,如引涎、漉涎、嚏气、追泪、凡上行者皆吐法也;灸、蒸、熏、渫、洗、熨、烙、针刺、砭刺、导引、按摩、凡解表者,皆汗法也;催生、下乳、磨积、逐水、破经、泄气、凡下行者,皆下法也。以余之法,所以该众法也"④。如此广义的"三法"实与一般所言汗、下、吐等具体治疗方法的含义相去甚远。因此必须看到张从正所言三法的真正含义,不过是总括三条逐邪气外出的通路:吐,即引邪气从眼、鼻、口等上窍而出;下,乃攻邪于前后二阴之下窍;汗,为逐邪于皮肤毛窍或直接刺络放血等。这种思想实与早期对疾病性质、治疗径路的思想极相一致。即把疾病视为有形之外物的侵入(气亦属有形之物),必要为其寻找一具体的出路方可逐于体外。因而在古代医学中,对于针灸之法的机理认识并不同于现代的中医学,针灸疗法被认为是相对于药物的"外治之法"——直接引邪外出的通路与方法。从这一点讲,张从正的"攻邪"理论并非绝对的创新,反而可以看做是原始医学思想的再现。只不过由于这种观念的再现已然是在传统医学的理论经历了相当漫长的发展过程后,逐渐转到惯用补虚之法与药物的历史时期,因而大有独树一帜的味道。

中医的汗法,原本即是建立在攻逐在"表"(肌肤)之邪的思维基础上,故汗法的基本效用是"解表"。这与张从正的观点是一致的。但由于辛温解表之剂能够促使心跳、血液循环加快,致使新陈代谢的改变等,所以解表之剂实际能治疗许多杂病。如辛温解表的代表方剂"桂枝汤"(出自汉张仲景《伤寒杂病论》)可以治疗荨麻疹、冻疮、微循环障碍等多种疾病。但张从正并不是从这一角度出发广泛地运用汗法。他采用最多的是刘完素的辛凉解表、双解之法:"予用此药四十余年,解利伤寒、湿热、中暑、伏热,莫知其数"⑤。双解之法的代表方剂为防风通圣散,此药解表清里、消导利湿、调理气机面面俱备,故用之最为稳妥。

中医"治则八法"中有下法,如果运用得当,的确有起死回生之功,可以治疗许多危重疑难

---

① 金·张从正,《儒门事亲》卷二,第43页。
② 同①卷二,第43页。
③ 同①卷二,第43页。
④ 同①卷二,第45页。
⑤ 同①卷一,第15页。

之病.例如,脑血管疾患可用攻下之法缓解症状;某些精神疾患可用桃核承气汤攻下瘀血而愈;现今外科急腹症多采用攻下法作为保守疗法的主要手段,常使患者免去一刀之苦.但因一般人惧怕攻法,医生也不易真正掌握其旨趣,口说容易,遇到苟延残喘、命在旦夕的危重病人,真正敢用攻下之品的毕竟不多.所以临床上除症见大便秘结、大热不解者外,杂病治疗中总是以温补、调理为主.张从正确实好用攻下之剂,且有深浅层次、寒热温凉的次第之分:"所以谓寒药下者:调胃承气汤,泄热之上药也;大、小、桃仁承气,次也;陷胸汤,又其次也;大柴胡,又其次也.以凉药下者:八正散,泄热兼利小溲;洗心散,抽热兼治头目;黄连解毒散,治内外上下蓄热而不泄者;四物汤,凉血而行经者也;神芎丸,解上下蓄热而泄者也.以温热而下者:无忧散,下诸积之上药也;十枣汤,下诸水之上药也.以热药下者:煮黄丸、缠金丸之类也.急则用汤,缓则用丸,量病之微甚,中病即止,不必尽剂."① 在下法中,张从正应用较多的实际上是"导水丸"、"禹功散"等逐水之剂,而其中最善用的药则是牵牛花子.

关于吐法,《素问·阴阳应象大论》中虽有"其高者,因而越之"的治疗原则,但临床上除遇食物中毒、服毒自杀等特殊情况,极少使用吐法.古书之中有瓜蒂散吐伤寒(《伤寒杂病论》)、稀涎散吐膈实中满(《本事方》)、郁金散吐头痛眩晕(《万全方》)等记载,但渐趋废而不用之势.张从正将此法提出,并称于临床最常用的汗、下之法,实为千古绝唱,独此一家.而且从他的医案中可以看到,吐法的运用是极为广泛的.恰如张从正所言:"予之用此吐法,非偶然也.曾见病之在上者,诸医尽其技而不效.余反思之,投以涌剂,少少用之,颇获征应.既久,乃广访多求,渐臻精妙".过则能止,少则能加,一吐之中,变态无穷,屡用屡验,以至不疑."②

另外,张从正还强调攻邪之中有补虚之用,"不补之中有真补"③;"大积大聚,大病大秘、大涸大坚、下药乃补药也"④;"所谓补剂者,补其不足也".这实际是阴阳对立、五行转换观念的具体运用,即如其所言:"《经》曰:东方实,西方虚;泻南方,补北方.阴虚则补以大黄、硝石,世传以热为补,以寒为泻,讹非一日."⑤ 因而在治疗下元虚损不足之病时,张从正亦不拘泥于世传的补肾之品,滥用鹿茸、巴戟一类温补之品,而是灵活地采用泻上即可实下的方法来治疗肾虚各症.

在谈到具体的补虚之法时,张从正所强调的是要依赖食物的营养作用:"夫养生当论食补,治病当论药攻"⑥;"若果欲养气,五谷、五肉、五菜非上药耶?"⑦ 当然对于真正确属体虚寒凉的病人,他也未滥用攻法:"若十二经败甚,亦不宜下,止宜调养,温以和之,如下则必误人病耳"⑧.例如曾有一人患洞泄寒中,每闻大黄色味即下泄,张从正诊其脉沉而无力,乃灸水分一百壮,服桂苓甘露散、胃风汤、白术丸等药而获愈.又有病腰痛者,诊其两手脉沉而有力,则先用通经散下五七行,再以杜仲、猪腰子食药双补而愈.张从正言:"余尝用补法,必观病人之可补者,然后补之";"余虽用补,未尝不以攻药居其先.何也,盖邪未去不可言补.病瘳之后,莫若以

────────────────

① 金·张从正,《儒门事亲》卷二,第53页.
② 同①卷二,第46页.
③ 同①卷二,第52页.
④ 同①,卷二,第57页.
⑤ 同①,卷一,第5页.
⑥ 同①,卷二,第58页.
⑦ 同①卷九,第210页.
⑧ 同①,卷二,第57页.

五谷养之,五果助之,五畜益之,五菜充之。相五脏所宜,毋使偏倾可也"①。

由此观之,张从正并非绝对排斥补虚之法,只不过是反对妄补而已。而且将诸法归纳为汗、下、吐三法,又将三法归为一个"攻邪"的思想核心,与该时代社会文化思想的总体背景是紧密关联的,人们都是在寻找某种终极的原理、理论解释的模式,这在宋明理学中表现得十分明显。而在医学领域中,四大家无不是各自建立了一个终极的病因理论,因此这种学说的理论性意义远胜于实际运用价值。

## 四 治 疗 特 点

虽说张从正多有师法河间刘完素之处,但从《儒门事亲》所存众多医案看,其临证所长实在杂病方面。对于伤寒、热病、时疫等虽亦有论说,但并无重大创见;对于运气学说,兼见涉及,但临证之时并不赖此,均属泛泛之谈。而于杂证治疗中,能够发挥才智,应用多种方法灵活地解决实际问题。

例如在精神心理疾患的治疗方面,他有许多成功的案例:"余又尝以巫跃妓抵,以治人之悲结者;余又尝以针下之时便杂舞,忽笛鼓应之,以治人之忧而心痛者;余尝击拍门牖,使其声不绝,以治因惊而畏响,魂气飞扬者;余又尝治一妇人,久思而不眠,余假醉而不问,妇果呵怒,是夜困睡"②。这几个病例大致是这样:

(1)某人闻父死于贼,乃大悲哭之,此后便觉心痛,日增不减,心下结块,药皆无功。戴人学巫者,杂以狂言以谑病者,病者面向壁大笑不忍回。数日后心痛愈,结块消。

(2)某妇不欲饮食,常好叫呼怒骂,欲杀左右,恶言不辍。诸医治之不效,子和曰:"此难以药治"。乃使二娼各涂丹粉,作伶人状,其妇大笑;次日又令作角觝,又大笑。其旁常令能食之妇,边吃边夸食物味美,此妇亦觉想食,病渐瘥。

(3)一富家女,伤于思虑过甚,不寐。子和乃与其家人共激之;又多索钱财;饮酒数日,不处一方而去,其妇大怒汗出,是夜入睡。

(4)某人妻,遇盗劫舍,自后每有声响则惊倒不识人,家人皆蹑足而行,莫敢惊动。人参、珍珠及定志丸皆不效。子和命二侍女执其两手按坐高椅之上,面前置一小几。时时以木击几,妇人大惊。子和曰:"我以木击几,何以惊乎?"伺少定击之,惊也缓,连击三五次;复使人杖击门、叩窗,数日后闻雷声亦不惊。

在中国传统医学中,历来是将情志、心理活动视为脏腑器官的一种功能表现,因而治疗方面亦是身心一元论的。这一认识论方面的基本特点决定了中国古代医学既不会像西方那样将精神病患者视为魔鬼的化身,施加种种非人道的折磨,乃至送交火刑;亦不会产生完全独立于躯体性疾患之外的现代精神病学。受五行学说的影响,情志亦有相互制约(相克)的规则,为医家运用精神疗法治疗情志疾患提供了理论依据,但真正能够像张从正这样付诸实践的医家并不多见。而且就上述案例之四的治疗方法看,已然超越了五行学说所能指导的范围,更接近于近代精神医学的治疗方法。

在儿科治疗方面,他认为儿科的惊、疳、吐、泻几种主要疾患,不外是由于饱与暖所至,以牵

---

① 金·张从正,《儒门事亲》卷二,第60~61页。

② 同①卷三,第91页。

牛、大黄、木通三味为丸,治之多效.这就是"过爱小儿反害小儿",而贫穷人家养子多健,其理有四:薄衣淡食,少欲寡怒;无财少药,不为庸医热药所攻;母体常动,形体得充;母体常动则易生①.他还谈到小儿疝气"得于父已年老,或年少多病,阴痿精怯,强力入房,因而有子,胎中病也,此疝不治"②.含有极为明确的优生学知识.在儿科病案中,有一例值得特别加以介绍:

武阳仇天祥之子,病发寒热,诸医皆作骨蒸劳治之,半年病反甚.张从正细诊其脉,以为当是痫病.询之乳母,患儿是否有疼痛之处,答曰:无.乃令脱去儿衣,举其两手观之,右肋稍高,以手侧按之,儿即移身避之,按其左侧则不避.戴人曰:"此肺部有痈也.非肺痈也,若肺痈已吐脓矣"③.分析这个病例的诊断过程,可见张从正在儿科治疗中因小儿不能准确叙述自己的症状,因而侧重体征;并且注意到了患儿的强迫体位:右肋稍高;有触诊中的对比:按其左胁则不避;有正确的鉴别诊断:痈在肺部,但不在肺内,因为若在肺内当吐脓.实际上此案当属现代医学所说胸膜炎引起的胸腔积液.如此科学地查体诊病,在历来以整体观念著称,不重准确的疾患定位的传统中医学中实在是极少见的.

此外从书中的只言片语还能看到张从正在临床中所灵活采取的各种治疗手段.如痰厥时"取长蛤甲磨去刃,以纸裹其尖","灌药入鼻窍中"④,这与当今病人昏迷时鼻饲给药之法是一样的;胎位不正,子死不下时"取秤钩,续以壮绳,以膏涂其钩,令其母分两足向外偃坐,左右各一人脚上立足,次以钩其死胎"⑤;又以鸡翎制刷,洗涤创口⑥;创玲珑灶蒸法⑦ 等等.一位亲临病榻,想尽一切办法为病人解除苦痛的苍生大医栩栩如生地再现眼前,然而或许正是由于他较少墨守规矩,所以只能是"高技常孤",缺少共鸣.

## 参 考 文 献

李国亮(清)修.1698.考城县志 方技志.刻本.

脱脱(元)撰.1975.金史 张从正传.北京:中华书局

张从正(金)撰.1959.儒门事亲.上海:上海科学技术出版社

(廖育群)

① 金·张从正,《儒门事亲》卷一,第31～33页。
② 同①卷二,第69页。
③ 同①卷六,第158页。
④ 同①卷六,第149页。
⑤ 同①卷七,第188页。
⑥ 同① 卷五,第123页。
⑦ 同①卷一,第10页。

# 赵 知 微

赵知微,金代卓越的历算家。但正史中无传,生卒年不详。据《金史》"张行简传"、"任忠杰传"及《金史》"历志"、《元史》"历志",知其为金世宗完颜雍(1161~1189年在位)时司天监,金大定二十一年(1181)造《重修大明历》。

## 一 重修大明历制定和颁行始末

金朝于公元1115年开国,1125年灭辽,1126年灭北宋,1127年(金太宗天会五年)司天官员杨级始造《(金)大明历》,10年后(1137)才正式颁行。《金史》"历志"称,杨级的大明历"所本不能详究,或曰因宋纪元历增损之也。"由此可见,杨级的大明历大概是结合辽代贾俊的大明历(公元994年,已失传,今传《辽史》"历象志"错录为刘宋祖冲之的大明历)与北宋姚舜辅的纪元历(1106)而成,"实未尝测验于天"①。

杨级的大明历才颁行20来年,就出现了较大的误差。1158年的一次日食当食不食;1173年的两次日食,加时皆先天;而1177年的一次日食,加时则后天。20年间,预报日食四次失误,"占候渐差,乃命司天监赵知微重修大明历"②,于1181年(金大定二十一年)历成。当时,翰林应奉耶律履也造了一种新历,名曰乙未历。当年十一月望有月食,尚书省委礼部员外郎任忠杰会同司天历官一起观测这次月食的准确时刻,比较赵知微重修大明历与耶律履乙未历以及当时行用的杨级大明历三者之亲疏,结果证明赵知微所造新历优越,于是决定采用重修大明历,自1182年起颁行。

几年以后,大约在金章宗明昌(1190~1196)初年,司天台刘道用又改进新历,上"诏学士院更立历名"③,礼部郎中张行简"奏公覆校测验,俟将来月食无差,然后赐名"④.于是,又"诏翰林侍讲学士党怀英等覆校"⑤。结果发现,明昌二年十二月十四日金木星俱在危十三度,刘道用历在十三日,差一日;明昌三年四月十六日夜月食,刘道用历算时刻与实测不合。刘道用"不曾考验古今所记,比证事迹,辄以上进,不可用"⑥,并因此而受了处分。于是,赵知微的重修大明历自1182年颁行之后便一直行用到金朝灭亡(1234)。至于元朝,自铁木真于公元1206年建号成吉思汗,脱离金朝统治,建立蒙古汗国以来,也一直承用赵知微的重修大明历。1220年庚辰岁,元太祖西征,"五月望,月食不效;二月、五月朔,微月见于西南",重修大明历后天。中书令耶律楚材曾"损节气之分,减周天之秒,去交终之率,治月转之余,课两曜之后先,调五行之出没",并"创为里差以增损之",造《西征庚午元历》,来消除重修大明历的一些误差,但却未予颁行。一直

---

① 《元史》卷五十二《历志(一)》。
② 《金史》卷二十一《历志(上)》。
③ 《金史》卷一百六《张行简传》。
④ 《金史》卷一百六《张行简传》。
⑤ 《金史》卷一百六《张行简传》。
⑥ 《金史》卷一百六《张行简传》。

到了 1267 年(元至元四年),"西域扎马鲁丁撰进万年历,世祖稍颁行之"。1276 年"平宋,遂诏前中书左丞许衡、太子赞善王恂、都水少监郭守敬改治新历。"[①] 1280 年冬至历成,诏赐名曰授时历,于 1281 年起颁行。所以,元朝在 1280 年以前仍然使用重修大明历。由此算来,赵知微的重修大明历自 1182 年至 1280 年于金、元两世引用达 99 年之久,是中国历法史上使用时间较长的一部历法。

近人朱文鑫认为,"《金史》"历志"凡二卷,载赵知微重修大明历七篇,与宋纪元历大同小异"[②],"其步气朔、卦候、日躔、晷漏、月离、交会及五星,皆与纪元历相似。故说者谓知微之于纪元,犹五纪之于麟德,正元之于大衍也"[③]。

重修大明历的日、月、五星等天文数据、表格和各种计算方法都与纪元历相同或接近。例如,

|  | 重修大明历 | 纪元历 |
|---|---|---|
| 回归年长度(日) | 365.243595 | 365.243621 |
| 恒星年长度(日) | 365.256800 | 365.257200 |
| 朔望月长度(日) | 29.530593 | 29.530590 |
| 恒星月长度(日) | 27.321687 | 27.321667 |
| 交点月长度(日) | 27.212225 | 27.212206 |
| 近点月长度(日) | 27.554609 | 27.554609 |
| 水星会合周期(日) | 115.8760 | 115.8762 |
| 金星会合周期(日) | 583.9014 | 583.9028 |
| 火星会合周期(日) | 779.9316 | 779.9297 |
| 木星会合周期(日) | 398.8800 | 398.8860 |
| 土星会合周期(日) | 378.0903 | 378.0917 |

又,除了"步日躔"中,重修大明历考虑到内插法的需要,把纪元历的日躔表析为二表:"二十四气日积度及盈缩"和"二十四气中积及朓朒";"步晷漏"中,重修大明历也是考虑到内插法的需要,比纪元历多一张表:"二十四气陟降及日出分";"步交会"中,求日月食定用分,即求日月食食限辰刻的方法,重修大明历不同于纪元历以外,其余的部分以及"步气朔"、"步卦候(发敛)"、"步月离"、"步五星"诸篇,其数据、表格及计算方法,二历都相同。由此可见,重修大明历主要是以纪元历为本的。

但是,重修大明历也不无创新,其成就主要是在三次差内插法和日月食的几何计算方法上。此外,在月亮运动周期、黄赤交角和岁差等数据方面,也有很高的精确性。它对后世历法,如元授时历,产生了积极的影响。

## 二　三次差内插法的应用

重修大明历步晷漏"二十四气陟降及日出分表"中,大雪气一项的有关数据如下:

① 《元史》卷五十二《历志(一)》。

② 朱文鑫,十七史天文诸志之研究,科学出版社,1965 年。

③ 朱文鑫,历法通志,商务印书馆,1934 年。

$$增损差:损 \begin{matrix} 初八 & 二 \\ 末九 & 三十二 \end{matrix}$$

$$加减差:加十$$

$$陟降率:降一十 \qquad 四十$$

$$初末率: \begin{matrix} 初一 & 二十八 & 五十 \\ 末空 & 七 & 一十二 \end{matrix}$$

$$日出分:一千五百五十七$$

五十二

这里,以初末率是陟降率的一差,增损差是二差,加减差是三差,逐日列出差分表为

| | 陟降差 | 初末率<br>(一差) | 增损差<br>(二差) | 加减差<br>(三差) |
|---|---|---|---|---|
| 初日 | 0 | | | |
| | | 1.2850 | | |
| 一日 | 1.2850 | | −0.0802 | |
| | | 1.2048 | | −0.0010 |
| 二日 | 2.4898 | | −0.0812 | |
| | | 1.1236 | | −0.0010 |
| 三日 | 3.6134 | | −0.0822 | |
| | | 1.0414 | | −0.0010 |
| 四日 | 4.6548 | | −0.0832 | |
| | | 0.9582 | | −0.0010 |
| 五日 | 5.6130 | | −0.0842 | |
| | | 0.8740 | | −0.0010 |
| 六日 | 6.4870 | | −0.0852 | |
| | | 0.7888 | | −0.0010 |
| 七日 | 7.2758 | | −0.0862 | |
| | | 0.7026 | | −0.0010 |
| 八日 | 7.9784 | | −0.0872 | |
| | | 0.6154 | | −0.0010 |
| 九日 | 8.5938 | | −0.0882 | |
| | | 0.5272 | | −0.0010 |
| 十日 | 9.1210 | | −0.0892 | |
| | | 0.4380 | | −0.0010 |
| 十一日 | 9.5590 | | −0.0902 | |
| | | 0.3478 | | −0.0010 |
| 十二日 | 9.9068 | | −0.0912 | |
| | | 0.2566 | | −0.0010 |
| 十三日 | 10.1634 | | −0.0922 | |
| | | 0.1644 | | −0.0010 |
| 十四日 | 10.3278 | | −0.0932 | |
| | | 0.0712 | | |
| 十五日 | 10.3990<br>(≒10.40) | | | |

与原有关数据相合。若以二次差内插法计算初末率,末率为

$$1.2850 - 14 \times 0.0802 - \frac{14 \times 13}{2} \times 0.0010$$

$$= 1.2850 - 1.1228 - 0.0910$$

$$= 0.0712$$

以及用三次差内插法计算陟降率,降率为

$$1.2850 \times 15 - \frac{15 \times 14}{2} \times 0.0802 - \frac{15 \times 14 \times 13}{6} \times 0.0010$$

$$= 19.2750 - 8.4210 - 0.4550$$

$$= 10.3990$$

$$\doteq 10.40$$

亦与原有关数据相合。可见重修大明历内不仅使用二次差也使用了三次差内插法,即"已具有招差术的计算法"[1]。

　　三次差内插法在中国古历法中的使用,在唐一行大衍历(公元 727)中已露端倪[2],边冈崇玄历(公元 892)"相减自相乘法"取其一种特殊形式[3],北宋姚舜辅纪元历日躔表的四差亦为零,经金赵知微重修大明历,至元王恂、郭守敬的授时历(1280)则是把这种方法全面推广到历法计算中有关的各个方面。

# 三　求日月食食限辰刻的几何方法

　　历法内求日月食食限辰刻,历来都用代数方法,以经验公式推求。重修大明历则创用几何方法求得。

　　重修大明历步交会"求日食定用分"中说:"置日食之大分,与三十分相减相乘,[平方开之,]又以二千四百五十乘之,如定朔入转算外转定分而一,所得为定用分。减定余为初亏分。加定余为复圆分。各以发敛加时法求之,即得日食三限辰刻。"

　　如图 1 所示,为清梅文鼎《历学骈枝》内所补"日食三限图"。设日、月的视直径都是 15 分,S 为日心,$M_1$ 为初亏、M 为食甚、$M_2$ 为复圆时的月心,则 $CD$ 即为食分(日食之大分)。据图,用赵爽公式容易证明

$$MM_1^2 = (AE - CD) \cdot CD$$

即

$$MM_1 = \sqrt{(30 - 食分) \cdot 食分}$$

便是初亏到食甚的时间。$2MM_1$ 便是从初亏经食甚至复圆的全部见食时间。食甚时刻(定余)

①　严敦杰,宋金元历法中的数学知识,载《宋元数学史论文集》,科学出版社,1966 年。

②　严敦杰,中国古代数理天文学的特点,载《科技史文集》第 1 辑,上海科学技术出版社,1978 年。

③　陈美东,崇玄、仪元、崇元三历暑长计算法及三次差内插法的应用,自然科学史研究,1985,4(3)。

加、减 $MM_1$，便是复圆与初亏的时刻。①

　　"求月食定用分"中说："置月食之大分，与四十五分相减相乘，(平方开之，)又以二千一百乘之，如定望入转算外转定分而一，所得为定用分。加减定余为初亏、复圆分。各如发敛加时法求之，即得月食三限辰刻。"又，"月食既者，以既内大分与十五相减相乘，(平方开之)，又以四千二百乘之，如定望入转算外转定分而一，所得为既内分。用减定用分为既外分。置月食定余减定用分为初亏。因加既外分为食既。又加既内分为食甚。再加既内分为生光。复加既外分为复圆。各以发敛加时法求之，即得月食五限辰刻。"

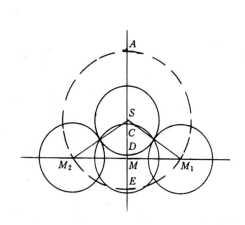

图 1　日食三限图

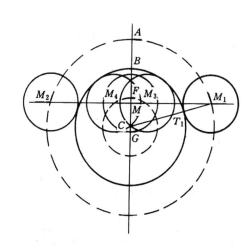

图 2　月食五限图

　　则如图 2 所示"月食五限图"中，$C$ 为地影中心，$M_1$ 为初亏、$M_3$ 为食既、$M$ 为食甚、$M_4$ 为生光、$M_2$ 为复圆时的月心。设月亮直径为 15 分，地影直径为 30 分，故 $CA=45$ 分。$BG$ 为"食分"，$BG-CB=CG$ 为"既内大分"。$M_1M_3$ 为"既外分"。$M_3M$ 为"既内分"。要求初亏到食甚的时间，即求 $M_1M$ 的长。仿照"日食三限图"，于此可以证明

$$M_3M^2=(2MG-GC)\cdot GC$$

即

$$M_3M=\sqrt{(15-\text{既内大分})\times\text{既内大分}}$$

食甚到生光、复圆的时间与食甚到食既、初亏的时间相同。

　　授时历步交会"求日食定用及三限辰刻"、"求月食定用及三限五限辰刻"则完全因袭重修大明历的几何方法。

## 四　精确的天文数据

　　重修大明历在月亮运动周期方面有很高的精确性。其有关常数与真值比较如下表：

---

　　① 参阅严敦杰《宋金元历法中的数学知识》。

| | 重修大明历 | 真值 | 差值 |
|---|---|---|---|
| 朔望月 | 29.530593 日 | 29.530587 日 | +0.000006 日(0.51 秒) |
| 恒星月 | 27.321687 日 | 27.321660 日 | +0.000027 日(2.33 秒) |
| 交点月 | 27.212225 日 | 27.212218 日 | +0.000007 日(0.60 秒) |
| 近点月 | 27.554609 日 | 27.554559 日 | +0.000050 日(4.32 秒) |

授时历的朔望月 29.530593 日,恒星月 27.321671 日,交点月 27.212224 日,近点月 27.554600 日,或与重修大明历的数据相同,或相近但更为精密。再加之授时历的回归年取 365.242500 日优于重修大明历的 365.243595 日,所以授时历是比重修大明历更为优秀的历法。

重修大明历取黄赤交角为 23.90 度,折合今度为 23°33′23.3″,与真值 23°32′44.3″相比较,差值仅为 +39.0″。从中国历法史上看,仅次于北宋史序的仪天历(差值 +23.9″,1001 年)和三国时东吴王蕃的值(差值 -34.9″,公元 264 年),比它以后的授时历(差值 +1′35.9″,1280 年)还要精确。而在欧洲,以观测精密著称的第谷于 1596 年测定的黄赤交角值 23°31′30″与真值 23°29′30.6″相比较,也还有近 2′的误差。中国古代对黄赤交角的测定历来具有很高的精确性,而重修大明历更是其中的佼佼者。

此外,重修大明历取岁差值为 75 年又 8 个月差一度,授时历定 66 年又 8 个月差一度,都比当时欧洲一直还在沿用的 100 年差 1°的数据要精密。

总之,赵知微重修大明历上承北宋纪元历,下启元授时历,于金元两代,相继及并行了近百年之久,是中国古代一部带有关键性的重要历法;[①]赵知微不愧是我国古代杰出的天文学家、历算家。

## 参 考 文 献

宋 濂(明)撰.1976.元史 历志.北京:中华书局
脱脱(元)等撰.1975.金史 历志.北京:中华书局
严敦杰.1966.宋金元历法中的数学知识.见:宋元数学史论文集.北京:科学出版社
朱文鑫.1934.历法通志.上海:商务印书馆
朱文鑫.1965.十七史天文诸志之研究.北京:科学出版社

(王渝生)

---

① 严敦杰先生审阅本文时告诉我说,有迹象表明重修大明历的上元积年数字"演纪:上元甲子距今大定庚子,八千八百六十三万九千六百五十六年"在当时或其后不久传到了国外。这是一个重要的发现。进一步探讨重修大明历的国际影响,将是一件很有意义的工作。

# 李 杲

　　北宋以后,新说渐兴,至金元而大盛。医林中有刘、张、李、朱各创一说,号为四大家。其中与张从正医学理论针锋相对的是李杲。他力倡"人以胃土为本"、"百病皆由脾胃衰而生",反对滥用寒凉之品与攻下之法,故被称之为补土派。还有人称李杲的医学理论是"医中王道",有志于学医者,必尽读东垣之书而后可以言医①。

## 一　生　平　概　略

　　李杲,字明之,真定(今河北正定)人。因汉代以前真定名东垣,故李杲自号东垣老人。

　　金代文人元好问(1190～1257)为东垣好友,曾作"东垣老人传",称李杲卒于辛亥年,时年72岁。则李杲生年当于金世宗大定二十年(1180),金亡时年55岁,入元17年乃终(1251)。

　　李杲家境颇优,"世为东垣富盛之族"②。金代自熙宗皇统三年始,因陕西旱饥,诏许富民入粟补官,尔后多行此法③,故杲亦曾"纳赀得官,监济源税"④。

　　杲自幼天资敏达,初学儒术,通《春秋》、《书》、《易》。纯孝,其母王氏患病,杲尽力侍奉"色不满容,夜不解衣",但因不谙医术,亦无济于事。虽厚礼求医诊治,但诸医或以为热,或以为寒,各执己见,议论纷纷,至死尚不知所患为何病。杲甚恨之,自此有志于医。遂捐千金拜易州名医张元素为师,历时四、五年,所得元素之经验心得,可谓"倾囷倒廪"。杲之习医,本是"为己非为人",但南至汴梁后,他却以行医闻名,"通医之名,雷动一时",所救活之人"不可遍举"⑤。

　　李杲与刘完素、张从正同为金代名医,均祖法于《内经》,何以医学理论相去甚远,这就必须注意到李杲所处的特定历史条件。刘完素年最长,虽称其生于乱世,但完素中年恰是世宗当政,究为金元上升时期与兴盛之时,所行政令存抚为先,遇旱、蝗、水溢之灾,则免租赋;金银坑冶任民开采,不取税收;流移人老病者,官与养济等等⑥。且其火热立论,要在论述外感热病,并不统治杂病。子和稍后,但其地处中州,金元战线在西北不及于此,南与宋修好为主,且南宋苟安无力北伐,故子和乐得四处游逛,并无兵燹之苦。而李杲则不然,他生于世宗鼎盛之时,行于哀宗渐落之世,正值金朝灭亡之期,烽烟四起。如杲41岁时,"夏人攻龛谷,宋人攻蕲州,红袄贼掠宿州,大元兵攻延安"⑦,真可谓楚歌四面。至天兴元年(1232),即所谓"壬辰之乱"时,汴京城内外不通,米每升银二两,百姓粮尽,殍者相望,缙绅士女多行乞于市,京城人相食,至有杀妻子儿女

---

① 明·李濂,《医史·李杲传》,中国中医研究院藏抄本。
② 金·李杲,《医学发明》序,人民卫生出版社,1959年。
③ 《金史》志第二十一·食货五。
④ 《医籍考》第660页。
⑤ 金·李杲。《医学发明》序,人民卫生出版社,1959年。
⑥ 《金史》本纪第六、第七,世宗。
⑦ 《金史》本纪第十六,宣宗下。

以食之者,凡皮制器物皆被煮食①。朝廷内也只能"阅官马,择瘠者杀以食",是年"汴京大疫,凡五十日,诸门出死者九十余万人,贫者不能葬者不在是数"②。

李杲目睹壬辰之乱,他说:"解围之后,都人不受病者万无一二,既病而死者,继踵而不绝,都门十有二所,每日各门所送多者二千,少者不下一千。"他认为这主要是由于城困民饥,脾胃受伤所至,"似此者,几三月此百万人岂俱感风寒外伤者耶?"并指出:"非大梁为然,远在真祐、兴定间,如东平、如太原、如凤翔,解围之后病伤而死无不然者。"他亲见在这种情况下,医者以为外感而用发表药,有以巴豆、承气攻下者,"俄而变结胸,发黄,又以陷胸丸及茵陈汤下之,无不死者"③。

正是在这样的历史背景下,李杲才作《内外伤辨惑论》以明外感与内伤之不同,又作《脾胃论》进一步阐发内伤脾胃的具体治则与方药。

大凡医者对有自身体验的病患认识最深,东垣曾谈到他自己"予病脾胃久衰,视听半失,气短精神不足"④,这也可能与他特重脾胃有关联。

壬辰之乱后,元好问与东垣同出汴梁,游于聊城、东平等地,数年中亲见东垣为人治病,才明白东垣何以有"国医"之称。其"一洗世医胶柱鼓瑟,刻舟觅剑之弊"⑤,临证必精思熟虑,如汴京酒官王善浦病小便不利,目睛凸出,腹胀如鼓,膝以上坚硬欲裂,而且饮食不下,诸医以甘淡渗利之药治之皆不效。请东垣治疗,看过病情之后,他对大家说,这病严重,一时尚无可施良策,待我回家思考之后再治吧。思到夜半,忽有所悟,披衣而起,自语道:我明白了!《内经》说膀胱是津液之府,必气化方能出,众医用渗利之药不效是气不化也。甘淡渗泄皆阳药,独阳无阴焉能得化?次日,至病家,处以"群阴之剂",立见功效。

又如一妇人,病寒热,月经不行已多年,兼见咳喘。医多以为虚寒,投以蛤蚧桂附之类温补而不效。东垣谓此乃"病阴为阳所搏,温剂太过,故无益而反害",投以凉血之药,则经行病愈⑥。

东垣晚年精力不济,但因昆仑范尊师屡以活人济世之言勉励之,故尽力整理自己的著作,如《内外伤辨惑论》初稿成后已搁置16年,此时方成其书。临终前取平生所著书,检勘卷帙,置于桌上,尽传于门人罗天益。

## 二　著作考证

《内外伤辨惑论》:本书三卷。卷上以脉、寒热、手心手背、口鼻、渴等辨内伤与外感之不同。中、下二卷论饮食劳伤,四时用药加减,暑伤等。

此书有东垣丁未(1247)所作自序,言:"曾撰内外伤辨惑论一篇,以证世人用药之误。此论束之高阁十六年矣。"故《四库全书提要》以为书出于金哀宗正大九年辛卯(1231)。但书中言及"壬辰改元"(1232),此或为后来所补,然书中所辨却恰恰是内外伤用药之误,似指壬辰之乱时,故应视为初作于1232年较妥,以年代推算亦不相悖。

---

① 《金史》列传第五十三·完颜奴申。
② 《金史》本纪第十七·哀宗上。
③ 金·李杲,《内外伤辨惑论》卷上·辨阴证阳证,文盛书局,光绪辛巳年版。
④ 金·李杲,《脾胃论》卷下·调理脾胃治验,人民卫生出版社,1957年影印本。
⑤ 《东垣试效方》王博文序,引自《医籍考》第665页。
⑥ 以上二病例见《伤寒会要》元好问序,引自《遗山文集》卷三十七,四部丛刊本。

《脾胃论》：全书三卷。共载医论三十六篇，方论六十三篇。全书旨在阐发"内伤脾胃，百病由生"的学术思想，强调胃气的重要性。

此书为东垣代表作之一，罗天益称东垣之学为医之王道，"观此书可见矣"①。元好问序此书亦说为壬辰之乱后，东垣恐《内外伤辨惑论》不足以醒悟庸医，故又著此以申明之。一般以为此书成于公元 1249 年，即杲临终前两年。唯江静波以为此书当在《内外伤辨惑论》之前，其理由有三：(1)貌似读书札记；(2)《内外伤辨惑论》较此详细而整齐，经验处方多；(3)《脾胃论》中有论"木郁达之"，《内外伤辨惑论》中有"重明木郁达之之理"一节，即是重申之义，可见在后②。

《医学发明》：原书九卷，现通行本改为一卷。人民卫生出版社查得明抄善本一种，存有原序四篇及原书九卷目次和第一卷正文。遂以济生拔萃本为主，与明抄残卷互校、增补。就现有内容看，本书载方 70 余首，用药以温补为多，持论以补脾为主，充分反映出"补土"学派的特色。

《兰室秘藏》：全书三卷，分为 21 门，共 283 方。每门首列总论，次列方药。"其曰兰室秘藏者，盖取《素问》藏诸灵兰之室语。前有至元丙子(1276)罗天益序，在杲殁后二十五年，疑即砚坚所谓临终以付天益者。"③

全书贯穿着李杲内伤脾胃的基本论点，方剂多为作者自创，用药则至一二十味，但分量极小。多有升提阳明、少阳气机之柴胡、升麻之类，是其特点。

《伤寒会要》：此书已佚。元好问序曰："伤寒则著会要三十余万言。推明仲景朱奉议张元素以来备矣。见证得药，见药识证，以类相从，指掌皆在仓猝之际，虽使粗工用之，荡然如载司南以适四方。"

《伤寒治法举要》：此书一卷，未见。汪琥曰："伤寒治法举要，元东垣老人李杲撰。书只一卷，首言冷热风劳虚复，续辨惑伤寒论，共举治法之要三十二条。其法：治外感羌活冲和汤；挟内伤补中益气汤；如外感风寒，内伤元气，是内外两感之证，宜用溷淆补中汤，即补中益气汤中加藁本羌活防风苍术也。又一法，先以冲和汤发散，后以参芪甘草三味补中汤济之。其外则有三黄补中汤、归须补中汤，共补中一十二方。又其外则有葛根二圣汤、芎黄汤等七方。"④东垣治外感用何法，据汪琥所述可略窥之。

《用药法象》：李时珍曰："用药法象，书凡一卷。元真定明医李杲所著。祖洁古珍珠囊，增以用药凡例、诸经向导、纲要活法，著为此书。"⑤此书内容主要保存在王好古的《汤液本草》中，目之曰"东垣先生药类法象"、"东垣先生用药心法"。具体内容如"引经药"、"东垣报使"等，明显是继承了张元素的学术成就。

《脉诀指掌病式图说》：此书收在《医统正脉》之中，题为元丹溪朱震亨著。但因书中有"予目击壬辰首乱……予于内外伤辨言之备矣，今略具数语以足成书，为六气全图"。故丹波元胤《医籍考》指出，此书实为李杲作品。但书中亦见"丹溪先生曰"，可知内容不仅不全出李杲，还有朱震亨之后人手笔。

此外，还有《食物本草》十卷，原题李杲编辑，李时珍参订⑥，各种药性赋刊本亦多题李杲

① 《脾胃论》罗天益序。

② 江静波，李东垣先生的学说及其著作，广东中医 1963，(2)：11。

③ 《医籍考》第 662 页。

④ 引自《医籍考》第 415 页。

⑤ 《医籍考》第 139 页。

⑥ 明·崇祯十一年吴门书林刊本。

撰,熊均说:"东垣著作甚多,唯有用药珍珠囊、脾胃论、内外伤辨、医学发明、五经活法机要、兰室秘藏、疮疡论、医说辨惑论等书刊行。"① 则此中所涉书名更多,但或未见,或出于后人伪托,无从详考。

# 三　学术思想

李东垣的医学思想突出表现在对外感与内伤之不同的辨析,内伤则从脾胃立论、遣方,用药则重在升发阳明气机,并不大量应用补气药。

## 1. 外感与内伤的辨析

东垣认为《内经》中所述百病之源或因喜怒过度,或因饮食失节,寒温不适,或因劳役所伤,要之不过内外二途。外伤风寒六淫客邪,皆有余之病,当泻不当补;饮食失节中气不足之病当补不当泻。对于这两类治则截然不同的病证,许多医生是没能很好分清的,因为这两类病因迥异的病证,常常表现出一些共有的证状,如发热、恶寒、头痛、肢体沉重等等。为此,李杲专著《内外伤辨惑论》一书,示人以大端。是书所述,虽与壬辰之乱以及东垣所说东平、太原、凤翔等地围城之后饥民伤脾胃的历史背景有关,但其所论实为医道至理,至今亦有实用价值。特别是在儿科,常常可以见到因消化系统障碍引起发烧的病例,如果医生不能正确分辨,误作感冒治疗,常常延误数月而不见功效。

对于外感与内伤的鉴别诊断,东垣列举了九个方面进行辨惑解疑,见下表。

此外,李杲还对阳明热证与中暑进行了辨析,这一点也颇为重要。阳明热证是胃与大肠有实热,《伤寒论》说:"阳明之为病,胃家实是也。"症见大热、大渴、大汗出、脉洪大,转入腑证以后,则见日晡之时发潮热、谵语等壮热里实之证,法以白虎汤清其在经之热,以承气汤攻其里实可解。而内伤之证中有与此症相似者,"乘天气大热之时,在于路途中劳役得之,或在田野间劳形得之,更或有身体薄弱、食少、劳役过甚,胃气久虚而劳役得之者,皆与阳明中热白虎汤证相似。必肌体扪之壮热,必躁热闷乱,大恶热,渴而饮水;以劳役过甚之故,亦身疼痛;始受病之时,特与中热外得有余之证相似,若误与白虎汤旬日必死。"② 李杲指出,此证乃因脾胃大虚,元气不足所至,所以到日晡前后,为阳明得时之际,病必少减,不同于阳明热证的日晡病进的规律。

以上辨说,要在区别内外之不同。其所论内伤多为虚证,仅是在辨脉中提到了"宿食,右关脉沉而滑",实际上在临床治疗时,东垣所用之法亦是攻补两面。如《兰室秘藏》中所说的:轻则内消,重则除下,亦用吐法即是。总之,东垣内外伤辨的关键问题是指出了一系列本属内伤虚证,而所现症状却与外感相似的病候,这一点是至关重要的。在此基础上,他又进一步论述脾胃的重要性与治疗原则,构成了自己的核心理论。

## 2. 脾胃论

李东垣所论脾胃,其义有广狭之分。就狭义而言,是指人之脾胃脏腑。如其言:"胃之一腑

---

① 《医籍考》第663页。

② 《内外伤辨惑论》,辨证与中热颇相似。

病,则十二经元气皆不足也。"① 故特重饮食有度,大饮则气逆,多食则胃伤。然而东垣著作中所说的脾胃,更多的是指脾胃之气,或人体整个的消化系统与吸收功能,即"胃气者,谷气也、营气也、运气也、生气也、清气也、卫气也、阳气也;又天气、人气、地气、乃三焦之气,分而言之则异,其实一也,不当作异名异论而观之"②。更何况《灵枢·本枢篇》中早已言明:"手阳明大肠、手太阳小肠皆属足阳明胃"。因此对于东垣"脾胃论"不可只从字面理解。

外感与内伤之辨

| | 外 感 | 内 伤 |
|---|---|---|
| 辨脉 | 必见于左手;独左寸人迎脉浮紧,按之洪大 | 必见于右手;右寸气口脉大于人迎,急大而涩,数,时一代而涩。虚证,右关脉弱,甚而不见。宿食,右关脉沉而滑 |
| 辨寒热 | 寒热并作。热发于皮毛之上,如羽毛之拂,明其热在表。面赤,心中烦闷。稍似裸露其肌肤,已不能禁其寒。恶寒,虽重衣下幕,逼近烈火终不能御其寒,一时一日增加愈甚,必待传入里,作下证乃罢其寒热,无有间断。无汗 | 是热也,非表伤寒邪皮毛间发热也。乃肾间受脾胃下流之湿气闭塞其下,至阴火上冲作蒸蒸而燥热。须待袒衣露居近寒凉处即已。<br>但见风寒或居阴凉无日阳处便恶之也,但避风寒及温暖处,或添衣盖温,养其皮肤,所恶风寒便不见矣。有汗 |
| 辨手心手背 | 手背热 | 手心热 |
| 辨口鼻 | 鼻气不利,声重浊不清利。口中和 | 必显在口,必口失谷味,必腹中不和 |
| 辨气少气盛 | 气壅盛而有余 | 短促不足以息 |
| 辨头痛 | 传入里实方罢 | 时作时止 |
| 辨筋骨四肢 | 非扶不起,筋骨疼痛 | 怠惰嗜卧,四肢沉困 |
| 辨渴与不渴 | 传里始有渴 | 内伤失节,劳役久病者必不渴。<br>初劳形役质,饮食失节,伤之重者必有渴 |
| 辨外伤不恶食 | 不恶食 | 恶食 |

东垣对于人的饮食与吸收功能有极正确的认识,一般人总以为能吃或体胖是脾胃与消化吸收好的表现,其实不然。东垣指出:胃气能够滋养元气;胃气弱,则饮食多,饮食多则反伤脾胃,元气亦不能充③;胃中元气盛,则能食而不伤,过时而不饥;脾胃俱旺,则能食而肥;脾胃俱虚,则不能食而瘦,或少食而肥,但虽体肥却四肢不举。另外还有因胃中有火邪,善食而瘦等情况④。所论基本上概括了消化吸收功能的正常状态与各种病态表现,其中尤以"胃气弱,则饮食多"最为精辟。属于这种类型的病人,正是因为吸收功能差,所以才需要大量地摄入。其吸收功能越差则摄入量越大,所食之物不过是穿肠而过,并不同于甲亢病人因基础代谢率高,耗能多

---

① 《脾胃论》卷下·脾胃虚则九窍不通论。
② 《脾胃论》卷下·脾胃虚则九窍不通论。
③ 《脾胃论》,脾胃虚实传变论。
④ 《脾胃论》,脾胃盛衰论。

而表现为"吃不饱的病人"，这当属于东垣所说"胃有火邪，善食而瘦"的类型。

在临床上若不能将两者区别开，一律视为"火化食"，都用养阴清热法治疗，对于前者来说岂不是南辕北辙吗？曾见北京市中医医院周志成只用人参、沉香两味药就可治疗这类疾病，其理何在，通过脾胃论的研究就能有所理解。

东垣以为"五脏皆得胃气乃能通利"[①] 可知胃气对人体来说至关重要。他曾从以下一些方面谈到胃气与各脏腑间的关系：

(1) 胃气与心：脾胃气虚，元气不足而心火独盛[②]。脾胃既虚，营血大亏，心无所养，致使心乱而烦，病名曰悗[③]。

(2) 胃气与肺：脾胃一虚，肺气先绝[④]。

(3) 胃与脾：胃既伤则饮食不化，口不知味，四肢困倦，心腹痞满，兀兀欲吐而恶食，或为飧泄，或为肠澼，此胃伤脾亦伤明矣[⑤]。

(4) 胃与肾、膀胱：脾胃虚，肾与膀胱受邪[⑥]。

(5) 胃与胆、小肠：胃虚则胆及小肠温热生长之气俱不足[⑦]。

(6) 胃与五官：胃气一虚，耳、目、口、鼻，俱为之病[⑧]。

因此东垣认为"推其百病之源，皆因饮食劳倦而胃气元气散解，不能滋荣百脉，灌溉脏腑，卫护周身之所致也"[⑨]。

对于这样的病变，东垣认为是由于"阳气衰弱不能生发，不当于五脏中用药法治之，当从《藏气法时论》中升降浮沉补泻法用药耳"[⑩]。这可以说是东垣制方的一条重要原则。其调理脾胃，补益中气，虽用参芪为主，但用量甚微，而且不是独任辛甘温，多佐以黄芩、黄连等苦寒药，同时伍以升麻、柴胡、葛根、羌活等引经药，使药性能上下行，上达空窍，下至肝肾，寓泻阴火于升发阳气之中。实际上升麻、柴胡、羌独活等药不可但作引经药视之，其升发肝胆、脾胃，解郁散瘀的作用是极重要的。东垣用这类药达到何种程度呢？《兰室秘藏》一书自"饮食劳倦"至妇人、小儿、疮疡、五官共分 21 门，病虽各异，但组方中门门有升麻，这在历代医家中是绝无仅有的。东垣称此为"因曲而为直"，意思是说加入升发之药，令其元气上升，这样借因饮食之内伤而服药的机会，"使生气增益，胃气完复"[⑪]。

故尔东垣极力反对使用牵牛等攻下之品，虽未言明，可以想见是针对惯用牵牛的张从正等医家的。《医学发明》卷二存目中有"牵牛宜禁论"（文缺）；《兰室秘藏》中又指出："牵牛之辛辣猛烈伤人尤甚，饮食所伤脾胃，当以苦泄其肠胃可也，肺与元气何罪之有？用牵牛大罪有五，此其一也；况胃主血所生病，为所伤物者有形之物也，皆是血病，泻其气，其罪二；且饮食伤之于中

---

① 《脾胃论》，脾胃虚实传变论。

② 《脾胃论》，饮食劳倦所伤始为热中论。

③ 《脾胃论》，长夏湿热胃困尤甚用清暑益气汤论。

④ 《医学发明》卷五·饮食劳倦论。

⑤ 《脾胃论》，饮食伤脾论

⑥ 《脾胃论》，胃虚脏腑经络皆无所受气而俱病论。

⑦ 《脾胃论》，胃虚脏腑经络皆无所受气而俱病论。

⑧ 《脾胃论》，脾胃虚实传变论。

⑨ 金·李杲《兰室秘藏》卷上，饮食劳倦门，人民卫生出版社，1957 年。

⑩ 《脾胃论》，脾胃盛衰论。

⑪ 《兰室秘藏》，饮食劳倦门。

焦,只会剋化消导其食,重泻上焦肺中已虚之气,其罪三也;食伤脾胃当塞因塞用,又曰寒因寒用,枳实大黄苦寒之物以泄有形是也,反以辛辣牵牛散泻真气大禁四也;……暗损人寿数,谓如人寿应百岁,为牵牛之类朝损暮损,其元气消耗,不得终其天年……此乃暗里折人寿数。"①

"大抵治饮食劳倦所得之病,乃虚劳七损证也,常宜以甘温平之,甘多辛少是其治也";又当"安心静坐,以养其气"②,所以东垣治内伤均以此为宗旨,观其所制方剂则更明矣。

### 3. 代表方剂

补中益气汤:

黄芪(病甚、劳役热甚者一钱)、炙甘草各五分

人参(去芦,有嗽去之)、白术各三分

当归身(酒焙干,或日干以和血脉)二分

升麻、柴胡、桔皮各二分或三分

水二盏,煎至一盏,食远稍热服

此方主治各种脾胃虚损,至使中气下陷而出现的一系列症状,诸如身倦无力、头晕目眩、不思饮食、饭后腹胀、短气喘息等等。盖因"脾胃一虚,肺气先绝",所以方中以人参、黄芪益脾胃而补中气,白术、陈皮理气燥湿。与一般健脾胃的中药方剂相较,如应用最为广泛的四君子汤(《太平惠民和剂局方》:人参、白术、茯苓、甘草),此方中有升麻、柴胡是其最突出的特点,也是东垣提升阳明、少阳气机,恢复生发之气思想的具体表现。

后人评论此方时说:"世人一见发热,便以为外感风寒暑湿之邪,非发散邪从何出?又不能灼见风寒暑湿对证施治,乃通用解表之剂,杂然并进,因致毙者多矣。东垣深痛其害,创立此方。以为邪之所凑,其气必虚,内伤者多,外感者间或有之,纵有外邪,亦是乘虚而入,但补其中气而邪自退。"③

后世应用此方甚广,对于内脏下垂、脱肛痔漏、子宫脱出等疾患均有疗效。有人以此法治疗多发性脓肿伴发贫血,症见脓肿迭发,缠绵不愈,高热驰张不退,脓肿切开后淋漓不能收口,形体消瘦,兼见咳喘,服药后不仅发热停止,旧疮迅速收口,且未见新疮再起④。诸如此类,术后创口不愈合、骨折处骨痂生长缓慢等等,于临床均赖此法为治。对于身体虚弱易患感冒,乃至属虚证的感冒病人都可选用此方。东垣在《伤寒治法举要》中对此已有阐述,其方即为补中益气汤加藁本、羌活、防风、苍术。在临床治疗中屡见年老体弱或产后血虚之人患感冒,服一般银翘散、桑菊饮类药而久不见愈,所失就在于用药过于寒凉,遇此可知东垣医学思想的重要性。

清暑益气汤:

黄芪(汗少,减五分)、苍术(泔浸、去皮)、升麻各一钱

人参(去芦)、泽泻、炒曲、桔皮、白术各五分

麦冬(去心)、归身、炙甘草各三分

青皮(去白)二分半,黄柏(酒洗、去皮)二分或三分

---

① 《兰室秘藏》,饮食劳倦门。

② 明·赵养葵,《医贯》卷六·后天要论。

③ 《医贯》卷六,后天要论。

④ 牟允方,关于东垣甘温除热法理论的探讨,浙江医学 1962,(4):185。

葛根二分、五味子九枚

水二大盏、煎至一盏,大温服,食远

东垣在《内外伤辨惑论》中已经对中暑与阳明经热证的不同进行辨说,指出中暑虽亦见身大热等症,但实为暑热之时劳役过度,伤津亡阳所致,故立此方以为治。虽见身大热,仍用人参、黄芪补益中气,以五味子酸收之性固其卫气,以防大汗亡阳,又可生津。此外感与内伤之大不同也。

总之,东垣的立方大旨,均在补气升阳。阳气升发,则阴火下潜而热自退;元气充足,则肌表固密而腠理坚。故恶寒发热诸证,悉得以除。李杲的这一论点,被称之为"甘温除热法"。凡属于内伤之气虚发热者,用之得当,确有奇效。

# 四　东垣学说的传承与发展

东垣的医学思想可说是源于其师张元素,进而光大之。洁古用药"本七方十剂而操纵之。其为法,自非暴卒,必先养胃气为本,而不治病也"[1]。东垣还曾谈到:"易水张先生常戒不可峻利。病去之后,脾胃既损,是真气、元气败坏,促人之寿。"[2] 洁古用枳实一两、白术二两,荷叶裹烧饭为丸治饮食所伤,扶正倍于攻邪,"是先补其虚而后化其所伤"[3],对东垣极有启发。在此基础上,结合特定的历史条件,东垣通过多年实践,提出了系统的内伤脾胃理论与具体的治疗方药。对整个中国医学理论体系来说,在继承的基础上,有进一步的发挥与创新,这是其最主要的贡献。

在用药方面,洁古"发明引经报使之说,直到今日,仍具有极大的现实意义"[4],而这一点恰恰成为东垣组方多有升麻、柴胡、羌活等引经药的来源与根据。

王好古曾与李杲同就学于张元素,以年幼于杲20岁复师事之,尽传其学。如其所编《此事难知》题为"东垣先生此事难知";又于《汤液本草》中首列"东垣先生药类法象"、"东垣先生用药心法"等。

东垣弟子名罗天益。天益曾遵东垣之嘱"分经病证而类之",作《内经类编》,东垣两毁其稿,三次始成[5],可谓谆谆教诲。东垣临终,将书稿尽付天益。故《东垣试验方》九卷,即出天益之手。

后人因张洁古家住易水,故将其学称为"易水学派"。任应秋以为明代遥承易水学派的有薛立斋、张介宾、李中梓、赵献可等名医大家,以及张璐、马元仪、尤在泾等亦多承其说[6]。但这些人的学术特点是脾肾并举,先后天两重。例如薛立斋对于脾胃生理病变的理解,一本于李杲,毫无二致,临证亦统以补中益气汤为主,但另一方又习用六味地黄丸、八味地黄丸;尤在泾是补中益气与地黄丸合用更为常见,如此脾肾并重,则又不尽同于李杲。赵献可则以肾概括脾胃;张介宾更是以惯用熟地闻名,所创左归丸、左归饮、右归丸、右归饮等方剂最为著称。既然有如此原则的不同,任应秋将其统归易水学派是否相宜,还可讨论。

---

① 《内经类编》刘弸序,引自《医籍考》第24页。

② 《兰室秘藏》饮食劳倦门,脾胃虚损论。

③ 任应秋,中医各家学说,上海科技出版社,1980年,第64页。

④ 任庄秋,中医各家学说,上海科技出版社,1980年,第68页。

⑤ 《内经类编》刘弸序。

⑥ 《中医各家学说》,第64页。

　　又如清代温病学派王士雄以为东垣清暑益气汤过于燥热,复又自创新方,以西洋参易人参,多加西瓜翠衣等清热之品,亦是出其源而大有变化。

　　东垣学说问世后,通过"遣明船"的往来,将《医学发明》、《内外伤辨惑论》等书带到了日本,产生了划时代的影响①。与后来的朱丹溪的学说一同被称之为"后世派"而在日本流传②。

## 参 考 文 献

李杲(元)撰.1959.医学发明.北京:人民卫生出版社

李杲(元)撰.1881.内外伤辨惑论.文盛书局

李杲(元)撰.1957.脾胃论.北京:人民卫生出版社

李杲(元)撰.1957.兰室秘藏.北京:人民卫生出版社

(廖育群)

---

① 〔日〕山田重正,典医の歴史,思文閣,1980年,第193页。

② 〔日〕中山茂,日本人の科学観,創元社,1977年,第73页。

# 宋　慈

宋慈是中国南宋时期的高级司法官吏。他在担任提点湖南刑狱之职的时候，著成《洗冤集录》一书，被誉为是世界上最早的法医学专著。此书记载了丰富的刑侦检验方面的宝贵经验，对元、明、清三代司法检验技术的发展产生了极为深刻的影响，并间接传播到朝鲜、日本及西欧诸国。

## 一　生平事迹

宋慈，字惠父，福建建阳人。据其友人刘克庄所撰《墓志铭》[①]的记载，宋慈卒于南宋淳祐六年(1246)，享年64岁。据此推算，其生年当在南宋淳熙十年(1183)。但是宋慈所著《洗冤集录》的"自序"却署其时为"淳祐丁未"(1247)，故两者必有一误。据吴廷燮《南宋制抚年表》的记载，宋慈于淳祐八年(1248)知广州；淳祐九年(1249)"除广东提刑、直焕章阁、帅广东，致仕卒。"[②] 故现代史书既有宗刘克庄《墓志铭》者，亦有将其生卒年定为公元1186~1249者，且以采后说者为多[③]。

宋慈出生于官宦之家。父亲宋巩，做过广州节度使。宋慈自幼聪敏好学，先拜朱熹弟子吴雉为师，因而得与杨方、黄翰、李方子等儒士名流交接，学识大进。入太学后，名儒真德秀(时称西山先生)赏其文，"谓有源流出肺腑"，故宋慈复又师事于真德秀。由此奠定了宋慈一生尊儒、重德、守礼、求是的基本人生观。然其一生的仕进，又非全凭"文才"，在许多地方实有赖于"武略"。

嘉定十年(1217)宋慈中进士乙科后，开始了自己的官宦生涯。先任赣州信丰(今江西信丰)主簿[④]，虽为文籍管理之官，但因军帅郑性之的青睐，宋慈亦参与军事。在平定"三峒贼"，攻打"石门寨"、"高平寨"时，他采用先赈饥民，瓦解敌众，再攻贼首的方法，大获全胜。"幕府上功，特授舍人"。同时也引起了他人的妒嫉，"魏大有怒，劾至再三，慈遂罢归"[⑤]。稍后，闽地又生乱事，真德秀荐宋慈于招捕使陈韡，得雪前诬。在攻打"老虎寨"时，宋慈"提弧军从竹洲进，且行且战三百余里，卒如期会寨下"，因而主将王祖忠惊叹："君忠勇过武将矣。"自此以后，军中之事多咨访于宋慈，他"先计后战，所向克捷"[⑥]。陈韡赏其才，荐为长汀知县[⑦]。

---

① 《后村先生大全集》卷一五九《墓志诏·宋经略》，《四部丛刊》初编本。以下未注出处者，均系据此。

② 吴廷燮，《南宋制抚年表》，开明书店《二十五史补编》本，第6册，第7988页。

③ 宋大仁，伟大法医学家宋慈传略，医学史与保健组织，1957年，(2)：116.《中国大百科全书·法学·洗冤集录》及多种医学史专著均持此说。

④ 《赣州府志》载宋慈任信丰主簿为"宝庆中"(1225~1227)。上海古籍书店1962年影印天一阁藏明嘉靖刻本，卷七"秩官"，第25页。

⑤ 陆心源辑，《宋史翼》卷二十二《宋慈》，十万卷楼《潜园总集》，第十七函。

⑥ 陆心源辑，《宋史翼》卷二十二《宋慈》，十万卷楼《潜园总集》，第十七函。

⑦ 《福建通志》载宋慈知长汀县事，为"绍定间"(1228~1233)。1938年刊本，总卷三十二，职官志卷七，第6页。

端平二年(1235)枢密使曾从龙督师江淮,特礼聘宋慈为从属,但人未至而从龙溘逝;改由荆襄督臣魏了翁兼其职,故宋慈成为他的属下。此后宋慈历任邵武军通判,提点广东刑狱,移任江西兼知赣州,除直祕阁、提点湖南刑狱,进直宝谟阁,拔直焕章阁、知广州为广东经略安抚使。

宋慈赴任广东时已年逾花甲。忽感"末疾"①,但仍坚持亲自处理公务。一日,当地学宫行"释菜"②之礼,别人均以为可由他人代往,但作为地方行政长官的宋慈坚持躬亲,自此精神委顿,终于该年三月七日逝于广州任所。

宋慈在各地为政期间,皆恪守其职,施惠于民,例如知长汀时,见当地盐价昂贵,民不堪其苦,访寻原由乃是因盐自福州经水旱之路运来,路途不便,隔年方到。即改道从广东潮州方面沿韩江、汀江运输、直抵长汀,往返只需三月,节省了运费与沿途官吏盘剥,使得盐价降低,"公私便之"。

浙右饥荒之时,斗米万钱,宋慈应诏处理其事。他按贫富程度分民为五等,赤贫者全济;稍好一等者半济半卖;中等水平者自理;较富者官买其粮;最上者官买其粮之半,另半则无偿济贫。由于宋慈能够"礼致其人",故此"济粜之法"得以顺利推行,而收"众皆奉令,民无饿者"③之功。

宋慈一生中调任多职,晚年以司法刑狱之职为主。升任提点广东刑狱后,发现当地官吏多不奉法,有许多囚徒关押狱中多年尚未审理,于是订立条约,限期结案,仅八个月时间就处理囚徒200余人。凡所到之处,以"雪冤禁暴"为己任,处理案情"审之又审,不敢萌一毫慢易心",如果疑信未决,"必反复深思,唯恐率然而行,死者虚被涝漉"④。后人追忆其办案风貌,谓之:"听讼清明,决事刚果,抚善良甚恩,临豪猾甚威。属部官吏以至穷阎委巷、深山幽谷之民咸若有一宋提刑之临其前。"

宋慈在任提点湖南刑狱的时候,总结前人有关刑侦断案的成就,结合自己多年实践所获之经验,著成《洗冤集录》。他希望此书能够对自己的同行有所裨益,起到"参验互考"的作用,则功不异于医生据经典古法以起死回生。

值得讨论的问题是近人有关宋慈的评传多是从"伟大法医学家"的角度撰写,故对其"武迹军功"皆略而不谈,或指摘为参与了镇压农民起义。这无疑是据今人"善恶"之标准去衡量古人。脱离了宋慈所处的历史时代,不仅不可能客观地了解其生平,而且不可能认识宋慈的人生观、思想方法等等。在历史上,宋慈是被作为奉职守法的"循吏"而记述的,除前述平"三峒贼",攻石门、高平、老虎诸寨外,还有平定长汀兵变、治理江西盐客挟兵械沿途剽掠等"政绩"为朝野所共知。由于顺利地平定了长汀兵变,才被辟为长汀知县;在此类政绩的作用下,宋慈才有可能步进高阶,居刑狱要职⑤。而其"雪冤禁暴"、审慎治狱无疑还是沿着其"循吏"的基本道德观而行。在实现自己人生宗旨的过程中,宋慈能够较前人更为深刻地认识到尸体检验、物证搜集、现场勘察等在治狱断案中的重要意义,注意观察总结这些方面的知识,从而著成较为系统、富含较多现代法医学检验内容的专著,实为不灭之功。

刘克庄对宋慈这位老朋友的描述是:"博记览、善辞令,然不以浮文妨要,唯据案执笔,一扫

① 末疾:所释不同,有认为是头眩之疾者,有认为是四肢之患者。病因为"风",故可理解为"中风前兆"的表现。
② 释菜:即开学典礼。
③ 《宋史翼》卷二十二《宋慈》。
④ 宋慈,《洗冤集录·自序》,商务印书馆,《丛书集成》初编据《岱南阁丛书》本排印,1937年。
⑤ 宋代"提点刑狱"之职基本是由武臣担任的。参见《宋史·职官七·提点刑狱公事》,中华书局点校本,第3967页。

千言,沉着痛快。不已长傲物,虽晚生小技,寸长片善,提奖荐进。性无他嗜,唯善收异书名帖;禄万石、位方伯,家无钗泽,厩无驵骏。鱼羹饭、敝缊袍,萧然终身。"他的为吏宗旨是:"治世以大德,不以小惠。"逝后,"赠朝议大夫,御书墓门以旌之"①。

## 二　《洗冤集录》的成就所在

宋慈所著《洗冤集录》基本上包括了现代法医学在尸体外表检验方面的大部分内容。由于历史条件所限,以及自然科学总体发展水平的制约,在宋慈生活的时代,尚不可能产生尸体解剖、病理分析、毒物化学性质测定等等现代法医学所包含的内容。因而从总体上看,可以认为《洗冤集录》是一部较为全面、系统总结尸体外表检验经验、分析检验所得与死因关系的著作。以致有人评价:《洗冤集录》的本质,就是"指导尸体外表检验的法医学"②,其主要成就表现在以下一些方面。

### 1. 尸体现象

尸体现象是指人死亡后,由于客观物质仍在不停地运动、变化,因而呈现出种种与死亡之时不同的现象。据此,可以对于死亡原因、死亡时间等作出推断。例如,当时已经基本上认识到了"尸斑"的发生机制与分布特点:"凡死人项后、背上、两肋、后腰、腿内、两臂上、两腿后、两曲胧、两腿肚子上下有微赤色,验是本人身死后,一向仰卧停泊,血脉坠下致有此微赤色,即不是别致他故身死。"③ 又如自缢身死者:"腿上有血荫,如火灸斑痕。及肚下至小腹,并坠下青黑色"④等等。一般在死亡后1~3小时,由于血液循环停止,血液逐渐因物理作用自然下沉,毛细血管扩张,血液积聚而在尸体低下部位形成色斑。尸斑的出现,是现代临床医学判定不可逆转性死亡的指征之一;而且其颜色随血红蛋白的颜色不同可呈多样性,例如一般为暗紫红色,一氧化碳中毒死者呈樱红色,苯胺中毒者呈灰蓝色等等。但从上述引文中可以看出,在《洗冤集录》中虽然对尸斑现象有所描述,并正确地分析了产生原因,然其意义尚仅限于阐明尸斑是一种自然现象,不是殴打等原因所致痕迹。

对于尸体腐败现象的描述,该书指出:首先会在口鼻、肚皮、两胁、胸前呈现"肉色微青"的变化,这就是现代所说的"尸绿"(因细菌分解作用所产生的硫化氢,与血红蛋白结合成硫化血红蛋白,以致尸体表面呈现绿色斑)。然后会有鼻耳内恶汁流出、蛆出、遍身胖胀、口唇翻、皮肤脱烂、发落等等现象相继出现。对于这些腐败现象出现的时间,以及季节、体质、地域等因素的影响作用,均有论说(表1)⑤。表明当时已然有可能依据尸体的腐败程度,推测死亡时间。

此外,在有关检验妇人尸体的论述中,宋慈描述了"棺内分娩"的现象:"有孕妇人被杀或因产子不下身死,尸经埋地窖,至检时却有死孩儿。推详其故,盖尸埋顿地窖,因地水火风吹,死人尸首胀漏、骨节缝开,故逐出腹内胎孕孩子。亦有脐带之类,皆在尸脚下;产门有血水恶物流

①　《宋史翼》卷二十二《宋慈》。

②　贾静涛,中国古代法医学史,群众出版社,1984年,第70页。

③　宋慈,《洗冤集录》卷五,第四十七:"死后仰卧停泊有微赤色"。

④　宋慈,《洗冤集录》卷三,第十九:"自缢"。

⑤　宋慈,《洗冤集录》卷二,第十:"四时变动"。

出"①。这段文字,被称之为是世界法医学史上对棺内分娩现象的最早记载。

**表1　腐败现象与死亡时间的关系**

| 季节 | 时间 | 现象 | 影响因素 |
|---|---|---|---|
| 春 | 2—3日 | 口鼻、肚皮、两胁、胸前、肉色微青 | 1. 肥胖人变化快;<br>　瘦劣人变化慢 |
| | 10日 | 鼻、耳内有恶汁流出,膨胀 | |
| | | 久患瘦劣人半月后方有此证 | |
| 夏 | 1—2日 | 先从面上、肚皮、两胁、胸前肉色变动 | 2. 因存放条件<br>　不同而受影响 |
| | 3日 | 口鼻内汁流,蛆出,遍身胖胀,口唇翻,皮肤脱烂 | |
| | 4—5日 | 发落 | |
| 秋 | 2—3日 | 如夏季1～2日变化 | 3. 南方与北方气候<br>　不同的影响 |
| | 4—5日 | 如夏季3日变化 | |
| | 6—7日 | 如夏季4～5日变化 | |
| 冬 | 4—5日 | 身体肉色黄紧,微变 | 4. 山区与平原<br>　有一定差异 |
| | 半月以后 | 先从面上、口鼻、两胁、胸前变动 | |

## 2. 机械性窒息

现代法医学论述窒息,分为"外窒息"与"内窒息"两种。前者是指空气中的氧不能进入肺泡,体内的二氧化碳不能呼出;后者是指血液缺氧,或组织不能利用,主要见于疾病、中毒等。在窒息性死亡中,以机械性窒息所占比例最大,其原因不外压迫(颈部或胸腹部)与堵塞(呼吸孔、呼吸道)。《洗冤集录》对于造成机械性窒息的各种原因基本均已述及,这就是自缢、勒死、溺死、外物压塞口鼻死,以及扼死。

由于缢死占自杀的首位②,因而是检验中极为常见的现象,而其关键是自缢(自杀)与勒死(他杀)的鉴定问题。《洗冤集录》中对于自缢身死的各种情况有极详尽的描述,谈到:"自缢身死者,两眼合,唇口黑、皮开露齿,若勒喉上,即口闭牙关紧,舌抵齿不出;若勒喉下,则口开、舌尖出齿门二分至三分。而带紫赤色,口吻两甲及胸前,有吐涎沫,两手须握大拇指,两脚尖直垂下。腿上有血荫,如火灸斑痕,及肚下至小腹并坠下青黑色。大小便自出,大肠头或有一两点血。喉下痕紫赤色,或黑瘀色,直至左右耳后发际,横长九寸以上,至一尺以来。脚虚则喉下勒深,实则浅;人肥则勒深,瘦则浅。用细紧麻绳草索,在高处自缢,悬头顿身致死则痕迹深;若用全幅勒帛,及白练项帕等物,又在低处,则痕迹浅。"作为特殊情况,在低处自缢,身体呈卧位、侧位,则"其痕斜起,横喉下;起于耳边,多不至脑后发际下。"一般自缢身死者,其悬吊处须高八尺以上,但亦有"在床椅、火炉、船仓内,但高二三尺以来,亦可自缢身死。"这些情况在现代法医学著作中亦均有记载。

宋慈认为:"自缢、被人勒杀、或算杀假作自缢,甚易辨"。因自缢者的索痕极有特点:"脑后分八字,索子不交";若被人勒死,则"项下绳索交过;被人打死,假作自缢者,由于是死后吊起,

---

① 宋慈,《洗冤集录》卷二,第九:"妇人"。

② 仲许,机械性窒息,群众出版社,1980年,第40页。

自然没有前面描述的那些尸体特征。其要点在于对自缢者所用绳索、结扣方式、悬挂位置、体位与索沟等均要仔细勘验，并访问邻里，弄清原委后方可定下自缢身死的结论。稍有可疑之处，即要考虑他杀的可能性，例如被人在身后隔着窗框等物勒死，亦会呈现项向"索子不交"的特征；又要注意检查身上是否有搏斗损伤的痕迹，特别是"大小便二处，恐有踏肿痕"，这在现代法医检验中亦属被强调者，因为许多他杀案例常见采用先袭击外阴部使人丧失防御能力的做案手段[①]。

### 3. 机械性损伤

在验伤方面，《洗冤集录》基本是遵循唐代以来划分为手足、他物、兵刃三类损伤的法典之规。这类损伤的检验，主要是服务于当时法律裁决的需要，即对于不同性质的损伤，要处以不同的刑罚。此外，因当时法律尚有一种"辜限"的规定，即手足伤人十日内、他物伤人二十日内死亡，亦属殴人致死，所以检验者必须确定损伤性质："凡他物打着，其痕即斜长，或横长；如拳手打着，即方圆；如脚足踢，比如拳寸，分寸较大。"[②]同时对于辜限内死亡者，还要检验所伤之处是否为致命处，是否有可能死于其他原因等等，方能决定是否"依杀人论"[③]。

注重生前死后伤的鉴别，亦是该书的重要成就之一。例如："如生前被刃伤，其痕肉阔，花文交出；若肉痕齐截，只是死后假作刀伤痕。活人被刃杀伤死者，其被刃处皮肉紧缩，有血荫四畔；死人被割截尸首，皮肉如旧，血不灌荫，被割处皮不紧缩，刃尽处无血流，其色白。"[④] 即便是手足折损，亦需"其痕周匝有血荫，方是生前打损"[⑤]。

对于自他伤的鉴别，书中除注意到如有搏斗痕迹必是他杀，如无搏斗痕迹则必是伤于要害之处，且创伤必重。而自杀者，则有"其痕起手重，收手轻"[⑥] 的特点。

"验骨"是当时尸体检验中的一项重要内容，主要应用于日久尸腐，唯存骸骨的情况下。在《洗冤集录》中，既能看到通过实际观察，对人体骨骼形态的正确描述，又掺杂有许多不应出现的谬误。例如书中记载脊椎之下，"男女腰间各有一骨，大如手掌，有八孔，作四行"，并绘有其图形，这显然是对骶骨形态的正确描述，但何以从事尸体检验多年的人会说"男子骨白，妇人骨黑"；"左右肋骨，男子各十二条，妇人各十四条"？又说蔡州人的颅骨比别人多一片[⑦]。诸如此类错误产出的原因何在，是耐人寻味的。

在验骨过程中，先要将骨骼进行蒸或煮的处理。对此有不同评价，或以为是"污骨的清洗法"[⑧]，或批评其"不科学"[⑨]。其后，用"红油伞遮尸骨"进行检视，"若骨上有被打处，即有红色路微荫；骨断处，其接续两头各有血晕色，再以有痕骨照日看，红活乃是生前被打"[⑩]。对此，贾静

① 以上有关自缢的内容分见于《洗冤集录》卷三，第十九："自缢"；第二十："被勒死假作自缢"；卷一，第三："检复总说下"；第四"疑难杂说上"诸条之中。

② 宋慈，《洗冤集录》卷四，第二十二："验他物及手足伤死。"

③ 宋慈，《洗冤集录》卷一，第一："条令"。

④ 宋慈，《洗冤集录》，卷四，第二十四："杀伤"。

⑤ 宋慈，《洗冤集录》卷四，第二十二："验他物及手足伤死。"

⑥ 宋慈，《洗冤集录》卷四，第二十三："自刑"。

⑦ 宋慈，《洗冤集录》卷三，第十七："验骨"。

⑧ 贾静涛，中国古代法医学史，第75页。

⑨ 纪清漪，洗冤集录，见《中国大百科全书》法学卷，百科全书出版社，第633页。

⑩ 宋慈，《洗冤集录》，卷三，第十八："论沿身骨脉及要害去处"。

涛仅是评价说:"提出了今日仍有研究价值的骨荫的概念"①。蔡景峰则认为:"雨伞能吸收阳光中的某些光波,因而透过雨伞的光波就具有选择性,对于检查尸骨的伤残情况有较大的作用"②。此外,书中还介绍了用油、墨、棉等检验骨骼是否有损伤之处的办法;记载了"滴血认亲"的传统方法等等。需要说明的是,迄今的研究者在评说《洗冤集录》中的这些检验方法时,或谓某法有道理,或指责某法不科学,褒贬之词虽有不同,但都没有实验依据。故真正通过实证方法,对这些方法是否能够成立的判定,还有待来者。

除上述这些内容外,《洗冤集录》还分别叙述了溺死、火死、汤泼死、服毒、病死、针灸死、受杖死、跌死、塌压死、牛马踏死、车轮挢死、雷震死、虎咬死、蛇虫伤死、酒食醉饱死、男子作过死、冻死等近 20 种死亡情况的特征及验尸要点。其中许多内容虽然不牵扯刑侦狱案,但均涉及要对死亡原因作出合乎事实的正确判断,因而也是极有意义的。在"救死方"一项中,宋慈集录了一些民间救治缢、溺、暍(中暑)、冻、魇、中恶、客忤、杀伤、惊怖、跌堕等因致死,以及争斗致胎动不安的方法。这些救治方法对于检验人员来说,意义不大。因为检验人员接到报案、受派赴检、到达现场时,肯定据案发之时已间隔甚久,不可能进行及时有效的抢救。而且所记载的救治方法也未必可行,例如自缢的救治法中有:"又法,紧用手罨其口,勿令通气,两时许,气急即活"③,显然不异于落井下石。今人在研究《洗冤集录》的科学成就时,往往论及该书在毒物学与急救方面的许多贡献,如有关一氧化碳中毒的特征、毒蛇咬伤的救治、用鸡蛋解救砒霜中毒等④,然而这些内容并不是宋慈所著《洗冤集录》的固有内容,而是出自后人的"校正"、"集证"本。对此需注意区别。

总之,《洗冤集录》在尸体检验及某些活体检验中,确实是充分考虑到了某一现象形成的多种可能性,所以力戒轻下断语,而是要求检验者尽可能地全面勘察现场、访问知情者,再结合检验所见,综合分析,以期得出正确的判断。通过阅读全书,自然会对这一点有深刻的体会。

## 三 《洗冤集录》的历史地位及影响

法医学(medical jurisprudence 或 forensic medicine)是指运用医学、生物学和其他自然科学的理论和技术,研究解决司法工作中遇到的暴力死等各种医学问题,从而形成的一门科学。法医检验的基本内容与目的,是通过现场勘验、尸体检验、活体检验以及物证检验等,为侦查、审案提供科学依据。

现代法医学独立体系的形成,一般认为肇始于 16 世纪时德王卡尔(Karl)五世颁布犯罪条令(1532),规定依损伤轻重量刑、明确要求法医鉴定人参与检验、准许法医进行尸体解剖。当时大学的医师会讨论和评价医生的鉴定,并将结果公开发表,使得法医检验在与医学各科发展紧密联系的基础上,逐渐形成了自身独特的科学体系。

若将中、外稍加对比,则不难看出其间的异、同所在。在中国古代,"检验"的历史极为悠久;自先秦时期就建立了依损伤情况量刑的概念;检验中基本包含了勘现场、验尸体、查活体、求物

---

① 贾静涛,中国古代法医学史,第 75 页。

② 蔡景峰,中国医学史上的世界记录,湖南科学技术出版社,1983 年,第 38 页。

③ 宋慈,《洗冤集录》卷五,第五十二:"救死方"。

④ 高铭暄、宋之琪,世界第一部法医学专著,载:自然科学史研究所主编《中国古代科技成就》,中国青年出版社,1978年,第 476~478 页。

证等内容,并以此作为断狱案的客观依据。其不同则在于中国古代的检验基本是在没有医界参与的条件下进行的,检验技术的发展与提高,始终是以法律实施的客观需要为基础的。因而在13世纪中叶能够产生出一部较为系统,包含有较为丰富法医检验知识的著作——《洗冤集录》,除宋慈个人的贡献外,与中国古代悠久的检验制度、经验积累、客观需要等均有密切的关联。

　　服务于司法、刑侦的检验工作,在我国历史上可以追溯到先秦时代。当时的治狱之官根据"瞻伤、察创、视折、审断"的结果判案,以期达到"决狱讼必端平"① 之目的。稍后,在以重"刑法"著称的秦王朝,已能看到有关现场勘验记录、验尸的记载;曾指令医生对被告进行检验,以确定其是否属于应被送往隔离区的麻风病患者②;又有对于殴斗流产者所持胎儿的检验,及原告阴部出血是否为流产所致的判定等等③。随着时间的推移,检验制度不断地严格化,有了损伤的定义与分类、制定了专用的验尸格目、明确了验尸者的职责。同时,注重司法官的选拔,自唐代开始大都由科举出身,故每岁贡举有"明法"一科。唐太宗还特置律学博士一人、学生五十人,以培养司法官④。以唐制为基础,两宋朝廷对于检验人员、检验实施、验尸文件等均有所规定,并不断修改补充,使宋代的检验制度日臻完善。宋法明确规定,除病死等一些死因明确者可在有关人员保明无他故、官司审察明白的前提下免除尸检外,均要经历初检、复检的程序。又因唐宋时期对于检验失误有极严格的处罚规定,所以使得检验的水平亦不断提高。"唐宋的检验制度是中世纪世界上最先进、最完备的检验制度,当时的欧洲还处在宗教统治的黑暗时代,没有一个国家能够建立像我国那样系统严密的检验制度。"⑤ 这种制度的本质是要求为法律的实施提供质量较好的证据,客观上则提高了检验质量,为系统检验著作的产生提供了必要的基础。

　　作为历代断案的经验积累,可以举出不少记载历代案例的书籍,《四库全书》将其编入"法家类"是恰当的。近人因见其中有些检验内容,便将这些书统统视为中国古代的"法医典籍"⑥,则显得牵强。因为在这些著作中,"检验"实际上仅占极小的篇幅,大部分是记述断案的逻辑推理过程,以资来者⑦;不少案例是为示人灵活调整"情"、"理"关系⑧;甚至于毫无刑侦、检验情节,只不过颂扬循吏德行而已。⑨

　　虽然不能将这些"断狱"之作视为法医典籍,但其中所记载的宝贵的检验经验又是不容忽视的。例如明代张景《补疑狱集》载,宋提举杨公验一肋下致命伤痕"长一寸二分,中有白路",认

---

①《礼记·月令》,中华书局影印本《十三经注疏》,1980年,第1373页。

② 睡虎地秦墓竹简整理小组,睡虎地秦墓竹简·封诊式,文物出版社,1978年,第263,275页。

③ 同②。

④ 杨廷福,唐律初探,天津人民出版社,1982年,第113页。

⑤ 贾静涛,中国古代法医学史,第64页。

⑥ 宋大仁,中国法医籍版本考,医学史与保健组织,1957,1(4):278。

⑦ 例如五代和凝所著《疑狱集》中载有著名的"张举辨烧猪"案,即将死、活两猪同置烟火之中,以证明死于烟火者鼻中有灰;死后置烟火中者鼻内无灰。但该书所载案例79则中,涉及检验内容者不过数例。

⑧ 明代张景《补疑狱集》载:"苏寀大理寺详断官时,有父卒而母嫁,后闻母死已葬,乃盗其柩而祔于父。法当死,寀独曰:子盗母柩纳于父墓,岂可与发冢取财者比?上请得减死"。

⑨ 宋代郑克《折狱龟鉴》载:"唐柳浑相德宗,玉工为帝作带误毁一銙,工不敢闻,私市他玉足之。及献,帝识不类,摘之工人,服罪。帝怒其欺,诏京兆府论死。浑曰:陛下遽杀之则已,若委有司须详谳乃可。于法:误伤乘舆器服,罪当杖,请论如律。由是工不死。"

定为杖击之痕。这就是后世所说"竹打中空",即圆形棍棒作用于身体软组织,可形成两条平行的皮下出血带,中间皮肤苍白。现代法医学称之为"二重条痕"。又如宋代桂万荣《棠阴比事》记载"李公验桦"一案,说的是二人争斗,甲强乙弱,但身上均有伤痕。李公以手捏过之后,断定乙为真伤,而甲则是用某种树叶着色伪造的棒伤。其根据是"殴伤者血聚而硬,伪则不硬"。这是活体检验造作伤的一个著名案例,"血聚而硬"是对皮下出血的正确描述;伪者没有皮下出血,故只是颜色相似而已。《洗冤集录》在吸收这些宝贵经验时,基本上删去了案例情节,而仅仅是将关键内容作为检验原则记入书中。

据宋慈"自序"说,《洗冤集录》乃是"博采近世所传诸书,自《内恕录》以下凡数家,会而粹之,厘而正之,增以己见,总为一编。"足见前人经验的重要性了。但另一方面,是否由于无法区别这些宝贵经验哪些是来自前人,哪些是出自宋慈本人,就影响了对于《洗冤集录》成就的评价呢?这只需将《洗冤集录》的内容与其他"断狱"著作加以比较,即可明了。虽然在中国古代没有明确地形成"法医学"这样一个独立学科的概念,但从《洗冤集录》的内容及其编写形式看,"检验"的主旨是相当明确的。可以说《洗冤集录》与其他案例汇编类著作的根本区别即在于此。有人认为"承认《洗冤集录》是一部系统的法医学著作,就是因为它已经运用有关科学的知识,创立了不同于这些科学的独特的科学体系"①。

而以宋慈《洗冤集录》为代表的这个检验体系的基本特点在于:

(1) 基本没有医生参与尸体检验,所以尽管从现代法科学(forensic science)的角度出发,只能将这一知识体系称之为法医学,但就中国古代的实际情况看,无论是司法人员的主观意识上,还是客观上,都没有与医学(medicine)发生较为直接、明确的联系。与现代法医学体系的这一重要差别,不能不考虑到东西方医学体系的不同,也就是说:中国古代传统医学体系不具备司法检验需要借鉴的基本要素②,从而决定了在两个领域之间不可能产生西方那样紧密的交叉融合。所以尽管检验经验日渐丰富,且客观上已然涉及到一些人体解剖、生理、病理知识,但始终没有诞生出独立的法医学体系。

(2) 中国古代检验体系是以外表检验为主。虽然极重视骨骼检验,但这是在尸体腐烂之后,所以相对而言,仍旧是外表迹象的搜集。局限在外表检验的原因,除传统封建礼教的束缚制约外,还应看到中国传统文化思维特点的潜在影响。即认为"有诸内必形于外",通过显露于外之"象",足以推知事物内部之运动、变化。

(3) 这个检验体系的发展,隐含着对于司法断案中"有罪推定"的修正倾向。所谓"有罪推定",即断案人员的主观意识从一开始就认定被告有罪,故审谳过程无非是想尽办法让被告承认犯了罪,即便"屈打成招"亦被认为是极其合理的,是审案的圆满结束。西方资产阶级革命初期,针对封建法官、宗教法庭的武断与专横,提出了"无罪推定",即刑事诉讼中被告人未经法庭终审判决确定罪名前,应暂被视为无罪的原则。从《疑狱集》以降,诸如《内恕录》、《洗冤录》、《平冤录》、《无冤录》这些断狱之作的书名均极为明显地是与"有罪推定"相对立的,表明了作者要求与教诲办案者应该通过细致的检验、确凿的证据达到惩处犯罪元凶、洗清不白之冤的意图。这也就是说,中国古代司法对于"屈打成招"、"有罪推定"的修正,不像西方世界那样是来源于

---

① 贾静涛,中国古代法医学史,第 69 页。
② 这并不是说中医学没有基本的人体形态学知识,只是这些知识的发展与积累尚未达到非专业人员无法掌握的程度。

外部革命的压力,而是通过司法工作内部的改进而实现的。

关于《洗冤集录》对于后世的影响,可分国内与海外两途分而言之。在国内,宋元间有赵逸斋的《平冤录》问世;元代有王与的《无冤录》付梓(1308)。据今人考证,《无冤录》下卷的43项内容中,注明"出洗冤录,平冤录同"字样者多达272处[1]。由此可知,不仅《平冤录》无疑是以《洗冤集录》为蓝本,且《无冤录》中亦包含着大量《洗冤集录》的内容。明代出现了各种以《洗冤录》为主,《无冤录》为辅的检验著作。清代律例馆《校正洗冤录》是以《洗冤集录》为基础,增补宋慈以后诸家经验而成书,并作为朝廷正式颁发的官书。可以说宋慈所著《洗冤集录》基本上代表了中国古代法医学(或称之为检验技术)沿着自身轨迹发展,所能达到的颠峰。如不突破外表检验的藩篱,没有现代医学的解剖、生理、病理知识的渗入,则没有"更上一层楼"的可能。因此虽然清代有各种集证、详义、义证、补注、以及歌诀、录表之类的整理之作,且在一些具体问题上不乏新见,但其基本模式均是宗《洗冤集录》而成。

《洗冤集录》在国外的影响,并不像某些医史论著所说的那样直捷。虽然有多种文字的《洗冤录》流传,但这些译本基本上均是采用清代王又槐以律例馆《校正本洗冤录》为主体,增辑而成的《洗冤录集证》(1796),因而其影响是间接的。例如朝鲜在本世纪以前的500余年间,主要是以音注、训注、翻译《无冤录》为主;《无冤录》又经朝鲜传入日本,其后有《律例馆校正洗冤录》传入日本。鸦片战争后,来华欧人据王又槐《洗冤录集证》进行翻译介绍,其中有荷兰 De Grijs 译本(1862);德国 Breitenstein 译本(1908),Hoffmann 译本;法国节译本(1779),Martin 译本(公元1882);英国 Giles 译本(1873)等四国六种译本[2]。由于这些著作都是在宋慈《洗冤集录》的基础上发挥而成,所以褒誉宋慈对中国元、明、清三代以及世界一些国家司法检验的贡献亦在情理之中。

### 参 考 文 献

贾静涛.1984.中国古代法医学史.北京:群众出版社

刘克庄(宋)撰.1919.后村先生大全集 卷一五九.四部丛刊初编本,上海:商务印书馆

宋慈(宋)撰.1937.洗冤集录.上海:商务印书馆

(廖育群)

---

[1] 贾静涛,中国古代法医学史,第187页。

[2] 参见贾静涛点校本《洗冤集录·后记·中国古代法医学在国外》,上海科学技术出版社,1981年,第101～102页。

# 李 冶

李冶,金元时期著名学者、数学家,生于金明昌三年(1192),卒于元至元十六年(1279)。字仁卿,号敬斋。真定府栾城人。著有《文集》40卷,《壁书丛削》10卷,《泛说》40卷,《古今黈》40卷,数学著作《测圆海镜》12卷,《益古演段》3卷,以及其它杂书10余卷。时人称他"才大而雅,识远而明,闳于中而肆于外"。又赞誉他"经为通儒,文为名家,其名德雅望又为一时衣冠之龙门也"①。而他自己最得意的则是其数学著述,他在病逝前夕对其子克修说:"吾平生著述,死后可尽燔去。独《测圆海镜》一书,虽九九小数,吾常精思致力焉,后世必有知者,庶可布广垂永乎!"②这大概是他的经史著作大都散失(仅存《古今黈》③及《泛说》个别段落),而其数学著作得以完整保存的主要原因。李冶数学著作中的精华——天元术,即设未知数列方程的方法,与现今各国的代数教科书中的方法异曲同工;而李冶的名字,靠天元术,不仅为中国人民所知晓,而且正越出我国边界,成为世界文化宝藏的一部分。

## 一 乱世中的学者

李冶出身于书香门第,其先人是济南齐河人。据说系唐宗室之后④。李冶原名李治,避唐高宗李治讳,改为李冶(李冶异母兄李沏,异母弟李滋,皆从水)。改名时间不可考,大体是金时称李治,入元后则多称李冶,鲜称李治。北宋末靖康之乱,李冶曾祖李玭举家自齐河避乱镇州(今正定),遂以医为业。传至李冶之父李遹,疑惧行医是"以人命试吾术",于是改读律,又以"法家少恩",遂尽弃故学,一意读六经,为文章。次子李冶出生的前一年,他中词赋科进士,授以襄城县丞。后作过宜风、卢龙、涉县的县令及尚书省令史,颇有政声。承安(1196~1200)中,授大兴府推官(知府的属官)。1201年,胡沙虎(后改名纥石烈执中)知大兴府事。胡沙虎奸险贪暴,怀有野心。他骗取了皇帝的信任,而对同事中有一事一语不相能者,不陷之死地,即徙之远方。时人视之犹蛇虎鬼魅,皆远避之。而李遹勇于赴义,不计祸福生死,经常与胡沙虎据理力争,又揭发其不法之事数十条。胡沙虎平日颐指气使,无不如意。今被一书生揭短,便怀恨在心,极尽诬陷中伤之能事。幸李遹为官清廉,无懈可击。据记载,自承安中至胡沙虎篡逆近20年中,李遹是敢与胡沙虎正面斗争的二人之一。李遹为了躲避胡沙虎迫害,便把家小送回故里,但让李冶随老师去元氏县城求学⑤。不久,李遹调任河北、辽东、邠州、许昌等地作官。李冶一直跟在父亲身边,游遍北中国,行程逾万里。李遹曾出使朝鲜,李冶是否随行,没有记载。1213年李遹任东

---

① 元·苏天爵,《国朝名臣事略》。
② 王德渊,《测圆海镜后序》。
③ 现名《敬斋古今黈》,有两个版本。一是明万历庚子武林书室蒋德盛刊本的翻刻本,十二卷,凡458条,有道光丁亥黄廷鉴、光绪壬寅缪荃孙刻本。中华书局1995年出版校点本。一是《四库全书》从《永乐大典》辑录本,武英殿聚珍版,凡八卷292条。丛书集成本据此排印。并据前一本作了补遗。本文引李冶语,出此书者不再注出。
④ 元好问,《寄庵先生墓碑》,载《遗山先生文集》卷十七。
⑤ 李冶,《重修庙学记》,载《元氏县志》。

平府治中(刺史的佐官),李冶说他在东平得一算书,当在此时。不久,胡沙虎杀死金主完颜永济,篡夺大权。李遹遂辞官,闲居阳翟(今河南禹县)10余年,号寄庵先生。李遹长于诗画,时人称其"诗律切精严,似其为人";其画"尽入神品,赏识至到,当时推为第一";其余星历占卜,释部道流,稗官杂家,弦歌茶槲,无不臻妙①。李遹与当时名士赵秉文、杨云翼等都有交往。生在这样的家庭,李冶从小受到良好的传统道德和传统文化的教养,并且"自幼喜算数"②。他读书"手不释卷;性颖悟,有成人之风"③,他在河南时已有文名,经常与名士元好问、李屏山等相唱酬。李屏山说:"仁卿不是人间物,太白精神义山骨"④。他自称"李子年二十以来,知作为文章之可乐,以为外是无乐也",概括了他的青少年的生活。

他生活在金末乱世。金朝自海陵王到世宗,逐渐取消了女真奴隶制,全面采用了汉人封建政治制度和经济制度,确立了以女真贵族为主,结合汉人、契丹和渤海等统治阶级的多民族统治核心。李冶童蒙时的章宗时代,汉文化在女真贵族中广泛传播。李冶的父亲李遹就是在这种背景下,通过科举进入统治集团的汉人知识分子。但是,此后随着女真贵族地主的腐朽,统治集团内部无休止的倾轧、纷争,各族人民的反抗、起义,蒙古贵族的南侵,金朝统治迅速走向衰落。此时,李冶正从少年成长到不惑之年。社会的动乱,尤其是他父亲因仗义执言而在胡沙虎的迫害打击下隐归田里,给他以深刻的影响。尽管他此时主要在追求功名,所谓"三十以来,知搴取声华之可乐,以为外是无乐也",但后来他隐居的根苗,应该说此时已经种下了。

金正大七年(1230),李冶中词赋科进士,被任命为高陵主薄。未及赴任,高陵即为蒙古所夺。遂调任权知钧州事(代理知事,州治在阳翟)。当时蒙军正进攻中原,想一举灭金。1232年正月在钧州城外三峰山与金兵主力二三十万人决战,战争激烈,粮草军需供应调度十分繁重,作为钧州代理知事的李冶掌管此事,无规撮之误⑤。这当然得力于他的数学修养。但终因朝廷腐败、主帅指挥失误,金兵主力全部溃败,钧州城破。李冶微服出城北上,在忻、崞(今山西北部忻县、崞县)一带,开始了他"四十以来知究竟名理之可乐,以为外是无乐也"的隐居生活。此时,他生活困苦,人所不堪,饥寒几至不能自存,但却毫不介意,而是聚书环堵,闭关却扫,潜心于各种学问。经、史、子、集,无不深究;儒、道、释,无不研读。更重要的,他从事数学的专门研究与教学。他说:"老大以来,得洞渊九容之说。日夕玩绎,而向之病我者,始⑥爆然落去,而无遗余。山中多暇,客有从余求其说者,于是乎又为之衍之,遂累一百七十问。既成编,客复目之《测圆海镜》。盖取夫天临海镜之意也"⑦。这个脱世出尘的书名,说明这位门客深得李冶的旨趣。李冶又说:"览吾之编,察吾苦心,其悯我者当百数,其笑我者当千数。乃若吾之所得,则自得焉耳,宁复为人悯笑计哉?"反映出他清高而怡然自得的隐士生活。正如他的一位门生所说:"先生性喜退密,耻于近名,所学所行切于为己,而非以为人也。"⑧ 他治学行事,都以洁身自好,有所得益为标准,而不是为了作给别人看的表面文章。

---

① 见元好问《寄庵先生墓碑》。
② 李冶,《测圆海镜序》。
③ 《国朝名臣事略》。
④ 元好问,《李冶中遹》,载《中州集》卷九。
⑤ 《国朝名臣事略》。
⑥ 此依苏天爵编《国朝文类》。"始",传本《测圆海镜》均作"使"。
⑦ 李冶,《测圆海镜序》。
⑧ 《国朝名臣事略》。

　　金亡前夕,元好问就向耶律楚材推荐过李冶。后来,李冶引起了太原、平定、真定等地官僚的重视。史天泽、聂珪给他和许多学者"料其生理,宾礼甚厚,暇则与之讲究经史,推明治道"[①]。

　　1251 年,李冶回到他少年求学的元氏县定居。当时张德辉任真定府经历。李冶在封龙山下买了一些田产,仍过着治学授徒的隐居生活,与张德辉、元好问(1249 年张推荐提举龙山)交往最密,人称龙山三老[②]。跟李冶学习的人逐渐增多,其居所容纳不下。乡绅们就为李冶修葺了战乱以来废弃的封龙山上宋李昉读书堂,以教授生徒。此后,李冶一直在封龙山从事著述、教授工作。《益古演段》就是这个时期完成的。他看到蒋周的《益古集》"恨其闳匮而不尽发,遂再为移补条段,细绎图式,使粗知十百者,便得入室咳其文,岂不快哉?"[③]《益古演段》可能是他的教材之一。

　　李冶对他自己和大批儒生自金亡后二十几年得不到任用深感惋惜。他在看到房东移植一株槐树后倍加爱护,便借题发挥:"爱树尚如此,爱士当何如?"[④] 不过他仍自视清高。他说:"盖有大智不得大用,故羞耻不出,宁与市人木石为伍也。国有大智之人,不能大用,是国病也。故处士之名,自负也,谤国也。非大君子其孰能当之。"他对孔子"素隐行怪,后世有述焉,吾弗为之矣"作了重新解释:"必也身有其德而退藏于密,始得谓之隐者也。彼无一德之可取而徒蹩于寒乡冻谷之中,是则素隐者耳。"他认为,孔子不是一般地摈弃隐者,而只是反对素隐,从而说明自己的作为符合传统的道德规范和儒家思想。

　　李冶在封龙山的活动终于引起了忽必烈的注意。忽必烈是一个有作为的蒙古贵族。青年时期就结识中原文士,先后召用刘秉忠、赵璧、王鹗、张文谦、张德辉、窦默、姚枢、许衡等儒家经师和著名人士。1251 年,忽必烈受蒙古蒙哥汗之命治理汉地后,更加注意延请流落各地的儒生,通过他们争取汉人的支持。1257 年 5 月,忽必烈派专为他招聘亡金遗老的董文用驰传召见李冶,李冶应召至开平(今内蒙古正蓝旗东闪电河北岸,后称为上都),向忽必烈阐述了他的政治主张。

　　在谈到金将完颜仲德"其险夷一节甚可嘉尚"时忽必烈问:"仲德读书否?"李冶指出,仲德是策论进士,"观其以国忘家,以主忘身,实自读书中来。"在谈到历代名臣时,李冶赞扬了曹彬"伐江南,未尝妄杀一人",婉转批评了蒙古贵族大肆杀掠的暴行。李冶赞扬魏征"忠言谠论,知无不言",批评了忽必烈周围居官者"侧媚成风,欲比魏征实多愧矣"。

　　对于人材,李冶指出:"天下未尝乏材,求则得之,舍则失之,理势然耳。"他赞许忽必烈起用王鹗等儒生,又说:"夫四海之内,曷止此数子哉!"对回鹘人是否可用的问题,李冶说:"汉人中有君子小人,回鹘人亦有君子小人","在国家择而用之耳"。这些见解是很深刻而公正的。

　　对天下如何而治的问题,李冶回答说:"盖有法度则治,控名责实则治,进君子退小人则治。如是而治天下,岂不易于反掌乎?"反之,欲治天下,则难于登天。他批评了当时大官小吏皆自纵恣,以私害公,是无法度;有功不赏甚而受辱,有罪不罚甚或获宠,是无赏罚。忽必烈询问最近地震的原因,李冶重复了天裂为阳不足,地动为阳有余的传统看法后说:"今之震动,或奸邪在侧,或女谒盛行,或谗慝弘多,或刑狱失中,或征伐骤举,五者必有一于此矣。"他从天人感应的角

---

① 王恽,《史公家传》,载《秋涧先生大全文集》卷四十八。

② 《元史·张德辉传》。

③ 李冶,《益古演段序》。

④ 李冶,《观主人植槐》,载《国朝文类》卷三。

度,认为地震是上天出此以警之,劝忽必烈要"辨奸邪,去女谒,屏谗慝,减刑狱,止征伐,上当天心,下合人意,则可变咎证为休征矣。"① 显然,李冶像其他儒生名士一样,力图影响忽必烈在中原实行怀柔政策,清明政治,接受以儒学为中心的封建文化,推行汉族地区的封建制度,这是有进步意义的。忽必烈赞扬了他的看法,想委以清要官职,李冶以老病非所堪,恳求还山。

1260 年,忽必烈即位于开平。1261 年五月,设立翰林学士院。② 由王鹗推荐,召李冶为翰林学士,同修国史。李冶赴燕京(今北京),一年后又以老病为辞归山。当时李冶虽年逾花甲,但身体康健,作文字工作,还是驾轻就熟。归山的真正原因不在老病。实际上,此时李冶对元朝统治者已有成见。"初公征至,询以时事,但以真定木场抽分官钱修盖文庙而已"③,不像上次王庭问对那样坦诚。同时,李冶认为翰林史馆都是统治者的御用文人,不能有自己的独立见解。他说:"翰林视草,唯天子命之,史馆秉笔,以宰相监之,特书佐之流,有司之事耳,非作者所敢自专而非非是是也。今有犹以翰林史馆为高选,是工谀誉而喜缘饰者为高选也,吾恐识者羞之"④。另外还有一个因素值得考虑。当时发生李璮叛乱,忽必烈平乱之后,在汉人儒生建议下,于 1262年二月杀了与李璮关系密切的王文统。这是汉人儒生间矛盾的公开化。而此后,忽必烈对汉人幕僚增加了疑虑,逐渐疏远。李冶虽然与支持杀王的儒生们关系更密切,然而政治气候的变化不能不使他想起其父的遭遇,因而宁可回山过"木石与居,麋鹿与游"的田园生活。但是,这一段李冶的思想很复杂、矛盾。中统元年,他代真定府廉宣抚写了歌颂忽必烈平定叛乱的"车驾班师贺表"。他接受翰林学士等称号,却又辞官隐居。而中统三年,他为元好问文集作序,歌颂忽必烈"文治蔚兴",礼贤下士,哀叹"向使遗山不死,则登銮坡掌纶治称内相久矣。奈何遇千载而心违,际昌辰而身往,此非君遗恨也耶"⑤。

回到封龙山后,仍以授徒为生,以歌酒自娱。封龙山书院因李冶名声大振。他培养了大批人材,也受到了人们的尊重。1265 年,人们在平定建立四贤堂,置赵秉文、杨云翼、元好问、李冶四公像。1279 年,李冶去世,人们在封龙书院建立李学士祠纪念他。"真定之学者升公之堂,拜公之像,未尝不肃容以增远想也"⑥。

## 二 是是非非——李冶的议论之学

李冶是金末元初的通儒,其思想当然不会越出中国传统封建思想的藩篱。由于李冶大部分经史著作散佚,要全面准确地勾画李冶的思想是不可能的,我们只能根据《古今黈》及有关资料作一些简单分析。

12 世纪,北方女真族入主中原而为金朝。金中叶之前,处于逐步接受汉文化由奴隶制向封建制过渡的阶段,学术空气尚薄弱。金世宗(1161～1189)、章宗(1190～1209)倡导汉文化,奖励儒学,两宋的经学和理学得到传播。但金朝儒生受理学派系影响较少,不少金末的学者,既佩服宋儒,又提出了不少独立见解。李冶的师长王若虚开创金代议论之学,他认为"宋儒之议论不为

---

① 《国朝名臣事略》。

② 王恽,《玉堂嘉话序》,载《秋涧先生大全文集》卷九十三。设立翰林学士院的时间,《元史》记载混乱。

③ 元·王恽,《中堂事记下》,载《秋涧先生大全文集》卷八十二。

④ 《国朝名臣事略》。

⑤ 李冶,《遗山先生文集序》,载《遗山先生文集》。

⑥ 袁桷,《封龙山书院重修记》,载《清容居士集》卷十八。

无功而亦不能无罪焉。"①李冶对王若虚十分推崇②,他的《古今黈》主要是对历代经、史、子、集各方面的论说分别情况进行议论,无疑受了王若虚的影响。对封建时代的圣人孔丘的言论,李冶没有批评,而是指斥历代注释之非,按照自己的见解重新解释。如对《中庸》中"素隐行怪,后世有述焉,吾弗为之矣",他认为郑玄、班固、颜师古、石林的解释都不妥,指出"隐逸者初非孔子之所摈也"。对孟轲攻诘杨、墨,李冶为之辩护,同时又认为孟"盖病异端之甚也"。针对韩愈说荀子、杨子为"大醇而小疵",表彰韩愈著《原道》,谏迎佛骨遭贬而不悔,"斯亦足以为大醇矣"。然他本人与僧徒情分绸缪,密于弟昆,"以是而摘其疵,何特荀、杨已乎!"他推崇苏轼为神仙中人也,但"大聪明者,亦必有所蔽",批评东坡对他不喜欢的人事"纤介之病,捃摭者无不至"。对南宋大理学家朱熹,他认为,"大抵晦庵之论,佳处极多,然窒碍处亦不可以毛举,学者正当反复与夺之。"其余刘歆、颜师古、王安石等历代鸿生硕儒的得失无不加以褒贬。总之,"唐宋人自为说,虽其推明隐奥为多。其间蹖驳淆混诖误后生盖亦不少"。③李冶这些思想,固然是金元儒学超脱了两宋经学理学的派系之争的产物,但也与李冶本人坚持独立思考,不为一些教条成见及权势所拘束的作风有关。也正因为如此,对别人可望而不可及的翰林学士这类清要的御用之职,他视如草芥。

隐居恬淡的生活,使他的思想与老庄发生了共鸣。儒道合流,是中国封建思想的一个重要特点。李冶则更强烈一些。他在《古今黈》中从老子的动静观到修身养性的胎息法,阐发了不少道家思想。他认为"静生于动,而复归于动,则所谓静者,特须臾之静耳。惟动亦然。"这种源于道家的辩证思想在《古今黈》中俯拾皆是。如他说:"夫户枢之不朽,以旦夕之开阖也;流水之不腐,以混混而常新也。""物穷则变,数极则反。"他相信胎息法,对摄养之方深有研究,在崞山之桐川时,曾作诗表达他的理解,邃于性命之学的李之和拊掌大笑曰:"子得之矣。"元好问"和李冶演太白诗意"的诗中说:"静坐且留观众妙,还丹无用说长生。"④李冶诗虽不见,但从元好问的和诗看,两者唱酬,无异于谈论玄机的道人。张之翰为他祝寿时亦赠诗曰:"九转丹砂休漫话,一篇胎息是真传"。⑤

李冶和大多数封建时代的学者一样,有明确的天人感应思想。他曾统计过天象变异与人间祸乱的关系,认为这不是偶然现象。他认为"天降灾害,所以警人君也",在王庭问对中也表达了这种思想。李冶由机遇在某些人的成功与失败中起着重要作用,得出"运有通塞,数有奇偶"的看法,甚至家人在一起的一颦一笑,"是必有数存乎其间,未能遽以人事断也"。这都是错误的。但他明确反对数字神秘主义。他批评刘歆以三统历术配合《易》与《春秋》,"夫所谓《春秋》者,属辞比属之书,与数学了不相干,而亦胡为妄取历算,一一而偶之哉?班固不明此理,不敢削去,千古而下,又无为辨之者,深可恨也。"

李冶这种矛盾思想也反映在他对经、史的不同看法上:"经、史意一而体二。经可言命,而史自不可言之。"他认为,"盖作史之体,务使闻者知所劝戒,而有以耸动之。故前世谓史官权与宰相等,苟一切以听之命,则褒贬之权轻。褒贬之权轻,则耸动之具去矣,又安用夫史笔为哉?"史不言命,因此他的为人处世不是消极的,而是以自己的努力与命运抗争,所以他能安贫乐道,

---

①　王若虚,《论语辨惑序》载《滹南遗老集》卷三。

②　李冶,《滹南遗老集引》同上,卷首。

③　王若虚,《论语辨惑序》。

④　《遗山先生文集》卷九。

⑤　张之翰,《西岩集》卷八。

"流离顿挫,亦未尝一日废其业。"50年如一日,"手不停披,口不绝诵"①。他极为赞赏杨万里的诗句:"好官难做忙不得,好人难做须著力",认为著力处才是圣贤阶级。李冶虽然仍囿于人有圣人、贤人和下愚的偏见,却又认为"虽愚蒙之人,亦有成心"。又说:"性无与贤愚,唯尽性者,有能与不能耳。"圣贤成功的原因在于能审时度势,遵循而不违背客观规律,所谓"圣贤不能违时而能顺时"。因此,在教育上他批评"世之劝人以学者,动必诱之以道德之精微"的作法,认为这使"昧者日愈惑,顽者日愈偷。"他说,"今之学不过为利勤,为名而修尔,因其所为而引之,则吾之劝之者易以入,而听之者易以进也。"这些看法与理学家灭人欲存天理的说教是完全不同的。

李冶关于治学方法及文风的主张也值得注意。有人问学于李冶,李冶认为治学有三,就是多、精、深,而"积之多不若取之精;取之精不若得之深"。这在今天亦不失为箴言。章宗以后,金朝文坛益趋于雕章琢句,追求形式新巧。李冶对这种多华少实的文风非常反感。他主张"毋以辞夺事",认为"古人因事为文,不拘声病,而专以意为主,虽其音韵不谐不恤也。"批评当时"专以俘声切响论文","立法太苛,求备太甚,是以文彩焕发,观之可爱,而气质萎索,了无余味也。"这些批评,切中时敝,很有见地。

# 李冶的数学思想

李冶的数学思想也值得称道。自先秦起,数学就被列为学校教育的主要内容,即所谓六艺之一。但统治阶级对六艺的态度历来有厚薄。礼、乐、射、御、书或者关系到统治制度的法统、道德规范,或者关系到保卫统治者的政权,或者可供统治者享乐,受到特殊的重视。唯有数学,春秋时就被看作九九贱技,后来的数学家大都哀叹数学不受重视。李冶则不仅批评了视数学为贱技的错误,而且从各方面论述了必须重视数学研究。我国古代数学来源于并服务于人们的实际需要。李冶深刻认识到这一传统。他说:"术数虽居六艺之末,而施之人事,则最为切务。"因此,"古之博雅君子马(融)、郑(玄)之流,未有不研精于此者也。"说明重视数学是历来博雅君子的优良传统。两宋发展起来的程朱理学,追求天理,鄙视一切实学,以至于谢显道集录《五经语》,其师程颢斥之为"玩物丧志"。就是王安石集唐百家诗选,亦自谓废日力于此,良足惜。李冶哀叹说:"夫文史尚矣,犹之为不足贵,况九九贱技能乎。"李冶驳斥了这种观点,他说:"由技兼于事者言之,夷之礼,夔之乐,亦不免为一技。由技进乎道者言之,石之斤,扁之轮,庸非圣人之所与乎?"② 这就是说,从技艺的实际用处来说,礼、乐也不过是一种技艺,从技艺进一步说到道——圣人的主张和思想体系,那么石工所所使用的斤斧,扁(古代名匠)所制成的轮子,也是圣人所称赞的。自然,对于列于六艺的数学,圣人更是推崇。说圣人重视数学当然牵强。李冶在这里像他的许多论述一样,是以自己的观点重新解释圣人的思想,以说明自己爱好数学符合圣人的教导。这些认识坚定了他研究数学的信心。他说自己爱好数学像爱吃酸咸的人一样,想改也改不了。对他刻苦的数学研究,许多人怜悯他,讥笑他,他表示"乃若吾之所得,则自得焉耳,宁复为人悯笑计哉?"③

我国古代虽然存在着数字神秘主义,但起码从《九章算术》起,数学研究即与之分道扬镳。

① 《国朝名臣事略》。
② 李冶,《测圆海镜序》。庸,传本《测圆海镜》脱,此依《国朝文类》补。
③ 李冶,《测圆海镜序》。

然而在两宋时又出现了河图洛书是数学来源的荒谬看法。与李冶同时代的南宋大数学家秦九韶也说："爰自河图洛书,闿发(数学)秘奥。"[①]李冶则坚持了数学来源于实际的看法。他说:"数本难穷,吾欲以力强穷之,彼其数不唯不能得其凡,而吾之力且惫矣。然数果不可以穷耶?既已名之数矣,则又何为而不可穷也。故谓数为难穷,斯可;谓数为不可穷,斯不可。何则?彼其冥冥之中,固有昭昭者存。夫昭昭者,其自然之数也,非自然之数,其自然之理也。数一出于自然,吾欲以力强穷之,使隶首复生,亦末如之何也已。苟能推自然之理,以明自然之数,则虽远而乾端坤倪,幽而神情鬼状,未有不合者矣。"[②] 在这里,李冶阐述了几个精辟的思想。首先,数学研究是困难的,但数学不是不可知的。因为在昏暗不清的事物中,总有明显的东西存在,这就是它们的数量关系和原理。它们都来源于自然,因而是可知的。其次,因为数学原理和数量关系都来自于自然,那么就不能一昧蛮干,因为那样,不仅发现不了数学的秘奥,而且自己会精疲力竭,即使再有才能的人也无能为力。第三,最重要的,只要遵循事物的客观规律,来推求其数量关系和数学原理,则什么样的困难问题都可以迎刃而解。李冶的这些思想继承发展了刘徽的数学"以法相传,亦犹规矩度量可得而共,非特难为也"[③] 的思想,把我国对数学的认识提高到一个新的阶段。

李冶对前人的数学著作,就像他对前人的文史著作一样,既肯定其功绩,如表彰刘徽、李淳风,又指出前代某些著述中的不足,他说:"余自幼喜算数,恒病夫考圆之术,例出于牵强,殊乖于自然,如古率、徽率、密率之不同,截弧、截矢、截背之互见,内外诸角,析剖支条,莫不各自名家,与世作法。及反复研究,率卒无以当吾心者。"[④] 因而在洞渊九容之说的基础上,深入研究,写出了名著《测圆海镜》。他对有的数学著作写得晦涩难懂很反感,说有的数学家,没有刘徽、李淳风那样的造诣,而心胸狭隘,故弄玄虚,"不肯晓然示人","唯恐学者得窥其仿佛也"。即使象《益古集》这样可以与刘、李颉颃的著作,李冶"犹恨其阛匮而不尽发",因此,他"移补条段,细绷图式,使粗知十百者便得入室唉其文"[⑤],对自己的工作颇为欣慰。

然而,李冶对当时数学界与以研究方程论为主的高深方向同时发展的另一方向,即以改进乘除捷算法为主的民用、商用算术持否定态度。他说,这"浅近粗俗,无足观者,致使轩辕隶首首术,三五错综之妙,尽堕于市井沾沾之儿及夫荒村下里蚩蚩之民,殊可悯悼。"[⑥] 采取了与平民数学家杨辉、朱世杰相反的态度,这大约是李冶这样士大夫数学家的局限性。

# 四　《测圆海镜》和《益古演段》

我国数学经过汉、魏、唐、宋千余年的发展,在 13 世纪出现了群星灿烂的最光辉时期。李冶就是其中的一颗巨星。上面概述了他的思想及所处的社会环境。现在分析他的数学著作,为此要介绍一下当时的数学研究情况。

唐初李淳风整理了《算经十书》,其中《九章算术》提出了数学的九个分支,《孙子算经》等算

---

① 秦九韶,《数书九章序》。

② 李冶,《测圆海镜序》。

③ 刘徽,《九章算术注序》。

④ 李冶,《测圆海镜序》。依《国朝文类》补"率"字。

⑤ 李冶,《益古演段序》。

⑥ 李冶,《益古演段序》。

经又补充了某些新的方法(如同余式解法)。因此,《算经十书》在以算法挈领应用问题的形式上,以筹算为中心的特点和各分支及主要方法的确立上都标志着中国古代数学完成了它的奠基阶段。宋元时期,中国数学出现了一些新的特点(这里不涉及筹算捷算法)。

对方程研究的空前重视,是这个时期的突出特点。方程的研究包括两方面:一是开方术,二是天元术。开方术就是今天的解方程。11世纪北宋大数学家贾宪在《九章算术》开方术的基础上提出了开方作法本源图(即贾宪三角),可以把开方术推广到任意高次方;他还提出了增乘开方方法,以随乘随加代替传统开方法中一次使用贾宪三角的系数,更简捷,亦更程序化。后来刘益(12世纪)著《议古根源》,引进二次项系数为负的方程。到秦九韶的正负开方术,增乘开方法已经发展为非常完备的求高次方程正根的方法。李冶亦谙熟增乘开方法[1]。

天元术就是现今的设未知数列方程的方法。列方程是用开方术解决实际问题的先决条件。《九章算术》勾股章有一个开带从平方(即二次方程)的问题,刘徽以相似勾股形对应边成比例和面积的出入相补原理两种方法说明了方程的造术。王孝通的《缉古算经》用非常特殊的方法,列出了许多二次、三次或四次方程。金元时期,使用天元术列方程成为一种普遍方法,这是当时数学家的一项重大创造。书缺有间,天元术产生、发展的情况,至今仍扑朔迷离。祖颐在《四元玉鉴后序》中说:"平阳蒋周撰《益古》,博陆李文一撰《照胆》,鹿泉石信道撰《钤经》,平水刘汝谐撰《如积释锁》,绛人元裕细草之,后人始知有天元也。"这些著作都已失传,其情况不可详考。李冶《益古演段》保存的《益古》旧术没有使用天元术,因此它不是一部天元术著作。有的学者根据《测圆海镜》所保留的《钤经》的一个测圆题目,认为《钤经》可能已使用了天元术[2]。元裕的时代不清,他不是龙山三老之一[3]。他的《如积释锁细草》看来是祖颐看到的第一部天元术著作,但使用到什么程度,不得而知。李冶的一段笔记反映了天元术早期发展的一些情况,他说:"予至东平得一算经,大概多明如积之术,以十九字识其上下层,曰仙、明、霄、汉、垒、层、高、上、天、人、地、下、低、减、落、逝、泉、暗、鬼。予遍观诸家如积图式,皆以天元在上,乘则升之,除则降之。独太原彭泽彦材法立天元在下。凡今之印本《复轨》等书俱下置天元者,悉踵悉彦材法耳。彦材在数学中,亦入域之贤也,而立法与古相反者,其意以为天本在上,动则不可复上,而必置于下,动则徐上,亦犹易卦乾在下,坤在上,二气相交而为太也,故以乘则降之,除则升之。求地元则反是。"这说明:(1)天元术萌芽阶段,人们曾以"天"等九个字表示未知数的正幂,"地"等九个字表示其负幂,以"人"表示常数项,而不是以其位置定幂值,非常繁琐。李冶得到东平算经当在1213年,那么这部算经问世当还早得多。(2)后来,出现了大量数学著作,即李冶考察过的诸家如积图式,天元仍在上,表示正幂,地元在下,表示负幂(与后来表示另一未知数的地元不同),其余幂次采用"乘则升之,除则降之"的原则,依其位置而定,取消了"上、……、仙"和"下、……、鬼"16个定幂的字,这是一个大进步。(3)当时知名数学家彭泽彦材改成天元在下,地元在上,即正幂在下,负幂在上,与传统开方式的筹算布置相一致,这又是一个进步。《复轨》等著作采取了这种顺序。后来,人们取消表示未知数负幂的地元,只用一个天元。李冶的《测圆海镜》采用

①　钱宝琮,增乘开方法的历史,载《宋元数学史论文集》。

②　梅荣照,李冶及其数学著作,载《宋元数学史论文集》。

③　《元史·张德辉》云张"与元裕、李冶游封龙山,时人号为龙山三老云"。其中的元裕是秀容(忻州)元好问。1249年元好问客居真定府经历张德辉所,提举龙山,后常往来于真定、秀容、东平间,1257年卒于鹿泉。元好问青年时代就与李冶过从甚密。张、元、李当时文坛上齐名,尚可谓"三老"。史书未见元好问通算学的记载。《元史》中元裕凡六见,皆指元好问。参见蔡美彪等《中国通史》第七册。

高幂在上,而 10 余年后的《益古演段》高幂在下。李冶处在天元术完善化的最后一个阶段。

开展数学的专题研究,并为之著述,是宋、金、元数学的又一显著特点。《算经十书》从研究对象上都是以《九章算术》为楷模的综合性著作。宋、金、元时期,除综合性著作外,还出现了不少就一个方向作研究对象的专题性著作。12 世纪刘益作《议古根源》,"撰成直田演段百问,信知田体变化无穷"[①]。蒋周作《益古集》,讨论各种方田、圆田之间的关系、变换、互求问题。洞渊九容,专门讨论勾股与圆的九种关系。李冶《测圆海镜》卷二前 10 问是 10 种容圆公式。设 $a,b,c$ 是勾股形三边,$D$ 为圆径。第一问勾股容圆 $D=\dfrac{2ab}{a+b+c}$,是《九章算术》勾股章提出的;第二至第十问则分别提出勾上容圆(圆心在勾上且切于股、弦)$D=\dfrac{2ab}{b+c}$;股上容圆(圆心在股上且切于勾、弦)$D=\dfrac{2ab}{a+c}$;弦上容圆(圆心在弦上且切于勾、股)$D=\dfrac{2ab}{a+b}$;勾股上容圆(圆心在直角顶且切于弦)$D=\dfrac{2ab}{c}$;勾外容圆(切于勾及股、弦的延长线)$D=\dfrac{2ab}{b+c-a}$;股外容圆(切于股及勾、弦的延长线)$D=\dfrac{2ab}{a+c-b}$;弦外容圆(切于弦及勾、股的延长线)$D=\dfrac{2ab}{a+b-c}$;勾外容圆半(圆心在股的延长线且切于勾、弦的延长线)$D=\dfrac{2ab}{c-a}$;股外容圆半(圆心在勾的延长线且切于股、弦的延长线)$D=\dfrac{2ab}{c-b}$。清末李善兰认为后九种即洞渊九容,"勾股容圆系古法,非洞渊所创,故不在内"[②]。清末刘嶽云[③] 和近人钱宝琮[④] 则主张弦上容圆不在其内。不管怎么说,通过容圆问题的专题研究,其内容比《九章算术》时代要广泛深入得多了。李冶在洞渊九容和《益古集》的基础上继续深入的专题研究,先后写出名著《测圆海镜》和《益古演段》。

13 世纪,我国形成了南北两个数学中心,也是宋、金、元时期数学发展的新特点。这之前,我国有不少著名数学家,但是,除了公元 2 世纪下半叶到 3 世纪中叶,今山东地区刘洪、郑玄、徐岳、刘徽或许可以算作一个数学中心外,谈不到数学中心。而在南宋、金、元时期,我国长江下游形成了以秦九韶、杨辉为代表的数学中心,太行山两侧则形成了一个以天元术为主要方法,开展各种专题研究的中心,出现了一大批数学家和数学著作。数学当时受到有识之士的重视。就是社会地位很高的大儒、金末文坛二坛主之一的杨云翼(号文献先生)"亦善天文算学,博洽人莫及"[⑤]。他还撰《勾股机要》[⑥]。元初名儒许衡精通数学,他在教学时,"课诵少暇即习礼,或习书算。"[⑦]

上述这些特点标志着我国数学在宋、金、元时期进入了一个更高的阶段。李冶因其《测圆海镜》、《益古演段》被完整保存下来而成为这个阶段杰出的代表之一。

《测圆海镜》是李冶在洞渊九容的基础上深入研究的结晶,1248 年写成,共 12 卷。第一卷"圆城图式"画出了勾股容圆图,包括了 14 个相似勾股形;"总率名号"提出了各勾股形及其勾、

---

①　杨辉,《田亩比类乘除捷法》。

②　李善兰,《天算或问》。

③　刘嶽云,《测圆海镜通释》附录。

④　钱宝琮,有关测圆海镜的几个问题,载《宋元数学史论文集》。

⑤　刘祁,《归潜志》。

⑥　元好问,《内相文献杨公神道碑铭》,载《遗生先生文集》卷十八。

⑦　《元史》许衡传。

股、弦的名称;"今问正数"提出了各勾股形各边和差的数值;"识别杂志"则提出了672条有关各勾股形的各边的关系,除8条外,都是正确的,每一条都相当于一个公式或定理,成为全书计算的依据,"乃是书之纲领,非此不能立算"[①]。卷二之首先提出问题的总假设:

> 假令有圆城一所,不知周径。四面开门。门外纵横各有十字大道。其西北十字道头,定为乾地;其东北十字道头,定为艮地;其东南十字道头,定为巽地;其西南十字道头,定为坤地。所有测望杂法,一一设问如后。

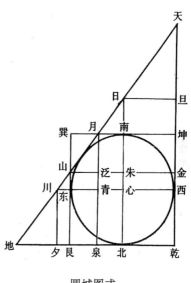

圆城图式

然后从卷二到卷十二,李冶就圆城图式中这些勾股形三边上各线段提出求内接圆、旁切圆的直径(实际上都是同一个圆)的170个问题,216种方法,其中有148问、182种方法是用天元术解决的,列出一次方程31个,二次方程106个,三次方程24个,四次方程20个,六次方程一个。就一个圆和十几个勾股形的关系提出这么多公式,设计这么多问题,构思这么多方法,说明李冶的研究是多么深入细致。不过,它们都就一个圆径设问,因而答案都是已知的,这就限制了作者的思路,尤其是根本没有可能去考虑方程是不是会有别的根的问题。李冶用一个汉字记图形中的点,采用天元术列方程,朝着符号数学迈进了一大步。然而题设和运算过程都凭借具体数字,使他在抽象"识别杂记"的某些关系,提出某些解法时,常常因数字巧合而出现错误。当然,《测圆海镜》在中国数学史上的作用是不容低估的。李善兰说"中华算书实无有胜于此者",固然是过甚之辞,但他说在翻译西方代数、微积分著作时"信笔直书,了无疑义者,此书之力焉"[②],却是数典不忘祖的由衷之言。

李冶认为蒋周的《益古集》水平可以与刘徽、李淳风相颉颃,但"闼匮而不尽发",为之"移补条段,细缮图式"写成的。共三卷,64问,都是根据方(直)田、圆田、梯田等的各种关系,求边长、直径之类的问题,全部用天元术解决,除了六个问题用一次方程外,全都是二次方程。绝大多数题目在天元术之下列出了"以条段求之"的结果,即方程各项的系数。这应该是天元术产生前的传统方法。又有"义"曰,说明各项系数的几何来源。部分题目列出了"旧术",这是蒋周提出的方法,像以前同类著作那样,只说明了各项系数的构成。由此可以看出,蒋周确实没有使用天元术。

李冶用天元术解决了《测圆海镜》中近七分之六的题目及《益古演段》的全部题目。他的方法是一种推理论证。我们知道,《九章算术》只有术文,而无造术,刘徽阐明了造术。但以后的著作如《孙子算经》,直到秦九韶的《数书九章》,都只说明方程各系数的结构,而不说明如何及为什么得到这种系数,为以后留下了聚讼不已的问题。李冶继承刘徽的思想,用天元术一一说明方程的推导过程,是值得称道的。但是,李冶在其著作的序言中都未说明他与天元术的关系或他对天元术的态度。因此,在他看来,《测圆海镜》是阐述勾股容圆的义理,《益古演段》是通俗说明《益古集》的造术。天元术只是使他的数学著述通俗易懂的一种得心应手的方法,与我们今天

---

① 《测圆海镜·识别杂记》李锐按。

② 李善兰,《测圆海镜序》。

由于李冶前使用天元术的数学著作全部失传，《测圆海镜》和《益古演段》提供了天元术这种人类思维的奇葩的最早证据而重视它们的角度不尽相同。

# 五　李冶的数学贡献

由于李冶以前宋、金、元数学著作大都失传，我们这里介绍的李冶的工作很难说全是李冶的首创。

### 1.《测圆海镜》中的勾股知识

《测圆海镜》第一卷"识别杂记"，提出了 672 条公式，阐明各勾、股、弦及其和、差、积之间的关系，除 8 个外，其余全是正确的，一般性的。这些公式表述极为简炼，据统计，总共只用了 96 个汉字，用字最少的公式仅 3 字，最多的才 24 字，96.7％的公式在 6～17 字之间，用 10 个字的达 102 个，居首[①]。李冶没有留下这些公式的证明，只是经过整理，将其分成诸杂名目、五和五较、诸弦、大小差、诸差、诸率互见、四位相套及拾遗八个部分。这些公式难易深浅不一，但亦并非如四库馆臣所说的"不拘先后"。许多公式，如"大小差"类中："大差上大差、小差上大差共，即两个明弦也，以两个明差为之较"与"大差上小差，小差上小差共，即两个亩弦也，以两个亩差为之较"；"大差勾、小差勾共，即两个极勾也，以两个平差为之较"与"大差股、小差股共，即两个极股也，以两个高差为之较"等等，都是成对出现。只要理解了某些勾股形之间的对应关系，很容易从一个导出另一个。值得注意的是"诸杂名目"，它给出了一些关系后，又给某些线段的和、差、积关系命名各种名称，如内率、外率、虚率、远差、近差、混同和、菱差、菱和等等，这就使后来公式的表达极为简便。接着他提出了五对十个求圆径的基本公式。我们在这里仅列出五个：

(1)大小差相乘为半段径幂：　$\dfrac{D^2}{2}=b_{大}\,a_{小}$；

(2)虚勾乘大股得半段径幂：　$\dfrac{D^2}{2}=a_{虚}\,b$；

(3)边股亩股相乘得半径幂：　$(\dfrac{D}{2})^2=b_{边}\,b_{亩}$；

(4)黄广股黄长勾相乘为径幂：　$D^2=b_{广}\,a_{长}$；

(5)明弦明股并与亩弦亩勾并相乘得半径幂：　$(\dfrac{D}{2})=(c_{明}+b_{明})(c_{亩}+a_{亩})$。

其中 $D$ 为圆径，大指勾股形天月坤，小指山地艮，虚指山月巽，边指天川西，亩指山川东，黄广指天山金，黄长指月地泉，明指日月南。另外五个公式由这些公式的对应关系写出。这些公式把二线段或几条线段的和、差、积与圆径联系起来，有助于天元式的建立[②]。

### 2.　天元术

所谓天元术就是代数多项式的一种表示方法：以"太"（太极）表示常数项，或以"元"（天元）表示一次项，其余按位置定其幂次。《测圆海镜》采取高幂在上的记法，所谓古法，即太在一次幂

① 蒋仁良，Contribution à l'interprétation de la classification automatique et ses application à la linguistique et à l'économie.（巴黎第六大学博士论文）。转自 K. Chemla 的博士论文。

② 梅荣照，李冶及其数学著作，《宋元数学史论文集》。

之下。如 ⊥╲╣╣╣太／╠╠○╥＝○ 表示 $64+30720x^{-1}$，而 ╲╣元／╠╠○╥＝○╣╣╣○╥＝○⊥╣╣╣ 表示 $-2x+64+30720x^{-1}$（卷三第7问）。《益古演段》则倒过来，与传统开方式的顺序一致，那么上述两个多项式就分别表示成 ╣╣╣○╥＝○⊥╣╣╣太，⊥╣╣╣╲╣元，数字上的斜画表示负数。

用天元术列方程的方法是：立天元一为要求的未知量；根据问题条件，得出一个天元式（即多项式），寄左；然后再根据问题条件求出一个与之等价的天元式，称为如积或同数；与左相消，得到一个开方式。一般说来，开方式不再用"元"或"太"定幂次。我们以卷七明亶前第二问为例。

或问丙出南门，直行一百三十五步而立，甲出东门，直行一十六步见之，问答同前。（即问城径几里？答曰：城径二百四十步。）

李冶提出的第五种方法的细草是：

草曰：立天元一为皇极弦上股弦差（即东行步上斜也，亦谓亶弦）[①]。以天元加二行差，得 ｜－╣╣╣｜元，即明弦也（此即皇极弦上勾弦差也）。以天元乘之，又倍之，得 ╣╣＝╣╣╣○太，即皇极内黄方幂也。（泛寄。）置皇极弦上勾弦差，以东行步乘之，得 －⊥元－╣╣╣○╣╣╣，以天元除之，得下 －⊥太╣╣╣○｜╣╣╣ 为明勾也。又置天元，以南行乘之，得 ╠═╣╣╣○太，合用明弦除，不除，寄为母，便以此为亶股，于上（寄明弦母）。乃再置明勾，以明弦乘之，得 －⊥太╣╣＝╤╣╣╣╥╣╣，亦为带分明勾。加入上位，得 ｜＝｜╣╣＝○＝太╣╣＝╤╣╣╣╥⊥，即是一个虚弦也。以自增乘，得下式 （一段虚弦幂）为一段虚弦幂也。内带明弦幂分母（寄左）。然后置明弦，以自之，得 ╣╣＝╣╣╣元｜╣╣｜⊥ 为明弦幂，以乘泛寄，得 ╣╣╥－╣╣╣╥╣╣╣⊥╤╣╣╣╥○╣╣－╣╣元 为同数。与左相消得下式 ，开五乘方，得三十四步，为东行步上斜步也（即亶弦。）其东行步得一╤，即亶勾也，勾、弦各自为幂，以相减，余九百步。开方得三十步，即亶股也。既各得此数，乃以股外容圆半法求圆径，得二百四十步，即城径也。

---

① 括号内文字为李冶自注，原排小字。下同。

这是一个已知軎(山川东)勾川东($a_{軎}$),明(日月南)股日南($b_{明}$),求圆径的问题。李冶先求出軎弦 $c_{軎}$,然后由 $c_{軎}$、$a_{軎}$ 求圆径。用天元术求 $c_{軎}$ 又分求泛寄、寄左、同数、如积相消、开方几步。我们以现代符号解释。以 $x$ 表示天元一,即令 $x$ 为皇极(日川心)股弦差 $c_{极}-b_{极}$,换言之,$x$ 为山川,即 $c_{軎}$,则 $x+(b_{明}-a_{軎})=x+119$;而 $x+(b_{明}-a_{軎})=c_{軎}+(b_{极}-a_{极})=c_{极}-a_{极}=c_{明}$,那么 $2x(x+119)=2x^2+238x=2(c_{极}-b_{极})(c_{极}-a_{极})=(a_{极}+b_{极}-c_{极})^2$。这是皇极勾股形的黄方幂,作为泛寄。又因为明勾股形与軎勾股形相似,所以 $a_{明}=\dfrac{c_{明}\times a_{軎}}{c_{軎}}=\dfrac{(x+119)\times16}{x}=16+1904x^{-1}$,$b_{軎}=\dfrac{c_{軎}\times b_{明}}{c_{明}}=\dfrac{135x}{x+119}$。但后者不能用天元式表示,因此将 $x+119$ 作为寄母。由"识别杂记"中"诸弦"项:"太虚弦内减軎股,即明勾",因此太虚弦 $c_{虚}=a_{明}+b_{軎}=(16+1904x^{-1})+\dfrac{135x}{x+119}=\dfrac{(16+1904x^{-1})(x+119)+135x}{x+119}=\dfrac{151x+3808+226576x^{-1}}{x+119}$,$x+119$ 仍为寄母。以太虚弦(的分子)自乘 $(151x+3808+226576x^{-1})^2=22801x^2+1150016x+82926816+1725602816x^{-1}+51336683776x^{-2}$ 为一段虚弦幂,内带 $c_{明}^2=(x+119)^2$ 作为分母,寄左。另一方面,由"识别杂记"中"诸弦"项:"太虚弦加入极弦为极和",即皇极勾股形黄方=太虚弦。所以虚弦幂=皇极黄方幂,那么一段虚弦幂 $=(a_{极}+b_{极}-c_{极})^2\cdot c_{明}^2$。因而,明弦幂乘泛寄 $(2x^2+238x)(x+119)^2=2x^4+714x^3+84966x^2+3370318x$ 就是左(即一段虚弦幂)的同数。将同数与左相消,得到 $-2x^4-714x^3-62165x^2-2220302x+82926816+1725602816x^{-1}+51336683776x^{-2}=0$。以 $x^2$ 乘两端,得到一个六次方程。开方求出 $x=34$(即 $c_{軎}$)。那么 $b_{軎}=\sqrt{c_{軎}^2-a_{軎}^2}=30$。由卷二第十问股外容圆半法

$$D=\frac{2ac}{c-b}=240(步)$$

由此可见,李冶已熟练地掌握了天元式的加、减、乘法法则,它们与现今代数多项式的同类法则完全一致。天元式仅用天元或其幂乘、除时,在《测圆海镜》中分别将"元"(或"太")字下移、上移与其幂数相等的层数即可,在《益古演段》中则相反。天元式不能除天元式,遇到这种情形,则先对分子的天元式进行运算,而将分母"寄下";在求同数时则用该分母乘之,即可消去分母。显然,这些运算都是《九章算术》关于数的四则运算及齐同原理的发展。

立哪个量为天元一,不拘一格,可灵活运用。如上述问题,李冶提出了五种方法,一种立天元一为丙行大差数,一种为皇极弦,一种为皇极弦上股弦差,两种为半城径,殊途同归,足见李冶对天元术运用之娴熟。由于李冶的方程是由两等价的天元式相消得来,所以其系数,包括常数项在内,都可正可负,没有任何限制,这比秦九韶"实常为负"的限制要胜一筹。《测圆海镜》还有的题目要先用方程术(线性方程组解法)求出立天元一的条件,使这些题目成为方程术、天元术和开方术相结合的题目。

李冶没有留下开方细草,据信,他用增乘开方法求正根[1]。《测圆海镜》中某些题目注明用"翻法"或"倒积",有的指开方过程中常数项变号,相当于秦九韶的"投胎",有的则是一次项系数变号。《益古演段》中有的题出现一次项系数和常数项都变号的情形,李冶称为"倒积倒从"。总之,李冶像秦九韶那样处理了增乘开方法中的各种情形。

---

① 钱宝琮,增乘开方法的历史,载《宋元数学史论文集》。

### 3. 零和小数记法

中国古代没有记零的算筹,筹算中用空位表示零。金大明历(1180)中有"四百〇五"之类记法,用圆圈记零,是个进步,但它与四、五一样,看作一个新造的汉字亦未不可。李冶和秦九韶先后将〇看成与丨 ‖ ‖‖ ‖‖‖ ⊤ ⊤⊤ ⊤‖‖ 等一样的数字,引入了数学著作,使我国记数法成为真正完备的位置值制,是个重大贡献。

在数学史上,小数的产生比分数晚上千年。《夏侯阳算经》已有化丈、尺为端的记载。但看不出小数记法。李冶和秦九韶都有了明确的小数记法。李冶一般在整数部分的个位下记单位,如 丨‖⊤/步 表示 1.47 步;=〇=‖‖/步 表示 20.24 步,而对无整数部分的小数,李冶则在个位上记零,如〇≡⊤ 就表示 0.47。步起着小数点与单位的双重作用。显然,李冶的看法与今天相差无几。

### 参 考 文 献

孔国平. 1988. 李冶传. 石家庄:河北教育出版社

李俨. 1958. 中国数学大纲. 北京:科学出版社

李冶(元)撰. 1798. 测圆海镜. 知不足斋丛书本

李冶(元)撰. 1798. 益古演段. 知不足斋丛书本

李冶(元)撰. 1995. 敬斋古今黈. 北京:中华书局

梅荣照. 1966. 李冶及其数学著作. 见:钱宝琮. 宋元数学史论文集. 北京:科学出版社

宋濂(明)撰. 1976. 元史. 北京:中华书局

苏天爵(元)撰. 1936. 国朝名臣事略. 又作元朝名臣事略. 上海:商务印书馆

苏天爵(元)撰. 1936. 国朝文类. 四部丛刊本. 上海:商务印书馆

王恽(元)撰. 1936. 秋涧先生大全文集. 四部丛刊本. 上海:商务印书馆

元好问(金)撰. 1936. 遗山先生文集. ;四部丛刊本. 上海:商务印书馆

(郭书春)

附　记

关于聘李冶为翰林学士的时间,史料记载有出入。王恽《中堂事记》下辛酉年(1261)七月二十七日条,列出已决定授翰林院官职的有王鹗、郝经、李昶、李冶(翰林学士知制诰同修国史)、雷膺、王恽。同年八月十一日颁发授李冶翰林学士的制词。制词曰:某官秀擢巍科,力穷圣学,据纵横之大笔,足润色于皇猷,况当青史之编,宜与玉堂之选,可特授某官知制诰,庶得腹心之助,以光纶悖之司。"李冶到京接受了任命。《国朝名臣事略》引王盘《书院记》云,王庭对问还山后"有四年,诏立翰林院于燕京,再以学士召李冶",《元史·选举志》云,忽必烈召许衡的同年(1261),又"诏征金进士李冶,授翰林学士",均与王恽记载相同。《国朝名臣事略》、《元史》的李冶传均云至元二年(1264)授李冶为翰林学士。梅荣照从此说。孔国平认为 1261 年忽必烈聘李冶为翰林学士,李冶谢绝,1264 年才就职。笔者认为,王恽是李冶的同僚,并负责为忽必烈起草诏书、制词,《中堂事记》是无可怀疑的第一手材料。

# 秦 九 韶

## 一、生 平

### 1. 秦九韶身世及早年的学习生活

秦九韶，字道古，是我国南宋时期的卓越数学家，活动于宁宗（1195～1224）、理宗（1225～1264）年间。其生卒年代难以准确断定。

秦九韶祖籍鲁郡（今山东兖州），生于普州安岳县（今四川安岳）。父秦季槱(yóu)，字宏父，绍熙四年（1193）进士，后任巴州（今四川巴中）守。嘉定十二年（1219）三月，兴元（今陕西汉中）军士张福、莫简等发动兵变，入川后攻取利州（今广元）、遂宁、普州（今安岳）等地。七月，兵变被政府军平定，张福被杀，莫简自尽。这次兵变也波及到巴州。钱宝琮认为秦九韶参与了平乱，理由是周密说秦九韶“年十八，在乡里为义兵首”，并由此上推 17 年，认为秦九韶生于 1202 年[①]。严敦杰亦赞成这种说法[②]。但李迪持有异议，他认为当义兵首与平乱是两回事，义兵是保护乡里的常设性军事组织，很难说秦当义兵首时参与了平乱。他根据秦九韶所说“早岁侍亲中都（临安，今杭州）”[③] 等语，以及秦父子于 1222 年已在临安的记载，推测秦九韶在 1219 年兵变时不过 12 岁左右。当义兵首是以后的事[④]。

据《宋史》记载，张福的军队进攻巴州时，“守臣秦季槱弃城去”。秦季槱逃往何处，不甚清楚，但不久便携全家辗转抵达南宋都城临安。他在临安担任了工部郎中官职，并于嘉定十五年（1222）及十六年以工部郎中职衔任国家大考的考官。嘉定十七年（1224），秦季槱升任秘书少监，宝庆元年（1225）六月，秦季槱被任命为潼州知府，回四川做地方官。

据周密《癸辛杂识续集下》记载，知秦九韶有兄长。但对其兄没有任何具体描述，显然在当时地位不高，影响不大。

秦九韶自幼聪明好学，随父亲在临安的五六年时间，他集中精力学习，父亲的官职也为他提供了学习的条件。工部“掌天下城郭、宫室、舟车、器械、符印、钱币、山泽、苑囿、河渠之政”，而工部郎中则掌管营建方面的工作[⑤]，所以秦九韶可以看到在民间难以见到的建筑书籍，又有机会随父到工地参观，了解施工情况。秦九韶在土木建筑方面造诣很深，显然与这种环境有关。秘书省“掌古今经济图书、国史实录、天文历数之事”[⑥]，其下属机构太史局是专门研究天文历法的，太史便是局里的天文工作者。秦九韶说“早岁侍亲中都，因得访习于太史”，此事应在嘉定十七年（1224），因为这一年他父亲被调到秘书省任秘书少监。优越的学习环境，使秦九韶受益匪浅。另外，他还曾向著名词人李刘（即李梅亭）学习骈俪诗词，达到较高水平。李刘当时任两浙

---

① 见钱宝琮《秦九韶〈数书九章〉研究》。

② 见严敦杰《秦九韶年谱初稿》。

③ 秦九韶，《数书九章序》。本文所引秦九韶言论，除指明其他出处者，均取自《数书九章》。

④ 见李迪《秦九韶传略》。

⑤ 《宋史》卷一六三。

⑥ 《宋史》卷一六四。

转运司干办公事,嘉定十六年(1223)正月二十五日曾与秦季槱一起"点检试卷"。他是秦季槱的同事,彼此很熟悉,秦九韶向他学习诗词是很自然的。后来他们成为好友,经常往来。

在临安时,秦九韶"尝从隐君子受数学"。但不知年代,也不知这位隐君子是谁。据李迪推测,这里的"隐君子"可能是陈元靓①。陈元靓博学多才,著有《事林广记》、《岁时广记》等书,当时被称为隐君子。宋代刘纯曾说:"龟峰之麓,梅溪之湾,有隐君子,……采九流之芳润,撷百世之英华,辅以山经海图,神录怪牒,穷力积捻,萃成一书,目曰《岁时广记》。"② 陈元靓与秦九韶同时代,年事可能稍长。刘纯死于1230年,可见陈元靓在此之前已有"隐君子"之称。他去过临安,而当时秦九韶也在那里。一位博学的隐君子来到自己身边,向他学数学是很可能的。时人称赞秦九韶"性极机巧,星象、乐律、算术以至营造等事,无不精究","游戏、毬马、弓、剑,莫不能知"③。可以说他是个全才,而基础则是在临安时打下的。

### 2. 中青年时代的仕宦生涯

宝庆元年(1225),秦九韶随父到潼川。这次秦九韶回四川与离开时相距五六年,嘉定十二年(1219)兵变所造成的社会创伤依然存在,秦季槱很可能让自己的儿子担任一点职务,协助自己工作。李迪认为:"年十八在乡里为义兵首,很可能是宝庆元年的事情。"④ 所谓乡里,就是指当时住地。潼川府治在郪县内,所以秦九韶是在郪县当义兵首的。周密记载说,秦九韶"豪宕不羁,尝随其父守郡"⑤,指的就是这段时期。

几年以后,秦九韶便由义兵首升为郪县衙门的正式武官——县尉。李刘在1233年前后写有"回秦县尉谢差校正(九韶)启",说明秦九韶当时确在当县尉。李刘曾于1230年前后为成都漕,成都府治与潼川府治相距不远,李刘与秦九韶有不少接触的机会,对他有进一步的了解。约1233年,李刘被调回临安,并提名秦九韶为国史院校正。这封回启的内容,便是说秦九韶同意做南宋政府的校正官,而李刘表示欢迎。启中说:"善继人志,当为黄素之校雠;肯从吾游,小试丹铅之点勘。"⑥ 但在史料上没有查到秦九韶当校正的记载,他很可能未去赴任。

过了一段时期,秦九韶为躲避战乱而离开潼川。他于1247年写道:"际时狄患,历岁遥塞,不自意全于矢石间,尝险罹忧,荐苦十祀,心槁气落。"这便是追述大约10年前的情景。"狄患"指蒙古军队攻入四川。据载,宋端平三年(1236)十月"大元太子阔端兵离成都,大元兵破文州……"⑦ 这一年,遂宁府、顺天府、普州、利州等地都有"兵乱"。秦九韶所在的潼川府,也是蒙古军队到达之处,他不得不经常参与军事活动。但终究抵挡不住敌人的猛烈进攻,潼川于1237年失守,秦九韶只好离开潼川。

不久以后,秦九韶来到湖北,任蕲州(今蕲春)通判,又到安徽任和州(今和县)守。他因受到南宋重臣吴潜(1196～1262)的赏识,在离开四川后的大约10年时间里,仕途比较顺利。据周密记载,秦九韶"与吴履斋交尤稔"。吴履斋即吴潜,嘉定十年(1217)举进士第一,绍定四年

① 见李迪《秦九韶传略》。
② 宋·刘纯,《岁时广记后序》。
③ 宋·周密,《癸辛杂识续集下》。
④ 见李迪《秦九韶传略》。
⑤ 周密,《癸辛杂识续集下》。
⑥ 宋·李刘,《梅亭先生四六标准》卷八,上海商务印书馆影原刊本,1934年。
⑦ 《宋史》卷四十二。

(1231)为尚书右郎官,嘉熙三年(1239)为兵部尚书,知镇江府。当时,蒙古已经灭金,正在大举进攻南宋。南宋内部的主战、主和两派斗争激烈。吴潜是主战派,坚决主张加强国防,抗击蒙古军队的进犯。他很注意选拔人才,曾于端平元年(1234)向南宋朝廷提出九条建议,其中第五条便是"广畜人才以待乏绝"。① 秦九韶这样一个颇有才华的青壮年,被吴潜看中是不奇怪的。秦九韶可能依靠吴潜在湖州(今浙江湖州市)做过地方官,因为他定居湖州,并得到了湖州西门外的一块原属吴潜的土地,"地名曾上,当苕水所经"。他在这块土地上建起的住宅,"极其宏敞,堂中一间,桓亘七丈。……后为列屋,以处秀姬。管弦、制乐、度曲,皆极精妙,用度无算。"② 可见他的宦囊是很富裕的。他有一子,并收养过其兄的一个儿子。

### 3. 著书立说

淳祐四年(1244)八月,秦九韶被任命为建康(今南京)通判。这是一种管钱粮、户口、赋役等工作的官职。但他任职时间很短,十一月便因母丧离职,回湖州守孝三年。这期间,他因战争的影响和母丧而心情不佳,但却专心致志地研究数学。他说:"心槁气落,信知夫物莫不有数也。乃肆意其间,旁谛方能,探索杳渺,粗若有得焉。"这里的"数"本指天数、命运,但他却由此而致力于数学研究,于淳祐七年(1247)九月完成数学史上的杰作《数书九章》,这是他一生的最大成就。

根据陈振孙的《直斋书录解题》,该书原作"数术大略"。陈振孙与秦九韶有交往,想必见过秦书,他的话应是可靠的。周密并未见过秦九韶及其著作,他在《癸辛杂识续集》中,把《数术大略》误为《数学大略》。到明代演变为《数学九章》,收入《永乐大典》,并有王应遴抄本、赵琦美抄本等传世,赵本称《数书九章》。清代,戴震从《永乐大典》中辑出《数学九章》收入《四库全书》,清人宋景昌以赵琦美抄本为主对该书详细校勘,定名《数书九章》,收入郁松年主编的《宜稼堂丛书》,时在 1842 年。这是该书第一次刊印出版,《数书九章》的书名也一直沿用至今。20 世纪 30 年代出版的《丛书集成》和《国学基本丛书》中的《数书九章》都依宜稼堂本排印。

《数书九章》共 18 卷(一作 9 卷)81 题。秦九韶自序:"窃尝设为问答,以拟于用。积多而惜其弃,因取八十一题,厘为九类,立术具草,间以图发之。"九类为:(1)大衍类,即一次同余式问题;(2)天时类,即天文历法和雨雪测量中的数学问题;(3)田域类,即田亩的面积计算问题;(4)测望类,即几何测量问题;(5)赋役类,即赋税计算问题;(6)钱谷类,即钱粮计算问题;(7)营建类,即土木建筑工程中的数学问题;(8)军旅类,即军营布置和军需供应中的数学问题;(9)市物类,即交易和利息计算问题。这些内容都是与当时的社会生活有密切联系的,正如他自己所说,"以拟于用"。秦九韶之所以能做到这一点,显然与他的经历有关,特别是县尉和两任通判都与钱粮、赋役工作分不开,他对物价、度量衡、各地间的距离很熟悉,书中的内容基本符合实际。更重要的是,该书具有很高的理论水平。其中"大衍类"所阐述的大衍术是当时领先于世界的一项杰出成果,这是一套以大衍求一术为核心的完整的一次同余式组解法程序。该书对方程理论也有重要贡献,作者在贾宪"增乘开方法"和刘益"益积术"、"减从术"基础上,提出"正负开方术",完满解决了高次方程求正根的问题;又以矩阵法解线性方程组,形成一套机械化程序。从该书可以看出,秦九韶还深入研究了天文历法。书中的"治历推闰"、"治历演纪"、"揆日究微"诸题均

---

① 《宋史》卷四一八。

② 周密,《癸辛杂识续集下》。

引自鲍澣之的开禧历。他对该历有中肯的评语："开禧历,大理评事鲍澣之撰进,,时开禧三年诏附统天历推算,至今颁历用统天历之名,实用此历。当时缘金人闰月与本朝不同,故于此历加五刻,天道有常,而造术者就之,非也。大抵中兴以来,虽屡改历,而日官浅薄,不知历象之本,但模袭前历,而于气朔皆一时迁就尔。"① 秦九韶认为"天道有常",反对"模袭前历",反映了他实事求是和探求客观规律的精神。

由于秦九韶精通天文历法,曾于淳祐八年(1248)受到皇帝召见,阐述了自己对天文历法的见解并呈有奏稿,同时呈上《数术大略》。陈振孙说:"秦博学多能,尤邃历法,凡近世诸历,皆传于秦(九韶)。"② 陈振孙曾在福建莆田做官,得书五万余卷,端平中(1233~1236)为浙西提举,改知嘉兴府,又升为侍郎。秦九韶上奏历法引起他的注意,不久以后,他便去拜访秦九韶,从秦那里得到两部罕见的历法——崇天历与纪元历。前历于天圣二年(1024)问世,到秦九韶时代已有二百年;后历于崇宁五年(1106)编成,也有一百多年了。二历早已废弃不用,因此传本稀少。由于秦的收藏,陈振孙才得以把两书目录收入《直斋书录解题》,流传至今。

秦九韶从离开四川到守孝期满的大约十年时间,虽做过地方官,但把主要精力用在学术研究上,这十年可以说是他一生中的学术创造期。尤其是在家守孝的三年,专心致志研究数学,取得了卓越成就。

### 4. 坎坷的晚年

秦九韶守孝期满后,又去做官,此后的学术研究不多了。但他的仕途并不顺利,东奔西走,最后死于梅州。

秦九韶在 1254 年以前的具体官职不详。据严敦杰考证,他曾在淳祐十年(1250)去鄞(今浙江宁波)投靠吴潜③。吴潜当时任资政殿学士、知绍兴府、浙东安抚使。淳祐十一年(1251)入为参知政事,拜右丞相兼枢密使。但不知秦九韶是否通过吴潜取得官职。

宝祐二年(1254),秦九韶在建康(今江苏南京)担任了沿江制置司参议,任职时间不长,第二年便离职了,家居湖州。至于离职原因,不见记载。秦九韶为了继续做官,到处奔波,结交上层人物。宝祐五年(1257),他去扬州拜谒权臣贾似道,行前曾对人说:"我且赀十万钱如扬,惟秋壑所以处我。"④ 秋壑即贾似道(1213~1275),他比秦九韶年龄小,但发迹很快,曾长期在两淮做官,淳祐十年(1250)为端明殿学士、两淮制置大使、淮东安抚使、知扬州。宝祐五年(1257)为两淮安抚使,仍在扬州。面对蒙古军队的威胁,他是主和派。他对秦九韶很重视,给予手书令投李曾伯。李曾伯当时在长沙任荆湖南路安抚使,兼知潭州(州治为长沙)。秦九韶于宝祐六年(1258)正月到长沙见李曾伯。由于有贾似道的手书,李曾伯只好答应给秦九韶安排官职。此时正值他管辖区内的琼州缺守,便任命秦九韶为琼州守(代理),但三个多月后就把他免职了。根据李曾伯给宋理宗的奏折,知道这是皇帝的旨意。奏折称:"恭奉圣旨,唤回权琼州秦九韶。"⑤ 可能由于朝中有人反对秦九韶,使理宗做出罢免他的决定。时在宝祐六年(1258)下半年。

秦九韶从琼州回到湖州后,仍想当官,于是继续活动。开庆元年(1259),他又去鄞投靠吴

---

① 转引自陈振孙《直斋书录解题》,据严敦杰考证,此语出自秦九韶,见《秦九韶年谱初稿》。
② 陈振孙,《直斋书录解题》。
③ 严敦杰,秦九韶年谱初稿。
④ 周密,《癸辛杂识续集下》。
⑤ 宋·李曾伯,《回奏宣谕》,载《可斋续稿后》卷六。

潜。吴潜当时在鄞担任沿海制置使,判庆元府,很快升任左丞相。他进京城后,"秦复追随之"①由于吴潜的推荐,秦九韶被任命为司农寺丞,"前去平江措置米饷",但不久便遭到驳议,"其命遂寝"②。景定元年(1260),秦九韶又被任命知临江军(今江西清江),刘克庄、魏近思等官员激烈反对。这次任命,可能是由于他们的反对,也被取消了。

这一时期,南宋朝廷内的主战、主和两派斗争日趋激烈。开庆元年(1259),右丞相贾似道负责湖北一带的防务。正当吴潜调集军马支援鄂州(今武汉)、抗击忽必烈的时候,贾似道私自派人到忽必烈军营屈辱求和,答应称臣、纳银。忽必烈为了积畜力量,暂时退兵。贾似道向朝廷隐瞒了私自求和一事,诈称取得抗蒙胜利,进一步掌握了军政大权。景定元年(1260),他排挤左丞相吴潜,吴潜被劾有"欺君无君之罪",十月被窜于潮州(今广东潮州)。景定三年(1262)正月,"诏吴潜党人,永不录用"③。吴潜死于这年五月十八日。贾似道当国,极力排除异已。这一事件也涉及到秦九韶,但贾似道与秦九韶有旧,因此没有立即对他进行处理。周密写道:"吴(潜)旋得谪,贾(似道)当国,徐摭秦(九韶)事,窜之梅州(今广东梅州),在梅治政不辍,竟殂于梅。"④很明显,贾似道慢慢提出秦九韶的问题,然后把他贬到梅州做官,处理上和吴潜不同。

秦九韶哪年死于梅州,不好确定。钱宝琮和严敦杰根据秦九韶"在梅治政不辍,竟殂于梅"和景定三年正月"诏吴潜党人永不录用",推测秦九韶死于景定二年,因为他在景定三年以后就不能再做官了⑤。但李迪不同意这种说法,认为吴潜党人不一定包括秦九韶,他只不过是想借吴潜的地位做官,而吴潜又爱他有才。另外,吴潜从被谪到"永不录用",仅一年零两个月,而秦九韶又是后来才被处理的,所以"秦的死年可能比景定二年要晚若干年。"⑥

纵观秦九韶一生,堪称一位学识渊博、多才多艺的学者,尤其在数学上做出了卓越贡献。他研究数学不是为了做官,也不仅仅是出于兴趣,而是"以拟于用",他千方百计使自己的学问为社会服务,这种精神是十分可贵的。

# 二、学术思想及成就

## 1. 以拟于用和探隐知源

"以拟于用"和"探隐知源"是秦九韶数学思想的两个方面,即数学的应用性与理论性相结合。前者显然受到《周易》的影响。《周易》崇尚"道",并把道解释为阴和阳的相互作用,"一阴一阳之谓道"。《周易》中的道含有规律的意思,作者认为道是可用的,"百姓日用而不知"⑦,而学者或科学家的任务就在于揭示这些规律,自觉地应用它们,即"精义入神,以致用也"。⑧ 这种致用精神在数学界深入人心。秦九韶正是在这种观点影响下,明确提出研究数字的目的是"以拟于用"。但他不满足于应用,而要"探隐知源"。他赞赏前人"或明天道而法传于后,或计功策而

---

① 周密,《癸辛杂识续集下》。

② 刘克庄,《缴秦九韶知临江军奏状》。

③ 《宋史》卷四十五。

④ 《宋史》卷四十五。

⑤ 见钱宝琮《秦九韶〈数书九章〉研究》及严敦杰《秦九韶年谱初稿》。

⑥ 见李迪《秦九韶传略》。

⑦ 《周易·系辞上传》。

⑧ 《周易·系辞下传》。

效验于时"。天道即宇宙间的大道理,指能反映自然规律的天文历法,是数学中较为精深的部分;功策指服务于日常功利的计算,是数学中的一般应用。他认为这两个方面不可偏废。

秦九韶还认为,研究数学理论应从实际出发,"数术之传,以实为体",但同时要发挥思维的作用,"历久则疏,性智能革"。他特别强调要独立思考,切忌模袭前人,说:"不寻天道,模袭何益?"他怀着对道无限崇尚的心情,把数学巨著——《数书九章》"进之于道"。他对道的推崇反映了对数学规律的重视,而他对规律的探索正是为了应用。《数书九章》全书贯穿着秦九韶既重视数学理论又重视实际应用的精神,这种精神是他在数学领域取得丰硕成果的重要原因。

### 2. 对数学的本质、起源及作用的认识

(1)数学的本质

在讨论数学的本质时,秦九韶提出一个著名的命题:"数与道非二本也。"这是因为道即规律而数学能体现规律。秦九韶深刻认识到数学规律与客观事物运动规律的一致性。另外,数与道有一个共同的特点,人们可以不自觉地遵循之。对于道,"百姓日用而不知"[1];对于数学,"常人昧之,由而莫之觉"[2]。

(2)数学的起源

数学源于河图洛书的观点,在秦九韶之前已露端倪,而秦九韶把它明确化了。最早记载河图洛书的是《周易·系辞上传》;"天生神物,圣人则之,……河出图,洛出书,圣人则之。"这种图和书很可能是远古时代的人们遗留下来的文物,后人把它神化了。传说伏羲时代,有龙马从黄河出现,背负"河图";有神龟从洛水出现,背负"洛书"。伏羲便根据"图"和"书"画成八卦。但河图洛书究竟是什么样子,《周易》中并未说明,也没有把它说成数学的起源。

我们今天见到的河图洛书,是宋代华山道士陈抟(tuán)传下来的,河图即"天地生成数",洛书即"九宫数",如图 1。宋代理学家提出:"羲、文因之(指河图)而造易,禹、箕叙之(指洛书)而作范"的观点[3],就是说伏羲与周文王依据河图造八卦,而大禹与箕子依据洛书作《洪范九畴》。在数学史上,八卦九畴是被看作数学起源的。刘徽《九章算术注序》中写道:"昔在包羲氏始画八卦,以通神明之德,以类万物之情,作九九之术以合六爻之变。"这里的"九九",实际是数学的代名词。因此,刘徽已明确提出数学产生于八卦。王孝通则在《上缉古算经表》中说:"臣闻九畴载叙,纪法著于彝伦;六艺成功,数术参于造化。"这便把九畴同数学起源联系起来了。但从现有史料看,数学家中首先提到河图洛书的还是秦九韶。他在《数书九章序》中写道:"周教六艺,数实成之。……爰自河图洛书,阐发秘奥;八卦九畴,错综精微。极而至于大衍、皇极[4]之用。"这种观点,显然受到前代数学家及当代哲学家的影响,是对数学起源的理性概括。用现在的观点来看,不管是说数学起源于八卦九畴,还是说数学起源于河图洛书,都是不准确的。像河图、洛书这样复杂的数学文物,必然是数学发展到一定程度的产物,不应看作数学之源。但秦九韶在探索数学内在规律的同时,认真考虑数学的起源,这种精神还是可取的。河图洛书虽不能看作数学之河的源头,也可看作上游,后代的许多数学成果与它们有关。从这个角度来说,秦九

---

① 《周易·系辞上传》。
② 秦九韶,《数书九章序》。
③ 宋·邵雍,《观物外篇》。
④ 大衍指张遂《大衍历》,皇极指刘焯《皇极历》。

韶的话不无道理。特别是洛书，它实际是一个三阶纵横图，各行、各列及各对角线上的数字之和均为 15。在古人看来，这是何等奇妙而完美啊！人们似乎从中悟到了数学的真谛，把它当作数学之源是不奇怪的。

| | | |
|---|---|---|
| | 2,7 | |
| 3,8 | 5,10 | 4,9 |
| | 1,6 | |

河图

| | | |
|---|---|---|
| 4 | 9 | 2 |
| 3 | 5 | 7 |
| 8 | 1 | 6 |

洛书

图 1

(3)数学的重要性

在秦九韶时代，数学被视为“九九贱技”，不受重视。因此，为数学付出半生心血的秦九韶在《数书九章》的序言中大声疾呼，力图提高数学的地位。他针对士大夫对周朝典章制度的崇尚，指出：“周教六艺，数实成之。学士大夫，所从来尚矣。”就是说数学本是古人崇尚的学问。

那么，数学究竟有什么用呢？秦九韶认为，“大则可以通神明，顺性命；小则可以经世务，类万物”。这种观点是与刘徽一脉相承的。刘徽在《九章算术注序》中所说“以通神明之德，以类万物之情”，则直接取自《周易・系辞下传》。从《数书九章》来看，秦九韶对《周易》极为重视，所以对秦氏思想的分析不能离开《周易》。

什么是神？《周易・系辞上传》曰：“阴阳不测之谓神。”在《周易》作者看来，神与道相通。那些阴阳变化莫测之道，为“神”。又说：“利用出入，民咸用之，谓之神。”就是说，民众利用法则和规律(道)，如同进进出出一样，并不自觉。由于不解其中奥妙，故称为神。秦九韶“通神明”之神显然与此同义。什么叫明？《系辞上传》曰：“神而明之，存乎其人。”这里的明显然是明察的意思。至于通，书中解释说：“往来不穷谓之通。”综上所述，秦氏所谓“通神明”，即“往来于变化莫测的事物之间，明察其中的奥秘。”

下面分析“顺性命”的含义。《周易・说卦传》曰：“穷理尽性，以至于命。”就是说穷究各种事物的道理，透彻了解其本性，才能达到命，可见命是支配万物的普遍规律。《说卦传》又云：“昔者圣人之作易也，将以顺性命之理。”显然，顺性命即顺应事物的本性及其发展规律。在秦九韶看来，数学不仅是解决实际问题的工具，而且应达到“通神明，顺性命”的崇高境界，故称之为“大”。

秦九韶在指出数学可以“经事务，类万物”之后，举例说：“推策以迎日，定律而知气，髀矩浚川，土圭度晷”等等，都离不开数学。他强调说：“天地之大，囿焉而不能外，况其间总总者乎？”很明显，他认为数学是放之四海九洲而准的普遍真理。

秦九韶还认为，数学的“大则”和“小则”是统一的。天象历度等是可以通神明、顺性命的学问，称为“内算”，“言其秘也”。而“《九章》所载”，即一般的数学知识，是用来经事务、类万物的，称为“外算”，“对内而言也”。内算与外算的区别仅仅是由于处理的对象不同，“其用相通，不可歧二”。

秦九韶谦虚地说：“所谓通神明，顺性命，固肤末于见。”即自己尚未达到这种境界。但他自信对于“经事务，类万物”的“小者”，还是精通的。《数书九章》中的题目，多是这种小者。其目的是用于当时的社会。

(4)执著地追求真理

秦九韶深刻认识到数学的重要性,同时为当时数学的不景气而痛心。他在历数了古代杰出的数学家之后指出:"后世学者自高,鄙之不讲,此学殆绝。惟治历畴人,能为乘除,而弗通于开方衍变;若官府会事,则府吏一二累之,算家位置素所不识,上之人亦委而听焉。持算者惟若人,则鄙之也宜矣。"这就是说,应该鄙视的,既不是数学,也不是真正的数学家,而是那些不通数学却又以数学家自居的畴人、府吏之流。秦九韶执著地追求数学真理,研究高深的数学理论,"旁诹方能,探索杳渺",以复兴数学为己任。

面对社会对数学研究的轻视,秦九韶不是妄发怀才不遇的感慨,而是坚定地写道:"傥曰艺成而下,是惟畴人府吏流也,乌足尽天下之用,亦无瞢焉。"这段话清楚地表述了他研究数学的信念,即使数学作为一种技艺,被看作下等的,被认为是畴人府吏手中的没有多大价值的东西,他仍然要一往无前地钻研下去,绝不动摇。

## 3. 大衍术

大衍术又称大衍法,实际是一套求解一次同余式组的完整程序。秦九韶很重视自己的这项发明,强调说:"独大衍法不载《九章》,未有能推之者。"

对于模数两两互素的同余式组,秦九韶首先推广了孙子的"物不知数"问题[①],形成下述定理:

设 $P_1,P_2,\cdots,P_n$ 互素,$M=P_1 \cdot P_2 \cdot \cdots \cdot P_n$,则同余式组 $N\equiv ri(\bmod Pi)(i=1,2,\cdots,n)$ 的解为

$$N=\sum_1^n Ki \cdot \frac{M}{Pi} \cdot ri - A \cdot M$$

其中 $Ki \cdot \frac{M}{Pi} \equiv 1(\bmod Pi)$,$A$ 的取值使 $N$ 成为小于 $M$ 的正数。这一定理,在西方文献中称为"中国剩余定理",而在中国国内,习惯上称"孙子定理"。

在上述定理的基础上,秦九韶给出同余式组解法程序:

(1)求衍母 $M$,$M=\prod_1^n Pi$。

(2)求衍数 $\frac{M}{Pi}$。

(3)用 $Pi$ 去除衍数,余数 $Gi$ 称为奇数。

(4)求乘率 $Ki$,使 $Ki \cdot Gi \equiv 1(\bmod Pi)$。由于 $Gi \equiv \frac{M}{Pi}(\bmod Pi)$,所求 $Ki$ 必满足 $Ki \cdot \frac{M}{Pi} \equiv 1(\bmod Pi)$。秦九韶称求乘率的方法为大衍求一术,下面以《数书九章》卷一第三题为例,说明这种方法。

由 $Pi=27$,$\frac{M}{Pi}=3800$,易得 $G=20$,下面求 $Ki \cdot 3800 \equiv 1(\bmod 27)$ 中的 $Ki$(图2):

①置 $G=20$ 于右上,$Pi=27$ 于右下,1 于左上。

②27 除以 20,商 1 余 7,以商 1 乘左上的 1,入左下。置余数于右下,替下原来的 27。

③20 除以 7,商 2 余 6,以商 2 乘左下的 1,加入左上,置余数于右上。

---

① 即《孙子算经》卷下第 26 题。

④7 除以 6,商 1 余 1,以商 1 乘左上的 3,加入左下,置余数于右下。

⑤6 除以 1,商 5 余 1,以商 5 乘左下的 4,加入左上,置余数于右上,左上的 23 即为所求。

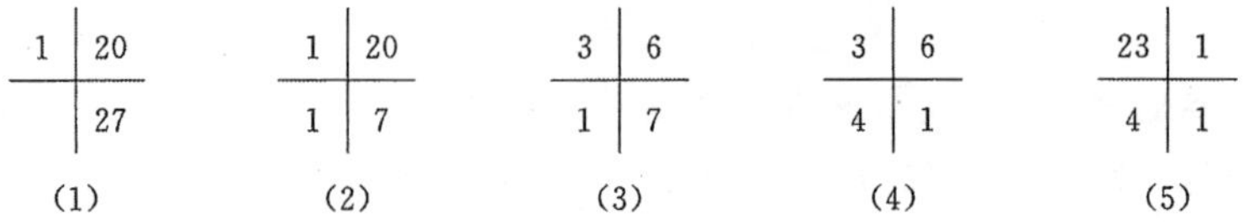

| 1 | 20 |
|---|---|
| | 27 |

(1)

| 1 | 20 |
|---|---|
| 1 | 7 |

(2)

| 3 | 6 |
|---|---|
| 1 | 7 |

(3)

| 3 | 6 |
|---|---|
| 4 | 1 |

(4)

| 23 | 1 |
|---|---|
| 4 | 1 |

(5)

图 2

显然,这是一种辗转相除法,求到余数得 1 时,左上的数即为结果。但这个 1 必须在右上;若右下首先出现 1,则须再作一步。大衍求一术中的求一,就是求到余数为 1 的意思。

(5)求总数 $\sum_{1}^{n} Ki \cdot \dfrac{M}{Pi} \cdot ri$(下简记为 $\sum$)。

(6)求率数 $N$。秦九韶说:"满衍母去之,不满为所求率数。"即比较 $\sum$ 与 $M$ 的大小,若 $\sum < M$,取 $\sum$ 为 $N$;若 $\sum > M$,则从 $\sum$ 中依次减去 $M$,直到所得正数不满 $M$ 为止。即

$$N = \sum - AM$$

当然,$N$ 也可看作 $\sum$ 除以 $M$ 所得余数。

如果同余式组的模数非两两互素,秦九韶便用他创立的方法化其为两两互素[①],然后再用上述程序求解。

### 4. 高次方程数值解法

秦九韶在贾宪"增乘开方法"及刘益"益积术"、"减从术"基础上,提出一套完整的通过随乘随加逐步求出高次方程正根的程序,称为"正负开方术",现称秦九韶法。对于形如

$$a_n x^n + a_{n-1} x^{n-1} + \cdots + a_1 x + a_0 = 0$$

的高次方程及其正根,秦九韶表示为图 3 的形式,其中商即根,实即常数项,规定"实常为负",方即一次项,隅即最高次项,各廉为中间各项。下面以《数书九章》卷五"尖田求积"题为例说明秦九韶法(图 4)。

(1)依术列筹式,相当于方程

$$-x^4 + 763200x^2 - 40642560000 = 0$$

益隅指 $x^4$ 系数为负,从上廉指 $x^2$ 的系数为正,虚表示系数为零,实规定为负数。

(2)把各系数依次向左移,方每次移一位,上廉每次移二位,下廉每次移三位,隅每次移四位,本题各移二次即可,相当于对原方程进行 $x = 100x_1$ 的变换,得

$$-10^8 x_1^4 + 763200 \cdot 10^4 x_1^2 - 40642560000 = 0$$

---

① 见孔国平《秦九韶评传》,载《刘徽评传》,南京大学出版社,1994 年。

议得商 8,置于百位。

（3）以商 8 乘益隅得 $-800000000$,置负下廉。以 8 乘负下廉,加入上廉,得 1232000000。以 8 乘上廉得 9856000000 为方。以 8 乘方得 78848000000,加入负实,得正实 38205440000。

（4）以 8 乘益隅,加入下廉得 $-1600000000$。以 8 乘下廉,加入上廉得 $-11568000000$。以 8 乘上廉,加入方得 $-82688000000$。

（5）以 8 乘益隅,加入下廉得 $-2400000000$。以 8 乘下廉,加入上廉,得 $-30768000000$。

（6）以 8 乘益隅,加入下廉得 $-3200000000$。

（7）把方向右移一位,上廉移二位,下廉移三位,隅移四位。以方除实,议得商 4,置于十位。

| $A$ | 商 |
|---|---|
| $a_0$ | 实 |
| $a_1$ | 方 |
| $a_2$ | 上廉 |
| $a_3$ | 二廉 |
| ⋮ | |
| $a_{n-1}$ | 下廉 |
| $a_n$ | 隅 |

图 3

（8）以商 4 乘益隅,加入下廉得 $-3240000$。以 4 乘下廉,加入上廉得 $-320640000$。以 4 乘上廉,加入方得 $-9551360000$,以 4 乘方,与正实相消,恰尽。即得方程的一个正根 840。

由以上运算可以看出,秦九韶法的基本特点是随乘随加,有很强的机械性,这套方法可以毫无困难地转化为计算机程序。上例中,若议得第二位商后与实相消未尽,便可用同样程序求第三位商,依此类推。若方程的根是无理数,可用此程序求出根的任意精度的近似值。所以说,秦九韶完满解决了求高次方程正根的问题。在第八卷的"遥度圆城"题中,他解出了高达十次的方程。不过,他没有考虑一个方程的根是否会多于一个。1819 年。英国数学家霍纳($W.\ G.$ $Horner$,1786～1837)在不了解秦九韶法的情况下,独立提出相同的方法,后被称为霍纳法,在西方国家广泛流传。

## 5. 数学方面的其他贡献

除了高次方程数值解法之外,线性方程组矩阵解法是秦九韶在代数领域的另一项重要贡献。

《九章算术》的线性方程组解法中,已体现了矩阵思想,但解法还不完善,且未留下矩阵图。秦九韶在《九章算术》基础上创立了规范的矩阵解法,这对于解法的程序化具有重要意义。例如,《数书九章》卷十七"均货推本"题所列方程组为

$$\begin{cases} 52x + 58\frac{1}{3}u = 106000 \\ 15x + 1670y = 106000 \\ 800y + 264z = 106000 \\ 40z + 200u = 106000 \end{cases}$$

书中是以矩阵形式表出的,称为"首图":

$$\begin{pmatrix} 106000 & 106000 & 106000 & 106000 \\ 58\frac{1}{3} & 0 & 0 & 200 \\ 0 & 0 & 264 & 40 \\ 0 & 1670 & 800 & 0 \\ 52 & 15 & 0 & 0 \end{pmatrix}$$

| | |
|---|---|
| 4 0 6 4 2 5 6 0 0 0 0 | 实 |
| 0 | 虚方 |
| 7 6 3 2 0 0 | 从上廉 |
| 0 | 虚下廉 |
| 1 | 益隅 |

(1)

| | |
|---|---|
| 8 | 商 |
| 4 0 6 4 2 5 6 0 0 0 0 | 实 |
| 0 | 方 |
| 7 6 3 2 0 0 | 从上廉 |
| 0 | 下廉 |
| 1 | 益隅 |

(2)

| | |
|---|---|
| 8 | 商 |
| 3 8 2 0 5 4 4 0 0 0 0 | 正实 |
| 9 8 5 6 0 0 0 0 | 方 |
| 1 2 3 2 0 0 | 上廉 |
| 8 0 0 | 负下廉 |
| 1 | 益隅 |

(3)

| | |
|---|---|
| 8 | 商 |
| 3 8 2 0 5 4 4 0 0 0 0 | 正实 |
| 8 2 6 8 8 0 0 0 0 | 负方 |
| 1 1 5 6 8 0 0 | 负上廉 |
| 1 6 0 0 | 负下廉 |
| 1 | 益隅 |

(4)

| | |
|---|---|
| 8 | 商 |
| 3 8 2 0 5 4 4 0 0 0 0 | 正实 |
| 8 2 6 8 8 0 0 0 0 | 负方 |
| 3 0 7 6 8 0 0 | 负上廉 |
| 2 4 0 0 | 负下廉 |
| 1 | 益隅 |

(5)

| | |
|---|---|
| 8 | 商 |
| 3 8 2 0 5 4 4 0 0 0 0 | 正实 |
| 8 2 6 8 8 0 0 0 0 | 负方 |
| 3 0 7 6 8 0 0 | 负上廉 |
| 3 2 0 0 | 负下廉 |
| 1 | 益隅 |

(6)

| | |
|---|---|
| 8 4 | 商 |
| 3 8 2 0 5 4 4 0 0 0 0 | 正实 |
| 8 2 6 8 8 0 0 0 0 | 负方 |
| 3 0 7 6 8 0 0 | 负上廉 |
| 3 2 0 0 | 负下廉 |
| 1 | 益隅 |

(7)

| | |
|---|---|
| 8 4 0 | 商 |
| | 实空 |
| 9 5 5 1 3 6 0 0 0 | 负方 |
| 3 2 0 6 4 0 0 | 负上廉 |
| 3 2 4 0 | 负下廉 |
| 1 | 益隅 |

(8)

图 4

去分母后,各列除以该列的最大公约数,得"定率图"

$$\begin{bmatrix} 318000 & 21200 & 13250 & 2650 \\ 175 & 0 & 0 & 5 \\ 0 & 0 & 33 & 1 \\ 0 & 334 & 100 & 0 \\ 156 & 3 & 0 & 0 \end{bmatrix}$$

定率图实际是最简方程组,列筹式时必单独存放,就像放入存储器一样,以备随时取用。解方程组的过程,便是对这一矩阵的变换,其基本思想是以互乘相消法进行消元。

秦九韶还研究过不定方程,《数书九章》卷十二"囤积量容"题给出

$$z(x^2+y^2+xy)=4167.2$$

以前的不定方程,未知数个数仅比方程个数多1,而这里的未知数个数比方程个数多2。对这样的不定方程,秦九韶采用了"如意立数"的解法,即任给 $y$ 和 $z$ 两个具体数值,从而求出相应的 $x$。题中令 $y=12, z=16$,于是不定方程变为有唯一解的方程

$$16x^2+192x-1863.2=0$$

在几何方面,秦九韶有一项引人注目的成就——三斜求积术,即已知任意三角形三边,求三角形面积的公式。若以 $a,b,c$ 表示三角形三边,$S$ 表示面积,则该公式可表为

$$S=\sqrt{\frac{1}{4}\left[a^2b^2-\left(\frac{a^2+b^2-c^2}{2}\right)^2\right]}$$

(卷五"三斜求积"题)

这一公式与著名的海伦公式[①] 是等价的,虽然没有海伦公式的形式整齐,时间也较晚,但毕竟是在中国数学史上独立解决了这一重要问题,影响是深远的。以前,人们只知道"底、高相乘折半"这一种求三角形面积的方法,自秦九韶后,才知道只要求出三角形三边之长,亦可得到三角形面积。此法在田亩测量中很有用,因为度量三角形田的边长比度量它的高要容易些(在田地中作一条比较严格的垂线是困难的)。

另外,秦九韶在等差级数及比例问题上也有所成就,他得出的等差级数求和公式相当规范(见卷十"均定劝分"题),又以程序性很强的"雁翅法"取代普通的比例算法(见卷十七"互易推本"题)。从卷十二"米谷粒分"题来看,秦九韶已具有抽取随机样本的思想,这实际是数理统计的思想萌芽。

### 6. 秦九韶的经济思想和军事思想

从《数书九章》来看,秦九韶对国家的经济发展颇为关心。

———

① 海伦公式为 $S=\sqrt{P(P-a)(P-b)(P-C)}$,其中 $P=\frac{1}{2}(a+b+c)$。

　　在赋役方面,秦九韶主张"邦国之赋,以待百事,畷田经入,取之有度。"他这种"取之有度"的观点是有的放矢的,因为南宋时期租税五花八门,十分繁复,老百姓叫苦不迭。卷十二"分定纲解"题则形象地表现了苛捐杂税对百姓的压力:"问州郡合解诸司窠名钱,户部九十六万五千四百二十一贯文,总所六十四万三千六百一十四贯文,运司一万六千九十贯三百五十文。今诸窠名,先催到九千二百五十三贯六百二十文,欲照元额分数,均定桩米候解,合各几何?"窠名就是项目、名目,窠名钱就是某项目的税收。三个部门的窠名钱高达一百六十多万贯,而催到的不足一万贯,可见老百姓"拖欠"官府的窠名钱太多了,实际是无力缴纳。正因为如此,秦九韶才提出要"取之有度"。

　　在理财方面,秦九韶说:"吏缘为欺,上下俱惮,我闻理财,如智治水.澄源浚流,维其深矣。"又说:"彼昧弗察,惨急烦刑,去理益远,吁嗟不仁。"在这里,秦九韶揭露了当时财务管理的混乱,抨击了"惨急烦刑"的不仁,表达了"澄源浚流"的理财原则。

　　秦九韶对营建问题也很重视。他认为"斯城斯池,乃栋乃宅,宅生寄命,以保以聚"。如果"匪究匪度",就会"财蠡力伤",应该"有国有家,兹焉取则",就是说营建必须要有规格和法则。例如卷二"积尺寻源"讲的是用四色砖"砌基一段"的问题,给出了各种砖的名称和规格。卷七"陟岸测水"题给出造浮桥的规则,卷十三"楼橹功料"题涉及到十九种建筑材料,可见秦九韶对建筑工程是很熟悉的。

　　《数书九章》的军旅类专讲军事问题。秦九韶说:"天生五材,兵去未可,不教而战,维上之过。"显然,他是为了教人们把数学用于军事而写这部分内容的,在南宋面临亡国危险之时,具有现实意义,说明秦九韶努力以自己的知识为抗蒙救亡服务。在现存古算书中,《数书九章》中的军事内容大概是最丰富的。在此之前,《五曹算经》曾记载一些军事数学知识,《数书九章》之后的《四元玉鉴》中也有一些题目与军事有关,但都比较零散。而"军旅类"中的问题则相当系统了,包括排兵布阵、行军、测望敌营,以及种种后勤问题。例如"方变锐阵"是把正方形阵变为等边三角形阵问题,"计立方营"和"计布圆阵"分别讨论方阵、圆阵的排列方法;"圆营敷布"讲的是从圆阵中抽出一部分兵力,但仍维持原来阵容的问题。"先计军程"是计算行军里数的问题,由于道路先宽后狭,队形变细,影响到行军速度,从而增加了问题的复杂性。"望知敌营"是遥测河对岸的敌军人数问题,情报人员探到敌营密度后,便可在河这边立一标杆,通过相似三角形原理测知敌营大小,进而估算敌军人数。"均敷徭役"讨论各军营按比例差遣士卒,"军器功程"与"计造军衣"是军队后勤问题,讨论武器和军衣的制造。

## 参 考 文 献

陈振孙(宋)撰. 1774. 直斋书录解题. 卷十二. 武英殿聚珍本

李迪. 1987. 秦九韶传略. 见:秦九韶与《数书九章》. 北京:北京师范大学出版社

刘纯(宋)撰. 1986. 岁时广记后序. 见:陈元靓. 岁时广记.影文渊阁四库全书本,台北:商务印书馆

刘克庄(宋)撰. 1929. 缴秦九韶知临江军奏状. 见:后村先生大全集　卷八十一. 重印四部丛刊本,上海:商务印书馆

钱宝琮. 1966. 秦九韶《数书九章》研究. 见:宋元数学史论文集. 北京:科学出版社

秦九韶(宋)撰. 1936. 数书九章. 丛书集成本,上海:商务印书馆

脱脱(元)等撰. 1977. 宋史. 北京:中华书局

严敦杰. 1987. 秦九韶年谱初稿. 见:秦九韶与《数书九章》. 北京:北京师范大学出版社

周密(宋)撰. 1936. 癸辛杂识续集下. 见:数书九章. 丛书集成本,上海:商务印书馆
周密(宋)撰. 1630. 陈圣观梦. 见:癸辛杂识前集. 津逮秘书本

（孔国平）

# 杨　辉

杨辉,字谦光,钱塘(今杭州)人,生活于 13 世纪的南宋。

我国的传统数学到宋代已进入高潮。一方面,数学理论取得重大突破;另一方面,由于商业的发展,向数学提出如何提高计算速度和普及数学知识的问题,简算法及各种歌诀应运而生。杨辉便是这一时期的杰出数学家和数学教育家。

杨辉曾做过地方官,足迹遍及钱塘、台州(今浙江临海)、苏州等地。与他同时代的陈几先称赞他“以廉饬己,以儒饰吏。”[①] 他特别注意社会生产和生活中的有关数学的问题,多年从事数学研究和教学工作,在东南一带享有盛名。他走到哪里都有人请教数学问题。从 1261 年到 1275 年的 15 年中,他先后完成数学著作 5 种 21 卷,即《详解九章算法》12 卷(1261),《日用算法》2 卷(1262),《乘除通变本末》3 卷(1274),《田亩比类乘除捷法》2 卷(1275)和《续古摘奇算法》2 卷(1275)。后三种常合称为《杨辉算法》。

杨辉的《详解九章算法》以刘徽注、李淳风等注、贾宪细草的《九章算术》为底本,并补充了图、乘除及《纂类》三卷,今存约三分之二。《日用算法》已失传,部分内容保存在《诸家算法》中。《乘除通变本末》3 卷各有卷名,上卷叫《算法通变本末》,中卷叫《乘除通变算宝》,下卷叫《法算取用本末》,下卷是与史仲荣合撰的。《田亩比类乘除捷法》则保存了刘益《议古根源》的 20 多个题目及其方法。

关于这五部书的编著过程,杨辉写道:“《九章》为算经之首,辉所以尊尚此书,留意详解。或者有云:无启蒙之术,初学病之,又以乘除加减为法,秤斗尺田为问,目之曰《日用算法》。而学者粗知加减归倍之法,而不知变通之用,遂易代乘代除之术,增续新条,目之曰《乘除通变本末》。及见中山刘先生益撰《议古根源》,演段锁积,有超古入神之妙,其可不为发扬,以俾后学,遂集为《田亩算法》。通前共刊四集,自谓斯愿满矣。一日忽有刘碧涧、丘虚谷携诸家算法奇题及旧刊遗忘之文,求成为集,愿助工板刊行。遂添撰诸家奇题与夫缮本及可以续古法草总为一集,目之曰《续古摘奇算法》。”[②]

杨辉数学著作的特点是深入浅出、图文并茂,很适于教学,而且有不少创新。另外,杨辉的书中还保存了一些古代有价值的数学成果,如贾宪的增乘开方法和开方作法本源图载于《详解九章算法》,刘益的益积术、减从术载于《田亩比类乘除捷法》。杨辉的数学成就,主要表现在以下各方面。

## 一　垛积术

杨辉的垛积术,是以“比类”的形式置于《详解九章算法》商功章的,这显然是受了沈括思想

---

①　见杨辉《日用算法》。

②　《续古摘奇算法·序》。

的影响。沈括的隙积术便建立在比较隙积①与刍童②异同的基础上。杨辉则进一步认识到垛积术与各类多面体体积公式的联系,由多面体体积公式导出相应的垛积术公式,作为前者的"比类"。虽然《详解九章算法》中未留下垛积术的推导过程,但杨辉在方亭③、方锥④、堑堵⑤、鳖臑⑥、刍童等题后分别给出相应的垛积问题及其公式,这就充分说明二者有内在联系。例如"方亭"题:"今有方亭,下方五丈,上方四丈,高五丈,问积几何?……术曰上下方相乘,又各自乘,并之,以高乘之,三而一。""比类:方垛上方四个,下方九个,高六个,问计几何?……术曰上下方各自乘,上下方相乘,本法。上方减下方,余半之,相并,以高乘,三而一。"依术列式,设方亭上下底分别为 $a,b$,则方亭体积

$$V = \frac{h}{3}(a^2 + b^2 + ab) \tag{1}$$

若由大小相等的物体垛成类似于正四棱台的方垛,上底由 $a \times a$ 个物体组成,以下各层的长、宽依次各增加一个物体,共有 $n$ 层,最下层(即下底)由 $b \times b$ 个物体组成,杨辉给出求方垛中物体总数的公式如下:

$$S = a^2 + (a+1)^2 + (a+2)^2 + \cdots + (b-1)^2 + b^2$$
$$= \frac{n}{3}\left(a^2 + b^2 + ab + \frac{b-a}{2}\right) \tag{2}$$

比较一下(1)、(2)两式就会发现,方垛求和公式与方亭求积公式的区别就在于括号内多了一项 $\frac{b-a}{2}$,故杨辉把方亭求积公式称为"本法"。(2)式实际是一个二阶等差级数求和公式。

类似地,杨辉在方锥的比类中给出四隅垛求积公式

$$1^2 + 2^2 + 3^2 + \cdots + n^2 = \frac{n}{3}(n+1)\left(n+\frac{1}{2}\right)$$

在鳖臑的比类中给出三角垛求积公式

$$1 + 3 + 6 + 10 + \cdots + \frac{n(n+1)}{2} = \frac{n}{6}(n+1)(n+2)$$

在刍童的比类中给出刍童垛求积公式

$$a \cdot b + (a+1)(b+1) + (a+2)(b+2) + \cdots + (c-1)(d-1) + c \cdot d$$
$$= \frac{n}{6}[(2b+d)\cdot a + (2d+b)\cdot c] + \frac{n}{6}(c-a)$$

上述四个垛积术公式(二阶等差级数求和公式)中,除最后一个与沈括隙积术相同外,其他三式均为杨辉独立推出。另外,堑堵比类中的垛积(屋盖垛)虽不是等差级数,但它作为垛积系

---

① 隙积即积之有隙者,如累棋、层坛之类。
② 刍童即上下底面都是长方形的棱台。
③ 方亭即正四棱台。
④ 方锥即正四棱锥。
⑤ 堑堵即底面是直角三角形的直棱柱。
⑥ 鳖臑是四面皆是直角三角形的四面体。臑,nào,前肢。

统中最简单的一类,仍然是有意义的。它说明若垛积每层个数相同,则可用相应的求积公式来求和。本题即用堑堵求积公式求屋盖垛之和。

杨辉的工作对朱世杰有重要影响,后者正是在研究杨辉等人垛积术的基础上,给出了一般的高阶等差级数求和公式。在我国初等级数的发展史上,杨辉具有承上启下的作用。

# 二　算法研究

从杨辉的数学著作来看,他对算法研究是十分重视的。

### 1. 强调乘法

杨辉在《详解九章算法》序言中指出:"夫习算者,以乘法为主。"这一见解是很精辟的。用现代观点来看,除法是乘法的逆运算;而乘方即连乘;开方中的基本运算也是乘。熟悉了乘法,其他算法便可迎刃而解。

在《算法通变本末》中,杨辉进一步认为:"乘除者,本勾深致远之法","因法不独能乘,而亦能除。"例如

$$2746 \div 25 = 27.46 \times 4 = 109.84$$

这种以乘代除的方法不仅施于精确计算,也用于近似计算。例如

$$2746 \div 1111 = 0.2746 \times 9 = 2.4714$$

### 2. 捷算法与素数

为了计算的准确与迅速,杨辉致力于捷算法的研究,并取得一些成就。例如,《算法通变本末》中记载着一种叫"重乘"的算法,即把乘数分解为若干因数之积的形式,然后用因数去乘。杨辉说:"乘位繁者,约为二段,作二次乘之,庶几位简而易乘,自可无误也。"如 $38367 \times 23121$,杨辉便把 23121 分解为 $9 \times 7 \times 367$,然后再乘 38367。

由于捷算法的需要,杨辉注意到一个整数是合数还是素数的问题。他说:"置价钱(即 23121 文)为法,约之。先以九约,再以七约,乃见三百六十七,更不可约也。"所谓不可约,就是说除了 1 和本身外没有其他约数。显然,杨辉的"不可约"之数即素数。他在这里首次提出素数概念,又在《法算取用本末》中列出了从 201 到 300 的素数表,共 16 个:

211, 223, 227, 229, 233, 239, 241, 251,

257, 263, 269, 271, 277, 281, 283, 293。

这实际是 201 到 300 的全部素数。虽然杨辉对素数的研究远在欧几里得之后,理论上也不够完整,但他在没有外来影响的情况下注意到这一重要问题,其思想之深刻是值得称道的。

"求一乘"和"求一除"也是捷算法,是用加减代乘除,通过折、倍等方法来实现的,"求一"就是首位为 1 的意思。例如 $237 \times 56$,先倍 56,得 112,再折 237,即 $\frac{237}{2} = 118.5$,然后用 112 乘 118.5。

### 3. 一题多法

《田亩比类乘除捷法》中的一些题列有不同的方法,这些方法有繁有简,杨辉的意图在于比

较优劣,提倡捷法。

例如卷下第四题:"直田长四十八步,阔四十步,计积八亩,今欲依原长四十八步,截卖三亩,问阔几何?"此题二术。按"商除术",

$$阔 = 720 \div 48 = 15$$

此术用的是长方形面积公式。按"互换术",

$$阔 = \frac{40 \times 3}{8} = 15$$

此术用的是比例性质。两术相比,显然后者为简,故杨辉称互换术"尤捷"。

### 4. 提高算法的一般化程度

杨辉的算法研究,不仅注意求捷,而且注意提高算法的一般化程度。例如《九章算术》方程章的原术都是对具体题目而言,但在《详解九章算法》的方程章,杨辉却给出解线性方程组的一般方法:"方程以诸物总并为问,其法以减损求源为主,去一存一以考其数。如甲乙行列诸物与价,术以甲行首位遍乘其乙,复以乙行首位遍乘其甲。求其有等,以少行减多行,是去其物减其钱,见一法一实,如商除之,行位繁者次第求之。"可见杨辉注意从具体题目的算法中归纳出一般方法。

### 5. 算法口诀化

众所周知,珠算中的口诀是必不可少的,而杨辉算书中的算法已经口诀化了,尤其是《乘除通变算宝》中有许多归除口诀。例如"九归新括":"归数求成十:九归,遇九成十;八归,遇八成十;七归,遇七成十;……""归除自上加:九归,见一下一,见二下二,见三下三,见四下四;八归,见一下二,见二下四,见三下六;……""半而为五计:九归,见四五作五;八归,见四作五;七归,见三五作五;……""定位退无差"。对于除数是二位数的除法,杨辉也给出口诀,如八十三归口诀:见一下十七,见二下三十四,见三下五十一……。这种口诀发展到朱世杰的《算学启蒙》,已与现在通行的珠算口诀接近。而这时离珠算大普及的时代——明代,已为期不远了。杨辉的算法口诀为珠算打下一定的基础,这是没有疑问的。

杨辉的算法口诀常以诗歌形式表达,读起来朗朗上口,便于记诵。例如《乘除通变算宝》中的"求一乘"便是一首五言诗:

五六七八九,　　倍之数不走。

二三须折半,　　遇四两折扭。

倍折本从法,　　实即反其有。

用加以代乘,　　斯数足可守。

读者不难发现,前面提到的"九归新括"中也包含一首五言诗。

另外,杨辉总结出的斤、两化零歌具有很高的实用价值,应该表彰。歌曰:

一求克退六二五,　　二求克退一二五。

三求一八七五退,　　四求克退二十五。

五求三一二五是,　　六求除退三七五。

　　　　　　七求四三七五退，　　　八求就身退除五。

即：　　　　1两＝0.0625斤，　　　2两＝0.125斤，

　　　　　　3两＝0.1875斤，　　　4两＝0.25斤，

　　　　　　5两＝0.3125斤，　　　6两＝0.375斤，

　　　　　　7两＝0.4375斤，　　　8两＝0.5斤。

这实际是化非十进度量为十进小数，是小数发展的重要标志。

# 三　纵横图

　　纵横图是按一定规律排列的数表，也称幻方。一般是 n 行 n 列，各行各列的数字之和相等。纵横图有几行，就称为几阶。我国最早的纵横图，当推汉代"九宫图"（图 1）宋代理学家们把它与《周易》中的"河出图，洛出书，圣人则之"联系起来，认为九宫图即天生的神物——洛书，是伏羲画八卦的依据，从而为这些有规律的数字蒙上了一层神秘色彩。

　　就在这种数字神秘主义气氛笼罩社会的时候，杨辉却在孜孜不倦地探索纵横图的构成规律。他以自己的研究成果，否定了纵横图的神秘性。《续古摘奇算法》上卷的大量纵横图表明，这种图形是有规律可循的。

| 4 | 9 | 2 |
|---|---|---|
| 3 | 5 | 7 |
| 8 | 1 | 6 |

图 1　九宫图

　　杨辉首先给出三阶纵横图的构造方法："九子斜排，上下对易，左右相更，四维挺出。"如图 2。

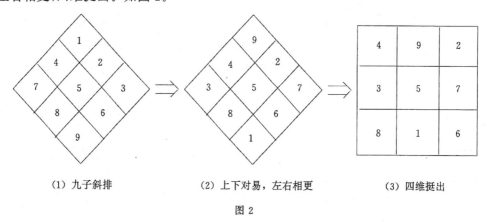

　　　（1）九子斜排　　　　　　（2）上下对易，左右相更　　　　　（3）四维挺出

图 2

　　三阶纵横图是唯一的，但四阶纵横图却有多种。杨辉"易换术"曰："以十六子依次第作四行排列，先以外四角对换……后以内四角对换。"这便是构造四阶纵横图的一种方法（图 3）。在"总术"中，杨辉给出构造四阶纵横图的一般方法。第一步是"求积"，即求出每行或每列的数字之和应为多少，杨辉把前 16 个自然数当作一个等差数列，用求和公式

$$S = \frac{n(a_1 + a_n)}{2}$$

求得 $S＝136$，进而求得每行之数 34。第二步是"求等"，即设法使每行、每列的数字之和等于 34。"求等术曰：以子数分两行

一　二　三　四　五　六　七　八
九　十　十一　十二　十三　十四　十五　十六

而二子皆等（十七），又分为四行，而横行先等（三十四），乃不易之数。却以此编排直行之数，使皆如元求一行之积（三十四）而止。"依此术，杨辉构造数字方阵如图4，然后再"编排直行之数"。杨辉说："绳墨既定，则不患数之不及也。"意思是掌握了规律，就不难作出纵横图。

| 13 | 9 | 5 | 1 |
|---|---|---|---|
| 14 | 10 | 6 | 2 |
| 15 | 11 | 7 | 3 |
| 16 | 12 | 8 | 4 |

⇒

| 4 | 9 | 5 | 16 |
|---|---|---|---|
| 14 | 7 | 11 | 2 |
| 15 | 6 | 10 | 3 |
| 1 | 12 | 8 | 13 |

| 12 | 5 | 16 | 1 |
|---|---|---|---|
| 11 | 6 | 15 | 2 |
| 10 | 7 | 14 | 3 |
| 9 | 8 | 13 | 4 |

图3　　　　　　　　　　图4

四阶以上纵横图，杨辉只画出图形而未留下作法。但他所画的五阶、六阶乃至十阶纵横图全都准确无误，可见他已经掌握了高阶纵横图的构成规律。他的十阶纵横图叫百子图（图5），各行各列的数字之和均为505。

| 1 | 20 | 21 | 40 | 41 | 60 | 61 | 80 | 81 | 100 |
|---|---|---|---|---|---|---|---|---|---|
| 99 | 82 | 79 | 62 | 59 | 42 | 39 | 22 | 19 | 2 |
| 3 | 18 | 23 | 38 | 43 | 58 | 63 | 78 | 83 | 98 |
| 97 | 84 | 77 | 64 | 57 | 44 | 37 | 24 | 17 | 4 |
| 5 | 16 | 25 | 36 | 45 | 56 | 65 | 76 | 85 | 96 |
| 95 | 86 | 75 | 66 | 55 | 46 | 35 | 26 | 15 | 6 |
| 14 | 7 | 34 | 27 | 54 | 47 | 74 | 67 | 94 | 87 |
| 88 | 93 | 68 | 73 | 48 | 53 | 28 | 33 | 8 | 13 |
| 12 | 9 | 32 | 29 | 52 | 49 | 72 | 69 | 92 | 89 |
| 91 | 90 | 71 | 70 | 51 | 50 | 31 | 30 | 11 | 10 |

图5　百子图

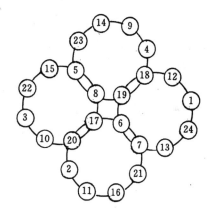

图6　聚八图

值得注意的是，杨辉之前，纵横图都是方形的。但杨辉在百子图之后，却给出各种形状的纵横图，如聚五图、聚六图、聚八图、攒九图、八阵图、连环图等。聚八图（图6）中，每个圆圈上的数字之和为100；攒九图（图7）中，每条直径（外圆直径）上的数字之和为147，每个同心圆上的数字和为138；连环图（图8）中，"七十二子总积二千六百二十八。以八子为一队，纵横各二百九十二，多寡相资，邻壁相兼，以九队化一十三队"。这些图形把数学的内在美与图形的直观美融为一体，其构造之妙令人称奇。尽管图形丰富多彩，形状各异，但都是对称的。多样性与对称性的结合，给人一种直观的美感。而这种美感寓于数字的内在美。一组组纵横交错的不同数字，其和都相等，这种巧妙的排列体现了数字的内在规律，是一种守恒美、和谐美。

杨辉的纵横图对后世深有影响，明代程大位、清代方中通、张潮、保其寿等，都曾在此基础上进一步研究纵横图。

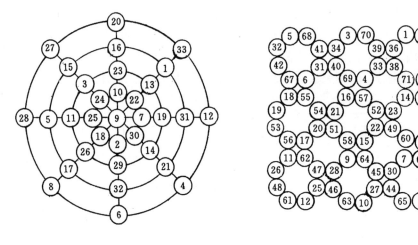

图 7　攒九图　　　　　　　　　　　图 8　连环图

# 四　几何证明

在《田亩比类乘除捷法》中,杨辉继承了刘益的演段法①,并把此法的精髓——构造图形,用于几何证明(或说明)。杨辉认为,田亩算法是一切几何问题的基础,而演段法正是以"田势"为依据的。他说:"为田亩算法者,盖万物之体,变段终归于田势。"书中虽未引入一般符号,却注意选用最简单的数字来说明问题。他说:"题烦,难见法理。今撰小题验法理,义既通,虽用烦题,了然可见也。"例如,为说明正方形面积=边长×边长,他选用"田方二里,问几何?"这样一道简单的题目,构造图形如图 9。

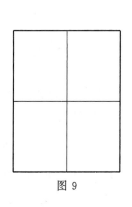

图 9

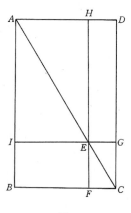

图 10

在证明比较复杂的几何问题时,杨辉继承了前人的出入相补方法。在证明中,直田(长方形)面积公式被当作最基本的公式,起到了公理的作用。他说:"直田能致诸用",并进一步指出,

---

① 演,推演的意思。段指方程各项的图解,因为常用一段段的面积表示,故简称段。演段实际是用构造平面图形的方法建立方程的过程。

"诸家算经皆以直田为第一问,亦默会也。"

在研究平面几何时,杨辉给出一条重要的面积定理:

"直田之长名股,其阔名勾,于两隅角斜界一线,其名弦。弦之内外分二勾股,其一勾中容横,其一股中容直,二积之数皆同。"①

如图10,模指▱BE,直指▱DE,二者面积相等。此结论易用出入相补原理证之。刘徽《海岛算经》及赵爽"日高术"中已反映出这种思想,但首次以文字形式明确叙述这一定理的是杨辉。该定理在平面几何中有广泛的应用。

# 五　因法推类

在《详解九章算法》的《纂类》中,杨辉提出"因法推类"的原则。正如郁松年所说,《纂类》以"算法为纲","以类相从"。这种思想与《九章算术》相比是一个进步,因为《九章算术》的分类标准并不一致,有的按用途分,有的按算法分。杨辉则突破了原书的分类格局,按算法的不同,将《九章算术》中所有题目分为乘除、互换、合率、分率、衰分、叠积、盈不足、方程、勾股九类。每一大类中,杨辉由总的算法演绎出不同的具体方法,又由具体方法推出相应的习题。例如,"方程"类便依次给出方程、损益、分子、正负四法。"方程法曰:所求率互乘邻行,以少减多,再求减损,钱为实,物为法,实如法而一。"这是解线性方程组的基本方法。此法后的 11 题全是基本类型,可直接列出最简方程组。"损益"指的是移项及合并同类项,此法后列有需要合并同类项的两个方程。分子术指去分母的方法,正负术指方程变换时所用的正负数运算法则,各法后也分别列有相应的具体题目。这种作法体现了由干生枝的演绎思想,正如刘徽所说:"枝条虽分而同本干。"在杨辉这里,方程法是干,损益、分子、正负三法是枝。这种演绎思想从"勾股类"中可以看得更清楚。杨辉在讨论具体的勾股问题前,给出"勾股生变十三名图",实际是一张表,反映出勾、股、弦与勾股较、勾弦较、股弦较、勾股和、勾弦和、股弦和、弦较和、弦和和、弦和较、弦较较的相互关系。此类问题共 38 个,分别置于 21 种方法之后。从勾股定理的基本形式"勾股求弦法"(即"勾股各自乘,并而开方除之")出发,依次推出各种复杂的勾股问题解法。例如"股弦和与勾求股法曰:勾自乘为实,如股弦和而一,以减股弦和,余,半之为股。竹高一丈,折梢挂地,去根三尺,问折处高几何?"此题即已知 $b+c$ 和 $a$,求 $b$。依术列式

$$b = \frac{1}{2}\left(b + c - \frac{a^2}{b + c}\right)$$

此式很容易用勾股定理验证。

# 六　数学教育和普及工作

杨辉十分重视数学普及工作,他的数学书一般都是由浅入深的。《详解九章算法》便是为普及《九章算术》中的数学知识而作。他从原书 246 题中选择了 80 道有代表性的题目,进行详解。由于初学者感到《九章算术》"题问颇隐,法理难明,不得其门而入",杨辉便"恐问隐而添题解,

---

① 《续古摘奇算法》。

见法隐而续释注,刊大小字以明法草,僣比类题以通俗务,凡题法解白不明者别图而验之。"题解即提示算法要点或解释数学名词;比类是原有方法的类推,例如商功章,在圆亭(圆台)解法之后便给出一道圆窖题:"圆窖上周三丈,下周二丈,深一丈,问积。"书中的图形很多,不仅有数学图,还有写生图,如勾股章的菽出水图、圆材埋壁图、方邑图等,都很精美,为《详解》增色不少。这些图在帮助读者理解题意的同时,也有利于引起读者的兴趣。

为普及日常所用的数学知识,杨辉专门写了《日用算法》一书,并提出"用法必载源流"和"命题须责实有"两条原则。书中的题目全部取自社会生活,多为简单的商业问题,也有土地丈量、建筑和手工业问题。这种应用数学是便于普通读者接受,也便于发挥社会效益的。杨辉还在该书的序言中提到"编诗括十三首",这些诗歌显然是为读者自学而编的,可惜都已失传。

杨辉不仅总结了当时的各种数学知识,还批评了以往数学著作中的一些错误。例如,他在《田亩比类乘除捷法》一书中便批评了《五曹算经》的三个错误,一是在田亩计算中用方五斜七之法(即把正方形边长与对角线之比取作 5∶7),二是有的题问概念不清,三是四不等田求法之误。

在数学教育方面,杨辉总结了自己多年的经验,写了一份相当完整的教学计划——"习算纲目"[①],具体给出各部分知识的学习方法、时间及参考书。"纲目"的开头是"九九合数",即"一一如一至九九八十一"。他主张由浅入深,循序渐进,先念九九合数,次学乘除,再学求一、九归等法,然后学分数运算,最后学开方。他说:"诸家算书,用度不出乘除开方。"他为初学者选了两本浅近的数学书——《五曹算经》和《应用算法》,要求学生具备一定的数学基础后,再学古代数学经典——《九章算术》。他提倡精讲多练,多做习题,如学开方七天,但习题演算要两个月。他说:"开方乃算法中大节目,勾股旁要、演段锁积多用。例有七体,一曰开平方,二曰开平圆,三曰开立方,四曰开立圆,五曰开分子方,六曰开三乘以上方,七曰开带从平方。并载少广、勾股二章,作一日学一法,用两月演习题目。"在教学中,他特别强调要明算理,要"讨论用法之源",认为这样才能"庶久而无忘失矣"。例如,他讲减法时不只讲算法,而且指明:"加法乃生数也,减法乃去数也,有加则有减。凡学减,必以加法题答考之,庶知其源。"

针对教师和学生两种不同的对象,杨辉提出"法将提问"和"随题用法"两条不同原则。教师编书或讲课时,应"法将提问","凡欲见明一法,必设一题"。[②] 就是以算法统帅习题,每种算法都设有相应的题目。而对学生来说,则应"随题用法",即根据具体题目来选择相应的算法。杨辉认为"随题用法者捷,以法就题者拙。""算无定法,唯理是用。"[③] 他十分注意培养学生自觉的计算能力,主张"举一(例)而三隅反",说"好学君子自能触类而考,何必尽传?"

杨辉治学严谨,对学习中的细小环节也不放松。如计算中的"定位"是很容易出错的,杨辉书中便结合四则运算,反复强调。

杨辉作为一位杰出的数学教育家,在我国的数学教育史上占有重要地位。他的教育思想同他的数学成就一样,也是留给后世的珍贵遗产。

---

① 《算法通变本末》。

② 《法算取用本末》。

③ 《乘除通变算宝》。

# 参 考 文 献

孔国平. 1992. 杨辉. 见:中国古代科学家传记　上集. 北京:科学出版社

刘徽(魏)撰. 1963. 九章算术注序. 见:钱宝琮校点. 算经十书. 北京:中华书局

钱宝琮主编. 1964. 中国数学史. 北京:科学出版社

严敦杰. 1966. 宋杨辉算书考. 见:宋元数学史论文集. 北京:科学出版社

杨辉(宋)撰. 1842. 详解九章算法. 宜稼堂丛书本

杨辉(宋)撰. 日用算法. 见:诸家算法. 抄本,中国科学院自然科学史研究所藏

杨辉(宋)撰. 1842. 乘除通变本末. 宜稼堂丛书本

杨辉(宋)撰. 1842. 田亩比类乘除捷法. 宜稼堂丛书本

杨辉(宋)撰. 1842. 续古摘奇算法(缺上卷). 宜稼堂丛书本

杨辉(宋)撰. 续古摘奇算法. 抄本,中国科学院自然科学史研究所藏

（孔国平）

# 郭 守 敬

## 一　生平简介

郭守敬(1231～1316),字若思,顺德邢台(今河北邢台)人,是元代同时又是我国古代最杰出的科学家之一。

郭守敬从小跟随祖父郭荣长大,郭荣"通五经,精于算数、水利"①,所以,郭守敬从小就受到良好的教育,特别是数学和水利工程技术方面的熏陶。

约 1246 年,郭守敬得睹北宋燕肃的莲花漏图,便能"尽究其理";又得睹浑仪图,便以"竹篾为仪,积土为台,以望二十八宿及诸大星",开始显露出在仪器制作方面的才能和对天文观测的浓烈兴趣。

1247 年前后,郭荣便把郭守敬送到他的老朋友刘秉忠处学习深造。刘秉忠是博学多艺的著名学者,当时正隐于磁州西紫金山(今河北武安),先后与张文谦、张易、王恂等人研讨学术。郭守敬与这些良师益友朝夕相处,学问日进。此中张文谦、张易、王恂都是后来参与制定授时历的主要人物。

1251 年,郭守敬在家乡参与一项河道疏浚工作,他"审视地形",解决了疏浚河道的关键工程,初露了在水利工程方面的才能。

1260 年,郭守敬随张文谦奉使大名(今河北大名),其间曾仿制成燕肃莲花漏,供城市测时之用。

1262 年,张文谦以郭守敬"习水利,巧思绝人"为由,将郭守敬推荐给忽必烈。晋见时,郭守敬"面陈水利六事",忽必烈听后连连称是,"即授提举诸路河渠"。

1263 年,升任副河渠使。

1264 年,郭守敬随张文谦视察西夏,并主持修复西夏古渠。

1265 年,升任都水少监。任中,对北京地区的水利工程屡有建树。

1271 年,升任都水监,统理全国河渠、水利的治理工作。

1275 年,郭守敬视察黄河下游诸水系,提出了设置水驿的合理规划。

1276 年,都水监并入工部,郭守敬任工部郎中,依然统理全国的水利工程。

是年,忽必烈诏令编制新历,设太史局,以王恂和郭守敬为主要负责人。"王恂业精算术,凡日月盈缩迟疾,五星进退见伏,昏晓中星,以应四时者,悉付其推演";"郭守敬颖悟天运,妙于制度,凡仪象表漏,考日时,步星躔者,悉付规矩之"②。其余还有张文谦、张易、许衡、杨恭懿等人各领其职,分司其事。在此后四年中,郭守敬积极参与对前代历法的研究和对新历的编修工作,共创制 17 种天文仪器,并主持开展了一系列天文观测工作,为新历提供了大量实测数据。

1279 年,改太史局为太史院,诏令以王恂为太史令,郭守敬为同知太史院事。其间,为当时

---

① 《元文类·卷五十》载齐履谦《知太史院事郭公行状》。以下引文凡未注明出处者,均同此,或简称为《行状》。

② 《元文类·卷十七》载杨桓《太史院铭》。

世界上首屈一指的天文台——太史院的筹建,郭守敬付出了大量的心血。

1280 年,新历成,赐名授时历,次年颁行天下。

1282 年,王恂、许衡、张易先后去世,张文谦、杨恭懿隐退还乡。"时历虽颁,然其推步之式,与夫立成之数,尚未有定藁",遂由郭守敬经约四年的努力,"比次篇类,整齐分秒,裁为:《推步》七卷,《立成》二卷,《历议拟稿》三卷,《转神选择》二卷,《上中下三历注式》十二卷",圆满完成了十分艰难、繁杂的定稿工作。

1286 年,郭守敬升任太史令。后又撰成:"《时候笺注》二卷,《修改源流》一卷,《仪象法式》二卷,《二至晷景考》二十卷,《五星细行考》五十卷,《古今交食考》一卷,《新测二十八舍杂座诸星入宿去极》一卷,《新测无名诸星》一卷,《月离考》一卷。"这些是对前代历法和天文仪器制作的系统总结,对新历优越性的论证,以及对恒星观测工作的整理等等,也是极重要的天文学著作。

1291 年,郭守敬"言漕事便利者一","陈水利十有一事",其中以修建通惠河工程最为重要,当年,忽必烈为此"复置都水监"这一机构,命郭守敬兼职主管其事。

1293 年,郭守敬又兼职为提调通惠河漕运事。

1294 年,拜昭文馆大学士,知太史院事。是年,郭守敬制成七宝灯漏和木牛流马。

1295 年,郭守敬又制成柜香漏、屏风香漏、行漏等计时仪器。

1298 年,郭守敬制成灵台水浑运浑天漏。后又尝仿制张衡地动仪,未果。

1316 年,卒。

在郭守敬一生中,对科学技术贡献最大的主要有三个方面:"一曰水利之学,二曰历数之学,三曰仪象制度之学。"青年时代,郭守敬就已显露出在这三个科技领域的才能,这是一个刻苦学习,积累经验,为日后的发展打下坚实基础的时期。而自 31 至 67 岁的 36 年间,则是郭守敬在这三个领域左右驰骋,充分展示才华并取得卓越成就的黄金时期。它又大约可以分为四个阶段:31 岁至 45 岁,以水利之学为主,计 14 年;45 至 59 岁,以天文历算、仪象之学为主,亦计 14 年;60 至 62 岁,又转向水利之学,计 3 年;63 至 67 岁,再转向仪象之学,计 5 年。在每一阶段里,郭守敬均专心致志,孜孜以求,重视实践,勇于创新,一步步把自己的学识引向炉火纯青的境地,取得了一系列重要的科学技术成果。可惜,在郭守敬晚年十余年的时间里,在学术上差不多没有建树,其原因还有待进一步的探讨。

## 二 天文仪器的创制

在接受改造新历的任务伊始,郭守敬便提出了制造新天文仪器,以便进行新的天文观测工作的建议。在其后数年中,郭守敬总共精心设计、制造了 17 种仪器。其中有 13 种是专为太史院而设计的,依其功能它们可以分为三大类:

第一类是供观测用仪器,共 9 种:

简仪 这是一种设计新颖、科学,圈环设置简捷、灵便,整体结构稳健、合理的新式仪器。它由六个基本的圈环组装而成(见图 1):

(1)赤道环——置于赤道面上,用于测量入宿度。

(2)四游双环——垂直安置于赤道环心之上(下称垂直安置法),用于测量去极度。

(3)百刻环——与赤道环相重迭,用于测量地方真太阳时间。赤道环可沿百刻环转动,二者之间平放四个圆筒形的短铜棍,使转动灵便,这是世界上滚筒轴承的最早利用。

(4)定极环——垂直安置于四游双环转轴顶端,用以观测北极星,来校正赤道环,使之处于赤道面上。

(5)以上四环的北侧下方有阴纬环——置于水平面上,用于测量方位角。底坐上刻有水准槽,用来校正阴纬环,使之处于水平面上。

(6)立运环——垂直安置在阴纬环心之上,用于测量地平高度。

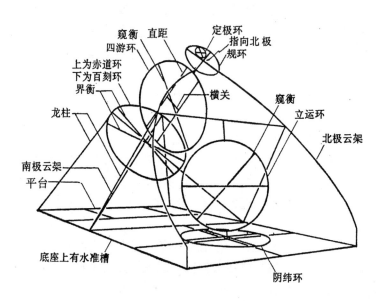

图 1　简仪结构示意图

第 1、第 2 二环构成一个赤道座标装置,这是世界上最早的大赤道仪;第 5、第 6 二环构成一个地平座标装置,与近现代的地平经纬仪相当。将两种不同的坐标系统彼此独立地加以装置,以及所采用的垂直安置法,比传统浑仪的多环同心交叉安置法,既避免了圈环遮掩天区之弊,又增加了仪器的灵活性。此外,简仪又以窥衡代替传统的窥管,从而提高了观测天体时的照准精度。

候极仪和立运仪　它们实际上是简仪上的两个构件,即定极环和立运环。

高表　这是用于测量日影长度的圭表,表为一立柱,高 4 丈,圭以石砌成,长 12 丈 8 尺,圭面与表垂直,上有刻度。表端为一横梁,依托于两龙爪之上。测量时则在圭面上寻觅横梁的影子来读数。郭守敬在北京先以木为表,后又以铜铸表。而在河南省登封阳城,郭守敬更建造了城墙式高表(如图 2),以砖砌成台,其中起高表作用的是台面正中砌成的垂直凹槽,横梁置于凹槽上部,令它与圭面垂直距离为 4 丈,这一设计是十分科学和合理的。

景符　为使横梁在圭面上的影子清晰可见,郭守敬利用小孔成像的原理,设计成了小巧灵便的景符(见图 3)。测量时,在圭面上移动景符,令横梁的影子正好平分米粒大小的太阳象圆面,此时横梁影子所指处,即为 4 丈高表的影长。

窥几　这是一种与高表相配合使用,用于测量恒星或月亮中天时地平高度的仪器(见图 4)。其形制有类一个几案,可以灵便地在圭面上前后移动。观测时,人位于窥几之下,移动几面

图 2　登封观星台

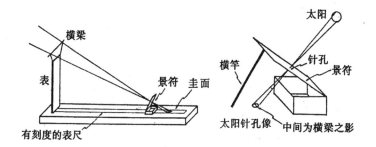

左：景符造成针孔像。

右：调节景符倾斜度，使垂直于日光。

图 3　景符示意图

上的两个窥限，令两窥限分别与高表横梁的上、下边缘同星(或月)处于一条直线上。取两窥限所处位置的中点，再垂直取圭面上读数，即得星(或月)的"影长"，已知"影长"，再经一定的数学推算便可求出星(或月)中天时的地平高度值。

仰仪　这是用于测量地方真太阳时和太阳赤纬的仪器，亦可用来观测日食的全过程(见图5)①。它是一铜制的半球，宛如一铜釜，仰天平放在砖砌的台座上。釜口上放置由缩竿和衡竿构成的十字梁架，缩竿处于正南北方向上，其顶端附一中间开有小孔的玑板，小孔的位置正当球心。通过缩竿与釜口的交点和球心作大圆，由交点沿圆弧向下 40.75 度(为北京地理纬度)处取一点为极心，绕极心在球面内侧作一系列同心圆，与极心相距 90° 的同心圆即赤道；再通过极

---

① 图 1 至图 5(其中图 5 略有修正)均取自潘鼐、向英《郭守敬》，上海人民出版社，1980 年。

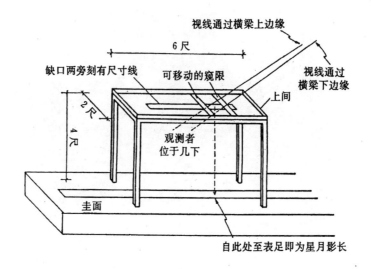

图 4　窥几示意图

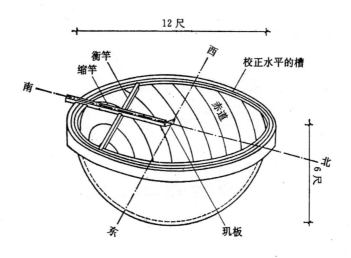

图 5　仰仪示意图

心在球面内侧作一系列垂直于赤道的圆弧,这样就构成了一个以极心为中心的赤道坐标网。太阳通过玑板小孔成像在球面内侧上,便可由赤道坐标网,直接读出地方真太阳时和赤纬值。若遇日食,太阳的食像亦可在球面内侧反映出来,其初亏、食甚、复圆的时刻和方位,以及食分的大小等等,均可一一读得。对于仰仪是否绘有赤经线的问题,从朝鲜、日本、中国发现的 17～18 世纪仰釜日晷内均画有赤经线[1] 的情况看,我们以为答案应是肯定的。

---

① 〔英〕李约瑟,中国科学技术史(中译本),第四卷,科学出版社,1975 年,第 302 页;伊世同,仰釜日晷和仰仪,自然科学史研究,1986,(1)。

赤道式日晷和星晷定时仪 学者们在论及此时,均引用《行状》的如下记载:"天有赤道,轮以当之,两极低昂,标以指之,作星晷定时仪。"陈遵妫从《行状》明言郭守敬所创制的用于天文台的仪器共13种,但所提及的具体仪器的名称仅12种的事实出发,以为"星晷"和"定时"应是两种不同的仪器的名称①。对此,薄树人另有解释,他以为"这段文字中所介绍的仪器,明显地是一具赤道式日晷",当与恒星无关,所以不应称为"星晷"或"星晷定时仪"。他又指出,这可能是在"标以指之"和"作星晷定时仪"之间,脱落了"赤道式日晷的仪器名和星晷定时仪的赞语。"而星晷定时仪应是一种星盘,它可用于测量天体的高度,也可用来测定时间②。我们以为薄树人的意见是可信的。

第二类是供演示用仪器,共3种:

浑天象(或称浑象) 这是一种天球仪,上缀众星,并绘有黄、赤道,以及可随时移动的白道。天球的南北两极出入方匦各40.75度,匦内设有机械装置,使天球自动随天同步旋传,以演示日月星辰的运动。

证理仪 这是演示日、月运行状况的仪器,可用来证明古代所谓月行九道,实即月行白道之理。

日月食仪 这是演示日月交食原理的一种仪器。

第三类是兼具观测和演示二种功能的仪器,这就是玲珑仪。

关于玲珑仪,学者众说纷纭。李约瑟早就主张这是郭守敬新制的浑仪③,近年来,潘鼐亦力主此说④。可是,李迪以为它是一具假天仪⑤。日本山田庆儿则认为它是一具假天仪式的浑象,且制作天球的材料是与玉相类似的半透明的玻璃⑥。而薄树人则主张它是一具"铜制的穿孔的假天仪"⑦。刘金沂在1986年1月31日给笔者的一封信中指出:它可能是一种既可以用于测量日、月位置,又可以表演天象的"综浑仪、浑象于一身的仪器"。笔者比较倾向于刘金沂的见解,特叙理由如次:

据杨桓《玲珑仪铭》载,该仪器"先哲实繁,兹制犹未,逮我皇元,其作始备",说明它是一种前所未有的新创制的仪器,"制诸法象,各有攸施,萃于用者,玲珑其仪"⑧,说明它是一种有多种用途的仪器。《行状》在谈及浑象后说:"象虽形似,莫适所用,作玲珑仪",也有玲珑仪较浑象具有一器多用的特点的意思。浑仪和假天仪皆古已有之,且功用单一,所以玲珑仪即不就是浑仪也不就是假天仪。

关于玲珑仪的形制、结构和功能,《玲珑仪铭》曰:"十万余目,经纬均布。与天同体,协规应矩。遍体虚明,中外宣露。玄象森罗,莫计其数。宿离有次,去极有度。人由中窥,目即而喻。"对此,薄树人已有很好的讨论,确实能证明玲珑仪并不就是浑仪。而依我们的理解,其具体意义应为:

① 陈遵妫,中国古代天文学简史,上海人民出版社,1955年。
② 薄树人,试探有关郭守敬仪器的几个悬案,自然科学史研究,1982,(4)。
③ 〔英〕李约瑟,中国科学技术史(中译本),第四卷,科学出版社,1975年,第459—464页。
④ 潘鼐,现存明仿制浑仪源流考,自然科学史研究,1983,(3)。
⑤ 李迪,对郭守敬玲珑仪的初步探讨,北京天文台台刊,1977,(11)。
⑥ 〔日〕山田庆儿,授时历の道,みすず书房,1980年,第207—209页。
⑦ 薄树人,试探有关郭守敬仪器的几个悬案,自然科学史研究,1982,(4)。
⑧ 《元文类·卷十七》。

玲珑仪是一个中空的圆球("与天同体")。在圆球上,按一定的度数间隔绘画纵横交错的赤经、纬网格,网格交叉点均凿有小孔,其孔数(或格数)有十万余个。设圆球半径为 90 厘米,又设每隔半度为一经、纬圈,由于日、月位置不会超过赤道南北 30 度,所以纬圈只要到赤道南北 35 度即可(日本、朝鲜发现的仰釜日晷确实也仅绘出赤道南北约 24 度的纬圈),则可得 365×2×140＝102200 目,目大者 0.77×0.77 厘米,目小者 0.63×0.77 厘米("十万余目,经纬均布")。圆球两极轴指向天南北极,可以自动地绕轴旋转,且与天体的转动同步("协规应矩")。圆球是用半透明的材料制成,自外可以看见内,自内也可以看见外("遍体虚明,中外宣露")。圆球上在相应的星辰的位置,凿有千余个小孔,以代表星宿("玄象森罗,莫计其数")。人从球心观测,由于有经纬网孔的映衬,日月星辰的入宿度和去极度便可一目了然("宿离有次,去极有度。人由中窥,目即而喻")。

又据杨桓《太史院铭》载:"灵台之左,别为小台,际莽周痹,以华四外,上措玲珑、浑仪。"[①]这说明玲珑仪是露天放在小台上的,如果认为它仅仅是一具假天仪则难以解释。而由以上对于玲珑仪的说明可知,白天和晚上它还可分别用于观测太阳和月亮的位置,直接读得它们的赤道坐标值,所以玲珑仪必须露天安置,具有与简仪的赤道坐标装置相当的功用。当然,玲珑仪也可用来演示星辰的出没及其所处方位等天象,又具有假天仪的功用。

除上述 13 种仪器外,郭守敬还设计了 4 种供四方行测者使用的仪器,它们是:

正方案　用于厘定方位和测量北极出地高度。实际上在太史院亦使用该仪器,作为简仪的辅助仪器。

丸表　薄树人认为,这是一种天球仪式日晷,可以用于测量地方真太阳时。

悬正仪　用于校正仪器的竖轴,使之处于铅直方向的仪器。

座正仪　用于校正仪器的底座处于水平方向的仪器。

此外,郭守敬还绘制了五种图表:仰规、覆矩图,南、北异方浑盖图和日出入永短图等,与以上诸仪相互配合使用。

以上各种仪器,连同原有的浑仪和仿制燕肃的莲花漏等,可以适应测量时间、影长和天体的有关坐标值,以及演示天系、历理等各方面的需要,构成了一个十分完善的仪器系列。

1294 至 1298 年,郭守敬又设计了一系列新仪器。其中最主要的有七宝灯漏和水浑运浑天漏 2 种。

七宝灯漏(又名大明殿灯漏)　这是一种自动报时的仪器.灯漏通高 17 尺,作球状,内分四层:最外层和第三层四方分别环列日、月、参、辰"四神"和苍龙、白虎、朱鸟、灵龟"四象",均每日自东向西转动一周,表示周日运动,其中"四象"可依刻跳跃和鸣叫。第二层有十二木人至时轮流报时指刻。最里层则有四木人分别鸣钟、打鼓、敲钲、击铙以报刻。它们均以漏壶的流水为原动力,并通过复杂的凸轮机构、齿轮系统和轮轴装置传动的。

水浑运浑天漏　这是一种自动演示日月星辰运行状况的仪器。它亦以漏壶流水为原动力,通过大小 25 个机轮的传动,使浑象自东向西作周日旋转,又使斜络浑象上的黄道和白道环,各依日、月每天的实际行度自西向东运转,还要使黄白交点依度沿黄道环向西运行。这就相当真切地模拟了日、月、星辰的运动状况,也就可以比较准确地演示天象。

郭守敬在仪象制造领域的成就,以其数量之多,质量之高,创新之众,勇冠历代仪器制造家

---

① 《元文类·卷十七》。

之首。

# 三 天文实测工作

郭守敬等人利用新创制的各种仪器,组织进行了大量的天文实测工作,其主要工作有:在 1279 年新历初成时上奏中提到的"臣等用创造简仪、高表,凭其测到实数所考正者凡七事",以及授时历提及的闰应、合应、历应的测量,恒星位置的测量和"四海测验"的工作等等。现一一讨论如次:

## 1. 关于考正七事

"一曰冬至",这是关于冬至时刻的测算。自至元十三年(1276)立冬后,郭守敬等人就开始用四丈木表每日观测日影,到至元十七年,历时计三年余。在《元史·历志一》中,载有自至元十四年十一月十四日(1277 年 12 月 10 日)到至元十七年正月初一日(1280 年 2 月 2 日)的 98 次影长实测记录,就是其测影结果的一部分。郭守敬发展了由祖冲之所首创,并经北宋周琮、姚舜辅等人改进的冬至时刻计算法[1],利用这 98 次实测结果,灵活地前后互取,共得 45 组影长值,并推算得 45 个至日时刻(至元十四年冬至 6 个,至元十五年夏至 10 个,至元十五年冬至 7 个,至元十六年夏至 7 个,至元十六年冬至 15 个),进而依"以取数多者为定"的原则,求得了至元十四年冬至和至元十四、十五年冬、夏至时刻。郭守敬等人测算得的至日时刻结果总计有八项(见表 1)。

**表 1　郭守敬等人至日时刻测算结果**

| 序号 | 测 算 结 果 | 理 论 值 | 测算值与理论值之差 |
|------|------------|---------|---------------------|
| [1] | 至元十三年十一月八日 8.5 刻冬至 | 1276 年 12 月 14 日 9 刻 | −0.5 刻 |
| [2] | 至元十四年五月十二日 70 刻夏至 | 1277 年 6 月 14 日 66 刻 | 4 刻 |
| [3] | 至元十四年十一月十八日 33 刻冬至 | 1277 年 12 月 14 日 33 刻 | 0 刻 |
| [4] | 至元十五年五月二十三日 94.5 刻夏至 | 1278 年 6 月 14 日 91 刻 | 3.5 刻 |
| [5] | 至元十五年十一月二十九日 57.5 刻冬至 | 1278 年 12 月 14 日 57 刻 | 0.5 刻 |
| [6] | 至元十六年五月五日 18.5 刻夏至 | 1279 年 6 月 15 日 16 刻 | 2.5 刻 |
| [7] | 至元十六年十一月九日 81.5 刻冬至 | 1279 年 12 月 14 日 8 刻 | 0.5 刻 |
| [8] | 至元十七年十一月二十一日 6 刻冬至 | 1280 年 12 月 14 日 6 刻 | 0 刻 |

表中[1]、[2]、[3]、[5]、[7]依《行状》所载,[4]、[6]、[8]依《元史·历志一》所载。

由表 1 知,郭守敬等人所测得的至元十三至十七年冬至时刻与理论值之差均在 0.5 刻(约 7 分钟)以下,其精度水平很高而且稳定,这反映了郭守敬等人冬至时刻测算工作的极大成功。

---

① 陈美东,郭守敬等人晷影测量结果的分析,天文学报,1982,(3)。

而至元十四、十五和十六年三个夏至时刻的测算值与理论值① 之差在 2.5 到 4 刻（36～58 分钟）之间，较冬至时刻测算的误差要大得多，这可能与夏至前后日影的变化较冬至前后要缓慢有关。在授时历中有"气应"一值，它是实测历元冬至日名时刻（至元十七年十一月己未日夜半后六刻）与其前甲子日夜半间的时距。其值为"五十五万六百分"②（55.06 日），即甲子日夜半到己未日夜半后六刻的间距。所以"一曰冬至"，也可说是关于"气应"③ 的测算法。

"二曰岁余"，这是关于回归年长度的测算。郭守敬等人取"自刘宋大明历以来，凡测景验气得冬至时刻真数者有六"，再取上述冬至时刻的实测结果，各得相应的积日数，再以相距的积年数相除，便得一回归年长度为 365.2425 日的数值。但由于郭守敬究竟取用哪六种史载冬至时刻记录，我们不得而知，也就无从详论。虑及该回归年长度值与杨忠辅统天历（公元 1198）所用值相同，所以，授时历的回归年长度值是依上述方法推算，又参照杨忠辅的数值，当无疑问。

"三曰日躔"，这是关于冬至时太阳所处恒星间位置（入宿度）的测算。对此，郭守敬等人首重后秦姜岌发明的月食冲法。同时应用"日测太阳所离宿次及岁星、太白相距度，定验参考"，即先测定太阳与月亮、木星或金星之间的度距，再"于昏后明前验定星度"④，指测定月亮、木星或金星当时所在恒星间的宿度，进而推算出冬至时太阳所处位置。其中用金星定验日躔法，乃北宋姚舜辅所发明，郭守敬等人则推而广之，增加了月亮和木星作为观测对象。这些工作"起自丁丑（1277）正月至己卯（1279）十二月，凡三年，共得一百三十四事"，又经反复推验知：实测历元年"冬至日躔赤道箕宿十度，黄道箕九度有奇"。而依现代理论方法推，当年太阳所在应为赤道箕宿 10.22 度，郭守敬等人测算值的误差为 0.22 度，其精度在我国古代诸历法中是比较高的。在授时历中有"周应"一值，为"三百一十五万一千七十五分"（315.1075 度），它就是授时历规定的日所在宿度的起算点"赤道虚宿六度"⑤，与实测历元年冬至日所在宿度（赤道箕宿十度）之间的度距，其测算法即如"三曰日躔"所述。

"四曰月离"，这是关于月亮过近地点时刻的测算。郭守敬等人从 1277 年到 1280 年间，"每日测到逐时太阴行度"，得知月亮运动"极迟、极疾并平行处"，共"三十事"，由此推得月亮过近地点的时刻。其结果是实测历元冬至与其前月亮过近地点时刻间的时距为"一十三万一千九百四分"⑥（13.1904 日），此即授时历中的"转应"一值。也就是说由实测得 1280 年 12 月 14.0600 日－13.1904 日＝1280 年 11 月 30.8696 日，月亮过近地点（即极疾处）。而由理论方法推算，其值应为 1280 年 11 月 30.724 日⑦，即历测误差仅为 0.146 日，可知郭守敬等人这一测量结果是相当准确的，为历代测量的最佳值之一。

"五曰入交"这是关于月亮过降交点时刻的测算。这项工作亦在 1277 年到 1280 年间进行，其方法是"每日测到太阴去极度数，比拟黄道去极度"，当两去极度相等时，即为月亮过黄白交

---

① B. Tuckerman，公元前 601 年至公元 1649 年行星、月亮和太阳的位置。以下凡提及理论值而未注明出处者，均由该书算得。

② 《元史·历志一》。

③ 陈美东，授时历的七应及其精度，载《纪念元代杰出科学家郭守敬诞生 755 周年学术讨论会论文集》，河北省邢台市郭守敬纪念馆，1987 年。

④ 《元史·历志一》。

⑤ 《元史·历志二》。

⑥ 《元史·历志三》。

⑦ 陈美东、张培瑜，月离表初探，自然科学史研究，1987，(2)。

点的时刻,郭守敬等人"共得八事"。其结果即如授时历中"交应"值所示,为"二十六万一百八十七分八十六秒"①(26.218786 日),此即指实测历元年冬至与其前月亮过降交点时刻间的时距。也就是说由实测得 1280 年 12 月 14.0600 日－26.018786 日＝1280 年 11 月 18.041214 日,月亮过降交点。而由理论法推,其值应约为 1280 年 11 月 17.70 日,历测误差约为 0.34 日,精度不甚理想。

"六曰二十八宿距度",这是对二十宿距度所作的重新测量。据研究,这次测量的平均误差仅 0.075②,是历代测量精度最高的一次。

"七曰日出入昼夜刻",这是关于北京每日太阳出入时刻和昼夜时刻长度的测算。郭守敬等人的测算结果载于授时历中。现以冬、夏至昼、夜刻长度的测值为例,大略估计其观测精度:"冬至昼、夏至夜,三千八百十五分九十二秒",即为 $9^h 9.5^m$($h$ 为小时,$m$ 为分钟);"夏至昼、冬至夜,六千一百八十四分八秒"③,即为 $14^h 50.5^m$。据《1981 年中国天文年历》载,北京冬至昼、夏至夜长分别为 $9^h 20^m$ 和 $8^h 59^m$,平均为 $9^h 9.5^m$;而夏至昼、冬至夜长分别为 $15^h 01^m$ 和 $14^h 40^m$,平均为 $14^h 50.5^m$。郭守敬等人所测结果与此平均值全等。而冬、夏至昼、夜长度的实际误差则为 $±10.5^m$。

## 2. 关于"闰应"、"合应"和"历应"

"闰应"——实测历元年十一月平朔日名时刻与冬至日名时刻间的时距,该值应是在测算得该年十一月定朔日名时刻的基础上,经间接方法推求得到的。现可用反推法求出郭守敬等人当年测算得的该定朔时刻。

已知授时历的"闰应"为"二十万一千八百五十分"④(20.1850 日),"转应"为 13.1904 日,近点月长度为 27.5546 日,则十一月平朔与月亮过近地点的时距应等于 27.5546－(20.1850－13.1904)＝20.5600 日;十一月平朔与其前一年冬至的时距应为 365.2425－20.1850＝345.0575 日。分别以这二数值为引数,由授时历的月离表和日躔表可推得:其时月亮较平行迟 5.4276 度;太阳较平行迟 0.9334 度,则日月合朔(定朔)应较平朔迟 5.4276－0.9334＝4.4942 度。又,由月离表知,其时月亮运行速度约为 13.45 度/日,则日月相对速度为 12.45 度/日。以 4.4942/12.45＝0.361 日,此即定朔时刻相对于平朔时刻的改正值,则十一月定朔时刻距冬至的时刻等于 20.185－0.361＝19.824 日。所以,郭守敬等人测算得的定朔时刻应为 1280 年 12 月 14.06 日－19.824 日＝1280 年 11 月 24.236 日。而由理论法推算,其时定朔应为 1280 年 11 月 24.15 日,可知郭守敬等人测算误差约为 0.09 日,即为 9 刻左右。

梅文鼎等人以为:"授时历既成之后,闰、转、交三应数,旋有改定",其值分别改为 20.2050,13.0205 和 26.0388 日。而上述"三应"之值,乃是"未定之初藳"⑤所取的数值。这就是说,改定的这"三应"值,是郭守敬等人经过再测算的结果,其误差分别为 0.07、0.32 日和 0.32 日,此中,"闰应"和"交应"的数值精度稍有提高,而"转应"值精度却不如前。

"合应"——实测历元年冬至日名时刻与其前五星平合时刻之间的时距。

---

① 《元史·历志四》。
② 〔日〕藪内清,宋代の星宿,载《東方學報》(京都)第八册。
③ 《元史·历志四》。
④ 《元史·历志三》。
⑤ 《明史·历志五》。

　　授时历所定木、火、土、金、水五星"合应"值分别为：一百一十七万九千七百二十六分（117.9726日），五十六万七千五百四十五分（56.7545日），一十七万五千六百四十三分（17.5643日），五百七十一万六千三百三十分（571.6330日）和七十万四百三十七分[①]（70.0437日）。

　　已知冬至时太阳平黄经为270°，则五星平合时的平黄经应等于270°减去五星"合应"乘以360°/365.2575。由此可计算得，授时所定木、火、土、金和水星平合时的平黄经分别为153.73°、214.06°、252.69°、60.60°和200.96°。它们与相应理论值的误差分别为0.36°、0.51°、0.73°、0.02°和10.34°[②]。其中除水星的误差较大外，其余四星平黄经的测量均达到了较高的精度水平。

　　"历应"——这是同实测历元年冬至与五星近日点之间的度距有关的数据。在授时历中，该数据的算式为[③]：

$$(E - Q + R)_{(modN)}/P \tag{1}$$

　　式中，$R$ 即为"历应"值，而 $E$ 为"周率"（五星会合周期日值），$Q$ 为合应，$N$ 为"历率"（五星恒星周期日值），$P = N/365.2575$ 为"度率"（五星恒星周期值，以恒星年长度为单位）。实际上式(1)是由下式变换而来：

$$(E - Q + R)_{(modN)} \times 五星日平行率$$
$$= (E - Q + R)_{(modN)} \times \frac{365.2575}{N}$$
$$= (E - Q + R)_{(modN)}/P$$

　　将有关数据代入式(1)，再虑及"合应"值，便可算得郭守敬等人在历元年实测得木、火、土、金、水五星近日点黄经分别为5.60°、316.99°、78.28°、258.21°和67.44°，它们与理论值的误差分别为2.8°、5.84°、0.73°、136.70°和1.16°[④]。其中木、土、火三星的测量精度是历史上同类测量的较佳值，水星则为最佳值。

图6　"七应"与实测历元的关系示意图

　　此外，对于五星近日点黄经每年平均进动值，郭守敬等人的测算结果是4.53″（木），21.79″（火），1.76″（土）和53.22″（金和水）。其中木、火、土三星的误差很大，反不如前代一些历法已达到的精度水平，但金、水二星却是历代测量的最佳值之一（误差分别为2.53″和2.78″）[⑤]。

　　"闰应"、"合应"和"历应"三值，与上述"考正七事"一样，也是郭守敬等人长期实测的结果，它们又和"气应"、"周应"、"转应"、"交应"合称"七应"，构成了授时历实测历元的系统和严谨的有机组成部分，它们可如图6所示。

　　授时历正是以此作为各种历法要素的起算点，对相应历法问题作进一步推算的。

　　① 《元史·历志四》。
　　② 陈美东，回回历法中若干天文数据的研究，自然科学史研究，1986，(1)。
　　③ 陈美东，我国古代对五星近日点黄经及其进动值的测算，自然科学史研究，1985，(2)。
　　④ 陈美东，回回历法中若干天文数据的研究，自然科学史研究，1986，(1)。
　　⑤ 陈美东，我国古代对五星近日点黄经及其进动值的测算，自然科学史研究，1985，(2)。

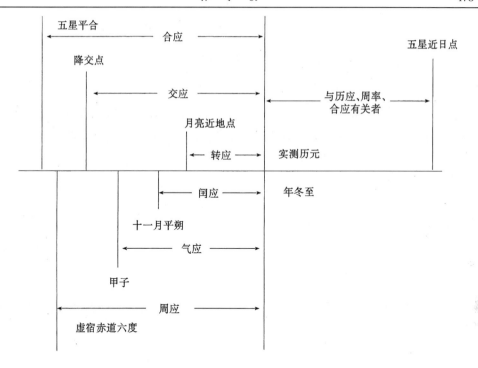

## 3. 关于恒星位置的测量

郭守敬对恒星位置的测量结果中,关于二十八宿距度的测量载于《元史·历志》,另有《新测二十八舍杂座诸星入宿去极》一卷和《新测无名诸星》一卷,该二书已失传。但近年有人发现北京图书馆存明抄本《天文汇钞》中,有《三垣列舍入宿去极集》一书,书中有星图,共绘有 267 星座,1375 颗星,其中标有入宿度和去极度数据者计有 739 星。有人认为,这些数据应是郭守敬恒星观测成果的幸存者。将这些数据与 1280 年理论值比较,入宿度和去极度偶然误差绝对值平均分别为 15.68′和 13.50′[1]。又有人认为,这些数据的观测年代当在 1380 年前后,是明朝初年天文观测的成果[2]。这两种观点孰是孰非,还有待进一步讨论。但它们系元明间恒星观测的成果当无疑问,其数量就比著名的北宋皇祐星表多一倍以上,无论在数量上和精度上,它都不愧为当时世界上最优秀的星表之一。

## 4. 关于"四海测验"

1279 年初,郭守敬建议进行全国范围的天文测量工作,得到了忽必烈的批准,并随即付诸实施。这次大规模的天文测量工作,共选择了 27 个观测点,遍布全国各地。观测内容包括北极出地高度(地理纬度)、冬夏至晷影长度和昼夜刻长度等。据研究,其中地点可考的 20 处地理纬度测量的平均误差为 0.35°,而郭守敬亲自负责观测的大都、上都和阳城等地地理纬度的平均误差仅 0.23°[3]。这次"四海测验",就其规模和精度,都是历代最大和最好的,其结果为授时历"九服晷漏"等问题的推算提供了较好的实测依据。

① 陈鹰,《天天汇抄》星表和郭守敬的恒星测量工作,自然科学史研究,1986,(3);潘鼐,中国恒星观测史,学林出版社,1989年,第 276 页。

② 孙小淳,《天文汇钞》星表研究,载陈美东主编,中国古星图,辽宁教育出版社,1996,第 79~108 页。

③ 潘鼐、向英,郭守敬,上海人民出版社,1980 年,第 84 页。

# 四　计算方法的改进

这主要指《行状》中所提及的"创法五事"：

"一曰太阳盈缩"和"二曰月行迟疾"。这二事是说在计算太阳、月亮运动不均匀改正时刻用了三次差内插法的问题，这在我国古代数学史上占有极重要的地位。对此，前人已作了较详细的研究[①]。以下仅将郭守敬等人所用有关算式表出：

设所求日与冬或夏至相距的日数（亦即度数）为 $M$，太阳运动盈缩改正值（$\Delta$）的计算需分二种情况[②]：

对于冬至后盈初（$M<88.909225$）和夏至后缩末（$M>93.712025$，需以 182.62125 返减之）时，

$$\Delta = (5133200M - 24600M^2 - 31M^3) \times 10^{-8} \tag{2}$$

对于夏至后缩初（$M<93.712025$）和冬至后盈末（$M>88.909225$，需以 182.62125 返减之）时，

$$\Delta = (4876000M - 22100M^2 - 27M^3) \times 10^{-8} \tag{3}$$

设所求日与月亮过近地点的时距为 $N$，令 $Mn=12.2N$，则月亮运动迟疾改正值 $\Delta$ 应为[③]：

$$\Delta = (11110000Mn - 28100Mn^2 - 325Mn^3) \times 10^{-8} \tag{4}$$

式（4）中，$Mn<84$，若 $Mn>84$，需以 168 返减之。

其实，授时历在计算五星盈缩改正值 $\Delta$ 时也采用了三次差内插法。设所求日距五星近日点的度距为 $M$，其计算法分别为[④]：

木星运动盈缩改正值：

$$\Delta = (10897000M - 25912M^2 - 236M^3) \times 10^{-8} \tag{5}$$

金星运动盈缩改正值：

$$\Delta = (3515500M - 3M^2 - 141M^3) \times 10^{-8} \tag{6}$$

水星运动盈缩改正值：

$$\Delta = (3877000M - 2165M^2 - 141M^3) \times 10^{-8} \tag{7}$$

式（5）、（6）、（7）对于盈缩历均适用，对于缩历时，$M$ 需先以 182.62875 减之。

土星运动盈缩改正值：

对于盈历（$M<182.62875$）时，

---

① 梅文鼎，《平立定三差评说》；钱宝琮，授时历法略论，天文学报，1956，（2）；李俨，中算家的内插法研究，科学出版社，1957年，第62～73页。

② 《元史·历志三》，"求盈缩差"。

③ 《元史·历志三》，"求迟疾差"。

④ 《元史·历志四》，"求盈缩差"。

$$\Delta = (15146100M - 41022M^2 - 283M^3) \times 10^{-8} \tag{8}$$

对于缩历($M>182.62875$,需以 182.62875 减之)时,

$$\Delta = (11017500M - 15126M^2 - 331M^3) \times 10^{-8} \tag{9}$$

请注意:式(5)至(9)中,$M$ 均需小于 91.314375,若 $M>91.314375$,需以 182.62875 返减之。

火星运动盈缩改正值:

对于盈初($M<60.87625$)、缩末($M>121.7525$,需以 182.62875 返减之)时,

$$\Delta = (88478400M - 831189M^2 + 1135M^3) \times 10^{-8} \tag{10}$$

对于缩初($M<121.7525$)、盈末($M>60.87625$,需以 182.62875 返减之)时,

$$\Delta = (29976300M + 30235M^2 - 851M^3) \times 10^{-8} \tag{11}$$

实际上,式(2)至式(11),是中国古历特有的日月五星中心差算式的一种形式,依其计算所达到的精度,与古代希腊和印度所使用的中心差算式 $\Delta = 2e\sin M$ 的精度相当[①]。从天文学角度考察,授时历的这些算式较前代历法的相应计算法,确有较大进步。

"三曰黄赤道差",这是用数学方法推导出黄、赤道入宿度的坐标变换法,在授时历以前各历法的坐标变换法,都是沿用张衡首创的利用竹篾直接度量法的基础上推衍出来的。

"四曰黄赤道内外度"这是用数学方法推导出的太阳赤纬计算法,在此以前各历法都是在实测太阳赤纬值的基础上,再用内插法来计算太阳赤纬值的。

在这二项创法中,郭守敬等人所用的数学方法是:"多次反复地应用沈括的会圆术,并配合使用了相似三角形各线段间的比例关系"的知识,这"从数学意义上讲来,新方法相当于开辟了通往球面三角法的途径"。但是由于"会圆术弧矢公式的误差很大,并且以 $\pi=3$ 入算,推得的周天直径不够准确,因而其结果也就不十分精确"[②]。对授时历所列"黄赤道率"表精度的初步估算表明,其精度仅与前代历法(如纪元历)相当[③]。虽然如此,这二项创法的数学意义仍是不可低估的。

"五曰白道交周",这是关于求算黄白道的升交点(或降交点)正好位于冬至(或夏至)点时,白赤交点与春分(或秋分)点的度距的问题[④]。郭守敬等人也是应用了沈括的会圆术进行推算的,得其值为 14.66 度,若用球面三角公式计算,该值应为 14.75 度,误差并不大。在此基础上,授时历提出了计算任一时刻白赤交点与春分(或秋分)点的度距以及白赤交角的近似公式,进而为白道坐标与赤道坐标的变换提供了切实的计算方法[⑤]。这一方法在我国古代历法史上确为首创。

以上创法五事,表明了郭守敬等人在数学上的很高造诣,它们使有关历法问题取得了更为

① 陈美东,我国古代的中心差算式及其精度,自然科学史研究,1986,(4)。
② 钱玉琮主编,中国数学史,科学出版社,1964 年,第 210~214 页。
③ 严敦杰,中国古代的黄赤道差计算法,载《科学史集刊》第一辑,1958 年。
④ 黄宗羲,《授时历故》。
⑤ 薄树人,授时历中的白道交周问题,载《科学史集刊》第五辑,1963 年。

完善的数学表达形式,同时为有关历法问题推算精度的提高开辟了一条新的道路。

## 五 对前代历法的批判性继承

郭守敬等人在编制授时历的过程中,极其重视对前代历法的研究,他们"遍考自汉以来历书四十余家,精思推算"[①],尽量择其优者而从之。考察他们所作的种种选择,有许多被证明是明智的和有真知灼见的,这主要表现在以下几个方面:

### 1. 以实测历元代替上元,废弃上元积年法

郭守敬等人指出:前代大多数历法,"必推求往古生数之始,谓之演纪上元。当斯之际,日月五星同度,如合璧连珠然。"郭守敬等人尖锐地批评这种方法既是"人为附会",又使"布算繁多",遂断然废弃之。他们成功地吸取了唐代曹士艻符天历等的截取近元法的思想,和杨忠辅统天历的设立诸应法,建立了如前所述的实测历元的有机体系,收到了既合符"自然",又使计算"简易"[②]的明显效益。

### 2. 以万分法代替日法

前代大多数历法的天文数据,多以分数表示,但各历所取分母值(即日法)各不相同。虽然唐代南宫说的神龙历(705)曾以百为日法,符天历(约 780)曾以万为日法,但不为大多数历法家所取。鉴于百分或万分法在表示天文数据时的鲜明性,以及在计算时的捷便性,许多历法中的若干数据也有取百或万为母,或者既给出分数值,又给出以百或万为母的约分值。郭守敬等人探究了前人取法的得失,顺应发展的趋势,断然取万分为法,是一种明智的选择。

### 3. 对岁实消长法的改进

岁实(回归年长度)古大今小的概念及其消长法的建立,是杨忠辅统天历的一个创举,但统天历以后各历法均弃而不用。郭守敬等人则在重新研究的基础上,接受了这一新的天文概念,并对杨忠辅的消长法作了改进[③],从而加深和丰富了这方面的认识。

### 4. 对一系列天文数据和表格的继承和改进

遍察授时历所采用的一系列天文数据和表格,我们发现有相当多与前代历法的已有成果相同或仅有小异:

如朔望月长度与重修大明历(1180),交点月和近点月长度与纪元历(1106),恒星月长度与成天历(1271),回归年、恒星年和赤道岁差值与统天历[③],五星会合周期的木星与乾象历(206)、其余四星与纪元历[④],黄赤交角与大衍历(728)[⑤]相同或仅有小异。在这些数据中,有少数是较差者,如赤道岁差值取 66.67 年差 1 度,木星会合周期取 398.8800 日,黄赤交角取 23.

① 《元史·列传五十一·杨恭懿传》。

② 《元史·历志二》。

③,③ 陈美东,论我国古代年、月长度的测定,载《科技史文集》第 10 辑,上海科学技术出版社,1983 年。

④ 中国天文学史整理研究小组,中国天文学史,科学出版社,1981 年,第 151 页。

⑤ 陈美东,试论我国古代黄赤交角的测量,载《科技史文集》第 3 辑,上海科学技术出版社,1980 年。

903度等,其精度都在许多历法已达到的水平之下。但所取回归年长度则为历史上的最佳值,其他各值亦为历史上的较好数值。

授时历的日躔表,盈缩大分取 142′,与纪元历同,日躔表的总精度亦与纪元历大体相同⑥。授时历的月离表,盈缩大分取 321′,与纪元历相差无几,虽然它采用了一近点周为 336 限的新方法,但总的精度还是与纪元历不相上下。授时历的五星盈缩表,亦基本上沿用纪元历而略作修正,总的精度状况没有大的变化,但经其修正,木、土二星盈缩表的误差分别为 21.2′和 33.9′,是为历史上的最佳表之一。关于授时历的五星动态表,据研究,木星的数据与(重修)大明历相同,其来源是北宋的纪元历,其他各立成的数据算法也是从纪元历的方法得来的"①。

由以上情况看,授时历确实大量吸收了前人的研究成果,这其间是有选择的,而选择又是以一定的实测工作为依据的。但由于制历的时间毕竟还是较短的,郭守敬等人来不及对所有天文数据作全面的、长期的观测,他们自己也承认对于"日行盈缩、月行迟疾、五行周天,其详皆未精察",只得"参以古制",进一步的改良还有待以后"每岁测验修改,积三十年庶尽其法"②。即使如此,郭守敬等人所作的大部分选择还是得当的。

## 六　水利工程的成就

1262 年,郭守敬在晋见忽必烈时"面陈水利六事"③,是郭守敬在水利工程上已有较高造诣的证明。在"六事"中,有一事是关于解决京都(今北京)漕运问题的。郭守敬建议引导都城西北玉泉山下的泉水,以充实通州至京城的旧漕运河的水源,并建议开凿自通州到杨村(今天津西北的武清)的通河。另有五事是关于华北地区(河北邢台、任县、邯郸、磁县一带,以及河南沁阳、武陟、孟县、温县一带)的农田灌溉水利工程的,涉及近万顷农田的灌溉问题。察其基本设计思想,是令此间黄河诸支流彼此沟通,其间因势利导,构筑灌溉工程,使之既有充足的水源,又有通畅的泄流去处,从而形成自流灌溉的网络。其中有些工程还可起分流的作用,或兼收航运之利。其设计和布局是十分合理的。

1264 年,郭守敬视察西夏(今宁夏自治区一带)古渠,发现因战乱导致水道淤浅,水利设施毁坏,遂提出了"因旧谋新"的修复方案,疏浚古渠道,重修闸堤。不到一年,便使可溉田九万余顷的水利工程得以发挥作用。

从西夏回京的路上,郭守敬自中兴州(今银川东南)沿河套迂回地顺黄河而下,发现一直到东胜(今内蒙古托克托)一段"可通漕运"。途中还发现"查泊兀郎海(今乌梁素海)古渠甚多,可为修理",以利灌溉。这些发现为当地水利效益的发挥铺平了道路。

1265 年,回京之后,郭守敬又提出了修复金代金口河的建议,即从京西麻峪村(今北京石景山西北)引泸沟河水穿西山金口东流,直向都城,为御防河水泛滥,又在"金口西预开减水口",修筑深而广的溢洪道,引河水西南行,再折回到泸沟河中。这一设计方案达到了"上可以致西山之利,下可以广京畿之漕",中可以灌溉大量良田的三大效益。这项工程的实施,曾一度为

⑥ 陈美东,日躔表之研究,自然科学史研究,1984,(4)。
① 严敦杰,读授时历札记,自然科学史研究,1985,(4)。
② 《元史·列传卷五十一·杨恭懿传》。
③ 《元史·列传卷五十一·郭守敬传》。

京都的大规范建设和经济发展起了良好的作用。

　　1275年,郭守敬在实际测量黄、淮河下游的地形的基础上,提出了浚通五条河渠干线的方案,遂使卫河、马颊河、运河、汶水和泗水等水系彼此通连。建立了既使诸水系流域相互接济的交通网,又达到了京都到徐州的漕运毕通的目的,为忽必烈的顺利南征创造了条件。

　　以上各项是郭守敬前期所设计、规划和实施的农田水利和航运的主要工程。其成就卓著,自不待言。而在后期,郭守敬在水利工程方面,依然成绩斐然。

　　1291年,郭守敬曾提出自大都(今北京)通往上都(今内蒙古正蓝旗东闪电河北岸)、寻麻林(今河北张家口)的漕运方案,此外,"又别陈水利十有一事"。其中,又以解决大都至通州漕运问题为主的通惠河工程的设计和实施最为后人称道。

　　该工程"上自昌平县白浮村,引神山泉,西折南转,过双塔、榆河、一亩、玉泉诸水,至西(水)门入都城,南汇为积水潭,东南出文明门,东至通州高丽庄入白河。总长一百六十四里一百四步。塞清水口一十二处,共长三百一十步。坝堰一十处,共二十座,节水以通漕运,诚为便益"①。此中,引水线路的选取和闸坝、斗门设施的建立,是整个工程的关键,也正是郭守敬匠心独具之处。

　　由于白浮村和大都城之间,有沙河、清河等河谷阻隔,不可能直接引水进城。郭守敬经细密的实地勘测,选定了由神山泉始,引水先西行,再沿西山东麓南折,然后再转向东南汇入瓷山泊的迂回曲折的引水路线,沿线筑堰,这就是通惠河的引水工程——白浮堰。这条路线沿途地势徐徐下降(由今测知:白浮村海拔约60米,瓷山泊入水口海拔约48米,其间距25公里多,平均每公里降低约0.48米),便于建渠引水;这条路线沿途水源丰富,有王家山泉、昌平西虎眼泉、孟村一亩泉、西来马眼泉、侯家庄石河泉、灌石村南泉、榆河温泉、龙泉、冷水泉、玉泉等泉水②,又有双塔河和榆河上游的河水,皆可截流汇聚入渠,可保证有充足和清沏的水源供给。可见郭守敬的设计是十分科学和合理的。

　　通惠河的下段为运粮道(今测知自紫竹院到高丽庄间渠长亦约25公里,高差约20米),郭守敬从沿途水位落差较大的实际出发,从紫竹院到文明门每经数里便设一闸坝、斗门系统,计三处;而从文明门到高丽庄约经十里一设,计七处,总共十处。每一处前设闸坝,后有斗门,两者间相距一里或百步不等。在闸坝和斗门上都有放船进出的通道口,船过斗门后,便关闭斗门,启开闸坝,令水涨船高,便可平稳地通过闸坝逆行而上。这样漕船便可随闸坝、斗门系统的启闭协调顺利地拾级而上。

　　郭守敬一生中,"前后条奏(水利)便宜凡二十余事,相治河渠泊堰大小数百余所",完成了大量的和高质量的水利工程之设计工作。这些又都是建立在实地勘测地形(包括高低、走向、结构等)和水文(包括流量、流速、泥沙沉积、降雨特征、河道深浅宽窄等)的基础上的。

　　郭守敬"尝自孟门(今陕西宜川和山西吉县间)以东,循黄河故道纵广数百里间,皆为测地平","具有图志",即曾在黄河中下游地区进行过大面积的水准测量,制成地形图,以此作为"或可以分杀河势,或可以溉灌田土"的水利工程设计的依据。郭守敬还曾从铁幡竿渠上游山洪流量的测算,推算出"非大为渠堰,广五、七十步不可"的结论,说明他已经建立了水文情况和渠道设计之间定量关系的计算方法。郭守敬又"尝以海面较京师至汴梁地形高下之差。谓汴梁之水去海甚远,其流峻急,而京师之水去海至近,其流且缓",这说明郭守敬已经建立了以海平面作为衡量各地水

---

　　① 《元史·河渠志》。
　　② 苏天钧,郭守敬与大都水利工程,自然科学史研究,1983,(1)。

平高度统一标准的概念。由北京的河流离海近且流缓,和开封的河流离海远且流急的事实出发,运用这一概念,郭守敬得出了开封的海拔高度远大于北京的正确结论。所以郭守敬是世界上提出关于海拔高度这一重要的地理概念,和在实践中正确运用这一概念的第一人。

# 七　科学思想及其他

把自己的科学结论和技术设计,建立在实践的基础上,是郭守敬科学思想的精髓之一。前述郭守敬所进行的大量天文实测工作,和水利工程的成就,都是在这一思想指导下进行的。

从接受改历任务开始,郭守敬就"首言历之本在于测验,而测验之器莫先仪表",这充分反映了郭守敬以对天象的观测和接受天象的检验为历法之根本的治历思想,也充分反映了他对完善探测手段重要性的认识,即必须有可靠的测验之器,才能准确有效地进行测验工作,从而把历法建立在科学的基础之上。从这一认识出发,郭守敬充分发挥自己的才华,精心设计了前述各种仪器。这些仪器也是处处由实际出发,从间接或直接的实践经验中吸取营养,加上自己的巧妙构思而成。

关于接受实践的检验,郭守敬尤为重视。他继承并发展了前人的验历理论,以为历法首先必须"能验于今",所以孜孜进行各项实测工作以验之,而且历法"非止密于今而已",还必须"能通于古"[1],因为"合于既往,则行之悠久,自可无弊矣"。郭守敬还以为"历法疏密,验在交食"[2],他又以为测景验气乃是历法"立法之始"[3],即把验食和验气视作对历法的最基本的检验。郭守敬将这些思想付诸实施,作了大量的工作。《古今交食考》1卷和《二至晷景考》20卷,应是包含这方面工作的内容的著作,可惜该二书已失传,我们只能从有关记载知其大概。

郭守敬以授时历法推验了"《诗》、《书》所载日食二事"和《春秋》日食"三十七事",其中唯有二事不合,对之郭守敬解释说:"盖自有历以来,无比月而食之理",从日食理论上正确地对史载之误作了说明。郭守敬还推验了三国以来载有亏初、食甚或复满时刻的日食记录凡35事,得到密合者7,亲者17,次亲者10,疏者1的结果。郭守敬又推验了刘宋以来载有亏初、食甚或复满的月食记录凡45事,得到密合者18,亲者18,次亲者9的结果。对前代日、月食记录作如此认真仔细的推验工作,反映了郭守敬"取其密合,不容偶然"的实事求是态度,而且对于合与否采取了前所未有的很高的检验标准:以"同刻者为密合,相较一刻为亲,二刻为次亲,三刻为疏,四刻为疏远"[4],即在检验工作的广度和深度上都达到了前所未有的新境地,把历法按受实践检验的思想大大深化了。

对于验气,郭守敬推验了自春秋献公以来冬至日记录49事,得到"授时历合者三十九事,不合者十事"的结果。对于不合者十事中的二事,郭守敬以该记录"必非候景所得"加以解释,此说大致无误,但对于另八事,理当是前人所测未密或授时历自身存在的缺欠造成的,而郭守敬却以"日度失行之验"为说辞,这反映郭守敬天文学思想中精粗的一面。虽然如此,郭守敬所作的验气工作还是应该予以肯定的,因为他的失误毕竟还是一个支流问题,况且他也并不是以失

① 《元史·历志一》。
② 《元史·历志二》。
③ 《元史·历志一》。
④ 《元史·历志二》。

行说解释所有不合的问题。如论重修大明历冬至时刻测量问题时,他就曾指出"益测验未密故也"①,切中了问题的要害。

郭守敬十分重视对前人已有成果的继承和吸收。前已述及,这种继承和吸收也是在实践的基础上的,并不是一味的盲从或随意的取舍。此外,在郭守敬的思想中,又包含有十分强烈的怀疑论的倾向,他相信今胜于古,相信经实践得来、与实际天象相吻合的结论更甚于相信传统的理论,当两者发生矛盾时,他会毫不迟疑地肯定前者,摒弃后者。郭守敬一方面肯定"古称善治历者,若宋何承天,隋刘焯,唐傅仁均、僧一行之流,最为杰出",另一方面又指出依他们的历法"与至元庚辰冬至气应相校,未有不舛戾者,而以新历上推往古,无不吻合,则其疏密从可知已"。当他发现新测二十八宿距度与"历代所测不同",他以为这可能是由于二十八宿距星古今"微有动移",也可能是由于"前人所测或有未密"② 所致,这二点确实都是二十八宿距度古今不同的原因,可见郭守敬的立论是十分精辟的。

郭守敬又十分富于进取精神,他相信"前代诸人"只是"为法略备"而已,"苟能精思密索,心与理会,则前人述作之外,未必无所增益"③。这大约就是郭守敬和他的同事们创制一系列仪器,及对历法的一系列计算方法进行改进的思想基础。在对定朔历史发展的评述中,郭守敬尖锐地指出了传统守旧思想对于历法革新的阻碍作用,以为"人之安于故习",是定朔这一科学方法未能及早行用的主要原因。由这一科学史实中,郭守敬总结出来的历史教训是"至理所在,奚恤乎人言"! 在郭守敬弃废上元积年和日法的科学实践中,也反映了郭守敬敢于冲决传统思想束缚的勇气,他指出:"法之不密,在所必更,奚暇踵故习哉。"④ 这是郭守敬对于历法改革和创新活动的又一思想基石。

在水利工程设计中,郭守敬总是以正确认识水文地理条件为基础,又能辩证地对待原有的水利条件,对灌溉、航运和防洪三项内容总是尽可能加以兼顾,并尽可能将设计数量化⑤ 这些重要特征也正是郭守敬重视实践,重视继承前人成果,并勇于改革、创新的思想的具体体现。

## 参 考 文 献

薄树人. 1982. 试探有关郭守敬仪器的几个悬案. 自然科学史研究,1(4):320~326

陈美东. 1982. 郭守敬等人晷影测量结果的分析. 天文学报,(3)

陈美东. 1987. 授时历的七应及其精度. 见:纪念元代杰出科学家郭守敬诞生 755 周年学术讨论会论文集. 邢台:河北省邢台市郭守敬纪念馆

梅文鼎(清)撰. 平立定三差评说. 见:勿庵历算书目

潘鼐,何英. 1980. 郭守敬. 上海:上海人民出版社

钱宝琮. 1956. 授时历法略论. 天文学报,(2)

宋濂等(明)撰. 1976. 元史 郭守敬传. 北京:中华书局

宋濂等(明)撰. 1976. 元史天文志. 历代天文律历等志汇编 第 4 册,北京:中华书局

宋濂等(明)撰. 1976. 元史 历志. 历代天文律历等志汇编 第 9 册,北京:中华书局

宋濂等(明)撰. 1976. 元史 河渠志. 北京:中华书局

---

① 《元史·历志一》。

② 《元史·历志一》。

③ 《元史·历志一》

④ 《元史·历志二》。

⑤ 陈瑞平,郭守敬的水利思想,自然科学史研究,1984,(4)。

苏天爵(元)撰. 元文类　卷 17,50

苏天钧. 1983. 郭守敬与大都水利工程. 自然科学史研究,2(1):66～71

严敦杰. 1985. 读授时历札记. 自然科学史研究,4(4):312～320

山田慶兒〔日〕. 1980. 授時暦の道,日本京都:みすず書房

（陈美东）

# 朱 世 杰

## 一 生 平

朱世杰,字汉卿,号松庭。北京附近人。

关于朱世杰的生平,流传下来的资料甚少,仅能从赵城、莫若、祖颐等人为他的著作《算学启蒙》和《四元玉鉴》所写的序言中找到一些线索。这些序言均称"燕山松庭朱君"、"燕山朱汉卿先生"。在《四元玉鉴》每卷之首也均署名为"寓燕松庭朱世杰汉卿编述",可见他的籍贯当在现在的北京或其附近。莫若序中有"燕山松庭朱先生以数学名家周游湖海二十余年矣。四方之来学者日众,先生遂发明《九章》之妙,以淑后学,为书三卷……名曰《四元玉鉴》",祖颐后序中亦有:"汉卿,名世杰,松庭其自号也。周流四方,复游广陵,踵门而学者云集……。"这两篇序均写于元大德七年(1303),以莫若序中所说的"以数学名家周游湖海二十余年矣"来推算,朱世杰从事数学教学和数学研究的年代当在 13 世纪末和 14 世纪初。

1234 年蒙古联宋灭金之后,又经过 40 余年,至 1276 年才攻占了南宋的都城临安,1279 年南宋灭亡。

朱世杰的青少年时代,大约相当于蒙古军灭金之后。但早在灭金之前,蒙古军队便已攻占了金的中都(今北京,是 1215 年攻占的)。元世祖忽必烈继位之后,为便于对中原地区的攻略,便迁都于此地,改称燕京,后又改称为大都。到 13 世纪 60 年代,燕京不只是重要的政治中心,同时也是重要的文化中心。

忽必烈为了巩固元朝的统治,网罗了一大批汉族的知识分子作为智囊团。其中有以编制《授时历》闻名的王恂(1235～1281)、郭守敬(1231～1316)以及编制历法的倡导者和主持者刘秉忠(1216～1274)、张文谦(1216～1283)、许衡(1209～1281)等人。这个集团中的人物,对数学和历法都很精通。他们未入朝之前,曾隐居于河北南部的武安紫金山中。受到忽必烈礼聘的,还有李冶(1192～1279),他也是一位著名的数学家。

就当时的数学发展情况而论,在 13 世纪中叶,在河北南部和山西南部地区,出现了一个以"天元术"(一种带有中国古代数学特点的代数学)为代表的数学研究中心。按祖颐在《四元玉鉴》后序中叙述天元术发展情况时所说:"平阳(今山西临汾)蒋周撰《益古》,博陆(今河北蠡县)李文一撰《照胆》,鹿泉(今河北获鹿)石信道撰《钤经》,平水(今山西新绛)刘汝谐撰《如积释锁》,绛人(今山西新绛)元裕细草之,后人始知有天元也。平阳李德载因撰《两仪群英集臻》兼有地元,霍山(今山西临汾)邢先生颂不高弟刘大鉴润夫撰《乾坤括囊》末仅有人元二问。吾友燕山朱汉卿先生演数有年,探三才之赜,索《九章》之隐,按天地人物成立四元……。"这段序文叙述出朱世杰学术上的师承关系。毫无疑问,他较好地继承了当时北方数学的主要成就。当时的北方,正处于天元术逐渐发展成为二元、三元术的重要时期,正是朱世杰把这一成就拓展为四元术的。

朱世杰除继承和发展了北方的数学成就之外,还吸收了当时南方的数学成就——各种日用、商用数学和口诀、歌诀等。本来,在元灭南宋之前,南北之间的数学交流是比较少的。朱世杰"周流四方,复游广陵(今扬州)"应是在 1276 年元军对南宋的大规模军事行动结束之后。朱世杰在经过长期游学、讲学之后,终于在 1299 年和 1303 年在扬州刊刻了他的两部数学著作——《算学启蒙》和《四元玉鉴》。

隋唐以来,中原地区经济中心和文化中心逐渐南移。长江中下游一带,五代十国时期就比较稳定,北宋时期也有较大发展。随着金兵入侵和宋王朝的南迁,江南地区的农业、手工业、商业和城市建设等都有较大发展。在这样的社会条件下,中国数学中自晚唐以来不断发展的简化筹算的趋势有了进一步的发展,日用数学和商用数学更加普及。南宋时杨辉的著作可以作为这一倾向的代表,而朱世杰所著的《算学启蒙》,则是这一倾向的继承和发展。

当然,以所取得的成就而论,《四元玉鉴》是远超《算学启蒙》的。清代罗士琳在评论朱世杰的数学成就时说:"汉卿在宋元间,与秦道古(九韶)、李仁卿(冶)可称鼎足而三。道古正负开方,仁卿天元如积,皆足上下千古,汉卿又兼包众有,充类尽量,神而明之,尤超越乎秦李之上"[①]。清代另一位数学家王鉴也说:"朱松庭先生兼秦李之所长,成一家之著作"[②]。此外,朱世杰还继承发展了日用、商用数学。由此可见,朱世杰可以被看作是中国宋元时期数学发展的总结性人物,是宋元数学的代表,是中国以筹算为主要计算工具的古代数学发展的顶峰。

## 二　数学著作

朱世杰的数学著作,如前所述,有《算学启蒙》、《四元玉鉴》二种,下面略加评介。

### 1.《算学启蒙》

《算学启蒙》全书共 3 卷,分为 20 门,收入了 259 个数学问题。全书由浅入深,从整数的四则运算直至开高次方、天元术等,包括了当时已有的数学各方面内容,形成了一个较完备的体系,可用作教材,它确实是一部较好的启蒙数学书。

在全书之首,朱世杰首先给出了 18 条常用的数学歌诀和各种常用的数学常数。其中包括:乘法九九歌诀、除法九归歌诀(与后来的珠算归除口诀完全相同)、斤两化零歌诀("一退六二五"之类)、筹算记数法则、大小数名称、度量衡换算、面积单位、正负数的四则运算法则、开方法等等。值得指出的是,朱世杰在这里,也是在中国数学史上首次记述了正负数的乘除运算法则。朱世杰把上述这些歌诀和数学常数等,作为"总括"而列在全书之首,这种写作的方式,在中国古算书中并不多见。

《算学启蒙》正文分上、中、下三卷。

卷上:共分为 8 门,收有数学问题 113 个,其内容为:乘数为一位数的乘法、乘数首位数为一的乘法、多位数乘法、首位除数为一的除法、多位除数的除法、各种比例问题(包括计算利息、税收等等)。

其中"库司解税门"第 7 问题记有"今有税务法则三十贯纳税一贯",同门第 10,11 两问中均载有"两务税"等,都是当时实际施行的税制。朱世杰在书中的自注中也常写有"而今有之"、"而今市舶司有之"等等,可见书中的各种数据大都来自当时的社会实际。因此,书中提到的物

①　罗士琳编《畴人传·续编·朱世杰条》
②　王鉴《算学启蒙述义·自序》

价(包括地价)、水稻单位面积产量等,对了解元代社会的经济情况也是有用的。

卷中:共 7 门,71 问。内容有各种田亩面积、仓窖容积、工程土方、复杂的比例计算等等。

卷下:共 5 门,75 问。内容包括各种分数计算、垛积问题、盈不足算法、一次方程解法、天元术等等。

这样,《算学启蒙》全书从简单的四则运算入手,一直讲述到当时数学的重要成就——天元术(高次方程的数值解法),为阅读《四元玉鉴》作了必要的准备,给出了各种预备知识。清代罗士琳说《算学启蒙》"似浅实深",又说《算学启蒙》、《四元玉鉴》二书"相为表里",这些话都是不错的。

《算学启蒙》出版后不久即流传至朝鲜和日本。在朝鲜的李朝时期,《算学启蒙》和《详明算法》、《杨辉算法》一道被作为李朝选仕(算官)的基本书籍。在日本收藏有一部首尾残缺、未注明年代的《算学启蒙》,与此书一起,同时也藏有一部宣德八年(即李朝世宗十五年,1433)朝鲜庆州府刻版的《杨辉算法》。从版刻形式等方面来辨识,两部书是相同的,从而有人推断这部《算学启蒙》也是 1433 年朝鲜庆州府刻本。这可能要算是当今世界上最早的传世刻本。在《李朝实录》中也记有世宗本人曾向当时的副提学郑麟趾学习《算学启蒙》的史料。

《算学启蒙》传入日本的时间也已不可考,是久田玄哲在京都的一个寺院中发现了这部书,之后他的学生土师道云进行了翻刻(日本万治元年,1658,京都)。宽文 12 年(1672)又在江户(今东京)出版了星野实宣注解的《新编算学启蒙注解》3 卷,元禄三年(1690)还出版了著名的和算家建部贤弘注释的《算学启蒙谚解大成》7 卷。《算学启蒙》对日本和算的发展有较大的影响。

《算学启蒙》一书在朝鲜和日本虽屡有翻刻,但明末以来,在中国国内却失传了。清末道光年间罗士琳重新翻刻《四元玉鉴》时,《算学启蒙》尚无着落。后来罗士琳"闻朝鲜以是书为算科取士",请人在北京找到顺治十七年(1660)朝鲜全州府尹金抬振所刻的翻刻本,1839 年在扬州重新刊印出版。这个本子,后来成为中国现存各种版本的母本。清代对《算学启蒙》进行注释的有王鉴所著《算学启蒙述义》(1884)和徐凤诰所著《算学启蒙通释》(1887)。

### 2.《四元玉鉴》

与《算学启蒙》相比,《四元玉鉴》则可以说是朱世杰阐述自己多年研究成果的一部力著。全书共分 3 卷,24 门,288 问。书中所有问题都与求解方程或求解方程组有关,其中

四元的问题(需设立四个未知数者)有 7 问("四象朝元"6 问,"假令四草"1 问);

三元者 13 问("三才变通"11 问,"或问歌象"和"假令四草"各 1 问);

二元者 36 问("两仪合辙"12 问,"左右逢元"21 问,"或问歌象"2 问,"假令四草"1 问);

一元者 232 问(其余各问皆为一元)。

可见,四元术——多元高次方程组的解法是《四元玉鉴》的主要内容,也是全书的主要成就。

《四元玉鉴》中的另一项突出的成就是关于高阶等差级数的求和问题。在此基础上,朱世杰还进一步解决了高次差的招差法问题。

《四元玉鉴》一书的流传和《算学启蒙》一样,也曾几经波折。这部 1303 年初版的著作,在15 和 16 两个世纪都还可以找到它流传的线索。吴敬所著《九章算法比类大全》(1450)中的一些算题,和《四元玉鉴》中的算题完全相同或部分相同。顾应祥在其所著《孤矢算术》序言(1552)中写道:"孤矢一术,古今算法载者绝少,……《四元玉鉴》所载数条。"周述学所著《神道

大编历宗算会》卷三之首曾引用了《四元玉鉴》书首的各种图式,书中有些算题也与《四元玉鉴》相同,卷十四作为"算会圣贤"列有"松庭《四元玉鉴》"。可见顾周二人都曾读到过《四元玉鉴》。清初黄虞稷(1618～1683)《千顷堂书目》记有"《四元玉鉴》二卷",卷数不符。梅瑴成《赤水遗珍》(1761)中曾引用过《四元玉鉴》中的两个题目,可见清初时此书尚未失传。

乾隆三十七年(1772)开《四库全书》馆时,虽然挖掘出不少古代数学典籍,但朱世杰的著作并未被收入。阮元、李锐等人编纂《畴人传》时(1799)也尚未发现《四元玉鉴》。但不久之后阮元即在浙江访得此书,呈入《四库全书》,并把抄本交李锐校算(未校完),后由何元锡按此抄本刻印。这是1303年《四元玉鉴》初版以来的第一个重刻本。《四元玉鉴》被重新"发现"之后,引起了当时许多学者的注意,如李锐(1768～1817)、沈钦裴(1829年写有《四元玉鉴》序)、徐有壬(1800～1860)、罗士琳(1789～1853)、戴煦(1805～1860)等人,都进行过研究。其中,以沈钦裴和罗士琳二人的工作最为突出。

1839年罗士琳经多年研究之后,出版了他所著的《四元玉鉴细草》一书,影响广泛。罗氏对《四元玉鉴》进行了校改并对书中每一问题都作了细草。但是他对此书关键问题(四元消法和级数求和)的理解,尚有需进一步研究者。与罗士琳同时,沈钦裴也对《四元玉鉴》作了精心的研究,每题也作了细草,经对比,沈氏《细草》比罗氏《细草》要更符合朱世杰原意。沈氏《细草》仅有两种抄本传世(其中一种是全本),现均收藏于北京图书馆。

清代数学家李善兰曾著有《四元解》(1845),但此书是作者以己意解四元方程组,对了解朱世杰原意帮助不大。其后陈棠著《四元消法简易草》(1899),卷末附有"假令四草"的"补正草",对理解朱世杰四元术是有帮助的。

日本数学史家三上义夫在其所著《中国及日本数学之发展》(The development of mathematics in China and Japan,1913)一书中将《四元玉鉴》介绍至国外。其后康南兹(E. L. Konantz)和赫师慎(L. Van Heé)分别把《四元玉鉴》中的"假令四草"译为英法两种文字。1977年华裔新西兰人谢元祚(J. Hoe)将《四元玉鉴》全文译成法文,并写了关于《四元玉鉴》的论文。

# 三　数　学　成　就

朱世杰的数学成就可简述如下:

## 1. 四元术

四元术是在天元术基础上逐渐发展而成的。天元术是一元高次方程列方程的方法。天元术开头处总要有"立天元一为××"之类的话,这相当于现代初等代数学中的"设未知数 $x$ 为××"。四元术是多元高次方程列方程和解方程的方法,未知数最多时可至四个。四元术开头处总要有"立天元一为××,地元一为○○,人元一为△△,物元一为＊＊",即相当于现代的"设 $x,y,z,u$ 为××,○○,△△,＊＊"。天元术是用一个竖列的筹式依次表示未知数($x$)的各次幂的系数的,而四元术则是天元术的推广。按莫若为《四元玉鉴》所写的序言所记述,四元式则是"其法以元气居中,立天元一于下,地元一于左,人元一于右,物元一于上,阴阳升降,进退左右,互通变化,错综无穷",此即在中间摆入常数项(元气居中),常数项下依次列入 $x$ 各次幂的系数,左边列 $y,y^2,y^3,\cdots$ 各项系数,右边为 $z,z^2,z^3,\cdots$ 各项系数,上边为 $u,u^2,u^3,\cdots$ 各项系数,而把 $xy,yz,zu,\cdots,x^2y,y^2z,z^2u,\cdots$ 各项系数依次置入相应位置中(如图1)。例如: $x+y+z$

$+u=0$，即可以下列筹式表示（如图 2）。而 $(x+y+z+u)^2=A$，即可以图 3 所示之筹式表示之，即将

| $y^4u^4$ | $y^3u^3$ | $y^2u^4$ | $yu^4$ | $u^4$ | $zu^4$ | $z^2u^4$ | $z^3u^4$ | $z^4u^4$ |
|---|---|---|---|---|---|---|---|---|
| $y^4u^3$ | $y^3u^3$ | $y^2u^3$ | $yu^3$ | $u^3$ | $zu^3$ | $z^2u^3$ | $z^3u^3$ | $z^4u^3$ |
| $y^4u^2$ | $y^3u^2$ | $y^2u^2$ | $yu^2$ | $u^2$ | $zu^2$ | $z^2u^2$ | $z^3u^2$ | $z^4u^2$ |
| $y^4u$ | $y^3u$ | $y^2u$ | $yu$ | $u$ | $zu$ | $z^2u$ | $z^3u$ | $z^4u$ |
| $y^4$ | $y^3$ | $y^2$ | $y$ | 元 | $z$ | $z^2$ | $z^3$ | $z^4$ |
| $xy^4$ | $xy^3$ | $xy^2$ | $xy$ | $x$ | $xz$ | $xz^2$ | $xz^3$ | $xz^4$ |
| $x^2y^4$ | $x^2y^3$ | $x^2y^2$ | $x^2y$ | $x^2$ | $x^2z$ | $x^2z^2$ | $x^2z^3$ | $x^2z^4$ |
| $x^3y^4$ | $x^3y^3$ | $x^3y^2$ | $x^3y$ | $x^3$ | $x^3z$ | $x^3z^2$ | $x^3z^3$ | $x^3z^4$ |
| $x^4y^4$ | $x^4y^3$ | $x^4y^2$ | $x^4y$ | $x^4$ | $x^4z$ | $x^4z^2$ | $x^4z^3$ | $x^4z^4$ |

图 1

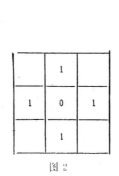
图 2

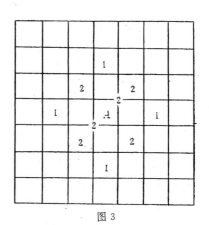
图 3

$$(x+y+z+u)^2=x^2+y^2+z^2+u^2+2xy+2xz+2xu+2yz+2yu+2zu$$

中的 $2xy$，$2yz$…等记入相应的格子中，而将不相邻的两个未知数的乘积如 $2xu$，$2yz$ 的系数记入夹缝处，以示区别。图 3 即是《四元玉鉴》书首给出的"四元自乘演段之图"（为了方便，我们用现代通用的阿拉伯数码代替了原图中的算筹）。如此记写的四元式，既可表示一个多项式，也可以表示一个方程。

四元式的四则运算如下进行。

（1）加、减：使两个四元式的常数项对准常数项，之后再将相应位置上的两个系数相加、减即可。

（2）乘：

①以未知数的整次幂乘另一四元式，如以 $x$，$x^2$，$x^3$，…乘四元式，则等于以该项系数乘整个四元式各项再将整个四元式下降，以 $x$ 乘则下降一格，$x^2$ 乘则下降二格。以 $y$ 的各次幂乘则向左移，以 $z$ 乘则右移，以 $u$ 乘则上升。

②二个四元式相乘：以甲式中每项乘乙式各项，再将乘得之各式相加。

（3）除（仅限于用未知数的整次幂来除）：等于以该项系数除四元式各项系数之后，整个四

元式再上、下、左、右移动。

　　上述四则运算也就是莫若《四元玉鉴》序言中所说的"阴阳升降,进退左右,互通变化,错综无穷"。在当时中国数学尚缺少数学符号的情况下,朱世杰利用中国古代的算筹能够进行如此复杂的运算,实属难能可贵。

　　朱世杰四元术精彩之处还在于消去法,即将多元高次方程组依次消元,最后只余下一个未知数,从而解决了整个方程组的求解问题。其步骤可简述如下:

　　(1) 二元二行式的消法

　　例如"假令四草"中"三才运元"一问,最后得出如下图的两个二元二行式,这相当于求解

| 7 | −6 太 |
|---|---|
| 3 | −7 |
| −1 | −3 |
| | 1 |

| 13 | −14 太 |
|---|---|
| 11 | −13 |
| 5 | −15 |
| −2 | −5 |
| | 2 |

$$\begin{cases} (7+3z-z^2)x+(-6-7z-3z^2+z^3)=0 \\ (13+11z+5z^2-2z^3)x+(-14-13z-15z^2-5z^3+2z^4)=0 \end{cases}$$

或将其写成更一般的形式

$$\begin{cases} A_1x+A_0=0 \\ B_1x+B_0=0 \end{cases}$$

其中 $A_0,B_1$ 和 $A_1,B_0$ 分别等于算筹图式中的"内二行"和"外二行",都是只含 $z$ 而不含 $x$ 的多项式。朱世杰解决这些二元二行式的消去法即是"内二行相乘,外二行相乘,相消"。也就是

$$F(z)=A_0B_1-A_1B_0=0$$

此时 $F(z)$ 只含 $z$,不含其他未知数。解之,即可得出 $z$ 之值,代入上式任何一式中,再解一次只含 $x$ 的方程即可求出 $x$。

　　(2) 二元多行式的消法

　　不论行数多少,例如 3 行,则可归结为

$$\begin{cases} A_2x^2+A_1x+A_0=0 & \qquad(1) \\ B_2x^2+B_1x+B_0=0 & \qquad(2) \end{cases}$$

以 $A_2$ 乘(2)式中 $B_2x^2$ 以外各项,再以 $B_2$ 乘(1)式中 $A_2x^2$ 以外各项,相消得

$$C_1x+C_0=0 \qquad\qquad(3)$$

以 $x$ 乘(3)式各项再与(1)或(2)联立,消去 $x^2$ 项,可得

$$D_1x+D_0=0 \qquad\qquad(4)$$

(3),(4)两式已是二元二行式,依前所述即可求解。

　　(3) 三元式和四元式消法

　　如在三元方程组中(如下列二式)欲消去 $y$:

$$\begin{cases} A_2y^2+A_1y+A_0=0 & \qquad(5) \\ B_2y^2+B_1y+B_0=0 & \qquad(6) \end{cases}$$

式中诸 $A_i,B_i$ 均只含 $x,z$ 不含 $y$。(5),(6)式稍作变化即有

$$\begin{cases} (A_2y+A_1)y+A_0=0 & (7) \\ (B_2y+B_1)y+B_0=0 & (8) \end{cases}$$

以 $A_0,B_0$ 与二式括号中多项式交互相乘,相消得

$$C_1y+C_0=0 \qquad\qquad (9)$$

(9)式再与(7),(8)式中任何一式联立,相消之后可得

$$D_1y+D_0=0 \qquad\qquad (10)$$

(9),(10)联立再消去 $y$,最后得

$$E=0 \qquad\qquad (11)$$

$E$ 中即只含 $x,z$。再另取一组三元式,依法相消得

$$F=0 \qquad\qquad (12)$$

(11),(12)只含两个未知数,可依前法联立,再消去一个未知数,即可得出一个只含一个未知数的方程,消去法步骤即告完成。

以上乃是利用现代数学符号化简之后进行介绍的,实际上整个运算步骤都是用中国古代所特有的计算工具算筹列成筹式进行的,虽然繁复,但条理明晰,步骤井然。它不但是中国古代筹算代数学的最高成就,而且在全世界,在 13～14 世纪之际,也是最高的成就。显而易见,在一个平面上摆列筹式,未知数不能超过四元,这也是朱世杰四元术的局限所在。

在欧洲,直到 18 世纪,继法国的贝祖(E.Bézout,1779)之后又有英国的西尔维斯特(J. J. Sylvester,1840)和凯莱(A. Cayley,1852)等人应用近代方法对消去法进行了较全面的研究。

### 2. 高阶等差级数求和

在中国古代,自宋代起便有了关于高阶等差级数求和问题的研究。在沈括(1031～1095)和杨辉的著作(1261～1275)中,都有各种垛积问题,这些垛积问题有一些就是高阶等差级数问题。另外,在历法计算过程中,特别是在计算太阳在黄道上的精确位置时,要用到内插法。在宋代历法中,已经考虑并用到三次差的内插法。这也是一种高阶等差级数的求和问题。

朱世杰在《四元玉鉴》中又把这一问题的研究进一步深化。

据研究,朱世杰已经掌握了如下一串三角垛的公式,即

茭草垛

$$1+2+3+\cdots+n=\sum_{r=1}^{n}r=\frac{1}{2!}n(n+1)$$

三角垛

$$1+3+6+10+\cdots=\sum_{r=1}^{n}\frac{1}{2}r(r+1)=\frac{1}{3!}n(n+1)(n+2)\text{(又称"落一形垛")}$$

撒星形垛

$$1 + 4 + 10 + 20 + \cdots = \sum_{r=1}^{n} \frac{1}{3} r(r+1)(r+2)$$
$$= \frac{1}{4!} n(n+1)(n+2)(n+3) \text{（又称"三角落一形垛"）}$$

三角撒星形垛

$$1 + 5 + 15 + \cdots = \sum_{r=1}^{n} \frac{1}{4} r(r+1)(r+2)(r+3)$$
$$= \frac{1}{5!} n(n+1)(n+2)(n+3)(n+4) \text{（又称"撒星更落一形垛"）}$$

三角撒星更落一形垛

$$1 + 6 + 21 + \cdots = \sum_{r=1}^{n} \frac{1}{5} r(r+1)(r+2)(r+3)(r+4)$$
$$= \frac{1}{6!} n(n+1)(n+2)(n+3)(n+4)(n+5)$$

从中不难看出前垛的求和结果恰好是后垛的一般项,即前垛的各层累计的和刚好是后垛中的一层,因此朱世杰常把后一种垛积称为前一垛积的"落一形垛"。这串公式可用一个公式来表达,即

$$\sum_{r=1}^{n} \frac{1}{p!} r(r+1)(r+2)\cdots(r+p-1)$$
$$= \frac{1}{(p+1)!} n(n+1)(n+2)\cdots(n+p) \tag{A}$$

当 $p=1,2,3,4,5$ 时,(A)式就是上述五个公式。

除(A)式之外,朱世杰还已掌握了

$$\sum_{r=1}^{n} \frac{1}{p!} r(r+1)(r+2)\cdots(r+p-1) \cdot r$$
$$= \frac{1}{(p+2)!} n(n+1)(n+2)\cdots(n+p)[(p+1)n+1] \tag{B}$$

当 $p=1$ 时称为四角垛,即

$$\sum r \cdot r = \frac{1}{3!} n(n+1)(2n+1)$$

当 $p=2$ 时称为岚峰形垛,即

$$\sum \frac{1}{2!} r(r+1) \cdot r = \frac{1}{4!} n(n+1)(n+2)(3n+1)$$

当 $p=3$ 时称为三角岚峰形垛,即

$$\sum \frac{1}{3!} r(r+1)(r+2) \cdot r = \frac{1}{5!} n(n+1)(n+2)(n+3)(4n+1)$$

当然,《四元玉鉴》中也还有一些其他类型的垛积问题。

由于朱世杰已经掌握了公式(A),掌握了一串三角垛公式,这使他有可能超越前人,提出

高次招插法公式,从而有可能解决任何一类高阶等差级数的求和问题。《四元玉鉴》"如象招数"门最后一问中提出了一个需用四次差(即四次差相等,五次差等于 0)的招差问题。如以现代符号记述,以 $\triangle^1$、$\triangle^2$、$\triangle^3$、$\triangle^4$ 表示一差、二差、三差和四差,朱世杰相当于给出了招插公式:

$$f(n)=n\triangle^1+\frac{1}{2!}n(n-1)\triangle^2+\frac{1}{3!}n(n-1)(n-2)\triangle^3$$

$$+\frac{1}{4!}n(n-1)(n-2)(n-3)\triangle^4$$

这是一个有关计算招兵人数的问题。朱世杰的解法是"求兵者:今招为上积,又今招减一为茭草底子积为二积,又今招减二为三角底子积为三积,又今招减三为三角落一积为下积,以各差乘各积,四位并之,即招兵数也",所描述的刚好就是上述公式。

因为朱世杰指出了上述公式各项的系数,刚好依次是一串三角垛的"积",从这一点出发不难推断朱世杰是可以将其推广至任意高次的高阶等差级数和招差问题上去的。

在西方,是格雷戈里(J. Gregory,1638~1675)最先对招插法进行了研究,直到牛顿(I. Newton)的著作(1676,1678)中才出现了关于招插术的一般公式。当然牛顿的公式采取了近代数学的形式,而且用途广泛,但朱世杰的首创之功也是不可泯灭的。

朱世杰在数学方面的贡献并不局限于上述两点,例如《算学启蒙》中所列各种歌诀、口诀(包括除法口诀)均已十分齐备,这为计算工具由筹算到珠算的过渡创造了条件。但四元术和高阶等差级数求和问题两方面的成就,仍显得十分突出,由于这两方面成就的出现,使得高度发展了的宋元时期的中国数学,更放异彩。

清代数学家王鉴说,朱世杰"兼秦(九韶)、李(冶)之所长",罗士琳也说他是"尤超越乎秦、李之上"。清代末年还有人评论说"中法以《四元玉鉴》为诣极之书"。20 世纪美国著名的科学史家萨顿(G. Sarton,1884~1956)评价朱世杰是"汉民族的,他所生存的时代的,同时也是贯穿古今的一位最杰出的数学家",说《四元玉鉴》"是中国数学著作中最重要的一部,同时也是中世纪最杰出的数学著作之一"。如此之高的评价,朱世杰和他的著作都是当之无愧的。

## 参 考 文 献

杜石然.1966.朱世杰研究.见:宋元数学史论文集.北京:科学出版社

李俨,杜石然.1964.中国古代数学简史 下册.北京:中华书局

钱宝琮主编.1964.中国数学史.北京:科学出版社

朱世杰(元)撰.1843.算学启蒙.朝鲜翻刻本

朱世杰(元)撰.沈钦裴(清)细草.四元玉鉴.清末抄本

朱世杰(元)撰.罗士琳(清)细草.1843.四元玉鉴细草.见:罗士琳.观我生室汇稿

(杜石然)

# 王　祯

王祯是元代出色的农学家、杰出的农具专家。他字伯善，元时中书省东平路东平县(今山东东平)人，生卒年不详。所撰著名农书《元史·新编艺文志·农家类》已以"王祯农书"标题著录。王祯《农书》作者自序撰于元仁宗皇庆二年(1313)。《元史》没有为王祯立传。《东平县志》仅在"王构传"中附带提到："同郡有王祯者，为丰城(应为永丰)县尹，著《农书》行世"数语[①]。王祯于元成宗元贞元年(1295)由承事郎升任江浙行省宣州旌德县(今安徽旌德)县尹。在职六年后，调任信州永丰县(今江西广丰)县尹。他身为地方官员，却在探讨、比较、推广、应用农业科学技术和搜集、整理、研究、改革农具方面倾注了大量心血。经10多年的努力，撰著了中国农业科学技术史上第一部兼论南北、注重技术方法比较、从全国范围总结农业生产经验的农书。书中的"农器图谱"部分，则是流传至今的中国最早的图文并茂的人畜(水)力农具典籍。王祯以自己的学术成就在中国农业科技史、中国科学技术史和世界科学技术史上树立了光辉的形象。

## 一

王祯所以能在农学上达到较高造诣，在农具方面取得卓越成就，是与民族图存抗争的深刻背景及他本人勤奋的治学精神密不可分的。

### 1. 蒙古族统治者向重农政策转变的背景

蒙古族原居于塞北广大地区，长于游牧。13世纪初，蒙古族统治者向南扩展，势力初期，尚未知悉作为封建统治基础的农业经济的重要性，也不了解课税的敛财作用。《元史·食货志》即称："农桑，王政之本也。太祖起朔方，其俗不待蚕而衣，不待耕而食，初无所事焉"。及至他们率部推进到中原广大汉族为主的农业区域，曾有一些人力主将草原畜牧业经营管理的一套办法应用于农区，变大片农田为牧场。窝阔台帝二年(1230)攻金时，蒙古贵族别迭就认为"汉人无补于国"，主张推行"可悉空其人，以为牧地"的政策。《元史·耶律楚材传》中，曾叙及这一情况。耶律楚材向窝阔台陈说农区牧区生产的差异，针对最高统治者急于筹措军需资财和长久统治的想法，提出课税纳赋的主张。耶律楚材说："陛下将南伐，军需宜有所资，诚均定中原地税、商税、盐酒铁冶山泽之利，岁可得银五十万两、帛八万匹、粟四十余万石，足以供给，何谓无补哉。"谏阻别迭变中原农田为牧地和课税纳赋的意见被窝阔台采纳。第二年，蒙古统治者就得到了足供军需和本身耗用的大量资财。事实使他们逐渐认识到，让汉人从事耕织、交纳税赋、提供差役，比杀戮和驱逐汉人，变农田为牧野，对他们更为有利。虽然不断出现蒙古王公贵族侵占民田、变农田为草场的事件，但终竟未能形成划一的政策。窝阔台九年(1237)，耶律楚材上奏了"陈时务十策"，当中提出"务农桑"的主张。由于这种恢复农业生产的意见切于时务，因而得到"悉实行之"的收效。到1260年元世祖忽必烈即位，已颇重视农业生产。据《元史·食货志》载，"世祖即

---

①　中国科学院山东分院历史研究所，山东古代三大农学家，山东人民出版社，1962年，第91页。

位之初,首诏天下,国以民为本,民以衣食为本,衣食以农桑为本,于是颁《农桑辑要》之书于民,俾民崇本抑末"。元世祖即位第一年就决定"令各路宣抚司择通晓农事者充随处劝农官",第二年,建立劝农司。到至元八年(1271),决定建司农司,专掌农桑水利。另据《元典章》载,至元八年曾颁布劝农立社条规 15 条。至元十年(1273),王磐在所撰"农桑辑要序"中说,"圣天子临御天下,欲使斯民生业富乐,而永无饿寒之忧,诏立大司农司,不治他事,而专以劝课农桑为务,行之五六年,功效大著,民间垦辟种艺之业,增前数倍。"① 从恢复发展生产、维持生活来说,人们也欢迎统治者的这种政策转变。

### 2. 汉族学者抗争图存恢复发展农业生产竞写农书的情绪

宋朝建国初期,颇注意恢复发展农业生产,罢除苛捐杂税、减轻赋役、奖励开荒、兴修水利、倡导重农、颁印农书。在田租、赋役、税制上也有重大变化,如赋役征取对象从身丁为主改变为主要依据土地户等资产为主等。其后,宋辽、宋金交兵过程中,都间或有长短不等的和平时期,农业和工商业曾有不少提高。都市中人材荟萃,官场冗员充斥。记载北宋京城景象的《东京梦华录》曾叙说"万姓交易"、"州桥夜市"的繁荣景况②。各种农、畜、果、菜产品、山珍海味、奇花异卉,多所出现。反映农、牧、园林、水产技艺达到较高的水平。宋廷战争失利,金、元统治者先后占有大片土地。汉族学人和官宦世家,不少人失去谋取高官厚禄的机缘。他们或是颠沛流离,或是参加生产,较易于接近底层民众生活。元代戴表元为王祯《农书》作序时,亦曾讲过儒者"为必不得已,宁退而躬耕野间,为农以毕世"③ 的话。在元朝统治者转而采取重农政策时,许多知识分子容易将这种施政变化与怀故国、振家业的幽思结合起来。他们学问有功底,又熟悉农业生产,在出路有限的情况下,人们竞写农书,从 1260 年起的数十年间,就有近 10 部农书撰成。这种民族图存抗争的情绪,是学人撰写农书的一个不可忽视的原因。

### 3. 东平曾是文人荟萃、治农学者辈出的地方

王祯的家乡东平,在元初已有许多名士设帐讲学授徒。《元史·王磐传》中讲:"东平总管严实,兴学养士,迎磐为师,受业者数百人,后多为名士。"王磐曾是 1273 年为《农桑辑要》作序的著名学者。他的学生孟祺是《农桑辑要》的主要编纂人。明人徐光启撰写的《农政全书》中,引《农桑辑要》栽棉内容时,曾称孟祺《农桑辑要》④。名士、治农学者们的活动,对东平出生长大的王祯不能没有影响。王祯撰写农书时,曾从《农桑辑要》里面大量引用材料。

### 4. 王祯本人有丰富的农事阅历和研究农学的浓厚志趣

王祯在农书作者自序中,开宗明义地讲:"农,天下之大本也。"他说:"古先圣哲敬民事也,首重农,其教民耕、织、种植、畜养、至纤至悉。"称自己撰书是"搜辑旧闻",认为积累的材料很详备,希望有志于民众利益和农事的人汲取应用。

王祯生长在北方农畜桑麻兴盛的齐鲁之乡,熟谙北方农业生产技术,后又在南方多年为

---

① 石声汉,农桑辑要校注·原序,农业出版社,1982 年。
② 孟元老,《东京梦华录》卷二、卷三。
③ 王毓瑚校《王祯农书》,附录戴表元"王伯善农书序",农业出版社,1981 年。
④ 徐光启,《农政全书》卷三十五"蚕桑广类"。

官,很留心南方农事技艺。元帝刻行王祯《农书》诏书抄白里面说,王祯"东鲁名儒,年高学博,南北游宦,涉历有年。尝著农桑通诀、农器图谱及谷谱等书,考究精详,训释明白,备古今圣经贤传之所载,合南北地利人事之所宜,下可以为田里之法程,上可以赞官府之劝课"[①]。从王祯《农书》中,作者自己在"甜瓜"条写有"又尝见浙间一种谓之阴瓜","沙田"条写有"愚尝客居江淮,目击其事","灌溉门、高转筒车"条写有"今平江虎丘寺剑池,亦类此制"等语,参照当时官员任用制度,有的学者推测王祯曾是元朝江南诸道行御史台或行大司农司等衙门的属官[①]。元代曾实行"择通晓农事者充随处劝农官"的办法,后来减掉劝农使,把责任交给地方官,州县守令兼管农事。在县级地方官员遴选中,王祯有通晓农事的条件,适宜任用为县尹。王祯又极其重视农业,并且成绩卓著,这是他身为地方官,又在农业科学技术与农具整理研究上做出成就的一定社会基础。戴表元为王祯《农书》作序时,提到王祯兢兢业业,坚持让农户栽种几棵桑树、种植麻、苧、稻、大麦、小麦等,都讲求方法,及时播种、耘锄,收获。又给民众画锄、耰、耧、耙等等合宜农具的式样,让他们仿作。如此不懈地帮助民众而不滋扰他们,三年后,王祯任县官的旌德县就有了很大的变化。王祯在旌德任县尹,倡导农业技术和推广农具,其毅力是不寻常的。戴表元序中明白写着,当初同僚们揶揄王祯,说他"多事",农民们不理会他,认为种庄稼是黎民百姓的事,祖祖辈辈历来如此,还用教什么?!王祯用坚韧不拔的实际行动,改变了人们的看法。嘉庆《旌德县志》中有一段发人深思的叙述,其中称:"王贞(祯),元贞元年(1295),以承事郎为县尹。惠爱有为,凡学宫、斋庑、尊经阁及县治坛庙、桥道,捐俸改修,为诸绅士倡。莅任六载,山斋萧然。尝著农器图谱、农桑通诀,教民勤树艺,又兼施医药,以救贫疾。种种善绩,口碑载道,后调永丰"[②]。

## 二

王祯撰著了中国农业科学技术史上第一部兼论南北、从全国范围总结提高农业生产科学技术经验的农书。他为中国古代优异农学的发展做出了不可磨灭的贡献。

### 1. 建立了较为完整的农业科学体系

王祯《农书》分"农桑通诀"、"百谷谱"、"农器图谱"三大部分。"农桑通诀"从总体上阐说当时农业生产科学技术的各个方面。首先对农事、牛耕、蚕桑、授时、地利等作约略的表述。接着详论了垦耕、耙耢、播种、锄治、粪壤、灌溉、收获、种植、蚕缫以及劝助、蓄积、祈报等方面的看法,具有通论性质。王祯的同时代人戴表元在阅述他的"农器图谱"、"农桑通诀"稿本后,说此书"纲提目举、华塞实聚,顾旧农书有南北异宜而古今异制者,此书历历可以通贯"。书中把农事各个专项内容彼此衔接联系起来,读后不使人产生内容割裂掺混的感觉。"百谷谱"把栽种的植物先列出"谷属"、"蓏属"、"蔬属"、"果属"及竹木、杂类、饮食等类,属(类)下一位再划开目,具体叙述某种或几种栽培植物。在科学史上,对应用性学科农学的分类体系的建立,王祯也做出了值得称道的贡献。农业科学技术每发展到一定阶段,往往需要适合当时研究探讨与阐释问题的体系例则与划类分级,它和以后的专项研究、深入考索关系至密。王祯《农书》中,"农器图谱"很

① 中国科学院山东分院历史研究所,山东古代三大农学家,第92页。
② 嘉庆《旌德县志》卷六"职官政绩门"。

能引人发生兴趣。那里面介绍了 20 门 261 目。其中不少是至今仍在广泛使用的农具。有若干门，如田制门、舟车门，人们并不习惯把其中包括的类目看成农具内容。这些材料对研究农业科学技术的历史发展则颇有横向参考的作用。

### 2. 兼论南北、采用比较方法、从全国范围总结提炼农业生产科学技术经验

王祯自幼熟悉北方农业情况，长期在南方指导农业生产，在元朝南北统一的历史条件下，人员以及农业生产技术和各种产品有了广泛交流的可能。王祯留心南北农业技术背景与特点的比较，这是以前农学家做不到、也没有条件做到的。公元 6 世纪贾思勰《齐民要术》虽然论及广泛的农学课题，但其重点为北方旱地种植技术；公元 12 世纪陈旉《农书》曾对农学作出较为系统的阐发，但较局限于南方水田范围。晚近中国农业科学技术史的研究论著，比较一致的看法是：从全国范围对农业作系统性、兼及南北论说的，在中国古代农书中，王祯《农书》是第一部①。与元人戴表元"王伯善农书序"中讲的"顾旧农书有南北异宜而古今异制者，此书历历可以通贯"的提法，颇为一致。

王祯《农书》中，贯穿着南北农业技术比较的方法。据初步计算，书中直接对比南北农业技术的段落有 20 余处。该书"垦耕篇第四曾详述北方南方耕垦的特点，并说："自北至南，习俗不同，曰垦曰耕，作事亦异。""耙耢篇第五"叙说耙耢之后，附讲用挞，提到"然南人未尝识此，盖南北习俗不同，故不知用挞之功。至于北方，远近之间亦有不同，有用耙而不知耢，有用耢而不知耙，亦有不知用挞者"。王祯《农书》中常把不同农具的使用方法或若干种植技艺南北并述，便于人们比较、采用。有所谓"今并载之，使南北通知，随宜所用，使无偏废，然后治田之法，可得论其全功也"。"锄治篇第七"末了讲"今采摭南北耕薅之法，备载于篇，庶善稼者相其土宜择而用之"等语，都体现了当时南北水旱田种植技术的广泛交流和灵活运用的指导思想。

### 3. 授时、地利篇章内容反映时宜、地宜思想的重大发展

王祯绘制了"授时指掌活法之图"，以交立春节为正月，交立夏节为四月，交立秋节为七月，交立冬节为十月，每月三旬，三个月为一季，按四季、十二月、二十四节气、七十二候排列农事活动。这样，月份、节气、农事活动比较容易掌握。王祯说，这种图"如环之循，如轮之转，农桑之节，以此占之"。用这种"授时指掌活法图"和所编日历结合起来，具有"授时历每岁一新，授时图常行不易"②的应用特点。他要求农家应当每家置一本，"考历推图，以定种艺"。王祯很欣赏授时图和日历相结合的作用，提到"非历无以起图，非图无以行历，表里相参，转运无停"。但他指出，按月授时，只是取"天地南北之中气"作标准，还要人们注意远近、寒暖的差别，谆谆提示人们应当"推测暑度，斟酌先后"，根据当地实际情况作出校正，才不致出现差谬。

王祯很为注意中国广大地域"南北高下相半"，所宜作物不同的特点，指出"南北渐远，寒暖殊别"，所种作物有宜早宜晚的差别。他也提到"东西寒暖稍平，所种杂错，然亦有南北高下之殊"。指明农业生产应据各地情况作相应的安排。王祯曾编绘出"地域图"，标示各地土壤异宜，用以指导安排种植。王祯《农书》中指明："是图之成，非独使民视为训则，抑亦望当世之在民上者，按图考传，随地所在，悉知风土所别，种艺所宜，虽万里而遥，四海之广，举在目前，如指掌

---

① 王毓瑚校《王祯农书》，"校者说明"，农业出版社，1981 年。
② 《王祯农书》，授时篇第一。

上,庶乎得天下农种之总要,国家教民之先务"。该图惜已失传,但用图标示农时、作业、土宜等,王祯在农书著作中应是首开范例的。

#### 4. 对当时新推广作物棉花的种植极为重视

作为论述全国农业生产技术经验的著作,王祯《农书》高度评价棉花推广种植以至纺织加工方面的突出作用。棉花在我国海南岛以及西南、西北一些边远地域早有种植,但在元代才在中原得到较快推广。王祯《农书》"木绵序"中曾讲:"至南北混一之后,商贩于北,服被渐广",[①]指的就是这一迅速普及种植的过程。"百谷谱木绵"条中也讲到棉花有着"不蚕而绵"、"不麻而布"、"又兼代毡毯之用"的特点。

王祯认为棉花产品"适用",种植加工"省便",提到它的种植推广,是边疆少数民族和中原民众互通有无、南方与北方广泛交流的综合结果。书中提到种植棉花是"华夏兼蛮夷之利","兼南北之利"的事情。王祯《农书》指明由于棉花的推广种植、制造,中国衣被原料才开始走上了新的阶段。书中深刻地总结说:"农务助桑麻之用,华夏兼蛮夷之利,将自此始矣"。正是由于王祯对棉花推广种植那样重视,所以他对那种引种新作物中一味强调"风土"的看法,感到很难接受。他曾引叙棉花从海南传到福建、江南、陕西等地域,生长良好的事实,据理加以驳辩。王祯的见解是:总的看,地域广阔,风土等条件确有很多不同;具体看,一州一地,也有各种各样的土质[②],作为一个重视农业科学技术的人,他并不否定风土条件的作用。他对《农桑辑要》中批评唯风土说"虽托之风土,种艺不谨者有之,种艺虽谨,不得其法者有之"的观点很赞成[③]。王祯实事求是,认真对待开拓棉花种植推广事业,表现了一个农业科学家的可贵进取精神。

## 三

王祯在农具搜集、整理方面有着重大的贡献。

#### 1. 撰出集中国古代人畜(水)力农具器械大成的著作

在我国悠长的农业历史中,使用农具多种多样,但叙述农具的著作,却很稀少。唐代陆龟蒙《耒耜经》主要谈犁的部件、功用;宋曾之谨曾撰《农具谱》,惜已失传。王祯花了巨大精力,撰写绘制"农器图谱"。他对农器与农田作业关系有着深刻的认识。他的见解是:"盖器非田不作,田非器不成。"[④] 图谱中对当时主要农具(甚至包括不少种土地利用方式、交通运输、纺织器械等项目)分作:田制、耒耜、镃錤、钱镈、铚艾、耙耢、籍笠、蓑蕢、杵臼、仓廪、鼎釜、舟车、灌溉、利用、秕麦、蚕缫、蚕桑、织纴、纩絮、麻苎等20个门类,在农具方面,几乎包括了我国传统人力畜力农具的各个种类,并绘有200余幅插图,是我国传统农具集大成的典籍。书中第一次记载了下种粪耧,这种耧斗后面另放筛过的细粪或拌蚕沙,播种时,随种将粪施下,覆在种子上,非常巧便。书中第一次出现刪刀的图形,描述它是开荒犁地的有力配套工具。书中对当时江浙间出现的耘荡,北方新推广使用的耧锄,都颇为留意。公元14世纪,王祯在农具方面作出如此大量细致的

---

① 《王祯农书》,"农器图谱"十九附"木绵序","农桑通诀"地利篇第二,"百谷谱"第十"木绵"。

②,③同①

④ 《王祯农书》,"农器图谱"第一。

搜集整理、推广介绍工作,被尊称为古代农具专家应是当之无愧的。

### 2. 主张应用合适的水利器械设施、获致人能胜天的功效

王祯在"农器图谱"中,对土地利用方式、提水工具、水利设施叙述颇详。反映作者很注意南方农业生产更趋精细、土地利用更为多样的情况。他记叙了圩田、柜田、涂田、沙田、架田。在"梯田"条中,具体道出了梯田是"盖田尽而地、地尽而山、山乡佃民,必求垦佃,犹胜不稼"的原委。王祯在书中用较多篇幅叙述了提水工具和水利设施。清代《四库全书提要》称王祯《农书》"图谱中所载水器,尤于实用有裨"。作者是特意多方搜摘水利灌溉设施及提水工具的资料的,"既述旧以增新,复随宜以制物"①。既重视历史上的文献,又留意现实中新的创造,因地制宜处理技术问题。省功力的机械要用,挑浚沟渠的基本建设也安排,水利设施则讲究"用水有法"。王祯不满一些人拘于常见、不能通变、不悉功力、不懂器具作用的因循思想。他曾高度评价人民群众在农田水利方面的创造能力,要人们了解农田水利的好处,又能得到合用的器械。借助人们的智慧和劳动,取得的水利功效可以是:大可下润于千顷,高可飞流于百尺,架之则远达,穴之则潜通,世间无不救之田,地上有可兴之雨。王祯叙述农具特点,绘制图形,不少工具注明细部结构、规格、尺寸、使用效益等项,对一些器械还注意其性能和效率的检验,在"高转筒车"条曾说:"此近创捷法,已经较试",表现了作者的认真态度。

### 3. 去短从长、更新蚕桑麻苎用具设施和人力纺织器械

王祯认为,农桑是衣食之本,不可偏废。所以,他倾注很大力量,搜集蚕麻用具、纺织器械,描绘图案,叙述使用方法。在"蚕簇"一条,王祯曾具体议论南北蚕簇的短长,说南簇规制狭小、获利亦薄;北簇积叠覆压,还有翻倒之虞。指出蚕簇间,高下、稀密、寒暖不宜,是发生蚕病、茧少的重要原因。王祯很留心新的创造,曾写"今闻善蚕者一法"。具体方法是在院内搭屋,蚕老时,将蚕簇放入,适当加温。这样,上有覆盖,下不潮湿,簇架宽平,总簇用火,便于照料。王祯认为这种办法好,"南北之间,去短就长,制此良法,皆宜用之"②。

作为一位农业科学技术家,王祯颇为重视人们技术水平的差距。"蚕桑门"中就蚕之用桑说:"然远近之间,习俗不通,故其制度巧拙绝异"。所以,王祯特别重视收集整理不同技术方法,使人们"去短从长,使知所择"。在"麻苎门"中,王祯指出南方人不了解刈麻,北方人不熟悉治苎的情况,以致沤浸掌握不好"生熟"火候。他悉心地把应该怎样做的办法开列出来,"庶使南北互相为法"。书中"南北互相为法","冀南北通用"的语句是频出的。

### 4. 在农具以及其它工具器械方面表现出多方面的才华与兴趣

王祯在《农书》中,对耕、种、收、打各种农具,耕槃、耕索、牛衣、牛軛等使役牲畜的工具,农田水利工具器械等等都详为列出。驾犁"耕槃"条提到:耕槃旧制稍短,槃与犁相连。书中指出:"今各处用犁不同,或三牛、四牛,其槃以直木,长可五尺,中置钩环,耕时旋撮犁首,与軛相为本末,不与犁为一体"。槃与犁不是一体,套具中加用钩环,牲畜拉犁耕地时,转动已颇方便了。

在这里值得特别提到的是王祯在总结"造活字印书法"方面的杰出贡献。王祯是为撰写刊

① 《王祯农书》,"农器图谱"第十三"灌溉门"。
② 《王祯农书》,"农器图谱"第十六"蚕簇"。

印农书,因字数甚多,难于雕板,才联想到创造木活字印书的。① 他也曾提到瓦活字、铸锡活字板,但难于使墨,很易印坏,不能取得起码的印刷效果。王祯在书中提到当时木活字的制作方法,先雕板木为字,再锯开成为一个一个方块字,用时排字作行,用竹片夹住,楔牢,然后用墨刷印。王祯还总结出:写韵刻字法,镂字修字法,作盔嵌字法,造轮法,取字法,作盔安字刷印法。刻字依韵排列,常用字不常用字刻量大小不一。排字的人转动韵轮或杂字轮,可以较快找到所需活字。王祯在取字法一段中,描述了一个人按韵依编定的号数唱字,一个人于转轮字盘上取字配合作业的情景。王祯在旌德县尹任内,开始撰写农书,考虑到刻刷困难,找人制作了木活字,并用木活字试印《旌德县志》,约6万字,不到一个月印齐了100部。"一如板刻,始知其可用",王祯的想法通过试验证明是成功的。到他调任永丰县尹,农书已经撰成,王祯本来想用活字嵌印,但是出现上级官府决定采用木板雕刻刷制这部农书的决定。王祯只好把木活字印刷这套器械和木活字收藏起来。本来为刻刷农书省便而苦心经营的木活字一套,只好"故且收贮,以待别用"了。

# 四

　　王祯这位卓越的古代农业科学家,农业工具专家,为搜集农业生产和科学技术资料曾付出巨大劳苦,为撰写"农桑通诀"、"农器图谱"、"谷谱",曾夜以继日地付出艰辛,农书终于写出来了。但王祯为刊刻印刷农书,虽经多年奔波,创制、试印中有成功的喜悦,也有失败的苦恼,终究少有收效。其出书之难,可谓难于上青天了。尽管王祯《农书》卷末"杂录"提到上级官府决定采用木板雕刻刷制农书,元朝皇帝有刻行王祯《农书》的诏书②,在尚未揭示出元刻本存世的证据前,元代是否刊刻尚属疑问。所幸王祯《农书》能在传抄中流行民间,并被收入《永乐大典》。明代嘉靖年间山东"新刻东鲁王氏农书序"中,曾提到有数名官员过问王祯《农书》的刻印,其间也流露出经手人员"顾数十万字,病又时作,不能卒办"③的难处。嘉靖"明山东布政使司刻行王祯农书移文"④中提到王祯所著农书为"农桑通诀"、"农器图谱"、"谷谱"三部,说:"凡南北治农治蚕之法,纤悉具备。"但仍指出:"惜乎久无刻本,民鲜得观。""即今流传抄本见在,合应再加校正,命工翻刻"。说明可能是明嘉靖年间才开始刊刻刷印。

　　王祯是一位有成就有抱负的地方官员,他在农业科学技术史上做出过巨大的贡献。当然也不能完全脱开他的时代局限。书中"祈报"之类,"饮食类"中"辟谷"之法,说服仙方药味,可以达到300日不饥,2400日不饥,甚至永不饥,这显然是荒诞无稽的。

　　王祯撰的"农器图谱",从文字到绘图都下了很大功夫。但是,不少技术内容待需要深入分析、量测材料的时刻,王祯却给人们难以寻求究竟的诗句来替代。难怪重视实验与逻辑推理的明代农业科学家徐光启在他的《农政全书》中,深有所指地说:"王祯的诗学胜于农学⑤。

①《王祯农书》,卷末杂录"造活字印书法"。

②《王祯农书》附录。

③《王祯农书》附录。

④《王祯农书》附录。

⑤ 徐光启,《农政全书》,卷五,田制。

# 参 考 文 献

邱树森,1981. 王祯农学思想初探. 南京大学学报,(4)

师道刚等.1984. 从三部农书看元朝农业生产. 见:元史论集,北京:人民出版社

石声汉.1980. 中国农书评介. 北京:农业出版社

万国鼎.1963. 王祯和农书. 北京:中华书局

王祯(元)撰,王毓瑚校.1981. 王祯农书. 北京:农业出版社

杨树森.1982. 论耶律楚材. 东北师范大学学报,(3)

中国科学院山东分院历史所.1962. 山东古代三大农学家. 济南:山东人民出版社

天野元之助〔日〕.1967. 元の王祯《農書》の研究. 見:宋元時代の科学技術史. 京都:京都大学人文科学研究所

（杨直民）

# 朱 震 亨

金元四大医家中,朱震亨所出最晚。先习儒学,后改医道,在研习《素问》、《难经》等经典著作的基础之上,复又访求名医,受业于刘完素的再传弟子罗知悌,成为博采诸家之长,融为一体的一代名医。朱震亨以为三家所论,于泻火、攻邪、补中益气诸法之外,尚嫌未备滋阴大法,故倡"阳常有余,阴常不足"之说,申明人体阴气、元精之要,故被后世称为"滋阴派"的创始人。临证治疗,效如桴鼓,多有服药即愈不必复诊之例,故时人誉之为"朱一帖"①。弟子众多,方书广传,是元代著名的医学家。

## 一 生 平 事 迹

朱震亨,字彦修,生于元世祖至元辛巳十一月二十八日,卒于元惠宗至正戊戌六月二十四日(1281~1358),享年78岁②。其祖上原居平陵,至晋永兴年间始迁于婺州义乌(今浙江义乌)。因为他出生的赤岸镇有一条溪流名叫"丹溪",所以学者多尊称朱震亨为"丹溪翁",或"丹溪先生"。

朱氏家族"子孙蝉联,多发闻于世",当地郡志及家乘载之为详。南宋后期,其祖上在当地开设学堂,讲授六经。金华之地自入赵宋之后,讲明道学的儒者,前后接踵不绝,有小邹鲁之称③。朱震亨自幼聪明,"读书即了大义,为声律之赋,刻烛而成"。年长者对他都很器重,但年稍长后,却弃而不学,变得崇尚侠气,争强好胜。若乡中望族仗势欺侮,"必风怒电激求直于有司,上下摇手相戒,莫或轻犯"。朱震亨36岁时,闻有朱熹四传弟子许谦居于东阳八华山中,"学者翕然从之,寻开门讲学,远而幽、冀、齐、鲁,近而荆、扬、吴、越,皆不惮百舍来受业。及门之士,著录者千余人"。④不禁叹道:"丈夫所学,不务闻道,而唯侠是尚,不亦惑乎?"于是"抠衣往事",就学于许公门下。听其所讲"天命人心之秘,内圣外王之微",方悔恨昔日之"沉冥颠沛",不由汗下如雨。自此茅塞方开,日有所悟,每晚与友人一起探讨学问,常至夜半"不以一毫苟且自恕"。如此数年之后,学业渐成,一日地方官设宴招待应举之士,震亨应试书经,但偶遇算命先生,先后两卦均言不利。震亨竟以为天命如此,遂绝仕进之念,以为"苟推一家之政,以达于乡党州间,宁非仕乎?"于是乃就祖宗所建"适意亭"遗址上,造祠堂若干间,于其中"考朱子家礼而损益其仪文"。又在祠堂之南复建"适意亭",使同族子弟就学其中。

当时,元朝统治者对汉民征收的赋税项目中,有名之为"包银"者,系按户等征收,税额参差不等,是当时汉民户的一项沉重负担。"州县督催,急如星火","一里之间,不下数十姓,民莫敢与辨"。唯独朱震亨所居之里,"仅上富氓二人",郡守责问说:"此非常法,君不爱头乎?"朱震亨

---

① 汤士彦,朱丹溪的遗闻轶事,浙江中医杂志,1957,(1):45。
② 宋濂,《故丹溪先生朱公石表辞》,载《丹溪心法》,上海科技出版社,1959年。生平事迹中未注出处者均系据此。
③ 唐玉虬,医林儒林合为一人的朱丹溪,新中医药,1957,(4):47。
④ 《元史》列传第七十六《许谦》。

笑着答道："你是官,脑袋固然应该珍惜,我一个小百姓却无所谓。你这样作,后患无穷,如果一定要多收的话,我愿加倍支付以代穷苦百姓"。

县中有位贪官,专好侍奉鬼神,欲征民财修建"岱宗祠"以求福,唯惧朱震亨反对,试问之,朱震亨义正辞严地驳斥说:"我受命于天,何必向土偶献媚!且岳神无知则已,倘若有知,当时贫困之年,百姓连糠都吃不饱,那就先解决这个问题,然后再谈降福吧!"此项赋役遂罢。

朱震亨为百姓挺身向前之事颇多,凡遇"苛敛之至,先生即以身前,辞气恳款,上官多听,为之损裁"。此外,他还积极组织大家一起兴修水利,为民谋福。当地有个"蜀墅塘,周围凡三千六百步",能灌溉农田六千多亩,但因堤坏水竭,屡致旱灾。在朱震亨的带领下,大家协力修筑堤坊,并开凿了三条渠道,根据水量而舒泄之,使百姓均得受益。

因此当时的一些清廉官吏,听说朱氏之名后,没有不希望结交的,及至见面,又都想推荐保举他作官,但均被朱震亨辞绝,只是再三地向他们陈述百姓之苦与官吏之弊,"不啻亲受其病者"。朱震亨的为人大抵若此。

导致朱震亨从儒转医,有几方面的原因。首先是他素怀惠民之心,"吾既穷而在下,泽不能致远。其可远者,非医将安务乎?"正如前人所云:不为良相,但为良医。另一方面,在他30岁时,母亲患脾疼,许多医生都束手无策,亦使他有志于医。"遂取《素问》读之,三年似有所得。"[1] 又过了两年,他自己处方开药治愈了母亲的疾患。因而追忆起以前孩子患内伤、伯父病督闷、叔父罹鼻衄、幼弟苦腿痛、妻子婴痰积,非病不治,"一皆殁于药之误也,"不由得"心胆摧裂,痛不可追。"[2]

又因其师许谦本不以名利为务,教授学生"随其材分,咸有所得。然独不以科举之文授人,曰:此义、利之所由分也。"[3] 如此熏陶,久之必对朱震亨的思想有所影响,偏巧此时许公又对他说:"吾卧病久,非精于医者不能以起之。子聪明异常人,其肯游艺于医乎?"此言正中朱震亨下怀,于是"焚弃向所习举子业,一于医致力焉。"[4]

当时盛行陈师文、裴宗元在宋大观年间制定的297方,即《和剂局方》。朱震亨昼夜研习,既而悟到"操古方以治今病,其势不能以尽合。苟将起度量、立规矩、称权衡,必也《素》、《难》诸经乎?"[5] 但当时乡间医生鲜有知之者,朱震亨于是治装出游,访求名师,"但闻某处有某治医,便往拜而问之。"[6] 他渡过浙江,走吴中(江苏吴县)、出宛陵(安徽宣城)、抵南徐(江苏丹徒)、达建业(南京)。后又到定城,始得刘完素的《原病式》和东垣方稿,[7] 但始终未遇到理想的老师。直到泰定二年(1325)夏天,他才在武林(浙江杭州)听人说此地有名罗知悌者,世称太无先生,为"宋理宗朝寺人,业精于医,得金刘完素之再传,而旁通张从正、李杲二家之说",但此人性格狭隘,自恃医技高明,很难接近。朱震亨几度往返登门拜谒,均未得亲见,赵趄三月之余。但他心诚意真,求之愈甚,每日拱手立于罗知悌前,置风雨于不顾。有人对太无先生说,此人名叫朱彦修,你居于江南却傲而不交,是要受到别人非议的,如此罗知悌方肯整衣相见,谁知却一见如

① 朱震亨,《格致余论》序,人民卫生出版社,1956年。
② 《格致余论》序。
③ 《元史》列传第七十六《许谦》。
④ 戴良,《丹溪翁传》,载《丹溪心法》。
⑤ 戴良,《丹溪翁传》,载《丹溪心法》。
⑥ 《格致余论·张子和攻击注论》。
⑦ 《格致余论·张子和攻击注论》。

故。罗知悌对朱震亨说:学医之要,必本于《素问》、《难经》,而湿热相火为病最多,人罕有知其秘者。兼之长沙之书,详于外感;东垣之书,详于内伤;必两尽之,治疾方无所憾。区区陈、裴之学,泥之且杀人。"闻此,朱震亨以往的疑问尽皆冰释。罗知悌当时年已古稀,卧于床上,每日有求医者来并不亲自诊视,只是让弟子察脉观色,但听回禀便处方药。随罗知悌学习的一年半时间中,朱震亨尽得其传刘完素、张从正、李杲等诸家之学,回到家乡后,乡间诸医"始皆大惊",不知他在外边学到多大本事,但看他诊病用药,却"笑且排",以为不伦不类。

朱震亨的老师许公患心痛,用辛香燥热之药治已数十年,非但未愈,且见"足挛痛甚,恶寒而多呕,"服黑锡、黄芽诸丹药,又艾灸达十余万壮,自认已是废人,诸医早告技穷。朱震亨因见其有内热之征,遂以刘河间通圣散治之,尽去腑间糟粕,"近半月而病似退,又半月而略思谷",见其两足仍难行走,又以"倒仓法"治之,其效"节节如应,因得为全人,次年再得一男。"① 诸医看到如此神效,不由得"大服相推尊",愿作他的学生。四方因病求治者,每日不断,朱震亨总是有求必应,立即前往,从不因刮风下雨等原因推脱。至使贴身仆人都难忍受,其劳累之甚可想而知。值此,朱震亨总是耐心教育仆人说:"疾者度刻如岁,而欲自逸耶?"或有贫穷百姓求药,又无钱支付时,他总是无偿奉送。有时听说某人患病,不待病家来请,朱震亨早已带着药物前去诊治了。

朱震亨在行医治病的几十年中,之所以能够疗效显著,主要是因为他努力汲取前人的经验,"于诸家方论,则靡所不通"。② 同时他又能克服某些人"靳靳守古"的狭隘弊病,"遇病施治,不胶于古方",最终却又"操纵取舍而卒与古合"。③ 有位名叫罗成之的医生自金陵来访,自以为早已精通张仲景的学说,但朱震亨却说:"仲景之书,收拾于残篇断简之余,然其间或有不备,或意有未尽,或编次之脱落,或义例之乖舛。吾每观之,不能以无疑"。并随手指出几处请他观之,然罗先生尚不能领悟,直到遇见一个具体的病例,朱震亨断为"阴虚为热"而用益阴补血之剂治疗,未出三日而愈。罗成之方始醒悟,因而叹道:"以某之所见,未免作伤寒治"。④

朱震亨晚年整理自己的行医经验与心得,写成许多著作。临终前没有其他嘱咐,只是将随他学医的侄儿叫到面前诲之曰:"医学亦难矣,汝谨识之。"言讫,端坐而逝。

朱震亨的坟墓在赤岸镇东行四公里的东朱村,面对八华青山。曾几经修葺,表达了后人的深切怀念。

## 二 著 作 考 证

医学书籍的各种目录中,题为朱震亨所著者不下几十种。还有些书名前冠"丹溪"二字,或被误认丹溪所著。据宋濂"石表"所记,朱震亨的著作共有七种:"宋论一卷;格致余论若干卷;局方发挥若干卷;伤寒论辨若干卷;外科精要发挥若干卷;本草衍义补遗若干卷;风水问答若干卷"。除去《宋论》与《风水问答》之外的五种医书,与戴良"丹溪翁传"所载著作的名称相同,因此可以认为这五种医学著作是出自朱震亨之手的。

---

① 《格致余论·倒仓论》。
② 戴良,《丹溪翁传》。
③ 戴良,《丹溪翁传》。
④ 戴良,《丹溪翁传》。

《伤寒论辨》:此书未见。

《外科精要发挥》:《医籍考》云此书已佚。

《格致余论》:全书一卷。载有医论 44 篇,是朱震亨学术思想的代表作之一。自卷首"饮食色欲箴"至卷终"张子和攻击注论",均贯穿"阳常有余,阴恒不足"及"相火"的理论。自序云:"古人以医为吾儒格物致知一事,故目其篇曰'格致余论',未知其果是否耶"。是为本书标题之义。

宋濂为此书题辞是在至正七年(1347),称此书为朱丹溪"徇门人张翼等请,著为书若干篇,名之曰格致余论"。可知书成大致于此时。

《局方发挥》:全书一卷。此书以自问自答的形式体裁,先后提出问题 30 余则,通过解答这些问题,阐发了作者认为《和剂局方》存在着用药过于香燥,且无病因、病机之论等弊病,机械套用必将遗害无穷的医学思想。

对于此书,后人因自己学术思想之不同而褒贬不一,《四库全书总目提要》则指出二者是"各明一义而忘其各执一偏,其病实相等也"。

《本草衍义补遗》:本书一卷。实载药物 184 种,其中有《本草衍义》所未收药物 45 种。李时珍称此书"多有发明",但又存在着以"兰草之为兰花,胡粉之为锡粉,未免泥于旧说,而以诸药分配五行,失之牵强"的问题。

书中补《衍义》未收之龟板云:"龟板大有补阴之功,而本草不言,惜哉!其补阴之功力猛,而兼去瘀血、续筋骨、治劳倦"等等。确与朱氏临床用药相吻合,是很宝贵的经验之谈。

《素问纠略》一卷。此书未见,但《医籍考》云:"朱氏震亨素问纠略,一卷,存。"查《元史艺文志》、《中医图书联合目录》、《中医大辞典》等均无此名。朱氏《格致余论》中有"生气通天论病因章句辨"一篇,纠正了王冰所断章句之误。或此篇原为一稿,名"素问纠略";或后人将此摘出而名之,均有可能。

另一类著作虽题为朱震亨撰,实出于后人撮拾丹溪旧论而成书,诸如以下各书即是。

《金匮钩玄》:此书三卷,专论杂证。其中凡称"戴云"者,即为门人戴元礼之语。然书中可见某病罗先生治法如何如何之语,当是丹溪旧论。书后附有"论"数篇,其中又见丹溪云如何如何,可知亦非朱氏手笔。此书经明代薛己校订后,改名为《平治会萃》。

《脉因证治》:此书二卷。按脉、因、证、治罗列 70 证。前贤早已指出此书大抵掇拾以上诸书而成,又称此为丹溪书之节本[①]。

《丹溪心法》:此书五卷,是丹溪著作中篇幅最长,流传最广的一种。但此书亦非出自丹溪之手,如书中"发热四十七",仅见"阴虚发热证难治"一句,其下即为"戴云"。又如第九十九为"拾遗杂论",显然是搜集丹溪旧论所成。再则朱震亨并非自号"丹溪",而是后人"尊之而不敢字,故因其地称之曰丹溪先生"[②]。故将此类书名的著作视为出自后人之手是比较妥当的。

# 三 学术思想与贡献

## 1."《局方发挥》出,而医学始一变"[③]

朱震亨学医之始,是从《和剂局方》入手的,但很快就发现按图索骥,终不可得。于是才有拜

---

① 《中国医籍提要》第 450 页。

② 《丹溪心法》第 389 页。

③ 《四库全书总目提要》。

师求艺之举。对于当时盛行用《和剂局方》治病而带来的不良后果，朱震亨深有体会，例如甲申年春天邑间痘疮流行，不越一家，医者用辛温之剂治之，"童幼死者百余人"①。朱氏认为这并非全由天数，亦与治疗不当有关。又如"东阳吴子方，年五十，形肥味厚且多忧怒，脉常沉涩，自春来得痰气病，医认为虚寒，率与燥热香窜之剂。至四月间两足弱，气上冲，饮食减"②。诸如此类不胜枚举，感而著成《局方发挥》一书，就此发表自己的见解。在这部著作中，朱震亨首先指出《和剂局方》用药有偏好香燥、金石之弊，例如在"皮肤燥痒"一症中说："岂可以一十七两重之金石，佐以五两重之脑麝香桂，而欲以一两重之当归和血，一升之童便活血，一升之生地黄汁生血，夫枯槁之血果能和而生乎?"在论"补肾"的"地仙丹"时说："滋补之药与僭燥走窜之药相半用之，肾恶燥，而谓可以补肾乎?八味丸，仲景肾经药也，八两地黄以一两附子佐之，观此则是非可得而定矣，非吾之过论也。"

　　朱震亨虽然指出《和剂局方》组方中的问题，但他并非绝对不用该书中的方剂，因而应该看到他的辨析与锋芒所向，主要是针对那种不对病因、病机进行分析，仅仅根据病人的症状就决定方药的现象。朱氏认为当时流行的《和剂局方》固然可以"据证检方，即方用药，不必求医，不必修制"，甚至有配好的成药出售，有其方便的一面，但"集前人已效之方，应今人无限之病，何异刻舟求剑，按图索骥"③。例如有人认为"治脾肾以温补药，岂非《局方》之良法耶?"朱震亨就此指出："脾肾有病，未必皆寒"，进而将《和剂局方》的有关方剂与张仲景的一些方剂进行对比来说明这一问题。《局方》方剂如下：

　　　　　　养脾丸：脾胃虚冷，体倦不食。

　　　　　　嘉禾丸：脾胃不和，不能多食。

　　　　　　消食丸：脾胃俱虚，饮食不下。

　　　　　　小独圣丸：脾胃不和，不思饮食。

　　　　　　大七香丸：脾冷胃虚，不思饮食。

　　　　　　连翘丸：脾胃不和，饮食不下。

　　　　　　分气紫苏饮：脾胃不和。

　　　　　　木香饼子：脾胃虚寒。

　　　　　　温中良姜丸：温脾胃。

　　　　　　夺命抽刀散：脾胃冷。

　　　　　　烧脾散：脾胃虚。

　　　　　　进食散：脾胃虚冷，不思饮食。

　　　　　　丁香煮散：脾冷胃寒。

　　　　　　二姜丸：养脾温胃。

　　　　　　姜合丸：脾胃久虚。

　　　　　　蓬煎丸：脾胃虚弱。

　　　　　　守金丸：脾胃虚冷。

　　　　　　集香丸：脾胃不和。

　　①　《格致余论·豆疮陈氏方论》。

　　②　《格致余论·涩脉论》。

　　③　朱震亨，《局方发挥》，人民卫生出版社，1956 年，第 1 页。

　　蟠葱散:脾胃虚冷。

　　壮脾丸:脾胃虚弱。

　　人参丁香散:脾胃虚弱。

　　人参煮散:脾胃不和。

　　丁香透膈汤:脾胃不和。

　　丁香五夺丸:脾胃虚弱。

　　腽肭脐丸:壮气暖肾。

　　菟丝子丸:肾虚。

　　金钗石斛丸:气不足。

　　茴香丸:脏虚冷。

　　玉霜丸:气虚。

　　安肾丸:肾积寒。

　　麝香鹿茸丸:益气。

　　椒附丸:温五脏。

　　苁蓉大补丸:元气虚。

　　锺乳白泽丸:诸虚。

　　三建汤:气不足。

　　这些方剂都说"补脾胃、温脾胃、补肾、补五脏、补真气",但各方之下所列症状却有"舌苦、面黄、中酒吐酒、酒积、水道涩痛、小便出血、咽干、口唇干燥、衄、小便淋沥"等等,"悉是明具热证,如何类聚燥热而谓可以健脾温胃,而滋肾补气乎?"朱震亨所举张仲景治脾肾的不同之法大致有:

　　诸呕吐谷不得入者:小半夏汤主之。

　　疸病寒热不食,食则头眩,心胸不安者:茵陈汤主之。

　　身肿,心胸停痰,吐水虚满不能食者:茯苓汤主之。

　　中风手足拘急,恶寒不欲饮食者:三黄汤主之。

　　下利不欲饮食者:大承气汤主之。

　　五劳虚极,羸瘦不能食者:大黄䗪虫丸主之。

　　虚劳不足,汗出而闷,脉结心悸者:炙甘草汤主之。

　　虚劳腰痛,小腹拘急者:八味丸主之。

　　虚劳不足者:大薯蓣丸主之。

　　虚劳虚烦不得眠者:酸枣仁汤主之。

　　这些方药所治诸症虽与《和剂局方》所举相似或相同,但治疗法则却有极大区别,"痰者导之,热者清之,积者化之,湿者渗之,中气清和自然安裕;虚者补之,血凝者散之,躁者宁之,热者和之,阴气清宁,何虚劳之有也。"通过这样一个例子,可以看出朱氏的用意主要是为说明辨证施治这一根本原则的重要性。倘若另有一册医书,全为寒凉、泻热、滋阴补血之法,想必朱震亨也一定会进行"发挥"的。

　　朱震亨所论不仅在当时有极深刻的意义,即便是在今天,这种问题亦是相当严重的。一方面表现在某些医生身上,不肯用脑费力,唯好搜集验方,备于肘后。遇到某病即寻某方,致于药证是否相符则从不顾虑,这正是朱氏所批评的"抱薪救火,屠剑何异!"另一方面则表现在中成药方面,每种药品均写明主治何病,甚至药名即标明功效,医生、病人、售药者都可顾名思义,不考虑与具体病情是否相符。只要是牙痛,谁都知道吃点"牛黄解毒丸";遇到感冒就买"银翘解毒丸"。病人如此,尚无可厚非,如果医生也是如此,那么还要医生干什么呢?这不正是朱氏批评《和剂局方》"医门传之以为业,病者恃之以立命,世人习之以成俗"的延续。这种现象不消除,终将导致祖国医学走上存药废医的境地。

在批评《和剂局方》流弊的同时,朱氏指出正确的方法不外是"圆机活法",即"因病以制方",而不是"制药以俟病"。除处方用药之处,在服法上亦复如是,某些药"一饮病安便止后药",焉可"改为丸药,剂以面糊,日与三服。"

那么依朱氏所论是否就该废除中成药呢?如果这样认为,岂不又是不识"圆机活法"的另一种表现形式吗?其实只要弄清中成药的组方用意,灵活运用,往往可以简捷方便地治愈一些该药并未提及的病症,例如近年将防风通圣丸用于减肥就是一例。

### 2. 兼承三家之说,融为一体

朱震亨在金元四大家中,所出最晚,得罗知悌传授刘、张、李三家之说,因而能够效法罗氏,兼收并蓄三家之长,这一点与历史时代,以及罗氏师传的作用都是不可分割的。

在朱震亨的著作中,每每可见引用《原病式》等书,或直言河间、完素、子和、东垣、罗先生等人所论和治疗经验。这又说明他在治学上毫无门派之见,肯于吸收前人各家之长,这也是他能继承三家之后成为一代名医所必不可少的主观因素。

朱震亨虽然受业于刘完素的再传弟子,在《局方发挥》中也屡见他引用刘氏论点批驳《和剂局方》偏嗜香燥之弊,其"阳常有余,阴常不足"的论点亦与河间"火热论"有共同之处,但在一些具体问题上却毫不拘泥于完素所论。例如他运用刘完素的代表方剂"防风通圣散"时,有"去麻黄、大黄、芒硝,加当归、地黄"[1] 之变。刘完素将诸痛痒疮,皆归于心火,朱氏却本于《素问》,以为:"经曰:诸痒为虚。血不荣肌腠,所以痒也,当与滋补药以养阴血,血和肌润痒自不作"[2]。在泻痢证治中,则直接反对"河间之言,滞下似无挟虚、挟寒者"的论点,指出"余近年涉历,亦有大虚大寒者,不可不知"。所举病例系"与参、术为君,当归身、陈皮为臣,川芎、炒白芍药、茯苓为佐使,少加黄连";"四物汤去地黄,加人参、白术、陈皮、酒红花、茯苓、桃仁煎,入生姜汁饮之"等等[3]。

对于张子和的攻邪理论,朱震亨以为"孟浪"[4]。这与他儒家的中庸思想是紧密联系的,所以治病多守"王道"。遇有可下之证"亦宜略与疏导,若援张子和浚川散、禹功丸为例,行迅攻之法,实所不敢"[5]。又如治妇人乳腺炎,必有成脓者,此时放出脓汁本是正治,但朱震亨亦视此为"庸工喜于自炫,便用针刀引излечить"[6]。唯于朱震亨的著作中,常见使用吐法,例如在"治病必求其本论"中,举其族叔之泄利,以为积痰在肺而以"茱萸、陈皮、青葱、蓖苜根、生姜煎浓汤和以沙糖饮一碗许,自以指探喉中,至半时辰吐痰半升许如胶,是夜减半;次早又饮又吐半升,而利

---

①　《局方发挥》第 50 页。

②　同①,第 5 页。

③　《局方发挥》第 58～60 页。

④　《格致余论》第 120 页。

⑤　《格致余论》第 80 页。

⑥　《格致余论》第 63 页。

止"①。这类病例一般是不用吐法的,由此观之,对于吐法的使用,朱震亨是受了张子和较大影响的。

对于李东垣的学说与治则,他也是选择性地吸收,例如在"崩漏"一症中,他曾说:"血崩,东垣有治法,但不言热,其主在寒,学者宜寻思之。"② 具体治则中,"因劳者,用参芪带升补药"是东垣之法,而"紫色成块者,热,以四物汤加黄连之类"则是朱震亨的惯用之法。

在医学理论方面,朱震亨一再提到"东垣谓:火与元气不两立;又谓:火,气之贼也"③。并说他自己所强调的"相火"理论也是直接继承而来:"《内经》相火注曰少阴少阳矣,未尝言及厥阴太阳……足太阳少阴,东垣言之矣。治以炒柏,取其味辛能泻水中之火是也。戴人亦言胆与三焦寻火治,肝和胞络都无异此,历指龙雷之火也。予亦备述天人之火皆生于动,如上文所云者,实推广二公之意"④。

除此之外,朱氏还广泛涉猎各家学说,例如读过"豆疮陈氏方论"后,以为此书用药一如《局方》,有燥热之弊,但假如遇到"肺果有寒,脾果有湿而兼有虚"的病人,"量而与之,中病则止,何伤之有?"因而推论"陈氏立方之时,必有挟寒而豆疮者,其用燥热补之固其宜也"。对于前人的经验,朱震亨的原则是"予尝会诸家之粹,求其意而用之"⑤。这的确可以认为是一个医生的最佳选择方案。

### 3. 养阴学说与养老论

朱震亨医学思想的核心理论是"阳常有余,阴常不足"⑥。对此的论证,朱氏不外以天阳地阴、天大地小;日阳月阴、日实月缺等自然现象加以类比说明。尽管论点是正确的,论据却显不足。实际上,就人体科学而论,中医学从古至今所说的一个"阳"字,主要是指功能而言;相应地,"阴"则是指有形有质的物质基础而言,而且这种基础还必须是指能转变为功能的形质而言。一切代谢废物、过多的水液停滞皆不在此列。众所周知血为人身之宝,但衰老的红细胞如不被破坏掉,则不但没有携氧的功能而且会增加血流的阻力,尽管在红细胞计数上可以滥竽充数,实际上对人体有害而无益。中国古代医学没有这些具体形态的认识做基础,却在宏观上注意到形质与功能间的种种微妙关系。只有从这一角度着眼,才能真正理解朱震亨"阴常不足"的正确含义。由于一切外在的功能表现,都必须是以内在的形质为基础的,因此朱震亨提出"补养阴血,阳自相附"⑦ 的治疗大法。反之,精神对于物质的反作用,他也有足够的认识,指出:"夫以温柔之盛于体,声音之盛于耳,颜色之盛于目,馨香之盛于鼻,谁是铁汉,心不为之动也"⑧。一旦意念为美色佳肴所动,生理亦将随之而动,而失之于摄养。故尔他对《千金方》所倡的房中补益之法亦持敬而远之的谨慎态度,以为一般人实际上是做不到"心静、不动"的,所以"若以房中为

① 《格致余论》第16页。
② 《丹溪心法》第335页。
③ 《格致余论》第112页。
④ 《格致余论》第104页。
⑤ 《格致余论》第35～36页。
⑥ 《局方发挥》第14页。
⑦ 《局方发挥》第24页。
⑧ 《格致余论》第14页。

补,杀人多矣。"①

　　在养阴理论的指导下,其用药自然与《和剂局方》偏任香窜形成鲜明对比。例如腰痛一症,"脉大者肾虚,杜仲、龟板、黄柏、知母、枸杞、五味之类为末,猪脊髓丸服;脉涩者瘀血,用补阴丸加桃仁、红花"等等②。一方面清热泻火,一方面滋补真阴,以龟板、猪脊髓等血肉有情之品补之。这一点既不同于刘完素的苦寒直折,也不同于张子和、李东垣的方法,而是朱震亨"滋阴派"的具体表现。

　　朱震亨的养阴理论对于年老体弱之人来说当然是最适宜的,因而他专有"养老"之论。指出人至六七十以后,精血俱耗,平居无事,已有热证。头昏目眵,肌痒尿数、鼻涕牙落、涎多寐少、足弱耳聩、健忘眩晕、肠燥面垢、发脱眼花、久坐兀睡、未风先寒、食则易饥、笑则有泪,都是老人固有之症,"皆是血少"。还特别提到在心理方面,"百不如意,怒火易炽,虽有孝子顺孙,亦是动辄扼腕"也是生理变化所致,这种论点在我国几千年的封建社会中确属少见的。至于治疗法则,当然是力戒《局方》之温燥之品。同时还要在饮食方面加以节制,多食清淡,少食厚味。并现身说法地谈到其母因大便燥结而以新牛乳、猪脂和糜粥中进之,虽暂得滑利,终因腻物积多发为胁疮,后以"补胃补血之药,随天令加减,遂得大腑不燥,面色莹洁,虽觉瘦弱,终是无病"③。朱氏的养老论,论治均备,似可视为我国古代老年病学的典范。

## 4. 对后世的影响

　　朱震亨的学术思想在元末明初之医学界占有极其重要的地位,影响很大。有人说:"求其可以万世法者,张长沙外感、李东垣内伤、刘河间热证、朱丹溪数者而已。然而丹溪实又贯通乎诸君子,尤号集医道之大成者也。"④ 其著作则传播于海内外,广为医者诵习。

　　直接师承朱震亨者,据考约有10余人⑤,兹简介如下,可略知其桃李。

　　赵道震,字处仁。"受学丹溪,所造益深",医术高明,活人甚众。曾参加《永乐大典》医学部分的编撰。著《伤寒类证》,佚。

　　赵良本,字立道。丹溪见其"聪颖好学,以医术授之"。深得丹溪心法,著《丹溪药要》,佚。

　　赵良仁,字以得。"从丹溪朱彦修学医",治多奇效,名动浙东西。著《医学宗旨》、《金匮方衍义》。

　　朱玉汝,朱震亨之子。

　　朱嗣汜,朱震亨之侄。与玉汝均受业于丹溪,以医名。

　　楼厘,受业于丹溪之门,所得颇多,非限于医。

　　戴士垚,字仲积。因母病死于庸医之手而弃儒习医,率其子思恭徒步到义乌,"从朱丹溪先生游",父子独承青睐,"最得其传"。

　　戴思温,字原直。思恭弟,亦受业于丹溪,而以医名。

　　张翼,为丹溪门人。丹溪晚年"徇张翼等所请",而著书立说。

　　程常,为"丹溪高弟"。精于外科,著《疮疡集验》。

---

① 《格致余论》第116页。
② 《丹溪心法》第272页。
③ 《格致余论》第25页。
④ 《丹溪心法附余》方广序,引自《医籍考》第703页。
⑤ 方春阳,朱丹溪弟子考略,中华医史杂志,1984,(4):209。

楼英,字全善。与戴思恭一起"师事丹溪"。著《医学纲目》、《气运类法》。

王履,字安道。"学医于金华朱震亨,尽得其术"。著《医经溯洄集》、《百病钩玄》、《医韵统》等书。

虞诚斋,义乌人,"与丹溪生同世、居同乡,于是获沾亲炙之化,亦以其术鸣世"。

徐彦纯,字用诚。为"丹溪高弟"。著《本草发挥》、《医学折衷》。

贾思诚,为宋濂之外弟,"受唐说于彦修朱先生之门",治病有奇验。

戴思恭,字原礼。其父戴士垚与弟思温均受业于朱氏,是丹溪的得意门生,曾为其师校补著作,《金匮钩玄》即出其手。临卒,犹不忘祭奠丹溪之墓,师生之情颇笃。

其次,再从托名丹溪的著作来观其影响。这类著作之所以托名朱氏,或因其传人整理丹溪旧论、语录,附以己意而成;或因书商图利,借用朱氏名声,但均可旁证丹溪当时的地位与影响。例如:

《丹溪本草》、《丹溪脉法》、《丹溪脉诀》、《丹溪医案》、《丹溪医论》、《朱氏传方》、《丹溪随身略用经验良方》、《丹溪集》、《丹溪脉因证治》、《丹溪手镜》、《丹溪秘传方诀》、《丹溪治法语录》、《丹溪心法》、《丹溪心法类纂》、《丹溪药要》、《丹溪纂要》、《丹溪适玄》、《丹溪心要》、《朱震亨产宝百问》、《丹溪活幼心法》、《朱震亨治痘要法》、《活法机要》(题名朱震亨)、《怪疴单》(题名朱丹溪)[1]。

朱震亨的著作由田代三喜传至日本,初因所居关东偏僻之地而未能广泛流传。此后,其门人曲直濑道三于当时的政治、文化中心京都进行宣传,则云集之众胜于其他门派,遂成一大流派。终于压倒了以前的宋朝医方[2]。

## 参 考 文 献

方春阳.1984.朱丹溪弟子考略.中华医史杂志,14(4):209~211

朱震亨(元)撰.1956.格致余论.北京:人民卫生出版社

朱震亨(元)撰.1956.局方发挥.北京:人民卫生出版社

朱震亨(元)撰.1959.丹溪心法.上海:上海科学技术出版社

　　　　　　　　　　　　　　　　　　　　　　　　　　　　(廖育群)

---

[1]　以上书名均据《医籍考》。

[2]　日本学士院编,日本医学史,第3卷,日本学术振兴会,1956年,第40页。

# 朱　橚

朱橚是明太祖朱元璋的第五子,明成祖朱棣的胞弟,明初杰出的方剂学家和植物学家。生于1361年。朱元璋的妻子马氏是历史上一位贤惠的皇后。据《胜朝彤史拾遗记》载,她对小时候的朱橚管教很严,这可能对朱橚以后的成长具有一定的关系。

据《明史·诸王传》记载,洪武三年(1370)朱,橚被封为吴王,驻守凤阳。十一年改封周王,十四年就藩于开封。可能是受父亲影响的缘故,少年时的朱橚好学多才,具有远大抱负,总想做一番留名后世的大事业。在政治上他表现得比较开明,到开封以后,执行恢复农业的经济政策,曾兴修水利,减轻赋税,发放种子,做了些于人民有益的事。

青年时代的朱橚对医学很有兴趣,认为这是救人疾苦,于世立功的善举。他曾组织人撰《保生余录》方书二卷,并着手《普济方》的编著工作。洪武二十二年(1389),他"弃国"到凤阳,朱元璋因此怀疑他有不轨之心,把他贬徙到云南。在流放期间,朱橚对民间疾苦了解增多,看到当地居民"山岚瘴疟,感疾者多",而缺医少药的情况非常严重,于是收集各种药方,命本府良医李恒等撰《袖珍方》一书。全书四卷,收历代验方三千余个,周府的良方也包括在内,"条分类别,详切明备",颇便应用。此书仅在明代就被翻刻10余次,可见受医家重视的程度。这些情况表明,朱橚很重视医药知识在边远地区的传播,对我国西南边陲医药事业的发展做出了贡献。

《袖珍方》刊行后不久,朱橚于洪武二十四年(1391)十二月回到开封,继续主持医药书籍的编写工作。建文初(1399),他被指控有谋反行为,第二次流放到云南,后被禁南京。永乐元年(1430)朱橚登基后,复职回开封,不久即组织专家学者大规模铺开《普济方》和《救荒本草》的编写工作。永乐四年(1406),由滕硕、刘醇协助,朱橚亲自审定的《普济方》编成。这部"采摭繁富,编次详析,自古经方更无赅备于是者"的巨著,共168卷,其中有方脉总论、运气、脏腑、身形、诸疾、妇人、婴儿、针灸、本草共100余门。全书1960论,2175类,776法,61739方,239图。对于所述病症均有论有方,保存了大量明以前的失散文献,为后代医药学者提供了丰富的研究资料。李时珍《本草纲目》一书中的附方,很多就是采自这部著作的。当然,它也存在不少重复牴牾的地方。同一年,朱橚在本学上别开生面的重要著作《救荒本草》也编好刊行。

永乐十三年(1415)朱橚适应客观需要,对《袖珍方》作了复校订正再版。除科技方面的著作外,朱橚还作了《元宫词》百章。洪熙元年(1425),这位在方剂学和植物学方面卓有成就的名王卒于开封,死后谥定。

朱橚博学多才,精通医道,是出色的科研组织者和参加者。在他的主持下,一批专家学者在方剂学和救荒专著方面做了空前的工作。作为一个锦衣玉食的藩王,他为什么要做这些工作呢?据《明史》记载,朱橚是一个不满当时政治,时有"异谋"的人。他曾三次有"不轨"行为,除两次被贬云南外,永乐十八年(1420)还曾因谋反被传讯。幸朱棣念其本是同胞,未加深究。他之所以大力编写刊行这些以"保生","普济"、"救荒"为宗旨的医药书籍,表面看来不过是由于目睹当时哀鸿遍野、民不聊生的惨状,意在"救国救民",实际上这是他争取民心的一种方法,是有其政治目的的。但无论如何,他的著作在客观上对方剂学和植物学做出了巨大贡献。他的思想也是进步的,因而被国际上一些著名学者认为是伟大的人道主义者。

从有关的记载看,朱橚的科研工作是经过认真考虑,精心筹划和卓有成效的。他利用自己特有的政治经济地位在开封组织了一批学有专长的学者,如长史刘醇、卞同、瞿佑、王翰,教授滕硕,良医李恒等作为研究队伍的骨干,还搜罗了画技高明的画工等辅助人员。广泛收采各种图书资料,打下了"开封周邸图书文物甲他藩"的坚实基础。在撰写《救荒本草》时,为了便于实际观察,还设立了专门的植物园。此外,还设计了一些实验,对救荒植物食用前的制备法进行试验。

在所有朱橚的著作中,《救荒本草》可能是成就最突出的。如果说《普济方》重在整理、综合前人的成就,那末《救荒本草》则是以开拓新领域见长。从卞同为《救荒本草》写的序,我们不难从其写作意图中看出这一点。他认为各种植物总是可以利用的。历代的本草著作只重视治病的药物,而对可以用作充饥的植物没有加以考虑,这是不全面的。写作有关救荒植物的书,在粮食歉收的年代里,其重要性决不次于医药著作。这样做的目的也是为了帮助人们更好地辨别有用的植物,使它物尽其用。正因为如此,《救荒本草》帮助人们从新的、更广的角度去认识植物,促进古代应用植物学的发展。《救荒本草》全书二卷,共记载植物 414 种,其中有近三分之二是以前的本草书所没有记述过的。

与传统的本草著作比较,朱橚的《救荒本草》与它们的记述有两点明显的不同:第一,《救荒本草》对植物的生长和采收季节没有细致的描述,对新增植物一般没有说明根的颜色。这是由于传统本草注重时令和药效,而此书则只着眼于临时的救饥。第二是作者的描述来自直接观察,不作繁琐的文献考证,只用明确简洁的语言将植物的形态特征表述出来。书中每页附一插图,描绘一种植物,图文配合紧凑,就形式而言,有点像今天的植物志。显然,朱橚的工作更科学一些,在认识植物方面具有更普遍的指导意义。

翻开《救荒本草》,给人以深刻印象的是这部著作的图远比传统本草著作的真实,书中的许多图如刺蓟菜(小蓟 *Cirsium chinensis*),兔儿伞(*Cacalia krameri*)等都画得非常生动逼真,这无论从科研工作应该正确反映真实,还是从通过直观形象使百姓能按图索骥寻求救荒植物方面看,都是具有重要价值的。这也是国际上一些学者如萨顿(G. Sarton)、里德(H. S. Reed)、伊博恩(B. E. Read)在评述《救荒本草》时,乐于在自己的著作中引用其中的图作为插图以资说明其成就的一个原因。

由于作者充分利用植物园便于观察植物的条件来对植物进行观察,所以《救荒本草》在植物学描述方面也具有较高的水平。他能抓住植物的一些主要特征,如叶脉、花基数、花序等。不仅如此,《救荒本草》还利用了一些易为学者和民众接受能够准确形象地描述出植物特征的植物学术语如描述果实的短角、角、蒴等,描述花的小铃、伞盖形等,为植物学的发展提供了新的前提。

在这部著作中,朱橚还记载了一些新颖的消除食物毒性的方法。他基于传统本草书中,豆可以解毒的说法,想出用豆叶与有毒植物商陆(*Phylotacca acinosa*)同蒸以消除其毒性的消毒方法。在讲述白屈菜(*Chelidonium majus*)的制备时,他很有见地设计了用细土与煮熟的植物同浸,然后再淘洗以除去其中有毒物质。有人认为近代植物化学领域中吸附分离法的应用,可能始于《救荒本草》。

朱橚的《救荒本草》不仅在救荒方面起了巨大的作用,而且开创了野生食用植物的研究,在国内外产生了深远的影响。这部书在明代反复翻刻,而且后来有不少文人学者纷起仿效,形成了一个研究野生可食植物的流派。如王磐的《野菜谱》、周履靖的《茹草编》、高濂的《野蔌品》、鲍山的《野菜博录》、姚可成的《救荒野谱》，直到明末清初顾景星的《野菜赞》，都直接或间接受到朱橚著作的影响。明代著名本草学家李时珍认为《救荒本草》颇详明可据，在其著作中，不仅应用了朱橚著作的材料，而且吸收了其中描述植物的先进方法。明代徐光启编撰的一部大型农书——《农政全书》，将《救荒本草》全文收载。清代一部重要类书《古今图书集成·草木典》的许多图文也引自《救荒本草》。尤其值得注意的是，清代吴其濬在撰写《植物名实图考》这部重要的植物学著作时，不但效法朱橚用实际调查和收集植物实物的方法来取得第一手资料，而且直接引用了《救荒本草》中的大量图文。从这些事实来看，朱橚的著作对我国明清时代的学术界确产生了巨大的影响。

17世纪末，《救荒本草》传到了日本。当时德川幕府统治下的日本，闭关锁国，大饥荒不断发生，植物学的发展也正处于本草学向近代植物学过渡的应用博物学时期。《救荒本草》不但在内容上符合日本救荒的国情，而且以记事适切，绘图精致的植物学形态描述博得日本本草学者的青睐和强烈关注。许多著名的学者为它的传播和研究做了大量的工作。

享保元年(1716)，江户中期重要的本草学家松冈恕庵(1668~1746)，见《农政全书》中收载的《救荒本草》非常有用，于是从中取出，进行训点和日名考订后刊了第一版。书名是《周宪王救荒本草》[①]，全书14卷，目录1卷，收各种植物413种。在京都等地刊行。宽政十一年(1797)，松冈的学生、著名的本草学家小野兰山(1729~1810)，得到了嘉靖四年版的《救荒本草》之后，认为该书"文正图明"，据之为蓝本对松冈本进行正误补遗，刻出了名为《校正救荒本草、救荒野谱并同补遗》的第二版。小野这个版本补足了《农政全书》所略去果部的形态描述，对日名作了进一步考订，植物种数与嘉靖四年版同，为414种。天保十三年(1842)，小野兰山的孙蕙亩遵照祖父的遗命口授儿子彦安(职实)笔录写成平易简明的《救荒本草启蒙》14卷4册刊行。

《救荒本草》的广为传播引起当时日本著名学者的极大兴趣。不仅研究文献非常之多，而且也使日本在这一时期出现自己一些类似的著作。如佐佐木朴庵天保年间的《救荒植物数十种》、《救荒略》，馆饥的《荒年食粮志》等。

除此之外，《救荒本草》作者种植物于植物园以便观察记录的方法给日本的本草学界及后来的植物学发展带来了深刻的影响。日本科学史界认为，日本植物学从博物学独立出来与下面这几个学者的工作有密切关系，宇田川榕菴(1789~1846年著有《植学启原》等)，饭沼欲斋(1783~1865年著有《草木图谱》等)，岩崎常正(1786~1845年著有《本草图谱》等)。他们在《救荒本草》中得益不少。如岩崎常正见《救荒本草》在日本翻刻后，许多本草学家对其中的植物鉴定存在着许多疑问，稻生若水、贝原益轩，松冈恕庵、小野兰山等人的说法有很大的差异。他决心弄清楚这些问题，亲自到山野考察采集，几年来盆载园培植物2000余种，每一种据所种的实物把根茎花实临摹下来，编辑成书。在1816年时编成70多卷，植物达1800多种。就在当年，他进一步考察了研究《救荒本草》各家的学说，亲自试验察看了这些植物的甘苦味道和形状、验证核实的存其说，气味形状与实验不相一致的除去而补入新获得的资料，并给每种植物举出日、汉的二三个别名，以免同名异物的混淆。他弄清楚了以往本草学家一直未明的一些问题，写成了研究《救荒本草》很有成就的著作——《〈救荒本草〉通解》。此外，岩崎还在此基础上持续努力，最终写成了当时植物学上最有价值，彩色图说2000余种植物的《本草图谱》(1828年在江户[今东京]出版)，岩崎还于1828年创立了本草学会，把应用博物学提高到一个崭新的阶段。

---

① 这是因为《农政全书》中将作者误为朱橚之子周宪王朱有燉的缘故。

正如上野益三所说:《救荒本草》对植物产地、特征记载简洁,绘图准确,包含《本草纲目》等书所无的内容,该书无疑对本草学的博物学化有很大的影响①。

日本科学史界认为博物学新学派的宇田川榕菴所译的《植学启原》(1843)是植物学从有用植物学脱离出来而成为"纯正植物学"的最新教科书,这书较详尽地指示后来的植物学,功业很大。日本近代植物学的奠基人牧野富太郎研究认为,他在翻译这本著作时也曾受益于《救荒本草》,其中一些果实分类的术语是采自《救荒本草》的。以上的事实说明,《救荒本草》对当时日本救荒和植物学的发展都起过重要的作用。

《救荒本草》这部著作,以它自己在植物学的辉煌成就,赢得近代和当代国际学术界的重视和 高度评价。1881 年,俄国植物学家贝勒(E. Bretschneider,1833～1901)在《中国植物》(Batanicum sinicum)一书中,曾对其中的 176 种植物进行学名鉴定。认为其中的木刻图早于西方近 70 年。本世纪 30 年代美国学者施温高(W. T. Swingle)认为《救荒本草》是世界上已知最早,并仍然是当时最好的研究救荒食用植物的著作。到本世纪 40 年代英国药物学家伊博恩(B. E. Read,1887～1949)指出,《救荒本草》很值得研究。他定出了其中 358 种植物的学名,对其中许多植物的营养价值进行了化学分析。经过多年研究,他写出了一本名为《救荒本草所列的饥荒食物》(Famine foods listed in the Chiu Huang Pen Ts'ao)的专著。美国植物学家里德(H. S. Reed)在《植物学简史》(A short history of the plant sciences)中指出,朱氏的书是中国早期植物学一部杰出的著作,是东方植物认识和驯化史上一个重要的知识来源,是一部插图精美的杰出著作。美国的科学史家萨顿在《科学史导论》(Introduction to the history of science)一书中,对朱橚也给予了很高的评价,他认为朱橚是一个有成就的学者,他们植物园是中世纪的杰出成就,他的《救荒本草》也许可以称为中世纪最卓越的本草书。英国的中国科技史专家李约瑟(J. Needham)等认为,朱橚等人的工作是中国人在人道主义方面一个很大的贡献,朱橚是救荒著述流派中最重要的作者,也是一个伟大的人道主义者。

## 参 考 文 献

丹波元胤〔日〕编 . 1956. 中国医籍考 . 北京:人民卫生出版社

罗桂环 . 1985. 朱橚和他的《救荒本草》. 自然科学史研究,(2)

罗桂环 . 1985.《救荒本草》在日本的传播 . 中华医史杂志,(1)

毛奇龄,胜朝彤史拾遗记 . 艺海珠尘本

Needham J, Lu Guei-zhen. 1968. The esculentist movement in mediaeval Chinese botany; studies on wild emergency food plant. Archives Internationales d'Histoire des Sciences

Sarton G. 1948. Introduction to the history of science Vol Ⅲ. New York

(罗桂环)

---

① 〔日〕上野益三,日本博物学史·年表,平凡社,1973 年,第 312 页。

# 郑　和

## 一　家世与生平

15 世纪初,我国出现了一位伟大的航海家郑和(1371～1433)。

郑和,原姓马,在宫廷中当太监时,呼之为三保(亦作三宝),世称三保太监,云南昆阳(今晋宁)回族人。

郑和的远祖既不姓郑,也不姓马,而是西域天方国的部属普化力(今译布哈拉,在乌兹别克境内)国王所非尔。宋神宗熙宁三年(1070),所非尔因不堪塞尔柱突厥人的侵扰,率领部众五千人投靠了宋朝,举族移居中国。所非尔归宋后,授本部总管,封宁彝侯,卒赠朝奉王。所非尔的长子赛伏丁封昭庆王;次子撒严袭宁彝侯,升莒国公。撒严之子苏祖沙袭宁彝侯,封昭庆王。苏祖沙之子坎马丁,坎马丁之子马哈木,均世袭王爵。宋亡后,元朝授马哈木为平章政事。马哈木长子赛典赤·瞻思丁率千骑从成吉思汗西征,立了战功,累迁为燕京路总管(仅次于丞相)。帝特命驻镇咸阳,为都招讨大元帅,授上柱国左丞相,仍管平章政事。元世祖忽必烈即位,拜中书平章政事。至元十年(1274)迁云南行省平章政事,治滇六年,卒封"咸阳王"。赛典赤·瞻思丁有五个儿子,长子纳速剌丁封延安王,为郑和五世祖。纳速剌丁的儿子伯(拜)颜,为郑和的曾祖父,伯颜生察儿米的纳,为郑和的祖父,始封滇阳侯。察儿米的纳之子米里金,袭封滇阳侯,为郑和的父亲马哈只,在昆阳住家。由此可知,郑和是咸阳王六世孙[①]。从郑和的父亲开始才改用汉姓马氏[②]。郑和的祖父、父亲谨守西域人的伊斯兰教信仰,依照教规,财力可及的人要去麦加朝圣,凡朝圣回来的尊称为"哈只",意为巡礼人。马哈只有两个男孩,四个女孩,长子叫马文铭,次子马和。马和自幼有材志[③],长大后,果成大业。

元、明交替之际,洪武十四年(1381)朱元璋派傅友德、蓝玉、沐英率兵 30 万征讨元朝在云南的残余势力。11 岁的马和被傅友德的部下俘入军中。第二年,马和父亲病故。洪武十七年(1384),马和随军至南京,后从征漠北、辽东等地。洪武二十三年(1390),燕王朱棣奉命督师北伐,傅友德的军队受燕王节制,马和始于此时入燕王府当了太监[④]。建文元年(1399),朱棣发动靖难之变,建文帝朱允炆派耿炳文率军北讨,与朱棣部将战于雄县、鄚州(今任丘)等地,朱棣部将攻陷鄚州,消灭耿炳文的部卒三万,取得了滹沱河战役的胜利。在攻陷鄚州的战斗中,马和立了战功。这一仗意义重大,它壮大了朱棣的声势和军威,起了鼓舞和激励的作用。四年后,朱棣追叙部下靖难之功,想起了马和在鄚州一仗中的出色表现,决定用赐姓的办法予以表彰。赐姓什么好呢?朱棣想到马和是在鄚州立的战功,但鄚字难以为姓,不过鄚州的鄚字从唐朝开始就与郑字混淆,于是朱棣随从俗例,以郑赐姓。永乐二年(1404)正月初一日,朱棣亲笔写了一个斗

①　李士厚,郑氏家谱首序及赛典赤家谱新证,文献,1985,(3);沈福伟,关于郑和的家世和生平,载《中华文史论丛》1984 年第 4 辑;王引,郑和家世及其墓葬考略,海交史研究,1985,(1)。

②　李士厚,郑和的伟大贡献与其家世渊源,载《郑和下西洋论文集》第 1 集,人民交通出版社,1985 年。

③　李志刚,故马公墓志铭,载《郑和下西洋资料汇编》上册,齐鲁书社,1980 年。

④　邱树森,郑和先世与郑和,载《郑和下西洋论文集》第 2 集,南京大学出版社,1985 年。

大的郑字,赐马和郑姓,马和于是改为郑和,并选为内宫监太监①,这年郑和已 34 岁。

朱国桢在《皇明大政记》中也说:"靖难初不独名将甚多,而内臣兼智勇者,亦往往有之⋯⋯郑和即三保,李谦即保儿,并云南人⋯⋯皆内臣从燕王起兵靖难,出入战阵,多建奇功。后皆为各监太监,出或镇边藩焉"。郑和所具备的上述政治条件,为他日后被选为出使西洋的钦差总兵太监打下了基础。

郑和生长在世代信奉伊斯兰教的家庭,自然也是伊斯兰教徒。此外,他还信奉佛教和天妃。永乐元年(1403),郑和成为佛门弟子,法名福善②,并施财刻佛经。

永乐三年(1405)五月,朱棣任命郑和为总兵太监,率领庞大船队来往于西洋诸国。

自永乐三年至宣德五年(1430),郑和七次下西洋,是我国航海史上空前的壮举。

洪熙元年(1425)二月,明仁宗朱高炽任命郑和为南京守备。

宣德五年(1430),当郑和 60 岁时,仍奉命出使西洋,作第七次也是最后一次海上航行。宣德八年(1433),伟大航海家郑和在归国途中,于西洋古里(今科泽科德)去世,终年 63 岁。据北京图书馆藏《西洋记》书后附录《非幻庵香火圣像记》的记载,郑和生前曾出资铸铜像 12 驱,雕装罗汉 18 位,"逮俟西洋回还,俱送小碧峰退居供养⋯⋯不期宣德庚戌(1430),钦奉上命,前往西洋。至癸丑(1433)岁,卒于古里国,有师宗谦,感慕曩昆日惠,用以追悼"。莫祥芝、汪士铎编纂的《同治上江两县志》卷三也记载:"牛首山有郑墓。永乐中命下西洋,宣德初复命,卒于古里,赐葬山麓。"这些记载说明,郑和是在第七次下西洋的途中,于古里逝世的。他过了 28 年的航海生活,为国立了大功。他的献身精神,值得后人学习和怀念。

## 二　准备下西洋

郑和下西洋,不是郑和本人可以决定,可以实现的。它是明朝初期政治、经济和外交的产物。

朱元璋死后,由他的孙子朱允炆继位,即惠帝。惠帝害怕藩王势力过大不好控制,用齐泰等人的计谋实行削藩。削藩引起了各地藩王的强烈不满与反抗,特别是实力最大的燕王朱棣,手中拥有强大的兵力。在谋士姚广孝的策划下,以清君侧为名,发动了"靖难之役",与惠帝争夺政权。经过四年的战争,惠帝失败,朱棣夺了帝位,即明成祖,又称永乐皇帝。

在封建社会,篡位的名声很不好。明成祖为了挽回政治上的这种损失,决心通过和平外交活动招徕远人,造成一种"君临万邦","声教洋溢乎四海,仁化溥洽于万方","扩往圣之鸿规,著当代之盛典"③ 这样一种政治气氛。在国内达到安定民心,树立威信的目的;在国际上达到"共享太平之福"④ 的目的。

明成祖的这个政治目标由谁来实现呢? 朱棣经过仔细挑选,决定任用郑和。除了郑和这位主将外,还有王景弘、侯显等主要助手。

武职人员有都指挥佥事、指挥使、指挥同知、指挥佥事、指挥、都指挥、千户、百户、总旗、总

---

①　沈福伟,关于郑和的家世和生平,载《中华文史论丛》1984 年第 4 辑。

②　见《佛说摩利支天经》书后姚广孝题记。

③　《西洋番国志》自序。

④　《郑和家谱·勅海外诸番条》。

甲、小旗、小甲、校尉、军人、勇士、力士等。

文书、翻译人员有费信、马欢、巩珍、哈三、胜慧、郭崇礼、吴衍等人。

阴阳官和阴阳生负责观察时日吉凶,预测航海前程的安危,推算军事行动的利弊。在航海过程中,负责观测星辰方位,判定航向,预报气象等。

医官、医士对一个庞大的船队来说是不可缺少的。以郑和第四次下西洋来说,共有医官、医士180名,平均约150人中有一个医士①。

各类技术人才分散在全国,短时间内如何征集到呢?原来明朝初年对全国各类技术人才,尤其是天文、地理、医药、卜筮、音乐等方面的人才非常注意选拔培养,曾采取登记录用的办法。例如,洪武二十六年(1393)发布命令:"凡天文、地理、医药、卜筮、音乐等项艺术之人,礼部务要备知,以凭取用。""凡天文生、医生有缺,各尽世业代补外,仍行天下访选。到日,天文生督同钦天监堂上官,医生督同太医院堂上官,各考验收用。"② 这样,只要到礼部一查,就可以知道所需要的各类技术人才在什么地方,征用很容易。

在随郑和下西洋的庞大队伍中,能够留下姓名的是极少数。绝大部分是无名英雄。比如属于驾驶人员的火长、带管、舵工、稍班、碇手、水手、民稍等,属于修理人员的铁锚、木捻、搭材等,属于管理服务人员的买办、书算手、办事、舍人、余丁、老军、养马、小厮、厨役、家人等。

关于郑和下西洋的总人数,各种历史文献的记载稍有出入。但大都在二万七千人左右③。

郑和下西洋的物资设备不仅门类多,而且数量大。准备这些东西也很不容易。

以宝船来说,虽然各次使用的宝船数目不同,但各种历史文献的记载都在48与63之间。宝船又分大、中两种,"大者长四十四丈四尺,阔一十八丈;中者长三十七丈,阔一十五丈"④。大的宝船"九桅",内部建造非常豪华,有"头门、仪门、丹墀、滴水、官厅、穿堂、后堂、库司、侧屋,别有书房、公廨等类,都是雕梁画栋,象鼻挑檐;挑檐上都安了铜丝罗网,不许禽鸟秽污"。外部则"体势巍然,巨无与敌,蓬帆锚舵,非二、三百人莫能举动"⑤。

除宝船外,还有"马船,八桅,长三十丈,阔一十五丈;粮船,七桅,长二十八丈,阔一十二丈;座船,六桅,长二十四丈,阔九丈四尺;战船,五桅,长一十八丈,阔六丈八尺"⑥。

上述船只的新建和改建,有的在南京龙江船厂,有的则分散到全国各地。比如永乐元年五月,命福建都司造海船137艘。八月,命京卫及浙江、湖广、江西、苏州等府卫造海运船200艘。十月命湖广、浙江、江西改造海运船188艘⑦。这一年,新建与改建的船舶超过了500艘。永乐二年正月壬戌,命京卫造海船50艘。癸亥,将遣使西洋诸国,命福建造海船5艘。永乐三年五月,命浙江等都司造海舟1180艘。永乐三年十月,命浙江、江西、湖广及直隶、安庆等府改造海运船80艘。永乐三年十一月,命浙江、江西、湖广改造海运船13艘。永乐四年十月,命浙江、江西、湖广及直隶、徽州、安庆、太平、镇江、苏州等府卫造海运船88艘。……永乐十八年九月,设

① 向达,三宝太监下西洋,旅行家,1955,(12)。
② 《明会典》卷一〇四"礼部"。
③ 《明史·郑和传》为"二万七千八百余人";《国榷》卷十三为"二万七千八百七十人";明抄本《瀛涯胜览》为"二万六千八百余人";《星槎胜览》为"二万七千余人";《菽园杂记》卷三为"二万七千有奇";《前闻记》为"二万七千五百五十名"。
④ 明抄本《瀛涯胜览》及明抄本《三宝征彝集》。
⑤ 巩珍,《西洋番国志》序。
⑥ 罗懋登,《三宝太监西洋记通俗演义》第十五回。
⑦ 《明成祖实录》卷十九至二十三。

大通关提举司,置官如南京龙江提举司,专造舟舰①。可见,永乐年间一直不间断地在为郑和下西洋建造各种船只。而修造船只的费用是很惊人的。据计算,每只宝船造价约需五六千两银子②。

郑和下西洋除了需要船舶以外,还需要许多其他的物资设备。比如:

(1)赐给各国国王的礼品:金织、文绮、彩绢、绫绢、锦绮、纱罗、织金龙衣、白金、铜钱、纻丝、文绮袭衣、绦币、印诰、纱帽、花金带等。

(2)下西洋官兵职员的日常生活物资:粮、油、衣物、柴炭、钱币、酒烛、淡水、蔬菜、医药、茶、盐、酱醋等。

(3)贸易商品:铁制农具、工具、生活用具、瓷器、布疋、金银、烧珠、水银、黑铅、麝香、丝绸、樟脑、生铜、以及其他手工业小商品③。

(4)军需品:按《三宝太监西洋记通俗演义》第十八回的记载:"每战船器械,大发贡十门,大佛狼机四十座,碗口铳五十个,喷筒六百个,鸟嘴铳一百把,烟罐一千个,灰罐一千个,弩箭五千枝,药弩一百张,粗火药四千斤,鸟铳火药一千斤,弩药十瓶,大小铅弹三千斤,火箭五千枝,火砖五千块,火炮三百个,钩镰一百把,砍刀一百张,过船钉枪二百根,标枪一千枝,藤牌二百面,铁箭三千枝,大坐旗一面,号带一条,大桅旗十顶,正五方旗五十顶,大铜锣四十面,小锣一百面,大更鼓十面,小鼓四十面,灯笼一百盏,火绳六千根,铁蒺藜五千个"。总计战船180艘,那末上述物品都将是180倍,数量十分可观。

(5)宗教施舍物品:永乐七年二月初一日,郑和布施锡兰山佛寺的物品有金银织金,纻丝宝旛,香炉花瓶,表里灯烛等物。总计金一千钱,银五千钱,各色纻丝五拾疋,织金纻丝宝旛四对,古铜香炉五个,戗金座金砵红金香炉五个,金莲花五对,香油贰千伍百斤,蜡烛十对,檀香拾炷④。这仅仅是布施一个寺庙的记录,而西洋各国的寺庙很多,所以此项物资的数量也不少。

有的文献记载,郑和下西洋时,光是银子就带了七百余万,费十载,尚剩百万余归⑤。

由于郑和下西洋耗资巨大,直接影响了这项活动不能持久,成为某些人反对下西洋的主要根据。刘大夏说:"三保下西洋,费钱粮数十万,军民死且万计,纵得奇宝而回,于国家何益?"⑥

# 三　七下西洋

### 第一次下西洋

永乐三年六月,郑和率领庞大的船队自苏州刘家河(今太仓浏河)泛海至福州五虎门(今闽江口),冬天又从福州五虎门扬帆出海,七下西洋的壮举宣告开始。200多条船秩序井然地航行在海洋上,十分壮观。明朝人黄省曾形容为"维艄挂席,际天而行"⑦。

船队的第一站是占城(今越南南部地区),然后依次是暹罗(今泰国)、爪哇、旧港(今巨港)、

---

①　《明成祖实录》卷二十六至二十九。

②　张维华主编,郑和下西洋,人民交通出版社,1985年,第65页。

③　束世征,郑和南征记,青年出版社,1941年。

④　《郑和下西洋资料汇编》(上册)第37～38页。

⑤　王士性,《广志绎》卷一。

⑥　严从简,《殊域周咨录》卷八。

⑦　《西洋朝贡典录》序。

满剌加(今马六甲)、哑鲁(苏门答腊岛的西北)、苏门答腊、那姑儿(苏门答腊岛的北面)、黎代(苏门答腊岛西北)、南渤里(苏门答腊岛西北)、榜葛剌(今孟加拉)、锡兰(今斯里兰卡)、裸形、溜山(今马尔代夫)、柯枝(今印度柯钦)、古里(今印度科泽科特)、忽鲁谟斯(今霍尔木兹)、祖法儿(今佐法尔)、天方(今麦加)、阿丹(今亚丁)[①]。郑和第一次下西洋,便到达了13世纪以来中国帆船经常出没的印度洋沿岸各地。

郑和每到一地,首要的任务是进行外交活动,以明朝使节的身份向当地国王或酋长宣读诏敕,并把金币、锦绮、纱罗等物赐给国王、王妃、臣僚;然后接受当地国王的贡纳与回赠,并与当地居民贸易往来,交换商品货物。

在这次航行中发生了三件大事:

(1) 爪哇国的误会

永乐四年六月,郑和船队到爪哇时,适逢爪哇东、西两王发生争夺王位的国内战争,东王被战败。当郑和的人马经东王地时,西王国的人以为是东王卷土重来,冲上前就杀。结果郑和的一百七十名士兵被杀死。郑和没有盲目地纵容对杀,而是以清醒的头脑,大将的风度,主动停止对杀,派人查问情况。结果是一场误杀。西王得知是误杀之后,赶紧派人到明朝请罪,答应年年入贡。郑和能心平气和地和平处理此事是很高明的,体现了明王朝和平友好的对外关系政策。

(2) 古里立碑

永乐三年,明成祖诏封古里国王并赐印诰、文绮。郑和奉命于永乐五年诏赐其国王诰命银印,升赏各头目品级冠带。为了纪念此事,郑和在此立了一个碑亭,碑文是:"其国去中国十万余里,民物咸若,熙皞同风,刻石于兹,永昭万世"[②]。随后,古里国王派使臣到中国答谢。此后,各次下西洋的宝船,都到这里中转,古里国也多次遣使朝贡中国,两国关系很密切。

(3) 捉拿海盗

旧港头目陈祖义,原为广东人。洪武年间,全家逃往旧港。为人"甚是豪横,凡有经过客人船只,辄便劫夺财物",使商旅阻遏,诸国之意不通[③],成了这条航道上的一大害。永乐五年,郑和自西洋还,"遣人招谕之,祖义诈降,而潜谋邀劫官军。和等觉之,整兵提备,祖义率众来劫,和出兵与战,祖义大败,杀贼党五千余人,烧战船十艘,获其七艘,及伪铜印两颗,生擒祖义等三人。既至京师,并悉斩之"[④]。从此海道清宁,"番人赖以安业"。[⑤]郑和替旧港附近各国人民除了一大害,也为明朝与西洋各国的友好交往扫清了道路。

永乐五年九月二日,"和等还,诸国使者随和朝见。和献所俘旧港酋长,帝大悦,爵赏有差"[⑥]。

### 第二次下西洋

永乐五年十月,刚刚回国的郑和船队,又接到命令,要他们第二次下西洋。

郑和的船队有了第一次航行的经验,第二次就顺利多了。他们去过的国家有占城、暹罗、爪

---

① 谈迁,《国榷》卷十三。

② 冯承钧校注,《瀛涯胜览校注》"古里国"。

③ 《明史·三佛齐传》。

④ 《明成祖实录》卷七十一。

⑤ 《娄东刘家港天妃宫石刻通番事迹碑》。

⑥ 《明史·郑和传》。

哇、满刺加、苏门答腊、哑鲁、南巫里(苏门答腊西北)、锡兰、加异勒(印度半岛西南端)、甘巴里(今印度甘巴)、小阿兰(今印度魁朗)、柯枝、古里、阿拨把丹(今印度阿麦达巴丹)等国①。于永乐七年夏天回国。

这次出航的任务是：

(1)册封施进卿旧港宣慰使。由于侨居旧港的施进卿在郑和扫清海盗陈祖义时立了功,所以当陈祖义伏诛后,明朝就"赐施进卿冠带,归旧港为大头目,以主其地"②,并"设旧港宣慰使司,命进卿为宣慰使,赐印谕冠带文绮纱罗"③。

(2)伴送古里等国使者归国。

(3)调解邻国纠纷。永乐六年,郑和来到暹罗,代表明朝政府来调解占城、苏门答腊、满刺加与暹罗的纠纷。在此之前,占城贡使返国,"风飘其舟至彭亨,暹罗索取其使,羁留不遣。苏门答腊及满刺加又诉暹罗恃强发兵夺天朝所赐印谕。帝降敕责之曰：'占城、苏门答腊、满刺加与尔俱受朝命。安能逞威拘其贡使,夺其谕印……其即返占城使者,苏门答腊、满刺加印谕。自今奉天循理,保境睦邻,庶共享太平之福'。"④暹罗原为满刺加等之宗主国,素恃强凌弱。这次郑和奉敕切责,暹罗王自知理亏,愿改前非,照敕办理,使这个地区和平安宁。

(4)布施锡兰山佛寺。锡兰(今斯里兰卡)是崇信佛教的国家,明成祖为了发展与锡兰的友好关系,于永乐五年派郑和赍捧诏敕、金银供器、彩妆、织金宝幡等布施于佛寺,并建石碑⑤。碑文曰："大明皇帝遣太监郑和、王贵通等昭告于佛世尊曰：……比者遣使诏谕诸番,海道之开,深赖慈佑,人舟安利,来往无虞,永惟大德,礼用报施。谨以金银织金纻丝宝幡、香炉、花瓶、纻丝表里、灯烛等物,布施佛寺,以充供养,惟世尊鉴之。总计布施锡兰山立佛等寺供养：金壹仟钱,银伍仟钱,各色纻丝伍拾疋,各色绢伍拾疋,织金纻丝宝幡肆对,内红贰对、黄壹对、青壹对,古铜香炉伍对,戗金座全古铜花瓶伍对,戗金座全黄铜烛台伍对,戗金座全黄铜灯盏伍个,戗金座全碌红漆戗金香盒伍个,金莲花陆对,香油贰仟伍佰斤,腊烛壹拾对,檀香壹拾炷。时永乐七年岁次己丑二月甲戌朔日谨施。"⑥此碑于1911年在锡兰岛之迦里(Galle)镇发现,今保存在斯里兰卡博物馆中。碑文同时用汉文、泰米尔(Tamil)文及波斯文所刻。今汉文尚存,其他两种文字已大半浸灭⑦。

### 第三次下西洋

永乐七年(1409),"上命正使太监郑和、王景弘等……往诸番国,开读赏赐。是岁秋九月,自太仓刘家港开船,十月到福建长乐太平港停泊。十二月于福建五虎门开洋,张十二帆,顺风十昼夜到占城国。"⑧

郑和第三次下西洋所到地方,据陆容《菽园杂记》卷三的记载,有占城、灵山、昆仑山、宾童

---

① 《明成祖实录》卷五十九。
② 《瀛涯胜览校注》"旧港国"。
③ 《明成祖实录》卷五十二。
④ 《明史·暹罗传》。
⑤ 《星槎胜览校注》"锡兰山国"。
⑥ 向达校注,《西洋番国志》附录二。
⑦ 张维华主编,郑和下西洋,人民交通出版社,1985年,第42～43页。
⑧ 《星槎胜览校注》"占城国"。

龙(今越南南部)、真腊(今柬埔寨)、暹罗、假里马丁(在加里曼丹与邦加之间)、交兰山(加里曼丹西岸)、爪哇、旧港、重迦逻(今爪哇泗水)、吉里地闷(今帝汶岛)、满剌加、麻逸冻(今属印尼)、彭坑(或彭亨,今属马来亚)、东西竺(在马来半岛东南岸)、龙牙加邈(在苏门答腊岛西岸)、九州山(在苏门答腊岛沿岸)、哑鲁(或阿鲁)、淡洋(今属苏门答腊)、苏门答腊、花面王(即那姑儿)、龙屿(苏门答腊岛的西北角)、翠岚屿(今尼可巴列岛北面的一组岛屿)、锡兰山、溜山洋(今马尔代夫)、大葛兰(今属印度)、柯枝、榜葛剌、卜剌哇(今布腊瓦)、竹步(今朱巴)、木骨都束(摩加迪沙)、阿丹、剌撒(在红海岸边)、佐法儿、忽鲁谟斯、天方、琉球、三岛(指菲律宾群岛)、浡泥(在加里曼丹岛上)、苏禄(今苏禄群岛)。据《星槎胜览》的记载,除了上述地区外,还有古里、小葛兰(魁朗)、龙牙门(马六甲海峡东南)[①]。一共是 44 个国家和地区。宝船向东已到琉球群岛和菲律宾群岛;向西已超越波斯湾、阿拉伯海、亚丁湾、红海的范围,直达东非木骨都束、卜剌哇、竹步三国。这个航程大致和元代曾经达到的规模不相上下。郑和回国到京的日期是"永乐九年(1411年)六月十六日"[②]。

郑和这次出航,特意到满剌加宣读明成祖的诏书,封满剌加酋长为满剌加国王,满剌加西山为镇国之山。赐满剌加国王双台银印,冠带袍服。并建碑封城[③]。

满剌加地处太平洋与印度洋航道上的咽喉地带,是郑和下西洋必经之地,因此,发展与满剌加国的友好关系,对郑和完成七下西洋的任务具有头等重要的意义。此后,郑和每次下西洋,都要分艨前往各地,而中转基地就在满剌加。船队"以此为外府,立摆(排)栅墙垣,设四门更鼓楼。内又立重城,盖造库藏完备。大艨宝舡已往占城、爪哇等国,并先艨暹罗等国回还舡只,俱于此国海滨驻泊,一应钱粮皆入库内存贮。各舡并聚,又分艨次前后诸番买卖以后,忽鲁谟斯等各国事毕回时,其小邦去而回者,先后迟早不过五七日俱各到齐。将各国诸色钱粮通行打点,装封仓储,停候五月中信风已顺,结艨回还。"[④]

这次航行中,郑和船队又遇到了麻烦,迫使他不得不率领官兵自卫反击。原来郑和第一次下西洋时,锡兰王"亚烈苦奈儿侮慢不敬,欲害和,和觉而去。亚烈苦奈儿又不揖睦邻国,屡邀劫其来往使臣,诸番皆苦之"[⑤]。这次郑和船队出使西洋回国途中,又去访问锡兰。锡兰王亚烈苦奈儿不怀好意,"遂诱和至国中,令其子纳颜索金银宝物,不与,潜发番兵五万余劫和舟,而伐木拒险,绝和归路,使不得相援。和等觉之,即拥众回船,路已阻绝。和语其下曰:'贼大众既出,国中必虚,且谓我客军孤怯,不能有为。出其不意攻之,可以得志。'乃潜令人由他道至船,俾官军尽死力拒之。而躬率所领兵二千余,由间道急攻土城,破之,生擒亚烈苦奈儿并家属头目。番军复围城,立战数合,大败之,遂以归。群臣请诛之,上悯其愚无知,命姑释之,给与衣食。命礼部议择其属之贤者立为王,以承国祀"。郑和在危急之际,镇定自若,从容分析敌情,并当机立断,克敌制胜,化险为夷,表现了一个大将的风度与智慧。

---

① 有关地名的考证,参阅向达整理的《郑和航海图》,朱偰的《郑和》、谢方校注的《西洋朝贡典录》等。
② 《明史·成祖本纪》。
③ 《星槎胜览校注》"满剌加国"。
④ 向达校注,《西洋番国志》"满剌加国"。
⑤,⑥《明成祖实录》卷一一六。

### 第四次下西洋

经过两年多的整休之后,永乐十年(1412)十一月,明成祖又要郑和第四次下西洋①。命令是永乐十年下的,但等郑和准备好,真正出发时,已是永乐十一年(1413)冬天了②。

郑和的船队经占城、彭亨、急兰丹、爪哇、旧港、五屿、满剌加、苏门答剌、阿鲁、南渤利、加异勒、柯枝、古里到忽鲁谟斯。与此同时,一支分綜由锡兰别罗里至溜山,再由溜山横渡印度洋到非洲东岸的木骨都束、卜剌哇、麻林等地,再南下直达比剌(莫桑比克港)、孙剌(莫桑比克的索法拉港)③。这是郑和七下西洋中航程最远的一次,并且出现了分綜通往东非的新航路,使中国与索马里南部各港的距离大为缩短。新航路先由苏门答剌开船,过小帽山(韦岛),投西南,好风行 10 日到溜山④,再由溜山西航摩加迪沙等海港,再南下麻林地(基尔瓦)。分綜继续沿东非海岸南下,进入莫桑比克海峡,直奔南非比剌、孙剌这两个出产黄金和象牙的地区,在这里进行贸易活动。这次航行标志着郑和的航海活动达到了高潮,船队勇敢地向印度洋南部未知海域进军,开辟了新的航路⑤,在我国航海史上增添了新的一页。

这次在苏门答腊发生自卫反击的军事行动,其过程是:"初,和奉使至苏门答剌,赐其王宰奴里阿比丁彩帛等物。苏干剌乃前伪王弟,方谋弑宰奴里阿比丁,以夺其位,且怒使臣赐不及己,领兵数万,邀杀官军。和率众及其国兵与战,苏干剌败走,追至南渤利国,并其妻子俘以归。"⑥ 永乐十三年七月,郑和回到南京九月壬寅,太监郑和献所俘苏干剌等于行在,兵部尚书方宾言,苏干剌大逆不道,宜付法以正其罪,遂命刑部按法诛之。

### 第五次下西洋

永乐十四年(1416)冬,明成祖把护送满剌加、古里、爪哇、占城、锡兰、木骨都束、溜山、南渤利、卜剌哇、阿丹、苏门答腊、麻林、剌撒、忽鲁谟斯、柯枝、南巫里、沙里湾泥、彭亨、旧港等 19 国前来中国朝贡的使节回国的任务交给了郑和,郑和经过一番准备,于永乐十五年(1417)冬开洋,永乐十七年(1419)七月回国。前后花了一年多的时间。访问过的地方有占城、彭亨、爪哇、旧港、满剌加、苏门答腊、南渤利、南巫里、翠兰屿、锡兰、溜山、柯枝、古里、忽鲁谟斯、沙里湾泥、祖法儿、阿丹、剌撒、木骨都束、卜剌哇、麻林、竹步、慢八撒(今曼布鲁伊)。

出航前,郑和于永乐十五年五月十六日到泉州行香,立《行香碑》,碑文是:"钦差总兵太监郑和,前往西洋忽鲁谟斯等国公干。永乐十五年五月十六日于此行香,望灵圣庇佑。镇抚蒲和日记立"⑦。所谓行香,乃是伊斯兰教的一种宗教仪式,起于北魏。具体作法是燃香薰手,或以香沫散行,祈求灵圣庇佑⑧。

尽管郑和极为虔诚地祈求灵圣庇佑,可是灵圣无动于衷,大自然似乎有意要跟郑和作对。在航行中,郑和的船队遭到大风暴袭击,部分船只被风暴卷走,有的甚至被风吹飘到班卒儿国

---

① ,③《明成祖实录》卷一三四。

② 《瀛涯胜览》序。

④ 同②,"溜山国"

⑤ 沈福伟,郑和宝船队的东非航程,载《郑和下西洋论文集》第一集。人民交通出版社,1985 年。

⑥ 《明成祖实录》卷一八六。

⑦ 碑现存泉州灵山圣墓的右侧回廊上。

⑧ 韩品峥,郑和宗教活动述考,载《郑和下西洋论文集》第二集。

（在苏门答腊岛的南边）。班卒儿国强迫飘来的官兵当奴隶。爪哇国人珍班听到此事后，赶紧用黄金将这些官兵赎回，送到爪哇王手里，作了妥善的安置。永乐十六年春，郑和返航到爪哇，爪哇国王将遇险官兵交给郑和，使他们重返船队，回归祖国[①]。这是中、爪友谊史上的一段佳话。

### 第六次下西洋

永乐十九年（1421）春，郑和第六次下西洋。永乐二十年八月回国。经过的地方有占城、真腊、暹罗、彭亨、满剌加、苏门答腊、南渤利、南巫里、翠兰屿、撒地港（今吉大港）、榜葛剌、琐里（今印度马德拉斯一带）、甘巴里、阿拨把丹、柯枝、古里、祖法儿、阿丹、木骨都束、卜剌哇、竹步、麻林地、慢八撒等。

郑和到榜葛剌访问时，受到盛大的欢迎。国王"闻朝使至，遣官具仪物，以千骑来迎。王宫高广，柱皆黄铜包饰，雕琢花兽。左右设长廊，内列明甲马队千余，外列巨人，明盔甲，执刀剑弓矢，威仪甚壮。丹墀在右，设孔雀翎伞盖百余，又置象队百余于殿前。王饰八宝冠，箕踞殿上高座，横剑于膝。朝使入，令拄银杖者二人来导。五步一呼，至中则止。又拄金杖者二人，导如初。其王拜迎诏，叩头。手加额，开读受赐讫，设绒毯于殿，宴朝使，不饮酒，以蔷薇露和香蜜水饮之，赠使者金盔，金系腰，金瓶，金盆；其副则用银。从者皆有赠"[②]。

### 第七次下西洋

宣德五年（1430）六月，"帝以践祚岁久，而诸番国远者犹未朝贡，于是和、景弘复奉命"[③]，第七次下西洋。郑和接到皇帝命令是宣德五年六月，真正从福州长乐开洋已是宣德六年冬。经历的国家有忽鲁谟斯、锡兰山、古里、满剌加、柯枝、卜剌哇、木骨都束、南渤利、苏门答腊、剌撒、溜山、阿鲁、甘把里、阿丹、祖法儿、竹步、加异勒、爪哇、旧港、天方等[④]。历时一年七个月又二十七日，于宣德八年七月六日回到北京。

开洋前，郑和于宣德六年春在娄东刘家港天妃宫立碑，刻通番事迹记[⑤]。同年十一月又在福建长乐南山寺立碑，刻天妃之神灵应记[⑥]。这两块石碑文字记述了郑和七下西洋的经过，是郑和航海事迹的第一手材料。

明朝祝允明在《前闻记》中，详细记载了郑和第七次下西洋的规模、人员、船号、船名、里程和日程，是郑和七下西洋中唯一有详细里程和日程记录的一次。这是一份很完整的航行记录。由此可以知道当时的航行速度，停靠时间，航线等。

## 四　郑和下西洋所反映的航海技术

郑和七下西洋所遇到的难题是很多的，然而他能够克服困难，顺利地完成七次规模很大的海上航行，必然是有一套较为完善的航海技术作基础。这在《西洋番国志》中也有反映："往还三

① 束世徵，郑和南征记，青年出版社，1941 年。
② 《明史・榜葛剌国传》。
③ 《明史・郑和传》。
④ 《明宣宗实录》卷六十七。
⑤ 原石碑佚，文见钱谷《吴都文粹续集》卷二十八"道观"。
⑥ 石碑现存福建长乐县。

年,经济大海,绵邈弥茫,水天连接。四望迥然,绝无纤翳之隐蔽。惟观日月升坠,以辨东西。星斗高低,度量远近。皆斫木为盘,书刻干支之字;浮针于水,指向行舟。经月累旬,昼夜不止。海中之山屿形状非一,但见于前,或在左右,视为准则,转向而往。要在更数起止,记算无差,必达其所。始则预行福建广浙,选取驾船民梢中有经惯下海者称为火长,用作船师。乃以针经图式付与领执,专一料理,事大责重,岂容急忽"①。从这段当事人的记载中,使我们大致知道当时郑和的船队在航行中采用了物标导航,罗经指向,天文定位,计程、计时等航海技术。下面就分别叙述郑和船队曾使用过的各种航海技术。

### 1. 测定船位的方法

船在大海中航行,必须时刻测定船体在一定航段上的准确位置,这样才能决定船的航向,使船只沿着安全的航线航行,避开暗礁险屿。具体方法有三种:

(1)测深定位。这种方法宋代已采用,有的"以十丈绳钩取海底泥,嗅之,便知所至"②。有的"数用铅锤,时其深浅"③。"凡测水之时,必视其底,知是何等泥沙,所以知近山有港"④。郑和船队自然也继续使用这种方法。当船舶航行在大海上,无岛屿可望时,便用六七十丈的长绳系铅锤,涂上牛油,坠入海底,然后提出水面。一看绳子入水的长度得知水深;二看锤底牛油上沾附的泥沙,辨其土色。有经验的船师,根据这两点便可大致推测出船所处的位置。比如"左边打水八九托,右打水四五托,硬地",船位在三麦屿。"用坤申三更,打水四五托,沙泥地"⑤,船位旧港外。

古代水深以托计,一托是两手分开成一线的长度,约五尺左右。计算里程的单位是更,一昼夜分十更,一更为2.4小时,船上测速的人,以自己在陆地上的标准步行速度走一更时间,得出的里数作为海上计程单位"更"的距离,大约每更合水程六十里,"风大顺利则倍累之,潮顶风逆则退减之"⑥。海上计程很重要,"转向而往,要在更数起止记算无差,必达其所"⑦。

船位测定后,有时即可用它来确定预计航线上的行船转向点。如:"用巽巳针四更,船见大小七山,打水六七托。用坤申及丁未针三更,船取滩山"⑧。这就是说,先用142.5°罗经航向,行驶约40海里,假如这时在船上看到了大小七山,同时打水测得约30~35尺的深度,船便从此处把航向转为232.5°,再行约30海里,船即可达滩山⑨。

(2)对景定位。这是以船身与海岸上的山岭或高大建筑或海上岛屿相对的位置得出大致的船位。在《郑和航海图》中,有单一景物定位与三向景物定位的实例。如从檀头山去东洛山,先"用丁未针二更,船平石塘山。用丁未针三更船平狭山外过。用坤未针一更,船取东洛山"。这里的"平"字即指在船前进方向的某侧所见到的地物标志。由于只用一个地物标志,因此这是单

① 巩珍,《西洋番国志》自序,1434年。

② 朱彧,《萍洲可谈》。

③ 徐兢,《宣和奉使高丽图经》卷三十四,"黄水洋"。

④ 吴自牧,《梦粱录》卷十二"江海船舰"。

⑤ 《顺风相送》"赤坎往旧港顺塔"。

⑥ 《海国闻见录》。

⑦ 《西洋番国志》序。

⑧ 《郑和航海图》第29页。

⑨ 张维华主编,郑和下西洋,第105页。

一景物定位,效果自然不如三向景物定位好。从孝顺洋到黄山的航线中,则采用了三向景物定位:"船取孝顺洋,一路打水九托,平九山。对九山西南边有一沉礁,打浪出水,行船仔细。用丁午针,二更船平檀头山,东边有江片礁,西边见大佛头山,平东西崎;用坤未针二更船取黄山。"①

（3）天文定位。这是采用观测太阳及星体高度的定位方法。郑和船队主要采取星辰定位法。在《郑和航海图》中,从龙涎屿向西至锡兰山,更由锡兰山向西向北,无论是沿着印度西海岸走,或是横渡印度洋以至阿拉伯半岛和非洲东北部沿海,同时标有星辰定位和罗盘针路。所记星座只有北辰和华盖。《郑和航海图》的末尾,又有四幅《过洋牵星图》,牵星增加到八个,东南西北四个方向都有。巩珍也说,在大海上,"四望迥然,绝无纤翳之隐蔽,惟观日月升坠,以辨西东,星斗高低,度量远近"。指的就是天文定位。郑和船队是如何牵星定位的呢?我们以锡兰山回苏门答腊过洋牵星图为例加以说明。

图上帆面向东,帆后绳索清晰可见,形象地说明郑和船队是利用西南季风回航。从锡兰回苏门答腊,基本上是在大洋上航行,无山、岛、海岸,不可能对景定位,全靠牵星定位。"时月正回南巫里洋,牵华盖星八指,北辰星一指,灯笼骨星十四指半,南门双星十五指,西北布司星四指为母,东北织女星十一指,平貌山。"这条航线用了七个星座定位、导航,以南斗及南门双星为主要定位、导航,配以布司星,因华盖星不如它们光亮②。牵星时用一种叫牵星板的仪器,通过它可以测量星体距水平线的高度,从而求得船舶在海上的位置。据明人李诩《戒庵老人漫笔》的记载,牵星板共有大小12块正方形木板,从小到大,标为一指、二指……直到十二指。用一条绳子贯穿在木板的中心。观测时,观测者手持板,手臂向前伸直,另一手持绳端置眼前,眼看方板的上下边缘,将下边缘与水平线取平,上边缘与被测的星体重合,然后根据所用的方板属于几指,便知道星辰高度的指数。折算成今天的度数,一指约为1.9°。若取用的方板过大或过小,可调换到合用为止。如果小有差距,则可以用表示半指,一角的小象牙板来精测。当求得几个星体的高度后,便可以确定船舶所在的位置。若观测北极星高度,就可以直接得到观测者所在的纬度。郑和船队所用的牵星板,可能要比12块方木板组成的大,因为在四幅"过洋牵星图"上,已超过了十二指,灯笼骨星已达十四指半,南门双星十五指。因此,只有十二指的牵星板不够用,必须有更大指数的牵星板才行。

## 2. 导航方法

郑和船队使用的导航方法基本上是三个:

（1）陆标导航。利用陆地上的显著物标导航,如山形、高塔、庙宇、桥梁等,既隐定,又直观,使用很方便。缺点是必须在视线范围内,视线以外的陆地物标失去意义。在《郑和航海图》中,常常连续以山作为导航物标,望山逐步前进。这在沿岸或近岸岛屿间航行是很适合的。

（2）测深导航。《郑和航海图》中常有一路打水若干托的记载,这便是通过测量水深作为导航的依据。其名曰等深线导航法。

（3）天文导航。当船队航行在大洋上,"四望迥然,绝无纤翳之隐蔽"时,陆标导航与测深导航都行不通,只有利用日、月、星辰导航。"惟观日月升坠,以辨西东,星斗高低,度量远近"。"舟

---

① 《郑和航海图》,第30页。

② 曾昭璇,明《武备志》中"过洋牵星图"试释,载《科学史集刊》第10期,地质出版社,1982年。

人矫首混西东,惟指星辰定南北"①。讲的都是天文导航法。如果定出了日出日落的方位,掌握了中天时太阳在正南(或正北)中天时间,依据计时的更香,便可以判断出准确方向,用以导航。《顺风相送》中有"定太阳出没歌",将 12 个月的太阳出没时间,用口诀形式编成歌谣,便于记忆。同样,牵星也有"牵星歌",与观测日出日落的方法一样。

### 3. 罗针指向

郑和船队采用罗针指向,用的是水罗盘,"皆斫木为盘,书刻干支之字,浮针于水,指向行舟。经月累旬,昼夜不止"②。罗盘分 24 个方向,天干、地支与八卦合用(除去戊、己和震、离、坎、兑)。每个方向间的夹角相当于现在 360 度的罗盘 15 度。使用时有单针(或作丹针、正针)、缝针之区别。如果再把缝针算在内,一共有 48 个方向,每向之间的夹角为 7.5°。这在古代就算很精确了。

航海时用罗盘指向所确定的路线叫做针路(或　路),航海人员把针路、航程、水深等资料记录下来,就成了各种各样的针谱、铖位篇、罗经计簿著作,这类著作相当于今天的《航海通书》。保存在茅元仪《武备志》卷 240 中的《自宝船厂开船从龙江关出水直抵外国诸番图》(简称《郑和航海图》),乃是根据郑和船队所作的航海记录绘制的针路海图,航海时使用它非常方便。

### 4. 季风的利用

郑和下西洋的帆船,其动力主要是风与海流。特别是风,起着主要作用。有风则行,无风不动。风有多种,不是所有的风都可以用来航海。航海所需要的风叫做"船舶风",实际上就是信风或季风。我国自汉代就懂得了利用信风航海。宋代,利用信风航海的技术已大致完备。"船舶去以十一月、十二月就北风,来以五月、六月就南风"③ 郑和船队自然也是如此。我们从表 1"郑和七下西洋出航与回航时间表"来看,得知郑和出航时间为冬、春季,而回航时间为夏、秋季。这是因为我国在欧、亚大陆东南,冬、春季节,大陆比海洋冷,形成了大陆高气压与海洋低气压,气流从大陆的高气压区流向海洋低气压区,出现了西北风。由于地球自转,西北风略向右偏,成为北风或东北风,风力强。此时出海船舶沿海岸南下,篷帆高挂,顺风相送,"若履通衢"。夏秋季节则相反,南海多西南风,此时乘此风回国,十分方便。"使节勤劳恐迟暮,时值南风指归路"④。说的就是乘西南季风回航的情景。

此外,季风与水面摩擦以及季风对海浪后面的迎风面所施加的压力,迫使海水向前移动,因而能够产生风海流。从世界大洋环流图(冬季海流)中,我们可以看到,利用印度洋的风海流,郑和船队可以一直顺流航达非洲东岸的索马里。

郑和船队在利用季风航行时,决不是随风飘流的被动航行。我们知道,季风的方向虽然在一个季节里相对地大致不变,但是在某一时刻,因受当地气象影响,有时也变化不定。航海人员如何利用这种变化不定的风呢? 如何变被动为主动呢? 经过长期的实践摸索,终于创造了能够风使八面的驶风技术。主要办法是通过操纵帆脚索变换帆角,并配合尾舵与披水板,达到风使

---

① 马欢,《纪行诗》,载《瀛涯胜览》。

② 巩珍,《西洋番国志》序。

③ 《萍洲可谈》卷二。

④ 马欢,《纪行诗》,载《瀛涯胜览》。

八面的目的。八面风指正顺风,船后吹来的左右侧风,左右横风,船前吹来的左右侧风以及正顶风(即当头风)。

**表 1　郑和七下西洋出航与回航时间表**

| 次序 | 出航时间 | 回航时间 | 出发地点 | 回国地点 | 往返时间 | 备注 |
| --- | --- | --- | --- | --- | --- | --- |
| 一 | 永乐三年冬 | 永乐五年九月 | 福建长乐 | 南京 | 一年零九个月 | 冬,假定十二月 |
| 二 | 永乐五年十月 | 永乐七年夏 | 无记载 | 无记载 | 一年零八个月 | 夏,假定六月 |
| 三 | 永乐七年十二月 | 永乐九年六月 | 福建长乐 | 南京 | 一年零六个月 | |
| 四 | 永乐十一年冬 | 永乐十三年七月 | 无记载 | 南京 | 一年零七个月 | |
| 五 | 永乐十五年冬 | 永乐十七年七月 | 无记载 | 无记载 | 一年零七个月 | |
| 六 | 永乐十九年春 | 永乐二十年八月 | 无记载 | 无记载 | 一年零七个月 | 春,假定一月 |
| 七 | 宣德六年十二月 | 宣德八年七月 | 福建长乐 | 北京 | 一年零八个月 | |

我国的船帆是纵向硬帆,可以以桅为轴,旋转方向。当风向来自船尾,便拉横帆受风。风从侧后吹来,可拉斜帆。帆面垂直于风的来向,船即前进。最难对付的是顶头风,宋代就有人说,"风有八面,唯当头而不可行"[1]。即使这样,人们还是找到了对付的办法,即让船走"之"字形,将航向作周期性的变换,使逆风变成斜逆风[2]。自然,船走之字形,难度大,劳动强度也大。但是为了让船舶前进,必须如此。

# 五　郑和下西洋对中国地理学的贡献

郑和率领庞大船队七下西洋,每次都有航程的真实记录。可惜这些原始材料被后来反对郑和下西洋的人几乎烧光了。此事在明朝人的著作中有多次记载[3]。即使这样,仍然留下一些有关郑和七下西洋的宝贵文献。

### 1.《郑和航海图》与《针位》篇

《郑和航海图》现存《武备志》中,全称是《自宝船厂开船从龙江关出水直抵外国诸番图》。图上表现的针路、航程、地理等内容,与郑和船队最后一次下西洋的情况相符合。这是我国最早的针路海图,在中国地图学史上独占鳌头。

《郑和航海图》在画法上受山水画形式地图的影响,故道里、方位表现不准确,在地理情况比较熟悉的地方画得又详细又大,在地理情况生疏的地方,画得既简略又小,彼此不成比例。由于它是用于航海的海图,故最大特点是绘有针路,针路一般包括针位和航程。自太仓去忽鲁谟斯,共记针路 56 条,由忽鲁谟斯回太仓的针路有 53 条。此外图上还绘有沿海岸的山峰、河流、港湾、居民点和岛礁沙滩,在某些地方还绘有城垣、官署、庙宇、宝塔、桥梁等。这些地理内容与航海有密切关系,有的可作陆标导航,港湾可供船只停泊,而礁石沙滩在航行时需要回避。为了

---

① 《宣和奉使高丽图经》卷三十四。
② 张维华主编,郑和下西洋,第114～115页。
③ 如严从简的《殊域周咨录》,顾元起的《客坐赘语》,陆树声的《长水日抄》。

在航行时使用方便,图上的方位不固定,不同地段有不同的方位。比如从宝船厂到长江口为上南下北,出了长江口是上北下南,过了孟加拉湾后,基本上是上东下西。图上除了针路以外,还有牵星数据及四幅过洋牵星图。这标志着我国明代的天文航海技术已进入了海上天文定位阶段。

在地名方面,《郑和航海图》收入地名 500 多个,其中外国地名约占五分之三弱,超过《岭外代答》、《诸番志》和《岛夷志略》等书。以东非沿海而论,图上有慢八撒(今曼布鲁伊)、葛儿得风(今瓜达富伊角)、哈甫泥(今哈丰角)、须多大屿(今索科特拉岛)、麻林地(今基尔瓦)、木骨都束(今摩加迪沙)、卜刺哇(今布腊瓦)、抹儿干别(今梅雷格)、门肥赤(今蒙巴萨)、葛答干(今基林迪尼)等。这些地名大部分是前代图籍中没有的。这说明,郑和的远航,使我国对东非地理的认识较前有所发展,有了新的贡献。15 世纪以前,我国记载亚、非两洲的地名图籍,以《郑和航海图》的内容最丰富。郑和以前,人们对我国西沙群岛、南沙群岛、东沙群岛和中沙群岛的认识不很明确,未能作出区别,常常笼统地称呼"长沙、石塘数万里"[1] 或"千里长沙、万里石塘"[2]。《郑和航海图》则作了明确的区别:"石塘"指西沙群岛;"万生(应为里字)石塘屿"指南沙群岛;"石星石塘"指东沙群岛和中沙群岛。在画法上也有区别,"石塘"与"万里石塘屿"均作岛礁状,而"石星石塘"以小圈与略大圈交替表示,很可能反映水中的暗沙。郑和的航行,也促进了人们对我国南海诸岛的认识深入。

总之,《郑和航海图》是一部著名的地图,它在中国地图发展史与世界地图发展史中均占有重要的地位。它是郑和七下西洋的产物,是郑和及其船队对地理学作出的一项重大贡献。

黄省曾曾说过,《星槎(胜览)》、《瀛涯(胜览)》《针位》(篇)三本书是《西洋朝贡典录》的资料来源。前两种书现在还在流传,但《针位》篇已佚。《针位》篇乃是郑和航行时,详细记录航程中罗盘针所指方位的书,相当于一部航海手册。

### 2. 郑和随行人员的地理著作

郑和随行人员的地理著作就现在掌握的资料是四种:马欢《瀛涯胜览》、费信《星槎胜览》、巩珍《西洋番国志》、匡愚《华夷胜览》。前三种流传至今,后一种已佚。

《瀛涯胜览》,写于 1416 年,作者马欢随郑和下西洋三次,充当翻译。在旅行访问中,作者"采摭各国人物之丑美,壤俗之异同,与夫土产之别,疆域之制,编次成帙"[3]。全书采用分国叙述的方式,国与国之间,一般记有航行的走向和日程。所记国家一共 20 个。书中虽然是分国叙述外国地理,但同时也常常记述郑和在各国活动的情况以及华侨状况。所述 20 个国家的状况详略不同,一般有地理位置、气候、民族、宗教、风俗、物产、服装、住房、商品交易、货币、文化、刑法、历法等。个别的还有神话。"柯枝国"所记"气候常暖如夏,无霜雪。每至二、三月,日夜间则下阵头雨一二次,番人各整盖房屋,备办食用,至五、六月,日夜间下滂沱大雨,街市成河,人莫能行。大家小户坐候雨信过,七月才晴,到八月半后晴起,到冬点雨皆无,直至次年二、三月间,又下雨。常言半年下雨半年晴,正此处也"。这一段文字,是中国地理著作中描述印度雨季和旱季的最早文献。

---

① 周去非,《岭外代答》卷一。

② 义太初,《琼管志》。此书久佚,此据王象之《舆地纪胜》转引。

③ 马欢,《瀛涯胜览》序。

《星槎胜览》写于 1436 年,作者随郑和四次下西洋。书分前后两集,前集为亲览目识的 22 国,后集也是 22 国,得自采辑传闻。所记每个国家的内容,包括郑和的活动情况,航行路线,航行日程,各个国家的地理位置、风俗民情、物产、气候、历法、房屋建筑、语言文字、宗教、民族、货币、贸易、神话传说等。

《西洋番国志》写于 1434 年,作者随郑和下过西洋。书中所记共 20 国,先后次序和文字内容与《瀛涯胜览》大致相同。书的卷首收有永乐至宣德敕书三通,是研究郑和下西洋的重要材料。巩珍写的序言也很有价值,讲了下西洋时曾用牵星过洋术,用水罗盘定向;提到火长的职责是领执"针经图式";提到宝船的巨大,蓬、帆、锚、舵要二三百人才能举动;提到下洋时如何积贮淡水。这些都是研究 15 世纪中国航海史的重要资料。

《华夷胜览》的作者曾三次随郑和下西洋,他用业余时间留心观察所到西洋各国的山川形胜,逐一加以记录,绘制成图册,成为《华夷胜览》。此书已佚,今仅存张洪写的序文[①]。由序文得知《华夷胜览》记载了交趾、占城、爪哇、三佛齐、满剌加、苏门答腊、锡兰、暹罗、孛尼等国的地理形胜、风俗、物产、人物等方面的情况。读后使人感到"万水万山,其景无穷"。

上述四种书,都忠实地记载了当时西洋诸国的地理概况,人民生活以及与我国人民的友好交往和通商关系,成为我们研究郑和下西洋这个伟大事件的重要资料,也是研究古代西洋各国历史地理的重要资料。此外,这些著作把郑和远航时在地理上的新发现记录下来,广为传播,使中国人民扩大了地理视野,为中国古代地理学增添了新的一页。

# 六　郑和在国内外的影响和历史地位

郑和七下西洋的航海活动,不仅是中国人民征服海洋的壮举,而且也是世界航海史上的伟大事件。从时间上来说,郑和航海始于 1405 年,终于 1433 年。就始年来说,比意大利人哥仑布(C. Columbus)于 1492 年到达美洲早 87 年;比葡萄牙人达·伽马(V. Gama)于 1497 年到达印度加里库特早 92 年。由此可见,郑和是世界航海史上的伟大先驱。郑和的航海活动,前后延续 28 年,这点,欧洲任何航海家都不能与之相比。

从船队规模来说,郑和庞大的船队在当时世界上无与伦比。大型宝船长 44 丈 4 尺,阔 18 丈,是当时世界上最大的海船。像这样巨大的宝船,郑和通常拥有 60 余艘,再加上中、小船只,共有 200 余艘,人员达 27000 多人。而哥仑布在第一次横渡大西洋时,只有三只船,最大的长 63 英尺(合六丈左右),船上人员只有 88 人。第二次也只有 17 艘帆船,两千人左右。达·伽马当时只有四只船,最大的 120 吨,最小的 50 吨,仅 160 余人[②]。

再从郑和船队与各国交往的关系来看,郑和七下西洋,都是与各国进行和平友好交往,除了几次自卫战争外,从不侵扰别国。在贸易中,平等交易,坚守信约,从不强买强卖。以古里为例,宝船到彼,"王差头目并哲地未纳儿,计书算于官府,牙人来会,领船大人议择某日打价,至日,先将带去锦绮等物,逐一议价已定,随写合同价数,彼此收执。其头目哲地即与内官大人众手相拏,其牙人则言某月某日,于众手中拍一掌已定,或贵或贱,再不悔改。然后哲地富户才将宝石、珍珠、珊瑚等物来看议价,非一日能定,快则一月,缓则二三月。若价钱较议已定,如买一

---

①　张洪,《华夷胜览》序,载《归田稿》卷三,常熟市图书馆藏抄本。
②　郭守田主编,世界通史资料选辑,商务印书馆,1974 年,第 313 页。

主珍珠等物,该价若干,是原经手头目未纳儿计算,该还纻丝等物若干,照原打手之货交还,毫厘无改"。① 这种情况,在哥仑布等人的航海活动中是没有的。

哥仑布"在那绵延数百英里长的小西班牙岛(即中美洲的海地岛)上"建立了殖民地;"征服该岛并使它的居民纳贡"②。他们给印第安人"玻璃碎片,碎碗破盆,或是别的无用之物作交换。甚至什么东西也不给,把印第安人的一切东西都抢到手上,据为己有"。当哥仑布注意到一些印第安人鼻子上穿挂着金片作装饰时,不久,这些金片就都落入了哥仑布一群人手中。1493 年,哥仑布带了一批专门训练用以追捕黑人的巨犬,成了哥仑布的一支特种部队,他依靠贩卖黑人奴隶来抵偿航海经费③。

1502 年,达·伽马以"印度提督"的身份再航印度时,下令将一艘阿拉伯货船上的物资抢光,然后连船带人全部烧掉。当他们到达卡利库特后,又炮击城市,掠夺财物,强占土地④。这是多么残忍,多么凶恶的海盗行径!

两相对比,不难看出,郑和的名字是中国人民与西洋各国人民深厚友谊的象征。西洋各国人民通过各种方式和形式来纪念郑和,表达他们对郑和的崇敬与爱戴。在马六甲有三宝山,山下有三宝井,井旁有三宝亭,亭内有郑和神像⑤。爪哇有一座城市叫三宝垄,是重要港口。三宝垄附近的狮头山上有三宝洞,洞中有郑和像,洞前建三宝公庙。三宝洞前不远有三宝墩。象这样纪念性的地名或建筑物,其他西洋国家还有不少。

从经济文化方面来看,郑和下西洋促进了中国与西洋各国的经济、文化交流。中国的出口物资,主要有青花瓷器、青瓷盘碗、麝香、烧珠、樟脑、橘子、大黄、茶叶、漆器、雨伞、湖丝、金、银、铁鼎、铁铫、铜钱、绸缎、绸绢、丝棉、金属制品、水银、黑铅、生铜、荒丝等⑥。从西洋各国输入的物资有 10 类 185 种。其中五金类 17 种,香料类 29 种,珍宝类 23 种,动物 21 种,布疋 51 种,用品类 8 种,药品类 22 种,颜料类 8 种,食品类 3 种,木料类 3 种⑦。由此可见,输入的物资大部分是人民生活必需品,特别是布疋的品种最多。这反映了当时中国棉花生产量少,满足不了国内市场的需求。真正属于奢侈品的不多。这种物资交流,对双方经济都是有益的。正如严从简说的:"自永乐改元,遣使四出招谕,海番贡献毕至,奇货重宝,前代所稀,充溢库市。贫民承令博买,或多致富,而国用亦羡裕矣。"⑧。

总之,郑和七下西洋,在当时世界上是绝无仅有的伟大事件,而郑和则是无与伦比的伟大航海家!

## 参 考 文 献

邱树森等选编.1985.郑和下西洋论文集 第二集.南京:南京大学出版社

沈福伟.1984.关于郑和的家世和生平.见:中华文史论丛 第 4 辑

束世征.1941.郑和南征记.北京:青年出版社

① 《瀛涯胜览》"古里国"条。
② 郭守田主编,世界通史资料选辑,第 302 页。
③ 郭圣铭,地理大发现,商务印书馆,1962 年;马吉多维奇,哥仑布,上海新知识出版社,1958 年。
④ 张维华主编,郑和下西洋,第 131 页。
⑤ 熊仲笙,古城谈往,载《南洋文摘》卷 9 第 10 期。
⑥ 据《瀛涯胜览》、《星槎胜览》、《西洋番国志》、《东西洋考》等书的记载。
⑦ 束世徵,郑和南征记,青年出版社,1941 年。
⑧ 严从简,《殊域周咨录》卷九"佛郎机传"。

王引. 1985. 郑和家世及其墓葬考略. 海交史研究,(1):70~72

吴晗. 1936. 十六世纪前之中国与南洋. 见:杨钊,李华等编辑. 吴晗史学论著选集　第一卷. 北京:人民出版社

杨熺,席龙飞编辑. 1985. 郑和下西洋论文集　第一集. 北京:人民交通出版社

曾昭璇. 1982. 明《武备志》中"过洋牵星图"试释. 见:科学史集刊　第 10 期. 地质出版社

张维华主编. 1985. 郑和下西洋. 北京:人民交通出版社

郑鹤声、郑一均编. 1980. 郑和下西洋资料汇编　上册. 济南:齐鲁书社

朱偰. 1956. 郑和. 北京:三联书店

（杨文衡）

# 李 时 珍

李时珍是我国明代伟大的医药学家,他以毕生的精力,为人类的医药学和其它自然科学做出了卓越的贡献,赢得了世界人民的尊重。他的巨著《本草纲目》,是人类文化宝库中的重要珍宝之一,至今仍然造福于子孙后代。回顾李时珍治学的道路,探讨他在科学多方面的杰出贡献,将有益于我们不断地在科学领域上进取不息。

## 一 儒、医熏陶下的成长经历

李时珍字东璧,号濒湖,出生于蕲州(今湖北蕲春)。关于他的生卒年,学者们至今还在争论,但当今学术界通行的说法是李时珍生于明正德十三年(1518),卒于万历二十一年(元1593),享年 76 岁。

蕲州东门外瓦硝坝是李时珍一家的世居之地。此地在当时是雨湖和袁市湖的交汇之处。蕲州位于长江北岸,水路交通便利,历来是鱼米之乡。它不仅处于江西、湖南毗邻,也素有"吴头楚尾、荆扬交汇之区"的称谓。从现代眼光来看,此地水网交织,不通铁路,很不方便。但从明代的水陆交通条件来衡量,蕲州并不是一个僻远之地。

明代末期,社会商业、手工业相当发达。中国南部的南京、苏州、松江、扬州等地,人文荟萃。处于"吴头楚尾、荆扬交汇"之区的蕲州,万历年间的文化也相应地发达起来。名儒迭出,通文知理者甚众。李时珍的家庭,就是一个深受传统文化熏陶的家庭,它决定了李时珍成长的道路。

李时珍的父亲李言闻(字子郁,号月池),继承家伎,以医为业,但同时他又是一位"博洽经史"①的儒者,和当地的名儒士家关系密切,其中与乡绅顾问过从甚密。李时珍后来从师于顾问(明嘉靖十七年进士),讲论儒学,也是基于这么一种世交关系。

李言闻虽然通知儒学,但他的成就却在于医学。曾任太医院吏目,有多种医学著作,撰有《四诊发明》八卷,对中医诊断造诣甚深。李时珍后来著《濒湖脉学》,就撮取了不少《四诊发明》中的精华。李言闻还撰有《蕲艾传》一卷、《人参传》二卷,从保存在《本草纲目》中的这两书的片断来看,李言闻对药学有浓烈的兴趣和很深的研究,这对李时珍完成他的巨著《本草纲目》有直接的影响。此外,李言闻还撰有《痘疹证治》、《医学八脉注》等书,但未传世。

生长在这样的家庭,耳濡目染,李时珍自幼便对医药产生了浓烈的兴趣。这种兴趣有着坚实的基础,即李时珍长期观察、甚至亲身体验到的中医药可靠的治疗效果。《本草纲目》中记载了这样一件事,李时珍 20 岁时,患感冒,咳嗽日久不愈,病中又未忌房事,于是进而骨蒸发热。其父李言闻只用一味黄芩汤就治好了他的病②,给他留下了不可磨灭的印象。长时间的家学熏陶是他最终走上了医药研究道路的良好条件。

但是,李时珍生活在封建时代,又深受家庭中崇尚儒学的影响,所以,他青年时仍然在"学

---

① 清·英启,《李时珍家传》。
② 《本草纲目》卷十三,黄芩条。

而优则仕"的道路上几度蹉跎。14 岁那年,李时珍考中了秀才,这小小的成功固然给他和他的家庭带来喜悦,但同时也无异于设置了一块诱饵。此后,他分别在 17 岁、20 岁、23 岁时参加乡试,结果却接连名落孙山,始终没能考中举人。这沉重的打击震醒了李时珍,自此他专门以医为业,而把步入仕途的理想遗留给下一代。他的长子李建中后来在嘉靖甲子(1564)中了举子,当上了四川蓬溪县知县。后来李时珍也因为儿子当官而被援例敕封为文林郎。

李时珍从中秀才到 23 岁断绝入仕之念,整整苦读了 10 年。据说这 10 年中,足"不出户庭"①,独守寒窗。虽然他没能考上举人,但这 10 年的苦读却使他"博学无所弗窥",大大地开拓了他的知识面。他的这段经历为他研究医药提供了思想基础和文化基础,这是他得以完成《本草纲目》这一巨著的重要条件之一。

《本草纲目》一书引用经史百家著作及医药书籍 800 余种,这一个数字足以反映李时珍"博学无所弗窥"。李时珍不仅仅是摘录这些书中的医药资料,而且对这些文献和条文进行了某些考证校勘,显示了他一定的目录学和校雠学根基。更重要的是,在李时珍醉心科举的过程中,儒家思想深深地浸入了他的心。尤其是当时盛行的理学,对他的影响更深。

蕲州城里儒学名士顾问(字日岩)与李时珍一家是世交。顾问和他的兄弟顾阙又都深谙理学。李时珍后来拜顾问为师,研习理学。在他的《本草纲目》一书中,经常可以看到李时珍儒理思想的反映。例如该书凡例中声称:"虽曰医家药品,其考释性理,实吾儒格物之学,可裨尔雅、诗疏之缺。"② 可以说,"格物穷理"是李时珍研究医药学的重要指导思想之一。他把"格物穷理"与医药实践紧密结合起来,而不是像某些理学家那样,侈谈性理,滑向空泛唯心的泥淖。

李时珍的医学得自家传,本来就有着丰富的医疗经验。加上他自己又博学广识,善于格物穷理,因此他的医疗技术自然高人一筹。相传蕲州的玄妙观就是李时珍为民众治病的诊所。现在存于《本草纲目》中的李时珍医案就有数十则。像这样高明的医生自然是官僚们罗致去为自家服务的对象,因此,在现存的史料中,可以见到李时珍担任医官的记载。

最初是楚王慕名聘李时珍为奉祠(官名),掌良医所事,实际上是作为藩王的侍医。为官家治病是不容易的,而李时珍却以其超绝的医术屡获奇效。富顺王朱厚焜的孙子得了一种病,专好吃灯花,"但闻其气,即哭索不已",这在当时被视为怪疾。李时珍准确地诊断为虫癖,用一料杀虫消癖药治愈其病③。楚王世子"暴厥"(突然惊厥),李时珍由于掌握了一套抢救技术,"立活之"④。这两个病例,部分地反映了李时珍诊断明晰,治疗精当的高超医疗水平。

此后,李时珍又被举荐到朝廷太医院,但仅仅呆了一年,就返回家乡。这一段历史,对于封建社会的医生来说,应该说是荣耀的。据清代顾景星《李时珍传》记载,李时珍曾得授"太医院判"这样一个颇为显赫的职位。李言闻不过是太医院一名吏目(低级官员),他的这一职务也被其子李时珍镂刻在他的墓碑上,但令人奇怪的是,《本草纲目》中的李时珍之子向皇帝献书的进表中,以及保存至今的李时珍夫妇合葬墓碑上,都不曾提到李时珍担任过太医院判。不可否认的是,这短暂的一年对于李时珍来说,是无可留恋的。从此以后,他再也没有担任过官僚们的保健医生,促使他潜心于医药研究,总结和整理医学知识和治疗经验,完成了一系列的不朽著作。

① 清·顾景星,《李时珍传》,载《白茅堂集》卷三十八。

② 《本草纲目》凡例,第 34 页。

③ 《本草纲目》卷六,第 422 页。

④ 清·顾景星,《李时珍传》。

　　《本草纲目》是李时珍的力作。他编此书起自嘉靖三十一年（1522），终于万历六年（1578），历时整整27年，三易其稿。这也就是此书进表中所说的"行年三十，力肆校雠；历岁七旬，功始成就"[①]。由于印刷方面的问题，这部52卷的巨著直到李时珍死时才刻成。他的儿子李建中、李建元、李建木以及孙子李树宗、李树声都参与了该书的药图绘制与校对。李时珍的学生庞宪（号鹿门）也参与了《本草纲目》的编写。

　　此外，李时珍还撰写了《濒湖脉学》（1564）、《奇经八脉考》（1572），广为流传。他的另一些著作（如《濒湖医案》、《濒湖集简方》、《五脏图论》、《三焦客难》、《命门考》等）均已散佚。他的这些著作，为中医药学乃至其他自然科学的发展做出了巨大贡献。

# 二　巨大的药物学成就

　　李时珍对中国药学做出的巨大贡献集中体现在《本草纲目》一书中。该书是明代一部集大成的药学巨著。这不仅是指它的部头大、药物多，还包括该书讨论内容的广泛和深入。与它以前的药学著作相比，《本草纲目》在许多方面都取得了巨大的药物学成就。

### 1. 编写形式

　　《本草纲目》采用的"纲目"体例是药学著作编写方式的一个巨大的进步。它对宋代的另一部药学名著《证类本草》进行了深入地解剖，针对该书的弊病，大胆地采用了先进的"纲目"体例。

　　《证类本草》是怎样的一部药书呢？它由宋代唐慎微编撰，集北宋以前药物学之大成。该书的核心是中国最古的药学著作《神农本草经》（简称《本经》），经历代药物学家不断地注说补充，扩展而成为《证类本草》。它的形成过程好似珍珠形成一般，层层包裹（如图示）：

　　由于该书囊括了千余年的药学资料，采用的是层层补注的编写方式，因此在分类、品种方面出现了"淄渑罔辨，玉砾不分"的混杂现象。李时珍认为此书"名已难寻，实何由觅，"[②]为了方便检索，澄清药物名实，使本草内容明晰易辨，他采用了纲举目张的办法，理清了中国传统药学的脉络。

---

①　《本草纲目》卷首，进本草纲目疏。
②　《本草纲目》卷一，第44页。

怎样体现纲举目张呢？李时珍是这样设计的：

就全书的分类结构而言，以十六部为纲，六十类为目，归并所有药物。所谓十六部，就是传统药物属性的粗分类，它们是：水、火、土、金石、草、谷、菜、果、木、服器、虫、鳞、介、禽、兽、人。上述各部，又视情细分为类（即六十类目）。例如草部被分为山草类、芳草类、隰草类、毒草类、蔓草类、水草类、石草类、苔类、杂草类。这样分纲列目之后，有利于查索药品，比较形态和性能。

就每一味药叙说格式来看，也是纲目分明。各药标一总名称，作为大纲；用大字标出气味、主治，作为小纲，用以突出药物的最重要的内容。此外，用小字注文来表述其它几项内容（释名、集解、辨疑、正误、修治、发明、附方），讨论有关药物品种、药理、产地、炮炙等多方面的问题。

对于同一物的不同部位、不同栽培品种入药这种情况，就以该物名称为总纲，其余药物名称为子目。例如以"龙"一名为总纲，不同的部位（齿、角、骨、脑、胎）为子目；以"粱"为纲，赤粱米、黄粱米为子目等等①。

这种纲目体裁是对传统本草编撰法的一个重大的改革，对此后的药学书籍产生了深远的影响。它的优点是从药物种类和内容出发，对各种有关资料进行剪裁归并，既方便检索，又反映了药物之间的相互关系和药物各项内容之间的有机联系。这种编纂法在本草史上具有划时代的意义。

### 2. 药品数量

《本草纲目》是以《证类本草》作为蓝本的。它除了将《证类本草》原有药品加以整理编排，遴选要旨而外，又补充了许多资料和考证意见。全书共有药物 1892 种，其中含有李时珍补充的新药 374 种。这在当时是收药最多的一部药书，可谓集明代以前药物之大成。

李时珍增补的新药，有一些是疗效甚佳的良药。例如现在常用的活血化瘀药物田三七（又称三七、田七），就是李时珍采访所得。当然，在《本草纲目》新增药中，也有不少是稀用或现已不用的药物，为什么李时珍也要将它们收载呢？这是因为他有一个"本草之书，不厌详悉"②的指导思想。李时珍从药物发展史的高度注意到药物使用有兴有废这么一个规律，他认为有的药物古代并不显要，后来却成为常用药（如香附子），因此，现在看来作用不大、对它认识不足的药物，说不定将来成为重要的治疗用品。因此，他在《本草纲目》中也收载了一些冷僻药，以供后人参考发掘。

### 3. 参引资料

李时珍撰写《本草纲目》时，"渔猎群书，搜罗百氏。凡子史经传，声韵农圃，医卜星相，乐府诸家，稍有得处，辄著数言"③，从 800 余家著作中搜求点点滴滴的药物资料。该书补充了《证类本草》以后的元、明本草资料（包括 41 种《证类本草》未载药物），又从 240 余种医方书中补载方剂 8161 首，连同《证类本草》原有方剂，使全书药方总数达到 11096 首，成为本草方剂的渊薮。他虽然无法看到一些宋以前古本草原书，但是他充分利用一些宋元大型丛书（如《太平御览》、《册府元龟》等），转引了一批很有价值的资料，并用以考校某些药物的品种和功用，成果斐然。

---

① 《本草纲目》卷一，第 33 页。

② 同①，卷一，第 5 页。

③ 明·王世贞，《本草纲目序》，见《本草纲目》第 17 页。

此外,李时珍从许多笔记小说中拾掇了不少珍贵的药学史科。例如他从周密的《志雅堂杂抄》中引录了西方著名麻醉药押不芦(*Mandragora sp.*),又记载了宋代叶梦得《水云录》中的秋石制法,等等。他从农书、谱录、地志、游记、异物志、佛书、道藏、诗词歌赋及音韵、训诂方面的文献也勾稽出许多药学资料,极大地丰富了中国药学的内容,也为博物学增添了大量的资料。

该书广博的资料,赢得了古今中外学者的一致称赞。与李时珍同时代的名儒王世贞,欣然为《本草纲目》作序,称赞此书"上自坟、典,下及传奇,凡有相关,靡不备采。如入金谷之园,种色夺目;如登龙君之宫,宝藏悉陈;如对冰壶玉鉴,毛发可指数也。"可见《本草纲目》丰富的资料是中医药宝库的重要组成部份。

## 4. 药物考辨

《本草纲目》中的资料众多,只是李时珍对药学贡献的一个方面。李时珍不是一位文献剪辑大师,他对药学的许多真知灼见表明他是一位真正的卓越的药物学家。他做了大量的"绳谬补遗,析族区类"工作,通过实地考察、采访、亲身实践,解决了许多药物品种、效用等方面的疑误。

在《本草纲目》中,记载了不少采访所得的知识。例如"钩吻"一药,历来对其品种来源颇有争议,李时珍"访之南人,云钩吻即胡蔓草,今人谓之断肠草是也。"[1] 他凭借南方人介绍的花色形态,对当时常见的钩吻种类作出了比较正确的判断。李时珍求访药物是不耻下问的,他从京城回乡的途中,"见北土车夫每载之。云暮归煎汤饮,可补损伤"[2]。据此,他认为旋花"益气续筋之说,尤可征矣。"

李时珍为了解决某些疑难问题,经常亲自实验、比较和细致地进行观察,他为了了解鲮鲤(穿山甲)的食性,就进行解剖,果然在穿山甲胃中得蚁升许。他也曾尝试饮曼陀罗花酒,了解其药理反应。有时为了验证药物的性味,他不惜冒着危险,口尝药物。例如他说:"花蕊石旧无气味,今尝试之,其气平,其味涩而酸。"[3] 此外,他也做些简单的化学实验,如鉴别石胆等矿物药时,就常动手实验。

对于药物品种,观察比较,是解除疑误的好办法。李时珍就是这样做的,他为了弄清蓬蘽和与其相似的五种植物,亲自采集药物,"始得其的,诸家所说,皆未可信也。"[4] 终于得出了与众不同的正确结论。像考证豨莶、地菘、火枚、猪膏莓等药名时,"时珍尝聚诸草订视"[5],解决了药名混淆的问题。类似这样的例子甚多,举不胜举。正是由于这些实际考察成果,大大提高了《本草纲目》一书的科学性。他考订药物的方法,也给后世以很大的启示。尤其是他注重实际调查研究,实事求是科学态度,更得到后人的景仰。

## 5. 药理阐发

金元以来,中药药理的探讨取得了许多重大的进展。但是。在李时珍以前,还没有人将这些进展系统予以总结。李时珍高度评价了张元素、李东垣二人对阐发医药理论的重大贡献,但

---

① 《本草纲目》卷十七,第 1228 页。

② 同①,卷十八,第 1262 页。

③ 同①,卷十,第 613 页。

④ 同①,卷十八,第 1242 页。

⑤ 同①,卷十五,第 997 页。

又指出他们论药过少的不足的一面(所谓"惜乎止论百品,未及遍评"①)。他在《本草纲目》中,系统地整理了明代及其以前的药性理论思想。尤其值得称道的是他将金元医家张洁古、刘完素、李东垣、张子和、王好古等人的药理学说精粹,分门别类予以归纳条理,成为中药理论一次空前的大总结。

当然,李时珍对中药理论的贡献还不仅仅在于整理前人论说,他还有许多新的理论发挥。在很多药物之下,他经常侃侃而谈其药性机理及辨证用药法,这也是他一贯主张——"医者贵在格物"②——的具体体现。由于李时珍格物时,紧密地联系实际,从事实出发推导理论,因而其见解每能出人意料。例如,有人认为鹅"性凉",因为它能止渴。李时珍反驳说,只要能升发胃气的药物(如甘温的参苓白术散)就能生津止渴,不一定是凉药才能止渴。他认为鹅的"气味俱厚",观察过此物"发风发疮,莫此为甚——火熏者尤毒"的服用反应,纠正了前人鹅肉"利五脏"的绝对说法。③ 他这种推断药性的方法是比较高明的,表现在他能注意分析药物消除某些症状的内在原因,结合全面的服药反应,推论其产生药效的性味基础。李时珍还注意用动态的眼光来分析药性,不把药性认为是静止的、一成不变的。例如药性可因入药部位不同而有不同的作用趋势(如"根升梢降")。李时珍还根据药物"生升熟降"这一事实,指出"是升降在物,亦在人也",④ 揭示了决定药性的极为重要的人为因素。

《本草纲目》阐发医理、药理、物理的例证很多,因而王世贞认为:"兹岂仅以医书觏哉,实性理之精微,格物之通典"⑤,把它看成高于一般医药书的物理探讨的重要典籍。

## 6. 其它药学成就

《本草纲目》涉及到了药学的各个方面.前面所谈不过是几点重要的贡献,其成就还远远不止这些。该书在许多中药分支学科方面都做出了令人注目的成就。例如中药炮制,就是书中一个重要内容。各药大多设有"修治"一项,总结了历代有关炮制的技术,保存了大量的文献资料。李时珍补充的一些药物炮制品种(如煨木香、巴豆霜、盐知母等),沿用至今。此后清代张叡的《制药指南》,基本上是辑录《本草纲目》中的"修治"内容。

关于食物的治疗作用,《本草纲目》记载也十分详细。对胡椒性热,过食损目,李时珍也记下了亲身体会。许多名菜(如鸡坳、鱼翅等),也都首见于《本草纲目》。明代后期出现了一种二十二卷本的《食物本草》,虽然并不是李时珍的手笔,但后人仍将此书托名李时珍参订,这当然是不对的。但是如果有人将《本草纲目》中食疗内容辑录成书单行,其价值之高、内容之丰富是可以想见的。

此外,《本草纲目》在药材的鉴别方面,也汲取了不少药工的实践经验。该书 1109 幅药图为药物来源的鉴别提供了不少新的依据。书中的许多药物学成就,至今学者们还在不断探讨和发掘。可以说《本草纲目》在中国药学发展的道路上竖立起了一块丰碑。

---

① 《本草纲目》卷一,第 9 页。
② 同①,卷十四,第 839 页。
③ 同①,卷四十七,第 2564 页。
④ 同①,卷一,第 73 页。
⑤ 明·王世贞,《本草纲目序》。

## 三　杰出的医学贡献

李时珍是一位伟大的药物学家,同时也是一位杰出的医学家。他不仅长于临证治疗,而且在医学理论、医疗技术上有许多发明。《本草纲目》中零散地记载了李时珍治病验案 30 余则,对临床医生颇有启发。他还著有《濒湖医案》,可惜现已不存。李时珍共有医学著作七种,今存世者有二种。在《本草纲目》中也散在地表述了李时珍的一些见解。今从以下几个方面介绍李时珍在医学方面的一些杰出贡献。

### 1. 脉学与经络

李时珍著有《濒湖脉学》,并附有《脉诀考证》。这是一本普及性的脉学专著。据李时珍自序,该书从其父李言闻《四诊发明》中撮粹撷华,用韵语的形式,普及诊脉知识,作为初学指南,其中也凝聚了作者多年钻研的心得。

《濒湖脉学》对明代及其以前的脉学内容进行了一次系统全面的归纳,将常用的 27 种脉的脉形、脉率、主治病及相似脉予以总结和比较,纠正了过去《脉诀》中的一些描述错误。在体裁上,除了一般的概念阐述而外,均采用歌诀形式,便于习诵。该书内容紧密结合临床,实用性强。如数脉体状诗云:“数脉息间常六至,阴微阳盛必狂烦,浮沉表里分虚实,惟有儿童作吉看”。[①]这里指出小儿脉数(一呼一吸脉六至)是正常的生理现象。《濒湖脉学》以其简明易晓而深受后世医家的欢迎。《四库全书总目》评曰:“自是以来,《脉诀》遂废。其廓清医学之功,亦不在戴启宗下也”。[②]《濒湖脉学》中的 27 脉被后世普遍采用。

李时珍的另一著作《奇经八脉考》是经络研究的重要文献。奇经的论述,以李时珍最为全面。他对奇经八脉的定义、作用、生理、病理和临床应用都作了比较明确的阐述,补充了中医经络学说的一个重要方面。他指出奇经是“不拘制于十二正经,无表里配合”的经脉,具有“内温脏腑,外濡腠理”的作用。他又考证了奇经八脉的循行部位。现代有人用实验证明,李时珍的考证与现代实验大体是一致的。更可贵的是,李时珍从临床角度介绍了奇经在治疗上的作用,把奇经辨证和处方用药紧密结合,使奇经理论真正地施用于临床。

### 2. 对某些疾病的新认识

前面已经提及李时珍认识到寄生虫病人的某些癖嗜,并治好了富顺王孙子虫积病的事迹。事实上《本草纲目》的资料表明,李时珍对其它许多疾病也有了新的认识。蔡景峰的著作中,介绍了我国医学上首次被记入《本草纲目》的某些疾病。如铅中毒、汞中毒的症状和预后,一氧化碳(煤气)中毒的危害等。李时珍还报告了一例最早的肝吸虫病:“昔有食鱼生而生病者,用药下出,已变虫形,鲹缕尚存”[③]。这种因吃生鱼引起的寄生虫病,自然是与现代所说肝吸虫病相吻合。

李时珍对人体内结石的分析也是十分精当的。他虽然没有可能施行人体解剖,但他却从其

---

①　明·李时珍,《濒湖脉学》。

②　清·纪昀,《四库全书总目》。

③　《本草纲目》卷四十四,第 2484 页。

它动物的解剖中得到启发。他认为牛黄这样一味妙药实际上是"牛之病也。故有黄之牛多病而易死"。[①] 经过静心思考,李时珍认识到牛黄,狗宝,马墨,鹿玉,犀之通天,兽之鲊答,都是病理产物。[②] 他敏捷地意识到:"诸兽皆有黄,人之病黄者亦然",[③] 揭示了因胆结石而产生黄疸的真正病因。他从人的淋症中常有砂石排出,认识到这种砂石也和兽的鲊答(病理结石的一种名称)同出一理。他又从动物胆结石转而被利用来治疗心及肝胆病,推导出和人的淋石能用来治淋症是一样的道理。这些认识在当时来说是相当难能可贵的。

### 3. 医疗技术

《本草纲目》中主要记载的是内服药的使用方法,同时也介绍了一些新的医疗技术,引起研究者们极大的兴趣。例如李时珍最早介绍了用冰块外敷退热的办法:"伤寒阳毒,热盛昏迷者,以冰一块,置于膻中,良"。[④] 这种冰敷退热法又不同于现代,它具有中医的特色。其一是辨证(伤寒阳毒),不是见热就敷;其二是定位,置冰块于膻中,这是保护心神不受热邪侵扰的办法。在《本草纲目》中,还有以凉水浸青布、井底泥外敷治阳毒热病的记载,其意义与冰敷相同。

李时珍还创造了蒸气消毒以防止疫病传染的方法。他说:"天行疫温,取初病人衣服,于甑上蒸过,则一家不染"。[⑤] 所谓"初病人",即第一个患传染病的人。在一家之中,对他的用物予以高温消毒处理,显然是预防疫病蔓延的有效措施之一。蒸气消毒现在已是很普遍的消毒措施之一,但溯其源始,则以李时珍的记载为滥觞。此外,李时珍还记载:"中恶鬼气卒死者,以樟木烧烟熏之……此物辛烈香窜,能去浊气,辟邪恶故也。"[⑥] 这也是利用燃烧某些含挥发油的物质以达到消毒空气的一种早期方法。

### 4. 医学理论发挥

李时珍对中医理论有着精深的研究。他的医案、方解中处处显示着他辨证论治的深厚功底。此外,他对中医基本理论也有许多新的见解,十分引人注目。他曾撰写过这方面的专著,如《命门考》、《命门三焦客难》及《五脏图论》,惜均已不存。但这几本书的某些内容,仍可从《本草纲目》中窥得。

三焦和命门是中医解剖生理中的两个重要概念,其准确内涵历来存在着争议。李时珍把这两个概念联系起来解释,认为这两者的关系是一原(命门)一委(三焦)。命门是指实体而言,"其体非脂非肉,白膜裹之,在七节之旁,两肾之间。二系着脊,下通二肾,上通心肺,贯属于脑。为生命之原,相火之主,精气之府"。[⑦]三焦却不是一个实体,它发源于命门。命门的功能在人体不同部位有着相应的名称。"上焦主纳,中焦腐化,下焦主出"。[⑧] 这三个部位的功能合称之为三焦,三焦实际上是命门在全身主持接受食物,运化精微,排除糟粕的一个功能系统的总称。这一

① 《本草纲目》卷五十,第2801页。

② 《本草纲目》卷五十,第2802～2803页。

③ 同①,卷五十,第2801页。

④ 同①,卷五,第395页。

⑤ 同①,卷三十八,第2186页。

⑥ 《本草纲目》卷三十四,第1948页。

⑦ 《本草纲目》卷三十,第1804页。

⑧ 《本草纲目》卷五,第408页。

说法实际上把命门视为先天生命实体,三焦作为后天运化功能。李时珍的这一见解受到人们的高度重视,三焦、命门的讨论至今未有消歇。

李时珍的另一个很有意义的见解是"脑为元神之府",① 揭示了人脑主宰人的思维意识、精神情感这一重要功能。由于李时珍并设有就这一命题展开讨论,因此其观点影响面不大,但这一提法在中医学对脑的认识的发展过程中,却有着相当重要的历史意义。

关于李时珍对医学的贡献,还是一个值得深入研究的问题。因为李时珍某些医书的散失和现存资料的分散,为我们全面衡量他对医学的贡献增添了困难。但仅就以上所列,我们可以毫不夸张地说,李时珍为中医学发展做出了杰出的贡献。

## 四　辉煌的博物学业绩

李时珍的《本草纲目》,内容之丰富,早已超出了药学著作的范围。他在记载药物的时候,并不囿于治疗功效,而是兼带描述和评论与此相关的现象。因此,其中含有丰富的动物学、植物学、矿物学、物理学、化学、天文学、物候学、气象学、地质学、考古学等等现代各自然科学的内容,保存了明代以前许多科学史料,受到后世学者的高度重视。《本草纲目》被生物进化论发明者达尔文看作是"中国古代的百科全书"②,殊为恰当。又有人称此书为"东方博物学巨著",也不为过。近代学者曾从不同的学科来研究该书的贡献。本文限于篇幅,不拟一一按学科罗列其成就,仅从李时珍如何使《本草纲目》成为博物学巨著的角度来讨论他对博物学所做出的辉煌业绩。

### 1. 广博的记载

有很多资料,似乎与药学毫无关系,但李时珍没有放过它们,而是尽量广采博收,如实记载,因而留下了许多宝贵的科学资料。

最为科学史学者津津乐道的例子莫过于金鱼。李时珍引述了前人关于金鱼的某些论述后说:"(金鱼)自宋始有畜者,今则处处人家养玩矣。春末生子于草上,好自吞啖,亦易化生。初出黑色,久乃变红。又或变白者,名银鱼。亦有红、白、黑、斑相间无常者。"③ 这些记载,成为达尔文论证物种变异学说的宝贵资料。此外,《本草纲目》家鸡条例举了长尾鸡(朝鲜)、食鸡与角鸡(辽阳)、长鸣鸡(南越)、石鸡(南海)、鹁鸡(蜀)、伧鸡(楚)、矮鸡(江南)等等,这些资料也受到达尔文的重视。

李时珍对生物与环境之间的关系尽管没有正面的论断,但他记载的许多现象却很有意义。例如他指出"浊水、流水之鱼与清水、止水之鱼,性色迥别"④,"山禽味短而尾修,水禽味长而尾促"⑤。这些都意味着环境对生物形态习性的影响。另一些资料则表明,生物对自然环境也有一个适应的问题。例如,李时珍说:"鳞者,粼也。鱼产于水,故鳞似粼;鸟产于林,故羽似叶;兽产

---

① 《本草纲目》卷三十四,第 1936 页。

② 潘吉星,《本草纲目》之东被及西渐,载《李时珍研究论集》,第 260 页。

③ 《本草纲目》,卷四十四,第 2450 页。

④ 同①,卷五,第 396 页。

⑤ 同①,卷四十七,第 2555 页。

于山,故毛似草。鱼行上水,鸟飞上风,恐乱鳞、羽也。"① 不仅如此,动物毛色还与四时变化相关,故《本草纲目》有"毛协四时,色合五方"② 之说。

我国现代著名科学家竺可桢,在研究物候学时,从《本草纲目》中汲取了不少素材,他认为《本草纲目》"对于候鸟布谷、杜鹃的地域分布、鸣声、音节和出现时间,解释得很清楚明白,即今日鸟类学家阅之,也可受到益处的"③。可见李时珍对某些鸟类的习性、地域记载具有相当高的科学价值。

尤其令人惊讶的是,李时珍已经注意到动物粪可以化石。动物的化石在明以前已有不少记载,但动物粪也能成为化石的记载却未见记载,所以蔡景峰认为:"粪化石是人们研究古代动物摄食性质及胃肠道解剖情况的一种可贵资料,为现代若干自然科学部门所重视。李时珍以前,还没有人知道粪可以化石的。"④

### 2. 科学的观察和实验

《本草纲目》中有着大量的动、植、矿物的形态和习性描述,这些描述是建立在科学观察的基础之上的。这些描述不仅有利于保证用药的安全有效,而且也是宝贵的动、植、矿物学方面的资料。

李时珍对天然物品的观察是细致入微、前无古人的。他能通过观察,发现物种之间细微的差别,将它们互相鉴别开来。例如龙葵和酸浆,是茄科不同属的两种植物,较易混淆。李时珍除了描述茎、叶之外,着意观察花瓣的数目、形状、颜色;雄蕊的颜色和数目,果实的形态、生长部位,突出了两者的鉴别特征。这表明李时珍观察植物已达到相当深入的程度,类似这样的例子举不胜举。

对动物观察较之植物又更深一层。李时珍不仅注意到动物的形态,还留心动物的食性、习性和群体生活方式。如他观察到蚂蚁的形态和蚁穴有多种不同的形态,同时还指出"蚁有君臣之义"⑤,表明他了解到蚁群之中也有分工职责的不同,"其居有等,其行有队"⑥,宛如一个小社会。他还观察到,判断乌骨鸡,只要看看鸡舌是否是黑色即可,这真是难得的经验之谈。《本草纲目》中的类似记载很多很细,对许多鸟兽虫鱼的生活习性刻画入微,甚至小到猫的瞳孔一日之间的扩缩变化,小小的白蜡虫吐涎化蜡的经过等等,都一一观察无误。李时珍指出鱼类有发声的习性,说捕勒鱼时"渔人设网候之,听水中有声,则鱼至矣"⑦。对于人体的某些现象,他能通过观察,作出合理的推断。如有些人头发发白,吴玉《白发辨》说:"虽有迟早老少,皆不系寿之修短,由祖传及随事感应而已",⑧李时珍认为此说"亦自有理"。这一种说法客观地指出了白头发和人的寿命长短并没有必然联系,取决于遗传和某些突然的变化。

以上谈的是李时珍对物体的观察。《本草纲目》中还有关于天体和某些自然现象的观察。例如对月亮中的阴影,神话中的月中桂影之说甚为流行。李时珍却认为:"月乃阴魂,其中婆娑者,

① 《本草纲目》,卷四十四,第 2486 页。
② 《本草纲目》卷四十七,第 2555 页。
③ 竺可桢、宛敏渭,物候学,科学出版社,1980 年。
④ ,⑥见《科学史集刊》第 7 期,1964 年。
⑤ 同①,卷四十,第 2288 页。
⑦ 同①,卷四十四,第 2435 页。
⑧ 同①,卷五十二,第 2928 页。

山河之影尔"①,否认了月中树影的谬谈。李时珍"泛观群史,有雨尘沙土石、雨金铅钱汞、雨絮帛谷粟、雨草木花药、雨毛血鱼肉之类",也有天降桂子的情况。俗谓桂子是来自月中桂,李时珍则不以为然。他发现"桂生南方故(桂雨)唯南方有之"②,并非来自月亮。是什么原因引起这些异常之物从天而降,李时珍当时还未能给予科学解释。但是,在其它一些方面,李时珍通过科学实验,却合理地解释了许多自然现象。

例如,在"节气水"条下,李时珍说:"每旦以瓦瓶秤水,视其轻重,重则雨多,轻则雨少。"这实际上是利用水分在空气中自然蒸发速度的不同,来测定空气中含水蒸汽的多寡,用以预测天气的晴雨。这样的实验是比较简单的,《本草纲目》还记载了其它一些比较复杂的化学反应。例如用五倍子制取没食子酸,就是李时珍最早予以记载。这一有机化学的成就可见于"百药煎"的制法之下:"用五倍子为粗末,每一斤,以真茶一两煎浓汁,入酵糟四两,擂烂拌和,器盛,置糠缸中罯之。待发起如发面状即成矣,捏作饼丸,晒干用。"③ 这一过程,即五倍子所含多量单宁物质,经发酵后,毒性较小,溶解性提高,再经麴菌的水解作用,析出白色丝状的没食子酸结晶。像这样的试验在矿物药中更为多见。例如《本草纲目》描述的制取铅霜(醋酸铅)过程,制取粉锡(碱性醋酸铅)过程,都非常合乎科学原理。在所记载的制药方法中,已包括了蒸馏、蒸发、升华、重结晶、风化、沉淀、干燥、烧灼、倾泄等现代化学所应用的各种方法。

### 3. 出色的归纳

如果说李时珍仅限于每事必录,善于观察,那还显示不出他非凡的科学归纳能力。李时珍的可贵之处,在于他能透过表面观察,综合诸多零散资料,揭示一些自然界的客观规律。

《本草纲目》的分类大纲中,将各部按"从微至巨"、"从贱至贵"为序排列,已经体现了可贵的进化发展思想。首先他将属于无机物的水、火、土、金石排在最前面,然后将生物中的草、谷、菜、果、木居中,最后才是动物类:虫、鳞、介、禽、兽、人各部,这就是从微、贱到巨、贵的具体体现,大体上表现了自然界从无机到有机,再进化到生物的客观过程。更有意义的是,在动物类药中,虫、鳞、介、禽、兽、人各部的分类,又大体符合现代关于动物由单细胞至多细胞,由无脊椎动物至脊椎动物的进化观点。在当时被视为神圣动物的龙、凤,李时珍仍然按它们在自然界本身的位置,将它们分别归入鳞、禽部。猩猩则被列入兽中最高级的寓类怪类之中,人则被作为万物之灵放在最末。正如现代研究者所指出的那样,以16世纪生物学的水平来衡量,无疑地,它是生物界的杰作,应该说是已具有类似进化论的思想萌芽。李时珍就是我国生物界最早具有这种思想的科学家。

除了大的分部之外,在各类目中归并药物,也有很多地方符合现代的动植物分类法则。李时珍将一些有明显相似特征的植物类群汇集到一起,用现代植物学的科属来衡量,这些植物绝大多数具有亲缘关系。以下药物被连排在一起:沙参、荠苨、桔梗(桔梗科);柴胡、防风、独活(伞形科);徐长卿、白薇、白前(萝藦科);高良姜、豆蔻、白豆蔻、缩砂密、益智子(姜科);菊、野菊、菴䕡、蓍、艾、千年艾、茵陈蒿、青蒿、黄花蒿、白蒿(菊科)……李时珍创造的以植物形态、习性、生态、用途、内含物等多因素综合分类系统,来归纳一千余种植物,是一个伟大成就。他把植物内

① 《本草纲目》,卷三十四,第1934页。

② 《本草纲目》,卷五,第401页。

③ 《本草纲目》卷三十九,第2241页。

在联系和它们的应用交织在一起,为建立我国古代植物分类系统作出了划时代的贡献.清代吴其濬的植物学著作《植物名实图考》,其分类系统就是以《本草纲目》为模式的。

在动物分类上,也有一系列类似植物分类的成就.如李时珍把鱼类分为有鳞鱼、无鳞鱼两种,这与现代鱼类分类学亦相吻合.诸如此类,不予赘引.李时珍能通过观察自然界诸多物质的表面状况,建立一个科学价值很高的体系来容纳并归类这些物质,应该说这在当时是对整个科学界的巨大贡献.正因为如此,古今中外的科学工作者对《本草纲目》分外重视.《本草纲目》已被节译成英文、法文、俄文等语种.日本学者不仅将全书译成日文,并作了注解(《头注国译本草纲目》),节纂、改编、阐发之类的著作更加众多,显示了《本草纲目》在世界范围的巨大影响。

李时珍是我国的、也是世界上的一名伟大的科学家.他的主要业绩在于中医药学,但他的成就又大大地超出了医药范围.他的不朽著作《本草纲目》及其医书至今仍为中医药学的发展继续发挥作用.他的丰功伟绩愈来愈受到中外学者的敬重和爱戴.在李时珍的家乡,已兴建了李时珍陵园,将他的陵墓很好地保护起来,以供后人瞻仰.英国著名科学史家李约瑟在其巨著《中国科学技术史》中,高度评价了《本草纲目》:"毫无疑问,明代最伟大的科学成就,是李时珍那部在本草书中登峰造极的著作《本草纲目》".他还把李时珍称作"中国博物学者中的无冕之王"①.了解李时珍的成长经历,以及他对药学、医学及其它自然科学的贡献,对激励我们的民族自信心,促进我国现代科学的发展,必将发挥积极的作用。

## 参 考 文 献

蔡景峰.1964.试论李时珍及其在科学上的成就.见:科学史集刊 第7期.北京:科学出版社

顾景星(清)撰.李时珍传.见:白茅堂集 卷三十八

李时珍(明)撰.1977.本草纲目.校点本,北京:人民卫生出版社

李裕等.1985.李时珍和他的科学贡献.湖北科学技术出版社

中国药学会药学史学会.1985.李时珍研究论文集.湖北科学技术出版社

(郑金生)

---

① 转引自潘吉星《本草纲目之东被及西渐》,见《李时珍研究论文集》,第265页。

# 程 大 位

## 一　程大位生平

程大位字汝思,号宾渠,安徽省休宁县(今黄山市屯溪区)人,生于明嘉靖十二年(1533),卒于明万历三十四年(1606)。其故居至今尚存。

程大位出生在中国数学理论衰退,但珠算得到普及的时代。中国的传统数学理论到元代中期达到最高峰,朱世杰的天元术和四元术代表着当时的世界先进水平。但由于种种原因,元代后期数学理论迅速衰退。到了明代,竟无人懂天元术。另一方面,由于商业的发展,迫切要求改进数学工具,提高运算速度,古代的算筹自然满足不了要求。于是,简便而实用的算盘在明初开始普及,明代中期出现珠算专著。童年时代的程大位,已有条件阅读珠算书了。

程大位出身小商,自幼聪明好学,尤其喜算,常不惜重金,以购求算书。他虽然也学习儒家的学问,但从未参加过科举考试,因此一生没有做官。20岁以后,他利用外出经商的机会,游历长江中下游一带,遍访名师,遇有"睿通数学者,辄造请问难,孜孜不倦"。[①] 其间广泛收集古今数学著作与民间算法,积累了丰富的数学知识。他身居农村,对土地测量十分重视,曾创造"丈量步车",并绘图传世。图边自题"宾渠制就心机巧,隶首传来数学精"。

程大位40岁以后,倦于外游,便"归而覃思于率水之上余二十年"。他认真钻研古籍,释其文义,审其成法,遍取各家之长,加上自己的心得体会,终于在万历二十年(1592)写成《直指算法统宗》(简称《算法统宗》)17卷,在休宁刊行。在后记中,他真实地记述了该书的写作过程:"参会诸家之法,附以一得之愚,纂集成编。诸凡前法之未发者明之,未备者补之,疏略者详之,而又为之订其讹谬,别其次序,清其句读"。《算法统宗》的主要特点是用珠算演题,算法完备,该书集我国珠算之大成,程大位也因此被称为"珠算一代宗师"。

万历二十六年(1598),程大位为了普及珠算知识,又对《算法统宗》删其繁芜,揭其要领,写成该书的删节本《算法纂要》四卷,在休宁刊行。他说:"是集以纂要名,但只纂其切要,便于初学者。若九章杂问详见《统宗》,亦不俱载"。

除数学外,程大位在诗、文、书法方面也有较深造诣。

## 二　《算法统宗》的成就及流传

### 1.《算法统宗》的内容

本书前两卷列举了全书所需的基本知识。卷一可以说是总论,包括先贤格言,算法提纲,用字凡例,大数及小数,度量衡,论整数、分数及开方,定位法,加法口诀,九九合数,九归口诀等。卷二是分论,分别论述了整数和分数的四则运算并给出相应的例题,归除法及留头乘法题较多。卷二之首画有算盘图式。

---

① 《算法统宗》书后。

卷三至十二是不同类型的习题,仿《九章算术》体例分为方田、粟布、衰分、少广、分田截积法、商功、均输、盈朒、方程、勾股十类。其中只有"分田截积法"为《九章算术》所无,该卷讨论如何将已知的平面图形按一定条件分为若干部分并求出各部分的未知元素。这类问题的渊源可以追溯到《九章算术》的"少广"。亦有不少题型取自刘益《议古根源》、杨辉《田亩比类乘除捷法》及朱世杰《四元玉鉴》中的"拨换截田门"。

卷十三至十六为"难题"汇编。所谓难题,其实算法都很简单,只不过条件用诗歌表达,比较隐晦罢了。正如程大位所说,这些题是"似难而实非难。唯其词语巧捏,使算师一时迷惑莫知措手"而已。

最后一卷(卷十七)为"杂法",即不能编入前面各卷的算法。其中讨论了各种纵横图,虽然在类型上未超过杨辉,但其构造方法叙述甚详,便于读者掌握;又介绍了一种不用算盘而借助手掌的简算法"一掌金";还介绍了由阿拉伯国家传入中国的"铺地锦"(又称"写算",是一种借助表格的笔算方法)。本卷最后,以"算学流源"的名义列出了宋元以来的数学著作共 51 种,为后人研究中国数学史提供了线索。

### 2. 珠算方面的成就

珠算在明初便已流行,但直到明代中期,尚未完全取代筹算。许多知识分子兼用两算,如吴敬的《九章算法比类大全》(1450)及王文素的《古今算学宝鉴》(1524)。珠算盘是一种构造简单、价格低廉、容易携带的计算工具。珠算与筹算相比,运算更为方便、迅速,所以国内商人们逐渐偏重于珠算。在这种背景下,出现了第一部专门讨论珠算法的著作《盘珠算法》(徐心鲁撰,1573),接着又出现了载有 13 位"初定算盘图式"的《数学通轨》(柯尚迁撰,1578)。商人出身的程大位充分认识到珠算的优越性,他以完善和推广珠算法为己任,在上述著作的基础上成书《算法统宗》,统一用珠算演题。从资料之丰富、叙述之系统、解释之详细、口诀之流利等方面来看,无疑超过前人。该书是中国数学史上由筹算过渡到珠算的关键性著作,其贡献主要有三。

(1)完善珠算口诀

程大位时代,珠算口诀还不成熟,有些还不顺口。于是,他便花大力研究珠算口诀。他为了区别乘除法口诀,在卷一明确规定:"九九合数"应"呼小数在上,大数在下";"九归歌"应"呼大数在上,小数在下"。例如,"六八四十八"是乘法口诀,"八六七十四"是除法口诀。书中九归诀仅 39 句,程大位正确指出:"一归不须归,其法故不立。……九归随身下,逢九进一十"。卷二还提出一套完整的撞归口诀,如"一归,见一无除作九一;二归,见二无除作九二"等等。他认为口诀是学珠算、用珠算的基础,一定要背熟。他反复强调:"一要先熟读九数,二要诵归除歌法","学算之人须努力,先将九数时时习"[①]。

(2)在珠算中采用定位法

定位法在吴敬的《九章算法比类大全》中已有论述,但只用于筹算。当时流行的《盘珠算法》、《数学通轨》等都未提及定位法。从现存古算书来看,《算法统宗》是最早记载珠算定位法的。

卷一的定位总歌便是珠算定位的总纲:"数家定位法为奇,因乘俱向下位推。加减只须识本位,归与归除上位施。法多原实逆上数,法前得零顺下宜。法少原实降下数,法前得零逆上知"。

---

① 《算法统宗》卷一。

这就是说,对于加减法,只要认准本位,同位数对应加减即可;对于乘法,一位与多位皆向下推移。除法之单归与归除皆向上位推移,并根据法实位数多少分为两类:法多实少,则从被除数个位起向前(左)逆推至相当于除数首位的前一位为商的个位;法少实多,则从被除数个位起向后顺推至相当于除数首位的前一位为商的个位。例如,22.52÷5630便是"法多",在算盘上列式如下:

实                                  法
002252                            5630
0004

因法首为千,便从实的个位向前(左)数至千位,以前一位为商的个位,所以商4实为0.004。243÷0.054是"实多",则从实的个位3向后数一位,作为商的个位。

卷一之尾的"定法实诀"还应用了乘法交换律:"凡因乘不必拘于法实,或以法乘实,或以实乘法,皆可也。"这一条对于灵活选择乘数以提高计算速度是十分重要的。

(3) 用珠算解二次及三次方程

求一般二次方程及三次方程的正根,古代叫开带纵平方和开带纵立方(纵指最高项及常数项之间的项),是用筹算进行的。《算法统宗》则记载了珠算开带纵平方及带纵立方。

例如卷六第43题:"今有方仓贮米五百一十八石四斗,方比高多三尺,问方、高各若干?"这是一个开带纵立方问题,"法曰置米五百一十八石四斗,以斛法二尺五寸乘之得积一千二百九十六尺为实,以方多三尺自乘得九尺为纵方,再置三尺倍之得六尺为纵廉。"即以高为 $x$,得方程

$$x^3 + 6x^2 + 9x = 1296$$

程大位"以开立方带纵除之",置实(常数)于算盘之中,廉(二次项系数)于右,方(一次项系数)于廉之右,得到的商置于左。具体算法是

| 商 | 实 | 廉 | 方 |
|---|---|---|---|
|  | 1296 | 6 | 9 |
| 9 | 1296 | $9 \times 6$ | $9^2 + 9$ |
|  | 1296 | $(9 \times 6) + 9^2 + 9$ |  |
|  | $1296 - 9 \times [(9 \times 6) + 9^2 + 9] = 0$ |  |  |

所以      $x = 9$,   方$= 9 + 3 = 12$。

### 3. 创造丈量步车

为了适应当时测量田亩的需要,程大位创造了一种丈量步车,在《算法统宗》卷三绘有精美图形并有详细解说,这种测量工具类似于现在的卷尺,包括环、十字架、转轴、锁、钻角及竹尺。竹尺由薄竹片制成,阔约三分,长三十步或四十步(一步为五尺),上面有刻度。竹尺的一端固定在十字架内,然后绕在十字架的槽中。用一转轴把十字架固定在上有环、下有钻角的木框(外套)中,并加上锁,即构成丈量步车,如图1。这在当时是一种先进的野外测量工具。为延长其使用寿命,程大位还规定:"蔑(竹尺)上用明油油之,虽污泥可洗。"

#### 4. 补充面积公式

程大位十分重视面积问题,在《算法统宗》卷三中,他结合田亩测量给出六十余种图形的面积求法。其中比较基本的有十几种,其他都是由这些图形割补而成的。这十几种图形中,一些在《九章算术》中已有公式,如方田(正方形)、直田(矩形)、圭田(三角形)、梯田(梯形)、圆田(圆形)、弧田(弓形)、环田(环形)等,另一些图形则是《九章算术》中没有的。程大位分别给出公式。例如:

(1) 梭形田(菱形,见图2)面积公式

$$S=\frac{1}{2}a \cdot b \text{ (其中 } a,b \text{ 为对角线)}。$$

(2) 眉形田(两相交圆的公共部分,见图3)面积公式。

$$S=\frac{h}{4}(l_1+l_2)$$

(3) 榄形田(图4)面积公式

$$S=h(b+h)$$

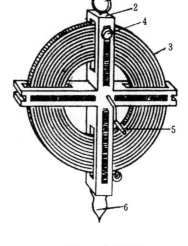

图 1 丈量步车
1. 环 2. 外套 3. 竹尺 4. 锁 5. 转轴 6. 钻脚

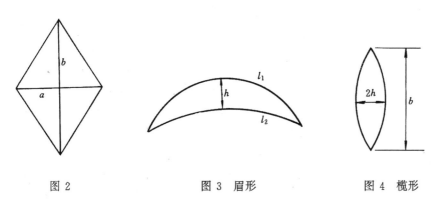

图 2　　　　　图 3 眉形　　　　　图 4 榄形

显然,(1)是精确公式而(2),(3)是近似公式。

对于较复杂的图形,程大位则采用"截法",将其分为几个简单图形来计算。例如,他将四不等田(图5)截成两个直角三角形及一个矩形,将三广田(图6)截成两个梯形,等等。

即使是《九章算术》中原有的图形,程大位也注意从实际图形出发,总结出更加简便的公式。他给出求等边三角形面积的近似公式 $S=\frac{3}{7}a^2$(其中 $a$ 为边长);又给出对角线为 $a$,两邻边之和为 $b$ 的矩形面积公式

$$S=\frac{b^2-a^2}{2}。$$

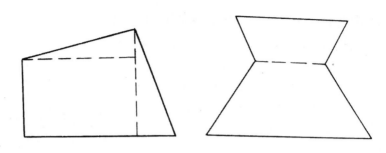

图 5　四不等田　　　　　　　　　　　图 6　三广田

后者是一个精确公式,在题设条件下,用此公式求面积比列出二次方程求边长再求面积的方法简便得多。

### 5.《算法统宗》的流传

《算法统宗》于 1592 年初版时为十七卷。第二年(1593),王振华便翻刻出版,仍为十七卷。然后,社会上"竞相翻刻","一时纸价腾贵"① 除十七卷本外,明代还有十二卷本,它们各卷之间的关系如下

| 十七卷本 | 1~5 | 6,7 | 8,9 | 10~12 | 13 | 14,15 | 16 | 17 |
|---|---|---|---|---|---|---|---|---|
| 十二卷本 | 1~5 | 6 | 7 | 8 | 9 | 10 | 11 | 12 |

《算法统宗》的出版及流传,大大加快了珠算的普及,对于我国由筹算向珠算的转变起了重要作用,对于商业的发展亦有促进作用。但其意义不仅于此。到明朝末年,中国古算书散佚略尽,而《算法统宗》中保存了不少古代数学知识。所以,明末清初的数学家们大都从《算法统宗》中学习中国古算,从而掌握了一定的数学知识,成为接受西方数学的基础。不少人在中西数学结合的过程中取得一定成就。例如,徐光启用《几何原本》的原理解说《算法统宗》中的勾股问题,著《勾股义》及《测量异同》;李之藻编译《同文算指》,引用了《算法统宗》中的不少内容;梅文鼎的《勾股举隅》及《几何通解》是在研究《算法统宗》和《几何原本》的基础上写成的,他的《方程论》亦受到《算法统宗》影响;陈厚耀、梅毂成等编《数理精蕴》时,也以《算法统宗》为重要参考书。

康熙五十五年(1716),程大位曾孙程光绅翻刻《算法统宗》,程世绥在序中说:此书"风行宇内,迄今盖已百有数十余年,海内握算持筹之士莫不家藏一编,若业制举者之于四子书五经义,翕然奉以为宗。"不久后,梅毂成对《算法统宗》进行改编,写成《增删算法统宗》,流传亦很广。据不完全统计,流传至今的《算法统宗》19 世纪版本有如下 15 种(最后四种为《增删算法统宗》)。

(1) 道光三年（1823）聚文堂刊本,

(2) 道光九年（1829）富春堂刊本,

---

① 明·范时春,《算法纂要》跋,1598 年。

(3) 道光二十年（1840）天德堂刊本，

(4) 同治三年（1864）文成堂刻本，

(5) 同治三年（1864）四川善成堂刻本，

(6) 光绪九年（1883）扫叶山房刻本，

(7) 光绪九年（1883）成三义堂刻本，

(8) 光绪十年（1884）京都文兴堂刻本，

(9) 聚锦堂刻本，

(10) 继盛堂刻本，

(11) 文盛堂刻本，

(12) 光绪三年（1877）江南制造局刻本，

(13) 光绪二十二年（1896）测海山房丛刻本，

(14) 光绪二十四年（1898）江左书林石印本，

(15) 光绪二十四年（1898）江苏书局刻本。

此外还有许多民间抄本。

《算法统宗》对于造就清代数学家起了很大作用，李锐、焦循、华蘅芳等许多数学家，都是从学习《算法统宗》入门，逐步取得成就的。

《算法统宗》还流传到朝鲜、日本及东南亚各国，尤其在日本影响很大。日人毛利重能曾于明末来华学算，携《算法统宗》而归，后据此著《归除滥觞》二卷。1627 年，毛利重能的学生、日本数学家吉田光由著《尘劫记》。他在该书 1631 年版的跋文中写道，"今得汝思（即程大位）之书，从中略悟一二"，于是"以其为基础"，写成《尘劫记》。不久后，便在日本出现了上一珠下五珠的算盘，并迅速普及，流传到 20 世纪。

# 三　程大位的数学思想

## 1. 重视数学的应用

明末思想家徐光启曾指出：明代数学落后的原因有两个，一个是"名理之儒土苴天下之实事"，另一个是"妖妄之术谬言数有神理"[①]。程大位作为数学家，却与那些"名理之儒"的观点不同，他十分重视实事，重视数学的应用。《算法统宗》之所以能"风行宇内"，是与它的实用性分不开的。

程大位认为数学有广泛的用处，他说："远而天地之高广，近而山川之浩衍，大而朝廷军国之需，小而民生日用之费，皆莫能外。"[②] 他还进一步指出："多算胜，少算不胜，而况于无算乎？"[③] 在程大位看来，数学是社会也是人生不可缺少的。他在《算法统宗》中以诗歌形式写道："世间六艺任纷纷，算乃人之根本。知书不知算法，如临暗室昏昏。"这与当时的理学家们轻视有实用价值的学问、轻视数学的态度形成鲜明对照。当时盛行的科举是"以四书五经命题，八股文取士"的，严重束缚了知识分子的思想。许多读书人为了功名，埋头于儒家经典，不过问科学技

---

[①] 徐光启，《刻同文算指序》，载《同文算指前编》。

[②] 《算法统宗》书后。

[③] 吴继绶，《算法统宗序》。

术。程大位却能专心致志地研究数学，以解决各种实际问题，这种精神是十分可贵的。

《算法统宗》全书 595 题，其中绝大部分是应用题，包括田亩测量、交通运输、物资分配、容积计算、税收、贸易、工程技术等。此书虽以九章名义编排次序，但与《九章算术》相比有一点明显的不同，即首先列举了全书所用的基本知识。另外，程大位还注意从各种流行的方法中选择最便于读者学习、掌握的方法。例如，他举出破头、留头、掉尾、隔位四种乘法，而独重留头乘；举出商除和归除两种除法，而独重归除。这便使该书不仅内容丰富，而且便于自学，成为一本良好的数学入门书。

不仅如此，程大位还敢于针对时弊，秉笔直书，从数学的角度揭露贪官污吏对人民的愚弄。卷三的"亩法论"便表现了这种思想。文中写道："万历九年遵诏清丈，敝邑（休宁）总书擅变亩法，田分四等，上则一百九十步，中则二百二十步，下则二百六十步，下下则三百步。……与前贤二百四十步一亩大相缪戾。借曰土田有肥硗，征役有轻重，亦宜就土田高下，别米麦之多寡。"显然，这种以"土地肥硗"和"征役轻重"来确定田亩标准的作法是十分荒唐的，其目的无非是混水摸鱼，敲诈百姓。这段话的字里行间，流露出一位正直数学家对人民的深切同情。

我们从《算法统宗》的文字形式中，也可以看出作者重视数学的应用与普及的思想。全书文字分为叙述性文字、诗词歌诀及图表中的文字三种形式，而诗词贯穿全书，占了相当大的比例。这些诗词，既是优美的文学作品，又是直接为数学服务的。例如"留头乘"的歌诀是一首七绝："下乘之法此为真，起手先将第二因。三四五来乘遍了，却将本位破其身。"卷十四的一首"西江月"，用来命题："群羊一百四十，剪毛不惮勤劳。群中有母有羊羔，先剪二羊比较。大羊剪毛斤二，一十二两羔毛。百五十斤是根苗，子母各该多少？"卷十六的一首五律亦用来命题："今携一壶酒，游春郊外走。逢朋添一倍，入店饮斗九。相逢三处店，饮尽壶中酒。试问能算士，如何知原有？"这些大众化的诗、词生动有趣，朗朗上口，而且有浓郁的生活气息，深受读者喜爱。《算法统宗》寓算题于诗词，赋予数学书以文学色彩，其普及数学的效果是明显的。人们在愉快地欣赏诗词的同时，也就开始了对数学的理解。《算法统宗》成为明清两代流传最广泛的算书，甚至能超越国度，受到日本、朝鲜和东南亚各国人民的欢迎，其引人入胜的文字无疑是原因之一。

### 2. 对数学准确性的认识

对于计算结果，程大位既注意提高准确度，又主张根据具体情况，适可而止。例如"四不等田"的面积公式原为

$$S=\frac{a+b}{2}\times\frac{c+d}{2}\ (a,b\ \text{为对边}, c,d\ \text{为对边})$$

其误差随形而定，越接近矩形越准确，反之误差就越大。程大位不同用法而创立"截法"，就是为了计算结果的准确，他说："遇歪斜不等，必有斜步，岂可作正步相乘？若截之，庶无误矣。"[①] 对于更加复杂的图形，只用"截法"还不行，于是程大位又提出"截盈补虚"的方法，说："田之形状甚多，具载难尽，学者不必执泥，在于临场机变，必须截盈补虚，俾尖减大，以合规式。但田中央先取出方、直、勾股、圭、梭等形，另积旁余，并而于一，然后用法乘除之，用少广章开平（方）等法还原，始为精密之术焉"[②]但他对准确性的要求是有限度的，因为他着眼于应用。他指出："世之

习算者,咸以方五斜七、围三径一为准,殊不知方五则斜七有奇,径一则围三有奇。"可见他知道有更准确的比值,但他认为不一定用之,因为"数多则散漫难收"[①],即精确的数据位数多,计算起来太复杂,这在实际应用中往往是没有必要的。

### 3. 对乘方的解释

《算法统宗》卷六载有"开方求廉率作法本源图",实为贾宪的"开方作法本源图"(又称"贾宪三角形")。他完全懂得该图的构造规律,曾向下算到"三十余乘方",书中只是"略具五乘方图式,可为求廉率之梯阶。"可贵的是,他把乘方同空间联系起来,提出自己的独到见解:"其立方形如骰子样,以平方面自乘得平方积,再以高方面乘之得立方积数,是二乘方。其三乘方,以平方面自乘得平方积数,再以高方面乘得立方积数,又以方面乘得三乘方积数,故曰三乘方。其形不知如何模样,只是取数而已。或至十乘方三十余乘方皆是,先贤取生率之妙,以明开方正律,亦不可废。"

### 4. 谬言数有神理

徐光启批评的"妖妄之术谬言数有神理",在程大位的数学著作中是有反映的。这是程大位数学思想的消极方面。

首先,程大位在谈到数学起源时说:"数何肇?其肇自图书乎?伏羲得之以画卦,大禹得之以序畴……故今推明直指算法,辄揭河图洛书于首,见数有原本云。"[②] 河指黄河,洛指洛水,河图、洛书最早见于《周易》:"天生神物,圣人则之。……河出图,洛出书,圣人则之。"但《周易》并没有把河图、洛书说成数学起源。据后人研究,河图、洛书都是某种数字排列,如图7、图8所示。洛书是一种三阶纵横图,它的构造方法已被宋代数学家杨辉阐明,并不神秘。但宋代理学家们却在河图、洛书上大作文章,赋予它们许多神秘色彩。邵雍说:"盖圆者河图之数,方者洛书之文,故牺文因之而造易,禹箕叙之而作范也。"[③] 朱熹甚至在《周易本义》上把河图洛书置于书首,增加了它的神秘性。在这种哲学气氛下,数学家秦九韶把数学起源同河图洛书联系起来,认为:"河图洛书,闿发秘奥;八卦九畴,错综精微,极而至于大衍、皇极之用。"[④] 程大位认为数学来源于"图书",无疑是受了这种思想的影响。他还进一步发挥道:"河图者,伏羲氏王天下,龙马负图出河,遂则其文以画八卦","洛书者,禹治水时,神龟负文列于背,有数至九,禹遂因而第之,以成九畴。"书中还特意画了一幅"龙马负图"。这种神示论当然与事实不符,它妨碍了人们对数学起源的探索。

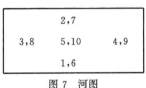

图 7　河图

图 8　洛书

其次,程大位以阴阳思想附会数学,也是不利于数学发展的,阴阳学说虽有合理因素,并在初期对科学起过促进作用,但随着科学的发展,逐渐要求定量分析,笼统的、不确定的阴阳学说

① 《算法统宗》卷三"方圆论说"。

② 《算法统宗》总说。

③ 牺文指包牺(即伏羲)与周文王,禹箕指夏禹与箕子。

④ 见秦九韶《数书九章序》。大衍指张遂《大衍历》,皇极指刘焯《皇极历》。

就不适用了。早在三国时代,数学家刘徽在推算球体积时就尖锐批评过张衡以阴阳附会数学的错误:"衡说之自然,欲协其阴阳奇偶之说而不顾疏密矣。虽有文辞,斯乱道破义,病也。"①但在一千三百年后,这种阴阳奇偶之说又泛滥开来。在《算法统宗》的"方圆论说"中,程大位说:"窃尝思之,天地之道,阴阳而已。方圆,天地也。方象法地,静而有质,故可以象数求之;圆象法天,动而无形,故不可以象数求之。"他知道圆周率是带有小数即"畸零"之数的,但他却以阴阳附会这种现象:"方体本静,而中斜者乃动而生阳者也;圆体本动,而中心之径乃静而根阴者也。天外阳而内阴,地外阴而内阳,阴阳交错而万物化生,其机正合于畸零不齐之处。"他据此得出结论:圆周率的准确值是"上智不能测"的,并解释道:"向使天地之道,俱可以限量求之,则化机有尽而不能生万物矣。"这无疑陷入了不可知论,同刘徽的思想相比是明显的倒退。刘徽把圆面积看作圆内接正多边形面积的极限,认为圆内接正多边形边数无限增加时,便"与圆合体而无所失矣"②。他据此创立"割圆术",以边数有限的正多边形面积逼近圆面积,用此方法可以求得圆周率的任意精度的近似值。程大位的思想就显得逊色多了。他没有认识到圆周率可用有限数去逼近,却给有关圆的问题蒙上了一层神秘色彩。这种思想,妨碍了他在数学上取得更大成就,也对后世产生了不良影响。

　　总之,程大位是明代最杰出的数学家。他重视数学,尤其重视数学的应用。他在数学起源问题上的神示论和以阴阳附会数学的作法当然不可取,但这些错误思想有着深刻的历史背景,不能完全归咎于程氏。

## 参 考 文 献

程大位(明)撰.1592.直指算法统宗.宾渠旅社自刻本

程大位(明)撰.李培业 校释.1986.算法纂要校释.合肥:安徽教育出版社

程大位(明)撰.梅荣照、李兆华校释.1990.算法统宗校释.合肥:安徽教育出版社

李迪.1986.程大位的数学思想.新珠潮,(4):6~12

李培业.1986.程大位《算法统宗》对我国数学发展所起的作用.新珠潮,(4):1~5

刘徽(魏)注.1963.九章算术.见:钱宝琮校点.算经十书.北京:中华书局

徐光启(明)撰.1849.刻同文算指.见:同文算指前编

严毅杰,梅荣照.1990.程大位及其数学著作.见:明清数学史论文集.南京:江苏教育出版社

（孔国平）

---

①　刘徽注,《九章算术》卷四。

②　刘徽注,《九章算术》卷一。

# 朱载堉

朱载堉，字伯勤，号句曲山人，明太祖朱元璋的九世孙，郑恭王朱厚烷的儿子。他在世界上第一个攀登上十二平均律的数学理论高峰；他涉足了自然科学和艺术科学的广泛领域，是明代的科学和艺术巨星；他学识渊博、多才多艺。是我国古代社会末期和近代社会前夜的一位百科全书式的学者。

## 一　生平和著作

明嘉靖十五年(1536)，朱载堉出生于郑王封地怀庆府(今河南沁阳)。《明史·诸王列传》留下了极少的有关他传记的文字。他从小喜欢音乐、数学、聪敏过人。据《河南通志》载："载堉儿时即悟先天学。稍长，无师授，辄能累黍定黄钟，演为象法、算经、审律、制器，音协节和，妙有神解。"[①] 嘉靖二十五年(1546)，赐为世子。二年后，其父上书世宗帝，"以神仙、土木为规谏，语切直。"[②] 为此，激怒了世宗帝。加之其家族内讧、争谪夺爵，朱厚烷遂被其叔祐楷诬告有叛逆罪。嘉靖二十九年(1550)，朱厚烷被削爵、降为庶人，并锢之凤阳；朱载堉也被革除世子冠带[③]。是年，朱载堉才 15 岁。虽少年时期经此遭劫，但他"笃学有至性，痛父非罪见系，筑土室宫门外，席藁独处者十九年。"[④]

在朱载堉"席藁独处"的岁月里，他专心攻读，研究律历之学。嘉靖三十九年(1560)，他完成了音乐上的大型处女作《瑟谱》一书。在该书《序》中，他自称"狂生"、署名"山阳酒狂仙客"。约略同时，他写下了大量的文学歌词。他以民间小曲的犀利文字和歌声，向恶人势力和小人无赖射出了一支支有力的箭镞。这些歌词在清代被一个不出名的儒生贺汝田收编为《醒世词》，共 73 首；现在河南沁阳县流传的《郑王词》，共 150 首，在路工编的《明代歌曲选》中收入其中 21 首。

明世宗卒后，朱厚烷恢复了爵位，载堉也复世子冠带。从隆庆元年(1567)到万历九年(1581)的 15 年间，朱载堉在其父指导下，将其多年的音律和历法研究撰写成书，完成了《律历融通》、《律学新说》(初稿名为《律学四物谱》)、《乐学新说》、《算学新说》、《律吕精义》等书的初稿。万历九年之后，又将上述诸书逐一修订、删润，最终确定上述书名，并为之作序。《律历融通》作序于万历九年(1581)，《律学新说》作序于万历十二年(1584)，《律吕精义》作序于万历二十四年(1596)。万历二十三年之前，撰写了《圣寿万年历》和《万年历备考》。朱载堉自述"壮年以来"对于音律、历法"志之所好、乐而忘倦"[⑤]。这大概是指他自己从 25 岁到 45 岁期间的情形。从万历二十三年到三十四年(1606)的 11 年间，朱载堉全力从事于雕板、印刷自己的著作。

①　《河南通志》卷五十八《人物》。
②　《明史》卷一百十九《诸王列传》。
③　《明史》卷十八《世宗纪》。
④　《明史》卷一百十九《诸王列传》。
⑤　朱载堉，《进历书奏疏》。

这些雕板书,即现在我们还能看到的《乐律全书》。

　　万历十九年(1591)、郑王朱厚烷卒.按常理,载堉应嗣爵位,但他为让出国爵而累疏恳辞。他的让爵行为,连朝庭礼臣都大惑不解,认为"载堉虽深执让节,然嗣郑王已三世,无中更理。"① 并建议神宗帝准其以子嗣爵。从万历十九年到三十四年、经过 15 年七疏之后,神宗帝允准了。朱载堉将爵位让给了朱载玺,也即当年诬告其父有叛逆罪的朱祐橡之孙。人们料想不到,在其父被害 50 年之后,朱载堉作出了如此让爵之举。神宗帝为此表彰"载堉恳辞王爵、让国高风、千古罕见。"② 不仅如此,朱载堉还将其郡王所有也让予侄孙常浑。将大小爵位全部让出,意味着今后不再有田产、赋税收入。一个封建时代的王子,即使没有什么学术贡献,仅其让国让爵的高风精神也令人肃然起敬!万历三十四年(1606),神宗帝为载堉"特敕旌奖,给禄建坊,以示优贤之意。"③ 朱载堉让爵的奥妙或许在其《醒世词·平生愿》中可窥见端倪,他在该词中写道:"种几亩薄田,栖茅屋半间,就是咱平生愿。"他的这种心境和他父亲被诬下狱不无关系,也是他竭力使自己摆脱皇族王室的残酷争斗的果敢抉择。这样,他就可以全力投入于自己喜好的学术领域之中。让爵后,朱载堉迁居怀庆府城外,自称道人;晚年务益著书。他与邢云路"面讲古今历事,夜深忘倦";他们携手并肩,"散步中庭,仰窥玄象,"过着纯学者式的生活。

　　在让爵过程中,家庭内褒贬不一。大概是非过多,加之雕板印书的劳累,使朱载堉在七十岁左右,"宿疾举发,连年未瘳。"④ 据明末书法家王铎为朱载堉写的墓志《神道碑文》载,朱载堉卒于万历三十九年四月"距既(生)魄止九日"⑤,即 1611 年 5 月 18 日,是年 76 岁。卒后,神宗帝赐其谥端清。

　　朱载堉的《乐律全书》是我国科学史和文化艺术史上的一部灿烂巨著。其中,除上述诸种著作外,还有《乐谱》、《舞谱》共七种。不包括在《乐律全书》中的著作,除《瑟谱》之外,还有他 70 岁之后撰写的几种:《嘉量算经》、《律吕正论》、《律吕质疑辨惑》、《圆方句股图解》,以及为邢云路《古今律历考》作序。据载,朱载堉的著作还有:《韵学新说》、《切韵指南》、《先天图正误》、《瑟铭解疏》、《毛诗韵府》、《礼记类编》、《金刚心经注》、《算经柜秕详考》等。

# 二　创建十二平均律

　　几千年来,人们梦寐以求地希望解决音乐理论上的旋宫转调,但三分损益法不能解决这个问题。直到明中晚期,由于资本主义萌芽、城市的发展,促使音乐、戏剧、舞蹈、说唱和器乐方面整个艺术的空前繁荣。原有的三分损益律不能适应人们的需要,音乐文化的现实迫切要求理论家们在乐律方面开创一个新局面。人们期待乐器调律有统一制度,希望音乐的旋宫性能趋于简单方便。在音乐理论上解决旋宫问题的必然的而且唯一的结果是发现十二平均律。

　　十二平均律,朱载堉称之为"新法密率";十二平均律的生律数值,朱载堉称之为"密率律

　　① 《明史》卷一百十九《诸王列传》。
　　② 《明神宗实录》卷四百二十一。
　　③ 《河南通志》卷三十五《艺文》。
　　④ 朱载堉,《进律书奏疏》。
　　⑤ 王铎,《神道碑文》,见清·乾隆五十四年重修《怀庆府志》卷三十一《艺文·碑铭》;清·道光五年重修《河内县志》卷十八《古迹志·端清世子墓》;《神道碑》残片存河南沁阳县博物馆。

度"。同样,他把三分损益律及其生律数值称之为"旧法"、"约率"和"约率律度"①。朱载堉创建的"新法密率"是他在律学、声学和物理学、音乐和文化上的最伟大的成就。

在完成于 1567～1581 年间的《律历融通》、《律学新说》、《律吕精义》和《算学新说》中,朱载堉描述了十二平均律的数学理论。《律吕精义》一书就"新法密率"写道:

> 度本起于黄钟之长,即度法一尺。命平方一尺为黄钟之率,东西十寸为句,自乘得百寸为句幂;南北十寸为股,自乘得百寸为股幂;相并共得二百寸为弦幂。乃置弦幂为实,开平方法除之,得弦一尺四寸一分四厘二毫一丝三忽五微六纤二三七三〇九五〇四八八〇一六八九②,为方之斜,即圆之径,亦即蕤宾倍律之率;以句十寸乘之,得平方积一百四十一寸四十二分一十三厘五十六毫……为实,开平方法除之,得一尺一寸八分九厘二毫〇七忽一微……,即南吕倍律之率;仍以句十寸乘之,又以股十寸乘之,得立方积一千一百八十九寸二百〇七分一百一十五厘〇〇二毫……为实,开立方法除之,得一尺〇五分九厘四毫六丝三忽〇九纤……,即应钟倍律之率。盖十二律黄钟为始,应钟为终,终而复始,循环无端。此自然真理,犹贞后元生、坤尽复来也。是故各律皆以黄钟正数十寸乘之为实,皆以应钟倍数十寸〇五分九厘四毫六丝三忽〇九纤……为法除之,即得其次律也。安有往而不返之理哉③。

这就是朱载堉关于十二平均律的第一种计算方法。其计算步骤以现代数学形式可表示如下:

第一步:

$$\sqrt{10^2+10^2}(\text{寸})=\sqrt{200}(\text{寸})=10\sqrt{2}(\text{寸})=1.4142,1356,2373,0950,4880,1689(\text{尺})$$

这个数值既是以句股为正方形的斜边,也是该正方形外接圆的直径,又是蕤宾正律的二倍、即蕤宾倍律的弦长。

第二步:

$$\sqrt{10\times10\sqrt{2}}(\text{寸})=10\sqrt[4]{2}(\text{寸})=1.189207\cdots(\text{尺})$$

该值为南吕倍律的弦长。

第三步:

$$\sqrt[3]{10\times10\times10\sqrt[4]{2}}(\text{寸})=10\sqrt[12]{2}(\text{寸})=1.059463\cdots(\text{尺})$$

该值为应钟倍律的弦长。通过这些计算后,朱载堉的结论是:如果要计算十二律中某律的数值,只要以比某律高一律的数值乘以黄钟正律 10 寸,再除以应钟倍律数 10.59463…寸,就可以得到某律。这样就达到了旋宫目的。

为了更好地理解上述一长段文字,我们还要注意以下几点:

第一,朱载堉以弦线长度的比例确定八度音高的数值。他"命平方1尺为黄钟之率",即 $1^2$,

---

① 朱载堉,《律学新说》卷一。

② 在《律吕精义》中,朱载堉的数学计算都达到 25 位数字,现在的袖珍电子计算器也只有 10 位数字。本文以下一律将它们删略为 7 位。

③ 朱载堉,《律吕精义·内篇》卷一《不用三分损益第三》。

可见他以 1 尺长的弦为黄钟；他第一次作开方运算，是分别将句 10 寸、股 10 寸的平方数相加，也即将句 1 尺股 1 尺的平方数相加，而其开平方的结果为"蕤宾倍律"。可见，句 1 尺股 1 尺之和、即 2 尺是为倍黄钟。朱载堉在这段文字的开始几句，实已交待了构成完全八度的弦长比为 2：1。

第二，朱载堉以弦长作为开方计算对象。通过一系列计算，弦线从 2 尺变为 1 尺，其长度越来越短；而发音从倍黄钟变为正黄钟，它的音调越来越高。这是因为弦长与其发音频率成倒数关系的缘故。

第三，朱载堉在作开方运算中，开平方之前先乘以 10，开立方之前先两次乘以 10，这种演算过程是以当时的算学观念相关的。实际上，在他用算盘作开方运算时，这种乘以 10 或乘以 100 是无关紧要的，只要不弄错算盘的档数就可以了。

在清楚了以上几点之后，我们就容易从数学上理解这一长段文字的意义。朱载堉将表示八度音程的弦长比 2 开平方、又开平方、再开立方，得到了 2 的 12 次方根的数值 1.059463…。这个值就是通常所说的半音，我国传统说法为应钟律数。然后，朱载堉将八度值 2 连续除以应钟值，累除 12 次，就得到了相应的平均律中八度内 12 个音的音高。因为他将八度值累除以 $\sqrt[12]{2}$，因此，这个平均律实际上就是以 $\sqrt[12]{2}$ 为公比数的等比数列。朱载堉将这个公比数称之为"密率"。

我们将朱载堉"新法密率"的详细计算结果列于表 1。其中，"正律"（黄钟 1 尺）栏是他在《律学新说》中作出的计算；"倍律"（黄钟 2 尺）栏是他在《律吕精义》中作出的计算。他在《律吕精义》中将倍、正、半（黄钟 0.5 尺）共 36 律的数据一一列出。因篇幅限制，表 1 中未曾列出半律数据。"今日音名"栏是符合他的倍律数据的现在通用的各种音名。

上述引文的最后一句话，实际上就是以下的计算公式：

$$\frac{T_n}{T_{n+1}} = \sqrt[12]{2} \quad \text{或} \quad \frac{T_n}{\sqrt[12]{2}} = T_{n+1} \quad (n=0,1,2,\cdots12)$$

当 $n=0$，$T_1$ 为黄钟值；当 $n=1$，$T_2$ 为大吕值；当 $n=12$，$T_{13}$ 为清黄钟值。这个公式是十二平均律的最简单的科学的数学公式。朱载堉虽然没有写出这个公式，但它以定义性文字明白无误地表述了这个公式。他在《算学新说》"第十问"后写道：黄钟倍律积算为 2，应钟倍律积算为 $\sqrt[12]{2}$，"置黄钟倍律积算为实，以应钟倍律积算为法，除之得大吕"；"置大吕倍律积算为实，以应钟倍律积算为法，除之得太簇"；"置太簇倍律积算为实，以应钟倍律积算为法，除之得夹钟"；……他按照音高顺序，将倍、正、半共 36 律的计算方法全都列出来了。在《律吕精义·内篇》卷一《不用三分损益第三》中也作了相同的描述。

朱载堉在求解十二平均律的过程中，还直接运用了求解等比数列的数学方法。关于这一点，我们留待数学部分再讨论。

朱载堉对十二平均律的定义、计算方法作了如下总结：

"创立新法：置一尺为实，以密率除之，凡十二遍。"①

"盖十二律黄钟为始，应钟为终，终而复始，循环无端。……是故各律皆以黄钟……为实，皆

---

① 朱载堉，《律学新说》卷一《密率律度相求第三》。

以应钟倍数 1.059463···即 $\sqrt[12]{2}$ 为法除之,即得其次律也。"[1]

**表 1 朱载堉的十二平均律**

| 律　　名 | 正　　律 | 倍　　律 | | |
| --- | --- | --- | --- | --- |
| | | 计算结果 | 计算方法 | 今日音名 |
| 黄　　钟 | 1 | 2 | $2^{12/12}$ | C |
| 大　　吕 | 0.943874 | 1.887748 | $\dfrac{2}{\sqrt[12]{2}}=2^{11/12}$ | #C |
| 太　　簇 | 0.890898 | 1.781797 | $\dfrac{2^{11/12}}{\sqrt[12]{2}}=2^{10/12}$ | d |
| 夹　　钟 | 0.840896 | 1.681792 | $\dfrac{2^{10/12}}{\sqrt[12]{2}}=2^{9/12}$ | #d |
| 姑　　洗 | 0.793700 | 1.587401 | $\dfrac{2^{9/12}}{\sqrt[12]{2}}=2^{8/12}$ | e |
| 仲　　吕 | 0.749153 | 1.498307 | $\dfrac{2^{8/12}}{\sqrt[12]{2}}=2^{7/12}$ | f |
| 蕤　　宾 | 0.707106 | 1.414213 | $\dfrac{2^{7/12}}{\sqrt[12]{2}}=2^{6/12}$ | #f |
| 林　　钟 | 0.667419 | 1.334839 | $\dfrac{2^{6/12}}{\sqrt[12]{2}}=2^{5/12}$ | g |
| 夷　　则 | 0.629960 | 1.259921 | $\dfrac{2^{5/12}}{\sqrt[12]{2}}=2^{4/12}$ | #g |
| 南　　吕 | 0.594603 | 1.189207 | $\dfrac{2^{4/12}}{\sqrt[12]{2}}=2^{3/12}$ | a |
| 无　　射 | 0.561231 | 1.122462 | $\dfrac{2^{3/12}}{\sqrt[12]{2}}=2^{2/12}$ | #a |
| 应　　钟 | 0.529731 | 1.059463 | $\dfrac{2^{2/12}}{\sqrt[12]{2}}=2^{1/12}$ | b |
| 清 黄 钟 | 0.5 | 1 | $\dfrac{2^{1/12}}{\sqrt[12]{2}}=1$ | $c^1$ |

在《新格罗夫音乐和音乐家辞典》和《物理学辞典》中分别将十二平均律的定义、计算方法陈述以下:

"这个最简单的方法是要为半音选择一个正确的比例,然后把它运用十二次。"[2]

"平均律的半音音阶在一个八度中有十三个音,任何相邻两音之间的音程是 $\sqrt[12]{2}$ 。"[3]

朱载堉的概括和今天的观点何其相似乃尔!

当朱载堉将他的"新法密率"运用到传统的律管上时,他又系统而深刻地解决了适合中国

---

① 朱载堉,《律吕精义·内篇》卷一《不用三分损益第三》。笔者在此将汉字数字改成为阿拉伯数字,目的是为了便于比较。

② The new grove dictionary of music and musician, Edited by S. Sadie, MacMillan, Vol. 16,1980,p. 218.

③ A new dictionary of physics, Edited by H. J. Gray and A. Isaacs, Longman, 1975, p. 190.

律管的管口校正问题。这是他对物理学、声学和乐器学的另一个伟大贡献。

在中国乐律史上，虽有极少数先哲曾提出发不同音的律管其内径当有差异的见解，但是，长期来，"律虽有大小、围径无增减"① 的思想占居统治地位。朱载堉在批判"长短虽异、围径皆同"的各种论调中，以律管发音实验(也即今天的声学实验)证明他自己提出的围径皆不相同的科学论点。他说：

> 臣初未详何者为是，既而命工依彼围径皆同之说制管吹之，以审其音。林钟当与黄钟、太簇相和而不相；南吕当与太簇、姑洗相和亦不相和；黄钟正半二音全不相应而甚疑焉。或至终夜不寐，以思其故，久而悟曰：律管长者其气狭而声高，律管短者其气宽而声下。是以黄钟折半之管不能复以黄钟相应而下黄钟一律也，他律亦然。大抵正半相较，半律虽清而反下，正律虽浊而反高，岂不以其管短气宽也哉！盖由围径不得自然真理故耳。夫律管修短既各不同，则其空围亦当有异②。

科学实验是理论的无情判官。朱载堉以实验为据，经过周密思考，终于拨清了千年的是非迷雾，得出了正确的结论："律管修短既各不同，则其空围亦当有异"。他在实验中，抓住了主要矛盾，以黄钟正半二律为例，当它们长度成正半关系、即 2 比 1 时，周径相同，发音却不相和谐。照理，2 比 1 的数学关系最为简单，其发音也应和谐。其实不然，由于周径相同，致使半黄钟与倍应钟(下黄钟一律)相应，声音降低了半音。

在《律吕精义》一书中，朱载堉对于这个声学实验的步骤、方法和他对实验的解释更为完整。他写道：

> 旧律围径皆同，而新律各不同……，琴瑟不独徽柱之有远近，而弦亦有巨细焉；笙竽不独管孔之有高低，而簧亦有厚薄矣。弦之巨细若一，但以徽柱远近别之不可也；簧之厚薄若一，但以管孔高低别之不可也。譬诸律管，虽有修短之不齐，亦有广狭之不等。先儒以为长短虽异，围径皆同，此未达之论也。今若不信，以竹或笔管制黄钟之律一样两枚，截其一枚分作两段，全律、半律各令一人吹之，声必不相合矣。此昭然可验也。又制大吕之律一样两枚，周径与黄钟同，截其一枚分作两段，全律、半律各令一人吹之，则亦不相合。而大吕半律乃与黄钟全律相合，略差不远。是知所谓半律皆下全律一律矣。大抵管长则气隘，隘则虽长而反清；管短则气宽，宽则虽短而反浊。此自然之理，先儒未达也。要之长短广狭皆有一定之理、一定之数在焉。"③

在这里，首先，朱载堉观察了决定弦线及簧管发音的几个要素：弦长及其粗细；管长和簧片厚度。他进而提出影响律管发音的不仅有管长，还有管径。然后，朱载堉以实验证明他的推论，并从特殊的实验中作出一般的结论：在管径相同的情况下，所有半律管将降低全律的半音。最后，朱载堉以他那时的认识水平解释上述结论，认为这是管的长短及其气的宽隘造成的："气隘"则音变高；"气宽"则音变低。用现代的话说，原来发出某个准确音的管子，截去其一半后，虽然在长度上是原管的一半，但由于从管孔逸出的空气柱的影响而使半律管的有效管长加大了，用朱载堉的说法，是气变宽了，因此，半律管降低了半音。朱载堉虽然没有明确提出"管端效应"或"管口校正"的物理名词，但他的论述中所包含的物理意义是清楚的，其论述次序也是符合逻辑的。

---

① 蔡邕《月令章句》。
② 朱载堉，《律学新说》卷一《密率求周径第六》。
③ 朱载堉，《律吕精义·内篇》卷二《不取围径皆同第五之上》。

　　朱载堉又提出了什么样的数学上的"异径管律"理论?或者说,他怎样具体地解决中国传统律管的管口校正问题呢? 他在《律学新说》中列出了"十二律管长短广狭内外周径真数"[①],在《律吕精义》中,对此又作了更具体的阐述和计算。概略其义,朱载堉确定律管发音的数学原理是:一组律管的长度和内径是分别以 $\sqrt[12]{2}$ 和 $\sqrt[24]{2}$ 作为公比数的一列等比数列。符合这个要求的一组律管就能发出准确的十二平均律的各个音。或者说,按照他的计算,倍律、正律、半律共36根律管的内径按音高顺序构成数学式:

$$\frac{d_n}{\sqrt[24]{2}}=d_{n+1} \quad \text{或} \quad \frac{d_n}{d_{n+1}}=\sqrt[24]{2}$$

式中,$d_n$ 表示某律管的内径数值。在这里,朱载堉为什么要采用 $\sqrt[24]{2}$ 作为内径的公比数呢?

　　在朱载堉看来,"律之为用,其积数与声气在内而不在外"[②]。"积数"即律管的容积 $V$,"声气"即律管发某频率的音 $T$。设管长为 $l$,管内横截面为 $\sigma$,管内径为 $d$,则

$$V=\sigma l \quad , \quad \sigma=\frac{\pi}{4}d^2$$

按朱载堉看法,

$$T_n \propto V_n \propto \sigma_n l_n \quad (n=0,1,2,\cdots,12)$$

在同一管下,$l$ 不变,则

$$T_n \propto \sigma_n \propto d_n^2$$

或者

$$d_n \propto \sqrt{T_n} \tag{1}$$

对 $d$ 所作的校正,必须能使管音与弦音依同一律制发出相同的绝对高度的音。而遵从十二平均律的弦音有如下关系:

$$T_n=\frac{T_{n+1}}{\sqrt[12]{2}} \quad (n=0,1,2,\cdots 12)$$

即

$$T_n \propto 1/\sqrt[12]{2} \tag{2}$$

当管长 $l$ 与弦长完全相同时,为使管音与弦音一致,即要使(1)和(2)式中 $T_n$ 相同,那么,联合(1)、(2)式,得

$$d_n \propto \sqrt{T_n} \propto 1/\sqrt[24]{2} \tag{3}$$

(3)式正是一组律管与十二平均律定律法的发音完全一致时,管径所应遵循的数学变化式。朱

---

① 朱载堉,《律学新说》卷一。
② 同①,卷一《造律第七》。

载堉在管径计算或管口校正中采用$\sqrt[24]{2}$这一公比数,其奥妙就在于此①。

　　十二平均律的理论虽然被朱载堉完满地建立了,但在此后的几百年间,它一直受到皇权贵族和缙绅先生们的压制和反对。当朱载堉将他的《乐律全书》于万历三十四年(1606)呈送朝廷时,神宗帝淡淡地说了两句话:"留心乐律,深可嘉尚。"② 而实际上,"宣付史馆,以备稽考,未及实行。"③ 在皇宫及其控制的各个庞大机构中,朱载堉的"新法密率"无人问津。到清康熙、乾隆年间,朱载堉的著作又受到康熙帝和乾隆帝的无理斥责,④ 在《御制律吕正义后编》中竟然荒谬地罗列了"新法密率"的所谓"十大臆说"。惟有清代乐律学家江永(1681~1762)清楚地看出朱载堉创建"新法密率"的重要性。江永在他 77 岁(1757 年)第一次谈到《乐律全书》时写道:"愚一见即诧为奇书","余读之,则悚然惊、跃然喜","是以一见而屈服也。"⑤ 一年之后,江永就完成了《律吕阐微》一书。他在该书中不仅反驳了康熙、乾隆帝和缙绅先生们对"新法密率"的攻击,而且修正了朱载堉《乐律全书》中的个别错误。江永真是朱载堉的知己知音。

　　人们料想不到的是,朱载堉创建的十二平均律理论传到欧洲后,成了智慧的启迪,引起许多学者的惊讶和赞叹。荷兰数学家和工程师斯泰芬(S. Stevin,1548~1620)曾在公元 1585~1605 年间完成了一篇关于十二平均律的论文,但它遭遇不凡。斯泰芬将它寄给了他的一位朋友,希望听到一位有实践经验的音乐家的意见;而这个朋友随便浏览一遍后就把它搁置一旁。他们并不重视这个理论的意义。直到 1884 年人们才发现斯泰芬的手稿并予以发表,可是,它对西方音乐艺术的影响却为时太晚了。1636 年,法国的科学家和哲学家默森(M. Mersenne,1588~1648)在他的著作《和谐宇宙》(Harmonie universelle)一书中对十二平均律作出了和朱载堉完全一样的数学表示式。朱载堉的理论比斯泰芬早 5~25 年,比默森早 56 年。斯泰芬和默森都有可能受到朱载堉的音律理论的启发或影响。上一世纪,德国物理学家赫姆霍茨(H. von Helmholtz,1821~1894)在他的巨著《论音感》(On the sensation of tone)一书中写道:

　　"在中国人中,据说有一个王子叫载堉的,他在旧派音乐家的大反对中,倡导七声音阶。把八度分成十二个半音以及变调的方法 ,也是这个有天才和技巧的国家发明的。"⑥

　　比利时声学家、布鲁塞尔乐器博物馆馆长马容(V. C. Mahillon,1841~1924)曾以声学实验证明朱载堉管口校正方法的正确,在 1890 年《布鲁塞尔皇家音乐年鉴》上马容深表敬意地写道:

　　"在管径大小这一点上。中国的乐律比我们更进步了,我们在这方面,简直一点还没有讲到。王子载堉虽然没有解释他的学理,只把数字给了我们,我们却不难推想得之;而且我们已照样制作了律管,实验所得的结果可以证明这学理的精确。"⑦

---

　　① 在考虑朱载堉律管龠口时,以现代管口校正公式所作的理论计算与复原实验都证明比数$\sqrt[24]{2}$是完全正确的。见刘勇,"朱载堉异径管律的测音研究",《中国音乐学》,1992 年第 4 期;徐飞,"朱载堉异径管律的物理证明",《中国音乐》,1996 年第 3 期。

　　② 引自朱载堉《进律书奏疏·附》。

　　③ 《明史》卷六十一《乐志》。

　　④ 详见戴念祖《朱载堉——明代的科学和艺术巨星》第 114~118 页,人民出版社,1986 年。

　　⑤ 江永,《律吕阐微·序》。

　　⑥ H. von Helmholtz, On the sensation of tone, Trans. by A. J. Ellis, 4th ed. , 1912, p. 258.

　　⑦ 引自刘复《十二等律的发明者朱载堉》,载《庆祝蔡元培先生六十五岁论文集》上册,国立中央研究院历史语言研究所集刊外编第一种,北平,1933 年,第 279~310 页。

在对中西两方的音乐理论的发展作了深刻研究的鲁宾逊(K. Robinson, 1917—　)博士和李约瑟博士给朱载堉的著作以高度的评价。他们不仅指出,朱载堉的贡献标志着"中国两千年来声学实验和研究成就的最高峰"[①];而且认为,"第一个使平均律数学上公式化的荣誉确实应当归之中国。"[②]十二平均律理论的创建,极大地加速了世界音乐文化史的进程;人们很难设想,没有十二平均律而会有今天的音乐艺术。

## 三　数学和天文历法上的成就

为了创建"新法密率",朱载堉不得不解决一系列围绕着它的自然科学课题,首先,他必须找到计算十二平均律的数学方法和工具。为此,他解答了已知等比数列的首项、末项和项数,如何求解其他各项的方法;他解答了不同进位制的小数换算问题;他将珠算用于开方计算。为了探讨历史上的音高标准,他研究了计量学和物理学。他的关于历代度量衡制变迁的深刻研究一直影响到今天;他精确地测定了水银密度;作了许多和声实验。在我国传统的律历和谐观念的影响下,他又研究了天文历法,从而精确地计算了回归年长度值,测量了北京的地理纬度和地磁偏角,以类似近代教学天球仪的形式演示了日、月食的现象。他的成就是多方面的。

### 1. 数学方面的成就

朱载堉的数学工作除了《律学新说》、《律吕精义》有所反映外,还有几种数学著作:《算学新说》、《嘉量算经》和《圆方勾股图解》等。他曾自述道:"臣所撰《新说》凡四种:一曰《律学》,二曰《乐学》,三曰《算学》,四曰《韵学》。前二者其书之本原,后二者其书之支脉,所以羽翼其书者也。"[③] 可见他清楚地认识到数学的重要性。虽然他在圆周率的计算方面不如祖冲之、刘徽精确,按他自己的话说:"虽好算术而实未臻其奥"[④],但在数学上他确实是有所建树的一位科学家。

用求解等比数列的方法来计算一个八度中的其余十一个半音,是朱载堉首先发现的。在西方,数学家斯泰芬于1585~1605年之间作出了同样的发现,但是比朱载堉晚了5~25年。为便于了解朱载堉的计算方法,我们将一个八度内的十三律按音高顺序排列如表2,并将其计算结果列于表2之中。

见表2,首项为倍黄钟,其数值为2;末项为正黄钟,其数值为1,其项数是从倍黄钟到正黄钟共13项。第7项蕤宾是第1和第13项的等比中项;第4项是第1和第7项的等比中项;第10项是第7和第13项的等比中项;第2项和第12项可以看作是由四项(分别为1~4项和10~13项的四项)构成的等比数列的第二、三两项。在这些项中,除第7项以勾股术求得其值为 $\sqrt{2}=\sqrt{2\times1}$ 之外[⑤],对其余各项朱载堉写道:

① K. Robinson, A critical study of Chu Tsai—Yü's contribution to the theory of equal temperament in Chinese Music. Franz Steiner Verlag GmbH, Wiesbaden/Germany, 1980.

② Joseph Needham, Science and civilisation in China, Vol: ⅠV:1, p. 228.

③ 朱载堉,《算学新说》。

④ 朱载堉,《进历书奏疏》。

⑤ 朱载堉,《律吕精义·内篇》卷一《不用三分损益第三》;《算学新说》"第二问"。

### 表 2　朱载堉关于等比数列中各项计算方法*

| 序　号 | 1 | 2 | 3 | 4 | 5 | 6 |
|---|---|---|---|---|---|---|
| 律　名 | 倍黄钟 | 大 吕 | 太簇 | 夹钟 | 姑洗 | 仲吕 |
| 计算方法 | 2 | $\sqrt[3]{\sqrt{2\times\sqrt{2}}\times 2^2}$ | | $\sqrt{2\times\sqrt{2}}$ | | |

| 序　号 | 7 | 8 | 9 | 10 | 11 | 12 | 13 |
|---|---|---|---|---|---|---|---|
| 律　名 | 蕤宾 | 林钟 | 夷则 | 南吕 | 无射 | 应钟 | 正黄钟 |
| 计算方法 | $\sqrt{2}$ | | | $\sqrt{1\times\sqrt{2}}$ | | $\sqrt[3]{\sqrt{1\times\sqrt{2}}\times 1^2}$ | 1 |

　　* 从 2 到 12 号皆为倍律，表中省略了"倍"字。

　　　　以黄钟正律乘蕤宾正律得平方积……，开平方所得，即夹钟正律。

　　　　以黄钟正律乘蕤宾倍律得平方积……，开平方所得，即南吕倍律。

　　　　置夹钟正律以黄钟再乘，得立方积……，开立方所得，即大吕正律也。

　　　　置南吕倍律以黄钟再乘，得立方程……，开立方所得，即应钟倍律也。①

　　在表 2 的 13 项组成的等比数列中，朱载堉列举了以上几项求法，其他各项可以依此类推。这几项的求法，实际上是求解任一等比数列的最基本方法。朱载堉虽然没有将其余的项一一求出，但从求解等比数列中任一项的方法而言，他举的这些例子实际上已完备无缺了。

　　翻开《律学新说》的前几页，朱载堉就叙述了关于不同进位数的换算问题。在那里，"横黍尺"即十进位尺，"纵黍尺"即九进位尺。朱载堉以珠算演示了九进位和十进位的小数换算方法。例如，将十进位小数换成九进位小数，朱载堉写道：

　　　　大吕横黍度长 9.43874 寸，大吕纵黍律长 8.44067 寸。置 9.43874 寸为实，初九因至寸位住，得 8 寸；又九因至分位住，得 4 分；又九因至厘位住，得 4 厘；又九因至毫位住，得 0 毫；又九因至丝位住，得 6 丝；又九因至忽位住，得 7 忽。凡九因六遍，共得8.44067 寸，为大吕。余律皆放（仿）此。②

　　我们用现代算式将其珠算演算表示如下：

　　　　九因第一遍　　　9.43874　× 0.9＝ 8. 494866

　　　　九因第二遍　　　0.494866　× 0.9＝ 0. 4 453794

　　　　九因第三遍　　　0.0453794　× 0.9＝ 0.0 4 084146

　　　　九因第四遍　　　0.00084146　× 0.9＝ 0.00 0 757314

　　　　九因第五遍　　　0.000757314　× 0.9＝ 0.000 6 815826

　　　　九因第六遍　0.0000815826　× 0.9＝ 0.0000 7 342434

---

　　① 朱载堉，《算学新学》"第四问"、"第五问"、"第六问"、"第七问"。

　　② 朱载堉，《律学新学》卷一。本引文为方便起见，特将原文中汉字数字的写法改成阿拉伯数字。

在上述算式中,我们用 0.9 乘,仅仅是为了等式两边相等的缘故。其中用黑线圈起来的数字不参与算盘演算,而从上到下依次排列成的这些数就是该题的答案。因此,横黍尺 9.43874寸等于纵黍尺 8.44067 寸;或者,以尺为单位,$0.943874 = (0.844067)_9$。

朱载堉在九进制数与十进制数中作了许多换算,并因此总结了如下的口诀:

"律度相求诀曰:从微至著,用九乘除;纵横律度,契合图书。"

他进一步解释说:"若置纵黍之律以求横黍之度,则用九归;若置横黍之度以求纵黍之律,则用九因。反复相求,各得纵横二黍律度。"[①]

不同进位制的相互换算问题,一般认为是从德国数学家莱布尼兹(G. W. Leibniz, 1646~1716)于 1701 年发现二进制开始的。实际上,朱载堉早在莱布尼兹之前百余年,就发现了不同进位数的换算方法。

朱载堉将当时商业用计算工具即算盘第一次用在科学研究之中,这不仅为他准确的音律计算提供了方便、而且节省了大量时间。《乐律全书》中的大量数据,包括开方在内,都是用算盘计算到 25 位数。在《律学新说》中,他经常写置某数"在位",就是将某数拨到算盘的某位上;他还指出,进行开平方、开立方并要计算到 25 位数时,必须特制一个有 81 档位的大算盘。在《算学新说》中,他还详尽叙述了算盘开方的演算程序及口诀。朱载堉的十二平均律创建于 1567~1581 年之间,可见他在此时已娴熟地运用珠算开方了。朱载堉是我国珠算开方的首创者。

## 2. 天文历法及其他方面的成就

在天文历法方面,明代处于发展中的停滞时期。朱载堉在无师传口授的情况下,以自己不倦的学习和探索精神,作出了某些超越前人的成就,这是令人钦佩的。

朱载堉于 1581 年以前完成了《律历融通》一书,于 1595 年之前若干年完成了《圣寿万年历》和《万年历备考》二书。他在这里编述了两种历法:黄钟历和圣寿万年历。前者以万历九年(1581)为表面历元,后者以嘉靖三十三年(1554)为表面历元。而在进行各种历法问题的具体推算时,黄钟历是以 1581 年前 300 年即 1281 年为实际历元,圣寿万年历是以 1554 年前 4560 年为实际历元。它们的天文数据虽大都与授时历同,但也有朱载堉的独到之处,如回归年长度值以及和历法所设历元有关的诸应值等。

朱载堉探讨了授时历与大统历之间的差异。他说:"大统与授时二历,相较考古,则气差三日,推今,则时差九刻。臣以此而疑焉。"经过比较研究,他指出:"授时近密,大统为疏";然而,"授时未必全是,二历强弱之间宜有所折衷焉"[②]。根据僖公五年(公元前 665)和昭公二十年(公元前 522)两条关于"日南至"的历史记载[③],他进而推算出回归年长度每年的消长变化率。他指出:"设若每年增损二秒,推而上之,则失昭公己丑;假如每年增损一秒至一秒半,则失僖公辛亥。二秒为过,一秒至一秒半为不及,酌取中数,每年增损一秒太,则僖公辛亥、昭公己丑皆得矣"[④]。于是,朱载堉选取回归年长度每年消长 0.00000175 日,并由此建立了回归年长度古今变化的新公式:

---

① 朱载堉,《律学新说》卷一。

② 朱载堉,《进历书奏疏》。

③ 《左传·僖公五年》和《左传·昭公二十年》。

④ 朱载堉,《律历融通》卷四《黄钟历议·岁余》。

对于黄钟历,设实际历元(1281)的回归年长度为 365.2425 日,则任一年 $y$ 的长度 $Y$ 为

$$Y = 365.2425 - 0.00000175(y - 1281)$$

对于圣寿万年历,设实际历元(公元前 3007)的回归年长度为 365.25 日,则任一年 $y$ 的长度 $Y$ 为

$$Y = 365.25 - 0.00000175(y + 3006).$$

与南宋杨忠辅和元代郭守敬所作的有关工作相比较,朱载堉的消长新值为佳。他既纠正了郭守敬的不当之处,又坚持了杨忠辅所开拓的新方向,在探索回归年长度古今变化规律的道路上迈进了一步。

还值得注意的是,朱载堉制作了一些简易的模具以演示天象的运动变化。他写道:

尝造泥丸,中穿一索,外以粉涂之,悬于暗室中。以灯照其侧,则半明半暗;照其前则全明,照其后则全暗,此弦望晦朔之象也。方照其后,时若少偏,则虽不见粉丸之光,而犹见灯光;若不偏,则灯光反为粉丸所掩,此日食之象也。方照其前,时若少偏,则背灯而视之,全见粉丸之光;若不偏,则其光反为灯景所蔽,此月食之象也。①

这段文字显然是对宋代沈括、宋末元初赵友钦以黑球演示月食和月象变化②的发展。朱载堉还以此模具演示日食的成因,大概是我国科学史上的首创。为了进一步演示日食现象,他用两个球:一为赤球代表日;一为黑球,代表月。他写道:

"日如大赤丸,月如小黑丸,共悬一索。日上而月下,即其下正望之,黑丸必掩赤丸,似食之既;及旁观,有远近之差,则食数有多寡矣。"③

朱载堉以这两个球的演示实验,揭示了某些前人未有或不敢明言的结论。首先,他认为,日食随观察地点之差会有不同的食分。他说:"正德九年(1514)八月辛卯朔,日食。大统历推之,合食八分六十七秒;而闽广之区遂至食既。彼处言,官以历不效为言。然京师所观,止食八九分耳。"然后,他在解释这一现象时,得出了"日大而月小"④的科学结论。不仅如此,朱载堉还以实事求是的科学态度对待自己的这些发现。他说:

"此前贤所未发,而旧历亦略不及此。欲创新法,以补其所未备。揆之于理,似密于前,但未遇其期以亲验之耳。姑发其端,后人或因此说而必悟其理焉,亦易于修改也。"⑤

朱载堉还用一种模具演示月食。他说:

"譬如悬一黑丸于暗室中,其左燃一灯烛,其右悬一白丸。若灯光为黑丸所蔽,则白丸不受其光矣。"⑥

透过上述三个实验,可以窥见朱载堉对于日、月、地三个天体形状的看法。这三个演示实验中的第一个,粉涂泥丸类似现在所说的月球,灯烛类似太阳,人眼即地球所在;第二个,赤丸代表日,黑丸代表月,人眼也是地球所在;第三个,黑丸为地,白丸为月,灯烛是日。由赤丸、白丸和黑丸所表示的形状及其运动,可能表述了朱载堉的一种宇宙结构。纵观这三个实验模具,令人惊讶地想到近代有关演示天体运动的中学教学仪器即交食仪。因此,朱载堉的这种宇宙结构和

---

① 朱载堉,《律历融通》卷四《黄钟历议·交会》。

② 见沈括《梦溪笔谈》卷七和赵友钦《革象新书》卷三《月体半明》。

③~⑤ 朱载堉,《律历融通》卷四《黄钟历议·日食》。

⑥ 同③,卷四《黄钟历议·月食》。

历代传统的盖天说和浑天说不同,而这是在西方近代科学由传教士带入中国之前所发生的事。在这里,朱载堉可能受到某种已经鲜为人知的古代学说的启发,他写道:"旧说日、月与地三者,形体大小相似,地体亦圆而不方"①。倘若如此,它便是中国固有的宇宙结构理论的发展。

善于利用旧仪器进行测量实验、也是朱载堉巧妙的研究方法。郭守敬发明"正方案"仪器,用于测定南北方向②。朱载堉却用它于北极出地高度的测量,即测量地理纬度。他用"正方案"测得北京地理纬度为 40.16°③,该值比授时历和大统历所载的同一数值精确。利用同样的"正方案",朱载堉测得北京的地磁偏角为 4°48′④。这个数值是他在 1567～1581 年之间测得的。它是我国历史上留下来的第一个有关地磁偏角的定量的数值记载。为研究地磁轴的历史变迁提供了极为宝贵的数据。

# 四　关于数与理的科学思辩

朱载堉不仅是一个在自然科学和艺术科学上作出巨大成就的人,而且在哲学思想上也有许多开启山林的独到见解。在他的学术领域内,他既是一个注重数学的理论家,又是一个重视实验的实践者。数学与实验是近代型学者的二个基本条件。在朱载堉的著作中,处处表现出他对数学与实验的非凡重视,也处处闪灼着他的辩证思想之光。

在音乐发声的客观的"音"与总结发音规律的主观的"数"之间,朱载堉指出:

"数乃死物,一定而不易;音乃活法,圆转而无穷。音数二者,不可以一例论之。"⑤

"达音数之理者,变而通之,不可执于一也。"⑥

只有对客观的音与主观的数之间有充分实践和完全理解的人,才能对音与数之间的关系作出如此辩证的结论。它不仅表明朱载堉对音与数的界限、实践与理论的界限作出了严格的区分,也表明他确实是深达音、数关系的辩证大师。在这种思想指导下,朱载堉对自己创建的"新法密率"正确而自信地讲道:

"新法所算之律,一切本诸自然之理,而后以数求合于声,非以声迁就于数也。"⑦

"以数求合于声",也就是要求主观符合客观、理论符合实际;相反,便是"以声迁就于数"。这是所有的科学工作者必备的基本思想条件。

对于天文历法中的"理"、"象"、"数"三者的关系,朱载堉也有精辟的论述。他说:

"夫有理而后有象,有象而后有数。理由象显,数自理出,理、数可相倚而不可相违。凡天地造化,莫能逃其数。"⑧

这意思是,一切天文现象("象")都是由一定的规律("理")制约着的,人们可以从对各种天象的观测中窥知这一规律性,而由观测所得的种种数据("数")则是这种规律性的客观的和定量的反映。这三者之间存在着不可相违的统一的关系。人们一旦掌握了能反映客观规律的数,

---

① 朱载堉,《律历融通》卷四《黄钟历议·月食》。
② 《元史》卷四十八《天文志一》。
③ 朱载堉,《律历融通》卷一《黄钟历法·步晷漏第五》,《圣寿万年历》卷一《步晷漏第四》。
④ 朱载堉,《律历融通》卷四《黄钟历议·正方》。
⑤,⑦ 朱载堉,《律学新说》卷一《立均第九》。
⑥ 卷一《密率律度相求第三》。
⑧ 朱载堉,《律历融通》卷四《黄钟历议·交会》。

也就可以了解天体的运动变化,用朱载堉的话说:"天运无端,惟数可以测其机;天道至玄,因数可以见其妙。"[①] 从这种自然哲学的观点出发,朱载堉进一步概括道:

"理由数显,数自理出。理数可相依而不可相违,古之道也。"[②]。

这里的"数"既不是《易》或宋代邵雍等人的神秘的、抽象的数,也不是道学家们所指的一般规律,而是能够反映客观的、实在的东西。这里的"理",也不属于理学家的理的范畴,而是科学的原理、法则了。在朱载堉看来,理可以用数表示,而数是从理中归纳出来的。"理由数显,数自理出",正是近代科学中关于物质的运动法则及其数学表示式二者关系的哲学概括。朱载堉是这一思想的启蒙者。它不仅影响了稍后的徐光启、王锡阐等人,而且也是欧洲文艺复兴后期盛行的"自然哲学的数学原理"这一说法的中国表述式。可惜,在我国古代,将数神秘化的人常有之;高谈阔论而根本不懂数的人也常有之;唯独像朱载堉那样,充分理解"理"与"数"的辩证关系并将"数"用于"理"的人,实在是太少了。

## 参 考 文 献

陈万鼐. 1992, 朱载堉研究. 见:故宫丛刊甲种. 台北

戴念祖. 1986. 朱载堉——明代的科学艺术巨星,北京:人民出版社

黄翔鹏. 1984. 律学史上的伟大成就及其思想启示. 音乐研究,(4):1~16

刘复. 1933. 十二等律的发明者朱载堉. 见:庆祝蔡元培先生六十五岁论文集. 北平:国立中央研究院.

杨荫浏. 1937. 平均律算解. 燕京学报,(21):2~60

Needham J. 1962. Science and civilisation in China　Vol. Ⅳ. Cambridge. pp. 214~218

Robinson K. 1980. A critical study of Chn Tsai−Yü's contribution to the theory of equal temperament in Chinese music. Wiesbaden:Franz Steiner Verlag GmbH

(戴念祖)

---

① ,② 朱载堉,《进历书奏疏》。

# 赵 士 桢

在我国古代火器科学技术史上,有许多火器研制家,为发展我国古代火器制造与使用的科学技术事业,作出了可贵的贡献。赵士桢就是明代一位杰出的火器研制家。

## 一 为发展火器科学技术奋斗的一生

赵士桢,字常吉,号后湖。浙江温州乐清县人。其生卒年代虽然不可确知,但是从他在万历三十一年(1603)所著《防虏车铳议》的"行年五十"之句中,可知其大约出生于嘉靖三十三年(1554)左右。他的祖父赵性鲁,博学多才,工诗词,精书法,官至大理寺副。赵士桢因受其祖父的影响,也擅长于书法,曾把自己创作的诗词写于扇面上,一次偶然的机会,扇子被宦官带入宫中,受到酷爱书法的年幼皇帝神宗的赏识,于万历六年(1578)被委任为鸿胪寺主簿,供职18年后,在万历二十四年(1596)受召入直文华殿,"晋中书舍人,又十余年,不进秩以殁"[①]。从上述主要的经历可以判知,赵士桢任中书舍人在10年以上,因此,他可能是在万历三十四年(1606)以后的某一年去世的。如果把"十余年"作中间数15年估算,那么他又可能是在万历三十九年(1611)前后谢世的。

赵士桢从小"生长海滨,少经倭患",家乡乐清县常受倭寇的袭扰,连他家的仆人也在一次劫掠中被掳去。因此他深知百姓遭受掳掠蹂躏的痛苦,对民族的命运和国家的前途极为关心,并立志报效国家,所以他"喜谈兵事,工骑射,讲火器"[②]。为了实现报国的愿望,他一方面向当时的火器研制者请教,从火器书籍中学习火器的制造与使用方法。另一方面他又多次访问抗倭名将胡宗宪、戚继光的部将,了解火器在抗倭作战中的作用,并同有实战经验的抗倭将领林声芳、吕慨、杨鉴、陈录、高凤、叶子高等"朝夕讲究",反复研讨,揣摩火器的制造与使用之法。不仅如此,他还十分重视吸收外来火器科学技术之长,以为改进火器制造之用。万历二十四年(1596),他在同乡人游击将军陈寅处见到了西洋铳,并认真研究了它的优越性;不久,又从因来京进贡而定居的土耳其管理火器的官员朵思麻处,见到了土耳其当时较为先进的噜密铳,并听取了朵思麻关于制造和使用噜密铳的详细介绍。于是他锐意钻研,创制成掣电铳和迅雷铳,进献朝廷并请求扩大制造,以收防倭、制虏之功。之后,他历经艰难困苦,甚至不惜自解私囊,散金结客,鸠工制造,先后研制成各有特色的火绳枪10多种,其他火器与战车10多种。

但是更为重要的是赵士桢把自己的研究成果以多种文体,撰写成《神器谱》、《续神器谱》、《神器谱或问》、《备边屯田车铳议》等从多方面研究火器的论著。《玄览堂丛书》收录了这些论著的万历刊本的影印本。除《玄览堂丛书》本外,还有其他一些刊本。1974年,日本古典研究会发行的《和刻本明清资料集》第六集中,刊印了《神器谱》五卷,比较集中而全面地搜集了赵士桢的主要著作。其中第一卷收录了《万历二十六年恭进神器疏》、《万历三十年恭进神器疏》、《防虏备倭车铳议》等7篇奏疏,皇帝的8道圣旨和兵部的2道题复等文献;第二卷收录了《原铳》(分上

---

①,② 沈德符,《万历野获编·金华二名士》。

中下三部分),内有噜密铳、西洋铳、掣电铳、迅雷铳等 10 多种火绳枪与各种火器的形制构造图、文字说明、噜密人的各种射击姿势等;第三卷是《车图》,内有鹰扬铳车、冲锋火车、车牌的构造及其阵法,以及各种火箭的制造使用之法;第四卷是《说铳》73 条(《玄览堂丛书》本作《神器杂说三十一条》),用条文形式阐述各种火器的地位作用,以及制造与使用的许多问题;第五卷是《神器谱或问》55 条(《玄览堂丛书》本为 44 条),以设问与作答的形式,对制铳、用铳的许多问题,作了理论性的叙述。

上述各卷共有 6 万余字,附图 200 余幅。集中记载了赵士桢在各种火器,尤其是在各种火绳枪的研制与使用方面所取得的成就,具有独到之处。

因此,赵士桢的一生,是一个火器研制家,为我国古代火器科学技术奋斗的一生。在理论上,他所著的《神器谱》,系统地发展了戚继光关于鸟铳制造与使用的学说,是继《纪效新书》、《练兵实纪》之后,关于火绳枪制造与使用的理论更系统、科学性更强的著作;在实践上,他身体力行,创制了许多形制构造更新颖、用途更广泛的火绳枪,从而在理论与实践的结合上,把明代后期单兵枪的制造和使用,推进到了一个新的发展阶段。

## 二　从战略高度强调火器的发展

赵士桢在《神器谱》的每一篇文章中,几乎都有从战略高度强调发展火器的论述,这是由于当时的形势发展所决定的。因为万历中期的明王朝,政治已日趋腐败,国内危机四伏,周边地区存在严重的军事威胁。嘉靖时期的倭患,虽然经过胡宗宪、戚继光等抗倭将领的征剿而基本平息。但是日本的丰臣秀吉在 1592 年统一全国后,却迅速整军备战,侵略朝鲜,准备进而侵略中国。北方的少数民族,又于每年秋高马肥之时兴兵内犯。在这样险峻的军事形势下,朝廷的当权者却以军旅之事为儿戏,他们不讲武事,不修兵备,士兵全无制敌之器。行徒之间,自百夫长以上,只有弓矢而无火器。一些统兵大员又百般轻视与贬低火器在抗敌御侮、保家卫国中的作用,致使国家边防松弛,海防不固,藩篱蟫漏,处于岌岌可危的险境之中。

在国势衰弱、军事危机四起的形势下,身无疆场之寄,肩无三军之任的赵士桢,却以高度的政治责任感,以国家兴亡为己任,不怕冒犯天颜,不顾谤议丛生,仍侃侃上奏,频频申说,多方制造舆论,从战略高度出发,广引古今战例,极言火器攻守之利,请求朝廷发展火器制造,改善军队的装备和边海防的设施,以增强国家的武备力量。他指出,当时的日本戎心复生,祸胎已萌,在"蚕食朝鲜"之后,必"合朝鲜之势窥我内地"①;北方少数民族与我仅一墙(指长城)之隔,内犯之势不可免。因此对他们都要加强防御。他又根据倭寇尚刀铳,北方尚骑射的特点,认为只有发挥自己的长技,大力制造火器与战车,才能东抗倭寇,北制强虏,"足以挫凶锋","振国威","张天讨"②。

赵士桢不仅为当时抗倭、制虏的现实需要,大力强调发展火器制造,而且建议朝廷要有固国安邦的长远打算。他指出,讲究神器并非只求一朝一夕之安,而是图谋国家万世之利。因为发展火器制造,能使"国家聚不饷劲兵,储无敌飞将",是"传之百世无弊,用之九边③ 具宜"的好

---

① 《神器谱·倭情屯田议》。
② 《神器谱·恭进神器疏》。
③ 九边:明朝北方九个军事重镇的合称。它们是:辽东、宣府、大同、延绥(榆林)、宁夏、甘肃、蓟州、太原、固原。

事;京营增加火器,"可以壮居重御轻之势,广之边方,可以旅折冲御侮之威"①。当有人借口制造火器要耗费资财而加以反对时,赵士桢即据理反驳,指出反对者只看到制造火器化费钱财的一面,却没有看到增加新型火器可以减少守备兵员、节省饷费开支的事实。他以九边为例,如果改善装备后,可节省饷费百万之巨。他要求当事者不要被无知的言论所动摇,国家只有发展火器,做到兵精器利,才会使敌人胆落心寒,不敢来犯,达到国家安宁无事、长治久安的目的。

赵士桢不但倡言发展火器制造,而且本人还亲自实践,朝夕讲求,殚力试制,并多次向朝廷进献自己试造的火器与战车,朝廷派人组织试验,并对照《神器谱》的记载,进行严格的检验,发现"其器械委果铦利,其制度委果精巧"②,受到了朝廷的重视。

明代万历时期,像赵士桢这样从战略高度出发,为了富国强兵、振扬国威而大力强调发展火器制造,并亲自刻意研制火器,以至"千金坐散而不顾",备极劳苦而不辞的火器研制家是绝无仅有的。

## 三 从战术角度论述火器的使用原则

从《神器谱》汇集的文献可知,赵士桢不但是一位从战略高度强调发展火器的研制家,而且也是一位对火器使用原则进行深入研究的战术家。他认为,御敌保国,不仅要大力发展火器制造,使军队装备数量较多的新型火器,而且必须要善于使用这些火器,才能发挥作用。为此,他要求统兵将领,必须因时、因地、因我、因人、因众、因寡、因动、因静而不断变换使用火器的方式,切不可拘泥死板;在使用火器时要做到势险节短,使敌人猝不及防;阖辟张弛,使敌人莫知其妙;虚虚实实,使敌人莫测端倪。因此,指挥部队使用火器作战的将领,首先要精通使用火器作战的奇正之法,使自己立于不败之地,然后才"可以言战,可以灭贼"③。对于使用火器的士兵,必须经常进行训练和演习④,使他们技精艺熟,能够做到在险地、易地、风候不顺的条件下操射自如,照放不误。如果能够做到士兵"素有节制",将帅临阵指挥裕如,"信赏必罚",以鼓舞士兵之气,这样的军队就一定能使用火器战胜强敌⑤。

赵士桢所说使用火器必须"因时"的含义有两个:其一是说火器必须因时而改制,在形制构造上不能长久不变,要随着时代和战争的发展而创新。明初的火铳虽然曾经发挥过很大的作用,但到嘉靖时期,其威力已不如噜密铳、西洋铳、因此不能照旧搬用;其二是说使用火器必须选择适合的战机,不可浪战浪用,否则便会造成浪费和收不到预期的效果。

所谓"因地"而用,是指在不同的地形上使用火器的方法不同。在平原作战中,将佛郎机、噜密铳、鸟铳、掣电铳、迅雷铳、鹰扬铳等火器安于车上,使"车凭神器以彰威,神器倚车而更准,或露宿旷野,坚壁,连营,治力治气,无不宜之"⑥;当敌人结阵而来至二三里时,先以上述各种火器逐次射敌,挫杀敌之凶锋;待敌气惰溃退时,持单兵火器与各种冷兵器的士兵,便在近战中歼

---

① 《神器谱·兵部、都察院题复制造疏》。
② 《神器谱·兵部、都察院题复疏》。
③ 《神器谱,神器杂说》。
④ 赵士桢在《神器谱·原铳》中,把噜密铳、西洋铳、掣电铳、迅雷铳的各种射击姿势,绘成图形,附文说明,列于书中,供训练者参考。
⑤ 《神器谱·神器谱或问》。
⑥ 《神器谱·神器杂说》。

敌。在林木茂密、丘陵崎岖、田塍淤洴、村路委曲等地作战时,火器手必须要有使用冷兵器的士兵掩护,用挨牌(即盾牌)翼卫,与弓矢迭相为用;如无弓矢,则火器手必须互为犄角,更翻策应,做到随地作用。在因地制宜使用火器作战时,还必须注意下列事项:在平原旷野,要防止敌人在远处击毁我之火器,在丛林夹道中,要防止敌人使用致毒的燃烧性火器对我进行首尾夹击;在坡谷之地,要防止敌人埋伏在坑坎处袭击我军;在长江大河中处于敌人下风时,要防止敌人因风顺攻我军[①] 等等。

"因敌"而制胜,是指使用火器的军队,应根据不同的敌人使用不同的火器。如北方少数民族的作战特点大多是群聚冲突而来,所以应当以重器、锐器(即杀伤威力较大的重炮、利枪)为正(即为主),远器、准器(即射杀单兵的火器与弓矢)为奇(即为辅)。至于倭寇入侵时,大多在林莽泥涂之地,作战时陆续而进,所以应当以远器、准器为正,重器、锐器为奇[②]。

除了上述使用火器作战的基本战术理论外,他还发展了车铳结合的战术理论,提出了车铳结合的战术原则。他认为,朝廷应大量制造战车与铳炮,装备明军作战。这样,明军就可以用车自卫,用铳炮杀敌。"一经用车用铳,虏人不得恃其勇敢,虏马不得恣其驰骋,弓矢无所施其劲疾,刀甲无所用其坚利,是虏人长技尽为我车铳所掩。我则因而出中国之长技以制之"[③]。

赵士桢不但发展了车铳结合的战术理论,而且还创制了构造新颖、作战性能良好的鹰扬车。车下安有二轮,机轴圆活,左右旋转自如;每车装铳炮36门,编士兵10~15人,其中射手2人,装铳手2~6人。由于装铳手多于射手,所以加快了装填弹药的速度,便于射手连续发射。按赵士桢的设计,一个3000人的鹰扬车营,装备战车120辆,编车铳兵1200~1600人,约占全营编制总数的40%~60%,其上限已超过了戚继光车营编制50%火器手的比例数。车营在作战时可作多种用途:"守则布为垒壁,战则藉以前拒,遇江河凭为舟梁,逢山林分负翼卫,……昼夜阴晴,险易适用"[④]。如果将领善于指挥,士卒技巧熟练,那么这种车营便可充分发挥自卫坚守与杀敌进攻的作用。为了便于后人制造与使用,他在《车图》一文中,绘制了鹰扬车的形制构造,以及单车在作战时所排列的前冲、后殿、左卫、右卫、左斜冲、右斜冲、左后殿、右后殿等队形图,生动地再现了当时车铳兵拥车作战的场景。

为了保证战车、铳炮的制造质量和充分发挥战斗作用,他要求"造车者必知运用之法,斯轻重得宜,致远不泥;用车者必知造作之法,斯利害洞然,临事无患"[⑤];"造器用器必得归一为当"[⑥]。赵士桢本人就是实践这一要求的典范,他既不是三军的统帅,又不是戎马疆场的战将,但是他却对军队使用车铳进行作战的战术,提出了许多创造性的见解,有的甚至成为官兵遵循不易的原则。如果说戚继光是一位熟谙火器制造和使用的戎马倥偬的军事家,那么赵士桢则是一位精通战略战术的火器研制家。

① 《神器谱·神器谱或问》。
② 《神器谱·神器谱或问》。
③ 《神器谱·防虏车铳议》。
④ 《神器谱·车图》。
⑤ 《神器谱·防虏车铳议》。
⑥ 《神器谱·恭请造用归一疏》。

## 四　从实战需要出发创制新型火器

　　赵士桢不是闭门造车的火器研制家,而是一位善于总结和吸收古今中外的研究成果,从当时实战的需要出发,进行新的研究试验,不断提高火器的制作水平,创制各种新型火器,交付军队检验使用的火器研制家。正如他自己所说,他的制器之法是"得之秘传,参之载藉,正之素经战阵之人"的方法[①]。《神器谱》记录了他的全部研制成果。它们有适用于北方的三神锐铳、马上翼虎铳等,有适用于南方的掣电铳、迅雷铳、震叠铳、奇胜铳、旋机铳、步下翼虎铳等,有南北方都适用的轩辕铳、噜密铳、鹰扬铳、三长铳、锨铳、镢铳等。上述这些火铳,既得之于欧洲火绳枪形制构造的启发而制成,又根据实战的需要而作出了许多创新,具有各自的特点。

　　噜密铳是仿朵思麻收藏的一种噜密[②] 国火绳枪而制成的单兵枪,长 6～7 尺,重 6～8 斤,"龙头机轨具在铳床内,捏之则落,火燃复起,床(即枪托)尾有钢刃,若敌人逼近,即可作斩马刀用"[③]。是一种两用火绳枪。同嘉靖时期明廷仿制的鸟铳相比,具有装药多、发射威力大的优点,是明末军队使用的精良枪种之一。

　　西洋铳是按陈寅提供的样品仿制成的一种欧洲新型火绳枪,长 6 尺多,重 4～5 斤,较噜密铳轻便,可连射五六次而不致损坏,这是它的突出优点。

　　掣电铳是兼采欧洲火绳枪与小型佛郎机之优长而创制的一种新型火绳枪,每支枪备有 5 枚子铳,是一种装填方便,可以连续射击的单兵枪。

　　迅雷铳是一种 5 管火绳枪,共重 10 斤。单管长 2 尺多,形似鸟铳管。5 管成正五棱形绕铳柄分布,装填弹药后轮流发射。铳柄中空,内藏火球 1 个,待 5 支枪管轮流射毕后,可点燃火球,喷射火焰灼敌。柄端安有一个铁枪头,待火球喷射火焰后,可作冷兵器近战刺敌。铳的前部有掩护牌套,备有发射架,堪称是设计巧妙、构造新颖的三用 5 管火绳枪,其优越性是明初的 5 管铳所无法比拟的。

　　鹰扬铳是一种形制构造类似掣电铳的火绳枪,但其枪管较长,管壁较厚,既有小型佛郎机连续发射的特点,又有日本大鸟枪命中率高的长处,是安于鹰扬车上进行机动作战的大威力火绳枪。

　　震叠铳是根据倭寇作战特点而设计的一种双发火绳枪。原来倭寇在作战中见到明军举枪射击时便伏在地上,待明军射毕后,即冲突而来。而双叠铳的 2 支枪管成上下双叠,一经机发火燃后,上下 2 管先后间息而发。倭寇不知其特点,仍按照常法作战,结果常被双叠铳的第二发弹丸射中。

　　三长铳是取三种火绳枪的长处制成的一种火绳枪:即取西洋铳的轻便而增大其威力,取噜密铳的快捷而加之以精巧,取日本鸟铳铳床之灵便而加之以稳固,故取名为三长铳。

　　马上旋机翼虎铳是骑兵使用的火绳枪,它是克服了三眼铳笨重不灵、准确性不高的缺点而制成的,便于骑兵左手持铳,右手悬刀点火发射。弹丸射毕后,还可以刀对敌,既能在马上出奇

　　① 《神器谱·恭请造用归一疏》。

　　② 噜密:亦作噜迷。《明史·西域四》称鲁迷。日本的洞富雄在《种子岛铳》中称鲁密(Rum),是当时奥斯曼帝国的领土,在今土耳其境内。

　　③ 《神器谱·原铳》。

攻敌,又可在路旁设伏急袭敌人。

锹铳与镢铳是铳与锹、铳与镢合一的两用铳,一头安锹或镢,作铲挖掘凿工具,另一头安火铳发射弹丸射敌。

火箭溜是一种形似短枪,枪上有滑槽便于发射火箭,使火箭不偏离发射方向,因而提高命中率的装置。

此外还有轩辕铳、九头鸟铳、连铳等火绳枪,以及电光剑、天篷剂等各有特点的火器。

上述成果表明,赵士桢是我国火器发展史上,根据实战需要创制火器最多的研制家。他研制的各种火绳枪,既能吸取外来火绳枪的优长,又充分发挥了他个人的才智,从而把我国单兵枪的研制,提高到一个新的发展阶段。

## 五 从制造方面把握火器的质量

为了把握火器的质量,赵士桢对制造火器所用钢材的冶炼、火药的配制,以及枪管的制造工艺,都进行了深入的研究,取得了良好的成就,这是他超越既往火器研制者的独到之处。

### 1. 对枪用钢材冶炼法的研究

赵士桢在这方面的研究,主要是从燃料的选择和冶炼的技术两个方面进行的。

对燃料选择的研究,他要比同时期的人深刻得多。他指出:"制铳须用福建铁,他铁性燥,不可用。炼铁,炭火为上,北方炭贵,不得已以煤火代之,故进炸常多"①。为什么用煤作燃料炼成的铁制成火铳常会进炸呢?这是因为在没有经过炼焦的煤中,所含的硫、磷成分较高,使炼成的钢铁材料中含硫、磷成分超过了限度,因而容易脆裂,因此成品只能制作一般的用具而不能制造枪炮;用木炭作燃料炼铁,就避免了这一缺点。由于当时人们的科学水平有限,所以赵士桢还不能对此作出科学的解释。但是他在《神器谱或问》中,以设问与作答的形式,对产生这种现象的原因,作了最初的探讨。他认为,制造枪炮时,"必藉炉冶范淬,因借木、水、火、土之气,和以锻炼",这是"五行化生相成之理";又说:"南方用木炭锻炼铳筒,不唯坚刚与北地大相悬绝,即色泽也胜煤火成造之器,……此正足印神器必欲五行全备之言";用煤炼铁,因缺少木而"禀受欠缺",所以炼成的钢铁不能与五行"具足者较量高下"。这里,赵士桢从五行化生相成的古代理论出发,说明南方用木炭炼成的钢材之所以坚刚而有光泽,是因为五行具全,禀受完备的缘故;北方用煤炼成的铁之所以经常进炸,是由于缺少五行中的木而禀受欠缺造成的。这种解释虽然尚不能突破五行学说的局限性,对燃料与冶炼钢铁材料质量差异的本质作出科学的揭示,但是他对用木炭冶炼钢材所具优越性的看法,却是对客观事实的总结,也为其他火器研制者所接受。其后不久,何汝宾与茅元仪分别在《兵录》与《武备志》中,肯定并推广了他的学说,采用木炭冶炼的钢材制造枪炮,保证了枪炮的质量。可见他的理论探讨,在当时是产生了积极作用的。

在冶炼技术上,赵士桢的贡献,是对含碳量过高的生铁,采用脱碳法降低其含碳量的技术,作了详细的介绍。其法是先将"稻草戳细,杂黄土,濒洒火中",帮助在炉冶炼之铁氧化,使生铁初次脱碳;待练到五火(即五次烧炼)后,再用黄土与稻草做成浆,把铁放在浆里半日,取出后再

---

① 《神器谱·神器杂说》。

炼,进一步帮助氧化,使生铁再次脱碳。如此再三,直到"十火"方罢"①。经过连续脱碳后,炉中铁的含碳量便降低到所要求的范围内,成为制造枪炮的优质钢材。这种钢材的成品率,大致为入炼生铁的10%。用这种钢材制造枪炮,自然是坚固耐用不会进炸了。

**2. 对火药配制理论与配制技术的研究**

为了提高火器的发射威力,赵士桢在这方面作了比较深入的研究,主要有下列几点:

首先是提炼火药的主要原料精硝。据《神器杂说》记载,当时的炼硝步骤有三:其一是选用无杂质的雨水、雪水和长流水等淡水(即俗称甜水)放入锅中,将硝熔化煮沸,并在其中先后加入红萝卜片与鸡旦清同煮,同时用木杵不断搅拌,使泥沙沉底,将吸附渣滓后的红萝卜与鸡旦清用笊篱捞去;其二是将二两水胶化开,放入锅中煮沸三五次,尔后与硝液一起倒入瓷盆内盖上,放在凉处凝固;其三是将瓷盆上面的杂液倒出,将底部沉淀除去,只取中间透明可用之硝。经过熔硝、去渣、除盐、剔泥、结晶等物理与化学方法处理后的精硝,呈白色结晶,肉眼不见杂质,硝酸钾的含量较高,成为配制火药的精良原料。

其次是精选木炭。《神器杂说》对此记载甚为详细,论述颇为深刻,认为配制火药用的炭粉,以去皮去节、笔管般粗的柳条炭碾制为佳,因为柳木支干直上,燃烧后火力直冲;去皮去节是为了保证制成的木炭粉均匀细腻,并能使火药成品在燃烧时因为去皮而无油烟,去节而不会进炸。此外,书中还列举了用茄杆灰(灰即炭粉,下同)、蒿灰、瓠灰、杉木灰、榆木灰、桑木灰、柘木灰等所制火药的优劣,并指出这些草木由于支杆曲折、纹理纵横、质坚炭硬,所以一般不用它们作为配制火药的原料,只有在不得已的情况下才取而代之。

其三是精细的配制火药与筛选药粒。《神器杂说》所记载的配制工艺是:先将已经按一定比例碾得极细的三种粉末(硝10两、硫5钱、炭1.5两),用水喷至半湿,放在木臼中着力捣拌,待至将干时再用水喷湿,如此反复捣拌至千万次,尔后晒干、捣碎,用较密的竹筛筛选,筛子上粗大的药块不用,筛下来过细的粉末剔除,只取粟米般大的颗粒,作为火铳的发射药。因为鸟铳铳管较长,用过细的粉药放入时,会粘滞在铳壁上而不能放到药室底部;太粗的药粒放入时又难以压实,会影响发射威力。

其四是对火药配方的研究。赵士桢在这方面作出了突出的贡献。他在《神器谱或问》中,首次提出了配制火药要考虑气候条件的影响。南方气候比较湿润,因此要在火药中提高硫和炭的含量,降低硝的含量;北方气候干燥,因此要在火药中降低硫和炭的含量,提高硝的含量。他举例说,日本地处海中,气候湿润,所以日本鸟铳所用火药中硝的含量低;噜密铳为西方气候干燥之国所制,其所用火药中硝的含量较高②。为此,他要求火器研制者在配制火药时,要"权度我中华九边、沿海之宜,再较晴明、阴雨、凉爽、郁蒸之候,备料制药",才能配制成各地适用的火药。

气候的干燥与湿润,同火药中含硝量的多少有什么关系呢?原来硝在火药中起着氧化剂的作用,适当提高硝的含量,是增大火药发射威力的关键。但硝也是吸湿性较大的物质,如果火药中硝的含量过大,就容易吸收空气中的湿气而返潮,以致难以发射或不能使用。这是赵士桢要

---

① 《神器谱·神器杂说》。
② 据《神器谱或问》记载:在含硝量相同的情况下,日本鸟铳用火药每料用炭6.8两、硫2.8两;噜密铳用火药每料用炭6两、硫2两。

求南方湿润之地使用含硝量较低的火药,北方干燥之处使用含硝量较高的火药的原因。赵士桢在总结前人和当时人们配制火药经验的基础上得出的上述结论,是对火药配制理论的重大发展。虽然限于当时的条件,他还没有得出关于火药中硝、硫、炭最佳数量比例的关系式,但是却为各地的火药配制者,提供了一个配制适用火药的重要依据原则。

### 3. 对枪管制造技术的发展

赵士桢在《神器杂说》中以噜密铳为例,首次对火绳枪的制造工艺作了全面叙述。同过去相比,在枪(铳)管制造工艺上有下列创新之处:其一是采用精炼的薄钢片,以双层交错、岔口相衔的方法制成枪管,尔后用铁刷将内外表面刷光;其二是在枪管制成后,使外部呈八棱形,并用"十"字分中法,分别找出枪管前后口门的中心,通过前后中心,悬吊一根墨线,使与枪管的中心轴线重合,成为检验枪膛光直的标准线;其三是将找出中轴线的枪管,垂直悬吊在钻孔架上,并将枪管的两端固定,尔后工匠用钻头旋钻枪管内壁,钻至中半后翻转再钻,直到内壁光直为止(钻头 $1\sim2.5$ 尺,共有 $5\sim6$ 根,以便由短至长进行更换);其四是在枪管制成后,再以枪管的长短与口径、尾径的大小,制造尾部螺丝钉、火门槽、火门盖、照门和准星等部件,最后安在枪管的各个相应部位上,成为完整的枪管。

枪管制成后,安装在用上好坚木制的枪床(即枪托)上,直到稳固而不活动时才交付使用。随后再根据枪管的口径,制造与口径相吻合的光圆枪弹,以及携带火药用的药鳖等全套附件,使士兵能齐装配套,持枪进行作战。

为了保证所制枪管的质量,赵士桢还提出了许多严格的要求。首先,他要求主持制造的部门,必须"知人善任,事专责成",选用技精艺熟的工匠,并要求工匠认真负责,专心制造、"毫忽不宜苟简"。其次,他对不负责任、浪造浪用火绳枪的个人和部门提出了严厉的指责。他指出:有些部门"每每令庸工造之,庸将主之,庸兵习之。造者不尽其制,主者不究其用,习者不臻其妙,因循玩偶,人自为心,彼此推诿,浪造浪用"①;还有一些市井之徒,只顾通过制造枪炮获利,不顾成品质量,"一任匠作乱做,火之熟与不熟,岔口之合与不合,膛之直与不直,以及子铳厚薄精粗,茫然不解。一经试放,十坏五六"②。为了杜绝这种现象,他希望枪炮研制者必须穷尽枪炮制造之法,以保证质量。

赵士桢不但要求工匠能在平时精工制造枪炮,而且要求他们随军出征,随时修理和制造火器,以保证部队对火器的需要。为此,他提出每万名士兵应配能工巧匠 300 名,以应战事之需。可以说,赵士桢对于保证火器制造质量,满足部队作战需要的各种问题,已达到虑无遗事的境地了。

赵士桢是我国明代万历年间杰出的火器研制家,一生辛勤,致力于制造与使用火器的研究,在火绳枪的研制上作出了尤为突出的成绩,以至"竟成锻癖,……似醉若痴",不惜"以蒲柳孱弱之躯,备极劳苦,孳孳矻矻,恒穷年而罔恤"③。可以说,他是一位具有献身精神和爱国主义思想的火器研制家。由于他创制的兵器,都是"韬钤奇正,再观古人兵器,触类变通,加以妙

---

① 《神器谱·神器谱或问》。
② 《神器谱·万历二十六年恭进神器疏》。
③ 《神器谱·防虏车铳议》。

悟"① 而成,所以都具有鲜明的时代特色,有些成果甚至具有划时代的意义。

更为重要的是赵士桢善于及时总结自己的成就,使之上升成为理论,形成一部内容丰富、图绘真实的火器研制专著《神器谱》,其历史价值实在其他各种火器类编书籍之上,对明末清初的火器发展产生了重要的影响。因此,明末火器研制家焦贵重勋称赞说,当时流传的诸火器书中,能"军资实用"者,"唯赵士桢藏书"②。

## 参 考 文 献

杜婉言. 1985. 赵士桢及其《神器谱》初探. 中国史研究,(4):59～73

洪震寰. 1983. 赵士桢——明代杰出的火器研制家. 自然科学史研究,2(2):89～96

沈德符(明)撰. 万历野获编　卷二十三　金华二名士,清道光年间刊本

王兆春. 1992. 赵士桢. 见:中国古代科学家传记　下集. 北京:科学出版社

王兆春. 1991. 中国火器史;第四章第三节　赵士桢及其对火绳枪的研制. 北京:军事科学出版社

赵士桢(明)撰. 1994. 神器谱. 据玄览堂丛书本影印. 郑州:河南教育出版社

(王兆春)

---

① 《神器谱·神器谱或问》。
② 焦勖:《火攻挈要·自序》。

# 陈 实 功

明代是中国外科学发展比较活跃的一个时期,出现了较多的外科学专著,而且从事于外科学理论研究的医学家也比任何一个时代都多。陈实功正生长在这一历史时期,他既是明代外科学家的杰出代表,也是中国外科学史上少数卓越外科学家之一。

## 一 陈实功的生平与治学精神

陈实功(1555~1636),字毓仁。东海(今江苏南通)人。从少年时代起,他就精研医学外科专业。同时,对内科疾病诊治技术的学习也十分重视。他专攻外科,又十分重视医学和内科学基础知识的训练,这与文学家——山东济南李攀龙(1514~1570)的指教是分不开的。陈实功在追述这段往事时写道:"历下李伦溟先生,尝谓:医之别内外也,治外较难于治内。何者?内之症或不及其外,外之症则必根于其内也。"[①] 陈氏在这一思想指导下,十分强调培养外科医生必须首先学好文化和古代哲学思想,用以打好攻读医学科学的基础。他还教导攻读医学的学者,无论内科、外科,都必须勤读古代名医的专著,要手不释卷,熟读消化,以期达到能够灵活运用所学的理论知识指导临床实践的目的,而且要达到不会发生差错的程度。尤为重要的是,陈实功强调医学生对当代有名望的文学家、哲学家、医学家新编著的词说、医理等书籍,也必须广泛参阅,以增长自己的学问和见识,这是做一个优秀医生所必备的基本要求。的确,他的这些意见是十分可贵的,这是因为中医学的发展过程,与哲学有着很密切的关系,不很好掌握哲学就很难很好接受中医学的精髓和经验。

陈实功从少年时代开始学习医学,一直埋头于外科学理和医疗技术的钻研,上述对学医者所提出的要求,也正是他40年孜孜不倦、刻苦努力的实践经验总结。晚年,他回顾自己的一生,颇多感慨,在叙述他总结经验和撰写著作的动机时写道:"内主以活人心,而外悉诸刀圭之法,历四十余年,心习方,目习症,或常或异,辄应手而愈,……既念余不过方技中一人耳,此业终吾之身,施亦有限,人之好善,谁不如我,可不一广其传而菫韬之肘后乎!于是贾其余力,合外科诸症。"书成后"揽镜自照,须鬓已白"[②]。

陈实功在发展外科学理方面有许多成就,这与他的治学态度和远大胸怀是分不开的。他以严肃认真,刻苦好学,孜孜不倦的治学精神,为改变外科学缺乏理论和外科医生被人轻视的状况,进行了不懈的努力,取得了很大的成功。他的代表作——《外科正宗》,撰成于1617年,全书组织严密,科学性强,理论联系实际,是我国外科学发展史上的一部重要著作,对中国医学科学的发展产生了很大影响,为历代外科学家所推崇。

---

① 陈实功,《外科正宗·自序》,人民卫生出版社,1956年影印本。

② 陈实功,《外科正宗》自序。

## 二 发展外科学理论

宋明之前，我国外科学之发展，在理论上还是比较落后于其他学科的。这种落后状况，在宋代开始改变，出现了一些有学识的外科学家，但多以内科而闻名，以外科为专业的学者尚不多见。因此，其理论研究和实践经验比之宋以前虽大有进步，但终不如明代外科学发展的深入和成熟，陈实功即其代表。

陈实功的突出贡献，是他在外科理论上的卓越见解和引导外科医生重视医学科学理论的总结和研究。集中反映其理论研究成就及其学术思想等外科学理者，是《外科正宗》的第一卷。该卷内容是一部外科学的总论，对外科疾病的病因学说、治疗原则、诊断方法和理论、各种类似疾病之鉴别、险恶症候之分辨、外科疾病之护理、以及强调饮食营养、反对不科学忌食鸡鸭鱼肉的理论等，进行了比较系统的论述。在这些理论指导下，《外科正宗》所叙述的百余种疾病，大多数都首先综述各家的病因病理学说，详述其临床症状和特点，论述各种不同疾病的诊断方法和要点，阐明在临床上出现何种征候为吉为顺，出现何种征候为恶为逆，何种征候之出现则容易引起险症死候。对于治疗原则和方法之论述，也体现了陈实功重视理论总结的独到工夫。他在每一病症的治疗上，几乎都详述了不同时期、不同征候的不同治疗方法和原则。比如内服药物、外用药物、手法、手术等的适应症、禁忌症等，指出什么病宜内治法，什么病则适合于外治法，哪些疾病必须借助医疗技术或要外科手术方可治愈。对于治疗的效果和预后，也多给予了比较确切的记述。

《外科正宗》的各论部分，也很重视理论和经验技术的系统叙述。在百余种疾病的论述方面，基本上是按照下列的程序进行介绍的。每一疾病大多包括有：一、综述部分：即病因、病理、症状、发展之一般规律，以及相关因素之影响；二、"看法"部分；即外科病形、症之诊断方法，根据形症特点，进行鉴别诊断和预后转归之判断；三、"治法"部分：记述各该病症初起的症状表现，治疗的原则和方法，以及该病各个不同阶段的治疗原则和方法，而且多举实例予以说明等；四、"治验"部分：这也是陈氏外科经验总结的出色处，他几乎对每一种外科疾病均记述了初诊之处理情况，以及各次诊治变化、治愈过程中处方用药等。可贵的是这些记录多是比较实事求是的，很少夸张不实之词。对一些难治或不治之症，他也忠实地记述了自己的失败过程，这对后学者更有着很大的启发。所以，陈氏著作成书之后300多年来，一直在学界特别在外科学领域享有较高的信誉；五、"主治方"部分：即于每一病症所述治法之后，选收常用有效之主治处方、一般处方若干，或介绍该病的手术治疗方法和步骤。对处方不但详述其药物配伍原则和药味组成，而且介绍其配制方法和用药剂量。对手术方法则说明手术器具之制作技术和要求，并有介绍器械之煮沸消毒等之具体规定。由这些理论总结所达到的水平，特别在与前代外科学家作些比较，可知陈实功在发展外科学理方面确实做出了卓越的贡献。

## 三 对外科疾病鉴别诊断的贡献

陈实功的一生，在改进外科疾病的诊断和鉴别诊断方法并提高其水平方面做出了很大贡献，以下仅举几个例子作些介绍。

关于骨关节结核的诊断和鉴别诊断：在《外科正宗》一书中，陈实功叙述了蝼蛄串、附骨疽、鹤膝风、多骨疽等等,这些病名虽然不同,但陈氏以其数十年之临床经验对其诊断和鉴别诊断之要点,相互之间的关系等,已有了相当正确的见解。

蝼蛄串:蝼蛄,是一种穴居地下,掘土食植物根茎的一种害虫,陈实功借此以形容比喻骨结核病的发病及结核杆菌侵袭人体骨骼所呈现的体征特点是很生动的,只要临床确诊一次即可终生难忘。陈氏强调该病"多生于两手,初起骨中作疼,渐生漫肿坚硬,不红不热,手背及内关(前臂内侧)前后,连肿数块不能转侧,日久出如豆腐浆汁,串通诸窍,日夜相流,肿痛仍在,患者面黄肌瘦,饮食减少,久则寒热交作,内症并出"①。他这一段不足百字的描述,已生动而准确的将手、前臂之骨结核的诊断依据讲得十分清楚,加之形象的疾病命名,更给他对该病的正确认识增加了色彩。

再如附骨疽。陈实功对骨结核已有游离死骨形成者,则命名为附骨疽。即人体四肢骨因结核菌所蚀而脱落游离于疮肿中,或随脓汁流出疮外的骨片或骨块。这里的"附"含有相附、附件的意思。如果能明白病名的含义,就可以对正确诊断和与其他疾病之鉴别,产生深刻的印象。

鹤膝风:这个病名也是颇富文彩的。的确,当人们的膝关节患了结核之后,发展到晚期,下肢消瘦,大腿及小腿之肌肉萎缩,皮肤干枯鳞错,唯膝关节部位漫肿肥大,甚似鹤类之膝。值得注意者,陈实功已将膝关节结核之鹤膝风附于附骨疽内加以论述,这是陈氏已经认识附骨疽与鹤膝风同属一类疾病的确证,也是他对骨关节结核已有深刻鉴别能力的又一例证。

多骨疽:在陈实功的著作里,他指出:"由疮溃久不收口,乃气血不能运行,至此骨无营养所致,细骨由毒气结聚化成。"② 他所讲的细骨,就是骨结核所造成的死骨。其论述死骨形成的道理,说明他对骨结核病的认识也达到了相当高的水平。

陈实功除上述真知灼见外,更令人钦佩者,是他已将上述各种皆因结核菌感染引起的骨、关节疾患,与颈淋巴结核也联系在一起,在骨关节结核的治疗原则和方法上,强调了参照颈淋巴结核(即"瘰疬")之治疗方药。而在瘰疬的论述上,又强调了与骨蒸(肺结核一类疾病)的密切关系。由此可见,陈氏对人体不同部位的结核病,虽然还不认识均由结核杆菌所引起,但却有了同类疾病的概念。因此,才在治疗方药上相互参见,在治疗原则上也多相类。这些都显示了他对疾病的洞察力是很强的,其观察入微善于总结其规律性的才能也是很出色的。

关于乳腺炎与乳腺癌之诊断与鉴别诊断:在《外科正宗》乳痈条下,附乳岩。也就是他在论述化脓性乳腺炎的脉、因、症、治的同时,以乳腺癌之脉、因、症、治与之进行鉴别,使两种完全不同预后的疾病各能得到合适的治疗。在这些论述中,显示了陈实功颇多精辟之论述和科学的见地。例如:强调两种疾病有着共同的诱发因素,即"有忧郁伤肝,肝气滞而结肿","有厚味饮食,暴怒肝火妄动结肿者","思虑伤脾,积想在心,所愿不得志者,致经络痞涩,聚结成核","若中年后,无夫之妇得此,死更尤速"。陈氏对该病的精神因素讲得再明白不过了。现代医学家经过大量科研病历之综合研究,证明陈氏的论点是完全正确的。妇女的精神因素与这些病的发作确有十分密切的关系。陈氏强调:"经络痞涩,聚结成核,初如豆大,渐如棋子,半年、一年、二载、三载,不痛不痒,渐渐而大,始生疼痛,痛则无解,日后肿如堆栗,或如覆碗,紫色气秽,渐渐溃烂,深者如岩穴,凸者如泛莲,疼痛连心,出血则臭,其时五脏俱衰,四大不救,名曰乳岩。凡犯此者,

① 陈实功,《外科正宗》卷四。
② 陈实功,《外科正宗》卷三。

百人百必死。"① 短短一段文字,将乳腺癌的症状征候,发展过程,全身情况以及严重的预后,交待得清清楚楚,有着很高的学术价值,代表了我国医学史上对乳癌之正确认识已达到很高的水平。讲到乳痈与乳岩的鉴别诊断,陈氏也积累了丰富的经验。这两种病按理论讲,临床上之鉴别并不十分困难,但是,若乳痈之慢性者或结核性等感染,同乳岩溃后合并感染者,其鉴别自然要困难得多。陈实功在鉴别诊断上确已掌握了乳痈局部红肿热痛等特点;而乳岩则"不热不红,坚硬如石"之特有体征。这样就对早期诊断、早期治疗创造了良好的条件。

关于甲状腺肿与甲状腺癌之鉴别诊断,陈实功指出:"瘿者阳也,色红而高突,或蒂小而下垂;瘤者阴也,色白而漫肿,亦无痒痛,人所不觉。"② 他在"瘿瘤看法(即检查诊断和判断预后)"一节中,还强调:"初起肉色不变,寒热渐生,根脚散漫,时或阴痛者险;已成坚硬如石,举动牵强;……已溃无脓,惟流血水,肿不消痛不止"③ 均甲状腺癌之危症,而良性甲状腺肿大则无此危候。表现了出色的鉴别能力。

再如对唇癌之诊断和不良预后的判断,陈实功也作了十分出色的论述。在病因方面,他正确地强调"因食煎炒过食灸煿,又兼思虑暴急,痰随火行留注于唇"。在症状体征之诊断方面,他正确描述:"初结似豆,渐大若蚕茧,突肿坚硬,甚则作痛,饮食防碍,……日久流血不止,形体瘦弱,……俱为不治之症也。"④ 没有丰富的临床经验和严谨的治学态度,是总结不出如此正确的认识的。

以上我们仅举有关外科上的结核症、乳腺、甲状腺及唇部癌症之诊断与鉴别诊断,概述了陈实功的出色成就,从而清楚说明他恭身实践的精神和对外科学理论研究的重视。我们可以毫不夸张的说,陈氏在发展中医外科学学理,使外科真正成为一门有系统学理的科学方面,做出了不可磨灭的贡献。

## 四 继承和发扬外科手术

中国外科学史上,关于外科学手术曾经有过光辉的成就,例如后汉时期华佗,就曾在酒服麻沸散的全身麻醉下,成功进行过腹腔瘤肿的摘除术,肠吻合术等。晋代也有佚名整形外科学家,曾为魏咏之成功进行了唇裂修补术。到了隋唐,外科手术仍很进步,如《诸病源候论》所记述的腹部外伤所致肠断之断肠清洗吻合手术,坏死大网膜部位营养血管结扎之坏死部全切除术等,都是很先进的。但是,宋代理学盛行,加之外科学家对人体解剖、外科疾病的认识未得进步,止血、消毒、麻醉和补液技术也未能得到改进和提高,此期外科手术之发展处于低潮。明代,特别是陈实功,在改变上述局限方面是有贡献的。他对外科学理论的发展提高,对手术器械之改进和煮沸(有消毒作用),以及应用烧烙止血技术等,都给外科手术之发展进步创造了较好的条件。同时,由于他思想不保守,重视外科手术在治疗外科疾病上的地位,所以在《外科正宗》一书中,虽未在腹腔外科大手术上做出新的贡献,但他在所论述的其他外科手术的水平,确是宋以后外科学发展的一个新高潮。

① 陈实功,《外科正宗》卷三,第123页。
② 同①,卷二,第105页。
③ 陈实功,《外科正宗》卷二,第106～107页。
④ 同①,卷四,第194页。

　　煮线：陈实功时代，我国医学的发展自然还未认识到细菌感染对手术的严重威协，但他在前人经验的基础上，在外科手术的实践中积累了丰富的经验，逐步认识到清洁伤口对加速治愈时间有着较好的作用，所以他十分强调用葱叶煎汤，葱叶、艾煎汤以及有明鲜消毒作用的黄莲等药物煎汤清洗伤口等，这些办法虽不能说已是自觉消毒措施，但在实践中广泛应用，在客观上自然会达到较好的消毒目的。特别是他强调外科手术用线必须与药物共同煮沸的要求，确是提高外科手术成功率、减少病人痛苦的先进技术。或可认为这一措施是外科手术器物进行消毒处理的序幕。

　　陈实功主张手术用线必须煮沸，是在《外科正宗》叙述痔漏手术一节中强调的，他专列"煮线方"指出："治诸痔及五瘿六瘤凡蒂小而头面大者，宜用此线系其根，自效。"关于煮药线之方法，陈氏强调"用白色细扣线三钱，同芫花、壁钱二味，用水一碗，盛贮小磁罐内，慢火煮至汤乾为度，取线阴干，凡遇前患，用线一根，患大者两根，双扣系于根蒂，两头留线，日渐紧之……至妙"。

　　煮拔筒：陈实功手术除强调煮线外，在处理诸种化脓性感染时还专节叙述了"煮拔筒方"，强调："预用径口一寸二三分新鲜嫩竹一段，长七寸，一头留节，用刀划去外青，留内白一半，约厚一分许，靠节钻一小孔，以栅木条塞紧，将药（羌活、独活、紫苏、蕲艾、菖蒲、甘草、白芷、连须葱）放入筒内，筒口用葱塞之，将筒横放锅内，以物压勿得浮起，用清水十大碗滾筒煮数滚，约内药浓熟为度候用。"他指出煮拔筒"此法家传，屡经有验"，并强调："行之最当，此法有回天之效，医家不可缺也。"①　煮拔筒法是陈氏家传之技术，可见他对上述这些有着比较可靠的消毒措施在外科手术上的应用是十分重视的。

　　关于外科学手术，陈实功也取得了显著的成就。如果考虑到外科学手术在两宋有数百年之发展低潮，再研究陈氏所记载的鼻息肉套出术，截肢术，气管吻合术，食管吻合术等等，我们还必须承认他在外科手术的发展上有着出色的创造性。因为，陈氏进行这些手术时，不但毫无直接经验可循，而且也缺乏前人经验的借鉴。以下仅举两例说明其出色的成就。

　　例如治疗血栓闭塞性静脉炎（即中医之脱疽）之截指、趾术：陈实功对该病之诊断、保守治疗、手术适应症、预后等都有不少精辟的论断，这里只重点介绍他关于手术治疗的成就。脱疽这种病，目前在世界范围内，仍是一种没有或很少有理想治疗的疾病。我国医学家对该病之认识很早，远在两千多年前的《内经》一书中，已经记述了脱疽。为什么叫脱疽呢？因为当时已经认识到人们患此疽后，随着病情发展，患部之足趾或手指便一节一节的坏死脱落，故以名之。而且在当时已正确强调早期手术切除治疗，即所主张："急斩之，不则死矣。"②　但是，可惜的是其手术适应症、手术切除之方法步骤、以及手术后之结果等，均未能有较明确的记载。或者正因为如此，这一外科手术便失传了。从现存医学文献看，孙思邈在《千金要方》中，继承和发扬了这一技术。孙氏的观点是"在肉则割，在指则切"，"即割去之……皆斩去其指"③。从其内容看，孙氏很可能来自文献，并无实践经验。此后则很少有比较系统的记载，这自然与中国外科学手术发展的实践是一致的。陈实功《外科正宗》不但是研究脱疽理论的重要文献，而且客观记述了陈氏治疗这一疾病的丰富经验。他指出："凡患此者（指脱疽）多生于手足，且以足为多。……其皮肤犹

---

①　陈实功，《外科正宗》卷一"煮拔筒方"。

②　《灵枢·痈疽第八十一》。

③　孙思邈，《千金要方》卷二十二，人民卫生出版社，1982 年影印本，第 406 页。

如煮熟红枣,黑气侵漫相传,五指传遍,上至脚面,其疼如汤泼火燃,其形则骨枯筋练,其秽异香难解,其命仙方难活。……治之得早,乘其未及延散,用头发十余根,缠患指本节尽处,绕扎十余转,渐渐紧之,毋得毒气攻延良肉,……次日,本指尽黑,方用利刀,寻至本节缝中,将患指徐顺取下,血流不住,用金刀如圣散止之。"①陈氏在这里不但正确论述了该病的症状和体征特点,而且比较系统地记述了截足趾、手指术的步骤和方法。今天看来,陈氏的切除术显然是很原始的,然而在我国外科学发展史上却是空前的。其所达到的水平也是比较高的。陈实功在《外科正宗》中共记录了经自己治疗的六例脱疽病人,其中三例是经截趾、指手术治疗而取得较好治疗效果的。其方法是用头顶发十余根捻线缠扎患指……过夜一指皆黑,相量筋骨皮肉俱死,仍用利刀,顺节取脱,乃用预煎甘草汤侵洗良久,等到瘀血稍尽,止血并神灯照之包扎等。陈氏在另一病例的手术中,还强调了先将患足侵入汤内淋洗,再换汤浸,但腐肉不痛者,即可手术切除。所有这些充分说明陈氏截趾、指手术技术十分高明,近期治愈率也很理想。

　　气管、食管缝合术:刎颈自杀或被杀在历史上是比较常见的,但医学家记述其抢救治疗方法者却并不多见。如果说较早系统论述并总结出比较科学的抢救方法者,还须首推陈实功。他总结自己近20例患者之抢救经验,正确指出:"自刎者,乃迅速之变,须救在早,迟则额冷气绝,必难救矣。初刎时气未绝身未冷,急用丝线缝合刀口,掺上桃花散,多掺为要,急以绵纸四五层盖刀口药上。"②关于包扎,他指出用旧布将头抬起,周围缠绕五六转,护理患者使之仰卧,并以高枕枕脑后,以防刀口裂开,不论冬夏均须避风保暖,待呼吸从口鼻通,饮以生姜、人参、川米粥。三日后可解包扎换药,要求动作快,以免风寒(细菌)之袭入。再过两日,即可用浓葱汤以软绢蘸洗伤处,然后外用玉红膏等药包扎。在换药技术上,陈实功实际上已用胶布,如强调:"近喉刀口两傍,再用黑膏长四寸,阔二寸竖贴膏上两头,粘贴好肉,庶不脱落,外再用绢条围裹三转,针线缝。"③他的处理方法除比我们现在的包扎护理更为严格外,在所用敷料如棉,纱布、胶布、绷带以及处理原则上几乎无甚差异。由于强调患者长期卧床,病人多便秘不解,陈氏在其医护中还强调了猪胆汁灌肠的办法。特别值得指出的是,陈氏向读者介绍了自己"曾治……双额齐断将危者,用之全活,单额伤断者十余人,治之俱保无虞矣",足见他的抢救手术取得了非常出色的成功经验。

# 五　创造性的医疗技术

　　陈实功的外科生涯,还创造性地总结了许多巧妙的医疗技术。例如:鼻息肉摘除术及其医疗器械之设计,食道异物剔除术及其医疗器械之设计制造,咽喉脓肿之切开引流术和手术器械的设计制造,下颌关节脱臼的整复手法等等。这些医疗技术完全符合生理解剖要求,其治疗原则科学合理,疗效可靠安全,对我国医学的发展产生了深刻而广泛的影响。

　　鼻息肉摘除术:陈实功设计这一医疗技术,是建立在他对鼻息肉正确认识基础上的。他强调:"鼻痔者由肺气不清,风湿郁滞而成。鼻内息肉,结如石榴子,渐大下垂,闭塞孔窍,使气不得

---

①　陈实功,《外科正宗》卷二,第75页。
②　陈实功,《外科正宗》卷四,第228页。
③　陈实功,《外科正宗》"救自刎断喉法"第一百三十二。

宣通。"①在《外科正宗》中除了叙述药物治疗方法外,还记载了他的"取鼻痔秘法"。即先用局部麻醉药——回香草散,以鹅羽管吹入鼻内,连吹两次,进行局部麻醉,以达到无痛的目的。然后用细铜筷子二根,于筷子头钻一小孔,用丝线穿孔内,二筷子之间相距五分左右,以两筷子头直接插入鼻息肉之根部,将筷子头所穿之线绕息肉根部绞紧,再向下一拔,其息肉即可自然脱落,放水中观其大小,再用预先配制好的胎发烧灰,与象牙末等分,吹鼻内,其血自止,戒口不发。现代医学家所设计的鼻息肉摘除器当然比陈氏高明,但其基本原理却是完全相同的。

食道异物剔除术:剔除咽部、食道异物的医疗技术和器械设计制造,在唐·孙思邈已有记述。此后,金·张子和所述,在科学性方面已达到较高的水平。不过与陈实功所设计者各有不同,陈氏的乌龙针另有特色,是前人方法的一大补充,他还扩大了乌龙针的治疗范围。例如他治疗误吞针、骨,无论在咽部还是食道均可治疗。

陈氏乌龙针有两种作法,而且材料也不一样。如针刺、鱼刺在咽部者,则用乱麻筋一团,搓如龙眼大,以线穿系成团,留线头在外,用汤浸湿使软,急吞下咽,然后慢慢扯出,其针、刺等必刺入乱麻团中同出。否则,再吞再扯,以出为度。如果误吞铜铁之物,则多吃青菜猪油,其物即慢慢送入胃肠,随粪便而排出。如针、骨刺入食道,用上述麻团制作之乌龙针不能使从口而出时,即用细铁丝烧软两头处,用黄腊作弹丸,如龙眼大,裹铁丝头上,外用丝绵裹之,推入咽内哽骨或针处,其物自然顺下矣,不下再推。如此,咽部、食管内有异物的成人孩童,几可完全治愈。

下颌关节脱臼的整复法:同样,这一技术在孙思邈的著作中已有记载,虽然也很符合生理解剖要求,但缺乏全面的要求和方法、步骤。陈实功在《外科正宗》中对该术作出了创造性发展和提高。如所论述:"落下颏(即下颌关节脱臼)者,气虚之故不能收束关窍也"。陈氏的整复方法和步骤十分科学,他强调要求"患者平身正坐,(医者)以两手托住下颏,左右大指入口内,纳槽牙上端,紧下颏,用力往肩下捺开关窍,向脑后送上,即投入关窍。"整复复位后,陈氏又正确叙述了护理要求和要点,即"随用绢条兜颏于头顶上,半时许去之即愈"。② 这一方法、步骤和护理几乎与现代医学的方法和要领无异。

# 六　炼治外用药的成就

中国外科学用药远在两千多年之前,处理外伤和化脓性感染的药物,即有用五毒之药烧炼的传统。陈实功继承前人经验,在炼制外用药方面也取得了不小的成绩,他的记述为后人提供了很大方便,特别是近几十年,中医外科由于忽视这一传统,其技术很有失传的可能,他的经验就尤为可贵,以下仅举例说明。

炼玄明粉法:玄明粉即硫酸钠,是由矿物芒硝经煮炼而得的精制结晶,有含水硫酸钠与再经风化而成的无水硫酸钠之别。玄明粉是内、外常用药,在外科上对乳痈,丹毒、痔漏、口疮、咽目肿痛等都有着较好的医疗效果。陈实功详述了炼制方法,他的炼制方法在继承前人经验基础上颇有特色,如强调炼制过程中要用绵纸过滤,得出结晶后还要碾细过绢筛,并经复活使色白如轻粉的最佳品。在贮存上不但强调钵盛纸盖,而且要求用乱纸寸许以吸潮气,使不反潮凝结。其炼制方法之严格及其科学性要求远比李时珍的记述高明。

---

① 陈实功,《外科正宗》卷四,第185页。
② 陈实功,《外科正宗》卷四,第228页。

## 七　陈实功高尚的医疗道德思想

在中国封建社会里,医学家形成了一个优良的职业道德传统,绝大多数都有着以济世活人为自己座右铭的高尚品质,"杏林春暖"正是这种品质形成的互勉佳话。陈实功为医十分强调医生的道德品质修养,在《外科正宗》一书中专门立章论述"医家五戒"和"医家十要"。今天看来,这五戒十要虽有一些封建的色彩,但其本质要求,对现实的医务界仍有着很大的针对性。譬如他在强调医家五戒中,要求:"凡病家大小贫富人等请视者,便可往之,勿得迟延","药金毋论轻重有无,尽力一例施予";"凡视妇女及孀妇、尼僧人等,必候侍者在傍,然后入房诊视,倘傍无伴,不可自看,若有不便之患,更宜真诚窥视"。他还强调:医生必须为病人保密,即是医生对自己的夫人,也不可谈说,"凡娼妓及私袅家请看,亦当正已,视如良家子女,不可他意儿戏……"。他还要求一个医生不可行乐游玩,不可片时离开岗位等等,都体现了陈氏的高贵品质和对后学的严格要求。

陈实功的十要也是比较科学的,其内容基本上是对作为一个好的医师所必备条件的要求,特别是对作为一位品学皆优、医疗技术高明的医师的要求。如:一要先知儒理,然后方知医业,或内科或外科,均要勤读先古名医确论之书,必须且夕手不释卷,一一参明融化,使之印在心,慧于目;二要选买药品必遵雷公炮炙;三要尊重同道之士,不可轻悔傲慢,与人切要谦虚谨慎,年尊者恭敬之,有学者师事之,骄傲者逊让之,不及者荐拔之;四要治病与治人同重,不但治其病,还要关怀其生活经济和家事;另外,他还强调对病人的馈赠不要求奇好胜,饮食则强调一鱼一菜(陈氏行医于江苏南通一带)即可,广求不如俭用;对贫家僧道差役等,不要药钱,若更贫者还要量力微赠;他还强调作为一位医师,对古今前贤书籍及近时名公新刊的医理、词说,都要搜寻参阅,以增进自己的学问和知识,他说"此诚为医家之本务也"。陈氏在叙述了医家五戒十要后强调:"当置于座右,朝朝一览"。可见其如何重视医家道德品质的修养。

## 八　陈实功外科学术思想对后世的影响

中医外科的发展,在历史上基本形成两派,到明清时期尤为明显,即以陈实功为代表的学派和以王洪绪为代表的学派。陈氏外科学派的学术思想有着敢于创新,不墨守成规,主张积极的手术治疗等,在理论上他根据"医之别内外也,治外较难于治内,何者?内之症或不形其外,外之症必根于其内也"的立论,提倡"治外必本诸内"的学说,在此思想指导下,他的代表著作《外科正宗》所叙述的百余种外科疾病,基本上都体现了理论联系实际的特点。也正是在这样的学术思想指导下,他反对轻视诊断、乱投药物的倾向。因此,他的论述十分强调外科疾病的诊断和鉴别诊断。经过陈氏及其学派的努力,使中医外科学的发展,特别是理论发展取得了显著的进展。

陈实功的学术思想,具体讲有四个特点,即:(1) 学习外科学必须有内科学、医学科学理论基础知识,还要有文学、哲学修养。这对今天的医学教育仍有着可借鉴的现实意义;(2) 他批驳了某些有偏见的内科医生对外科学术和外科学家的轻视态度;(3) 在临床治疗中,他既重视内治,也很重视外治,既重视手法等医疗技术治疗,也很强调外科手术治疗,既强调早期手术治疗,也反对滥施刀针(外科手术),所以对各种疗法的适应症和禁忌症的掌握也是比较严格的;

（4）陈实功在外科化脓性感染的治疗上，十分强调注意饮食营养，他批判了无原则的饮食禁忌，提出："饮食何须忌口"，这在改变当时及以后的现实生活中，只要患有疮疡，医家便以有"发疮"之害为理由，命令患疮疡之人忌食肉、鱼、蛋等。陈氏反对忌口，这对提高化脓性感染病人的抵抗力和治愈率等，都是很有意义的。

与陈实功相对立的学派，其代表是清代外科学家王洪绪，王氏的代表作是《外科证治全生集》。王洪绪治疗外科化脓性感染十分强调"以消为贵，以托为畏"①，反对应用外科手术。甚至对痈疽已经化脓，他也坚决反对手术切开引流，主张用药物疗法助其自溃。因此，他对陈实功的学术思想和外科手术，以及尊陈氏之学派者，一概攻击为"尽属刽徒"。这一批评和指责是没有科学根据的，充满着宗派思想，甚至是诽谤，根本不是学术讨论的态度。无怪乎连没有学派倾向的清代著名外科学家马培之也指出："刀针有当用，有不当用，有不能不用之别，如谓一概禁之，非正治也。……王氏全生集，近时业疡医者，奉为枕秘，设遇证则录方照服，既不凭脉，也不辨证，贻误非浅"②马氏对王洪绪的评论是富有学理根据的卓越见解。陈实功学派对后世的影响是深广的，然而王氏学说却很能迎合病人畏惧手术的心理，加之社会发展诸种因素，反而比陈氏的学术思想有着更深的影响。随着科学技术的进步，病人科学知识水平的提高，不难看出，陈实功的学说和学术主张一定会得到更有前途的发展。历史是一面镜子，孰是孰非，自有后来人予以公论。

## 参 考 文 献

陈实功（明）撰 . 1956. 外科正宗 . 影印本, 北京: 人民卫生出版社

李经纬, 成甫 . 1981. 发展外科学的杰出医家——陈实功 . 见: 中医史话文选 . 北京: 人民卫生出版社 . 56～61 页

（李经纬）

---

①　王洪绪, 《外科证治全生集》, 上海卫生出版社, 1956 年。

②　马培之, 马培之外科医案, 上海中医书局, 1955 年。

# 徐 光 启

徐光启,字子先,号玄扈,上海人,明嘉靖四十一年(1562)生于南直隶松江府上海县(今上海市),崇祯六年(1633)卒于北京。

徐光启出身在一个由经营商业转归为经营农业的家庭。

明中叶以来,长江中下游地区,以农业和手工业为主的商品经济得到较明显的发展。在这种社会环境下,个人和家庭在社会中的地位,升降起伏,变化比较大。徐光启的家,从其曾祖父时起,在六七十年间,曾有三次较大的起伏。而徐光启则刚好是诞生在家道第三次中落后的谷底,家境不能算好。但这个家庭对农业和手工业、商业的生产活动是熟悉的。

徐光启的父亲弃商归农,为人"博识强记,于阴阳、医术、星相、占候、二氏之书,多所通综,每为人陈说讲解,亦娓娓终日"①。而徐光启的母亲"性勤事,早暮纺绩,寒暑不辍","每语丧乱事(指倭寇入侵),极详委,当日吏将所措置,以何故成败,应当若何,多中机要"②。如此的家庭和父母,对徐光启后来钻研科学技术、重农兵、尚实践、毕生唯勤唯俭、安贫若素等等都有良好的影响。

青少年时代的徐光启,聪敏好学,活泼娇健,当时人们说他"章句、帖括、声律、书法均臻佳妙"③,喜欢雪天登城,在龙华寺读书时喜登塔顶,"与鹳争处,俯而喜"④。万历九年(1581)中秀才,"便以天下为己任。为文钩深抉奇,意义自畅",他曾说过"文宜得气之先,造理之极,方足炳辉千古"⑤。这是由神童到才子的形象。

万历九年中秀才后,因家境关系,徐光启开始在家乡教书。加之连年自然灾害,他参加举人考试又屡试不中,这期间,他备受辛苦。

大约是在万历二十一年(1593),徐光启受聘去韶州任教,二年后又转移至浔州。徐光启在韶州(约1895)见到了传教士郭居静(L. Cattaneo)。这是徐光启与传教士的第一次接触⑥。

万历二十五年(1597),徐光启由广西入京应试,本已落选,但却被主考官焦竑(1540~1620)于落第卷中检出并拔置为第一名。现在看来,徐、焦二人都主张文章学问应该"益于德,利于行,济于事",或许在经世致用思想上的一致,徐光启才被焦竑赏识并被拔置第一的。但不久焦竑被劾丢官,转年徐光启参加会试也未能考中进士。他便又回到家乡课馆教书,同时涉猎古今,尤其注意当代问题。

万历三十一年(1603),徐光启在南京接受洗礼,加入天主教。徐光启生活的晚明时期,正值西方耶稣会士纷纷来华之机,经过长期试探,传教士们认为通过传播科学知识,可以达到更好地传播宗教的效果。徐光启也认为传教士所传播的学问"略有三种,大者修身事天,小者格物穷

---

① 王重民辑校,《徐光启集》卷十二"先考事略",上海古籍出版社,1984年。
② 王重民辑校,《徐光启集》卷十二"先妣事略"。
③ 李林,《徐文定公集·徐文定公行实》。
④ 查继佐,《罪惟录·徐光启传》。
⑤ 徐骥,《文定公行实》,载王重民辑校《徐光启集》。
⑥ 徐骥,《文定公行实》。

理……而余乃亟传其小者"①。徐光启还认为"其教必可以补儒易佛,而其绪余更有一种格物穷
理之学"②。徐光启是明末参加天主教的重要人物之一,对引进西方科学技术起了较大的作用。

万历三十二年(1604)徐光启迎来了他一生中的重大转折,这一年春帏,他考中进士,开始
步入仕途。徐光启 20 岁时中秀才,36 岁中举人,考中进士时已是 43 岁,为科举功名共用去了
23 年时间。

徐光启在未中进士之前,曾长期辗转苦读。在破万卷书、行万里路之后,深知流行于明中叶
以后的陆王心学,主张禅静顿悟、反对经世致用,实为误国害民。有人记述徐光启当时的变化
说:"(他)尝学声律、工楷隶,及是悉弃去,(专)习天文、兵法、屯、盐、水利诸策,旁及工艺数学,
务可施用于世者。"③ 还有人记述说:"公初筮仕入馆职,即身任天下,讲求治道,博极群书,要诸
体用。诗赋书法,素所善也,既谓雕虫不足学,悉屏不为,专以神明治历律兵农,穷天人指趣。"④
徐光启思想上的如此转变,使他的后半生走上了积极主张经世致用、崇尚实学的道路。徐光启
是明末清初学术界、思想界兴起的实学思潮中的一位有力的鼓吹者、推动者。

徐光启考中进士后即被考选为翰林院庶吉士,入翰林馆学习,在馆所撰课艺,如《拟上安边
御敌疏》、《拟缓举三殿及朝门工程疏》、《处置宗禄边饷议》、《漕河议》等,表现了徐光启忧国忧
民的思虑和渊博的治国安邦的谋略,大都是一些切实可行的方案,与那些空泛不实、纸上谈兵
的时文是不可同日而语的。万历三十五年(1607)散馆,授翰林院检讨,不久丧父,返乡守制。

前此在万历三十四年秋,徐光启即与传教士利玛窦(M. Ricci)合作翻译西方数学名著《几
何原本》的前六卷(初版于 1607 年),还译了《测量法义》。这是西方科学著作译为中文的开始。
利玛窦是明末来华传教士中最为著名的一位。在因父丧回上海守制三年期间,徐光启又对上述
两部译作进行了修改。守制期间,他还进行了农事试验,为救灾救荒,他引种并推广了甘薯,撰
写了《甘薯疏》。

徐光启于万历三十八年(1610)守制期满,回京复职,此后除几次临时性差事之外,一直担
任较为闲散的翰林院检讨。和当时一般文人官吏热衷于笔墨应酬不同,徐光启则是用较多的时
间进行天文、算法、农学、水利等科学技术研究,从事了不少这方面的翻译和写作。在写给亲戚
的信中徐光启自述道:"昨岁偶以多言之故,谬用历法见推……惟欲遂以此毕力,并应酬文墨一
切迸除矣。何者? 今世作文集至千百万言者非乏,而为我所为者无一有。历虽无切于用,未必
更无用于今之诗文也。况弟辈所为之历算之学,渐次推广,更有百千有用之学出焉。如今岁偶
尔讲求数种用水之法,试一为之,颇觉于民事为便……弟年来百端俱废者,大半为此事所
夺。"⑤ 其中的"用水之法",指的是万历四十年(1612)与传教士熊三拔(S. de Ursis)合译的《泰
西水法》,书中介绍了西洋的水利工程作法和各种水利机械。在此期间,徐光启还与传教士合作
再次校订了《几何原本》并出版了第二版。同时他还为李之藻与利玛窦合译的《同文算指》(此书
介绍了西方的笔算数学)、熊三拔编著的介绍天文仪器的《简平仪说》等书写了序言。这些序言
表达了徐光启对传入的西方科技知识的看法。

向传教士学习科技知识的同时,徐光启对他们的传教活动也进行了协助,帮他们刊刻宗教

---

① 徐光启,《刻〈几何原本〉序》,载王重民辑校《徐光启集》。

② 徐光启,《泰西水法·序》,载王重民辑校《徐光启集》。

③ 邹漪,《启祯乘野·徐文定传》。

④ 张溥,《农政全书·序》,载《农政全书校证》。(明·徐光启撰,石声汉校注),上海古籍出版社,1979 年。

⑤ 徐光启,《致老亲家书》,载王重民辑校《徐光启集》。

书籍,对传教士的活动也有所庇护。徐光启的这许多行为,多被朝臣误解,加上与其他官员的一些意见不合,因此他辞去工作,在天津购置土地,种植水稻、花卉、药材等。万历四十一年至四十六年(1613~1618)间,他在天津从事农事试验,其余时间则多是往来于京津之间。这期间,徐光启写成"粪壅规则"(施肥方法),并写成他后来的农学方面巨著《农政全书》的编写提纲。

万历四十六年(1618)北方后金(即后来的清)军队进攻,边事紧急,经人介绍推荐,明廷召徐光启于病中。徐光启在写给焦竑的信中说:"国无武备,为日久矣,一朝峄起,遂不可支。启才职事皆不宜兵戎之役,而义无坐视,以负国恩与师门之教"①,他不但自己力疾赴命,同时还感召别人放弃安适生活,共赴国难。至天启三年(1621)的三年多时间里,徐光启从事选兵、练兵的工作。这时他虽已年近 60,而保国守土的爱国忠心,昭昭可鉴,不让壮年。

万历四十七年(1619),徐光启以詹事府少詹事兼河南道监察御史的新官衔督练新军。他主张"用兵之道,全在选练","选需实选,练需实练"。这期间他写了各种军事方面的奏疏、条令、阵法等等,后来大都由他自选编入《徐氏庖言》一书之中②。但是由于财政拮据、议臣掣肘等原因,练兵计划并不顺利,徐光启也因操劳过度,于天启元年(1621)三月上疏回天津"养病",六月辽东兵败,又奉召入京,但终因制造兵器和练兵计划不能如愿,十二月再次辞归天津。

不久,明朝廷由于魏忠贤阉党擅权专政,政局黑暗。为广树党羽,笼络人心,阉党曾拟委任徐光启为礼部右侍郎兼翰林院侍读学士协理詹事府事的官职,但徐光启不肯就任,引起阉党不满,被劾,皇帝命他"冠带闲住",于是他回到上海(1624)。在上海"闲住"期间,他进行《农政全书》的写作(1625~1628)。徐光启自编的军事论集《徐氏庖言》,也是此时刊刻出版的。天启五年(1625)阉党弹劾徐光启练兵为"孟浪无对"、"骗官盗饷"、"误国欺君"等等,《徐氏庖言》的出版正是对这些不实之词的回答。

崇祯帝即位,杀魏忠贤,阉党事败。崇祯元年(1628),徐光启官复原职,八月,充日讲官,经筵讲官,为天子师。崇祯二年,他又升为礼部左侍郎,三年升礼部尚书,已是朝廷重臣。

这期间,徐光启对垦荒、练兵、盐政等方面都多所建白,但其主要精力则是用于修改历法。前此自从与传教士接触之后徐光启即留心天文历法。万历四十年(1612)就有人推荐由徐光启督修改历,未成。至崇祯二年(1629)五月朔日食,徐光启依西法推算,其结果较钦天监为密。九月,朝廷决心改历,令徐光启主持。徐光启从编译西方天文历法书籍入手,同时制造仪器,精心观测,自崇祯四年(1631)起,分五次进呈所编译的图书著作。这就是著名的《崇祯历书》,全书共46 种,137 卷。别人亲见并记述了他的这段生活,说他"扫室端坐,下笔不休,一榻无帷……冬不炉,夏不扇……推算纬度,昧爽细书,迄夜半乃罢。"③ 这时,徐光启已 70 岁了,但其研究热情不减,亲自实践,目测笔书,融汇中西,不愧为一代科学家的风范。

崇祯五年(1632)六月,徐光启以礼部尚书兼东阁大学士入阁,参予机要。"每日入值,手不停挥,百尔焦劳"④,"归寓夜中,篝灯详绎,理其大纲,订其细节",⑤这正是他宰相兼科学家繁忙生活的写照。如此繁忙,不久,他就病倒了。这年十一月,加徐光启为太子少保。

崇祯六年(1633)八月,再加徐光启太子太保、文渊阁大学士兼礼部尚书,至此,他已是位极

---

①　徐光启,《复太史焦座师》,载王重民辑校《徐光启集》。

②　徐光启,《徐氏庖言》,载《徐光启译著集》,上海古籍出版社,1983 年。

③　张溥,《农政全书・序》。

④　徐骥,《文定公行实》。

⑤　徐光启,《历法修正告成书器缮治有待请以李天经任历局疏》,载王重民辑校《徐光启集》。

人臣了。十一月病危,仍奋力写作"力疾依榻,犹花花捉管了历书"①,并嘱家属"速缮成《农书》进呈,以毕吾志"②,可谓为科学研究,直至最后。十一月七日,一代哲人逝世,终年 72 岁,谥文定,墓地现存于上海徐家汇徐墓公园。

徐光启的科学成就可以分为天文历法、数学、农学、军事等方面:

### 1. 天文历法

徐光启在天文学上的成就主要是主持历法的修订和《崇祯历书》的编译。

编制历法,在中国古代乃是关系到"授民以时"的大事,为历代王朝所重视。由于中国古代数学历来重视实际计算并以此见长,历来重视和历法编制之间的关系,因此与世界上其他国家和地区相比,中国古代历法准确的程度是比较高的。但是到了明末,却明显地呈现出落后的状态。一方面是由于西欧的天文学此时有了飞速的进步,另方面则是明王朝长期执行不准私习天文,严禁民间研制历法政策的结果。明沈德符《万历野获编》所说:"国初学天文有历禁,习历者遣戍,造历者殊死",指的就是此事。

明代施行的《大统历》,实际上就是元代《授时历》的继续,日久天长,已严重不准。据《明史·历志》记载,自成化年间开始(1481)陆续有人建议修改历法,但建议者不是被治罪便是以"古法未可轻变","祖制不可改"为由遭到拒绝。万历三十八年(1610)十一月朔日食,司天监再次预报错误,朝廷决定由徐光启与传教士等共同翻译西法,供邢云路修改历法时参考,但不久又不了了之。直至崇祯二年五月朔日食,徐光启以西法推算最为精密,礼部奏请开设历局,以徐光启督修历法,改历工作终于走上正轨,但此时距明朝覆亡已为时不远,改历工作在明代实际并未完成。中国的天文历法,由先进演变为落后,明王朝实负有不可推卸之责任。

当时协助徐光启进行修改历法的中国人有李之藻(1565~1630)、李天经(1579~1659)等,外国传教士有龙华民(N. Longobardi)、庞迪峨(D. Pantoja)、熊三拔(S. de Ursis)、阳玛诺(E. Diaz)、艾儒略(J. Aleni)、邓玉函(J. Terrenze)、汤若望(J. A. S. von Bell)等。

徐光启在天文历法方面的成就,主要集中于《崇祯历书》的编译和为改革历法所写的各种疏奏之中。《崇祯历书》的编译,自崇祯四年(1631)起直至十一年(1638),始克完成。全书 46 种,137 卷,是分五次进呈的。前三次乃是徐光启亲自进呈(23 种,75 卷),后二次都是徐光启死后由李天经进呈的。其中第四次还是徐光启亲手订正(13 种,30 卷),第五次则是徐氏"手订及半",最后由李天经完成的(10 种,32 卷)。

徐光启"释义演文,讲究润色,校勘试验",负责《崇祯历书》全书的总编工作。此外还亲自参加了其中《测天约说》、《大测》、《日躔历指》、《测量全义》、《日躔表》等书的具体编译工作。

《崇祯历书》采用的是第谷(Tycho)体系。这个体系认为地球仍是太阳系的中心,日、月和诸恒星均作绕地运动,而五星则作绕日运动。这比传教士刚刚到达中国时由利玛窦所介绍的托勒玫(Ptolemy)体系稍有进步,但对当时西方已经出现的更为科学的哥白尼(Copernicus)体系,传教士则未予介绍。《崇祯历书》仍然用本轮、均轮等一套相互关连的圆运动来描述、计算日、月、五星的疾、迟、顺、逆、留、合等现象。对当时西方已有的更为先进的行星三大定律(开普

---

① 徐骥,《文定公行实》。
② 《徐氏家谱·文定公家传》。

勒三定律),传教士也未予介绍。尽管如此,按西法推算的日月食精确程度已较中国传统的《大统历》为高。此外《崇祯历书》还引入了大地为球形的思想、大地经纬度的计算及球面三角法,区别了太阳近(远)地点和冬(夏)至点的不同,采用了蒙气差修正数值。

### 2. 数学

徐光启在数学方面的成就,概括地说,有三个方面,即(1)论述了中国数学在明代落后的原因;(2)论述了数学应用的广泛性;(3)翻译并出版了《几何原本》。

中国古代数学源远流长,至汉代形成了以《九章算术》为代表的体系,至宋元时期达到发展的高峰,在高次方程和方程组的解法、一次同余式解法、高阶等差级数和高次内插法等方面都取得了辉煌的成就,较西方同类结果要早出数百年之久。但进入明朝以后,除珠算有所发展外,宋元数学的许多成果却几乎全都后继无人,逐渐衰废。对这种落后局面的形成原因,徐光启曾有十分精辟的分析。他说:"算术之学特废于近代数百年间耳。废之缘有二。其一为名理之儒土苴天下实事;其一为妖妄之术谬言数有神理,能知往藏来,靡所不效。卒于神者无一效,而实者亡一存,往昔圣人所以制世利用之大法,曾不能得之士大夫间,而术业政事,尽逊于古初远矣。"[①]

"名理之儒土苴天下实事",对宋元数学在明代的衰废原因,可谓一语道破。

徐光启在一次关于修改历法的疏奏中,详细论述了数学应用的广泛性。他一共提出了10个方面("度数旁通十事"),即(1)天文历法;(2)水利工程;(3)音律,(4)兵器兵法及军事工程;(5)会计理财;(6)各种建筑工程;(7)机械制造;(8)舆地测量(9)医药;(10)制造钟漏等计时器。除第9条可能还需进一步探讨之外,其他各条,可以说把数学应用的广泛性,讲述得十分完备。[②] 在300余年前,徐光启就能达到如此的认识,实属难能可贵。徐光启还曾建议开展这些方面的分科研究。如果每个学科都设置相应的机构,那将形成一个相当可观的"科学院"。

徐光启在数学方面的最大贡献当推《几何原本》的翻译。《几何原本》是古希腊数学家欧几里得(Euclid)在总结前人成果的基础上于公元前3世纪编成的。这部世界古代的数学名著,以严密的逻辑推理的形式,由公理、公设、定义出发,用一系列定理的方式,把初等几何学知识整理成一个完备的体系。《几何原本》经过历代数学家,特别是中世纪阿拉伯数学家们的注释,经阿拉伯数学家之手再传入欧洲,对文艺复兴以后近代科学的兴起,产生了很大的影响。许多学者认为《几何原本》所代表的逻辑推理方法,再加上科学实验,是世界近代科学产生和发展的重要前提。换言之,《几何原本》的近代意义不单单是数学方面的,更主要的乃是思想方法方面的。徐光启就正确的指出:"此书为益,能令学理者祛其浮气,练其精心,学事者资其定法,发其巧思,故举世无一人不当学。……能精此书者,无一事不可精,好学此书者,无一事不可学。"[③] 直到20世纪初,中国废科举、兴学校,以《几何原本》内容为主要内容的初等几何学方才成为中等学校必修科目,实现了300年前徐光启"无一人不当学"的预言。

《几何原本》由公理、公设出发给出一整套定理体系的叙述方法,和中国古代数学著作的叙述方法相去甚远。徐光启作为首先接触到这一严密逻辑体系的人,却能对此提出较明确的认

---

① 徐光启,《刻〈同文算指〉序》,载王重民辑校《徐光启集》。

② 徐光启,《条议历法修正岁差疏(崇祯二年七月二十七日)》,载王重民辑校《徐光启集》。

③ 徐光启,《〈几何原本〉杂议》,载王重民辑校《徐光启集》。

识。他说:"此书有四不必:不必疑、不必揣、不必试、不必改;有四不可得:欲脱之不可得,欲驳之不可得,欲减之不可得,欲前后更置之不可得。"他还说:"(此书)有三至、三能:似至晦,实至明,故能以其明明他物之至晦;似至繁,实至简,故能以其简简他物之至繁;似至难,实至易,故能以其易易他物之至难。"他最后说:"易生于简,简生于明,综其妙,在明而已。"① 徐光启提出《几何原本》的突出特点在于其体系的自明性。这种认识是十分深刻的。

### 3. 农学

徐光启出身农家,自幼即对农事极为关心。他的家乡地处东南沿海,水灾和风灾频繁,这使他很早就对救灾救荒感兴趣,并且讲究排灌水利建设。步入仕途之后,又利用在家守制、赋闲等各种时间,在北京、天津和上海等地设置试验田,亲自进行各种农业技术实验。

徐光启一生关于农学方面的著作甚多,计有《农政全书》(大约完成于1525～1528年间,死后经陈子龙改编出版于1639年)、《甘薯疏》(1608)、《农遗杂疏》(1612,现传本已残)、《农书草稿》(又名《北耕录》)、《泰西水法》(与熊三拔共译,1612)等等。徐光启对农书的著述与他对天文历法的著述相比,从卷帙来看,数量虽不那样多,但花费时间之长,用功之勤,实皆有过之而无不及。

其中,《农政全书》又堪称代表。此书是徐光启殁后,经陈子龙删改(大约删者十之三,增者十之二)后成书的。《农政全书》共分12门(农本、四制、农事、水利、农器、树艺、蚕桑、蚕桑广类、种植、牧养、制造、荒政),60卷,70余万言。书中大部分篇幅,是分类引录了古代的有关农事的文献和明朝当时的文献;徐光启自己撰写的文字大约有6万字。正如陈子龙所说,《农政全书》是"杂采众家"又"兼出独见"的著作,而时人对徐氏自著的文字评价甚高:"人间或一引先生独得之言,则皆令人拍案叫绝。"②

《农政全书》主要包括农政思想和农业技术两大方面,而农政思想约占全书一半以上的篇幅。徐光启的农政思想主要表现在以下几个方面:

(1) 用垦荒和开发水利的方法来力图发展北方的农业生产。我国古代自魏晋以来,全国的政治中心常在北方而粮食的供给、农业的中心又常在南方,每年需耗资亿万来进行漕运,实现南粮北调。时至明末,漕运已成为政府较大的弊政之一。徐光启主张用发展北方农业生产的方法来解决这一问题(垦荒、水利、移民等)。与此同时,在《农政全书》中,徐光启也用了四卷的篇幅来讲述东南(尤指太湖)地区的水利、淤淀和湖垦。他还对棉花在东南地区的种植、推广进行了不少研究。

(2) 备荒、救荒等荒政,是徐光启农政思想的又一重要内容。他提出了"预弭为上,有备为中,赈济为下"的以预防为主(即指"浚河筑堤、宽民力、祛民害")的方针。

徐光启在农业技术方面,也有很多贡献:

(1) 破除了中国古代农学中的"唯风土论"思想。"风"指的气候条件,"土"指土壤等地理条件,"唯风土论"主张:作物宜于在某地种植与否,一切决定于风土,而且一经判定则永世不变。徐光启举出不少例证,说明通过试验可以使过去被判为不适宜的作物得到推广种植。徐光启的有风土论但不唯风土论的思想,发展了中国古代农学的风土论思想,推进了农业技术的发展。

① 徐光启,《〈几何原本〉杂议》,载王重民辑校《徐光启集》。
② 刘献廷,《广阳杂记》。

（2）进一步提高了南方的旱作技术，例如种麦避水湿、与蚕豆轮作等增产技术。他还指出了棉、豆、油菜等旱作技术的改进意见，特别是对长江三角洲地区棉田耕作管理技术，提出了"精拣核（选种）、早下种、深根短干、稀稞肥壅"的十四字诀。

（3）推广甘薯种植，总结栽培经验。

（4）总结蝗虫虫灾的发生规律和治蝗的方法。

### 4. 军事技术

徐光启不仅是一位天文历算学家、农学家，同时也是一位军事家。在他幼年时期，其家乡一带屡遭倭寇蹂躏，因而从早年起即关心兵事。他在写给焦竑的一封信中说："（光启）少尝感愤倭奴蹂践，梓里丘墟，因而诵读之暇稍习兵家言。时时窃念国势衰弱，十倍宋季，每为人言富强之术：富国必以本业，强国必以正兵。"① 以农业为富国之本，以正兵为强国之本，徐光启正是基于这样的认识，一贯重视军事科学技术的研究。

早在刚刚被选考为翰林院庶吉士时，徐光启便在《似上安边御房疏》中提出了"设险阻、整车马、备器械、造将帅、练戎卒、严节制、信赏罚"，但他认为这些都不过是"世俗之常谈，国家之功令"，他这篇御敌疏的中心内容则是"于数者之中，更有两言焉。曰求精，曰责实。……苟求其精，则远略巧心之士相于讲求，经岁而未尽；苟责其实，则忠公忧国之臣所为太息流涕者，十倍于贾谊而未已也。"② "求精"和"责实"是徐光启军事思想的核心。

徐光启还大力宣扬管仲"八无敌"（材料、工艺、武器、选兵、军队的政教素质、练兵、情报、指挥）和晁错的"四预敌"（器械不利、选兵不当、将不知兵、君不择将）。做到"八无敌"即可无敌于天下，如果是"四预敌"则兵无不败。③ 据此他提出了"极求真材以备用"，"极造实用器械以备中外守战"，"极行选练精兵以保全胜"，"极造都城万年台（炮台）以为永永无虞之计"，"极遣使臣监护朝鲜以联外势。"这些办法和措施，都是"八无敌"、"四预敌"思想与"求精"、"责实"精神相结合的产物。

在上述这些办法和措施中，徐光启尤其注重对士兵的选练，他提出了"选需实选，练需实练"的主张。万历四十八年（1602）二月开始，徐光启受命在通州、昌平等地督练新军。在此期间他撰写了《选练百字诀》、《选练条格》、《练艺条格》、《束伍条格》、《形名条格》（列阵方法）、《火攻要略》（火炮要略）、《制火药法》等等。这些"条格"，实际上乃是徐光启撰写的各种条令和法典，也是我国近代较早的一批条令和法典③。

《选练百字诀》和《选练条格》等等，体现了徐光启"实选"、"实练"的责实精神。

除此之外，徐光启还特别注重制器，非常关心武器的制造，尤其是火炮的制造。管状火器本是中国的发明创造，但时至明代末年，制造火器的技术已逐渐落后，由于边防的需要，急需引进火炮制造技术。为此，徐光启曾多方建议，不断上疏。徐光启还对火器在实践中的运用，对火器与城市防御，火器与攻城，火器与步、骑兵种的配合等各个方面都有所探求。实际上，徐光启可以称得上是中国军事技术史上提出火炮在战争中应用理论的第一个人。

---

① 徐光启，《复太史焦师座》，载王重民辑校《徐光启集》。

② 载王重民辑校《徐光启集》。

③ 徐光启，《敷陈末议以殄凶酋疏》，载王重民辑校《徐光启集》。

# 参 考 文 献

杜石然.1989.徐光启.见:明清实学思潮史.齐鲁书社

梁家勉.1981.徐光启年谱.上海:上海古籍出版社

上海文物保管委员会编.1962.徐光启手迹.北京:中华书局

石声汉.1979.农政全书校注.上海:上海古籍出版社

王重民辑.1963.徐光启集.北京:中华书局

徐光启(明)撰.1639.农政全书.平露堂初刻本

徐光启(明).撰.1983.徐光启译著集.上海:上海古籍出版社

徐宗泽编.1933.徐文定公集(三编本).上海徐顺六印刷厂

严敦杰.1959.徐光启.见:中国古代科学家.北京:科学出版社

张廷玉(清)等撰.1974.明史.徐光启传.北京:中华书局

中国科学院自然科学史研究室编.1963.徐光启纪念论文集.北京:中华书局

（杜石然）

# 屠 本 畯

屠本畯(生卒年不详)字田叔,号幽叟。他一生的科学活动主要在明万历年间(1573～1619)。明中叶以后,由于商品经济发展,在一些地方和一些手工业部门出现了资本主义的萌芽。这种新兴的社会条件,给科学发展造成了有利的形势。在这个历史阶段出现了许多伟大的科学家,海洋动物学家屠本畯就是其中的一位。本文拟对屠本畯在科学上的成就及其科学思想作初步研究。

## 一

屠本畯,浙江鄞县(今宁波市)人,明朝万历年间曾以父荫而获得太常寺典簿、礼部郎中等职,后任福建盐运司同知。他一生鄙视名利,廉洁自持,好读书,到老仍勤学不辍[①]。他博学善文,著作很多,有《闽中海错疏》(1596)、《海味索隐》、《闽中荔枝谱》、《野菜笺》、《离骚草木疏补》、《瓶史月表》等书。内容涉及植物、动物、农学、园艺等广阔领域。

《闽中海错疏》是屠本畯入闽之后,应太长少卿余寅之请写的,成书于明万历丙申(1596)。全书分上、中、下三卷,共著录海产动物 200 多种(包括少数淡水种类),以海洋经济鱼类为主,我国著名的四大海产大黄鱼、小黄鱼、带鱼和乌贼,以及海产珍品对虾、蟹、鲥、鳓、鳗等鱼,都包括在内。除同物异名外,书中所记载的鱼类有 80 多种,分属于 20 个目 40 个科[②]。两栖动物约10 种,分别属于三科[③]。此外,还有软体动物的贝类,节肢动物的虾类,少数爬行动物。还记载了福建常见的外省海产燕窝、海粉等。它是我国古代现存最早的海产动物志或海产动物专著。《海错疏》有《珠丛别录》本、《学津讨源》本、《明辨斋》本、《丛书集成》本等。福建省图书馆藏有《万历刻本》。《海味索隐》记载海产动物 16 种,有《说郛续本》。《野菜笺》一卷,是以文学小品形式写成的,记载屠本畯家乡四明(今浙江宁波)地方的野生植物 22 种。有《说郛》续本。《闽中荔枝谱》是屠本畯在福建做官时写的,华南农业大学图书馆藏有万历二十五年(1597)刻本,其书名是《闽中荔枝通谱》。该书主要记载福建地区荔枝品种、习性、栽培和加工等。

## 二

屠本畯在海洋生物方面有较深造诣,贡献尤为突出。在他的代表著《海错疏》中,分别记载了福建沿海一带海产动物的名称、形态、分类、生活习性及经济价值,从而积累了丰富的海洋生物学知识。现略举数例进行分析。

"棘鬣,似鲫而大,其鬣如棘,色红紫"。鬣是指这种鱼的背鳍强大如棘的特点。棘鬣即真鲷

---

① 明·曹溶,《明人小传》,第一册。稿本未刊(北京图书馆藏)。

② 刘昌芝,《闽中海错疏》中的鱼类研究,载《科技史文集》第四集,上海科技出版社,1980 年。

③ 郑作新,闽中海错疏中之两栖动物,1934 年。

(*Pagrosomus major*)。全体淡红色,体侧扁,背部散布若干鲜蓝色小点。此鱼在福建地区地方名过腊、赤板。"方头,似棘鬣而头方"。"虎鲛,头目凹而身有虎纹"。形象地描述了方头鱼因头方而得名,虎鲛体具宽狭交迭的横纹,形似虎纹而得名。前者在分类上属方头鱼(*Branchiostegus japonicus*),此鱼肉味佳美,但产量不多。在我国方头鱼科只有一属。后者属软骨鱼类的狭纹虎鲨(*Heterodontus zebra*)。

　　"珠蚶,蚶之极细者,形如莲子而扁";"丝蚶,壳上有纹如丝,色微黑,比珠蚶稍大。"珠蚶指的是橄榄蚶(*Arca olivacea*),它的个体较小,壳面的放射肋细,前后端圆,"形如莲子而扁。"根据对丝蚶的描述应是结蚶(*Arca nodifera*),它比橄榄蚶大,其壳皮同心纹很细,即是屠本畯说的"壳上有纹如丝"。珠蚶和丝蚶两个名称至今福建地区仍沿用。这种具两扇贝壳的贝类,种类很多,大部分为海产,少部分为淡水产。在古代文献记载中,除少数种类外,多数是统称为蚶,不容易区分到种,但距今四百年前屠本畯不但能正确地将它们视为蚶类,而且从形态上区分为珠蚶和丝蚶,这是非常可贵的。

　　"泥螺,一名土铁,一名麦螺,一名梅螺,壳似螺而薄,肉如蜗牛而短,多涎有膏。按泥螺产四明、鄞县、南田者为第一。春三月初生,极细如米,壳软,味美。至四月初旬稍大,至五月肉大,脂膏满腹,以梅雨中取者为梅螺,可以久藏,酒浸一两宿,膏溢壳外,莹若水晶。秋月取者,肉硬膏少,味不及春"。以上描述,将泥螺的形态、产地、生长发育及食用方法都讲到了。泥螺的贝壳极薄,这种贝类动物 7～9 月产卵,卵生的小螺冬季生长很慢,待到第二年春天,约长到米壳大小,至五、六月开始繁殖。屠本畯的记载基本上反映了泥螺的生长繁殖情况。所说"秋月取者肉硬膏少,味不及春",是因为当时的个体已经排卵,远不如产卵前肥大的缘故。从屠本畯对泥螺自然繁殖的记载来看,可知他当时对泥螺的生态习性已有清晰的认识。泥螺在动物分类学上仍称泥螺(*Bullacta exarata*),系 1848 年定名,晚于《海错疏》的记载约 250 年。

　　"鮻鱼,冬深脂膏满腹,至春,渐瘦无味。"已观察到鮻鱼在深冬卵巢和精巢充满腹腔,正是鮻鱼生殖季节,到了春天鮻鱼排精产卵后显得体瘦而无味。这说明屠本畯对鮻鱼的生殖季节有精确的观察。鮻鱼即是棱鲻(*Magil carinatus*),生长快,肉味美,它是世界著名的海产养殖鱼类之一。棱鲻的生殖季节正是冬春之交。屠本畯对鮻鱼(棱鲻)生殖期的认识,在养鲻业上仍有参考价值,更是难得的科学记录。"过腊,……口中有牙如锯,好食蚶蚌,以腊来春去,故名过腊。"可见在明代不仅对真鲷鱼(即过腊)的食性有了一定的认识,还已知它的洄游规律,与现在福建地区真鲷鱼的渔期相合。又带鱼"身薄而长,其形如带,锐口尖尾,只有一脊骨,而无鳃无鳞,入夜烂然有光,大者长五六尺"。带鱼(*Trichiurvs havmela*)是沿海重要的经济鱼类,产量最高,居海产鱼类的首位。带鱼为中上层结群性洄游鱼类,有明显的垂直洄游现象,白天下降到深水层,晚上上升到表层。带鱼表层有一层银膜,夜晚当它们上升到表层时,就呈现出"烂然有光"的景象。可见,在明代和明以前人们对带鱼的形态、生活习性的观察和认识,可以说是达到相当科学的水平了。

　　明代淡水养殖业已相当发达,因而屠本畯的《海错疏》中也包含一些有关淡水鱼类的生物学知识。例如,他生动地写道:"凡鳢一尾,入人家池塘,食小鱼殆尽,人每恶而逐之。"当时,人们对鳢鱼的食性已有认识。鳢在鱼类分类学上为乌鱼(*Ophicephalus argus*),分布广,它是很凶猛的肉食性鱼类,因此,人们在养鲻前必须清除池塘中的乌鱼。说明在明代,人们已初步掌握乌鱼的生活习性并在池塘养鱼中加以防范,也反映当时池塘养鱼业有很大的进步。又"草、鲢二鱼,俱来自江右,土人以仲春取子于江,曰鱼苗,畜于小池,稍长,入蒢塘,曰蒢蒢,可尺许,徙之广池，饲以草，九月乃取。”介绍了福建地区饲养草鱼和鲢鱼的方法，即是农历二月从鱼苗养起，先放入小池，稍长后移到“蓽塘”，到一尺左右再移到广池，饲以青草，九月起水。反映对草、鲢二鱼的生活习性有较深的了解，从而总结出较先进的饲养方法。

## 三

从《海错疏》中海产动物名称的排列顺序上，可以看出作者将性状相近的种类排列在一起。例如，把乌颊、黄尾、鲋、鳓、鲸、黄炙等排在一起，虾蟆、蟾蜍、大约、雨蛤（蛙）、石鳞、水鸡等排在一起，虾魁、虾姑、白虾、草虾、梅虾、芦虾等排在一起，等等。这些动物分别相当于现代动物分类学上的鱼类、两栖类和节肢动物。在大类中，屠本畯又将性状更接近的排在一起。例如，在鱼类中，把银鱼（尖头银鱼）、面条（白肌银鱼）、浆（短尾新银鱼）排在一起，现在知道它们都属于银鱼科。在两栖类中，把水鸡、青岬、黄岬等排在一起，现在知道它们都属于蛙科。在大类中又分了小类。如鱼类中的带、带柳排在一起，根据作者对这两种鱼的描述，带是带鱼（*Trichiurus haumela*），带柳即是小带鱼（*Trichiurus multicus*），带鱼和小带鱼在分类学上为同一属的鱼类。屠本畯把海产动物分成不同的大类，在大类中再分小类，这种排列方式在一定程度上揭示了动物的自然类群，反映了它们中间的亲缘关系。这种不同的大类和小类相当于现代动物分类学的科、属以及种的概念。而同时代的欧洲博物学家，对动物的名称记述是按拉丁字母顺序排列，或按药用的性质和用途分类，在他们的著作中看不到自然分类的概念①。由此可以认为，屠本畯在《海错疏》中采用的动物分类方法，在当时显然是比较先进的。

由于屠本畯在对海产动物的观察中取得了第一手资料，并加以分析研究，因而改正了前人著作中存在的一些错误。比如，屠本畯在他的《海味索隐》一书中，记载张九峻说：“鳇鱼一名鲵鱼（石首鱼），骨铗肉细，其味颇佳”。屠本畯写道：“鳇鱼、黄鱼各有一种，肉与味亦自不同，即如吾郡梅鱼比黄鱼极小，肉与味正相似，闽中呼为小黄鱼，其鳞色灿烂金星如大黄鱼也，然又各自一种，今铭合鳇黄为一种误矣。盖鲟鳇别是一种。”“黄鱼谓之石首者，脑中藏二白石子故名。”指出鳇鱼和黄鱼是两种不同的鱼类。……从现在鱼类学来看，鳇鱼体形与鲟相似，唯左右鳃膜相连，长达五米，背灰绿色，腹黄白色，属鲟科。黄鱼亦称大黄花，体侧扁延长，长约40至50厘米，金黄色，属石首鱼科。屠本畯能清楚地区别这两种鱼，改正了前人认识上的错误。又指出“苏长公（轼）以江瑶柱为蟹类皆信伪传”，“凡蟹之行，人皆称为郭索，而非别有一种”，石砝不是蛤而是蚶类等等。屠本畯这些纠谬正误的工作，为研究我国古代海洋动物及开发海洋资源提供了可贵的科学史料。

在植物学方面，屠本畯也有不少贡献。他的《野菜笺》是作者用文学小品撰写的，主要记载鄞县常见的野生植物22种，对植物形态、生活习性、用途的描述较翔实。例如：

百合“似莲有根如蒜”，指出了百合的形态。百合为多年生草本，地下有扁形或近圆形的鳞茎，鳞片肉质肥厚，夏季开花，有红黄、黄、白或淡红等色，我国各地都有分布。鳞茎供食用。

“雪里蕻，四明有菜名雪里甕，头昔蓄珍莫比雪深，诸菜冻欲死，此菜青青蕻尤美……不如且啖雪里蕻。”雪里蕻即雪里蕻（*Brassica juncea*），是介菜类中叶用介菜的一个变种，叶色绿。

① 如英人瓦敦（E. wotton，1492～1555）的《动物各论》（De differentiis animaalium）、庄士顿（J. Jonston，1549～1553）的《动物大观》（Theatrum vniversatis omnium animalium）等。

耐寒力较强。它在南方冬季能露地越冬,就是屠本畯观察到的"诸菜冻欲死,此菜青青濒尤美"的耐寒习性。

"香椿生无花,叶娇枝嫩成权芽……,其芽香椿香椿慎无华,儿童攀摘来点茶,嚼之竟曰香齿牙。"基本上反映了香椿的生长发育和用途。香椿(*Toona sinensis*)亦称椿树,为落叶桥木,夏季开白花。分布于我国南北各地。生长快,萌牙性强。嫩芽称椿芽(香椿),可作蔬菜。"香椿生无花,叶娇枝嫩成权芽"即是指椿树长生未到开花时期时萌发出的嫩芽。

"落花一落蓓蕾成,落花不落蕾不生,世人尽惜花欲落,我愿落花长落蕾长馨"。这里写出了落花生生长情况和蔓生的习性。

又"甬芋青青,田芋软,田家籍作凶年饭";"欠岁粒米无一收,下有蹲鸱(大芋头)馐不忧,大者如盎小如毡,地炉文火煨"。基本上反映了芋(*Colocasia esculenta*)的形态和用途。芋为地下肉质球茎,叶片绿色,喜高温湿润。目前我国南方栽培很多。屠本畯还对萱、薇、蕨、莞菱等野生植物的生物学特性和用途都作了记述。

# 四

屠本畯在科学上取得的巨大成就,笔者认为与他掌握的研究海洋动物的科学方法分不开的。如果人们对屠本畯读书、作学问的思想方法进行一些观察和分析,便不难发现,屠本畯之所以取得伟大的科学成就决不是偶然的。他重视调查研究,不以辑录古籍资料为主。在他以前,涉及海洋动物的典籍有从战国时开始汇集,到西汉成书的《尔雅》,魏张揖的《广雅》,晋陆机的《毛诗草木鸟兽虫鱼疏》[①]等。《尔雅》对《诗经》中的动植物名称作了解释,但解释的方法是以一物的今名解释《诗》中的古名,如读者不识今名为何物,仍不识《诗》中的古名,《广雅》沿袭了《尔雅》用名词解释名词的方法。到陆机的《毛诗草木鸟兽虫鱼疏》时,虽能联系实际,对动植物名称、生态、用途等进行了说明,但不如屠本畯《海错疏》记载的海产动物详实、丰富。屠本畯的《海错疏》是在福建一带,对海产动物的形态、生活习性及产地进行实地调查的基础上写成的,集中反映动物本身的特性。其写作方向、方法和态度,基本符合现代科学精神。从观察、调查取得直接的实物资料后,他很重视前人的经验。《海错疏》中汇集了历史文献中前人记载的有关海产动物学知识。科学是有继承性的,任何一个科学家,总是要在批判继承前人科学遗产基础上才能有所发展。屠本畯对这一点是有所认识的。他在吸取前人科学知识时是审慎的。《闽志》中说"鲳鱼肉理细嫩而甘,马鲛肉稍涩,气腥而不及鲳"。屠本畯认为"此说非也,盖鲳细口扁身而圆","马鲛锐口圆身而长"。他虽然也引用来自传闻的材料,但所占分量很少。

屠本畯在400多年前写出《闽中海错疏》这样一部杰出的海洋学专著,作出了科学上的贡献,与他的科学态度和所运用当时最先进的科学方法分不开的,屠本畯作为一个海洋学家,在科学史上应占有重要地位。

（刘昌芝）

---

① 夏纬英,毛诗草木鸟兽虫鱼疏的作者——陆机,自然科学史研究,1982,1(2)。

# 茅 元 仪

我国古代是世界上军事技术最发达的国家,它所取得的巨大成就,都被茅元仪集中记载于他所编纂的《武备志》中,后世学者无不称道他对此所作出的巨大贡献。

## 一 文武兼备的一生

茅元仪(1594～约1644),字止生,号石民,别署"东海波臣"、"梦阁主人"、"半石址山公"等名号,归安(今浙江吴兴)人,是明末杰出的军事学家和诗人。他出生于一个世代书香的家庭,祖父茅坤是有名的文学家与藏书家,父亲茅国晋是万历十一年(1583)进士,官至工部郎中。由于家庭的熏陶,茅元仪自幼勤奋好学,博览群书,尤"喜读兵农之道。"① 祖父藏书的丰富与父亲工部郎中的任职,使他在10余岁时就有可能多方搜集兵家著作,接触当时的兵器装备,了解军事技术的发展情况。

14岁时,茅元仪不幸丧父,家道从此中落,他个人屡试不第的挫折,以及明末政治腐败,国运日衰的状况,促使他研究军事,朝夕揣摩历代兵家治军之道、用兵方略,研究北部边防,对九边②阨塞要害之地尤为关注,了如指掌。万历四十四年(1616),努尔哈赤建立后金政权,常兴兵犯边。其时,明朝边备松弛,安全受到严重威胁。面对险恶的政治、军事形势,他立志报国,奋起著书立说,为振兴明朝的武备、改善军队装备和边防设施、抵御后金军的侵扰而尽心尽力。为了适应形势的迫切需要,茅元仪于天启元年(1621)刊印了由他编纂的古代军事学巨著《武备志》。

《武备志》问世以后,年轻的茅元仪一时名闻遐迩,蜚声军界,很快以"知兵"之名被任为赞画。天启二年,明廷擢用孙承宗为兵部尚书、东阁大学士,取代辽东经略王在晋督师辽东,抵御后金军的南下。茅元仪适逢其时,在孙承宗麾下任职,受到重用,并随从孙承宗赴辽东抗敌。天启三年,茅元仪赴榆关(即山海关)前线考察地形、侦察敌情。之后,又与鹿继善、袁崇焕等一起,参与修缮城堡、训练官兵、到江南筹集舟师战舰、筹划建立辽东水军等军务,并协助孙承宗作战。在孙承宗领导下,明军在辽东复9城45堡,前进400余里,茅元仪也因功荐为翰林院待诏。不久,因魏忠贤浊乱朝政,孙承宗遭诬陷,于天启五年十月去职,茅元仪也受斥削籍,于天启六年称疾南归。

天启七年,信王朱由俭即皇帝位,是为明思宗。十一月,罢魏忠贤,魏忠贤畏罪自缢死。茅元仪以此为契机,赴京向新帝进呈《武备志》,"且上言东西夷情,闽粤疆事及兵食富强大计,先帝命待诏翰林。"③ 但是又被权臣王在晋、张瑞图所中伤,反以"傲上"罪名被放逐定兴(今属河北)江村,缄口思过。

崇祯二年(1629)冬,后金皇太极率领骑兵号10余万众,从龙井关、洪山口、大安口三路突

---

① 《石民四十集》卷六十九。

② 九边:明朝北方9个军事重镇的合称。它们是:辽东、宣府、大同、延绥(榆林)、宁夏、甘肃、蓟州、太原、固原。

③ 钱谦益,《列朝诗集小传·茅待诏元仪传》。

入关内,攻占遵化(今属河北),直逼京师(今北京)。孙承宗于危难之际官复原职,再度奉命督师。茅元仪也随之被起用,他与 24 骑护卫孙承宗,冲出东便门,突围至通州,击退后金军的进攻,解除了京师的威胁,后因战功升任副总兵署大将军印,督治舟师,戍守觉华岛(今辽宁兴城南菊花岛)。

崇祯三年,茅元仪因受权臣梁廷栋所忌,被罢职出家于福堂寺(此寺似在河北江村)。次年,又因受辽东兵哗之累,以"贪横激变"的罪名充军福建漳浦。在福建充军期间,茅元仪曾因辽东军情紧急而请求募死士勤王,终因权臣阻挠而不能遂其志,最后扰愤交集,郁郁而亡。

茅元仪幼而好学,长而熔铸巨篇,后又戎马疆场,杀敌报国,堪称文武兼备,明清之际的学者方以智诗赞茅元仪说:"年少西吴出,名成北阙闻,下帷称学者,上马即将军。"① 他的著作有诗文各集 60 余种,数百万言②,但对后世影响最为深远的则是《武备志》。

## 二 倾心编纂兵学巨著《武备志》

对于编纂兵学巨著的目的,茅元仪在《武备志·自序》中作了明确的叙述,他认为:国家"有文事必有武备",但因国家"承本者二百五十载,士大夫无所寄其精神",皆"舍起所当业","故朝野之间,莫或知兵",以致"东胡一日起,士大夫相顾惊骇",因而作此《武备志》,以为国家"时之所需"。由于他目的明确,所以尽其心力而为之,从十几岁就开始广泛搜集资料,进行编写。据宋献在为《武备志》所作的序中称:"其所采之书二千余种,……破先人之藏书垂万卷,……其为日凡十五年,而毕志一虑,则始于万历己未(1619),竟于天启辛酉(1621)。"书成之后,取名为《武备志》。全书共 240 卷,计 200 余万字,附图 738 幅,成为我国古代容量最大的军事百科性兵书,堪称呕心沥血之作。是书刊印后 20 余年,明王朝便告灭亡,由于政治的、民族的原因,在清初遭禁。然而就在《武备志》横遭清王朝焚禁的同时,它却于康熙三年(日本宽文四年,1664),在日本却有须原屋茂兵卫等刻本流传,对日本的兵学产生了重要影响。在中国,迟至清道光年间(1821~1850),才有活字排印本问世,以为当时人们抵抗外国入侵者之需。然而此时的清王朝已气息奄奄,日薄西山,《武备志》也难以使它起死回生了。

《武备志》的内容共分五门:有《兵诀评》18 卷、《战略考》33 卷、《阵练制》41 卷、《军资乘》55 卷、《占度载》93 卷,包容了我国古代军事理论与军事技术两个方面的全部学科,成为综合性最强的兵书。由于它所含军事理论丰富,占了上述五门中的大部分,因而成为军事理论家和统兵将领们的必备之书;又由于它集中地记载了我国古代军事技术成就的全部内容,因而成为军事技术家们的不释之卷。

就军事技术的编纂方法而言,茅元仪在全面承袭《武经总要》军事技术编写体例的基础上,把学科门类和内容的广度、深度大加扩展,不但转录了《武经总要》所载宋代以前的军事技术内容,而且也大量增加了宋元明三代在军事技术上的新创造,从而把我国古代军事技术的主要成就,汇集记载于一书之中,实属难能可贵。

茅元仪在《武备志》中记载了 600 多条军事技术资料,按四个层次(相当于现在的门、类、科、目),分列于《军资乘》的战、攻、守、水、火等五类中。其中单兵使用的刀、枪、剑、戟、弓、矢等

---

① 方以智,《流寓草》卷七《酬茅将军》。
② 见任道斌《方以智、茅元仪著述知见录》(书目文献出版社,1985 年)。

各种冷兵器,都记载于"战"类内容的"器械"科之中;攻守城战中使用的兵器、器械、障碍器材等,分别记载于"攻"类内容的"器具图说"和"守"类内容的"器式"两科之中;水战中使用的战船、水平、济水等器材,记载于"水"类内容的"战船"、"水平"、"济水"等科之中;各种火器的制造、使用与形制构造,则分别记载于"火"类内的"制火器法"、"用火器法"、"火器图说"等科之中。

茅元仪在《武备志》中记载的 600 多条军事技术资料,具有搜集广泛、精选得当、分类科学、编排合理、条理清晰、文图并茂等特点,从而受到了人们的称赞。

茅元仪在《武备志》中所记载的 600 多条军事技术资料,关于火器的资料有 180 多条,并集中编为 16 卷,占全书总卷数的 6.7%,都被列入"火"类内容中,是我国古代刊载火器资料最多的兵书。如果说在关于冷兵器和各种装备的 420 多条资料中,有相当一部分是转录自《武经总要》等前人著作中所搜集的资料,那么在关于火器的 180 多条资料中,除了宋初创制的 3 个火药配方、8 种火球、2 种火箭资料外,其余都是经茅元仪搜集、精选的,成为我国自宋初以来,尤其是明代在火器制造与使用方面所获成就的光辉记录。不仅如此,从茅元仪对这些资料的精选、编排,以及所作的介绍、论述中,充分反映了他对我国古代火药学、火器学(包括制造学、射击学、爆炸学、火箭理论)研究的深入,既吸收整理了前人和西方的成果,又有自己的独特创造,可以说是我国古代火药学与火器诸学科发展到成熟阶段的标志,理当引起我们的重视和进行深入的研究。

# 三 深入研究我国古代的火药学

我国古代火药,虽然在北宋初已制成火器用于战争,但是关于火药的基本理论,则是在明代后期才开始出现和形成的。初由郑若曾和戚继光发其端,他们首先在《筹海图编》、《纪效新书》、《练兵实纪》等论兵著作中,提出了火药配制技术的最初理论,虽不完整,但有首创之功;继由何汝宾和赵士桢探其源,他们在《兵录》、《神器谱》中,对火药的配方、火药的原料提炼和选取、火药的配制技术和理论,作了进一步的探讨,推动了人们对我国古代火药学的研究;最后则由茅元仪集其成,他在《武备志》中,综合前人的研究成果,加上当时的新鲜内容,进行分析阐发,使之更加系统化,成为我国古代火药学的理论结晶。这一理论结晶,大致包括下列三个方面。

## 1. 火药配方

在《武备志》卷一百十九、卷一百二十中,刊载了两类火药配方:其一是枪炮用的发射火药配方,其二是其他火器所用的火药配方,如爆炸药、喷火药、毒杀药(用致毒剂杀伤敌人的火药)、发烟剂等配方。

第一类火药配方有下表所列的 3 个:

表中所用的两是 16 进制的两,即 1 斤=16 两,组配比率是指硝、硫、炭的含量在所配火药中所占的百分比。这 3 个火药配方同《武经总要》所刊载的 3 个火药配方相比,除火药线配方外,枪炮用的 2 个火药配方,只含有硝、硫、炭三种原料,其他各种慢燃烧物质已完全剔除,而且含硝量较高,是燃速较快、发射力较大的火药配方,与欧洲同时期使用的发射火药配方相近。这种相近反映了当时东西方火药配方互相交流以及茅元仪善于吸收西方先进成就的概况。

| 原料<br>配方类别　含量 | 硝 | | 硫 | | 炭 | |
|---|---|---|---|---|---|---|
| | 重量(两) | 组配比率(%) | 重量(两) | 组配比率(%) | 重量(两) | 组配比率(%) |
| 炮用火药 | 80 | 71.44 | 16 | 14.28 | 16 | 14.28 |
| 鸟铳用火药 | 1 | 75.75 | 0.14 | 10.6 | 0.18 | 13.65 |
| 火线用火药 | 16 | 63.5 | 3.6 | 14.3 | 5.6 | 22.2 |

第二类火药配方有 40 多个。它们是以硝、硫、炭三种原料为基础,或以三者不同的组配比率,或用硫和炭的同种异性原料,或加入其他成分配组而成的。

在列举用硝、硫、炭不同组配比率配制火药时,茅元仪说:"黄居硝三十分之一,灰(即木炭粉)居硝五分之一,为下料,为行火药、火箭流星、地老鼠及药线用之;……黄居硝三分之一或四分之一,为上料,凡纸筒、纸毬、梨花竹筒、瓦罐敞口之物、火箭头上及铁炮欲炸者用之;黄居硝二分之一,水火球、烟球用之。"这说明茅元仪对用硝、硫、炭不同组配比率所配火药的不同用途,在当时已有较深入的研究。

所谓利用同种异性原料,主要是指利用各种不同火力的植物炭粉,作为配制不同火药的原料。如"杉灰为紧药,轻煤为慢药",即用这两种炭粉配制成燃速慢而火力足的火药;"柳枝灰、茄稭灰最轻而易引火",即用这两种炭粉能配制成容易引燃的火药;用葫芦灰能配制成燃烧猛烈的火药;用箬叶灰能配制成爆烈的火药。

对于在硝、硫、炭中加入其他原料而配制成不同火药的例子更多。如加入铁子、磁锋、碅砂、银锈,可制成使人肌肉腐烂的"烂火药";加入江豚骨、江豚油、狼粪、艾蒳,可制成在逆风中燃烧敌营的"逆风火药";加入草乌、狼毒、烂骨草、巴霜、银锈,可制成使人昏迷的"毒火药";加入桐油、松香、豆黄,可制成烧夷敌人粮草、营寨的"飞火药"(即强烧剂);在分别加入青黛、铅粉、紫粉、木煤后,可制成发出青烟、白烟、紫烟、黑烟等报警用的火药。

上述各种火药配方,是我国宋、元、明三代的火药研制者,在对火药学、本草学、动物学、金石学长期研究的基础上,利用硝、硫、炭、各种植物和动物体、矿物、油料的特性,经过反复试验后确定的,是我国古代所特有的火药配方,若非对火药学有深入研究的茅元仪,是不可能将它们系统地搜集在一起的。

### 2. 火药配制技术

火药配制技术包括原料的选炼与火药的配制工艺两个方面。

对配制火药所用原料硝、硫、炭的提炼与选取方法,茅元仪在《武备志·制火器法一》中,都有详细的介绍。

提炼硝石大致分四个步骤:其一是用溴水溶解天然硝石,沉淀其中的杂质、泥沙;其二是将硝溶液按适当分量放入锅中反复煮沸,并按硝溶液的 1% 加入小灰水,即氢氧化钙 $Ca(OH)_2$ 的水溶液,经过化学反应,除去硝溶液中的盐类成分;其三是将经过上述物理和化学处理后的硝溶液倒入瓷瓮内,放在阴凉处沉淀一二日;其四是倒去瓷瓮上面的杂液,削去瓮底的沉淀,取出中间纯净的硝。经过上述处理后,大约每 100 斤天然硝石,只能提炼出 30 斤呈白色结晶的精硝。书中要求提炼硝石一般在二三月或八九月为宜,炎夏与寒冬都不适当。如需急用,则夏天应在井下,冬天应在暖处进行提炼。

提炼硫黄一般分两步进行:其一是将硫黄捣碎,拣去沙土;其二是将硫黄放入锅中煮沸,尔后将其倒入瓷瓮内沉淀一日,除去杂质,选用呈柠檬色的块状结晶硫黄。

制炭材料一般选用去皮去节的柳条。用去皮去节的柳炭粉制成火药,在燃烧时将会因去皮而无烟、因去节而无树脂,因而燃速快,各向同性性好,瞬时迸发力强。

茅元仪对火药配制工艺的叙述,大致也可概括为四个步骤:其一是将已经精选过的硝、硫、炭,按配方的要求,秤准分量,配好比例,分别放入石臼或木槽中反复捣碾,使之成为细末,为三者的充分均匀拌和作好准备;其二是将三种粉末按规定比例混合放入木臼中,加入适量的纯水或烧酒,把它们的混合物拌和成湿泥状,再用木杵捣上成千上万次,使混合物充分匀和细腻,待捣至半干时取出日晒;其三是对成品进行质量检查,其法是将少量火药成品放“入手心,燃之不觉热”,表示成品燃速快,火力猛,可算合格成品;如果放在纸上燃烧后留有黑心白点,或在手上燃烧时感到灼热,说明成品燃速慢,火力弱,不合格,须放入臼中再捣拌,直至合格为止;其四是筛选合格的药粒,其法是将检验过的制品破成碎粒,用粗细不同的罗筛筛选,选取黄米粒或绿豆粒般大的颗粒,以备贮存待用。

### 3. 火药配制理论

茅元仪在《武备志》中关于火药配制理论的阐述,可以说是综合各家而自成体系的。

首先是以君臣佐使的关系作比喻,论述硝、硫、炭三者在火药中的地位和作用。他认为,在火药三原料中,硝起主导作用,因而称其为君;硫黄之性活泼,是火药能爆炸的因素,称其为臣;木炭在火药中起助燃作用,称其为佐使。如他在《武备志·火药赋》中说:“硝则为君而硫则臣,本相须以有为,……亦并行而不悖,唯灰为之佐使。……臣轻君重,药品斯匀。”用这种喻理方法,在一定程度上揭示了火药诸成分之间的内在关系,既阐明了它们在火药中各自所起的主次作用不同,又说明它们之间必须混合在一起,组配得当,在点燃后才能发挥作用,得火攻之妙。

其次是对硝、硫、炭的火攻特性,作了形象而概括的论述。如《火药赋》中说:“硝性竖而硫性横,……烈火之剂,一君二臣,灰、硫同在臣位,灰则武而硫则文。剽疾则武收殊绩,猛炸则文策奇勋。虽文武之二途,同轮力于主君。……硝材真正,君明则宜;硝非其材,主暗取讥;……灰硝少,文(硫)虽速而发火不猛;硝黄缺,武(炭)纵燃而力慢;弃武用文,势既偏而力弱;……弃文用武,事虽济而力穷”。文中所说的“硝性竖”的现象,是说硝为火药能射远直击的关键;“硫性横”的现象,是说硫黄为火药能炸裂爆击的原因;炭是使火药在点燃后能迅速燃烧的因素。正因为对三者的作用有了比较深入的研究,所以对三者不符合火药组配要求的弊病,茅元仪也在文中逐一加以剖析。他认为:硝材提炼纯洁,则火药精良;硝材不纯,则火药不佳;若火药中硝、炭含量过少而硫偏多,则火药虽能速爆,但发火不猛;若硝硫含量过少而炭偏多,则火药虽能燃烧,但燃速慢而火力弱;火药中如果缺硫或缺炭,那么它就会因为威力微弱而不成为火药了。茅元仪的上述论述,是在当时条件下对火药燃烧、爆炸现象的探索和实践经验的总结,已在一定程度上揭示了火药发射、爆炸和燃烧等性能的本质。从发展的角度说,他在这方面论述,比何汝宾与赵士桢又前进了一大步。

茅元仪对中国古代火药配制理论的论述,虽然还是以中国古代君臣佐使说作为解释自然现象的基础,因而不免有某些牵强附会之处。但是他对火药成分的定性和定量分析的主导方面,已经敲近代火药化学的大门了。如在《武备志》刊印后的 200 多年,英国人于 1825 年提出了一个最佳的火药化学反应方程式:$2KNO_3 + 3C + S \rightarrow K_2S + N_2\uparrow + 3CO_2\uparrow$

按照这个化学反应方程式,在理论上硝、硫、炭以 74.84%、11.84%、13.32% 的组配比率为最佳。即在等量火药的情况下,用这种组配比率配制的火药,生成的二氧化碳和氮的气体最多,放出的热量最大,上升的温度最高,杀伤的威力最大。如果降低硝、炭而增加硫的含量,那么火药力和燃烧速度就会减小,也就是茅元仪所说的"发火不猛";如果降低硝、硫而增加炭的含量,那么火药的威力就会降低,也就是茅元仪所说的火药"力慢"。由此可见,茅元仪对硝、硫、炭在火药中作用的分析,在理论原则上已与近代火药化学理论相接近了。

# 四　全面搜集我国古代的各种火器资料

茅元仪费时多年全力搜集的各种火器资料,集中刊载于《武备志》的卷一百二十二至卷一百三十四中,分列于《火器图说》的 13 卷内,既有内容丰富的文字记载,又有生动形象的图绘,成为我国古代火器发展的历史画卷。如果按用途和使用方式加以区分,它们可以大而别之为金属管形射击火器、火箭、爆炸性火器等。

## 1. 金属管形射击火器

这类火器有明代前期的各种大小火铳。其中有单兵使用的单管单发火铳,如单眼铳、击贼砭铳、独眼神铳等,铳身由前膛、药室和尾銎三部分构成,尾部安有手柄,便于发射者操持。使用时,先从铳口向药室中装满火药,从火门中通出火线,再向膛内装填弹丸。发射时,由射手点燃火线,引燃药室内火药,将弹丸射出,击杀敌军人马。为了提高射速,明代前期还制造了单管多发铳和双管、三管、四管、七管、十管、三十六管等多管铳。多管铳的单管构造大抵与单兵手铳相似。较大的火铳有八面旋风吐雾轰雷炮、飞云霹雳炮、轰天霹雳猛火炮、毒雾神烟炮等。它们都安于架上发射,在构造上与单兵手铳相似,也是由前膛、药室和尾銎构成,但是口径较大、身管较粗,主要用于摧毁敌军防御设施和水军战船。单兵手铳、三眼铳、较大的碗口铳等,在近几十年中都有许多出土实物,它们可作为茅元仪所收资料的印证。

到了嘉靖时期,随着葡萄牙人的东来,佛郎机炮与单兵火绳枪(即明人所说的鸟铳)便相继传入我国。它们同大小火铳相比,具有身管长、装填方便、射速快、射程远、安有瞄准装具、命中率高、威力大等优点,所以明廷军工部门即以它们为样品,仿制和改制成明军使用的单兵鸟铳(亦称鸟咀铳、鸟枪),以及大小各型佛郎机炮,再加上自制的各种枪炮,从而使明军装备的金属管形射击火器,被明显地区分为枪炮两大类。

茅元仪在《武备志》中,除搜集了单兵火绳枪鸟铳与赵士桢创制的噜密铳外,还记载了为提高射速而创制的五管枪五雷神机,以及三管枪三捷神机。

在新型火炮方面,茅元仪把当时明军装备使用的火炮资料几乎搜集无遗。其中有五种规格的佛郎机、大型火炮铜发熕、戚继光在东南沿海抗倭时创制的虎蹲炮、各种车载火炮等。

从明王朝建立(1368)到《武备志》的问世(1621),其经历了 250 多年,其间明军装备的金属管形射击火器,大约在嘉靖(1522～1566)以前以大小火铳为主;自嘉靖时期开始,虽然火铳仍在使用,但其重点已逐渐转移至火绳枪与佛郎机炮为主的各型枪炮。车载炮的大量使用,则是明军装备的大飞跃。对于明军装备的金属管型射击火器发展变化的状况,其他兵书虽然也有一定的记载,但是都不如《武备志》全面完整,而且又都被茅元仪吸收在《武备志》中,从而使《武备志》成为明军的装备从火铳发展到火绳枪炮的历史记实。

## 2. 火箭

我国古代在火箭技术上所取得巨大的成就,全部记录在茅元仪所编纂的《武备志》卷一百二十六、卷一百二十七中。它们有北宋初创制的弓射火药箭、明初的铳射(筒射)火箭,如单飞神火箭等。到了嘉靖时期,戚继光在《练兵实纪杂集》中,最早记载了利用火药燃气反作用力推进的火箭:飞刀箭、飞枪箭、飞剑箭,它们用长6尺、粗5～6分的荆木或实竹杆制成箭杆,杆端安箭头,箭头后部缚附长8寸、粗1.2寸的火药筒,尾部有羽翎和铁锤,以保持箭身在飞行中的平衡。发射时,用几支有支枒之物或叉形冷兵器为架,安在船舷上,用手托住箭尾,对准敌船,点火射箭,能远至300步。

"溜子"发射式火箭,是赵士桢创制的一种火箭,它将火箭安放于形似短枪而刻有滑槽的"溜子"中,尔后点火发射,使火箭向预定目标飞行,因而提高了命中率。

茅元仪的突出贡献,还在于他搜集了明代后期使用的有翼火箭、各种单级多发火箭、二级火箭、二级返回式火箭。

有翼火箭的制品有飞空击贼震天雷和神火飞鸦两种。飞空击贼震天雷以球形篾竹笼为箭身,直径3.5寸,两侧安翼,以维持飞行平衡。球内装填爆药与几支涂有虎药的棱角,中间安置一个长2寸的纸筒,内装发射火药,有药线同球内爆药相连,外表用十几层纸糊固。攻城时,士兵顺风点火,火箭飞向城中,当装填在筒中的发射火药燃尽时,便引燃震天雷中的爆药,产生强烈爆炸,顿时烟飞雾障,棱角扎人,杀伤守城士兵。神火飞鸦是用竹篾或细苇编成鸦身形火箭,内装火药,外用棉纸封固,前后安上鸦形头尾,两侧插翼,如鸦飞空姿势。鸦身下斜安4支起飞火箭,鸦背上钻孔并安4根火药线,各长尺许,并分别与4支起飞火箭的药线相连。发射时,先点燃4支起飞火箭,推送鸦身飞行百余丈远,到达目标时,起飞火箭的药线引燃鸦身内的火药线,使火药爆发,引起目的物燃烧。有翼火箭不仅可以改善飞行中的稳定性,而且使火箭具有一定的滑行能力,可以借助风力而增加飞行的高度和距离。

单级多发火箭是将多支火药箭分格集装于一个特制的箭筒中,并把每支火箭所附火药筒中的火线集束一处。使用时,先由士兵点燃火线,各箭遂被火药燃气的反作用力推进,飞向目标。多发火箭增大了射出箭镞的密度,提高了烧夷面积和杀伤效率。这类火箭的制品甚多,从2支(二虎追羊箭)到100支(百虎齐奔箭)不等。

二级火箭有两种类型:一是运载火箭加战斗火箭,如火龙出水;二是返回式火箭,如飞空沙筒。

火龙出水用5尺长的好毛竹制成龙腹式箭筒,头尾各安上木雕龙头龙尾,龙口稍张,利于喷射龙腹内的火箭。龙头、龙尾下部两侧各安半斤重的起飞小火箭1支,箭镞后部附火药筒1个,箭尾有平衡翎。装配时先将4支起飞火箭的药线并联一起,尔后再同龙腹内战斗火箭的药线串联。这种火箭多用于水战,作战时,在离水面3～4尺高处,点燃4支起飞火箭的药线,推进火龙出水飞行,行程可达2～3里。当4支起飞火箭的火药燃尽时,恰好点着龙腹内并联各火箭的药线,各火箭借推力脱口而出,飞向目标,焚烧敌军船具和人马。

飞空沙筒用竹作箭身,连火药筒共长7尺,筒径1.5寸。两个供起飞和返回用的火药筒,颠倒缚附于箭身前端的左右两则:起飞用的火药筒喷口向后,其上面连1个长7寸、直径7分的喷沙火药筒,内装燃烧药和特制的毒沙,筒顶安几根薄倒须枪;返回用的火药筒喷口向前。3个火药筒依次用药线连接好后,使用"竹溜子"进行发射。作战时,先点燃起飞火药筒的药线,对准敌船发射,使箭头刺在敌船篷帆上。此时,起飞火药筒的药线引燃喷沙筒的药线,点燃筒中火药,喷射火焰和毒沙,燃烧敌船的船具。当敌人救火时,毒沙迷人,无法救灭。在喷沙火药筒喷射火焰和毒沙时,通过药线,把筒口向前的火药筒点燃,产生燃气反作用力,把飞空沙筒反向推进,使火箭返回。

我们的祖先,为了在作战中能杀伤和摧毁远距离敌军的船具和人马,在射远的火箭上作出了许多创造,他们在推进火箭动力的利用上,经历了人力拉弓、机械弩发射、以火药燃气反作用力推进等三个发展阶段;在对火箭作战功能的利用上,从单一的利用燃烧、杀伤或运载的功能,发展为利用运载、战斗和返回三者合一的功能。所有这些,都对近代火箭的创制,具有历史的先导和一定的启发作用。茅元仪搜集这些资料的历史功绩是不可磨灭的。

### 3. 爆炸性火器

爆炸性火器由北宋初的纸壳火球发展演变而来,其初期的制品是南宋创制的铁火炮(亦可说是铁壳火球),自南宋绍定五年(1232)金军守开封时大量使用铁壳爆炸弹震天雷后,爆炸性火器便得到迅速的发展,并作为陆上炸弹、地下地雷、水中水雷而广泛用于水陆各种样式的作战中。其壳体分别由石、木、铁、陶瓷、泥等材料制成,其点火引爆方式有火绳点火,以及触发、拨发、拉发、定时、钢轮发火① 等方式。爆炸性火器是枪炮以外的大威力杀伤和摧毁性火器,是我国古代火器研制者的又一重大发明创造。茅元仪在《武备志》中对它们的记载也备极其详。其代表性制品有炸弹类的石炮、威远石炮、击贼神机石榴炮等;有地雷类火器炸炮、伏地冲天雷、无敌地雷炮等;有水雷类火器水底龙王炮、既济雷等。在这些爆炸性火器中,以钢轮发火与定时引爆装置,具有构思巧妙,设计新颖,富于创造性的特点。

炸炮是采用钢轮发火装置引爆的一种踏发式地雷,雷壳用生铁铸造,内装火药,中插一个火筒,从筒内向外通出一根火线,接入钢轮发火装置的"火槽"中。临战前,选定敌必经之道或己方阵前敌人易近的地区,将几个炸炮串联起来,并把药线接入钢轮发火的"火槽"中,挖坑埋设,用土掩盖。当敌人踏动钢轮发火装置时,钢轮摩击燧石,点燃药线,引爆地雷。坛式万弹地雷炮和自犯炮,都是采用钢轮发火自动引爆的地雷。

水底龙王炮是采用信香定时引爆的一种球形水雷。雷壳用熟铁制造,重4～6斤,内装火药5—10升,雷口插一支信香,壳外包一层用牛脬制的浮囊,以防渗水。浮囊顶端连结一条经过加工的羊肠,作为通气管,通到水面,连结到由鹅雁翎制作的浮筏上,使香火不致息灭。水雷固着于木排上,用石块将其坠入水中,使之悬浮于水中某一深度。使用前,须根据水流流速及距敌船的远近,以确定使用信香的长短,一般是在夜晚将水雷的信香点燃,装入囊内,悬浮水中,顺流漂放,待接近敌船时,香烬药燃,水雷自动爆炸,沉毁敌船。这种水雷,不仅对雷身制作要求很高,而且要选用优质的慢燃烧火香,设计了巧妙的通气管,考虑了流速,这些都反映了明代火器研制家的聪明才智。

除了上述火铳、枪炮、火箭、炸弹、地雷、水雷等主要火器外,茅元仪在《武备志》中,还汇集了火球、喷筒等具有燃烧、毒杀和烟幕遮障等作战功能的火器。它们同枪炮等火器配合使用,从而能使各种火器在作战中发挥综合的杀伤和摧毁作用。

---

① 钢轮发火:一种利用机械装置转动钢轮,摩击燧石,溅出火星,引燃火药的引爆装置。最初由戚继光于万历八年(1580)试制成功。

## 五 讲究使用火器的战术

茅元仪所编《武备志》的学术价值,不仅在于他收集了万历年以前明军装备的火器,而且也在于他论述了各种火器的作战功能和使用方法。这些论述不仅融汇于火器资料之中,而且还在《用火器法》中,专门论述了使用火器必须因时、因地、因器、因敌、因战而异的原则。

所谓因时而异,就是要求统兵的将领懂得风候气象知识,能按"月行之度"测算风云的起灭和变幻。如果对火器能"知风之时而善用之",就能"万战而万胜"。如在野战、攻守城战、水战中使用火球、火箭、喷筒等燃烧、喷毒、发烟的火器时,就要使自己的部队处于上风,使这些火器都能"以风为势,风猛则火烈,火炽则风生,风火相搏",达到以火攻取胜的目的。

所谓因地而异,就是要根据战场的地形和部队的所处之地,选择适用的火器。如果在"旷野平川",就用射远的枪炮、火箭射敌,以挫敌之凶锋;如敌在丛林隘道中,就用燃烧性火器攻敌;如在守城或已占据制高点时,就以重炮居高临下猛轰来攻之敌;如欲攻城或夺取敌之制高点时,则用枪炮射击,用喷筒喷焰灼敌。

所谓因器而异,就是要根据火器的形制构造和作战功能的不同,使用于不同的作战中。如战器(即单兵火器)轻便,便于装备士兵进行机动作战;攻器利于机巧,便于攻城;守器利于远击齐飞,可用于守城;埋器(即地雷)利于爆击,因其易碎而火烈烟猛,可击杀来犯之敌;陆器(即陆战兵器)要长短相间,搭配使用。

所谓因战而异,就是使用火器的部队,要根据作战的目的,采用适当的作战样式攻敌。如欲夺取已安营扎寨之敌的粮食辎重时,就用夜袭方式击敌;如在水战中敌军水师已布阵水上,则命令水师船队,先在远处发重型火炮轰敌;稍近则以单兵枪射敌;当接近敌船、敌阵已乱时,便发火箭焚烧敌船篷帆;最后则跃过敌船,以接舷战歼敌。

所谓因敌而异,就是根据不同的敌人采用不同的作战方式,用火器将其歼灭。如果同装备火器之敌突然遭遇,在不及列阵的情况下,先用火炮轰敌,尔后乘乱歼敌;如果敌人以密集坚实之众前来攻城,则用守城炮击杀其坚实之众,使城围自解;如果敌军的城防有薄弱之处,便用火炮轰开缺口,为夺取全城创造条件。

茅元仪还对火器部队的作战布阵和驻营原则,作了许多论述。他认为,如果一个3000人的大营在布阵时,首先要在大营阵前120步(每步约5尺)远处,布列大小威远炮,轰击敌军;其次要在营阵四周百步之内布设地雷等障碍器材,防止敌军前来冲阵;如果敌军敢于前来冲阵,则用各种火器射击敌军;如欲进攻敌军,则采用装备各种火器的特殊战车,如火龙卷地飞车、冲虏藏轮车、火柜攻敌车、屏风车、万全车、破敌火风鼎等冲击敌阵,使敌溃不成军;如果敌军散而复聚,则再次发动冲击,并用各种火器射敌,直至最后全歼敌军为止。

就收集资料和论述兵器装备的制造、使用之法而言,茅元仪所编纂的《武备志》同以前各种兵书相比,克服了"得此失彼,患在不全"的局限性,显示了"收辑百家,……然后分类而图以式之,说以辩之"的时代特点,从而使它成为我国古代收集资料最丰富,分门别类最细密,包容军事技术最全面的一部珍贵兵书。茅元仪也因此书的影响深远而名垂后世。

### 参 考 文 献

茅元仪(明)撰. 1994. 武备志. 据明天启元年刻本影印. 见:中国科学技术典籍通汇 技术卷五. 郑州:河南教育出版社

潘吉星.1992.茅元仪.见:中国古代科学家传记.北京:科学出版社

钱谦益(明)撰.1983.列朝诗集小传:丁集茅待诏元仪.上海:上海古籍出版社

王兆春.1991.中国火器史:第五章　传统火器的创新.北京:军事科学出版社

许保林.1990.中国兵书通览:第十三章　武备志.北京:解放军出版社

（王兆春）

# 吴 又 可

　　明代中末期以后,中医学方面的成就,主要集中表现在温病学说及其学派的奠基、发展和形成。吴又可就是温病学说的主要奠基人之一。

## 一　生　活　时　代

　　吴又可,名有性,震泽,(今江苏吴县)洞庭东山人,大约生活在 16 世纪 80 年代至 17 世纪 60 年代的明末清初。

　　吴又可生活的时代是一个社会动乱时期,阶级矛盾激化,农民革命战争不断发生。由于人民生活贫困,疫病也不断流行起来。仅从永乐六年(1408)到崇祯十六年(1643)这 200 多年之间,就曾经发生 19 次大瘟疫,其中吴氏亲身经历了 1641 年的大瘟疫流行,情状甚惨。吴氏提及"一巷百余家,无一家仅免;一门数十口,无一口仅存者"①。这种残酷的现实对医学提出了新的课题和较高的要求。

　　当时,医学界对付这种传染性疫病的措施,一般都囿于《伤寒论》的范围内,用张仲景的六经辨证来治疗。这些方法,对于流行性的传染病是无能为力的。尤其是对于烈性急性传染病的流行,大多无法奏效,致使病人坐以待毙。早在公元 4 世纪初,东晋著名医学家葛洪就已经认识到伤寒、时行、温病是几类不同的病症,指出温病是"疠气兼挟鬼毒相注",首次提出"疠气"是温病病源的新概念,并且认为,如果用《伤寒论》提出的麻黄、葛根、桂枝、柴胡、青龙、白虎、四逆等一类汤方治疗温病,很不理想,从而另拟了一些简便易行的方剂。② 此后,人们虽然对温病进行了一些研究,但终归没有跳出《伤寒论》的窠臼。

　　被推崇为医家别立门户之始的金元时代,的确有不少建树,著名医家刘完素、张元素都有着革新的精神,反对守旧。刘完素曾经提出"不遵仲景法桂枝麻黄发表之药,非余自炫,理在其中矣"③ 的革新思想;张元素则明确地提倡"运气不齐,古今异轨,古方新病,不相能也"④ 的见解,反对泥古不化,主张另辟蹊径。但总的来说,由于当时医学上守旧的势力还比较强大,生产水平也还没有达到足以使医家们在治疗传染性疾病方面,达到突破旧框框而产生革命性变化的地步,因而在这方面的成就并不很可观。

　　吴又可亲身经历的疫症流行,使他深深感到固执于伤寒的理法方药,必然会给病人带来莫大的痛苦。他在历数四时寒温凉热之气乃"天地四时之常事,未必为疫"的同时,指出该类病证乃"感天地之戾气"所致。这类疾病与伤寒不同,"多见于兵荒之岁,间岁亦有之,但不甚耳",因而大声疾呼"守古法不合今病",对明以前的一些伤寒病学家如王叔和、朱肱、陶节庵、汪石山等

----

① 吴又可,《温疫论》。本文中所用引文,凡未注明出处者,均同此。
② 《肘后备急方》。
③ 《素问病机气宜保命集·伤寒论》。
④ 《金史·张元素传》。

等,就提出异议和订正,指出"伤寒与时疫有霄壤之隔"。吴又可正是在前人革新思想的影响之下,在批判因循守旧、泥古不化思想的引导下,通过自己的实践,在当时的历史条件下,成为温病学派的倡导人之一,这就为我国古代医学在传染病方面开创了一个新纪元。

## 二 在温病学上的贡献

吴又可在温病学方面的贡献,在于他对于温病从病因入手,一直到流行、病理、症状、治疗等多方面,提出了一整套新的见解,为尔后温病学说的创立、形成和发展准备了条件。

首先,在温疫病的病因病原方面,吴又可有着相当精辟的见解。他明确地否定了气候因素致病的旧说。在此以前,除了上述葛洪在东晋时期提出过"疠气挟鬼毒"为疫病的病因之外,绝大部分医家一直都抱住传染性热病乃受到外在不正常的气候因素所致的旧说不放。这种学说从《黄帝内经》首倡之后,到汉代张仲景《伤寒杂病论》集其大成,遂成定论。历代医家几乎无一敢于越雷池一步者。金元时代虽提出了新的见解,但无多大建树。吴又可在温病病因学方面提出了异气、杂气、疫气、疠气之说,取得了突破性的成就。

由于《肘后备急方》是一部简易的急救方剂手册,未能详论温病病因。吴氏明确指出温疫症系"感天地之疠气",此疠气"在岁运有多寡,在方隅有厚薄,在四时有盛衰",说明其多变,也指出其为害之烈。疫气也是温病中的另一病因,他认为:"夫温者热之始,热者温之终,温热首尾一体,故又为热病即温病也。又名疫者,以其延门合户,有如徭役之役,众人均等之谓也。"他反对滥用疫症这一名称,对《伤寒论》中"伤寒例"一篇所说的"寒疫"一证提出异议,认为一年四季感寒,虽有轻有重,其性质则为一,不该把春夏秋三季之感冒风寒滥称"寒疫",认为那是画蛇添足,从而把温疫与一般风寒感冒在概念上进行了鉴别,正是为了与一般伤寒症互别,吴氏又提出了"异气"的学说,开宗明义地指出:"夫瘟疫之为病,非风、非寒、非暑、非湿,乃天地间别有一种异气所感。"这是从病原学上澄清了对温疫与伤寒的混淆。

那么,温病、疫病究竟是由什么所引起的呢?在自然气候因素被否定之后,吴氏另立"杂气"的学说。他专门设立"杂气论"一节,详论"杂气"的性质,指出"杂气"是"无形可求、无象可见,况无声复无臭,何能得睹得闻?人恶得而知是气也?"在当时的生产水平下,人们的确还没有可能直接观察到温疫病的病原——杂气的形象,但却可以从杂气导致的病症感觉到它的存在:"其来无时,其着无方",但"众人有触之者,各随其气而为诸病焉",随后,他提出了众多的杂气引起的病症,其中有大头瘟、虾蟆瘟、痘疮、斑疹、疟痢、瓜瓤瘟、疙瘩瘟、疔疮、发背、痈疽、流注、流火、丹毒等。他甚至指出:"杂气无穷,茫然不可测"。所有这些,都表明吴氏对于我们今天称之为传染病的多样性有了较正确的认识,所谓"为病种种,难以枚举",即是此意;并且认为它们是属于同一种类型的病原体。可惜的是,我国当时的生产水平还没有具备发明显微镜的条件,传染病病原学只能停留在创始阶段。

其次,吴氏对这种"杂气"还有进一步的研究。他认为,同是"杂气"致病,为什么引起的病症却不一样呢?这是因为"当其时,适有某气专入某脏腑经络,专发为某病。"这说明吴氏已观察到病原体的两个特性:一是杂气是一大类疾病,总的来说是一种温疫症的病原。但其为病种种,却是由于其"特适"的性质,即某一种特殊的杂气,对于某一经络或某一脏器有"特适性","专入"这个经络或脏腑。这一观念与现今传染病学中病原微生物与某一组织或脏器具有特殊亲和力是同一概念。更有甚者,吴又可还观察到杂气的另一个特点。他说:"至于无形之气,偏中于动物者,如牛瘟、羊瘟、鸡瘟、鸭瘟、岂当人疫而已哉?然牛病而羊不病,鸡病而鸭不病,人病而禽兽不病,究其所伤不同,因其气各异也。"这又深入一步了解到致病病原的另一特性,现代称之为"种属免疫性"。吴氏认为某种杂气可致某种动物患病,而不致他种动物患病,这就说明对动物致病也有特异性,所谓"其气各异"。这也可以说是温病学派中在这一问题上的最早描述。

关于温疫病的流行病学,吴氏的成就也是比较突出的。他注意到了"温疫四时皆有,常年不断,但有多寡轻重耳。"其所以有多寡轻重的不同,是因为"其年疫气盛行,所患者重,最能传染",而"其年疫气衰少,里闾所患者不过几人,且不能传染"。这是对某一种传染病的不同传染流行情况的描述,相当于现代医学中大流行和散发性流行。

更加难能可贵的是吴氏对流行因素的研究和论述。为什么在同样的条件下,有的人感染杂气而罹疾,有的却安然无恙,"疫邪所着,又何异耶?"吴氏自己的解答是:"若其年气来之厉,不论强弱,正气稍衰者,触之即病","其感之深者,中而即发,感之浅者,邪不胜正,未能顿发,或遇饥饱劳碌,忧思气怒,正气被伤,邪气始得张溢",亦即所谓"毒气所钟有厚薄。"这里,吴氏指出了温热病的发病与否,发病轻重,是受诸多因素所制约的,一是病原体毒性的大小,亦即杂气的"厉"的程度,二是患者的"正气",亦即我们今天所说的抵抗力。而人体的正气除先天禀赋而外,且有饮食(饥饱)、疲劳(劳碌)、情绪(忧思气怒)等等因素的影响。要之,一个人受到杂气侵袭之后,是否发病,取决于正、邪两气盛衰强弱之争,其斗争的结果,或即发,或潜伏、或邪不胜正,所以他说:"本气充满,邪不易入;本气适逢亏欠,呼吸之间,外邪因而乘之",正是这个道理。

在病理机制方面,吴氏首先提出所谓"邪在膜原"的说法。他根据《内经》中所提到的"横连膜原"的经文,认为温热症之邪既不在表,也不在肠胃之里,而是在膜原的半表半里的部位。他正是运用了这个邪在膜原的学说,来解释温疫症症状之千变万化,指出:"今邪在膜原者,正当经胃交关之所,故为半表半里。其热淫之气,浮越于某经,即显某经之证。如浮越于太阳,则有头项痛、腰痛如折;如浮越于阳明,则有目痛、眉棱骨痛、鼻干;如浮越于少阳,则有胁痛、耳聋寒热、呕而口苦。"吴氏的这一膜原学说,也为清代温病学家代表人物所接受,具有较大的影响。

在温疫病的治疗方面,吴又可也有不少独到的特点。他根据"邪在膜原"的理论,自拟了"达原饮"的方子,做为治疗温疫病的基本方剂。在这个基础上,根据辨证论治的原则,进行化裁加减,"胁痛、耳聋、寒热、呕而口苦,此邪热溢于少阳经也,本方加柴胡一钱;如腰背项痛,此邪热溢于太阳经也,本方加羌活一钱;如目痛、眉棱骨痛、眼眶痛、鼻干不眠,此邪热溢于阳明经也,本方加干葛一钱。"他在温疫少有阴症这一思想的指导下,认为阴证是伤寒证的范畴,"实乃世间非常有之证",认为"温疫热病也,从无感寒,阴自何来?""阳证似阴证者,温疫与正伤寒通有之;其有阴证似阳者,此正伤寒家事,在温疫无有此症。"因而反对用治疗伤寒阴证的方法来治疗温疫,这在当时的历史条件下,是有积极意义的。

在辨证论治的原则下,吴氏强调用下法以逐邪,强调"客邪贵乎早逐",但他并不机械地滥用下法,而是要求根据客观情况,灵活运用,认为"要量人之虚实,度邪之轻重,察病之缓急,揣邪气离膜原之多寡,然后药不空投,投药无太过不及之弊",可见他在总的治疗原则指导下,还是能因人、因地、因症而灵活运用,而不是机械地套用一种固定的治疗方法。

吴氏在对温热病进行广泛治疗的基础上,还提出了"以物制气"的一种新思想,那便是"一病只有一药之到病已,不烦君臣佐使品味加减之劳矣",这是一种跳出烦复纷杂的组治疗方法,预盼发展出简便易行的治疗方法的进步思想,这种新思想在当时虽然没有实现,但在尔后的实践中已经被证实,或即将被证实是可以实现的。

总之,吴又可首次对温热疫病提出了新的见解,由病因流行,直到治疗辨证,都有独特的看法,虽然这些观点还没有形成完整的理论体系,但却开始了治疗传染性热病的一个新时代,为尔后温病学派的形成和发展奠定了思想和实践的基础。

## 三 创 新 精 神

吴又可之所以能在温疫病学上取得突出的成就,这与他的进步革新思想是分不开的。

在传染热病方面,祖国医学一向宗师《黄帝内经》、《伤寒论》,尤其是张仲景针对伤寒病所制定的一套理法方药的体系,影响至深。汉之后历经两晋隋唐及两宋,在这一问题上大多不越仲景学说,诠注、编次《伤寒论》者达数百家,张仲景已经成为治传染性热病的祖师和权威,金元之际,虽也有人"自为家法"①,也仅是提出一点新的方剂而已。吴氏则具有较为彻底的革新精神。

在一本四五万字的《温疫论》中,仅仅有一次引用过《针经》,其他几无一处再引古书。吴氏曾多次批评过一些俗医"妄引经论"。不仅如此,就是对被尊为医圣、伤寒学的宗师张仲景,吴氏也未引一字。这与当时那些言必称"内经"、"仲景"的泥古不化的医家,不可同日而语。吴氏在书中多处未指名地批评了《伤寒论》的不足,极力批判那种食古不化的机械和形而上学的思想方法。在论证"蛔厥"的治疗中,他尖锐地指出:"每见医家,妄引经论……不思现前事理,徒记纸上文辞,以为依经傍注,坦然用之无疑,因此误人甚众",一针见血地批判那些保守固执、固步自封者的错误。正是这种革新思想和敢想敢做的精神,使吴又可不至于重蹈那种考据成风、只在旧经文上转圈子的陋习,而能冲破旧思想之束缚,在温病学上有所突破,有所建树。

吴氏在温疫病学方面取得成就的另一个重要原因是他自发地运用朴素唯物主义思想来指导他的临床实践和研究。通过大量的实践,他深深地认识到,他所研究的对象温热病,并不是虚无漂渺的东西,而是一种实实在在的客观实体,正如他在论述"杂气"的性质时所说:"物者气之化也,气者物之变也。气即是物,物即是气,知气可以制物,则知物之可以制气矣!"吴氏在当时盛行"格物致知"的研究客观事物思想的指导下,深入到温热病这一实践中去,通过大量的实践,了解到一些有关温热病的规律。因此,他的论述并不是凭空想象出来的。正如他在原书的序言中所说:"余虽固陋,静心穷理,格其所感之气,所入之门,所受之处,及其传变之体,平日所用历验之法,详述于左,以俟高明正之。"就在这部温疫论的专书中,作者举出众多的实际临床病例,以说明其所发之议论,所总结之规律并非主观虚构。这也正是《温疫论》一书具有较高的科学价值的真正原因。

## 四 对后世的影响和局限

吴又可对温热病学所提出的一系列新学说和新观点,开创了这一领域的新时代,为我国温病学说及其学派的形成打下了基础。

在《温疫论》及其思想的影响下,一些医家纷纷脱离那种围绕《内经》、《伤寒论》打圈圈的旧框框,致力于研究治疗温热病的新方法和新思想。有清一代,温病学家纷纷著书立说,有的直接论证诠注《温疫论》,有的则以之为根据,深入研究,加以发挥。他们都给予《温疫论》以很高的评

---

① 《金史·张元素传》。

价,如余师愚的《疫疹一得》、载北山的《广温疫论》、刘松峰的《说疫》、陈耕道的《疫痧草》、熊立品的《治疫全书》等,都属于这一类。

不仅如此,就是正统的温病学派的代表学者如薛生白、吴鞠通等人,也在不同程度上受到吴又可《温疫论》的影响。例如吴又可的邪在膜原的学说,就对他们有所影响,薛生白在《湿热病篇》中说:"邪自上受,直趋中道,故病多归膜原";吴鞠通的《温病条辨》也说:"湿热受自口鼻,由膜原直走中道",显然都与吴又可的"邪在膜原"说一脉相承。

然而,人们更加钦佩的当是吴又可的革新的医学思想,这种思想使有清一代不少医家挣脱旧思想的束缚。人们盛赞他"独出心裁,并未引古经一语",却能"贯串古今,融以心得";认为吴氏之后,"瘟疫一证,始有绳墨之可守,亦可谓有功于世矣"[①]。也有人认为吴氏"独阐蚕丛,力排误说……洵堪方驾长沙,而鼎足卢扁,功垂万世"[②],"然求其反复尽义,变态直穷者,舍吴又可之言,别无依傍也"[③]。正因为此书具有独到的见解,影响深远,因而书成不到两年,即开始刊行,并陆续刻印不同版本。不久,其书又传至日本,梓刻刊行,影响海外。

也正因为吴氏超越古代的经典作家和经典著作,甚至敢于提出批评异议,自立新说,也就免不了受到一些人的攻击和非议,认为这是"离经叛道",是"创异说以欺人"[④],招来攻评,这也是不足为奇的。

勿庸讳言,吴又可及其《温疫论》所提出的问题,不免存在一些不足之处。

首先,为了纠正其前代及当时在治疗传染性热病方面泥古不化的保守思想,吴氏在病因、病理及治疗学等方面,都对伤寒学派进行了否定。如在病因与发病学方面,过分强调"杂气"、"异气"及人体正气之间的斗争,把它绝对化,而完全否定自然界气候因素在发病方面的作用,这也是一种片面的见解。需知杂气的致病力,人体正气的强弱,与外界自然因素并非绝对无关的,忽略了这方面的因素,同样也是错误的,不全面的。在病理病机方面,吴氏的论点又有欠妥之处。例如,他忽略了湿邪在人体中所致的病理状态,全书无一字涉及湿邪。而众所周知,湿温应该说是温疫症中的一个类型,而且是相当重要的类型。在"温疫初起"一节中,从提及头痛身疼、舌苔薄白,到所用方剂达原饮中有槟榔、草果、厚朴等来看,就中医的辨证法则而论,应该属于湿温一类。这一点在《温疫论》中却被忽略了。再就治疗而言,也有过分强调攻邪、大量应用下法之弊,其他如强调黄连只能清"本热",不能清"邪热"、"客热",也都是欠全面的。

总之,吴氏做为一位我国古代著名的医学家,在温热病方面的贡献是伟大的,虽然也存在着一些缺点和不足之处,有些是出于"矫枉过正"这种难于避免的偏向,有些则是当时社会生产水平和思想方法的限制,这是我们不能强求于古人的。

## 参 考 文 献

雷丰(清)撰.1956.时病论.北京:人民卫生出版社

王孟英(清)撰.1956.温热经纬.北京:人民卫生出版社

吴瑭(清)撰.1955.温病条辨.北京出版社

吴有性(明)撰.1896.温疫论.令德堂刻本.

(蔡景峰)

---

① 《四库全书总目》卷一百〇四,上海大东书局版。

② 刘奎,《瘟疫论类编・自序》。

③ 周扬俊,《温热暑疫全书・自序》。

④ 陈修园,《医学三字经・伤寒温疫》。

# 计　成

具有悠久历史的中国造园艺术发展到明代，因出现了计成其人，使造园实践与理论相结合形成了世界上最早的造园学体系总结性专著——《园冶》，而影响更为广泛，成就引人注目。

关于计成的有关原始文献已很少见了，仅在《园冶》一书的《自序》及《自识》，阮大铖崇祯甲戌(1634)作的《冶叙》、郑元勋崇祯乙亥(1635)的《题词》可以看到一些，此外就是书中印记和自叙事迹的零星材料，以及与计成交往之人留下的部分诗文中可见的事迹。现依据目前所有之研究，为计成试编一传，以光大他不朽贡献的影响，并企引起更进一步的研究。

## 一　生　平　事　迹

要弄清计成的生平事迹，很多地方只有依赖与他交往之人如阮大铖、曹元甫、郑元勋等所留下的诗文来补充。

计成的名、字、号、籍贯，据明崇祯原刊《园冶》残本所记正文前题"松陵计成无否父著"，《自序》末之图章"计成之印"、"否道人"等记载可以确知。计成，名成、字无否，号否道人，是松陵人，松陵即今吴江，在江苏省。这里"字"与"号"中两"否"字，读音不同，意思也不一样。"无否"之"否"当读(缶，fǒu)，有"无"之义，"无否"二字连用即有肯定意味，具有"成"义，属古人名字连属之例。但号用"否道人"之"否"则应读(匹，pǐ)，有坏，恶义，示时运不济，百无聊赖，用以自嘲。用这个号大约是他进入中年以后的事。

吴中夙盛文史传统，擅于书画艺术名扬天下者，大有人在。吴江计氏，在明清时出现过不少诗人画士，如计从龙、计大章、计东、计默等人，属一门大姓望族，现在当地还有不少计姓人家，可计成的谱系却无线索。据推测"计成可能生在一个没落家庭，中岁以前'游燕及楚'，自称是'业游'，而'历尽风尘'，很可能是依人作幕。"[①] 大概他一生与仕途无缘。

计成的生年据他《园冶》的《自识》"崇祯甲戌岁，予年五十有三"之说推算，当是万历十年即公元1582年。

计成自小学画，并以绘画知晓于人，擅长山水。《园冶·自序》有云："不佞少以绘名，性好搜奇，最喜关同、荆浩笔意，每宗之"。荆浩、关同为师徒关系，是唐末五代开一代新风的山水画大师，擅写北方景物，整体构图多以雄壮的巨峰为主，进而扩展山川、地势、树木，配以行旅、待渡、渔舟等人物活动，并点缀以寺庙、山居水亭、栈道等建筑物，形成一种宏阔的大自然风貌图。这与地面上的立体山水画——园林建造的布局及主体思想十分相似，对计成后来的造园活动有重大影响。况且他建造园林前大概都是画有设计总图和分图的，据《园冶·兴造论》载"予亦恐浸失其源，聊绘式于后，为好事者公焉。"可见《园冶》初稿中他是绘制了山水景物图的，可惜未能同时刊刻。另外，我们从曹履吉《博望山人稿》所载《题汪园荆山亭》诗中还可以看到计成设计建造汪园即寤园时就绘过《荆山亭图》，但也无处可寻了。

---

① 　曹汛，计成研究，载《建筑师》(13)，中国建筑工业出版社，1982年。

　　计成也擅长做诗,据阮大铖《计无否理石兼阅其诗》曰:"无否东南秀,其人即幽石。……有时理清咏,秋兰吐芳泽"。又阮大铖《冶叙》称计成"所为诗画,甚如其人"。可另为一证,并且他的诗格调也不低,可惜计成的诗作也无考了。

　　计成中年以后,便以造园叠山声誉鹊起,名驰江南。计成从事造园叠山活动,是半路出家。他中年以前在外面游历,大约在 40 岁左右,回到江苏。有一天在镇江"偶为成'壁',睹观者俱称'俨然佳山也',遂播闻于远近"。这大概是天启初年的事。据考证计成以一个诗人画士,半道改行,正式为人造园叠山,大概从天启三年(1623)开始的。而正式改行所建的第一座名园就是吴玄的东第园,完成这一成名作时,他已 42 岁了。紧接着为汪士衡造寤园,并于崇祯五年(1632)完成,这一作品为计成获得了更为广泛的声誉,他自称"与又于公所构,并驰南北江焉"①。

　　就在建造寤园的同时,计成利用工作之余,总结造园经验,在汪士衡家中的扈冶堂,著成文字,完成了《园冶》一书的初稿,称之为《园牧》。有一天,一位名流曹履吉来到寤园,看到《园牧》稿,十分赞赏,许为'千古未闻见之开辟之作'。欣然命笔,才题名为《园冶》。曹履吉,字元甫,工诗文,善书画,有《博望山人稿》传世。曹氏多才多艺,喜甄拔人物,"负人伦鉴",《园冶》得到曹元甫的题名,对计成来说是很荣幸的事。由于曹元甫与当时造园界名家有广泛联系,特别与造园大名家张南垣关系甚密,推猜可能计成与张南垣之间也有一定关系,惜目前还未找到根据②。

　　在崇祯七、八年(1634～1635)间,计成又在扬州为好友郑元勋建造影园。郑元勋是扬州地区著名历史人物,占籍仪征,康熙《仪征县志》卷八《义烈》有传。郑氏工诗善画,风流倜傥,称计成是他的友人,并云"予与无否交最久",又云"无否人最直质,善解人意"。他们在建造影园时有过十分默契的配合。郑氏对计成的造园叠山技艺从写给《园冶》的《题词》中可见是备加推崇的,并誉之为国能,且预言《园冶》为"他日之'规矩'"必将脍炙人口。以郑元勋极高的名望给《园冶》题词,确实给计成增色不少。

　　在建造影园的同时,崇祯七年(1634),计成将早已完成又无力印行的《园冶》书稿,拿到阮大铖那里刊版,直到第二年郑元勋还来得及《题词》于其上,大约印行于崇祯八年(1635),也就是影园竣工的同一年。

　　计成所处的时代正是明末各种力量斗争激烈、社会在动荡中日益衰微的时候。做为下层知识分子的计成即属于明末贫寒之士。看来他靠自己的一点技术知识养家糊口。虽然他几次出没于声名狼藉的阮大铖门下,阮大铖还有《早春怀计无否张损之》诗 "二子岁寒俦,啼笑屡因依"之说,但他绝不是一个帮闲清客,而是因生活所迫,"以造园叠山技艺传食朱门,归根结底还是一种自食其力的谋生手段。"③他在《园冶·自识》中辩白说刊刻《园冶》是"欲示二儿长生、长吉,但觅梨栗而已",亦可谓父心良苦。此外,计成与阮大铖之间实际上具有某种裂痕,崇祯七年阮大铖所做。早春怀计无否张损之"诗就有云"殊察天运乖,靡疑吾道非",之句,看来阮大铖已发觉计成对自己的品行不满意。计成为着刊刻《园冶》,阮大铖想要计成叠山,互相利用,却对计成来说另有一番滋味在心头。他在《园冶·自识》中"自叹生人之时也,不遇时也。武侯三国之师,梁公女王之相,古之贤豪之时也,大不遇时也! 何况草野疏愚,涉身丘壑,暇著斯冶,欲示二

---

①　明·计成著、陈植注释,《园冶注释》,中国建筑工业出版社,1988 年。以下不注明引文出处者,皆见于此书。

②　曹汛,计成研究。

③　曹汛,计成研究。

儿长生、长吉,但觅梨栗而已,故梓行,合为世便。"可见一位"草野疏愚",无耐"涉身丘壑"不得已时,多么痛苦而凄凉。计成与阮大铖之间的交往只有短短二年时间,最多到过安庆阮衙二三次而已,不过是互有所求,相互利用罢了。就目前所见资料看在崇祯八年影园建成,《园冶》也刊成前后,计成的行踪就无从考见了。当时正值"时事纷纷"之时,太平军进逼安徽后,阮大铖也避逃南京。不几年王朝也更迭了。一位下层寒士纵然有多大的才华,也会被这变故中的惊涛骇浪吞没的。

## 二　计成与东第园、寤园、影园

　　计成生前在大江南北主持建造的著名园林共有三处,即常州吴玄的东第园、仪征汪士衡的寤园和扬州郑元勋的影园,另有零星小品若干。但这些名园不久先后都遭毁坏,今天要探寻其遗迹已很困难了,目前只好凭借有关文献记载,来看计成造园叠山活动的实践过程。

　　计成最先建造的名园是常州吴玄的东第园。吴玄生于嘉靖四十四年(1565),武进人,万历二十六年(1598)进士,历任河南南阳府儒学教授、刑部本科等职。义改任过江西参政,分守饶南九江道,后罢了官。有《率道人素草》(又名"率道人集")传世。吴玄是明末魏党官僚,在士林中声名不佳,因计成当时偶然建造假山而出名,故吴玄先招他来造园。计成为吴玄造园的活动,见于《园冶·自序》,《自序》云:"公得基于城东,乃元朝温相故园,仅十五亩,公示予曰:'斯十亩为宅,余五亩可效司马温公独乐制'"。因而知道这所园林建造在宅第旁。大概《园冶》所谓的"傍宅地",多半是计成为吴玄造傍宅园时的经验记录。计成接受设计任务后,先勘察地形,"观其基形最高,而穷其源最深,乔木参天,虬枝拂地,"便主张"此制不第宜掇石而高,且宜搜土而下,令乔木参差山腰,蟠根嵌石,宛若画意,依水而上,构亭台错落池面,篆壑飞廊,想出意外",依此所建,吴玄大喜,"自得谓江南之胜,惟吾独收矣"。

　　吴玄此园园名已失载,据考吴玄此宅当时应称"东第",傍宅的五亩小园,不妨称为"东第园"。同样建造日期亦失载,据考"东第园"很可能完成于天启三年,至迟是次年完工的。其位置我们从《园冶·自序》与吴玄《率道人素草》卷四《骈语》中《上梁祝文》互相印证,二处所载事实吻合情况看,吴玄东第园的位置——狮子巷,在今常州旧城城里东水门内水华桥北。至于园内景物已无从考证了。

　　据《园冶·自序》吴玄的东第园是计成从事造园叠山活动后完成的第一处园林作品,他随之一举成名,接着计成完成了汪士衡寤园的建造,使他进一步名声大振。

　　汪士衡是计成造园,叠山事业发展过程中一位重要人物,但其事迹也没有记载。据考证汪士衡即是康熙五十七年《仪真县志》卷二《名迹》中所载"西园;在新济桥,中书汪机置"之汪机。寤园建造于崇祯四、五年间,又过了四五年时间汪机便去世了。

　　寤园之名见于阮大铖《冶叙》,还有阮大铖《咏怀堂诗集》,又见于《园冶·屋宇》云"或蟠山腰,或穷水际,通花渡壑,婉蜒无尽。斯寤园之,'篆云'也。"寤园又称"西园",在新济桥。崇祯间又有汪士楚在新济桥西建造了"荣园",两园相近,易于混淆,实非一园也。寤园有一个主要楼阁称为湛阁,亦见于阮大铖诗。《咏怀堂诗》卷二有《同吴仲立张损之周公穆集汪士衡湛阁》,又《咏怀堂丙子诗》卷下,有《坐湛阁感忆汪士衡中翰》二首,此外康熙七年《仪真县志》载李坫"游江上汪园"诗云:"秋空清似洗,江上数峰兰。湛阁临流敞,灵岩傍水舍。时花添胜景,良友纵高谈。何必携壶榼,穷奇意已酣。"此江上汪园,即寤园,亦有湛阁。此外寤园景物见于《园冶》及各家诗作者有灵岩、荆山亭、篆云廊、扈冶堂等处。

　　计成建造的第三座名园，即是郑元勋的影园。据目前所知这是最后一处，也是成就最高的一处。郑元勋在《园冶·题词》中说："即予卜筑城南，芦汀柳岸之间，仅广十笏，经无否略为区画，别现灵幽"。又在《影园自记》中称，"又以吴友计无否善解人意、意之所向指挥匠石百不失一，故无毁画之恨。"可见计成的设计建造是颇得主人之欢心。影园的设计建造，基本上是《园冶》理论的再实践，郑元勋在《影园自记》中记录选址规划、研究环境特点的文字能明确地说明这一过程。《影园自记》云其地无山，却"前后夹水，隔水蜀冈，蜿蜒起伏，尽作山势，环四面，抑万屯，荷千余顷，蓷苇生之。水清而多鱼，渔棹往来不绝。……升高处望之，迷楼、平山皆在项背，江南诸山，历历青来。地盖在柳影、水影、山影之间"。书画名家董其昌因而书赠"影园"二字。对这一自然环境，十分巧妙地加以处理，充分体现了"巧因于借，精在体宜"的思想。郑元勋的社友刘侗跋《影园自记》云："见所作者，卜筑自然。因地因水，因石因木。即事其间，如照生影，厥惟天哉！"无疑影园的因借之法，妙得造化之功。同样景物、建筑与环境的配合很好地呈现出《园冶》的"体宜"原则，即使门窗洞口之形制，墙垣、地面之装饰也大多按《园冶》成例选用。

　　影园动工于崇祯七年(1634)，第二年竣工。所在位置据《影园自记》及茅元仪《影园记》、《扬州画舫录》等记载考证，当在扬州城南西南隅，与城墙仅一水之隔，即今荷花池以北，西门桥之南。东、西为内、外城河相夹①。

　　计成所造名园三处，目前仅有一处有人做过较全面的研究②。据云总体布局概貌从《影园自记》、《影园记》、《扬州画舫录》、《扬州揽胜录》中可见到较为详尽的描述，而建筑布局呈点式，数量不多，朴实无华、疏朗淡泊，与环境协调，雅洁小巧，亲切宜人。现将影园复原图的描述转述如此，以求有一个亲临其境、神游其园的感觉。"影园从城脚过桥入园，开门见山，山上松杉洒翠，几经曲折，左侧芦花如雪，右边隔涧修篁藏幽。向前穿过交柯流露的桐荫，拨开依依柔丝，当柳暗花明将止时，急横一石桥，桥侧就是建在水中的'玉勾草堂'。该堂是全园的主体建筑，周围是荷花四面，望若湖泊的一泓池水，山影、水影、柳影美不胜收，这是湖区。在石桥以东是山林区，应是该园的一段序曲"。山林高地与湖区洼地相连，开阔湖面与狭径山区组合。"这样产生'欲扬先抑'，'欲低先高'的强烈对比，愈增山水朴野的感觉。位于上两区西南的是遍植高柳、夹岸桃李的绿地，筑漂在水面的'半浮'小阁，专供听垂柳招来黄鹂鸣唱的。折而北，就是花木丛中的'淡烟疏雨'庭院和读书楼，布置得雅韵而又含蓄，是园内观景的制高点。隔垣北行至水，'郡翠亭'可供'凉亭浮白'，面对南边院隅岩上'冉冉天香，悠悠桂子；可搔首青天，'举盃明月自相邀'。隔池是供课儿读书的'一字斋'，北边'媚幽阁'自托出，阁前碧波一片，阁厉石涧流水不断，这里又是一区，而又与'玉勾草堂'隔湖相望，'可呼与语，第不知径从何达'，园内呈现出画不完的画，吟不尽的诗"③。确实美不胜收。影园建成后，即成为江南名构，被公推为扬州第一名园，大量的诗作题咏，至今报告着她当年的风彩。

　　崇祯十七年(1644)明朝灭亡，郑元勋在动乱中死于乡难，入清以后，郑元勋家世衰微，影园

---

　　① 吴肇钊，计成与影园兴造，载《建筑师》(23)，中国建筑工业出版社。

　　② 吴肇钊，计成与影园兴造，载《建筑师》(23)，中国建筑工业出版社。

　　③ 吴肇钊，计成与影园兴造。

随之荒芜,至康熙年间已是旧址依稀,"园废影还留,清游正暮秋。夕阳横渡口,衰草接城头"①了。

计成除建造以上三座名园外,我们还看到他初到镇江时为人叠过一处石壁。另据《园冶·自序》云:"别有小筑,片山斗室,予胸中所蕴奇,亦较发抒略尽,益复自喜。"看来他还有不少零星作品,都已无考了。又从阮大铖《冶叙》看,计成曾给阮大铖叠过山,理过水,所谓"予因剪蓬蒿瓯脱,资营拳勺,读书鼓琴其中,……甚哉,计子之能乐吾志也"可证,但计成避开未谈。

## 三 《园冶》及其对造园艺术的贡献

上面我们已说到《园冶》一书是计成崇祯四、五年间,在给汪士衡建造寤园的时候,利用余暇时间,在汪家扈冶堂中写成的,初名《园牧》,因曹元甫阅后赞赏,改题为《园冶》的。过了二年时间在崇祯七年,阮大铖找计成叠山,才给计成刊印了《园冶》,故首有阮叙,到次年还未刻完,与计成"交最久"的郑元勋又赶做了一篇《题辞》。付印时,计成又写了《自识》一节。可《园冶》刊版印行后,因与为人不齿的阮大铖有关,被殃及池鱼,清代与阮氏著作同被列为禁书,到本世纪初近300年时间几乎被国人遗忘,只见录于李笠翁《闲情偶寄》。

崇祯原刊本至今在国内没有发现,只在日本内阁文库等地藏有全本。国内外迄今所知《园冶》版本主要有以下几种:即日本内阁文库藏崇祯原刊足本三卷;日本东京大学农学部林学科藏书三册,明版。国内所见本,多由日本藏本补足者。北京图书馆藏明刻原刊残本一卷;明崇祯原刊本缩微胶卷本两卷(缺第三卷);日本宽政七年(1795)抄录华日堂翻刻《名园巧式·夺天工》之再抄本三卷全本。另有1971年日本渡边书店影印桥川时雄所藏宽政七年以前隆盛堂翻刻《木经全书》本。本世纪30年代后,在国内陆续出版整理本。陶兰泉刊《喜咏轩丛书》,收入朱启钤校录之二卷,并用残缺之抄本补足第三卷,1931年刊行;1932年阚铎又参阅日本内阁文库所藏足本校正、句读后,由中国营造学社出版;1933年5月在日本占领下的大连市右文阁将《园冶》铅印,国内流传不多。1957年城建出版社重刊营造学社本;1981年建筑工业出版社出版《园冶注释》本,1988年《园冶注释》本经过修改出了第二版,现为通行本。

《园冶》共分三卷,首列兴造论、园说,然后分相地、立基、屋宇、装折、门窗、墙垣、铺地、掇山、选石、借景共十个部分,其中第二卷全志栏杆。行文多以"骈四骊六"的形式,具有骈散兼行和骈体散文小品化的风格,是一部充满古典文学形式的科技著作,因而也有晦涩难懂的地方。

"兴造论"与"园说"是全书的总论,阐明了造园的意义与意境。"兴造论"云写此书的目的是怕造园方法"浸失其源",于是"聊绘式于后,为好事者公焉"。同时申明在造园过程中造园设计者起重要作用,因为"园林巧于因借,精在体宜,愈非匠作可为,亦非主人所能自主者"。"园说"从造园艺术角度提出园林建造应当表现的意境,或者"山楼凭远,纵目皆然,竹坞寻幽,醉心即是",或者"萧寺可以卜邻,梵音到耳,远峰偏宜借景,秀色堪餐"。并且应达到"虽由人作,宛自天开"的高妙境界,体现一种将山水画般的意境立体化、现实化的过程。计成在这里对中国古典园林艺术特征进行了纲领性的概括。

"相地"与"立基"相辅而行。"相地"表述园林选址原则只有"相地合宜",才能"构图得体"。而"立基"确定选址后的园林建筑设计原则。"相地"依据不同的环境特点,举出山林地、城市地、

---

① 清·汪楫,《淮海英灵集》甲集卷三"寻影园旧址"诗。

村庄地、郊野地、傍宅地和江湖地等,并各自勾画不同的风格。计成认为"园地惟山林最胜,有高有凹,有峻而悬,有平而坦,自成天然之趣,不烦人事之工"。至于其他因地貌特点,同样可以建造不同风格的园林。比如说村庄地也可形成"堂虚绿野犹开,花隐重门若掩。……桃李成蹊,楼台入画,围墙编棘,窦留山天迎人;曲径绕篱,苔破家童扫叶"的田园趣味。而"立基"的建筑设计必须与所在地自然环境相统一。一般园林应以"定厅堂为主",形式、大小、朝向等等都要根据取景的要求,比如"疏水若为无尽,断处通桥,开林须酌有因,按时架屋"就可体味一种"江流天地外,山色有无中"的情调。

"屋宇","装折"、"门窗"、"墙垣"、"铺地"及第二卷"栏杆",都属于园林建筑的具体内容,其形式全为配合造园要求。计成图文相行,分列专题,详作说明。"屋宇"属大木作中的单体建筑营建,能充分利用其灵活性而加以选择。"装折"是属于小木作的能安装与拆卸的木制门窗制作的标准,要力求构图新颖,使用方便,光线充足,配合以栏杆,应"构合时宜",主张"减便为雅"。"门窗"专门叙述在砖墙上的门窗框洞的制作。至于"墙坦"、"铺地"的瓦作或应"从雅遵时,令人欣赏,"或应"各式方圆随宜铺砌",以求最佳效果,如铺地就有人字、蓆纹、间方,斗纹、六方、攒六方式、八方间六方、套六方、长八方、八方、海棠、四方间十字、香草边、球门 、波纹等 15 种形式,可灵活安排。

山石是中国园林的重要组成部分。计成专列"掇山"、"选石"阐述自己造园叠山理论,尤其"掇山"世人公认为其精华所在。"掇山"又分列为"园山"、"厅山"、"楼山"、"阁山"、"书房山"、"池山"、"内室山"、"峭壁山"、"山石池"、"金鱼缸"、"峰"、"峦"、"岩"、"洞"、"涧"、"曲水"、"瀑布"等节,因地制宜,详述桩木理论、掇山途径,认为:掇山之始,桩木为先。打桩是首先应考虑的,使用石材要因材致用。关键是掇山之始要成竹在胸,取得"有真有假,做假成真"的效果。计成对于以土堆山十分推崇,有云:"构土成冈,不在石形之巧拙","临池驳以石块,粗夯用之有方;结岭挑之土堆,高低观之多致;欲知堆土之奥妙,还拟理石之精微"。并可形成"山林意味深求","有真为假,做假成真"之效。明清叠山家推崇土山始于张南垣,计成以后又有李渔,计成有承前启后之作用。至于"选石"一节体现了计成主张就地取材"石山无价,费只人工"的思想。他将自己使用过的石料依宋代杜绾《云林石谱》116 种为范围,摘记下 16 种,胪列产地,辨其石性,供掇山造景使用。

"借景"是中国园林的传统手法。计成认为是"林园之最要者也。"借景之法"虽园别内外,得景则无拘远近"也。比如有"远借、邻借、仰借、俯借、应时而借"等。这借景的主体——人是至关重要的,不同的景致,不同的情状,就有不同的感受。所谓"构园无格,借景有因","因借无由,触情俱是",这一点在园林艺术家的论述中是被忽视了的,实际上这是计成一个重要思想,做为一种造园艺术理论,是适合于一切欣赏者的,现在大不必因当时园林的享受主体是士大夫,就不注意这一点。

《园冶》是中国古代悠久的造园实践活动,第一次被系统地加以理论性总结的最重要著作,在造园艺术理论上具有深远的影响。

《园冶》进行的理论概括是以"巧于因借,精在体宜"为纲领性创作原则,进而追求一种"虽由人作,宛自天开"的境界,造成一种"天然之趣"。这种天人一体,情趣自然的思想是《园冶》所蕴含的基本内核。中国古代园林总以山水为自己变化丰富的内涵,这种变化的极致即是"虽由人作,宛自天开"。不论建筑、草木,还是山石、水池都要以自然的存在为依归进行布局创造。故园林中以"散漫"式的叠山最佳,而忌讳居于正中。再如厅堂前排列高耸的"三峰",就成了败笔。

再如设亭"及登一无可望,置之何益,更亦可笑。"至于厅堂、曲廊、楼阁、装折等如与自然景致不相配,同样会显得别扭而大煞风景,"宛自天开"所要求的各类风景子目的有机统一,就会成为空话。《园冶》更进一步展开这一思想的基础是"巧于因借,精在体宜",即《园冶》所谓"'因'者,随基势高下,体形之端正,碍木删桠,泉流石注,互相借资;宜亭斯亭,宜榭斯榭,不妨偏径,顿置蜿转,斯谓'精而合宜'者也。'借'者,园虽别内外,得景则无拘远近,晴峦耸秀,绀宇凌空,极目所至,欲则屏之,嘉则收之,不分町疃,尽为烟景,斯所谓'巧而得体'者也。"计成在这里将中国传统造园艺术的方法和手段加以理论化的总结与提高。创造自然谐和、含蓄、深邃、变幻所体现的别有天地的趣味,进而取得幽静、雅致、闲逸的情调与风格。这种观念影响深远,成为世界园林艺术中别具一格的中国园林学思想的重要特色。

但我们还应看到计成的《园冶》所达到的理论高度,主要是建立于他个人的造园实践与思想水平。很显然,它并没有全面地从各方面总结当时社会造园艺术的实践成就。比如对园林生命所系的"理水"及各种水景的处理,几乎没有论述,所列"屋宇"中并未提到中国园林中别具特色的"舫"。同时对全园的绿化、布局、景区划分及游览路线的安排组织等等都未作详细阐述,这是今天造园学界应该注意完善的内容。此外,由于计成受生活环境与时代精神所影响,不可避免地带有没落失意阶层消极悲观,希望自建"人间乐园",寻找一个慰藉灵魂,填补空虚的场所的思想,他"借景"中大量的情景触动引发的文字设计就是明证。

## 参 考 文 献

曹讯. 1982. 计成研究. 见:建筑师(13). 中国建筑工业出版社

计成(明)撰,陈植注释. 1988. 园冶注释. 中国建筑工业出版社

童寯. 1963. 江南园林志. 中国工业出版社

赵立瀛. 1982. 试论《园冶》的造园思想、意境和手法,见:建筑师(13). 中国建筑工业出版社

中国科学院自然科学史研究所主编. 1985. 中国古代建筑技术史. 北京:科学出版社

（孙　剑）

# 徐 霞 客

徐霞客名弘祖(宏祖)①,字振之,别号霞客,明万历十四年十一月二十七日(1587年1月5日)生于今江苏江阴之南旸歧,卒于崇祯十四年正月二十七日(1641年3月8日),终年54岁。他毕生致力于旅行考察,写下了一部巨大的游记著作,是我国地理学史上卓越的旅行家和地理学家。

## 一 以考察山川地理为己任

旅行探险在我国开始很早,各个朝代都出现有旅行探险家,在国内国外奔走了很多地方,对所经地方的风土人情作了记述,但他们的这项活动,多因身负政治、外交、军事、宗教等各种不同使命所致。徐霞客则与他们不同,他厌弃仕途,不求名位,而酷爱自然,把考察祖国的山川地理作为自己的伟大事业,孜孜不倦地奋斗了一生。

徐霞客以考察山川地理为己任,适应了时代的需要,站在了时代的前列。他所生活的明代末年,封建制度的腐朽性已经全面暴露,以王室为中心的大地主阶级,疯狂兼并土地,不断增加赋税劳役,对农民、手工业劳动者和城镇市民商人,进行残酷的经济剥削与政治压迫,广大人民群众生活非常痛苦,农民起义和市民暴动连绵不断;不但统治阶级与人民群众的矛盾尖锐对立,而且统治阶级内部出现了以顾宪成、高攀龙等人为首代表中小地主阶级利益的东林党,反对以魏忠贤为首代表朝廷皇族大地主阶级利益的阉党的激烈斗争。东林党的大本营东林书院设于毗邻江阴的无锡,霞客有不少好友参加并成为重要成员。徐霞客是一个出身于地主家庭的知识分子,其父徐有勉无官无禄,匿迹田园,没有社会地位,屡为群豪所欺,因此他自小在父亲和东林党友人的影响下,对东林党"讽议朝政,裁量人物"的活动,抱有好感,很同情和关心东林党,而对以魏忠贤为首的阉党,则嫉恶如仇,不与往来。徐霞客置身于政治如此黑暗的时代,毅然不应科举,不入仕途,而投身自然界,进行旅行考察,是一个正直的知识分子,不满现实,有气节有抱负的表现。

明中叶之后,在封建社会日趋没落的情况下,一度出现了资本主义的萌芽,徐霞客故乡所在的江南地区,自16世纪以来工商业和城市经济高度发展,成为这种新的生产关系萌芽最早的地区。随着商品经济的不断发展与市场的不断扩大,商品生产者为了到更大更远的市场销售产品,获取更大利润,需要掌握更新的生产技术和科学知识,这就给科学技术的发展提供了动力。就地理学来说,开扩地理视野,详实进行考察,认识地理环境,利用自然条件,开发自然资源,便是资本主义进一步发展的必然趋势和要求。此外,在这种新的经济的发展与推动下,学术界的思想渐趋解放,一些思想敏锐、追求新事物的有识之士,开始认识到背诵经书,侈谈性理的虚浮学风,于国计民生毫无用处,于是起而讲求实际,提倡经世致用。徐霞客在这种新事物新学风的影响下,对过去舆地著作脱离实际十分不满,他说:"昔人志星官

---

① 清代刻印《徐霞客游记》时,因避乾隆弘历讳,将"弘"改为"宏",而称宏祖。

舆地，多以承袭附会，即江河二经，山脉三条，自记载以来，俱囿于中国一方，未测浩衍，遂欲为昆仑海外之游。"① "山川面目，多为图经志藉所蒙。"②可见他已深感实地考察与扩大地理视野的重要，而决心广游四方，用野外调查的新知识来厘订错误，改造传统地理学的研究。

徐霞客自 20 岁（1607）游太湖开始，到 54 岁（1604）从云南抱病回家为止，前后 30 余年经常出游野外，其行踪遍及现在江苏、浙江、安徽、江西、福建、广东、山东、河南、河北、山西、陕西、湖北、湖南、广西、贵州、云南等 16 个省区。有一些迹象表明，他还可能到过四川。③ 早期他因老母在堂，每次出游时间不长，"定方而往，如期而还"④。所去地方多是当时佛教或道教所在的名山圣地和国内著名风景区，如泰山、天台山、雁荡山、白岳山、黄山、武夷山、九华山、庐山、嵩山、华山、太和山、罗浮山、盘山、五台山、恒山等。去这些地方虽重在搜奇访胜，但通过游历，写下名山游记 17 篇，表现了敏锐的眼光和创造性的思维能力，如万历四十六年（1618）游黄山后，提出莲花峰"独出诸峰上"，"即天都亦俯首矣"⑤，从而纠正了历来认为天都峰是黄山最高峰的错误说法。天启三年（1623）在游嵩山、华山和太和山的长途跋涉中，留心各地物候的变化，而提出了"山谷川原，候同气异"的理论。后期的西南之行，是霞客一生中出游时间最长，成果最多的一次。崇祯九年（1636）从江阴乘船出发，经浙江、江西、湖南、贵州、于崇祯十二年（1639）四月到达云南西部的腾冲，他在游记中详细记载了所到各地的山川地貌、水道源流、生物、土壤、矿产资源、温泉地热、城镇聚落、工农业生产、交通运输、民族风俗等自然地理和人文地理的情况，特别是对岩溶地貌的分布、类型和特点作了广泛的考察与描述，从而使这方面的认识，达到了当时世界的最高水平，为地理学的发展做出了卓越的贡献。

## 二　勇敢顽强的探险精神

徐霞客终身许之山水，登山探洞，溯江寻源，出入各种险恶环境，表现了一个旅行探险家不畏险阻、不辞劳瘁、勇于探索的可贵精神。对此，清初学者潘次耕在为《徐霞客游记》作序时写道：霞客之游"登不必有径，荒榛密箐，无不穿也；涉不必有津，冲湍恶泷，无不绝也。峰极危者，必跃而踞其巅；洞极邃者，必猿挂蛇行，穷其旁出之窦。途穷不忧，行误不悔。瞑则寝树石之间，饥则啖草木之实。不避风雨，不惮虎狼，不计程期，不求伴侣。"⑥ 读过《徐霞客游记》的人，都会觉得这种评价是从大量事实中概括出来的，而非溢美不实之词。

探查洞穴是徐霞客旅行考察的重要内容之一。他攀援在危崖峭壁之上，爬行于迂回黑暗的洞中，无恐无惧，备尝艰辛。万历四十四年（1616）二月二十二日游武夷山白云洞，入洞前行，越来越狭，"膝行蛇伏，至坳转处，上下仅悬七寸，阔止尺五，坳外壁深万仞，余匍匐以进，胸背相

---

① 《徐霞客游记》，上海古籍出版社，1980 年，第 1187 页。

② 同①，第 1182 页。

③ 褚绍唐，徐霞客曾否游川质疑，华东师范大学学报（社科版），1984，（2）。

④ 同①，第 1182 页。

⑤ 同①，第 32 页。

⑥ 同①，第 1257 页。

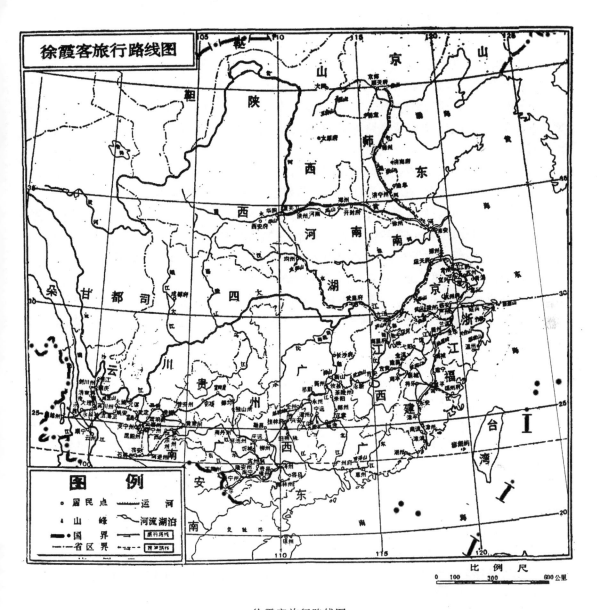

徐霞客旅行路线图

摩,盘旋久之,得度其险。"① 崇祯十年(1637)五月十三日,他肩梯束炬游广西青珠洞,入内"西行四五丈,有窍南入,甚隘,悉去衣赤体,伏地蛇伸以进。"② 同年六月二十八日游广西融县(今融水县)真仙岩,进入后洞,见石下有一条巨蛇横卧,伏而不动,不见首尾,霞客为探明深处情况,而不顾危险,从蛇上跨越而入,又跨越而出。

徐霞客爬山涉水,经常冒雨踏雪,不为冰雪泥泞所阻。万历四十四年二月游黄山,风雪交加,上山石级为积雪所填平,由下而上"级愈峻,雪愈深,其阴处冻雪成冰,坚滑不容着趾",他

---

① 《徐霞客游记》,第21页。
② 同①,第319页。

"持杖凿冰,得一孔置前趾,再凿一孔,以移后趾"①。就这样登上了黄山主峰。崇祯十年在广西融县雨中探洞,顶踵淋漓,路滑难行,左右觅路不得,毫不气馁,经过四误四返,终于在垂钓童子的带引下,找到铁旗岩的洞口。

在山川地理的考察中,徐霞客不避艰险,有时甚至冒着生命危险。崇祯十一年(1638)四月一日行至贵州大马尾河,水势暴涨,"乃解衣泅水而渡"②。崇祯十二年(1639)三月十二日游云南点苍山下的清碧溪,"在潭上觅路不得,遂蹰峰槽,与水争道,为石滑足,与水俱下,倾注潭中,水及其项。"③

在明王朝的统治面临覆亡的时期,霞客出游各地,特别是远游西南,旅途很不安全,多次遇盗绝粮。崇祯十年二月十一日,由湘江舟行至衡南之新塘过夜,晚间群盗喊杀入舟,霞客在乱刃交戟之下,赤身其间,虽身未受害,但旅资全部被劫,所带家藏书籍和友人信扎,有的捣入江底,有的随舟焚毁,身边仅余一裤一袜,亦火伤水湿。在如此严重挫折面前,有人劝他返归江阴觅资重来,霞客断然拒绝这种规劝,就地求助友人金祥甫,借金二十,以田租二十亩立券付之,继续踏上了西行的道路。湘江遭劫后,徐霞客筹借来的盘缠为数不多,生活相当困难,帷恐再失,把钱藏在盐筒里,但在西行途中,又接连被窃。在贵州盘县失窃后,他忧心忡忡写道:"穷途之中,屡遭拐窃。其何堪乎!"④在极为困难的条件下,坚持行至昆明,得到好友唐大来的资助,得以继续前进。

徐霞客的身体虽很强健,是进行旅行考察的有利条件,但西南之游时,年已五十开外,体力下降,途中不免多次生病。如在江西上饶:"因骤发脓疮,行动俱妨。"⑤在经过湖南时连续多日有"骤疾,呻吟不已","余病犹甚"⑥等记载。以后行经广西、贵州、云南等地也曾多次发病,当他到达云南鸡足山时,蓬头垢面,得了一种严重的皮肤病,在无医无药情况下,只能采取土方土法治疗。他写道:"余先以久涉瘴地,头面四肢俱发疹块,累累从肤理间,左耳左足,时有蠕动状。……而苦于无药,兹汤池水深,俱煎以药草,乃久浸而薰蒸之,汗出如雨。"⑦在伤病面前,他不悲观,不退缩,以惊人的毅力克服困难。如崇祯十年六月二十九日在广西融县真仙岩,"搜览诸碑于巨石间,梯为石滑,与之俱坠,眉膝皆损。"⑧次日在日记中又写道:"早起以跌伤故,姑暂憩岩中。而昨晚所捶山谷碑犹在石间,未上墨沈,恐为日烁,强攀崖拓之。"⑨于此可见霞客为了考察事业,将个人安危置之度外。

霞客在旅途的食宿条件,是极为简陋和艰苦的,特别是行走于荒山僻野,攀岩探洞,更是如此。在吃的方面,他常以一块裹巾包着胡饼、或大麦饭、或蕉芋之类的干粮,肚子饿了,"就裹巾中丛竹枝拨而餐之"⑩。有时身背一筐,"路拾蕨芽萱菌可食之物,辄投其中,投逆旅,即煮以供

---

①《徐霞客游记》,第14页。

②　同①,第630页。

③　同①,第925页。

④　同①,第669页。

⑤　同①,第113页。

⑥　同①,第210页。

⑦　同①,第111页。

⑧　同①,第386页。

⑨　同①,第386页。

⑩　同①,第277页。

焉。"① 有时急于行路,顾不上吃饭,"见卖蕉者,不及觅饭,即买蕉十余枚啖之,亟趋壶关"②。此外,在旅途中还多次发生绝粮情况,如崇祯十年四月在湖南耒阳至衡阳的考察中,"蔬米俱尽,而囊无一文,……以刘君所惠绅一方,就村妇易米四筒"③。在住的方面,霞客更是不讲条件,随遇而安,但由于所到之处偏僻荒凉,或社会动乱不安,村民不敢轻易接纳行人入宿,在这种情况下,需几经周折才被允许住下,但条件十分差。如崇祯十一年三月二十七日,在贵州"夜行八里而抵下司,俱闭户莫启,久之,得一家,启户入,卧地无草,遍觅之得薪一束,不饭而卧。"④ 同年四月十九日在贵州狗场堡,"欲投之宿,村人弗纳",后找到一家,"茅茨陋甚,而卧处与猪畜同秽"⑤。崇祯十二年六月十三日,在云南永昌(今保山)考察时,傍晚在昏黑中踽踽数里,找到一小寨,"叩居人,停行李于其侧,与牛圈为邻,出橐中少米,为粥以餐而卧"⑥。有时找不到住处,便露宿荒野,如崇祯十年三月二十八日,在湖南考察潇、郴二水的源头,登上三分石,夜幕降临,就在山头"砍大木、积而焚之,因菁为茵,因火为帏",坐待天明。

徐霞客白天爬山涉水,晚上不管住在什么地方,即使处于"与猪畜同秽"、"与牛圈为邻"的艰苦条件下,还振作精神,点起油灯或松脂枯柴,把每天的经历和观察所得记载下来,流传至今的六十余万字的著作,就是由他每天的日记构成,没有顽强的意志是根本做不到的。

# 三　丰硕的考察成果

徐霞客一生进行了艰苦卓绝的旅行考察,写下了一部包罗宏富的游记著作,举凡山脉、河流、岩石、土质、气象、生物、物产、交通、农工生产、商业贸易、城镇聚落、风俗习惯等,都有详略不一的记述,体现了他实地考察成果的丰富多采。

徐霞客在地理学上最突出的成就之一,是对岩溶地貌的考察和研究。我国西南各省石灰岩分布面积很广,岩溶地貌发育最为典型,如峰林、溶沟、溶洞、漏斗、落水洞、天生桥、钟乳石、石笋、石芽、石柱、天池、伏流、地下河等都可以看到。徐霞客怀着极大的热情,在这个地区作了广泛的考察和详细的记述,对岩溶地貌的分布状况和由于发育不同而出现的地区差异,除有大量的景象描述外,还进一步作了某些成因的分析和分布规律的探讨。《游记》中记载石灰岩溶洞280 余个,亲自入内考察的有250 个之多。他考察岩洞力求准确全面,外部形态上大都记有方向和高、阔、深的数字;内部结构,从洞底倒悬的钟乳石到洞底耸列的石柱、石笋等堆积物,都有形象生动的描绘。他通过观察流水对石灰岩的溶蚀作用和机械冲刷作用,在岩溶地貌的类型和成因的研究上,作出了很多切合实际的记述和解释。如在湖南茶陵以西的东岭考察落水洞后说:"岭头多漩窝成潭,如釜之仰,釜底俱有穴直下为井,或深或浅,或不见底,是为九十九井。始知是山下皆石骨玲珑,上透一窍,辄水捣成井。"⑦ 又如记载广西三里城的佛子岭南岩,"其门南向,前有石洞,天成若槽,有桥横其上。……北入洞,止容一人,渐入渐黑,而光滑如琢磨者;其入

---

① 《徐霞客游记》,第 279 页。
② 同①,第 476 页。
③ 同①,第 258 页。
④ 同①,第 618 页。
⑤ 同①,第 643 页。
⑥ 同①,第 1026 页。
⑦ 同①,第 182 页。

颇深,即北洞池水之道也。盖水大时北洞中满,水从下反溢而出此,激涌势壮,故洞与涧皆若磨砺以成云。"① 对岩洞中出现的钟乳石和石笋,已明确认识到是由于石灰岩中的水滴下后,蒸发凝聚而成。如在游桂林龙隐洞时写道:"悬石下垂,水滴其端,若骊珠焉。"② 游云南保山水廉洞时还指出:"崖间有悬干虬枝为水所淋漓者,其外皆结肤为石,盖石膏日久凝胎而成。"③ 关于岩溶地貌的地区差异,他也有很多正确的观察与论述,如崇祯十年六月从柳州向西北行的路途中,就将柳江沿岸与桂林阳朔的地貌类型进行比较说:"自柳州府西北,两岸山土石间出,土山迤逦间,忽石峰数十,挺立成队,峭削森罗,或隐或现,所异于阳朔桂林者,彼则四顾石峰,无一土山相杂,此则如锥处囊中,尤觉有脱颖之异耳。"④ 在考察了广西、贵州、云南三省、区后,又指出其地貌河流的总体差异为"粤西之山,有纯石者,有间石者,各自分行独挺,不相混杂。滇南之山,皆土峰缭绕,间有缀石,亦十不一二,故环洼为多。黔南之山,则界于二者之间,独以逼耸见奇。滇山帷多土,故多雍流成海,而流多浑浊,惟抚仙湖最清。粤山惟石,故多穿穴之流,而水悉澄清。而黔流亦界于二者之间。"⑤

在水道源流的研究方面,徐霞客考察的河流很多,除在日记中常有记载外,还专门写了两篇论文《江源考》和《盘江考》。他不迷信书本教条,敢于否认旧说,如否定《禹贡》以来的"岷山导江"说,肯定金沙江是长江上源。通过实地考察还辨明了碧溪江是漾濞河下流,龙川江即麓川江,枯柯河是流入潞江,而不是流入澜沧江,指出北盘江之水发源于曲靖东山,认识到澜沧江、礼社江、潞江各自独流入海,纠正了《大明一统志》的有关错误。他经过对河流的长期研究,不仅总结出了弄清复杂水系的一条原则是"分而歧之,名愈紊;会而贯之,脉自见矣",而且对河流的侵蚀作用有许多正确的观察认识,如记载湖南茶陵云嶙山"大溪自北来,直逼山下,盘曲山峡,两旁石崖,水啮成矶"⑥。广西阳朔以北的漓江,"山横列江南岸,江自北来,至是西折,山受啮、半剖为削崖"⑦。广西扶绥的右江"江流击山,山削成壁"⑧。在考察福建的建溪和宁洋溪(今九龙江)时,他通过比较认清了河床坡度、水流缓急与河源距河口远近之间的相互关系,从而得出流程与流速的关系是"程愈迫,则流愈急"⑨。此外,他对河流的水量涨缩、水色变更等水文情况,也常有观察记载,如崇祯十年七月十九日沿柳江下行至都泥江口(今红水河),见"其水浑浊如黄河之流",流入柳江"而澄波为之改色"⑩。次年二月十五日再次见到该河则是"渊碧深沉",认为这种情况的出现是因为冬季,"盖当水涸时无复浊流淖漫上色也"⑪。他的观察和解释都是很正确的。

霞客在旅行考察中很重视植物的观察,记有地理分布、特征、用途等情况,其中有些种类具有重要的经济价值,如湖南的楠木、寿木,广西的巴豆、苏木,云南的紫梗等。紫梗是当地群众的

---

① 《徐霞客游记》,第 548 页。
② 同①,第 312 页。
③ 同①,第 1045 页。
④ 同①,第 372 页。
⑤ 同①,第 711 页。
⑥ 同①,第 173 页。
⑦ 同①,第 338 页。
⑧ 同①,第 456 页。
⑨ 同①,第 60 页。
⑩ 同①,第 402 页。
⑪ 同①,第 560 页。

称呼,即今之紫胶,这可能是我国最早的记载。霞客对各地植物的考察,最重要的贡献,是关于植物与环境关系的阐明。他认识到植物的生长分布,受到地形、气候和地理纬度等环境因素的影响。例如,万历四十一年(1613年)四月初三游浙江天台山时记载:"循路登绝顶,荒草靡靡,山高风冽,草上结霜高寸许……岭角山花盛开,顶上反不吐色,盖为高寒所勒耳。"① 天台山顶峰在一千米以上,由于气温随高度递减,由山下到山顶,地形变化大,气温差异也大,因此植物受地形温度的影响,发生明显的变化,山的高处"荒草靡靡",而山的低处却是"山花盛开"。他以"高寒所勒"来解释这种情况,是完全合乎科学道理的。类似情况,在攀登黄山的天都峰和云南的棋盘山后,也同样作了记述。特别是游云南点苍山,他由下而上,不仅看到"山树亦尽,渐涉其顶……顶皆烧茅流土,无复棘翳",而且着重指出在局部低洼地方,仍有小片树木生长,即"惟顶坳间,时丛木一区,棘翳随之"。由此可见霞客观察地形对植物的影响是何等精细。关于地理纬度对植物的影响,他在考察中也常常留意。如崇祯十二年正月初三在云南鸡足山见到"杏花初放"、"桃亦缤纷"②;后又北上到了丽江,于二十七日记载当地,"杏花始残,桃犹初放,盖愈北而寒也"。③认识到这两个地方桃杏花期存在差异,是地理纬度不同,愈北温度愈低之故。此外,霞客观察到纬度影响还表现在对某些植物的分布有一定界限,如崇祯十一年三月二十三日在广西南丹写道:"龙眼树至此无,德胜甚多。"④ 这两个地方不在同一纬度,南丹位于德胜以北约一百里。

徐霞客在云南还考察了火山遗迹和温泉地热。腾冲附近有近代火山,崇祯十二年到达这里,在听到有关火山现象的传说后,便怀着极大兴趣攀登打鹰山,调查火山遗迹,记载"山顶之石,色赭赤而质轻浮,状如蜂房,为浮沫结成者,虽大至合抱,而两指可携,然其质仍坚,真劫灰之余也。"⑤这里对火山喷发后浮石的形成、颜色、结构、比重等的解释和说明都是很正确的。在近代火山活动的地区,蕴藏有丰富的地热资源。徐霞客在腾冲期间,对周围众多的热泉群作了认真的考察,如冒雨至硫磺塘,在丛山峡谷中见到了雄伟壮观的地热现象,"遥望峡中蒸腾之气,东西数处,郁然勃发,如浓烟卷雾。"他还生动地描述了沸泉和蒸汽喷泉的活动情状,沸泉"从下沸腾,作滚涌之状,而势更厉;沸泡大如弹丸,百枚齐跃而有声";蒸汽喷泉"东北开一穴,如仰口而张其上鹗,其中下绾如喉,水与汽从中喷出,如有炉橐鼓风煽焰于下,水一沸跃一停伏,作呼吸状,跃出之势,风水交迫,喷若发机,声如吼虎,其高数尺,坠涧下流,犹热若探汤。"这些真切动人的记载,读起来使人感到似乎身历其境。在当时还没有温度计的情况下,对水温所作的形象描述是:"不敢以身试也","水辄旁射,揽人于数尺之外,飞沫犹烁人面也"⑥。前几年,我国的地质地理工作者对腾冲地热资源进行了科学考察,证明三百多年前徐霞客关于地热显示的类型、温度和压力等情况的记述,都没有发生大的变化。可见他当年的观察和描述是正确的,对今天开发利用此地的地热能源,是十分重要的历史资料。

徐霞客在旅行考察中,不仅重视观察各种自然现象,而且对人和环境之间的关系也很关注,记录了不少手工业、矿产开采、农业生产、交通运输、商业贸易、城镇聚落以及少数民族的分

---

① 《徐霞客游记》,第2页。

② 同①,第840页。

③ 同①,第872页。

④ 同①,第612页。

⑤ 同①,第977页。

⑥ 同①,第1008～1009页。

布和习俗等情况。这些内容既反映了明末社会的经济情况,也是人文地理特别是经济地理的研究范畴。在工矿业方面,霞客观察记载了很多矿藏的产地开采和冶炼的情况,如至湖南耒阳记载"过上堡市,有山在江之南,岭上多翻砂转石,是为出锡之所。山下有市,煎炼成块,以发客焉"①。在云南考察明光六厂的情况相当详细,对采掘、熔炼、烧炭、运砖和矿石的产量优劣都有记载。经过云南安宁记其井盐的生产情况,"每日夜煎盐千五百斤,城内盐井四,城外盐井二十四,每井大者煎六十斤,小者煎四十斤,皆以桶担汲而煎於家。"② 此外,山西恒山的煤矿,云南腾冲的酿磺养硝,棋盘山和大理的采石业,也都有如实的反映。农业生产方面,对各地农作物的生长分布、耕作制度、水利灌溉和优良品种等情况,常有述及。如在云南丽江记载当地轮作制度说:"其地田亩,三年种禾一番,本年种禾,次年即种豆菜之类,第三年则停而不种。又次年,乃复种禾。"③ 与农工生产有密切联系的交通运输,亦有不少记述,如自己所至各地的方位里程,江河湖泊中的舟船航运,陆上的骡马驼骑,特别是云贵地区富有地方特色的运输工具大象、牦牛,以及高山峡谷之间的藤桥、铁索桥等。关于物产,尤其是各地的特产,徐霞客所记甚多,包括林木、花卉、药材、动物、矿物等等,其中有些是热带亚热带的物产,如荔枝、龙眼,与现今的分布界线进行比较,还有助于研究历史气候的变化。此外,对各地的商业贸易活动、城镇的建置沿革、人口、民族、政治和风俗等情况,也都有零散的记录或概括的叙述,在此不一一列举了。他在人文地理方面的成就与贡献,过去研究不多,有待于今后进一步整理和总结。

综上所述,徐霞客一生专心致志于祖国山河的考察,在地理学上取得了多方面的成就,国内地学界对徐霞客及其游记,已有许多正确的评述,最重要的一点是,他打破旧的地理学传统,从现成材料的排比纂辑,走向实地考察,开辟了有系统观察自然、描述自然的新方向。外国学者如著名的英国科技史家李约瑟说:"他的游记读来并不像是 17 世纪的学者所写的东西,倒像是一位 20 世纪的野外勘测家所写的考察记录。"④ 赞扬他取得了超时代的认识和成就。

# 四　科学的地理方法

从科学家的成功经验与失败教训来看,任何人要想在探索自然奥秘的征途上取得卓越成就,都必须要有正确的研究方法。徐霞客在我国乃至世界地理学史上写下光辉的一页,与他正确而多方面地掌握了地理学的方法是分不开的。

进行实地考察、亲自观察自然,收集野外资料,是地理学的重要研究方法,徐霞客便是这样一个重实践、勤考察的地理学家。他从少年时期开始,便"特好奇书,侈博览古今史籍及舆地志、山海图经以及一切冲举高蹈之迹"⑤。随着年岁的增长,知识的累积,特别是通过旅行获得的实际见闻日益丰富,而对过去的舆地著作存在因袭附会,山川面目失之真实的弊病,很为不满,因此,非常重视实地的旅行考察。他每到一地,常常借阅当地的志书和地图,注意把书本知识和实地考察结合起来,而不迷信书本上已有的记载,用实地考察的第一手资料去纠正过去史书图籍中的错误。如在粤西的考察中,徐霞客到了右江南岸的隆安县,根据自己的行经路线,指出了当

① 《徐霞客游记》,第 257 页。
② 同①,第 775 页。
③ 同①,第 880 页。
④ 〔英〕李约瑟,中国科学技术史(中译本),第五卷第一分册,科学出版社,1976 年,第 62 页。
⑤ 同①,第 1184 页。

时府署中所挂地图中隆安地理位置的错误,他说:"余前至南宁入郡堂观屏间所绘地图,则此县(指隆安县)绘于右江之北,故余自都结来,过把定,以为必渡江而后抵邑。及至,乃先邑而后江焉。非躬至,则郡图犹不足凭也。"① 类似情况在水道源流、山脉岩洞等方面还很多,姑不一一例举。由于他在长期的实地考察中,发现了史书图志的很多错误,积累了丰富的知识,而深有感触地写道:"征事考实,书之不足信如此。"② 在他看来实地考察是得到切实可靠的地理知识的重要方法。

　　从古至今,描述记载的方法在地理著作中被广泛应用着,徐霞客在《游记》中也充分运用了这种方法。但与以往相比,它具有两个特点:其一,以清新简练的文字,记录自然景物,其中生动活泼的形象描述,尤引人注目。如他游湖南道州的华岩和九疑山(今九嶷山),跋涉在群山万壑之中,描述其所经见"石骨嶙峋,草木摇飏,升降宛转,如在乱云叠浪中",③ "四旁皆奇峰宛转,穿瑶房而披锦幛。转一隙复攒一峒,透一窍更露一奇,至狮象龙蛇,夹路而起,与人争道。"④ 地形地物的变化,在他的笔端,生意盎然,情趣隽永。他对岩溶地貌的种种特征,也有许多独到的描述,如"铮铮骨立"的石山,"攒出碧莲玉笋世界"的峰林,"旋涡成潭,如釜之仰"的落水洞,都是十分形象化的文字。在探查桂林七星岩后,描述洞内情况说:"其中有弄球之狮,卷鼻之象,长颈盘背之骆驼;有土冢之祭,则猪鬣鹅掌,罗列于前;有罗汉之燕,则金盏银台,排列于下。其高处有山神,长尺许,飞坐悬崖;其深处有佛像,仅七寸,端居半壁菩萨之侧。禅榻一龛,正可趺跏而坐;观音座之前,法藏一轮,若欲圆转而行。"⑤ 洞中形态万千的钟乳奇景,在他笔下维妙维肖,形神兼备。其二,徐霞客对许多自然现象很注意运用数字描述其形状大小。例如他行经怒江时记所见大树"本高二丈,大十围。"⑥ 在云南鸡足山悉檀寺描述虎头兰,"其叶皆阔寸五分,长二尺而柔,花一穗有二十余朵;长二尺五者,花朵大二三寸,瓣阔五六分。"⑦ 需要着重提到的是,徐霞客考察岩溶洞穴,不仅记其瑰丽雄奇的景观,而且对很多洞穴的形态有高阔深的数字描述。如探查广西浔州府(今桂平县)三清岩后写道:"其岩西向,横开大穴,阔十余丈,高不过二丈,深不过五丈。"⑧ 此外,他描写瀑布常常有落差的数字,观察江河流经山峡时,也往往记有下切深度的数字。

　　徐霞客对各种自然现象,不仅描述具体细致,而且善于运用比较分析的方法,找出其异同,加以归纳总结。如他在西南地区对岩溶地貌的类型和分布进行考察之后,指出峰林石山的分布西起云南的罗平,东北止于湖南道州(今道县),并通过比较,认识到各地峰林石山的发育是不同的。例如从湖南的祁阳开始,石山地形即起变化,"过祁阳,突兀之势以次渐露,至此而随地涌出矣。及入湘口,则耸突盘亘者,变为峭竖回翔矣。"⑨ 进入广西,各地的差异更为显著,阳朔桂林一带,"回顾石峰,无一土山相杂",阳朔佛力司以南,石山分布渐少,至柳州石山土山相间,到

① 《徐霞客游记》,第 523～524 页。
② 同①,第 730 页。
③ 同①,第 221 页。
④ 同①,第 240 页。
⑤ 同①,第 295 页。
⑥ 同①,第 963 页。
⑦ 同①,第 851 页。
⑧ 同①,第 406 页。
⑨ 同①,第 267 页。

了贵县则以土山为主了。他在具体地观察比较各地的峰林石山之后,还在总体差异上,对桂黔滇三省的岩溶特征和类型,进行了比较分析,在河流水系的研究方面他也常常运用这种方法,如在广西考察了漓江、洛容江和柳江后,便对比这三条河流的河谷特征说:"柳江西北上,两涯多森削之石,虽石不当关,滩不倒壑,而芙蓉倩水之态,不若阳朔江中俱回崖突壑壁,亦不若洛容江中俱悬滩荒碛也。"接着又指出这三条河"俱不若建溪之险。阳朔之漓水,虽流有多滩,而中无一石,两旁时时轰崖缀壁,扼掣江流,而群峰逶迤夹之,此江行之最胜者;洛容之洛青,滩悬波涌,岸无凌波之石,山皆连茅之坡,此江行之最下者;柳城之柳江,滩既平流,涯多森石,危峦倒岫,时与土山相为出没,此界于阳朔、洛容之间,而为江行之中者也。"[1] 这些河谷特征的对比描述,基本上符合实际情况。

　　徐霞客在旅行考察中,不但认真描述记载各种自然景物,而且见到奇异不解的岩石、植物,还亲自动手采集标本,甚至描绘图样,这在古代学者中是很罕见的。在云南保山附近的水廉洞考察时,见到一种石树,"其大拱把,其长丈余,其中树干已腐,而石肤之结于外者,厚可五分,中空如巨竹之筒而无节,击之声甚清越"。他从未见过,于是"断其三尺,携之下,并取枝叶之绸缪凝结者藏其中;盖叶薄枝细,易于损伤,而筒厚可借以相护,携之甚便也。"[2] 当他带着石树离开水廉洞后,行至西边不远的地方,又发现一洞穴,入内仔细观察后,又击取了钟乳石标本。《游记》中这样写道:"穹覆危崖之下,结体垂象,纷若赘旋,细若刻丝,攒冰镂玉千萼并头,万蕊簇颖,有大仅如掌,而笋乳纠缠,不下千百者,真刻楮雕棘之所不能及,余心异之,欲击取而无由,适马郎携斧至,借而击之,以衣下承,得数枝,取其不损者二枝。"[3] 除岩石标本外,还采了不少植物标本,在桂林宝积山见"有百合花一枝,五萼甚钜,因连根折之,肩而下山"[4];在云南点苍山见到一种龙女树,由于"花亦谢,止存数朵在树梢,而高不可折,余仅折其空枝以行。"[5] 在广西三里城徐霞客听了陆参戎介绍著名的大理蝴蝶泉后,便慕名而去,《游记》中写道:"泉上大树,当四月初,即发花如蛱蝶,须翅栩然,与生蝶无异,又有真蝶万千,自树颠倒悬而下,及于泉面,缤纷络绎,五色焕然,……过五月乃已。"[6] 徐霞客到达这里是三月十一日,时间太早,树未开花,蛱蝶也没来,他询问当地群众,有的说:"蛱蝶即其花变",有的说"以花形相似,故引类而来",在"不知孰是"的情况下,他"折其枝,图其叶而行"[7]。在考察中克服各种困难采集的这些标本,是十分珍贵的,霞客临终前"惟置怪石于榻前,摩挲相对",惦念着这些考察成果,可惜未能利用它进行研究,便与世长辞了。

## 参 考 文 献

侯仁之.1979.徐霞客和徐霞客游记.见:历史地理学的理论与实践.上海:上海人民出版社

任美锷.1959.徐霞客游记选释.见:中国古代地理名著选读.北京:科学出版社

唐锡仁,杨文衡.1987.徐霞客及其游记研究.北京:中国社会科学出版社　　　　　　　　（唐锡仁）

---

[1] 《徐霞客游记》,第 372 页。

[2] 同[1],第 1045 页。

[3] 同[1],第 1045 页。

[4] 同[1],第 308 页。

[5] 同[1],第 929 页。

[6] 同[1],第 922 页。

[7] 同[1],第 922 页。

# 宋应星

在中国历史上出现过许多优秀的科学家和技术发明家,通过他们的创造性劳动,对古代科学技术予以系统概括和总结提高,使之不断发展,从而完成一系列的科学技术发明与发现,并对人类科学文明做出了贡献。宋应星就是中国明代的一位卓越的科学技术人物,他的《天工开物》一书真实地记录了明代以前工农业各生产部门所取得的技术成就,内容广泛系统,文字简洁明了,插图生动活泼,深受国内外的推崇。

## 一 宋应星所处的时代背景

宋应星生活在明代末期的万历至崇祯年间,即 16～17 世纪。中国封建社会发展到明末已经到了后期阶段,由于商品经济的发展,至嘉靖(1522～1572)、万历(1573～1619)年间资本主义萌芽有了发展,同时又是国内阶级矛盾和民族矛盾相当尖锐的动荡时代。史学家把这个时期称为"天崩地解"的时代,认为这个时代的思想家们具有"别开生面",的特色。万历中期以后,即宋应星出世以来,明政权极其腐朽,统治机构陷于半瘫痪状态,上层有权势的封建官僚贪污腐败,不以国事为重。封建统治集团为掠夺财富,疯狂推行土地兼并政策,对城乡横征暴敛,使广大群众备受剥削和压榨,以至民不聊生,民变蜂起,接连不断在各地爆发城乡民众起义,严重打击了封建统治。

明代统治集团推行的上述政策,也在某种程度上侵犯了中小地主和城市工商业主的利益,引起这些阶层的不满,因而统治阶级内部的矛盾也日益加剧。万历、天启(1621～1627)和崇祯(1628～1644)三朝党争持续不断,削弱了中央封建集权的统治。沿海倭寇之乱和西方殖民主义者的入侵,更从外部对明朝统治起着破坏作用。尤其东北部女真贵族势力的崛起及其南下滋扰,更从国家内部威胁着明政权的存亡。面对女真贵族势力的攻势,明廷屡次败北,广大民众面临遭受民族压迫的紧急关头。宋应星目睹这些情况,不能不对他的思想产生影响。

另一方面,由于民众的反封建斗争有力地打击了封建统治,从而推动了社会生产力的前进和工农业、商业的发展。像南宋(1128～1279)一样,明代虽然政权腐败,但工农商业和科学技术却相当发达。农业耕作技术有了显著进步,普遍采用浸种、施肥、改良土壤、兴修水利、加强田间管理和防治病虫鼠害等技术措施,普遍使用筒车、踏车、牛车等农具,更多地利用自然力和畜力,提高粮食产量。明代又引进了甘薯、玉米、落花生、番茄等外国农作物。为了提高单位面积产量,明代推广多熟制和间作、套作等措施。① 农副业如养蚕及农产品加工方面也取得新的成果,为手工业提供了充足的原料。

明代中叶以来各手工业部门,如纺织、陶瓷、采矿、冶铸、造纸、制糖、造船和火器生产等,都有较大发展。由于中央封建集权统治的削弱,在这些手工业部门中除官办作坊外,出现了更多的民间作坊,生产规模愈来愈大。在较大的民间作坊里被雇佣的工人以千百计。在某些地区形

---

① 闵宗殿、董凯忱、陈文华,中国农业技术发展简史,农业出版社,1983 年,第 93～118 页。

成某一行业的中心,内部劳动分工相当复杂,如苏、杭、湖、松地区以纺织染业为主,景德镇盛产瓷器,"工匠四方来,器成天下走"。冶铁作坊集中于山西交城、河北遵化、广东佛山等地。造纸业则密布于赣、闽、浙、皖等省。在这些民间手工业部门中出现了资本主义生产关系的萌芽。这在《天工开物》中都有所反映。

在农业、手工业发展的基础上,国内外贸易和交通运输业也在明代有相当发展。以白银为主体的货币成为重要交换手段。有些商人兼营手工业和农副业,在商品经济发展的基础上,在一些较大的工商业城市和沿海港口,出现了资本主义手工业工场。对这种社会经济的新发展,宋应星深感喜悦。他在《天工开物序》中将这称之为"盛世"。

科学技术的发展是与社会生产的需要息息相关的。在明代工农业生产获得长足发展的基础上,科学技术也有了新的进步。天文、历算、物理、农学、医药学、机械学、地理学等领域都进入新的发展阶段,出现了总结性的著作,如李时珍的《本草纲目》、徐光启的《农政全书》、徐宏祖的《徐霞客游记》和宋应星的《天工开物》等都属于这类著作。因为发达的农业和手工业、迅速聚积起来的技术知识和资本主义工场作坊的发展,都要求对传统技术经验予以总结、推广和交流。这就为《天工开物》的产生提供了沃土。作者故乡江西省,是明代经济发达地区,景德镇的陶瓷业、铅山的造纸业、广信的矿冶业等都著名于全国,而江西又盛产水稻、麦、茶、桐油、苎麻等。南昌府又是人才汇聚之处,学者们思想相当活跃。在这样一个省区,出现宋应星这样的人物也属自然。

明代统治者为维护其封建统治,极力推行程朱陆王的理学,奉行腐败的科举制度,以八股文和理学束缚知识分子的思想。八股取士、空谈性理、轻视实学,在晚明造成风气,毒害了不少读书人。面对这种情况,不少代表中小地主和工商业主利益的知识分子不断发表评论,抨击弊政和社会陋习,希望在维持封建政权的前提下作出调整和改革,主张发展生产,振兴工商业,减轻税赋。他们还提倡实学,希望加强明政权实力,抗击女真贵族势力对明廷的威胁,提出筹饷练兵对策。江西省和各地的东林党、复社成员就是这些思想的传播者,而宋应星的一些师友就是这类人物,不能不对他产生影响。我们从他的《野议》一书中看到,他正是具有这种政治思想倾向的人。

总之,宋应星思想的形成和《天工开物》的成书完全可以从明末社会政治、经济和科学技术发展的现状中找到历史背景。历史上出现这样一位人物是偶然现象,但也有必然前提。如果没有《天工开物》,也势必要出现另一部类似的著作,因为时代在呼唤着它的问世。

## 二　宋应星的家世和生平事迹

宋应星字长庚,明代江西省南昌府奉新县北乡人。奉新古称新吴,初建于唐代(618～907),五代南唐(921～926)时改称今名。北乡在奉新县东南,宋应星故里在今宋埠乡牌楼宋村。这里人口中宋姓居三分之二,之所以称牌楼宋,因为明代在村内建立了"三代尚书第"、"方伯第"等石牌坊,都与宋族人有关。这是一个江南稻谷之乡,周围茂林修竹,风景秀丽。宋应星的名字至今仍为当地广大群众所熟悉。根据谱牒记载,[①]元明之际(1360～1370)宋应星的远祖便定居于雅溪南岸务农。宋德甫以下各辈靠经营土地、养蚕而逐步发迹。

---

① 宋立权、宋育德,《八修新吴雅溪宋氏宗谱》卷一,奉新敦睦堂藏版,1934年,第15～16页。

至宋应星曾祖宋景(1476～1547)起,始由科第进入仕途。宋景是明代著名阁老,也是宋族中地位最高的人物。据《明史》本传①,宋景字以贤,号南塘,弘治十八年(1505)进士,历任山东参政、山西左布政使、南工部尚书、南吏部尚书,进北都察院左都御史(从一品,位居七卿之一),成为一品朝廷命官,卒赠吏部尚书,谥庄靖。宋景为官廉正,生前曾推行过内阁首辅(宰相)张居正(1528～1582)的"一条鞭法",在南京督造奉先殿等。宋景有五子,长子垂庆,次子介庆,三子承庆(1522～1548),四子和庆(1524～1611),幼子具庆夭殇。承庆与和庆为同母韩氏所生。宋承庆字道微,号思南,妻顾氏,邑廪生,博学能文,志意进取,然为寿所限,27岁(用虚数,下同)便辞世。他就是宋应星的祖父。其叔祖宋和庆字瑞徵,号塘季,隆庆元年(1567)进士,历任浙江安吉州同知,广西柳州府通判,未几归里,刻《畅灵集》行世。因宋景位居七卿,故其长辈、晚辈也在封建社会中被"封荫",从此宋家成为官僚地主家庭。②

宋应星的父亲宋国霖(1547～1631)字汝润,号巨川,是宋承庆的独子,一生居于本乡,未入仕途。宋国霖刚一出生,适其祖父宋景卒,次年又逢生父承庆去世,赖母顾氏及叔父和庆养育。在宋景四房中,唯承庆这一支人丁不旺,亦未获得功名而入仕途。至宋国霖这一辈时已家道中落。宋国霖有四子,长子应昇(1578～1646),次子应鼎(1582～1629),三子应星,幼子应晶(1590～?)宋应昇、宋应星兄弟为魏氏(1555～1632)所生。魏氏为本县新兴乡小港村的农家魏鸿兴之女。她于万历四年丙子(1576)来嫁时,适家道中衰,遭到可怕的火灾后,门庭"渐以萧条"。万历十五年丁亥(1587)魏氏生宋应星,他比其胞兄应昇小九岁③。由此看来,宋应星出身于一个日趋衰落的地主家庭。宋家昔日繁华景象早已成为过去,因此他母亲不得不操理家务。

宋应星与其兄应昇既是同母所生,又自幼同窗为伍,多年形影相随,关系最密。少时,他们二人在家受叔祖和庆的教育,后又与同族的宋士遴、士达等就学于族叔宋国祚。宋应星的早期传记称他"数岁,能韵语(作诗),及掺制艺(习八股文),矫拔惊长老。……稍长,即肄业于十三经传,于关闽濂洛书,无不抉其精液脉胳之所存,故周秦汉唐及龙门左国,下至诸子百家,靡不淹贯。"④ 这里说的"十三经传",指的是十三部儒家经典的注疏本,包括《易经》、《书经》、《诗经》、《周礼》、《仪礼》、《礼记》、《左传》、《公羊传》、《谷梁传》、《论语》、《孝经》、《尔雅》和《孟子》。"关闽濂洛"指宋代理学中的四大学派,"濂"指居住于濂溪的周敦颐(1017～1073),"洛"指在洛阳讲学的程颢(1032～1085)、程颐(1033～1107)兄弟,"关"指张载(1020～1077)学派,因其弟子多陕西关中人。闽学为在福建讲学的朱熹(1130～1200)学派。"龙门左国"分别指司马迁《史记》及《左传》、《国语》。由此可见宋应星幼时学的是诗文和经史子书,受的是封建正统教育。

宋应昇、应星成长后,又与堂叔宋国璋(和庆子)、族侄宋士中(应和子)及本县的廖邦英等为伍,就学于新建县的学者邓良知门下。宋应星还与其兄拜南昌学者舒曰敬(1558～1636)为师,而与万时华、徐世溥、涂绍煃、廖邦英等为同窗。舒曰敬的学生们后来在明末都成为江西省著名学者。万历四十三年(1615)宋应星与兄应昇赴省城南昌府应乙卯科乡试,同中举人。该年江西考生一万多人,中举者只109人,29岁的宋应星名列第三,应昇名列第六。奉新考生中只有他们兄弟中试,且名列前茅,故人称"奉新二宋"。这说明他们兄弟原仍想通过科举,步曾祖宋

① 《明史》卷二十《宋景传》。

② 潘吉星,明代科学家宋应星,科学出版社,1981年,第20页。

③ 宋应昇,《方玉堂全集》卷八《先母魏孺人行状》,奉新雅溪藏版,1638年。

④ 宋士元,《长庚公传》,载《宋氏宗谱》卷二十二,奉新敦睦堂藏版,1934年,第71页。

景之后尘,为他们这一支宋景的后代人光宗耀祖。

乡试的成功使宋应星兄弟受到鼓舞,他们想趁这个势头进京会试,希望中进士第,再进入仕途。中举后当年秋他们便登上前往北京的旅途,以应次年,即丙酉(1616)的京师会试。38岁的宋应昇在途中赋《江行有怀》一诗,内称:"朝发皖城暮池口,西风飒飒吹驰走。……幸好偕计又偕弟,那堪临水又临风。"① 这是宋应星第一次水陆跋涉万里前往京师的远游,但这次他们落第而返。初次会试的失败并没有打消宋应星再次参加会试的念头。此后宋应星、应昇弟兄先后于万历四十七年(1619)、天启三年(1623)、天启七年(1627)及崇祯四年(1631)五次北上会试。② 到最后一次会试时,宋应星已45岁,而其兄应昇则是54岁的人了。这一年他们生母辞世,次年又遭父丧。父母的相继去世,使他们精神上遭受打击,而考场的失败更使他们心灰意冷,因为他们一生中最宝贵的时间都用在科举应试上了。

然而对宋应星而言,这五次万里长途跋涉也并非无谓之举,正是实现他在《天工开物》中所说"为方万里中,何事何物不可见见闻闻"的愿望的大好时机。在这过程中他浏览了各种书籍,作了广泛旅行,开扩了眼界。其足迹所至遍及京师及赣、鄂、皖、苏、鲁、冀等省的许多城乡,或许还有闽、浙、豫等省。沿途他耳闻目睹明末社会的种种弊端和黑暗现象,又有机会在田间、作坊从劳动群众那里调查到不少工农业生产技术知识,为后来写作《天工开物》、《野议》等著作作了准备。

多次会试的失败,明末官场(包括考场)中的营私舞弊,使宋应星对科举入仕之途产生了绝望,这从他在《野议·进身议》、《学政议》中对科举制度的抨击中就可看出他思想的转变。他指出,进身之人多靠门径贿赂而得逞,有些人并无真才实学,而"文章极其佳熟"的人无钱行贿,多次应试而终不取。于是他决定放弃科举途径,而步李时珍之后尘,转务"与功名进取毫不相关"的实学,即与国计民生密切联关的技术科学。这在他一生中是个重要的转折。

随着年岁的增加,宋应星已娶妻生子,与其他兄弟分居另过,他要负担起全家的生计。崇祯七年(1634)他以举人身份出任本省袁州府分宜县教谕,而他胞兄宋应昇则于三年前(1632)任浙江省桐乡县令(从七品)。宋应星担任的教谕职位更低,是未入流的下级文职官员,主要是教授生员,明代县学有20多名学生。由于这是闲职,使他有更多时间在任职的四年内(1634~1638)根据先前调查所得,从事著述。宋应星一生中的主要作品都是在这四年间写成的。崇祯九年(1636),他完成《画音归正》及《原耗》、《野议》、《思怜诗》等,十年(1637)成《天工开物》、《卮言十种》。教谕所领薪俸不多,所以宋应星是在经济拮据的情况下完成这些著作的,要不是友人资助,甚至都无法刊行这些著作。

教谕期满后,崇祯十一年(1638)宋应星赴福建省汀州府(今长汀)任推官,是正七品的掌理刑狱的司法官员。但任职不到三年,便于崇祯十三年(1640)辞去官职而归故里。途经赣南与老友刘同升(1587~1645)相聚,后来在家乡奉新暂住。崇祯十六年(1643)下半年再赴南直隶任亳州知州。亳州在今安徽省阜阳市,知州为从五品,这是宋应星所任最高职务。这时时局极其动乱,宋应星知亳不及一载,即遭明亡,遂挂冠归里。甲申(1644)后清王朝定都于北京,宋应星的哥哥宋应昇辞去广州知府之职,回到家乡。两年后因忧心国事,服毒而死。宋应星埋葬了多年与之伴随的胞兄之后,拒不仕清。

---

① 宋应昇,《江行有怀》,载《方玉堂全集》诗稿,卷二,1759年。
② 潘吉星,明代科学家宋应星,科学出版社,1981年,第38页。

当清兵围北京时,宋应星曾著《春秋戎狄解》,借古喻今;在南方制造抗清舆论,这时他已年过花甲。谱牒更称他累官至滁和道、南瑞州兵巡道[①],此二职决非清制,《明史·职官志》有江西南瑞州兵巡道之职,但查诸地方志则不见宋应星其名。《明史》不载滁和兵巡道,则此职或为南明建制。查南明史料亦不载此职由宋应星接任。因此可以推论说他可能被荐以此职,而终未就任。他早已"求一挂冠不得",决心成为隐士。

关于宋应星卒年,至今还不清楚。查宋应星友人陈弘绪(1590~1665)于清顺治十一年(1654)始编撰《南昌郡乘》,康熙二年(1663)刊行,未几(1665)陈弘绪卒。《郡乘》有宋应昇传,而无宋应星传,则此书付印前宋应星仍在世。且宋应昇传词意亲切,有死者未发表过的绝笔诗作,当出于宋应星手笔。我们料想,宋应星卒年当在顺治末年或康熙改元之际,大约享年80左右,即当公元1661年。清乾隆年间(18世纪)族人宋三铉曾修复过宋应星墓,墓在牌楼宋村宋家祖坟(戴家山)侧。

宋应星有子二人,长子士慧字静生,次子士意字诚生,二人均敏悟好学,长于诗文,拒绝参加清代科举,亦不复出仕,竟以青衿而终。宋应星生前,想必教导过他的子孙,一不要科举,二不要做官。这除表明他反清思想外,还说明他以一生经历和感受,终于决定与科举入仕决裂的心情。不但如此,宋应星侄子及侄孙(宋应昇子孙)在三代内也都未参加清朝科举、拒不仕清,不能不说受到宋应星、宋应昇的影响。

# 三　宋应星的著述

宋应星学识渊博、著述较多,他对于文学、历史、语言、艺术和科学技术都有研究,所著有《天工开物》、《画音归正》、《卮言十种》、《杂色文》、《原耗》、《野议》、《思怜诗》、《观象》、《乐律》、《春秋戎狄解》和《美利笺》等。这些作品大部分刊行于明末崇祯年间,直到清初康熙年间(1662~1722)还在社会上流传。乾隆年以后,由于"文字狱"盛行,宋应星的一些著作,还有其兄宋应昇的《方玉堂全集》便遭厄运,因为他们坚决抗清。

幸而宋应星的主要著作《天工开物》仍保留有明、清两种刊本。明刊首版书名为《天工开物卷》,分上中下三册,共18章,印以竹纸。序文与正文均为印刷体,序尾有"崇祯丁丑孟夏月,奉新宋应星书于家食之间堂"题款。这是1637年四月(农历,下同)由友人涂绍煃在江西刊行的初刻本,一般称为"涂本"。现存于北京图书馆善本部,1959年中华书局出版了影印本。入清后,书林杨素卿在康熙年间据涂本发行坊刻本[②],是为第二版,简称"杨本",亦藏于北京图书馆。杨本书名作《天工开物》,无"卷"字,序文改为手书体,序尾无年款,只作"宋应星题"。正文文字作了若干改动,以适应入清后的政治局势。先前人们多将此本定为明刊,实为明版清刊本。

《天工开物》分作乃粒、乃服、彰施、粹精、作咸、甘嗜、陶埏、冶铸、舟车、锤锻、燔石、膏液、杀青、五金、佳兵、丹青、麹蘗、珠玉共18章,插图123幅,涉及农业、手工业各个方面,堪称中国古代农业、工业技术百科全书。关于各章顺序安排,作者在序中说:"卷分前后,乃贵五谷而贱金玉之义。"这种思想来自西汉政治家晁错(公元前230~前154)的有关著作[③]。宋应星将其书斋名

---

①　《宋氏宗谱》卷五,1934年,第113~114页。

②　潘吉星,《天工开物》版本考,自然科学史研究,1982,1(1):40~54。

③　晁错,《说文帝令民入粟受爵》,载《汉书·食货志》。

为"家食之问堂",也表明他注重农业工业生产技术,"家食之问"是研究在家自食的学问,转义为农工业生产技术。《天工开物》将与民食有关的《乃粒》章列在全书之首,食衣部份篇幅占一半以上,而将无关国计民生的《珠玉》章摆在末尾,正体现"贵五谷而贱金玉"的思想。作者在书中记述民间生产经验,提倡观察试验,注重数量比例关系,驳斥方士谬说,推荐新鲜事物,都是明代科技领域中先进思潮的体现。因此把《天工开物》视为中国科学史中的代表作,[①] 不谓无据。

传世的宋应星作品还有《野议》、《思怜诗》、《论气》和《谈天》四种。这是除《天工开物》外硕果仅存的宋氏著作。四种均印以淡黄色粗竹纸,为明刊原本,现收藏于江西省图书馆。《野议》序尾有"崇祯丙子暮春下弦日,分宜教谕宋应星书于学署"的落款,时当 1636 年夏历三月二十二日。查《野议》等四种与明版涂本《天工开物》在纸张、版式、字体方面都大致相近,当可断定是在江西刊刻的。《野议》计十二议,有世运、进身、民财、士气、屯田、催科、军饷、练兵、学政、盐政、风俗和乱萌等议,共万言。这是宋应星在分宜县学署一夜之间疾笔写成的万言书。这说明作者在写作《天工开物》、研究科学技术问题时,还十分注意时事政治,关心国家命运。书中对明末社会的政治腐败深为不满,对面临民族压迫的危急形势深为忧虑,提出变革现状的政治对策。此书是反映宋应星的社会、政治和经济观点的一部政论集。

《思怜诗》序中署年的那一页原缺,但其确切刊年亦不难考定。他在序中说自束发时即练习作诗,"积三十余年握之盈把",于是决定出版。宋应星于万历二十四年(1587)生于故里,古时15 岁以上成童时束发,再下推 30 余年,则作此序时约 50 岁,合崇祯丙子九年(1636)。《野议》刊于该年,而其纸张、版式、字体、墨色等与《思怜诗》全同,二者亦当于同时受梓,则《思怜诗》刊于崇祯九年当无疑义。这是现存仅有的宋应星自选诗集。计《思美诗》10 首,均为七律;《怜愚诗》42 首,均为七绝,共得 52 首。取二卷之首字"思"与"怜",因名为《思怜诗》,其中《怜愚诗》思想性较高,与《野议》一脉相承,只是以诗的形式表达作者的思想而已。

《论气》的序缺前几页,但最后一页末尾题为"崇祯丁丑季夏月,奉新宋应星书",合公元1637 年夏六月,仅在《天工开物》问世后两个月。正文首行冠以《论气第八种》标题,而《谈天》正文起首也有《谈天第九种》字样,则可知在此二著前还应有七种,只是现在没有保存下来。宋应星著《卮言十种》,则《论气》、《谈天》或者就是《卮言十种》中残存下来的两种。查《野议》、《思怜》二卷,正文起首处均无《××第×种》标题,可知它们与《论气》、《谈天》并非一书,只是原收藏者蔡敬襄(1877~1952)才将四种合装在一起,且前后顺序被装错。《论气》分为形气(五章)、气声(九章)、水火(四章)、水尘(三章)及水风归藏、寒热各一章,共六篇 13 章,均取问答体。这是宋应星的一部有关自然哲学的著作。

《谈天》序尾有"崇祯丁丑初秋月,奉新宋应星书于学署"的题款,合 1637 年夏七月。顾名思义,这是谈论天体之作,篇幅不长,计《说日》六章。宋应星对天文学素感兴趣。其《天工开物序》云:"《观象》、《乐律》二卷,其道太精,自揣非吾事,故临梓删去。"这《观象》一卷就与天文学有关,可惜至今已不可得见了,我们只能在明刊涂本《天工开物》总目录中看到"临梓删去"的四行涂墨的痕迹。《谈天》一卷的幸存,可多少弥补这项缺憾。此卷主要内容是用天象记录批判宋儒朱熹(1130~1200)在《诗经集注》中提倡的"天人感应说"。

从《天工开物序》中我们还知道宋应星著有《画音归正》,于崇祯九年(1636)由涂绍煃资助刊行。此书今已失传,内容不可得见,大约为关于音韵的作品。而其所著《杂色文》及《原耗》,入

---

① 〔日〕三枝博音,支 那に於ける代表な技術書,载《支那文化談叢》,名取书店,1942 年,第 57~64 页。

清后也逐步散佚。但从作者友人陈弘绪的《周母王孺人六秩序》一文中可知《原耗》之梗概。文中说:"予友宋长庚作《原耗》万言。钜至于铨选、赋役、兵讼、小至于桑麻、绵葛、冠帻、履鞋,事事塵江河之虑。"① 可见《原耗》这部万言书,除与《野议》有类似内容外,还谈及桑麻,绵葛等事。

谱牒资料说宋应星更著有《美利笺》,今亦失传,可能是一部传奇之类的文学作品。从甲申年(1644)秋陈弘绪致宋应星信中还得知他这时著有《春秋戎狄解》,此乃宋氏生前最后一部作品,似未曾出版。陈弘绪读到此著后评论道:"《春秋戎狄解》辩证详确,足补马、郑未备。……得佳解,而豁然破千古之疑,诚不灭之鸿篇也。此时女真薄都城,中国元老亦随胡服。……翁兄此书,殊有深意,当极图悬之国门,以伸内外之防,自不烦致嘱耳。"② 当清兵包围北京时,宋应星在江西省以注释《春秋》、考证少数民族史为名,借古喻今,意在制造抗清舆论。陈弘绪认为此书考证详确,足以弥补东汉经学家马融和郑玄之未备。

唯有《杂色文》一书,至今无法找到书评或了解其具体内容,但成书时间无疑也是宋应星在分宜任教谕之时,估计可能是像书名所称的那样,是一部杂文集。《厄言十种》是一种杂著集,"厄"(zhī,支)为"厄"字的异体字,"厄言"或解为支离其言、言无的当,此处用作对自己著作的谦词,此书当成于崇祯九年(1636)。如果前述《谈天》、《论气》为此书中的二种,则其余八种均已亡佚。宋应星是个多产作家,在1634~1638年短短四年间,他就在这多事之秋写下了近10种著作,连同此后,总共有10余种之多,涉及文学、诗歌、历史、政论、哲学、杂文、自然科学和技术等好几个领域,而且都有其独到的见解和特殊的贡献。其所涉猎的学问之广,在明末社会中是少见的。

## 四　宋应星的思想

现存的《天工开物》和《野议》等四种,是研究宋应星思想的重要原始资料。这些资料说明他一方面从书斋走向田间、作坊、对"有益于生人"的农工生产技术作实地调查,写出不朽的科学巨著《天工开物》;另方面他也关心时事,对当时社会作了细心的观察和分析,主张改革现状,面临民族压迫时主张反抗,反对屈膝投降。在《野议》中他影射抨击了明末的贪官污吏(如魏忠贤、杨嗣昌、陈新甲等)、社会黑暗现象(如苛捐杂税、高利贷盘削、营私舞弊等)和歪风陋习(如挥霍浪费、炼丹求仙、堪舆算命等)。

尽管宋应星早年受到明代正统的封建教育并走了一段科举的弯路,但实践终于使他走上了理学和科举的对立面,而转向实学,并能反戈一击。他在《天工开物·序》中批判了对农工生产毫无所知而空谈性理的人:"世有聪明博物者,稠人推焉(众人推崇),乃枣梨之花未赏,而臆度楚萍,釜鬵之范鲜经,而侈谈莒鼎。……岂足为烈哉!"针对王公贵族和儒生鄙视群众和生产劳动的陋习,他在《乃粒》章序中写道:"纨裤之子,以赭衣(囚徒)视笠蓑(劳动群众);经生之家,以农夫为诟骂。晨炊晚馕,知其味而忘其源者众矣。"正因为宋应星肯向工农群众请教,他才能写出《天工开物》这部优秀著作,而他在书中也对群众的创造发明予以歌颂。

宋应星著作中一个中心思想是通过革新政治、发展生产来改善时局。虽然他受到其世界观和阶级立场的限制,但确实提出一些有眼光的革新主张。明代封建社会内,土地兼并、高利贷剥

---

① 陈弘绪,《周母王孺人六秩序》,载《陈士业先生集·石庄初集》,锦江青云书院藏版,1687年,第16~17页。

② 陈弘绪,《复宋长庚刺史书》,载《陈士业先生集·鸿桷续集》卷二,锦江青云书院藏版,1687年,第35~36页。

削和苛捐杂役是系在人民群众身上的三副枷锁,导致农民和手工业工人饥寒交迫、家破人亡,是引起群众起义的经济动因。这在宋应星《野议》中有深刻揭露。他在《乱萌议》中指出,大官僚地主凭借政治权势在"投献"名义下兼并土地,使农民失去土地和人身自由,"其人懊悔无及,愤怨不堪",遇有起义则"勾连归附",而"全楚沿带长江,遂无一块干净土"。尽入义军手中。《民财议》揭露高利贷"剥削耕耘蚕织之辈",使农民终日辛劳而不得温饱,即使田亩有收、绩蚕有绪,也无法偿本息,逼得农民走头无路,始举事造反。《催科议》更指出官府搜刮与加派税役,有增无减,使农民"新谷尚未播种,而严征已起者纷纷矣"。

宋应星的思想还以诗的形式表达。如《怜愚诗》第六首:"青苗子母会牙筹,吸骨吞肤未肯休。直待饥寒群盗起,先从尔室雪冤仇。"这是说高利贷使农民破产,导致举事谋反。《怜愚诗》第13首则讥讽阉党巨奸魏忠贤和辽东经略杨镐:"宦竖么么秽浊躬,投缳旅店疾如风。官高经略师徒丧,俛首求生贯索中"。魏忠贤作恶多端,祸国殃民,崇祯帝即位后削其权柄,放逐于凤阳,因朝内奏劾魏党者日众,魏忠贤遂于阜城旅店投缳自缢。辽东经略杨镐于万历四十七年(1616)辽沈战役中督师不当,大败于清兵,丧师失地,而被下狱论死。同诗第27首则讽刺富贵名卿服食"仙药",贪求长生的妄想:"天垂列象圣遵模,为问还丹事有无?万斛明珠难换颗,痴人妄想点金须。"这与《天工开物》中对炼丹术的批判相表里。

宋应星还指出,当工农群众贫苦中挣扎度日时,封建朝廷和大官僚地主却纵情声色、挥金如土,造成无端浪费。《野议·军饷议》大胆批评宫内用外地上供的麻布充火把、用黄绢作门帘,且年年易新酒缸、窗橱纱纸,主张暂停造成浪费的上供项目,借以开源节流。他认为造成明末社会弊端的原因之一,是为政者腐败无能,狼狈为奸,不以国事为重。《练兵议》云:"为将之道无他,志在为国,则不惟功成,而身亦富贵。志在贪财好色,则不惟师徒丧,而首领亦岂能全?求将之道无他,精诚在家国与功疆,则奇才异能之人,崛起而应之。结习在馈送邀名与报功升爵,则外强中干与性贪才拙之人,丛集而应之。"

宋应星进而指出,为政者腐败无能、贪私舞弊而却仍保其位,是因为科举取仕制度本身有弊端。他在《进身议》中写道:"然荐人之人与人所荐之人,声应气求,仍在八股文章之内,岂出他途?"因取仕进身不是靠才而靠门径贿赂、循私舞弊,故真正人才选不出来。于是他在《学政议》中转而认为,有真才实学者"再三应考,不得一府县名字为进身之阶。流落求馆,计无复之,则窜入流寇之中,为王为佐,呈身夷狄之主,为牒为官,不其实繁有徒哉?"可谓分析得较深刻。他主张"为司铨法者一破情面,大公至正,掣签而授之。"通过严格考试,录用有才之士,再论功行赏,赏罚分明。"行法美而严,一行而百效,齐唱而鲁随,则不通子弟请客与曳白者不敢躁进,而贫士方无沦落之嗟。"

在批判明末封建社会同时,宋应星对当时出现的商品经济和资本主义萌芽的发展表示欣喜。在《野议·盐政议》中他代表商业资本利益说话,要求"朝廷将前此烦苛琐碎法,尽情革去",以利商业资本发展。而他还以《天工开物》一书为有志于发展工农生产、繁荣商业的人提供参考书。因此书"与功名进取毫不相关也"。

尽管宋应星时代宋明理学有很大势力,他还是敢于在《谈天》中批判宋代理学家朱熹的"天人感应说"。朱熹在《诗经集注·小雅》篇中认为日月蚀等天象异变与人君昏明有关。他说:"然王者修德行政,则日明之行,虽或当食,而月常避日,所以当食而不食也。"针对这一说法,宋应星列举天象观测记录及历史记载,说明日月蚀现象与人君昏明没有任何关系,故认为天人感应之说"无是理也"。宋应星坚持从自然界本身寻找自然现象之解释,而排斥迷信和荒诞的神怪谬说。他在《天工开物·乃粒》章辨明"鬼火"并非"鬼变枯柴",还在《怜愚诗》第24首批判算命先生,指出"时日若能催富贵,伊家乔梓岂长贫"。

《论气》集中体现了作者的自然哲学观点。他认为物质结构有"气"、"行"和"形"等层次,"气"是看不见的原始物质,"形"是可见的有形物质,"行"介于气、形二者之间"。气聚而成形,形经变化又复返于气,此即其"形气论"。"盈天地皆气也","天地间非形即气,非气即形"。他又认为工农生产中离不开的水、火、木、金、土诸行,介于"气"与"形"之间。"杂于形与气之间者水火是也"。宋应星用气、行、形之间的"生化之理"解释自然现象和生产活动。这种自然观是直观的、朴素的,但原则上是唯物主义的,与宋明理学所谓"理"、"心"、"天"等唯心主义先验论有别。宋应星关于"五行"的学说与董仲舒的"生克论"也不同。后者认为"水克火",二者是不相容的。宋应星在《水火篇》中认为生克论乃"见形察肤者然之","水与火非胜也,德友而已矣"。这个观点后来为王夫之(1619~1692)所发挥。宋应星自然观中还有辩证思想萌芽。《天工开物·乃粒》云:"土脉历时代而异,种性随水土而分",提出与种性不变的形而上学对立的思想。《谈天》还指出:"以今日之日为昨日之日,刻舟求剑之义。"此命题颇含科学根据。

宋应星关于"天工开物"的技术哲学思想,反映了人与自然界的关系,强调人的主观能动性。《天工开物·膏液》章写道:"草木之实,其中蕴藏膏液而不能自流,假媒水火、凭借木石而后倾注而出焉。此人巧聪明。"这就是说,有用之物不会自动而来,必待人工作用于自然界才能获得。《野议·民财议》也称:"夫财者,天生地宜,而人功运旋而出者也"。人通过生产实践从天然界开发有用之物,这就是"天工开物"思想的精髓,也是"天工开物"四字的本来意思。正如日本专家三枝博音(1892~1963)所说,天工开物思想也是东亚的一个独特的技术哲学思想。[①] 宋应星唯物自然观的另一表现,是强调观察试验的重要性。《天工开物·佳兵》章指出:"火药火器,今时妄想进身博官者,人人张目而道,著书以献,未必尽由试验。"而他主张判断现有说法是否准确,"皆须试验而后详之",试验是判断是非的准则。

## 五 宋应星的科学成就

中国古代有素称发达的农业和手工业,科学技术也有许多灿烂的成就,但全面总结这些科技成就的著作,比起文史书来还嫌太少。宋应星的科学成就首先在于,他在历史上第一次如此全面、忠实而系统地记述了明以前农业和手工业广泛领域内的生产技术经验,除文字表述外,还用插图将这些生产活动生动地再现于纸上。特别可贵的是,《天工开物》中的许多资料直接来自作者在田间和作坊里的亲自实际调查所得,也有些内容取自科学先辈们的著作,如李时珍的《本草纲目》,但作了进一步发挥,不少内容在技术上属于先进水平。

《天工开物》中的《乃粒·粹精》讲五谷栽培、农产品加工,附水利工具图说。《乃服》章论棉麻丝毛纺织,附养蚕及织机。《彰施》章则讲植物染料及染色技术,《作咸》、《甘嗜》及《膏液》分别叙述食盐、食糖和植物油等副食品的制造。《冶铸》、《锤锻》、《五金》三章专言各种金属及合金的冶炼、加工和诸金属器物的制造。附设备操作图。《燔石》论述采煤、烧制石灰及矾砒等。《陶埏》讲砖瓦及瓷器制造,《杀青》谈造竹纸和皮纸。《舟车》论水陆交通运输工具。《佳兵》除叙述冷武器制造外,主要介绍火药和各种火器制造技术。《丹青》和《魖粉》分别叙述墨、矿物性颜料

---

① 〔日〕三枝博音,支那に於ける代表な技術書,第57~64页。

以及酒麯的制造。最后,《珠玉》章论珠宝的开采及玉器、水晶等。这18章内容涉及到衣食住行及日用的各个方面,故《天工开物》可称为中国古代的一部技术百科全书。

宋应星在书中有不少地方发前人之所未发,言前人之所未言,尤其注意收集"出于近代"的最新技术项目。他还在先进的技术哲学思想指引下灌输了近代科学先驱者所具有的实证精神。《天工开物》多次强调观察试验的重要性,而在叙述某一生产过程时,对原材料消耗、成品收率、设备尺寸等都给予了精确的定量数据,还能细心观察到生产技术中的诀窍,点出关键技术和关键设备的操作要点,不能不令人佩服。而书内123幅插图则立体地生动再现了工农群众在田间、作坊里的操作情景,犹如一幅明代工农业生产技术活动的巨型画卷。其中人物形象逼真,动作准确,设备各部件比例协调,给读者提供具体形态,欣赏这些插图时就会把我们带入300年前的生产现场,供大家参观浏览。

现在让我们例举宋应星作品中反映的古代科技成就。《天工开物·乃粒》章指出:"今天下育民者,稻居什七",因此对水稻的耕种技术给予特别注意,其中不少新技术为先前农书所不载。如谈到用浸种法育秧时提到"秧生三十日即拔起分栽",否则引起减产。"凡秧田一亩所生秧,供移栽二十五亩"。这两个数字很重要,秧生三十日分栽,否则"老而长结,即栽于亩中,生谷数粒,结果而已"。这是农民的经验总结。秧田与本田比为1:25,江西近代也仍如此。同章又说:"凡稻旬日失水则死,期至幻出旱稻一种,粳而不粘者,即高山可插,又一异也。"这里介绍了抗旱性旱稻,通过人工选育而发生变异型的旱稻变种,又是农民的一项创造。接下又写道:"土性带冷浆者,宜骨灰蘸秧根,石灰淹苗足,向阳暖土不宜也。"

按带"冷浆"的土是排水不良、土温较低的酸性土,用石灰撒在苗根,便于中和酸性土,促成土壤团粒结构形成。而向阳暖土酸性不高,不宜用石灰。这里提到鸟兽骨灰蘸秧根,是施用含磷肥料的有效措施。中国古代稻麦耕作中,在插秧或下种时拌以矿肥、杀虫鼠剂和改良土壤的其他矿物质,是先进技术措施,宋应星均载之无遗。《乃粒·麦工》云:"陕、洛之间忧虫蚀者,或以砒霜拌种子"。砒霜主要含三氧化二砷($As_2O_3$),有剧毒。将其用于拌秧则始自宋应星的记载。

《天工开物·乃服》章有不少篇幅讲养蚕术。其中提到将黄茧蚕与白茧蚕杂交育出褐茧蚕,又将一化性蚕雄蛾与二化性蚕雌蛾杂交而得出良种。由于杂交引起蚕种变异,育出适合需要的新蚕种,从而不自觉地应用了定向变异原理。在同一地方还写道:"凡蚕将病,则脑上放光,通身黄色,头渐大而尾渐小。并及眠之时,游走不眠,食叶又不多者,皆病作也。急择而去之,勿使败群。"这里根据蚕体变态、行为反常和食欲不振来判断病蚕,并将有传染性的病蚕从蚕群中除去,这是符合科学原理的方法,是应用人工选择原理的一个范例。

金属和合金的冶炼及其加工是古代重要手工业部门。《天工开物》则以《五金》、《铸造》、《锤锻》三章叙述这些技术,是少有的可贵记载。在论述钢铁冶炼时提到冶铁炉旁设方塘,趁热炒铁并加泥灰为熔剂,实现将冶铁炉与炒铁设备串联使用的连续生产方法。书中所述"灌钢"技术,将薄片熟铁捆起入炉,上放生铁,涂泥草鞋盖顶,生铁水自上而下均匀渗入熟铁,取出锻打。再炼再锻,经渗碳、氧化去杂质而终成钢。此法均匀渗碳、充分去杂,较过去有改进。中国至迟在宋元时已较早制出金属锌和锌合金,但锌的提炼过程自《天工开物》始有记载。方法是用炉甘石(不纯碳酸锌)入泥罐中以泥封固,逐层垫以煤饼,发火烧之。炉甘石分解为氧化锌,再遇碳还原为锌。书中还介绍锌("倭铅")的性质及与铜按不同比例制成锌铜合金的方法,都是冶金史上可贵记载。《锤锻》章所述"生铁淋口"技术,在熟铁农具、工具、武器坯件上淋以一层生铁水,再加工及热处理,使制品坚硬、耐磨、又韧性好。至今还有现实意义。为民间所用,是金工史上的独特创造。

中国早在汉代已用煤冶铁,至明代采煤技术达较高水平。《天工开物·燔石》章提到采煤井下实行井巷筑构、瓦斯通风、排水及顶板等安全作业技术。《五金》章根据金、银、铜、铁、铅等金属性质的不同,而使之互相分离。如"沉铅结银法"从银矿中提炼银,便基于此原理。《麹糵》章还记载保存食物的丹麹(红麹):"世间鱼肉最朽腐物,而此物薄施涂沫,能固其质于炎暑之中。经历旬月,蛆蝇不敢进,色味不离初,盖奇药也。"这是与近代用抗生素保存食物出于同样道理。此外,宋应星在《天工开物》中特别注重数量关系,对生产过程中涉及的长度、宽度、高度、重量、容积、比率、时间等,都有精密叙述。

除《天工开物》外,宋应星在《论气》中还对自然科学理论问题作了探讨。《气声》篇集中讨论了物理学中的声学问题。书中说:"凡以形破气而为声也,急则成,缓则否;劲则成,懦则否。故急冲急破,归措无方,而其声方起。"[①] 在宋应星看来,声是气的运动,由于气与形之间的冲击而发声,以形破气而为声。声之大小、强弱取决于形、气间冲击的程度,他叫作"势"。急冲急破,"气得势而声生焉"。《论气·气声》篇还进而论述声在空气介质中的传播:"物之冲气也,如其激水然。气与水,同一易动之物。以石投水,水面迎石之位,一拳而止,而其文浪以次而开,至纵横寻丈而犹未歇。其荡气也亦犹是焉,特微渺而不得闻耳。"因之,以物冲气而产生的声,其在空气中的传播有如以石击水所成的水波那样扩散。从这里可看出宋应星已有了关于声波的思想萌芽。

## 六　宋应星的国际影响

如前所述,宋应星的《天工开物》是适应中国明末社会工农业生产和技术上的需要而出现的,因而受到国内读者的欢迎。第一版刊行后不胫而走,遂很快刊行第二版。而当这部技术书传播到国外时,也同样受到欢迎。此书从17世纪起就引起国外的重视,后来一直为各国学术界所推崇,被公认为一部世界古典科学名著,并被译成多种外文,受到国际上的高度评价,具有广泛的国际影响,因而该书作者也成了一位知名度很高的卓越科学家。

《天工开物》首先流传到与中国一衣带水的日本。此书初刻于明崇祯十年(1637),相当于日本江户时代(1608~1868)的宽永十四年。但此书传入日本的初始年代和经过,尚待研究。较早引述此书者是著名本草学家贝原笃信(字益轩,1630~1714),他在其元录改元(1688)成书的《花谱》和宝永元年(1704)成书的《菜谱》中,在参考书目中列举了《天工开物》。这是日本提到此书的最早的文字记录。由此看来,至迟在元录七年(1694)《天工开物》已流入日本无疑。18世纪以来,此书中文版随其他中国著作继续东渡,触及此书的也越来越多。而且还被收藏在图书馆里,如东京静嘉堂文库、水户彰考馆等,因此日本人18世纪时所看到的《天工开物》不外是中文原著或其相应写本。

继贝原笃信之后,伊藤东涯在享保十一年(1726)成书的《名物六帖》及平贺鸠溪(字源内,1728~1779)在宝历十三年(1763)刊行的《物类品骘》中都引用了《天工开物》正文或其插图。引用宋应星这部书的还有金泽兼光的《和汉船用集》和新井白石的《本朝军器考》(1709)等。由

---

① 宋应星,《论气·气声》,明崇祯十年原刻本。

于人们使用《天工开物》越益普遍,于是明和八年(1771)大阪的菅生堂刊行了和刻本《天工开物》,是为菅生堂本。这是该书第一次在外国翻刻,文政十三年(1830)又发行重印本。于是《天工开物》成为江户时代日本学者广泛采用的重要参考书之一。例如,引用《天工开物》的还有下列著作,木村青竹的《新撰纸谱》(1797)、增田纲的《鼓铜图录》(1801)、曾槃与白尾国柱的《成形图说》(1804)、小野职博的《本草纲目启蒙》(1806)和《大和本草批正》、村濑嘉右卫门的《艺苑日涉》(1807)、草间直方的《三货图汇》、宇田川榕庵译述的《舍密开宗》(1837)、畔田翠山的《古名录》(1843)等书。

《天工开物》不但影响于日本科技界,还影响到思想界。例如,18世纪日本哲学界和经济学界兴起了"开物之学"。开物学在经济学界的代表人物是佐藤信渊(1769~1850),在其《经济要录》(1859)中他指出:"开物者,乃经营国土,开发物产,富饶境内,养育人民之业者也。"而这正是宋应星"天工开物"思想的体现。因此日本科学史家认为佐藤信渊"受了《天工开物》很多的影响"①,是有根据的。除李时珍的《本草纲目》外,对江户时代日本学术界有普遍影响的中国著作就算宋应星的《天工开物》了。因菅本刊行时已施加训点,一般读者能读懂,故日本文译本出现较晚。直到1952年,薮内清等学者才将《天工开物》全文译成现代日本语,并加标点及校注。这是该书最完善的外文全译本,至今还一再发行增订版。

宋应星的这部书还引起18世纪朝鲜学者的注意。李朝(1392~1910)著名思想家朴趾源(1737~1805)在其《热河日记》(1783)的《车制》章中写道:"灌田曰龙尾车、龙骨车、恒升车、玉衡车……俱载《泰西奇器图说》、康熙帝所造《耕织图》,其文则《天工开物》、《农政全书》。有心人可取而细考焉,则吾东生民贫瘁欲死,遮几有瘳耳。"②《热河日记》是朴趾源于1780年随使节访华时的游记,而《天工开物》等书至迟在18世纪已传到朝鲜。继朴趾源之后,李朝著名学者徐有榘(1764~1845)的巨著《林园经济十六志》和李圭景的《五洲衍文长笺散稿》、《五洲书种博物考辨》(1834)等书都引用了《天工开物》和其他中国有关著作③。

《天工开物》还在18世纪时流传到了欧洲,受到很大注意。在英、德、法、意、比等国大图书馆中藏有此书的不同中文版原著。但只是从19世纪以后,此书才由法国汉学家儒莲(S Julien,1797~1873)介绍给欧洲读者。1830年儒莲首次将《天工开物·丹青》章有关银朱部分译成法文,题为"论中国的银朱。译自中文并摘自名为《天工开物》的技术百科全书",发表于《新亚洲报》第五卷④。1832年,该文从法文转为英文。1833年儒莲又将《丹青》章论制墨部分及《五金》章论铜合金部分译成法文,而铜合金部分又从法文译成英文(1834)及德文(1847)。欧洲技术家在研制具有特殊性能及用途的铜合金时,可从中国古代技术中找到历史借鉴,因此译成发表在法、德的最高级科学刊物中,并非偶然。

1837年儒莲更将《授时通考》(1742)中《蚕桑篇》(卷71~76)摘译成法文,以单行本刊于巴黎,书名是《论植桑养蚕的主要中国著作摘要》,同时他又取了中文书名为《桑蚕辑要》,在此书

---

① 〔日〕薮内清,关于天工开物,载《天工开物研究论文集》,商务印书馆,1961年,第33页。

② 朴趾源,燕岩全集,新朝鲜社,1955年,第179页。

③ 全相运,韩国科学技术史,科学世界社朝文版,1966年,第224~225页。

④ Sur le vermillon Chinois. Traduit du Chinois et extrait d'une encyclopédie technologique intitulée T'ien Koung Kai We par S. Julien. Nouveu Journal Asiatique, Vol. 5, pp. 205~213(Paris, 1830)。

附录中特意摘译了《天工开物·乃服》章论桑蚕部分①。这部书立即在欧洲科技界中引起轰动，各国农业工作者纷纷研究。法文版刊行后很快售空，而且当年之内就转为意大利文和德文，第二年(1838)转译成英文，1840年又译成俄文。在1837～1840年三年内，《天工开物》论桑蚕部分被译成法、意、德、英、俄五种欧洲语。1838年儒莲更取材于《天工开物·彰施》、《群芳谱》卷一、《授时通考》卷六十九及《便民图纂》等书，介绍中国提制蓝染料的方法。1834年儒莲又将《天工开物·杀青》章造纸部分译成法文，主要介绍造竹纸方法，这对欧洲人来说是件新鲜事。因为欧洲人在这以前不会造竹纸，1875年鲁特利奇(T. Lotledge)首先在其小册子中讨论以竹为原料造纸的方法，而且此书用竹纸印成，这是西方第一次用竹造纸②。显然，在这方面是受到《天工开物》的影响。

从以上叙述中可以看到《天工开物》中的《丹青》、《五金》、《乃服》、《彰施》及《杀青》等五章一些内容，在1830～1840年10年间都由儒莲摘译成法文，有的译文再转译成英文、德文、意大利文和俄文，说明这部书确是受到欧洲学术界的重视。宋应星介绍的养蚕、造纸、染色、制墨、制造铜合金和银朱的技术，对欧洲技术家仍是值得参考的。尽管19世纪时欧洲科学技术已相当发达，但上述几个领域内仍面临一些技术上的问题有待解决。例如当时欧洲养蚕业防止蚕病经验不足，导致蚕丝减产。而有四千年以上养蚕经验的中国，通过宋应星的著作可以介绍有关育蚕、择茧、防止蚕病蔓延、提高抽丝率方面的丰富经验。从这一角度来看，儒莲把《天工开物》介绍给西方读者，是作了一件很有意义的事。他还在1869年发表的《中华帝国工业之今昔》③一书中，把《天工开物》中的《作咸》、《陶埏》、《冶铸》、《锤锻》、《燔石》等章摘译成法文，连同以前所译的各章及其插图一并收入，使欧美读者能更全面地了解《天工开物》的内容。

英国著名生物学家达尔文(1800～1882)曾读过儒莲翻译的《授时通考》和《天工开物》中论桑蚕部分的译本，称之为"权威著作"④。他把中国古代养蚕技术措施作为论证人工选择和人工变异的例证之一。19世纪法国大作家巴尔扎克(1799～1850)在其小说《幻灭》第一部所述"讲述造纸技术的中国书，附有不少图解"⑤，就是指《天工开物·杀青》章，这书成为巴尔扎克创作小说的素材。同时期的俄籍植物学家兼汉学家贝勒(E. Bretschneider 1833～1901)在其《中国植物志》(Botanicum Sinicum)中也多次引用《天工开物》。英国化学家梅洛(J. W. Mellor)在《无机化学及理论化学大成》中论金属锌时指出："1637年中国刊行的《天工开物》一书，于锌之冶炼及用途，俱有论及"⑥。

20世纪以来，《天工开物》继续受到各国学者的重视。为适应各国读者的需要，一些新的译本相继问世。1964年，德国学者蒂洛(T. Thilo)将该书前四章《乃粒》、《乃服》、《彰施》及《粹精》

①　Résumé des principaux traités Chinois sur la culture des mûriers et l'éducation des vers à soie. Traduit par S. Julien, 224pp. (Paris, 1837).

②　D. Hunter: Papermaking. The history and technique of an ancient craft, 2nd ed. , p. 571(London, 1957).

③　Industries anciennes et modernes de l'Empire Chinois, d'après des notices traduites du Chinois par S. Julien, 254pp. (Paris, 1869).

④　潘吉星，达尔文和中国生物学，生物学通报，1959，(11)；517～520。

⑤　巴尔扎克著，傅雷译，幻灭，人民文学出版社，1980年，第101页。

⑥　J. W. Mellor: Comprehensive Treatise on Inorganic and Theoritical Chemistry, Vol. 4, pp. 398～405(London, 1923).

译成德文并加注,在柏林洪堡大学作为博士论文的题材。①1967 年蒂洛又发表"宋应星论中国农业之经营"(Song Ying-Xing über chinesische Landwirtschaft)一文对《天工开物》前四章内容作了介绍。1966 年美国宾夕法尼亚州州立大学的任以都更将《天工开物》全文译成英文并加译注,题为《宋应星著天工开物·十七世纪中国的技术书》(Sung Ying-Hsing's T' ien Kung K' ai Wu. Chinese Tchnology in the Seventeenth Century)。

　　到目前为止,《天工开物》已有日文和英文全译本和法文摘译本,其中有些章的内容还被译成德文、意大利文和俄文。国外凡是研究古代科技史的,无不引用此书,并给以高度评价。英国科学史家李约瑟将《天工开物》称为"中国的狄德罗(Diderot)宋应星写作的 17 世纪早期的重要工业技术著作"②。从此书在国外的传播中可看到它已成为世界名著,在世界科学史中占有一席重要位置。

## 参 考 文 献

丁文江. 1929. 宋长庚先生传. 见:天工开物. 陶湘本

潘吉星. 1981. 明代科学家宋应星. 北京:科学出版社

潘吉星. 1990. 宋应星评传. 南京:南京大学出版社

宋立权,宋育德编. 1934. 八修新吴雅溪宋氏宗谱. 奉新敦睦堂藏版

宋应昇(明)撰. 1637. 方玉堂全集. 奉新雅溪藏版

宋应星(明)撰. 1959. 天工开物. 影印明崇祯十年刊本. 北京:中华书局

宋应星(明)撰. 1972. 野议、思怜诗、论气、谈天四种. 上海:上海人民出版社

三枝博音〔日〕. 1943. 天工開物の研究. 東京:十一組出版部

藪内清〔日〕主編. 1953. 天工開物の研究. 東京:恆星社

　　　　　　　　　　　　　　　　　　　　　　　　　　　　　　　　　　　　　　(潘吉星)

---

　　① Die Kapitel 1 und 4(Ackerbau und Weiterbearbeatung der Ackebauprodukt)des Tian Gong Kai Wu von Song Ying-Xing. Ubersetzung und Kommentar von Th. Thilo (Diss.)(Berlin, 1964).

　　② J. Needham: Science and civilisation in China, Vol. 1, pp. 12-13(Cambridge University Press. 1954)。

# 刘 献 廷

清朝初年的刘献廷，在我国地理学思想史上占有重要的地位。他敢于冲破旧传统，讲求实用，为地理学提出了探索自然规律这样一个新的研究方向。

## 一　生平与著述

刘献廷，字继庄，又字君贤，别号广阳子。清直隶大兴（今属北京）人。生于清顺治五年七月二十六日（1648 年 9 月 13 日），卒于清康熙三十四年七月六日（1695 年 8 月 15 日），终年 48 岁。

刘献廷的先世本是江苏吴县（今苏州）人。父亲名矿，是个名医，因到北京作太医，而改籍大兴。刘献廷少时，"颖悟绝人，博览负大志，不仕，不肯为词章之学"，"读书每竟夜不卧，父母禁不予膏火，则燃香代之，因眇一目"[①]。14 岁开始读《南华经》，尽管其文义深奥难懂，但他借助名家注释帮助理解，思想豁然开扩。19 岁（1666）时，父母均已去世，于是携眷南迁苏州，其后 30 年便定居此地。其妻张氏逝世之后，他"于是慨然欲遍九州，览其山川形势，访遗佚，交其豪杰，博采轶事，以益广其见闻，而质证其所学"。康熙二十三年（1684），礼部侍郎徐乾学和大学士徐元文兄弟聘请他到北京参与纂修《明史》。到京以后，又有友人邀请他参修《大清一统志》。从此，刘献廷有机会与万季野、王昆绳、顾祖禹、黄子鸿等著名学者共事，并和他们结下了深厚的友谊。在北京将近四年，于康熙二十九年（1690）又返回苏州。

次年，刘献廷走出书斋，和门人黄宗夏结伴远游。他们从家乡出发，经安徽、江西、湖北，到湖南郴州返归。旅途中不断访求学友，研讨学问；各地的风土人情、文物古迹、自然景色、地理形势等情况，尽在考察研究之中。特别是和国计民生有关的经济地理问题，他更是十分重视，并提出了自己的独到见解。如在汉口附近调查之后提出："汉口不特为楚省咽喉，而云、贵、四川、湖南、广西、陕西、河南、江西之货，皆于此转输"[②]。他不仅在经济上指出了汉口所处地理位置的重要性，而且从长江流域经济重心的历史变化，推测鄂家口因上游繁盛将会有所兴旺。在长沙，他见湘江"浩浩北注，无泊舟地"。又了解到王抚军为此曾开一引河，但"日久坍颓，渐就堙塞"，于是他提出"引浏渭之水西来。冲刷汙塞，方为永久之计"[③]。由此类实地的观察记载，不难看出前人评价"继庄之学，主于经世"[④]，是很正确的。"

康熙三十三年（1694），刘献廷从湖南归来，他计划和友人结茅著书。为了这个目的，他在纂修《明史》和《大清一统志》时，早已抄得史馆秘书无算，还旁搜稗官碑志野老遗民的大量材料，做了充分的准备工作。但没料到在执行这一计划不到一年，便过早地离开了人世。

---

① 王源，《刘处士墓表》，载《居业堂集》卷一八。
② 《广阳杂记》，中华书局，1957 年，第 193 页。
③ 同①，第 162 页。
④ 全祖望，《刘继庄传》。

刘献廷生于清初,在民族压迫异常残酷的情况下,坚持民族气节,对那些为清廷贵族效劳的"二臣"十分鄙恨,不时嘲讽鞭笞;对那些不肯降清的明末遗民官吏,则尽量搜集他们轶事旧闻,惟恐湮没不彰。刘献廷不仅具有强烈的民族正义感,反对满族贵族及其政权,而且十分关心人民的疾苦。清王朝建都北京城,战争尚未停息,劳动人民继续遭到屠杀,饥饿疾疫在他们中间蔓延。刘献廷对清统治者造成的这种社会现实深为不满,他以沉郁的笔调写道:"今年此日复聚此,意气惨淡如清秋,人生少壮那可再,穷愁疾疫无时休。况闻年来苦战争,水旱厉疫流神州。"①

刘献廷坚持抗清,终生不入仕途,把自己一生的精力放在读书治学上。他风尘奔走,广问博求,交际甚广。在44岁时(康熙三十年),他曾雨窗独坐,对旧友新朋的存殁情况做了一个回忆,"尽一日心力,忆得三百余人,草录一纸。②至于门人弟子尚不在数,其友梁质人在《怀葛堂文集》卷三中说:"北平刘继庄处士也,为奖借善类,所交遍天下,执经门下者以千数。"他交友待人,乐于资助,由北京迁回苏州时,"尚有赀数千金,以交游济危难散去"③。在他的朋友中有很多是当时知名的学者,如万季野、徐乾元、徐元文、顾祖禹、黄子鸿、王夫之、梅文鼎、李恕谷、王源、梁质人等。其中王源与他在明史馆工作期间,朝夕相处,两人"道同志合,日讨论天地阴阳之变,霸王大略,兵法文章典制,古今兴亡之故,方域要害,近代人才邪正,其意见之同,犹声赴响"④。刘献廷死后,王源闻讯惊痛欲绝,撰写《刘处土墓表》,对他的生平作了扼要的追述,以为永久的怀念。

刘献廷在学术研究领域,思想活跃,兴趣广泛,对"礼乐象纬医药书数法律农桑火攻器制,旁通博考,浩浩无涯涘"⑤。可惜他于鼎盛之年逝世,留下的著作只有《广阳杂记》和《广阳诗集》。

《广阳杂记》是一本随笔漫录之作,由弟子黄宗夏在刘献廷死后编撰而成,内容相当丰富。书中记载有天文、地理、音韵、医药、朝代兴衰、典章制度、游历见闻、民间风俗、迷信传说等等。由于他对各种事物采取如实记录的态度,因而反映了事物的真实面貌。从他对某些事物、事件、人物的评价中,我们可以看到他强调经世致用,评今略古,反对空谈性命,虚浮不实的学风。他的这种注重实际的思想,对当时的社会曾发生过强烈的影响。从这部著作中,我们不仅可以看到他的政治思想,而且还可以看到他对许多地理现象的描述。尤为可贵的是他不满旧的舆地著作,主张革新地方志的写作体系,提出在地方志的开头部分,要测算各地的纬度和经度,划出经纬线表,而后根据经度、纬度的不同来推求各地节气之先后、日蚀之分秒和星位之变化等。他在西方自然科学的影响下,为促进我国地理学的发展提出了新方案,开辟了新方向,是当时站在时代最前列的一位著名的地理学家。

刘献廷懂梵文、拉丁文、阿拉伯文和蒙古、女真等文字,在音韵学上也有很深的造诣。他经过苦心钻研,发见了五声之理。他说:"普天之下,皆不知有四声,而此窍发之于沈约。沈氏四声,平声独二,已伏五声之根矣,但未确分阴阳耳。周德清、肖尺木等,确知有五声矣,而世之言音韵

---

① 《广阳诗集》,上海古籍出版社,1979年,第233页。
② 《广阳杂记》,第207页。
③ 王源,《刘处土墓表》。
④ 王源,《刘处土墓表》。
⑤ 王源,《刘处土墓表》。

者,尚多未悟,予幼未见诸家韵书,已确见此理,所定韵谱悉五声。"① 他经过长期研究,请教师友,特别是向蜀师大悦、湘僧虚谷学习等韵知识,撰写了《新韵谱》一书 。此书是刘献廷在音韵学上的重要著作,可惜没有流传下来。他一生中用了很多时间从事这方面的研究,目的仍在"经济天下"。因为他想一方面通过《新韵谱》以齐四海之音,另一方面又想在地方志中附载当地土音谱和俚音谱,以探求各地人民性情风俗的差别。他是一个从人生需要出发来探索音韵规律的语言学家。

刘献廷出身于名医之家,自小受其熏陶,在医药方面也有很深造诣。他从关心人民疾病出发,不但读过不少医书,而且在旅行中经常拜访名医,收集民间处方,积累了相当丰富的医药知识,还能给病人诊脉开方。如他在《广阳杂记》中记载:"子腾向有嗽疾,端午后吐血一二日,服山羊血及山漆而血止,然病日深,胸胁痛不可转侧,嗽益甚,夜卧精神恍惚,此非参芪不能回阳。余先用八味地黄汤二三剂,已有起色;又感冒风寒,用发散药一二剂,汗也甚多,虚弱已极,亟用六君子汤加附子一剂,已愈其半矣。然每为寒邪所伤辄病,余问之,曰背寒,少冷即从背寒至四肢矣。余悟曰'此督脉为病也,须用鹿角胶或鹿茸即愈'。从紫廷处觅得两许,始服一剂,而精神迥异平日。"②

刘献廷注重实际,通过访问民间医生,收集民间处方,以及给人开方治病,获得了许多有用的知识。这些知识,往往不是书本能包括的,他说:"益知天下事经纬错综,决非印板所能印定。"③

最后,还要提到的是刘献廷爱好诗赋。他的诗风格平易,题材广阔,着眼于描写日常生活,对时序的迁流、人事的悲欢离合、幽静的自然景色,都有生动的描绘和抒发。尤为可贵的是那些揭露现实,讽刺时政的诗,表达了他对清统治者的不满和对劳动人民的同情。他的诗作,死后由弟子收录 260 多首汇为《广阳诗集》。

刘献廷在世时间虽然不长,但是他举趣广泛,为学勤奋,广问博求,而知识渊博,视野开扩,并有自己的创造性见解,成为清初在思想、地理、音韵等方面有成就有影响的著名学者。

## 二 "经济天下"的地理思想

刘献廷是继明末徐霞客之后,又一个具有革新精神的地理学家。他所从事学术研究的时代,是一个既拥有丰富的历史遗产而又充满各种思想斗争的时代。在当时的思想领域内,一方面是程朱理学占统治地位。康熙帝为了加强思想统治,在知识界沿袭明制,实行开科取士,规定科举考试以四书五经命题,用八股文体应试,人们只能按照朱熹等人的注释行文。八股取士使知识分子的思想僵化,许多人为了做官而死背经书,形成了一种极其沉闷的学术空气,统治阶级企图以这种方式强迫知识分子服膺程朱理学,限制异端杂学,从而巩固其政治统治。

另方面,在资本主义萌芽与西学东渐的影响下,学术界思想渐趋解放,一些思想比较活跃,追求新事物的有识之士,如黄宗羲、顾炎武、王夫之等,觉察到诵读经书、侈谈性命的虚浮学风,于国计民生毫无益处,于是起而讲求实际,崇尚实学,主张经世致用。从事科技的一些学者如徐

---

① 《广阳杂记》,第 119 页。
② 《广阳杂记》,第 157～158 页。
③ 《广阳杂记》,第 166 页。

光启、宋应星等人,则把注意力转向社会所需要的生产技术的总结,以及自然科学的探索,写出了《农政全书》《天工开物》等巨著。黄、顾、王、徐、宋等卓越的思想家和科学家,顺应时代精神所开创的一代新学风,对刘献廷来说有重要的影响。他对当时空疏迂腐的学风也十分嫉恶,指出:"今世之高谈性命,传佛心宗者,固不乏人,而争名竞利,有甚于贩夫屠沽,乃自以为真善知识矣,悲夫!"① 对宋明理学亦持批判态度,认为"朱子之《纲目》,又多书迂阔不切之事"②。刘献廷在统治阶级以程朱理学和科举制度加强思想禁锢的窒息气氛中,不为世俗所羁绊,不入仕途,而勤学苦读,研治地理、音韵等学问。他读书治学,具有明确目的,提出:"学者识古今之成败是非,以开拓其心胸,为他日经济天下之具也"。③ 王源在《刘处士墓表》中也颂扬他"志在利济天下后世,造就人才,而身家非所计",可见刘献廷之为学在于经世致用,救世济民。他的这种思想和学风,表现在地理学的研究上是很突出的。

在我国地理学发展的历史长河中,有成就的地理学家固不乏人,然而像刘献廷这样具有先进地理思想的学者则不多见。他勇于创新,反对旧传统,为地理学的研究指出了新的任务和方向。他说:"方舆之书所记者,惟疆域、建置沿革、山川、古迹、城池、形势、风俗、职官、名宦、人物诸条耳。此皆人事,于天地之故,慨乎未之有闻也。"④ 在这里,刘献廷以一种崭新的观点,断然否定千余年来旧的地理书籍的写作体系,明确提出地理学要研究"天地之故"。什么是"天地之故"呢?简单一句话,就是自然规律。长时期以来,我国地理学的发展,其主要方向是偏重于疆域沿革、城池古迹、人情风俗、官宦人物等"人事"的记述,而对自然地理现象较少涉及。这点从汉代以来作为传统地理学的主要著作,如全国性区域志(《汉书、地理志》、《元和郡县志》等)、地方性区域志(省、府、州、县等志)便可看到,其基本的体例内容,确实如同刘献廷所举的那些项目,但所记仅局限于事实罗列或现象描述,对地理环境中客观存在的自然规律极少反映和研究,偶有论述,也多流于荒谬,更谈不到探索改造自然,有益于国计民生了。因此刘献廷针对地方志这类地理书籍的撰写提出了革新办法,主张一开头就把各地自然环境的特点及其规律确定下来,他写道:"余意于疆域之前,别添数条,先以诸方之北极出地为主,定简平仪之度,制为正切线表,而节气之后先,日食之分秒,五星之凌犯占验,皆可推求。……今于南北诸方,细考其气候,取其确者一候中,不妨多存几句,传之后世,则天地相应之变迁,可以求其微矣。"⑤ 这不仅是他对纂修方志著作的革新,更为可贵的是他还认识到"天地相应之变迁,可以求其微,"发现自然地理的各因素存在着相互制约,相互依赖的关系,这对正确认识各种自然规律有着重要的作用。总之,刘献廷认为方志这类著作只讲"人事"是不够的,还必须要阐述"天地之故",这是完全正确的,有利于地理学向改造和利用自然的方向发展。

除了在内容上革新地理著作的写作体系外,刘献廷还强调在研究方法上要做到认真读书与实地考察相结合。他十分重视个人的直接经验,认为登山游历、野外观察,可以开扩胸襟眼界,增长知识。而对那种游山玩水,一无所获的无谓逍遥,则极力反对。他以切身的体验写道:"余自幼有五岳之志,自壬申之春,始登衡山,上祝融,望七十二峰,纪游览当自此始。虽然,昔人五岳之游,所以开扩其胸襟眼界,以增其识力,实与读书、学道、交友、历事相为表里,而有显秘

---

① 《广阳杂记》第 206 页。
② 同①,第 198 页。
③ 同①,第 198~199 页。
④ 同①,第 150 页。
⑤ 同①,第 150~151 页。

之殊,为益于语言心思之表,故其益益大。观成连先生之教伯牙,可以悟此矣。吾辈登一名山,览一奇境,而自审其胸襟眼界,依然吴下阿蒙,又何苦费时日,丧精神,劳仆夫之筋骨,减香积之法食,而登降上下为耶?反不若酣寝于茅屋之下之为安且适矣,不可不猛自警省。"①

刘献廷本人正是通过旅行观察,访求学友,得到了很多书本上没有的知识。例如他经过实地调查后记载:"长沙府二月初间,已桃李盛开,绿杨如线,较吴下气候约差三四十日,较燕都约差五六十日"。②"岭南之梅,十月已开,湖南桃李,十二月已烂漫,无论梅矣。若吴下梅则开于惊蛰,桃李放于清明,相去若此之殊也"。③ 并以此实地观察记录,来阐明前面提到的纬度与节气先后的关系,确信各地物候的差异,是由于纬度不同所引起,这是完全符合气候学原理的。在湖南衡阳旅行期间,还观察到当地下雨和风向的密切关系,他说:"余在衡久,见北风起,地面潮湿,变而为雨,百不失一,询之土人,云自来如此"。④ 此外,他广交朋友,在访问交谈中,也得到不少有价值的材料,如"子腾言:平凉一带,夏五六月常有暴风起,黄云自山来,风亦黄色,必有冰雹,大者如拳,小者如栗,坏人田亩。……土人见黄风起,则鸣金鼓,以枪炮向之施放,即散去。"⑤ 这是历史上枪炮消雹的最早记录之一。通过调查而得到这类有价值的材料,在《广阳杂记》中还有不少。

由于刘献廷读书治学的目的在于"经济天下",因此他深疾空谈,讲究实用,主张在文章和著述中也应体现这种实用。他被聘请参与《明史》和《一统志》的编纂工作时,曾针对同事们重考古轻实用提出批评:"诸公考古有余,而未切实用"⑥。郦道元的《水经注》是一部较早的地理名著,但刘献廷认为这本书最有价值之处在农田水利方面的记载。他说:"其书详于北而略于南,世人以此少之。不知水道之宜详,正在北而不在南也。……西北非无水也,有水而不能用也,不为民利,乃为民害。旱则赤地千里,潦则漂没民居,无地可潴而无道可行,人固无如水何,水亦无如人何矣,……西北水道,莫详备于此书,水利之兴,此其根本也。虽时移世易,迁徙无常,而犹得其六七,不熟此书,则胸无成竹,虽有其志,何从措手?有斯民之志者,不可不熟读而急讲也。"⑦

过去很多学者研究《水经注》,大多立足版本的校勘,注文内容的考订,很少有人像刘献廷这样从民生利病出发来考虑如何利用《水经注》。他的一位朋友黄子鸿研究这本书,下了很大功夫,依据郦注,每卷各绘一图,比前人有很大进步,但刘献廷并不满意,他说:"吾友虞山黄子鸿……更得宋人善本,正其错简脱讹,支分缕析,各作一图,其用心亦云勤矣,惜其专于考订,而不切实用。"⑧ 为了改变过去的研究方法,使《水经注》的研究体现实用思想,刘献廷想亲自为它作疏,他写道:"古书有注复有疏,疏以补注之不逮,而通其雍滞也。郦道元《水经注》无有疏之者,盖亦难言之矣,予以自揣,蚊思负山,欲取郦注而疏之,魏以后之沿革世绩,一一补之,有关于水利农田攻守者,必考订其所以而论之。以二十一史为主,而附以诸家之说,以至于今日,后有人

① 《广阳杂记》,第 96 页
② 同①,第 66 页。
③ 同①,第 151 页。
④ 同①,第 151 页。
⑤ 同①,第 158 页。
⑥ 全祖望,《刘继庄传》。
⑦ 同①,第 197 页。
⑧ 同①,第 197~198 页。

兴西北水利者,使有所考正焉。"① 刘献廷很推崇郦道元,对《水经注》也很熟悉,因此他充满信心地说:"予既得景范、子鸿为友,而天下之山经地志,又皆聚于东海,此书不成,是予之罪也。"② 但非常遗憾,他没有来得及完成这部有实用价值的专著,就被病魔夺去了生命。

从"经济天下"的思想出发,刘献廷特别强调详今略古,严厉地批评了脱离现实的学风。他说:"今之学者,率知古而不知今,纵使博极群书,亦只算半个学者。"③ 对研究当前实用问题的徐光启及其著作《农政全书》,表示非常赞赏,他说:"农政一事,今日所最当讲求者,然举世无其人矣。即专家之书,今日甚少,以予所闻,惟此帙耳。徐玄扈先生有《农政全书》,予求之十余年,更不可得,紫廷在都时,于无意中得之,予始得稍稍翻阅,玄扈天人,其所著述,皆迥绝千古。"④ 著名地理学家顾祖禹所写的《读史方舆纪要》,是我国地理学史上一部重要的历史地理著作,刘献廷读后提出:"方舆之学,自有专家,近时若顾景范之《方舆纪要》,亦为千古绝作,然详于古而略于今,以之读史,固大资识力,而求今日之情形,尚须历炼也。"⑤ 而他的友人梁质人,在对西北地区山川地理和少数民族情况进行调查后,花了六年时间写了一本名为《西陲今略》的地理著作,刘献廷读其稿后,高度评价说:这是一部"有用之奇书"。认为"此书虽只西北一隅,然今日之要务,孰有更过于此者。"⑥

综上所述,刘献廷在读书治学上主张"经济天下",和"详于今而略于古",他站在时代的前列,在明末清初新学风的影响下,明确提出地理学要研究自然规律,为这门科学的发展开辟了新方向。刘献廷对地理学的卓越见解,以其时代来说,是难能可贵的,在我国古代地理学史上,他是一个以具有先进地理思想而著称的地理学家。

<h2 style="text-align:center">参 考 文 献</h2>

刘献廷(清)撰.1957.广阳杂记.北京:中华书局

唐锡仁.1988.经济天下——刘献廷的地理思想.见:明清实学思潮史(下).齐鲁出版社

(唐锡仁)

---

① 《广阳杂记》,第 198 页。

② 同①,第 198 页。

③ 同①,第 122 页。

④ 同①,第 122 页。

⑤ 同①,第 65~66 页。

⑥ 同①,第 66 页。

# 样 式 雷

中国传统建筑技术发展到清代日趋程式化,尤其官式建筑更为明显。各类建筑的规模、质量与等级都表现出严格的标准化要求,从而导致了建筑设计方法的重大改进,即建筑式样的设计立体模型化、形象化。应时代召唤,创造性地从事这一重大设计革新的宫廷匠师——雷氏世家,做出了重要贡献。

雷氏世家是有清一代活跃于皇家宫廷、陵园建筑工程中的一门著名巧匠世家,俗称"样式雷"、"样子雷"、"样房雷"。

关于雷氏世家的研究,除 30 年代朱启钤、刘敦桢,60 年代单士元曾撰文专门记述外,后来所论甚少。新近在北图又发现雷氏世家一些墓碑拓片,有助于澄清一些事实,但有关雷氏世家的许多问题仍不清楚,有待进一步发掘研究。

## 一 "样式雷"世家述略

雷氏世家祖居江西,为江右巨族,子孙散居各郡县。清代人们所谓"样式雷"世家,出自北山支。北山支,按《雷氏大成族谱》[①] 载,始于元延祐(1314～1319)时雷起龙。雷起龙三子洪、溥、源,在元代皆以儒学登科显世。雷洪子善性始析北山支。善性子宗正,宗正子文达,文达子本庄。本庄子景常、景升分别称北山前房、上房。景升子中义、孙正轰、曾孙永虎,至玄孙玉成时,遇明末流寇之乱,便与子振声、振宙迁居金陵石城(今南京)。我们所谓"样式雷"世家的始祖——雷发达,即是雷振声之子。

雷发达,字明所。明万历四十七年(1619)生于江南南康府建昌县(今江西永修)。自明代以来,雷氏做为营造工匠,世代传授其业,这是中国古代社会,国家对技术工作进行管理的一种古老手段。朝廷要大兴土木,则以这种世业工匠为主召集全国匠师,共同兴造。雷发达与堂兄发宣(振宙子)就是清康熙时,被召募赴北京参加当时皇家园林建筑工程的匠师。雷发达的事迹,以前只知道"康熙中叶,营建三殿,发达以南匠供役其间"[②] 这样不知其详的记载。而这个古老传闻,据最近从北京图书馆善本部金石拓片中找到的同治四年初,雷金玉玄孙雷景修重修北京海淀雷氏祖茔时,为雷金玉所立碑记——《雷金玉碑记》所述事实看来,确实"并不一定完全符合当时情况"[③]。朱启钤《样式雷考》最先描述这一传闻说:"康熙中叶营建三殿大工,发达以南匠供役其间。故老传闻云,时太和殿缺大木,仓猝拆取明陵楠木梁柱充用。上梁之日,圣祖亲临行礼。金梁举起,卯榫悬而不下,工部从官相顾愕然,皇恐失措。所司私畀发达,冠服袖斧猱升,斧落榫合。礼成,上大悦,面敕授工部营造所长班。时人为之语曰:上有鲁班,紫微照命,金殿封官"。此后又被广泛引用。据考,康熙时二次太和殿的修建,一次是康熙八年(1669)的初建;一

---

① 见朱启钤辑、梁启雄校补的《哲匠录·雷发达》,载《中国营造学社汇刊》第四卷第一期。

② 朱启钤辑、梁启雄校补,《哲匠录·雷发达》。

③ 单士元,宫廷建筑巧匠——"样式雷",建筑学报,1963,(2)。

次是康熙三十四年(1695)太和殿重修。这二次修建就现有史料来说雷发达似都未能参加。第
一次初修时,据雷发达堂弟雷发宣之子雷金兆康熙五十八年(1719)所撰《雷氏迁居金陵述》①
云:"国朝定鼎,县经兵火,路当孔道,差徭百出,被累不堪。是以先君发宣公,先伯发宗公,于康
熙元年(1662)正月奉祖母李、伯祖母郭,伯母邹,堂伯发达公、发兴公、发明公俱南来暂避,计图
反棹。……至辛亥岁(1671),正欲还乡,不期冬月先伯发宗公竟卒于南。祖父悲思故土,于乙卯
(1675)春率眷属西还,值吴逆拒命于荆,阻居皖城数载。不幸己未(1679)夏五月祖父卒于皖,祖
妣于次年五月亦卒于皖。……父经两丧,回乡不果,癸亥(1683)冬,父以艺应暮赴北,仍携眷复
居石城。陆伯忱注云:"康熙二十二年,西历一六八三年,此雷氏北上以艺供职之始,自此定居海
淀,直至圆明园焚毁始迁城内。"雷发达既不可能参加,就无上梁之功可言了。雷发达从进京服
役,直到"年七十解役,"过了几年,在清康熙三十二年(1693年)卒于金陵(今南京),终年 74
岁。第二次重修太和殿时,雷发达已去世二年了。看来我们对雷发达的生平事迹是很不清楚的。

在"样式雷"世家的形成中,雷发达的长子雷金玉具有重要的地位。"样式房"在清代声名显
世于建筑界系自雷金玉为肇始;又据云雷氏世家族谱,也以雷金玉为迁北京的祖先。由于新发
现的一些关于雷金玉家族的资料,我们对一些问题需重新认识。

雷金玉,字良生。生于清顺治十六年(1659)。入仕以监生考授州同。1689 年雷发达"解
役",长子雷金玉继承父业,任营造所长班。其后事迹据《样式雷考》云:"后投充内务府包衣旗,
供役圆明园楠木作样式房掌案,以内廷营造功,钦赐内务府七品官,并食七品俸。"又"年七十
时,蒙太子赐'古稀'二字匾额。"去世后又蒙皇恩归葬,声名显赫。这些记载很粗略,事焉不详。
据新近发现的同治四年雷金玉玄孙雷景修重修北京海淀雷氏祖茔时所立《雷金玉碑记》记载:
"恭遇康熙年间修建海淀园庭工程,我曾祖考(即雷金玉)领楠木作工程,因正殿上梁,得蒙皇恩
召见奏对,蒙钦赐内务府总理钦工处掌□(原文残。为'掌班'或'掌案',待考),赏七品官,食七
品俸。"据考所谓"海淀园庭工程",即康熙年间在海淀建造的清代第一座规模宏大的皇家园林
——畅春园。此园立址于明代"李园"旧址,即明戚畹武清侯李伟别墅。畅春园约竣工于康熙二
十九年(1690),由康熙命名。于敏中等编《日下旧闻考》卷七十六即有记载。据《样式雷考》云雷
金玉后投充内务府包衣旗。畅春园工程即由包衣旗工匠全部建成,从康熙《御制畅春园记》"爰
诏内司,少加规度,……计庸畀值,不役一夫"② 可知。雷金玉已投充包衣旗。供役此项工程是
无疑的。又《雷金玉碑记》所记"正殿上梁",据考当指"畅春园"之正殿——"九经三事殿。"③ 此
殿意义重大,康熙帝亲临上梁典礼,雷金玉大显身手,使上梁得以成功,因此受到康熙皇帝的重
视,并亲自"召见奏对",封官加禄。由《雷金玉碑记》关于正殿上梁的记载看,以前由雷发达太和
殿上梁产生的那个古老传闻是事出有因的,但因上梁之功受到康熙皇帝嘉许的是雷发达之子
雷金玉,并不是雷发达本人。

到雍正朝时雷金玉依然十分受重视,前引《样式雷考》云雷金玉曾两度蒙受皇恩。同样《雷
金玉碑记》中有相同的记载,并更为详细。《雷金玉碑记》云:"又因曾祖考七旬正寿,又得蒙皇恩
钦赐,命皇太子书'古稀'二字匾额。此匾额供奉原籍大堂。我曾祖考于七十一岁寿终。由内务
府传,仰蒙皇恩,赏盘费壹百余金,奉旨驰驿,归葬原藉江苏江宁府江宁县安德门外西善桥,坤

---

① 雷金兆,雷氏迁居金陵述,北晨画刊,1935,6(9)。
② 清·于敏中等,《日下旧闻考》卷七十六《国朝苑囿·畅春园·圣祖仁皇帝御制畅春园记》。
③ 王其亨、项惠泉,"样式雷"世家新证,故宫博物院院刊,1987(2)。

山艮向。查谋谱所载,立有碑志。"从《样式雷考》所载看,雷金玉在雍正朝主要是参加了圆明园工程的再建,所谓"供役圆明园楠木作样式房掌案"。"掌案"职可能是样式雷世家嗣后各代"世传掌总差事"的开始。圆明园始建于康熙四十八年,为雍正未登基前的藩邸赐园,到雍正皇帝践祚,"斋居治事,虽炎景郁蒸,不为避暑迎凉之计。时逾三载,金谓大礼告成,百务具举,宜宁神受福,少屏烦喧,而风土清佳,园居为胜。始命所司酌量修葺,亭台丘壑,悉仍旧观,惟建设轩墀,分列朝署,俾侍直诸臣有视事之所。构殿于园之南,御以听政。"①所谓"始命所司酌量修葺",即指再建圆明园工程,而建造者依然是内务府营造司,雷金玉则任楠木作样式房掌案,带领"样式房诸样子匠进行设计(画样)、制模(烫样),出色地完成了工程的设计施工。雍正七年(1729)、雷金玉去世,因皇恩奉旨归葬江苏江宁府江宁县安德门外西善桥。终年71岁。

雷金玉六婆,生有五子,最幼者雷声澂。当雷金玉归葬南国故里时,其他四子声沛、声清、声洋、声浃均随灵柩南归。出生才三日的雷声澂随母张氏留居北京,成了样式雷世家的又一位传人。

雷声澂,字藻亭。雍正七年(1729)生于北京。由母张氏抚养,随即样式房掌案被同僚所攘夺。据云张氏抱子到工部泣诉,得以"恩准以声澂嗣业"。迨声澂成年终继父业。《样式雷考》云:"按其生卒年而定其生存年代,则知彼承值内廷正在乾隆中叶土木繁兴之际,而谱中于声澂一生遭遇及所执艺事,略无记载,亦可异也。"又云:"惟其孙景修笔记云同治四年于张氏墓上立石表扬祖姒盛德,或有所本欤?"张氏墓上所立之"石"即现存于北京图书馆的《雷金玉妻张氏碑志》,雷景修所记不虚。由碑记可见雷金玉逝世后雷家继业的艰难,碑志云:"曾祖张,太宜人。享年七十寿"。又云:"因我祖考(即雷声澂),字藻亭,在及丁时,我曾祖姒,苦守清洁,立志抚养我祖成人。清苦之极,得蒙曾祖姒早晚训诲,依附我曾祖考之旧业。"故"至今,子孙满堂,接我曾祖考一脉相承,奕业相传。"我们对雷声澂事迹所知甚少,家谱亦不载,或许他终生未能总领样式房,无有大建树,只"依附"雷金玉之旧业而已。至乾隆五十七年(1792)去世。

雷声澂长子家玮、次子家玺、幼子家瑞三人皆事先祖事业,并通力合作,重振家道,繁昌于世,此弟兄三人,于样式雷世家,功劳不小。

雷家玮,字席珍。乾隆二十三年(1758)生于北京。卒于道光二十五年(1845)。乾隆南巡,沿途各省,修建行宫,生逢其时的样式雷氏,奉派南行,检查工程。雷家玮的生平事迹,与此有关。据《样式雷考》云:"乾隆中曾奉派查办外省各路行宫及隄工等处及淮内盐务、私开官地等事"。并"随銮供奉,或一年二载,不时归还"。但仅此而已,其他已不可知。

雷家玺,字国贤。生于乾隆二十九年(1764)。雷家玺最值得称道的事迹是乾隆五十七年(1792)承办万寿山、玉泉山、香山园庭工程及热河避暑山庄。中途外出赴办昌陵工程,完工后又归圆明园,主持楠木作事。但道光五年正月十五日,他猝然离世。

雷家瑞,字征祥。乾隆三十五年(1770)生于北京。其生平事迹,仅从《样式雷考》中略知一二。乾隆时,兄长家玺赴昌陵工程,他便接替圆明园掌案,"在样式房料理一切官事,蒙内务府苏大人添派为样式房掌案头目。嘉庆时,大兴南苑工程,家瑞主持楠木作内簷硬木装修,并赴南京采办紫檀、红木、檀香等名贵材料,"并在南京雕镂完毕。返回北京,又主持"料木归公安拢"。竣工之后,辞归回家。

家玮、家玺、家瑞兄弟三人,生当乾隆嘉庆繁盛之时,先后"继武供事于乾嘉两期工役繁兴

---

① 清·于敏中等,《日下旧闻考》卷八十《国朝苑囿·圆明园·世宗宪皇帝御制圆明园记》。

之世"，参加并主持了当时主要的皇家园陵建筑活动。此外兄弟三人还承办其他庆贺典礼工程，如"宫中年例灯彩及西厂焰火，乾隆八十万寿典景楼台工程"。就"争妍斗靡，盛绝一时"。又据朱启钤记载，当时雷氏家中还藏有"嘉庆□年圆明园东路档案一册，手纪承值同乐园，演剧鳌山，切末灯彩屈画雪狮等工程，汉宫旧事，犹见一斑。"这一切活动光大了"样式雷"世家的业绩。

但到雷家玺三子雷景修一代，国运日衰。"样式雷"几代主持过的著名园林建筑——圆明园被焚毁。雷景修及其后代在这样的时世中继续着"样式雷"家族的事业，我们今天可以看到的"样式雷"世家的遗物，大多数就是此后的东西。

雷景修，字先文，号白璧，①又号鸣远。嘉庆八年(1803)生于北京，同治五年(1866)卒。据《样式雷考》及《雷景修墓碑》载，雷景修16岁时就随父亲在圆明园样式房学习"世传差务，奋力勤勉，不辞劳瘁"。其父突然谢世后，差务繁重，年纪又小，事出万难，惟恐办理失当，谨遵遗言"将掌案名目请伙伴郭九承办者十余年，而自居其下。"《样式雷考》云："后于咸丰二年(1852)郭九逝世乃争回自办。"但《雷景修墓碑》云：雷景修"竭尽心力，不分朝夕，兢兢业业二十余载，辛苦备尝，复于道光己酉，施将世传掌总差事正回。足见公志高远大，移而不遗。"如此看来"正回"之时间，应是道光己酉年，即道光二十九年(1849)，而咸丰二年说不确。雷景修生逢乱世，土木兴造远不如前代频繁，就难有大的作为了。从《雷景修墓碑》看，直到咸丰八年，才因"遵旨筹响例报捐，恩赏九品职衔"的微职。后来才因营建定陵，后代有所建树。受清室器重。在同治二年(1863)七月初八日赐封"诰授奉政大夫之职"。② 他去世后，因后代之功又于光绪元年七月十九日敕书"兹以覃恩赠尔为通奉大夫，锡之诰命"，为二品封典。③ 咸丰十年八月，圆明园罹难于兵火，设于其中的档房也只有关闭。雷景修便迁移到西直门内东观音寺居住，搜罗承接保存了大量的设计图纸及模型。《样式雷考》有云："景修一生中工作最勤，家中衰集图稿、烫样模型甚多，筑室三楹，为储藏之所，经营生理，积赀数十万。"其中部分遗物今天还可以看到。对于"样式雷"世家来说，雷景修修谱录茔舍，规画井然，世守之工，家法不坠者，赖有此子耳！此说不无道理。

"样式雷"世家在当时还有一位雷景修的堂兄雷克修，是雷金玉胞弟雷鸣之曾孙，专以业儒自居，任过地方官员。道光七年撰有《雷氏支谱世系图录》，但于其家艺术事，略而不录，可以看出雷氏世家在不断分化。

雷景修之后，他的儿孙正赶上同治一朝园陵重修或扩建等工程，又做出了重大贡献，引起时人注目。

雷景修三子雷思起，字永荣，号禹门。道光六年(1826)生于北京，卒于光绪二年(1876)。他一生事迹所见者只有《样式雷考》的记载。同治四年以定陵工程出力，以监生赏盐大使衔。又据雷思起自记，同治十三年(1874)因园庭工程进呈图样，并与其子廷昌，蒙召见五次。朱启钤认为"盖其时有修复圆明园之议也"。据刘敦桢先生《同治重修圆明园史料》考证"追同治十二年春，亲政、大婚二典相继告成。其翌岁，适值慈禧四十万寿之期，遂以颐养两宫太后为辞，于是年八月命内务府修治圆明园。"其事反复多次，群臣议论纷纷，只好大多的修复工作秘密进行，所以

---

① 雷景修，字号现存资料记载歧异。一般按《样式雷考》等所云，做字"先文，号白璧"，本文亦用此说。另外又做字"白璧，号先文"。见同治七年三月七日再立同治二年敕书《诰封碑》、光绪七年四月又立光绪元年七月十九日敕书《雷景修及妻尹氏诰封碑》，且此碑"璧"作"壁"疑误伪，待考。

② 同治二年七月初八日敕书《雷景修及妻尹氏诰封碑》云"兹以覃恩赐封尔奉政大夫之职，敕之诰命"。

③ 王其亨、项惠泉，"样世雷"世家新证。

在遗留下来的雷氏文件《旨意档》中,常有"奉旨机密烫样"之语,足见当时雷思起与其子蒙召进见之事不虚。同治帝当时对重修圆明园之事常处于一种欲罢不忍,欲修不能的两难境地,故议而又停,停中又修,总然是无法再现昔日丰彩了。但由于随之而来的其他皇家工程的兴建,而使"样式雷"世家声名退迹。

雷思起长子廷昌,字辅臣,又字恩绶,道光二十五年(1845)生于北京,卒于光绪三十三年(1907)。《样式雷考》云"光绪三年惠陵金券合龙,隆恩殿上梁,廷昌适供差样式房,以候选大理寺丞列保赏加员外郎衔。"当时"大工正当普祥、普陀陵工方起,三海、万寿山庆典工程又先后踵兴,内而王公贵胄,外而疆吏富商,捐赏报效,辇金请益者,踵接于门,"廷昌均与其役。至此"样式雷"之声名益彰,亦最为朝官所侧目。

清灭以后,"样式雷"世家,也随之零落,至本世纪二、三十年代,因生活所迫,雷氏后人将家藏"样式雷"前辈之遗物陆续出售,早已散见于国内外。至于其世家后代,经查寻至今全无线索,早年朱启钤等人所见雷献瑞、雷献华昆仲所示家谱《雷氏大成族谱》及各支派家谱,现在都不见踪影,不知散落何处? 关于"样式雷"世家的问题还需随资料的进一步发掘而不断深入。

"样式雷"世家生平事迹简表

| 姓名 | 世系 | 生卒年月 | 职衔 | 主要事迹 |
|---|---|---|---|---|
| 雷发达 | 雷氏北上 | 明万历 47 年~清·康熙 32 年<br>(1619~1693) | 营造所长班 | 康熙中叶营建三殿 |
| 雷金玉 | 发达长子雷氏<br>北迁支祖 | 顺治 16 年~雍正 7 年<br>(1659~1729) | 营造所长班,<br>样式房掌案、七品 | 海淀园庭工程——畅春园、<br>雍正圆明园工程 |
| 雷声澂 | 金玉幼子 | 雍正 7 年~乾隆 57 年<br>(1729~1792) | 不详 | 不详 |
| 雷家玮 | 声澂长子 | 乾隆 23 年~道光 25 年<br>(1758~1845) | 样式房掌案 | 乾隆中曾奉派查办外省<br>各路行宫及隄工等 |
| 雷家玺 | 声澂次子 | 乾隆 29 年~道光 5 年<br>(1764~1825) | 样式房掌案 | 承办万寿山、玉泉山、<br>香山园庭工程及热河避暑山庄、<br>昌陵、圆明园楠木作事 |
| 雷家瑞 | 声澂幼子 | 乾隆 35 年~道光 10 年<br>(1770~1830) | 样式房掌案 | 参加圆明园工程、主持南苑<br>工程楠木作事 |
| 雷景修 | 家玺第三子 | 嘉庆 8 年~同治 5 年<br>(1803~1866) | 样式房掌案、貤封奉政大<br>夫、通奉大夫、二品封典 | 参加圆明园工程 |
| 雷思起 | 景修第三子 | 道光 6 年~光绪 2 年<br>(1826~1876) | 以监生赏盐大使 | 参加定陵工程 |
| 雷廷昌 | 思起长子 | 道光 25 年~光绪 33 年<br>(1845~1907) | 大理寺丞列<br>保赏加员外郎 | 参与惠陵金券合龙、隆恩殿上梁、<br>普祥、普陀二陵、三海、<br>万寿山庆典工程 |

# 二 "样式雷"氏在宫廷建筑活动中的贡献

我们已经看到从清康熙中叶以后近二个半世纪的时间里,在大量皇家宫廷园林、陵墓的建造活动中,"样式雷"氏世代在"样式房"或"楠木作"主持工作,并留下了自己闪光的智慧创造。

不论"样式房"还是"楠木作",皆为具有很强专门技术要求的建筑工程管理机构。当进行某项建筑工程之前,总要由"样式房"联合其他相关机构如"算房"等,提供完整详细的设计方案。雷氏家族是制作纸硬样模型,即烫样及小木作装修雕刻即楠木作设计的世业专家,雷氏主持"样式房"、"楠木作"的工作,便将这些技术运用于建筑设计,从而在皇家建筑的设计与营造及器服、典礼工程的设计工作中,取得了高度的建筑设计艺术成就。

由于史料所限,"样式雷"氏世家全部的详细活动,我们是不得而知了。粗略地说,雷金玉之后,雷家玮兄弟的工作最为引人注目。而雷思起、雷廷昌的工作分量却轻一些。此外雷氏遗留下了大量同治、光绪时期的设计图样、模型,这本身即为一份弥足珍贵的建筑文化遗产,值得我们重视。

清代大量兴建苑囿,最为著名的有承德避暑山庄和北京西郊的三山三园,这些苑囿的建设,都有"样式雷"的贡献。对于雷发达如剥去那个古老传闻,则所知甚少。至其子雷金玉手中,参加营建畅春园、圆明园工程并大显身手,赢得了时人的赞誉。"万园之园"圆明园工程前后经100多年,自雷金玉之后,雷家玮参加圆明园建设,在圆明园东路的设计与施工中起了重要作用。雷思起于同治时又主持重建设计工作,现留存于故宫博物院、清华大学的部分雷氏遗物之一——烫样,就是当时的东西。无疑雷氏的设计是享有世界最高声誉的圆明园高度设计成就的一部分。

雷氏世家参加的另一重要园林建筑是三山三园。因雷家玮、雷家玺、雷家瑞兄弟三人主持的颐和园万寿山、静明园玉泉山、静宜园香山的设计工作,在"样式雷"世家的历史上写下了新的一页。巍然耸立的万寿山形成颐和园地势的最高点,呈起伏之势,与昆明湖互相映照。亭台楼阁,长廊轩榭,构成无数佳景。三园以三山为主体设计布局,使湖水、建筑、道路、树木花草融成天然之境,别具风格。热河避暑山庄亦以自然山岭多处为主体,只有五分之一平地。宫殿楼阁、绿水环绕的"如意洲",别有情趣的万树园,都独具匠心。众人皆知的北海、中海、南海、初建于辽代,经元朝再度营建,明代增加修治,扩至中海、南海。到了清代,亭馆楼阁,恣意填充。光绪年间再度重修三海,当时即由雷廷昌主持其事,除扩大设计之外,又增建了不少亭榭馆阁,基本上形成今天的局面。

此外,"样式雷"氏在清中后期又负责陵寝工程的设计。雷家玺设计嘉庆陵寝——昌陵,雷思起设计咸丰陵寝——定陵,雷廷昌设计惠陵(同治陵墓)及慈安太后陵、慈禧太后陵,构筑了一批辉煌的地下宫殿。其中成功地解决了难度很大的地下宫殿主室金券的合拢问题。再如慈禧太后陵梁柱、隆恩殿和配殿墙壁的磨砖对缝砌作,都达到了很高的水平。

"样式雷"世家最为杰出的成就不仅表现在其设计成果的最后现实化,而更主要体现在其设计过程本身图样的绘制、模型(烫样)的制作方面。大规模合作式的群体建筑活动,不仅需要匠师成竹于胸,而且需要一种他人能够识别遵循的整体设计图,甚至构造模型,以表达用语言或文字难以表达的许多情况,诸多形体之间的复杂关系。建筑设计的出现是伴随建筑活动的出现而产生的,当是十分久远的事情了。至于建筑设计图的出现一定也有很长的历史了,就目前考古发现,战国时期的宫堂图是最古的建筑总平面图。《史记·秦始皇本纪》所谓"写放其宫室"[①] 之说,是为建筑图的最早记载。到了隋朝已出现了采用模型进行设计的明堂木样。这一

---

① 《史记·秦始皇本纪》云:"秦每破诸侯,写放其宫室,作之咸阳北坂上。""写放"即"写仿"。

优秀的技术成果不断发展,逐渐形成一种专门技术,清代"样式雷"世家就是建筑设计行家高手。现存的不少遗物充分说明了这一技术在清代的发展。

本世纪 30 年代,因生活所迫,"样式雷"后裔陆续出售了先人所藏的大量图样、模型(烫样),目前大多收存于北京图书馆,故宫博物院、清华大学等处。当初刘敦桢翻阅这批图样时记云:"大小千余幅,大者盈丈、小者数寸,有极潦草之初稿,有屡经粘贴改削之副本,亦有黄签进呈之精样,杂然并陈。惟乾隆旧图,百不获一,馀为道光、咸丰二代之改建图与同治重修图,约各居三分之一,而后者与档册所载,一一符合。"① 这批图样包括多方面的内容,有"宫殿、苑囿、陵寝、衙署、庙宇、王府、城楼营房、桥梁堤工、装修、陈设、日晷、铜鼎、龟鹤、斗扁鳌山灯的切末、烟火雪狮,以及在庆典中临时支搭的楼阁等点景工程"②。其中存于北图的部分图样还基本保持着当时的情况。而烫样在"文化大革命"中损失不少,现大多存于故宫博物院,清华亦有少量保存物。与图样差不多,主要为同治、光绪时期的遗物。

明清两代,皇家工程的兴建,在地址选好后,先由算房丈量数据,再经内廷提出建筑要求,再由样式房总体设计,确定轴线,绘出地盘样(平面图),以及局部平面图、透视图、局部放大图、平面与透视结合图、装饰花纹图等分图。这些图尺寸大概有三种:一分样(百分之一)、二分样(二百分之一)、三分样(三百分之一)。其绘制过程由草图(即粗图),经不断修改,最后确定为详图(所谓精图),雷氏所存图样清楚地反映出这种由初步设计,逐渐修改完善化的设计过程。其设计已与现代设计十分相似,而平面图中绘制个别建筑物的透视图,更是一种互相结合的创造性方法。在确定了设计精图后,又绘制准确的地盘尺寸样,以估工估料。因为中国建筑群是由个体建筑组成的庭院,再由庭院组成群体形式。它要求复杂空间布局组合的谐调均称,而要设计其模型(烫样),难度更大,雷氏在这方面表现了自己高度的技巧。烫样是用类似现在的草板纸制做的,均按比例安排,包括山石、树木、花坛、水池、船坞以及庭院陈设,无不具备。陵寝地下宫殿,从明楼隧道开始,一直深入到地宫、石床金井,完整无缺。并且这类烫样模型的某些部件与屋顶是可以拆卸的,观看内部结构,十分方便。此外,雷氏设计在注意建筑位置的科学性外,还十分注意美观及环境的配合,注重色彩感,艺术地将中国建筑群以长卷绘画式的布局手法错综有致地表现出来。雷氏在清代 200 多年中于建筑艺术、工艺美术方面,留下了永存的纪念。

## 三　附录:早年所存"样式雷"文献目录

按:在 1933 年《国立北平图书馆馆刊》第七卷第三、四号合刊,出版了《圆明园专号》,刊出《北平图书馆藏样式雷藏圆明园及内庭陵寝府第图籍总目》为国内所存雷氏遗物情况的第一份详细公布材料。对研究"样式雷"世家有一定的参考价值。1952 年北京图书馆又将收藏的样式雷烫样部分移交于故宫博物院保存。这批烫样与故宫博物院所存雷氏图样于 1980 年曾在故宫博物院神武门楼展出过。现将上述已刊布的早年北图所编《北平图书馆藏样式雷藏圆明园及内庭陵寝府第图籍总目》附录于此,以便检录。并希在条件允许时编出样式雷氏所藏遗物的总目录,代替这份旧目。

---

① 刘敦桢,重修圆明园史料,载《中国营造学社汇刊》第四卷第二期。
② 单士元,宫廷建筑巧匠——样式雷。

# 北平图书馆藏样式雷藏圆明园图籍目录

## 圆明园图籍目录表

## 长春园图籍目录表

## 万春园图籍目录表

## 附属各王园林图籍目录

见《国立北平图书馆馆刊》第七卷第三、四号合刊,原题:《北平图书馆藏样式雷藏圆明园及内庭陵寝府第图籍总目》。

# 参　考　文　献

刘敦桢. 同治重修圆明园史料. 中国营造学社汇刊,4(2)(3,4)

单士元. 1963. 宫廷建筑巧匠——样式雷. 建筑学报,(2)

王其亨,项惠泉. 1987. 样式雷世家新证. 故宫博物院院刊,(2)

朱启钤辑,梁启雄校补. 哲匠录　雷发达. 中国营造学社汇刊,4(1)

（孙　剑）

# 王锡阐

## 一　王锡阐的亡国之痛和他与明遗民的交往

王锡阐,字寅旭,号晓庵,江苏吴江人。生于明崇祯元年(1628),卒于清康熙二十一年(1682)。幼时生活在一个读书人家庭里。其时明朝处在农民军和关外清军的双重压力之下,风雨飘摇。这些情况,王锡阐都能了解到。他17岁那年(1644)巨变迭起。三月十九日李自成农民军攻入北京,崇祯帝自缢身亡。四月二十三日李自成在山海关被吴三桂和清朝的联军击败,清军入关。五月一日清军进入北京城,李自成向西退走。清军以汉奸为前导,乘胜进军。这一连串的事变,对于当时中国的读书人来说,何啻天翻地覆!17岁的王锡阐也不例外,他很快作出了反应:自杀殉国!这在今天看起来也许有些奇怪,但当时这样做的读书人是很多的。王锡阐先是投河,遇救未死,他又绝食七日,在父母强迫之下才不得不重新进食[①]。虽然放弃了自杀的念头,但故国之思,亡国之痛,从此伴随着他的一生。

明亡之后,王锡阐加入了明遗民的圈子,拒不仕清。他的朋友们记下了他当时的形象:"性狷介不与俗谐。著古衣冠独来独往。用篆体作楷书,人多不能识"。[②]"瘦面露齿,衣敝衣,履决踵,性落落无所合"。[③] 他过着贫困凄凉的生活,身后也无子女。有人认为他怪僻,其实并非如此,"性狷介不与俗谐,""性落落无所合",这些说法都是遗民们的曲笔,所谓"俗"者,清政府及其顺民也。王锡阐和遗民们却过从甚密,有很深厚的感情。他交往的人当中,有不少是著名人物。

首先要提到顾炎武。他对顾炎武的道德文章非常仰慕,致顾炎武的信中说:"锡阐少乏师傅,长无见闻,所以不惮悉其固陋,以相往复者,正欲以洪钟明镜启我聋聩。"[④] 顾炎武虽长王锡阐15岁,但对他也十分钦佩。尝作《广师》一文,列朋友中有过己之处者10人,王锡阐居其首:"学究天人,确乎不拔,吾不如王寅旭。"[⑤] 又其《太原寄王高士锡阐》一诗,更可见二人之间的深厚友情,全文如次:"游子一去家,十年愁不见。愁如汾水东,不到吴江岸。异地各荣衰,何繇共言宴。忽睹子纲书,欣然一称善。知交尽四海,岂必无英彦?贵此金石情,出处同一贯。太行冰雪积,沙塞飞蓬转。何能久不老,坐看人间换!惟有方寸心,不与玄鬓变。"[⑥]这里遗民矢忠故国但又无力回天的悲凉心情也流露得非常明显。

其次是潘柽章、潘耒兄弟。王锡阐与柽章极友善,曾住在潘家数年。柽章因参与私修《明史》,死于文字狱。时潘耒方17岁,王锡阐视之如幼弟。后潘耒出仕清朝,王锡阐大不以为然,"数遗书以古谊相规"。[⑦]"以古谊相规"是潘耒自己委婉的说法,实际上是王锡阐责备他仕清:

---

① 王济,《王晓庵先生墓志》,载《松陵文录》卷十六。
② 潘耒,《晓庵遗书序》,载《遂初堂集》卷六。
③ 王济,《王晓庵先生墓志》。
④ 王锡阐,《与顾亭林书》,载《松陵文录》卷十。
⑤,⑥《顾亭林诗文集》,中华书局,1983年。
⑦ 潘耒,《晓庵遗书序》。

"而况去就之义,大与古人相背者乎!……且太夫人荼蘗清操,贤名素著,嗜义安贫,远近所孚,次耕又尤不宜亟亟于仰事之故,驰驱于奔竞之涂,以为晚节累也。"① 这是极严厉的申斥。而说潘母"荼蘗清操",则又几乎是明斥潘耒为不肖之子了。若非多年深交,不会如此。不过潘耒倒并不记恨,王锡阐去世后,他还去搜集了王锡阐的遗稿,并为之作序,备极推崇。

此外值得提到的还有吕留良,因生前的反清言论,在雍正年间被开棺戮尸。王锡阐晚年曾和他一起"讲濂洛之学,"② 即北宋周敦颐、二程的哲学,基本上属于清初很流行的程朱学派一路。二人并有诗相互酬答。朱彝尊,清初著名文学家。王锡阐曾和他一同观览了李钟伦校的《灵台仪象志》,该书后藏北京图书馆。张履祥,号杨园先生,"初讲宗周慎独之学,晚乃专意程朱。"③ 他和吕留良都是王锡阐晚年"讲濂洛之学"的伙伴。万斯大,遗民学者,"性刚毅,慕义若渴",④ 抗清英雄张煌言被俘就义,弃骨荒郊,斯大毅然收葬之。王锡阐有与他讨论天文历法的书信往返。对于斯大进一步改进历法的想法,王锡阐表示自己"倘得执觚从事,窃唐邓之末,亦云幸矣。"⑤ 这是对斯大很尊敬的态度。

关于王锡阐和明遗民们的交往,有一个文献很说明问题。1657 年,顾炎武决定北游,友人联名为他写了《为顾宁人征天下书籍启》,类似于私人介绍信,信上署名者 21 人,王锡阐亦在其中,这正是王锡阐交往的遗民圈子。⑥

王锡阐的遗民朋友中也有后来出仕清朝的,如朱彝尊、潘耒等。但王锡阐本人坚决不与清政府合作,对友人之仕清,也大不赞成,前述潘耒事可证。王锡阐心怀故国,矢忠明朝的思想感情,在他的一篇名为《天同一生传》的寓言式自传中有隐晦而深刻的表现。这篇短文对了解王锡阐的思想,以及在这种思想影响之下的天文学活动,有一定的价值。文中说:"天同一生者,帝休氏之民也。治《诗》、《易》、《春秋》,明律历象数。……帝休氏衰,乃隐处海曲,冬绤夏褐,日中未爨,意恒泊如。惟好适野,怅然南望,辄至悲歈。人咸目为狂生,生曰:我所病者,未能狂耳!因自命希狂,号天同一生。""天同一生"是什么意思,他自己的说法是:"天同一云者,不知其所指;或曰即庄周齐物之意,或曰非也。世莫知其然否。"⑧闪烁其辞,不肯明说。所谓"帝休氏",我们当然不必凿定为崇祯帝;然而作为亡明的象征,则视为崇祯帝亦无不可。因为"帝休氏衰,乃隐处海曲……"正是王锡阐明亡不仕,清贫自守的情况。而"怅然南望,辄至悲歈"者,南明的金瓯一片,一直坚持到 1661 年,时王锡阐 33 岁;台湾郑氏抗清政权,更坚持到王锡阐去世之后一年(1683),王锡阐之南向而悲,正是为此。又"我所病者,未能狂耳",亡国之痛,溢于言表。

王锡阐作为亡明遗民,矢忠故国;对满族之入主中原,痛心疾首,这样强烈的思想情绪和坚定的政治态度,不可能不对他的科学活动产生影响。考虑到这一因素,有些问题就可能得到较好的解释。

---

① 王锡阐,《与潘次耕书》。
② 潘耒,《晓庵遗书序》。
③ 《清史稿》卷四八〇本传。
④ 《清史稿》卷四八一本传。
⑤ 王锡阐,《答万充宗书》,载《松陵文录》卷十。
⑥ 王锡阐,《天同一生传 》,载《松陵文录》卷十七。

## 二　王锡阐与清初历法的新旧之争

明遗民心怀故国，拒不仕清，往往隐居起来，潜心于学术研究，其代表人物首推顾炎武。明儒空谈心性，不务实学，经亡国惨祸，风气为之一变。对遗民学者之治学，梁启超洞察颇深："他们不是为学问而做学问，是为政治而做学问。他们许多人都是把半生涯送在悲惨困苦的政治活动中，所做学问，原想用来做新政治建设的准备；到政治完全绝望，不得已才做学者生活。"① 在这样的风气下，王锡阐选择了天文历法之学。他治学时心中是否也存着为"新政治"服务之望，因史料不足，难以轻断；但他在这一点上受到顾炎武等人的影响是完全可能的。至少，有足够的材料表明，他对清朝政府在历法上引用西人西法怀着强烈不满。

明末，由徐光启主持，招集来华耶稣会士编成《崇祯历书》，系统介绍欧洲古典天文学。入清后康熙爱好自然科学，尤好天算，大力提倡，一时士大夫研究天文历法成为风尚，为前代所未有。清廷以耶稣会士主持钦天监，又以《西洋新法历书》的名称颁行《崇祯历书》之删改本，即所谓新法，风靡一时。这实际上是中国天文学走上世界天文学共同轨道的开端。但满族以异族而入主中原，又在历法这个象征封建王权的重大问题上引用更远的异族及其一整套学说方法，这在当时许多知识分子，特别是明遗民们看来，是十足的"用夷变夏"，很难容忍。潘耒说："历术之不明，遂使历官失其职而以殊方异域之人充之，中国何无人甚哉！"② 王锡阐也说："不谓尽堕成宪而专用西法如今日者也。"③ 这些言论在当时有一定的代表性。

王锡阐在这样的心情下发愤研究天文历法，从 20 多岁起，数十年勤奋不辍。由于对中国传统方法和西洋新法都作过深入的研究，他的意见就比较言之有据，和当时其他一些人的泛泛之谈和盲目排外大不相同。

他第一个重要观点是：西法未必善，中法未必不善。他说："旧法之屈于西学也，非法之不若也，以甄明法意者之无其人也。"④ 这是说中法未必不如西法，只是掌握运用不得其人。又说："吾谓西历善矣，然以为测候精详可也，以为深知法意，未可也。"⑤这是说西法虽在"测候精详"这一点上有可取之处，但西法对中法的批评是不知法意，即不了解中法的精义，因而批评得不对。于是举出西法"不知法意"者五事，依次为平气注历、时制、周天度分划法、无中气之月置闰、岁初太阳位置五个问题，为中法辩护。又说："然以西法为有验于今可也，如谓不易之法，无事求进，不可也。"⑥ 这是说西法并非尽善尽美，不应该不求改进，全盘照搬。他曾指出西法"当辨者"十端，是对西法本身提出的批评，依次为回归年长度变化、岁差、月亮及行星拱线进动、日月视直径、白道、日月视差、交食半影计算、交食时刻、五星小轮模型、水星金星公转周期 10 个问题。⑦他又有西法六误之说，指出西法中因行星运动理论不完备而出现的矛盾错谬之处。⑧此外

---

① 梁启超，中国近三百年学术史，载《梁启超论清学史二种》，复旦大学出版社，1986 年。
② 潘耒，《晓庵遗书序》。
③，⑤ 王锡阐，《晓庵新法》自序，商务印书馆，1936 年。
④ 王锡阐，《历策》，载《畴人传》卷三十五。
⑥ 王锡阐，《历说一》，载《畴人传》卷三十四。
⑦ 王锡阐，《晓庵新法》自序。
⑧ 王锡阐，《五星行度解》，商务印书馆，1939 年，第 10～11 页。

他论及西法时有"在今已见差端,将来讵可致诘,"① "西人每诩数千年传人不乏,何以亦无定论,""亦见其技之穷矣"②等语,不及尽述。总的来说,王锡阐这一观点是正确的,因《西洋新法历书》中的西法,只是开普勒、牛顿之前的欧洲古典天文学,不善之处确实很多。具体来说,王锡阐的"五不知法意"、"十当辨"、"六误"等意见,大部分也是有价值的,尽管也有一些错误。

王锡阐在批评西法时,明显流露出对西法的厌恶之感,将此和当时梅文鼎的态度比较一下是颇有意思的。梅文鼎也谈论西法的得失,还将"西法原本中法"之说集其大成,但他对西法的态度是比较平和的。他似乎更多一些纯科学的味道。而王锡阐之厌恶西法,仍可追溯到亡明遗民的亡国之痛上去。因为西法是异族之法,而且是被另一个灭亡了汉政权的异族引入来取代汉族传统方法的,从感情上来说,王锡阐不可能喜欢西法。

王锡阐第二个重要观点是:西法原本于中法。这个观点黄宗羲提出得更早,但王锡阐的天文学造诣高得多,又兼通中西之法,所以对此说的传播发展作用更大。王锡阐说:"今者西历所矜胜者不过数端,畴人子弟骇于创闻,学士大夫喜其瑰异,互相夸耀,以为古所未有。孰知此数端者悉具旧法之中,而非彼所独得乎"!于是指出五端,这是"西法原本中法"说发展中的重要文献:②

"一曰平气定气以步中节也,旧法不有分至以授人时,四正以定日躔乎?一曰最高最卑以步朓朒也,旧法不有盈缩迟疾乎? 一曰真会视会以步交食也,旧法不有朔望加减食甚定时乎? 一曰小轮岁轮以步五星也,旧法不有平合定合晨夕伏见疾迟留退乎?一曰南北地度以步北极之高下,东西地度以步加时之先后也,旧法不有里差之术乎?"③

这是主张西法的创新皆为中法所已有。后来在刻意要"入大统之型模"的《晓庵新法》中,王锡阐就将上述五个"一曰"尽数弃而不用。他又进一步说:"西人窃取其意,岂能越其范围"?④从西法"悉具旧法之中"推进到西法"窃取"中法,不能不说是有些过激了。

王锡阐何以在这个问题上态度如此激烈,可以从政治思想上找到原因。中国封建时代的读书人向来把"夷夏"之分看得极重,清政府在历法上全盘西化,是"用夷变夏";但清人自己就是以异族而入主中原的,对"夷夏"之说极为敏感,屡兴文字狱,王锡阐的朋友吕留良就因此而惨遭戮尸之祸,所以又不便正面攻击清政府在历法上的西化。在这种矛盾的情况下,黄宗羲、王锡阐这样的大明忠臣怎么办?办法之一,就是断言西法原本于中法,甚至是窃自中法的。这可以使理论上的困境得到一定程度的摆脱。他们这番苦心,当然无法明言,只好以隐晦曲折出之。

从上述两个观点出发,王锡阐指出:"夫新法之戾于旧法者,其不善如此;其稍善者,又悉本于旧法如彼"。但他作为一个天文学家,并不因此而一概排斥西法。他主张中西兼采,"然则当专用旧法乎? 而又非也。"⑤不过到底怎样中西兼采,仍是一个问题。

当初徐光启主持修《崇祯历书》,曾表示要"镕彼方之材质,入大统之型模。譬作室者,规范尺寸一一如前,而木石瓦甓悉皆精好。"⑥ 不过徐光启虽这么说过,修成的《崇祯历书》却完全不是"大统之型模。"对此王锡阐一再感叹:"且译书之初本言取西历之材质,归大统之型范,不谓

① 王锡阐,《历说四》,载《畴人传》卷三十五。
② 王锡阐,《晓庵新法》自序。
③ 王锡阐,《历策》
④,⑤ 王锡阐,《历策》。
⑥ 徐光启,《治历疏稿》,载《徐光启集》卷八。

尽堕成宪而专用西法如今日者也!"① "而文定……其意原欲因西法而求进,非尽更成宪也。"②王锡阐的观点很明确:中西兼用就是"取西历之材质,归大统之型范。"

于是,他慨然以"甄明法意"、"归大统之型范"为己任,来写一部异调独弹,和当时行用的西法唱对台戏的《晓庵新法》。这在当时西法成为钦定,西人主持钦天监,整个天文学界都在讲论西法的情况下,是需要科学上和政治上双重勇气的。

# 三　《晓庵新法》和《五星行度解》

《晓庵新法》成于 1663 年,这是王锡阐最系统、最全面、也是他自己最得意的力作。他在自序里表示,当时历法上"尽堕成宪而专用西法"使他不满,"余故兼采中西,去其疵颣,参以己意,著历法六篇。"这表明了他作此书的动机。

全书共六卷。第一卷讲述天文计算中的三角知识,定义了 $\sin\theta$, $\cos\theta$, $\mathrm{tg}\theta$ 等函数,本质上和今天一样,不过他纯用文字表述。第二卷列出数据,其中有些是基本天文数据,大部分是导出常数。又给出二十八宿黄经跨度和距星黄纬。第三卷兼用中西之法推求朔望节气时刻及日月五星位置。第四卷研究昼夜长短,晨昏蒙影,月及内行星的相,以及日月五星的视直径。

第五卷很重要。先讨论时差和视差,再进而给出确定日心和月心连线的方法,称为"月体光魄定向",这是王锡阐首创的方法。③ 后来清廷编《历象成成》(1722),采用了这一方法。

第六卷先讨论了交食,其中对初亏、复圆方位角的计算与"月体光魄定向"一样。随后用相似方法研究金星凌日,给出推算方法。又讨论了凌犯,包括月掩恒星,月掩行星,行星掩恒星,行星互掩等情况。金星凌日和凌犯的计算,皆为王锡阐首创,中国前代天文历法著作中未曾有过。

《晓庵新法》虽在计算中采用了西方的三角知识,但并未使用西法的小轮体系,也没建立宇宙模型。按中国古典历法的传统,根本不必涉及宇宙模型的问题。要预推天体视位置,未必非建立宇宙模型不可,更不是非用小轮体系不可,用传统方法也能做得相当好。王锡阐既要"归大统之型范",自然要用传统方法。再说他又隐然将《晓庵新法》视为向西法挑战之作,更需要断然拒绝西法体系。

《晓庵新法》在月体光魄定向、金星凌日、凌犯等计算方法中表现出巨大的创造才能,但不可否认,此书也有其不足之处。例如,据笔者初步统计,第二卷给出数据达 263 个,其中大部分是导出数据,但对如何导出则未作任何说明;而以下四卷中的各种计算皆从这些数据出发,因此最后推得的任何表达式都无法直接看出其天文学意义。而且,后四卷中出现的新数据,包括计算过程中间值在内,各有专名,凡 590 个之多,其中还有同名异义、同义异名等情况,更进一步加剧了读者理解的困难。究其原因,除了王锡阐刻意追求"归大统之型范",不使用图示等先进手段之外,主要是因为他有一个错误的观点。早先他就主张:"大约古人立一法必有一理,详于法而不著其理,理具法中,好学深思者自能力索而得之也。"④ "详于法而不著其理"本是古人的缺点,王锡阐却表示欣赏,并加以实行。由于《晓庵新法》是他深有寄托的发愤之作,可能为了

---

① 王锡阐,《晓庵新法》自序。
② 王锡阐,《历说一》,载《畴人传》卷三十四。
③ 席泽宗《试论王锡阐的天文工作》一文中对此法有详细的解说分析,见《科技史集刊》第六集,1963 年。
④ 王锡阐,《历策》。

使之不同凡响,王锡阐特意将此书写得非"力索而得之"不可,比前代历法更难读。

　　说王锡阐"特意"如此是有理由的。他的另一部重要著作《五星行度解》就没有一点"大统之型范"的影子,完全采用西方的小轮体系,有示意图六幅,全书非常明白易懂。这表明王锡阐不仅精通西法,也完全有能力写得明白易懂。

　　《崇祯历书》以第谷天文体系为基础,而第谷未来得及完善其行星运动理论就过早辞世了,因此《崇祯历书》的行星运动理论部分颇多矛盾不谐之处。王锡阐打算改进和完善西法中的行星理论,《五星行度解》即为此而作。

　　王锡阐先建立自己的宇宙模型,与第谷的稍有不同:"五星本天皆在日天之内,但五星皆居本天之周,太阳独居本天之心,少偏其上,随本天运旋成日行规。此规本无实体,故三星出入无碍;若五星本天则各自为实体。"[①]

　　这里有两点值得注意。首先,王锡阐主张本天皆为实体,这和早期来华耶稣会士传播的欧洲古代十二重天球之说非常相似:"十二重天其形皆圆,各安本所。各层相包如裹葱头,日月五星列宿在其体内如木节在极,一定不移,各因本天之动而动焉。"[②] 王锡阐心目中的宇宙也颇有这样的味道,他还引古以证之:"天问曰:圆则九重,孰营度之? 则七政异天之说,古必有之。"[③]不过王锡阐此说是否受过耶稣会士的启发,目前尚难断言。《天问略》出版于1615年,王锡阐读到它是完全可能的。

　　其次,按西法一贯的定义,所谓"本天"皆指天体在其上运动的圆周,而王锡阐提出的"太阳本天",太阳并不在其圆周上运行,则与五星本天为不同概念,但他未注意区分这二者。事实上,对推算五星视运动而言,他的"太阳本天"毫无作用,起作用的是"日行规",实即第谷的太阳轨道。对于这一点,钱熙祚的看法很有见地:"虽示异于西人,实并行不悖也。"[④]措辞虽很委婉,却猜对了王锡阐的动机。根据对西法的一贯态度,王锡阐不愿亦步亦趋是很自然的。

　　对于宇宙模型,王锡阐还有一个新观点:"五星之中,土木火皆左旋。……西历谓五星皆右旋,与天行不合。"[⑤] 他又由此推出一组计算行星视黄经的公式。这个说法在当时很新颖,引起了一些人的注意,潘耒说它"说甚创辟,果如其说,则历术大关键也"[⑥]。当然,这里王锡阐是错的。

　　王锡阐在《五星行度解》中对水内行星的讨论很值得注意:"日中常有黑子,未详其故,因疑水星本天之内尚有多星。各星本天层叠包裹,近日而止。但诸星天周愈小,去日愈近,故常伏不见,唯退合时星在日下,星体着日中如黑子耳。"[⑦] 这里王锡阐认为内行星凌日可以形成黑子。他在《晓庵新法》中也说过"太白体全入日内为日中黑子"[⑧]。但更重要的是水内行星的想法。这虽然可能是受了《崇祯历书·五纬历指》的启发,但后者并未如此明确地提出水内行星的概念。

————————————

　　① 王锡阐,《五星行度解》,商务印书馆,1939年。第1页。

　　② 阳玛诺,《天问略》,商务印书馆,1936年。

　　③ 王锡阐,《历说五》,载《畴人传》卷三十五。

　　④ 《五星行度解》后所附钱熙祚跋,商务印书馆,1939年。

　　⑤ 王锡阐,《五星行度解》,商务印书馆,1939年,第1页。

　　⑥ 潘耒,《与梅定九书》,载《遂初堂集》卷五。

　　⑦ 王锡阐,《五星行度解》,1939年,第7页。

　　⑧ 王锡阐,《晓庵新法》,第102页。

这样的概念当时欧洲也有,比如伽利略的《对话》中就提到过,与王锡阐的说法极相似①。今天一般倾向于认为不存在水内行星,但也未能最后论定。而王锡阐作为早期猜测者之一,应该是值得一提的。

## 四 王锡阐的天文观测

王锡阐以观测勤勉著称。晚年他自己说:"每遇交会必以所步所测课较疏密,疾病寒暑无间。变周改应,增损经纬迟疾诸率,于兹三十年所。……年齿渐迈,气血早衰,聪明不及于前时,而黾黾孳孳,几有一得,不自知其智力之不逮也。"② 考虑到王锡阐的贫困多病,这种精神十分可贵。但对于他的观测精度,以前似乎未加注意。尽管史料很缺乏,仍有必要做一些考察。

首先设法弄明白有关的情况。王锡阐非常贫困,因此不可能拥有诸如私人天文台、大尺寸测角仪器、多级漏壶等设备,也不大可能雇用助手。他虽有门人,但死后"历学竟无传人"③,没人能继承其天文学。有些人是跟他学别的学问的,如姚汝霖,王锡阐说"姚生汝霖,故以能诗名见余"④,姚汝霖还编次了王锡阐的诗和古文作品。史料中也还未发现关于王锡阐有观测助手的记载。

有两条关于王锡阐天文观测的直接史料很重要。一是"遇天色晴霁,辄登屋卧鸱吻间,仰察星象,竟夕不寐"⑤。二是"君创造一晷,可兼测日、月、星"⑥。这晷称为三辰晷,实物今不存,王锡阐曾作《三辰晷志》一文,专门讲解这架仪器,他去世后潘耒整理他的遗稿时还曾经见到这篇文章。"其文仿《考工》,绝古雅"⑦。但此文已佚。不过尽管如此,我们对三辰晷仍不至于一无所知。首先,这不可能是一架大型仪器。因为王锡阐既无财力来建造,又缺乏必要的助手来协助操纵大型仪器。更重要的是,王锡阐的观测场所是屋上"鸱吻间",即旧式瓦房的人字形屋顶上,在这上面安置大型仪器是不可能的,更不用说每次观测时临时安装了。其次,三辰晷也不会很精密。因为一架小型仪器不可能长期放在屋顶风吹雨淋,多半是每次观测时临时搬上去;而如果这样的话,在人字形屋顶上,取准、定平等方面的精度决不可能很高。

观测精度的另一个重要方面是计时精度,王锡阐晚年曾说:"古人之课食时也,较疏密于数刻之间;而余之课食分也,较疏密于半分之内。夫差以刻计,以分计,何难知之,而半刻半分之差,要非躁率之人,粗疏之器所可得也。"⑧ 这表明在王锡阐心目中"半刻半分"的精度已是不易达到的佳境。当时西法用九十六刻制,则一刻为 15 分钟,王锡阐在《晓庵新法》中用百刻制,则一刻为 14.4 分钟,对预报交食而言,这个精度在当时可以算相当好。不过有一点值得注意,王锡阐在这里似乎对自己的时计颇为自信,但这一点是可怀疑的,因为根据前面的分析,他所掌握的时计不可能很精密。

所以,王锡阐观测虽勤,我们对他的观测精度却不宜估计过高。这一点对评价王锡阐的天

---

① 伽利略,对话,上海人民出版社,1974 年,第 66 页。

② 王锡阐,《推步交朔序》,载《畴人传》卷三十五。

③,⑥ 潘耒,《晓庵遗书序》。

④ 王锡阐,《题黾勉园稿》,载《松陵文录》卷七。

⑤ 钮琇,《觚賸》,上海古籍出版社,1986 年,第 43 页。

⑦ 潘耒:《晓庵遗书序》。

⑧ 王锡阐,《测日小记序》,载《畴人传》卷三十五。

文学理论很重要。然而,这是客观条件的限制,我们今天万不能苟责于王锡阐。

王锡阐对观测非常重视,所以虽然精度受客观条件的限制,但在观测理论上达到很高的认识水平。去世前一年他回顾自己的观测经验,指出除了有熟练的观测者和精密仪器之外,还必须善于使用仪器。而即便如此还不够,"一器而使两人测之,所见必殊,则其心目不能一也;一人而用两器测之,所见必殊,则其工巧不能齐也"①。这说明王锡阐对仪器的系统误差(工巧不齐)和观测中的人差(心目不一)都已有了正确的概念。如没有多年实测经验,很难达到这样的认识程度。

王锡阐对自己理论与实测的吻合精度,始终不满意,有件事很能说明这一点。"辛酉八月朔当日食,君以中西法及己法预定时刻分秒,至期与徐圃臣辈以五家法同测,而己法最密。"② 这是指1681年9月12日的日食,徐圃臣即徐发,著有《天元历理》十一卷。从各种情况来看,这次五家法同测似乎是民间活动,没什么官方色彩。虽然"己法最密",王锡阐自己却感叹道:"及至实测,虽疏近不同,而求其纤微无爽者,卒未之睹也。"③ 这并不是一般的自谦之辞,因为他觉得"于此可见天运渊玄,人智浅末,学之愈久而愈知其不及,入之弥深而弥知其难穷"④。这时已是他去世前一年了,他仍感到不能满意。

天文学理论最终都要靠实测的检验来定其优劣,从而得到进步。王锡阐在贫困之中,受条件的限制,观测精度无法达到很高,这一点直接妨碍了他理论上的发展。对于王锡阐这样一位有才能的天文学家来说,不能不格外令人惋惜。否则,他无疑能取得更高的成就。

## 五　对王锡阐的评价和研究

王锡阐当时因矢忠故国而在遗民圈子里受到很大的尊敬,前述顾炎武诗文可为代表。王锡阐的天文学成就则使他们引为自豪。潘耒说:"幸有聪颖绝世、学贯天人,能制器立法如王君者,……幸其书犹存,其理至当,乌知异日不有表章推重见诸施行者,是君亡而不亡也。"⑤ 王济说:西人"自谓密于中历,人莫能窥,先生独抉其篱而披其却。"⑥ 不过这些称赞者在天文学上并无造诣,因此他们的评价从天文学史的角度来说,不足以说明王锡阐的地位。而梅文鼎是清代最著名的天文学家,他对王锡阐的钦慕和评价就值得重视了:"近世历学以吴江为最,识解在青州上,惜乎不能早知其人,与之极论此事。稼堂屡相期订,欲尽致王书,嘱余为之图注,以发其义类,而皆成虚约,生平之一憾事也。"⑦ 吴江即王锡阐,青州指薛凤祚,当时有"南王北薛"之称,但梅文鼎认为薛不如王。这一看法,后世视为公论。

王锡阐在清代天文学界的地位不如梅文鼎,18世纪末仍是"方今梅氏之学盛行而王氏之学尚微。"⑧ 造成这种情况的原因很复杂。王锡阐没有如梅文鼎被皇帝礼遇这种殊荣当然是一个重要原因。现在看来,阮元"王氏精而核,梅氏博而大"⑨的评价,还是可以接受的。

① 王锡阐,《测日小记序》。
② 潘耒,《晓庵遗书序》。
③,④王锡阐,《测日小记序》。
⑤ 潘耒,《晓庵遗书序》。
⑥ 王济,《王晓庵先生墓志》。
⑦ 梅文鼎,《王寅旭书补注》,载《勿庵历算书目》。
⑧,⑨ 阮元,《畴人传》卷三十五。

不过王锡阐的天文学成就在清代还是得到了肯定的。1722年《历象考成》采用了他的"月体光魄定向"方法,1772年《四库全书》收入《晓庵新法》,这件事在阮元看来是"草泽之书得以上备天禄石渠之藏,此真艺林之异数,学士之殊荣,锡阐自是不朽矣。"[1] 在 1799 年这样说或许还不算很夸张,但无论如何,仅仅靠这件事是不足以使王锡阐不朽的。使王锡阐不朽的是他在天文学上的贡献。[2]

王锡阐的天文工作在本世纪引起了科技史界的注意。李约瑟认为《晓庵新法》是"熔中西学说于一炉的一种尝试",并以为:"据我看,这位天文学家是个有才华的人。"[2]这一评价无疑是正确的。60 年代,席泽宗发表《试论王锡阐的天文工作》,首次用现代天文学的方法,对王锡阐的天文学工作及理论作了全面深入的研究。当年潘耒、梅文鼎"为之图注,发其义类"的愿望,也由此开始得到实现。

王锡阐的天文著作,特别是《晓庵新法》,在天文学史上有重要意义。《晓庵新法》是中国历史上最后一部古典形式的历法,王锡阐在这部书中用他的才华和创造力将中国传统天文模式的潜力发挥到空前的程度;同时他又表明,天体力学诞生之前欧洲古典天文学的小轮体系,在和中国传统天文模式相比时,优越性并不明显。另一方面,作为中西天文学融合时期最重要的人物之一,他对西法的态度又有中西文化交流史、思想史等方面的研究价值。

今天,对王锡阐及其天文学的研究还远未到头。比如,对《晓庵新法》和《五星行度解》作精度分析,并与当时的西法及中国前代优秀历法相比较,就是一件很有意义的工作,方有待于来者。

## 参 考 文 献

江晓原.1986.王锡阐及其《晓庵新法》.中国科技史料,7(6)

江晓原.1989.王锡阐的生平、思想和天文学活动.自然辩证法通讯,11(4)

阮元(清)撰.1955.畴人传.上海:商务印书馆

王锡阐(清)撰.1936.晓庵新法.上海:商务印书馆

王锡阐(清)撰.1939.五星行度解.上海:商务印书馆

席泽宗.1963.试论王锡阐的天文工作.科学史集刊　第六期.北京:科学出版社

(江晓原)

---

① 阮元,《畴人传》卷三十五。

② 〔英〕李约瑟,中国科学技术史(中译本),第四卷,科学出版社,1975年,第688页。

# 梅 文 鼎

梅文鼎(1633～1721)字定九,号勿庵,安徽宣城人,生当西方科学传入并同传统文化发生冲突与交融之际,毕生宣扬西学要旨,阐发中学精萃,并致力于二者的会通,其学术著作反映了清初天文、数学的最高水平,其学术思想影响了有清一代学者。梁启超(1873～1929)说:"我国科学最昌明者惟天文算法,至清而尤盛;凡治经学者多兼通之;其开山祖,则宣城梅文鼎也。"① 可说是语中了梅文鼎的历史地位。

## 一 对传统天文、数学的整理与阐发

1633 年 3 月 16 日,梅文鼎降生于宣城一个书香望族之家。梅氏先人中最著名者为北宋诗人梅尧臣(1002～1060);明季有梅守德等五人同举进士,时人赞曰:"纵诗荆地人人玉,不及梅家树树花。"② 文鼎祖父瑞祚精于易,曾为明朝衢州府西安县丞。文鼎父士昌少小有经世之志,明亡后隐居读书。文鼎叔父清、侄儿庚,都是名重一时的诗人画家。③

出生在这样一个家庭中的梅文鼎,自幼受到传统文化的熏陶,九岁已熟读五经,通史事,又"侍父及塾师罗王宾仰观星气,辄了然于次舍运旋大意。"④

1662 年前后,文鼎和他的两个弟弟文鼐、文鼏,一同向竹冠道人倪正学习历法,后者以麻孟璇所藏《台官通轨》、《大统历算交食法》相授。梅氏三兄弟"乃相与晨夕讨论,为之句栉字比,不惮往复求详"⑤。文鼎将学习心得整理成《历学骈枝》四卷,这是他的第一部科学著作。

中国古代的天文、数学曾有过辉煌的历史,但到明代已日渐衰颓。"明之大统历,实即元之授时(历),承用二百七十余年,未尝改宪。成化以后,交食往往不验……"⑥,加以自明崇祯经清顺治到康熙长达 40 余年的"历讼",其结果以西法的胜利而告终,因而在梅文鼎时代,研究中国古代天文历法并有所贡献是十分不容易的。梅文鼎的《历学骈枝》开创了一个先例,就是假大统以阐授时不传之秘,填补了由于《元史·历志》过于简略而造成的知识真空。举例来说,《元史·历志》言及日、月食限辰刻算法,仅"相减、相乘,平方开之"⑦ 数语带过,令人难解其意;《历学骈枝》则绘出日食图和月食图,以中国古代数学中固有的勾股和较术说明,使人得窥金元历家推算交食的数理依据。1689～1693 年间,梅文鼎应明史馆官员之邀,到北京参予编写《明史·历志》,通过对大统历的详细阐述使郭守敬(1231～1316)等人的科学创造流播于世。

梅文鼎的第一部数学著作是写成于 1672 年的《方程论》。"方程"系指多元一次方程组,是

---

① 梁启超,《清代学术概论》。

② 王世贞,《赠子马诗》,引自梅清《天延阁删后诗》内施闰章序。

③ 梅氏家系可见梅清《梅氏诗略》及梅曾亮《柏枧山房文集》。

④ 杭世骏,《道古堂文集·梅文鼎传》。

⑤ 《历学骈枝·自序》。

⑥ 《明史》卷三十一。

⑦ 《元史》卷五十五。

中国古代数学一大成就。梅文鼎当时未能亲睹《九章算术》完本,但通过明代程大位(1533～1606)、吴敬(1450年左右)等人的著作对这一课题进行了全面研究。当时西方对多元一次方程组的研究也不过刚刚起步,梅文鼎书成后曾寄示方中通(1633～1698),盖因"方子精西学,愚病西儒排古算数,著《方程论》,谓虽利氏(玛窦)无以难,故欲质之方子。"①《方程论》系统地总结了多元一次方程组的问题,其中关于分数系数的"化整为零"代换法,最大"省算"步数与未知数个数之间的关系,以及应用"方程"解其他古典问题的"杂法",都是有所创见的②。

梅文鼎从传统天文、数学开始其科学生涯,几十年如一日,为整理和阐发中华民族优秀的科学遗产作出了巨大贡献。"千秋绝诣,自梅而光。"③ 他十分注意搜集和整理古代科学文献,"遇古人旧法,虽片纸如拱璧焉。"④ 他曾亲见《九章算术》南宋刻本的残卷,整理过现已成了孤本的《欧罗巴西镜录》和王锡阐(1628～1682)的《圆解》,对多种现已失传的稀世珍籍留下了记录,如郭守敬的《授时历草》、赵友钦的石刻星图以及若干佚名著作,这些都成为研究中国天文、数学史的重要线索和宝贵资料。中国古代许多具有世界意义的科学成就,都是经梅文鼎阐发才重新为世人所认识。比如说,授时历推求日月五星行度的算法,是建立在三次差插值原理上的列表法,明代几乎无人理喻,梅文鼎1704年撰《平立定三差详说》,才把这一方法的步骤原理基本搞清。授时历又有"黄赤道差法"和"黄赤道内外度法",以增乘开方和勾股比例解决黄、赤两种坐标的换算,梅文鼎于1700年前后撰成《堑堵测量》,其卷末论"郭太史本法",第一次阐明了郭守敬方法的球面三角意义。

## 二　对西方天文、数学的研究与宣传

1672年,梅文鼎丧妻,"遂不复娶,日夜枕籍诗书以自娱。"⑤ 他虽"博览多通,少善举子文",⑥但屡应乡试不第。然而三年一度的南京之行使他开扩了眼界,接触到在皖南乡间难以见到的西学书籍。

1675年他在南京购得一部《崇祯历书》残本,又借抄得穆尼阁(J. N. Smogolenski,1611～1656)的《天步真原》。1678年又借抄得罗雅谷(J. Rho,1593～1638)的《比例规解》,"携之行笈半年而通其指趣。"⑦ 当年梅庚与他同科应试,见其"得泰西历象书盈尺,穷日夜不舍",全然不顾"旦日且入闱",于是"箧而置诸它所",文鼎"则艴然曰:'余不卒业是书,中怦怦若有所亡,文于何有?'⑧ 可见他此时已把学习新鲜的西方科学知识看得比科举考试更重要了。

《崇祯历书》是徐光启(1562～1633)组织编译的一部大型天文丛书,汇集了当时传入中国的西方天文、数学知识,但是由于编译者"取径迂回,波澜阔运,枝叶扶疏,读者每难卒业。又奉

① 梅文鼎,《绩学堂诗钞·复秉方位伯》。
② 参见梅荣照《略论梅文鼎的〈方程论〉》,载《科技史文集》第8辑。
③ 焦循,《雕菰楼集·〈历算全书〉、〈赤水遗珍〉赞》。
④ 梅文鼎,《勿庵历算书目·九数存古》。
⑤ 施闰章,《绩学堂诗钞·序》。
⑥ 梅庚,《绩学堂诗钞·序》。
⑦ 梅文鼎,《勿庵历算书目·勿庵度算》。
⑧ 梅庚,《绩学堂诗钞·序》。

耶稣为教,与士大夫闻里龃龉"①,所以经过了半个多世纪仍是一部"天书"。既使更早翻译成的《几何原本》,"京师诸君子即素所号为通人者无不望之反走,否则掩卷而不读,或读之亦茫然而不得其解。"② 可见,消化和普及西方科学尚有待时日。

梅文鼎生逢其时,他写了《交食》、《七政》、《五星管见》、《揆日纪要》、《恒星纪要》等书介绍第谷(T.Brahe,1546~1601)体系的西方天文学;写了《笔算》、《筹算》、《度算释例》等书介绍西方的算术和计算工具;写了《几何通解》、《几何补编》等书介绍欧几里得(Euclid,约公元前330~前275)几何学;写了《平三角举要》、《弧三角举要》、《环中黍尺》、《堑堵测量》等书介绍西方的三角学;除了对数以外③,几乎涉及当时传入中国的全部西方天文、数学知识。这些书都不是人云亦云的转述或改编,而是经他咀嚼消化后的结果,其中有许多独到的见地。

《崇祯历书》中对于行星运动的理论和计算颇多矛盾,梅文鼎在《五星管见》中提出"围日圆象"说,其特点是调和第谷和托勒密(Ptolemy,约公元85~165)的宇宙体系,建立一个和谐自洽的行星运动模型④。他对各种星表也十分感兴趣,《恒星纪要》中附有"各宿距星所入各宫度分",经查系以南怀仁(F.Verbiest,1623~1688)的《灵台仪象志》所载星表为基础,按岁差原理推算而出。

他于"测算之图与器,一见即得要领","西洋简平、浑盖、比例规尺诸仪器书不尽言,以意推广之,皆中规矩。"⑤ 简平仪和浑盖仪,是当时传入中国的两种建立在投影原理基础上的天文仪器,梅文鼎对其制度原理十分关心,除著书详论外,又制成璇玑尺、揆日器、侧望仪、仰观仪、月道仪和浑盖新式等名目繁多的天文仪器;从其《勿庵历算书目》所撰提要来看,它们大都与简平仪和浑盖仪有关。

当时《几何原本》只译出前六卷,梅文鼎在《测量全义》、《大测》等书透露的线索下,对前六卷以外的有关内容进行了探索,写成《几何补编》一书,获得许多独立的成果:他详细讨论了五种正多面体以及球体的互容问题,给出各种立体的等积边长和等边体积数据,精度都高出《测量全义》和《比例规解》,他又订正了前书中正二十面体体积的错误。他由民间制作的灯笼得到启发,研究了两种等角半正多面体的构成、比例以及与正多面体的关系,在中国数学史上开辟了一个新的课题。他又提出球体内容等径小球问题,并指出这一问题的解与正多面体的关系,也是一个十分新鲜的问题。

对于中国的天文、数学家来说,当时传入的西方科学知识中最难接受的恐怕是三角学了,因为中国古代缺乏一般角的概念,"未有予立算数以尽勾股之变者"⑥,而《崇祯历书》所介绍的三角学知识又过于零散。梅文鼎撰《平三角举要》、《弧三角举要》二书,系统地阐述三角函数的定义、各种公式、定理及应用,是中国人自撰的最早的一套三角学教科书。《堑堵测量》借用中国古代数学的多面体模型,巧妙地显示了球面三角形的边角关系,书中提出的"立三角仪"和"平方直仪"的平面展开图,实际上蕴涵着一种球面三角的几何图解法。关于利用投影原理来解球面三角形的一般论述,则见于《环中黍尺》一书,他所提出的"以横线截弧度,以直线取角度,并

---

① 梅文鼎,《绩学堂文钞·〈中西算学通〉自序》。

② 李子金,《数学钥·序》,杜知耕书前。

③ 梅文鼎有《比例数解》四卷,专门介绍对数,惜未刊。

④ 参见江晓原的论文《第谷天文工作在中国之传播及影响》。

⑤ 毛际可,《梅先生传》。

⑥ 梅文鼎,《堑堵测量》。

与外周相应"作图原则,与托勒密的"曷捺楞马"(Analemma)方法在原理上暗合,但应用起来更为简捷便当。"①

"他山有砻石,攻错以为期。"② 梅文鼎认真钻研西方科学,善于对传入的西方科学著作进行通俗的解释,经他整理和疏解的内容不但深入浅出,而且往往赋予浓厚的民族色彩,便于中国知识分子理解和学习。

## 三 著 作 概 述

梅文鼎生平主要以教书为业,授馆之余则埋头著作。据他 70 岁时自撰的《勿庵历算书目》统计,内中共有天文、数学著作 88 种,当时已刻出的有 31 种。文鼎生前曾被魏荔彤延致馆中订正其所著书稿,后因"不乐与俗吏见处","竟未卒事";魏氏只得另请杨作枚主持其事,于 1723 年编辑成《梅氏历算全书》出版。文鼎孙瑴成(1681~1763)又嫌此书校刊未能尽合先人旨意,组织族人编辑成《梅氏丛书辑要》,于 1759 年刊行。这两套书在清代被一再翻刻,并被分别采入《四库全书》和《四库存目》之中。除此外,梅氏著作尚有多种单行本或合刊本,刊刻年代自其生年至民国初,地域则遍及皖、苏、闽、蜀、陕、冀等省。

《梅氏丛书辑要》共收梅文鼎著作 23 种共 60 卷,按算术、代数、几何、三角、历法、天文次第排列,大致体现了作者在各学科中的成就。

《笔算》、《筹算》,分别介绍西方的算草和算筹,但为了适应"中土圣人之旧而吾人所习"③,将《同文算指》中的横式算草改为直式算草,将《西洋新法历书》所介绍的直式算筹改为横式算筹。在当时的条件下,这一变动较易为学人接受。

《度算释例》专门介绍伽利略(G. Galilei,1564~1642)的比例规,书中详论比例规的制度、原理及用法,又引用其弟文鼐的算例加以说明。梅文鼎将《比例规解》中的"分面"、"分体"、"节气"、"时刻"、"表心"诸线分别改成"平方"、"立方"、"正弦"、"切线"、"割线",突出了数学的一般性。

《方程论》、《少广拾遗》、《勾股举隅》涉及中国古代数学。其中《少广拾遗》根据"开方作法本原图"说明高次幂的正根求法,从平方到十三次方各一例以算草演示,其过程相当于宋元数学家创立的"立成释锁法"。《勾股举隅》内"弦实兼勾实股实图"及有关说明文字,是三世纪刘徽、赵爽之后中算家对勾股定理的第一个证明;梅文鼎又用"图验法"或称"出入相补原理"推出若干新的勾股和较公式,若以 $a,b,c,\triangle$ 分别表示勾、股、弦和勾股形面积,即:$[(a+b)+c]^2=2(c+a)(c+b)$,$[(a+b)-c]^2=2(c-a)(c-b)$,$[c-(b-a)][c+(b-a)]=4\triangle$,$[(a+b)-c][(a+b)+c]=4\triangle$。

《几何通解》、《方圆幂积》、《几何补编》是关于几何学的著作,其中颇多新颖论题。例如《方圆幂积》提到旋转体与其生成母面的关系、《几何补编》对各种"有法之形"包容关系的讨论都是如此。和算家白石世彦《神璧算法解义》内有"小球二十个围大球"题,其立意和解法都与梅文鼎的"大球容小球"类似。白石世彦在梅文鼎之后,是否受到梅文鼎的影响尚待研究。

---

① 参见刘钝《托勒密的"曷捺楞马"和梅文鼎的"三极通机"》,载《自然科学史研究》第 5 卷第 1 期。

② 梅文鼎,《绩学堂诗钞·赠中伯第》。

③ 梅文鼎,《笔算·发凡》。

《平三角举要》先论三角函数定义和同角函数之间的关系,又用平面几何证明正弦、正切、半角诸定理,最后论三角形面积、内切圆、外接圆,内容正方形诸关系及三角测量术,是一本循序渐近的平面三角学教材。

《弧三角举要》、《堑堵测量》、《环中黍尺》都是关于球面三角的著作,结合实际是它们的共同特点,但在处理具体问题时,三本书的出发点有所不同。例如对于黄赤坐标换算问题,《弧三角举要》借助轴测图显示相似勾股形,《环中黍尺》借助投影图"以量代算",《堑堵测量》则把球面上的大圆弧巧妙地转化为多面体的面角,其结果都与球面直角三角形的纳皮尔(J. Napier,1550~1617)公式解法有异曲同工之妙。《环中黍尺》也是中国学者第一部系统论述投影图解法的著作,它还证明了球面三角的余弦定理和各种积化和差公式。

《历学骈枝》为梅文鼎"从学之权舆",以下《历学疑问》和《历学疑问补》为"论说之书",《交食》、《七政》、《五星管见》、《揆日纪要》、《恒星纪要》皆"致用之书",最后有《历学答问》和《杂著》,"则古今中西历算之说互见错陈,不可类附,故另为卷而终焉。"① 梅文鼎的天文学与其数学著作一样,体现了融汇中西、贯通古今的特点。他的同时代人万斯同(1638~1702)赞曰:"既贯通旧法,而兼精乎西学","会两家之异同,而一一究其指归","其有功于历学甚大。"②

# 四　主要学术思想

梅文鼎的思想带着深深的时代烙印:他既热衷于学习和介绍西方科学,又担心背上"弃儒先"③ 的罪名;既抨击"进取以章句贴括,语及数度辄苦其繁难"的科举取仕制度,又屡赴省城应试;他既负"素性恬退,不欲自炫其长以与人竞"④,又喋喋不休地感恩于康熙的礼遇;既著文反对风水先生"自误误人,贻害万世"⑤,又流露出"大易含叁两,灵秘开马图"⑥ 的数学神秘论思想。要想在这样一篇文章里全面论述他的思想是不可能的,下面我们仅就其学术思想中最具特色的几个方面加以介绍。

## 1. 会通中西

明末倡西学的先驱们就已打出"会通"的旗号,但是由于他们本人对中国古代天文、数学大多缺乏足够的了解,加以当时的中西之争已超出了学术范畴而具有政治色彩,因此并没有得出多少中肯的结论。梅文鼎的"会通"是在对中西两家进行充分研究的基础上完成的,因而能够脚踏实地地做好这件事。

他生前曾计划将自己的所有数学著作汇编成集,总名为《中西算学通》,其《中西算学通序》写道:"数学者征之于实,实则不易,不易则庸,庸则中,中则放之四海九州而准。"这种认为数学来源于实践,因而无复中西都可"会通"的见解是相当进步的。在天文学方面,他想效法明末邢云路《古今律历考》的形式写一部《古今历法通考》,将他所了解到的古今中外各家历法逐一考

---

① 梅瑴成,《梅氏丛书辑要·凡例》。

② 万斯同,《石园文集·送梅定九南还序》。

③ 梅文鼎,《绩学堂诗钞·寄怀青州薛仪甫先生》。

④ 毛际可,《梅先生传》。

⑤ 梅文鼎,《绩学堂文钞·阳宅九宫书题辞》。

⑥ 梅文鼎,《绩学堂诗钞·浮山大师哀辞》。

察分析。他在归纳西历源流时提出新、旧两法九家说:旧法即回回历,计"九执"、"万年"、"回回"、"陈(壤)袁(黄)"、"唐(顺之)周(述学)"五家;新法即欧罗巴历,计"利(玛窦)汤(若望)南(怀仁)"、"穆(尼阁)薛(凤祚)"、"王(锡阐)"以及"揭(宣)方(中通)"四家,可见他并非按照地域和民族,而是按其学说主张来认识这一问题的。他认为中国古代天文学中的岁差、里差、定气、盈缩招差、五星伏留等概念,分别对应《崇祯历书》中的恒星东行、各省节气、日缠过宫、最高加减、本轮均轮。在数学中,他特别热衷于阐发"几何即勾股论。"他的《几何通解》副题为"以勾股解《几何原本》之根",全书从《几何原本》二、三、四、六诸卷共择出 15 个命题,用勾股和较术重新予以证明,以明"几何不言勾股,然其理并勾股也。"

梅文鼎的"会通"工作,标志着中西学术由尖锐对立而演进到一个逐渐交融的阶段。正是由于梅文鼎这一代学者的努力,明末以来传入的西方科学知识才获得了更多人的理解。

### 2. 对中国古代数学进行更科学的分类

自《九章算术》成书以来,中国古代数学形成了一个按九类应用问题进行分类的独特体系,一般人认为"算"是这个体系的基本特征,中国古代数学的许多辉煌成就也表现在算术和代数领域。明末《几何原本》译出以后,一个"简而不遗,大而有本"[①] 的演绎式数学体系展现在中国学者面前,一时间"几何"成了主西学者们炫耀的法宝。另一方面,《崇祯历书》和《名理琛》等书都介绍了按照算法与量法对数学进行分类的思想,这也是中国古代数学著述所不及的。

梅文鼎是中国数学史上第一个对古代数学体系予以科学分类的学者。他在《方程论·发凡》中说:"夫数学一也,分之则有度有数;度者量法,数者算术。是两者皆由浅入深。是故量法最浅者方田,稍进为少广、为商功,而极于勾股;算术最浅者粟布,稍进为衰分、为均输、为盈朒,而极于方程。方程于算术,犹勾股之于量法,皆最精之事,不易明也。"同书"余论"又说:"数学有九,要之则二支:一者算术,一者量法。量法者长短远近以求其距,西法谓之测线;方圆、弧矢、幂积、周径以相求,西法谓之测面;立方、浑圆、堆垛之形,以求容积,西法谓之测体。在古九章,则为方田、为少广、为商功、为勾股。"这样就大体划分出了中国古代数学中分别属于算术或代数与几何的内容,特别强调九章体系中也有几何学,同时也指出了九章各类问题之间的递进关系。

梅文鼎之后,中国学者对这种"数"与"形"的分类方法逐渐熟悉起来,以康熙御制名义出版的《数理精蕴》上编分列《几何原本》和《算法原本》,显然已完全抛弃了传统的九章分类法。

### 3. 西学中源说

在明清之际西方科学传入中国的过程中,滋生了一种与之对抗的理论,这就是由梅文鼎阐发完善,并得到康熙钦定认可的西学中源说。

《历学疑问》和《历学疑问补》集中反映了梅文鼎在天文学领域中的西学中源说,他凭藉自己对古代典籍的知识和丰富的想象力,把若干重要的西方理论逐一贴上"中国造"的标签。例如他说"地球有寒暖五带之说"即《周髀算经》中的"七衡六间说","地圆说"即《黄帝内经·素问》中的"地之为下说","本轮均轮说"即《楚辞·天问》中的"圜则九重说","浑盖通宪即古盖天

---

① 李子金,《数学钥·序》,杜知耕书前。

法","简平仪亦盖天器而八线割圆亦古所有"等等。"谁知欧罗言,乃与《周髀》同。"① 以上诸说的核心是《周髀算经》中的盖天说,而梅文鼎与当时的多数学者一样,把传本《周髀算经》的成书年代与其中保留的早期天文史料混为一谈,从而认为"《周髀》所传之说必在唐虞以前"。

至于"中土历法得传入西国之由",梅文鼎乃借《尚书·尧典》虚构了一个故事,说尧命羲和仲叔四人敬授人时,至周末"畴人子弟分散",因为东、南有大海相阻,北有严寒之畏,只好挟书器而西征。西域、天方诸国接壤于西陲,所以"势固便也"地成就了被称为西之旧法的回回历;而欧罗巴更在回回以西,"其风俗相类而好奇喜新竞胜之习过之,故其历法与回回同源而世世增修",遂成西洋新法。这一说法又被载入《明史·历志》,成为西方天文学源流的钦定观点。

西学中源说在数学领域中的范本是"几何即勾股论",梅文鼎在著作中不厌其烦地阐述了这一观点。《勾股举隅》称:"测量至西术详矣,实不能外勾股以立算,故三角即勾股之变通,八线乃勾股之立成也。"《平三角举要》称:"三角不能出勾股之外,而能尽勾股之用,一而二,二而一者也。"《弧三角举要》则说:"全部《历书》皆弧三角之理,即勾股之理。"

梅文鼎倡西学中源说,主观上有发扬中华文化、振奋民族精神的愿望,其中也不乏个别精辟见解,但其论证方法和总的结论却是错误的。但是西学中源说确能折衷长达百年的中西学之争,又迎合了封建统治者维护王道正统的愿望,所以在整个清代都有很大影响,这一狭隘民族主义精神的产物助长了一些人固步自封的思想,对于西方近代科学在中国的传播产生了一定的消极影响。

## 五 学术交流和影响

《勿庵历算书目》提到《明史历志拟稿》三卷,其中法原之目七、立成之目四、推步之目六,与定稿的《明史·历志》比较,仅推步少了一目"步四余"。从其他文献也可证明,梅文鼎不但参予了《明史·历志》的编写工作,而且还是其核心部分"大统历法"的实际撰稿人。陆陇其(1630~1692)在1691年4月11日的日记中记述了万斯同的话:"《明史·历志》,吴志伊纂修者,今付梅定九重修。"② 梅瑴成也说:"《历志》半系先祖之稿。"③

梅文鼎在京修历期间,结识了朱彝尊(1629~1709)、徐善(1634~1690)、阎若璩(1636~1704)、万斯同、刘献廷(1648~1695)等知名学者,并通过大学士李光地(1642~1718)的关系闻达于朝廷。当时康熙皇帝(1654~1722)正热衷于向传教士学习西方天文、数学知识,梅文鼎在李家开馆;康熙经常在群臣面前谈论历算,唯有李光地差强应对。李光地深感梅文鼎教育有方,建议他"略仿赵友钦《革象新书》体例,作为简要之书,俾人人得其门户。"④ 梅文鼎遂于1690年夏天动笔,数月得稿50余篇,采用问答形式,广泛地讨论了各种天文历法问题,这就是使他后来进身扬名的《历学疑问》。

1693年康熙于南巡途中获读《历学疑问》,对李光地说:"昨所呈书甚细心,且议论亦公平,此人用力深矣。"⑤ 1705年康熙再度南巡,归途在大运河的御舟中召见72岁高龄的梅文鼎,连

① 梅文鼎,《绩学堂诗钞·赠吴胥崤》。
② 陆陇其,《三鱼堂日记·康熙辛未三月十三日》。
③ 梅瑴成,《操缦卮言·明史馆呈总裁》。
④ 梅文鼎,《历学疑问序》。
⑤ 李光地,《榕村全集·御批〈历学疑问〉恭记》。

续三日畅谈天文、数学,临辞亲书"绩学参微"四字,并对人说:"历象算法朕最关心,此学今鲜知者,如文鼎真仅见也。"① 后来康熙开蒙养斋修《律历渊源》,即召文鼎孙瑴成至京,赐为举人并充任蒙养斋汇编。兼具天赋和家学的梅瑴成不久就显露才华,成为这项工作的主要负责人。《律历渊源》的音律学部分完成后,康熙还对梅瑴成说:"汝祖留心律历多年,可将《律吕正义》寄一部去令看,或有错处指出甚好。"② 1721年梅文鼎去世后,康熙亲自过问其丧事,命江宁织造曹頫营地监葬。③

梅文鼎是民间知识分子学习西方科技知识的代表,康熙则以天朝君主的身份亲躬西学,这两个杰出人物的交流,标志着清代天文、数学研究的一个高潮,并揭开了乾嘉学派在历算领域复兴传统学术的序幕。

梅氏数代治历算,文鼎弟文鼐、文鼏、子以燕、孙瑴成、玕成、曾孙钫、钘、钫、镠、铖也都学有所长。家学之外,文鼎也热衷于授徒。他最得意的弟子刘湘煃"鬻产走千里,受业其门,湛思积悟多所创获",《五星管见》中的行星运动理论就得到刘湘煃的协助始得完备。另一个叫张雍敬的人"裹粮走千里,往见梅文鼎,假馆授餐逾年,相辩论者数百条,去疑就同,归于不疑之地。"④ 与梅文鼎交游的学者很多,李子金、杜知耕、潘耒、杨锡三、杨作枚、金长真、蔡璇、马德称、年希尧、陈万策、陈厚耀、庄亨阳、孔兴泰、胡宗绪、游艺、袁士龙、毛乾乾、谢廷逸等人都以历算知名。⑤

从明万历到清康熙的一百几十年时间里,中国的知识界对待西方传入的科学知识大致有三种不同的态度。一种以杨光先为代表,他们在反对天主教的同时也反对传教士带来的科学知识,这种把婴儿连同污水一道泼出门的做法遭到了彻底的失败。第二种以徐光启为代表,他们努力引进西学,对于推动中国科学技术的前行起到了一定的作用,但是他们企图靠天主教来"补益王化"的设想是脱离中国当时的社会需要的,况且这一派人士对传统科学的认识也有失偏颇,因而他们的理想终因缺乏社会支持而未能实现。第三种可以梅文鼎为代表,尽力做到"去中西之见,以平心观理"⑥,勇于采纳和吸收西方科学,并力求与传统科学知识融汇贯通。对于一个具有悠久的文明和自己独特的科学传统的国家来说,梅文鼎对待西学的态度是多数知识分子能够接受并最终所经历了的一种方式,他被奉为清初"历算第一名家"⑦、"国朝算学第一"⑧ 的原因也在于此。

## 参 考 文 献

方苞(清)撰.1929.方望溪先生全集 梅徵君墓表.四部丛刊本,上海:商务印书馆

杭世骏(清)撰.1888.道在堂集 梅文鼎传.振绮堂刊本

李俨.1955.梅文鼎年谱.见:李俨.中算史论丛 第三集.北京:科学出版社

刘钝.1986.清初历算大师梅文鼎.自然辩证法通讯,8(1):52~64

① 杭世骏,《道古堂文集·梅文鼎传》。

② 梅文鼎,《绩学堂文钞·谢赐〈律吕正义〉虹子》。

③ 梅曾亮,《柏枧山房文集·家谱约书》。

④ 阮元,《畴人传》。

⑤ 徐世昌,《清儒学案》。

⑥ 梅文鼎,《堑堵测量》。

⑦ 江永,《翼梅·序》。

⑧ 钱大昕,《天元一释·序》。

毛际可(清)撰．梅先生传．勿庵历算书目卷末．知不足斋丛书本

梅文鼎(清)撰．1759．梅氏丛书辑要．承学堂刊本

梅文鼎(清)撰．1757．绩学堂诗文钞．承学堂刊本

梅文鼎(清)撰．勿庵历算书目．知不足斋丛书本

钱宝琮．1932．梅勿庵先生年谱．国立浙江大学季刊,1(1):11—44

阮元(清)撰．1896．畴人传　梅文鼎传．上海:瓿衡堂刊本

（刘　　钝）

# 陈　潢

　　陈潢(1637~1688),字天一,号省斋,浙江钱塘(今杭州)人。从小就有抑强扶弱,"经世致用"之志。①长大后,偏重于读经世致用的书籍。因受当时社会风气和家庭的影响,曾热中科举。由于"连试不遇"②,因而逐渐淡薄功名,不强求科举作官之事。他为人正直恬淡,慷慨好施,"喜与名士交,性慷爽,一言投契,挥手千金勿吝"③。当他的"经世致用"之志不能实现,学到的知识无用武之地时,万般无奈,只好到各地漫游。在漫游中搞调查研究,了解自然和社会;在漫游中寻找报国之门。康熙十年(1671),当他离开北京,游到邯郸时,仍是一无所获,心中气闷,便挥毫题诗于吕祖祠壁。诗曰:"四十年中公与侯,虽然是梦也风流,我今落魄邯郸道,要替先生借枕头"。③这首诗被路过此地的靳辅看见了,非常赞赏和同情作者,觉得此人不同寻常,有抱负。又见墨迹未干,估计作者走得不远,于是派人四处寻找,终于查访到了陈潢的下落④。此时靳辅由武英殿学士升任安徽巡抚,按当时朝廷惯例,凡州县以上的外官又兼刑名钱谷责任者,都要聘请幕客,协同料理事务。靳辅离北京前,曾留心访求,但未得中意的人。见到陈潢后,一见如故,结为好友,遂聘陈潢为幕客,同往安徽任所。

　　到安徽后,陈潢除了教靳辅的两个儿子读书外,还常常跟靳辅讨论政事,为靳辅出谋划策。靳辅这才知道,陈潢见识"明敏深厚",才华出众,因而更加喜爱,更加信赖。对陈潢提出的意见和建议也更加重视。靳辅在安徽任职六年,陈潢为他出了不少好主意。有一年天旱,陈潢建议兴修水利,开辟荒田,使数千家流离失所的农民纷纷来归。

　　由于靳辅在安徽行政很有成绩,所以康熙十六年(1677)三月升任河道总督。靳辅升任河道总督,还有一定的时代背景。这就是康熙十五年黄淮并涨,奔腾四溃,"河倒灌洪泽湖,高堰不能支,决口三十四。漕堤崩溃,高邮之清水潭,陆漫沟之大泽湾,共决三百余丈。⑤"河道、运道均遭严重破坏,黄河四溃,不复归海。"决于北者,横流宿迁、沭阳、海州、安东(今涟水)等州县。决于南者,汇洪泽湖,转决下河七州县。清口运道尽塞。"⑥漕运不通,对清王朝构成了极大的经济威胁,是心腹之患。因此,即使是在对三藩用兵紧张之际,康熙皇帝仍然下了治理黄河的决心,并调靳辅任河道总督。

　　靳辅本来不会治河,面对"河道大坏"的局面,心里自然有些畏惧。就是有一定治河经验的人,也视河道总督一职为畏途。靳辅接到调令后,心中忐忑不安,并把这种心情告诉了陈潢。陈潢当即劝道:治河责任重大,任务艰巨,接受这样的任务,心里有点不安是可以理解的。不过只要你实实在在地身体力行,也是可以做好的。从另一方面说,这是你报效国家的好机会。我陈潢虽是草茅下士,但素有志于当世之务。只是无进身之阶,无由建白。这次皇帝命你治河,我正

---

　　①,③　魏崿,《钱塘县志》卷二十四"人物·义行"。

　　②　陆懋勋,《杭州府志》卷一三五"仕绩"四。

　　③　陈文述,《颐道堂文钞》卷九"家天一先生传"。

　　④　赵尔巽,《清史列传》卷七十一"陈仪传附"。

　　⑤　《清史稿·河渠志》。

　　⑥　《碑传集》卷七十五"勒辅墓志铭。"

好替你当助手，以毕素志①。在陈潢的劝说下，靳辅打消了顾虑，两人"矢志同心"，共赴治黄第一线。

在"河道大坏"的恶劣形势下，要想把黄河治好，谈何容易！面对"河道大坏"的烂摊子，该从何下手呢？由于陈潢长期关心治河，所以能够胸有成竹地分五个步骤去做：

第一，向靳辅亮明自己的治河思想，在思想理论上向靳辅交底。通过交底，使两人的认识统一，步调一致。没有思想认识上的统一，没有一致的步调，没有紧密的团结，陈潢要想在治河中发挥自己的聪明才智是不可能的。为此，陈潢提出："人事万端，或可骋机巧，或可事矫揉，或可任粉饰，犹得掩耳目于一时，袭虚名于后世。若水之性一定而不可移，而黄水之性，尤奔注而不可遏，挟沙而不可停。且至与淮合流之区，绝无山陵阻恃，更散漫而不可约束。是机巧于此无所骋，矫揉于此无所事，粉饰于此无所任，惟有顺其性而利导之之一法耳。"这里陈潢所阐明的主要观点是治河要实事求是，要按流水规律办事，不能投机取巧，不能任意粉饰，惟一可行的办法是"顺其性而利导之"。"顺其性而利导之"的具体内容是什么呢？陈潢指的是"因其欲下而下之，因其欲潴而潴之，因其欲分而分之，因其欲合而合之，因其欲直注而直注之，因其欲纡洄而纡洄之。一顺水之性而不参之以人意焉。"这是讲水的一般规律。至于黄河的规律又怎样呢？陈潢认为，河之性，"约而言则曰就下，分而言则避逆而趋顺也，避壅而趋疏也，避远而趋近也，避险阻而趋坦易也。涨则气聚，聚不能洩则其性乃怒。分则气衰，衰不能激则其性又沉。流迅则性能挟沙土而俱行。势集则性能坏山陵而驾上。土能制之，即缕岸可抑其狂。风能助之，遇骛飚益张其势。故御之得其道则利无穷，若御之失其道，则害莫可测。"②这是从理论上讲治河的原则，主要观点是潘季驯曾经用过的办法"以堤束水，以水刷沙"。陈潢非常赞赏这个办法，"奉为金科"，主张"治河者，必以堤防为先务"③。

第二，搞调查，作规划。陈潢的治河思想，靳辅很钦佩，称赞他说得好，并要求尽快作出治河的规划方案。陈潢说，作规划必须先去现场调查才行，不调查，就不知道地势的高低，水势的来去，也就无法安排施工的先后决序。请允许我到现场去调查一段时间，调查完了，治河的规划方案也就有了。靳辅说，两河形势，许多书上都有记载，这些书你都看过了，干吗还要亲自去野外作调查呢？陈潢告诉他："今昔之患，河虽同而被患之地不同。今昔治河之理虽同而弥患之策亦有不同。故善法古者，惟法其意而已。若欲考载籍以治之，何异按图索骥，刻舟求剑耶？"靳辅觉得陈潢的观点很有道理，说："余闻子言，不异读书十年也。"④于是整治行装，与陈潢一道去黄淮地区调查考察，观看黄淮形势及各个决口的受灾情况。两个多月的考察，他们"广咨博询，求贤才之硕画，访谙练之老成，毋论绅士兵民以及工匠夫役人等，凡有一言可取，一事可行者，莫不虚心采择，以期得当"⑤。通过考察，他们找出了河道蔽坏的缘由和补救办法，作出了规划。

第三，任用贤能。靳辅曾问过陈潢，不少人抱着升官的目的纷纷要求来治河，你看这些人能录用吗？陈潢回答："营室需财，举事需人，彼欲用命而来，安可不录？然不可滥录也，当慎之于始而已。夫水土畚锸，非可优游坐治也，暴露日星，栉沐风雨，躬胼胝，忍饥寒，其事固非易任矣。若膏泽纨袴之子，宁可与共荼苦？躁进趋利之徒，不可与历艰辛。倘假请滥录，不独遗悮大工，

① 靳辅，《义友竭忠疏》，载《靳文襄公治河奏议》卷八。
② 张霭生，《河防述言》"河性第一"。
③ 张霭生，《河防述言》"堤防第六"。
④ 《河防述言》"审势第二"。
⑤ 《治河方略》卷五"河道蔽坏已极疏"。

且或一时未能委以事。若辈逍遥河上,蜂营蝇集,何所不作。如易于题叙,则开幸进之门。如过为遏抑,必深丛怨之薮。公私交敝,诽谤布腾,其害可胜道哉。"① 陈潢既坚持任人为贤的标准,又考虑靳辅处理人事问题的难处,希望他在录用人时,"必先究其素履,验其材力,审其邪正,择可录者保之而升之于公,然后亲为验视而录之,而试之。以事试而不称,即黜之,并究保者。试而称事,由细而钜,历委以试之,于是堪大任者出矣。"总之,"始贵慎其选择,继贵严其考覈,终贵信其赏罚,自可收任人之效。"陈潢还提出,除了任人之外,还要任言。这就是"凡田夫老役有所陈说,皆宜采听,以备参详。"这种"不任其人而任其言"的办法,也是任人的一个重要方面。

第四,作预算。治河这样的大工程,自然要花许多钱。靳辅对此估计不足,作预算时卡得过紧。对此,陈潢提出,要放开手脚做预算,该花的钱要舍得花。他说:"大工告兴,不可以惜费用,公其亟请发帑乎?""适千里者,三月聚粮。治河之役,与治军无异,庀材鸠工,非财不办,亦犹用兵之要,必先料其仓库,转其刍粮也。若千里馈饷,士有饥色,樵苏后爨,师不宿饱,皆言粮匮者,知其年之不振也。今兴大工,倘赏用不继,则诸事阁济。昔人云,虚簋乏粒,易牙不能炊;空柯无刃,公输不能斲、盖谓此也。夫河之于国计民生,所系綦重,其与军政正复相等。未可以军族为急,而视河防为缓图也。"至于说节省开支,也要看实际情况而定,"不当用而用之,谓之不节。若当用而反节之,恐后之费转相倍蓰也。唐刘晏理财……凡诸工计,宁宽毋刻,宁增毋减,其意盖曰始制不惜物,可经久。后图修整,亦易为功。是经始之多费者,正以省费也。设初估苟简,势必草率而易坏,一坏之后,不能修复,势必更张而重构,则其费不更多乎?……大凡估计宁留有余以待节减,甚勿先为苟且之计,以致因小而误大也。"②

第五,工程措施与工程管理。陈潢认为,分流以杀河势,这是在河水暴涨时所采取的临时措施。平时主要是防止河流淤塞。一旦淤塞,会导至决口成灾。所以平时的工作应该是合流去淤。潘季驯也说过,"以人治水,不若以水治水也。"去淤的办法是筑堤,"堤成则水合,水合则流迅,流迅则势猛,势猛则新沙不停,旧沙尽刷而河底愈深。于是水行堤内而得遂其就下之性,方克安流耳。所以治河者必以堤防为先务也。"堤有好几种,"去河颇远筑之,以备大涨者曰遥堤;逼河之游以束河流者曰缕堤;地当顶冲,虑缕堤有失而复作一堤于内,以防未然者曰夹堤。夹堤有不能绵亘规而附于缕堤之内,形若月之半者曰月堤。若夹堤与缕堤相比而长,恐缕堤被冲,则流遂长驱于两堤之间而不可遏,又筑一小堤横阻于中者曰格堤,又曰横堤"③。

筑堤只是治河工程中的一项措施,光靠筑堤,自然不可能把河治好。筑堤之外,还要疏浚河道。陈潢认为,如果仅仅依靠人力疏浚河道,那是远远不够的,甚至根本行不通。因为被淤塞的河道,不比平陆,施工很困难。"少为开掘,水即随之,涝泥水中,焉能深广。"陈潢经过再三试验,得知"以人治水,诚不若以水治水之为得其道也。"具体作法是:在河流故道决口下面淤塞处反筑一堰,截其微流溯决口之上游,相度形势,则开一引河直通故道。这样,故道淤处既截微流,则河底涸出渐可施工,只须开浚深沟数道,余不必尽挖。俟上之引河既成,下之深沟复掘,然后并力下埽,堵塞决口。等到河流汹涌,势力加猛之际,遂开决口上流引河之口,黄流复暴怒,有一道以泄之,势必直注引河,由引河而直趋故道。故道已开深沟,水有所容,必且沛然莫御,而停沙淤

---

① ②《河防述言》"任人第四"。

② 《河防述言》"估计第三"。

③ 《河防述言》"堤防第六"。

浅之处,便可随流而冲刷矣。这个办法,只须用人力十分之二,而水力冲刷占十分之八。①

河道疏通后,如何进行工程管理也是一个重要的问题。特别是河流顶冲险要之处,需要昼夜不间断地有人巡查,一旦险情出现,即可及时抢修,不至误事。以前也设置过守堤夫役,因管理不周,懒散现象不可避免。陈潢提出了一套管理办法,说:"河工原比于军法,请即以军法行之。凡给食赴工之夫,尽募为支饷守汛之卒,设千把等官统之,以弁领兵,以大辖小,一如身之与臂,臂之与指。如此,则节制既有责成,而防御庶无疏虞矣。""然此所设之卒,为防守抢救之计也。"②如果要凿渠筑堤,搞大工程,那就不能依靠守堤夫役了,必须以行政区为单位招募民工才行。民工到工地后,以行政区为单位,划定界线,量算土方,下达任务,拨给经费,由各地官员负责组织施工。这样不仅工程易于完成,管理也方便多了。

陈潢协助靳辅治河10年,取得了相当好的成绩。不仅"黄淮故道次第修复",而且"漕运大通"。黄河决口泛滥的灾害大为减轻,出现了清初以来少见的好局面。陈潢协助靳辅治河的成绩是多方面的,而最显著的成就是五项:

### 1. 堵塞黄河北岸杨家庄决口

靳辅、陈潢初到黄河视察时,黄河数处决口,而杨家庄决口最大,河水几乎全部由决口流去,北流入海。原来的河道严重淤塞,运河也被堵塞,漕运不通。宿迁以东黄河北岸的民田皆成泽国。面对这种形势,陈潢向靳辅提出的治理方案是不要急于堵塞这个大决口,而是先从下游着手,堵塞小决口,疏导黄河南岸,让淮河从清口入黄。这样,可以借淮水的冲刷力量,将黄河下游淤浅的河道疏通,为水复故道开辟道路。然后又在决口上游从南岸开一引河,把河水的一半引入故道,减小决口的水势。这些工作作完后,才正式着手堵塞杨家庄决口。堵塞的办法是制作巨型埽。"一埽之大,如陵阜,约值千金,"需调动好几百民工牵引推滚,投置决口。但由于决口水势仍然汹涌,竟将投下的巨埽漂去,第一次没有成功。陈潢及时总结经验,想办法减弱决口的水势。增开引河后,把大部分河水引入故道,只有小部分河水从决口流出,完全有把握可以堵塞成功。事有不巧,正当下埽堵决口时,河水上涨,决口水势再次汹涌,又没有堵成。"官吏役工莫不相顾失色,以为此工必不可成也。"惟有陈潢镇静自若,对大家说:"这次偶值水涨,不足为怪。俟水消退,仍塞之,必可合。"③ 不久,正如陈潢所说,杨家庄决口堵塞成功,河水入故道。

### 2. 疏通骆马湖漕运

康熙十七年(1678)冬,骆马湖运河口淤断,漕运不通,危急异常。面对这种危急局面,陈潢建议将北运河口从皂河下移至张家庄,由张家庄运口北上,可以避免黄河数百年北灌之患。根据陈潢的建议,疏通了骆马湖漕运。

### 3. 疏通南运河口漕运

南运河口自明朝以来,漕船俱出甘罗城口之天妃闸。起初,闸口逼近黄河,河水浊流倒灌比北运口更为严重,至使淮安一带运河淤塞,每年冬季必大兴工役挑浚方可通漕。陈潢建议,南运

① 《河防述言》"疏浚第七"。
② 《河防述言》"工料第八。"
③ 《河防述言》"杂志第十一"。

口改进太平坝,以免河水内灌。即使遇上黄强淮弱的年份,间有倒灌也不碍事,待黄河水退后,淮水会马上将淤泥冲走,不至淤浅。漕运也不受阻滞。陈潢的这个建议,每年可以节省民力财用数万。

### 4. 疏通清水潭漕运

高邮北面的清水潭,也是漕运必经之地。由于淮水东溃,将数十里长的堤防冲决,湍急的水流又将平地冲成深渊。漕船过此常被漂泊,漕运受阻,必须整修。但是整修时会遇到许多困难。以前曾使用经费100万也没有修好。靳辅治河,清水潭必修。有人估计起码要50余万。陈潢经过详细勘察之后,建议废弃旧口,移筑堤工于湖内,估计只需经费10万。陈潢的话一出,监司以下都不敢任其事,只好由陈潢自己组织指挥。他先将越城一带接高家堰的堤修好,以障淮水北行,尽出清口以敌黄,而清水潭上游的水势也会减缓,减退,便于施工。陈潢考虑到,如果在潭中深处筑堤,不易成功。他改在潭的四周筑堤,这样水浅易成。有人认为,在潭中施工甚险,必须用竹篓载石沉入潭中,或以舟载铁沉之。陈潢认为不必这样,只须用土筑堤就行。于是指挥民工就近岸浅处渐次运土筑两堤于水中,约筑半里许,将堤的两头坝住,将水戽干,即在两堤之中挖土继续筑堤。这样,不仅筑堤取土不远,而且在两堤之中开挖了新河。又筑半里许,继续按上述方法作坝戽水,挖土接堤。连续如此,清水潭数十里之间,竟成长堤二道,运河船只来往其间,永无漂涨之患。其河即名曰永安河。整个工程为国家节省经费40余万,这是一般人意料不到的。

### 5. 修筑中河保漕运

北运河口改至张家庄后,虽然可以避免黄河倒灌之患,然而漕船自淮出清口,溯黄河而上尚有180里之遥。重载逆水当然难行,而黄河水流湍急比徐州以东更甚。每只船过黄河,需增雇纤夫20余人,而日行不过二三十里。一旦遇暴风水涨,不可避免会有漂泊之患,浅洲淤沙更有碍航行。因此,漕船过黄河,不仅费用多,而且多忧患。为了解决漕运安全,陈潢建议在宿迁以下修筑黄河北岸遥堤,并将修遥堤取土方的地方,有计划地联接起来,成为一条施工中可以利用的运料小河道。然后在小河的基础上挖深开宽,成了一条从拦马河起至仲家庄止全长180里的水渠,这条水渠就是中河,可通漕运。漕船出清口止于黄河,行20里过清河县即进仲家庄闸走中河,中河水缓流平,漕船行驶安稳。这样完全避开了黄河上面的风波之险,且省拉纤之劳费,又可较快航行,不误漕限。陈潢设计的这个工程,被人们称为"利国便民",有"百世之利"①。

此外,陈潢还发明了"测水法",就是测量流速和流量的方法。具体作法是"以水流迅则如急行人,日可行二百里;水流徐则如缓行人,日可行七八十里。即用土方法,以水纵横一丈,高一丈为一方,计此河能行水几方。②"他用人行速度推算流速,用测量法算出河水的宽度与流水的深度,这三项相乘的积,就是单位时间内的流量。知道了流量,他在设计施工时,就能更准确地设计工程的大小,使"束水攻沙"理论有更显著的效果。

像陈潢这样杰出的水利专家,理应受到人们的景仰和崇敬。然而在封建制度下,他不仅没有受到应有的尊重和重用,而且在晚年竟然蒙受不白之冤,忧愤而死。

原来在靳辅上任治河之初,陈潢就与靳辅商定,要想使黄河有一段长时间的安澜,必须对

---

①,②《河防述言》"杂志第十一"。

黄河来一番大的整治修理,不能头痛医头,脚痛医脚。他们认为:"治河之道,必当审其全局,将河道、运道为一体,彻首尾而合治之,而后可无弊也。盖运道之阻塞,由河道之变迁,而河道之变迁,总缘向来之议治河者,多尽力于漕艘经行之地。若于其他决口,则以为无关运道而缓视之。殊不知黄河之治否,系数省之安危,即或无关运道,亦断无听其冲决而不为修治之理。"①

陈潢正是根据当初他与靳辅共同确定的"治河之道,必当审其全局"的思想,在黄河下游以及漕运得到初步治导之后,就想把治河的范围扩大,以达到大修的目的。但要大修黄河,谈何容易! 首先遇到的难题是经费不足。为了筹集大修黄河的款项,陈潢计划在黄河两岸原被水淹,现已涸出的土地上,招纳流离失所的农民开垦,把土地分给农民,允许他们盖房子,并拨出贷款,给农民耕牛、种子,年终收息。这个计划先在安东(今江苏涟水)重点试行,很有成效。接着陈潢就进一步推广,屯垦地区日益增加。照这样干下去,自然可以在若干年内就会筹集一笔数目可观的经费,大修黄河的愿望也是可以实现的。可是就在这时,上层封建官吏以及地方上的豪强地主,见到屯垦大有可图之利,就上下勾结,联合起来破坏陈潢的屯垦计划,诬告陷害陈潢。好心的人规劝陈潢:"河工奏绩,既上答国恩,下拯民患,功成名立,可以不朽矣,何为复营屯政,致起谤端,子岂独昧于此耶?"陈潢回答:"人臣事君,稍有利于国计,有益于民生者,必当竭尽其智力。若见为可行而苟且从事以自图,远嫌避谤,偷安处逸,其心事尚可问哉!"②陈潢不妥协的态度,更加引起那班贪官、地主的不满和仇视,他们拉拢当时的漕运总督慕天颜,买通了江南御史郭琇,出名参奏靳辅治河无功,斥责靳辅听信幕客陈潢,阻挠运河工程。诽谤陈潢屯田扰民,谩骂他是"国之蠹,民之仇"③,必欲置之死地。为此,陈潢进京上诉,希望在朝廷中澄清事实。然而号称英明之主的康熙皇帝,也不分青红皂白,下令将靳辅、慕天颜一并革职。更不理会陈潢的申辩,下令削去官衔,"解京监候"。陈潢一向磊落刚直,哪能忍受这等冤屈。结果到北京不久,便含冤积郁而死。一代杰出治河专家,没有死于黄河的狂波怒浪,却死在封建官僚地主的诽谤声浪之中。封建制度的腐朽,由此可见。

在治河过程中,陈潢还抽空"采辑列朝言河诸书,上述国史之文,下褒诸家之集,综核源流之异同,参考政治之得失"④,写成了《历代河防统纂》一书,书有 28 卷,6 门,共 1600 余条。"上自姚姒,下迄天崇,四千年事,包罗略尽,为自来以河事为专家言者所未睹。"⑤ 还写了《治河策》,可惜没有流传下来。又著《河防摘要》一书,这是他与靳辅往复议论的内容,同里张霭生根据此书纂为《河防述言》,因追述潢论,故曰《述言》。后人收集的《天一遗书》原稿不见传世,只有杨象济的《天一遗书》抄本现藏北京图书馆。

## 参 考 文 献

侯仁之.1959.陈潢——清代杰出的治河专家.科学史集刊,(2):73~79
《黄河水利史述要》编写组.1982.黄河水利史述要 第九章第二节.北京:水利出版社
李鸿彬.1980.清代杰出的治河专家——陈潢.见:清史研究集 第一辑.北京:中国人民大学出版社
许传松.1978.清代著名治黄专家陈潢.见:科学技术发明家小传.北京:北京人民出版社

(杨文衡)

① 靳辅,《河道敝坏已极疏》,载《治河方略》卷五。
② 《河防述言》"辨惑第十二"。
③ 《清史列传》卷八"靳辅传附陈潢传"。
④ 《清史列传》卷八。
⑤ 《续修四库全书提要》史部第 2566 页,台湾商务印书馆,1971 年。

# 图　理　琛

　　我国古代有很多卓越的旅行家和探险家,如西汉时候通西域的张骞,晋唐之际西行印度的法显,玄奘,明代七下"西洋"的郑和,人们都很熟悉和重视,但对在北部纵跨了蒙古与横越了俄罗斯的图理琛,则较少注意,知之不多。其实他也是一位优秀的少数民族旅行家,应和上列旅行家齐名史册,享有同等重要的历史地位。

　　图理琛字瑶圃,姓阿颜觉罗,满族人,生于清康熙六年(1667),卒于乾隆五年(1740)。他少时聪颖好学,在体弱多病情况下,勤奋习读了满文和汉文,18岁通过考试,步入朝廷任满、汉文字的翻译工作,此后不断得到提拔,在清政府中担任过多种官职。当他官至内阁侍读时,受命前往土尔扈特,成为他一生中最有意义的一次活动。

　　土尔扈特是部落名①,分布在新疆北部一带。明崇祯元年(1628)因与准噶尔首领不睦,而弃其牧地,越过哈萨克,迁牧于伏尔加河下游地区。土尔扈特牧居异地后,仍与清朝政府有联系,不断派人往来。到了康熙时候,其首领阿玉奇汗特遣萨木坦等人"达京师表贡方物"②,使康熙深为感动。为了表示关怀和了解土尔扈特的情况,他便派遣图理琛等人前往颁发谕旨,进行探望、嘉赏。

　　图理琛受命前因被控革职,而"退居林麓,躬事陇亩。"③ 现官复原职,并委以出行土尔扈特的重要使命,自然欣喜万分。他怀着感激之情,恭请圣训,做了充分准备后,于康熙五十一年(1712)五月二十日,从京师(今北京)正式启程,和他同行的还有舒哥米斯、噶扎尔等人。北行六日,出张家口,穿越蒙古高原,七月下旬到达俄国边境楚库柏兴(今色楞格斯克)。在此向俄方交涉通行事,停留了五个月,康熙五十二年正月十六日由此继续前进,经乌的柏兴(今乌兰乌德)、渡柏海儿湖(今贝加尔湖),二十五日抵达厄尔口城(今伊尔库次克),在此因候昂噶拉河(今安加拉河)冰解和修整船只,至五月四日始登舟启航,顺安加拉河水行十九日,二十三日至伊聂谢拍兴(今叶尼塞斯克),闰五月初二日至麻科斯科(今马克夫斯科耶)。在这里改由揭的河(今克特河),经那里穆柏兴(今纳雷姆),转入鄂布河(今鄂毕河),于二十四日至苏尔呼忒柏兴(今苏尔古特),二十九日至萨马尔斯科(今汉特曼西斯克),六月初由鄂毕河转舟额尔齐斯河,二十二日至狄穆演斯科(今迭米杨斯科耶),在额尔齐斯河又逆行600余里,于七月四日至托波儿(今托博尔斯克)。十二日由此继续乘舟,转入托波尔河(今托博尔河),二十三日至图敏(今秋明)。在图敏溯土拉河(今图腊河)至鸦班沁(今图临斯克)后,舍舟陆行,于八月中旬越过南乌拉尔山,月底到达索里喀穆斯科(今索利卡姆斯克)。在此候冻,至十月二日遍地冻结,驾马匹拖床启程,经黑林诺付(今格拉佐夫),二十一日至喀山。三十日从喀山出发,沿佛尔格河(今伏尔加河),途经赛斯兰(今司兹兰),于十一月十八日至萨拉托夫(当时为俄罗斯与土尔扈特接壤处)。这时,俄罗斯国差人通知土尔扈特阿玉奇汗,图理琛等在此地度过了在俄国境内的第二个冬

---

① 土尔扈特是清朝卫拉特(厄鲁特)蒙古四部之一,清朝卫拉特蒙古分为杜尔伯特、准噶尔、土尔扈特及和硕特。
② 祁韵士,《皇朝藩部要略》卷十"厄鲁特要略"二。
③ 《异域录》卷上,第1页。

天。当阿玉奇汗得知清政府派来使者到达萨拉托夫的消息后,立即"传集其部落,修治毡帐衣服,预备供给。"① 康熙五十三年四月上旬,大地回春,阿玉奇汗差部下专程来迎,图理琛等于五月二十二日由萨拉托夫启程,六月一日抵达阿玉奇汗在伏尔加河下游的驻地马弩托海(今马纳特)。到达目的地后,图理琛等向阿玉奇汗交递了谕旨,相互履行了一系列的拜会、欢宴、交谈等礼仪活动后,于六月十四日辞行返回。康熙五十四年三月二十七日回到京师。归程除经托搏尔斯克、溯额尔齐斯河至塔喇斯科(今塔拉),经托穆斯科(今托木斯克)到叶尼塞斯克之外,其余仍循原路。

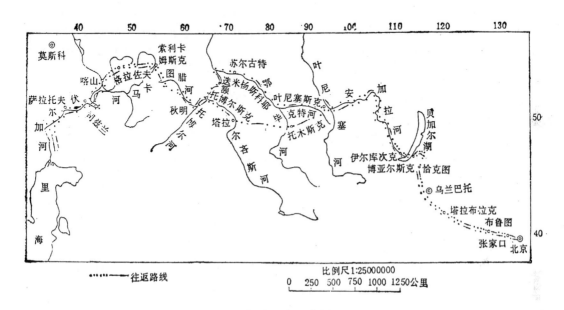

图理琛西行路线图

图理琛返回京师后,将奉差往返诸事,途中所见所闻上奏皇帝,得到康熙的赞赏,令他将所写材料付梓成书。该书于雍正元年(1723)用满、汉两种文字刊印出来,书名《异域录》,约三万字,扼要记述了他所经各地的情况。需要特别提到的是图理琛在奉命出发之前,康熙曾亲自向他面谕,"此役俄罗斯国人民生计,地理形势,亦须留意。"② 因此,图理琛在行经沙俄各地时,十分重视山川地势、城镇聚落、民族习俗、经济物产等的观察记载。书中列出 20 多个地方,进行了具体的描述记载。在所记载的地理内容中,有两点比较突出:

第一是关于河流水文情况的记载比较多。图理琛在俄罗斯的旅程,大部分是取水道而行,如从东到西经由了色楞格河、安加拉河、叶尼塞河、鄂毕河、额尔齐斯河、托博尔河、图腊河、克特河和伏尔加河,有时顺流而下,有时逆水而上。在航行中他很注意记述河流的发源、流向、水色、干支分合、流速缓急、水流大小、冰冻冰解等水文情况,有时还将各河之间的一些不同情况进行比较。现以安加拉河为例,他不仅着重记述了该河水文情况,同时也记载了沿河的其他地理情况:

　　昂噶拉河自柏海儿湖流出,向西北,绕过厄尔口城,仍向西北而流,汇于伊聂谢

① 《异域录》卷下,第 36 页。
② 《异域录》卷上,第 3 页。

河,归入北海。水流溜(流)急,大于色楞格河。两岸皆山,有高峻峰峦,亦有平坂山
岗。多林薮,有杉、松、马尾松、杨、桦、樱、模、蓂、刺玫,岸有丛柳。行千余里,水渐浊,
厄尔口河自厄尔口城之处归入。又行一千九百余里,伊里穆河自东北归入。自伊里穆
河归入之处,以至伊聂谢,其间之河,俄罗斯又呼为通古斯科河。除厄尔口河、伊里穆
河,又有十余小河,皆归入昂噶拉河。昂噶拉河内有碑克五处,破落克八处,西费喇九
处。河内高峰及临水悬崖,俄罗斯人名之曰碑克;河两边皆峭壁,中有大石,水直陡下
流者,俄罗斯人名之曰破落克;水浅有石,水紧溜(流)急之处,俄罗斯人名之曰西费
喇。五月初四日自厄尔口城乘船起程,沿河岸之下未消之冰雪,尚有二三尺不等,亦有
至丈余之处。顺流昼夜行十九日,至伊聂谢柏兴地方,其间水程三千余里,沿途河岸宽
阔之处,间有田亩,其山陂少平之处,亦有耕种者,有水柏兴甚稀,俄罗斯与布喇特及
索伦人等杂处。①

图理琛在翻越乌拉尔山时,也特别注意了山脉东西两侧的水系水文情况,书中写道:"自岭
东流出者,谓之土拉河,岭西流出者,谓之托波儿河,俱向东南流,过图敏地方,土拉河归入托波
儿河,复向东北流,至托波儿相对地方,归入厄尔齐斯河,又自山阴流出者,谓之喀穆河,其大似
色楞格河,水色赤,溜(流)急,自东北向西南流,至喀山相对地方,归入佛儿格河。"②

第二是关于动植物的种类分布记载较多。图理琛到达俄国边境后,从东边的色楞格斯克,
至西边的萨拉托夫,每到一地,几乎都注意动植物的观察记载。如记载色楞格斯克"畜驼、马、
牛、羊、犬、鸡、猫;种大麦、小麦、荞麦、油麦,有两种萝卜、蔓菁、白菜、葱、蒜;山中有熊、野猪、
鹿、狍、黄羊、狐狸、灰鼠、白兔;河内有鮰鱼、鳍鲈鱼、哈打拉鱼、他库鱼、鲤鱼、石班鱼、穆舒儿呼
鱼、鲫鱼、松阿打鱼、禅鱼、句深鱼、牙兽鱼。"③其他例子就不列举了。总之,山中的野兽、河流湖
泊里的鱼类、村镇家庭的饲养动物以及山地田野的野生植物、栽培植物,在他的游记中作为一
项重要地理内容记述下来,真实地反映了俄国从西伯利亚到伏尔加河常见生物种类的分布情
况。

图理琛在《异域录》中除了对所经地方的情况作了具体描述外,还绘有一张俄罗斯地图附
于卷首,把俄罗斯全国的方舆形势作了简明的表示。这幅图在雍正元年满汉文本、四库全书本、
昭代丛书本和《朔方备乘》卷六十八中,都可以看到。图上绘有河流、山脉和地名,而占主要地位
的是构成网状分布的河流,从东到西有朱尔克库(今勒拿河)、色楞格河、昂噶拉河、伊聂谢河、
鄂布河、厄尔齐斯河、托波儿河、揭的河、土拉河、喀穆河、佛儿格河,方位流向基本上是正确的。
他这样突出表示河流,可能与自己在俄国的旅行路线有关,因这11条河流,除勒拿河外,图理
琛都曾涉足其间。在这里需要指出的是图上有一个很明显的错误,把东北、西南向的贝加尔湖
和南北长东西窄的里海,都绘成为东西宽南北窄的湖泊,以及在贝加尔湖的东北绘有实际上不
存在的安噶拉河。这一错误也同样表现在《异域录》中关于贝加尔湖的记述。

图理琛所撰《异域录》,是我国游记中第一本大量介绍俄国地理情况的著作。它的翔实记载
是经过作者备尝艰辛得来的。他跋涉路程三万余里,所经俄国广大地区,特别是西伯利亚的沼
泽地区,人烟稀少,夏苦泥淖蚊虻,冬苦严寒冰雪,有时还冒着生命危险,游记中记载:"由鄂布

---

① 《异域录》卷上,第12页。
② 《异域录》卷下,第27~28页。
③ 《异域录》卷上,第7页。

河顺流而下,行五日,于二十四日至苏尔呼忒柏兴,起程之日,忽飓风大作,波涛汹涌,舟楫倾欹,上下浮沉,俄罗斯人操舟,不似中国人谙练,几至于危殆。"[1]

在图理琛之前,中国人民对俄罗斯广大地方的了解一直是不多的,尤其缺乏实地游历的可靠记载供了解,因此,图理琛克服上述艰难险阻,在俄罗斯长途旅行后写下的《异域录》,就成为清政府和当时人们了解俄罗斯情况的重要著作。对此,清代一些学者有过很高的评价,例如研究"北徼地理"的著名学者何秋涛,就非常重视图理琛的旅行和《异域录》,他对这本书进行过研究,在《考订异域录》的文章中说:图理琛奉令探望土尔扈特,"假道俄罗斯境,往返几及四载,归而笔其山川风物程涂、汇为此录,盖我国使臣实抵俄罗斯境而撰述足以传信者,惟是篇为然,后来官修一统志、四裔考诸书,于此录采取无遗,而原书得蒙编入四库,学士大夫尤欲争睹其全,于是金山钱氏、震泽杨氏咸刻入丛书中,兹详加考订,分为上下二卷,固考北徼事迹者,浏览所必及也。"[2]何秋涛本人在考订俄罗斯地理情况时,便经常引用《异域录》的材料。可见图理琛的著作,在当时和后来都是很有影响的。

由于《异域录》受到清政府和学者的重视与赞赏,而不断有各种版本刊行于世。雍正时有满汉文本,乾隆时有四库全书本、昭代丛书本,嘉庆时有借月山房汇抄本,道光时有泽古斋重抄本、指海本,光绪时有小方壶舆地丛抄本,咸丰时有朔方备乘本。此外,在国际上还引起了欧洲学者的注意,先后被译成多种文字:1726年译成法文,1744年译成瑞典文,1788年译成俄文,1821年译成英文,分别在巴黎、圣彼得堡、伦敦等地出版。

康熙皇帝派遣图理琛等人探望土尔扈特,是清政府处理边疆民族问题上的一个有深远影响的政治决策,因此,图理琛受命前往,肩负了重要的政治使命。通过这次探望慰问活动,加强了土尔扈特对清政府的隶属关系,增进了土尔扈特对清政府的了解,致使土尔扈特在迁居异乡140多年之后,于乾隆三十六年(1771)在其首领乌巴锡率领下,离开伏尔加河下游的游牧地回到了祖国的新疆。图理琛在圆满完成任务后,康熙升他为兵部员外郎,令其办理对俄交涉事项,后来又升为兵部职方司郎中,两次出使俄国,成为清政府办理对俄外交事务的一个重要人物。于此可见,这次出使是图理琛政治生涯中极为重要的一次活动。

综上所述,从图理琛土尔扈特之行的目的性看,他是一位地道的政治外交家,但从他在距今270多年前不畏艰辛、万里迢迢,通过蒙古高原和西伯利亚的沙漠沼泽地区,越过欧亚分界山脉乌拉尔,最后到达伏尔加河下游、里海北部的地区,并留心观察沿途情况,写下了一本富有地理价值的《异域录》来看,他又是一位优秀的少数民族的旅行家。图理琛通过这次长途跋涉所取得的成果,在我国旅行探险史册上写下了引人注目的一页,永远值得我们研究和赞颂。

## 参 考 文 献

唐锡仁.1982.图理琛与《异域录》.科学史集刊 第10期.地质出版社

图理琛(清)撰.异域录.丛书集成本,上海:商务印书馆

赵尔巽等.1977.清史稿:列传七十 图理琛.北京:中华书局

(唐锡仁)

---

① 《异域录》卷上,第16页。
② 何秋涛,《朔方备乘》卷四十三"考订异域录叙"。

# 明 安 图

## 一　明安图生平

明安图,蒙古族,我国清代卓越的天文学家、数学家、测绘学家。《清史稿》以千余字记载他的生平著述,而传略仅 30 余字。阮元《畴人传》(1799)不见著录。近人研究明安图学术日多,而传记仍有不详之处。

"明安图,字静庵,蒙古正白旗(今内蒙古锡盟正镶白旗)人。"[①] 他生卒的年代据推测是 1692 年、1763 年[②],即生活于康乾盛世。约在 1710 年之前,他被选入八旗官学。据康熙旨意(1670):"天文关系重大,必选择得人,令其专心学习,方能通晓精彻",礼部规定于官学生内"每旗选十名,交钦天监分科学习,有精通者,俟满汉博士缺补用。"[③]这种培养、选拔天文人材的制度使明安图走向了科学研究的道路。

康熙皇帝对这个青年人的一生产生了重大影响。在中国历史上,康熙是一位罕见的、懂得自然科学的统治者,他乐意向西方传教士学数学,十分关心这些官学生,"亲临提命,许其问难,如师弟子";《清史列传》说:"诸生受数学于圣祖仁皇帝,精奥异人。"明安图的数学兴趣就是这样培养起来的,"自童年亲受数学于圣祖仁皇帝,至老不倦。"[④] 他的学业优秀,受到皇帝喜爱,1712 年康熙到承德避暑,他奉命随行。一生中他受到几任皇帝器重,直到晚年,1762 年乾隆到承德,他仍是重要随员之一。这种宫庭天文学家的地位,有利于实现他在科学上的抱负。

1713 年明安图完成学业,留在钦天监工作。他初出茅芦,立即参加编纂巨著《律历渊源》中的天文部分。这部书是康熙采纳陈厚耀的建议"请定步算诸书以惠天下",由清政府组织汇编的,因而名义为"御定"。1713 年开始,1721 年完成,计《历象考成》42 卷,《律吕正义》5 卷,《数理精蕴》53 卷,合称《律历渊源》,共 100 卷,雍正元年(1723)出版。参与其事的,都是当朝大学者,如陈厚耀(1648~1722),字泗源,江苏泰州人,1706 年进士,原是大数学家梅文鼎(1633~1721)的学生,1708 年特命进京,常与康熙帝讨论数学,深受赏识,1711 年留南书房供职。他向皇帝推荐梅文鼎之孙、数学家梅毂成(1681~1763),梅也于 1712 年特命进宫,赐举人衔,与陈等共同修书于蒙养斋汇编馆。当时何君锡家族多人在钦天监任职,其子何国宗为佼佼者,既明天算,又精测绘,也成为编者之一。明安图作为后学晚辈,跻身学者之林,长期朝夕相处,与梅毂成来往几十年,与何国宗共事半世纪。他们不仅是上级和研究伙伴,也是明安图知识的重要来源。

西方数学、天文在明末开始传入中国,清初仍在继续,《律历渊源》收集了后一阶段编译的成果。17 世纪 80 年代法国传教士张诚、白晋等带来的数学书受到康熙重视,1690 年就开始编

---

① 《清史稿》第五〇六卷。
② 见李迪《明安图及其科学工作的背景》。
③ 《东华录·康熙十》
④ 《割圆密率捷法》陈际新序。

译,后收入《数理精蕴》。明安图参加编修的《历象考成》除两卷论球面三角是据梅文鼎著作外,基本是西方天文学。传入的《日躔月离表》到乾隆初时,因"此表并无解说,亦无推算之法",除钦天监监正戴进贤(P. I. Kögler,1680~1746,德国人)、监副徐懋德(A. Pereira,1690~1743,英-葡人),只有明安图能理解应用,在给皇帝的奏章上写道:"此三人外,别无解者",可见他已把当时先进的天文知识真正学到手,中国的天算家已无出其右。

以后随岁月推移,有的历法数表不准确了,有的天文数据须修改,乾隆时又由清政府组织编写《历象考成后编》10卷(1742)和《仪象考成》,明安图理所当然成为主要的推算和编辑人员。但他在书中的排名,总在官阶高的人物后面。他初留监工作时,任职不明。《时宪书》(1721)和《律历渊源》里,他的署名前冠以"食员外郎俸五官正"的职衔。钦天监是对朝廷负责天文、历法、占候等事务的机构,相当于现代国家天文台,负责人为监正、监副;中层有(春夏中秋冬)五官正,相当于六品;下属博士、灵台郎等。当时监正多由满族和西洋人出任,监副偶有汉人,而无蒙古族人。所以明安图长期担任五官正,负责天文台的具体工作,主要职责除编制历法,也观测天象。乾隆前期钦天监的许多题本和《时宪书》里均有他的署名。此外,他还负责把历书译成蒙古文,因而被提名为翻译科进士。由于他资深任重,乾隆十几年(18世纪中)又获兵部郎中衔,为正五品,相当于监正级别。

18世纪初年清政府组织过一次大规模的国土测量,但未完成。后据此绘成著名的《皇舆全览图》。1755年平定准噶尔叛乱后,乾隆皇帝命何国宗带领由明安图、那海等人组成的测量队到新疆,翌年2~10月测量工作得以展开,明安图是技术上的主力。随行的传教士有蒋友仁(M. Benoist,1715~1774,法国人)和高慎思(J. D'Espinha,1723~1788,葡萄牙人),他们起协助作用。明安图可能负责本次测量的重点地区——天山北路。①

乾隆二十四年(1759)明安图破例被晋升为钦天监监正,"加四品顶带职衔",旋即率队再赴新疆,主要在西部,包括现今乌兹别克斯坦的塔什干等地进行大地测量。传教士高慎思、傅作霖(F. da Rocha,1713~1781,葡萄牙人)也随同前往,后者任钦天监右监副,他们都在明安图领导下工作。这时明安图已是近70岁的老人,经过近一年的艰苦努力,新测不少于26个经纬点,使得始于康熙时期的国家版图测量工作终于告成,以后据此绘制成著名的《皇舆西域图志》(1782),对于祖国版图的完整与统一,创立下不朽的历史功勋。

明安图因钦天监的工作关系,与10余位传教士学者过从较多,除上文提及者外,还有纪理安(K. L. Stumf,1656~1720,德国人),杜德美(P. Jarloux,1668~1720,法国人),宋君荣(A. Gaubil,1689~1759,法国人),鲍友管(A. Gogeisl,1701~1771,德国人),刘松龄(A. de Hallerstein,1702~1774,奥地利人)等;雷孝思(J. B. Régis,1663~1738,法国人),费隐(X. E. Fridelli,法国人)等也应和明安图有接触。②他们有一定的科学知识,构成了明安图西方知识的主要来源,在清初西学东渐过程中起到媒介作用,而明安图在中西文化交流史上做出了积极的贡献。

当然,这种交流从来不是一帆风顺的。1723年雍正皇帝即位后,一反他父亲的作法,采纳浙闽总督满宝的建议,把外国传教士除在钦天监任职者外,一律驱赶到澳门,不许擅入内地,开始了近代100多年闭关自守的历史。西方科学停止向中国输入。雍正对国内士大夫加强政治

---

① 见冯立升《明安图在大地测量方面的贡献》。
② 见李迪《明安图及其科学工作的背景》。

压迫，大兴文字狱。知识界里原来不愿意承认落后的“西学中源”说、“会通中西”说已开始转向“汉学”，校勘注释古书，以后形成了乾嘉学派。另一方面，18世纪初罗马教皇颁布的教令对传教方式严加限制，传入的外文书多未能译成汉语，教士的主要目的在于传教，他们也不是较高水平的科学家。所有这些形成了明安图学术工作的背景，他虽处在高层，也不能不受到严重影响。

事实上，当时西方一些先进的科学，例如太阳系学说、万有引力定律等，由于宗教的排斥，也不可能传入中国。传进来的知识也存在不完整、不系统的缺陷。在数学上，继韦达(F. Vieta，1540～1603，法国人)的符号代数之后，笛卡儿(J. Descartes)的解析几何和牛顿(I. Newton)、莱布尼兹(G. W. Leibniz)的微积分均已问世，宣告了数学新时代的来临。但这些中国人基本上是不知道的。明安图的大半生，实际上不得不在闭关的黑暗中摸索前进，独辟蹊径。

1701年法国耶稣会传教士杜德美到中国，带来了三角函数的三个无穷级数展开式，即牛顿在1667年创立的$\pi$的展开式、格列高里(J. Gregory，)在1676发表的正弦、正矢函数的展开式，吸引了当时一些中国数学家的注意。这些公式是传统数学所没有的，用起来可以精确到所需要的程度，十分方便。但是杜德美并没有将公式的证明或推导过程一同带来，使人仅知其当然而不知其所以然。梅瑴成把这三式收入《赤水遗珍》，注称“译西士杜德美法”。明安图得知此事后，怀疑西方数学家是否不愿将其中的道理一并传来，这就激发了他要把这个问题的原理搞清楚的决心。那时他才20多岁。后来他曾对儿子明新说：杜氏三术“实古今所未有也，……惜仅有其法而未详其义，恐人有金针不度之疑。”[①] 由于他对中国传统数学有深刻的了解，在原连比例法的基础上创造了完整的“割圆连比例法”，进行了大量推导、演算，不仅导出、证明了“杜氏三术”，而且还获得了六个新的无穷级数展开式，被后世算家不恰当地合称“杜氏九术”。他获得了一系列重要数学成果，有的在当时世界上属于较高水平。

明安图在青年时代决心按自己的方式解决无穷级数的疑难，使他进入了数学的一个广阔的新天地。经过一二十年的酝酿和推算，他感到新的思想和方法都已经成熟了，便在1730年前后开始著书《割圆密率捷法》。工作时断时续，“次第相求，以至成书，约三十余年”，因公务繁重，仅在业余研究数学。从档案中能查到明安图进见皇帝的许多记录，大多与月食、日食、观候、编时宪书等事有关；他两赴新疆从事大地测量，无暇著书；特别是在担任钦天监监正之后，每年皇帝接见的记录都有一二十次。在他临终时(约1763)，“以遗稿和一帙嘱其季子景臻(即他的三儿子明新)，命际新(即学生陈际新)续而成之”，并说：“余积解有年，未能卒业，汝与同学者务续而成之，则余志也。”明安图去世后，陈际新“寻绪推究，质以平日所闻面授之言，遇有疑义，则与先生之季子景臻及门人张良亭相与讨论；且良亭、景臻亦时同推步、校录。越数年，甲午(1774)始克成书。”[②]

《割圆密率捷法》书稿续成后并没有立即出版，为一位数学家秘藏起来，一种说法，这人是张敦仁(1754～1834)。[③]但它的钞本曾经流传开来，知道的人渐渐多起来。历经曲折，在明安图开始著书的100多年之后，数学家罗士琳从自己的老师戴简恪家中将原本影钞下来，请石梁岑建功校对出版，这已是1839年的事了。

---

① 《割圆密率捷法》陈际新序。

② 《割圆密率捷法》陈际新序。

③ 见李俨《明清算家的割圆术研究》。

明安图杰出的数学工作,在清朝后期产生了广泛的影响,《割圆密率捷法》的手稿和钞本引起诸多数学家的重视:孔广森(1752～1786)、张敦仁、安清翘(1759～1830)、焦循(1763～1820)、阮元(1764～1849)、汪莱(1768～1813)、罗士琳(1789～1853)、董祐诚(1791～1823)、李潢(? ～1811)、丁取忠等人通过不同途径读过此书;项名达(1789～1850)、董祐诚、朱鸿、张豸冠、徐有壬(1800～1860)、戴煦(1805～1860)、丁取忠、夏鸾翔(1823～1864)都称书中公式为"杜氏九术";孔广森的《割圆弧矢术》、安清翘的《数学五书》、焦循的《释弧》、汪莱的《衡斋算学》、项名达的《象数一源》和《割圆捷术》、董祐诚的《割圆连比例术图解》、范景福的《借弧求正余弦法》、罗士琳的《弧矢算术补》、徐有壬的《割圆八线缀术》、戴煦的《外切密率》、李善兰的《级数回求》、夏鸾翔的《万象一源》等数学著作,程度不同地受到此书思想和方法的影响;特别是项、董、徐、戴、夏五家的工作,构成了清代割圆术的主流,业已形成了"明安图学派",流传一百余年。

明安图终其一生,在钦天监工作,达50年之久。除了晚年两赴新疆外,没有史料表明他曾离开过北京。长期稳定的科研、学术生涯使得他得以专注于天文数学工作。在18世纪的中外科学史上具有如此资历的科学家是罕见的。明安图将以乾隆时国朝首席天文学家、中算无穷级数新领域的开拓者和清朝版图测量的最终完成者而名垂史册。他在18世纪世界科学史上所达到的水平令后人敬仰,他是蒙古民族、中华民族的骄傲。

## 二 明安图的科学贡献

### 1. 对天文学和大地测量学的贡献

明安图在钦天监时宪科担任五官正的职务长达三四十年,主要从事编制历法、颁布《时宪书》、观测天象,预报天气等工作。由于天文方面有文字记载的成果均有众多官员署名,往往附以"御制"的桂冠,在这种"集体主义"的掩盖下,真正做出贡献的学者反而湮没不彰了。这样,后人很难将明安图个人的成就与他的同事、与西方学者的工作区别开来。这是明安图研究中的一个薄弱环节。

从康熙晚年开始,到乾隆前期,清政府曾组织过多次天文学研究项目。明安图参加了四项大型天文书的编纂工作。1713～1721年编撰《历象考成》42卷,明安图主要担任考测工作,这是天文研究的基础。1730年参加编修《日躔月离表》,虽有两位传教士主修,但明安图已成为精于此道的专门家。乾隆二年到七年(1737～1742)编写《历象考成后编》10卷,明安图责无旁贷地成为主编人员。在这套书中已引入行星运动的开普勒定律。首次译名为"刻卜勒"(J. Kepler,1571～1630,德国人)。明安图在乾隆九年至十七年(1744～1752)编写《仪象考成》32卷,第1,2卷讲玑衡抚辰仪,后30卷为含有3083颗恒星的星表。根据当时传入西方天文学的内容,有根据认为,明安图所接受的天文学思想,基本上属于第谷体系。其特点是注重天文观测,获得大量准确的星象材料,以编制星表为主要目的。开普勒继承了第谷的丰富遗产,明安图对于天文学的认识,止于开普勒,迟于西方一世纪。

现在在呼和浩特市五塔寺的后照壁上镶嵌着一幅完整的石刻蒙古文天文图。经研究,系乾隆初年所制,图下部落款为"钦天监绘制"(蒙古文)。这个时代与明安图编写后两种天文书的时间一致,因此天文图的底本可能出自明安图之手。

署名明安图的著作只有1730年代开始撰写的《割圆密率捷法》(1839)一种,保存有他解决天文学问题的记录。在此书第二卷中,为了应用他所导出、证明的几个三角函数的无穷幂级数公式,在"弧线三角形(即球面三角形)边角相求"的三个天文学问题里,可以清楚看出他从事天文计算的思路和方法。

明安图虽然具有某些传统天文学的概念,但基本上受到《崇祯历书》(1634)和《历象考成》中西方天文学算法的影响,在解题中使用了"乘弧法"、"总较法"等。在中国天文学史中他第一次不用八线表,而用三角函数的无穷级数展开式进行天文计算,并配合以互余函数的性质、"借弦求弧"等,简化了计算。他在事实上得到了同球面三角学中解球面直角三角形基本公式相一致的结果。为了帮助理解而设计的天文图例非常科学,可以轻易变换成现代的带有天球座标的示意图,有的图的画法受到梅文鼎《环中黍尺》(1700)的启发。他在计算中采用的"黄赤大距"为23°29′(即黄赤交角,今测值23°27′)。已知太阳黄道度数,求它的"赤道同升度"(即赤经)和"距纬度"(即赤纬);已知金星黄经、纬北度数,求它的赤经、纬度;已知金星黄、赤北纬度,求它的黄、赤经度。明安图的天文计算精度较高,用8位计算器核对结果,除一处有10″的误差外,全部计算正确无误。

在地理测量方面,康熙四十七至五十五年(1708～1716)约8年间,清政府组织进行了一次大规模的国家版图测绘工作,包括满洲、蒙古、关内各省、台湾,西至哈密,西南至西藏,测定经纬点除西藏外就有641个,在世界测量史上是空前的,1717年绘成《皇舆全览图》。由于西北准噶尔部和大小和卓的叛乱在乾隆二十年(1755)平定,地图测绘得以进行,《清高宗实录》称:"西师报捷,噶勒藏多尔济抒诚内附,西垂诸部,相率来归,愿入版图。……侍郎何国宗,素谙测量,著加尚书衔,带同五官正明安图、司务那海,前往各该处,测其北极高度、东西偏度,绘图呈览。所有坤舆全图及应需仪器,著何国宗酌量带往。"[①] 这年五月清军攻占伊犁,征服天山北路,乾隆遂命令何国宗"同五官正明安图、副都统富德,带西洋人二名,前往各该处,测其北极高度,东西偏度,及一切形胜,悉心考订,绘图呈览"[②]。但由于又有叛乱发生,翌年正月清军再次收复伊犁后,测量工作才得以进行,从二月至十月,自巴里坤分南北两路,测天度绘图。测量队中只有何国宗和明安图是专家,外国人蒋友仁和高慎思是以他们自己所说的"观光陪臣"的身份参与其事的。何国宗负责南路靠西的部分;明安图则应在北路,所测经纬点分布在天山以北和东南广大区域,一些测绘点的二十四节气时刻、太阳出入时刻均载入1758年的《时宪书》,在明安图的学生陈际新所编《北极高度表》中列出所测20处经纬点,包括巴里坤、吐鲁番、乌鲁木齐、哈萨克等地。这次测量还有天山以南大片地区没有完成,那里又发生了维族封建主大、小和卓的叛乱。

乾隆二十四年(1759)清军基本控制了南疆的局势,乾隆提拔明安图任钦天监监正,"复派明安图等前往,按地以次厘定,上占辰朔,下列职方,备绘前图,永垂征信。"[③] 旋即在五月由他率领测量队再度入疆;不久清军扩展到中亚东部,平服了今乌兹别克斯坦的一些地方,这使明安图测量的范围又向西伸展。

当时所称"北极(出地)高度"和"东西偏度"指今之纬度和经度,后者是以过北京的子午线

---

① 《清高宗朝实录》第四八五卷。

② 《清朝文献通考》第二五六卷。

③ 傅恒等,《皇舆西域图志》第一卷。

为准划分东经西经的。这里举出五个测量点,附以当时测得的结果(改写为现代形式)①:

明安图与何国宗两入新疆,测得经纬点的数字,据《清朝文献通考》(1747～1785 编成)约有 70 处;据不完全统计,乾隆年间新增哈密以西地区的经纬点有 90 余处。所应用的测量方法与康熙时相同,即三角法,是以少数可靠的天文测量确定的经纬点为基础。那时主要用太阳午正高弧定纬度法,也用北极星定纬度法;测定经度主要用不同地点观察月食的差时来推算,也用观察木星卫星测定经度。但天文测量受仪器等条件限制,特别是测量经度受当地环境影响很大,误差不小,故基本上采用三角法测量。在当时条件下,这是一种精度较高、简便可行的方法。

| 地 名 | 北极高度 | 东西偏度 | 加减分 |
|---|---|---|---|
| 库 车 | 47°37′00″ | 西 33°32′00″ | $-2^h14^m08^s$ |
| 阿克苏 | 41°09′00″ | 西 37°15′00″ | $-2^h29^m00^s$ |
| 喀什噶尔 | 39°25′00″ | 西 42°25′00″ | $-2^h49^m20^s$ |
| (布鲁特)安吉延 | 41°28′00″ | 西 44°35′00″ | $-2^h58^m00^s$ |
| 塔什干 | 43°03′00″ | 西 47°43′00″ | $-3^h10^m52^s$ |

表中"加减分"指与北京的时差时分秒数。

乾隆二十六年(1761)由刘统勋、何国宗主持,将大量测量考察资料整理、汇总,交军机处方略馆办理;又经过 20 多年的修纂绘图,终于完成了著名的《皇舆西域图志》(1782)。在此基础上修订《康熙皇舆全览图》,完成《乾隆内府舆图》;据此蒋友仁以 104 块方铜版制成《乾隆十三排图》(以纬度 5 度为一排,共 13 排)。这些图比康熙图大,不仅反映了当时中国版图的全貌,而且在那时是最完善的亚洲大陆地图,康、乾时实测过的地区,绘制最为精详。此图影响极大,一直流传到民国初年,对国家版图的统一产生了深远的历史影响。

明安图等人所进行的新疆大地测量工作,在中国测量学史上具有重要意义,它继承了康熙时的未竟事业,标志着 18 世纪初全国范围天文大地测量的壮举终告完成。当时欧洲各国同类工作或尚未开始,或未结束,其规模也不能同我国相比。明安图当时已是 60 多岁的老人,不畏艰险,驰骋几千公里,往返奔波于大西北,历尽艰辛,为国家强盛,为科学事业作出了不朽的贡献,他的业绩将永远彪炳史册。

### 2. 明安图对数学的贡献

中国传统数学在经历了汉朝到三国、宋元时期的繁荣发展之后,到明代日渐衰落,古算书大多失传,古算法也多不为时人理解。与此同时,西方文艺复兴,科学昌盛,17 世纪数学天空中群星灿烂,像费马(P. de Fermat)、笛卡儿、牛顿、莱布尼兹等,完成了从常量数学向变量数学的革命转变。中西数学间出现的差距越来越大。虽然明末清初西方传教士传入了一部分数学知识,但 1723 年之后清朝又转向闭关自守,向外学习近代数学基本中断。明安图所处的时代,数学发展较之明代虽已有起色,但总的来说,还是位于低谷之中。

明安图在数学上肩负的历史使命是:建立起连接中西数学间的桥梁,推进中国传统数学的近代化。

在《割圆密率捷法》(下简称《捷法》)中,明安图坚信一定能够用自己的方法解决西方学者

---

① 转引自冯立升《明安图在大地测量方面的贡献》。

没有传入中国的问题,一定能够克服无穷级数的疑难。他的许多成果都带有创造性,虽然主要运用了中算的传统方法,但并没有被这些方法所束缚,勇敢地跨进了数学的新领域。

明安图在《捷法》中的主要成就是:

(1) 把原有的连比例法发展成完整的"割圆连比例法。"

在《数理精蕴》下编《借根方比例》中有"根($x$)与方($x^n$)数俱为相连比例率"的内容,并用连比例求证十八边形一边之长。明安图推广了这种方法,几何对象未必是确定的正 n 边形,方数未必有限,并赋予明确的三角学意义。该法用圆中半径 $r$、通弦 $2r\sin x$、正矢 $r\operatorname{vevs}x$ 以及有关线段所构成的、若干系列等比的相似三角形,把有限项的等比数列推演至无穷多项,获得弦或矢函数的无穷幂级数。这是《捷法》一书中创造的主要数学方法,它把几何、代数、三角和级数的问题进行综合处理,并具有构造性数学的明显特征。

(2) 把"率"的概念应用于无穷级数,并独创了一套完整的级数记法。

中国古算中"率"是一个重要的数学概念,明安图首次把它应用于幂级数。他所说的"率"、"率数",一般指弦或矢的函数值(弦、矢之长),"各率"便可构成升幂的函数项级数。例如,设 $x=2\sin\alpha$,$x^n$ 就称为"第 $n+1$ 率。"针对不同的几何图形所说的"第 $n+1$ 率"或"又 $n+1$ 率"是公比不同的连比例,这是《捷法》中精微之处。明安图创造了一套无穷级数的记法,在率数($x^n$)上面写系数分母,下面写系数分子,符号 +、- 用"多、少"或"加、减"表示。

(3) 在中国数学史上奠定了无穷级数运算的基础。

在中算史上无穷级数的加、减、乘(包括数乘、项乘、自乘、互乘)是由明安图引进的。如果说把无穷级数当成多项式来处理时,加、减、数乘与项乘(用单项式或多项式乘)与通常多项式运算没有多大区别的话,那么无穷级数自乘、互乘便是全新的课题,它涉及到排序方式和同类项(同率项)间的结合法。《捷法》严格规定分母的形式,分子不与分母约简,在运算中便获得多种系数分子序列,形成有价值的计数结构。明安图不仅导出和证明了九个无穷级数,还在"通弦八题"中获得 $\sin2x$、$\sin4x$ 等的无穷展开式,占有不可忽略的地位。

(4) 在世界数学史上首先提出并应用了卡塔兰数。

卡塔兰数 $Cn$:1,1,2,5,14,42,132,…是组合数学中一种应用广泛的重要计数函数,迄已发表了600多篇论文,因法国数学家卡塔兰(E. Catalan,1848~1894)在1888年发表的一篇论文而得名,大数学家欧拉(L. Euler,1707~1783)在1758年曾研究过它。明安图比西方数学家更早获得了卡塔兰数,在《捷法》卷三有意识地用三种不同的方法、无意识地用第四种方法算出了这种数列。其中有两种递推公式是过去和现在的数学中均未知的,目前尚无现代的证明,引起了中外学者极大的兴趣。

$$\sin2\,x = 2\sin x - \sum_{n=1}^{\infty} C_n\,(\sin x)^{2n+1}/4^{n-1}$$

$$C_{n+1} = \sum_{k\geqslant 0}(-1)^k \binom{n-k}{k+1} C_{n-k}$$

(5) 创立用含卡塔兰数的级数无穷逼近平方根的算法。

中国数学史上开方术源远流长,而用无穷逼近的方法来求平方根,明安图当推第一人,在逼近论发展史上不啻为一项杰作。

《捷法》第三卷在圆上构造了一个勾股形,已知弦 $C=2x$,勾 $a=x^2$,欲求股 $b$。明安图精心

设计了一个几何模型,证明了:

$$b = \sqrt{C^2 - a^2} = 2x - \sum_{n=1}^{\infty} Cnx^{n+1}/4^{2n-1}$$

在该书中这一部分内容比较深奥难解。我们知道,牛顿二项式定理当指数为$\frac{1}{2}$时,展开式系数可以用卡塔兰数表示,这就为明安图的平方根逼近论找到了理论上的根据。

(6)创立无穷级数反演的理论和算法,获得四组互反公式。[①]

在数论和组合数学计数理论中的反演(inversion)是现代数学家热心追逐的课题,在高等的数学中求无穷级数的反函数也是一个颇具难度的题目。我们还不知道世界数学史上有谁最早从事了这种变换,但毫无疑问,明安图是早期反演理论的开拓者之一。晚清学者李善兰很恰当地把这种算法称为"级数回求",它所欲求的,不是具体的函数值,而是一个新的反函数,同样是无穷级数,因而十分不易。在明安图导出证明的九个公式里,有四对互反公式,其中四个反求弧长(角度)的级数,是明安图六术中最具创造性的成果。

(7)在级数反演过程中建立并应用了两种计数结构,我们称之为奇组合和偶组合:

$$\begin{bmatrix} i \\ j \end{bmatrix} = \frac{(2n+1)!}{(2i+1)!(2j+1)!} (0 \leqslant i, j \leqslant n, i+j=n)$$

$$\left\langle \begin{matrix} i \\ j \end{matrix} \right\rangle = \frac{2(2n)!}{(2i)!(2j)!} (0 \leqslant i. j \leqslant n, i+j=n+1)$$

我们根据原著的文字和算式用现代的符号表示出的这两种计数结构,在以前的文献中尚未见过,它的意义和应用显然是需要另外研究的课题。在《捷法》中它们被反复使用,叙述虽简略,岑建功的按语以"捷法"为名作了详释。应用这两个符号,可将反演过程中的全部系数分子代数化,因此它不是研究者的杜撰。

(8)应用递推法从事高位数值计算。

《捷法》中除几何与三角证明和运算外,大部分的计算应用了递推法,甚至获得的结果也带有递归的形式。例如正弦的幂级数:

$$\sin x = x - \frac{x^3}{3!} + \frac{x^5}{5!} - \frac{x^7}{7!} + \cdots$$

切合原著文字叙述的公式应表达为:

(i)    $u_0 = a; u_n = \frac{u_{n-1}}{2n(2n+1)} \cdot \frac{a^2}{r^2} (n \geqslant 1)$

(ii)    $r\sin x = \sum_{n=0}^{\infty} (-1)^n u_n$

式中$x$所对弧为$a, r$为半径。明安图一般算到$n=7$,即取展开式八项。在第三、四卷中为证明格列高里的两个公式,用递推法算出了48个高位系数,最大的达54位。我们用计算机检验了这

---

① 参见罗见今《明安图是勇于创新的数学家》。

些结果,其精确度令人吃惊。

(9) 在中国数学史上首开无穷级数证明的先河,创造长达2.5万字证明的记录。

为了证明格列高里的弦、矢函数展开式,《捷法》第三、四卷用全书主要篇幅计算"通弦八题"与"正矢八题",各算出24个高位系数;在对弦、矢函数展开式的"法解"中又各分为8组,作为数据,导出了这两个公式。以通弦展开式的证明为例,共用去114面,约2.5万字,令人叹为观止。

当然,他用的是不完全归纳法,与现今的证明有别,而且现在用简单的方法就能解决,证明也不是越长越好。但他所作的尝试,证明了认为"中国传统数学没有证明"是没有根据的。

(10) 提出"形数相生"的理论,"堪与笛卡儿钔解析几何媲美"①。

《捷法》数学理论的基础之一是"形数相生"。线段之"形",必生相应之"数",将它称做"率",从几何关系中抽取出来,推演下去,变成了代数关系。因所选之"形"各具三角学意义(弦、矢),所以其中又蕴含着函数关系。这里形与数可以相生、形与数存在对应的观点,在中国数学史上是解析几何学的先声。

李俨指出:"明安图以三十年之精思,始撰成《割圆密率捷法》,以解析'九术',并由连比例三角形入手。此数与形的结合,堪与笛卡儿钔解析几何媲美。"

(11) 提出曲线和直线在无穷分割的条件下可以达到同一的极限理论。

明安图有一段精辟的论述:"弧,圆线也;弦,直线也;二者不同类也……不可以一之也。然则终不可相求乎?非也。……苟析之至于无穷,……又未尝不可以一之也。"这种曲直异同说,在当时是难能可贵的数学思辩,在从有限数学走向无限数学时,必然要遇到两者"不可一之",又"必可一之"的问题,明安图出色解决了它,在具体证明中,事实上大量运用了下述重要极限:

$$\lim_{x \to 0} \frac{\sin x}{x} = 1$$

用他多次重复的话说就是:"是某某之数(即极限)不改,而奇零之差愈推愈微",在公式中他便断然地把这些"奇零之差"舍弃,达到了最终的极限值。

(12) 为减少计算量采用了近似计算和简算法。

例如,两高位数值相除,先截去每个数尾数若干位,只保留前边若干位再除;为保证计算结果的精密度,入算数据要多取一两位等。《捷法》多次应用同角、互余三角函数公式使运算简化,并引入多种避免较多大乘大除的三角函数简算公式。

总之,18世纪30年代,以开始撰写《割圆密率捷法》为标志,中国数学从研究有限、离散、常量的传统领域开始向研究无限、连续、变量的新领域过渡,这一演进是艰难而又缓慢的。明安图便站在这一潮流的最前列。

明安图的形数相生、形数对应的理论、曲线与直线在无穷分割时最终达于同一的极限论植根于传统数学的土壤,是跨入新领域必要的思想准备。他在这方面的工作,业已叩响了变量数学的大门。无穷级数是微积分学的重要组成部分。中国传统数学虽未进入微积分的全面发展时代,唯在无穷级数方面一枝独秀,成果累累。明安图创立或证明的十余个无穷级数展开式为发轫之作,其中"弧背求矢"公式与1676年牛顿所创反正弦公式形式类似,"正矢求弧背"公式与1737年欧拉所创公式相同。这些史实表明,明安图的创造在世界数学史上属于较高的水平,而

---

① 参见罗见今《明安图是勇于创新的数学家》。

且产生的时代与西方相比,或者晚五六十年,或者大体相同,个别也有领先的成果(如卡塔兰数,sin2$x$ 展式)。清代继起的割圆、对数展开式研究不胜枚举。明安图以一个数学研究新领域的开拓者的地位而载入近代数学的发展史中。

明安图的事迹清楚表明:传统数学必须在与外界新思想充分交流中才能得到健康发展。他对西方新学的态度是既不排斥,也不迷信,而是正确评价,认真分析,化西为中,为我所用。由于中西数学发展道路有很大差别,而且也不处在相近的发展阶段,特别是学术交流受到历史条件的严重限制,所以摆在他面前的困难可想而知。明安图有深厚的中算功底,接受过良好的天算训练,"杜氏三术"无异于是对他的知识和智能的挑战,由此而诱发出中算史上的一场革命。他不畏艰险,挺身应战,刻苦钻研,独辟蹊径,主要应用传统的、离散的方法,打通了走向连续数学的一条新道路,获得了与西方数学相同或类似的成果,在他的研究方向上接近或达到当时数学的较高水平。

当然,也应看到,明安图并没有导数、连续等概念,同西方数学的观点、方法乃至形式都有很大区别。由于没有进入符号数学阶段,用文字叙述显得繁琐、易于混淆,呈现出先天不足。他的一些成果,至今仍然具有价值,值得现代数学借鉴,但另一方面,有不少算法和证法今天已有更好、更简单的了,有些在当时世界上也不是先进的,这也是需要予以说明的。

明安图的数学成就吸引了当代科学史家的注意。李俨、钱宝琮、李迪诸先生在明安图研究方面作出了基本工作,日本三上义夫、英国李约瑟对他的数学成就有较高评价。法国数学史家亚米(C. Jami)的博士论文就是关于明安图的,还出版了专著。随着当今学术界对清代数学兴趣日增,对明安图学术的研究也出现了繁荣的局面。

明安图是勇于创新、勇于开拓的数学家,他的出现,一扫传统数学中的沉闷,带来了新生的气息,成为中算史上的一颗明星。明安图的业绩将与世长存。

## 参 考 文 献

冯立升.1993.明安图在大地测量方面的贡献.见:数学史研究文集 第4辑.台北:九章出版社,呼和浩特:内蒙古大学出版社

李迪.1978.蒙古族科学家明安图.呼和浩特:内蒙古人民出版社

李迪.1993.明安图及其科学工作的背景.见:数学史研究文集 第4辑.台北:九章出版社,呼和浩特 内蒙古大学出版社

李俨.1955.中算史论丛:第三集 明清算家的割圆术研究.北京:科学出版社

罗见今.1988.明安图是卡塔兰数的首创者.内蒙古大学学报,(2):239~245

罗见今.1990.明安图计算无穷级数的方法分析.自然科学史研究,9(3):197~207

明安图(清)撰.1839.割圆密率捷法.孟秋石梁岑建功校刊本

钱宝琮主编.1981.中国数学史.北京:科学出版社.301~306页

翁文灏.1930.清初测绘地图考.地学杂志,(3):405~438

赵尔巽等.1977.清史稿:第五〇六卷 明安图.北京:中华书局

(罗见今)

# 王 清 任

## 一 生平简介

王清任,字勋臣,河北省玉田县鸦鸿桥河东村人,是我国清末著名医家之一。他在中国医学的发展史上,曾起到积极作用,特别是其所撰著的《医林改错》一书,对脏腑解剖学的大胆探索,对活血化瘀学说的进一步充实,并把它广泛应用于临床各科诊治方面,建立了不朽的功绩,为祖国医学的伟大宝库增添了重要内容,成为我国医学发展史上一位杰出的人物。

有关王清任的生平,文献记载甚少。据《玉田县志》记载曾为"武庠生,纳粟得千总衔。性磊落,精岐黄术,名噪京师。"他生于乾隆三十三年二月十六日,卒于道光十一年三月二十九日。王清任一生中,曾在河北滦县、东北奉天(今沈阳)、北京等地行医,并于北京设有"知一堂"药店,《医林改错》一书即成于此。王氏生前曾与清室四额驸那引氏结拜义兄弟,曾久居且病故于那氏府中①。王清任有较深医学造诣,在京师一带颇有声誉,已知传世的医学著作只有《医林改错》一书,经过42年的潜心研究,"方得的确,绘成全图",刊于1830年,成为清代医学文献的重要组成部分。

## 二 所处时代背景

王清任生活在所谓"乾嘉盛世"之期。当时,西方资本主义国家逐渐兴起,纷纷向海外寻找市场,而地大物博、人口众多的中国是他们觊觎已久的目标,企图通过各种途径入侵中国。清代统治阶级深感这种形势对其统治的威胁,于是采取闭关自守的政策,限制对外的贸易往来,致使经济发展停滞不前。对内则奉行民族歧视和民族压迫政策,为了加强思想统治,不惜大兴文字狱,提倡繁琐的考据和"八股取士",严重束缚了人们的思想,部分知识分子则埋头于故纸堆中,研究起"考据之学",反映到医学领域方面,则以因循守旧、遵经卫道为主要表现,缺乏大胆的革新精神,在一定程度上阻碍了医学科学向前发展。然而历史总是不断前进的,并不以人们的意志为转移,一些富有卓识远见的知识分子们,不满和反对清王朝所奉行的政策,反对保守,提倡革新,对当时的社会发展与技术革新,起到推动作用。就医药学发展史来说,如赵学敏《本草纲目拾遗》、杨璿《寒温条辨》、吴鞠通《温病条辨》、余霖《疫疹一得》等温病学说的形成与发展,都是在这一历史时期完成的。王清任处于这样一个历史时期,其思想意识不可避免地会受到社会意识形态、科学技术成就的影响。致使他敢于提出问题,对古医书所记载的脏腑图及脏腑学说提出质疑,并通过数十年的躬身实践而获得新知,这种敢于疑古和勇于探索的实践精神,在我国医学史上也是罕见的。

---

① 宋向元,王清任先生事绩琐探,医史杂志,1951,6(2)。

# 三　实践求真知

王清任自青年时代起便热衷于医学,攻读了大量医学著作,于20岁时便开始医学的临床实践。他在学习和临症过程中发现,古书之论脏腑及所绘之脏腑图,不仅有许多错误与失实,而且"立言处处自相矛盾。"指出"古人论脾胃,脾属土,土主静而不宜动,脾动则不安,既云脾动不安,何得下文又言脾闻声则动,动则磨胃化食,脾不动则食不化,论脾之动静,其错误如此;其论肺,虚如蜂窠,下无透窍,吸之则满,呼之则虚,既云下无透窍,何得又云肺有二十四孔,行列分布,以行诸脏之气,论肺之孔窍,其错误又如是。"①等等,对人体五脏六腑的形态与功能提出不少疑点,存疑长达10年有余。他在临床实践过程中,深刻体会到正确理解脏腑对医者的诊断与治疗是至关重要的,故有"著书不明脏腑,岂不是痴人说梦;治病不明脏腑,何异于盲子夜行"之论,遂产生"余尝有更正之心。"但是,在封建礼教桎梏下的清代,要想进行人体医学解剖,是绝难办到的事。何况客观上又不具备任何条件,故只有等待时机,借助可能做到直接观察,实现其夙愿。

在嘉庆二年(1797),王清任30岁时其业医所在地滦县,正值疹痢流行,染者十死八九,贫寒之家无力成棺掩埋,只能以草蓆裹葬或弃之于郊野,滦县城郊义塚中尸体遍地可见,其中为野兽吃过破腹露脏腑者亦多。王清任为了实现他考察人体脏腑解剖的夙愿,不辞劳苦,不避污秽,不畏疫气可能对其产生的灾害,每日清晨便奔赴义塚,就群尸之破腹露脏者,逐一进行观察,大约经过10天左右光景,观察了近30具尸体之后,便确认古书所论脏腑及所绘脏腑图,与人体脏腑实际多有不符。只是对"膈膜"部分,因尸体破坏严重而未能查明,当时未敢轻易做出结论,据此不难看出他的严谨治学态度和实事求是的良好学风。直到嘉庆四年(1799)六月、道光八年(1828)五月,又先后有剐杀囚犯者,王清任为了揭开"膈膜"之疑,曾两次奔赴刑场,渴望察明膈膜的确切情况,但又由于客观条件的限制而未能如愿,到道光九年在一次诊病时机偶然谈到此事,内中有位曾镇守过边关的将领恒某,曾诛戮多人,对膈膜知之较详,王清任不耻下问,遂得知大体情况,并录之于文。就这样前后经过42个春秋的苦心钻研,基本上完成了对人体脏腑的观察,绘而成图取名为《亲见改正脏腑图》,继而又与古代脏腑图一一地行对比,又结合临症经验论述自己的观点。

# 四　脏腑解剖的发现

应该说,王清任在脏腑解剖上的发现比之古书所载,无疑是一很大进步,但与当时西方的人体解剖学相比,尚有很大差距。他在脏腑解剖上的贡献只是纠正了古医籍对脏腑的错误认识,以及由此而在瘀血学说方面的发展和建树。故云:"余著《医林改错》一书,非治病全书,乃记脏腑之书也……兼记数症,不过示人以规矩,今人知外感内伤,伤人何物;有余不足,是何形状。"综观《医林改错》中所论,其在脏腑解剖上的主要贡献如下:

正确地区分了胸腔与腹腔的关系,确认胸腹腔是以"膈膜"为分界的;

对理论上争论已久的三焦学说,以实地解剖未曾见到为依据,大胆地提出"余不论三焦者,

---

①　王清任,《医林改错·脏腑记叙》上卷。

无其事也"的观点;

比较正确地记载了气管、支气管、细小气管与肺组织之间解剖关系,纠正了古书所谓肺有"行气之二十四孔"的错误主张;

通过对肝脏的观察,提出肝有四叶,纠正古书认为肝有七叶之说,并云:"肝大面在上,后连于脊","胆附于肝右第二叶"是正确的;

他所记述的"胃之内,津门之左一分远,有一疙瘩,形如枣大,名曰遮食,乃挡食物放水之物",无疑是指胃幽门括约肌而言。这在当时来讲,是一项难能可贵的发现;

他认为"灵机记性在脑"、"所听之声归于脑,所视之物归于脑",从而改变了千百年来人们习以为常地把"用脑"说成是"用心"的混淆概念;也给前代医药学家认为"人之记性皆在脑中"、"令人每记忆记往事,必闭目上瞪而思索之"①提供了物质依据;

比较正确地记载了视神经、嗅神经与脑的解剖学关系,指出"两目系如线,长于脑,所见之物归于脑"。及"鼻通于脑,所闻香臭归于脑"②。虽然没能像近代解剖学那样详细而准确地描述嗅神经与视神经的起止走行,但对其生理功能方面的判断,显然与近代解剖学所论切合。

当然,对任何一项科学研究,都应持两分法的观点。由于王清任所处的封建社会历史时期以及研究方法的简陋,其所得出的结论不可能全部正确,可贵之处有之,不当甚而是错误的观察也非止一二。仅就所谓"卫总管"一图而论,清楚地表明应是腹腔大动脉,并由此伸延的锁骨下动脉、肾动脉、髂总动脉、肋间动脉等,但王清任却误认为是"此系卫总管,即气管,俗名腰管",并说"卫总管,行气之府,其中无血……。"其他如对尿的形成过程的认识,基本上是据直观所见而做出的推论,与生理实际出入甚大,等等不一一枚举。尽管存在这样或那样的不足甚或是错误,但就《医林改错》一书整体而言,其在中国医学上的贡献是不可磨灭的。

# 五　学术思想梗概

王清任的全部学术思想是在《亲见改正脏腑图》的基础上建立起来的。他希望"医林中人,一见此图,心中雪亮,眼底光明,临症有所遵循,不致南辕北辙,出言含混,病或少失。"③其学术思想主要表现在以下几个方面:

1. 重视气血。这一观点几乎贯穿《医林改错》之始终。书中说:"无论外感、内伤……所伤者无非气血。"并据此提出"治病之要诀,在明白气血",使"周身之气通而不滞,血活而不瘀,气通血活,何患疾病不除"④,成为他发展活血化瘀说的理论基础。与此同时,他重申正虚、邪实与用药的辩证关系,他所创用的治疗半身不遂等瘫痿病的著名效方补阳还五汤,就是补气与活血化瘀治则相结合临床运用的典范,共同发挥补气活血,逐瘀通络的效用。他一生所总结的10余种气虚症与血瘀症的症治经验,都是建立在气血学说基础上的。

2. 兼顾标本。王清任虽然非常重视补气在活血化瘀治疗中的作用,但他反对一意蛮补,强调必须在辨别疾病的标本与缓急之后再定补泻。提出"气血虚弱,因虚弱而病,自当补弱而病可

① 汪昂,《本草备要》辛夷条。

② 王清任,《医林改错·脑髓说》上卷。

③ 王清任,《医林改错·脏腑记叙》上卷。

④ 王清任,《医林改错·黄芪赤风汤》上卷。

愈；本不弱而生病，因病久致身弱，自当去病，病去而无气自复"①之辩证观点，并谆谆告诫说：
"倘标本不清，虚实混淆，岂不遗祸后人？"②这是十分中肯的。

3. 主张"治末病"。在《医林改错·记未病前之形状》一节中，列举了30余项中风病前可能出
现的先驱症状，旨在提醒医者注意这类患者所出现的各种先兆病症，以便给予及时治疗。充分
体现有病早治，既病防变，防微杜渐的预防医学思想，无疑是对"上工治末病"思想的进一步发
展。

# 六　在临床治疗上的建树

应该说，王清任在临床治疗方面的贡献远比其在解剖学上的贡献更大，集中地体现在以活
血化瘀为主导思想的临床方剂的运用上。诸如以"逐瘀"命名的各种方剂，广泛用于内、外、妇、
儿、五官各种病症的治疗，疗效卓著，为古今临床家所称道。中华人民共和国成立以后，活血化
瘀治则广泛用于心血管病、急腹症、周围血管病、创伤外科病、泌尿系炎症方面治疗，取得可喜
的效果。其中，王氏所创用的有关方剂疗效尤佳，如补阳还五汤对脑溢血后遗症、蛛蜘膜下腔出
血、脑血栓形成、脑震荡后遗症等病的治疗具有较好效果；少腹逐瘀汤对月经不调、淋漓、崩漏、
痛经、不孕症等病确有疗效；血府逐瘀汤对因慢性肝炎所致的肝脾肿大、因高血压所致的血管
性头痛的治疗，也取得预期效果；膈下逐瘀汤对以腹部综合症状为主要表现的血吖啉病的治疗
效果，也是通过活血化瘀的途径取得的，不一一赘述。值得提出的是，大量实验研究证明，活血
化瘀药具有增加血流量、改善微循环、恢复组织再生能力等作用。故活血化瘀治则日益为临床
医家所重视，有关这方面的研究也逐步深入，所有这些与王氏治疗思想息息相关。

# 七　正确评价

如上所述，王清任学术思想及其《医林改错》对中国医学的发展是有贡献的，尽管其中也不
无值得商榷之处。我们不能用今天的科学水平要求前人。值得借鉴的是他那40年如一日的求实
精神；他那种绝非为了"独出已见"和非为"评论古人之短长"的治学精神，是值得我们学习的。
何况王氏并没有认为其著作是完美无缺的，相反却谦虚地认为"其中尚有不实不尽之处，后人
倘遇机会，亲见脏腑，精查增补，抑又幸矣！"③他生前也意识到，《医林改错》的问世，有可能遭
到"遵经卫道"者的非难，但他不是知难而退，而是知难而进，再次表明他的坦荡胸怀与实事求
是治学精神。评价前人的真正意义在于向他学习了什么？王清任之所以在医学上取得成就，关
键是他开拓精神，大胆疑古，勇于批判旧说和立足于躬身实践；他那种"非欲后人知我，亦不避
后人罪我"④的崇尚学风，应该作为我们学习的座右铭。

（于文忠）

---

① 王清任，《医林改错·男子劳病》上卷。
② 王清任，《医林改错·瘫痿论》下卷。
③ 王清任，《医林改错》原序。
④ 王清任，《医林改错·脏腑记叙》上卷。

# 李　锐

李锐（1769～1817）字尚之，号四香，江苏元和（今苏州）人。李氏生当清中盛世，毕生致力于古典天文算法的复兴，为乾嘉学派在天算领域的代表，他对高次方程的研究则突破了中国古典数学的窠臼，成为清代数学史上最富创造性的理论成果之一。

## 一　生平简历

李锐生于1769年1月15日，其先世居河南，祖父燧，父章堉。章堉系乾隆壬申（1752）进士，后任河南伊阳知县，兵部主事等职[①]。锐"幼开敏，有过人之资，从书塾中捡得《算法统宗》，心通其义，遂为九章八线之学。"[②]

1788年底，乾嘉学派巨擘钱大昕（1728～1804）开始主持紫阳书院，作为元和县生员的李锐即从师问学。钱氏于经、史、音韵、训诂无所不精，主讲紫阳书院"凡十有六年，一时贤士受业于门下者不下二千人，悉皆精研古学，实事求是。"[③]李锐从他那里学到了一整套建立在分析、综合和归纳基础上的考据方法，为日后的学术发展做好了准备。1791年底，李锐开始学习天文数学，据他后来回忆道："忆自辛亥（1791）之冬，锐肄业紫阳书院，从先生受算学，先生始教以三角八线小轮椭圆诸法，复引而进之于古……而诲之曰：'数为六艺之一，由艺以明道，儒者之学也。'自世之学者卑无高论，习于数而不达于理，囿于今而不通乎古，于是儒林之实学，遂下同于方技，虽复运算如飞、下子不误，又曷足贵乎！"[④]可见他早年学算的动机与其业师一样，是服务于治经这一"儒林之实学"的大目标的。钱氏曾对他说："凡为弟子，不胜其师，不为贤弟子；吾友段若膺（即玉裁）之于戴东原（即震）是矣，子其勉之。"[⑤]李锐的确以此自勉，很快得到钱氏的青睐。后人评曰："是时大昕为当代通儒第一，生平未尝轻许人，独于锐则以为胜己。故其时有南李北李之称：北李为云门侍郎（即李潢），以侍郎为楚北人；南李则锐是也。"[⑥]

李锐先用功于《三统历》，盖因"是术衍说词虽浅近，然循是而习之，一隅三反，则古今推步之源流不难一一会通其故也。"[⑦]尝与人"言他书所引《三统历》，《汉书》往往无之。"[⑧]他又根据"《明史·历志》回回本术，参以近年瞻礼单，精加考核，著《回回历元考》。"钱大昕"日以审阅群书校仇为事，遇有疑义辄与锐商榷，由是四方学者莫不争相接纳，凡有诘者，锐悉详告无隐。"[⑨]

---

① 参见李铭皖等重修《苏州府志》。
② 罗士琳，《畴人传续·李锐》。
③ 钱庆曾，《竹汀居士年谱续编》。
④ 李锐，《三统术衍铃·跋》，钱大昕书后。
⑤ 张星鉴，《仰萧楼文集·李尚之先生传》。
⑥ 罗士琳，《畴人传续·李锐》。
⑦ 李锐，《三统术衍铃·跋》，钱大昕书后。
⑧ 钮树玉，《非石日记钞·甲寅四月二十三日》。
⑨ 罗士琳，《畴人传续·李锐》。

1790年，另一位经学兼数学家焦循(1763~1820)以所著《群经宫室图》二部寄钱大昕过目，钱氏即分一部令李锐看，李锐读后致信焦循："读足下与竹汀师书，知足下于推步之学尤精，议论俱极允当，不可移易。"从此开始与这位学友的交游。

1795年焦循在浙江学政阮元(1764~1849)幕府时，得见元代李冶《测圆海镜》、《益古演段》二书，"鱼寄尚之，尚之喜甚，为之疏通证明。"①同年阮元创始编写《畴人传》，李锐被邀至杭州，成为这部巨著的主笔。李氏常往来于苏、杭之间，得以广泛接触江南各私家所藏珍秘和利用文澜阁四库钞本，除将李冶的两部算书于1797年校峻外，又先后对唐代王孝通的《缉古算经》、南宋秦九韶的《数书九章》进行了整理，这些都为他日后的方程论研究打下了基础。在苏州他曾购得梅文鼎(1633~1721)手批《西镜录》一书，钱大昕曾为之作跋。②在天文学方面，他先后对三统、四分、乾象、奉元、占天、淳祐、会天、大明、大统等历法进行了疏解③。1799年春读《宋书·律历志》，悟得何承天(370~447)调日法，撰成《日法朔余强弱考》。在经学方面，他曾助阮元校勘《周易》、《谷梁》及《孟子》④，又自撰《周易虞氏略例》、《召诰日名考》等。

1800年，李锐与焦循在杭州阮元节署内之诚本堂"同屋居，共论经史，穷天人消息之理。"⑤大约此时，李锐通过焦循与汪莱(1768~1813)相识。⑥

汪莱于1801年授馆扬州，同年撰成《衡斋算学·第五册》，议论秦九韶、李冶开方根之"可知"与"不可知"，遂以算稿寄张敦仁(1754~1834)和焦循。张氏"疑之，谓其过苦。"⑦焦氏于次年春收到，搁置半年后示李锐。李锐叹为"穷幽极微，真算氏之最"⑧，遂将汪莱书中所列96条归纳为三例，于1802年9月5日成跋文一篇。据焦循说："尚之作此篇时，客于西子湖头苏小墓之侧，悼亡未期，加以失子，酸楚不可言。"⑨可知当时李锐正遭妻亡子殇的打击。1803年，汪莱重游扬州时访焦循于村塾中，二人"对饮于豆花葊语间，"汪莱即问道："或谓尚之诮吾所著书，有之乎？"焦循便以李锐所撰跋文出示，汪莱"怡然曰：'尚之固不我非也。'"⑩

1804年张敦仁官扬州知府，李锐为其幕宾。当时焦循、汪莱俱在扬州，时人目为"谈天三友"⑪。不久风流云散：张调江宁、南昌，李归苏州(后又至南昌)，汪先去六安，后赴北京考取八旗官学教习，焦则滞留扬州。1805年前后汪莱撰成《衡斋算学·第七册》，议论三项高次方程正根之有无及解法。李锐后来见到此书，进一步钻研方程理论，撰写《开方说》一书予以总结。

张敦仁先后撰《缉古算经细草》、《求一算术》、《开方补记》等书，均经李锐算校。张觅得宋版《九章算术》(前五卷)、《孙子算经》、《张丘建算经》等珍籍后，李锐也取来微波榭本《算经十书》

① 焦循，《衡斋算学·第五册记》，在第六册内。
② 此书焦循曾"穷三日力自写一本"，今藏北京大学图书馆，李锐所获梅批本则不知所终。
③ 今所存者仅三统、四分、乾象、奉元、占天五种。
④ 参见阮元《十三经注疏·校勘记》。
⑤ 焦循，《雕菰集》卷二十。
⑥ 1798年焦循致函李锐，介绍汪莱"精思冥索，往往得未曾有"，可见汪、李此时尚未谋面；1802年李锐则有"计余与孝婴(即汪莱)别已二载"语，钱宝琮据此推测二人初晤在庚申(1800)恩科秋试之际。
⑦ 汪莱，《衡斋算学·第七册序》。
⑧ 李锐，《衡斋算学·第五册跋》，在第六册内。
⑨ 此据汪莱《衡斋算学·第五册记》所引焦循语，在第六册内。
⑩ 参见焦循《衡斋算学·第五册记》，在第六册内。
⑪ 罗士琳，《畴人传续·李锐》。

加以校阅①。李锐又从某书商处抄得《授时历草》，系郭守敬之遗而经梅文鼎所手批者。②又撰《戈戟图考》、《磬折图说》等文，分别从几何形状与力学原理上对古代器物进行考证。

李潢对李锐的才学非常欣赏，他曾致信张敦仁，不客气地要求"大兄老先生可少分清俸，以瞻其(指李锐)家，俾得悉心著书。"③李锐的《方程新术草》和《勾股算术细草》等书都曾寄赠李潢，对于后者撰写《九章算术细草图说》有所启发。关于二李的关系，罗士琳还叙述了这样一个有趣的故事："嘉庆九年(1804)甲子科，江南主司耳锐名，欲罗致之。未出京，询之云门侍郎，谓如何而后可得李某；侍郎曰：'是不难，吾有策题一，能对者即李某。'主司如其言，犹虑有失，并益以'天之高也'一节四书题文，闱中大索不可得，窃疑之。及榜发，果无锐名，访知锐是年因病未与试，主司叹曰：'噫，是有命也！'"④

1802年，李锐从南昌出发到北京参加顺天府乡试，此行大概得到张敦仁和李潢的支持。李锐科举虽无成就，却得与李潢会晤。据其日记所载，两人多次讨论天文数学，例如大比的次日就"与云门先生书论合盖容圆"⑤，再次日又"答云门先生问乾象过周分日。"⑥在京期间，李锐还收得弟子黎应南等人⑦。

李锐衰年仍念宋元算书的整理和自己所撰《开方说》的定稿。1814年夏得《杨辉算法》"皆散叶，且颠倒错乱殊甚"，遂"验其文义，排比整齐，得书六篇。"⑧阮元早年访得朱世杰《四元玉鉴》，虽呈入四库，但是长期无人问津。李锐通过张敦仁见到钞本后，于1816年"演成数段，寄至豫章(今南昌)，录根推密，极为精审"。惜其体力不支，未能完璧，致使阮元叹道："惜乎李君细草未成，遂无能读是书矣。"⑨黎应南于1810年冬"始从先生受算学，由九章兼及西法。甲戌《1814》之秋，以《开方说》见授。"1817年8月12日李锐病故，临终前再三嘱托黎应南将未定稿的《开方说》下卷写好，黎乃"谨遵先生遗命，依法推衍"⑩，于1819年完成。

除黎应南外，李锐尚有门生郑锡缓、尹铁香、蒋延荣、许云庵、万小廉、张辉祖、吴子根等人。李锐殁时独子可玖尚在襁褓，道光中补学生员，"孤贫力学，工诗词……朋辈视为畏友。某年游幕皖江归，覆舟于双河口以死，年三十六。"⑪

# 二 科学成就

### 1. 主撰《畴人传》

在乾嘉学派的学术活动达到高潮之际，一部以阮元名义刊行的、反映历代天文、数学家生

---

① 参见李锐《观妙居日记·嘉庆九年十二月二十六日》上海图书馆藏。
② 参见李锐《观妙居日记·嘉庆十一年七月七日》，并见梅文鼎《勿庵历算书目·郭太史历草补注》。
③ 参见《观妙居日记·嘉庆九年十月廿五日》内引李潢书。
④ 罗士琳，《畴人传续·李锐》
⑤ 李锐，《观妙居日记·嘉庆十五年七月二日》。
⑥ 李锐，《观妙居日记·嘉庆十五年七月三日》。
⑦ 参见《观妙居日记·嘉庆十五年六月七日》，互见黎应南《开方说·跋》。
⑧ 李锐所见当为朝鲜复刻洪武本或其抄本，内含《乘除通变本末》三卷、《田亩比类捷法》二卷和《续右摘奇算法》一卷，后一种尚缺卷上。
⑨ 阮元，《揅经室集·李君尚之传》。
⑩ 黎应南，《开方说·跋》，李锐书后。
⑪ 张星鉴，《仰萧楼文集·怀旧记》。

平和成就的评传体著作《畴人传》问世了。该书以人为纲,以历法沿革为主线,共录自远古至当时的中外天文、数学家316人。文体分为传、论两部:传则"掇拾史书,荟萃群籍,甄而录之"①,论乃作者对传主的简短评语。这是中国历史上第一部专为科学家立传的著作,所收材料大体能反映中国古代天文、数学发展的面貌。这里不拟对全书的内容作出评价,而仅就李锐与该书的关系这一问题予以说明。

　　阮元论《畴人传》与李锐的关系有三处:在《畴人传·凡例》中说:"是编创始于乾隆乙卯(1795),毕业于嘉庆己未(1799),中间供职内外,公事频繁,助之校录者,元和学生李锐暨台州学生周治平力居多";在为罗士琳《畴人传续》所写的序言中说:"元少壮本昧于天算,惟闻李氏尚之焦氏里堂言天算。尚之往来杭署,搜列各书,与元商撰成《畴人传》";应李锐子可玖所写的《李君尚之传》中说:"予所辑《畴人传》亦与君商榷,君之力为多。"阮元以地方长官的身份办学堂、罗致学者、编写校刻书籍,冠其名出版的《经籍纂诂》、《十三经注疏》、《皇清经解》等书无不出于其幕宾手,此情自可推衍于《畴人传》。阮元自称"本昧于天算",又认定李锐"深于天文算术,江以南第一人也"②,必定将这部书的具体工作托付李锐。

　　罗士琳于李锐早故而阮元尚健的时候写道:"阮学士提学浙江,常延锐至杭问以天算,因欲撰《畴人传》,开列古今中西人数及应采史传天算各书,属锐编纂,商加论定。及抚浙,又令门生天台周治平相助编写诸书及西法诸书,成《畴人传》四十六卷刊行于世。"③这里明确指出了阮、李、周三人的作用:阮发起,李编纂,周相助。所以后人公论道:"正传成于阮氏,实为元和李氏手笔。"④

　　从《畴人传》论的内容来看,与李锐存世著作完全相同者凡九见,即:(1)"张寿王"论同《三统术注》;(2)"刘洪"论同《乾象术注》;(3)"马显"、(4)"吴昭寿"、(5)"周琮"、(6)"刘孝荣"各论均同于《日法朔余强弱考》;(7)"卫朴"论同《奉元术注》;(8)"姚舜辅"论同《占天术注》;(9)"蒋友仁"论同致焦循函。其次,各论引李锐佚稿者凡六见,即:(1)"王孝通"论引《缉古算经衍》;(2)"李德卿",(3)"谭玉"、(4)"杨级"、(5)"耶律履"各论均引《补宋金六家术》;(6)"贝琳"论引《回回历元考》。其三,书中引"李尚之"语而不辩出处者凡二见,即:(1)"虞𠛬"论考证《大同历》之纪月、岁分、月法;(2)"王处讷"论考证《应天历》岁日及斗分。其四,引钱大昕者凡十四见,引焦循者凡二见,引汪莱者一见。

　　结论是:"《畴人传》实由李锐编定,阮元略加删润,冠阮元名为之刊行,周治平当仅校字而已。"⑤

### 2.疏解古历

　　李锐对古代天文、数学资料非常重视,"每得一书,其有历数者必广搜博采,穷幽极微","于古历尤深,自三统以迄授时悉能洞澈本原。"⑥概括起来,他的古历研究具有三个鲜明的特点:

　　第一个特点是与经学密切关联。治经必通史,通史须晓历,这几乎是历代经学大师们遵奉

---

①　阮元,《畴人传·序》。

②　阮元,《揅经室集·李君尚之传》。

③　罗世琳,《畴人传续·李锐》。

④　华蘅芳,《学算笔谈》卷十二。

⑤　严敦杰,《李尚之年谱》。本节考证均引用此篇。

⑥　同③

的一个信条,最典型的例子莫过于刘歆(?～23)编撰的《三统历·世经》了。李锐认为"历学诚致治之要,为政之本,"[1]在《三统术注》中,对"伐桀"、"伐纣"、"摄政"、"获麟"等古史或传说的纪年一一从历法上进行考证。在读《尚书·召诰》时,针对前代学者江声(1721～1799)、王鸣盛(1722～1797)等人对郑注的怀疑,"以纬候入蔀数推知,上推下验,一一符合,[2]"于是作《召诰日名考》以说明郑玄(127～200)的历法根据。

第二个特点是能够洞悉历法源流,从天文学进化的角度来比较各家学说。李锐生前曾想仿郊邢云路、梅文鼎对历代历法进行通考,书名似乎定为《司天通志》,可惜因他的早逝未能实现。但是从他所完成的几部历法校注工作之中,是可以看出其通观全局的气魄的。他对太初、三统、四分等历法中的上元积年进行核算之后,得出"四分无异于太初而太初亦得谓之三统"[3]的正确结论。钱大昕曾对《太乙统宗宝鉴》中的日法和岁实两个数据的来源表示不解,李锐则根据宋代学者王谌所著《易学》,指出五代以后各历岁实"有终于五分者,有终于六分者,有终于五、六分之间者"三种,载入太乙遁甲书中的实为后一种,按比例推得其岁实为365.2425,不但解开了钱大昕的疑团,而且指出了授时历的前代渊源。回回历的历元也是一个容易使人迷惑的问题,王锡阐(1628～1682)、梅文鼎、戴震(1724～1777)等人都提出过质疑。李锐撰《回回历元考》,指出该历有太阳、太阴两种纪年;前者以隋开皇己未(公元599)为元,后者以唐武德壬午(公元622)为元,两者至明洪武甲子(1384)的积年等为786,此其惑人之处。

第三个特点是能够从数学原理上对诸家历法进行分析,从而得到远远超过一般经学家识见的成果,关于调日法的研究就是最好的例证。李锐在研读《宋书·律历志》的时候,注意到周琮在明天历中的一段话:"宋世何承天更以四十九分之二十六为强率,十七分之九为弱率,于强弱之际以求日法。承天日法七百五十二,得一十五强一弱。自后治历者莫不因承天法,累强弱之数。"这就是说,分别以 $\frac{26}{49}$ 和 $\frac{9}{17}$ 为强、弱二率,何承天将朔望月的奇零部分表示为 $\frac{26\times15+9\times1}{49\times15+17\times1}=\frac{399}{752}$,分母、分子分别称为"日法"、"朔余"。对于这一"自后治历者莫不因"之的数学方法,"元明以来畴人子弟罔识古义,竟无知其说者",李锐"爰列《开元占经》、《授时术议》所载五十一家日法、朔余之数,一一考其强弱",撰成《日法朔余强弱考》一书,至此才算基本搞清了中国天文学史上的一个重大问题,即古代天文学家是怎样以分数来渐近表示实测的朔望月长度的。

### 3.调日法研究中的得失

调日法源远流长,作为一种分数近似手段在一定的精度范围内是行之有效的。但自元代授时历废积年日法,这一行用800余年的天文-数学方法遂成屠龙之技,日久天长渐被忘却。在这一意义上讲,李锐的《日法朔余强弱考》起到了石破天惊的作用,是乾嘉学派在天文、数学领域复兴古典学术的一项代表作。在这部著作中,李锐提出了两种正确的强、弱数算法:第一种体现了古代调日法的原貌;第二种则反映了唐宋以来历法演进的结果。

先介绍第一种方法,即"累强、弱之数"法。

---

① 李锐,《召诰日名考》。

② 罗士琳,《畴人传续·李锐》。

③ 李锐,《日法朔余强弱考·序》。

以东汉乾象历为例,首先将朔余773除以日法1457,商0.53054221称作约余。[1]

其次列强母49于右上、强子26于右次、强数1于右副、0于右下;列弱母17于左上、弱子9于左次、0于左副、弱数1于左下。令左、右两行相加,得数置于中行,依次为66,35,1,1。图1表示强、弱二率第一次加成的结果[2]:$\frac{26\times1+9\times1}{49\times1+17\times1}=\frac{25}{66}$。

再以中上66除中次35,商0.53030303;此商小于约余,则弃左行,以中行为新的左行。令左、右两行相加,得数置于中行,依次为115,61,2,1。图2表示第二次加成的结果:$\frac{26\times2+9\times1}{49\times2+17\times1}=\frac{61}{115}$。

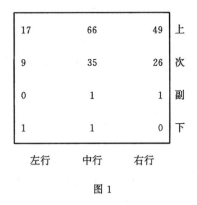

| | | | |
|---|---|---|---|
| 17 | 66 | 49 | 上 |
| 9 | 35 | 26 | 次 |
| 0 | 1 | 1 | 副 |
| 1 | 1 | 0 | 下 |
| 左行 | 中行 | 右行 | |

图1

| | | | |
|---|---|---|---|
| 66 | 115 | 49 | 上 |
| 35 | 61 | 26 | 次 |
| 1 | 2 | 1 | 副 |
| 1 | 1 | 0 | 下 |
| 左行 | 中行 | 右行 | |

图2

以下的程序完全相仿:以中上除中次,商若小于约余则弃左行,商若大于约余则弃右行,然后以中行代替弃掉的那一行,再令新的左、右两行相加,得数置于中行。如此循环,直到中上、中次出现理想的数据为止,此时中副、中下分别显示出相应的强、弱二数。图3至图9表示以后逐步加减的结果,其中除了从图6至图7、图8到图9是弃右行外,其余各步都是弃左行。

从图9可以看出:日法1457、朔余773,与已知相合,相应的强、弱二数是28和5,故而乾象历的日法、朔余可表为$\frac{773}{1457}=\frac{26\times28+9\times5}{49\times28+17\times5}$。

| | | |
|---|---|---|
| 115 | 164 | 49 |
| 61 | 87 | 26 |
| 2 | 3 | 1 |
| 1 | 1 | 0 |

图3

| | | |
|---|---|---|
| 164 | 213 | 49 |
| 87 | 113 | 26 |
| 3 | 4 | 1 |
| 1 | 1 | 0 |

图4

| | | |
|---|---|---|
| 213 | 262 | 49 |
| 113 | 139 | 26 |
| 4 | 5 | 1 |
| 1 | 1 | 0 |

图5

| | | |
|---|---|---|
| 262 | 311 | 49 |
| 139 | 165 | 26 |
| 5 | 6 | 1 |
| 1 | 1 | 0 |

图6

---

[1] 实际上李锐是把该数的$10^8$倍称作约余的,这是为了避免出现小数。

[2] 框图中的数字,李锐原来是用筹码写出的。

| 262 | 573 | 311 |
|---|---|---|
| 139 | 304 | 165 |
| 5 | 11 | 6 |
| 1 | 2 | 1 |

图 7

| 573 | 884 | 311 |
|---|---|---|
| 304 | 469 | 165 |
| 11 | 17 | 6 |
| 2 | 3 | 1 |

图 8

| 573 | 1457 | 884 |
|---|---|---|
| 304 | 773 | 469 |
| 11 | 28 | 17 |
| 2 | 5 | 3 |

图 9

这一方法的合理性是十分明显的,以上每一框图都对应着一次(复合)加成,清楚地显示了"累"的意义,加上可用算筹迅速地实现行的变化,因此被认为"是说明了调日法的本法的"[①]。它的优越性在于从理论上能够保证以任意的精度逼近观测值或得到介于强、弱二率之间的任何分数[②]。

但是这一方法在应用起来不太方便,因为它要求每一步都作一次除法运算,然后与观测数据或约余比较。对于古代历算家来说,他们把程序结束在任何一步都能"调"出一个 $\frac{26m+9n}{49m+17n}$ 型的分数来;但是对于目的在于核验古历的李锐来说,就出现了一个何时才能使结果与已知数据吻合的问题,特别是当强、弱数相当大时,往往会出现因精度所限而无法进行比较、从而无法决定弃哪一行的困难。举例来说,依此程序演北宋明天历,算至 $\frac{26\times109+9\times6}{49\times109+17\times6}=\frac{2888}{5443}$ 以后,在八位小数的精度范围内(这是李锐自定的精度范围)与约余 $\frac{20693}{39000}=0.53058974$ 完全相合,因而除非扩大精度范围则无法进行下去,但实际上 $\frac{20693}{39000}=\frac{26\times781+9\times43}{49\times781+17\times43}$[③]李锐用这种方法是不能考出许多历法的强、弱之数的。

现在介绍他的另一种方法,即"有日法求强、弱(数)"法。

其术文曰:"置日法以强母去之,余以四百四十二(此数以弱母去之适尽、以强母去之余一)乘之,满八百三十三(此数以强、弱二母去之皆尽)去之,余为弱实,以弱母除之得弱数;以弱实转减日法,余为强实,以强母除之得强数。"

仍以乾象历为例,按此法求强、弱二数的步骤依次为:$1457\div49=29$ 余 $36,36\times442=15912,15912\div833=19$ 余 $85,85\div17=5=n,(1457-85)\div49=28=m$。可见乾象历的日法、朔余可表为 $\frac{773}{1457}=\frac{26\times28+9\times5}{49\times28+17\times5}$。

这一方法的数理基础何在?李锐未曾交代,看来关键在于揭示442和833这两个数据的来源。

"有日法求强、弱(数)",相当于解二元一次不定方程 $49m+17n=A$,这是中国古代著名的"百鸡"类问题。

---

① 严敦杰,宋金元历法中的数学知识,载《宋元数学史论文集》,科学出版社,1966年。
② 李继闵,关于调日法的数学原理,西北大学学报(自然科学版),1985,(2)。
③ 李继闵,调日法源流考,载《第三届中国科学史国际讨论会论文集》,科学出版社。

设 $A \equiv r \pmod{49}$，则有

$$\begin{cases} 17n \equiv r \pmod{49} \\ 17n \equiv 0 \pmod{17} \end{cases}$$

于是原问题化成一个"孙子"类问题，解这类问题的关键是求出两个乘率 $K_1$ 和 $K_2$，使它们满足

$$\begin{cases} 17K_1 \equiv 1 \pmod{49} \\ 49K_2 \equiv 1 \pmod{17} \end{cases}$$

这是秦九韶已解决了的，由其大衍求一术可得 $K_1 = 26$、$K_2 = 8$[①]，再由孙子定理可得：

$$17n \equiv 26 \times 17 \times r + 8 \times 49 \times 0 \pmod{49 \times 17}$$

即 $$17n \equiv 442r \pmod{833}$$

式中 $17n$ 即"弱实"，$r$ 为"日法以强母去之"之余，这一同余式的意义与上述术文是完全一致的，可见李锐的"有日法求强、弱（数）"法沟通了调日法和"百鸡"、"孙子"、"求一"等古典数学问题的联系，揭开了清代学者研究一次不定分析的序幕。

由 $17n \equiv 26 \times 17 \times r \pmod{49 \times 17}$，可得 $n \equiv 26r \pmod{49}$，因此李锐的方法还可简化为："置日法以强母去之，余以强子乘之，满强母去之，余为弱数。"从这一简化后的结果也可看出：按此法求出的不定方程的解必满足 $n < 49$。这是一个重要的标志，考察李锐所论及的五十一家历法，"合者三十五家"的弱数 $n$ 均小于强母49；而"不合者十六家"中，除有五家"朔余强于强率"因而无所谓强、弱数，另有一家"朔余之下增立秒数"未加细究外，其余十家均可用其它方法（例如第一种方法）求出相应的强、弱二数，但弱数 $n$ 皆大于强母49。这就有力地说明了李锐对五十一家历法的考察是用第二种方法完成的，他所谓的"合"与"不合"，指的是能否用该法求得相应的强、弱二数。

唐代以来，各历多采用同一分母，统称为日法，因此日法成了历法中最基本的数据。与此相适应，调日法的内容也发生了变化，这一点在秦九韶《数书九章》中有所反映。秦氏在书中以当时行用的开禧历为例，给出了一个由日法求强、弱二数的细草。李锐的"有日法求强、弱（数）"方法，其设问、造术和应用范围都与秦氏有类似之处，李潢赞曰："《日法朔余强弱考》并自序一首，尤为抉尽阃奥，皆必传之作，不但与秦氏书为羽翼也。"[②]可谓一语破的。

李锐又对十六家未能求得强、弱数的历法进行了归纳，他认为"不合之故盖有三端：其一朔余强于强率"；"其一朔余之下增立秒数"；"其一日法积分太多"。应该指出，三条原因中，只有第一条说对了。可以证明：任何一个分数 $\frac{q}{p}$ 能表为两个分数 $\frac{q_1}{p_1}$ 和 $\frac{q_2}{p_2}$ 的带权加成形式[③]的充要条件是 $\begin{vmatrix} q_2 & q_1 \\ p_2 & p_1 \end{vmatrix} = 1$ 和 $\frac{q_1}{p_1} < \frac{q}{p} < \frac{q_2}{p_2}$[④]。何承天的强、弱二率恰好满足第一个条件，但"朔余（这里指 $\frac{q}{p}$）强于强率"显然与第二个条件相悖，当然无所谓强、弱之数了。至于后面两条，仅仅是表象而已，造成其推验不合的真正原因是由其算法的局限性所致。后来顾观光（1799～1862）在《日法朔余

---

① 实际上 $K_2$ 的大小与本问题无关。

② 李潢，《复李锐书》，载《日法朔余强弱考》书前。

③ 即 $\frac{q}{p} = \frac{q_2 m + q_2 n}{p_2 m + p_1 n}$，$m, n$ 为正整数。

④ 李继闵，关于调日法的数学原理，西北大学学报（自然科学版），1985，(2)。

强弱考补》中对李锐判为"不合"的十六家历法重新考证,求出十一家的强、弱数,并提出"但使朔余不及强率,虽日法在百万以上无不可求,其朔余有秒数者,径以进位求之亦无不合"的正确主张。

### 4. 方程论方面的成就

汪莱在《衡斋算学·第五册》中首先讨论方程正根个数与系数的关系,列出24个二次和72个三次方程逐一论述。李锐从中归纳出三条规律,其中第二条有语病且不够实用,一、三两条用现代数学语言表述就是:

对于方程 $a_0x^n+a_1x^{n-1}+\cdots+a_{n-1}x+a_n=0$ $(a_0\neq0)$,若

(1) $a_0$ 与 $a_n$ 异号,$a_1$ 至 $a_{n-1}$ 皆同号,方程仅有一正根;

(3) $a_0$ 与 $a_n$ 同号,方程有正根则不止一个。

多年以后,李锐在《开方说》中提出了更加完备的判别方程正根个数的法则,其原文是:

"凡上负,下正,可开一数";

"上负,中正,下负,可开二数";

"上负,次正,次负,下正,可开三数或一数";

"上负,次正,次负,次正,下负,可开四数或二数"。

李锐表达高次方程的方法与秦九韶相同,即实(常数项 $a_n$)上隅(最高项 $a_0$)下,实常为负,所以各句都以"上负"起头,这并不影响结果的一般性。另外所谓"上负,下正",按照李锐的注释悉指上面几项都是负的,下面几项都是正的,即方程各项系数仅有一次变号,而不论方程次数的高低;同样,下条中的"上负,中正,下负"指方程各系数有两次变号,余皆类推。有了这样的解释之后,前述四条就可表达成:

(1) 各系数出现一次变号,方程可有一正根;

(2) 出现两次变号,可有两个正根;

(3) 出现三次变号,可有三个正根或一个正根;

(4) 出现四次变号,可有四个或两个正根。①

这四条法则很可能是由归纳方法得到,因为李锐接着列出符合条件的四次(含四次)以下的全部类型的方程,其变号次数为1,2,3,4的分别有32,24,8,1个。举例来说,有三次变号的八个方程是:

$$a_0x^3-a_1x^2+a_2x-a_3=0$$
$$a_0x^4-a_1x^3+a_2x^2+0-a_4=0$$
$$a_0x^4-a_1x^3+0+a_3x-a_4=0$$
$$a_0x^4+0-a_2x^2+a_3x-a_4=0$$
$$a_0x^4-a_1x^3+a_2x^2+a_3x-a_4=0$$
$$a_0x^4+a_1x^3-a_2x^2+a_3x-a_4=0$$
$$a_0x^4-a_1x^3-a_2x^2+a_3x-a_4=0$$
$$a_0x^4-a_1x^3+a_2x^2-a_3x-a_4=0 \qquad \text{(以上诸 } a \text{ 皆为正数)}。$$

《开方说》又论"代开法",其原文是:"凡平方二数,以平方开一数,其一数可以除代开之;立

---

① (2)、(4)两条中当然可能没有正根,但无正根的方程不在李锐讨论之列。

方三数,以立方开一数,其二数可以平方代开一数,除代开一数;三乘方四数,以三乘方开一数,其三数可以立方代开一数,平方代开一数,除代开一数。"

"平方二数"、"立方三数"、"三乘方四数",这里指的是二、三、四次方程最多有2,3,4个正根,而"代开法"的实质是:若 $x=a$ 是方程的一个正根,其余的正根可以由降低一次后的新方程求出。这里似乎可以看到代数基本定理的胚芽。

在中国数学史上,《开方说》首先谈到重根问题,原文是:"凡可开二数以上而各数俱等者,非无数也;以代开法入之,可知。"

将上述四条法则一般化并考虑重根,不难得到:实系数一元 $n$ 次方程的正根个数($k$ 重根按 $k$ 个计算),等于其系数符号的改变次数或者比这个改变数少一个正偶数。

这就是方程论中著名的笛卡儿法则。其实,法国数学家笛卡儿(R. Descartes,1596～1650)1637年在《几何学》卷三中首先陈述的命题是:"多项式方程 $f(x)=0$ 的正根个数最多等于系数变号的次数,负根个数最多等于两个正系数和两个负系数连续出现的次数。"[1]他没有加以证明;严格的证明是18世纪的法国数学家马尔维斯(de Malres,1712～1785)给出的。至于"正根个数与变号次数的差(如果有的话)为正偶数"这一命题,则是与李锐同时的德国数学家高斯(C. F. Gauss,1777～1855)率先证明的[2]。

《开方说》又论及负根和无实根的情况,李锐统称为"无数","凡无数必两,无一无数者。"他在整数范围内讨论了无实根的二次方程和双二次方程的判别条件。

方程的倍根变换是秦九韶所熟练掌握的,李锐则予以总结道:"凡实、方、廉、隅,如意立一数为母,一乘隅、再乘廉、三乘方、四乘实,每上一位则增一乘,如是累乘讫,如法开之,所得为母,乘所求数之数,以母除之得所求。"这就是说方程 $ma_0y^n+m^2a_1y^{n-1}+\cdots+m^na_{n-1}y+m^{n+1}a_n=0$ 的根是方程 $a_0n^n+a_1n^{n-1}+\cdots a_{n-1}x+a_n=0$ 的根的 $m$ 倍,即 $n=\dfrac{y}{m}$。

特别当 $m=-1$ 时,则"以其实、方、廉、隅之正负隔一位易之,如法开之,则所得正商变为负商,负商变为正商。"这是论述"奇变偶不变"的逆根变换规律。

《开方说》也谈到负根的判别方法:"凡商数为正,令之为负,则凡平方皆可开二数,立方皆可开三数或一数,三乘方皆可开四数或二数。"与笛卡儿的原始陈述相比,更加接近于今日教科书中的表达方式[3]。

李锐的方程论研究发轫于汪莱的《衡斋算学·第五册》,但基础却是在校读秦九韶、李冶算书的时候就奠定了的。他在《开方说》的上卷曾详细叙述了数字高次方程的增乘开方法,他的理论也是从各种类型的数字方程中加以归纳得到的,甚至表达方程的方式都采用宋代数学家的方式(而不是像汪莱那样用借根方法),因此可以认为《开方说》是中国古代代数学发展的一个逻辑结果。另一方面,中国古代数学往往带有较强的实用主义色彩,宋元算家固然能够依据具体问题建立方程和求出其正有理数根或近似解,但是由于受到具体数字的束缚,他们很难在理论方面有所升华。要突破这一格局就得引入新的观念和方法,明末以降以《几何原本》为代表的

---

① R. Descartes,Geometry,Ⅲ. 参见 R. M. Hutchins 主编的 Great Books of the Western World, Vol. 31,PP. 331～353,Encyclopaedia Britannica Inc. ,1982.

② 参见 M. 克莱因《古今数学思想》,第1册,上海科技出版社,1979年,第315页。

③ 现今教科书中一般表述为:实系数多项式 $f(x)$ 的负根个数($k$ 重根按 $k$ 个计算)或者等于多项式 $f(-x)$ 的系数组的变号数,或者比这个变号数少一个正偶数。

西方数学的抽象化和符号化的方法为这种突破准备了工具,而乾嘉学派那种重视方法的传统对李锐亦产生一定的影响。在这样的时代背景下,李锐的《开方说》终于能够突破中国古代数学的窠臼,成为中国数学史中一颗璀璨的明珠。

## 参 考 文 献

李锐(清)撰. 1890. 李氏算学遗书. 醉六堂刊本

李锐(清)撰. 观妙居日记. 北京图书馆藏稿本

李俨,杜石然. 1964. 中国古代数学简史　下册、北京:中华书局

刘钝. 1989. 李锐与笛卡儿符号法则. 自然科学史研究,8(2):127—137

钱宝琮主编. 1981. 中国数学史. 北京:科学出版社

严敦杰. 1990. 李尚之年谱. 见:梅荣照主编. 明清数学史论文集. 南京:江苏教育出版社

(刘　钝)

# 吴 其 濬

在中国科学技术史上,清代中期有一位著名的植物学家,他就是嘉庆二十二年(1817)的状元,后来官至巡抚和总督的吴其濬。他以著有《植物名实图考》等著作而闻名于世。

## 一

吴其濬字,瀹斋,号雩娄农。河南固始人。清乾隆五十四年二月初六(1789年3月2日)出生于一个儒门望族、家学深厚的官宦世家。五世祖吴大朴是明代天启二年(1672)进士,知庐州府。祖父吴延瑞是清乾隆三十一年(1766)进士,官至广东粮道按察史。父亲吴烜,是清乾隆五十二年(1787)进士,翰林院学士,官至礼部右侍郎。伯父吴浦、兄吴其彦,堂兄吴其浚(吴浦之子),堂弟吴其儁等,也都是清代进士。一门七进士,可见诗书传家之盛。

吴氏家族的家教,在当时是正统而严格的。吴烜教育吴其濬的胞兄吴其彦说:"汝太父(指祖父吴延瑞)少孤且贫,尝一日不再食,厨无薪,汝曾太母燃园中落叶鬻粥以啖之。汝太父居约攻苦三十稔,卒能以诗书起家。"吴烜本人,更是简朴自约、生活节俭,治家严格,为官清廉。著有《读史随笔》,以己意为家戒。学术上宗吕坤、薛瑄、孙奇逢、汤斌,以躬行实践为主。他概括自己为政的见解说:"余读史至历代名宦,未尝不向往之。其嘉言懿行不可胜记,其大要总以敦厚、宽恕、公正、勤谨、谦和、俭约。用能保全身名,励翼国家。其根坻总以读书致用为本。凡勋业隆茂者,皆自少至老,手不释卷,不仅文学之士,穷年占毕已也。其治家必有成法,其教子必有义方,不独理学之士,方行矩步已也。"①他的这些言传身教,对吴其濬的为人、从政和治学,都产生了深远的影响。

吴其濬的生平,根据《清史稿》、《清史列传》、《国朝耆献类征初编》、《中世先哲传》等记载,大致可分为三个时期:

从1789至1817年,为从学时期。自幼随父亲在北京读书,由于受"读书致用"、"躬行实践"、"励翼国家"的家教,受乾嘉学派"无征不信"学风的影响,从小勤奋好学,多才多艺,博览群书、精通古今重要典藉,具有十分严谨的治学态度并打好了学识基础,确立了经世致用的志愿。嘉庆十五年(1810)应顺天府乡试,考中举人;嘉庆二十二年(1817)参加会试,获一甲一名进士(状元)。也就在这期间,他对植物学产生浓厚兴趣。1804年前后,他随父亲在湖北学政使署,吃到一种叫密罗的果子,就引起他研究的兴趣,一直到20年后在北京、30年后在湖北、在江西、40年后在云南还不断对橘柚、密罗、客菁、佛手柑、香橼等同科植物进行研究考证。并发出感慨说:"夫一物不知,以为深耻,余非仰叨思泽,屡使南中亦仅尝远方之殊味,考传纪之异名,乌能睹其根叶,薰其花实,而一一辨别之哉?"②这对他一生事业产生了很大影响。

从1818至1840年,为从政初期,也是开始植物学研究的时期。这段时期里,他由翰林院修撰

---

① 《碑传集》卷三十九。
② 《植物名实图考》卷三十一。

开始,两次入值南书房(1831,1834),作皇帝的文学侍臣和顾问;两任乡试正考官(1819广东,1838浙江)、两主学政(1832湖北,1838江西),从事考试和教育行政工作。在工作上作为皇帝顾问,多次得到佳赏;作为考试和教育官员,尽职尽责,取得良好的成绩;在学术上,一方面,得读四库书、广泛收集书面资料、进行考据训诂,从典籍中对植物进行名实考证。应该认为《植物名实图考长编》的写作,此时已经开始,另一方面,所到之处,对植物进行初步考察、采集标本、绘制图形、取得第一手材料。这些工作,从他1819年任广东乡试正考官的广东之行就已经开始。这就为进一步写作《植物名实图考》打下了坚实的基础。特别应该提到的是1821~1830年,他丁父母忧在固始老家乡居长达八九年之久。当时固始已是花卉之乡。他在1823年就在史河岸边购地70亩,划为三块,植柳三千、植桃八百,并广植其他各种花木、人称三园(上园、下园、里园)。除此之外,吴其濬还在固始县东关外购地20多亩,雇用当地花农,种植各种花木,人称"东墅"。这些植物园地的建立,为他观察、研究各种植物的形态、生长发育,以及利用价值等提供了基地。在家乡,吴其濬与花农交朋友,一边读书整理有关植物的历史文献资料,一边进行实际观察和研究。记有700多种河南植物的《植物名实图考》的写作,就是从这个时期开始的。

从1840至1846年,是从政和科学研究双丰收时期。在政治上,由道光二十年奉派查讯湖广总督周天爵、候补知县楚镛等私置非刑和用刑案开始,由于能据实奏报,受到道光皇帝的重视,转任封疆大吏。先后巡抚湖南(2年多)、浙江(半年)、云南(2年多)、山西(半年),直到病逝(1847)。所到之处,吏治认真,恤民疾苦,省刑简政、关心经济实业、严禁鸦片、支援抗英……可以说是鞠躬尽瘁,所至有政声。他的政治生涯,应该说是占了他大部时间和精力,这从他自己的《吴宫保公奏议》(由吴元炳刊印)中可以看到。他在处理政务上兢兢业业,在刑名、钱粮、文治、武备、治安、航运、矿业、盐务等方面,都处理得当。后来陆愗宗在《奏议》的序言中由衷地赞叹道:"独念公以早岁掇科入直南书房,屡掌文衡,洊跻卿贰,疑于史事非所素习者。国家承平日久,四方无事,士之以文学取仕进者,擅著作之材,雍容揖让于其间,随流平进,亦可驯致显位。而与语时世情状,事理之黑白,或瞪视塞默,至兵机之反覆,刑狱之诈伪,钱谷薄书之琐峭,更有百思不得要领者。以观于公,向通达治体,动中窾要若此也。"清代道光皇帝评他是"学优守洁"、"办事认真之至"。同僚称他"服官中外20余年,任事真诚,清操素着,抱病尚能力疾办公","办事实心,不避嫌怨"。不愧为干练的官吏,有头脑的政治家。尤其是他不贪污不腐化,洁己奉公,生前两次捐输河工达二万两,死后封存裁革盐务办公银达万两,更是难能可贵。在分析吴氏生平时,忽略他从政方面的成就,也就不可能对他有充分认识和作出全面公允的评价。

另一方面,宦迹半天下也为他广泛采集各地植物标本,深入民间,吸取群众中所蕴含的丰富的植物知识和经验,提供了最有利的条件。他每到一处,都时时留意观察和研究当地植物,并采集标本,然后根据标本绘制成图。在他担任江西学政的三年(1837~1840)里,采集了江西植物约400种,其中有许多是前人所未曾著录的种类。本草学家黄胜白认为:"这在中国地方志的历史上,是第一次最大的区域性植物记录。"①

此外,他在湖南、云南、山西也都不断搜集标本和绘图。在他生活的最后几年里,他一直在根据前人的经验记载和自己实际调查研究的成果,编写《植物名实图考》这部杰出的植物学著作。可惜,他的工作还没有最后完成,就积劳成疾,过早地离开了人间。《图考》是在他去世后的第二年(1848),由山西太原府知府、云南人陆应谷出版的。(陆于1834年曾在翰林院与吴同事,

---

① 黄胜白,吴其濬和植物名图考,中国植物学会,1963年。

1843到1848年一直任太原府知府)。除此以外,吴其濬在任云南巡抚期间,还著有《滇南矿厂舆程图略》和《云南矿厂工器图略》两部矿物学专著。关于吴氏的学术生涯,虽然所有传记中全未提及,但在《植物名实图考》和《植物名实图考长编》的"按语"中,却留下了不少宝贵资料,经初步统计达100余例。其中有的记生活,有的记采集,有的记种植实验,有的记学术见解,有的记问询群众。真实生动地反映了他的治学经历和精神风貌,给人以深刻的印象。

二

吴其濬的科学成就是多方面的,但最主要的是在植物学方面。我国植物学的发展,源远流长,代有增益,从生产和生活实践出发,经多方面开拓,逐渐形成自己独特的体系,至明清时期达到高峰。其主要脉络有:由《诗经》、《尔雅》、《方言》、《诗草木鸟兽鱼虫疏》及各种类书等,从训诂方面进行植物学名物研究;由《周礼》、《吕氏春秋》、《氾胜之书》、《齐民要术》到《农政全书》等,开展农业植物学的研究;由《竹谱》、《茶经》、《菌谱》,到《花镜》、《群芳谱》等,对经济和观赏植物进行研究;特别是由《神农本草经》、《本草经集注》、《唐本草》到《本草纲目》等,对药用植物的研究。诸方面先后竞进,相互交织,形成我国古代植物学研究的庞大规模和宏伟景观。吴其濬承历代余绪,取各方精华,在继承传统的基础上创新,以考核名实为核心,以姊妹篇分列的形式,写成了《植物名实图考长编》和《植物名实图考》两部名著。前者主要以稽诸古,后者主要以证之今,对我国古代植物学进行了概括总结和推动发展。

《植物名实图考长编》主要着眼于植物历史文献资料的汇编。为《植物名实图考》作序的陆应谷说:"瀹斋先生具希世才,宦迹半天下,独有见于兹(指植物切于民生日用较他物特重),而思以愈民之瘼。所读四部书,苟有涉于水陆草木者,靡不削而缉之,名曰《长编》。"《长编》是在广泛阅读、搜集文献资料达800余种的基础上,经过整理、研究辑成的。写作时间始于他担任翰林院修撰时,主要则在居家守丧的七八年里写成,(以后还有部分补充)。全书22卷,著录植物838种,上百万字,征引十分丰富。例如"粟"条(卷二)即引了《别录》、《唐本草法》、《食疗本草》、《本草纲目》、《说文解字》、《齐民要术》、《淮南子》、《尔雅》、《诗经》、《方言》、《夏小正》、《禹贡》、《吕氏春秋》、《汉书》、《广欵》、《考工记》、《公羊传》等10余种,还有州县志50种。但是,《长编》与历史上的类书不一样,它不收录"辞藻"和通常仅供谈助的"典故",而是重点收载对该种植物的描述和应用方面有关的资料。此外,它还完整地收载了许多植物专谱之类的文献。如:《芍药谱》、《菌谱》、《打枣谱》、《荔枝谱》等,不仅为当时吴其濬自己进一步研究各种植物,撰写《植物名实图考》作了资料准备,而且也为后人查阅中国植物文献史料,提供了方便。另外,还值得注意的是,《长编》绝不仅是历史资料的汇编,它也记有许多考证工作。经初步统计,作者自己所作的按语就不下几十处:有的对植物性状进行描述,如卷八中对"小青"描述:"高三四寸,茎端发叶,光洁如茶树叶,而有齿。叶下开五瓣小粉红花,秋结红实,如天竹子微小,凌冬不凋……"就很精当;卷二十二蔓草类"萆薢"条,对功用相近形状有异的萆薢、菝葜和土茯苓,从叶形、叶色、根长、茎刺等多方面经登山锄掘察验已分得十分细致;有的评论前人得失,有的记自己的考察活动,内容也十分丰富。

《植物名实图考》是在广泛收集本草学、农学、经学、史志等文献资料,加以整理的基础上,结合实践经验,对植物名实进行引证、考核、证实、鉴别的植物学专著。全书38卷,记录植物1714种、绘图1865幅,分十二部,比《长编》多出"群芳"一类(这显然是适应观赏植物增多的需要,和参考《群芳谱》而增加的)。计谷类53种、蔬类177种,草类共1108种,(其中再分山草类202种、隰草类287种、石草类98种、水草类37种、蔓草类236种、芳草类71种、毒草类44种、群芳类143种),果类102种、木类271种,每种植物都记载其名称、形色、性味、产地和用途等,并附有精确插图。从种类数量上看,1714种中,约有750多种是《图考》新增加的植物。这对吴其濬个人力量来说,的确是一件了不起的工作。从另一方面看,也反映了人们在认识和应用植物方面又有了新的发展。从植物分布看,涉及我国19个省,特别是对江西、湖南、云南、贵州、山西等省的植物,过去很少记载。《图考》中收录江西省植物达400种,湖南省植物280多种,云南省植物达390多种,不仅补充了历代本草学地区性的缺漏,而且对少数民族植物学的研究,也有很大的促进,从这个意义上,可以说这部专著是我国古代第一部最大的区域性植物志。从性质上看,《图考》是我国古代第一部以植物命名的专著。它与过去本草类著作相比,涉及生物的外延范围虽然缩小了,但就内含植物而言,却是相对扩大了。它不像《齐民要术》之类专记农业植物的书,也不同于《本草纲目》之类专记药用植物的书,不同于《群芳谱》之类专门研究观赏植物的专著;不同于《救荒本草》之类专门研究救荒食用植物的专著。除部分涉及药用、农用以外,还有相当一部分种类的植物并不是直接与实用有关。正如陆应谷在序中说:它是"包孕万有,独出冠时,为本草特开生面也。"由于所载植物范围的扩大,研究内容的加深,使它表现出以认识自然界植物为目的的基础科学的性质,成为一部植物学专著,开始出现摆脱单纯实用性的框架,向纯粹植物学转变的可喜趋势。

《图考》对每种植物的形态、性状的描述、也比前人更加精细。对于植株的根、茎、枝、叶、花、果,各叙其形色。对花(包括花瓣、花芯、苞片等)、果实种子的描记都较前人有进步。如记"瓜子金":"瓜子金,江西、湖南多有之。一名金锁匙,一名神砂草,一名地藤草。高四五寸、长根短茎,数茎为丛。叶如瓜子而长,唯有直纹一线。叶间开小圆紫花,中有紫芯。"对瓜子金茎丛生,花腋生的特征写得很清楚。记"野芝蔴":"野芝蔴,临江、九江山圃中极多。春时丛生,方茎四棱,棱青,茎微紫。对节生叶,深齿细纹,略似麻叶,本平末尖,面青、背淡、微有涩毛。绕节开花、色白、皆上蠹、长几半寸,上瓣下覆如勺,下瓣圆小双歧,两旁短缺,如禽张口,中森扁须,随上瓣弯垂,如舌抵上鳄,星星黑点。花萼尖丝,如针攒簇。叶茎味淡,微辛,作芝蔴气而更腻。"①与现代植物志"茎方形"、"对节生叶"、"绕节开花"、"唇形"的记载完全相符。而对茎色、叶纹、花形、叶味的记述则更生动、更细致,更易于辩认。再如描述红梅消:"江西、湖南河滨多有之。细茎多刺、初生似丛,渐引长蔓,可五六尺。一枝三叶,叶亦似藕田蔍。初发面青,背白;渐长即淡青。三月间开小粉红花,色似红梅,不甚开放。下有绿蒂,就蒂结实,如覆盆子。色鲜红,累累满枝。味酢甜可食。……江西俚医以红梅消根浸酒,为养筋、活血、消红、退肿之药。又取花汁入粉,可去雀斑。"②从产地记到生境,从初生写到结实,从形状到色味,从内服到外用,记叙得既全面又生动,历历如绘。不仅观察细致,能抓住植物主要时征;而且用术语精当、表达准确,实在不可多得。《图考》对花的颜色也十分注意。如记"粉团"花色的变化:"其花初青,后粉红,又有变为碧兰色者,末复变青,一花可经数月。"记豆蔻:"茎或青,或紫,叶长纹粗,色深绿,夏从叶中抽葶卷篸,绿苞渐舒,长萼分绽,尖杪淡黄,近跗红赭,坼作三瓣白花,两瓣细长,翻飞欲舞,一瓣圆肥、中裂为两,黄须

---

① 《植物名实图考》卷十五。
② 《植物名实图考》卷十九

三茋,萦绕相绞,红蕊一缕,未开如钳。一花之中,备红、黄、白、赭四色。"①把荳科植物豆蔻的茎色、叶色、花形、花色、写得诸色斑烂,栩栩如生,极见功力。

在体制编排上,《图考》把谷类和蔬类放在前面,是继承了重农的传统,体现了"民以食为天"的思想,表达了对粮、菜在国计民生中重要地位的认识,也反映了重视人工选择培养的成果。在谷物资源中,稻、小麦和玉米在人们生活中日益重要;黍、稷和粟,已经降到次要地位,有些古代食物如稗子几乎被淘汰;也有些次生的燕麦和黑麦,作为新种类正陆续出现,还有些谷物如粒用苋、糁子、菰等,由于新的发现和新的特性引起人们重新评价。《图考》中这些记载反映我国古代人民对植物的驯化和作物种类的更替和发展,对我们有重要研究价值。草类植物仍是植物类群中的重点,《图考》按山草、隰草、石草、水草、蔓草、芳草和毒草加以分列,并单独抽出群芳加以排列,最后列果类和木类,这样编排,也是有所创新的。

《图考》在植物分类上,参考了《本草纲目》的植物分类方法,而又作了一些改进。我国古代早期本草著作中,一直没有摆脱上、中、下三品的缺乏客观标准的人为分类方法。直到明代李时珍在《本草纲目》中,首次彻底抛弃了传统的上、中、下三品分类法,代之以接近于近代科学标准的新的分类方法:分植物为草、谷、菜、果、木等五部,草部下又分:山草、芳草、隰草、毒草、蔓草、水草、石草等七类。这种分类方法,既包含有植物性状和生态因素,也包含有用途因素。吴其濬在此基础上作了一些改进,使之更加简洁明了。《植物名实图考》在每类之下,分别记载若干种植物,对每种植物,除了介绍前人对它认识和利用的历史之外,着重描述其名称、形态、颜色、性味,产地、生长习性和用途等。吴其濬对所记植物力求名实相符。大家知道,从远古时代,人们就已经对植物进行分类和命名,这种知识通过口头或语言文字而代代相传。但是由于年代久远、活动地域扩大、语言存在地方性差异,再加上分类和描述方法的落后,使许多古老的植物名称,已不为后人所认识。历代本草著作中,植物名称张冠李戴、同名异物或异名同物等等混乱现象,是层出不穷、屡见不鲜的。最早对植物名称进行研究的,要数《尔雅》中的"释草篇"和"释木篇"。例如《尔雅·释草》:"繁(音烦),皤(音婆)蒿。"《尔雅》用"皤蒿"这个名称来解释《诗经》中的"繁",当时的人也许明白,但是后人就没法理解了。二千年来,有许多人在考证"繁"究竟是指什么植物,但是至今也没有统一的答案。宋代学者郑樵就曾提出"名"要符"实"的想法。他说:"夫物之难明者,为其名之难明也。名之难明者,谓五方之言既已不同,而古今之言亦自差别,是以尤难释其名。"②为了名实相符,郑樵主张书本理论要和田野工作相结合。他说:"大抵儒生之家,多不识田野之物;农圃之人,又不识诗书之旨,二者无由参合,遂使鸟兽草木之学不传。"郑樵的观点很明确,这就是从事动、植物研究,应该把书本知识与野外实地调查研究相结合,才能获得成果。实践证明,这的确是研究动、植物的正确道路。朱橚、李时珍和吴其濬等在植物研究中,都在不同程度上,采取了书本知识与田野实际调查实验、观察相结合的研究方法,并都取得了良好的结果。吴其濬通过自己的调查研究实验观察并结合历史文献的考证,纠正了前人文献中许多名不符实的记载。例如他在山西任职时,注意到《山西通志》上有所谓山西不产党参的说法。而实际上他发现,山西不仅田野里盛产党参,而且还有人工栽培。他观察指出:党参"蔓生、叶不对称,节大如手指,野生者根有白汁,秋开花如沙参,花色青白,土人种之为利。"吴其濬进一步派人到深山里采回这种植物的幼苗,进行人工栽培和研究。结果发现,它"亦易繁衍,细察

---

① 《植物名实图考》卷二十五。
② 《昆虫草木略》。

其状,颇似初生苜蓿,而气味则近黄耆"。他指出,说山西不产党参,完全是为了将党参冒充人参出售。他指责"俗医之误"并"深疾药市之售伪"。吴其濬通过自己的调查和实验,彻底揭穿了《山西通志》的伪文与当地出售人参假药的关系。又如,吴其濬还通过调查研究,使被埋没了数百年的蔬菜——蘘荷恢复了它应有的地位和价值。蘘荷是姜科植物,古为名蔬,《名医别录》和《图经本草》都有很清楚的记载。但从李时珍《本草纲目》开始,把它列入隰草,从此蘘荷便被从蔬菜谱上除名。但实际上蘘荷在《滇南本草》和贵州一些地方志中还有记载,并且在当地还有种植食用的事实。吴其濬在江西任职时,见江西建昌土医生有用一种叫八仙贺寿草的植物,他就怀疑它可能就是蘘荷,于是他将所采标本询问一位泰兴人,这人回答说:"此正是矣,吾乡植之南墙下,抽茎开花青白色,如荷而小,未舒时摘而酱渍之,细瓣层层如剥蕉也。"吴其濬顿时明白了,疑问消除后,他感慨地说:"他时再菹而啖之,种而蕃之,使数百年埋没之嘉蔬,一旦伴食鼎俎,非一快哉!"蘘荷最初是被明代翰林院修撰杨慎所误解,他并未见过蘘荷,只根据蘘荷一名甘露,就以芭蕉之结甘露者当之。《本草纲目》、《农政全书》转相附会,于是可以为菜蔬的蘘荷就等同于芭蕉,真正可以为菹的蘘荷名称却被掩盖而不为人所知。吴其濬通过调查研究,不仅恢复了蘘荷的用途,而且也进一步讨正了它的名称。与此相似的,还有"冬葵"。古代冬葵是百菜之王。《诗经七月》就记有:"七月烹葵及菽"、《神农本草经》列为上品,元代王祯《农书》和明代《农政全书》还列为蔬部第一。但李时珍在《本草纲目》中,却说:"今人不复食之,亦无种者";把它由蔬部移入隰草类。吴其濬通过实际考察、发现"江西、湖南皆种之",而且他在湖南任职时,曾种植取用,还把种子寄给北京朋友种植食用,也很好。尽管他对李时珍的成就十分景仰,还是批评他"以一人所未知而曰今人皆不知,以一人所未食而曰今人皆不食,抑何里于自信耶?"重新把冬葵由隰草移回蔬类并列为首位。恢复了它的地位,介绍给人们继续食用。《图考》中还对宋应星误把矿麦等同于青稞,李时珍误把木绵混同棉花并入隰草类等许多错误予以纠正。吴其濬认为认识和区别植物,必须从实物出发,经过日验。他说:"执实求名,则名斯在。"如果相反"执名求实,则名斯浮。名在实之宾,天下岂有一定之宾耶?"①这里既表达了他对待名实关系的总体看法和认识,也是他终生进行植物名实考核的基本准则。他在考证植物名实时,吸取了乾嘉学派"无征不信"的精华,但又认识到其不足。他说:"足迹不至此地,徒以偏旁音训,推求经传名物,往往不得确诂。"他更重视实地考察亲验,这是他取得植物名实考证重大成就的根本原因。陆应谷在《图考》序中说:"夫天下名实相副者勘矣,或名同而实异,或实是而名非。先生于是区区者,且决疑纠误,毫发不小假。"这是真实写照。他又说:"所谈四部书,苟有涉于水山草木者,靡不删而缉之,名曰《长编》,然后出其平生所耳治目验者,以印证古今,辨其形色,别其性味,看详论定,摹绘成书。"概括了吴氏植物名实考证研究的全貌。结论说:"此《植物名实图考》所由色孕万物,独出冠时,为本草特开生面也。"

　　《图考》继承并发展了我国历代应用图谱研究植物的方法。大家知道,实物只有借助于图才能保存和传播。因此在我国古代很早就出现了图谱。根据《隋书·经籍志》记载,晋·郭璞著有《尔雅图》10卷。现在我们所能见到的有清代曾燠作叙的嘉庆六年(1801)影宋绘图重刊本。这些图显然不可能保持原样。然而赖有宋本图谱,使我们得以知道郭璞《尔雅图》中植物图的梗概。除《尔雅图》外,还有注解《诗经》的动植物图和本草图。唐代《新修本草》就附有《药图》,惜早已失传。宋代有苏颂的《本草图经》其原图形式,现在已不能见到。唐慎微把嘉祐补注与《本草图经》

---

① 《植物名实图考》卷七。

合在一起,现在我们看到的四部丛刊影印本《重修政和证类本草》中的图,可能就是苏颂《本草图经》留下来的。很明显,这些图大都比较粗糙。明代朱橚《救荒本草》中的图,在古代本草著作中是较为突出的。每个植物都有相当逼真的图,往往能抓住植物的某些典型特征。《图考》转载《救荒本草》的植物多达209种,可见《图考》受《救荒本草》影响很大。《救荒本草》图是朱橚请画工画的,而《图考》中的图,则多是吴其濬亲自根据新鲜实物画成,更加精确,更具有科学性。正如许多学者已经指出的,《图考》中的图,可资鉴定植物到科甚至到种。如对唇形科植物"藿香"茎直立、四棱,上部分歧;叶卵形对生、缘具粗锯齿、主茎顶生穗状花序等主要特征,都描绘得十分逼真;如对马鞭草科植物"大青",《图考》文字记述:"叶长四五寸,开五瓣圆紫花,结果生青熟黑,唯成熟时,花瓣尚在,宛似托盘",所绘图把这些特征描绘得十分清晰。对"野棉花"描述是:"此草初生,一茎一叶,叶大如掌,多尖叉,面深绿,背白如积粉,有毛。茎亦白毛茸茸,夏抽葶似罂粟,开五团瓣白花。绿心黄芯,楚楚独立,花罢芯擎如球。老则飞絮,随风弥漫,故有桦之名。"辅以直观图绘,两相对照,极便辨认。对百合科百合属的"百合"和"卷丹"植物,不仅细致描绘出肉质鳞茎、全缘叶、单生花等属的特征,还分别绘出了山丹鳞茎瓣数较少,卷丹花瓣四垂向下、具斑点和珠芽等种的特征,配合文中对花色的说明,既可以归属,又可以区种。再如毒草类天南星科的天南星、磨芋、半夏等植物,外形相似不易分辨。吴其濬除了在文中说明区别以外,还一连用了7幅图,绘出它们根、茎、叶、花、果的异同,对它们具有肉穗花序佛焰苞这一共同特征,特别突出,给人以深刻印象,使之便于识别。《图考》全书1800多幅图中,绝大部分是据实物,按原株各部位比例写画而成,结构严谨,气韵生动,描绘细致入微,能突出植物的典型特征。这样,一方面提供了重要依据,可供考核名实;另一方面,也形象地保存了宝贵的原始资料,可供后人检索。

　　吴其濬在科学方法上,特别强调身治目验,注重实践。这在《图考》中实例随处可见。如"竹叶麦冬草"条记:"生赣州吉安荒田中,……余以十月船行章江,霜草就枯,场圃濯濯,荒草中见有红萼新娇,取视得此。""鬼白"条记:"此草生深山中,北人见者甚少,……余于途中,适遇山民担以入市,花叶高大,遂亟图之。"对有些植物,久索未见,惋惜之情,溢于言表。如"三七"条记:"余在滇时,以书询广南守,答云三茎七叶,畏日恶雨,土司利之,亦勤培植,……昆明距广南千里而近,地候异宜,而余竟不能睹其左右三七之实,惜矣!""油头菜"条记:"岭南之齹与牢盆,擅薪油盐糖之利,五岭之间一都会也,又闻其山多奇卉灵药。余屡至,皆以深冬,山烧田菜,搜采少所得,至今耿耿。"对久索忽得之物欣喜若狂;对久索不得之物,久久耿耿于怀,真可说是充满激情,全力以赴。再如芳草类"蒟酱"一物,吴其濬不仅引证了18种著作,进行了综合记述;还由广东到江西、到湖南、到云南,进行了长期跟踪,真可说是锲而不舍。嘉庆二十四年(1819),他利用充广东乡试正考官的机会,公余之暇,深入柑桔园考查,以后在自己家乡通过嫁接培育,创造了优良品种,成为当地名果;又在"东墅"植物园地,利用嫁接方法,培育出蟹瓜兰,一直为故乡人所称道,都说明了他重视实践的精神。对于不能认定的植物,他都不轻下结论:如"丽春草"条、"金盏草"条、"稷"条等的记载,都能说明研究植物老老实实的科学态度。

　　吴其濬在水利学方面的研究,写了《治淮上游论》一文。他的家乡固始县位于河南省东南部,河流纵横,大小30余条,水源丰富、物产富饶,历史有"百里不求天"灌区之称。但北部浅丘低洼,也常发生水灾。1821~1829年吴其濬在守孝期间,曾在城东建有"东墅"植物园,有一年山洪暴发,史河泛滥冲毁和淹没了"东墅",激起了他治河的决心。他沿河而上,徒步进行实地考察,对史河的水文状况、发源地带、水灾发生原因,作了深入细致的考察研究,对淮河的治理,他提

图 1 《植物名实图考》中的党参图

出了"治淮必先治淮之上游"的科学结论。并写出了治理淮河的论文,论文首先从宏观上分析指出:"治河必先治淮,而治淮必先治淮的上游",抓住了症结所在。在进一步分析上游诸水与淮河的关系、各段水势和洪湖诸闸的关系时吴说:"开坝仅能放洪湖之水,而不能泄上游之水,""淮水稍乏,不能敌黄,而淮山稍大,又恐溃堤",就会进退失措,没有把握。他提出着眼于"蓄"的治水方略:在中游定远、霍邱、寿州之间,因势建坝蓄水。"淮水大则闭闸不使助淮为暴,是洪湖所不能尽容者,而诸湖分容之;水小则启闸,使与淮流并注,是洪湖所不能尽蓄者,而诸湖分蓄之。"这种措施与现代利用湖泊、洼地拦蓄干支洪水的治理方针基本一致。早在一个半世纪以前吴氏这样远见卓识,是他"目睹足历"调查研究的结果。他一针见血地指出,以往不能这样做,是由于当事人"从无过洪湖西行一步"的缘故,把"数百里之上游置之度外,"自然是不会有好结果。全论文不过600多字,分析精确、洞中要害,令人叹服。

吴其濬在矿物学方面,也有研究,他在1843~1845年任职云南巡抚期间,非常关心云南的矿政。他详细查阅了《云南府志》和《铜政全书》等资料,并且深入矿区,进行实地考察,在徐金生协助下,写成《滇南矿厂舆程图略》和《云南矿厂工器图略》两部矿物学和采矿专著。前书绘制了云南全图,标明山川形势和府州县地理位置,详细标出矿厂所在地点和矿物运输路线。然后分

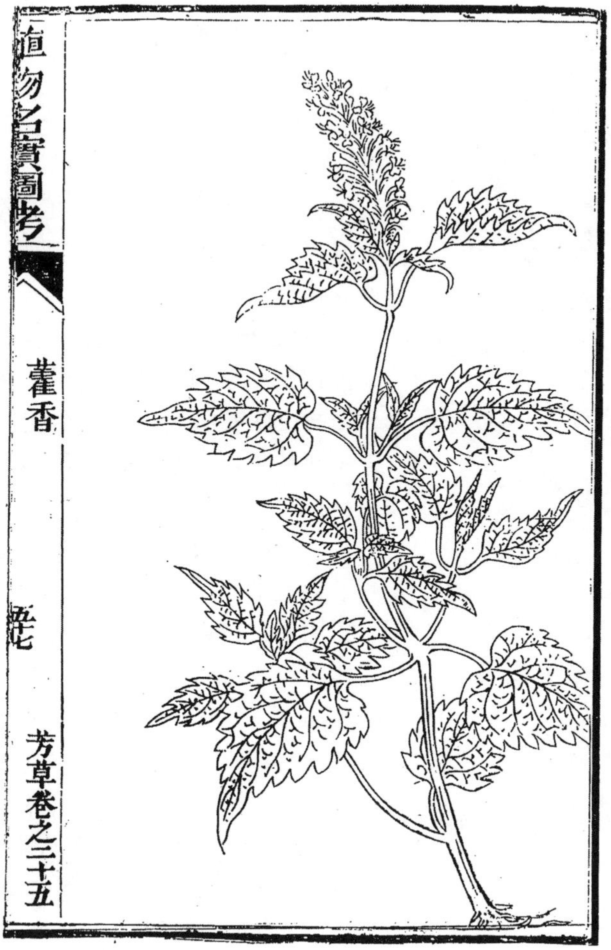


图 2 《植物名实图考》中的藿香图

列13项说明。对各种矿产矿厂的情况和经营管理加工等详加论列;后书精绘采矿冶炼场面、流程和相应的生产工具图版,再分别加以文字说明。表现了他科学研究的一贯特色。两书中,在矿物学知识方面,他首先重视矿产形成与地理形势的关系,指出云南“广袤五千余里间,出势迴环,水法紧密,必有宝藏兴焉”,这里说明地形地质是找矿的先决条件。其次指出认识矿苗是开发矿产的首要任务。指出“矿藏于内,苗见于外”、“山有葱,下有银、山有磁石,下有铜”,还把矿苗分成质轻无矿的“憨闩”,散漫无根的微矿“铺山闩”,直挂无技的小矿“竖生闩”,盘曲趋下将来会有小患的“磨岛闩”、斜挂进山忽断忽续可望成堂的“跨刀闩”和宽横石坚、与牙间错能持久经营的“大闩”,记述得相当细致。吴氏还对云南的主要金属矿物分别进行了专门讨论、分析和描述。注意到矿物质量与金属冶炼和产品质量的直接关系,并且探讨了矿物的共生现象。在矿产采铸技术方面,对采运矿石工具、照明器材、通风排水器械,作了逐一介绍,还记载了矿井结构的多种形式,风箱、炉灶的结构用法和燃料(煤)的选用,反映了当时的冶炼技术与设备水平。在矿业经营管理方面,提出因山铸铜的良好建议。对管理的复杂性给予了十分重视,并提出了一系列的可行性意见,还对矿产的转运输送作了详细说明。这两部书成为“采滇矿者不可少之书”,并为我国矿业研究提供了宝贵资料。此外,治滇二年间还有多次奏报查禁私铸、特别在离

图 3 《植物名实图考》中的卷丹图

位前夕，还奏报整顿铜厂的情况，积极提出建设性意见，真是"办事认真"之至。

## 三

《植物名实图考》和《植物名实图考长编》是吴其濬科学研究的精华。它集我国古代传统植物学的大成，同时开始突破传统本草学的体系，使植物学相对独立。在植物学著作中开一新纪元。它成为联结我国古代植物学与近代植物学的桥梁。无论是所研究植物的广度或深度，《植物名实图考》都达到了传统植物学的顶峰，对我国以至世界植物学的发展都有着重要影响。

中国近代植物学的先驱者，都从《图考》中获得了有益的资料。许多图志如裴鉴、周太炎的《药用植物图鉴》、贾祖璋的《中国植物图》等都采用过《图考》的图绘和资料。《中药大辞典》、《中国植物志》等也都参考了《图考》的材料。我国现在的植物研究以《图考》中植物名称为正式中文的科名就有角枫科、小二仙草科、大血藤科、粟米草科、瓶尔小草科、金莲花科、花蔺科、观音莲科、水龙骨科等，以《图考》的植物名称为正式中文的属名就有画眉草属、粟米草属、野百合属、益母草属、十大功劳属、八仙花属、锦带花属、诸葛菜属、野芝麻属、山黑豆属、珍珠梅属、罗汉松属、野丁香属等50多个属，作种名的就更多了。《图考》早已成为国内学者的研究植物的必备参考本。《植物名实图考》在国内多次刊刻。版本除道光二十八年(1848)，陆应谷序原刻初印本(首都图书馆现存)外，还有：同治五年(1866)刊本、光绪六年(1880)山西濬文书局修补刻本、民国四年(1915)云南图书馆石印本、民国九年(1920)山西官书局重印本，以及商务印书馆、中华书局等多次重印版本。多种版本的刊行，说明在国内影响很大。又由于《图考》图绘精美，比李时珍《本草纲目》大部分植物图都好得多，以致出版家张绍棠于1885年重校刊《本草纲目》时，除了校正前人刻本讹误之外，竟从《图考》抽取了几百幅植物图，充当《本草纲目》图形成"李文吴图"，广泛流传。

在国外，《图考》也得到了很高的评价。1870年，专门研究中国植物的德国学者布瑞施奈德(E. Brefschneider)在他所著的《中国植物学文献评论》一书中，称《图考》为当时最好的著作。认为书中图谱"刻绘尤极精审"、"其精确程度往往可资以鉴定科或目甚至到种。"并将《图考》中蜀黍、薯蓣、苘麻、上高陆、佛手柑、铁树果、椰子等八幅插图，用铜版转刻，附在自己的著作中。美国劳弗尔(B. Laufer)、米瑞(D. F. D. Merrill)韦克，(E. H. Walker)等人的著作对《图考》也极为推崇并加以引用。我国近邻日本，1880年就引入了《图考》、1883年出现翻刻本，1885年植物学家伊滕圭介就说，该书"辩论精博、综合众说、析异同、纠纷缪，皆凿凿有据。图亦甚备。至其疑似难辨者，尤极详细精密。"并开始翻译印刊于1890年出版。1888年再次出版了小型木夹板式的

《图考》本,1940年以后,日本人松村任三编著的《植物名汇》和牧野富太郎编著的《日本植物图鉴》都从《图考》中汲取养料,从《图考》中引用大量的植物名称,现在世界上很多国家的图书馆都收藏有《植物名实图考》。它已成为全世界植物学的共同财富。

此外,吴其濬有关矿产的两部著作,在我国矿业史和近代经济史上,也都据有重要地位。

吴其濬作为清代中期的政治家和科学家,他关心国计民生,热爱科学事业的高贵品质、严谨的治学精神和重视实践的科学方法、在继承传统基础上不断创新的可贵精神,都永远是我们学习的榜样。

## 参 考 文 献

河南省科学技术协会编.1991.吴其濬研究.中州古籍出版社

黄胜白等.1988.本草学.南京:南京工学院出版社

上野益三〔日〕.1973.日本博物学史.東京:平凡社

汪子春等.1996.《植物名实图考》提要.见:中国科技典籍通汇 生物卷.郑州:河南教育出版社

赵尔巽.1977.清史稿 列传一六八.北京:中华书局

周建人.1926.《植物名实图考》在植物学史上的地位.自然界,1(4)

Bretschneider E 著,石声汉译.1935.中国植物学文献评论.上海:商务印书馆

(汪子春 程宝绰)

# 项 名 达

项名达,原名万准,字步莱,号梅侣,1789年生于钱塘(今杭州),卒于1850年,是19世纪著名的数学家。

嘉庆二十一年(1816),项名达参加乡试中举,考授国子监学正。道光六年(1826)中进士,列二甲四十二名,改官知县,不就职,退而专攻算学[①]。他在北京大约住了五年,北京是当时人文荟萃之地,钦天监又集中了许多学习、研究天文算学的学者。项名达此时认识了曾在钦天监任职后在国子监担任算学助教的陈杰、对割圆术很感兴趣的朱鸿和数学家李锐的弟子黎应南。朱鸿曾和项名达讨论"黄赤大距升度差"的问题[②]。1829年徐有壬中进士,他曾跟陈杰学习,而项名达当时正在北京,故也极有可能相见。师友之间的互相切磋对项名达日后的数学研究大有裨益,当时他也有机会接触了更多的历算著作。

1830年,项名达从北京回到杭州,他的绍兴友人宗稷辰在1838年曾谈及:"送项梅侣还浙中八年矣,海内真能忘名禄全性命者,伊人以外,吾未之见。近年每书简往复,皆以内养相示,此风雨潇潇之感,不一日志也。"并以诗写道:"出山何缓缓,入山何匆匆,有官不漫居,甘老深山中。"[③]道出了项名达一生淡于功名进取的品格。从北京回杭州后,他大多时间致力于算学研究和教授生徒。回杭州不久,即应聘到苕南书院(在今浙江余杭)授课。乾隆之后,杭州一带书院很盛,有府学、县学,如阮元开设的诂经精舍(位于孤山),在当时享有盛誉。当时受乾嘉学派的影响,既学习制义,又提倡学习经学和天文算学著作。同时杭州有文澜阁,藏有四库全书。1784年,乾隆上谕:如有愿读中秘书者,许其陆续领出,广为传写[④]。这样杭州文澜阁的四库全书对文人开放,因此当时许多天算和其他著作得以重见天日,这为19世纪上半叶的数学家提供了很好的看书和研究条件。同时文澜阁《四库全书》的开放把江南的许多文人吸引到一起,如张文虎、顾观光、钱熙祚等人为刻《守山阁丛书》,于1835年一起到杭州,在文澜阁校书。张文虎的著作曾记载了当时许多算学家、经学家在杭州一带读书、抄书、校书的生动情景[⑤]。

项名达还受聘于杭州的紫阳书院,紫阳书院位于紫阳山麓,建于康熙四十二年,嘉庆二年阮元督学浙江时,曾建校经亭。可以想见,项名达在编写课艺时,对经学和算学都应重视。当时象夏鸾翔、王大有为其高足。项名达的许多数学著作都是在书院教学时撰写的,其中有的是在王大有的催促下完成的。

1832年,黎应南到浙江作官,而项名达在苕南书院主讲,两人得以再次相遇。黎应南在为项名达《勾股六术》所写的序中,谈到了项名达对数学的正确看法:"守中西成法,搬衍较量,畴人子弟优为之。所贵学数者,谓能推见本原,融会以通其变,竟古人未竟之绪,而发古人未发之藏耳。"也就是说,不应满足于已有的中西数学的成法,而应有所创新,才是最可宝贵的。项名达

---

① 诸可宝,《畴人传三编》项名达传。

② 项名达,《三角和较术》序。

③ 宗稷辰,《躬耻斋诗钞》卷九上。

④ 张文虎,《覆瓿集》内《湖海楼校书记》。

⑤ 张文虎,《覆瓿集》内《湖海楼校书记》、《莲龛寻梦记》。

对数学研究竭尽全力,以至废寝忘食,黎应南曾写道:"梅侣耽精思当,穷极要眇,时虽寒暑,饥渴不暇顾。"

实际上,早在1825年夏,当项名达与朋友讨论时,就已决定撰写《勾股六术》,此时,正是项名达参加进士考试的前夕。他之所以撰写这部书,是因为他觉得:"勾股相求,旧术详且备矣。惟和较诸题,术稍繁杂,初学恒未易了。"于是项名达取旧术稍为变通,作了总结归纳,以得出关于勾股形各边及其和差关系的更为通用的公式。所谓旧术,即是《数理精蕴》下编卷十二"勾股和较相求"和卷十三中的方法。《数理精蕴》是当时非常有影响 的数学著作,由于被冠以御制名义,成为18、19世纪学习数学的范本,项名达也正是从学习这部书开始研究勾股术的。他在给出解法之后,又用几何图形进行了解释。

除了勾股术的研究之外,1843年,项名达写下了《平三角和较术》、《弧三角和较术》和《割圆捷术》,前两种书讨论平面三角和球面三角的边角相求,李俨先生对项名达的成就评论道:"古未有边角和较相求之例,自三角术输入,中算家乃知角度的应用,而说述此义最精的,当数罗士琳、项名达。"[1]

项名达的三角研究也曾为同行所引用,1843年初夏,陈杰有事到杭州,冒雨拜访项名达,"纵论之于三角。……录其法而去。"[2] 陈杰《算法大成》一书亦称"项名达专意于平弧三角",其中卷五收录了项名达关于三角形二边夹一角求夹角对边的成果(余弦定理),并由其学生丁兆庆、张福僖为项名达的方法作了图解。《弧三角和较术》论"斜弧三角"二十式,应用纳氏比例式,以为算例,可能参考了徐有壬的《弧三角拾遗》[3]。

项名达在数学上的重要贡献是在割圆的研究方面。当时对割圆的研究,有法国耶稣会士杜德美传入的公式,载于梅瑴成的《赤水遗珍》中。明安图也对割圆的方法进行了解释,但一直到1839年,明安图的《割圆密率捷法》才广为流传。1819年成书的董祐诚(1791~1823)的《割圆连比例术图解》,对方圆术相通之理给予了清晰的说明,董祐诚的成果共包括四术[4],推广了杜德美、明安图的成果。

但是项名达仍觉得董祐诚的结论不够全面,他的疑问是:"堆积既与率数合,何以有倍分无析分,倍分中弦率又何以有奇分无偶分,且弦矢线联于圆中,于三角堆何与?"项名达对这个问题思考多年,1837年,当项名达"归自苕南舟中,偶念此,恍然曰:三角堆数起于一,递加一得堆根,递加根得平积,递加平积得立积。……"[5]

于是,项名达乘数月闲暇,著为图说二卷。王大有见了之后,敦促他把此书刊印出来,于是项名达把杜德美、董祐诚的方法与自己的成果合刊为一册,名为《割圆捷术》,1843年刊成。从《割圆捷术》项名达序可看出,他当时似乎还没有见到1839年刊刻的《割圆密率捷法》。

《割圆捷术》包括杜德美的所谓"割圆九术":即圆径求周、通弧求通弦、通弧求矢、弧背求正弦、弧背求正矢、通弦求通弧、矢求通弧、正弦求弧背、正矢求弧背,还有董祐诚写的"割圆四术",即:有通弦求通弧加倍几分之通弦、有矢求通弧加倍几分之矢、有通弦求几分通弧之一通

① 李俨,三角术和三角函数表的东来,载《中算史论丛》第三集,科学出版社,1955年,第198页。

② 诸可宝,《畴人传三编》陈杰传。

③ 《弧三角拾遗》成书于1840年前。参见韩琦《务民义斋算学》提要,载《中国科学技术典籍通汇》数学卷(五),河南教育出版社,1993年。

④ 参见钱宝琮《中国数学史》,科学出版社,1981年,第308页。

⑤ 项名达《割圆捷术》序,1843年。

弦、有矢求几分通弧之一矢,这些内容来自董祐诚 1819 年所写的《割圆连比例术图解》。

在董祐诚成果的基础上,项名达又补充了割圆四术,包括知本度通弦求他度通弦、知本度矢求他度矢、以半径求逐度正弦、以半径求逐度正矢,这部分内容后来收入《象数一原》卷五"诸术通诠"。前二术是项名达利用连比例法和递加数法得出的弦矢公式,是三角函数幂级数展开式的重要成果,项名达认为:"杜氏九术、董氏四术均于此得其会通焉"。项名达弦矢公式取消了董祐诚公式中有倍分无析分、倍分中弦率有奇分无偶分的限制,更具普遍性。

设 $C_n$ 和 $C_m$ 分别为某弦 $C$ 的 $n$ 倍弧、$m$ 倍弧的弦长,$V_n$ 和 $V_m$ 分别为相应的中矢,$r$ 为圆半径,项名达的弦矢公式可表示如下[①]:

$$C_n = \frac{n}{m}C_m + \frac{n(m^2-n^2)}{4 \cdot 3!} \frac{1}{m^3 r^2}C_m^3 + \frac{n(m^2-n^2)(9m^2-n^2)}{4^2 \cdot 5!} \frac{1}{m^5 r^4}C_m^5 + \cdots$$

$$V_n = \frac{n^2}{m^2}V_m + \frac{n^2(m^2-n^2)}{4!} \frac{1}{m^4 r}(2V_m)^2 + \frac{n^2(m^2-n^2)(4m^2-n^2)}{6!} \frac{1}{m^6 r^2}(2V_m)^3 + \cdots$$

由这两个公式可推导出董祐诚的四术和"杜氏九术"。实际上,在项名达之前,除董祐诚《割圆连比例术图解》所列"杜氏九术"外,还有徐有壬《测圆密率》(共分三卷),主要讨论三角函数及其幂级数展开式问题,卷二介绍了杜德美传入的公式和明安图的四个级数展开式,然后给出了"弦矢求弧背"、"正切求弧背"、"弧背求正切"三术,解决了杜德美术"但能求弦矢,而不能求切割二线"的问题[②]。项名达除参考了董祐诚的书以外,还肯定参考了徐有壬的著作,因为陈杰在《算法大成》(1844 年成书)卷三"割圆八线新法"中称:"项梅侣曰:杜氏九术理精法妙,其原本于三角堆。董君方立定四术以明其原,洵为卓见,惟求倍分弧有奇无偶,徐君青补之,庶几详备。达尝玩三角堆,叹其数祇一递加,绝无奇异,而理法象数,包蕴无穷。"因此,在项名达之前,徐有壬已解决了"求倍分弧有奇无偶"的问题。据此可以断定项名达肯定读到过徐有壬的《测圆密率》,而《测圆密率》则成书于 1840 年前。陈杰与项名达相见在 1843 年,上面所引的正是项名达对陈杰讲的话,同年,项名达的《割圆捷术》完成。因此项名达在无穷级数方面的成就受到了董祐诚方法和徐有壬结论的影响。

项名达《割圆捷术》还有弦矢求八线术:即正弦求正切、正割、正矢、余弦、余割、余切,以及正矢求余切、余割、正弦、余矢、正割、正切,又有感于"杜氏术有径求周,无周求径,向思补之而不得其方",最后附录"圆周求径",这部分内容后来收入《象数一原》卷六"诸术明变"。在此之前,徐有壬《测圆密率》卷三讨论了三角函数互求十八术,项名达很可能参考了其中的某些成果。项名达的成果是首次得出了正弦求正割、正矢的级数展开式。即:

$$r\sec\alpha = r + \frac{\sin^2\alpha}{2 \cdot r} + \frac{3 \cdot \sin^4\alpha}{2 \cdot 4r^3} + \frac{3 \cdot 5\sin^6\alpha}{2 \cdot 4 \cdot 6r^5} + \cdots$$

$$r\text{vers}\alpha = \frac{\sin^2\alpha}{2r} + \frac{\sin^4\alpha}{2 \cdot 4r^3} + \frac{3\sin^6\alpha}{2 \cdot 4 \cdot 6r^5} + \frac{3 \cdot 5\sin^8\alpha}{2 \cdot 4 \cdot 6 \cdot 8r^7} + \cdots$$

王大有是戴煦的表侄,和戴煦的外甥王朝荣亦相识,凡是戴煦的著作,他都抄录副本。早在

---

① 何绍庚,项名达,载杜石然主编《中国古代科学家传记》(下),科学出版社,1993 年,第 1176~1179 页。
② 戴煦,《外切密率》序。

1826 年,项名达就通过王大有和戴煦相识①。项名达对戴煦《四元玉鉴细草》大为欣赏,于是两人成为好朋友,过往甚密,互相讨论数学问题。

　　1845 年,戴煦撰成《对数简法》,项名达为之作序,对戴煦的成果称赞有加。《对数简法》主要讨论开平方问题,创立了二项式平方根的级数展开式②,对项名达很有启发,项名达于是在同年撰成《开诸乘方捷法》,此书后与《勾股六术》、《三角和较术》合刻为《下学庵算术三种》。项名达认为戴煦的方法能够省去开平方的复杂运算,考虑到开诸乘方也可以找到通用的方法,于是得出四术,这样可以简捷地进行开平方和开诸乘方的运算。

　　《开诸乘方捷术》讨论的是开高次方的问题,创立了下面两个公式③:

　　(1) 若 $a^n$ 稍大于 $A$,$A = a^n - r$,其中 $a$ 为"借根",$a^n$ 为借积",$A$ 为"本积",$r$ 为"减积",$A^{\frac{1}{n}}$ 为"本乘方根"。则:

$$A^{\frac{1}{n}} = (a^n - r)^{\frac{1}{n}} = a\left(1 - \frac{r}{a^n}\right)^{\frac{1}{n}}$$

$$= a\left[1 - \frac{1}{n}\frac{r}{a^n} - \frac{(n-1)r^2}{2!n^2a^{2n}} - \frac{(n-1)(2n-1)}{3!n^3}\frac{r^3}{a^{3n}} - \cdots\right]$$

这相当于:

$$(1-x)^{\frac{1}{n}} = 1 - \frac{1}{n}x - \frac{\frac{1}{n}\left(\frac{1}{n}-1\right)}{2!}x^2 - \frac{\frac{1}{n}\left(\frac{1}{n}-1\right)\left(\frac{1}{n}-2\right)}{3!}x^3 - \cdots$$

　　(2) 若 $a^n$ 稍小于 $A$,则 $A = a^n + r$,则:

$$A^{\frac{1}{n}} = a\left(1 - \frac{r}{A}\right)^{-\frac{1}{n}}$$

$$= a\left[1 + \frac{1}{n}\frac{r}{A} + \frac{(n+1)}{2!n^2}\frac{r^2}{A^2} + \frac{(n+1)(2n+1)}{3!n^3}\frac{r^3}{A^3} + \cdots\right]$$

这相当于:

$$(1-x)^{-\frac{1}{n}} = 1 + \frac{1}{n}x + \frac{\frac{1}{n}\left(\frac{1}{n}+1\right)}{2!}x^2 + \frac{\frac{1}{n}\left(\frac{1}{n}+1\right)\left(\frac{1}{n}+2\right)}{3!}x^3 + \cdots$$

　　项名达在得出上述两个公式之后,见到戴煦,谈到开方问题,戴煦对其研究结果进行了补充,又共同得出了新的公式。项名达在《开诸乘方捷术》后,补上了戴煦的两个公式,使得二项展开式更为完备。在两人共同研究的基础之上,戴煦明确指出了有理指数幂的二项式定理。

　　项名达在《开诸乘方捷术》中还创立了逐次逼近法以及用来开 $n$ 次方的递推公式④:

$$\frac{na_k^n}{(n-1)a_k^n + A} = \frac{a_k}{a_{k+1}}, \quad \frac{nA}{(n+1)A - a_k^n} = \frac{a_k}{a_{k+1}}$$

---

　　① 据《象数一原》戴煦 1857 年跋,"丙戌秋,予补《四元玉鉴细草》成,假录于吉甫王君,先生高足也。先生因是获睹予书,即命驾见过,引为忘年交。"诸可宝《畴人传三编》项名达传则认为 1845 年项名达才和戴煦相识。

　　② 韩琦,《数理精蕴》对数造表法和戴煦的二项展开式研究,自然科学史研究,1992,11(2)。

　　③ 何绍庚,项名达对二项展开式研究的贡献,自然科学史研究,1982,1(2):104~114。

　　④ 何绍庚,项名达对二项展开式研究的贡献,自然科学史研究,1982,1(2):104~114。

　　　　　（当 $a_1^n$ 稍大于 $A$ 时）　　　　（当 $a_1^n$ 稍小于 $A$ 时）

　　在项名达的启发下，戴煦对对数造表法又进行了研究，1846 年完成《续对数简法》，给出了对数函数的幂级数展开式。项名达和戴煦互相启发和共同研究，是 19 世纪中国数学史上通力合作的典范。

　　《割圆捷术》刊刻后，曾引起一些人的注意，如杨绲芸在北京看到此书后，于 1847 年到杭州拜访，敦促项名达继续研究，于是有《象数一原》之作。1851 年，顾观光"书割圆捷术后"亦称："以弦矢术求余线并用屡乘屡除，其法似繁，而实简，其理似浅，而实深，项氏之说可谓发前人所未发矣，独未有切割求余线之术，今为补之。"[①] 看来顾观光也见过项名达的《割圆捷术》，因此《割圆捷术》一书，在当时影响很大。

　　1846 年项名达谢去紫阳讲习，但受梁楚香中丞之请，仍参加编选紫阳书院的课艺，故《象数一原》的写作又受到妨碍。1847 年，在朋友的催促下，将弦矢术解释为三册，一为"整分起度"、一为"半分起度"、一为"零分起度"，"皆以两等边三角明其象，递加法定其数，末乃申论其算法。"

　　当时"整分"、"半分"均已告成，而"零分"部分则没有解释算法，项名达打算把他自己定的四术与董氏、杜氏诸术别为一册，但因病只得在 1849 年把这部分内容照录[②]。

　　项名达另有《椭圆求周术》，因 1848 年病重，写信给戴煦，请求他补完《象数一原》，项名达自认为"稍可示人者，祗弦矢互求，及求椭圆弧线二种。"1856 年，项名达的儿子项建霞把《象数一原》遗稿交给戴煦校补，于是戴煦为《椭圆求周术》作了图解，1857 年完成。1857 年，徐有壬《截球解义》"附录椭圆求周术"就已经引用了项名达、戴煦关于椭圆求周术的成果，并进行了推广，可见同年《象数一原》戴煦定稿就已经传到徐有壬手中。后徐有壬打算在苏州刊刻，陈杰的学生张福僖参加了校对，但未及印刷，苏州城被太平天国所破。当时李善兰也藏有抄本，此书定稿后被张文虎宝藏，是他在南京时获得的（为张福僖的抄本），到即将去世时，才通过华世芳把书稿转送给华蘅芳[③]，直到 1888 年《象数一原》才由赵元益校刊问世。

　　《象数一原》的主要内容是解决弦矢互求问题，相当于：已知全弧，将全弧分为 $n$ 等分，求出通弦和正矢用 $m$ 分弧通弦和正矢表示的幂级数展开式。此书共有七卷，据上所述及《象数一原》序，各卷完成年代分别为：

　　卷一"整分起度弦矢率论"（1846，戴煦校）

　　卷二"半分起度弦矢率论"（1846，戴煦校）

　　卷三"零分起度弦矢率论"（1847，戴煦校）

　　卷四"零分起度弦矢率论"（1849，戴煦校补）

　　卷五"诸术通诠"（1843，戴煦校补）

　　卷六"诸术明变"（1843）、"椭圆求周术"（1849，戴煦校补）

　　卷七"椭圆求周图解"（1857，戴煦补）

　　其中卷二"半分起度弦矢率论"，需要用正弦表示余弦和正割，因此要用二项式开平方的展开式。项名达把这种方法叫做"自乘开方法"，实际上就是待定系数法，在计算正割时，又用长除

---

① 顾观光，《算剩续编》，第 28 页。

② 《象数一原》绝笔序。

③ 《象数一原》华蘅芳跋。

法得出了二项式平方根倒数的展开式①。

项名达在发现董祐诚椭圆求周公式的错误后,进行深入的研究,在《象数一原》卷六"椭圆求周术"中,得出了求椭圆周长的公式,即:

$$p=2\pi a\left(1-\frac{1}{2^2}e^2-\frac{1^2\cdot 3}{2^2\cdot 4^2}e^4-\frac{1^2\cdot 3^2\cdot 5}{2^2\cdot 4^2\cdot 6^2}e^6-\cdots\right)$$

式中 $p$ 为椭圆周长, $e$ 为椭圆离心率, $e^2=\frac{a^2-b^2}{a^2}$, $a$ 与 $b$ 为椭圆半长轴和半短轴,这是我国在二次曲线研究方面最早的成果②。《象数一原》又附录了"圆周求径"术,即圆周率倒数公式:

$$\frac{1}{\pi}=\frac{1}{2}\left(1-\frac{1}{2^2}-\frac{1^2\cdot 3}{2^2\cdot 4^2}-\frac{1^2\cdot 3^2\cdot 5}{2^2\cdot 4^2\cdot 6^2}e^6-\cdots\right)$$

这可从上述求椭圆周长的公式得出。这在我国数学史上是第一次,与西方用椭圆积分所得出的结果相同。在西方微积分尚未传入中国的情况下,得出这样的公式,是中国数学史上非常重要的成就。项名达自己对这一公式非常自赏,但又嫌它"降位颇难",不便于计算。项名达的数学思想的特点是力图使数学公式普遍化,这在他的许多著作中都得到了体现,同时他又非常注意级数计算中的收敛问题(即降位)。

项名达学识渊博,除数学著作外,"文辞杂著,无虑数十卷。"③ 主讲紫阳书院时,"校阅精审,士论翕然宗之。"有人称他"恂恂儒雅,如公瑾醇醪。"④ 项名达的著作多由钱塘篆刻名家赵之琛题签,而《开诸乘方捷术》由长洲陈奂题写书名,陈奂是经学大师(李善兰曾从他学习),经常到杭州文澜阁看书,故项名达与陈奂有来往。陈奂曾在汪远孙家编书,在杭州停留过一段时间,汪氏是杭州的名家,其振绮堂书目数十万卷,为杭州之首。汪氏和项名达又是"同年生",关系非常好,因此在其《国语发正》一书中,大量引用了项名达的成果,主要是关于历法中的置闰、日月食、历史年代的考订、音律等问题⑤。项名达所处的时代,受益于惠栋、江永、戴震、钱大昕的考据学,其学风的影响在于使人感到知识都源出有自,当时的文人对经学、小学、历算、乐律都很感兴趣,项名达的研究继承了乾嘉的考据之风。汪远孙 1836 年去世,故项名达在历法方面的工作一定在这之前。

项名达在《象数一原》中还有"算律管新术",把开方法应用于十二平均律的计算。当时他的好友戴煦在《音分古义》中也用数学方法计算了音乐的问题,之后张文虎也研究了音乐问题,看来当时有许多数学家对音乐中的数学问题感兴趣,曾受到《律吕正义》的影响。

项名达出色的数学成就受到了同时代数学家的好评,陈杰、戴煦、徐有壬、李善兰、张福僖、张文虎、华蘅芳以及他的学生王大有都曾为使他的著作的刊刻倾注了心血。他的成果影响了戴煦、徐有壬、顾观光、夏鸾翔等人,使得晚清数学在二项式定理、三角函数的互求和幂级数展开式、椭圆求周术诸方面取得了丰硕的成果。1859 年,英国传教士伟烈亚力(A. Wylie)曾评论道:"微分积分为中土算书所未有,然观当代天算家,如董方立氏、项梅侣氏、徐君青氏、戴鄂士

① 何绍庚,项名达对二项展开式研究的贡献,自然科学史研究,1982,1(2):108。

② 见何绍庚《椭圆求周术释义》,载《科学史集刊》第 11 集,地质出版社,1984 年。

③ 潘衍桐《两浙辅轩续录》卷三十二"项名达"收录了项名达的诗,光绪十七年浙江书局刻本。

④ 潘衍桐《两浙辅轩续录》卷三十二引著名藏书家丁丙的记述。

⑤ 参见汪远孙《国语发正》,振绮堂 1846 年刊本。

氏、顾尚之氏,暨李君秋纫所著各书,其理有甚近微分者。"[①]

综上所述,我们可看到,项名达的成就在许多方面受到了同时代人的启发,同时也发挥了他自己的聪明才智,当时的社会条件和学习天算的师友的帮助,使得他能够成为 19 世纪著名的科学家。

参 考 文 献

李俨. 1955. 明清算家的割圆术研究. 见:中算史论丛 第 3 集. 北京:科学出版社

钱宝琮主编. 1981. 中国数学史. 北京:科学出版社

项名达(清)撰. 1843. 割圆捷术. 浙江图书馆藏

项名达(清)撰. 1888. 象数一原

(韩 琦)

---

① 《代微积拾级》咸丰九年伟烈亚力序。

# 戴　煦

## 一　生平与著作

　　戴煦生于嘉庆十年(1805)五月十四日,卒于咸丰十年(1860)三月初一日。初名邦棣,字鄂士,一字鹤墅,号仲乙,钱塘(今浙江杭州)人。他的祖先自宋代起"世居徽州之休宁"[①],明季时戴一美官浙江都指挥,在明清鼎革之际即在杭州定居,这是戴氏迁杭的始祖。曾祖名承征,祖父名佳瑛,父道峻,是郡庠　生。戴煦兄弟三人,兄戴熙,道光十二年进士,历任翰林院庶吉士、广东学政、翰林院侍讲学士、兵部右侍郎等职,是清代享誉一时的画家;弟戴焘,戴煦排行第二。

　　戴煦"性狷介拔俗,然平易近人,……清谭有晋人风"[②],少年时不善交游,一起学习、互相砥砺的只有兄戴熙和数学家谢家禾。1826 年,在杭州应童子试,戴煦名列其籍冠军,补博士弟子员,后又受顺德罗公赏识,"取列高等,补增广生,援列入成均"[③]。年轻时即"锐志算学,刻苦研求,至忘寝食"[④],有时还不顾父亲劝阻,举烛研究算学,至鸡鸣时方休。好友谢家禾去世后,他帮助整理了遗著《衍元要义》、《弧田问率》、《直积回求》等数学著作共三卷,1836 年校刻为《谢穀堂算学三种》。戴煦的著作有《九章重差图说》一卷,《和较集成》一卷,《四元玉鉴细草》(1844)[⑤],《广割圆捷法》一卷,《对数简法》(1845)、《续对数简法》(1846)、《假数测圆》二卷(1852),《外切密率》(1852)[⑥],《弧矢捷法》[⑦],《音分古义》二卷附一卷(1854),又为项名达《椭圆求周术》补注了图解,以上著作大都讨论数学;此外还著有《船机图说》三卷[⑧],《庄子内篇顺文》、《戴氏家谱》、《陶渊明集集注》、《鹤墅诗文草》、《玄空秘旨》、《汲斋剩稿》等共 18 种。

　　戴煦终生以孜孜研究算学为乐,绝意进取,对科举、官宦之途毫无兴趣,常以"课子侄,勤著述,遨游湖山以自乐"[⑨],除研究算学之外,还"工书画及古今诗体",其山水画,"神似倪迁,评者谓出乃兄熙上"[⑩]。他的大部分时间在杭州度过,大约在 1840 年前后,当其兄戴熙做广东学政时,戴煦曾到南方,当时他应该在广州接触到欧洲的船舰。戴熙与邓廷祯、魏源、曾国藩、邵懿辰等文人与政界人物时相过从,这可能为戴煦研究《船机图说》提供了某些信息,《船机图说》是我国最早研究轮船的著作之一,可惜现已不存。1860 年,当太平军攻陷杭州,其兄戴熙殉节,"戴

---

　　① 关于戴煦家世,参见戴熙《习苦斋诗文集》"新安戴氏支谱书后"及曹金籀《籀书续编》三《戴鹤墅传》。

　　②、③、④ 曹金籀,《籀书续编》三《戴鹤墅传》。

　　⑤ 台湾清华大学历史研究所存戴煦《四元玉鉴细草》八册,是王大有 1845 年抄写的。参见刘钝《四元玉鉴细草简介》,载《中国科学史通讯》第 8 期,1994 年 8 月。

　　⑥ 以上四种合称《求表捷术》。

　　⑦ 1857 年,伟烈亚力在《六合丛谈》中称:"钱塘戴氏煦,著《弧矢捷法》,并有余弦、余矢、余切、余割与弧背互求法,则更完备矣。"迄今我们还没有见到这部著作。

　　⑧ 未成,由其甥王朝荣补成。

　　⑨ 曹金籀,《籀书续编》三《戴鹤墅传》。

　　⑩ 《清史稿》卷 493,列传 280,中华书局,第 1365 页;又见《音分古义》华翼纶跋。戴煦仍有山水画流传至今,中国历史博物馆史树青藏有一幅。

煦笑曰：'吾兄得其死矣'，屡起视漏箭，家中人不知其意，至夜半，忽不见，明旦，于井中求得之"①，这位清代杰出的数学家以投井自杀结束了生命。

## 二　撰写《四元玉鉴细草》

戴煦年轻时就对数学抱有浓厚的兴趣，当他见到何元锡（梦华）刊刻的《四元玉鉴》后，就打算演为细草。1826 年秋，"补《四元玉鉴细草》成，假录于吉甫王君，先生（按：指项名达）高足也。先生因是获睹予书，即命驾见，过引为忘年交。"②

也就是说早在 1826 年项名达和戴煦就已经相识。王大有，字吉甫，又字吉孚，是戴煦的表侄（中表从子），又是项名达的学生，凡是戴煦的著作，王大有都抄录副本，同时他也促使项名达在 1843 年刊刻了《割圆捷术》。戴煦通过王大有和外甥王朝荣，和项名达得以相识，于是两人成为好朋友，过往甚密，互相讨论数学问题，成为 19 世纪数学史上的一段佳话。

1833～1834 年间，戴煦因"疾作累月，无所事事"，于是继续《四元玉鉴》的演草，但当时没有完成，一直到了 1844 年，才告竣。1852 年戴煦曾回顾了《四元玉鉴细草》的研究过程："曩演《四元玉鉴细草》十余载，或作或辍，迄未成书，得吉甫王君屡次迫促，始克告成。"③

因此，从开始阅读《四元玉鉴》，到《四元玉鉴细草》的成书，共经历 26 年的时间，演算也花去了 10 余年。华世芳在"近代畴人著述记"曾称戴煦的《四元玉鉴细草》"与茗香所著略同，而图解明畅过之"④。项名达对戴煦研究《四元玉鉴》评价更高，认为戴氏二项展开式的成就得力于"四元"："盖鄂士推阐四元，于方廉正负之理，深入三昧，故触而即通如此"⑤。可以肯定的是戴煦熟谙宋元数学，对理解明末清初传入的西方数学是不无裨益的。

## 三　关于二项展开式的研究

清初康熙时代由来华耶稣会士与中国数学家编译的《数理精蕴》53 卷，对乾嘉学派研究宋元算学与 19 世纪中国数学家研究无穷级数在数学方法上给予了许多启迪。戴煦的许多成就正是从研究《数理精蕴》入手的，并受到了同时代数学家的启发。他的数学工作主要体现在《对数简法》、《续对数简法》、《假数测圆》、《外切密率》等书中，主要成就包括二项展开式的研究、对数造表法、三角函数及其对数的幂级数展开式等。

微积分、解析几何、对数这三项 17 世纪的重要数学发明，只有对数在清初传入中国。顺治年间，波兰耶稣会士穆尼阁（J. N. Smogolenski，1611～1656）把对数传入中国，但只介绍了对数的原理，并没有完整介绍对数造表法。直至《数理精蕴》才较为详细地介绍了布里格斯（H. Briggs）常用对数造表法，但没有引进当时已发明的较简便的对数级数展开法。《数理精蕴》下编卷三十八"对数比例"中的"明对数之目"，介绍了中比例法、递次自乘法、递次开方法。其中最重要的是"递次开方求假数法之三"，介绍了布里格斯的主要想法：

---

① 曹金箍，《箍书续编》三"戴鹤墅传"。

② 《象数一原》戴煦跋。

③ 《外切密率》序。

④ 华蘅芳，《学算笔谈》卷十二，附华世芳《近代畴人著述记》。

⑤ 项名达，《象数一原》卷六。

对任何数 $a>1$, $a^{2^{-n}}\to 1$, 若 $a=1+x(x\ll 1)$, 则: $a^{\frac{1}{2}}\approx 1+x/2$。当 $n$ 接近 54 时: $\log_{10}10^{2^{-n}}=\log_{10}(1+x_n)\approx M\cdot x_n$($M$ 为对数根, 即模数)

这种对数造表法的缺点是开方繁复, 戴煦有感于此, 故《对数简法》、《续对数简法》二书着重讨论了更为简便的开方法, 用于造对数表。1845 年, 戴煦在《对数简法》中首次给出了二项式开平方的幂级数展开式, 此书所介绍的两个主要方法为"开方第一术"和"开方第七术", 其他方法则是为加快运算速度("降位")而采取的改进方法。第一术用现代数学公式可表示为:

$$(a^2-r)^{\frac{1}{2}}=a-\left(\frac{1}{2}\cdot\frac{r}{a}+\frac{1}{2\cdot 4}\cdot\frac{r^2}{a^3}+\frac{1\cdot 3}{2\cdot 4\cdot 6}\cdot\frac{r^3}{a^5}+\cdots\right)$$

这就是二项式开平方的一般公式, 但戴煦对这一公式的来源没有作出解释。实际上, "开方第一术"可从"开方第七术"得出。《对数简法》卷上"开方第七术"曾言"凡方积有空位, 已开方数次, 而逐次求其较数, 如开方数之第若干较, 与前一次之第若干较, 几归之相同, 则以下开方数, 只须加减而得, 不必更开方, 此旧法也"。第七术用差分法得出了开平方的递推公式, 所谓"旧法"指《数理精蕴》"对数比例"中的"递次开方求假数法之六"。戴煦从这个方法入手, 得出二项式开平方的级数展开式[1], 即"开方第一术"。

项名达《续对数简法》序称: "余维加减不通于乘除, 而妙能通之者, 惟递加数。……是则诸乘方连比例, 与夫假数折半真数开方之蕴, 悉错综参伍, 默而寓之于一图, 开方通法, 即从此数转变而出者", 说明二项展开式与对数造表法是相通的。

戴煦得出二项式开平方的展开式不久, 在 1845 年把《对数简法》赠送给项名达, 项名达为之作序, 对戴煦的成果称赞有加。戴煦的开平方法, 对项名达很有启发。项名达认为戴煦的方法能够省去开平方的复杂运算, 考虑到开诸乘方也可以找到通用的方法, 项名达面告戴煦: "连比例递求法, 可开平方, 亦可开诸乘方。"

在项名达的启发下, 戴煦对对数造表法又进行了研究, 1846 年完成《续对数简法》, 给出了对数函数的幂级数展开式。在自序中, 戴煦称"以连比例推之"。用连比例表示级数展开式, 明安图就曾使用过, 这是受《数理精蕴》下编卷 16 的启发, 而项名达从研究三角八线入手得到二项式展开式, 思路是不同的[2]。

《续对数简法》"以本数为积, 求折小各率"得出的"开诸乘方"的四种方法为:

第一术: $A^{\frac{1}{n}}=(a^n+r)^{\frac{1}{n}}=a\left[1+\frac{1}{n}\cdot\frac{r}{A}+\frac{(n+1)}{2n^2}\cdot\frac{r^2}{A^2}+\frac{(n+1)(2n+1)}{2\cdot 3n^3}\cdot\frac{r^3}{A^3}+\cdots\right]$ （Ⅰ）

第二术: $A^{\frac{1}{n}}=(a^n+r)^{\frac{1}{n}}=a\left[1+\frac{1}{n}\cdot\frac{r}{a^n}-\frac{(n-1)}{2n^2}\cdot\frac{r^2}{a^{2n}}+\frac{(n-1)(2n-1)}{2\cdot 3n^3}\cdot\frac{r^3}{a^{3n}}-\cdots\right]$ （Ⅱ）

第三术: $A^{\frac{1}{n}}=(a^n-r)^{\frac{1}{n}}=a\left[1-\frac{1}{n}\cdot\frac{r}{a^n}-\frac{(n-1)}{2n^2}\cdot\frac{r^2}{a^{2n}}-\frac{(n-1)(2n-1)}{2\cdot 3n^3}\cdot\frac{r^3}{a^{3n}}-\cdots\right]$ （Ⅲ）

第四术: $A^{\frac{1}{n}}=(a^n-r)^{\frac{1}{n}}=a\left[1-\frac{1}{n}\cdot\frac{r}{A}+\frac{(n+1)}{2n^2}\cdot\frac{r^2}{A^2}-\frac{(n+1)(2n+1)}{2\cdot 3n^3}\cdot\frac{r^3}{A^3}+\cdots\right]$ （Ⅳ）

---

① 韩琦,《数理精蕴》对数造表法与戴煦的二项展开式研究, 自然科学史研究, 1992, 11(2)。
② 何绍庚, 项名达对二项展开式研究的贡献, 自然科学史研究, 1982, 1(2)。

其中(Ⅰ)为项名达所定;(Ⅲ)(Ⅳ)为戴煦、项名达合定;(Ⅱ)为戴煦所定。

戴煦又有"以本数为根,求倍大各率"四术,他认为:"有本数求倍大折小各率,本通为一法,非有二义",可以说戴煦已经知道:

$$(1+x)^m = 1 + mx + \frac{m(m-1)}{1 \cdot 2}x^2 + \frac{m(m-1)(m-2)}{1 \cdot 2 \cdot 3}x^3 + \cdots \quad (|x|<1) \qquad (Ⅴ)$$

亦即戴煦发现了指数 $m$ 为任何有理数的二项式定理,这与牛顿 1676 年得到的二项式展开式是一致的[①]。

戴煦在《续对数简法》"对数还原"(即真数求对数的逆过程)中,也运用了指数为有理数的二项式定理。

## 四　常用对数及三角函数对数展开式研究

《对数简法》对数造表法主要继承《数理精蕴》,减少了许多繁复的开方过程,而且还运用了一些巧妙的方法以达到"降位"迅速。在《续对数简法》与《假数测圆》中,则给出了对数的幂级数展开式。

在《续对数简法》"论借数"一节,戴煦指出:

$$\log_{10}(1+x) = M(x - x^2/2 + x^3/3 - \cdots) \quad (0<x<1) \qquad (Ⅵ)$$

因 $\log_{10}(1+x)$ 为正数,故后来《假数测圆》称之为"正算对数";关于此法的来源,戴煦称:"此用第二术(按:即公式Ⅱ)开极多位九乘方法也"。在《假数测圆》求"负算对数"一节(即求 $\log_{10}x$ 的对数值,而 $0<x<1$),戴煦又得出:

$$\log_{10}(1-x) = M(-x - x^2/2 - x^3/3 - \cdots) \qquad (Ⅶ)$$

是根据《续对数简法》的"以本数求折小各率三术"(Ⅲ),(Ⅲ)的特例即为:

$$(1-x)^{\frac{1}{n}} = 1 - \frac{1}{n}x - \frac{n-1}{2n^2}x^2 - \frac{(2n-1)(n-1)}{3!}\frac{1}{n^3}X^3 - \cdots$$

当 $(1-x)$ 开"极多位九乘方"(即 $n=10^m$, $m$ 值很大)时,则上式可简化为:

$$(1-x)^{\frac{1}{n}} = 1 - \frac{1}{n}\left(x + \frac{1}{2}x^2 + \frac{1}{3}x^3 + \cdots\right) = 1 - y$$

至于求 $\log_{10}(1-x)$ 的详细过程,戴煦并没有说明。考虑到《对数简法》中采用的对数造表法事实上已运用了:

$$\ln(1+x) = x \quad (当 \ x \leqslant 10^{-7} 时)$$

这个关系,又《假数测圆》求正割对数展开式中,他也提到 $\ln(1+x)$ 中 $x<1$ 这个条件,实际上也蕴含有上式近似成立之意。因此戴煦的原意是:

因为 $(1-x)$ 开"极多位九乘方"时,

$$y = 1 - (1-x)^{\frac{1}{n}} \leqslant 10^{-7}$$

---

① 钱宝琮,中国数学史,科学出版社,1981年,第 314 页。

所以：
$$\ln(1-x)^{\frac{1}{n}} = \ln(1-y) = -y = -\frac{1}{n}\left(x+\frac{1}{2}x^2+\frac{1}{3}x^3+\cdots\right)$$

即：
$$\ln(1-x) = -\left(x+\frac{1}{2}x^2+\frac{1}{3}x^3+\cdots\right) \quad (0<x<1)$$

以上是《假数测圆》求"负算对数"的"第一术"。类似地由（Ⅳ）可以得出"负算对数"的"第二术"公式为：

$$\log_{10}(1-x) = M\left[-\frac{x}{1-x}+\frac{1}{2}\left(\frac{x}{1-x}\right)^2-\frac{1}{3}\left(\frac{x}{1-x}\right)^3+\cdots\right] \quad (0<x<1) \tag{Ⅷ}$$

需要指出的是，戴煦的"开极多位九乘方"，实际上包含有极限的思想。

由于《数理精蕴》只介绍了常用对数造表法，而没有讨论三角函数对数造表法。1851年，李善兰获交戴煦，一见面他们就讨论了不用求三角函数之值而直接由"弧背"求三角函数对数的方法，惜当时都未悟出此理。1852年，戴煦完成《外切密率》后，突然悟出正割的对数造表法，并据此求得其他三角函数对数展开式，这在我国尚属首次，其成果见于《假数测圆》。此书主要结合三角函数和对数函数的幂级数展开式，阐明三角函数对数表的造法。

戴煦求正割函数对数展开式的思路是：当 $0<\alpha<\pi/4$ 时，正割对数相当于"正算对数"，因为在《续对数简法》已求出对数根、《外切密率》已求出正割对数展开式，据此戴煦在《假数测圆》中得出了正割对数展开式。

因为当 $0<\alpha<\pi/4$ 时，
$$x = \sec\alpha - 1 < 1$$

故：
$$\log_{10}\sec\alpha = \log_{10}(1+\sec\alpha-1) = \log_{10}(1+x)$$

戴煦利用《续对数简法》公式（Ⅵ），并经过适当的变换[①]，得出：

$$\log_{10}\sec\alpha = M\left(\frac{1}{2!}\alpha^2+\frac{2}{4!}\alpha^4+\frac{16}{6!}\alpha^6+\frac{272}{8!}\alpha^8+\cdots\right) \quad (0<\alpha<\pi/4)$$

上式分母为"本弧求割线"的分母，分子为"本弧求切线"的分子。

当 $(\pi/4<\alpha<\pi/2)$ 时，用比例法求出正割对数。据此，"诸正余切、诸正余弦、诸正余矢之对数，皆可加减而得，不必更用连比例也"。

在《假数测圆》中，戴煦先解释了求"负算对数"二术，并以为"求八线对数，有赖是术"，在"负算对数"基础上，给出了正弦的对数展开式，思路是：《续对数简法》（Ⅲ）→《假数测圆》"负算对数"一术（Ⅶ），《续对数简法》（Ⅳ）→《假数测圆》"负算对数"二术（Ⅷ），据此在《假数测圆》中给出了求正弦对数展开式。至于具体的运算过程，大体和求割线相仿。

可以看出，戴煦求三角函数对数展开式的关键是把三角函数当作 $(1\pm x)$ 的形式来处理，《续对数简法》称 $(1\pm x)$ 为"用数"（其中 $0<x<1$）。

## 五　三角函数幂级数展开式研究

清初康熙年间，法国耶稣会士杜德美（P. Jartoux，1668～1720）传入了"杜氏三术"，但未

---

① 李俨，中算史论丛（三），科学出版社，1955年，第445～446页。

给出术解,明安图在杜德美的基础上增至九术,这部分成果主要体现于《割圆密率捷法》中,其中弧背求正弦、正矢可表示为:

$$r\sin\alpha = a - \frac{a^3}{3!}\frac{1}{r^2} + \frac{a^5}{5!}\frac{1}{r^4} - \frac{a^7}{7!}\frac{1}{r^6} + \cdots \tag{1}$$

$$r\,\text{vers}\,\alpha = \frac{a^2}{2!}r - \frac{a^4}{4!}\frac{1}{r^3} + \frac{a^6}{6!}\frac{1}{r^5} - \frac{a^8}{8!}\frac{1}{r^7} + \cdots \tag{2}$$

因"杜氏九法"中只有弦矢术,没有求切线割线的方法,有感于此,戴煦至迟在1849年以前就已着手研究三角函数的幂级数展开式:

"间尝与梅侣项先生议及,欲补全之,深思累年,始悟连比例既可互相乘除,自可互相比例,则借求弦矢诸术变通之,而求切割二线诸术靡不在是矣。因推衍数术以呈先生,而先生以未有术解为嫌。于是更为术解,以取径迂回,深虑言难达意。又复累年,始竟录,未及半,而先生遽归道山,无可印证。"[1]

戴煦在《外切密率》中主要研究了正切、正割及其反函数的幂级数展开式。1851年,戴煦见到李善兰,得读《弧矢启秘》,但李善兰有切割术,"而分母分子之源未经解释"[2],徐有壬有切线弧背互求二术,而于割线尚未完备,故1851年在李善兰的催促下写成。因切割二线出于圆外,故名《外切密率》,此书主要讨论正切、余切、正割、余割四线与弧度之间的关系,他正确地得出了下列各式[3]:

$$\text{tg}\,\alpha = \alpha + \frac{2}{3!}\alpha^3 + \frac{16}{5!}\alpha^5 + \frac{272}{7!}\alpha^7 + \cdots \tag{3}$$

$$\text{ctg}\,\alpha = \frac{1}{\alpha} - \frac{2}{3!}\alpha - \frac{8}{3\cdot 5!}\alpha^3 - \frac{32}{3.7!}\alpha^5 - \cdots \tag{4}$$

$$\alpha = \text{tg}\,\alpha - \frac{1}{3}\text{tg}^3\alpha + \frac{1}{5}\text{tg}^5\alpha - \frac{1}{7}\text{tg}^7\alpha + \cdots \tag{5}$$

$$\sec\alpha = 1 + \frac{1}{2!}\alpha^2 + \frac{5}{4!}\alpha^4 + \frac{61}{6!}\alpha^6 + \cdots \tag{6}$$

$$\csc\alpha = \frac{1}{\alpha} + \frac{1}{3!}\alpha + \frac{1}{3\cdot 5!}\alpha^3 + \frac{31}{3\cdot 7!}\alpha^5 + \cdots \tag{7}$$

$$\alpha^2 = 2(\sec\alpha - 1) - \frac{5\cdot 4}{3\cdot 4}(\sec\alpha - 1)^2 + \frac{64\cdot 8}{3\cdot 4\cdot 5\cdot 6}(\sec\alpha - 1)^3 - \cdots \tag{8}$$

其中的(3)、(5)二式,徐有壬在1840年就已得出[4],戴煦必定见过《测圆密率》,因戴煦在《外切密率》中提到了徐有壬的工作:

"自泰西杜氏德美以连比例九术入中国,而割圆之法始简。顾其术但能求弦矢,而不能求切割二线,钧卿徐氏有切线弧背互求二术,而于割线,尚未全也。"

戴煦所用的方法是长除法,即:

$$r\,\text{tg}\,\alpha = r\frac{r\sin\alpha}{r\cos\alpha} = r\frac{r\sin\alpha}{r - r\,\text{vers}\,\alpha}$$

---

① 戴煦,《外切密率》序,1852年。

② 《外切密率》夏鸾翔序。

③ 钱宝琮,中国数学史,第316~317页。

④ 见《测圆密率》。

把杜氏(1)、(2)代入,同样得出(3)式①。

在进行无穷级数的长除法时,戴煦采用了图表的方式,整个演算实际上包含了长除的全过程。戴煦对图表的简化过程,已包括一些组合数的讨论。②

夏鸾翔在评论戴煦的成就时认为"尤妙者,为余弧求切割二术,盖弦矢线联于圆中,任极大,不能至弧背三至二,切割线出于圆外,若将近九十度,切割之大殆有无量数。"关于"弧分不通切割",项名达因没有得到解决,故深以为憾,这个难题,戴煦圆满地得到了解决。余弧与切割二线互求之术,还受到了李善兰的赞赏。

从《外切密率》可看出,戴煦已熟练运用了多项式的长除法,采用试商的办法,以进行无穷级数的除法运算。并用级数反求法以得出三角函数反函数的幂级数展开式,是对明安图《割圆密率捷法》的继承与发展。

综观戴煦的数学著作,"降位"概念时时可见,所谓"降位"包含收敛思想,对于不同的对数及三角函数的幂级数展开式公式,戴煦讨论了各种级数展开式收敛的快慢,这在中国数学史上是非常难得的。在《对数简法》卷上"开方第二术",则考虑了以最快的速度求得所需的开方精度,实际上是一种迭代法,也具有收敛的思想。

戴煦对许多公式不仅给出术,而且还不厌其烦地给出解,这是戴煦数学研究的一个特点,对研究其数学思想很有帮助。戴煦在《外切密率》"例言"中称:"国初定九梅氏著述各种,每拈一义、抉一旨,靡不委曲详尽,务令阅者豁然,极可奉为准则。"因此仿效梅文鼎,"缕晰条分,演说重复,亦欲穷其义蕴而后已,不以辞费为嫌也。"

戴煦著作的另一特点是演算很有逻辑性、程序性,经常引入一些常用概念,列于书之首,以供后面的演算参考。如《续对数简法》"对数还原"一节采用了"借用本数"、"借用率数"等概念,再附录"备减表",即可由对数求出真数,演算思路是极为清晰的。

另外值得一提的是《音分古义》这部著作,它是在其甥王朝荣的催促下写成的,1854年成书。虽然主要讨论音乐问题,"其义旨一遵《律吕正义》而或有变通者。"③ 但也包含了大量的数学内容,主要"用连比例定管音法"、"用连比例定弦音法",和项名达一样用连比例解决音乐问题④。为解决"窊圆阳马体不可算"的问题,戴煦采取了分割的办法:"就曲线平剖作六层,则直线与曲线几几合并,可作直线形算矣"⑤,具有积分的思想。

# 六　影　响

当戴煦《对数简法》、《续对数简法》问世后,一时名声大振,他的数学著作被人争相传抄,如《对数简法》、《续对数简法》在刊刻之前,李善兰就曾抄录,并以之示钱培名,后被钱氏刊入《小万卷楼丛书》。1851年,李善兰到杭州见戴煦,《外切密率》、《假数测圆》的撰成则有赖李善兰之再三劝说。

---

① 李俨,中算史论丛(三),第432～433页。

② 参见罗见今《戴煦数》,载《内蒙古师大学报》(自然科学版)1987年2期;及郭世荣、罗见今《戴煦对欧拉数的研究》,载《自然科学史研究》第6卷第4期(1987)。

③ 戴煦,《音分古义》序,1854年。

④ 参见何绍庚《项名达对二项展开式研究的贡献》,载《自然科学史研究》第1卷第2期(1982)。

⑤ 戴煦,《音分古义》卷上。

　　李善兰和戴煦分手后不久即到上海,1852 年和英国伟烈亚力(A. Wylie,1815~1887)等传教士相识,通过李善兰的介绍,伟烈亚力和艾约瑟(J. Edkins,1823~1905)读到了戴煦的著作。1855 年,伟烈亚力和艾约瑟等三位传教士游天台山,大概是这一年,他们通过李善兰的介绍见到了徐有壬,并打算访问戴煦,因戴煦考虑到"中外殊俗异礼,故托辞之"[①]。

　　1857 年,伟烈亚力在《六合丛谈》中介绍了《对数简法》和《续对数简法》,又在其所著英文《中国文献解题》中,认为《对数简法》"如他(指戴煦)所认为的,首次发现了一个求常用对数的简捷的表,此表似乎与纳皮尔(J. Napier)的对数体系相同,但有理由表明作者对纳皮尔的成果是不知的,在一补充中,他得出了一个更进一步的改进办法,大大运用了纳皮尔模数,这是他在运算过程中得出的。"[②]1859 年,在《代微积拾级》序言中,伟烈亚力还提及了戴煦的成就,认为:

　　"微分积分为中土算书所未有,然观当代天算家,如董方立氏、项梅侣氏、徐君青氏、戴鄂士氏、顾尚之氏,暨李君秋纫所著各书,其理有甚近微分者。"

　　除项名达、李善兰等朋友,王朝荣、王大有、夏鸾翔等门生之外,顾观光、徐有壬、张文虎、张福禧等人都和戴煦互相研讨,或从他的著作中得到启发[③]。

　　1855 年,当徐有壬返回故里时,结识戴煦,并读了《续对数简法》,他在为该书所写的跋文中称:

　　"余近见李君壬叔《对数探源》一书,深明对数较之理,而戴君此书,专明假设对数之理,其续编专明对数根之理,二君皆学有心得,互相发明,洵足为后学津梁,而戴君书尤为明快",对戴煦的成就给予了很高的评价。

　　1856 年,夏鸾翔在为《外切密率》写的序中对戴煦在三角函数级数展开式的成就也颇为赞赏,认为戴煦解决了项名达没有解决的"弧分不通切割"的难题。

　　此外,1848 年,戴煦受项名达临终之托,重新对椭圆求周术补了图解,收入《象数一原》第七卷。1857 年成书的徐有壬《截球解义》就已经提到项名达、戴煦在椭圆求周术方面的成就[④],看来《象数一原》在定稿(1857)当年即已带到苏州。戴煦的著作影响了 19 世纪下半叶中国数学家,1860 年,年轻的华蘅芳亦曾到杭州向戴煦求教[⑤]。邹伯奇、左潜等人也从不同程度上受到了戴煦著作的影响。

　　19 世纪中叶,在传统数学经历乾嘉学派的精深研究之后,中国数学家在消化吸收西方数学的基础上,在无穷级数研究方面取得了一批重要的成果,使中国数学向变量数学迈进了一大步。戴煦创立的二项式定理以及对数函数的幂级数展开式、三角函数的幂级数展开式,虽晚于西方,而他独立取得此项成果,在我国数学史上仍有其重要意义。在中国数学向近代数学发展的进程中,戴煦有开山之功。

---

　　① 曹金籀,《籀书续编》三《戴鹤墅传》称艾约瑟欲访,未提伟烈亚力。

　　② A. Wylie, Notes on Chinese literature, 1867; p.128.

　　③ 如顾观光在 1854 年就学习了戴煦的《假数测圆》,见《算剩续编》。张福禧在李善兰处见到戴煦的著作,"因访之,小住数日,抄副本去。"见诸可宝《畴人传三编》卷三陈杰传附张福禧。

　　④ 《截球解义》的成书年代据 1857 年《六合丛谈》定出。

　　⑤ 《音分古义》华翼纶跋。

# 参 考 文 献

戴煦(清)撰. 1993. 求表捷术. 上海图书馆藏手稿本. 见:中国科学技术典籍通汇　数学卷(五). 郑州:河南教育出版社
戴煦(清)撰. 1854. 音分古义. 新阳赵氏丛书本
李俨. 1955. 中算史论丛　第3集. 北京:科学出版社
钱宝琮主编. 1981. 中国数学史. 北京:科学出版社
戴煦(清)撰. 四元玉鉴细草. 王大有抄本,台湾清华大学历史研究所藏

（韩　琦）

# 李 善 兰

李善兰(1811,1,2～1882,12,9),原名心兰,字竟芳,号秋纫,别号壬叔①,浙江省海宁县硖石镇人。他是清代著名的数学家、天文学家、翻译家和教育家,中国近代科学的先驱者。

## 一 生平及著述

李善兰的祖先,可上溯至南宋末年京都汴梁(今河南开封)人李伯翼,他"读书谈道,不乐仕进,有荐为山长者,卒辞不就"。②元初,因其子李衍举贤良方正,授朝请大夫嘉兴路总管府同知,迎养来浙,旋即定居硖石。五百年来,传宗接代至17世孙,名叫李祖烈,号虚谷先生,乃经学名儒,其妻崔氏(名儒崔景远之女)于清嘉庆十五年十二月八日(1811,1,2)产下一子,即为李善兰。

李善兰原名心兰,"年十龄读书家塾,架上有古《九章(算术)》,窃取阅之,以为可不学而能,从此遂好算",③"年十五时,读旧译《几何原本》六卷,通其义"④,及"应试武林,得《测圆海镜》、《勾股割圆记》以归,其学始进",⑤ 至"三十后所造渐深"⑥,"时有心得,辄复著书,久之得若干种"⑦,"后译西士代数、微分、积分诸书"。⑧他"于辞章、训诂之学,虽皆涉猎,然好之终不及算学,故于算学用心极深,其精到处自谓不让西人"⑨,且"所译所著名种算书,自谓远胜古人"⑩。

海盐人吴兆圻(字秋塍,原名尔康)有诗《读畴人书有感示李壬叔》,许湅祥注曰:"秋塍承思亭先生家学,于夕桀、重差之术尤精。同里李壬叔善兰师事之。"⑪看来,李善兰曾向吴兆圻学习过数学。

李善兰研究数学和天文历法,很重视实测,常常夜里独上硖石东山,"露坐山顶,以测象纬躔次"⑫。他的经学老师陈奂也说他"孰习九数之术,常立表线,用长短式依节候以测日景,便易稽考"⑬。

---

① 李善兰,原名心兰,字竟芳,号秋纫,别号壬叔。《海宁州志稿》、《清史稿》、《畴人传》及其后诸书均作"李善兰,字壬叔,号秋纫",今据李善兰的族人李翔曾家藏《苞溪李氏家乘》卷六(祠堂藏版,1890年,现藏浙江省海宁县图书馆)改。

② 《苞溪李氏家乘》,祠堂藏版。

③ 李善兰,《则古昔斋算学》自序,独山算氏刊本,1867年。

④ 李善兰,译《几何原本》序,韩应陛刊本,1857年

⑤ 李善兰,《则古昔斋算学》自序。

⑥ 李善兰,《天算或问》识语,《则古昔斋算学》本。

⑦ 同④

⑧ 李善兰,刻《测圆海镜细草》序,同文馆铅印本,1876年。

⑨ 同④

⑩ 李善兰,《开方别术》序,行素轩算稿,1882年。

⑪ 《硖川诗续钞》卷五。

⑫ 余楑,《白嶽盦诗话》。

⑬ 陈奂,《师友渊源记》。

1840 年,鸦片战争爆发。1842 年 5 月,英国侵略军攻陷江浙海防重镇乍浦。李善兰奋笔疾书《乍浦行》:"壬寅四月夷船来,海塘不守城门开。官兵畏死作鼠窜,百姓号哭声如雷。……饱掠十日扬帆去,满城尸骨如山堆。朝廷养兵本卫民,临敌不战为何哉?"[①]并认为"今欧罗巴各国日益强盛,为中国边患。推其原故,制器精也;推其制器之精,算学明也。……异日(中国)人人习算,制器日精,以威海外各国,令震摄,奉朝贡。"[②] 于是,鸦片战争以后,李善兰在家乡刻苦从事数学和天文历法的研究工作。

1845 年,李善兰在嘉兴陆费家设馆授徒,得以与江浙一带的学者(主要是数学家)顾观光(1799~1862)、张文虎(1808~1885)、汪曰桢(1813~1881)等人相识,并经常在一起讨论数学问题。顾观光为李善兰的《对数探源》(1845)等有关"尖锥术"的著作撰序,张文虎为李善兰的《弧矢启秘》(1845)校算,汪曰桢"以诗代书与李秋纫善兰结交"[③],并"以手抄元朱世杰《四元玉鉴》三卷见示",李善兰"深思七昼夜,尽通其法,乃解明之"[④],于是著《四元解》(1845),阐述高次方程组的消元解法。稍后,李善兰又撰《麟德术解》(1848),解释唐李淳风麟德历中的二次差内插法。

1851 年,李善兰与著名数学家戴煦(1805~1860)相识。戴煦于 1852 年称:"去岁获交海昌壬叔李君,……缘出予未竟残稿请正,而壬叔颇赏余弧与切割二线互求之术,再四促成,今岁又寄扎询及,……嗟乎!友朋之助,曷可少哉?"[⑤]

李善兰同友人在学术上相互切磋,共同提高。他的外甥崔敬昌也谈到过数学家罗士琳(1789~1853)、徐有壬(1800~1860)"与先舅父交最挚,邮递问难,常朝复而夕又至"[⑥]。

1852 年夏天,李善兰到上海墨海书馆,将自己的著作"予麦(都思,W. H. Medhurst,1796~1857)先生展阅,问泰西有此学否?其时位于墨海书馆之西士伟烈亚力(A. Wylie,1815~1887)见之甚悦,因请之译西国深奥算学并天文等书"。[⑦] 传教士们还"设西国最深算题,请教李君,亦无不冰解"。[⑧]李善兰的学识得到了来华传教士的赞赏和推崇,从此开始了他与外国人合作翻译西方科学著作的学术生涯。

自 1852 年至 1859 年,李善兰与伟烈亚力合译了欧几里得(Enclid)《几何原本》后 9 卷,棣么甘(A. De Morgan)《代数学》13 卷,罗密士(E. loomis)《代微积拾级》18 卷,侯失勒(J. Herschel)《谈天》18 卷;又与艾约瑟(J. Edkins,1823~1905)合译了胡威立(W. Whewell)《重学》20 卷附《圆锥曲线说》3 卷;与韦廉臣(A. Williamson,1829~1890)合译了林德利(J. Lindley)《植物学》8 卷。又,曾与伟烈亚力、傅兰雅(J. Fryer,1839~1928)合译《奈端数理》(即牛顿的《自然哲学的数学原理》)四册,未刊。

1860 年夏,李善兰的好友徐有壬任江苏巡抚,邀李善兰为幕僚。太平天国军攻占苏州后,李善兰的行箧,包括他的各种著作手稿,都丢失了。从此,他"绝意时事",[⑨]避乱于上海,埋头从

---

① 李善兰,《听雪轩诗存》。

② 李善兰,译《重学》序。

③ 汪曰桢,《玉鉴堂诗集》卷三。

④ 李善兰,《四元解》识语,则古昔斋算学本。

⑤ 戴煦,《外切密率》序,古今算学丛书本。

⑥ 崔敬昌,《李壬叔征君传》。

⑦,⑧ 傅兰雅,《江南制造局翻译西书事略》,1880 年。

⑨ 崔敬男,《李壬叔征君传》。

事数学研究,重新著书立说。其间,他与数学家吴嘉善、刘彝程都有过学术上的交往。

1861 年秋,曾国藩在安庆筹建军械所,这是一个试用机器生产的兵工厂。他先邀著名化学家徐寿(1818~1884)和数学家华蘅芳(1833~1902)到内军械分局研制机动船只,后来又将李善兰"聘入戎幄,兼主书局"[①]。李善兰一到安庆,就拿出《几何原本》等数学书籍对曾国藩说:"此算家不可少之书,失今不刻行复绝矣"[②],于是有 1865 年金陵刊本十五卷《几何原本》足本问世。

1864 年夏,曾国藩军攻陷太平天国首都天京(今南京)。李善兰跟着到了南京,再次向曾国藩提出刻印自己所著所译的数学书籍,曾国藩表示支持,"许代付手民"。[③]

1866 年,曾国藩在上海筹建江南机器局,他"邮致三万金"到南京,资助李善兰出版算书,使李善兰能够"取箧中诸书尽刻之",[④]于是有 1867 年金陵刊本《则古昔斋算学》24 卷问世。与此同时,在南京开办金陵机器局的李鸿章,则资助李善兰重刻《重学》8 卷并附《圆锥曲线说》3 卷[⑤]。

李善兰的《则古昔斋算学》收有他 20 多年来的各种天算著作 13 种,计《方圆阐幽》一卷,《弧矢启秘》二卷,《对数探源》二卷,《垛积比类》四卷,《四元解》二卷,《麟德术解》三卷,《椭圆正术解》二卷,《椭圆新术》一卷,《椭圆拾遗》三卷,《火器真诀》一卷,《对数尖锥变法释》一卷,《级数回求》一卷,《天算或问》一卷,分别由冯焌光、张文虎、贾步纬、曾纪泽、曾纪鸿、汪曰桢、汪士铎、徐寿、华蘅芳、孙文川、吴嘉善、徐建寅、丁取忠校算。内曾纪泽、曾纪鸿兄弟是曾国藩的长子和次子,他们与左宗棠的从子左潜都分别随李善兰、丁取忠等人学习过数学。徐建寅是徐寿的儿子,他在 1874 年的增订版《谈天》中,把到 1871 年为止的最新天文学成果补充了进去。

李善兰借助于洋务派曾国藩、李鸿章等人的支持和资助,出版了可以说是代表当时中国传统数学最高水平的他的天算著作《则古昔斋算学》,重印了几乎绝版了的他的科学译著《几何原本》、《重学》和《圆锥曲线说》,这对于近代科学在中国的传播起了积极的作用。洋务派后起之秀张之洞也很钦佩李善兰的学识,他在 1875 年编写《书目答问》,卷后附有"清朝著述诸家姓名略",注称:"此编生存人不录",但却破例在"算学家"条下录了李善兰的名字,并特别加注道:"李善兰乃生存者,以天算为绝学,故录一人。"1896 年,张之洞还首刊李善兰的《同文馆珠算金铖》。

1868 年,李善兰北上,就任京师同文馆天文算学总教习,直至 1882 年去世为止。这期间,李善兰教授的学生"先后约百余人。口讲指画,十余年如一日。诸生以学有成效,或官外省,或使重洋"[⑥],知名者有席淦、贵荣、熊方柏、陈寿田、胡玉麟、李逢春等。晚年,获得意门生江槐庭、蔡锡勇二人,即致函华蘅芳,称"近日之事可喜者,无过于此,急欲告之阁下也"[⑦]。这些人在传播近代数学知识上都起过重要作用。同文馆总教习、美国人丁韪良(W. A. P. Martim, 1827~1916)因此说:"是皆李壬叔先生教授之力也。呜呼! 合中西之各术,绍古圣之心传,使算学复

---

① 崔敬昌,《李壬叔征君传》。

② 曾国藩,《几何原本》序,1865 年。

③,④　李善兰,《则古昔斋算学》自序。

⑤ 李善兰,译《重学》序。

⑥ 崔敬昌,《李壬叔征君传》。

⑦ 李善兰,《致华蘅芳函》,严敦杰收藏。

兴于世者,非壬叔吾谁与归?"①

李善兰在同文馆教学之余,孜孜不倦地从事数学研究工作,他以六七十岁的高龄,加上"曾患风痹,惮于行远,咫尺之遥,须人扶掖"②,仍有若干新的著作问世。如 1872 年发表《考数根法》,1877 年演《代数难题》卷十三第四次考题,1882 年夏去世前几个月"犹手著《级数勾股》二卷,老尚勤学如此"③。

李善兰到同文馆后,第二年(1869)即被"钦赐中书科中书(从七品卿衔),1871 年加内阁待读,1874 年升户部主事,加六品卿员外衔,1876 年升员外郎(五品卿衔),1879 年加四品卿衔,1882 年授三品卿衔户部正郎,广东司行走,总理各国事务衙门章京。一时间,京师各"名公钜卿,皆折节与之交,声誉益躁"④ 但他潜心科学,淡于利禄,虽官居高位,却从未离开过同文馆教学岗位,也没有中断过科学研究工作。晚年曾自署门联:"小学略通书数,大隐不在山林。"④

李善兰的诗文集有汲脩斋校本《听雪轩诗存》三卷,汲脩斋丛书《则古昔斋文抄》一卷,另有《中西闻见录》中所载《星命论》等若干篇。《星命论》用确凿的证据,生动的譬喻,揭露了宿命论的荒诞无稽。另一些杂文则表现了他对官场腐败和儒林迂腐嗤之以鼻的轻蔑态度。

李善兰无子女,过继外甥崔敬昌为嗣。李善兰逝世于清光绪八年十月二十九日(1882,12,9),十一月二十日(12,29)在北京东四牌楼什锦花园胡同开弔⑥。次年,崔敬昌迎柩归葬于浙江省海盐县,李善兰的遗物归崔氏保存,"丙寅(1926)里中大火,悉遭焚毁,凡壬叔所有图籍书画及遗著遗墨图像等无一存者"⑦。

# 二 科 学 成 就

## (一)数 学

李善兰在数学方面的研究成果最重要的当首推"尖锥术(1845)。尖锥术的基本理论概括在他的《方圆阐幽》里的 10 个命题之中。

命题一:"当知西人所谓点、线、面,皆不能无体。""点者,体之小而微者也;线者,体之长而细者也;面者,体之阔而薄者也"。

命题二:"当知体可变为面,面可变为线。""盈尺之书,由迭纸而得;盈丈之绢,由积丝而成也。"

命题三:"当知诸乘方有线、面、体循环之理。""方而因之则长,长而因之则圆,圆而因之则复方。"

命题四:"当知诸乘方皆可变为面,并皆可变为线。"

这里,李善兰关于点、线、面的理解和积丝成绢,迭纸得书的比喻,同欧洲 17 世纪微积分学先驱者卡瓦列里(B. Cavalieri,1598~1647)的不可分量方法和连续运动观点很相似。卡瓦列

---

① 丁韪良,《算学课艺》序,1880 年。

② 王韬,《与李壬叔书》。

③ 崔敬昌,《李壬叔征君传》。

④,⑤ 蒋学坚,《怀亭诗话》。

⑥ 参阅李慈铭,《越缦堂日记》,1882。

⑦ 张惠衣,《寿梓篇》。

里没有解释无宽窄厚薄的元素怎样可以组成面积和体积。在这方面,微积分学的另一个先驱者开普勒(J. Kepler,1571~1630)将组成平面的线视为很窄的面,组成立体的面视为很薄的体。李善兰则更进一步认为线面体有循环之理,一切高次幂的值都可以用平面的面积或线段的长度来表示。这在微积分学传入中国之前,是了不起的成就。

命题五:"当知平、立尖锥之形。"(图1)

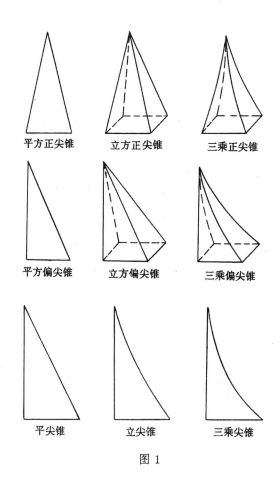

平方正尖锥　　立方正尖锥　　三乘正尖锥

平方偏尖锥　　立方偏尖锥　　三乘偏尖锥

平尖锥　　立尖锥　　三乘尖锥

图 1

命题六:"当知诸乘方皆有尖锥","三乘以上尖锥之底皆方,惟上四面不作平体而成凹形,乘愈多,则凹愈甚。"

命题七:"当知诸尖锥有积叠之理。""元数起于丝发而递增之而叠之则成平尖锥,平方数起于丝发而渐增之而叠之则成立尖锥,立方数起于丝发而渐增之变为面而叠之则成三乘尖锥,三乘方数起于丝发而渐增之变为面而叠之则成四乘尖锥;从此递推可至无穷。然则多一乘之尖锥皆少一乘方渐增渐叠而成也。"

命题八:"当知诸尖锥之算法:以高乘底为实,本乘方数加一为法,除之,得尖锥积。"

这里,李善兰创立的尖锥图形,实际上是一种处理代数问题的几何模型,其间有解析几何思想的萌芽。而且,尖锥求积术的算法相当于幂函数定积分公式

$$\int_0^h x^n \mathrm{d}x = \frac{h^{n+1}}{n+1}$$

命题九："当知二乘以上尖锥其所叠之面皆可变为线。"

命题十："当知诸尖锥既为平面，则可并为一尖锥。"

这里，李善兰用平面积来表示相当于定积分值的尖锥积，并由面积相加原理得到相当于逐项积分公式

$$\sum_{n=1}^{\infty}\left(\int_0^h x^n \mathrm{d}x\right) = \int_0^h \left(\sum_{n=1}^{\infty} x^n\right)\mathrm{d}x$$

的结果。

更进一步，李善兰把尖锥术理论用于求圆面积从而求圆周率 $\pi$ 的无穷级数表达式、各种三角函数和反三角函数的幂级数展开式以及对数函数的幂级数展开式，取得了辉煌的成就。

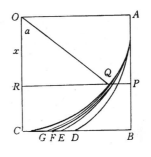

图 2

李善兰在边长为 1 的正方形 $OABC$ 中，内容圆的一象限 $OAQC$，方内圆外的平面尖锥 $ABC$ 由二乘尖锥 $ABD$，四乘尖锥 $ADE$，六乘尖锥 $AEF$ 等无穷多个平面尖锥合并而成（图 2），诸 $2n$ 乘尖锥的底为

$$b_{2n} = \frac{(2n-3)!!}{(2n)!!}$$

由尖锥求积术，方内圆外的面积为

$$S_{ABC} = \frac{1}{3}\cdot\frac{1}{2} + \frac{1}{5}\cdot\frac{1}{4\cdot2} + \frac{1}{7}\cdot\frac{3}{6\cdot4\cdot2} + \frac{1}{9}\cdot\frac{5\cdot3}{8\cdot6\cdot4\cdot2} + \cdots$$

从而圆面积即圆周率

$$\pi = 4 - 4\left(\frac{1}{3\cdot2} + \frac{1}{5\cdot4!!} + \frac{3!!}{7\cdot6!!} + \frac{5!!}{9\cdot8!!} + \cdots\right)$$

至于诸尖锥底 $BD, DE, EF\cdots$ 的由来，其弟心梅按："准八线法，半径幂内减余弦幂，余以平方开之为正弦，用减半径为余矢，余矢者诸尖锥元数之合也"，[①] 可知李善兰的思路是取圆心角 $COQ=a$，过 $Q$ 作 $PR//AO$，令 $OR=X$，即 $\cos a=x$，则

$$\sin a = QR = \sqrt{1-x^2}$$

$$\mathrm{covers}\,a = PQ = 1 - \sqrt{1-x^2}$$

展第二式为幂级数 $\sum_{n=1}^{\infty} a_n x^{2n}$，则诸系数 $a_n$ 即为诸尖锥的底。

至于诸 $a_n$ 的由来，其弟心梅又按："然近底之元数难分，近尖之元数易分。今试以半径幂为亿，余弦幂为一，则所得之余矢必近尖而诸元数可分矣"，并取 $x^2=10^{-8}$ 及 $x^2=2\times10^{-8}$，经计算得

$$1 - \sqrt{1-x^2} = \frac{1}{2}x^2 + \frac{1}{4!!}x^4 + \frac{3!!}{6!!}x^6 + \frac{5!!}{8!!}x^8 + \cdots\cdots$$

于是 $PQ$ 由上式右端诸项合并而得。依尖锥术，当 $x$ 由 $0\to1$ 时，诸项分别积叠成底为 $\frac{1}{2}$，$\frac{1}{4!!}$，

---

① 李善兰，《方圆阐幽》，则古昔斋算学本。

$\dfrac{3!!}{6!!}, \dfrac{5!!}{8!!} \cdots$；高为 1 的二乘、四乘、六乘、八乘……尖锥。此当合于李善兰原来的思路。李善兰用"分离元数法"得到二项平方根展开式，与戴煦用四元立术(1845)[①] 以及项名达用自乘开方法(1845)[②] 所得之结果殊途同归。

在《弧矢启秘》中，李善兰又以尖锥术推导了正弦、正矢、反正弦、反正矢以及正切、正割、反正切、反正割诸三角函数的幂级数展开式。其中，前四式明安图(1692? ～1763?)曾以"割圆连比例法"推得，[③] 董佑诚(1791～1823)、项名达(1789～1850)也独立地用形式稍异但实质同于明安图的方法求得过[④]，而李善兰却另辟蹊径，以尖锥求积术推导。例如，反正弦展开式(即"正弦求弧背术")即分以下两种情况以尖锥入算：

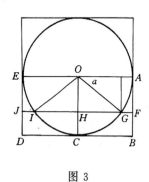

图 3

### 1. 用圆外积(图 3)

(1) 诸圆外偶乘尖锥积

$$S_{ABC+CDE} = 2\left(\frac{1}{3 \cdot 2} + \frac{1}{5 \cdot 4!!} + \frac{3!!}{7 \cdot 6!!} + \cdots\right)$$

(2) 圆外截积

$$S_{AFG+IJE} = 2\left(\frac{\sin^3\alpha}{3 \cdot 2} + \frac{\sin^5\alpha}{5 \cdot 4!!} + \frac{3!!}{7 \cdot 6!!}\frac{\sin^7\alpha}{} + \cdots\right)$$

(3) 弧背

$$\alpha = S_{\square AFJE - \triangle OIG} - S_{AFG+IJE}$$

$$= (1 + \text{vers}\alpha)\sin\alpha - 2\left(\frac{\sin^3\alpha}{3 \cdot 2} + \frac{\sin^5\alpha}{5 \cdot 4!!} + \frac{3!!\sin^7\alpha}{7 \cdot 6!!} + \cdots\right)$$

### 2. 用圆内积(图 4)

(1) 诸圆内偶然尖锥积(弧矢形积)

$$S_{弧矢形(AGCK+CIEL)} = S_{勾股形(ABC+CDE)} - S_{圆外积(ABCG+CDEI)}$$

$$= 2(S_{\triangle ABM-尖ABM} + S_{\triangle AMN-尖AMN} + S_{\triangle ANP-尖ANP} + \cdots)$$

$$= 2\left(\frac{1}{2} \cdot \frac{1}{3 \cdot 2} + \frac{3}{2} \cdot \frac{1}{5 \cdot 4!!} + \frac{5}{2} \cdot \frac{3!!}{7 \cdot 6!!} + \cdots\right)$$

(2) 圆内截积(即弦背差：$\alpha - \sin\alpha$)

$$S_{弧矢形(A_mG+E_nI)} = 2\left(\frac{1}{2} \cdot \frac{\sin^3\alpha}{3 \cdot 2} + \frac{3}{2} \cdot \frac{\sin^5\alpha}{5 \cdot 4!!} + \frac{5}{2} \cdot \frac{3!!}{7 \cdot 6!!}\frac{\sin^7\alpha}{} + \cdots\right)$$

① 参阅戴煦《求表捷术》，古今算学丛书本。

② 参阅项名达《开诸乘方捷术》及《象数一原》，古今算学丛书本。

③ 参阅明安图《割圆密率捷法》，古今算学丛书本。

④ 参阅董佑诚《割圆连比例图解》及项名达《开诸乘方捷术》，古今算学丛书本。

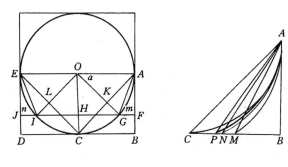

图 4

（3）弧背

$$\alpha = \sin\alpha + \frac{\sin^3\alpha}{3\cdot 2} + \frac{3!!}{5\cdot 4!!}\sin^5\alpha + \frac{5!!}{7\cdot 6!!}\sin^7\alpha + \cdots$$

蒋士栋以连比例求矢术解释以上计算过程①，华世芳称赞蒋文"卷帙无多，要皆能洞见古人立术根源而有功来学不浅"②，是不恰当的。因为李善兰的尖锥术与明安图等人的连比例割圆术在方法上异其旨趣，诚如戴煦所说："《弧矢启秘》则用尖锥立算，别开生面。"③

至于正切、正割、反正切、反正割的幂级数展开式，则是明安图等人未涉及的内容。所以，伟烈亚力曾说："在《弧矢启秘》中，李善兰给出了推演八线互求的新方法，特别是从正割求弧长和从弧长求正割的方法，则是在任何先前本国的工作中尚未给出过的。"④其实，就正切求弧长和弧长求正切的展开式而论，李善兰也比人们常提到的徐有壬和戴煦要早一些得到。

经整理，李善兰关于八线互求的推导过程如下图所示：

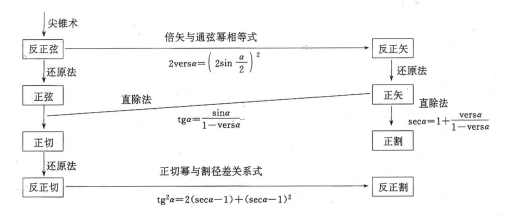

在《对数探源》中，李善兰得出的对数幂级数展开式是尖锥术最有创造性的应用。所以，章用曾说，《则古昔斋算学》"全集以对数论为中坚"⑤。

---

① 参阅蒋士栋《弧矢释李》及《思枣室算学新编》(1897)。

② 华世芳，《思枣室算学新编·序》，1897 年。

③ 戴煦，《外切密率》自序，古今算学丛书本。

④ A. Wylie，Notes on Chinese literature, London(1867)。

⑤ 章用，垛积比类疏证，科学，1939,23(11)。

李善兰首先指出,"对数之积,诸尖锥之合积也,与方圆之较同。"但"方圆之较自立尖锥起,此则自一长方起。方圆之较次四乘尖锥,次六乘尖锥,次八,次十,……,皆用其偶,去其奇;此则次平尖锥,次立尖锥,次三乘,次四乘,次五,次六,……,奇偶皆用。方圆之较诸尖锥之底皆以渐而减,此则诸尖锥之底皆为齐同之数。三者其异也。"具体地说,对数尖锥合积可用图 5 表示,其中

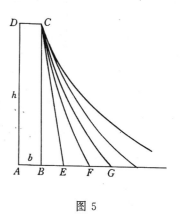

$$AD = h$$
$$AB = BE = EF = FG = \cdots = b$$

而

$$S_{长方ABCD} = bh$$

图 5

$$S_{平尖锥CBE} = \frac{1}{2}bh$$

$$S_{立尖锥CEF} = \frac{1}{3}bh$$

$$S_{三乘尖锥CFG} = \frac{1}{4}bh$$

$$\cdots\cdots$$

然后,李善兰列出了 10 条定理作为用尖锥术求对数幂级数展开式的依据。

定理一:"此尖锥合积无论截为几段,自最下第二段以上其积皆同。"

该定理是李善兰对数论的基础,是他造对数表的依据。在《对数探源》卷二的"详法"中,进一步明确指出了截分此合尖锥为等高的 $p$ 段,自下至上第 $m (\geqslant 2)$ 段的积为

$$S(m) = bh \sum_{k=0}^{\infty} \frac{1}{(k+1)m^{k+1}}$$

周明群曾以微积分式证明了这条定理,指出它相当于对数合尖锥曲线 $y = \dfrac{ab}{a-x}$ 的定积分 $\displaystyle\int_{x_1}^{x_2} y \mathrm{d}x = ab\ln \frac{a-x_1}{a-x_2}$,但他同时指出:李善兰"原来思路究竟如何,则极难考证"[①]。

笔者从李善兰《则古昔斋算学》"对数尖锥变法释"一文的三条引理中找到线索,以李善兰的垛积术为依据还原了该定理的证明,此当合于李善兰原来的思路[②]。

定理二:"此尖锥合积无论全积、残积,但同截为几段,则自上而下至最下第二段其逐段之积皆同。"

定理三:"此尖锥合积无论全积、残积,且无论截为几段,自第二段以上其积皆同。"

定理四:"此尖锥合积于其直线上作比例四率线,各如其线截其积,则一率截积与二率截积之较,必与三率截积与四率截积之同;一率截积与三率截积之较,必与二率截积与四率截积之较同。"

---

① 周明群,李邹顾戴徐诸家对于对数之研究,清华学报,1926,3(2)。
② 详见王渝生《李善兰的尖锥术》,自然科学史研究,1983,2(3)。

至此,定理四为李善兰对数论的核心,它说明当 $h$ 成等比数列时,对应的 $S$ 成等差数列,所以 $S(h)$ 具有对数的性质。

定理五:"若于其直线上作连比例诸率线,各如其线截之,则逐层前率截积与后率截积之较其积皆同也。"

定理六:"此尖锥之底为无穷连比例,此合尖锥上任于何处作截线,其截线亦为无穷连比例。"

定理七:"凡截线皆有尽界,其界皆可求,而底无尽界。"

对此,李善兰解释道:"凡截线上之连比例,皆渐小,故必有一尽界。任尔无穷比例,总不能越此界。"而"底上之连比例皆如首率,而其比例又无尽,则乌得有尽界也。"由此可见,李善兰已明确提出了正项级数收敛与发散的条件。

定理八:"凡两截积同者,此截积之高与彼截积之高,彼截线与此截线可相为比例。"

定理九:"凡两残积,此残积之高与彼残积之高,彼截线与此截线可相为比例。"

这里,李善兰指出了对数合尖锥具有 $\dfrac{h'}{h''} = \dfrac{b''}{b'}$ 即 $b'h' = b''h''$ 的性质。这说明,如果分别以对数合尖锥的底与高为横、纵二坐标轴,合尖锥曲线上点的坐标 $(x, y)$ 满足方程 $xy = bh$(图6)。因此,可以认为,李善兰已经指出了对数合尖锥曲线乃是双曲线的一支。再结合定理七,李善兰已经认识到了合尖锥的底是双曲线的一条渐近线。至于上述好几个定理描述截积或残积的底和高之间的关系式,实质上就是用尖锥曲线上点的横、纵二坐标所满足的代数方程来刻画尖锥曲线的图形性质,具有解析几何思想的萌芽[①]。

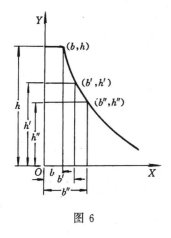

图 6

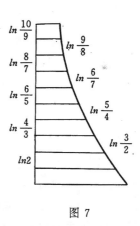

图 7

定理十:"此尖锥合积无论截为几段,逐段之积皆可求,而最下一段其积不可求,故总积亦不可求。"

李善兰对数论的这10个定理,自成一套独特而完备的理论体系,据此,他在《对数探源》卷二"详法"中给出了用无穷级数方法求对数的具体步骤(图7)。

(1)据 $k$ 乘尖锥"泛积" $\dfrac{1}{k+1}$ 求 $n$ 的自然对数 $\ln n$。

取 $bh = 1$,$y = \dfrac{1}{n}k$,则有

---

① 详细的讨论可参阅梅荣照、王渝生《解析几何能在中国产生吗——李善兰《尖锥术中的解析几何思想》,载《传统科学与文化》,陕西科学技术出版社,1983年。

$$\ln n = S\left(\frac{n-1}{n}k\right) = \sum_{k=0}^{\infty}\frac{1}{k+1}\left(\frac{n-1}{n}\right)^{k+1}$$

取 $n=2$，得

$$\ln 2 = \sum_{k=0}^{\infty}\frac{1}{k+1}\left(\frac{1}{2}\right)^{k+1} = 0.69314713$$

取 $n=\frac{5}{4}$，得

$$\ln\frac{5}{4} = \sum_{k=0}^{\infty}\frac{1}{k+1}\left(\frac{1}{5}\right)^{k+1} = 0.22314353$$

于是

$$\ln 10 = 3\ln 2 + \ln\frac{5}{4} = 2.30258492$$

（2）由"诸尖锥定积之根" $\mu = \frac{1}{\ln 10} = 0.43429451$（即 lg $e$）得到诸 $k$ 乘尖锥的"定积" $\mu \cdot \frac{1}{k+1}$，据此求 $n$ 的常用对数 lg $n$，即得

$$\lg 2 = \mu\ln 2 = 0.30310300$$

$$\lg 3 = \lg 2 + \lg\frac{3}{2} = \lg 2 + \mu\sum_{k=0}^{\infty}\frac{1}{k+1}\left(\frac{1}{3}\right)^{k+1} = 0.47712126$$

$$\lg 7 = \lg 6 + \lg\frac{6}{7} = \lg 2 + \lg 3 + \mu\sum_{k=0}^{\infty}\frac{1}{k+1}\left(\frac{1}{7}\right)^{k+1} = 0.84509805$$

至于 lg4，lg5，lg6，lg8，lg9，lg10，则可据 $\lg(n_1 n_2) = \lg n_1 + \lg n_2$ 逐一得出。

由以上 lg2，lg3，lg7 的求法，得无穷级数式

$$\lg n = \lg(n-1) + \mu\sum_{k=0}^{\infty}\frac{1}{k\cdot m^k}$$

李善兰说，他的这种求对数的方法是"用诸尖锥递加递除得"，即无穷级数法，"以视旧术之正数屡次相乘开平方，对数屡次相加折半至开方数十次而得者，其简易何啻倍蓰也。"

这里的所谓"旧术"，是指 1723 年梅彀成等人编译的《数理精蕴》下编卷三十八所介绍的"中比例法"、"递次自乘法"和"递次开方法"。当时，来华的法国传教士张诚（J. F. Gerbillon，1645～1707）、白晋（J. Bouvet，1656～1730）等人并没有把求对数的解析方法带入中国。顾观光以为这是洋人"故为委曲繁重之算法以惑人视听"，因而大力表彰"中土李（善兰）、戴（煦）诸公又能入其室而发其藏"，大声疾呼"以告中土之受欺而不悟者"。[①]

章用指出，"李氏对数论，并世西者犹或称之。"[②] 例如，伟烈亚力就说过，"李善兰的对数论，使用了具有独创性的一连串方法，达到了如同圣文森特的格列奇利于十七世纪发明双曲线求积法时一样的结果。"[③]注意到戴煦由四元立术所创立的对数幂级数展开式曾被艾约瑟（J. Edkins，1825～1905）译成英文刊入英国数学公会杂志中[④]，比戴煦还早一些的李善兰对数论

① 顾观光，《算剩余稿》卷下，载《武陵山人遗书》，1883 年。

② 章用，垛积比类疏证，科学，1939，23(11)。

③ A. Wylie, Chinese researches, Shanghai(1897).

④ 参阅诸可宝《畴人传三篇》卷七(1886)。

也当具有一定的世界意义。

可与尖锥术(包括弧矢论、对数论)媲美的李善兰另一数学成就是垛积术。他在《则古昔斋算学》的《垛积比类》中,集前人垛积术之大成,自谓"所述有表、有图、有法,分条别派,详细言之","垛积之术于九章外别立一帜,其说自善兰始"。

《垛积比类》共有四卷,分述三角垛、乘方垛、三角自乘垛、三角变垛以及他们的支垛。其中三角垛和三角变垛是元朱世杰"落一形垛"和"岚峰形垛"[①] 的发展,而李善兰所开创的乘方垛积即求幂和 $\sum\limits_{m=1}^{n} x^m$ 的问题,关键在于他视 $m-1$ 乘方垛为 $m!$ 个三角 $m$ 乘垛所组成。其中自一层、二层……$m$ 层起的个数分别为乘方垛各廉表

$$
\begin{array}{ccccccc}
 & & & 1 & & & & \text{元} \\
 & & 1 & & 1 & & & \text{一乘} \\
 & & 1 & 4 & 1 & & & \text{二乘} \\
 & 1 & 11 & & 11 & 1 & & \text{三乘} \\
 1 & 26 & 66 & & 26 & 1 & & \text{四乘} \\
1 & 57 & 302 & 302 & 57 & 1 & & \text{五乘} \\
1 & 120 & 1191 & 2416 & 1191 & 120 & 1 & \text{六乘}
\end{array}
$$

……

中相应的横行各数。因该表系李善兰所创,章用称之为李氏数表,表内各数称为李氏数。为了与组合数 $C_n^m$ 相比较,以 $L_n^m$ 表示之。由李氏造表法,可知

$$L_n^m = (n+1)L_n^{m-1} + (m-n+1)L_{n-1}^{m-1}$$

组合数有对称性,李氏数也有;组合数有递加性和紧加性;李氏数则有递推性和紧推性;组合数表各横行之和 $\sum\limits_{k=0}^{m} C_k^m = 2^m$,李氏数表各横行之和 $\sum\limits_{k=0}^{m} L_k^m = (m+1)!$;组合数表各横行之和分别是前一行的 2 倍 $\left( \sum\limits_{k=0}^{m} C_k^m = 2\sum\limits_{k=0}^{m} C_k^{m-1} \right)$,李氏数表各横行之和分别是前一行的本行数倍 $\left( \sum\limits_{k=0}^{m} L_k^m = m\sum\limits_{k=0}^{m-1} L_k^{m-1} \right)$。而李善兰乘方垛表

$$
\begin{array}{cccccccc}
 & & & 1 & & & & & \text{太垛} \\
 & & 1 & & 1 & & & & \text{元垛} \\
 & & 1 & 2 & 1 & & & & \text{一乘方垛} \\
 & 1 & 3 & & 4 & 1 & & & \text{二乘方垛} \\
 1 & 4 & 9 & & 8 & 1 & & & \text{三乘方垛} \\
 1 & 5 & 16 & 27 & 16 & 1 & & & \text{四乘方垛} \\
1 & 6 & 25 & 64 & 81 & 32 & 1 & & \text{五乘方垛} \\
1 & 7 & 36 & 125 & 256 & 243 & 64 & 1 & \text{六乘方垛}
\end{array}
$$

……

中,

---

① 参阅朱世杰《算学启蒙》卷下及《四元玉鉴》卷中、卷下。

$$r^m = \sum_{k=0}^{m-1} L_k^{m-1} C_m^{r+m-k-1}$$

于是求乘方垛积的问题化为求三角垛积的问题了：

$$\sum_{r=1}^{n} r^m = \sum_{k=0}^{m-1} L_k^{m-1} C_{m+1}^{n+m-k}$$

在上式中，令 $n \to \infty$，将 $m-1$ 乘方垛 $\sum_{r=1}^{n} r^m$ 积叠成 $m$ 乘尖锥，利用李氏数的性质 $\sum_{k=0}^{m-1} L_k^{m-1}$ $= m!$，即得尖锥求积术公式。由此可见，尖锥术是在我国传统垛积术基础上，李善兰创立乘方垛积公式，再配合极限思想而得出来的，它是中国土生土长的定积分概念和计算方法。

此外，李善兰在《垛积比类》卷三解决三角自乘垛的求和问题时，创立了一个组合恒等式

$$(C_p^{r+p-1})^2 = \sum_{k=0}^{p} (C_k^p)^2 C_{2p}^{r+\overline{2p-k+1}}$$

自本世纪 30 年代以来，引起了国内外数学界的强烈兴趣，被誉称为"李善兰恒等式。"章用、巴尔（T. Pál）、华罗庚等都给出过证明，罗见今依据李善兰原著的造表法和提出的条件，应用母函数方法导出该恒等式，借以推测李善兰的条件和方法的意义和价值[①]。

继尖锥术、垛积术之后，李善兰在数学上的重大成就是素数论。他晚年发表的《考数根法》（1872）[②]，题为"则古昔斋算学十四"，是我国素数论上最早的一篇论文，内容是讲判别一个自然数是否为素数的方法。李善兰在文中说："任取一数，欲辨是数根否，古无法焉"，他"精思既久，得考之法四"，即"屡乘求一"法，"天元求一"法，"小数回环"法和"准根分级"法。对于给定的自然数 $N$（本数），必定存在一个最小指数 $d$，使 $a^d-1$ 能被 $N$ 整除。李善兰假定 $a$（用数）等于 2 或 3，然后去确定 $d$，再判定 $N$ 是否为素数。确定 $d$ 的方法有四种。至于辨别 $N$ 是否为素数的条件，李善兰指出，如果 $a^d-1$ 能被 $N$ 整除，而 $N$ 是一个素数，那么 $N-1$ 必能被 $d$ 整除。但又指出，$N$ 不是素数时，$d$ 也可能整除 $N-1$。这就证明了著名的费马素数定理（P. Fermat，1640），并且指出它的逆定理不真。他又进一步指出，在 $N$ 不是素数而 $d$ 能整除 $N-1$ 的情况下，$N$ 的因数必定具有 $kp+1$ 的形式，式内 $p$ 为能除尽 $d$ 的数，$k$ 为一自然数。只有在任何具有 $kp+1$ 形式的数都不能除尽 $N$ 时，$N$ 才是一个素数[③]。

素数理论在中国传统数学中是缺乏的，李善兰虽然晚于费马但却是独立地证明了费马素数定理，这在当时中国数学界水平是很高的。在李善兰之后，华蘅芳（1833～1902）也证明了若 $p$ 为素数，则 $2^{p-1} \equiv 0 (\mathrm{mod} p)$，但却没有像李善兰那样，指出这并非 $p$ 为素数的充分条件，即没有认识到费马素数定理的逆定理不真[④]。

李善兰在数学方面的研究成果主要是尖锥术、垛积术和素数论这三方面，其中尖锥术理论的创立标志着他已独立地迈进了解析几何和微积分学的大门。

李善兰在数学方面的翻译工作则主要是《几何原本》、《代数学》和《代微积拾级》这三部书，其成就是继明末徐光启（1562～1633）之后将古希腊欧氏几何全面介绍到中国，并且第一次将西方近代数学，包括符号代数学、解析几何和微积分学介绍到中国。

---

① 参阅罗见今《李善兰恒等式的导出》，内蒙古师院学报（自然科学），1982(2)。
② 李善兰，《考数根法》，载《中西闻见录》第 2，3，4 号(1872)。
③ 参阅严敦杰《中算家的素数论》，数学通报，1954，(4～5)。
④ 参阅华蘅芳《数根术解》，载《行素轩算稿》，1882 年。

欧几里得的《几何原本》是古代西方数学乃至整个科学的典范,早在13世纪就曾经传入我国①。17世纪初,徐光启与意大利来华传教士利玛窦(M. Ricci 1552～1610)合作首先译出前六卷(1607)。徐光启在该书的后跋中感慨地写道:"续成大业,未知何日,未知何人,书以俟焉。"

200多年后,李善兰"年十五读旧译六卷,通其义。窃思后九卷必更深微,欲见不可得,辄恨徐、利二公不尽译全书也。又妄冀好事者或航海译归,庶几异日得见之"②。不意徐光启所寄望的"续成大业"正是落到了李善兰的肩上。

李善兰与英人伟烈亚力自1852年起,"凡四历寒暑"③,续译《几何原本》后九卷,经顾观光(1799～1862)、张文虎(1808～1885)校阅,于1857年刊行,时距前六卷初刻本刊行整整250年。

伟烈亚力指出,《几何原本》英文"旧版,校勘未精,语讹字误,毫厘千里,所失匪轻。……(李)君精于数学,于几何之术,心领神悟,能言其故。于是相与翻译,余口之,君笔之,删芜正讹,反复详审,使其无有疵病,则君之力居多,余得以借手告成而已。"④ 李善兰也说:"各国言语文字不同,传录译述,既难免差错","当笔受时,辄以意匡补","伟烈君言,异日西土欲求是书善本,当反访诸中国矣。"⑤

这种"口授"、"笔录"式的翻译,整理、加工的量是很大的。李善兰还加了一二十处按语,有些是对命题的说明,有些则是他自己的发挥。如在卷十第117题"凡正方形之边与对角线无等"下,李善兰以按语的形式把无公度线段推广到无公度面积和无公度体积进行讨论,这种涉及无理数的问题在中国数学史上还是第一次。当然,李善兰的有些按语也有不尽恰当之处,如卷十第11题、73题的按语,吴起潜就曾提出过异议⑥。

李善兰在他自己的数学研究中受《几何原本》逻辑演绎体系影响甚深,但他也并不迷信《几何原本》。例如,在《天算或问》中,他认为"《几何原本》作圆内五边形似觉太繁曲",于是另外提出了一种简捷作法,并给出了一个比较严格的证明。

《几何原本》后九卷于1857年初刊后,1865年又由曾国藩资助在南京重刻,同时把当时已较罕见的前六卷一并付梓,这个十五卷本是我国的第一个足本,对清末我国数学的发展产生了积极的影响。

李善兰还与伟烈亚力合译了英国数学家棣么甘(1806～1871)的《代数学》(Elements of algebra, 1835)13卷(1859),内容包括代数方程、方程组、指数函数、对数函数及其幂级数展开式等。这是我国第一部符号代数学的译本。西方通用的不少数学符号,如＝、×、÷、( )、$\sqrt{\ }$、＞、＜、……,在书中被直接引用,但加、减号＋、－被译作⊥、丁,阿拉伯数码则用一、二、三、四、……,26个拉丁字母则用中国传统的十天干、十二地支外加天、地、人、物四元来表示。

李善兰与伟烈亚力于1859年合译的《代微积拾级》18卷是美国人罗密士(1811～1899)于1850年所著的《解析几何与微积分初步》(Elements of analgtical geomery and differential and integral calculus),内容包括"代数几何"(平面解析几何中笛卡儿直角坐标、极坐标,坐标变换、

① 参阅严敦杰《欧几里得几何原本元代输入中国说》,东方杂志,1943,39(13)。
②、③ 李善兰续译《几何原本》序。
④ 伟烈亚力译译,《几何原本》序。
⑤ 李善兰续译,《几何原本》序。
⑥ 吴起潜,《无比例线新解》附录,文明书局,1906年。

直线、二次曲线、摆线、对数曲线、螺线等),微分学(函数、导数、极值、级数、一阶微分与高阶微分、偏微分与全微分等),积分学(不定积分与定积分、线积分与面积分等),"由易而难若阶级之渐升"①,把高等数学第一次介绍进中国,这在国内外数学史界都获得了高度的评价②。

值得一提的是,《代微积拾级》中还有 300 多个英文数学名词及译名构成的对照表,其中有相当多的名词术语译得十分贴切,一直沿用至今,如:代数,常数,变数,已知数,未知数,函数,系数,指数,级数,单项式,二项式,多项式,微分,积分,横轴,纵轴,切线,法线,准线,渐近线,抛物线,双曲线等。这些中国传统数学中没有的数学名词的创造也是李善兰的一项重要贡献。

## (二) 天 文 学

李善兰在天文学方面也有诸多成就。早在 1848 年,他撰《麟德术解》,以几何图形阐明唐李淳风麟德历术中的二次差内插法,为后人研究隋唐天文学家的内插公式提供了数学依据。19世纪 50 年代西方近代数学与天文学传入中国以后,李善兰又撰《椭圆正术解》、《椭圆新术》和《椭圆拾遗》,研究开普勒(J. Kepler,1571~1630)行星运动椭圆方程。其中,《椭圆正术解》是对徐有壬《椭圆正术》中"以角求积"和"以积求角"的比例算法和对数算法"逐术为补图详解之"。《椭圆新术》则改进了徐有壬法,首次在我国使用无穷级数来求解开普勒方程,已是近代天体力学和轨道计算中常用的方法。他在后来的《椭圆拾遗》中又给出了其他幂级数展开解法。

在《天算或问》中,李善兰以问答形式,提出和解决了若干有关中国古代数理天文学中的问题。其中对外国传入的颜家乐利用恒星出地平到上中天的时间和上中天的地平高度求当地的地理纬度,李善兰改进了这一方面的适应性,使能选用任意恒星决定任一地方的纬度,这在中国测纬史上占有一席应有的地位。

李善兰还与伟烈亚力合译了英国著名天文学家侯失勒(1792~1871)的名著《天文学纲要》(1851),介绍西方近代天文学基本原理和最新成就,内容包括哥白尼学说、开普勒方程和万有引力定律等,底本是第四版(1858),书名译作《谈天》,是对原著有所取舍的编译,其涉及到的纪年、纪时、经纬量度、星座名称和星辰命名等都作了适应于中国当时传统和习惯的变换与调整,在编修近代天文学名词和术语方面,李善兰创译的儒略历、历元、方位、视差、章动、自行、摄动、光行差、月行差、月角差、二均差、蒙气差、星等、变星、双星、三合星、倍里珠、赤道仪、本轮、均轮等,至今仍被确认为规范名词。在 1859 年为该译本所作的序中,李善兰以"哥白尼求其故,则知地球、五星皆绕日","刻白尔(开普勒)求其故,则知五星与月之道皆为椭圆","奈端(牛顿)求其故,则以为皆重学之理也"等西方天文学理论不断完善的过程来说明科学的发展正是由于科学家不断探索真理,不断"苟求其故"的结果,从而批判乾嘉学派泰斗阮元对哥白尼学说的攻击和钱大昕对开普勒行星运动椭圆定律的实用主义观点,说他们"未尝精心考察而拘牵经义,妄生议论,甚无谓也。"然后,举出恒星光行差、地道半径视差和矿井隧石,以及彗星轨道和双星相绕运动等科学事实证明日心地动和天体椭圆运动规律等西方近代天文学成果,是"定论如山,不可疑矣"。这使中国天文学界耳目为之一新,近代天文学知识开始在中国广为传播。

---

① 李善兰,译《代微积拾级》序,1859 年。

② 参阅梅荣照《我国第一本微积分学的译本——《代微积拾级》出版一百周年》,科学史集刊,1960;(3);F. J. Swetz, The interoduction of mathematics in higher education in China, Historia Mathematica, Vol. 1, 1974。

## （三）物　理　学

　　李善兰的《火器真诀》(1858)是我国第一部精密科学意义上的弹道学著作,对抛物体运动的数学理论和射击命中问题的研究,都别具一格。

　　李善兰与英人艾约瑟合译英国著名物理学家胡威立(1795～1866)的《重学》,其底本当为《初等力学》(An elementary treatise of mechanics)。1852 年在上海开始翻译,1859 年付印,1866 年重刊。

　　该书为我国第一部系统翻译出版的力学著作。全书分为静重学、动重学和流质重学三部分。卷一至卷七静重学部分详细讨论了有关力及其合成分解,简单机械及其原理,重心与平衡,静摩擦等静力学问题。部分内容在王征(1571～1644)译《远西奇器图说》(1627)与南怀仁(1623～1688)纂《灵台仪象志》(1674)中已有涉及。卷八至卷十七动重学部分详细讨论了物体的运动,包括加速运动、抛物运动、曲线运动、平动、转动,以及碰撞、动摩擦、功和能等动力学问题。其中关于牛顿运动三定律,用动量的概念讨论物体的碰撞,功能原理等,是首次在我国得以介绍。卷十八至二十流质重学部分简要介绍了流体的压力、浮力、阻力、流速等流体的一般性质。其中包括阿基米德定律,波义耳定律,托里拆利实验等。这在当时我国是最重要也是影响最大的一部物理学译著。

　　李善兰还与伟烈亚力、傅兰雅合作试译过大科学家牛顿的《原理》(Principia,1867),这是很有魄力的。该书"虽为西国甚深算学,而李君亦无不洞明"[①]。当时的译名作《奈端(牛顿)数理》,译文起初"往往有四五十字为一句者,理既奥颐,文又难读"[②],李善兰"屡欲删改",终未果,是为憾事。

## （四）植　物　学

　　李善兰与英人韦廉臣于 1858 年合译的《植物学》,是根据英国植物学家林德利(1799～1865)的《植物学基础》(Elements of botany)节译的,是我国最早的一部介绍西方近代植物学的著作,内容包括只有在显微镜下才能观察得到的植物体内部组织构造、在实验观察基础上所建立起来的有关植物体各器官组织生理功能的理论以及近代科学的植物分类方法等。在 1895年傅兰雅的《植物图说》出版前的几十年中,《植物学》是我国唯一的一本内容比较丰富的近代植物学书。李善兰在翻译植物学术语时,不但避免音译,而且尽量结合中国的特点,如"植物学"、"子房"和若干植物科的名称,至今还在使用。同数学、天文学、物理学的情形一样,李善兰创译的植物学词汇也东传日本,产生了深刻的影响。李善兰在传播近代科学知识和沟通东西科学交流中的巨大贡献是不可磨灭的。

### 参　考　文　献

李善兰(清)撰. 1867. 则古昔斋算学. 独山莫氏刊本

---

① 傅兰雅,《江南制造总局翻译西书事略》,1880 年。
② 丁福保,《算学书目提要》卷中,1899 年。

李善兰(清)撰. 则古昔斋文抄. 汲修斋丛书本

李善兰(清)撰. 听雪轩诗存. 汲修斋校本

李氏(清)修. 1890. 苞溪李氏家乘. 祠堂藏版

李俨. 1955. 李善兰年谱. 见:中算史论丛　第4集. 北京:科学出版社

王渝生. 1983. 李善兰. 中国近代科学的先驱者. 自然辩证法通讯,5(5)

（王渝生）

# 徐　寿

　　徐寿,字生元,号雪村①,江苏无锡人。清嘉庆二十三年正月二十二日(1818年2月26日)出生于江苏无锡县社岗里。徐氏世居无锡,"力田读书"②,是一个比较贫苦的农民家庭。徐寿的祖父审发务农的同时兼作商贩,家境日渐富裕。徐寿的父亲文标大概是徐家的第一个读书人,但不幸的是年仅26岁过早去世了,徐寿时年仅四岁。母亲宋氏含辛茹苦,将他和两个妹妹抚养成人。在他17岁那年,他的母亲也去世了。在此之前,他已经娶妻,并有了一个儿子。

　　徐寿早年也习举子业,"尝一应童子试,以为无裨实用,弃去"③。显然,八股诗文无法解决他一家人的生计问题。为了养家糊口,他不得不一面务农,一面经商,往上海贩运粮食。难能可贵的是,徐寿并没有就此放弃对知识的追求。生活的磨难和务农经商的实际经验,使他痛感时文词章毫无用处,因此,他在很年轻的时候就转向了经世致用之学。那时正是鸦片战争前夜,满清王朝已经走向衰亡,社会矛盾日益突出,魏源、龚自珍等著名学者也开始关心时政,研讨漕运、河工、农事等与国计民生密切相关的问题。徐寿的学术转向,与这些开风气之先的思想家不约而同时。年方20,他就立下了"不二色,不妄语,接人以诚",和"毋谈无稽之言,毋谈不经之语,毋谈星命风水,毋谈巫觋谶纬"的座右铭④,从而与俗流划清了界线。

　　徐寿抱定了经世致用的宗旨,开始在经籍中学习研究有用之学。他研读《诗经》和《禹贡》等经书时,将书中记载的山川、物产等列之为表,研读《春秋》、《汉书》、《水经注》等历史地理著作,则注意古今地理的沿革变迁⑤。凡是有用之学,他无不喜好。

　　徐寿的家乡无锡是著名的鱼米之乡,也是远近闻名的手工业之乡。那里有许多能工巧匠。这种乡风也影响了徐寿,他从小就爱好工艺制作,"少好攻金之事,手制器械甚多"⑥。大概正是由于这一爱好使他由博览群书,逐渐转而专门致力于科学技术的研究。徐寿在科技方面的兴趣极为广泛,举凡数学、天文历法、物理、音律、医学、矿学等等,他无一不喜,无一不好。他不仅潜心研究中国历代的科技典籍,对于明末清初从欧洲翻译过来的西方科技著作也认真加以研究。他认为工艺制造是以科学知识为基础的,而科学的原理又借工艺制造体现出来,所以他总是"究察物理,推考格致"⑦。结果,这不仅使他的科学修养大为提高,也使他制作工艺器械的水平日趋精湛。他曾制作过指南针、象限仪,还会制造结构很复杂的自鸣钟,而尤其善于仿铸墨西哥银元。他还研究制造过好几种古代乐器,据说都一一符合乐理。由此,他善于制器的名声逐渐传播开来,引起本县的学者兼画家华翼纶慕名探访,并与华翼纶之子青年数学家华蘅芳(1833~1902)相识,成为终身不渝的朋友⑧。

---

　　① 一些文献记载徐寿字雪村,本文以《锡山徐氏宗谱》为依据,参见刘树楷《我国近代化学的启蒙者徐寿》,载杨根编《徐寿和中国近代化学史》第44～66页。

　　②,③ 华翼纶,《雪村徐征君家传》,载《清代碑传全集·碑传集补》卷四十三,上海古籍出版社,1987年,第1515页。

　　④ 程芳,《徐雪村先生像序》,载《格致汇编》第九卷,1877年。

　　⑤,⑥ 华世芳,《记徐雪村先生轶事》,载《清代碑传全集·碑传集补》卷四十三,第1515～1516页。

　　⑦ 傅兰雅,《江南制造总局翻译西书事略》,《格致汇编》第三年第五卷。

　　⑧ 华翼纶,《雪村徐征君家传》。

徐寿和华氏父子联络了几位对科技有共同兴趣的人,经常切磋讨论。他们到处访书求友,往往弄到一部科学书就相互传抄。每见新学新知,总是相互交流,遇到疑难问题,就反复研究,直到大家明白。他们对明末清初的西方天文学、数学和技术之类的译书进行了认真深入的研究。这些书往往有理有法,不仅论述其然,而且阐述其所以然,给徐寿留下了深刻的印象。就是在这同志间的切磋交流中,徐寿的科学研究从研究中国传统科技转而致力于西洋科技。

1855 年,上海的教会出版社墨海书馆出版了英国在华传教医师合信(B. Hobson,1816～1873)编译的《博物新编》。不久,徐寿和华蘅芳到上海访书,读到了这部新书。这是一部介绍西方近代科学技术基础知识的书,是最早向中国人介绍近代化学知识的一部书。其中还论述了蒸汽机原理,哥白尼和牛顿天文学等。尽管《博物新编》不过是一部科学常识书,但它介绍的却是近代科学常识,已经远远地超越了明末清初天主教耶稣会士介绍的西洋科学的水平。徐寿和华蘅芳他们一读到这部书,就好象一下子跨越了 200 多年,猛然间发现近代科学的新知新理。这种新鲜和敏感,如果不是对科学精研有素,是难以想象的。

回到无锡,他们按照书中所论自制器具,验证书中的一些科学理论和实验。徐寿因陋就简,自制了不少仪器。如他曾用水晶印章磨制成三棱镜,以检验光的折射定律在三棱镜中的特殊现象和光分七色的原理。为了搞清楚光在三棱镜中的折射问题,他和华蘅芳多次通信讨论[①],直到两人都没有疑义。更为难得的是,徐寿还触类旁通,"引伸其说",试做了《博物新编》中还没有加以讨论的实验,并将书中的结论推而广之,得到了某些新的结果。可惜的是,这些实验和研究的笔记后来毁于 1860 年太平天国军进攻无锡、苏州之时。这一时期,徐寿还研究了轮船的制造。他认真研读了《博物新编》中的有关论述,并考察过停泊在上海的外国轮船,所以在 1860 年之前,就传说他能够制造轮船,有人称他"登西人火船,观其轮轴机捩,即知其造法"[②]。

1861 年秋冬之际,两江总督曾国藩向清廷特片保举六人,徐寿和华蘅芳作为江浙的"才能之士,能通晓制造与格致之事者",名列其中[③]。清廷即命江苏巡抚薛焕将他们护送至曾国藩军营。次年三月,徐寿和华蘅芳抵达安庆曾氏军中,成为曾国藩军中的技术幕僚,在安庆内军械所着手试制轮船。

徐寿等人白手起家,自制了必要的工具,然后用这些工具制造出一系列零部件,仅用三个月的时间,船用蒸汽机的模型就制造出来了。该机汽缸直径为一寸七分,引擎速度为每分钟 240 转。1862 年 7 月 30 日,徐寿和华蘅芳等将该机试演给曾国藩及其幕僚观看,一试即获成功。曾国藩对此极为满意,在当天的日记中写道:"窃喜洋人之智巧,我中国人亦能为之,彼不能傲我以其所不知矣。"[④]随即令徐寿等正式开始制造轮船。这项工作以徐寿和华蘅芳为主,徐寿负责总体设计和制造,华蘅芳负责有关的测算工作。此外还有吴嘉廉、龚芸棠等参加。徐寿的次子徐建寅(1845～1901)虽然才 17 岁,但在造船过程中也"屡出奇计"[⑤],帮助了徐寿解决了某些疑难问题。

1863 年 11 月,徐寿等人试制出一艘小型的木质轮船,该船使用暗轮,长约三丈。可是试航时,它只行驶了一里左右就熄火了。徐寿等很快就查明了问题之所在。原来是由于锅炉中没有

① 蒋树源,徐寿的两封亲笔信,中国科技史料,1984,5(4)。
② 王韬,《王韬日记》1859 年 3 月 9 日,中华书局,1987 年,第 92 页。
③ 曾国藩,《保举周腾虎等片》,载《曾国藩全集·奏稿·(四)》,岳麓书社,1988 年。
④ 《曾国藩全集·日记》同治元年七月初四日,岳麓书社,1988 年,第 766 页。
⑤ 孙景康,《仲虎徐公家传》,见杨模等编《锡金四哲事实汇存》。

设置锅炉管,因此汽锅无法连续供给蒸汽。他们很快更改了设计。一个多月之后,该船又在长江上进行了试航,获得圆满成功。该船身长近三丈,航速为每小时 12 至 13 里。曾国藩随即指示制造更大的轮船[①]。

　　1864 年 7 月 19 日,湘军攻占天京(即南京),不久,曾国藩从安庆移驻南京,内军械所也从安庆迁至南京。徐寿等人也搬到南京继续造船。由于船大则零部件的加工制作耗费时日,而人手有限,工具简陋,所以进展不快。直到 1865 年底,一艘明轮式的木质蒸汽船才终于完工。该船后被命名为“黄鹄”。船身长 55 尺,载重量为 25 吨。引擎使用高压蒸汽机,淘汰了先前的低压蒸汽机。其蒸汽机为单汽缸,倾斜装置,汽缸直径为一尺,长为二尺。主轴长 14 尺,直径为二寸四分。汽锅长十尺,直径二尺六寸。锅炉管有 49 支,各长 8 尺,直径二寸。船舱设在主轴位置之后,机器部分占去了船体的前半部分。推进器为设于两舷的腰明轮。1866 年 4 月,“黄鹄”号在南京下水试航,其顺逆水平均船速为每小时 22.1 里。总的说来,“黄鹄”号轮与当时国外制造的内河航行的轮船在设计、性能上都是很相似的。其全部制造工作,无论是各项设计,还是工具、机器、零部件的制作,完全由中国人一手完成,没有假手外人。所用材料,除了用于主轴、锅炉和汽缸的铁系进口货之外,其余均为国产。在当时极其简陋的条件下,徐寿等人克服了重重困难,解决了一个又一个技术难题,而终于大功告成,真可以说是一个奇迹。当时在上海出版的著名的英文报纸《字林西报》(North China Daily News)就称道“黄鹄”号的制造成功是“显示中国人具有机器天才的惊人的一例”[②]。徐寿因此被曾国藩誉为“江南第一巧人”[③]。在中国科技史上,“黄鹄”号的制造开创了我国的近代造船业。

　　在研制轮船的过程中,徐寿深感引进西方科学技术的迫切性。早在 1863 年春,徐寿等技术幕僚就向曾国藩建议设立一个采用西方先进技术的机器厂[④],后来容闳赴美采办机器即由此而来。容闳购买的机器于 1865 年秋运抵上海,被安置在李鸿章新设的江南制造局。该局原来是一家美国人经营的轮船修造厂旗记铁厂,有几位外国技师和一批修造轮船的设备留用。因此,1866 年曾国藩回任两江总督后,即着手在该局制造轮船。为此,他很快就将徐寿父子和华蘅芳等人调到制造局,襄助造船事宜。1867 年 4 月,徐寿到该局就职,任江南制造局委员,负责领导和监督造船工作。在徐寿领导沪局造船之初,该局的造船工作主要依赖留用的原旗记铁厂的外国技术人员。他们利用外国轮船的现存图纸,按图制造,自己无法设计。这些人大多不过工匠水平,若要制造样式比较先进的船型就无处措手了。有鉴于此,徐寿更觉必须培养自己的技术人才。他以自己的亲身经验,认识到必须引进西方先进的科学技术知识,把西方科学技术各门类的著作择要翻译过来,供人学习研究,自然能造就一批中国自己的科技人才。那时,曾经在输入西方近代科学知识方面起过重要作用的墨海书馆早已解散。西方近代科学的绝到多数学科还没有应有的中译本介绍,至于学习西方制造技术所急需的技术科学译著还几乎是一片空白。这种情况,同方兴未艾的求富求强事业的实际需要是太不相适应了。可是那些“自强运动”的领袖们,却急功近利,他们急于购买和仿造洋枪洋炮和轮船,还没有将科技知识的引进和科技人才的培养纳入其议事日程上来。经过慎重的考虑,徐寿建议在江南制造局设立翻译馆,

①《曾国藩全集·日记》,同治二年十二月二十日。

② North China Daily News, 1868 年 8 月 31 日。

③《申报》光绪甲戌十二月初一(1875 年 1 月 8 日)。

④ 容闳,西学东渐记,岳麓书社,1985 年,第 110 页。

专门翻译西方科学技术著作。他的这一设想得到了该局负责人冯焌光和沈保靖的支持。为了争取曾国藩的支持,徐寿起草了一个条陈,由冯、沈转呈曾国藩。

徐寿的条陈内容有四点:一为开煤炼铁,二为自造大炮,三为操练轮船水师,四为翻译西书①,而其真意还是在第四事。但是,曾国藩的批复对徐寿简直就是当头一棒。他认为徐寿的建议都是"揣度之词,未得要领。"关于译书一事他批复道:

> "至外国书不难于购求,而难于翻译,必得熟精洋文而又深谙算造且别具会心者,方能阐明秘要,未易言耳……该员等此番赴局宜遵谕专心襄办轮船,能于一年内赶速制造一、二只,乃不负委用。其轮船以外之事,勿遽推广。"②

看来,曾国藩造船心切,对徐寿等人的能力估计不足,将译书之事看得太难了。幸而冯焌光和沈保靖是支持徐寿的,经过他们的请求,曾国藩允许徐寿"小试"译书③。

徐寿物色了上海英华学塾校长兼《上海新报》编辑英国人傅兰雅(J. Fryer, 1839～1928)担任专职口译,并聘请富于译书经验的英国传教士伟列亚力(A. Wylie, 1815～1887)和美国人玛高温(D. J. Macgowan, 1814～1893)担任兼职口译。于是,徐寿与伟列亚力合作翻译《汽机发轫》,华蘅芳与玛氏合译《金石识别》,而徐建寅与傅兰雅试译《运规指约》,江南制造局的翻译事业就此开始了。这几部书都是由徐寿等中国笔述者赶到西人口译者的租界住处翻译的,来往费时,很不方便,因此,制造局拨出房屋作为翻译之处。1868 年 6 月,在中国近代科技史上产生过重要影响的江南制造局翻译馆就这样成立了。

1868 年 8 月,在江南制造局制成第一艘轮船"恬吉"号下水的同时,《汽机发轫》等四部译书也均告译出,并呈送给曾国藩"鉴赏"。曾氏对轮船制成极为满意,对于四部译书也非常欣赏。要知道李善兰、伟列亚力在墨海书馆花了七八年才译出七八部书啊。从此,他对译书事业的态度立即转变为大力支持,指示扩大翻译馆的规模,同意徐寿等人的建议,兴建翻译学馆④。徐寿等翻译委员制订了翻译馆的长期规划——《再拟开办学馆事宜章程十六条》。这一计划主要有两方面的内容。其一是招收学生,培养翻译人才和技术人才。1870 年初翻译学馆建成之后,新任上海道兼江南制造局总办涂宗瀛认为翻译学馆与培养外语人才的上海广方言馆"事属相类",他请示曾国藩后,将广方言馆搬进了新落成的翻译馆,结果徐寿等人的科学教育计划化为了泡影。不过,这一计划的另一半内容,即译书计划基本上得到了落实。如按照第七条"测经纬以利行船",此后每年即由贾步纬编译《航海通书》;据第八条"译舆图以参实测",李凤苞等编译了世界地图、中国沿海海道图和长江图等几种地图;而《西国近事汇编》、《西国近事》和《翻译新闻纸》等送呈各省官员的定期出版物,则是按照第十条"录新报以知情伪"的计划编译的;至于科学技术书籍的翻译,则在第五、六、九条"编图说以明理法"、"考制造以究源流"、"广翻译以益闻见"等条文中规划周详了。这是清末自强运动时期我国引进西方科技的最大的一项计划。正是这个计划的实施,使江南制造局翻译馆成为 19 世纪下半叶我国译书最多、质量最高、影响最大的科技著作编译机构。徐寿也是在翻译馆建成以后,由"制造名家"转变为"翻译名家"。此后,他的主要工作,就是在翻译馆与傅兰雅合作翻译科技著作,直至其去世。作为翻译馆的创始人

---

① 按华翼纶《雪村徐征君家传》所记以译书为第一事,但据曾国藩批复则以译书为第四,应以曾氏批牍为是,见《曾文正公全集·批牍》卷六。

② 《曾文正公全集·批牍》卷六。

③ 傅兰雅,《江南制造总局翻译西书事略》,《格致汇编》第三年。

④ 曾国藩,《新造轮船摺》,载《江南制造局记》卷二第 31 页,上海文宝书局 1905 年石印本。

和主要译者,徐寿为翻译事业贡献了自己的最后 17 年生命。

徐寿先后与傅兰雅合作翻译了近 30 种科技著作,约 250 万字。其中,最有名的是几部化学书,此外,《汽机发轫》、《西艺知新》正续集和《宝藏兴焉》等也很重要。

徐寿的第一本化学译书是《化学鉴原》,是根据当时美国流行的一部化学教科书翻译的[①]。此书译于 1869 年,是最早译出的一部专门的化学书籍,于 1871 年作为江南制造局的首批译书出版。那时,许多化学术语还没有现成的汉语词汇来表达,因此,必须拟定一套元素、化合物和化学概念的汉语译法。为此,徐寿和傅兰雅经过认真研究,解决了这一翻译难题。其中最为成功的是化学元素名称的翻译。他们首创了以元素英文名的第一音节或次音节译为汉字再加偏旁以区分元素的大致类别的造字法,巧妙地将元素英文名译为汉字。他们根据这一原则新造的化学元素汉字如硒、碘、钙、铍、锂、钠、镍等字,几乎难以看出是新造的汉字。这一元素译名原则不仅能对已知的元素拟定合理的译名,而且为后来拟译新发现的元素译名提供了如法炮制的规范。其基本原则为后来的化学家所继承。目前的化学元素中文译名原则就是在徐寿的基础上制订的。至于化合物的译名,他们除对某些常见者采用意译之外,一般都译其化学式,还没有找到合适的译法。在徐寿和傅兰雅翻译《化学鉴原》的同时,在广州的美国传教医师嘉约翰(J. G. Kerr,1824～1901)与其学生何瞭也根据同一底本在进行翻译。他们了解到徐寿的译名之后,就在其译本《化学初阶》中采用了《化学鉴原》的一些译名。不过《初阶》的译文比较简略,文字也不如《鉴原》那么通畅,因此远不如《鉴原》在读者中的影响深远。《化学鉴原》被时人誉为“化学善本”[②],是近代化学传入中国早期时影响最大的一部译书。

徐寿等在翻译《化学鉴原》时只译出了原书的无机化学部分,在介绍有机化学时,他们选用了英国新出的一部化学教科书[③],书名定为《化学鉴原续编》(1875 年出版)。由于那时有机物的英文名称也还没有统一,徐寿和傅兰雅在翻译有机物时采用了音译,因而该书比较难读。《续编》译出之后,他们见原书的无机化学部分的内容比《化学鉴原》更丰富,更有条理,于是又将其译出,定名为《化学鉴原补编》,于 1879 年出版,其中还加入了论述新发现的元素镓及其化合物等内容。

徐寿非常重视分析化学,称之为“化学之极致”[④]。在翻译完《化学鉴原》不久,他就让其子建寅与傅兰雅翻译了一本简明的分析化学著作《化学分原》。但他不以此为满足。1879 年,年已 61 岁的徐寿又开始与傅兰雅合作翻译德国分析化学大师富里西尼乌司(K. R. Fresenius,1818～1897)的两部最有名的分析化学著作《定性分析化学导论》和《定量分析导论》。这两部著作的德文原版分别于 1841 年和 1848 年初版,后来一再修订重版,并被译为欧洲各国文字。它们在分析化学的学科建立和系统化的过程中作出了巨大的贡献,因而其作者富氏被誉为近代分析化学之父。这两部书的篇幅都不小,译成文言共有 75 万字之多。徐寿和傅兰雅是依据其英文新版翻译的[⑤],前后历时约四年之久,译本分别定名为《化学考质》和《化学求数》,于 1883

---

① 原本是 D. A. Wells 所著的 Wells's principles and applications of chemistry(1858),并增加了一些新的内容。

② 见王韬编《格致课艺汇编》卷四,1897 年上海书局石印本。

③ 底本为 C. L. Bloxam,Chemistry,inorganic and organic,with experiments and a comparison of equivalent and molecular formulae,London,1867.

④ 《化学考质》卷首。

⑤ 两书的英文版分别是:Manual of qualitative chemical analysis,newly ed. by S. W. Johnson,New York,1875;Quantitative chemical analysis,7th ed.,tsl. from 6th German ed. by A. vacher,London,1876.

年出版。

徐寿还翻译了一册《物体遇热改易记》(1899 年出版),它是根据英国出版的一部著名的化学词典中的部分条文翻译的,介绍了气体、液体和固体受热膨胀理论,气体定律、理想状态方程和绝对零度等概念和理论,详细罗列了 19 世纪 70 年代之前西方科学家研究液体和固体热膨胀率的实验结果。

这些无机、有机和分析化学译著的翻译出版,以及他们翻译的《造硫强水法》(见《西艺知新》正集)等化工著作的出版,将西方近代化学比较系统地引进到中国,极大地促进了近代化学知识在清末的传播,为化学学科在我国的建立奠定了基础。同时,这些译著的翻译出版也改变了 19 世纪 60 年代以前化学知识的引进的落后状况。随着它们的问世,化学知识的引进甚至可以说走在了数学和物理等学科的前头。

就徐寿自己而言,通过翻译化学书籍,他也进一步提高了自己的科学水平,成为我国近代最早的化学家之一。早在译书之前,他就从英国订购了全套的化学实验仪器和化学药品。在译书的同时,他往往要将书中的重要的化学实验亲手做一遍。因此,每译完一书,他也就掌握了书中的化学知识,并能将有关知识运用于实践之中。他曾为江南制造局的龙华火药局建成硫酸厂,制造过硝化棉和雷汞等炸药。

徐寿在翻译化学书籍不久就开始试制硫酸。最初,可能是由于生产规模过小,制得的硫酸的成本较高[1]。1873 年之后,他和傅兰雅翻译了一本介绍英国用铅室法制硫酸工艺的《造硫强水法》,同时,徐建寅等也翻译了一本《造硫强水法》(后来没能出版)。在此基础上,徐寿改进了工艺,扩大了生产规模,使成本大为降低。其所制硫酸不仅在质量上与西方所产不相上下,在成本上也比进口货便宜不少。所以从 1876 年起,龙华火药局所需硫酸即全系自产,不再依赖进口。徐寿研究制造硫酸可以说是我国近代硫酸工业的开端。他摸索的一整套制造工艺在龙华火药局长期延用,后来还载入 1905 年出版的《江南制造局记》之中。

徐寿对矿冶也很有研究。也是在译书之初,他就从国外订购了各种各样的矿石样品和金属样品。后来,他又一面译书,一面研究辨识矿藏,提炼金属。他的有关知识,在开平煤矿、徐州煤矿和漠河金矿的开发和建设过程中曾发挥过重要的作用。

徐寿终其一生都爱好研究乐律之学。他年轻时以复制古乐器开始为人所知,晚年又因研究律管的管口校正而赢得了西方科学界的赞誉。1870 年代,他研究了律管的半黄钟与正黄钟不相应的问题。这是中国律学史上一个困扰了人们上千年的老问题。中国古代向来以弦定律,以管定音。古人认为管弦同律,依此,则黄钟律管与长为其一半的半黄钟管应该刚好相差八度音,可是实际则不然。在中国古代,只有晋代的荀勖和明代的朱载堉(1536~1611)研究过律管的校正问题。徐寿研究了朱载堉的成果,认为其结果"理虽近似",但"尚未密合"[2]。他从缩小管长来研究这个问题。他用九寸长的开口铜管(即清制黄钟管)实验,发现截去其一半,无法得到八度音,但再截去半寸稍长一点,则能准确地得到八度音。他用不同管径的铜管实验都得到了一致的结果。徐寿这项研究的科学价值在于他用简单的实验得到了律管管口校正的一个经验数据,并以实验否定了弦管同律论。然而,他的这一结果却与英国物理学家丁铎尔(J. Tyndall, 1820~1893)《声学》(由徐建寅和傅兰雅译出,1874 年出版)的有关论述相矛盾。1880 年 11 月,徐寿

---

① 郭嵩焘,《伦敦与巴黎日记》光绪三年十二月十七日,岳麓书社,1986 年,第 431 页。
② 徐寿,《考证吕律说》,载《格致汇编》第七卷,1880 年。

让傅兰雅将他的实验结论及其疑问翻译成英文,就为何他的实验与《声学》不符,管口校正的科学计算以及弦管不同律的真实原因等问题向丁氏求教。显然,徐寿和傅兰雅都感到徐寿的实验结果是一项有意义的科学发现,因此,他们将信同时寄到了英国著名的科学刊物《自然》(Nature)杂志社。那时,关于管口校正的研究在欧洲正引起许多科学家的兴趣,报道了种种结果。其中最著名的是英国物理学家博赞基特(R. H. M. Bsanquet)的系列研究和英国著名物理学家瑞利勋爵(Lord Rayleigh, J. W. Strutt, 1842～1919)在其巨著《声学理论》(Theory of sound)中发表的理论推算公式。他们的研究从理论和实验两方面基本上解决了管口校正的问题。徐寿的研究几乎与他们同时,尽管结果比较粗略,但仍然引起了英国科学家的极大兴趣。《自然》杂志于1881年3月10日以《声学在中国》为题,发表了上述信件。编者在按语中指出:"我们看到,对一个古老定律的现代的科学的修正已由中国人独立地解决了,而且是用那么简单、原始的器材证明的。"①在西方科学大举进入中国的19世纪后半叶,徐寿的管口校正结果在《自然》杂志上的发表,可以说是近代以来中国科学家在西方科学杂志上第一次发表自己的科研成果。

徐寿晚年的另一项重要的事业是创办上海格致书院。该书院最初由英国驻上海领事麦华陀(Sir W. H. Medhurst, 1823～1885)倡议。由麦华陀和傅兰雅等外国热心人士组成了董事会。1874年11月,徐寿受邀为董事。以后又陆续增加了几位华人董事,结果书院中西董事各占一半。而徐寿是格致书院早期的最为重要的一位董事。徐寿首先着手的是筹款。他先后上书李鸿章等官绅,求得到李鸿章、冯焌光等有力者的大力支持,为书院筹集到了大量的建院之款。据记载,在全部7700两建院款项中,其中百分之八十即6000余两是由徐寿募集而来。为了格致书院的建设,徐寿还拿出自己多年节衣缩食积攒的一点钱财。他捐献了原本为其母亲修建旌节坊而准备的一笔钱,为此,他不得不将母亲牌坊的修建一再推迟。格致书院的房舍是一幢上下两层的中式楼房,也是由徐寿设计的。书院于1875年底建成,次年6月24日正式开院。

格致书院开院后不久,由于经费短缺,很快就陷入财政困难。又是徐寿多方活动,从著名的红顶商人胡光墉那里募得5000银元,加上他个人的1000两捐款,才使书院摆脱了财务困难。1878年,他用这笔钱偿还了书院的债务,购置了一批科学仪器,并用其中的一部分在书院的空地上修建了数十间房屋,作为出租之用,每年的租金有800多两。这笔收入后来成了书院的一笔固定财源,使书院的财务状况大为好转。从此,董事会授权徐寿住进院内,以便就近管理院务②。他的第二任夫人韩氏早在他到江南制造局之前就已去世,以后他不再续娶。此时就由其第三子徐华封(1858～1927)在身边照料,一起住在格致书院。

但是,徐寿在办院方针等方面同书院的外国董事出现了分歧。徐寿想把格致书院建成一个培养专门的科技人才的学校,而以担文(W. V. Drummond,英租界工部局律师,1788年起任董事会主席)为首的外国董事则对此不大热心,他们不过想办个展览,开几次科学讲座,吸引中国的士人对西方事物的兴趣爱好。因此,他们对徐寿的所作所为多方干涉,横加指责。后来,徐寿干脆撇开了外国人控制的董事会,独立行事。但是,由于风气未开,徐寿想把格致书院建成一个专门的科技学校的计划,在他的生前没有得到实现。

---

① *Nature*, March 10, 1881.

② K. Biggerstaff, Shanghai Polytechnic Institution and Reading Room: an attempt to introduce western science and technology to the Chinese, *Pactfic Historical Revtew*, 25(1956), 127～149.

　　不过,徐寿毕竟为格致书院后来的发展奠定了基础。另外,由于筹建书院的推动,徐寿的合作者傅兰雅还发起编辑出版了最早的中文科技期刊《格致汇编》。这一刊物于 1876 年 2 月开始出版。徐寿对该刊的编辑给予了宝贵的支持。他为之撰写了发刊词,并在其上发表过《考证吕律说》等论文。他和傅兰雅的一些译作,也在其上刊出。《格致汇编》在清末深受读者的喜爱,其发行量远比江南制造局的译书为多,对近代科技知识在清末的传播起到过重要的作用。如果不是徐寿等中国友人的大力支持,傅氏是不可能将《格致汇编》办成的[①]。

　　1884 年 9 月 24 日,徐寿病逝于格致书院寓舍,享年 68 岁。

　　徐寿的经历代表了我国科学技术事业从传统走向近代的坎坷历程。徐寿早年受到的是旧式教育,他转向科学研究是受到了儒家经世致用的传统的影响。他最早接触的也是中国固有的传统科学技术,并达到了很高的造诣。然而徐寿绝不保守,他一旦接触到西方近代科技,认识到其先进性之后,就转而以引进和传播近代科技和发展中国的科技事业为己任。他的朋友说他"服膺西学,深会其旨"[②],这在清末是非常难得的。但是,他并不盲信西方科学。他在乐律研究中用实验发现丁铎尔《声学》中的错误就是有力的例证。徐寿也没有因西方科技的先进而弃传统科技如敝屣。在他的研究之中,总是因陋就简,尽可能利用传统的材料、手段和方法推陈出新,表现出很高的创造性。徐寿一生的科学成就,放在世界科技发展史上考察,也许微不足道,但在中国近代科技发展史上却是举足轻重的。正是徐寿这样一些人,在清末开始了中国科技同世界科技的接轨,开创了中国近代的科技事业。

## 参 考 文 献

杨根. 1986. 徐寿和中国近代化学史. 北京:科学技术文献出版社
杨模(清)撰. 1910. 锡金四哲事实汇存

（王扬宗）

---

　　① 有人认为徐寿是《格致汇编》的实际编辑者,其实不然。协助傅兰雅编辑此刊的是傅氏私人雇佣的山东蓬莱人栾学谦。参见王扬宗《〈格致汇编〉之中国编辑者考》,载《大陆杂志》第 88 卷(1994)第 6 期。
　　② 张文虎《舒艺室杂著》乙编卷下第 69 页,同治十三年(1874 年)金陵刊本。

# 人 名 索 引

（按拼音字母顺序排列,各传传主在本传中不列入）

## Z

# 书 名 索 引

（按拼音字母顺序排列）

## H

# 编后记

经历了十余年的艰辛,本卷终于与读者见面了。十余年的重负之感,顿然消释,心情也就轻松得多了。但是,我们还不敢以此为满足。因为我们感到对于中国古代科学家和技术发明家的研究,还仅仅是开始,至多也只能说还处于初期阶段,前面还有很多的事要做,还有很长的路要走。我们认为,在当前亟待开展的有两个方面:

一个是继续开展古代科学家和技术发明家的个案研究。即在对人们已知的或已经熟悉的科学家和技术发明家继续进行深入研究的同时,努力挖掘、整理、研究人们未知的或不太熟悉的科学家和技术发明家。

一个是加强对古代科学家和技术发明家群体进行综合性、整体性的研究。

我们盼望着能有机会进行这两个方面的工作,并在这基础上编著《中国古代科技人物辞典》、《中国古代科技人物大系》。当然,事情总是说起来容易,做起来难。要完成这样的重大课题,就必须投入大量的人力、财力和时间,这就需要各方面的大力支持和通力合作方有可能。就像本卷之得以完成一样。

本卷就是各方面的大力支持和通力合作的成果,同时它又是一部集体创作的成果。本卷得以顺利完成,是与此分不开的。因此在本卷出版之际,我们向各方面的大力支持和通力合作深表谢意。特别是参加本卷撰稿的专家,十几年来一直与本卷编委会密切配合。本卷编委会的同仁,从组稿、约稿到审稿、定稿,做了大量的工作。唐锡仁研究员在百忙之中,出任本卷主审,郭书春、王渝生、刘钝研究员审阅了数学的有关稿件,他们提出了很好的意见,对提高本卷质量有很大的帮助。本卷责任编辑孔国平博士,为本卷加稿的加工、出版付出了艰辛的劳动。本卷所附人名索引、书名索引的编排、录入则是由金清小姐完成的。在此,我们谨向他们表示衷心的感谢。

由于我们的能力所限,本卷的不足之处在所难免,我们敬请各方面的专家、学者和广大读者提出宝贵的意见和建议,以便将来有机会再版时完善。

中国科学技术史·人物卷编委会

1997 年 8 月

# 总　跋

　　凡是听到编著《中国科学技术史》计划的人士,都称道这是一个宏大的学术工程和文化工程。确实,要完成一部 30 卷本、2000 余万字的学术专著,不论是在科学史界,还是在科学界都是一件大事。经过同仁们 10 年的艰辛努力,现在这一宏大的工程终于完成,本书得以与大家见面了。此时此刻,我们在兴奋、激动之余,脑海中思绪万千,感到有很多话要说,又不知从何说起。

　　可以说,这一宏大的工程凝聚着几代人的关切和期望,经历过曲折的历程。早在 1956 年,中国自然科学史研究委员会曾专门召开会议,讨论有关的编写问题,但由于三年困难、"四清"、"文革",这个计划尚未实施就夭折了。1975 年,邓小平同志主持国务院工作时,中国自然科学史研究室演变为自然科学史研究所,并恢复工作,这个打算又被提到议事日程,专门为此开会讨论。而年底的"反右倾翻案风",又使设想落空。打倒"四人帮"后,自然科学史研究所再次提出编著《中国科学技术史丛书》的计划,被列入中国科学院哲学社会科学部的重点项目,作了一些安排和分工,也编写和出版了几部著作,如《中国科学技术史稿》、《中国天文学史》、《中国古代地理学史》、《中国古代生物学史》、《中国古代建筑技术史》、《中国古桥技术史》、《中国纺织科学技术史(古代部分)》等,但因没有统一的组织协调,《丛书》计划半途而废。1978 年,中国社会科学院成立,自然科学史研究所划归中国科学院,仍一如既往为实现这一工程而努力。80 年代初期,在《中国科学技术史稿》完成之后,自然科学史研究所科学技术通史研究室就曾制订编著断代体多卷本《中国科学技术史》的计划,并被列入中国科学院重点课题,但由于种种原因而未能实施。1987 年,科学技术通史研究室又一次提出了编著系列性《中国科学技术史丛书》(现定名《中国科学技术史》)的设想和计划。经广泛征询,反复论证,多方协商,周详筹备,1991 年终于在中国科学院、院基础局、院计划局、院出版委领导的支持下,列为中国科学院重点项目,落实了经费,使这一工程得以全面实施。我们的老院长、副委员长卢嘉锡慨然出任本书总主编,自始至终关心这一工程的实施。

　　我们不会忘记,这一工程在筹备和实施过程中,一直得到科学界和科学史界前辈们的鼓励和支持。他们在百忙之中,或致书,或出席论证会,或出任顾问,提出了许多宝贵的意见和建议。特别是他们关心科学事业,热爱科学事业的精神,更是一种无形的力量,激励着我们克服重重困难,为完成肩负的重任而奋斗。

　　我们不会忘记,作为这一工程的发起和组织单位的自然科学史研究所,历届领导都予以高度重视和大力支持。他们把这一工程作为研究所的第一大事,在人力、物力、时间等方面都给予必要的保证,对实施过程进行督促,帮助解决所遇到的问题。所图书馆、办公室、科研处、行政处以及全所的同仁,也都给予热情的支持和帮助。

　　这样一个宏大的工程,单靠一个单位的力量是不可能完成的。在实施过程中,我们得到了北京大学、中国人民解放军军事科学院、中国科学院上海硅酸盐研究所、中国水利水电科学研究院、铁道部大桥管理局、北京科技大学、复旦大学、东南大学、大连海事大学、武汉交通科技大学、中国社会科学院考古研究所、温州大学等单位的大力支持,他们为本单位参加编撰人员提供了种种方便,保证了编著任务的完成。

为了保证这一宏大工程得以顺利进行,中国科学院基础局还指派了李满园、刘佩华二位同志,与自然科学史研究所领导(陈美东、王渝生先后参加)及科研处负责人(周嘉华参加)组成协调小组,负责协调、监督工作。他们花了大量心血,提出了很多建议和意见,协助解决了不少困难,为本工程的完成做出了重要贡献。

在本工程进行的关键时刻,我们遇到经费方面的严重困难。对此,国家自然科学基金委员会给予了大力资助,促成了本工程的顺利完成。

要完成这样一个宏大的工程,离不开出版社的通力合作。科学出版社在克服经费困难的同时,组织精干的专门编辑班子,以最好的纸张,最好的质量出版本书。编辑们不辞辛劳,对书稿进行认真地编辑加工,并提出了很多很好的修改意见。因此,本书能够以高水平的编辑,高质量的印刷,精美的装帧,奉献给读者。

我们还要提到的是,这一宏大工程,从设想的提出,意见的征询,可行性的论证,规划的制订,组织分工,到规划的实施,中国科学院自然科学史研究所科技通史研究室的全体同仁,特别是杜石然先生,做了大量的工作,作出了巨大的贡献。参加本书编撰和组织工作的全体人员,在长达10年的时间内,同心协力,兢兢业业,无私奉献,付出了大量的心血和精力。他们的敬业精神和道德学风,是值得赞扬和敬佩的。

在此,我们谨对关心、支持、参与本书编撰的人士表示衷心的感谢,对已离我们而去的顾问和编写人员表达我们深切的哀思。

要将本书编写成一部高水平的学术著作,是参与编撰人员的共识,为此还形成了共同的质量要求:

1. 学术性。要求有史有论,史论结合,同时把本学科的内史和外史结合起来。通过史论结合,内外史结合,尽可能地总结中国科学技术发展的经验和教训,尽可能把中国有关的科技成就和科技事件,放在世界范围内进行考察,通过中外对比,阐明中国历史上科学技术在世界上的地位和作用。整部著作都要求言之有据,言之成理,经得起时间的考验。

2. 可读性。要求尽量地做到深入浅出,力争文字生动流畅。

3. 总结性。要求容纳古今中外的研究成果,特别是吸收国内外最新的研究成果,以及最新的考古文物发现,使本书充分地反映国内外现有的研究水平,对近百年来有关中国科学技术史的研究作一次总结。

4. 准确性。要求所征引的史料和史实准确有据,所得的结论真实可信。

5. 系统性。要求每卷既有自己的系统,整部著作又形成一个统一的系统。

在编写过程中,大家都是朝着这一方向努力的。当然,要圆满地完成这些要求,难度很大,在目前的条件下也难以完全做到。至于做得如何,那只有请广大读者来评定了。编写这样一部大型著作,缺陷和错讹在所难免,我们殷切地期待着各界人士能够给予批评指正,并提出宝贵意见。

《中国科学技术史》编委会

1997 年 7 月